形状最適化問題

Shape optimization problems

畔上 秀幸 著

森北出版株式会社

●本書のサポート情報を当社 Web サイトに掲載する場合があります．下記の URL にアクセスし，サポートの案内をご覧ください．

http://www.morikita.co.jp/support/

●本書の内容に関するご質問は，森北出版 出版部「(書名を明記)」係宛に書面にて，もしくは下記の e-mail アドレスまでお願いします．なお，電話でのご質問には応じかねますので，あらかじめご了承ください．

editor@morikita.co.jp

●本書により得られた情報の使用から生じるいかなる損害についても，当社および本書の著者は責任を負わないものとします．

まえがき

コンピュータによる3次元形状のモデリングと数値解析は，製品設計において日常的におこなわれるようになってきた．最近では，数値解析の結果を使って設計を最適化することに関心が集まっている．コンピュータ上で定義された3次元モデルの幾何学的パラメータを設計変数にした最適化問題は，パラメトリック形状最適化問題とよばれる．これらの問題を解くソフトウェアは実験計画法や数理計画法に基礎をおくアルゴリズムによってかかれている．しかしながら，設計の自由度を高めるために設計変数の数を増やしていくと，解の探索が飛躍的に難しくなる点が問題となる．

一方，幾何学的パラメータを用いずに，任意の形状の中から最適な形状を求める問題はノンパラメトリック形状最適化問題とよばれる．特に，孔をあけることで最適な形状を求める問題は位相最適化問題とよばれる．また，領域変動によって最適な形状を求める問題は領域変動型の形状最適化問題，あるいは狭い意味での形状最適化問題とよばれる．これらの問題を解くソフトウェアも開発され，実用的な最適形状を求めるために使われている．

図1はヒールカウンターの剛性を最大化するような位相最適化問題に対する数値解析の結果を示す．設計変数の選び方は第8章で詳しく説明される．実験によって推定された外力が既知と仮定されたもとで，それによる仕事（本文では平均コンプライアンスとして定義される）が目的関数に選ばれている．制約条件には質量が制限値を上回らないような条件が使われている．図2は，アルミホイールの軽量化を目的にした領域変動型の形状最適化問題に対する数値解析の結果を示す．このときの設計変数の選び方に関しては第9章で説明される．目的関数には体積が選ばれた．制約条件にはMises応力の最大値を積分形式で表現したKreisselmeier–Steinhauser関数値が初期値を上回らないという条件が使われている．さらに，この解析ではモデルの対称性や製造要件を考慮して形状変動に対する制約も加えられている．

このようなノンパラメトリック形状最適化プログラムの基本原理も数理計画

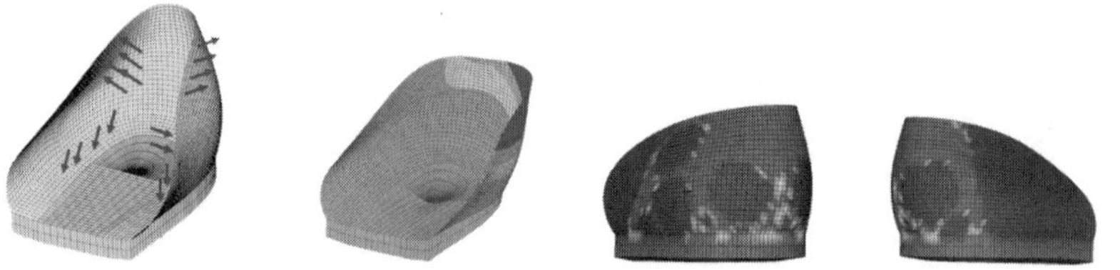

（a）実験で推定された外力（底面固定）　（b）初期モデルの Mises 応力　（c）最適化された密度（内側）　（d）最適化された密度（外側）

図 1　ヒールカウンターの剛性最大化（株式会社アシックス 提供）

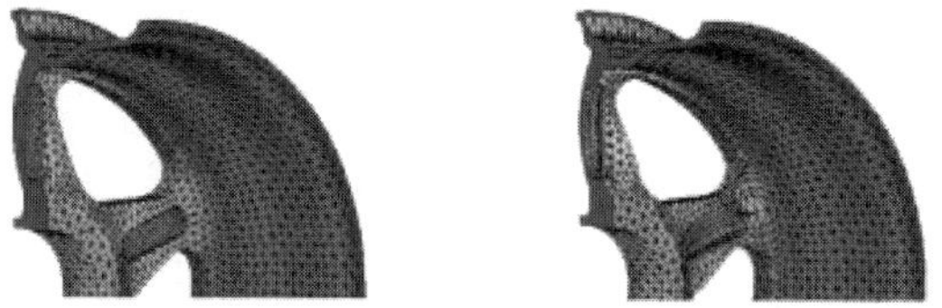

（a）初期形状　（b）最適化された形状

図 2　アルミホイールの軽量化（株式会社くいんと 提供）

法に基づいている．しかし，設計変数が密度や領域変動を表す関数になることから，数理計画法の舞台である有限次元ベクトル空間では間に合わない事態に直面する．それに対して，連続体を有限要素法などの手続きで離散化することで有限次元ベクトル空間のパラメトリック最適化問題に落とし込むことは可能である．しかし，この方法を用いた場合，密度や領域変動の更新に使われる関数の滑らかさが不足するという新たな問題に直面する．この問題は数値解析をおこなう際に，密度や形状が波打つなどの数値不安定現象として現れる．この問題を克服するためには，形状最適化問題を関数最適化問題としてとらえた理論をもとにした解法を考える必要がある．上記のプログラムはそのような理論に基づいてかかれている．しかしながら，その理論を基礎から解説した本はみあたらない．

本書は，弾性体や流れ場などを対象にした連続体の形状最適化問題について，その構成法と解法を，工学系の読者を念頭において基礎から丁寧に解説したものである．連続体とは，本書では偏微分方程式の境界値問題が定義されている領域を意味するものとする．偏微分方程式には，静的な弾性体や定常流れ場を想定して，楕円型偏微分方程式を考えることにする．しかし，本書で示される理論は放物型あるいは双曲型の偏微分方程式を用いた時間発展型の初期値境界値問題に対しても，さらには非線形問題に対しても応用可能である．これらの成果に関しては別の機会に紹介したい．そこで，本書で扱われる形状最適化問題のイメージは次のようになる．楕円型偏微分方程式の境界値問題を状態決定問題に選ぶ．状態決定問題は，設計変数に選んだ密度や領域変動を表す関数が与えられたときに，一つの解をもつように定義されるものとする．設計変数とその解を用いて領域積分あるいは境界積分によって評価関数をいくつか定義する．そのうちの一つを目的関数，他を制約関数とおいて最適設計問題を構成する．このように本書では，形状最適化問題が関数最適化問題の枠組みに入るように留意しながら形状最適化問題を構成していくことにする．それらの解法も関数最適化問題の解法として考えていくことにする．

このような構想に沿って，本書では次のような構成をとることにする．まず，第 1 章では，簡単な 1 次元連続体の最適設計問題を定義して，最適性の条件を求めるまでをみてみることにする．そこでは Lagrange 乗数法（随伴変数法）を証明なしに使ってみる．それによって Lagrange 乗数法の使い方を理解したうえで，第 2 章において最適化理論を基礎から学ぶことにする．その中で Lagrange 乗数法の原理を理解してほしい．最適化理論を修得したうえで，第 3 章では，最適解を求めるためのアルゴリズムについて考えることにする．そこで示される理論とアルゴリズムは，最適化法あるいは数理計画法とよばれる学問分野の基礎にあたる．しかし，これらは有限次元ベクトル空間上で定義された最適化問題に対して適用される内容である．本書の目標である関数の集合で構成された関数空間上で定義された最適化問題を扱うためには，関数をベクトルとして扱う考え方が必要となる．その扱い方を体系化した理論が関数解析である．第 4 章では，力学における変分原理を例題にみたてて，関数解析の基本的な考え方と結果についてみていくことにする．

そのような準備をおこなったうえで，本書の舞台である偏微分方程式の境界値問題について第 5 章で，その問題に対する数値解析の方法について第 6 章でみていくことにする．数値解法は，現在も進展が続いている学問分野の一つであり，さまざまな選択の可能性がある．本書では，誤差評価などの理論が整備されているという理由で，Galerkin 法を指導原理にした有限要素法についてみていくことにする．そこでは，解の一意存在や誤差評価において関数解析の結果がみごとに利用されていることが理解されるであろう．

これらの結果をふまえたうえで，第 7 章では，本書で扱われる形状最適化問題を統一的に扱える程度の抽象化をおこなった最適設計問題を定義して，その解法とアルゴリズムについて考える．ここで示される解法とアルゴリズムは，第 3 章で示されたものと同じ枠組みをもつ．しかし，ここでは設計変数が入るベクトル空間は関数空間に置き換えられている．第 8 章と第 9 章では抽象的最適設計問題をそれぞれ密度型の位相最適化問題と領域変動型の形状最適化問題に翻訳する．第 8 章と第 9 章では，簡単のために Poisson 問題に対して理論の詳細を示し，その後，工学上重要な線形弾性体と Stokes 流れ場の基本的な形状最適化問題に対して，評価関数の微分が得られるまでを詳しくみていくことにする．

以上の筋書きに沿って，本書では数学の成果を使いながら理論を組み上げていく．そのために，数学で使われる定義と定理の形式で要点をまとめていくスタイルをとることにする．このような表現方法の優れている点は，証明可能な事実が明快に記述されていることである．これから調べたいことが数学の枠内に収まる内容であれば，偉大な数学者らが整備してくれた定理を使って理論を組み上げていくことは極めて効率的な方法であると思われる．しかし，その反面，数学はさまざまなことを統一的に理解しようとするために抽象性を高めていこうとする．この特徴は工学系の読者を戸惑わせる原因にもなる．そこで，本書では，定義と定理の形式で証明可能な事実を正確に記述することを心がけながら，力学の例題を用いてその解説をおこなうように努めた．基本的な定理に関しては証明も加えた．しかし，著者の力不足により，十分な内容になっていない個所も多々あることをお詫びする．また，先を急ぐ読者は証明は飛ばして読まれることをお勧めする．

本書のもとは，名古屋大学情報科学研究科複雑系科学専攻の授業「適応システム特論」の教材であった．この授業を通して試行錯誤を繰り返した結果生まれたものである．この授業を履修して，一緒に考えてくれた学生諸君に感謝したい．私の研究室に籍をおき，一緒に形状最適化問題に取り組んでくれた卒業生や学生諸君には特別な謝意を表したい．

また，日本応用数理学会に所属する数学者の方々からはいくつもの本書の鍵となる考え方をご教示いただいた．「あとがき」でその概要を紹介し，感謝の意を表したい．

本書の企画に関しては，2010 年 7 月に森北出版株式会社社長の森北博巳様から直接のご依頼をいただいて，本書の執筆に着手した．当初の予定された原稿の完成までには 4 年が経過した．そのころ，密度型の位相最適化問題と領域変動型の形状最適化問題における評価関数の 2 階微分が計算できるところまできていた．そうなると 2 階微分までを含めたいとの思いを強くし，水垣偉三夫様と上村紗帆様には幾度ものご訪問をいただきながら寛容に受け止めていただき，お待ちいただいた．脱稿後は，上村様の丁寧な校正のお蔭で読みやすさが向上した．森北出版の方々には心より感謝する次第である．

最後に，妻よし子の日ごろの支えに感謝します．

2016 年 7 月

著　者

目 次

記号法

文字の使い方

基本ルールを以下に示す.

a, α, ...	アルファベットとギリシャ文字（表 1）の小文字はスカラー，ベクトル，関数を表す.
$\boldsymbol{a}$, $\boldsymbol{\alpha}$, ...	アルファベットとギリシャ文字の太い小文字は有限次元のベクトルとそれを値域にもつ関数を表す.
A, $\mathcal{A}$, Γ, ...	アルファベットとギリシャ文字の大文字やその飾り文字は集合を表す.
$\boldsymbol{A}$, $\boldsymbol{\Gamma}$, ...	アルファベットとギリシャ文字の太い大文字は有限次元の行列とそれを値域にもつ関数を表す.
$\mathscr{L}$, $\mathscr{H}$	Lagrange 関数, Hamilton 関数の意味をもつ関数を表す.
a_{A}, a_{div}	ローマン体の添え字は用語の頭文字あるいは略称を表す.

表 1　ギリシャ文字

大文字		小文字		よみ	大文字		小文字		よみ
A	$\boldsymbol{A}$	α	$\boldsymbol{\alpha}$	alpha	N	$\boldsymbol{N}$	ν	$\boldsymbol{\nu}$	nu
B	$\boldsymbol{B}$	β	$\boldsymbol{\beta}$	beta	Ξ	$\boldsymbol{\Xi}$	ξ	$\boldsymbol{\xi}$	xi
Γ	$\boldsymbol{\Gamma}$	γ	$\boldsymbol{\gamma}$	gamma	O	$\boldsymbol{O}$	o	$\boldsymbol{o}$	omicron
Δ	$\boldsymbol{\Delta}$	δ	$\boldsymbol{\delta}$	delta	Π	$\boldsymbol{\Pi}$	π ϖ	$\boldsymbol{\pi}$ $\boldsymbol{\varpi}$	pi
E	$\boldsymbol{E}$	ϵ ε	$\boldsymbol{\epsilon}$ $\boldsymbol{\varepsilon}$	epsilon	P	$\boldsymbol{P}$	ρ ϱ	$\boldsymbol{\rho}$ $\boldsymbol{\varrho}$	rho
Z	$\boldsymbol{Z}$	ζ	$\boldsymbol{\zeta}$	zeta	Σ	$\boldsymbol{\Sigma}$	σ ς	$\boldsymbol{\sigma}$ $\boldsymbol{\varsigma}$	sigma
H	$\boldsymbol{H}$	η	$\boldsymbol{\eta}$	eta	T	$\boldsymbol{T}$	τ	$\boldsymbol{\tau}$	tau
Θ	$\boldsymbol{\Theta}$	θ ϑ	$\boldsymbol{\theta}$ $\boldsymbol{\vartheta}$	theta	Υ	$\boldsymbol{\Upsilon}$	υ	$\boldsymbol{\upsilon}$	upsilon
I	$\boldsymbol{I}$	ι	$\boldsymbol{\iota}$	iota	Φ	$\boldsymbol{\Phi}$	ϕ φ	$\boldsymbol{\phi}$ $\boldsymbol{\varphi}$	phi
K	$\boldsymbol{K}$	κ	$\boldsymbol{\kappa}$	kappa	X	$\boldsymbol{X}$	χ	$\boldsymbol{\chi}$	chi
Λ	$\boldsymbol{\Lambda}$	λ	$\boldsymbol{\lambda}$	lambda	Ψ	$\boldsymbol{\Psi}$	ψ	$\boldsymbol{\psi}$	psi
M	$\boldsymbol{M}$	μ	$\boldsymbol{\mu}$	mu	Ω	$\boldsymbol{\Omega}$	ω	$\boldsymbol{\omega}$	omega

以下，m, n, d を自然数とする.

集　合

$\mathbb{N}$, $\mathbb{Z}$, $\mathbb{Q}$, $\mathbb{R}$, $\mathbb{C}$	それぞれ自然数（正整数），整数，有理数，実数，複素数の全体集合を表す．
$\mathbb{R}^d$	d 次元の実線形空間（実ベクトル空間）を表す．
$A = \{a_1, \ldots, a_m\}$	集合 A は $a_1, \ldots, a_m$ の要素あるいは点からなることを表す．
$\lvert A \rvert$	有限集合 A の要素の数を表す．
$a \in A$	a は集合 A の要素であることを表す．
$\{0\}$	0 だけからなる集合を表す．
$\{a_k\}_{k\in\mathbb{N}}$	無限点列 $\{a_1, a_2, \ldots\}$ を表す．
$A \subset B$	集合 A が集合 B の部分集合であることを表す．
$A \cup B$, $A \cap B$, $A \setminus B$	集合 A と集合 B の和集合，積集合，差集合を表す．
$(0,1)$, $[0,1]$, $(0,1]$	$\{x \in \mathbb{R} \mid 0 < x < 1\}$, $\{x \in \mathbb{R} \mid 0 \le x \le 1\}$, $\{x \in \mathbb{R} \mid 0 < x \le 1\}$ を表す．

ベクトルと行列

以下，$\mathbb{R}^d$, $\mathbb{R}^m$, $\mathbb{R}^n$ のベクトルと行列を考える．

$\boldsymbol{x} = (x_1, \ldots, x_d)^{\mathrm{T}} \in \mathbb{R}^d$	d 次元の列実ベクトルを表す．x_i は $\boldsymbol{x}$ の i 番目の要素を表す．$\boldsymbol{x}^{\mathrm{T}}$ は $\boldsymbol{x}$ の転置を表す．
$\boldsymbol{A} = (a_{ij})_{ij} \in \mathbb{R}^{m\times n}$	m 行 n 列の実行列を表す．$\boldsymbol{A} = (a_{ij})_{(i,j)\in\{1,\ldots,m\}\times\{1,\ldots,n\}}$ ともかく．
$\boldsymbol{0}_{\mathbb{R}^d}$, $\boldsymbol{0}_{\mathbb{R}^{m\times n}}$	$\mathbb{R}^d$ および $\mathbb{R}^{m\times n}$ の零元を表す．
$\boldsymbol{x} \ge \boldsymbol{0}_{\mathbb{R}^d}$	すべての $i \in \{1, \ldots, d\}$ に対して $x_i \ge 0$ を表す．
$\lVert \boldsymbol{x} \rVert_{\mathbb{R}^d, p}$	$p \in [1, \infty)$ のとき，$\boldsymbol{x} \in \mathbb{R}^d$ の p 乗ノルム $\sqrt[p]{\lvert x_1\rvert^p + \cdots + \lvert x_d\rvert^p}$ を表す．$p = \infty$ のとき，最大値ノルム $\max\{\lvert x_1\rvert^p, \ldots, \lvert x_d\rvert^p\}$ を表す．混乱がなければ $\lVert \boldsymbol{x} \rVert_p$ とかく．
$\boldsymbol{a} \cdot \boldsymbol{b}$, $\boldsymbol{A} \cdot \boldsymbol{B}$	$\boldsymbol{a}, \boldsymbol{b} \in \mathbb{R}^m$ および $\boldsymbol{A} = (a_{ij})_{ij}, \boldsymbol{B} = (b_{ij})_{ij} \in \mathbb{R}^{m\times m}$ に対して，内積（スカラー積）$\sum_{i\in\{1,\ldots,m\}} a_i b_i$, $\sum_{(i,j)\in\{1,\ldots,m\}^2} a_{ij} b_{ij}$ を表す．
$\lVert \boldsymbol{x} \rVert_{\mathbb{R}^d}$	$\boldsymbol{x} \in \mathbb{R}^d$ の Euclid ノルム $\sqrt{\boldsymbol{x} \cdot \boldsymbol{x}}$ を表す．混乱がなければ $\lVert \boldsymbol{x} \rVert$ とかく．
δ_{ij}	Kronecker のデルタ $\delta_{ij} = 1$ $(i = j)$, $\delta_{ij} = 0$ $(i \ne j)$ を表す．

$\boldsymbol{I}_{\mathbb{R}^{m\times m}}$	単位行列 $(\delta_{ij})_{ij} \in \mathbb{R}^{m\times m}$ を表す．混乱がなければ $\boldsymbol{I}$ とかく．

領域と関数

以下，$\mathbb{R}^d$ 上の領域と関数を考える．

$\Omega \subset \mathbb{R}^d$	$\mathbb{R}^d$ の領域（連結な開集合）を表す．
$\bar{\Omega}$	Ω の閉包を表す．
$\partial\Omega$	Ω の境界 $\bar{\Omega}\setminus\Omega$ を表す．
$\lvert\Omega\rvert$	$\displaystyle\int_\Omega \mathrm{d}x$ を表す．
$\boldsymbol{\nu}$	境界 $\partial\Omega$ で定義された外向き単位法線を表す．
$\boldsymbol{\tau}_1,\ldots,\boldsymbol{\tau}_{d-1}$	境界 $\partial\Omega$ で定義された接線を表す．
κ	境界 $\partial\Omega$ で定義された $\boldsymbol{\nabla}\cdot\boldsymbol{\nu}$（平均曲率の $d-1$ 倍，主曲率の和）を表す．
$\boldsymbol{\nabla}u$	関数 $u\colon \mathbb{R}^d \to \mathbb{R}$ の勾配 $\partial u/\partial \boldsymbol{x} \in \mathbb{R}^d$ を表す．
Δu	関数 $u\colon \mathbb{R}^d \to \mathbb{R}$ の Laplace 作用素 $\Delta = \boldsymbol{\nabla}\cdot\boldsymbol{\nabla}$ を表す．
$\partial_\nu u$	関数 $u\colon \Omega \to \mathbb{R}$ に対して，境界 $\partial\Omega$ で定義された $(\boldsymbol{\nu}\cdot\boldsymbol{\nabla})u$ を表す．
$\partial\boldsymbol{u}/\partial\boldsymbol{x}^{\mathrm{T}}$，$\boldsymbol{u}_{\boldsymbol{x}^{\mathrm{T}}}$	関数 $\boldsymbol{u}\colon \mathbb{R}^d \to \mathbb{R}^m$ のとき，Jacobi 行列 $(\partial u_i/\partial x_j)_{ij}\colon \mathbb{R}^d \to \mathbb{R}^m \times \mathbb{R}^d$ を表す．
$\partial_\nu \boldsymbol{u}$	関数 $\boldsymbol{u}\colon \Omega \to \mathbb{R}^d$ に対して，境界 $\partial\Omega$ で定義された $(\boldsymbol{\nu}\cdot\boldsymbol{\nabla})\boldsymbol{u} = (\boldsymbol{\nabla}\boldsymbol{u}^{\mathrm{T}})^{\mathrm{T}}\boldsymbol{\nu}$ を表す．
$\mathrm{d}x$，$\mathrm{d}\gamma$，$\mathrm{d}\varsigma$	領域 $\Omega \subset \mathbb{R}^d$ 上の積分，境界 $\Gamma \subset \partial\Omega$ 上の積分，境界の境界 $\partial\Gamma$ 上の積分で使われる測度を表す．
$\operatorname{ess\,sup}_{\mathrm{a.e.}\boldsymbol{x}\in\Omega}\lvert f(\boldsymbol{x})\rvert$	関数 $u\colon \Omega \to \mathbb{R}$ の本質的有界を表す．a.e. は「可測集合上ほとんどいたるところで」の意味を表す．
χ_Ω	領域 $\Omega \subset \mathbb{R}^d$ に対する特性関数 $\chi_\Omega\colon \mathbb{R}^d \to \mathbb{R}(\chi_\Omega(\Omega) = 1, \chi_\Omega(\mathbb{R}^d \setminus \bar{\Omega}) = 0)$ を表す．

Banach 空間

以下，V をノルム空間，X と Y を Banach 空間とする．

$\lVert\boldsymbol{x}\rVert_V$	$\boldsymbol{x} \in V$ のノルムを表す．混乱がなければ $\lVert\boldsymbol{x}\rVert$ とかく．
$f\colon X \to Y$	X から Y への写像（作用素）を表す．
$f(\boldsymbol{x})\colon X \ni \boldsymbol{x} \mapsto f \in Y$	要素を明示した写像を表す．
$f \circ g$	合成写像 $f(g)$ を表す．
$\mathcal{L}(X;Y)$	X から Y への有界線形作用素の全体集合を表す．

$\mathcal{L}^2(X \times X; Y)$　$\mathcal{L}(X; \mathcal{L}(X; Y))$ を表す．

X'　X の双対空間，すなわち X 上の有界線形汎関数の全体集合 $\mathcal{L}(X; \mathbb{R})$ を表す．

$\langle \boldsymbol{y}, \boldsymbol{x} \rangle_{X' \times X}$　$\boldsymbol{x} \in X$ と $\boldsymbol{y} \in X'$ の双対積を表す．混乱がなければ $\langle \boldsymbol{y}, \boldsymbol{x} \rangle$ とかく．

$f'(\boldsymbol{x})[\boldsymbol{y}]$　$f \colon X \to \mathbb{R}$ のとき，f の $\boldsymbol{x} \in X$ における任意変動 $\boldsymbol{y} \in X$ に対する Fréchet 微分 $\langle f'(\boldsymbol{x}), \boldsymbol{y} \rangle_{X' \times X}$ を表す．

$f_{\boldsymbol{x}}(\boldsymbol{x}, \boldsymbol{y})[\boldsymbol{z}]$，$\partial_X f(\boldsymbol{x}, \boldsymbol{y})[\boldsymbol{z}]$　$f \colon X \times Y \to \mathbb{R}$ のとき，f の $(\boldsymbol{x}, \boldsymbol{y}) \in X \times Y$ における任意変動 $\boldsymbol{z} \in X$ に対する Fréchet 偏微分 $\langle \partial f(\boldsymbol{x}, \boldsymbol{y}) / \partial \boldsymbol{x}, \boldsymbol{z} \rangle_{X' \times X}$ を表す．$f(\boldsymbol{x}, \boldsymbol{y}) / \partial \boldsymbol{x} \in X'$ を $f_{\boldsymbol{x}}(\boldsymbol{x}, \boldsymbol{y})$ とかく．

関数空間

以下，Ω を $\mathbb{R}^d$ の領域とする．

$C(\Omega; \mathbb{R}^n)$，$C^0(\Omega; \mathbb{R}^n)$　Ω 上で定義された連続関数 $\boldsymbol{f} \colon \Omega \to \mathbb{R}^n$ の全体集合を表す．

$C_{\mathrm{B}}(\Omega; \mathbb{R}^n)$，$C_{\mathrm{B}}^0(\Omega; \mathbb{R}^n)$　$C(\Omega; \mathbb{R}^n)$ に含まれる有界な関数の全体集合を表す．

$C_0(\Omega; \mathbb{R}^n)$　$\boldsymbol{f} \in C(\Omega; \mathbb{R}^n)$ の台が Ω のコンパクト集合となるような $\boldsymbol{f}$ の全体集合を表す．

$C^k(\Omega; \mathbb{R}^n)$　$k \in \{0, 1, \ldots\}$ 階までの導関数が $C(\Omega; \mathbb{R}^n)$ に属する関数の全体集合を表す．

$C_{\mathrm{B}}^k(\Omega; \mathbb{R}^n)$　k 階微分までの導関数が $C_{\mathrm{B}}(\Omega; \mathbb{R}^n)$ に属する関数の全体集合を表す．

$C_0^k(\Omega; \mathbb{R}^n)$　$C^k(\Omega; \mathbb{R}^n) \cap C_0(\Omega; \mathbb{R}^n)$ を表す．

$C^{k,\sigma}(\Omega; \mathbb{R}^n)$　Hölder 指数 $\sigma \in (0, 1]$ に対して，k 階までの導関数が Hölder 連続な $\boldsymbol{f} \in C^k(\Omega; \mathbb{R}^n)$ の全体集合を表す．$k = 0$ かつ $\sigma = 1$ のとき，その関数を Lipschitz 連続という．

$L^p(\Omega; \mathbb{R}^n)$　$p \in [1, \infty)$ に対して，p 乗 Lebesgue 可積分な関数 $\boldsymbol{f} \colon \Omega \to \mathbb{R}^n$ の全体集合を表す．$p = \infty$ に対して本質的有界な関数の全体集合を表す．

$W^{k,p}(\Omega; \mathbb{R}^n)$　$k \in \{0, 1, \ldots\}$ 階までの導関数が $L^p(\Omega; \mathbb{R}^n)$ に属する関数の全体集合を表す．

$W_0^{k,p}(\Omega; \mathbb{R}^n)$　$W^{k,p}(\Omega; \mathbb{R})$ における $C_0^\infty(\Omega; \mathbb{R})$ の閉包を表す．

$H^k(\Omega; \mathbb{R}^n)$　$W^{k,2}(\Omega; \mathbb{R}^n)$ を表す．

$H_0^k(\Omega; \mathbb{R}^n)$　$W_0^{k,2}(\Omega; \mathbb{R}^n)$ を表す．

第1章 最適設計の基礎

本書の主題は最適設計である．本文を始めるにあたり，本章では，簡単な問題をとりあげて，最適設計とはどのような数理的構造をもつ問題なのかをみておきたい．本書を読み終えれば，連続体の形状最適化問題も本章で扱う問題と同じ構造をもつことが理解されるであろう．さらには，連続体の対象をさまざまに変えれば，いろいろな形状最適化問題も同じ構造をもつことがみえてくるであろう．

本書では，連続体の対象を線形弾性体とStokes流れ場に絞って解説する．本章では，それらに対応させて，1次元の線形弾性体と1次元のStokes流れ場に関する最適設計問題を構成して，それらの最適性の条件を求めるまでの過程をみてみることにする．ここで得られる最適性の条件は，第9章において2次元や3次元の領域で定義された線形弾性体とStokes流れ場の領域変動型の形状最適化問題に対する最適性の条件として，再び出会うことになる．

1.1 段つき1次元線形弾性体の最適設計問題

最初に，力学システムの例として図1.1.1のような二つの断面積をもつ1次元線形弾性体をとりあげて，その最適設計問題とはどのように構成されるものかをみてみよう．ここで1次元とよんだ理由は，実際には断面積と長さで構成された3次元物体であるが，長さ方向にx座標をとって，あとで示されるように，変位がxの関数，すなわち1次元ベクトル空間†上の関数，で与えられると仮定するからである．また，線形弾性体の線形性は，これもあとで示される

†ここで考える有限次元のベクトル空間は **Euclid 空間**ともよばれる．また，ベクトル空間は線形空間と同意語で，その定義は定義4.2.1で示される．

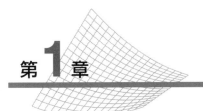

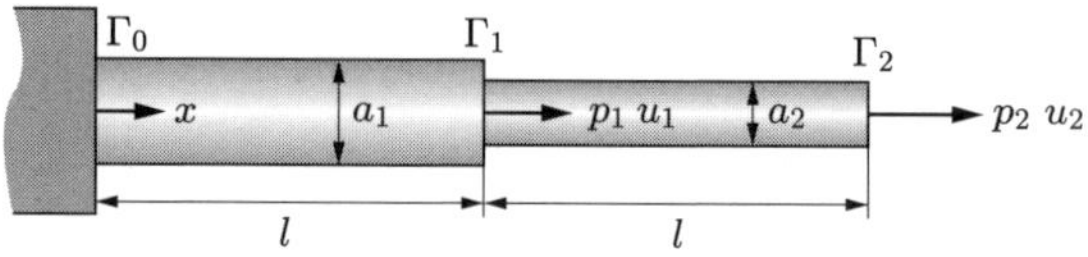

図 1.1.1 二つの断面積をもつ1次元線形弾性体

ように，ひずみが応力に比例すること（Hooke 則）と，変位は微小であると仮定したときに変位は外力の線形関数になるためである．

ここで，定数や変数について細かく定義していこう．l を長さを表す正の定数とする．a_1 と a_2 を二つの断面積として，それらを2次元ベクトル $\boldsymbol{a} = (a_1, a_2)^{\mathrm{T}} \in \mathbb{R}^2$ で定義する．本書では，$\mathbb{R}$ を実数全体の集合の意味で用いる．$(\cdot)^{\mathrm{T}}$ は転置を表すことにする．また，本書の数式では，有限次元のベクトルを英文字やギリシャ文字の小文字の太字で表すことにする．二つの断面積は，ともに，ある正定数 a_{01} と a_{02} を定めて，$i \in \{1, 2\}$ に対して $a_i \geq a_{0i}$ を満たすとする．そのことを $\boldsymbol{a}_0 = (a_{01}, a_{02})^{\mathrm{T}} \in \mathbb{R}^2$ に対して $\boldsymbol{a} \geq \boldsymbol{a}_0$ とかくことにする．$\boldsymbol{a}$ と同様に，p_1 と p_2 を断面 Γ_1 と Γ_2 に作用する外力，u_1 と u_2 をそれらに対応する変位として，$\boldsymbol{p} = (p_1, p_2)^{\mathrm{T}} \in \mathbb{R}^2$ および $\boldsymbol{u} = (u_1, u_2)^{\mathrm{T}} \in \mathbb{R}^2$ のようにかくことにする．

ここでは，次のような最適設計問題を考えてみたい．l と $\boldsymbol{p}$ は与えられていると仮定する．それ以外の変数については，次のように考えることにしよう．断面積 $\boldsymbol{a}$ は，それを決めれば設計しようとしているシステムが一意に決まるような変数であることから，$\boldsymbol{a}$ を**設計変数**とよぶことにする．$\boldsymbol{a}$ を定めることでシステムが特定されたときに，そのシステムの**状態方程式**を満たす変数 $\boldsymbol{u}$ を**状態変数**とよぶことにする．本書では，状態変数を求める問題を**状態決定問題**とよぶことにする．状態決定問題については 1.1.1 項 で詳しくみることにする．さらに，設計変数 $\boldsymbol{a}$ と状態変数 $\boldsymbol{u}$ が与えられたときに，システムの性能を表すような $\boldsymbol{a}$ と $\boldsymbol{u}$ の実数値関数を定義して，それらを**評価関数**とよぶことにする．1.1.2 項では，このシステムは外力を支える構造であることを考慮して，変形の大きさを表す関数と体積制約を表す関数が評価関数に選ばれる．最適設計問題は，これらの評価関数を用いて，**目的関数**と**制約関数**による制約条件を定義することで構成される．

このように構成される最適設計問題に対して，最適解を用いたならば成り立つ条件を**最適性の条件**とよぶことにする．1次元弾性体に対する最適性の条件は 1.1.7 項で示される．そのために，まず 1.1.3 項で設計変数の変動に対する評価関数の微分を定義して，1.1.4 項から 1.1.6 項でそれらの求め方について考えることにする．これらの結果は，本来ならば，第 2 章で示される最適化理論の定理について説明されたあとで示されるべきかもしれない．しかし，本書では，最適化理論の定理の使われ方の理解を優先させることにする．

1.1.1 状態決定問題

それでは，最適設計問題を構成する過程を順を追ってみていこう．まず，設計の対象とする力学システムを定義することから始めよう．設計変数が与えられたとき，このシステムは通常の力のつり合い方程式や運動方程式と境界条件で構成される力学の問題に帰着する．本書では，その問題を**状態決定問題**とよぶことにする．まず，その状態決定問題が力学の原理に基づいて構成されるようすをみてみよう．力学に詳しい読者はこの項を飛ばしてもよい．

1 次元弾性体について考える前に，力のつり合い方程式がポテンシャルエネルギーの最小条件によって求められることを復習しておきたい[159]．まず，次の例題でポテンシャルエネルギーの定義を確認しよう．

□例題 1.1.1（1 自由度ばね系のポテンシャルエネルギー） 図 1.1.2 のような 1 自由度ばね系に対して，k と p をそれぞればね定数と外力（$\mathbb{R}$ 上のどこにあっても一定の力が発生する保存力）を表す正の実定数とする．$u \in \mathbb{R}$ を図 1.1.2 に示されるようなばねの復元力と外力がつり合ったときの変位とし，

$$ku - p = 0$$

が成り立つと仮定する．このとき，$u = 0$ を基準にしたときの**ポテンシャルエ**

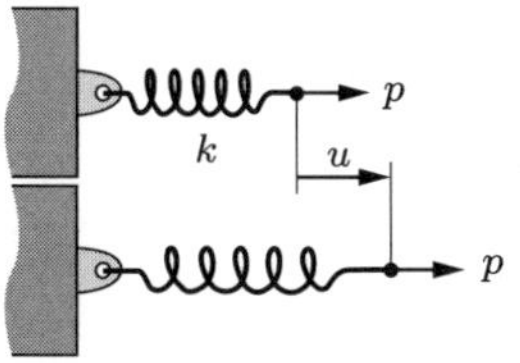

図 1.1.2 1 自由度ばね系
（上図は変形前，下図は力のつり合い状態）

ネルギー（弾性ポテンシャルエネルギー） を求めよ．

▶**解答**　力学においてポテンシャルエネルギーは，仕事をする能力を表すエネルギー量として定義される．$u = 0$ を基準にしたときのポテンシャルエネルギーは，不つり合い力 $kv - p$（v は途中の変位を表す）を変位 v で 0 から u まで積分した

$$\pi(u) = \int_0^u (kv - p)\,\mathrm{d}v = \frac{1}{2}ku^2 - pu \tag{1.1.1}$$

によって与えられる． □

式 (1.1.1) の右辺第 1 項は**内部ポテンシャルエネルギー**，第 2 項は**外部ポテンシャルエネルギー**とよばれる．内部ポテンシャルエネルギーは仕事をする能力（ポテンシャル）を獲得した分なので正となり，外部ポテンシャルエネルギーは仕事をしてしまった（力と変位の向きが同じ）分なので負になっていることに注目してほしい．ここで，ポテンシャルエネルギーはエネルギー保存則に現れる保存されるエネルギー（**Hamilton 関数**）とは関連はある（第 4 章の演習問題 **4.3**）が，別のものであることに注意する必要がある．

ポテンシャルエネルギー π をもとにすれば，力のつり合い方程式はポテンシャルエネルギーの停留条件

$$\frac{\mathrm{d}\pi}{\mathrm{d}u} = ku - p = 0$$

によって与えられることになる．そのとき，π が最小になるのは

$$\frac{\mathrm{d}^2\pi}{\mathrm{d}u^2} = k > 0$$

が成り立つためである．

ポテンシャルエネルギーとはどのようなものかがわかれば，2 自由度ばね系においてもポテンシャルエネルギーを見積ることができる．それを用いれば，次の例題のように 2 自由度ばね系の力のつり合い方程式が求められる．

□例題 1.1.2（2 自由度ばね系のポテンシャルエネルギー）　図 1.1.3 のような 2 自由度ばね系を考える．k_1 と k_2 をばね定数を表す正の実定数，$\boldsymbol{p} = (p_1, p_2)^{\mathrm{T}} \in \mathbb{R}^2$ を外力を表す定ベクトル，$\boldsymbol{u} = (u_1, u_2)^{\mathrm{T}} \in \mathbb{R}^2$ を $\boldsymbol{p}$ とつり合い状態になったときの変位とする．このとき，$\boldsymbol{u} = \boldsymbol{0}_{\mathbb{R}^2}$（本書では $(0, 0)^{\mathrm{T}}$ を $\boldsymbol{0}_{\mathbb{R}^2}$ とかく）を基準にしたときのポテンシャルエネルギーを求めよ．また，ポテンシャルエ

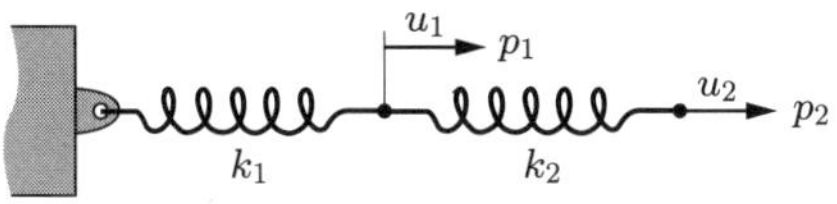

図 1.1.3　2 自由度ばね系

ネルギーの停留条件によって力のつり合い方程式を求めよ．

▶**解答**　この系のポテンシャルエネルギーは，内部と外部のポテンシャルエネルギーを足し合わせることにより，

$$\pi(\boldsymbol{u}) = \frac{1}{2}k_1 u_1^2 + \frac{1}{2}k_2(u_2 - u_1)^2 - (p_1 u_1 + p_2 u_2)$$

で与えられる．このとき，ポテンシャルエネルギーの停留条件

$$\frac{\partial \pi}{\partial u_1} = k_1 u_1 - k_2(u_2 - u_1) - p_1 = 0$$
$$\frac{\partial \pi}{\partial u_2} = k_2(u_2 - u_1) - p_2 = 0$$

によって力のつり合い方程式が得られる．これらの式は，

$$\begin{pmatrix} k_1 + k_2 & -k_2 \\ -k_2 & k_2 \end{pmatrix} \begin{pmatrix} u_1 \\ u_2 \end{pmatrix} = \begin{pmatrix} p_1 \\ p_2 \end{pmatrix} \tag{1.1.2}$$

のようにかくことができる．□

ポテンシャルエネルギーの停留条件式 (1.1.2) を満たす $\boldsymbol{u}$ が π の最小点になることは，例題 2.5.8 で同様の問題を使って示される．ここでは省略することにする．

ポテンシャルエネルギーの最小条件によって力のつり合い方程式が得られることが確認されたので，図 1.1.1 の 1 次元線形弾性体にその条件を適用してみよう．まず，外部のポテンシャルエネルギーは，例題 1.1.2 と同様に，

$$\pi_{\mathrm{E}}(\boldsymbol{u}) = -\boldsymbol{p} \cdot \boldsymbol{u} \tag{1.1.3}$$

によって与えられる．なお，本書では $\boldsymbol{p} \cdot \boldsymbol{u} = \boldsymbol{p}^{\mathrm{T}} \boldsymbol{u}$ は有限次元ベクトル空間の内積を表すことにする．

次に，内部ポテンシャルエネルギーを求めてみよう．$x \in \mathbb{R}$ を図 1.1.1 の断面 Γ_0 を原点とする長さ方向の座標とする．このとき，$x \in [0, 2l]$ における変位は

$$u(x) = \begin{cases} u_1 \dfrac{x}{l} & x \in [0, l) \\ (u_2 - u_1)\dfrac{x}{l} + 2u_1 - u_2 & x \in [l, 2l] \end{cases} \tag{1.1.4}$$

で与えられると仮定する．すなわち，3 次元的な変形は考えないと仮定する．ただし，$[0, 2l]$ は $\{x \in \mathbb{R} \mid 0 \le x \le 2l\}$ を表すことにする．

ここで，話を中断して，集合と関数の表し方について本書の方針について説明しておきたい．本書では，集合を $\{x \in \mathbb{R} \mid 0 \le x \le 2l\}$ の形式で定義する．ここで，$\mathbb{R}$ の位置に線形空間（第 4 章で定義する）あるいは集合の全体をかき，$|$ のあとにその集合の要素が満たすべき条件をかくことにする．また，$[0, l)$ は $\{x \in \mathbb{R} \mid 0 \le x < l\}$ を表すことにする．$(0, l)$ は $\{x \in \mathbb{R} \mid 0 < x < l\}$ を表すことにする．式 (1.1.4) の $u(x)$ は $x = l$ で連続なので，式 (1.1.4) の $[0, l)$ は $[0, l]$ とかいても $(0, l)$ とかいても問題は起こらない．そこで，本書では関数の定義域（領域）は開集合で定義して（付録 A.1.1 項），定義域の境界上の値は連続の性質を使って決定される値（トレース（定理 4.4.2）とよばれる）によって定義されるとみなすことにする．一方，関数の定義域と値域を表す表記を，たとえば式 (1.1.4) の $u(x)$ を $u\colon (0, 2l) \to \mathbb{R}$ のようにかくことにする．$(0, 2l)$ は定義域，$\mathbb{R}$ は値域，$\to$ は集合から集合への写像を表す．要素を明示するときは，$u(x)\colon (0, 2l) \ni x \mapsto u \in \mathbb{R}$ のようにかくことにする．本書では，関数や変数ということばにとらわれていると混乱をまねくことになる．第 4 章からは，関数が変数になるためである．そのようなときは，写像を使った表記が重要となることを覚えておいてほしい．

話を元に戻そう．力学において，力と変位，あるいは温度と熱量のように，現象を表す変数間の関係を与える方程式は**構成方程式**あるいは**構成則**とよばれる．線形弾性体の場合には **Hooke 則**が使われる．Hooke 則では，**ひずみ**（材料の変形率）

$$\varepsilon(u) = \frac{\mathrm{d}u}{\mathrm{d}x} \tag{1.1.5}$$

と**応力**（単位面積あたりに作用する力）$\sigma(u)$ が

$$\sigma(u) = e_{\mathrm{Y}} \varepsilon(u) \tag{1.1.6}$$

によって関連づけられる．ここで，e_{Y} は**縦弾性係数**あるいは **Young 率**とよばれる材料固有の正の実定数で与えられると仮定する．なお，図 1.1.1 の 1 次元線形弾性体では，e_{Y} は $e_{\mathrm{Y}}\colon (0,2l) \to \mathbb{R}$ のような不連続関数で与えられると仮定してもよいが，ここでは簡単のために正の実定数で与えられると仮定しよう．さらに，このような応力とひずみを用いて

$$w(u) = \frac{1}{2}\sigma(u)\varepsilon(u) \tag{1.1.7}$$

によって定義される力学量は**ひずみエネルギー密度**（内部ポテンシャルエネルギー密度）とよばれる．w が単位体積あたりのエネルギーになっていることは，w の単位が国際単位系 (SI) で $[\mathrm{Nm/m^3}]$ になることからも確認される．これらの定義を用いれば，図 1.1.1 の 1 次元線形弾性体における内部のポテンシャルエネルギーは，

$$\pi_{\mathrm{I}}(\boldsymbol{u}) = \int_0^l w(u)a_1\,\mathrm{d}x + \int_l^{2l} w(u)a_2\,\mathrm{d}x \tag{1.1.8}$$

によって与えられる．

図 1.1.1 の 1 次元線形弾性体に対する内部と外部のポテンシャルエネルギーが式 (1.1.8) と式 (1.1.3) のように求められたので，全体の**ポテンシャルエネルギー**は，$\boldsymbol{u} = \boldsymbol{0}_{\mathbb{R}^2}$ を基準にして，

$$\begin{aligned}\pi(\boldsymbol{u}) &= \pi_{\mathrm{I}}(\boldsymbol{u}) + \pi_{\mathrm{E}}(\boldsymbol{u}) \\ &= \frac{1}{2}\frac{e_{\mathrm{Y}}}{l}a_1u_1^2 + \frac{1}{2}\frac{e_{\mathrm{Y}}}{l}a_2(u_2-u_1)^2 - p_1u_1 - p_2u_2\end{aligned} \tag{1.1.9}$$

で与えられる．したがって，π の停留条件は

$$\begin{aligned}\frac{\partial\pi}{\partial u_1} &= \frac{e_{\mathrm{Y}}}{l}a_1u_1 - \frac{e_{\mathrm{Y}}}{l}a_2(u_2-u_1) - p_1 = 0 \\ \frac{\partial\pi}{\partial u_2} &= \frac{e_{\mathrm{Y}}}{l}a_2(u_2-u_1) - p_2 = 0\end{aligned}$$

となる．これらの式は，

$$\frac{e_{\mathrm{Y}}}{l}\begin{pmatrix} a_1+a_2 & -a_2 \\ -a_2 & a_2 \end{pmatrix}\begin{pmatrix} u_1 \\ u_2 \end{pmatrix} = \begin{pmatrix} p_1 \\ p_2 \end{pmatrix} \tag{1.1.10}$$

のようにかきかえられる．

そこで，図 1.1.1 の 1 次元線形弾性体に外力が作用したときの変位を決定する問題を次のように定義しよう．

問題 1.1.3（段つき 1 次元線形弾性問題）

図 1.1.1 の 1 次元線形弾性体に対して，$l \in \mathbb{R}$ $(l > 0)$，$e_{\mathrm{Y}} \in \mathbb{R}$ $(e_{\mathrm{Y}} > 0)$，$\boldsymbol{p} \in \mathbb{R}^2$ および $\boldsymbol{a} \in \mathbb{R}^2$ が与えられたとき，

$$\boldsymbol{K}(\boldsymbol{a})\boldsymbol{u} = \boldsymbol{p} \tag{1.1.11}$$

を満たす $\boldsymbol{u} \in \mathbb{R}^2$ を求めよ．ただし，式 (1.1.11) は式 (1.1.10) を表すものとする．

なお，本書では，$\boldsymbol{K}$ のように，行列を英文字やギリシャ文字の大文字の太字で表すことにする．

ここで，今後の展開を先取りして，問題 1.1.3 を別の形式で表現する方法についてみておこう．問題 1.1.3 に対して，

$$\mathscr{L}_{\mathrm{S}}(\boldsymbol{a}, \boldsymbol{u}, \boldsymbol{v}) = \boldsymbol{v} \cdot (-\boldsymbol{K}(\boldsymbol{a})\boldsymbol{u} + \boldsymbol{p}) \tag{1.1.12}$$

を**状態決定問題に対する Lagrange 関数**（第 2 章で定義する）とよぶことにする．ここで，$\boldsymbol{v} \in \mathbb{R}^2$ は式 (1.1.11) に対する **Lagrange 乗数**とよばれるものとして導入された．状態方程式に対する Lagrange 乗数は**随伴変数**ともよばれる．このとき，任意の $\boldsymbol{v} \in \mathbb{R}^2$ に対して

$$\mathscr{L}_{\mathrm{S}}(\boldsymbol{a}, \boldsymbol{u}, \boldsymbol{v}) = 0 \tag{1.1.13}$$

を満たす $\boldsymbol{u} \in \mathbb{R}^2$ は，問題 1.1.3 の解と同値である．なぜならば，式 (1.1.11) が成り立つならば，任意の $\boldsymbol{v} \in \mathbb{R}^2$ に対して式 (1.1.13) が成り立ち，逆も成り立つからである．任意の $\boldsymbol{v} \in \mathbb{R}^2$ に対して式 (1.1.13) が成り立つ条件は，**仮想仕事の原理**ともよばれる．その理由は，$\boldsymbol{u}$ の任意変動 $\mathrm{d}\boldsymbol{u} \in \mathbb{R}^2$（仮想変位）に対するポテンシャルエネルギー

$$\pi(\boldsymbol{u}) = \frac{1}{2}\mathscr{L}_{\mathrm{S}}(\boldsymbol{a}, \boldsymbol{u}, \boldsymbol{u})$$

の停留条件は

$$\mathrm{d}\pi(\boldsymbol{u}) = \mathscr{L}_{\mathrm{S}}(\boldsymbol{a}, \boldsymbol{u}, \mathrm{d}\boldsymbol{u}) = 0$$

で与えられるからである．

1.1.2　最適設計問題

状態決定問題が定義されたので，それを使って最適設計問題を構成しよう．まず，評価関数を定義しよう．状態決定問題 1.1.3 の解 $\boldsymbol{u}$ に対して，

$$f_0(\boldsymbol{u}) = (p_1 \quad p_2)\begin{pmatrix} u_1 \\ u_2 \end{pmatrix} = \boldsymbol{p} \cdot \boldsymbol{u} \tag{1.1.14}$$

を**平均コンプライアンス**とよぶことにする．この場合の f_0 は**外力仕事**とよばれる力学量に相当する．しかし，第 8 章と第 9 章では，線形弾性体の変形のしやすさ（コンプライアンス）を表す評価関数として，この定義が拡張されたものを平均コンプライアンスとよんで定義する．そのときには，もはや外力仕事の意味をもたないために，そのようによぶことにするのである．式 (1.1.14) の f_0 は変形のしやすさを表す実数値関数になっている．そのことは次のように説明される．$\boldsymbol{u}$ は変形のしやすさを表すベクトルであるが，実数ではない．そこで，$\boldsymbol{u}$ を実数に変換するために，$\boldsymbol{p}$ を重みとして用いたものが f_0 であると考えれば，f_0 が変形のしやすさを表す実数値関数になっていることが理解される．それに対して，

$$f_1(\boldsymbol{a}) = l(a_1 + a_2) - c_1 = (l \quad l)\begin{pmatrix} a_1 \\ a_2 \end{pmatrix} - c_1 \tag{1.1.15}$$

を体積に対する制約関数とよぶことにする．ただし，c_1 を体積の上限値を表す正定数とする．本節では，f_0 と f_1 を最適設計問題における**評価関数**と定義する．今後，本書では，評価関数を $f_0, f_1, \ldots, f_m$ のようにかいて，f_0 を**目的関数**，$f_1, \ldots, f_m$ を**制約関数**として用いることにする．

これらの評価関数を用いて，図 1.1.1 の 1 次元線形弾性体に対して問題 1.1.4 のような最適設計問題を考えよう．以下では，**設計変数** $\boldsymbol{a}$ と**状態変数** $\boldsymbol{u}$ の線形空間をそれぞれ $X = \mathbb{R}^2$ と $U = \mathbb{R}^2$ とかいて，**設計変数の線形空間**および**状態変数の線形空間**とよぶことにする．また，定数ベクトル $\boldsymbol{a}_0 = (a_{01}, a_{02})^{\mathrm{T}} > \boldsymbol{0}_{\mathbb{R}^2}$ に対して，

$$\mathcal{D} = \{\boldsymbol{a} \in X \mid \boldsymbol{a} \geq \boldsymbol{a}_0\} \tag{1.1.16}$$

を**設計変数の許容集合**とよぶ．本書では集合に対しては英文字やギリシャ文字（飾り文字も含む）の大文字を使うことにする．X，U および $\mathcal{D}$ の集合に対す

る記号は，1.3 節でも，第 7 章以降の関数空間上の最適設計問題でも，同様の意味をもつ集合に対する記号として用いることにする．

問題 1.1.4（平均コンプライアンス最小化問題）

$X = \mathbb{R}^2$ および $U = \mathbb{R}^2$ とおく．$\mathcal{D}$ を式 (1.1.16) とする．$f_0(\boldsymbol{u})$ と $f_1(\boldsymbol{a})$ をそれぞれ式 (1.1.14) と式 (1.1.15) とする．このとき，

$$\min_{\boldsymbol{a}\in\mathcal{D}}\{f_0(\boldsymbol{u}) \mid f_1(\boldsymbol{a}) \leq 0,\ \boldsymbol{u}\in U,\ \text{問題 1.1.3}\}$$

を満たす $\boldsymbol{a}$ を求めよ．

問題 1.1.4 は，本来ならば，「このとき，

$$\boldsymbol{a}^* = \arg\min_{\boldsymbol{a}\in\mathcal{D}}\{f_0(\boldsymbol{u}) \mid f_1(\boldsymbol{a}) \leq 0,\ \boldsymbol{u}\in U,\ \text{問題 1.1.3}\}$$

を求めよ．」のようにかくべきかもしれない．ただし，$\arg\min_{\boldsymbol{x}\in X} f(\boldsymbol{x})$ は関数 f が最小となる定義域 X 上の点 $\boldsymbol{x}$ を表す．しかし，表記の簡単化のために，問題 1.1.4 のようにかくことにする．また，式 (1.1.16) 中で与えられた $\boldsymbol{a} \geq \boldsymbol{a}_0$ のような簡単な制約は**側面制約**とよばれることがある．のちの展開では，このような側面制約を無視して最適性の条件を満たす解を求め，それらの解の中からこの制約を満たす解を選ぶといった使い方をする．もしも，このような側面制約が有効になるときは，不等式制約の中に含める必要がある（演習問題 **1.4**）．

問題 1.1.4 は等式と不等式制約つき最適化問題である．このような問題に対して，解が満たす条件（最適性の条件）については第 2 章で詳しく解説することにする．また，数値解法は第 3 章で考える．ここでは，それらの説明を省略して，形式的な手順に沿って最適性の条件が得られるまでをみていくことにしよう．次の項では，設計変数 $\boldsymbol{a}$ の変動に対する f_0 と f_1 の微分の求め方について考える．これらの結果は，1.1.7 項で最適性の条件の中で使われる．

1.1.3　断面積微分

断面積 $\boldsymbol{a}$ の変動に対する f_0 と f_1 の微分をここでは**断面積微分**とよぶことにする．

最初に，通常の微分の定義が使える f_1 の断面積微分から考えてみよう．f_1 は式 (1.1.15) のように $\boldsymbol{a}$ の関数として定義されているので，f_1 の $\boldsymbol{a}$ に対する

偏導関数は

$$f_{1\boldsymbol{a}} = \frac{\partial f_1}{\partial \boldsymbol{a}} = \begin{pmatrix} \partial f_1/\partial a_1 \\ \partial f_1/\partial a_2 \end{pmatrix} = \begin{pmatrix} l \\ l \end{pmatrix} = \boldsymbol{g}_1 \tag{1.1.17}$$

のように得られる．本書では，偏導関数 $\partial f_1/\partial \boldsymbol{a}$ を $f_{1\boldsymbol{a}}$ のようにかくことにする．ここで，f_1 は実数であるが，$\boldsymbol{a}$ が列ベクトルであるために $f_{1\boldsymbol{a}}$ は列ベクトルになることに注意されたい．一方，任意の $\boldsymbol{b} \in X$ に対して，$\boldsymbol{a}$ における f_1 の Taylor 展開（定理 2.4.2）を

$$\begin{aligned} f_1(\boldsymbol{a}+\boldsymbol{b}) &= f_1(\boldsymbol{a}) + f_1'(\boldsymbol{a})[\boldsymbol{b}] + o(\|\boldsymbol{b}\|_{\mathbb{R}^2}) \\ &= f_1(\boldsymbol{a}) + \boldsymbol{g}_1 \cdot \boldsymbol{b} + o(\|\boldsymbol{b}\|_{\mathbb{R}^2}) \end{aligned} \tag{1.1.18}$$

とかくことにする．$f_1'(\boldsymbol{a})[\boldsymbol{b}]$ は f_1 の $\boldsymbol{a}$ における $\boldsymbol{b}$ の変動に対する 1 次の変動項を表すことにする．また，$o(\cdot)$ は $\lim_{\epsilon\to 0} o(\epsilon)/\epsilon = 0$ で定義された Bachmann–Landau の litte-o 記号，$\|\boldsymbol{b}\|_{\mathbb{R}^2} = \sqrt{|b_1|^2+|b_2|^2}$ と定義する．なお，f_1 に対しては $o(\|\boldsymbol{b}\|_{\mathbb{R}^2}) = 0$ である．式 (1.1.18) の場合，$f_1'(\boldsymbol{a})[\boldsymbol{b}] = f_{1\boldsymbol{a}} \cdot \boldsymbol{b} = \boldsymbol{g}_1 \cdot \boldsymbol{b}$ のように $f_1'(\boldsymbol{a})[\boldsymbol{b}]$ は $\boldsymbol{b}$ に対する線形関数となった．別のいい方をすれば，$\boldsymbol{b}$ に対する内積の相手 $\boldsymbol{g}_1$ がみつかったことになる．このように，$f_1'(\boldsymbol{a})[\boldsymbol{b}] = \boldsymbol{g}_1 \cdot \boldsymbol{b}$ とかけたとき，微分可能といい，$f_1'(\boldsymbol{a})[\boldsymbol{b}]$ を $\boldsymbol{a}$ における f_1 の断面積微分とよぶことにする．$\boldsymbol{g}_1 \in \mathbb{R}^2$ を**断面積勾配**とよぶことにする．

次に，この要領で f_0 の断面積微分について考えてみよう．f_0 は式 (1.1.14) のように $\boldsymbol{u}$ の関数ではあるが，陽に $\boldsymbol{a}$ の関数にはなっていない．しかし，$\boldsymbol{u}$ は $\boldsymbol{a}$ が与えられたときの状態方程式（問題 1.1.3）を満たすと仮定されているので，$\boldsymbol{a}$ が変動することによって $\boldsymbol{u}$ は変動する．すなわち，$\boldsymbol{u}$ は $\boldsymbol{a}$ の関数になっている．そこで，

$$\tilde{f}_0(\boldsymbol{a}) = \{f_0(\boldsymbol{u}) \mid (\boldsymbol{a},\boldsymbol{u}) \in \mathcal{D} \times U, \text{問題 1.1.3}\} \tag{1.1.19}$$

とかくことにしよう．ここで，

$$\tilde{f}_0(\boldsymbol{a}+\boldsymbol{b}) = \tilde{f}_0(\boldsymbol{a}) + \tilde{f}_0'(\boldsymbol{a})[\boldsymbol{b}] + o(\|\boldsymbol{b}\|_{\mathbb{R}^2})$$

を満たす $\tilde{f}_0'(\boldsymbol{a})[\boldsymbol{b}]$ がみつかり，ある $\boldsymbol{g}_0 \in \mathbb{R}^2$ を用いて $\tilde{f}_0'(\boldsymbol{a})[\boldsymbol{b}] = \boldsymbol{g}_0 \cdot \boldsymbol{b}$ のようにかけたとしよう．このとき，f_0 は $\boldsymbol{a}$ に対して微分可能といい，$\tilde{f}_0'(\boldsymbol{a})[\boldsymbol{b}]$ を $\boldsymbol{a}$ における f_0 の断面積微分，$\boldsymbol{g}_0$ を断面積勾配とよぶことにする．

さらに，$\boldsymbol{g}_0 \colon X \to \mathbb{R}^2$ に対して

$$\begin{aligned}\boldsymbol{g}_0(\boldsymbol{a}+\boldsymbol{b}_2)\cdot\boldsymbol{b}_1 &= \boldsymbol{g}_0(\boldsymbol{a})\cdot\boldsymbol{b}_1 + \boldsymbol{g}_0'(\boldsymbol{a})[\boldsymbol{b}_2]\cdot\boldsymbol{b}_1 + o(\|\boldsymbol{b}_2\|_{\mathbb{R}^2})\\ &= \boldsymbol{g}_0(\boldsymbol{a})\cdot\boldsymbol{b}_1 + f_0''(\boldsymbol{a})[\boldsymbol{b}_1,\boldsymbol{b}_2] + o(\|\boldsymbol{b}_2\|_{\mathbb{R}^2})\end{aligned}$$

を満たす $\boldsymbol{g}_0'(\boldsymbol{a})[\boldsymbol{b}_2]$ が $\boldsymbol{b}_2$ に対する線形関数のとき，すなわち，$\boldsymbol{g}_0'(\boldsymbol{a})[\boldsymbol{b}_2] = \boldsymbol{H}_0\boldsymbol{b}_2$ のようにかけるとき，あるいは $f_0''(\boldsymbol{a})[\boldsymbol{b}_1,\boldsymbol{b}_2]$ が $\boldsymbol{b}_1$ と $\boldsymbol{b}_2$ に対してそれぞれ線形な関数のとき，2階微分可能といい，$f_0''(\boldsymbol{a})[\boldsymbol{b}_1,\boldsymbol{b}_2]$ を **2階断面積微分**，$\boldsymbol{H}_0 \in \mathbb{R}^{2\times 2}$ を $\boldsymbol{a}$ における f_0 の **Hesse 行列**（定義 2.4.1）とよぶことにする．なお，本書では，$\mathbb{R}^{m\times n}$ は m 行 n 列の実行列全体の集合を表すことにする．

以上の定義を用いれば，$\tilde{f}_0(\boldsymbol{a})$ が $\boldsymbol{a}$ に対して2階微分可能ならば，$\tilde{f}_0(\boldsymbol{a})$ の $\boldsymbol{a}$ まわりの Taylor 展開（定理 2.4.2）は

$$\tilde{f}_0(\boldsymbol{a}+\boldsymbol{b}) = \tilde{f}_0(\boldsymbol{a}) + \boldsymbol{g}_0\cdot\boldsymbol{b} + \frac{1}{2}f_0''(\boldsymbol{a})[\boldsymbol{b},\boldsymbol{b}] + o(\|\boldsymbol{b}\|_{\mathbb{R}^2}^2)$$

のようにかかれる．ここで，$\boldsymbol{g}_0$ は f_0 が極値をとるときの条件の中で使われる．また，$f_0''(\boldsymbol{a})[\boldsymbol{b},\boldsymbol{b}]$ あるいは $\boldsymbol{H}_0$ は極小点となることを保証する条件の中で使われる．次の項から $\boldsymbol{g}_0$ と $\boldsymbol{H}_0$ の3通りの求め方について考えよう．

1.1.4 代入法

最初に，状態方程式を評価関数に代入して，$\tilde{f}_0(\boldsymbol{a})$ を直接求めることによって，$\boldsymbol{g}_0$ と $\boldsymbol{H}_0$ を求めてみよう．問題が複雑になればこの方法は使えない．ここでは，あとで示される直接微分法と随伴変数法の結果を検証するために使うことにする．

状態方程式 (式 (1.1.11)) の解は

$$\boldsymbol{u} = \boldsymbol{K}^{-1}(\boldsymbol{a})\boldsymbol{p} = \frac{l}{e_{\mathrm{Y}}}\begin{pmatrix}\dfrac{1}{a_1} & \dfrac{1}{a_1}\\ \dfrac{1}{a_1} & \dfrac{1}{a_1}+\dfrac{1}{a_2}\end{pmatrix}\begin{pmatrix}p_1\\ p_2\end{pmatrix} = \frac{l}{e_{\mathrm{Y}}}\begin{pmatrix}\dfrac{p_1+p_2}{a_1}\\ \dfrac{p_1+p_2}{a_1}+\dfrac{p_2}{a_2}\end{pmatrix} \tag{1.1.20}$$

となる．そこで，$\tilde{f}_0(\boldsymbol{a})$ を式 (1.1.19) で定義すれば，

$$\tilde{f}_0(\boldsymbol{a}) = \boldsymbol{p}\cdot(\boldsymbol{K}^{-1}(\boldsymbol{a})\boldsymbol{p}) = \frac{l}{e_{\mathrm{Y}}}\left(\frac{(p_1+p_2)^2}{a_1}+\frac{p_2^2}{a_2}\right) \tag{1.1.21}$$

が得られる．この $\tilde{f}_0$ を用いれば，

$$\boldsymbol{g}_0 = \begin{pmatrix} \dfrac{\partial \tilde{f}_0}{\partial a_1} \\ \dfrac{\partial \tilde{f}_0}{\partial a_2} \end{pmatrix} = \begin{pmatrix} \boldsymbol{p} \cdot \left(\dfrac{\partial \boldsymbol{K}^{-1}}{\partial a_1} \boldsymbol{p} \right) \\ \boldsymbol{p} \cdot \left(\dfrac{\partial \boldsymbol{K}^{-1}}{\partial a_2} \boldsymbol{p} \right) \end{pmatrix} = \frac{l}{e_{\mathrm{Y}}} \begin{pmatrix} -\dfrac{(p_1 + p_2)^2}{a_1^2} \\ -\dfrac{p_2^2}{a_2^2} \end{pmatrix} \tag{1.1.22}$$

が得られる．さらに，Hesse 行列は

$$\begin{aligned} \boldsymbol{H}_0 &= \begin{pmatrix} \dfrac{\partial^2 \tilde{f}_0}{\partial a_1 \partial a_1} & \dfrac{\partial^2 \tilde{f}_0}{\partial a_1 \partial a_2} \\ \dfrac{\partial^2 \tilde{f}_0}{\partial a_2 \partial a_1} & \dfrac{\partial^2 \tilde{f}_0}{\partial a_2 \partial a_2} \end{pmatrix} = \begin{pmatrix} \dfrac{\partial \boldsymbol{g}_0}{\partial a_1} & \dfrac{\partial \boldsymbol{g}_0}{\partial a_2} \end{pmatrix} \\ &= \begin{pmatrix} \boldsymbol{p} \cdot \left(\dfrac{\partial^2 \boldsymbol{K}^{-1}}{\partial a_1 \partial a_1} \boldsymbol{p} \right) & \boldsymbol{p} \cdot \left(\dfrac{\partial^2 \boldsymbol{K}^{-1}}{\partial a_1 \partial a_2} \boldsymbol{p} \right) \\ \boldsymbol{p} \cdot \left(\dfrac{\partial^2 \boldsymbol{K}^{-1}}{\partial a_1 \partial a_2} \boldsymbol{p} \right) & \boldsymbol{p} \cdot \left(\dfrac{\partial^2 \boldsymbol{K}^{-1}}{\partial a_2 \partial a_2} \boldsymbol{p} \right) \end{pmatrix} \\ &= \frac{l}{e_{\mathrm{Y}}} \begin{pmatrix} \dfrac{2(p_1 + p_2)^2}{a_1^3} & 0 \\ 0 & \dfrac{2p_2^2}{a_2^3} \end{pmatrix} \end{aligned} \tag{1.1.23}$$

となる．$a_1, a_2 > 0$ のとき，$\boldsymbol{H}_0$ の二つの固有値が正となることから，$\boldsymbol{H}_0$ は**正定値**（定義 2.4.5）となる．これより，あとで示される定理 2.4.6 により，$\tilde{f}_0(\boldsymbol{a})$ は凸関数（定義 2.4.3）であることが確かめられる．この性質は，1.1.7 項の中で，極小点であれば成り立つ条件を満たす点がみつかったときに，その点が最小点になることを保証する際に使われる．

1.1.5　直接微分法

次に，合成関数に対する**微分の連鎖則**（Leibniz 則）を用いた**直接微分法**により $\boldsymbol{g}_0$ と $\boldsymbol{H}_0$ を求めてみよう．直接微分法の詳細は 2.6.5 項において示される．

$\boldsymbol{a}$ に対して $\boldsymbol{u}$ は式 (1.1.11) を満たすように決定される．そこで，式 (1.1.19) の $\tilde{f}_0$ に対して $\boldsymbol{a}$ のまわりで Taylor 展開すれば，

$$
\begin{aligned}
\tilde{f}_0(\boldsymbol{a}+\boldsymbol{b}) &= f_0(\boldsymbol{u}(\boldsymbol{a}+\boldsymbol{b}))\\
&= f_0(\boldsymbol{u}(\boldsymbol{a})) + \frac{\partial f_0}{\partial u_1}\left(\frac{\partial u_1}{\partial a_1}b_1 + \frac{\partial u_1}{\partial a_2}b_2\right)\\
&\quad + \frac{\partial f_0}{\partial u_2}\left(\frac{\partial u_2}{\partial a_1}b_1 + \frac{\partial u_2}{\partial a_2}b_2\right) + o(\|\boldsymbol{b}\|_{\mathbb{R}^2})\\
&= f_0(\boldsymbol{u}(\boldsymbol{a})) + (p_1 \quad p_2)\begin{pmatrix} \dfrac{\partial u_1}{\partial a_1} & \dfrac{\partial u_1}{\partial a_2} \\ \dfrac{\partial u_2}{\partial a_1} & \dfrac{\partial u_2}{\partial a_2} \end{pmatrix}\begin{pmatrix} b_1 \\ b_2 \end{pmatrix} + o(\|\boldsymbol{b}\|_{\mathbb{R}^2})
\end{aligned}
\tag{1.1.24}
$$

とかける．一方，式 (1.1.11) を a_1 で偏微分すれば，

$$
\frac{\partial \boldsymbol{K}}{\partial a_1}\boldsymbol{u} + \boldsymbol{K}\frac{\partial \boldsymbol{u}}{\partial a_1} = \boldsymbol{0}_{\mathbb{R}^2}
$$

とかける．この式を成分でかくと，

$$
\frac{e_{\mathrm{Y}}}{l}\begin{pmatrix} 1 & 0 \\ 0 & 0 \end{pmatrix}\begin{pmatrix} u_1 \\ u_2 \end{pmatrix} + \frac{e_{\mathrm{Y}}}{l}\begin{pmatrix} a_1 + a_2 & -a_2 \\ -a_2 & a_2 \end{pmatrix}\begin{pmatrix} \dfrac{\partial u_1}{\partial a_1} \\ \dfrac{\partial u_2}{\partial a_1} \end{pmatrix} = \begin{pmatrix} 0 \\ 0 \end{pmatrix}
$$

である．そこで，

$$
\begin{aligned}
\frac{\partial \boldsymbol{u}}{\partial a_1} &= -\boldsymbol{K}^{-1}\frac{\partial \boldsymbol{K}}{\partial a_1}\boldsymbol{u}\\
&= -\begin{pmatrix} \dfrac{1}{a_1} & \dfrac{1}{a_1} \\ \dfrac{1}{a_1} & \dfrac{1}{a_1} + \dfrac{1}{a_2} \end{pmatrix}\begin{pmatrix} 1 & 0 \\ 0 & 0 \end{pmatrix}\begin{pmatrix} u_1 \\ u_2 \end{pmatrix} = \begin{pmatrix} -\dfrac{u_1}{a_1} \\ -\dfrac{u_1}{a_1} \end{pmatrix}
\end{aligned}
\tag{1.1.25}
$$

が得られる．同様に，式 (1.1.11) を a_2 で偏微分した式より，

$$
\begin{aligned}
\frac{\partial \boldsymbol{u}}{\partial a_2} &= -\boldsymbol{K}^{-1}\frac{\partial \boldsymbol{K}}{\partial a_2}\boldsymbol{u}\\
&= -\begin{pmatrix} \dfrac{1}{a_1} & \dfrac{1}{a_1} \\ \dfrac{1}{a_1} & \dfrac{1}{a_1} + \dfrac{1}{a_2} \end{pmatrix}\begin{pmatrix} 1 & -1 \\ -1 & 1 \end{pmatrix}\begin{pmatrix} u_1 \\ u_2 \end{pmatrix} = \begin{pmatrix} 0 \\ -\dfrac{u_2 - u_1}{a_2} \end{pmatrix}
\end{aligned}
\tag{1.1.26}
$$

が得られる．したがって，式 (1.1.25) と式 (1.1.26) を式 (1.1.24) に代入すれば，

$$
\begin{aligned}
\tilde{f}_0(\boldsymbol{a}+\boldsymbol{b}) &= f_0(\boldsymbol{u}(\boldsymbol{a})) \\
&\quad + \begin{pmatrix} p_1 & p_2 \end{pmatrix} \begin{pmatrix} -\dfrac{u_1}{a_1} & 0 \\ -\dfrac{u_1}{a_1} & -\dfrac{u_2-u_1}{a_2} \end{pmatrix} \begin{pmatrix} b_1 \\ b_2 \end{pmatrix} + o(\|\boldsymbol{b}\|_{\mathbb{R}^2}) \\
&= f_0(\boldsymbol{u}(\boldsymbol{a})) \\
&\quad + \begin{pmatrix} -\dfrac{u_1}{a_1}(p_1+p_2) & -\dfrac{u_2-u_1}{a_2} p_2 \end{pmatrix} \begin{pmatrix} b_1 \\ b_2 \end{pmatrix} + o(\|\boldsymbol{b}\|_{\mathbb{R}^2}) \\
&= f_0(\boldsymbol{u}(\boldsymbol{a})) + \boldsymbol{g}_0 \cdot \boldsymbol{b} + o(\|\boldsymbol{b}\|_{\mathbb{R}^2})
\end{aligned}
\tag{1.1.27}
$$

が得られる．状態方程式の解（式 (1.1.20)）を用いれば，式 (1.1.27) の $\boldsymbol{g}_0$ は式 (1.1.22) と一致することがわかる．また，$\varepsilon(u_1) = u_1/l$，$\sigma(u_1) = e_{\mathrm{Y}}\varepsilon(u_1)$ とかけば，

$$
\boldsymbol{g}_0 = -\frac{e_{\mathrm{Y}}}{l} \begin{pmatrix} u_1^2 \\ (u_2-u_1)^2 \end{pmatrix} = l \begin{pmatrix} -\sigma(u_1)\varepsilon(u_1) \\ -\sigma(u_2-u_1)\varepsilon(u_2-u_1) \end{pmatrix}
\tag{1.1.28}
$$

ともかける．式 (1.1.28) は，$\boldsymbol{g}_0$ が状態変数 $\boldsymbol{u}$ の関数として表された式となっている．

さらに，$\tilde{f}_0$ の $\boldsymbol{a}$ の変動に対する 2 階微分（$\tilde{f}_0$ の Hesse 行列）を求めてみよう．式 (1.1.28) の $\boldsymbol{g}_0$ に微分の連鎖則を用いれば，

$$
\begin{aligned}
\boldsymbol{g}_0(\boldsymbol{a}+\boldsymbol{b}) &= \boldsymbol{g}_0(\boldsymbol{a}) + \frac{\partial \boldsymbol{g}_0}{\partial \boldsymbol{u}^{\mathrm{T}}} \frac{\partial \boldsymbol{u}}{\partial \boldsymbol{a}^{\mathrm{T}}} \boldsymbol{b} + o(\|\boldsymbol{b}\|_{\mathbb{R}^2}) \\
&= \boldsymbol{g}_0(\boldsymbol{a}) + \begin{pmatrix} \dfrac{\partial g_0}{\partial u_1} & \dfrac{\partial g_0}{\partial u_2} \\ \dfrac{\partial g_0}{\partial u_1} & \dfrac{\partial g_0}{\partial u_2} \end{pmatrix} \begin{pmatrix} \dfrac{\partial u_1}{\partial a_1} & \dfrac{\partial u_1}{\partial a_2} \\ \dfrac{\partial u_2}{\partial a_1} & \dfrac{\partial u_2}{\partial a_2} \end{pmatrix} \begin{pmatrix} b_1 \\ b_2 \end{pmatrix} + o(\|\boldsymbol{b}\|_{\mathbb{R}^2})
\end{aligned}
$$

が得られる．これより，$\tilde{f}_0$ の Hesse 行列は

$$\begin{aligned}
\boldsymbol{H}_0 &= \frac{\partial \boldsymbol{g}_0}{\partial \boldsymbol{u}^{\mathrm{T}}} \frac{\partial \boldsymbol{u}}{\partial \boldsymbol{a}^{\mathrm{T}}} \\
&= -\frac{e_{\mathrm{Y}}}{l} \begin{pmatrix} 2u_1 & 0 \\ -2(u_2 - u_1) & 2(u_2 - u_1) \end{pmatrix} \begin{pmatrix} -\dfrac{u_1}{a_1} & 0 \\ -\dfrac{u_1}{a_1} & -\dfrac{u_2 - u_1}{a_2} \end{pmatrix} \\
&= \frac{e_{\mathrm{Y}}}{l} \begin{pmatrix} \dfrac{2u_1^2}{a_1} & 0 \\ 0 & \dfrac{2(u_2 - u_1)^2}{a_2} \end{pmatrix} \\
&= l \begin{pmatrix} \dfrac{2\sigma(u_1)\varepsilon(u_1)}{a_1} & 0 \\ 0 & \dfrac{2\sigma(u_2 - u_1)\varepsilon(u_2 - u_1)}{a_2} \end{pmatrix}
\end{aligned} \tag{1.1.29}$$

となる．状態方程式の解（式 (1.1.20)）を用いれば，式 (1.1.29) の $\boldsymbol{H}_0$ は式 (1.1.23) と一致することがわかる．ここで，式 (1.1.23) の $\boldsymbol{H}_0$ は，式 (1.1.22) の $\boldsymbol{g}_0$ が $\boldsymbol{a}^{\mathrm{T}}$ で偏微分されたものと一致するが，式 (1.1.29) の $\boldsymbol{H}_0$ はそのような関係からは得られない．その理由は，式 (1.1.29) の $\boldsymbol{H}_0$ には，状態変数が使われているためである．

1.1.6 随伴変数法

最後に，**Lagrange 乗数法**が使われた**随伴変数法**により $\boldsymbol{g}_0$ を求めてみよう．随伴変数法の詳細も 2.6.5 項において示される．ここでは，形式的な利用にとどめる．

まず，f_0 の**評価関数に対する Lagrange 関数**を

$$\mathscr{L}_0(\boldsymbol{a}, \boldsymbol{u}, \boldsymbol{v}_0) = f_0(\boldsymbol{u}) + \mathscr{L}_{\mathrm{S}}(\boldsymbol{a}, \boldsymbol{u}, \boldsymbol{v}_0) = \boldsymbol{p} \cdot \boldsymbol{u} - \boldsymbol{v}_0 \cdot (\boldsymbol{K}(\boldsymbol{a})\boldsymbol{u} - \boldsymbol{p}) \tag{1.1.30}$$

とおく．ここで，$\mathscr{L}_{\mathrm{S}}$ は式 (1.1.12) で定義された状態決定問題（問題 1.1.3）に対する Lagrange 関数である．$\boldsymbol{v}_0 = (v_{01}, v_{02})^{\mathrm{T}} \in U = \mathbb{R}^2$ は，f_0 のために用意された**随伴変数**（**Lagrange 乗数**）であることを表すために下つきの 0 をつけた．今後，f_i が状態決定問題の解 $\boldsymbol{u}$ を含む関数のときは，随伴変数を $\boldsymbol{v}_i$ のようにかくことにする．

随伴変数法は，$\boldsymbol{u}$，$\boldsymbol{v}_0$ の任意変動に対する $\mathscr{L}_0(\boldsymbol{a}, \boldsymbol{u}, \boldsymbol{v}_0)$ の停留条件を使って $\boldsymbol{g}_0$ を求める方法である．$(\boldsymbol{a}, \boldsymbol{u}, \boldsymbol{v}_0)$ の任意変動 $(\boldsymbol{b}, \boldsymbol{u}', \boldsymbol{v}_0') \in X \times U \times U$ に対

する $\mathscr{L}_0$ の微分（全微分）は

$$\mathscr{L}_0'(\boldsymbol{a},\boldsymbol{u},\boldsymbol{v}_0)[\boldsymbol{b},\boldsymbol{u}',\boldsymbol{v}_0'] = \mathscr{L}_{0\boldsymbol{a}}(\boldsymbol{a},\boldsymbol{u},\boldsymbol{v}_0)[\boldsymbol{b}] + \mathscr{L}_{0\boldsymbol{u}}(\boldsymbol{a},\boldsymbol{u},\boldsymbol{v}_0)[\boldsymbol{u}'] + \mathscr{L}_{0\boldsymbol{v}_0}(\boldsymbol{a},\boldsymbol{u},\boldsymbol{v}_0)[\boldsymbol{v}_0'] \tag{1.1.31}$$

となる．式 (1.1.31) の右辺第 3 項は，

$$\mathscr{L}_{0\boldsymbol{v}_0}(\boldsymbol{a},\boldsymbol{u},\boldsymbol{v}_0)[\boldsymbol{v}_0'] = \mathscr{L}_{\mathrm{S}}(\boldsymbol{a},\boldsymbol{u},\boldsymbol{v}_0') \tag{1.1.32}$$

となる．式 (1.1.32) は状態決定問題（問題 1.1.3）に対する Lagrange 関数になっている．そこで，$\boldsymbol{u}$ が状態決定問題の解ならば，式 (1.1.31) の右辺第 3 項は 0 となる．

また，式 (1.1.31) の右辺第 2 項は，

$$\begin{aligned}\mathscr{L}_{0\boldsymbol{u}}(\boldsymbol{a},\boldsymbol{u},\boldsymbol{v}_0)[\boldsymbol{u}'] &= f_{0\boldsymbol{u}}(\boldsymbol{u})[\boldsymbol{u}'] - \mathscr{L}_{\mathrm{S}\boldsymbol{u}}(\boldsymbol{a},\boldsymbol{u},\boldsymbol{v}_0)[\boldsymbol{u}'] \\ &= \boldsymbol{p}\cdot\boldsymbol{u}' - \boldsymbol{v}_0\cdot(\boldsymbol{K}(\boldsymbol{a})\boldsymbol{u}') = \boldsymbol{u}'\cdot(\boldsymbol{p} - \boldsymbol{K}^{\mathrm{T}}(\boldsymbol{a})\boldsymbol{v}_0)\end{aligned} \tag{1.1.33}$$

となる．ここで，任意の $\boldsymbol{u}' \in U$ に対して式 (1.1.33) が 0 となるように $\boldsymbol{v}_0$ が決定できれば，式 (1.1.31) の右辺第 2 項も 0 となる．この条件は，次の**随伴問題**の解を $\boldsymbol{v}_0$ とおくことと同値である．

問題 1.1.5（f_0 に対する随伴問題）

$\boldsymbol{K}(\boldsymbol{a})$ と $\boldsymbol{p}$ を問題 1.1.3 のとおりとする．このとき，

$$\boldsymbol{K}^{\mathrm{T}}(\boldsymbol{a})\boldsymbol{v}_0 = \boldsymbol{p} \tag{1.1.34}$$

を満たす $\boldsymbol{v}_0 \in U$ を求めよ．

問題 1.1.3 と問題 1.1.5 を比較すれば，$\boldsymbol{K}^{\mathrm{T}} = \boldsymbol{K}$ が成り立つことから，

$$\boldsymbol{v}_0 = \boldsymbol{u} \tag{1.1.35}$$

が得られる．式 (1.1.35) のように，状態変数と随伴変数が等しいという関係を**自己随伴関係**という．実は，式 (1.1.34) の右辺は $\partial f_0(\boldsymbol{u})/\partial \boldsymbol{u}$ となる．問題 1.1.4

では $f_0(\boldsymbol{u}) = \boldsymbol{p} \cdot \boldsymbol{u}$ であったために自己随伴が成り立った．いいかえれば，$\partial f_0(\boldsymbol{u})/\partial \boldsymbol{u}$ が状態方程式（式 (1.1.11)）の右辺と等しくなるような f_0 が選ばれたときに自己随伴が成り立つことになる．一般には状態方程式と随伴方程式は異なる．そのような場合を非自己随伴とよぶ．演習問題 **1.1** にその例をあげている．随伴方程式がどのようになるか考えてほしい．しかし，随伴方程式が異なる以外は以下の議論は同様であることに注意されたい．

さらに，式 (1.1.31) の右辺第1項は，

$$
\begin{aligned}
&\mathscr{L}_{0\boldsymbol{a}}(\boldsymbol{a},\boldsymbol{u},\boldsymbol{v}_0)[\boldsymbol{b}] \\
&= -\left\{\boldsymbol{v}_0 \cdot \begin{pmatrix} \dfrac{\partial \boldsymbol{K}(\boldsymbol{a})}{\partial a_1}\boldsymbol{u} & \dfrac{\partial \boldsymbol{K}(\boldsymbol{a})}{\partial a_2}\boldsymbol{u} \end{pmatrix}\right\}\boldsymbol{b} \\
&= -\frac{e_{\mathrm{Y}}}{l}\left\{\begin{pmatrix} v_{01} & v_{02} \end{pmatrix}\left(\begin{pmatrix} 1 & 0 \\ 0 & 0 \end{pmatrix}\begin{pmatrix} u_1 \\ u_2 \end{pmatrix} \quad \begin{pmatrix} 1 & -1 \\ -1 & 1 \end{pmatrix}\begin{pmatrix} u_1 \\ u_2 \end{pmatrix}\right)\right\}\begin{pmatrix} b_1 \\ b_2 \end{pmatrix} \\
&= -\frac{e_{\mathrm{Y}}}{l}\begin{pmatrix} v_{01} & v_{02} \end{pmatrix}\begin{pmatrix} u_1 & u_1 - u_2 \\ 0 & u_2 - u_1 \end{pmatrix}\begin{pmatrix} b_1 \\ b_2 \end{pmatrix} \\
&= -\frac{e_{\mathrm{Y}}}{l}\begin{pmatrix} u_1 v_{01} & (u_2 - u_1)(v_{02} - v_{01}) \end{pmatrix}\begin{pmatrix} b_1 \\ b_2 \end{pmatrix} \\
&= l\begin{pmatrix} -\sigma(u_1)\varepsilon(v_{01}) & -\sigma(u_2 - u_1)\varepsilon(v_{02} - v_{01}) \end{pmatrix}\begin{pmatrix} b_1 \\ b_2 \end{pmatrix} \\
&= \boldsymbol{g}_0 \cdot \boldsymbol{b}
\end{aligned}
\tag{1.1.36}
$$

となる．ここで，$\boldsymbol{g}_0$ は直接微分法による結果（式 (1.1.28)）と一致する．

以上の結果をふまえて，$\boldsymbol{u}$ と $\boldsymbol{v}_0$ がそれぞれ問題 1.1.3 と問題 1.1.5 の解ならば，式 (1.1.31) の右辺第2項と第3項は0となり，

$$
\mathscr{L}_0'(\boldsymbol{a},\boldsymbol{u},\boldsymbol{v}_0)[\boldsymbol{b},\boldsymbol{u}',\boldsymbol{v}_0'] = \mathscr{L}_{0\boldsymbol{a}}(\boldsymbol{a},\boldsymbol{u},\boldsymbol{v}_0)[\boldsymbol{b}] = \tilde{f}_0'(\boldsymbol{a})[\boldsymbol{b}] = \boldsymbol{g}_0 \cdot \boldsymbol{b}
\tag{1.1.37}
$$

が成り立つことになる．このように，等式制約（状態方程式）が満たされたもとで評価関数の微分を求める方法については，2.6 節で示される．その中で，式 (1.1.36) は式 (2.6.25) に対応する．ただし，2.6 節では $\tilde{f}$ の勾配を $\tilde{\boldsymbol{g}}$ とかいていることに注意されたい．

さらに，Lagrange 関数 $\mathscr{L}_0$ と Hesse 行列 $\boldsymbol{H}_0$ の関係について調べておこう．

2.1 節で説明されるように，最適設計問題を最適化問題におきかえる場合には，最適設計問題における設計変数と状態変数をあわせたものが最適化問題の設計変数になる．そこで，ここでは最適化問題の定義にならい，設計変数を $\boldsymbol{x} = (\boldsymbol{a}^{\mathrm{T}}, \boldsymbol{u}^{\mathrm{T}})^{\mathrm{T}} \in \mathbb{R}^4$ とおくことにする．以下では，表記を簡単にするために，$(\boldsymbol{a}^{\mathrm{T}}, \boldsymbol{u}^{\mathrm{T}})^{\mathrm{T}}$ を $(\boldsymbol{a}, \boldsymbol{u})$ のようにかくことにする．$\boldsymbol{v}_0$ は等式制約に対する Lagrange 乗数とする．さらに，設計変数 $(\boldsymbol{a}, \boldsymbol{u})$ の任意変動 $(\boldsymbol{b}_1, \boldsymbol{u}'_1) \in X \times U$ と $(\boldsymbol{b}_2, \boldsymbol{u}'_2) \in X \times U$ に対する Lagrange 関数 $\mathscr{L}_0$ の 2 階微分を $\mathscr{L}''_0(\boldsymbol{a}, \boldsymbol{u}, \boldsymbol{v}_0)[(\boldsymbol{b}_1, \boldsymbol{u}'_1), (\boldsymbol{b}_2, \boldsymbol{u}'_2)]$ とかくことにする．このとき，

$$
\begin{aligned}
&\mathscr{L}''_0(\boldsymbol{a}, \boldsymbol{u}, \boldsymbol{v}_0)[(\boldsymbol{b}_1, \boldsymbol{u}'_1), (\boldsymbol{b}_2, \boldsymbol{u}'_2)] \\
&\quad = (\mathscr{L}_{0\boldsymbol{a}}(\boldsymbol{a}, \boldsymbol{u}, \boldsymbol{v}_0)[\boldsymbol{b}_1] + \mathscr{L}_{0\boldsymbol{u}}(\boldsymbol{a}, \boldsymbol{u}, \boldsymbol{v}_0)[\boldsymbol{u}'_1])_{\boldsymbol{a}}[\boldsymbol{b}_2] \\
&\qquad + (\mathscr{L}_{0\boldsymbol{a}}(\boldsymbol{a}, \boldsymbol{u}, \boldsymbol{v}_0)[\boldsymbol{b}_1] + \mathscr{L}_{0\boldsymbol{u}}(\boldsymbol{a}, \boldsymbol{u}, \boldsymbol{v}_0)[\boldsymbol{u}'_1])_{\boldsymbol{u}}[\boldsymbol{u}'_2] \\
&\quad = (f_{0\boldsymbol{u}} \cdot \boldsymbol{u}'_1 + \mathscr{L}_{\mathrm{S}\boldsymbol{a}}(\boldsymbol{a}, \boldsymbol{u}, \boldsymbol{v}_0)[\boldsymbol{b}_1] + \mathscr{L}_{\mathrm{S}\boldsymbol{u}}(\boldsymbol{a}, \boldsymbol{u}, \boldsymbol{v}_0)[\boldsymbol{u}'_1])_{\boldsymbol{a}}[\boldsymbol{b}_2] \\
&\qquad + (f_{0\boldsymbol{u}} \cdot \boldsymbol{u}'_1 + \mathscr{L}_{\mathrm{S}\boldsymbol{a}}(\boldsymbol{a}, \boldsymbol{u}, \boldsymbol{v}_0)[\boldsymbol{b}_1] + \mathscr{L}_{\mathrm{S}\boldsymbol{u}}(\boldsymbol{a}, \boldsymbol{u}, \boldsymbol{v}_0)\boldsymbol{u}'_1])_{\boldsymbol{u}}[\boldsymbol{u}'_2] \\
&\quad = \begin{pmatrix} \boldsymbol{b}_2 \\ \boldsymbol{u}'_2 \end{pmatrix} \cdot \left(\boldsymbol{H}_{\mathscr{L}_{\mathrm{S}}} \begin{pmatrix} \boldsymbol{b}_1 \\ \boldsymbol{u}'_1 \end{pmatrix} \right)
\end{aligned} \tag{1.1.38}
$$

となる．ここで，

$$
\boldsymbol{H}_{\mathscr{L}_{\mathrm{S}}} = \begin{pmatrix} \mathscr{L}_{\mathrm{S}\boldsymbol{a}\boldsymbol{a}} & \mathscr{L}_{\mathrm{S}\boldsymbol{a}\boldsymbol{u}} \\ \mathscr{L}_{\mathrm{S}\boldsymbol{u}\boldsymbol{a}} & \mathscr{L}_{\mathrm{S}\boldsymbol{u}\boldsymbol{u}} \end{pmatrix} = - \begin{pmatrix} \boldsymbol{0}_{\mathbb{R}^{2\times 2}} & \begin{pmatrix} \boldsymbol{v}_0^{\mathrm{T}} \boldsymbol{K}_{a_1} \\ \boldsymbol{v}_0^{\mathrm{T}} \boldsymbol{K}_{a_2} \end{pmatrix} \\ (\boldsymbol{K}_{a_1}^{\mathrm{T}} \boldsymbol{v}_0 \quad \boldsymbol{K}_{a_2}^{\mathrm{T}} \boldsymbol{v}_0) & \boldsymbol{0}_{\mathbb{R}^{2\times 2}} \end{pmatrix} \tag{1.1.39}
$$

となる．式 (1.1.39) から，$\boldsymbol{H}_{\mathscr{L}_{\mathrm{S}}}$ は正定値行列とは限らないことがわかる．

ここで，$\boldsymbol{u}$ と $\boldsymbol{v}_0$ を設計変数 $\boldsymbol{a}$ のときの状態決定問題（問題 1.1.3）と随伴問題（問題 1.1.5）の解として，$\boldsymbol{u}'$ を $\boldsymbol{a}$ の任意変動 $\boldsymbol{b} \in X$ に対して状態決定問題の等式制約が満たされたもとでの $\boldsymbol{u}$ の変動であると仮定する．このとき，状態決定問題に対する Lagrange 関数の断面積微分は

$$
\begin{aligned}
&\mathscr{L}'_{\mathrm{S}}(\boldsymbol{a}, \boldsymbol{u}, \boldsymbol{v})[\boldsymbol{b}, \boldsymbol{u}'(\boldsymbol{a})[\boldsymbol{b}]] \\
&\quad = \boldsymbol{v} \cdot \{-(\boldsymbol{K}'(\boldsymbol{a})[\boldsymbol{b}])\boldsymbol{u} - \boldsymbol{K}(\boldsymbol{a})(\boldsymbol{u}'(\boldsymbol{a})[\boldsymbol{b}])\} = 0
\end{aligned} \tag{1.1.40}
$$

となる．これより，

$$\boldsymbol{u}'(\boldsymbol{a})[\boldsymbol{b}] = -\boldsymbol{K}^{-1}(\boldsymbol{a})(\boldsymbol{K}'(\boldsymbol{a})[\boldsymbol{b}]) = \begin{pmatrix} -u_1/a_1 & 0 \\ -u_1/a_1 & -(u_2-u_1)/a_2 \end{pmatrix} \begin{pmatrix} b_1 \\ b_2 \end{pmatrix} \tag{1.1.41}$$

が得られる．式 (1.1.41) 右辺の行列は式 (1.1.25) と式 (1.1.26) を横に並べた行列と一致する．さらに，自己随伴関係を用いれば，式 (1.1.38) は

$$\begin{aligned}
&\mathscr{L}_0''(\boldsymbol{a},\boldsymbol{u},\boldsymbol{v}_0)[(\boldsymbol{b}_1,\boldsymbol{u}_1'(\boldsymbol{a})[\boldsymbol{b}_1]),(\boldsymbol{b}_2,\boldsymbol{u}_2'(\boldsymbol{a})[\boldsymbol{b}_2])] \\
&= \mathscr{L}_{\mathrm{S}\boldsymbol{a}\boldsymbol{u}}(\boldsymbol{a},\boldsymbol{u},\boldsymbol{v}_0)[\boldsymbol{b}_1,\boldsymbol{u}'(\boldsymbol{a})[\boldsymbol{b}_2]] + \mathscr{L}_{\mathrm{S}\boldsymbol{u}\boldsymbol{a}}(\boldsymbol{a},\boldsymbol{u},\boldsymbol{v}_0)[\boldsymbol{b}_1,\boldsymbol{u}'(\boldsymbol{a})[\boldsymbol{b}_2]] \\
&= -\begin{pmatrix} b_{11} \\ b_{12} \end{pmatrix} \cdot \left\{ \begin{pmatrix} \boldsymbol{v}_0^{\mathrm{T}}\boldsymbol{K}_{a_1} \\ \boldsymbol{v}_0^{\mathrm{T}}\boldsymbol{K}_{a_2} \end{pmatrix} \begin{pmatrix} -u_1/a_1 & 0 \\ -u_1/a_1 & -(u_2-u_1)/a_2 \end{pmatrix} \right. \\
&\qquad \left. + \left(\begin{pmatrix} \boldsymbol{v}_0^{\mathrm{T}}\boldsymbol{K}_{a_1} \\ \boldsymbol{v}_0^{\mathrm{T}}\boldsymbol{K}_{a_2} \end{pmatrix} \begin{pmatrix} -u_1/a_1 & 0 \\ -u_1/a_1 & -(u_2-u_1)/a_2 \end{pmatrix} \right)^{\mathrm{T}} \right\} \begin{pmatrix} b_{21} \\ b_{22} \end{pmatrix} \\
&= \boldsymbol{b}_1 \cdot (\boldsymbol{H}_0 \boldsymbol{b}_2)
\end{aligned}$$

となる．この結果から，$\tilde{f}_0$ の 2 階断面積微分

$$h_0(\boldsymbol{a})[\boldsymbol{b}_1,\boldsymbol{b}_2] = \boldsymbol{b}_1 \cdot (\boldsymbol{H}_0 \boldsymbol{b}_2) \tag{1.1.42}$$

が得られる．ただし，$\boldsymbol{H}_0$ は式 (1.1.29) と同じである．

以上の結果より，$(\boldsymbol{a},\boldsymbol{u})$ の任意変動に対する Lagrange 関数 $\mathscr{L}_0$ の Hesse 行列は $\mathscr{L}_{\mathrm{S}}$ の Hesse 行列 $\boldsymbol{H}_{\mathscr{L}_{\mathrm{S}}}$ と一致し，それは正定値行列とは限らないことがわかった．しかし，$\boldsymbol{u}_1'$ と $\boldsymbol{u}_2'$ が，設計変数が変動したときに，状態決定問題の解であり続けたときの $\boldsymbol{u}$ の変動であると仮定されたときには，$\mathscr{L}_0$ の $\boldsymbol{a}$ の任意変動 $\boldsymbol{b}_1 \in X$ と $\boldsymbol{b}_2 \in X$ に対する Hesse 行列は，他の方法で求められた Hesse 行列 $\boldsymbol{H}_0$ と一致することが確認された．

なお，本節でみてきた最適設計問題（問題 1.1.4）では，設計変数 $\boldsymbol{a} \in \mathbb{R}^2$ は，断面積であると仮定された．それにより，式 (1.1.11) において $\boldsymbol{K}(\boldsymbol{a})$ は $\boldsymbol{a}$ の 1 次形式となっていた．そのために，式 (1.1.39) や式 (1.1.42) において $\mathscr{L}_{\mathrm{S}\boldsymbol{a}\boldsymbol{a}} = \boldsymbol{0}_{\mathbb{R}^{2\times 2}}$ となった．もしも，設計変数 $\boldsymbol{a} \in \mathbb{R}^2$ が正方形断面の 1 辺の長さであると仮定されたならば，$\boldsymbol{K}(\boldsymbol{a})$ は $\boldsymbol{K}(\boldsymbol{a}^2)$ となり，$\mathscr{L}_{\mathrm{S}\boldsymbol{a}\boldsymbol{a}} \neq \boldsymbol{0}_{\mathbb{R}^{2\times 2}}$ となる（演習問題 **1.5** 参照）．このように，設計変数や評価関数の選び方によって $\mathscr{L}_{0\boldsymbol{a}\boldsymbol{a}}$

は $\mathbf{0}_{\mathbb{R}^{2\times 2}}$ ではないことが起こりうる．しかし，状態決定問題が線形であれば，$\mathscr{L}_{\mathrm{S}\boldsymbol{uu}} = \mathbf{0}_{\mathbb{R}^{2\times 2}}$ は常に成り立つことになる．

1.1.7 最適性の条件

前項までにおいて，断面積 $\boldsymbol{a}$ の変動に対する $\tilde{f}_0$ の勾配 $\boldsymbol{g}_0$ と Hesse 行列 $\boldsymbol{H}_0$ および f_1 の勾配 $\boldsymbol{g}_1$ が計算できることをみてきた．そこで，問題 1.1.4 に戻って，最適な断面積のときに満たされる条件（**最適性の条件**）について考えてみることにしよう．

1.1.4 項でみてきたように，$\tilde{f}_0$ は X 上で Hesse 行列 $\boldsymbol{H}_0$ が正定値となることから凸関数と判定された（定理 2.4.6）．また，f_1 は $\boldsymbol{a}$ に関する 1 次関数なので X 上の凸関数である（定理 2.4.4）．そこで，問題 1.1.4 は第 2 章で説明されるような凸最適化問題になっている．そうであれば，あとで示される KKT 条件（定理 2.7.5）を満たす $\boldsymbol{a}$ は問題 1.1.4 の最小点であることになる（定理 2.7.9）．以下で問題 1.1.4 に対する KKT 条件を求めてみよう．

問題 1.1.4 の最適化問題に対する **Lagrange 関数**を

$$\mathscr{L}(\boldsymbol{a}, \lambda_1) = \tilde{f}_0(\boldsymbol{a}) + \lambda_1 f_1(\boldsymbol{a})$$

とおく．$\lambda_1 \in \mathbb{R}$ は $f_1(\boldsymbol{a}) \leq 0$ に対する **Lagrange 乗数**である．このとき，問題 1.1.4 の **KKT 条件**は

$$\mathscr{L}_{\boldsymbol{a}}(\boldsymbol{a}, \lambda_1) = \boldsymbol{g}_0 + \lambda_1 \boldsymbol{g}_1 = \mathbf{0}_{\mathbb{R}^2} \tag{1.1.43}$$

$$\mathscr{L}_{\lambda_1}(\boldsymbol{a}, \lambda_1) = f_1(\boldsymbol{a}) = l(a_1 + a_2) - c_1 \leq 0 \tag{1.1.44}$$

$$\lambda_1 f_1(\boldsymbol{a}) = 0 \tag{1.1.45}$$

$$\lambda_1 \geq 0 \tag{1.1.46}$$

で与えられる．

KKT 条件の意味についての詳細な説明は 2.7.3 項にゆずるが，ここでは，概要のみをみておこう．

まず，最適な断面積のときには，式 (1.1.43) と式 (1.1.46) は目的関数と制約関数がトレードオフの関係にあることを示している．実際，式 (1.1.43) の両辺と $\boldsymbol{b}$ の内積をとってかきかえれば，

$$\lambda_1 = -\frac{\boldsymbol{g}_0 \cdot \boldsymbol{b}}{\boldsymbol{g}_1 \cdot \boldsymbol{b}} \tag{1.1.47}$$

となる．式 (1.1.47) の右辺において，分母と分子は設計変数が $\boldsymbol{b}$ だけ変動したときの f_1 と f_0 の変動量を表している．このとき，$\lambda_1 > 0$ はそれらの変動量の符号が異なることを意味する．すなわち，f_1 と f_0 はトレードオフの関係にあることを表している．

式 (1.1.44) は本来の制約条件である．

式 (1.1.45) は**相補性条件**とよばれる．実際，不等式制約が等号で満たされる場合（**有効**あるいはアクティブという）には $\lambda_1 > 0$ をとり，不等号で満たされる場合（**無効**あるいはインアクティブという）には $\lambda_1 = 0$ をとる．$\lambda_1 = 0$ は制約を無効にする作用をする．

次に，式 (1.1.43) の物理的な意味についてみてみよう．式 (1.1.36) の $\boldsymbol{g}_0$ と式 (1.1.17) の $\boldsymbol{g}_1$ を式 (1.1.43) に代入すれば，

$$l\begin{pmatrix} -\sigma(u_1)\varepsilon(u_1) \\ -\sigma(u_2 - u_1)\varepsilon(u_2 - u_1) \end{pmatrix} + \lambda_1 l \begin{pmatrix} 1 \\ 1 \end{pmatrix} = \begin{pmatrix} 0 \\ 0 \end{pmatrix}$$

とかける．この式は

$$\sigma(u_1)\varepsilon(u_1) = \sigma(u_2 - u_1)\varepsilon(u_2 - u_1) = \lambda_1 \tag{1.1.48}$$

を意味する．すなわち，問題 1.1.4 の最小点では，二つの弾性体の**ひずみエネルギー密度**（式 (1.1.7) の w）は一致して，λ_1 はひずみエネルギー密度の 2 倍の意味をもつことになる．したがって，二つの 1 次元弾性体に非零の応力が発生するような $\boldsymbol{p}$ が与えられたときには，$\lambda_1 > 0$ となり，体積制約が有効な最小点が存在することになる．

1.1.8　数値例

例題を使って最小点を具体的に求めてみよう．

□例題 1.1.6（平均コンプライアンス最小化問題の数値例）　問題 1.1.4 において $l = 1$，$e_{\mathrm{Y}} = 1$，$c_1 = 1$，$\boldsymbol{p} = (1, 1)^{\mathrm{T}}$，$\boldsymbol{a}_0 = (0.1, 0.1)^{\mathrm{T}}$ とおく．このとき，$\boldsymbol{a}$ の最小点を求めよ．

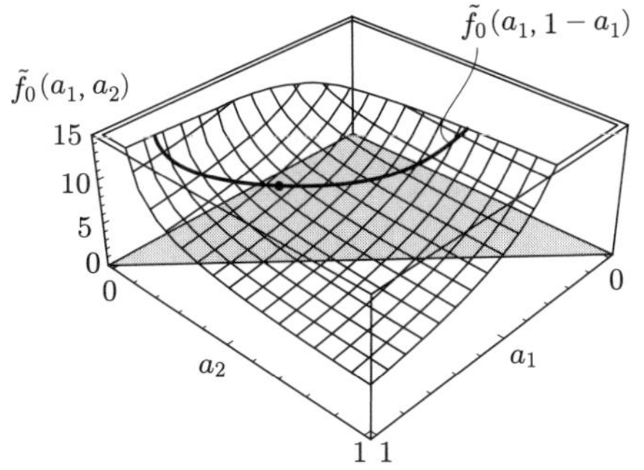

図 1.1.4　平均コンプライアンス最小化問題の数値例

▶**解答**　$l=1$，$e_Y=1$，$\boldsymbol{p}=(1,1)^{\mathrm{T}}$ を式 (1.1.21) に代入すれば，

$$\tilde{f}_0(\boldsymbol{a}) = \frac{4}{a_1} + \frac{1}{a_2} \tag{1.1.49}$$

となる．図 1.1.4 は $\tilde{f}_0$ を示す．$\tilde{f}_0$ と f_1 の断面積微分は，式 (1.1.22) と式 (1.1.17) より，

$$\boldsymbol{g}_0 = -\begin{pmatrix} 4/a_1^2 \\ 1/a_2^2 \end{pmatrix}, \quad \boldsymbol{g}_1 = \begin{pmatrix} 1 \\ 1 \end{pmatrix}$$

となる．$\boldsymbol{a}$ が最小点ならば，式 (1.1.48) より

$$\lambda_1 = \frac{4}{a_1^2} = \frac{1}{a_2^2}$$

が成り立つ．$\boldsymbol{a}$ が式 (1.1.16) で定義された $\mathcal{D}$ の要素であれば，λ_1 は正となり，相補性条件より，f_1 に対する不等式制約は等号で成り立つことになる．そこで，$a_2 = 1 - a_1$ を式 (1.1.49) に代入し，a_1 の変動に対する停留条件

$$\frac{\mathrm{d}}{\mathrm{d}a_1}\tilde{f}_0(a_1, 1-a_1) = \frac{1}{(1-a_1)^2} - \frac{4}{a_1^2} = 0$$

を満たす a_1 を求め，a_2 を $1-a_1$ によって求めれば，

$$\boldsymbol{a} = \begin{pmatrix} 2/3 \\ 1/3 \end{pmatrix}, \begin{pmatrix} 2 \\ -1 \end{pmatrix}$$

となる．このうち $\boldsymbol{a} \geq \boldsymbol{a}_0$ が満たされるのは $\boldsymbol{a} = (2/3, 1/3)^{\mathrm{T}}$ である．$\tilde{f}_0$ と f_1 は凸関数であることから，問題 1.1.4 は凸最適化問題となり，定理 2.7.9 より，KKT 条件

を満たすこの $\boldsymbol{a}$ はこの問題の最小点である． □

1.2 直接微分法と随伴変数法の比較

1.1 節では，問題 1.1.4 に対する最適性の条件を求めるまでをみてきた．そこでは，評価関数の断面積微分を求めるために代入法，直接微分法および随伴変数法が使われた．ここでは，将来，関数を設計変数においた最適化問題を扱うことを念頭において，代入法は複雑な問題に対しては手続きが煩雑になることから除外して，直接微分法と随伴変数法の特徴と適用範囲を比較してみよう．

問題 1.1.4 の断面積の数が $n \in \mathbb{N}$（$\mathbb{N}$ は自然数全体の集合を表す）個に拡張された図 1.2.1 のような 1 次元線形弾性体を考えよう．このときの線形弾性問題は次のようになる．

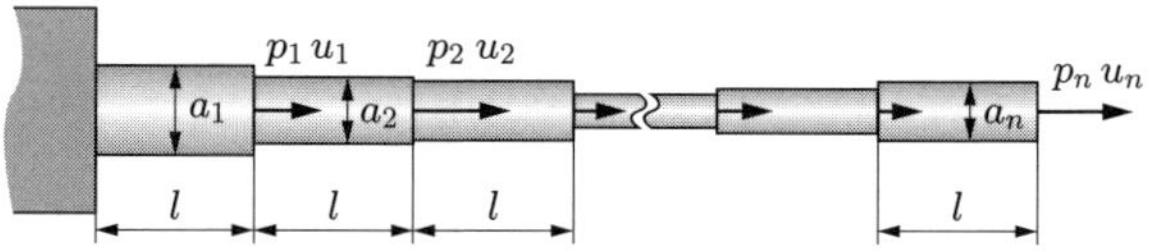

図 1.2.1　n 個の断面積をもつ 1 次元線形弾性体

問題 1.2.1（多段つき 1 次元線形弾性問題）

図 1.2.1 の 1 次元線形弾性体に対して，$l \in \mathbb{R}$ $(l > 0)$，$e_{\mathrm{Y}} \in \mathbb{R}$ $(e_{\mathrm{Y}} > 0)$，$\boldsymbol{a} \in \mathbb{R}^n$ $(\boldsymbol{a} \geq \boldsymbol{a}_0 > \boldsymbol{0}_{\mathbb{R}^n})$ および $\boldsymbol{p} \in \mathbb{R}^n$ が与えられたとき，

$$\boldsymbol{K}(\boldsymbol{a})\boldsymbol{u} = \boldsymbol{p} \tag{1.2.1}$$

を満たす $\boldsymbol{u} \in \mathbb{R}^n$ を求めよ．ただし，$\boldsymbol{K}(\boldsymbol{a})$ は問題 1.1.3 の $\boldsymbol{K}(\boldsymbol{a})$ が拡張された行列とする（演習問題 **1.5**）．

状態決定問題（問題 1.2.1）に対する Lagrange 関数を，$\boldsymbol{u} \in \mathbb{R}^n$ および $\boldsymbol{v} \in \mathbb{R}^n$ に対して

$$\mathscr{L}_{\mathrm{S}}(\boldsymbol{a}, \boldsymbol{u}, \boldsymbol{v}) = \boldsymbol{v} \cdot (-\boldsymbol{K}(\boldsymbol{a})\boldsymbol{u} + \boldsymbol{p}) \tag{1.2.2}$$

とおく．このとき，問題 1.2.1 は，任意の $\boldsymbol{v} \in \mathbb{R}^n$ に対して

$$\mathscr{L}_{\mathrm{S}}(\boldsymbol{a}, \boldsymbol{u}, \boldsymbol{v}) = 0$$

を満たす $\boldsymbol{u} \in \mathbb{R}^n$ を求めることと同値である．

制約関数の数を $m \in \mathbb{N}$ として，最適設計問題を次のように設定する．以下では $X = \mathbb{R}^n$，$U = \mathbb{R}^n$，定数ベクトル $\boldsymbol{a}_0 > \boldsymbol{0}_{\mathbb{R}^n}$ に対して

$$\mathcal{D} = \{\boldsymbol{a} \in X \mid \boldsymbol{a} \geq \boldsymbol{a}_0\} \tag{1.2.3}$$

とおく．

問題 1.2.2（多設計変数多制約問題）

$X = \mathbb{R}^n$ および $U = \mathbb{R}^n$ とおく．$\mathcal{D}$ を式 (1.2.3) とする．$f_0, f_1, \ldots, f_m \colon X \times U \to \mathbb{R}$ は与えられているとする．このとき，

$$\min_{\boldsymbol{a} \in \mathcal{D}} \{f_0(\boldsymbol{a}, \boldsymbol{u}) \mid f_1(\boldsymbol{a}, \boldsymbol{u}) \leq 0, \ldots, f_m(\boldsymbol{a}, \boldsymbol{u}) \leq 0,\ \boldsymbol{u} \in U,\ \text{問題 1.2.1}\}$$

を満たす $\boldsymbol{a}$ を求めよ．

この問題を使って，以下で，直接微分法と随伴変数法による評価関数 $f_0, \ldots, f_m$ の断面積勾配 $\boldsymbol{g}_0, \ldots, \boldsymbol{g}_m$ の計算方法を確認しながら両者の特徴を比較してみることにしよう．以下では，$i \in \{0, 1, \ldots, m\}$ を評価関数 f_i の添え字，$j \in \{1, \ldots, n\}$ を設計変数 a_j の添え字とする．

1.2.1 直接微分法

まず，**直接微分法**による $\boldsymbol{g}_i$ の計算方法をみてみよう．ここでも，任意の $\boldsymbol{b} \in \mathbb{R}^n$ に対して，$\boldsymbol{a} + \boldsymbol{b}$ のときの問題 1.2.1 の解を $\boldsymbol{u}(\boldsymbol{a} + \boldsymbol{b})$ とかくことにする．

$\tilde{f}_i(\boldsymbol{a})$ の $\boldsymbol{a}$ まわりの Taylor 展開と微分の連鎖則より，

$$\begin{aligned}
&\tilde{f}_i(\boldsymbol{a} + \boldsymbol{b}) \\
&\quad = f_i(\boldsymbol{a} + \boldsymbol{b}, \boldsymbol{u}(\boldsymbol{a} + \boldsymbol{b})) \\
&\quad = f_i(\boldsymbol{a}, \boldsymbol{u}(\boldsymbol{a})) + \begin{pmatrix} \dfrac{\partial f_i}{\partial a_1} & \dfrac{\partial f_i}{\partial a_2} & \cdots & \dfrac{\partial f_i}{\partial a_n} \end{pmatrix} \begin{pmatrix} b_1 \\ b_2 \\ \vdots \\ b_n \end{pmatrix}
\end{aligned}$$

$$
+\begin{pmatrix}\dfrac{\partial f_i}{\partial u_1} & \dfrac{\partial f_i}{\partial u_2} & \cdots & \dfrac{\partial f_i}{\partial u_n}\end{pmatrix}\begin{pmatrix}\dfrac{\partial u_1}{\partial a_1} & \dfrac{\partial u_1}{\partial a_2} & \cdots & \dfrac{\partial u_1}{\partial a_n}\\ \dfrac{\partial u_2}{\partial a_1} & \dfrac{\partial u_2}{\partial a_2} & \cdots & \dfrac{\partial u_2}{\partial a_n}\\ \vdots & \vdots & \ddots & \vdots\\ \dfrac{\partial u_n}{\partial a_1} & \dfrac{\partial u_n}{\partial a_2} & \cdots & \dfrac{\partial u_n}{\partial a_n}\end{pmatrix}\begin{pmatrix}b_1\\ b_2\\ \vdots\\ b_n\end{pmatrix}
$$

$$
\begin{aligned}
&+ o(\|\boldsymbol{b}\|_{\mathbb{R}^n})\\
&= f_i(\boldsymbol{a}, \boldsymbol{u}(\boldsymbol{a})) + f_{i\boldsymbol{a}} \cdot \boldsymbol{b} + f_{i\boldsymbol{u}} \cdot (\boldsymbol{u}_{\boldsymbol{a}^{\mathrm{T}}}\boldsymbol{b}) + o(\|\boldsymbol{b}\|_{\mathbb{R}^n})\\
&= f_i(\boldsymbol{a}, \boldsymbol{u}(\boldsymbol{a})) + \{f_{i\boldsymbol{a}} + (\boldsymbol{u}_{\boldsymbol{a}^{\mathrm{T}}})^{\mathrm{T}} f_{i\boldsymbol{u}}\} \cdot \boldsymbol{b} + o(\|\boldsymbol{b}\|_{\mathbb{R}^n})\\
&= f_i(\boldsymbol{a}, \boldsymbol{u}(\boldsymbol{a})) + \boldsymbol{g}_i \cdot \boldsymbol{b} + o(\|\boldsymbol{b}\|_{\mathbb{R}^n}) \qquad (1.2.4)
\end{aligned}
$$

が成り立つ．なお，本書では，列ベクトル $\boldsymbol{u}$ の行ベクトル $\boldsymbol{a}^{\mathrm{T}}$ に対する偏導関数で構成された行列 $(\partial u_i/\partial a_j)_{ij}$ を $\boldsymbol{u}_{\boldsymbol{a}^{\mathrm{T}}}$ のようにかく．式 (1.2.4) において，$f_i(\boldsymbol{a}, \boldsymbol{u})$ が与えられていれば $f_{i\boldsymbol{a}}$ と $f_{i\boldsymbol{u}}$ は既知である．そこで，$\boldsymbol{g}_i$ を求めるために，$\boldsymbol{u}_{\boldsymbol{a}^{\mathrm{T}}}$ の計算法を考えよう．

$j \in \{1, \dots, n\}$ に対して，状態方程式の a_j に対する偏微分をとれば，

$$
\frac{\partial \boldsymbol{K}}{\partial a_j}\boldsymbol{u} + \boldsymbol{K}(\boldsymbol{a})\frac{\partial \boldsymbol{u}}{\partial a_j} = \boldsymbol{0}_{\mathbb{R}^n}
$$

が成り立つ．そこで，

$$
\frac{\partial \boldsymbol{u}}{\partial a_j} = -\boldsymbol{K}^{-1}(\boldsymbol{a})\frac{\partial \boldsymbol{K}}{\partial a_j}\boldsymbol{u} \qquad (1.2.5)
$$

が得られる．式 (1.2.5) の解を $j \in \{1, \dots, n\}$ に対して横に並べれば，$\boldsymbol{u}_{\boldsymbol{a}^{\mathrm{T}}}$ が得られる．

以上の観察から，次のことがいえる．

♦注意 1.2.3 (直接微分法の特徴)　直接微分法は随伴変数法と比較して次のような特徴をもつ．

(1) 評価関数の数が多いとき ($m \gg 1$)，直接微分法は有利となる．なぜならば，式 (1.2.5) の計算を終えて，$\boldsymbol{u}_{\boldsymbol{a}^{\mathrm{T}}}$ をいったん求めてしまえば，$\boldsymbol{u}_{\boldsymbol{a}^{\mathrm{T}}}$ はすべての評価関数 $f_0, \dots, f_m$ に対して共通に使えるためである．

(2) 設計変数の数が多いとき ($n \gg 1$)，直接微分法は不利となる．なぜなら

ば，式 (1.2.5) の計算を n 回繰り返す必要があるためである．もしも，逆行列 $\boldsymbol{K}^{-1}$ を保存しないで，設計変数ごとに $\boldsymbol{K}^{-1}$ を求めなおすときには，差分による断面積微分の計算法と同程度の計算量となる．

なお，差分による断面積微分の計算法とは次のような方法である．$\boldsymbol{g}_i = (g_{ij})_{j\in\{1,\ldots,n\}}$ とかくことにする．このとき，g_{ij} を求めるために $\boldsymbol{a}$ と $\boldsymbol{a} + (0,\ldots,0,b_j,0,\ldots,0)^{\mathrm{T}}$ のときの状態方程式を解いて，それらの解を用いて，

$$g_{ij} = \frac{\tilde{f}_i(\boldsymbol{a} + (0,\ldots,0,b_j,0,\ldots,0)^{\mathrm{T}}) - \tilde{f}_i(\boldsymbol{a})}{b_j} \tag{1.2.6}$$

によって g_{ij} を求める方法である．$\boldsymbol{g}_i$ を求めるために n 回状態方程式を解かなくてはならないことになる．

1.2.2　随伴変数法

次に，**随伴変数法**による $\boldsymbol{g}_i$ の計算方法についてみてみよう．$f_i(\boldsymbol{a},\boldsymbol{u})$ に対する Lagrange 関数を

$$\begin{aligned}\mathscr{L}_i(\boldsymbol{a},\boldsymbol{u},\boldsymbol{v}_i) &= f_i(\boldsymbol{a},\boldsymbol{u}) + \mathscr{L}_{\mathrm{S}}(\boldsymbol{a},\boldsymbol{u},\boldsymbol{v}_i)\\ &= f_i(\boldsymbol{a},\boldsymbol{u}) - \boldsymbol{v}_i\cdot(\boldsymbol{K}(\boldsymbol{a})\boldsymbol{u} - \boldsymbol{p})\end{aligned} \tag{1.2.7}$$

とおく．$\mathscr{L}_{\mathrm{S}}$ は式 (1.2.2) で定義されたものとする．$\boldsymbol{v}_i \in \mathbb{R}^n$ は状態方程式に対する随伴変数（Lagrange 乗数）である．$(\boldsymbol{a},\boldsymbol{u},\boldsymbol{v}_i)$ の任意変動 $(\boldsymbol{b},\boldsymbol{u}',\boldsymbol{v}_i') \in X \times U \times U$ に対する $\mathscr{L}_i$ の微分は

$$\begin{aligned}\mathscr{L}_i'(\boldsymbol{a},\boldsymbol{u},\boldsymbol{v}_i)[\boldsymbol{b},\boldsymbol{u}',\boldsymbol{v}_i'] &= \mathscr{L}_{i\boldsymbol{a}}(\boldsymbol{a},\boldsymbol{u},\boldsymbol{v}_i)[\boldsymbol{b}]\\ &\quad + \mathscr{L}_{i\boldsymbol{u}}(\boldsymbol{a},\boldsymbol{u},\boldsymbol{v}_i)[\boldsymbol{u}'] + \mathscr{L}_{i\boldsymbol{v}_i}(\boldsymbol{a},\boldsymbol{u},\boldsymbol{v}_i)[\boldsymbol{v}_i']\end{aligned} \tag{1.2.8}$$

となる．式 (1.2.8) の右辺第 3 項は，

$$\mathscr{L}_{i\boldsymbol{v}_i}(\boldsymbol{a},\boldsymbol{u},\boldsymbol{v}_i)[\boldsymbol{v}_i'] = \mathscr{L}_{\mathrm{S}}(\boldsymbol{a},\boldsymbol{u},\boldsymbol{v}_i') \tag{1.2.9}$$

となる．式 (1.2.9) は状態決定問題（問題 1.2.1）に対する Lagrange 関数になっている．そこで，$\boldsymbol{u}$ が状態決定問題の解であれば，式 (1.2.8) の右辺第 3 項は 0 となる．

また，式 (1.2.8) の右辺第 2 項は，

$$\begin{aligned}\mathscr{L}_{i\boldsymbol{u}}(\boldsymbol{a},\boldsymbol{u},\boldsymbol{v}_i)[\boldsymbol{u}'] &= f_{i\boldsymbol{u}}(\boldsymbol{a},\boldsymbol{u})[\boldsymbol{u}'] + \mathscr{L}_{\mathrm{S}\boldsymbol{u}}(\boldsymbol{a},\boldsymbol{u},\boldsymbol{v}_i)[\boldsymbol{u}'] \\ &= f_{i\boldsymbol{u}}(\boldsymbol{a},\boldsymbol{u}) \cdot \boldsymbol{u}' - \boldsymbol{v}_i \cdot (\boldsymbol{K}(\boldsymbol{a})\boldsymbol{u}') \\ &= -\boldsymbol{u}' \cdot \left(\boldsymbol{K}^{\mathrm{T}}(\boldsymbol{a})\boldsymbol{v}_i - \frac{\partial f_i}{\partial \boldsymbol{u}}(\boldsymbol{a},\boldsymbol{u}) \right) \end{aligned} \tag{1.2.10}$$

となる．ここで，任意の $\boldsymbol{u}' \in U$ に対して式 (1.2.10) が 0 となるように $\boldsymbol{v}_i$ を決定できれば，式 (1.2.8) の右辺第 2 項は 0 となる．この条件は，次の**随伴問題**の解を $\boldsymbol{v}_i$ とおくことと同値である．

問題 1.2.4（f_i に対する随伴問題）

$\boldsymbol{K}(\boldsymbol{a})$ と f_i を問題 1.2.1 のとおりとする．このとき，

$$\boldsymbol{K}^{\mathrm{T}}(\boldsymbol{a})\boldsymbol{v}_i = f_{i\boldsymbol{u}}(\boldsymbol{a},\boldsymbol{u})$$

を満たす $\boldsymbol{v}_i \in U$ を求めよ．

ここで，$\boldsymbol{u}$ と $\boldsymbol{v}_i$ がそれぞれ問題 1.2.1 と問題 1.2.4 の解ならば，

$$\begin{aligned}&\mathscr{L}_{i\boldsymbol{a}}(\boldsymbol{a},\boldsymbol{u},\boldsymbol{v}_i)[\boldsymbol{b}] \\ &= f_{i\boldsymbol{a}}(\boldsymbol{a},\boldsymbol{u}) \cdot \boldsymbol{b} - \boldsymbol{v}_i \cdot \left\{ \begin{pmatrix} \dfrac{\partial \boldsymbol{K}(\boldsymbol{a})}{\partial a_1}\boldsymbol{u} & \cdots & \dfrac{\partial \boldsymbol{K}(\boldsymbol{a})}{\partial a_n}\boldsymbol{u} \end{pmatrix} \boldsymbol{b} \right\} \\ &= \left\{ f_{i\boldsymbol{a}}(\boldsymbol{a},\boldsymbol{u}) - \begin{pmatrix} \dfrac{\partial \boldsymbol{K}(\boldsymbol{a})}{\partial a_1}\boldsymbol{u} & \cdots & \dfrac{\partial \boldsymbol{K}(\boldsymbol{a})}{\partial a_n}\boldsymbol{u} \end{pmatrix}^{\mathrm{T}} \boldsymbol{v}_i \right\} \cdot \boldsymbol{b} \\ &= \boldsymbol{g}_i \cdot \boldsymbol{b}\end{aligned}$$

が成り立つ．この結果は，直接微分法の結果と一致する（2.6.5 項参照）．

以上の観察から，随伴変数法は次のような特徴をもつことがわかる．

♦**注意 1.2.5（随伴変数法の特徴）** 随伴変数法は直接微分法と比較して次のような特徴をもつ．

(1) 評価関数の数が多いとき ($m \gg 1$)，随伴変数法は不利になる．なぜならば，随伴問題の数は評価関数の数 $m+1$ と一致するためである．

(2) 設計変数の数が多いとき ($n \gg 1$)，随伴変数法は有利になる．なぜならば，随伴問題の数 $m+1$ は設計変数の数 n に依存しないためである．

(3) さらに，随伴問題の変数の数は状態方程式の変数の数 n と一致する．このことは，状態変数が時間や空間の領域上で定義された関数になった場合（状態変数が入る線形空間は無限次元空間になる）でも，随伴変数法は成り立つことを意味する．

(4) 自己随伴関係が成り立てば，随伴問題を解く必要がない．

あとの第 5 章以降で，状態方程式に偏微分方程式の境界値問題を仮定する．その際，状態変数は $d \in \{2,3\}$ 次元空間の領域上で定義された関数となる．注意 1.2.5 (3) の特徴は，形状や位相最適化問題において状態方程式を満たしながら設計変数の変動に対する評価関数の微分を求めるためには，随伴変数法でなければならないことを示している．

1.3　1 次元分岐 Stokes 流れ場の最適設計問題

これまで，1 次元線形弾性体をとりあげて最適設計問題とはどういうものかをみてきた．ここでは，設計対象を流れ場に変更しても同様の最適設計問題を構成できることをみておきたい．

図 1.3.1 のような円管内の粘性流れ場について考えてみよう．この問題は，Murray の法則をヒントにしている．Murray は，血液の輸送コストと体積維持のコストの和を最小にする条件から，血管のすべての断面において流量は血管半径の 3 乗に比例することを導いた[119]．Murray は分岐管を扱わなかったが，ここでは，断面の面積を設計変数にして，その関係が得られることをみておこう．なお，Murray は分岐角についても同じ評価関数を用いて分岐則を示

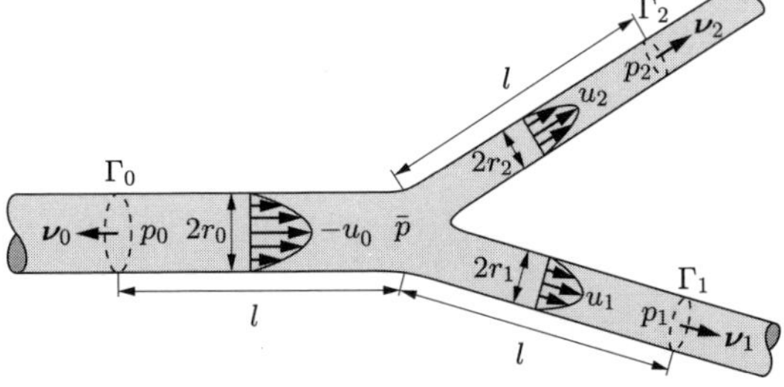

図 1.3.1　分岐する 1 次元 Stokes 流れ場

している．興味のある読者は文献 [118] を参照されたい．

1.3.1　状態決定問題

図 1.3.1 において，r_0，r_1，r_2 を円管の半径，p_0，p_1，p_2 を流入断面 Γ_0 と流出断面 Γ_1 および Γ_2 の圧力，$\bar{p}$ を分岐断面の圧力，l を長さ，μ を粘性係数とする．$i \in \{0,1,2\}$ に対して，半径 r_i の断面内の半径 r における流速は，円管の境界条件に対する定常 Stokes 方程式の解と一致する Hagen–Poiseuille 流れ

$$u_{\mathrm{H}i}(r) = -\frac{p_i - \bar{p}}{4\mu l}(r_i^2 - r^2) \tag{1.3.1}$$

で与えられると仮定する．ただし，三つの円管の流速は，それぞれ Γ_0，Γ_1 および Γ_2 上の流れ場に対する外向き法線 $\boldsymbol{\nu}_0$，$\boldsymbol{\nu}_1$ および $\boldsymbol{\nu}_2$ の向きを正にとることにする．すなわち，Γ_0 から流入する流速 $u_{\mathrm{H}0}(r)$ は $\boldsymbol{\nu}_0$ とは反対の方向を向いていることから，負となる．このとき，半径 r_i の円管を流れる流体の単位時間あたりの流量を

$$u_i = \int_0^{r_i} u_{\mathrm{H}i}(r) 2\pi r \,\mathrm{d}r = \frac{\bar{p} - p_i}{8\pi\mu l}(\pi r_i^2)^2 = (\bar{p} - p_i) a_i^2 \tag{1.3.2}$$

とおく．ここで，

$$\boldsymbol{a} = \begin{pmatrix} a_0 \\ a_1 \\ a_2 \end{pmatrix} = \frac{1}{\sqrt{8\pi\mu l}} \begin{pmatrix} \pi r_0^2 \\ \pi r_1^2 \\ \pi r_2^2 \end{pmatrix} \tag{1.3.3}$$

とおいた．式 (1.3.3) によれば，Γ_i の断面積は $\sqrt{8\pi\mu l} a_i$ となる．しかし，本節では，簡単のために，a_i を断面積とよぶことにして，$\boldsymbol{a} \in X \in \mathbb{R}^3$ を設計変数とおくことにする．また，連続の式は

$$u_0 + u_1 + u_2 = 0 \tag{1.3.4}$$

となる．式 (1.3.2) を式 (1.3.4) に代入すれば，

$$\bar{p} = \frac{p_0 a_0^2 + p_1 a_1^2 + p_2 a_2^2}{a_0^2 + a_1^2 + a_2^2} \tag{1.3.5}$$

が得られる．そこで，式 (1.3.5) を式 (1.3.2) に代入して $\bar{p}$ を消去すれば，

$$\frac{1}{a_0^2+a_1^2+a_2^2}\begin{pmatrix} a_0^2(a_1^2+a_2^2) & -a_0^2a_1^2 & -a_0^2a_2^2 \\ -a_0^2a_1^2 & a_1^2(a_0^2+a_2^2) & -a_1^2a_2^2 \\ -a_0^2a_2^2 & -a_1^2a_2^2 & a_2^2(a_0^2+a_1^2) \end{pmatrix}\begin{pmatrix} p_0 \\ p_1 \\ p_2 \end{pmatrix}$$
$$= -\begin{pmatrix} u_0 \\ u_1 \\ u_2 \end{pmatrix} \tag{1.3.6}$$

が得られることになる．

本節では，単位時間あたりの流量 $\boldsymbol{u}=(u_1,u_2)^{\mathrm{T}}\in\mathbb{R}^2$ を既知と仮定して，u_0 は式 (1.3.4) によって与えられると仮定する．このように，流速に関連した値を既知と仮定する理由は，第 5 章において，Stokes 問題において解の存在が保証されるのは境界全体で流速が与えられた場合であることが示されるためである（定理 5.6.3）．ところが，この方程式の係数行列は特異となる．なぜならば，圧力の基準値をどのようにとっても成り立つ（定数分の不定性がある）ためである．そこで，$p_0=0$ とおくことにする．このとき，設計変数 $\boldsymbol{a}$ と単位時間あたりの流量 $\boldsymbol{u}$ が与えられたとき，圧力 $\boldsymbol{p}=(p_1,p_2)^{\mathrm{T}}\in P=\mathbb{R}^2$ は

$$\frac{1}{a_0^2+a_1^2+a_2^2}\begin{pmatrix} a_1^2(a_0^2+a_2^2) & -a_1^2a_2^2 \\ -a_1^2a_2^2 & a_2^2(a_0^2+a_1^2) \end{pmatrix}\begin{pmatrix} p_1 \\ p_2 \end{pmatrix} = -\begin{pmatrix} u_1 \\ u_2 \end{pmatrix} \tag{1.3.7}$$

によって一意に決定されることになる．

そこで，本節では，$\boldsymbol{p}=(p_1,p_2)^{\mathrm{T}}\in P=\mathbb{R}^2$ を状態変数とおいて，状態決定問題を次のように定義する．

問題 1.3.1（1 次元分岐 Stokes 流れ場問題）

図 1.3.1 の 1 次元 Stokes 流れ場に対して，$\boldsymbol{a}\in\mathbb{R}^3$ と $\boldsymbol{u}\in\mathbb{R}^2$ が与えられたとき，

$$\boldsymbol{A}(\boldsymbol{a})\boldsymbol{p} = -\boldsymbol{u} \tag{1.3.8}$$

を満たす $\boldsymbol{p}\in\mathbb{R}^2$ を求めよ．ただし，式 (1.3.8) は式 (1.3.7) を表すことにする．

式 (1.3.8) の解は，

$$\boldsymbol{p} = -\boldsymbol{A}^{-1}(\boldsymbol{a})\boldsymbol{u} = -\begin{pmatrix} \dfrac{1}{a_0^2} + \dfrac{1}{a_1^2} & \dfrac{1}{a_0^2} \\ \dfrac{1}{a_0^2} & \dfrac{1}{a_0^2} + \dfrac{1}{a_2^2} \end{pmatrix} \begin{pmatrix} u_1 \\ u_2 \end{pmatrix}$$
$$= -\begin{pmatrix} \dfrac{u_1}{a_1^2} + \dfrac{u_1 + u_2}{a_0^2} \\ \dfrac{u_2}{a_2^2} + \dfrac{u_1 + u_2}{a_0^2} \end{pmatrix} = -\begin{pmatrix} \dfrac{u_1}{a_1^2} - \dfrac{u_0}{a_0^2} \\ \dfrac{u_2}{a_2^2} - \dfrac{u_0}{a_0^2} \end{pmatrix} \tag{1.3.9}$$

となる．

あとで使うために，問題 1.3.1 に対する Lagrange 関数を

$$\mathscr{L}_{\mathrm{S}}(\boldsymbol{a}, \boldsymbol{p}, \boldsymbol{q}) = \boldsymbol{q} \cdot (\boldsymbol{A}(\boldsymbol{a})\boldsymbol{p} + \boldsymbol{u}) \tag{1.3.10}$$

とおく．ここで，$\boldsymbol{q} = (q_1, q_2)^{\mathrm{T}} \in \mathbb{R}^2$ は Lagrange 乗数として導入された．問題 1.3.1 は，任意の $\boldsymbol{q} \in \mathbb{R}^2$ に対して

$$\mathscr{L}_{\mathrm{S}}(\boldsymbol{a}, \boldsymbol{p}, \boldsymbol{q}) = 0$$

を満たす $\boldsymbol{p}$ を求めることと同値である．

1.3.2　最適設計問題

状態決定問題が定義されたので，設計変数 $\boldsymbol{a}$ と状態変数 $\boldsymbol{p}$ を使って**評価関数**を定義しよう．

目的関数には，流れに対する抵抗を表すような関数を選びたい．粘性流れ場の内部で単位時間に粘性によって失われるエネルギーは，エネルギー保存則より，動力を境界上で積分した値の負値に等しい．そこで，

$$f_0 = -(p_0 u_0 + p_1 u_1 + p_2 u_2) = -\boldsymbol{p} \cdot \boldsymbol{u} \tag{1.3.11}$$

を目的関数とおくことにする．ここでは，$p_0 = 0$ が使われた．この f_0 は**散逸エネルギー**や**動力損失**などとよばれる値に対応する．しかし，第 8 章と第 9 章では，Stokes 流れ場の流れ抵抗を表す評価関数として，この定義が拡張されたものを，**平均流れ抵抗**とよぶことにする．そのときには，もはや散逸エネルギーの意味をもたないためである．そこで，式 (1.3.11) の f_0 も 1 次元分岐 Stokes

流れ場における平均流れ抵抗とよぶことにする．

また，f_1 としては，体積に対する制約関数を

$$f_1(\boldsymbol{a}) = l(a_0 + a_1 + a_2) - c_1 \tag{1.3.12}$$

とおくことにする．ただし，c_1 を正定数とする．

これらの評価関数を用いて，1 次元分岐 Stokes 流れ場の最適化問題を次のように定義する．ここでは，$X = \mathbb{R}^3$ を**設計変数** $\boldsymbol{a}$ の線形空間とする．また，定数ベクトル $\boldsymbol{a}_0 > \boldsymbol{0}_{\mathbb{R}^3}$ に対して

$$\mathcal{D} = \{\boldsymbol{a} \in X \mid \boldsymbol{a} \geq \boldsymbol{a}_0\} \tag{1.3.13}$$

とおく．さらに，$P = \mathbb{R}^2$ をそれぞれ**状態変数** $\boldsymbol{p}$ の線形空間とする．

問題 1.3.2（平均流れ抵抗最小化問題）

$X = \mathbb{R}^3$ および $P = \mathbb{R}^2$ とおく．$\mathcal{D}$ を式 (1.3.13) とする．$f_0(\boldsymbol{p})$ と $f_1(\boldsymbol{a})$ をそれぞれ式 (1.3.11) と式 (1.3.12) とする．このとき，

$$\min_{\boldsymbol{a}\in\mathcal{D}}\{f_0(\boldsymbol{p}) \mid f_1(\boldsymbol{a}) \leq 0,\ \boldsymbol{p} \in P,\ \text{問題 1.3.1}\}$$

を満たす $\boldsymbol{a}$ を求めよ．

1.3.3 断面積微分

f_0 の $\boldsymbol{a}$ の変動 $\boldsymbol{b}$ に対する微分 $\tilde{f}_0'(\boldsymbol{a})[\boldsymbol{b}] = f_0'(\boldsymbol{p}(\boldsymbol{a}))[\boldsymbol{b}] = \boldsymbol{g}_0 \cdot \boldsymbol{b}$ を**断面積微分**とよぶ．$\boldsymbol{g}_0$ を**断面積勾配**という．随伴変数法を用いて，$\boldsymbol{g}_0$ と f_0 の Hesse 行列 $\boldsymbol{H}_0$ を求めてみよう．

f_0 に対する Lagrange 関数を

$$\begin{aligned}\mathscr{L}_0(\boldsymbol{a},\boldsymbol{p},\boldsymbol{q}_0) &= f_0(\boldsymbol{p}) - \mathscr{L}_{\mathrm{S}}(\boldsymbol{a},\boldsymbol{p},\boldsymbol{q}_0)\\ &= -\boldsymbol{p}\cdot\boldsymbol{u} - \boldsymbol{q}_0\cdot(\boldsymbol{A}(\boldsymbol{a})\boldsymbol{p} + \boldsymbol{u})\end{aligned} \tag{1.3.14}$$

とおく．ここで，$\boldsymbol{q}_0 \in P$ は f_0 のために用意された状態方程式に対する**随伴変数**（**Lagrange 乗数**）である．$(\boldsymbol{a},\boldsymbol{p},\boldsymbol{q}_0)$ の任意変動 $(\boldsymbol{b},\boldsymbol{p}',\boldsymbol{q}_0') \in X \times P \times P$ に対する $\mathscr{L}_0$ の微分は

$$\mathscr{L}_0'(\boldsymbol{a},\boldsymbol{p},\boldsymbol{q}_0)[\boldsymbol{b},\boldsymbol{p}',\boldsymbol{q}_0'] = \mathscr{L}_{0\boldsymbol{a}}(\boldsymbol{a},\boldsymbol{p},\boldsymbol{q}_0)[\boldsymbol{b}] + \mathscr{L}_{0\boldsymbol{p}}(\boldsymbol{a},\boldsymbol{p},\boldsymbol{q}_0)[\boldsymbol{p}'] + \mathscr{L}_{0\boldsymbol{q}_0}(\boldsymbol{a},\boldsymbol{p},\boldsymbol{q}_0)[\boldsymbol{q}_0'] \tag{1.3.15}$$

となる．式 (1.3.15) の右辺第 3 項は，

$$\mathscr{L}_{0\boldsymbol{q}_0}(\boldsymbol{a},\boldsymbol{p},\boldsymbol{q}_0)[\boldsymbol{q}_0'] = -\mathscr{L}_{\mathrm{S}}(\boldsymbol{a},\boldsymbol{p},\boldsymbol{q}_0') \tag{1.3.16}$$

となり，$\boldsymbol{p}$ が状態決定問題の解であれば，この項は 0 となる．

また，式 (1.3.15) の右辺第 2 項は，

$$\begin{aligned}\mathscr{L}_{0\boldsymbol{p}}(\boldsymbol{a},\boldsymbol{p},\boldsymbol{q}_0)[\boldsymbol{p}'] &= f_{0\boldsymbol{p}}(\boldsymbol{a},\boldsymbol{p})[\boldsymbol{p}'] - \mathscr{L}_{\mathrm{S}\boldsymbol{p}}(\boldsymbol{a},\boldsymbol{p},\boldsymbol{q}_0)[\boldsymbol{p}'] \\ &= -\mathscr{L}_{\mathrm{S}}(\boldsymbol{a},\boldsymbol{q}_0,\boldsymbol{p}')\end{aligned} \tag{1.3.17}$$

となり，**自己随伴関係**

$$\boldsymbol{q}_0 = \boldsymbol{p} \tag{1.3.18}$$

が成り立つとき，この項は 0 となる．

さらに，式 (1.3.15) の右辺第 1 項は，

$$\begin{aligned}&\mathscr{L}_{0\boldsymbol{a}}(\boldsymbol{a},\boldsymbol{p},\boldsymbol{q}_0)[\boldsymbol{b}] \\ &\quad = -\frac{1}{\left(a_0^2+a_1^2+a_2^2\right)^2} \\ &\qquad \times \begin{pmatrix} 2a_0(a_1^2p_1+a_2^2p_2)(a_1^2q_{01}+a_2^2q_{02}) \\ 2a_1\{a_0^2p_1+a_2^2(p_1-p_2)\}\{a_0^2q_{01}+a_2^2(q_{01}-q_{02})\} \\ 2a_2\{a_0^2p_2+a_1^2(p_2-p_1)\}\{a_0^2q_{02}+a_1^2(q_{02}-q_{01})\} \end{pmatrix} \cdot \begin{pmatrix} b_0 \\ b_1 \\ b_2 \end{pmatrix} \\ &\quad = -2\begin{pmatrix} u_0^2/a_0^3 \\ u_1^2/a_1^3 \\ u_2^2/a_2^3 \end{pmatrix} \cdot \begin{pmatrix} b_0 \\ b_1 \\ b_2 \end{pmatrix} = \boldsymbol{g}_0 \cdot \boldsymbol{b}\end{aligned} \tag{1.3.19}$$

となる．ここで，$\boldsymbol{p}$ が状態決定問題と解であることと，自己随伴関係が使われた．

一方，f_1 に対しては

$$f_1'(\boldsymbol{a})[\boldsymbol{b}] = l \begin{pmatrix} 1 \\ 1 \\ 1 \end{pmatrix} \cdot \begin{pmatrix} b_0 \\ b_1 \\ b_2 \end{pmatrix} = \boldsymbol{g}_1 \cdot \boldsymbol{b} \tag{1.3.20}$$

が得られる．

さらに，平均流れ抵抗 $\tilde{f}_0(\boldsymbol{a}) = f_0(\boldsymbol{a}, \boldsymbol{p}(\boldsymbol{a}))$ の Hesse 行列 $\boldsymbol{H}_0$ は次のようにして求められる．1.1.6 項でみてきたように，随伴変数法を用いることにする．設計変数 $(\boldsymbol{a}, \boldsymbol{p})$ の任意変動 $(\boldsymbol{b}_1, \boldsymbol{p}_1') \in X \times P$ と $(\boldsymbol{b}_2, \boldsymbol{p}_2') \in X \times P$ に対する Lagrange 関数 $\mathscr{L}_0$ の 2 階微分は

$$\begin{aligned}
&\mathscr{L}_0''(\boldsymbol{a}, \boldsymbol{p}, \boldsymbol{q}_0)[(\boldsymbol{b}_1, \boldsymbol{p}_1'), (\boldsymbol{b}_2, \boldsymbol{p}_2')] \\
&\quad = (\mathscr{L}_{0\boldsymbol{a}}(\boldsymbol{a}, \boldsymbol{p}, \boldsymbol{q}_0)[\boldsymbol{b}_1] + \mathscr{L}_{0\boldsymbol{p}}(\boldsymbol{a}, \boldsymbol{p}, \boldsymbol{q}_0)[\boldsymbol{p}_1'])_{\boldsymbol{a}}[\boldsymbol{b}_2] \\
&\qquad + (\mathscr{L}_{0\boldsymbol{a}}(\boldsymbol{a}, \boldsymbol{p}, \boldsymbol{q}_0)[\boldsymbol{b}_1] + \mathscr{L}_{0\boldsymbol{p}}(\boldsymbol{a}, \boldsymbol{p}, \boldsymbol{q}_0)[\boldsymbol{p}_1'])_{\boldsymbol{u}}[\boldsymbol{p}_2'] \\
&\quad = \begin{pmatrix} \boldsymbol{b}_2 \\ \boldsymbol{p}_2' \end{pmatrix} \cdot \left(\begin{pmatrix} \mathscr{L}_{0\boldsymbol{a}\boldsymbol{a}} & \mathscr{L}_{0\boldsymbol{a}\boldsymbol{p}} \\ \mathscr{L}_{0\boldsymbol{p}\boldsymbol{a}} & \mathscr{L}_{0\boldsymbol{p}\boldsymbol{p}} \end{pmatrix} \begin{pmatrix} \boldsymbol{b}_1 \\ \boldsymbol{p}_1' \end{pmatrix} \right)
\end{aligned} \tag{1.3.21}$$

となる．ここで，$\boldsymbol{p}_1'$ と $\boldsymbol{p}_2'$ を状態決定問題を満たす変動におきかえる．式 (1.3.8) を $i \in \{1, 2\}$ に対して，a_i で偏微分した

$$\frac{\partial \boldsymbol{A}}{\partial a_i} \boldsymbol{p} + \boldsymbol{A} \frac{\partial \boldsymbol{p}}{\partial a_i} = \boldsymbol{0}_{\mathbb{R}^2} \tag{1.3.22}$$

より，

$$\frac{\partial \boldsymbol{p}}{\partial a_i} = -\boldsymbol{A}^{-1} \frac{\partial \boldsymbol{A}}{\partial a_i} \boldsymbol{p} \tag{1.3.23}$$

を計算し，

$$\boldsymbol{p}'(\boldsymbol{a})[\boldsymbol{b}] = \frac{\partial \boldsymbol{p}}{\partial \boldsymbol{a}^{\mathrm{T}}} \boldsymbol{b} = \begin{pmatrix} \partial p_1/\partial a_0 & \partial p_1/\partial a_1 & \partial p_1/\partial a_2 \\ \partial p_2/\partial a_0 & \partial p_2/\partial a_1 & \partial p_2/\partial a_2 \end{pmatrix} \begin{pmatrix} b_0 \\ b_1 \\ b_2 \end{pmatrix} \tag{1.3.24}$$

とおく．さらに，式 (1.3.24) の結果を式 (1.3.21) に代入すれば，

$$\mathscr{L}_0''(\boldsymbol{a}, \boldsymbol{p}, \boldsymbol{q}_0)[(\boldsymbol{b}_1, \boldsymbol{p}'(\boldsymbol{a})[\boldsymbol{b}_1]), (\boldsymbol{b}_2, \boldsymbol{p}'(\boldsymbol{a})[\boldsymbol{b}_2])] = \boldsymbol{b}_1 \cdot (\boldsymbol{H}_0 \boldsymbol{b}_2) \tag{1.3.25}$$

が得られる．ここで，$\boldsymbol{p}$ が状態決定問題の解であることと自己随伴関係を用いれば，$\tilde{f}_0$ の Hesse 行列は

$$\begin{aligned} \boldsymbol{H}_0 &= \mathscr{L}_{0\boldsymbol{a}\boldsymbol{a}} + \mathscr{L}_{0\boldsymbol{a}\boldsymbol{p}} \frac{\partial \boldsymbol{p}}{\partial \boldsymbol{a}^{\mathrm{T}}} + \left(\mathscr{L}_{0\boldsymbol{a}\boldsymbol{p}} \frac{\partial \boldsymbol{p}}{\partial \boldsymbol{a}^{\mathrm{T}}} \right)^{\mathrm{T}} \\ &= 6 \begin{pmatrix} u_0^2/a_0^4 & 0 & 0 \\ 0 & u_1^2/a_1^4 & 0 \\ 0 & 0 & u_2^2/a_2^4 \end{pmatrix} \end{aligned} \tag{1.3.26}$$

となる．この結果は，式 (1.3.19) の $\boldsymbol{g}_0$ を $\boldsymbol{a}$ で偏微分した結果と一致する．この関係は，式 (1.3.19) の $\boldsymbol{g}_0$ には状態変数である $\boldsymbol{p}$ が含まれていなかったために成り立った．このように，$\boldsymbol{H}_0$ は正定値行列となる．

以上の結果から，平均流れ抵抗 $f_0(\boldsymbol{p})$ を設計変数 $\boldsymbol{a}$ だけの関数にかきかえた $\tilde{f}_0(\boldsymbol{a})$ は凸関数となる．したがって，平均コンプライアンス問題のように，次に示される KKT 条件を満たす $\boldsymbol{a}$ は最小点になる．

1.3.4　最適性の条件

ここでも KKT 条件を使って最適性の条件を考えてみよう．最適化問題（問題 1.3.2）に対する Lagrange 関数を

$$\mathscr{L}(\boldsymbol{a}, \lambda_1) = \tilde{f}_0(\boldsymbol{a}) + \lambda_1 f_1(\boldsymbol{a})$$

とおく．$\lambda_1 \in \mathbb{R}$ は $f_1(\boldsymbol{a}) \leq 0$ に対する Lagrange 乗数である．このとき，問題 1.3.2 の KKT 条件は

$$\mathscr{L}_{\boldsymbol{a}}(\boldsymbol{a}, \lambda_1) = \boldsymbol{g}_0 + \lambda_1 \boldsymbol{g}_1 = \boldsymbol{0}_{\mathbb{R}^2} \tag{1.3.27}$$

$$\mathscr{L}_{\lambda_1}(\boldsymbol{a}, \lambda_1) = f_1(\boldsymbol{a}) \leq 0 \tag{1.3.28}$$

$$\lambda_1 f_1(\boldsymbol{a}) = 0 \tag{1.3.29}$$

$$\lambda_1 \geq 0 \tag{1.3.30}$$

で与えられる．式 (1.3.27) は

$$-2\begin{pmatrix} u_0^2/a_0^3 \\ u_1^2/a_1^3 \\ u_2^2/2_1^3 \end{pmatrix} + \lambda_1 l \begin{pmatrix} 1 \\ 1 \\ 1 \end{pmatrix} = \begin{pmatrix} 0 \\ 0 \\ 0 \end{pmatrix}$$

となる．そこで，平均流れ抵抗最小化問題（問題 1.3.2）に対する最適性の条件は

$$2\frac{u_0^2}{a_0^3 l} = 2\frac{u_1^2}{a_1^3 l} = 2\frac{u_2^2}{a_2^3 l} = \lambda_1 \tag{1.3.31}$$

によって与えられることになる．

この最適性の条件は，Murray の法則が成り立つことを示している．実際，式 (1.3.1) の $u_{\mathrm{H}i}(r)$ を用いれば，$i \in \{0,1,2\}$ に対して，管壁のせん断ひずみ速度とせん断応力は，それぞれ

$$\gamma_i = \left.\frac{\mathrm{d}u_{\mathrm{H}i}}{\mathrm{d}r}\right|_{r=r_i} = -\frac{\bar{p}-p_i}{2\mu l} r_i = -\frac{u_i}{2\mu l a_i^2} r_i \tag{1.3.32}$$

$$\tau_i = \mu\gamma_i = -\frac{u_i}{2la_i^2} r_i \tag{1.3.33}$$

となる．これらを用いれば，**散逸エネルギー密度**について，

$$\frac{1}{2}\tau_i\gamma_i = \frac{1}{\sqrt{8\mu l}}\frac{u_i^2}{a_i^3 l} = \frac{\sqrt{8\mu l}}{2}\lambda_1 \tag{1.3.34}$$

が成り立つことになる．ただし，式 (1.3.3) が使われた．式 (1.3.34) は，最適な分岐円管では，散逸エネルギー密度が一致することを示している．この条件はせん断応力が同一ならば，流量は血管半径の 3 乗に比例することを表している．このことから，Murray の法則と同じ関係が得られたことになる．

1.3.5　数値例

例題を使って最小点を具体的に求めてみよう．

□例題 1.3.3（平均流れ抵抗最小化問題の数値例）　問題 1.3.2 において $a_0 = 1$ とおき，a_0 を設計変数には含めないことにする．また，$l = 1$，$c_1 = 2$，$\boldsymbol{u} = (1/3, 2/3)^{\mathrm{T}}$，$\boldsymbol{a}_0 = (0.1, 0.1, 0.1)^{\mathrm{T}}$ とおく．このとき，$\boldsymbol{a}$ の最小点を求めよ．

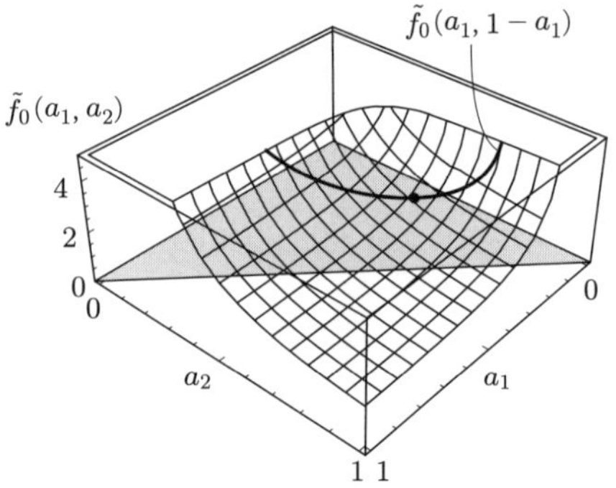

図 1.3.2　平均流れ抵抗最小化問題の数値例

▶解答　f_0 が定義された式 (1.3.11) に状態決定問題の解 $\boldsymbol{p}$ を与える式 (1.3.9) を代入すれば,

$$\tilde{f}_0(\boldsymbol{a}) = \frac{1}{9}\left(9 + \frac{1}{a_1} + \frac{4}{a_2}\right) \tag{1.3.35}$$

となる．図 1.3.2 は $\tilde{f}_0$ を示す．$\tilde{f}_0$ と f_1 の断面積微分は，式 (1.3.19) と式 (1.3.20) より,

$$\boldsymbol{g}_0 = -\begin{pmatrix} 2/(9a_1^3) \\ 8/(9a_2^3) \end{pmatrix}, \quad \boldsymbol{g}_1 = \begin{pmatrix} 1 \\ 1 \end{pmatrix}$$

となる．ここで，$\boldsymbol{a}$ が最小点ならば，式 (1.3.31) より

$$\lambda_1 = \frac{2}{9a_1^3} = \frac{8}{9a_2^3}$$

が成り立つ．$\boldsymbol{a}$ が式 (1.3.13) で定義された $\mathcal{D}$ の要素であれば，λ_1 は正となり，相補性条件より，f_1 に対する不等式制約は等号で成り立つことになる．そこで，$a_2 = 1 - a_1$ を式 (1.3.35) に代入し，a_1 の変動に対する停留条件

$$\frac{\mathrm{d}}{\mathrm{d}a_1}\tilde{f}_0(a_1, 1-a_1) = \frac{1}{(1-a_1)^2} - \frac{4}{a_1^2} = 0$$

を満たす a_1 を求めれば,

$$\begin{aligned} a_1 &= \frac{1}{5}(1 + 2^{4/3} - 2^{2/3}), \frac{1}{5}\{1 - 2^{1/3}(1 - \mathrm{i}\sqrt{3}) + 2^{-1/3}(1 + \mathrm{i}\sqrt{3})\}, \\ &\quad \frac{1}{5}\left\{1 - 2^{1/3}(1 + \mathrm{i}\sqrt{3}) + 2^{-1/3}(1 - \mathrm{i}\sqrt{3})\right\} \\ &= 0.386488, 0.106756 + 0.711395\mathrm{i}, 0.106756 - 0.711395\mathrm{i} \end{aligned}$$

となる．ただし，i は虚数単位である．また，a_2 は $1 - a_1$ によって求められる．このうち $\boldsymbol{a} \in \mathcal{D}$ が満たされるのは $\boldsymbol{a} = (0.386488, 0.613512)^{\mathrm{T}}$ である．$\tilde{f}_0$ と f_1 は凸関数であることから，問題 1.3.2 は凸最適化問題となり，定理 2.7.9 より，KKT 条件を満たすこの $\boldsymbol{a}$ はこの問題の最小点である． □

1.4 第 1 章のまとめ

第 1 章では，1 次元弾性体と 1 次元 Stokes 流れ場の断面積を設計対象においた最適設計問題を構成して，最適性の条件を求めるまでをみてきた．要点は以下のようである．

(1) 最適設計問題では，システムを決定する設計変数に加えて，システムの状態を記述する状態変数が存在する．状態変数を決定する状態方程式は等式制約となる．評価関数は設計変数と状態変数の関数として定義される（1.1.2 項，1.3.2 項）．

(2) 評価関数が状態変数の関数で与えられる場合，設計変数の変動に対する評価関数の微分は，状態決定問題の等式制約を満たすもとで微分を求める必要がある．その微分を求める方法には，微分の連鎖則を用いた直接微分法（1.1.5 項，1.2.1 項）と Lagrange 乗数法による随伴変数法（1.1.6 項，1.2.2 項）が考えられる．

- 直接微分法は多制約問題に有利である（注意 1.2.3）．
- 随伴変数法は多設計変数問題に有利である（注意 1.2.5）．

本書では第 5 章以降で，状態方程式に偏微分方程式の境界値問題を仮定し，状態変数は $d \in \{2, 3\}$ 次元空間の領域上で定義された関数（無限次元空間の要素）になる．そこでは，随伴変数法が必須となる．

(3) 1 次元弾性体の断面積を設計変数においた平均コンプライアンス最小化問題（問題 1.1.4）では，最適性の条件として，ひずみエネルギー密度が一様となる条件（式 (1.1.48)）が得られた（1.1.7 項）．

(4) 分岐する 1 次元 Stokes 流れ場において断面積を設計変数においた平均流れ抵抗最小化問題（問題 1.3.2）では，最適性の条件として，散逸エネルギー密度が一様となる条件（式 (1.3.34)）が得られた（1.3.4 項）．

最適設計問題に関する文献はたくさん存在するが，そのうちのいくつかをあげると，[5, 38, 60, 64, 169] である．

1.5 第１章の演習問題

1.1 問題 1.1.4 の f_0 を u_2^2 に変更した

$$\min_{\boldsymbol{a}\in\mathcal{D}}\{f_0(\boldsymbol{u})=u_2^2 \mid f_1(\boldsymbol{a})\le 0,\ \boldsymbol{u}\in U,\ \text{問題 1.1.3}\}$$

を満たす $\boldsymbol{a}$ を求める問題を考える．このとき，f_0 に対する随伴変数を $\boldsymbol{v}_0\in\mathbb{R}^2$ とおき，随伴方程式を示せ．また，$\boldsymbol{g}_0$ を $\boldsymbol{u}$ と $\boldsymbol{v}_0$ で示せ．

1.2 1.1.6 項では，問題 1.1.4 における f_0 の断面積勾配 $\boldsymbol{g}_0$ を Lagrange 関数の $\boldsymbol{u}$ と $\boldsymbol{v}_0$ の任意変動に対する停留条件を用いて求めた．その際，自己随伴関係が使われた．このように，自己随伴関係が成り立つ場合には，Lagrange 関数を使わずに，断面積勾配 $\boldsymbol{g}_0$ を求めることができる．平均コンプライアンス f_0 の代わりに，ポテンシャルエネルギー

$$\pi(\boldsymbol{a},\boldsymbol{u})=\frac{1}{2}\boldsymbol{u}\cdot(\boldsymbol{K}(\boldsymbol{a})\boldsymbol{u})-\boldsymbol{u}\cdot\boldsymbol{p}$$

を用いて，

$$\max_{\boldsymbol{a}\in\mathcal{D}}\min_{\boldsymbol{u}\in U}\pi(\boldsymbol{a},\boldsymbol{u})$$

を満たす $(\boldsymbol{a},\boldsymbol{u})$ を求める問題を考える．このとき，$\min_{\boldsymbol{u}\in\mathbb{R}^2}\pi$ を満たす $\boldsymbol{u}$ を用いたときの $-\pi$ の断面積勾配が式 (1.1.36) の $\boldsymbol{g}_0$ の 1/2 と一致することを示せ．なお，この問題における π はポテンシャルエネルギーである．この問題により，平均コンプライアンスの最小化はポテンシャルエネルギーの最大化と同値であることがわかる．

1.3 演習問題 **1.1** において $l=1$，$e_{\mathrm{Y}}=1$，$c_1=1$ および $\boldsymbol{p}=(1,1)^{\mathrm{T}}$ とおいて，$\boldsymbol{a}$ の最小点を求めよ．

1.4 問題 1.1.4 の状態決定問題において $\boldsymbol{p}=(1,-1)^{\mathrm{T}}$ とおいたとき，断面積が a_1 の 1 次元線形弾性体の応力は 0 となる．そこで，最適解では体積制約に加えて断面積 a_1 に対する側面制約が有効となる．このときの最適解は $(a_1,a_2)=(a_{01},(c_1/l)-a_{01})$ となる．このときの KKT 条件を示せ．また，そのときの Lagrange 乗数を求めよ．ただし，$\boldsymbol{g}_0$ と $\boldsymbol{g}_1$ はそれぞれ式 (1.1.28) と式 (1.1.17) で与えられているものとする．

1.5 問題 1.1.4 の状態決定問題において，設計変数 $\boldsymbol{a}\in\mathbb{R}^2$ が正方形断面の 1 辺の長さであると仮定されたとき，$\boldsymbol{a}$ の変動に対する f_0 の勾配 $\boldsymbol{g}_0$ と Hesse 行列 $\boldsymbol{H}_0$ を求めよ．

1.6 図 1.5.1 のような 4 面体 Ω を考える．設計変数を底面の辺の長さ $\boldsymbol{a}=(a_1,a_2)^{\mathrm{T}}\in$

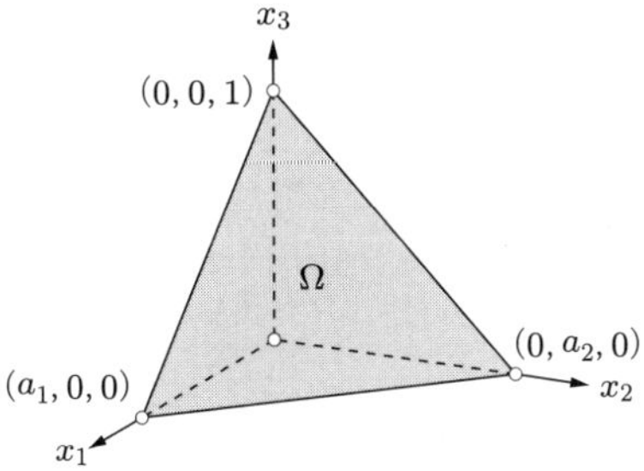

図 1.5.1　4 面体 Ω

$\mathbb{R}^2$ として，評価関数 f を Ω の体積とおいたとき，$\boldsymbol{a}$ の変動に対する f の勾配 $\boldsymbol{g}$ と Hesse 行列 $\boldsymbol{H}$ を求めよ．

1.7 式 (1.2.1) の $\boldsymbol{K}(\boldsymbol{a})$ を具体的に示せ．

1.8 問題 1.3.2 の f_0 に対しても自己随伴関係が成り立った．そのため，演習問題 **1.2** と同様に，Lagrange 関数を使わずに，断面積勾配 $\boldsymbol{g}_0$ を求めることができる．f_0 に対して，ここでは，形式的に，散逸系のポテンシャルエネルギーを

$$\pi(\boldsymbol{a},\boldsymbol{p}) = -\frac{1}{2}\boldsymbol{p}\cdot(\boldsymbol{A}(\boldsymbol{a})\boldsymbol{p}) - \boldsymbol{u}\cdot\boldsymbol{p}$$

とおいたとき，

$$\min_{\boldsymbol{a}\in\mathcal{D}}\max_{\boldsymbol{p}\in P}\pi(\boldsymbol{a},\boldsymbol{p})$$

を満たす $(\boldsymbol{a},\boldsymbol{p})$ を求める問題を考える．このとき，$\max_{\boldsymbol{p}\in\mathbb{R}^2}\pi$ を満たす $\boldsymbol{p}$ を用いたときの π の断面積勾配が式 (1.3.19) の 1/2 と一致することを示せ．この問題により，平均流れ抵抗の最小化は，形式的にこの散逸系のポテンシャルエネルギーを π とおいたときの π の最小化と同値であることがわかる．

1.9 図 1.5.2 のような分岐する 1 次元 Stokes 流れ場を考える．流入境界 Γ_0 の中心を原点とする．四つの正定数 α_1，α_2，β_1，β_2 に対して $\boldsymbol{\alpha}=(\alpha_1,-\alpha_2)^{\mathrm{T}}\in\mathbb{R}^2$ と $\boldsymbol{\beta}=(\beta_1,\beta_2)^{\mathrm{T}}\in\mathbb{R}^2$ を流出境界 Γ_1 と Γ_2 の中心位置の座標とする．$\boldsymbol{r}=(r_0,r_1,r_2)^{\mathrm{T}}\in\mathbb{R}^3$ を円管の半径とする．$\boldsymbol{r}$ と $\boldsymbol{\alpha}$ および $\boldsymbol{\beta}$ が既知と仮定されたとき，三つの円管の体積の和が最小であるならば，分岐角 θ_1 と θ_2 を用いて

$$r_0^2 = r_1^2\cos\theta_1 + r_2^2\cos\theta_2$$

が成り立つことを示せ．

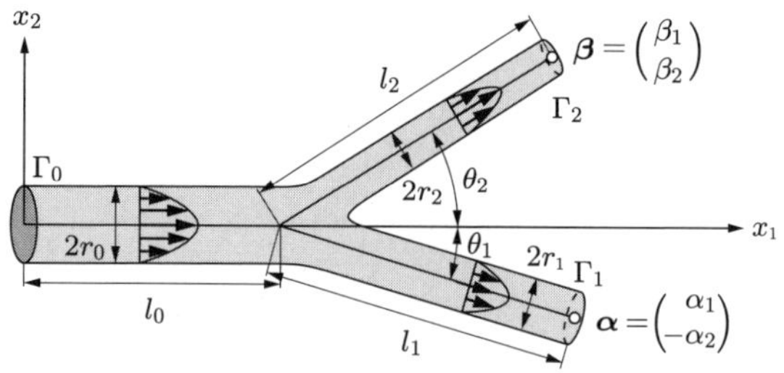

図 1.5.2　分岐する 1 次元 Stokes 流れ場の分岐角

第2章 最適化理論の基礎

第1章では，最適設計問題の具体例をあげて最適性の条件を求めるまでをみてきた．その過程で最適化理論で使われる用語や結果が使われた．本章では，最適化理論を体系的に解説しておきたい．

本章の舞台は有限次元ベクトル空間である．すなわち，設計変数の線形空間と状態変数の線形空間が有限次元であると仮定する．本書では，第7章以降で，関数空間上で最適化問題を構成してその解法を考える．しかし，本章で示される概念や結果の多くはそのまま関数空間でも使うことができる．その意味で，本章の内容は本書の基盤をなすといえる．いいかえれば，本書がどれだけ信頼に値するかは本章の内容にかかっているといっても過言ではない．そのために，やや抽象的な内容になるが，定義と定理の形式でまとめておきたい．ここでは，これらの抽象的な内容を具体的なイメージにむすびつけることができるように，読者になじみのある簡単なばね系を用いた例題をはさみながら説明を進めていくことにする．

2.1 最適化問題の定義

最初に，第1章でみてきた問題を念頭において，本章で考察の対象とする最適化問題を定義しよう．問題1.2.2では，断面積を $\boldsymbol{a} \in X = \mathbb{R}^n$，変位を $\boldsymbol{u} \in U = \mathbb{R}^n$ とおき，第1章ではそれらを設計変数および状態変数とよんだ．ここで，X と U はそれらの線形空間を表していた．まず，この問題が含まれるようないくとおりかの最適化問題を定義しよう．

最初に，線形空間に対する記号法について，他の章とは異なる使い方をすることを断っておく．第1章では，X と U は設計変数と状態変数が入る線形空間を表していた．第2章では，設計変数と状態変数をあわせて設計変数とよび，その線形空間を X と表すことにする．すなわち，第1章の変数に対して $\boldsymbol{x} = (\boldsymbol{a}^{\mathrm{T}}, \boldsymbol{u}^{\mathrm{T}})^{\mathrm{T}} \in X$ のように定義しようということである．このような定義に変更しなければならない理由は，標準的な最適化問題では，設計変数と状態変数が区別されずに，すべての変数が設計変数として扱われるためである．

次に，第1章でみてきた問題との関係を考えながら最適化問題を定義しよう．問題 1.2.2 では，$n \in \mathbb{N}$ に対して $\boldsymbol{x} = (\boldsymbol{a}^{\mathrm{T}}, \boldsymbol{u}^{\mathrm{T}})^{\mathrm{T}} \in \mathbb{R}^{2n}$ とおいたとき，$\boldsymbol{h}(\boldsymbol{x}) = \boldsymbol{K}(\boldsymbol{a})\boldsymbol{u} - \boldsymbol{p} = \boldsymbol{0}_{\mathbb{R}^n}$ を等式制約においていた．$2n$ を $d \in \mathbb{N}$ におきかえれば，次のような最適化問題になる．

問題 2.1.1（最適化問題）

$X = \mathbb{R}^d$ とする．$f_0, f_1, \ldots, f_m \colon X \to \mathbb{R}$ は与えられているとする．また，$n < d$ に対して $\boldsymbol{h} = (h_1, \ldots, h_n)^{\mathrm{T}} \colon X \to \mathbb{R}^n$ は与えられているとする．このとき，

$$\min_{\boldsymbol{x} \in X} \{ f_0(\boldsymbol{x}) \mid f_1(\boldsymbol{x}) \le 0, \ldots, f_m(\boldsymbol{x}) \le 0,\ \boldsymbol{h}(\boldsymbol{x}) = \boldsymbol{0}_{\mathbb{R}^n} \}$$

を満たす $\boldsymbol{x}$ を求めよ．

また，問題 1.2.2 において $\boldsymbol{a} \in X = \mathbb{R}^n$ を設計変数とみなし，評価関数を $\tilde{f}_i(\boldsymbol{a}) = f_i(\boldsymbol{a}, \boldsymbol{u}(\boldsymbol{a}))$ とみなせば，等式制約を除いた形式で $\boldsymbol{a} \in X$ に対する最適化問題をかくことができる．ここで，$\boldsymbol{a} \in X = \mathbb{R}^n$ を $\boldsymbol{x} \in X = \mathbb{R}^d$ にかきかえて，$\tilde{f}_i(\boldsymbol{a})$ を $f_i(\boldsymbol{x})$ にかきかえれば，問題 1.2.2 は次のような最適化問題になる．

問題 2.1.2（最適化問題）

$X = \mathbb{R}^d$ とする．$f_0, f_1, \ldots, f_m \colon X \to \mathbb{R}$ が与えられたとする．このとき，

$$\min_{\boldsymbol{x} \in X} \{ f_0(\boldsymbol{x}) \mid f_1(\boldsymbol{x}) \le 0, \ldots, f_m(\boldsymbol{x}) \le 0 \}$$

を満たす $\boldsymbol{x}$ を求めよ．

さらに，**設計変数の許容集合**あるいは**実行可能集合**を

$$S = \{ \boldsymbol{x} \in X \mid f_1(\boldsymbol{x}) \le 0, \ldots, f_m(\boldsymbol{x}) \le 0 \} \tag{2.1.1}$$

とおくことにする．このとき，問題 2.1.2 は次の問題と同値である．

問題 2.1.3（最適化問題）

$X = \mathbb{R}^d$，$f_0, f_1, \ldots, f_m \colon X \to \mathbb{R}$ は与えられたとする．S を式 (2.1.1) とおく．このとき，

$$\min_{\boldsymbol{x} \in S} f_0(\boldsymbol{x})$$

を満たす $\boldsymbol{x}$ を求めよ．

本章では，問題 2.1.1〜2.1.3 の最小点について成り立つ関係をみていきたい．本題に入る前に，これから使われる用語の定義といくつかの注意を示しておくことにする．本章では f_0 を**目的関数**，$\boldsymbol{h}$ を**等式制約関数**，$f_1, \ldots, f_m$ を**不等式制約関数**とよぶことにする．ここで，二つのことを注意しておきたい．

一つは，目的関数の最大化と最小化の関係と不等式制約における不等号の向きに関する注意である．f_0 の最大化は $-f_0$ の最小化と同値である．そこで，f_0 の最小化に限定することにする．さらに $f_1, \ldots, f_m$ を非正に限定しても一般性を失わないことになる．

もう一つは，$i \in \{1, \ldots, n\}$ に対して，等式制約 $h_i = 0$ は二つの不等式制約 $h_i \leq 0$ と $-h_i \leq 0$ を同時に課すことと同値であることに関する注意である．そこで，問題 2.1.1 における $h_i = 0$ を $h_i \leq 0$ と $-h_i \leq 0$ におきかえることによって，問題 2.1.1 を問題 2.1.2 にかきかえることができる．しかし，本章では，あえて等式制約が区別してかかれた問題 2.1.1 の最小点において成り立つ関係を詳しくみていくことにする．その理由は次のようである．最適設計問題では必ず状態方程式が等式制約として現れる．将来，それが偏微分方程式の境界値問題になる．そのときに，本章で示される等式制約の扱い（Lagrange 乗数法あるいは随伴変数法）は，関数空間上での等式制約（偏微分方程式の境界値問題）の扱いを考える際の指導原理となる．その詳細は第 7 章で示される．

本章で考える最適化問題を図に示しておこう．図 2.1.1 から図 2.1.3 に $X = \mathbb{R}^2$ の場合の最適化問題における最小点の例を示す．$\boldsymbol{g}_0$，$\boldsymbol{g}_1$，$\boldsymbol{g}_2$ および $\partial_X h_1$ は $\boldsymbol{x} \in X$ における f_0, f_1, f_2 および h_1 の $\boldsymbol{x}$ の任意変動に対する勾配（定義 2.4.1）を表す．X' はそれらの勾配が属する空間で X の双対空間とよばれる（定義 4.4.5）．しかし，有限次元ベクトル空間では $X' = X$ となることから，ここでは $X' = \mathbb{R}^2$

であるとみてよい．第7章でこの図を使うときは，X' は X とは別のベクトル空間として扱われる．今後，最適化問題が定義されたときは，そこに登場する変数や関数をこれらの図にあてはめて状況を把握してほしい．

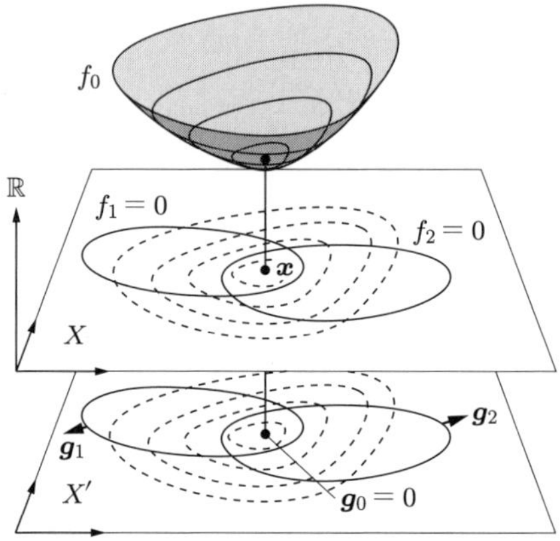

図 2.1.1　すべての制約が無効なときの最小点

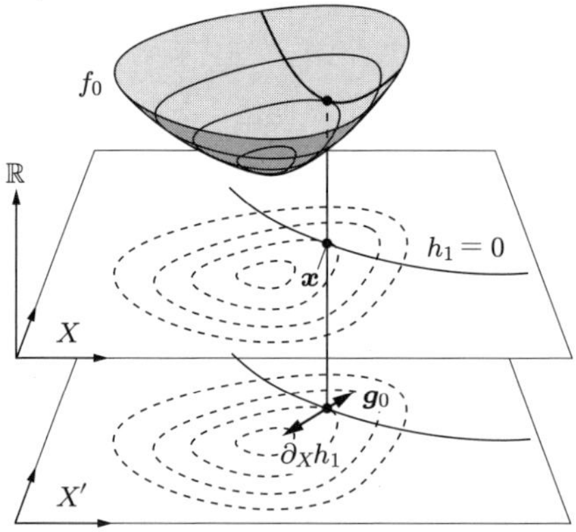

図 2.1.2　等式制約が有効なときの最小点

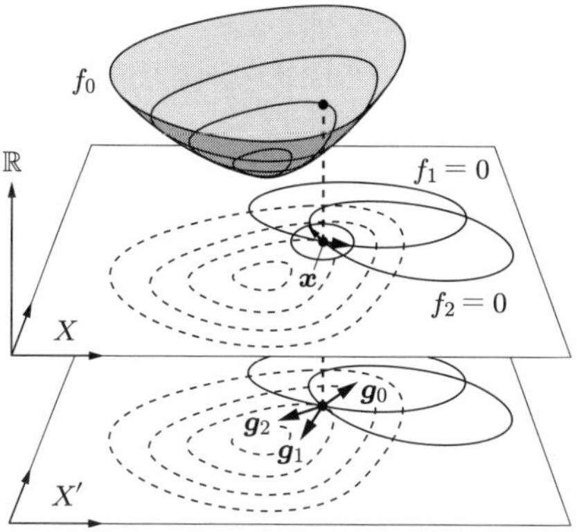

図 2.1.3 不等式制約が有効なときの最小点

2.2 最適化問題の分類

次に，問題 2.1.1〜2.1.3 で使われている関数の性質に注目して，最適化問題の分類方法について示しておこう．

問題 2.1.1 において $f_0, \ldots, f_m$ および $h_1, \ldots, h_n$ がすべて 1 次関数，あるいは問題 2.1.2 と問題 2.1.3 において $f_0, \ldots, f_m$ がすべて 1 次関数のとき，これらの問題を**線形最適化問題**あるいは**線形計画問題**という．図 2.2.1 に $X = \mathbb{R}^2$ のときの線形最適化問題のようすを示す．線形最適化問題に対しては，1 次関数の性質を利用した**単体法**や**主双対内点法**などの解法が知られている．非線形最適化問題も逐次線形近似により線形最適化問題に変換して解かれることもある．しかし，本書では直接利用することがないことから詳細を省くことにする．

一方，問題 2.1.1 において $f_0, \ldots, f_m$ および $h_1, \ldots, h_n$ のいずれかが 1 次関

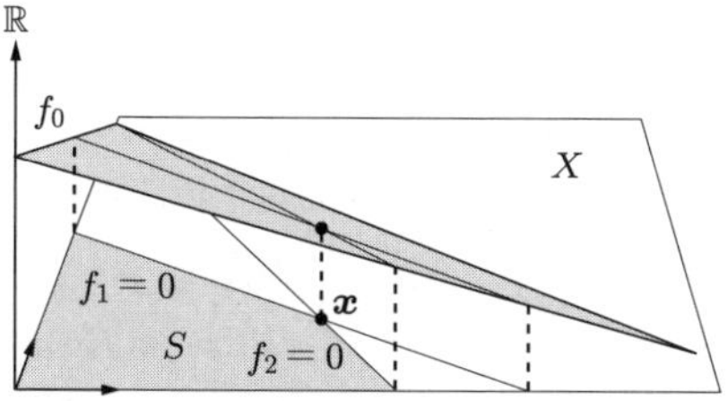

図 2.2.1 線形最適化問題における最小点

数ではない，あるいは問題 2.1.2 と問題 2.1.3 において $f_0, \ldots, f_m$ のいずれかが 1 次関数ではないとき，これらの問題を**非線形最適化問題**あるいは**非線形計画問題**という．

また，f_0 が 2 次関数で，$h_1, \ldots, h_n$ および $f_1, \ldots, f_m$ のすべてが 1 次関数のとき，あるいは問題 2.1.2 と問題 2.1.3 において f_0 が 2 次関数，$f_1, \ldots, f_m$ のすべてが 1 次関数のとき，これらの問題を **2 次最適化問題**あるいは **2 次計画問題**という．図 2.2.2 に $X = X' = \mathbb{R}^2$ のときの 2 次最適化問題のイメージを示す．

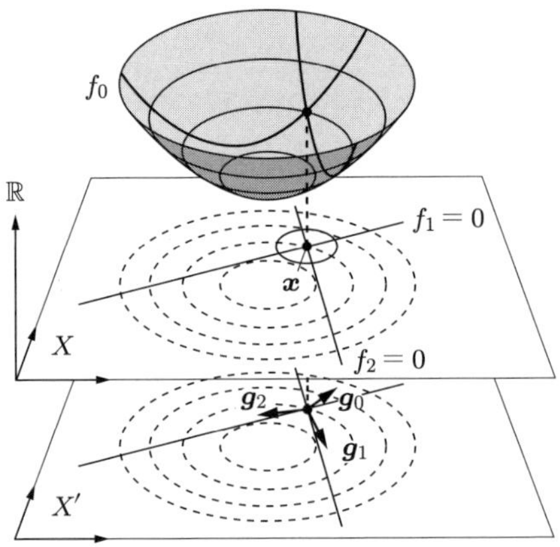

図 2.2.2　2 次最適化問題における最小点

さらに，問題 2.1.1 において $f_0, \ldots, f_m$ が凸関数（定義 2.4.3）で，$h_1, \ldots, h_n$ が 1 次関数のとき，あるいは問題 2.1.2 と問題 2.1.3 において $f_0, \ldots, f_m$ が凸関数のとき，これらの問題を**凸最適化問題**あるいは**凸計画問題**という．

ここで，混乱する例をあげておきたい．問題 1.1.4 は，1.1.7 項でみたように，凸最適化問題であった．設計変数に対する $\tilde{f}_0$ の Hesse 行列が正定値（定理 2.4.6）で，かつ f_1 が 1 次関数（定理 2.4.4）になっていることから，問題 1.1.4 を問題 2.1.2 とみなしたときに，凸最適化問題と判定された．しかし，問題 1.1.4 を問題 2.1.1 にかきかえたときに，凸最適化問題でないようにみえる．実際，問題 2.1.1 において $\boldsymbol{x} = (\boldsymbol{a}^{\mathrm{T}}, \boldsymbol{u}^{\mathrm{T}})^{\mathrm{T}}$ とおき，$\boldsymbol{h}(\boldsymbol{x}) = \boldsymbol{K}(\boldsymbol{a})\boldsymbol{u} - \boldsymbol{p} = \boldsymbol{0}_{\mathbb{R}^n}$ とおいたとき，$\boldsymbol{h}(\boldsymbol{x})$ は $\boldsymbol{x}$ の 1 次関数になっていないからである．このように，等式制約を含む問題では，等式制約を含まない問題にかきかえたときに凸最適化問題になっていることがあることに注意されたい．

なお，問題 2.1.1〜2.1.3 の形式とは異なるが，目的関数を複数設けた最適化問題は**多目的最適化問題**とよばれる．たとえば，S を $X = \mathbb{R}^d$ の部分集合として，$f_1, \ldots, f_m \colon X \to \mathbb{R}$ を評価関数とするとき，

$$\min_{\boldsymbol{x} \in S} f_1(\boldsymbol{x}), \ldots, \min_{\boldsymbol{x} \in S} f_m(\boldsymbol{x})$$

を同時に満たす $\boldsymbol{x}$ を求めるような問題である．このような問題の最小点は存在するとは限らない．最小点が存在しないとき，次善の策として **Pareto 解**の集合が使われる．Pareto 解の集合とは，次の条件を満たす集合 $P \subset S$ として定義される（図 2.2.3）．P の要素 $\boldsymbol{y}$ を決めたとき，すべての $i \in \{1, \ldots, m\}$ に対して

$$f_i(\boldsymbol{x}) \leq f_i(\boldsymbol{y})$$

が成り立つような $\boldsymbol{x} \in S$ はない．また，$i \in \{1, \ldots, m\}$ を決めたとき，すべての $\boldsymbol{y} \in P$ に対して

$$f_i(\boldsymbol{x}) < f_i(\boldsymbol{y})$$

が成り立つような $\boldsymbol{x} \in S$ はない．このような Pareto 解の集合から一つの点を選ぶためには，何らかの価値観に基づく選考規準が必要となる．本書では，選考規準に関する議論を避けて，多目的最適化問題は扱わないことにする．

さらに，問題 2.1.3 において，設計変数の許容集合 S が整数のように離散的な点の集合となるとき，そのような問題を**整数最適化問題**あるいは**整数計画問題**という．この問題は NP 困難とよばれる性質をもち，厳密解は容易にはみつ

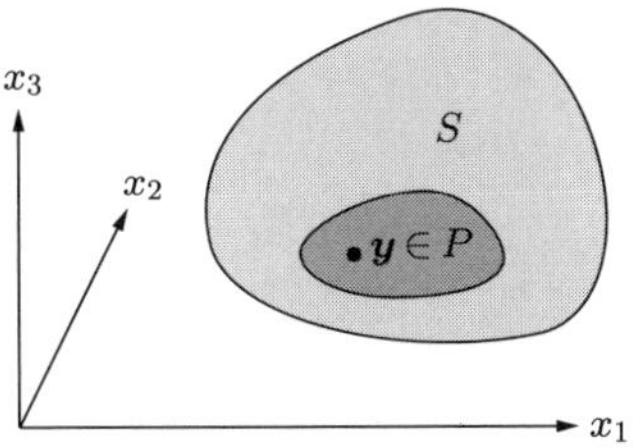

（a）設計変数の線形空間

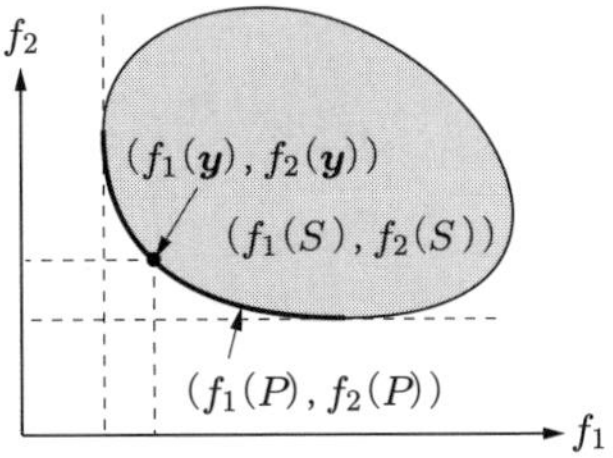

（b）評価関数の線形空間

図 2.2.3 Pareto 解の集合 P

けられない．また，近似解を求めるために特別の工夫が必要となる．このような問題も本書では扱わないことにする．

2.3　最小点の存在

最適化問題が定義されたので，次に，それらの問題において最小点が存在するための条件について考えてみることにしよう．以下は当然のように思われるが，関数最適化問題ではそれを意識しないと最小点のない問題を定義することになる．

まず，極小点と最小点の違いに注意しよう．

定義 2.3.1（極小点と最小点）　$X = \mathbb{R}^d$ として，S を X の空でない部分集合とする．$f\colon S \to \mathbb{R}$ とする．$\boldsymbol{x} \in S$ のある近傍（凸開集合）B が S に含まれ，任意の $\boldsymbol{y} \in B$ に対して

$$f(\boldsymbol{x}) \leq f(\boldsymbol{y})$$

が成り立つとき，$f(\boldsymbol{x})$ を**極小値**，$\boldsymbol{x}$ を**極小点**という．さらに，任意の $\boldsymbol{y} \in S$ に対して，上の不等式が成り立つとき，$f(\boldsymbol{x})$ を**最小値**，$\boldsymbol{x}$ を**最小点**という．

図 2.3.1 は $X = \mathbb{R}$ で $S \subset X$ が有界閉集合のときの関数 f の極小点 x と最小点 y を示す．近傍や開集合などの用語の定義は A.1.1 項に示されている．最小点を定義 2.3.1 のように定義するとき，最小点が存在するための十分条件について，次のような **Weierstrass の定理**が知られている（たとえば，[151] p.27 定理 13，[20] p.154 22.6 Maximum and Minimum Value Theorem，[132] p.89 4.16 Theorem）．

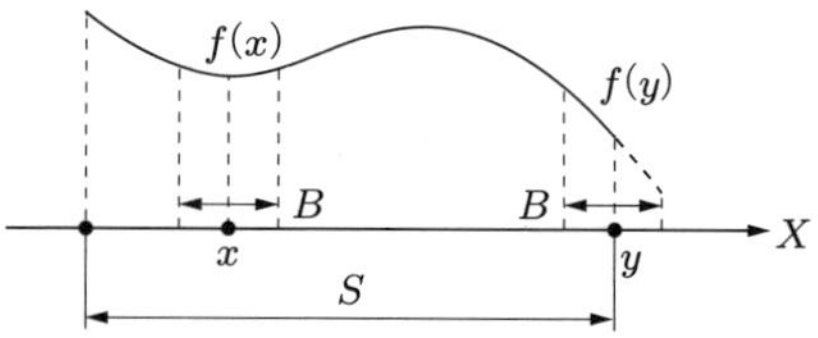

図 2.3.1　関数 f の極小点 x と最小点 y

■定理 2.3.2 (Weierstrass の定理) 問題 2.1.3 において，S は $X = \mathbb{R}^d$ の有界閉部分集合，かつ $f_0 \colon S \to \mathbb{R}$ は連続とする．このとき，最小点 $\boldsymbol{x} \in S$ が存在する．

なお，関数の連続性に関する定義は A.1.2 項に示されている．定理 2.3.2 は，連続を下半連続に拡張しても成り立つ．しかし，今後の展開で下半連続を必要としないことから省略することにする．

問題 2.1.3 において，S が有界閉集合でない場合に最小点が存在しない場合があることをみてみよう．たとえば問題 1.1.4 では，

$$S = \{\boldsymbol{a} \in X = \mathbb{R}^2 \mid \boldsymbol{a} \geq \boldsymbol{a}_0,\ f_1(\boldsymbol{a}) = l(a_1 + a_2) - c_1 \leq 0\}$$

が仮定された．この S は有界閉集合である．しかし，これを

$$S = \{\boldsymbol{a} \in X = \mathbb{R}^2 \mid \boldsymbol{a} > \boldsymbol{0}_{\mathbb{R}^2},\ f_1(\boldsymbol{a}) = l(a_1 + a_2) - c_1 \leq 0\}$$

におきかえれば，この S は有界閉集合ではなくなる．たとえば $p_1 \neq 0$ および $p_2 = 0$ とおいたとき，$a_1 = c_1/2l$ および $a_2 = 0$ が f_0 の極小点になるが，この $\boldsymbol{a}$ は S に含まれない．そこで，S の中に最小点は存在しないことになる．

また，関数が連続でない場合，あるいは値が一意に定まらない関数になっている場合も，最小値が存在する保証はないことになる．これまでみてきたような関数ではそのようなものはなかった．しかし，関数最適化問題では注意していないと値が一意に定まらない関数（汎関数）を扱っていることになりかねない．第 4 章では，設計変数が定義された線形空間は連続（完備）で，その上で定義された評価関数も連続であるような条件を考えていくことになる．

2.4 微分法と凸関数

最適化問題に取り組む前に，最適化理論で使われる微分法の基礎と凸関数の定義についてみておこう．関数 f の微分について，今後，次の定義を用いることにする．

■定義 2.4.1 (勾配と Hesse 行列) $X = \mathbb{R}^d$ とする．$\boldsymbol{x} \in X$ の近傍 $B \subset X$ 上で関数 $f \colon B \to \mathbb{R}$ が定義されているとする．任意の $\boldsymbol{y} = (y_1, \ldots, y_d)^{\mathrm{T}} \in X$

に対して，

$$\partial_X f(\boldsymbol{x}) = \begin{pmatrix} \lim_{y_1 \to 0} (f(\boldsymbol{x} + (y_1, 0, \ldots, 0)^{\mathrm{T}}) - f(\boldsymbol{x}))/y_1 \\ \vdots \\ \lim_{y_d \to 0} (f(\boldsymbol{x} + (0, \ldots, y_d)^{\mathrm{T}}) - f(\boldsymbol{x}))/y_d \end{pmatrix} = \begin{pmatrix} \partial f/\partial x_1 \\ \vdots \\ \partial f/\partial x_d \end{pmatrix} (\boldsymbol{x}) = \boldsymbol{g}(\boldsymbol{x})$$

が $X' = \mathbb{R}^d$ の要素として定まるとき，f は $\boldsymbol{x}$ において微分可能といい，

$$f'(\boldsymbol{x})[\boldsymbol{y}] = \boldsymbol{g}(\boldsymbol{x}) \cdot \boldsymbol{y}$$

を f の $\boldsymbol{x}$ における**微分**あるいは**全微分**，$\boldsymbol{g}(\boldsymbol{x})$ を f の $\boldsymbol{x}$ における**勾配**という．さらに，

$$\partial_X \partial_X^{\mathrm{T}} f(\boldsymbol{x}) = \begin{pmatrix} \partial^2 f/(\partial x_1 \partial x_1) & \cdots & \partial^2 f/(\partial x_1 \partial x_d) \\ \vdots & \ddots & \vdots \\ \partial^2 f/(\partial x_d \partial x_1) & \cdots & \partial^2 f/(\partial x_d \partial x_d) \end{pmatrix} (\boldsymbol{x}) = \boldsymbol{H}(\boldsymbol{x})$$

が $\mathbb{R}^{d \times d}$ の要素として定まるとき，f は $\boldsymbol{x}$ において 2 階微分可能といい，$\boldsymbol{x}$ からの任意の変動 $\boldsymbol{y}_1, \boldsymbol{y}_2 \in X$ に対して，

$$f''(\boldsymbol{x})[\boldsymbol{y}_1, \boldsymbol{y}_2] = \boldsymbol{y}_2 \cdot (\boldsymbol{H}(\boldsymbol{x}) \boldsymbol{y}_1)$$

を f の $\boldsymbol{x}$ における **2 階微分**，$\boldsymbol{H}(\boldsymbol{x})$ を **Hesse 行列**という．

本書では，すべての $\boldsymbol{x} \in X$ において $k \in \{0, 1, 2, \ldots\}$ 階微分まで連続な関数 $f\colon X \to \mathbb{R}$ の全体からなる集合を $C^k(X; \mathbb{R})$ とかくことにする（定義 4.2.2）．また，表記の簡素化のために，特に断らずに $\partial_X f, \partial_X f_0, \ldots, \partial_X f_m$ をそれぞれ $\boldsymbol{g}, \boldsymbol{g}_0, \ldots, \boldsymbol{g}_m$，および $\partial_X \partial_X^{\mathrm{T}} f, \partial_X \partial_X^{\mathrm{T}} f_0, \ldots, \partial_X \partial_X^{\mathrm{T}} f_m$ をそれぞれ $\boldsymbol{H}, \boldsymbol{H}_0, \ldots, \boldsymbol{H}_m$ のようにかくことにする．また，X の要素を $\boldsymbol{x}$ とおいているときには $\partial_X f$ を $f_{\boldsymbol{x}}$ ともかくことにする．さらに，偏微分方程式などでは $\partial_X f$ は $\boldsymbol{\nabla} f$ のように表されることになる．今後，いろいろな微分が定義されるため，多様な表現方法が必要となる．それぞれの場面で定義が示されるので混乱のな

いようにしてほしい．

2.4.1 Taylor の定理

次に示される **Taylor の定理**は，今後，いろいろな場面で利用される．

定理 2.4.2 (Taylor の定理) $X = \mathbb{R}^d$ とする．$\boldsymbol{a} \in X$ の近傍 B 上で関数 $f \in C^2(B;\mathbb{R})$ が定義されているとする．任意の $\boldsymbol{b} \in B$ に対して，$\boldsymbol{y} = \boldsymbol{b} - \boldsymbol{a}$ とおけば，

$$f(\boldsymbol{b}) = f(\boldsymbol{a}) + \boldsymbol{g}(\boldsymbol{a}) \cdot \boldsymbol{y} + \frac{1}{2!}\boldsymbol{y} \cdot (\boldsymbol{H}(\boldsymbol{a} + \theta\boldsymbol{y})\boldsymbol{y}) \tag{2.4.1}$$

を満たす $\theta \in (0,1)$ が存在する．

▶**証明** まず，$X = \mathbb{R}$ のときを考える．このときの $\boldsymbol{a}$，$\boldsymbol{b}$ および $\boldsymbol{y}$ をそれぞれ a，b および y とかくことにする．任意の $x \in B$ に対して

$$h(x) = f(b) - \{f(x) + f'(x)(b-x) + k(b-x)^2\}$$

とおく．ただし，$\mathrm{d}f/\mathrm{d}x$ を f' とかいた．また，定数 k は

$$h(a) = h(b) = 0$$

を満たすように決定されるものとする．このとき，

$$\begin{aligned} h'(x) &= -f'(x) - f''(x)(b-x) + f'(x) + 2k(b-x) \\ &= -f''(x)(b-x) + 2k(b-x) \end{aligned}$$

となる．**Rolle の定理**（$h(a) = h(b)$ のときの**平均値の定理**）より，

$$h'(c) = 0$$

を満たす c が (a,b) 上に存在する．そこで，$c = a + \theta y$ とかけて，

$$k = \frac{1}{2}f''(a + \theta y)$$

となる．$h(a) = 0$ にこの結果を代入すれば，定理の結果が得られる．

次に，$X = \mathbb{R}^2$ とする．任意の $\boldsymbol{a} = (a_1, a_2)^{\mathrm{T}}$ と $\boldsymbol{y} = (y_1, y_2)^{\mathrm{T}}$ に対して，$t \in \mathbb{R}$ の関数を

$$\phi(t) = f(\boldsymbol{a} + t\boldsymbol{y})$$

$$= f(\boldsymbol{a}) + t\left(y_1 \frac{\partial}{\partial x_1} + y_2 \frac{\partial}{\partial x_2}\right) f(\boldsymbol{a}) + \frac{t^2}{2}\left(y_1 \frac{\partial}{\partial x_1} + y_2 \frac{\partial}{\partial x_2}\right)^2 f(\boldsymbol{a} + \theta \boldsymbol{y})$$

とおく．$\phi(1)$ の $t = 0$ まわりの Taylor 展開（$X = \mathbb{R}$ のときの Taylor 展開）を求めると，

$$\begin{aligned}
\phi(1) &= f(\boldsymbol{b}) \\
&= f(\boldsymbol{a}) + \left(y_1 \frac{\partial}{\partial x_1} + y_2 \frac{\partial}{\partial x_2}\right) f(\boldsymbol{a}) + \frac{1}{2}\left(y_1 \frac{\partial}{\partial x_1} + y_2 \frac{\partial}{\partial x_2}\right)^2 f(\boldsymbol{a} + \theta \boldsymbol{y}) \\
&= f(\boldsymbol{a}) + \left\{\begin{pmatrix} \dfrac{\partial}{\partial x_1} & \dfrac{\partial}{\partial x_2} \end{pmatrix} f(\boldsymbol{a})\right\} \begin{pmatrix} y_1 \\ y_2 \end{pmatrix} \\
&\quad + \frac{1}{2}\begin{pmatrix} y_1 & y_2 \end{pmatrix} \left\{ \begin{pmatrix} \dfrac{\partial}{\partial x_1} \\ \dfrac{\partial}{\partial x_2} \end{pmatrix} \begin{pmatrix} \dfrac{\partial}{\partial x_1} & \dfrac{\partial}{\partial x_2} \end{pmatrix} f(\boldsymbol{a} + \theta \boldsymbol{y}) \right\} \begin{pmatrix} y_1 \\ y_2 \end{pmatrix}
\end{aligned}$$

となる．$X = \mathbb{R}^d$ のときは式 (2.4.1) となる．□

Taylor の定理は任意の微分階数に対して示される．しかし，ここでは 2 階導関数までを用いた表記にとどめた．その理由は，$\mathbb{R}^d$ 上で定義された関数の高階微分に対する表記法が定義されていないためである．この表記法は定義 4.2.2 で示される．また，$\boldsymbol{y} \cdot (\boldsymbol{H}(\boldsymbol{a} + \theta \boldsymbol{y})\boldsymbol{y})/2!$ のような θ を含む項は剰余項とよばれる．本書では，Bachmann–Landau の small-o 記号を用いて，式 (2.4.1) を

$$f(\boldsymbol{a} + \boldsymbol{y}) = f(\boldsymbol{a}) + \boldsymbol{g}(\boldsymbol{a}) \cdot \boldsymbol{y} + \frac{1}{2!}\boldsymbol{y} \cdot (\boldsymbol{H}(\boldsymbol{a})\boldsymbol{y}) + o(\|\boldsymbol{y}\|_{\mathbb{R}^d}^2) \tag{2.4.2}$$

ともかくことにする．ここで，$o(\epsilon)$ は $\lim_{\epsilon \to 0} o(\epsilon)/\epsilon = 0$ が成り立つ関数として定義されている．この式を $\boldsymbol{a}$ まわりの f の **Taylor 展開**という．

2.4.2　凸関数

次に凸関数の定義と基本的な結果についてみておこう．あとで示されるように，**凸最適化問題**では極小点は同時に最小点になる（定理 2.5.6）．そのために，関数の凸性は最適化理論では役に立つ重要な性質の一つである．まず，凸関数の定義を示そう．

■定義 2.4.3（凸関数）　$X = \mathbb{R}^d$ とする．S を X の空ではない部分集合とする．関数 $f \colon S \to \mathbb{R}$ が任意の $\boldsymbol{x} \in S$，$\boldsymbol{y} \in S$ および $\theta \in (0, 1)$ に対して

$$(1-\theta)\boldsymbol{x}+\theta\boldsymbol{y}\in S \tag{2.4.3}$$

$$f((1-\theta)\boldsymbol{x}+\theta\boldsymbol{y})\leq(1-\theta)f(\boldsymbol{x})+\theta f(\boldsymbol{y}) \tag{2.4.4}$$

を満たすとき，f を**凸関数**という．また，式 (2.4.4) の不等号が $\geq$ のとき，**凹関数**という．

式 (2.4.3) と式 (2.4.4) は，それぞれ集合の凸性と関数の凸性を定義する条件になっている．図 2.4.1 と図 2.4.2 にはそれぞれ S が凸集合であるときと凸集合ではないときの例が示されている．図 2.4.2 (c) のような S が整数値ベクトルの集合の場合は**整数計画問題**となる．許容集合がこのような集合の場合には，評価関数の勾配が $\boldsymbol{0}_X$ となるような点がみつかったとしても，その点がその許容集合に含まれるとは限らない．整数計画問題の難しさはこのような集合の性質にあると考えられる．図 2.4.3 には f が凸関数であるときの例が示されている．導関数が不連続でも凸性は成り立つことに注意されたい．

凸関数が 1 階微分可能ならば次の結果が得られる．

■定理 2.4.4 (凸関数と 1 階微分) $X=\mathbb{R}^d$，$S\subseteq X$ を開凸集合，および $f\in C^1(S;\mathbb{R})$ とする．f が凸関数であるための必要十分条件は，任意の $\boldsymbol{x}\in S$ お

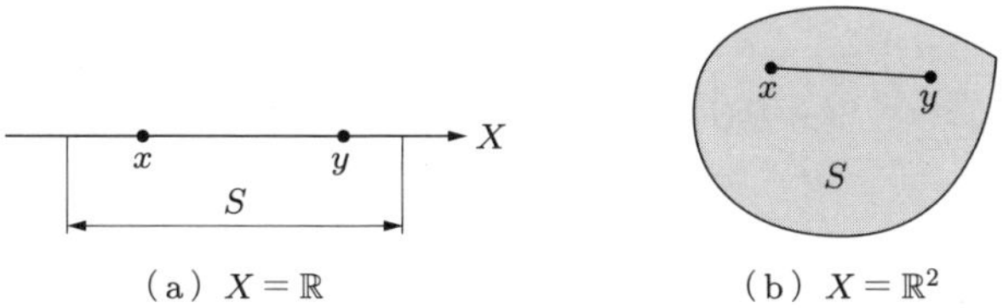

図 2.4.1 線形空間 X の部分集合 S が凸集合の例

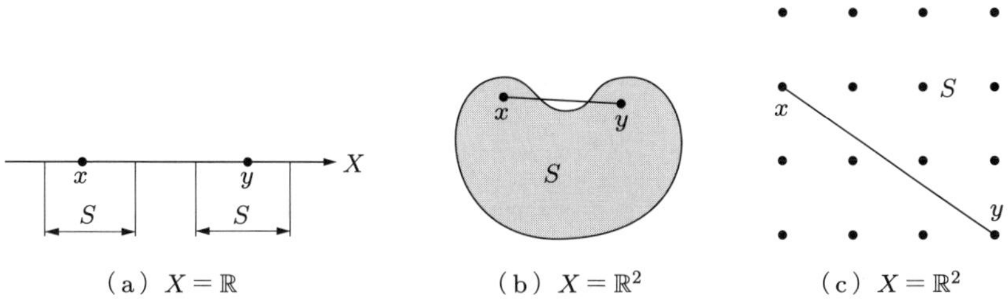

図 2.4.2 線形空間 X の部分集合 S が凸集合ではない例

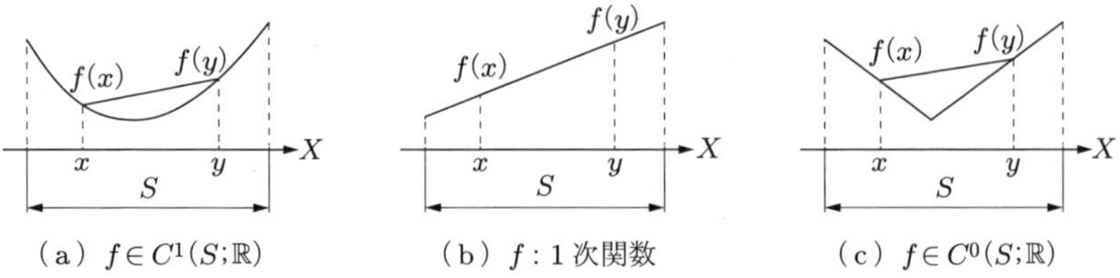

図 2.4.3　f が凸関数の例 $(X = \mathbb{R})$

よび $\boldsymbol{y} \in S$ に対して

$$\boldsymbol{g}(\boldsymbol{x}) \cdot (\boldsymbol{y} - \boldsymbol{x}) \leq f(\boldsymbol{y}) - f(\boldsymbol{x}) \tag{2.4.5}$$

が成り立つことである．

▶**証明**　まず，必要性（f が凸関数ならば式 (2.4.5) が成り立つこと）を示す．f は凸関数なので，任意の $\boldsymbol{x} \in S$ および任意の $\theta \in (0, 1)$ に対して

$$f((1-\theta)\boldsymbol{x} + \theta\boldsymbol{y}) = f(\boldsymbol{x} + \theta(\boldsymbol{y} - \boldsymbol{x})) \leq f(\boldsymbol{x}) + \theta(f(\boldsymbol{y}) - f(\boldsymbol{x}))$$

が成り立つ．そこで，

$$\frac{f(\boldsymbol{x} + \theta(\boldsymbol{y} - \boldsymbol{x})) - f(\boldsymbol{x})}{\theta} \leq f(\boldsymbol{y}) - f(\boldsymbol{x}) \tag{2.4.6}$$

が得られる．$\theta \to 0$ のとき，式 (2.4.5) が得られる．

次に，十分性（式 (2.4.5) が成り立つならば f が凸関数であること）を示す．$\boldsymbol{x} = (1-\theta)\boldsymbol{z} + \theta\boldsymbol{w}$ および $\boldsymbol{y} = \boldsymbol{z}$ とおけば，式 (2.4.5) は

$$f(\boldsymbol{z}) - f(\boldsymbol{x}) \geq \boldsymbol{g}(\boldsymbol{x}) \cdot (\boldsymbol{z} - \boldsymbol{x}) \tag{2.4.7}$$

となる．一方，$\boldsymbol{x} = (1-\theta)\boldsymbol{z} + \theta\boldsymbol{w}$ および $\boldsymbol{y} = \boldsymbol{w}$ とおけば，式 (2.4.5) は

$$f(\boldsymbol{w}) - f(\boldsymbol{x}) \geq \boldsymbol{g}(\boldsymbol{x}) \cdot (\boldsymbol{w} - \boldsymbol{x}) \tag{2.4.8}$$

となる．式 (2.4.7) を $(1-\theta)$ 倍，式 (2.4.8) を θ 倍して両辺の和をとると，

$$(1-\theta)f(\boldsymbol{z}) + \theta f(\boldsymbol{w}) - f(\boldsymbol{x}) \geq \boldsymbol{g}(\boldsymbol{x}) \cdot \{(1-\theta)\boldsymbol{z} + \theta\boldsymbol{w} - \boldsymbol{x}\} = 0$$

が得られる．すなわち，S は凸集合で，f の凸性

$$(1-\theta)f(\boldsymbol{z}) + \theta f(\boldsymbol{w}) \geq f((1-\theta)\boldsymbol{z} + \theta\boldsymbol{w})$$

が成り立つことから f は凸関数である．　□

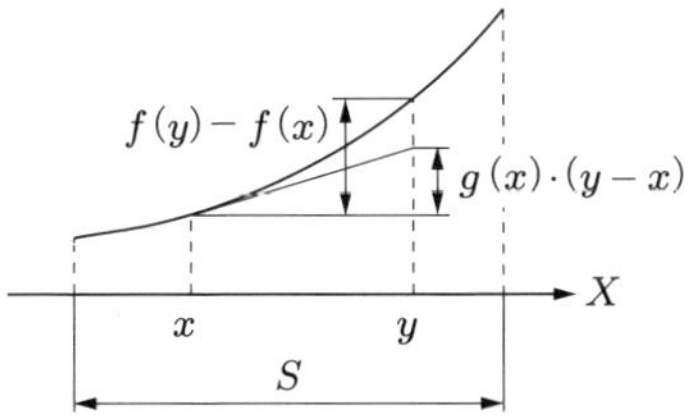

図 2.4.4 凸関数と 1 階微分 ($X = \mathbb{R}$)

図 2.4.4 は定理 2.4.4 が成り立つようすを示している．

さらに，凸関数が 2 階微分可能ならば Hesse 行列を使った条件が得られる．それを示すために，**正定値実対称行列**の定義を示しておこう．

■定義 2.4.5 (正定値実対称行列) $\boldsymbol{A} = \boldsymbol{A}^{\mathrm{T}} \in \mathbb{R}^{d\times d}$ とする．任意の $\boldsymbol{x} \in \mathbb{R}^d$ に対して

$$\boldsymbol{x} \cdot (\boldsymbol{A}\boldsymbol{x}) \geq \alpha \|\boldsymbol{x}\|_{\mathbb{R}^d}^2$$

を満たす $\alpha > 0$ が存在するとき，$\boldsymbol{A}$ を**正定値**であるという．$\alpha \geq 0$ が存在するとき，$\boldsymbol{A}$ を**半正定値**であるという．また，

$$\boldsymbol{x} \cdot (\boldsymbol{A}\boldsymbol{x}) \leq -\alpha \|\boldsymbol{x}\|_{\mathbb{R}^d}^2$$

を満たす $\alpha > 0$ が存在するとき，$\boldsymbol{A}$ を**負定値**であるという．$\alpha \geq 0$ が存在するとき，$\boldsymbol{A}$ を**半負定値**であるという．

定義 2.4.5 において，$\boldsymbol{A}$ が正定値ならばすべての固有値は正となり，α はそれらの最小値と一致する．また，$\boldsymbol{A}$ が負定値ならばすべての固有値は負となり，$-\alpha$ はそれらの最大値と一致する．これらのことを演習問題 **2.1** で確認してほしい．

これらの定義を用いて，凸関数が 2 階微分可能ならば次の結果が得られる．図 2.4.5 はそのようすを示している．

■定理 2.4.6 (凸関数と 2 階微分) $X = \mathbb{R}^d$ とおき，$S \subseteq X$ を開凸集合，および $f \in C^2(S;\mathbb{R})$ とする．f が凸関数であるための必要十分条件は，任意の $\boldsymbol{x} \in S$ に対して Hesse 行列 $\boldsymbol{H}(\boldsymbol{x})$ が半正定値であることである．

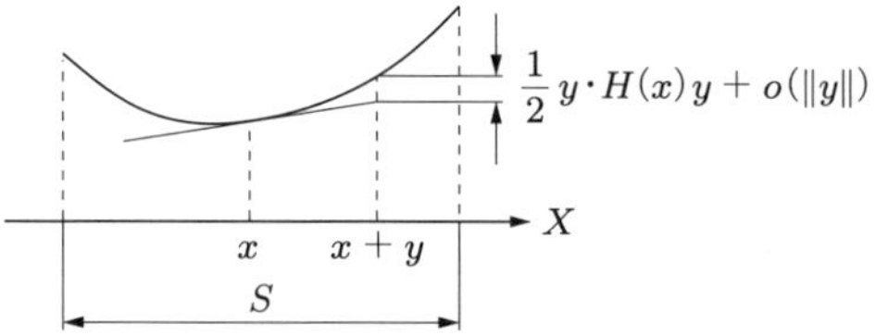

図 2.4.5　凸関数と 2 階微分 $(X=\mathbb{R})$

▶**証明**　まず，必要性を示そう．f は凸関数なので，任意の $\boldsymbol{x}\in S$，$\boldsymbol{y}\in S$ および任意の $\theta\in(0,1)$ に対して，式 (2.4.6) が成り立つ．式 (2.4.6) の右辺は，$f\in C^2(S;\mathbb{R})$ なので，任意の $\boldsymbol{x}\in S$ および $\boldsymbol{y}\in S$ に対して，ある $\vartheta\in(0,1)$ が存在して

$$f(\boldsymbol{y})-f(\boldsymbol{x})=\boldsymbol{g}(\boldsymbol{x})\cdot(\boldsymbol{y}-\boldsymbol{x})+\frac{1}{2}(\boldsymbol{y}-\boldsymbol{x})\cdot\{\boldsymbol{H}((1-\vartheta)\boldsymbol{x}+\vartheta\boldsymbol{y})(\boldsymbol{y}-\boldsymbol{x})\} \tag{2.4.9}$$

とかける．式 (2.4.6) の左辺は $\theta=\vartheta$ のとき，

$$\frac{f(\boldsymbol{x}+\vartheta(\boldsymbol{y}-\boldsymbol{x}))-f(\boldsymbol{x})}{\vartheta} = \boldsymbol{g}(\boldsymbol{x})\cdot(\boldsymbol{y}-\boldsymbol{x})+\frac{1}{2}\vartheta(\boldsymbol{y}-\boldsymbol{x})\cdot\{\boldsymbol{H}((1-\vartheta)\boldsymbol{x}+\vartheta\boldsymbol{y})(\boldsymbol{y}-\boldsymbol{x})\} \tag{2.4.10}$$

となる．したがって，$\theta=\vartheta$ のときの式 (2.4.6) に式 (2.4.9) と式 (2.4.10) を代入すれば，

$$(1-\vartheta)(\boldsymbol{y}-\boldsymbol{x})\cdot\{\boldsymbol{H}((1-\vartheta)\boldsymbol{x}+\vartheta\boldsymbol{y})(\boldsymbol{y}-\boldsymbol{x})\}\geq 0$$

が得られる．$\vartheta\to 0$ のとき，$\boldsymbol{H}(\boldsymbol{x})$ は半正定値となる．

次に十分性を示そう．任意の $\boldsymbol{x}\in S$ および $\boldsymbol{y}\in S$ に対してある $\vartheta\in(0,1)$ が存在して，式 (2.4.9) が満たされる．$\boldsymbol{H}((1-\vartheta)\boldsymbol{x}+\vartheta\boldsymbol{y})$ は半正定値であることより，式 (2.4.9) の右辺第 2 項は非零である．このとき，

$$f(\boldsymbol{y})-f(\boldsymbol{x})\geq\boldsymbol{g}(\boldsymbol{x})\cdot(\boldsymbol{y}-\boldsymbol{x})$$

が成り立つ．したがって，定理 2.4.4 より f は凸関数である．　□

2.4.3　微分法と凸関数の例題

微分法と凸関数に関する定理を簡単な力学の問題に対して使ってみよう．まず，例題 1.1.1 で考えた 1 自由度ばね系のポテンシャルエネルギーが正定値であることを確かめよう．

□例題 2.4.7（1 自由度ばね系のポテンシャルエネルギー） 図 1.1.2 のような 1 自由度ばね系のポテンシャルエネルギーは

$$\pi(u) = \int_0^u (kv - p)\,\mathrm{d}v = \frac{1}{2}ku^2 - pu$$

であった．π は凸関数であることを示せ．

▶解答 π に対して

$$\frac{\mathrm{d}^2\pi}{\mathrm{d}u^2} = k > 0$$

となる．定理 2.4.6 より，π は凸関数である． □

さらに，2 自由度ばね系のポテンシャルエネルギーも凸関数になることを確認しておこう．

□例題 2.4.8（2 自由度ばね系のポテンシャルエネルギー） 図 1.1.3 のような 2 自由度ばね系のポテンシャルエネルギーは

$$\pi(\boldsymbol{u}) = \frac{1}{2}k_1u_1^2 + \frac{1}{2}k_2(u_2 - u_1)^2 - (p_1u_1 + p_2u_2)$$

であった．π は凸関数であることを示せ．

▶解答 π の Hesse 行列は

$$\boldsymbol{H} = \begin{pmatrix} k_1 + k_2 & -k_2 \\ -k_2 & k_2 \end{pmatrix}$$

となる．$\boldsymbol{H}$ の固有値 λ は

$$\det\begin{vmatrix} k_1 + k_2 - \lambda & -k_2 \\ -k_2 & k_2 - \lambda \end{vmatrix} = 0$$

を満たすことから，

$$\lambda_1, \lambda_2 = \frac{(k_1 + 2k_2)^2 \pm \sqrt{(k_1 + 2k_2)^2 - 4k_1k_2}}{2}$$

となる．$k_1, k_2 > 0$ のとき $\lambda_1, \lambda_2 > 0$ となる．すべての固有値が正なので，$\boldsymbol{H}$ は正定値行列である（定理 A.2.1）．定理 2.4.6 より，π は凸関数である． □

この節の最後に，身近な関数であるが凸関数にならない例をみておこう．

□例題 2.4.9（長方形の面積）　$x_1 \in \mathbb{R}$ および $x_2 \in \mathbb{R}$ を長方形の縦と横の長さとする．このとき，面積 $f(\boldsymbol{x}) = x_1 x_2$ は凸関数ではないことを示せ．

▶解答　$\boldsymbol{x} = (1, 0)^{\mathrm{T}}$ および $\boldsymbol{y} = (0, 1)^{\mathrm{T}}$ を式 (2.4.4) に代入すれば，

$$
\begin{aligned}
f((1-\theta)\boldsymbol{x} + \theta\boldsymbol{y}) &= \{(1-\theta)x_1 + \theta y_1\}\{(1-\theta)x_2 + \theta y_2\} = (1-\theta)\theta \\
&\geq (1-\theta)f(\boldsymbol{x}) + \theta f(\boldsymbol{y}) = 0
\end{aligned}
$$

となる．したがって，f は凸関数ではない（図 2.4.6）．　□

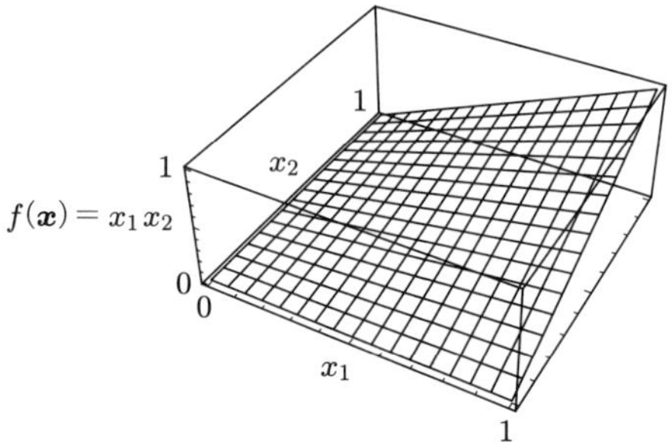

図 2.4.6　関数 $f(\boldsymbol{x}) = x_1 x_2$

2.5　制約なし最適化問題

これより問題 2.1.1〜2.1.3 のいろいろな場合を想定して，最適化理論を構成する定理をみていこう．まずは，制約がない場合を考える．あるいは，すべての制約が無効である場合と考えてもよい．すなわち，問題 2.1.3 において，最小点は $S \subseteq X = \mathbb{R}^d$ の内点にある場合である．そこで，この節では S は開集合であるとみなし，f_0 を f とかくことにして，次の問題を考えることにしよう．

問題 2.5.1（制約なし最適化問題）

$X = \mathbb{R}^d$ とする．S を X の開部分集合として，$f\colon S \to \mathbb{R}$ が与えられたとき，

$$
\min_{\boldsymbol{x} \in S} f(\boldsymbol{x})
$$

を満たす $\boldsymbol{x}$ を求めよ．

2.5.1　極小点の必要条件

$\boldsymbol{x} \in S$ が極小点のときに成り立つ条件を極小点の必要条件という．f が 1 階微分可能ならば微分が定義されて，極小点の必要条件について，次の結果が得られる．

■定理 2.5.2（極小点 1 次の必要条件）　問題 2.5.1 において，$f \in C^1(S;\mathbb{R})$ とする．このとき，$\boldsymbol{x} \in S$ が極小点ならば，

$$\boldsymbol{g}(\boldsymbol{x}) = \boldsymbol{0}_{\mathbb{R}^d} \tag{2.5.1}$$

が成り立つ．あるいは，任意の $\boldsymbol{y} \in X$ に対して

$$\boldsymbol{g}(\boldsymbol{x}) \cdot \boldsymbol{y} = 0 \tag{2.5.2}$$

が成り立つ．

▶証明　$\boldsymbol{g}(\boldsymbol{x}) \neq \boldsymbol{0}_{\mathbb{R}^d}$ とおいて矛盾を導こう．$\boldsymbol{y} = -\boldsymbol{g}(\boldsymbol{x})$ とおくと，$\boldsymbol{g}(\boldsymbol{x}) \cdot \boldsymbol{y} = -\|\boldsymbol{g}(\boldsymbol{x})\|_{\mathbb{R}^d}^2 < 0$ となる．$\boldsymbol{g}$ は連続であるので，ある t_1 が存在して，$t \in [0, t_1]$ に対して

$$\boldsymbol{g}(\boldsymbol{x} + t\boldsymbol{y}) \cdot \boldsymbol{y} < 0$$

が成り立つ．また，平均値の定理より，任意の $t \in (0, t_1]$ に対して

$$f(\boldsymbol{x} + t\boldsymbol{y}) = f(\boldsymbol{x}) + t\boldsymbol{g}(\boldsymbol{x} + \theta t\boldsymbol{y}) \cdot \boldsymbol{y}$$

となる $\theta \in (0,1)$ が存在する．ここで，$\theta t \in (0, t_1)$ より，$\boldsymbol{g}(\boldsymbol{x} + \theta t\boldsymbol{y}) \cdot \boldsymbol{y} < 0$ である．この関係を上式に代入すれば，$f(\boldsymbol{x} + t\boldsymbol{y}) < f(\boldsymbol{x})$ の矛盾が得られる．　□

定理 2.5.2 では，式 (2.5.1) のようなベクトルどうしの等号を用いた条件と，式 (2.5.2) のような任意のベクトルとの内積が 0 となる条件が同値として扱われている．両者が同値であるのは，式 (2.5.2) は任意の $\boldsymbol{y} \in X$ に対して成り立つことを要請しているためである．このような任意のベクトルを用いた表現は，今後，頻繁に現れる．ここでそれらの同値性について了解しておいてほしい．

f が 2 階微分可能ならば，Hesse 行列が定義できて次の結果が得られる．

■定理 2.5.3（極小点 2 次の必要条件）　問題 2.5.1 において，$f \in C^2(S;\mathbb{R})$ とする．このとき，$\boldsymbol{x} \in S$ が極小点ならば，Hesse 行列 $\boldsymbol{H}(\boldsymbol{x})$ は非負定値である．

▶**証明**　$\boldsymbol{x}$ が極小点ならば，定義 2.3.1 より $\boldsymbol{x}$ の近傍 $B \subset S$ をとり，任意の $\boldsymbol{y} \in B$ に対して

$$f(\boldsymbol{y}) - f(\boldsymbol{x}) \geq 0$$

とできる．一方，$\boldsymbol{x}$ は極小点なので，Taylor の定理より

$$f(\boldsymbol{y}) - f(\boldsymbol{x}) = \frac{1}{2}(\boldsymbol{y} - \boldsymbol{x}) \cdot \{\boldsymbol{H}(\boldsymbol{x})(\boldsymbol{y} - \boldsymbol{x})\} + o(\|\boldsymbol{y} - \boldsymbol{x}\|_{\mathbb{R}^d}^2)$$

が成り立つ．$\boldsymbol{z} \in X$ を任意として，両辺に $2\boldsymbol{z}/\|\boldsymbol{y} - \boldsymbol{x}\|_{\mathbb{R}^d}^2$ をかけて，$\boldsymbol{y} \to \boldsymbol{x}$ とすれば，

$$\boldsymbol{z} \cdot (\boldsymbol{H}(\boldsymbol{x})\boldsymbol{z}) \geq 0$$

が成り立つ．□

2.5.2　極小点の十分条件

次に，$\boldsymbol{x} \in S$ が極小点になるための条件をみてみよう．それを示すために，停留点を次のように定義する．

定義 2.5.4 (停留点)　$S \subseteq X$ を開集合とする．$\boldsymbol{x} \in S$ において

$$\boldsymbol{g}(\boldsymbol{x}) = \boldsymbol{0}_{\mathbb{R}^d}$$

のとき，$\boldsymbol{x}$ を**停留点**という．

f が 2 階微分可能ならば極小点の十分条件について，次の結果が得られる．

定理 2.5.5 (極小点 2 次の十分条件)　問題 2.5.1 において，$f \in C^2(S;\mathbb{R})$ とする．このとき，$\boldsymbol{x} \in S$ が停留点で，かつ Hesse 行列 $\boldsymbol{H}(\boldsymbol{x})$ が正定値ならば，$\boldsymbol{x}$ は極小点である．

▶**証明**　$\boldsymbol{x}$ が停留点ならば，$\boldsymbol{x}$ の近傍 $B \in S$ をとり，任意の $\boldsymbol{x} + \boldsymbol{y} \in B$ に対して，$\theta \in (0,1)$ が存在して

$$f(\boldsymbol{x} + \boldsymbol{y}) - f(\boldsymbol{x}) = \frac{1}{2}\boldsymbol{y} \cdot (\boldsymbol{H}(\boldsymbol{x} + \theta\boldsymbol{y})\boldsymbol{y})$$

が得られる．$\boldsymbol{H}(\boldsymbol{x} + \theta\boldsymbol{y})$ は正定値である．したがって，

$$f(\boldsymbol{x} + \boldsymbol{y}) > f(\boldsymbol{x})$$

が成り立つ．□

2.5.3 最小点の十分条件

前項までは極小点についての条件であった．ここでは，最小点になるための条件についてみてみよう．問題 2.5.1 が凸最適化問題ならば，次の結果が得られる．

■**定理 2.5.6（最小点の十分条件）** 問題 2.5.1 において，$S \subseteq X$ を空でない開凸集合，$f\colon S \to \mathbb{R}$ を凸関数とする．このとき，$\boldsymbol{x} \in S$ が極小点ならば，$\boldsymbol{x}$ は S 上の最小点である．

▶**証明** $\boldsymbol{x}$ が極小点ならば，$\boldsymbol{x}$ の近傍 $B \subset S$ をとり，$\boldsymbol{x}$ は B において最小となる．もしも，$\boldsymbol{x}$ とは別に最小点 $\boldsymbol{y} \in S$ があったと仮定すると，$\theta \in (0,1)$ に対して

$$(1-\theta)f(\boldsymbol{x}) + \theta f(\boldsymbol{y}) \geq f((1-\theta)\boldsymbol{x} + \theta\boldsymbol{y}) = f(\boldsymbol{z})$$

が成り立つ．ここで，θ を十分小さくとれば $\boldsymbol{z} \in B$ とできる．これは $\boldsymbol{x}$ が極小点であることに反する．そこで，$\boldsymbol{x}$ は唯一の極小点（最小点）である． □

2.5.4 制約なし最適化問題の例題

前節と同様，ここでもばね系を用いて制約なし問題に対するこれまでの結果を確認してみよう．まず，1 自由度ばね系について次のことを確認しよう．

□**例題 2.5.7（1 自由度ばね系の力のつり合い方程式）** 図 1.1.2 の 1 自由度ばね系における力のつり合い方程式を満たす u は，例題 2.4.7 のポテンシャルエネルギー π の最小点であることを示せ．

▶**解答** 例題 2.4.7 より，π は凸関数である．そこで，力のつり合い方程式を満たす u は定理 2.5.5 より極小点となる．さらに，定理 2.5.6 より最小点となる． □

多自由度ばね系に対しては次のようになる．

□**例題 2.5.8（2 自由度ばね系の力のつり合い方程式）** 図 1.1.3 の 2 自由度ばね系における力のつり合い方程式を満たす $\boldsymbol{u}$ は，例題 2.4.8 のポテンシャルエネルギー π の最小点であることを示せ．

▶**解答** 例題 2.4.8 より，π は凸関数である．そこで，力のつり合い方程式を満たす $\boldsymbol{u}$ は定理 2.5.5 より極小点となる．さらに，定理 2.5.6 より最小点となる． □

2.5.5 制約なし最適化問題の解法に関する考察

この節で得られた結果とあとで示される結果をあわせて，制約なし最適化問題（問題 2.5.1）の解法に関して次のことがいえる．

(1) 定理 2.5.2 より，極小点であれば停留点となる．そこで，停留点を求めればその点は極小点の候補となる．

(2) 停留点 $\boldsymbol{x}$ が求められたうえで，Hesse 行列 $\boldsymbol{H}(\boldsymbol{x})$ が正定値であることが確認されれば，定理 2.5.5 より，$\boldsymbol{x}$ は極小点と判定される．

(3) f が凸関数であれば，極小点と判定された停留点 $\boldsymbol{x}$ は，定理 2.5.6 より，最小点と判定される．

(4) f の凸性が不明な場合には，さまざまな試行点から第3章で示される最適化法によって極小点を求め，それらの中から最小点をみつける方法がとられる．

2.6 等式制約つき最適化問題

次に，問題 2.1.1 において等式制約 $\boldsymbol{h}(\boldsymbol{x}) = \boldsymbol{0}_{\mathbb{R}^n}$ が有効で，かつすべての不等式制約は無効である場合を考えよう．この問題は，2.1 節の冒頭でも説明されたように，問題 1.2.2 で使われた断面積 $\boldsymbol{a}$ と変位 $\boldsymbol{u}$ を $\boldsymbol{x} = (\boldsymbol{a}^{\mathrm{T}}, \boldsymbol{u}^{\mathrm{T}})^{\mathrm{T}}$ とみなし，目的関数 $f_0(\boldsymbol{u}) = \boldsymbol{p} \cdot \boldsymbol{u}$ を $f_0(\boldsymbol{x})$ のようにかき，状態方程式 $\boldsymbol{K}(\boldsymbol{a})\boldsymbol{u} - \boldsymbol{p} = \boldsymbol{0}_{\mathbb{R}^n}$ を等式制約 $\boldsymbol{h}(\boldsymbol{x}) = \boldsymbol{0}_{\mathbb{R}^n}$ とかいた場合に対応する．

問題 2.6.1（等式制約つき最適化問題）

$X = \mathbb{R}^d$ とする．$n < d$ に対して，$f \colon X \to \mathbb{R}$ および $\boldsymbol{h} = (h_1, \ldots, h_n)^{\mathrm{T}} \colon X \to \mathbb{R}^n$ が与えられたとき，

$$\min_{\boldsymbol{x} \in X} \{ f(\boldsymbol{x}) \mid \boldsymbol{h}(\boldsymbol{x}) = \boldsymbol{0}_{\mathbb{R}^n} \}$$

を満たす $\boldsymbol{x}$ を求めよ．

2.6.1 極小点の必要条件

$\boldsymbol{x}$ が問題 2.6.1 の極小点ならば成り立つ関係について考えてみよう．図 2.6.1 に $X = \mathbb{R}^2$ および $n = 1$ の場合の極小点のようすを示す．この図をみながら，極小点ならば成り立つ関係についてみてから，一般の場合について考えること

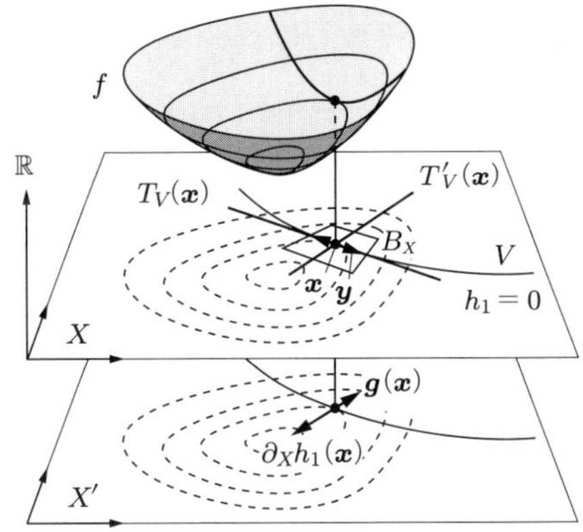

図 2.6.1 等式制約つき最適化問題の極小点（$X = \mathbb{R}^2$，$n = 1$）

にしよう．

図 2.6.1 の $\boldsymbol{x}$ を極小点とする．すなわち，B_X を $\boldsymbol{x}$ の近傍とすれば，$\boldsymbol{x}$ から等式制約 $h_1(\boldsymbol{x}+\boldsymbol{y}) = 0$ を満たしながら $\boldsymbol{x}+\boldsymbol{y} \in B_X$ に移動したとき，$f(\boldsymbol{x}) \leq f(\boldsymbol{x}+\boldsymbol{y})$ が成り立つことになる．ここで，f と h_1 が $C^1(B_X;\mathbb{R})$ の要素であると仮定する．このとき，$\partial_X f = \boldsymbol{g}$ と $\partial_X h_1$ が定義できて，次の関係が成り立つ．

(1) $\boldsymbol{y}$ と $\partial_X h_1$ は直交する．

(2) $\boldsymbol{y}$ と $\boldsymbol{g}$ は直交する．

(1) は，制約を満たす $\boldsymbol{y}$ の方向に移動しても制約が満たされる関係を表している．実際，

$$h_1(\boldsymbol{x}+\boldsymbol{y}) = h_1(\boldsymbol{x}) + \partial_X h_1 \cdot \boldsymbol{y} + o(\|\boldsymbol{y}\|_{\mathbb{R}^d})$$

とかけるので，$\boldsymbol{x}$ の近傍 $\boldsymbol{x}+\boldsymbol{y} \in B_X$ で $h_1(\boldsymbol{x}+\boldsymbol{y}) = h_1(\boldsymbol{x})$ であることは $\partial_X h_1 \cdot \boldsymbol{y} = 0$ と同値である．一方，(2) は，制約を満たす方向に移動しても目的関数が変動しないことを表している．この関係は定理 2.5.2 において目的関数の変動方向が $\boldsymbol{y}$ に限定されたのみで，式 (2.5.2) と同じ関係を表している．これらの関係を一般化して，等式制約つき最適化問題の極小点に対する必要条件について考えてみよう．

まず，(1) の関係を一般化しよう．**許容集合**を

$$V = \{\boldsymbol{x} \in X \mid \boldsymbol{h}(\boldsymbol{x}) = \boldsymbol{0}_{\mathbb{R}^n}\} \tag{2.6.1}$$

とおく．図 2.6.1 では $h_1 = 0$ を満たす曲線上の点の集合となる．ここで，$\boldsymbol{x} \in V$ の近傍を $B_X \subset X$ とかいて，$\boldsymbol{h} \in C^1(B_X; \mathbb{R}^n)$ のとき，

$$T_V(\boldsymbol{x}) = \{\boldsymbol{y} \in X \mid \boldsymbol{h}_{\boldsymbol{x}^{\mathrm{T}}}(\boldsymbol{x})\boldsymbol{y} = \boldsymbol{0}_{\mathbb{R}^n}\} \tag{2.6.2}$$

を $\boldsymbol{x}$ における**許容方向集合**あるいは**接面**という．ただし，$\boldsymbol{h}_{\boldsymbol{x}^{\mathrm{T}}} = (\partial h_i / \partial x_j) = (\partial_X h_1, \ldots, \partial_X h_n)^{\mathrm{T}} \in \mathbb{R}^{n \times d}$ は $\boldsymbol{h}$ の $\boldsymbol{x}$ の変動に対する Jacobi 行列に相当し，**行列の階数**は n とする．すなわち，$\partial_X h_1, \ldots, \partial_X h_n$ は 1 次独立であることと同値である．図 2.6.1 では曲線 $h_1 = 0$ の $\boldsymbol{x}$ における接線を $T_V(\boldsymbol{x})$ とおいたことになる．

$X = \mathbb{R}^3$ のときは $n = 1$ と $n = 2$ の場合が考えられる．図 2.6.2 は，それらの場合の $T_V(\boldsymbol{x})$ を示す．$n = 1$ の場合，$h_1 = 0$ を満たす点の集合 V は曲面になり，$T_V(\boldsymbol{x})$ は，文字どおり，$\boldsymbol{x}$ におけるその曲面の接面になる．$n = 2$ の場合，$h_1 = 0$ と $h_2 = 0$ を同時に満たす点の集合 V は曲線になり，$T_V(\boldsymbol{x})$ は $\boldsymbol{x}$ におけるその曲線の接線になる．$n = 2$ のときに，$\boldsymbol{h}_{\boldsymbol{x}^{\mathrm{T}}}(\boldsymbol{x}) = (\partial_X h_1(\boldsymbol{x}), \partial_X h_2(\boldsymbol{x}))^{\mathrm{T}}$ の階数が $n = 2$ であることは，$\partial_X h_1(\boldsymbol{x})$ と $\partial_X h_2(\boldsymbol{x})$ が異なる方向を向いていることを意味する．式 (2.6.2) による $T_V(\boldsymbol{x})$ の定義は，**零空間**と**像空間**あるいは**核空間**と**値空間**の定義（A.3 節）に従えば，

$$T_V(\boldsymbol{x}) = \operatorname{Ker} \boldsymbol{h}_{\boldsymbol{x}^{\mathrm{T}}}(\boldsymbol{x})$$

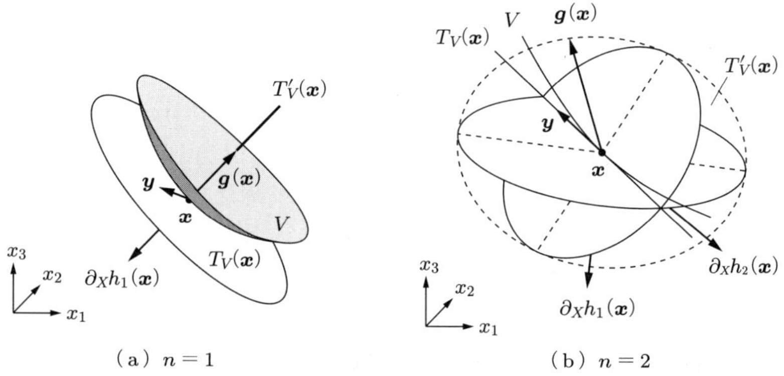

図 2.6.2　等式制約つき最適化問題の極小点（$X = \mathbb{R}^3$ と $X' = \mathbb{R}^3$ を重ねている）

とかける．

それに対して，上記 (2) の条件を一般化すると次のようになる．上記 (2) の条件は，$\boldsymbol{g}$ は $T_V(\boldsymbol{x})$ に含まれるすべてのベクトルと直交することを表していた．そこで，

$$T'_V(\boldsymbol{x}) = (T_V(\boldsymbol{x}))' = \{\boldsymbol{z} \in X \mid \boldsymbol{z} \cdot \boldsymbol{y} = 0 \text{ for all } \boldsymbol{y} \in T_V(\boldsymbol{x})\} \tag{2.6.3}$$

とおき，$T'_V(\boldsymbol{x})$ を $T_V(\boldsymbol{x})$ の**双対集合**あるいは**双対面**とよぶことにする．このとき，f と $\boldsymbol{h}$ が 1 階微分可能で，T'_V が評価可能ならば，次の結果が得られる．

■定理 2.6.2 (極小点 1 次の必要条件)　問題 2.6.1 において，$f \in C^1(X;\mathbb{R})$ および $\boldsymbol{h} \in C^1(X;\mathbb{R}^n)$ で，$\boldsymbol{x} \in V$ において $\partial_X h_1(\boldsymbol{x}), \ldots, \partial_X h_n(\boldsymbol{x})$ が 1 次独立とする．このとき，$\boldsymbol{x}$ が極小点ならば，任意の $\boldsymbol{y} \in T_V(\boldsymbol{x})$ に対して，

$$\boldsymbol{g}(\boldsymbol{x}) \cdot \boldsymbol{y} = 0 \tag{2.6.4}$$

が成り立つ．また，

$$\boldsymbol{g}(\boldsymbol{x}) \in T'_V(\boldsymbol{x}) \tag{2.6.5}$$

が成り立つ．

▶証明　任意の $\boldsymbol{y} \in T_V(\boldsymbol{x})$ に対して，$\boldsymbol{g}(\boldsymbol{x}) \cdot \boldsymbol{y} \neq 0$ とすると，$\boldsymbol{g} \cdot \boldsymbol{y} < 0$ となるような $\boldsymbol{y}$ がとれる．このとき，定理 2.5.2 と同様の矛盾が得られる．式 (2.6.5) は，$T'_V(\boldsymbol{x})$ の定義より，式 (2.6.4) と同値である．□

2.6.2 Lagrange 乗数法

定理 2.6.2 は，$\boldsymbol{x} \in V$ が極小点ならば成り立つ条件を任意の $\boldsymbol{y} \in T_V(\boldsymbol{x})$ あるいは $T'_V(\boldsymbol{x})$ を用いて与えていた．その意味はわかりやすくても，その評価は容易ではない．そこで，任意の $\boldsymbol{y} \in T_V(\boldsymbol{x})$ や $T'_V(\boldsymbol{x})$ を用いない表現方法について考えてみよう．

最初に，図 2.6.1 において基本的な関係を確認してから一般化していくことにしよう．ここでも，f と h_1 が $C^1(B_X;\mathbb{R})$ の要素であると仮定する．ここで，$\boldsymbol{g}$ と $\boldsymbol{y} \in T_V(\boldsymbol{x})$ は直交し，$\boldsymbol{y} \in T_V(\boldsymbol{x})$ と $\partial_X h_1$ が直交することに注目する．この関係は，$\boldsymbol{g}$ と $\partial_X h_1$ が同じ方向を向いていることと同値である．さらに，そ

の関係は，

$$\boldsymbol{g} + \lambda_1 \partial_X h_1 = \boldsymbol{0}_{\mathbb{R}^2} \tag{2.6.6}$$

が成り立つようなある $\lambda_1 \in \mathbb{R}$ が存在することと同値である．なぜならば，もしも，$\boldsymbol{g}$ と $\partial_X h_1$ が同じ方向ではない非零のベクトルならば式 (2.6.6) が成り立つような λ_1 は存在しないためである．実際，方向が異なる二つのベクトル $\boldsymbol{a}, \boldsymbol{b} \in \mathbb{R}^d$ が固定されたとき，$\boldsymbol{a} + \lambda \boldsymbol{b} = \boldsymbol{0}_{\mathbb{R}^d}$ を満たす $\lambda \in \mathbb{R}$ が存在しないことを確認してみよ．

式 (2.6.6) を一般化しよう．V を式 (2.6.1) の許容集合とする．ここで，次の条件が満たされていると仮定する．

■仮定 2.6.3（陰関数定理の仮定） $d > n$ のもとで $X = \mathbb{R}^d = \Xi \times \mathbb{R}^n$ とする．$\boldsymbol{h}\colon X \to \mathbb{R}^n$ は，$\boldsymbol{x} = (\boldsymbol{\xi}_0^{\mathrm{T}}, \boldsymbol{u}_0^{\mathrm{T}})^{\mathrm{T}} \in \Xi \times \mathbb{R}^n$ の近傍 $B_X = B_\Xi \times B_{\mathbb{R}^n}$ において，

(1) $\boldsymbol{h}(\boldsymbol{x}) = \boldsymbol{0}_{\mathbb{R}^n}$（すなわち $\boldsymbol{x} \in V$）
(2) $\boldsymbol{h} \in C^0(B_X; \mathbb{R}^n)$
(3) 任意の $\boldsymbol{y} = (\boldsymbol{\xi}^{\mathrm{T}}, \boldsymbol{u}^{\mathrm{T}})^{\mathrm{T}} \in B_\Xi \times B_{\mathbb{R}^n}$ に対して $\boldsymbol{h}(\boldsymbol{\xi}, \cdot\,) \in C^1(B_{\mathbb{R}^n}; \mathbb{R}^n)$
(4) $\boldsymbol{x}$ における Jacobi 行列 $\boldsymbol{h}_{\boldsymbol{u}^{\mathrm{T}}}(\boldsymbol{x})$ は正則

を満たしている．

このとき，**陰関数定理**（定理 A.4.1）より，ある近傍（凸開集合）$U_\Xi \times U_{\mathbb{R}^n} \subset B_\Xi \times B_{\mathbb{R}^n}$ と連続な関数 $\boldsymbol{\upsilon}\colon U_\Xi \to U_{\mathbb{R}^n}$（$\boldsymbol{\upsilon}$ はギリシャ文字 upsilon の太文字）が存在して，$\boldsymbol{h}(\boldsymbol{x}) = \boldsymbol{0}_{\mathbb{R}^n}$ は

$$\boldsymbol{u} = \boldsymbol{\upsilon}(\boldsymbol{\xi}) \tag{2.6.7}$$

と同値となる．図 2.6.3 は，$X = \mathbb{R}^2$ および $n = 1$ のときの等式制約を満たす集合と ξ-u 局所座標系を示す．

そこで，

$$\boldsymbol{y}(\boldsymbol{\xi}) = (\boldsymbol{\xi}^{\mathrm{T}}, \boldsymbol{\upsilon}^{\mathrm{T}}(\boldsymbol{\xi}))^{\mathrm{T}}$$

とおけば，$\boldsymbol{y}(\boldsymbol{\xi}) \in V$ となる．$\boldsymbol{\xi}$ を V の局所座標という．

さらに，$\tilde{f}(\boldsymbol{\xi}) = f(\boldsymbol{y}(\boldsymbol{\xi}))$ とかく．$f \in C^1(B_X; \mathbb{R}^n)$ ならば，$\boldsymbol{\xi} \in B_\Xi$ および $\boldsymbol{x} = \boldsymbol{y}(\boldsymbol{\xi}) \in B_X$ が極小点のとき，

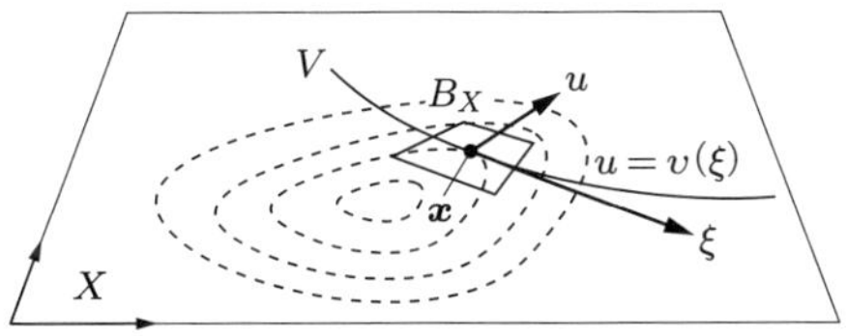

（a）ξ-u 座標系

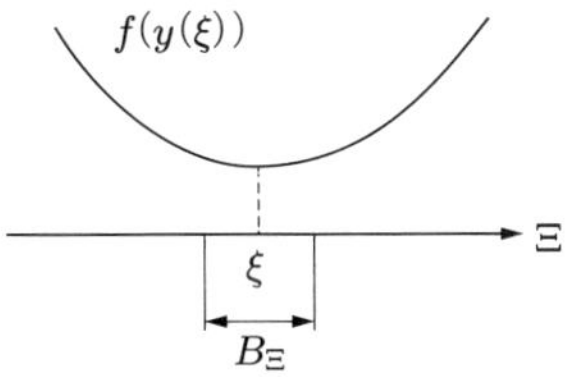

（b）ξ 座標系

図 2.6.3 等式制約を満たす集合と ξ-u 局所座標系

$$\partial_\Xi \tilde{f}(\boldsymbol{\xi}) = \left(\frac{\partial \boldsymbol{y}}{\partial \boldsymbol{\xi}^{\mathrm{T}}}(\boldsymbol{\xi})\right)^{\mathrm{T}} \frac{\partial f}{\partial \boldsymbol{x}}(\boldsymbol{x}) = (\boldsymbol{y}_{\boldsymbol{\xi}^{\mathrm{T}}}(\boldsymbol{x}))^{\mathrm{T}} \boldsymbol{g}(\boldsymbol{x}) = \boldsymbol{0}_{\mathbb{R}^{d-n}} \tag{2.6.8}$$

が成り立つ．この関係は，零空間と像空間の定義に従えば，

$$\boldsymbol{g}(\boldsymbol{x}) \in T'_V(\boldsymbol{x}) = \mathrm{Ker}(\boldsymbol{y}_{\boldsymbol{\xi}^{\mathrm{T}}}(\boldsymbol{x}))^{\mathrm{T}} \tag{2.6.9}$$

とかける．

一方，$\boldsymbol{h}(\boldsymbol{x}) = \boldsymbol{h}(\boldsymbol{y}(\boldsymbol{\xi})) = \boldsymbol{0}_{\mathbb{R}^n}$ の両辺を $\boldsymbol{\xi}$ で微分すると，

$$\frac{\partial \boldsymbol{h}}{\partial \boldsymbol{x}^{\mathrm{T}}}(\boldsymbol{x}) \frac{\partial \boldsymbol{y}}{\partial \boldsymbol{\xi}^{\mathrm{T}}}(\boldsymbol{\xi}) = \boldsymbol{h}_{\boldsymbol{x}^{\mathrm{T}}}(\boldsymbol{x}) \boldsymbol{y}_{\boldsymbol{\xi}^{\mathrm{T}}}(\boldsymbol{x}) = \boldsymbol{0}_{\mathbb{R}^{n \times (d-n)}} \tag{2.6.10}$$

が成り立つ．この関係は，零空間と像空間の定義に従えば，$\boldsymbol{y}_{\boldsymbol{\xi}^{\mathrm{T}}}(\boldsymbol{x})$ の像空間が $\boldsymbol{h}_{\boldsymbol{x}^{\mathrm{T}}}(\boldsymbol{x})$ の零空間になっていることから，

$$T_V(\boldsymbol{x}) = \mathrm{Ker}\, \boldsymbol{h}_{\boldsymbol{x}^{\mathrm{T}}}(\boldsymbol{x}) = \mathrm{Im}\, \boldsymbol{y}_{\boldsymbol{\xi}^{\mathrm{T}}}(\boldsymbol{x}) \tag{2.6.11}$$

とかける．

これらの関係を用いれば，$T_V(\boldsymbol{x})$ あるいは $T'_V(\boldsymbol{x})$ を用いない次のような極小点の必要条件が得られる．

■定理 2.6.4（Lagrange 関数を用いた極小点 1 次の必要条件） 問題 2.6.1 において，$f \in C^1(X;\mathbb{R})$ および $\boldsymbol{h} \in C^1(X;\mathbb{R}^n)$ とする．$\boldsymbol{x} \in X$ において $\partial_X h_1(\boldsymbol{x}), \ldots, \partial_X h_n(\boldsymbol{x})$ が 1 次独立とする．このとき，$\boldsymbol{x}$ が極小点ならば，

$$\boldsymbol{g}(\boldsymbol{x}) + \partial_X \boldsymbol{h}^{\mathrm{T}}(\boldsymbol{x}) \boldsymbol{\lambda} = \boldsymbol{0}_{\mathbb{R}^d} \tag{2.6.12}$$

$$\boldsymbol{h}(\boldsymbol{x}) = \boldsymbol{0}_{\mathbb{R}^n} \tag{2.6.13}$$

を満たす $\boldsymbol{\lambda} \in \mathbb{R}^n$ が存在する．

▶**証明** 定理の仮定より，$\boldsymbol{x}$ において仮定 2.6.3 が成り立つ．$\boldsymbol{x}$ が問題 2.6.1 の極小点ならば，式 (2.6.9) が成り立つ．それに，式 (2.6.11) を用いれば，

$$\boldsymbol{g}(\boldsymbol{x}) \in T'_V(\boldsymbol{x}) = (T_V(\boldsymbol{x}))^{\perp} = (\operatorname{Im} \boldsymbol{y}_{\boldsymbol{\xi}^{\mathrm{T}}}(\boldsymbol{x}))^{\perp} = (\operatorname{Ker} \boldsymbol{h}_{\boldsymbol{x}^{\mathrm{T}}}(\boldsymbol{x}))^{\perp}$$

が得られる．さらに，零空間と像空間の直交補空間に関する補題 A.3.1 より，

$$\boldsymbol{g}(\boldsymbol{x}) \in (\operatorname{Ker} \boldsymbol{h}_{\boldsymbol{x}^{\mathrm{T}}}(\boldsymbol{x}))^{\perp} = \operatorname{Im}(\boldsymbol{h}_{\boldsymbol{x}^{\mathrm{T}}}(\boldsymbol{x}))^{\mathrm{T}} = \operatorname{Im}(\partial_X h_1, \ldots, \partial_X h_n)$$

が得られる．この関係は，式 (2.6.12) と同値である．また，式 (2.6.13) は $\boldsymbol{x}$ が問題 2.6.1 の極小点ならば成り立つ． □

定理 2.6.4 の中に現れた，$\boldsymbol{\lambda} = (\lambda_1, \ldots, \lambda_n)^{\mathrm{T}} \in \mathbb{R}^n$ は等式制約 $\boldsymbol{h}(\boldsymbol{x}) = \boldsymbol{0}_{\mathbb{R}^n}$ に対する **Lagrange 乗数**とよばれる．さらに，定理 2.6.4 の式 (2.6.12) と式 (2.6.13) は Lagrange 関数を用いた極小点 1 次の必要条件とよばれる．その理由は，次の関係が成り立つためである．問題 2.6.1 の最適化問題に対する **Lagrange 関数**を

$$\mathscr{L}(\boldsymbol{x}, \boldsymbol{\lambda}) = f(\boldsymbol{x}) + \boldsymbol{\lambda} \cdot \boldsymbol{h}(\boldsymbol{x}) \tag{2.6.14}$$

と定義する．$(\boldsymbol{x}, \boldsymbol{\lambda})$ の任意変動 $(\boldsymbol{y}, \boldsymbol{\lambda}') \in X \times \mathbb{R}^n$ に対する $\mathscr{L}$ の微分は

$$\begin{aligned} \mathscr{L}'(\boldsymbol{x}, \boldsymbol{\lambda})[\boldsymbol{y}, \boldsymbol{\lambda}'] &= f'(\boldsymbol{x})[\boldsymbol{y}] + \boldsymbol{\lambda} \cdot (\partial_{\boldsymbol{x}^{\mathrm{T}}} \boldsymbol{h}(\boldsymbol{x}) \boldsymbol{y}) + \boldsymbol{\lambda}' \cdot \boldsymbol{h}(\boldsymbol{x}) \\ &= \boldsymbol{g}(\boldsymbol{x}) \cdot \boldsymbol{y} + (\partial_X \boldsymbol{h}^{\mathrm{T}}(\boldsymbol{x}) \boldsymbol{\lambda}) \cdot \boldsymbol{y} + \boldsymbol{\lambda}' \cdot \boldsymbol{h}(\boldsymbol{x}) \end{aligned} \tag{2.6.15}$$

となる．このとき，任意変動 $(\boldsymbol{y}, \boldsymbol{\lambda}') \in X \times \mathbb{R}^n$ に対する Lagrange 関数 $\mathscr{L}$ の極小点 1 次の必要条件（停留条件）$\mathscr{L}'(\boldsymbol{x}, \boldsymbol{\lambda})[\boldsymbol{y}, \boldsymbol{\lambda}'] = 0$ は，定理 2.6.4 の式 (2.6.12) と式 (2.6.13) と同値となる．

そこで，次の問題の解を問題 2.6.1 の解の候補とする方法を考えることができる．その方法を**等式制約つき最適化問題に対する Lagrange 乗数法**という．

問題 2.6.5（等式制約つき最適化問題に対する Lagrange 乗数法）

問題 2.6.1 に対して，$\mathscr{L}(\boldsymbol{x}, \boldsymbol{\lambda})$ を式 (2.6.14) とおく．$\mathscr{L}(\boldsymbol{x}, \boldsymbol{\lambda})$ の停留条件

$$\partial_X \mathscr{L}(\boldsymbol{x}, \boldsymbol{\lambda}) = \boldsymbol{g}(\boldsymbol{x}) + \partial_X \boldsymbol{h}^{\mathrm{T}}(\boldsymbol{x}) \boldsymbol{\lambda} = \boldsymbol{0}_{\mathbb{R}^d} \tag{2.6.16}$$

$$\frac{\partial \mathscr{L}}{\partial \boldsymbol{\lambda}}(\boldsymbol{x}, \boldsymbol{\lambda}) = \boldsymbol{h}(\boldsymbol{x}) = \boldsymbol{0}_{\mathbb{R}^n} \tag{2.6.17}$$

を満たす $(\boldsymbol{x}, \boldsymbol{\lambda})$ を求めよ.

Lagrange 乗数法は，今後，さまざまな場面で使われる．Lagrange 乗数法は，問題 2.6.1 の解法を意味しているわけではなく，問題 2.6.1 の極小点における条件を表現する方法という意味で理解してほしい．ここでは，Lagrange 乗数の物理的意味についてみておこう．式 (2.6.16) は，任意の $\boldsymbol{y} \in X$ に対して

$$\lambda_i = -\frac{\left(\boldsymbol{g}(\boldsymbol{x}) + \sum_{j \in \{1,\ldots,n\}, j \neq i} \lambda_j \partial_X h_j(\boldsymbol{x})\right) \cdot \boldsymbol{y}}{\partial_X h_i(\boldsymbol{x}) \cdot \boldsymbol{y}} \tag{2.6.18}$$

のようにかかれる．f および $h_1, \ldots, h_n$ が力学量のとき，λ_i は f/h_i の単位をもつ力学量となる．実際，問題 1.1.4 では，等式制約 $\boldsymbol{K}(\boldsymbol{a})\boldsymbol{u} = \boldsymbol{p}$ は力 [N] の単位をもち，$f_0 = \boldsymbol{p} \cdot \boldsymbol{u}$ は仕事 [Nm] の単位をもち，状態方程式に対する Lagrange 乗数（随伴変数）として導入された $\boldsymbol{v}_0$ は変位 [m = Nm/N] の単位をもっていた．物理的意味については，不等式制約つき最適化問題に対する Lagrange 乗数法についても同様である．問題 1.1.4 では，f_1 は体積 [m^3] の単位をもち，f_0 は仕事 [Nm] の単位をもっていた．そこで，Lagrange 乗数 λ_1 はエネルギー密度 [N/m^2 = Nm/m^3] の単位をもっていたわけである．

定理 2.6.4 では評価関数が 1 階微分可能であることが仮定されていた．さらに 2 階微分可能ならば次の結果が得られる．以後，Lagrange 関数の $\boldsymbol{x}$ の変動に対する Hesse 行列を $\partial_X \partial_X^{\mathrm{T}} \mathscr{L}(\boldsymbol{x}, \boldsymbol{\lambda}) = \boldsymbol{H}_{\mathscr{L}}(\boldsymbol{x}, \boldsymbol{\lambda}) \in \mathbb{R}^{d \times d}$ とかくことにしよう．

■定理 2.6.6（Lagrange 関数を用いた極小点 2 次の必要条件） 問題 2.6.1 において，$f \in C^2(X;\mathbb{R})$ および $\boldsymbol{h} \in C^2(X;U)$ とする．$\boldsymbol{x} \in V$ において $\partial_X h_1(\boldsymbol{x}), \ldots, \partial_X h_n(\boldsymbol{x})$ が 1 次独立とする．このとき，$\boldsymbol{x}$ が極小点ならば，任意の $\boldsymbol{y} \in T_V(\boldsymbol{x})$ に対して，

$$\boldsymbol{y} \cdot (\boldsymbol{H}_{\mathscr{L}}(\boldsymbol{x}, \boldsymbol{\lambda})\boldsymbol{y}) \geq 0$$

が成り立つ．

▶証明 式 (2.6.8) と同様の計算により

$$\begin{aligned}\frac{\partial^2 \tilde{f}}{\partial \boldsymbol{\xi} \partial \boldsymbol{\xi}^{\mathrm{T}}}(\boldsymbol{\xi}) &= \left(\frac{\partial \boldsymbol{y}}{\partial \boldsymbol{\xi}^{\mathrm{T}}}(\boldsymbol{\xi})\right)^{\mathrm{T}} \frac{\partial^2 f}{\partial \boldsymbol{x} \partial \boldsymbol{x}^{\mathrm{T}}}(\boldsymbol{x}) \frac{\partial \boldsymbol{y}}{\partial \boldsymbol{\xi}^{\mathrm{T}}}(\boldsymbol{\xi}) \\ &= (\boldsymbol{y}_{\boldsymbol{\xi}^{\mathrm{T}}}(\boldsymbol{x}))^{\mathrm{T}} \partial_X \partial_X^{\mathrm{T}} f(\boldsymbol{x}) \boldsymbol{y}_{\boldsymbol{\xi}^{\mathrm{T}}}(\boldsymbol{x}) \in \mathbb{R}^{(d-n)\times(d-n)}\end{aligned}$$

が成り立つ．$\boldsymbol{x}$ が極小点ならば，$\partial^2 \tilde{f}/\partial \boldsymbol{\xi} \partial \boldsymbol{\xi}^{\mathrm{T}}(\boldsymbol{\xi})$ は正定値行列である．また，式 (2.6.10) から

$$\begin{aligned}&\left(\frac{\partial \boldsymbol{y}}{\partial \boldsymbol{\xi}^{\mathrm{T}}}(\boldsymbol{\xi})\right)^{\mathrm{T}} \frac{\partial h_i}{\partial \boldsymbol{x} \partial \boldsymbol{x}^{\mathrm{T}}}(\boldsymbol{y}) \frac{\partial \boldsymbol{y}}{\partial \boldsymbol{\xi}^{\mathrm{T}}}(\boldsymbol{\xi}) \\ &\quad = (\boldsymbol{y}_{\boldsymbol{\xi}^{\mathrm{T}}}(\boldsymbol{x}))^{\mathrm{T}} \partial_X \partial_X^{\mathrm{T}} h_i(\boldsymbol{x}) \boldsymbol{y}_{\boldsymbol{\xi}^{\mathrm{T}}}(\boldsymbol{x}) = \mathbf{0}_{\mathbb{R}^{(d-n)\times(d-n)}}\end{aligned}$$

が成り立つ．$\mathscr{L}(\boldsymbol{x}, \boldsymbol{\lambda}) = f(\boldsymbol{x}) + \boldsymbol{\lambda} \cdot \boldsymbol{h}(\boldsymbol{x})$ より，定理の式が成り立つ． □

定理 2.6.6 に基づけば，極小点 $\boldsymbol{x}$ における Lagrange 関数 $\mathscr{L}(\boldsymbol{x}, \boldsymbol{\lambda})$ は，接面 $T_V(\boldsymbol{x})$ に対して $\tilde{f}(\boldsymbol{\xi})$ を 2 次関数で近似した関数になっていると解釈される．実際，極小点 $\boldsymbol{x}$ では $\partial \tilde{f}/\partial \boldsymbol{\xi} = \mathbf{0}_{\mathbb{R}^{d-n}}$ となり，定理 2.6.6 の証明より，

$$\begin{aligned}\frac{\partial^2 \tilde{f}}{\partial \boldsymbol{\xi} \partial \boldsymbol{\xi}^{\mathrm{T}}}(\boldsymbol{\xi}) &= (\boldsymbol{y}_{\boldsymbol{\xi}^{\mathrm{T}}}(\boldsymbol{x}))^{\mathrm{T}} \partial_X \partial_X^{\mathrm{T}} \left(f(\boldsymbol{x}) + \sum_{i \in \{1,\ldots,n\}} \lambda_i h_i \right) \boldsymbol{y}_{\boldsymbol{\xi}^{\mathrm{T}}}(\boldsymbol{x}) \\ &= (\boldsymbol{y}_{\boldsymbol{\xi}^{\mathrm{T}}}(\boldsymbol{x}))^{\mathrm{T}} \partial_X \partial_X^{\mathrm{T}} \mathscr{L}(\boldsymbol{x}, \boldsymbol{\lambda}) \boldsymbol{y}_{\boldsymbol{\xi}^{\mathrm{T}}}(\boldsymbol{x})\end{aligned}$$

が成り立つ．そこで，任意の $\boldsymbol{\eta} \in \mathbb{R}^{d-n}$ に対して $\boldsymbol{y} = \boldsymbol{y}_{\boldsymbol{\xi}^{\mathrm{T}}}(\boldsymbol{x}) \boldsymbol{\eta} \in T_V(\boldsymbol{x})$ とおけば，

$$\tilde{f}(\boldsymbol{\xi} + \boldsymbol{\eta}) = \mathscr{L}(\boldsymbol{x}, \boldsymbol{\lambda}) + \boldsymbol{y}^{\mathrm{T}} \partial_X \partial_X^{\mathrm{T}} \mathscr{L}(\boldsymbol{x}, \boldsymbol{\lambda}) \boldsymbol{y} + o(\|\boldsymbol{y}\|_X^2)$$

が成り立つからである．

2.6.3　極小点の十分条件

さらに，極小点であるための十分条件について，次の結果が得られる．

■定理 2.6.7（Lagrange 関数を用いた極小点 2 次の十分条件）　問題 2.6.5 において，$f \in C^2(X; \mathbb{R})$ および $\boldsymbol{h} \in C^2(X; U)$ とする．$\boldsymbol{x} \in X$ において $\partial_X h_1(\boldsymbol{x}), \ldots, \partial_X h_n(\boldsymbol{x})$ が 1 次独立とする．このとき，$\boldsymbol{x}$ が問題 2.6.5 の解で，任意の $\boldsymbol{y} \in T_V(\boldsymbol{x})$ に対して

$$\boldsymbol{y} \cdot (\boldsymbol{H}_{\mathscr{L}}(\boldsymbol{x}, \boldsymbol{\lambda}) \boldsymbol{y}) > 0$$

を満たす $(\boldsymbol{x}, \boldsymbol{\lambda})$ が存在するならば，$\boldsymbol{x}$ は問題 2.6.1 の極小点である．

▶**証明**　$\tilde{f}$ に対して定理 2.5.5 の証明を用いる．□

2.6.4 等式制約つき最適化問題の例題

ばね系の等式制約つき最適化問題を Lagrange 乗数法で解いてみよう．

□**例題 2.6.8（ばねの結合問題）**　図 2.6.4 の 2 自由度ばね系に対して，k_1 と k_2 をばね定数を表す正の実定数，a をばねのすきま（長さ）を表す正の実定数とする．これらのばねが結合されたときにポテンシャルエネルギーが最小となる変位 $\boldsymbol{u} = (u_1, u_2)^{\mathrm{T}} \in \mathbb{R}^2$ を求めよ．すなわち，

$$\min_{\boldsymbol{u} \in \mathbb{R}^2} \left\{ f(\boldsymbol{u}) = \frac{1}{2} k_1 u_1^2 + \frac{1}{2} k_2 u_2^2 \;\middle|\; h_1(\boldsymbol{u}) = a - (u_1 + u_2) = 0 \right\}$$

を満たす $\boldsymbol{u}$ を求めよ．

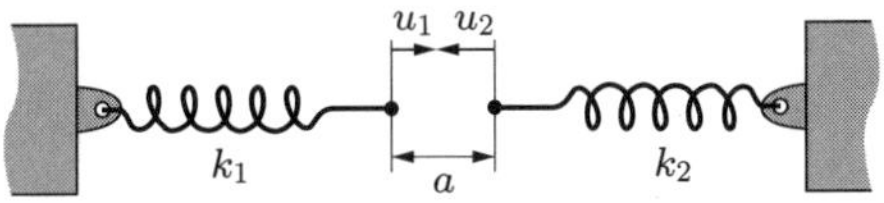

図 2.6.4　ばねの結合問題

▶**解答**　最初に，代入法で解いてみよう．$u_2 = a - u_1$ とおき，

$$f(\boldsymbol{u}) = \bar{f}(u_1) = \frac{1}{2} k_1 u_1^2 + \frac{1}{2} k_2 (a - u_1)^2$$

とかく．このとき，

$$\frac{\mathrm{d}\bar{f}}{\mathrm{d}u_1}(u_1) = k_1 u_1 - k_2 (a - u_1) = (k_1 + k_2) u_1 - k_2 a = 0$$

より，$\bar{f}$ の停留点は

$$u_1 = \frac{k_2}{k_1 + k_2} a, \quad u_2 = a - u_1 = \frac{k_1}{k_1 + k_2} a$$

となる．さらに，

$$\frac{\mathrm{d}^2 \bar{f}}{\mathrm{d}u_1^2}(u_1) = k_1 + k_2 > 0$$

より，$(u_1, u_2)^{\mathrm{T}}$ は最小点である．

次に，Lagrange 乗数法で解いてみよう．Lagrange 関数を

$$\mathscr{L}(\boldsymbol{u},\lambda)=\frac{1}{2}k_1u_1^2+\frac{1}{2}k_2u_2^2+\lambda(a-u_1-u_2)$$

とおく．$\mathscr{L}(\boldsymbol{u},\lambda)$ の停留条件は

$$\begin{pmatrix}\mathscr{L}_{u_1}\\ \mathscr{L}_{u_2}\\ \mathscr{L}_{\lambda}\end{pmatrix}=\begin{pmatrix}k_1u_1-\lambda\\ k_2u_2-\lambda\\ a-u_1-u_2\end{pmatrix}=\begin{pmatrix}0\\0\\0\end{pmatrix}$$

となる．すなわち，

$$\begin{pmatrix}k_1 & 0 & -1\\ 0 & k_2 & -1\\ 1 & 1 & 0\end{pmatrix}\begin{pmatrix}u_1\\u_2\\\lambda\end{pmatrix}=\begin{pmatrix}0\\0\\a\end{pmatrix}$$

とかける．この式より

$$\begin{pmatrix}u_1\\u_2\\\lambda\end{pmatrix}=\frac{1}{k_1+k_2}\begin{pmatrix}1 & -1 & k_2\\ -1 & 1 & k_1\\ -k_2 & -k_1 & k_1k_2\end{pmatrix}\begin{pmatrix}0\\0\\a\end{pmatrix}=\begin{pmatrix}\dfrac{k_2}{k_1+k_2}a\\ \dfrac{k_1}{k_1+k_2}a\\ \dfrac{k_1k_2}{k_1+k_2}a\end{pmatrix}$$

が得られる．$\boldsymbol{u}$ は代入法の結果と一致する．また，$\lambda=k_1u_1=k_2u_2$ は内力の意味をもつ．

さらに，Lagrange 関数の $\boldsymbol{u}\in U=\mathbb{R}^2$ の変動に対する Hesse 行列

$$\partial_U\partial_U^{\mathrm{T}}\mathscr{L}(\boldsymbol{u},\lambda)=\boldsymbol{H}_{\mathscr{L}}(\boldsymbol{u},\lambda)=\begin{pmatrix}k_1 & 0\\ 0 & k_2\end{pmatrix}$$

は $\boldsymbol{u}$ および λ によらず正定値である．そこで，定理 2.6.7 より，$\boldsymbol{u}$ は極小点である．さらに，あとで示される定理 2.7.9 の系（系 2.7.10）より，$\boldsymbol{u}$ は最小点であることが示される．□

2.6.5　直接微分法と随伴変数法

これまで，等式制約つき最適化問題（問題 2.6.1）について極小点の必要条件と十分条件についてみてきた．ここでは，問題 2.6.1 を第 1 章でみてきたような最適設計問題の形式におきかえて，設計変数の変動に対する評価関数の微分を

計算する方法についてみておきたい．第 1 章ではそれらの方法を直接微分法と随伴変数法とよんで手順だけをみてきた．ここでは，それらの定義を示し，随伴変数法は Lagrange 乗数法と同値であることをみておこう．

第 1 章でとりあげた最適設計問題における主問題は等式制約に相当する．ここでは主問題を次のように定義する．

問題 2.6.9（線形システム問題）

$\Xi = \mathbb{R}^{d-n}$ および $U = \mathbb{R}^n$ とおく．$\boldsymbol{K}\colon \Xi \to \mathbb{R}^{n\times n}$ および $\boldsymbol{b}\colon \Xi \to \mathbb{R}^n$ は与えられたとする．$\boldsymbol{\xi} \in \Xi$ に対して

$$\boldsymbol{K}(\boldsymbol{\xi})\boldsymbol{u} = \boldsymbol{b}(\boldsymbol{\xi}) \tag{2.6.19}$$

を満たす $\boldsymbol{u} \in U$ を求めよ．

このような主問題を等式制約とする等式制約つき最適化問題を次のように定義する．

問題 2.6.10（等式制約つき最適化問題）

問題 2.6.9 において $\boldsymbol{K} \in C^1(\Xi;\mathbb{R}^{n\times n})$ および $\boldsymbol{b} \in C^1(\Xi;\mathbb{R}^n)$ とする．$f \in C^1(\Xi \times U;\mathbb{R})$ が与えられたとき，

$$\min_{(\boldsymbol{\xi},\boldsymbol{u})\in\Xi\times U} \{f(\boldsymbol{\xi},\boldsymbol{u}) \mid \boldsymbol{u} \in U,\ \text{問題 2.6.9}\}$$

を満たす $(\boldsymbol{\xi},\boldsymbol{u})$ を求めよ．

解説を始める前に，第 1 章において断面積微分とよんだ設計変数の変動に対する評価関数の微分は，2.6 節においてこれまで使われてきた $\boldsymbol{g}(\boldsymbol{x})$ とは定義が異なることを注意しておこう．実際，式 (2.6.8) では，$\tilde{f}(\boldsymbol{\xi}) = f(\boldsymbol{\xi},\boldsymbol{v}(\boldsymbol{\xi}))$ の $\boldsymbol{\xi} \in \Xi$ に対する微分を $\partial_\Xi \tilde{f}(\boldsymbol{\xi}) = (\boldsymbol{y}_{\boldsymbol{\xi}^{\mathrm{T}}}(\boldsymbol{x}))^{\mathrm{T}}\boldsymbol{g}(\boldsymbol{x})$ とかいた．このときの $\boldsymbol{g}(\boldsymbol{x})$ は $\partial_X f \in \mathbb{R}^d$ の意味で使われた．一方，第 1 章では $\partial_\Xi \tilde{f}_0 \in \mathbb{R}^{d-n}$ を $\boldsymbol{g}_0$ とかいていた．ここでは，第 2 章の表記法にあわせて，$\tilde{\boldsymbol{g}} = \partial_\Xi \tilde{f}$ とかくことにする．

まず，直接微分法の定義を示そう．f，$\boldsymbol{K}$ および $\boldsymbol{b}$ が 1 階微分可能ならば，

$$\tilde{\boldsymbol{g}} = \partial_\Xi \tilde{f}(\boldsymbol{\xi}) = \frac{\partial f}{\partial \boldsymbol{\xi}}(\boldsymbol{\xi},\boldsymbol{u}) + \left(\frac{\partial \boldsymbol{u}}{\partial \boldsymbol{\xi}^{\mathrm{T}}}(\boldsymbol{\xi})\right)^{\mathrm{T}} \frac{\partial f}{\partial \boldsymbol{u}}(\boldsymbol{\xi}) \tag{2.6.20}$$

が成り立つ．一方，式 (2.6.19) を $\xi_1,\dots,\xi_{d-n}$ で偏微分して，得られた列ベクトルを横に並べた行列を

$$\frac{\partial \boldsymbol{K}}{\partial \boldsymbol{\xi}^{\mathrm{T}}}\boldsymbol{u}+\boldsymbol{K}\frac{\partial \boldsymbol{u}}{\partial \boldsymbol{\xi}^{\mathrm{T}}}=\frac{\partial \boldsymbol{b}}{\partial \boldsymbol{\xi}^{\mathrm{T}}}$$

とかく．すなわち，

$$\frac{\partial \boldsymbol{K}}{\partial \boldsymbol{\xi}^{\mathrm{T}}}\boldsymbol{u}=\begin{pmatrix}\dfrac{\partial \boldsymbol{K}}{\partial \xi_1}\boldsymbol{u} & \cdots & \dfrac{\partial \boldsymbol{K}}{\partial \xi_{d-n}}\boldsymbol{u}\end{pmatrix}\in\mathbb{R}^{n\times(d-n)} \tag{2.6.21}$$

とおいた．そこで，

$$\frac{\partial \boldsymbol{u}}{\partial \boldsymbol{\xi}^{\mathrm{T}}}=\boldsymbol{K}^{-1}\left(\frac{\partial \boldsymbol{b}}{\partial \boldsymbol{\xi}^{\mathrm{T}}}-\frac{\partial \boldsymbol{K}}{\partial \boldsymbol{\xi}^{\mathrm{T}}}\boldsymbol{u}\right) \tag{2.6.22}$$

の右辺を計算し，その結果を式 (2.6.20) に代入して $\tilde{\boldsymbol{g}}$ を求める方法を**直接微分法**とよぶことにする．ここで，$\partial f/\partial \boldsymbol{\xi}$，$\partial f/\partial \boldsymbol{u}$，$\partial \boldsymbol{K}/\partial \boldsymbol{\xi}^{\mathrm{T}}$ および $\partial \boldsymbol{b}/\partial \boldsymbol{\xi}^{\mathrm{T}}$ は解析的に計算可能とみなしている．

それに対して，随伴変数法は次のように定義される．まず，f に対する**随伴問題**を次のように定義する．

問題 2.6.11（f に対する随伴問題）

問題 2.6.10 において，$\boldsymbol{\xi}\in\Xi$ に対して $\boldsymbol{K}$ および f は与えられたとする．このとき，

$$\boldsymbol{K}^{\mathrm{T}}\boldsymbol{v}=\frac{\partial f}{\partial \boldsymbol{u}} \tag{2.6.23}$$

を満たす関数 $\boldsymbol{v}\in U$ を求めよ．

問題 2.6.11 の解 $\boldsymbol{v}$ を**随伴変数**とよぶ．ここで，式 (2.6.22) と式 (2.6.23) を組み合わせれば，

$$\left(\frac{\partial \boldsymbol{u}}{\partial \boldsymbol{\xi}^{\mathrm{T}}}\right)^{\mathrm{T}}\frac{\partial f}{\partial \boldsymbol{u}}=\left(\frac{\partial \boldsymbol{b}}{\partial \boldsymbol{\xi}^{\mathrm{T}}}-\frac{\partial \boldsymbol{K}}{\partial \boldsymbol{\xi}^{\mathrm{T}}}\boldsymbol{u}\right)^{\mathrm{T}}\boldsymbol{K}^{-\mathrm{T}}\boldsymbol{K}^{\mathrm{T}}\boldsymbol{v}=\left(\frac{\partial \boldsymbol{b}}{\partial \boldsymbol{\xi}^{\mathrm{T}}}-\frac{\partial \boldsymbol{K}}{\partial \boldsymbol{\xi}^{\mathrm{T}}}\boldsymbol{u}\right)^{\mathrm{T}}\boldsymbol{v} \tag{2.6.24}$$

が得られる．式 (2.6.24) を式 (2.6.20) に代入すれば，

$$\tilde{\boldsymbol{g}} = \frac{\partial f}{\partial \boldsymbol{\xi}} + \left(\frac{\partial \boldsymbol{b}}{\partial \boldsymbol{\xi}^{\mathrm{T}}} - \frac{\partial \boldsymbol{K}}{\partial \boldsymbol{\xi}^{\mathrm{T}}} \boldsymbol{u} \right)^{\mathrm{T}} \boldsymbol{v} \in \mathbb{R}^{d-n} \tag{2.6.25}$$

が得られる．そこで，問題 2.6.11 を解いて $\boldsymbol{v}$ を求め，式 (2.6.25) で $\tilde{\boldsymbol{g}}$ を計算する方法を**随伴変数法**とよぶことにする．この定義では Lagrange 関数の定義は不要であった．

一方，Lagrange 乗数法を用いても随伴変数法と同じ結果が得られることをみておこう．まず，$\boldsymbol{v} \in \mathbb{R}^n$ を等式制約（状態方程式）に対する Lagrange 乗数とおいて，Lagrange 関数を

$$\mathscr{L}(\boldsymbol{\xi}, \boldsymbol{u}, \boldsymbol{v}) = f(\boldsymbol{\xi}, \boldsymbol{u}) + \boldsymbol{v} \cdot (\boldsymbol{b}(\boldsymbol{\xi}) - \boldsymbol{K}(\boldsymbol{\xi})\boldsymbol{u})$$

と定義する．$\mathscr{L}(\boldsymbol{\xi}, \boldsymbol{u}, \boldsymbol{v})$ の $\boldsymbol{u}$ および $\boldsymbol{v}$ に対する停留条件はそれぞれ

$$\frac{\partial \mathscr{L}}{\partial \boldsymbol{u}}(\boldsymbol{\xi}, \boldsymbol{u}, \boldsymbol{v}) = \frac{\partial f}{\partial \boldsymbol{u}} - \boldsymbol{K}^{\mathrm{T}} \boldsymbol{v} = \boldsymbol{0}_{\mathbb{R}^n}, \quad \frac{\partial \mathscr{L}}{\partial \boldsymbol{v}}(\boldsymbol{\xi}, \boldsymbol{u}, \boldsymbol{v}) = \boldsymbol{b} - \boldsymbol{K}\boldsymbol{u} = \boldsymbol{0}_{\mathbb{R}^n}$$

となる．これらは式 (2.6.23) および式 (2.6.19) と一致する．さらに，$\mathscr{L}$ の $\boldsymbol{\xi}$ に対する偏微分は，

$$\frac{\partial \mathscr{L}}{\partial \boldsymbol{\xi}}(\boldsymbol{\xi}, \boldsymbol{u}, \boldsymbol{v}) = \frac{\partial f}{\partial \boldsymbol{\xi}} + \left(\frac{\partial \boldsymbol{b}}{\partial \boldsymbol{\xi}^{\mathrm{T}}} - \frac{\partial \boldsymbol{K}}{\partial \boldsymbol{\xi}^{\mathrm{T}}} \boldsymbol{u} \right)^{\mathrm{T}} \boldsymbol{v} = \tilde{\boldsymbol{g}}$$

となり，式 (2.6.25) と一致する．この一致から，Lagrange 乗数法と随伴変数法は同値となる．また，随伴変数は Lagrange 乗数と同値であることになる．

2.6.6 等式制約つき最適化問題の解法に関する考察

この節で得られた結果とあとで示される結果をあわせて，等式制約つき最適化問題（問題 2.6.1）の解法について次のことがいえる．

(1) 定理 2.6.4 より，Lagrange 乗数法（問題 2.6.5）の解 $(\boldsymbol{x}, \boldsymbol{\lambda})$ は極小点の必要条件を満たす．そのような $\boldsymbol{x}$ は極小点の候補となる．

(2) Lagrange 乗数法（問題 2.6.5）の解 $(\boldsymbol{x}, \boldsymbol{\lambda})$ が得られたとき，Lagrange 関数の $\boldsymbol{x}$ の変動に対する Hesse 行列 $\partial_X \partial_X^{\mathrm{T}} \mathscr{L}(\boldsymbol{x}, \boldsymbol{\lambda}) = \boldsymbol{H}_{\mathscr{L}}(\boldsymbol{x}, \boldsymbol{\lambda})$ が等式制約を満たす任意の変動 $\boldsymbol{y} \in T_V(\boldsymbol{x})$ に対して $\boldsymbol{y} \cdot (\boldsymbol{H}_{\mathscr{L}}(\boldsymbol{x}, \boldsymbol{\lambda})\boldsymbol{y}) > 0$ が確認されたならば，定理 2.6.7 より，$\boldsymbol{x}$ は極小値と判定される．

(3) 等式制約つき最適化問題（問題 2.6.1）が凸最適化問題のとき，あとで示

される定理 2.7.9 の系（系 2.7.10）より，Lagrange 乗数法の解 $\boldsymbol{x}$ は最小点と判定される．

(4) 等式制約つき最適化問題（問題 2.6.1）が凸最適化問題ではなくても，$\tilde{f}$ が凸関数のときには，あとで示される定理 2.7.2 の系（系 2.7.3）より，$\tilde{f}$ の停留点（$\tilde{\boldsymbol{g}} = \boldsymbol{0}_{\mathbb{R}^{d-n}}$ が成り立つ $\boldsymbol{x}$）は，最小点と判定される．

2.7　不等式制約つき最適化問題

制約条件を等式から不等式に変更してみよう．ここでは，問題 2.1.2 あるいは問題 2.1.3 のような不等式制約のみが仮定されている場合について考えよう．図 2.7.1 は，$X = \mathbb{R}^2$ および $m = 1$ の場合の極小点のようすを示す．$X = \mathbb{R}^2$ および $m = 2$ のときは図 2.7.2 のようになる．まずは，これらの図を使って極小点ならば成り立つ条件についてみてから，一般の場合を考えていくことにしよう．

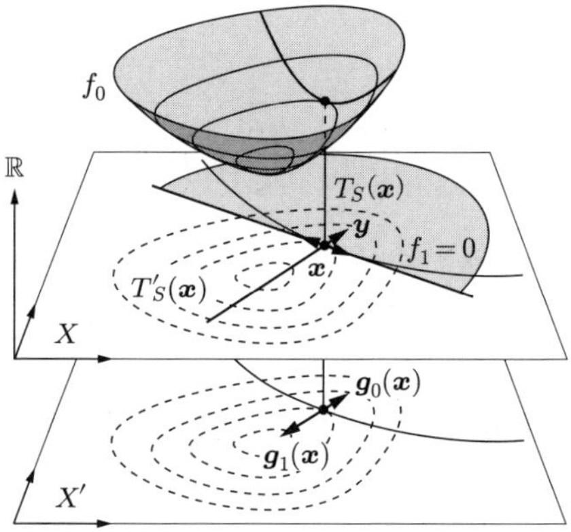

図 2.7.1　$X = \mathbb{R}^2$ および $m = 1$ のときの不等式制約つき最適化問題の極小点

2.7.1　極小点の必要条件

最初に，図 2.7.1 のように極小点 $\boldsymbol{x}$ では不等式制約の一つが有効である場合について考えてみよう．このとき，次のことがいえる．

(1) $\boldsymbol{x}$ からの変動が許されている方向は $\boldsymbol{g}_1 \cdot \boldsymbol{y} \leq 0$ を満たすすべての $\boldsymbol{y}$ の方向である．このようなすべての方向は，図中 $T_S(\boldsymbol{x})$ とかかれた半円の領

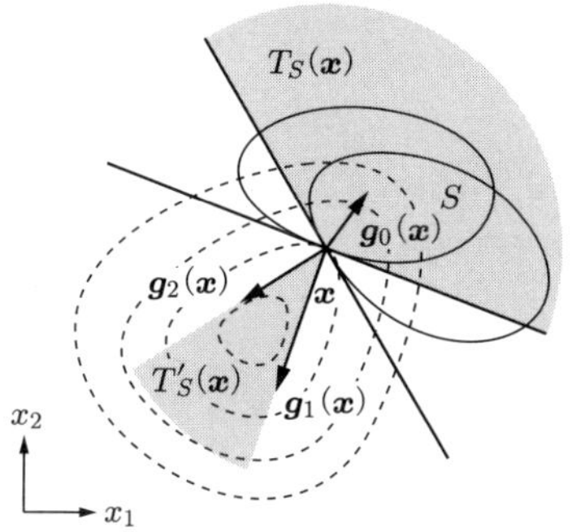

図 2.7.2　$X = \mathbb{R}^2$ および $m = 2$ のときの不等式制約つき最適化問題における極小点

域になる.

(2) $\boldsymbol{x}$ が極小点であれば, すべての $\boldsymbol{y} \in T_S(\boldsymbol{x})$ 方向への変動に対して f_0 は変動しないかあるいは増加するはずである. この関係は, すべての $\boldsymbol{y} \in T_S(\boldsymbol{x})$ に対して $\boldsymbol{g}_0 \cdot \boldsymbol{y} \geq 0$ となることを意味する. いいかえれば, すべての $\boldsymbol{y} \in T_S(\boldsymbol{x})$ に対して $\boldsymbol{z} \cdot \boldsymbol{y} \leq 0$ が満たされるような $\boldsymbol{z}$ の向きは, 図中 $T'_S(\boldsymbol{x})$ とかかれた半直線の領域に入る.

(3) $\boldsymbol{x}$ が極小点であれば, すべての $\boldsymbol{y} \in T_S(\boldsymbol{x})$ に対して $\boldsymbol{g}_0 \cdot \boldsymbol{y} \geq 0$ となることは, $-\boldsymbol{g}_0$ が $T'_S(\boldsymbol{x})$ に含まれていることと同値である.

不等式制約の二つが有効になった場合は, 図 2.7.2 のようになる. $\boldsymbol{x}$ から変動が許される方向の集合 $T_S(\boldsymbol{x})$ は二つの不等式制約が同時に満たされる方向に制限されるために扇形となる. それに対して $T'_S(\boldsymbol{x})$ は, 不等式制約が一つの場合よりも広がって, 扇形になる. $\boldsymbol{x}$ が極小点であれば, すべての $\boldsymbol{y} \in T_S(\boldsymbol{x})$ に対して $\boldsymbol{g}_0 \cdot \boldsymbol{y} \geq 0$ となる関係や $-\boldsymbol{g}_0$ が $T'_S(\boldsymbol{x})$ に含まれる関係はここでも成り立つ. さらに, 図 2.7.3 は $X = \mathbb{R}^3$ のときの極小点のようすを示す.

以上のことを一般化しよう. 図 2.7.1 から 2.7.3 では, $\boldsymbol{g}_1$ や $\boldsymbol{g}_2$ を使って $T_S(\boldsymbol{x})$ と $T'_S(\boldsymbol{x})$ が定義された. ここでは, $C_S(\boldsymbol{x})$ を $T_S(\boldsymbol{x})$ を含むような許容方向集合として定義して, $C_S(\boldsymbol{x})$ と $C'_S(\boldsymbol{x})$ を使って同様の議論をする. なお, $T_S(\boldsymbol{x})$ と $C_S(\boldsymbol{x})$ の関係は, あとで示される命題 2.7.4 の条件が満たされれば同一視することができる.

まず, 不等式制約を満たす設計変数の許容集合 S を式 (2.1.1) のように定義する. また, $\boldsymbol{x} \in S$ に対して

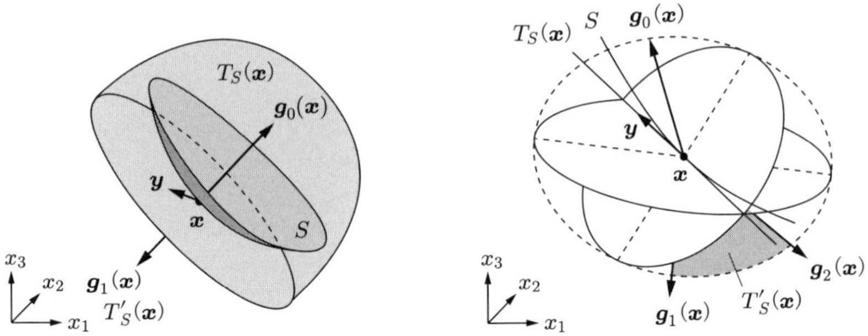

（a） $m = 3$　　（b） $m = 2$

図 2.7.3　不等式制約つき最適化問題における極小点（$X = \mathbb{R}^3$ と $X' = \mathbb{R}^3$ を重ねている）

$$I_{\mathrm{A}}(\boldsymbol{x}) = \{i \in \{1, \ldots, m\} \mid f_i(\boldsymbol{x}) = 0\} = \{i_1, \ldots, i_{|I_{\mathrm{A}}(\boldsymbol{x})|}\} \quad (2.7.1)$$

を有効な制約に対する添え字の集合とする．さらに，$\boldsymbol{x} \in S$ に収束するすべての無限点列 $\{\boldsymbol{y}_k\}_{k \in \mathbb{N}} \in S$ に対して

$$C_S(\boldsymbol{x}) = \left\{ \boldsymbol{y} \in X \;\middle|\; \frac{\boldsymbol{y}}{\|\boldsymbol{y}\|} = \lim_{k \to \infty} \frac{\boldsymbol{y}_k - \boldsymbol{x}}{\|\boldsymbol{y}_k - \boldsymbol{x}\|} \text{ for } \boldsymbol{y} \neq \boldsymbol{0}_X \right\}$$

を S の**許容方向集合**あるいは**接錐**という．$C_S(\boldsymbol{x})$ に対して

$$C'_S(\boldsymbol{x}) = \{\boldsymbol{z} \in X' \mid \boldsymbol{z} \cdot \boldsymbol{y} \leq 0 \text{ for all } \boldsymbol{y} \in C_S(\boldsymbol{x})\}$$

を $C_S(\boldsymbol{x})$ の**双対錐**という．

f_0 が 1 階微分可能で，C'_S が評価可能ならば，上で示された考察のように，次の結果はわかりやすい結果である．

■定理 2.7.1（極小点 1 次の必要条件）　問題 2.1.2 において，$f_0 \in C^1(X; \mathbb{R})$ とする．$\boldsymbol{x}$ が極小点ならば，任意の $\boldsymbol{y} \in C_S(\boldsymbol{x})$ に対して，

$$\boldsymbol{g}_0(\boldsymbol{x}) \cdot \boldsymbol{y} \geq 0 \quad (2.7.2)$$

が成り立つ．また，

$$-\boldsymbol{g}_0(\boldsymbol{x}) \in C'_S(\boldsymbol{x}) \quad (2.7.3)$$

が成り立つ．

▶証明 任意の $\boldsymbol{y} \in C_S(\boldsymbol{x})$ に対して，$\boldsymbol{g}_0(\boldsymbol{x}) \cdot \boldsymbol{y} \neq 0$ とすると，$\boldsymbol{g}_0(\boldsymbol{x}) \cdot \boldsymbol{y} < 0$ となるような $\boldsymbol{y}$ がとれる．このとき，定理 2.5.2 と同様の矛盾が得られる．式 (2.7.3) は式 (2.7.2) と同値である． □

2.7.2 最小点の必要十分条件

問題 2.1.2 が凸最適化問題で，C'_S が評価可能ならば，次のような最小点の必要十分条件が得られる．

■定理 2.7.2 (最小点 1 次の必要十分条件) 問題 2.1.2 において，f_0 は $C^1(X;\mathbb{R})$ の要素で，$f_1, \ldots, f_m$ は $C^0(X;\mathbb{R})$ の要素で，かつ $f_0, \ldots, f_m$ は凸関数とする．S を式 (2.1.1) とおく．このとき，$\boldsymbol{x} \in S$ が最小点であるための必要十分条件は

$$-\boldsymbol{g}_0(\boldsymbol{x}) \in C'_S(\boldsymbol{x})$$

が成り立つことである．

▶証明 必要条件は定理 2.7.1 より明らかである．十分条件を示す．任意の $\boldsymbol{y} \in S$ に対して，$\beta_k \in (0,1)$ かつ $\beta_k \to 0$ なる $\{\beta_k\}_{k\in\mathbb{N}}$ を用いて $\{\boldsymbol{y}_k\}_{k\in\mathbb{N}}$ を $\boldsymbol{y}_k = (1-\beta_k)\boldsymbol{x} + \beta_k \boldsymbol{y}$ とする．S は凸集合であるので，$\{\boldsymbol{y}_k\}_{k\in\mathbb{N}} \subseteq S$ となり，$C_S(\boldsymbol{x})$ の定義より，$\boldsymbol{y} - \boldsymbol{x} \in C_S(\boldsymbol{x})$ となる．そこで，$C'_S(\boldsymbol{x})$ の定義と $-\boldsymbol{g}_0(\boldsymbol{x}) \in C'_S(\boldsymbol{x})$ より，

$$-\boldsymbol{g}_0(\boldsymbol{x}) \cdot (\boldsymbol{y} - \boldsymbol{x}) \leq 0$$

が成り立つ．f_0 は凸関数なので，定理 2.4.4 より，

$$\boldsymbol{g}_0(\boldsymbol{x}) \cdot (\boldsymbol{y} - \boldsymbol{x}) \leq f_0(\boldsymbol{y}) - f_0(\boldsymbol{x})$$

が成り立つ．よって，$f_0(\boldsymbol{x}) \leq f_0(\boldsymbol{y})$ が成り立つ． □

最小点が S の内点にあるならば，定理 2.7.2 は次のようになる．この結果は定理 2.5.6 と同値となる．

■系 2.7.3 (最小点 1 次の必要十分条件) 問題 2.1.2 において，f_0 は $C^1(X;\mathbb{R})$ の要素で，$f_1, \ldots, f_m$ は $C^0(X;\mathbb{R})$ で，かつ $f_0, \ldots, f_m$ は凸関数とする．S を式 (2.1.1) とおく．このとき，S の内点 $\boldsymbol{x}$ が問題 2.1.2 の最小点であるための必要十分条件は

$$\boldsymbol{g}_0(\boldsymbol{x}) = \boldsymbol{0}_{\mathbb{R}^d}$$

が成り立つことである．

▶**証明**　$\boldsymbol{x}$ が S の内点であれば，$C_S(\boldsymbol{x}) = X$ となる．よって，$C'_S(\boldsymbol{x}) = \{\boldsymbol{0}_{\mathbb{R}^d}\}$ となる．定理 2.7.2 より，$\boldsymbol{g}_0(\boldsymbol{x}) = \boldsymbol{0}_{\mathbb{R}^d}$ が得られる．□

2.7.3 KKT 条件

これまでみてきた問題 2.1.2 の極小点あるいは最小点についての必要条件や十分条件には，すべての $\boldsymbol{y} \in C_S(\boldsymbol{x})$ や C'_S に対する条件が含まれていた．しかし，これらの評価は容易ではない．そこで，等式制約つき最適化問題でみてきたように，ここでも Lagrange 関数を用いた表現を考えてみることにしよう．

まず，不等式制約の一つが有効となっている図 2.7.1 の場合について考えてみよう．不等式制約条件は有効であるから，等式制約が課されていたと考えても $\boldsymbol{x}$ は極小点となる．このとき，等式制約のときに用いた式 (2.6.6) は

$$\boldsymbol{g}_0 + \lambda_1 \boldsymbol{g}_1 = \boldsymbol{0}_{\mathbb{R}^2} \tag{2.7.4}$$

にかきかえられる．しかし，不等式制約では有効な変動方向が広くなる．そのことを詳しくみていこう．任意の $\boldsymbol{y} \in \mathbb{R}^2$ と式 (2.7.4) の内積をとれば，

$$\boldsymbol{g}_0 \cdot \boldsymbol{y} + \lambda_1 \boldsymbol{g}_1 \cdot \boldsymbol{y} = 0 \tag{2.7.5}$$

となる．式 (2.7.5) において，$\boldsymbol{y}$ が不等式制約を満たす方向であれば，$\boldsymbol{g}_1 \cdot \boldsymbol{y} \le 0$ となる．また，$\boldsymbol{x}$ が極小点であれば，そのような $\boldsymbol{y}$ のときに目的関数が変動しないかあるいは増加することから，$\boldsymbol{g}_0 \cdot \boldsymbol{y} \ge 0$ となる．この二つの条件を同時に満たすためには，

$$\lambda_1 \ge 0 \tag{2.7.6}$$

でなければならない．また，極小点では本来の不等式制約

$$f_1 \le 0 \tag{2.7.7}$$

は満たされる．さらに，不等式制約が無効 $(f_1(\boldsymbol{x}) < 0)$ の場合，不等式制約はなかった場合と等しくなることから，$\lambda_1 = 0$ となる．一方，不等式制約が有効 $(f_1(\boldsymbol{x}) = 0)$ の場合は，式 (2.7.6) が成り立つ．これら二つの関係は

$$\lambda_1 f_1 = 0 \tag{2.7.8}$$

ならば満たされる．そこで，式 (2.7.4), (2.7.6), (2.7.7) および (2.7.8) が一つの不等式制約が有効な場合の極小点で成り立つ条件となる．これらの条件は，あとで示される KKT 条件の $m = 1$ の場合になっている．

次に，図 2.7.2 のような極小点で二つの不等式制約が有効になっている場合について考えてみよう．ここでも，等式制約が課されていたとみなせば，

$$\boldsymbol{g}_0 + \lambda_1 \boldsymbol{g}_1 + \lambda_2 \boldsymbol{g}_2 = \boldsymbol{0}_{\mathbb{R}^2} \tag{2.7.9}$$

が成り立つようなある $\lambda_1, \lambda_2 \in \mathbb{R}$ が存在することと同値である．式 (2.7.9) を

$$-\boldsymbol{g}_0 = \lambda_1 \boldsymbol{g}_1 + \lambda_2 \boldsymbol{g}_2 \tag{2.7.10}$$

のようにかきかえよう．ここで，$\boldsymbol{g}_1$ と $\boldsymbol{g}_2$ を固定して，

$$\lambda_1 \geq 0, \quad \lambda_2 \geq 0 \tag{2.7.11}$$

によってつくられる式 (2.7.10) 右辺のベクトルは，図 2.7.2 の $T'_S(\boldsymbol{x})$ とかかれた扇形になる．$T'_S(\boldsymbol{x})$ の定義はのちに式 (2.7.15) で定義される．したがって，式 (2.7.10) は定理 2.7.1 の $C'_S(\boldsymbol{x})$ を $T'_S(\boldsymbol{x})$ にかきかえた条件になっている．また，極小点であれば，本来の不等式制約

$$f_1 \leq 0, \quad f_2 \leq 0 \tag{2.7.12}$$

は満たされる．さらに，上で説明された理由により，極小点では

$$\lambda_1 f_1 = 0, \quad \lambda_2 f_2 = 0 \tag{2.7.13}$$

が成り立つ．そこで，式 (2.7.9)，(2.7.11)，(2.7.12) および (2.7.13) が二つの不等式制約が有効な場合の極小点で成り立つ条件となる．これらの条件は，あとで示される KKT 条件の $m = 2$ の場合になっている．

以上の結果を一般化しよう．まず，結果を示すために必要な定義と仮定を示そう．$\boldsymbol{x} \in S$ の近傍を $B_X \subset X$ とかく．ここで，$i \in I_{\mathrm{A}}(\boldsymbol{x})$ に対して $f_i \in C^1(B_X; \mathbb{R})$ で，任意の $\boldsymbol{y} \in B_X$ に対して $\boldsymbol{g}_i(\boldsymbol{y})$ は 1 次独立であるとする．このとき，

$$T_S(\boldsymbol{x}) = \{\boldsymbol{y} \in X \mid \boldsymbol{g}_i(\boldsymbol{x}) \cdot \boldsymbol{y} \leq 0 \text{ for all } i \in I_{\mathrm{A}}(\boldsymbol{x})\}$$

を $\boldsymbol{x}$ における**線形化許容方向集合**という．$T_S(\boldsymbol{x})$ は，等式制約つき最適化問題における零空間に対応させて，

$$T_S(\boldsymbol{x}) = \mathrm{Kco}(\boldsymbol{g}_{i_1}(\boldsymbol{x}), \ldots, \boldsymbol{g}_{i_k}(\boldsymbol{x}))^{\mathrm{T}} \tag{2.7.14}$$

とかくことにする．また，

$$T'_S(\boldsymbol{x}) = \{\boldsymbol{z} \in X' \mid \boldsymbol{z} \cdot \boldsymbol{y} \leq 0 \text{ for all } \boldsymbol{y} \in T_S(\boldsymbol{x})\} \tag{2.7.15}$$

を $T_S(\boldsymbol{x})$ の**双対錐**という．

ここで，$T_S(\boldsymbol{x})$ と $C_S(\boldsymbol{x})$ の違いについて調べておこう．$T_S(\boldsymbol{x})$ は閉凸多面錐となるが，$C_S(\boldsymbol{x})$ は閉凸多面錐になるとは限らない[49]．たとえば，

$$S = \{\boldsymbol{y} \in \mathbb{R}^2 \mid f_1 = -y_1^2 + y_1^3 + y_2^2 \leq 0,\ f_2 = -y_1 - y_2 \leq 0\} \tag{2.7.16}$$

のとき，

$$\begin{aligned} &C_S(\mathbf{0}_{\mathbb{R}^2}) \\ &\quad = \{\boldsymbol{y} \in \mathbb{R}^2 \mid y_1 + y_2 \geq 0,\ y_1 - y_2 \geq 0\} \cup \{\boldsymbol{y} \in \mathbb{R}^2 \mid y_1 + y_2 = 0\}, \\ &C'_S(\mathbf{0}_{\mathbb{R}^2}) = \{\alpha(1,1)^{\mathrm{T}} \in \mathbb{R}^2 \mid \alpha \leq 0\} \end{aligned}$$

となる．図 2.7.4 に $C_S(\mathbf{0}_{\mathbb{R}^2})$ を示す．図より，$C_S(\mathbf{0}_{\mathbb{R}^2})$ は閉凸多面錐ではないことがわかる．また，一般に，任意の $\boldsymbol{x} \in S$ に対して

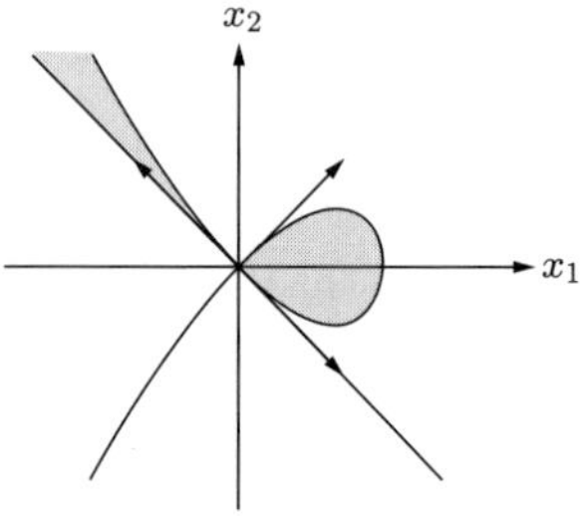

図 2.7.4 C_S が閉凸多面錐ではない例：$C_S(\mathbf{0}_{\mathbb{R}^2})$

$$C_S(\boldsymbol{x}) \subseteq T_S(\boldsymbol{x})$$

が成り立つ．たとえば，式 (2.7.16) の S のとき，

$$T_S(\mathbf{0}_{\mathbb{R}^2}) = \mathbb{R}^2, \quad T'_S(\mathbf{0}_{\mathbb{R}^2}) = \{\mathbf{0}_{\mathbb{R}^2}\}$$

となる．

$T_S(\boldsymbol{x}) = C_S(\boldsymbol{x})$ となるための十分条件は **1 次の制約想定**とよばれる．次に示される **Cottle の制約想定**はその一つである[50]．

■命題 2.7.4 (Cottle の制約想定) 問題 2.1.2 に対して，S を式 (2.1.1) とおく．$\boldsymbol{x} \in S$ に対して，$I_{\mathrm{A}}(\boldsymbol{x})$ を式 (2.7.1) とおく．このとき，ある $\boldsymbol{y} \in X$ が存在して，すべての $i \in I_{\mathrm{A}}(\boldsymbol{x})$ に対して，$\boldsymbol{g}_i(\boldsymbol{x})$ が 1 次式のときは $\boldsymbol{g}_i(\boldsymbol{x}) \cdot \boldsymbol{y} \leq 0$ が成り立ち，1 次式以外のときは $\boldsymbol{g}_i(\boldsymbol{x}) \cdot \boldsymbol{y} < 0$ が成り立つとき，$T_S(\boldsymbol{x}) = C_S(\boldsymbol{x})$ となる．

このような 1 次の制約想定を用いれば，問題 2.1.2 の極小点ならば成り立つ条件を次のようにかくことができる．

■定理 2.7.5 (KKT 条件) 問題 2.1.2 において，$f_0, \ldots, f_m$ は $C^1(X;\mathbb{R})$ の要素とする．$\boldsymbol{x} \in S$ において $i \in I_{\mathrm{A}}(\boldsymbol{x})$ に対して $\boldsymbol{g}_i$ が 1 次独立で，かつ 1 次の制約想定を満たすとする．$\boldsymbol{x}$ が極小点ならば，

$$\boldsymbol{g}_0(\boldsymbol{x}) + \sum_{i \in \{1,\ldots,m\}} \lambda_i \boldsymbol{g}_i(\boldsymbol{x}) = \mathbf{0}_{\mathbb{R}^d} \tag{2.7.17}$$

$$f_i(\boldsymbol{x}) \leq 0 \quad \text{for } i \in \{1,\ldots,m\} \tag{2.7.18}$$

$$\lambda_i f_i(\boldsymbol{x}) = 0 \quad \text{for } i \in \{1,\ldots,m\} \tag{2.7.19}$$

$$\lambda_i \geq 0 \quad \text{for } i \in \{1,\ldots,m\} \tag{2.7.20}$$

を満たす $\boldsymbol{\lambda} = (\lambda_1, \ldots, \lambda_m)^{\mathrm{T}} \in \mathbb{R}^m$ が存在する．

▶証明 問題 2.1.2 の不等式制約は，任意の $\boldsymbol{t} = (t_1, \ldots, t_m)^{\mathrm{T}} \in \mathbb{R}^m$ に対して

$$h_i(\boldsymbol{x}, t_i) = f_i(\boldsymbol{x}) + t_i^2 = 0 \quad \text{for } i \in \{1,\ldots,m\} \tag{2.7.21}$$

のようにかかれる．そこで，$\boldsymbol{t}$ を設計変数に加え，問題 2.1.2 の Lagrange 関数を

$$\mathscr{L}(\boldsymbol{x}, \boldsymbol{t}, \boldsymbol{\lambda}) = f_0(\boldsymbol{x}) + \sum_{i \in \{1,\ldots,m\}} \lambda_i h_i(\boldsymbol{x}, t_i) \tag{2.7.22}$$

とおく．ここで，$(\boldsymbol{x}, \boldsymbol{t})$ が式 (2.7.21) の等式制約を満たすときの f_0 の極小点ならば，定理 2.6.4 より

$$\mathscr{L}_{\boldsymbol{x}}(\boldsymbol{x}, \boldsymbol{t}, \boldsymbol{\lambda}) = \boldsymbol{g}_0(\boldsymbol{x}) + \sum_{i \in \{1, \ldots, m\}} \lambda_i \boldsymbol{g}_i(\boldsymbol{x}) = \boldsymbol{0}_{\mathbb{R}^d} \tag{2.7.23}$$

$$\mathscr{L}_{t_i}(\boldsymbol{x}, \boldsymbol{t}, \boldsymbol{\lambda}) = 2\lambda_i t_i = 0 \quad \text{for } i \in \{1, \ldots, m\} \tag{2.7.24}$$

$$\mathscr{L}_{\lambda_i}(\boldsymbol{x}, \boldsymbol{t}, \boldsymbol{\lambda}) = f_i(\boldsymbol{x}) + t_i^2 = 0 \quad \text{for } i \in \{1, \ldots, m\} \tag{2.7.25}$$

が成り立つ．式 (2.7.23) と式 (2.7.25) はそれぞれ式 (2.7.17) と式 (2.7.18) と同値である．また，式 (2.7.24) の両辺に t_i をかけて，式 (2.7.21) を用いれば，式 (2.7.19) が得られる．

さらに，式 (2.7.20) が成り立つことは次のようにして確かめられる．$\boldsymbol{x}$ が問題 2.1.2 の極小点で，1 次の制約想定が満たされていれば，定理 2.7.1 と式 (2.7.14) および Farkas の補題（補題 A.3.2）より，$i_i, \ldots, i_k \in I_{\mathrm{A}}(\boldsymbol{x})$ に対して

$$\begin{aligned} -\boldsymbol{g}_0(\boldsymbol{x}) \in C'_S(\boldsymbol{x}) = T'_S(\boldsymbol{x}) = (T_S(\boldsymbol{x}))' = (\mathrm{Kco}(\boldsymbol{g}_{i_1}(\boldsymbol{x}), \ldots, \boldsymbol{g}_{i_k}(\boldsymbol{x}))^{\mathrm{T}})' \\ = \mathrm{Ico}(\boldsymbol{g}_{i_1}, \ldots, \boldsymbol{g}_{i_k}) \end{aligned}$$

が成り立つ．ただし，$\boldsymbol{\lambda} = (\lambda_{i_1}, \ldots, \lambda_{i_k})^{\mathrm{T}}$ に対して

$$\mathrm{Ico}(\boldsymbol{g}_{i_1}, \ldots, \boldsymbol{g}_{i_k}) = \{(\boldsymbol{g}_{i_1}, \ldots, \boldsymbol{g}_{i_k})\boldsymbol{\lambda} \in X' \mid \boldsymbol{\lambda} \geq \boldsymbol{0}_{\mathbb{R}^k}\}$$

とおいた．また，$i \notin I_{\mathrm{A}}(\boldsymbol{x})$ に対して $\lambda_i = 0$ とおく．この関係は，式 (2.7.20) が成り立つことを示している．□

式 (2.7.17)～(2.7.20) を **KKT (Karush–Kuhn–Tucker) 条件**という．式 (2.7.18) は $\boldsymbol{x}$ が不等式制約を満たしていることを示している．式 (2.7.19) は，**相補性条件**とよばれ，有効でない制約 $f_i(\boldsymbol{x}) < 0$ に対して $\lambda_i = 0$ となることで式 (2.7.17) から $\boldsymbol{g}_i$ を削除する作用をする．最後に式 (2.7.17) と式 (2.7.20) をあわせた条件は，図 2.7.2 を用いた考察で解説されたように，図 2.7.2 の $T'_S(\boldsymbol{x})$ とかかれた扇形に $-\boldsymbol{g}_0$ が入る条件を与えており，定理 2.7.1 の $C'_S(\boldsymbol{x})$ を $T'_S(\boldsymbol{x})$ にかきかえた条件になっている．証明の中で使われた $\boldsymbol{t}$ は**スラック変数**とよばれる．

不等式制約つき最適化問題に対しても Lagrange 関数を定義しよう．ここでは，あとで示される双対定理との関係を考えて

$$\mathscr{L}(\boldsymbol{x},\boldsymbol{\lambda}) = \begin{cases} f_0(\boldsymbol{x}) + \displaystyle\sum_{i\in\{1,\dots,m\}} \lambda_i f_i(\boldsymbol{x}) \\ \qquad \text{if } \lambda_i \geq 0 \text{ for } i \in \{1,\dots,m\} \\ -\infty \quad \text{if } \lambda_i < 0 \text{ for } i \in \{1,\dots,m\} \end{cases} \tag{2.7.26}$$

とおく．ここで，$\boldsymbol{\lambda} = (\lambda_1,\dots,\lambda_m)^{\mathrm{T}} \in \mathbb{R}^m$ は Lagrange 乗数である．このとき，式 (2.7.17) と式 (2.7.18) は $\mathscr{L}(\boldsymbol{x},\boldsymbol{\lambda})$ を用いた条件にかきかえられる．そこで，次の問題の解を問題 2.1.2 の解の候補とする方法を**不等式制約つき最適化問題に対する Lagrange 乗数法**という．

問題 2.7.6（不等式制約つき最適化問題に対する Lagrange 乗数法）

問題 2.1.2 に対して，$\mathscr{L}(\boldsymbol{x},\boldsymbol{\lambda})$ を式 (2.7.26) とおく．このとき，KKT 条件

$$\mathscr{L}_{\boldsymbol{x}}(\boldsymbol{x},\boldsymbol{\lambda}) = \boldsymbol{g}_0(\boldsymbol{x}) + \sum_{i\in\{1,\dots,m\}} \lambda_i \boldsymbol{g}_i(\boldsymbol{x}) = \boldsymbol{0}_{\mathbb{R}^d} \tag{2.7.27}$$

$$\mathscr{L}_{\lambda_i}(\boldsymbol{x},\boldsymbol{\lambda}) = f_i(\boldsymbol{x}) \leq 0 \quad \text{for } i \in \{1,\dots,m\} \tag{2.7.28}$$

$$\lambda_i f_i(\boldsymbol{x}) = 0 \quad \text{for } i \in \{1,\dots,m\} \tag{2.7.29}$$

$$\lambda_i \geq 0 \quad \text{for } i \in \{1,\dots,m\} \tag{2.7.30}$$

を満たす $(\boldsymbol{x},\boldsymbol{\lambda})$ を求めよ．

さらに，$f_0,\dots,f_m$ が 2 階微分可能のとき，問題 2.1.2 の極小点ならば，次の条件が得られる．問題 2.1.2 に対する Lagrange 関数 $\mathscr{L}(\boldsymbol{x},\boldsymbol{\lambda})$ の $\boldsymbol{x}$ の変動に対する Hesse 行列を $\boldsymbol{H}_{\mathscr{L}}(\boldsymbol{x},\boldsymbol{\lambda}) = \partial_X \partial_X^{\mathrm{T}} \mathscr{L}(\boldsymbol{x},\boldsymbol{\lambda})$ とかく．

■**定理 2.7.7（Lagrange 関数を用いた極小点 2 次の必要条件）** 問題 2.1.2 において，$f_0,\dots,f_m$ は $C^2(X;\mathbb{R})$ の要素とする．$\boldsymbol{x} \in X$ において $i \in I_{\mathrm{A}}(\boldsymbol{x})$ に対する $\boldsymbol{g}_i$ が 1 次独立で，かつ 1 次の制約想定を満たすとする．このとき，$\boldsymbol{x}$ が問題 2.1.2 の極小点ならば，任意の $\boldsymbol{y} \in T_S(\boldsymbol{x})$ に対して，

$$\boldsymbol{y} \cdot (\boldsymbol{H}_{\mathscr{L}}(\boldsymbol{x},\boldsymbol{\lambda})\boldsymbol{y}) \geq 0$$

が成り立つ．

▶**証明** $\{\boldsymbol{y}_k\}_{k\in\mathbb{N}}$ を $i \in \{1,\dots,m\}$ に対して $\lambda_i f_i(\boldsymbol{y}_k) = 0$ を満たし，$\lim_{k\to\infty} \boldsymbol{y}_k = \boldsymbol{x}$ となるようにとる．$\boldsymbol{x}$ は極小点であることから，$\boldsymbol{x}$ の近傍 B をとり，任意の $\boldsymbol{y}_k \in B$

に対して，$\theta \in (0,1)$ が存在して

$$\begin{aligned} f_0(\boldsymbol{y}_k) - f_0(\boldsymbol{x}) &= \mathscr{L}(\boldsymbol{y}_k, \boldsymbol{\lambda}) - \mathscr{L}(\boldsymbol{x}, \boldsymbol{\lambda}) \\ &= \frac{1}{2}(\boldsymbol{y}_k - \boldsymbol{x}) \cdot \{\boldsymbol{H}_{\mathscr{L}}(\boldsymbol{x} + \theta(\boldsymbol{y}_k - \boldsymbol{x}), \boldsymbol{\lambda})(\boldsymbol{y}_k - \boldsymbol{x})\} \geq 0 \end{aligned} \tag{2.7.31}$$

が成り立つ．両辺に $2\boldsymbol{y}/\|\boldsymbol{y}_k - \boldsymbol{x}\|_{\mathbb{R}^d}^2$ をかけて，$k \to \infty$ とすれば，定理の式が得られる．□

2.7.4　極小点の十分条件

問題 2.1.2 の極小点であるための十分条件について，次の条件が得られる．

定理 2.7.8（極小点 2 次の十分条件）　問題 2.1.2 において，$f_0, \ldots, f_m$ は $C^2(X;\mathbb{R})$ の要素とする．$\boldsymbol{x} \in X$ において $i \in I_{\mathrm{A}}(\boldsymbol{x})$ に対する $\boldsymbol{g}_i$ が 1 次独立で，かつ 1 次の制約想定を満たすとする．このとき，KKT 条件を満たし，任意の $\boldsymbol{y} \in T_S(\boldsymbol{x})$ に対して

$$\boldsymbol{y} \cdot (\boldsymbol{H}_{\mathscr{L}}(\boldsymbol{x}, \boldsymbol{\lambda})\boldsymbol{y}) > 0$$

を満たす $(\boldsymbol{x}, \boldsymbol{\lambda})$ が存在するならば，$\boldsymbol{x}$ は極小点である．

▶**証明**　$(\boldsymbol{x}, \boldsymbol{\lambda})$ が KKT 条件を満たすならば，式 (2.7.31) が得られる．ここで，$\boldsymbol{H}_{\mathscr{L}}(\boldsymbol{x}, \boldsymbol{\lambda})$ は正定値である．したがって，$\boldsymbol{x}$ は極小点となる．□

2.7.5　KKT 条件を用いた最小点の十分条件

さらに，問題 2.1.2 が凸最適化問題ならば，最小点の十分条件が得られる．

定理 2.7.9（KKT 条件を用いた最小点 1 次の十分条件）　問題 2.1.2 において，$f_0, \ldots, f_m$ は $C^1(X;\mathbb{R})$ の要素で，かつ凸関数とする．$\boldsymbol{x} \in X$ において $i \in I_{\mathrm{A}}(\boldsymbol{x})$ に対する $\boldsymbol{g}_i$ が 1 次独立で，かつ 1 次の制約想定を満たし，さらに $(\boldsymbol{x}, \boldsymbol{\lambda})$ は KKT 条件を満たすとする．このとき，$\boldsymbol{x}$ は最小点である．

▶**証明**　KKT 条件を満たす $\lambda_1, \ldots, \lambda_m$ を固定して，

$$\mathscr{L}(\boldsymbol{y}) = f_0(\boldsymbol{y}) + \sum_{i \in \{1,\ldots,m\}} \lambda_i f_i(\boldsymbol{y})$$

とおく．KKT 条件より，$\partial_X \mathscr{L}(\boldsymbol{x}) = \boldsymbol{0}_{\mathbb{R}^d}$ が成り立つ．$\mathscr{L}$ は凸関数なので，系 2.7.3

より，$\boldsymbol{x}$ は $\mathscr{L}$ の最小点となる．すなわち，任意の $\boldsymbol{y} \in S$ に対して

$$f_0(\boldsymbol{x}) + \sum_{i \in \{1,\ldots,m\}} \lambda_i f_i(\boldsymbol{x}) \leq f_0(\boldsymbol{y}) + \sum_{i \in \{1,\ldots,m\}} \lambda_i f_i(\boldsymbol{y})$$

が成り立つ．KKT 条件より，$i \in \{1, \ldots, m\}$ に対して $\lambda_i f_i(\boldsymbol{x}) = 0$ および $\lambda_i \geq 0$ なので，任意の $\boldsymbol{y} \in S$ に対して次が成り立つ．

$$f_0(\boldsymbol{x}) \leq f_0(\boldsymbol{y})$$ □

さらに，定理 2.7.9 を応用すれば，等式制約つき最適化問題（問題 2.6.1）に対して，次のような最小点の十分条件が得られる．

■系 2.7.10（等式制約に対する最小点 1 次の十分条件） f_0 は $C^1(X;\mathbb{R})$ の要素で，かつ凸関数とする．$\boldsymbol{h} \in C^1(X;\mathbb{R}^n)$ は 1 次関数で，かつ $\boldsymbol{x} \in X$ において $\partial_X h_1(\boldsymbol{x}), \ldots, \partial_X h_n(\boldsymbol{x})$ が 1 次独立で，1 次の制約想定を満たすとする．$(\boldsymbol{x}, \boldsymbol{\lambda})$ は問題 2.6.5 の解とする．このとき，$\boldsymbol{x}$ は問題 2.6.1 の最小点である．

▶証明 等式制約は

$$\boldsymbol{h}(\boldsymbol{x}) \leq \boldsymbol{0}_{\mathbb{R}^n}, \quad -\boldsymbol{h}(\boldsymbol{x}) \leq \boldsymbol{0}_{\mathbb{R}^n}$$

と同値である．これらに対する Lagrange 乗数を $\boldsymbol{\lambda}_+ = (\lambda_{+1}, \ldots, \lambda_{+n})^{\mathrm{T}} \in \mathbb{R}^n$，$\boldsymbol{\lambda}_- = (\lambda_{-1}, \ldots, \lambda_{-n})^{\mathrm{T}} \in \mathbb{R}^n$ とおく．$h_1, \ldots, h_n$ は 1 次関数なので凸関数である．なぜならば，任意の $\boldsymbol{x} \in X$ および $\boldsymbol{y} \in X$ に対して

$$\partial_X h_i(\boldsymbol{x}) \cdot (\boldsymbol{y} - \boldsymbol{x}) = h_i(\boldsymbol{y}) - h_i(\boldsymbol{x})$$

が成り立つ（定理 2.4.4）ためである．したがって，この問題は不等式制約の凸最適化問題となっている．このときの KKT 条件は，

$$\begin{aligned}
&\mathscr{L}_{\boldsymbol{x}}(\boldsymbol{x}, \boldsymbol{\lambda}_+, \boldsymbol{\lambda}_-) = \boldsymbol{g}_0(\boldsymbol{x}) + \partial_X \boldsymbol{h}^{\mathrm{T}}(\boldsymbol{x})(\boldsymbol{\lambda}_+ - \boldsymbol{\lambda}_-) = \boldsymbol{0}_{\mathbb{R}^d} \\
&\mathscr{L}_{\lambda_{+i}}(\boldsymbol{x}, \boldsymbol{\lambda}_+, \boldsymbol{\lambda}_-) = h_i(\boldsymbol{x}) \leq 0 \quad \text{for } i \in \{1, \ldots, n\} \\
&\mathscr{L}_{\lambda_{-i}}(\boldsymbol{x}, \boldsymbol{\lambda}_+, \boldsymbol{\lambda}_-) = -h_i(\boldsymbol{x}) \leq 0 \quad \text{for } i \in \{1, \ldots, n\} \\
&\lambda_{+i} h_i(\boldsymbol{x}) = 0 \quad \text{for } i \in \{1, \ldots, n\} \\
&\lambda_{-i} h_i(\boldsymbol{x}) = 0 \quad \text{for } i \in \{1, \ldots, n\} \\
&\lambda_{+i} \geq 0 \quad \text{for } i \in \{1, \ldots, n\} \\
&\lambda_{-i} \geq 0 \quad \text{for } i \in \{1, \ldots, n\}
\end{aligned}$$

とかける．$\boldsymbol{\lambda}_+ - \boldsymbol{\lambda}_- = \boldsymbol{\lambda}$ とかけば，$(\boldsymbol{x}, \boldsymbol{\lambda})$ は問題 2.6.5 の解と同値になる． □

2.7.6 不等式制約つき最適化問題の例題

KKT 条件を，ばねの結合問題に対して使ってみよう．

□例題 2.7.11（ばねの結合問題） 例題 2.6.8 において，ばねの結合条件が不等式に変更されたときの最小点を求めよ．すなわち，

$$\min_{\boldsymbol{u}\in\mathbb{R}^2}\left\{f_0(\boldsymbol{u})=\frac{1}{2}k_1u_1^2+\frac{1}{2}k_2u_2^2 \;\middle|\; f_1(\boldsymbol{u})=a-(u_1+u_2)\le 0\right\}$$

を満たす $\boldsymbol{u}$ を求めよ．また，

$$\min_{\boldsymbol{u}\in\mathbb{R}^2}\left\{f_0(\boldsymbol{u})=\frac{1}{2}k_1u_1^2+\frac{1}{2}k_2u_2^2 \;\middle|\; f_1(\boldsymbol{u})=(u_1+u_2)-a\le 0\right\}$$

を満たす $\boldsymbol{u}$ を求めよ．

▶解答 $f_1=a-(u_1+u_2)\le 0$ のとき，Lagrange 関数は，$\lambda\in\mathbb{R}$ を Lagrange 乗数として，

$$\mathscr{L}(\boldsymbol{u},\lambda)=\frac{1}{2}k_1u_1^2+\frac{1}{2}k_2u_2^2+\lambda(a-u_1-u_2)$$

となる．$\mathscr{L}(\boldsymbol{u},\lambda)$ の停留条件は例題 2.6.8 の結果と等しく，$k_1>0$，$k_2>0$ および $a>0$ のとき

$$u_1=\frac{k_2}{k_1+k_2}a>0,\quad u_2=\frac{k_1}{k_1+k_2}a>0,\quad \lambda=\frac{k_1k_2}{k_1+k_2}a>0$$

となる．この結果は KKT 条件を満たす．この問題は，例題 2.6.8 で調べたように，凸最適化問題なので，定理 2.7.9 により $\boldsymbol{u}$ は最小点となる．

一方，$f_1=(u_1+u_2)-a\le 0$ のとき，Lagrange 関数は

$$\mathscr{L}(\boldsymbol{u},\lambda)=\frac{1}{2}k_1u_1^2+\frac{1}{2}k_2u_2^2+\lambda(u_1+u_2-a)$$

となる．$\mathscr{L}(\boldsymbol{u},\lambda)$ の停留条件は，$k_1>0$，$k_2>0$ および $a>0$ のとき

$$u_1=\frac{k_2}{k_1+k_2}a>0,\quad u_2=\frac{k_1}{k_1+k_2}a>0,\quad \lambda=-\frac{k_1k_2}{k_1+k_2}a<0$$

となる．$\lambda<0$ より，この結果は KKT 条件を満たさない．したがって，結合制約を無効とみなし，$\lambda=0$ とおき，問題を

$$\min_{\boldsymbol{u}\in\mathbb{R}^2}\left\{f_0(\boldsymbol{u})=\frac{1}{2}k_1u_1^2+\frac{1}{2}k_2u_2^2\right\}$$

にかきかえる．この問題に対して

$$
\boldsymbol{g}_0(\boldsymbol{u}) = \begin{pmatrix} k_1 & 0 \\ 0 & k_2 \end{pmatrix} \begin{pmatrix} u_1 \\ u_2 \end{pmatrix} = \begin{pmatrix} 0 \\ 0 \end{pmatrix}
$$

より，$\boldsymbol{u} = \boldsymbol{0}_{\mathbb{R}^2}$ が得られる． □

2.7.7 不等式制約つき最適化問題の解法に関する考察

この節の内容から，不等式制約つき最適化問題（問題 2.1.2）の解法について次のことがいえる．

(1) 定理 2.7.5 より，Lagrange 乗数法（問題 2.7.6）の解 $(\boldsymbol{x}, \boldsymbol{\lambda})$ は極小点の必要条件を満たす．そのような $\boldsymbol{x}$ は極小点の候補となる．

(2) Lagrange 乗数法（問題 2.7.6）の解 $(\boldsymbol{x}, \boldsymbol{\lambda})$ が得られたとき，Lagrange 関数の $\boldsymbol{x}$ の変動に対する Hesse 行列 $\partial_X \partial_X^{\mathrm{T}} \mathscr{L}(\boldsymbol{x}, \boldsymbol{\lambda}) = \boldsymbol{H}_{\mathscr{L}}(\boldsymbol{x}, \boldsymbol{\lambda})$ が不等式制約を満たす任意の変動 $\boldsymbol{y} \in T_S(\boldsymbol{x})$ に対して $\boldsymbol{y} \cdot (\boldsymbol{H}_{\mathscr{L}}(\boldsymbol{x}, \boldsymbol{\lambda})\boldsymbol{y}) > 0$ が確認されたならば，定理 2.7.8 より，$\boldsymbol{x}$ は極小点と判定される．

(3) 不等式制約つき最適化問題（問題 2.1.2）が凸最適化問題のとき，定理 2.7.9 より，Lagrange 乗数法の解 $\boldsymbol{x}$ は最小点と判定される．

2.8 等式と不等式制約つき最適化問題

最適設計問題では，等式制約として状態方程式が設定され，不等式制約として評価関数についての制約が使われる．2.1 節の冒頭で定義された最適化問題（問題 2.1.1）は，そのようなことを意識して定義された．ここでは，最適設計問題との対応を意識して，問題 2.1.1 を次のようにかくことにしよう．

問題 2.8.1（等式と不等式制約つき最適化問題）

$d > n$ として，$\Xi = \mathbb{R}^{d-n}$ および $U = \mathbb{R}^n$ とおく．$\boldsymbol{K}\colon \Xi \to \mathbb{R}^{n \times n}$ と $\boldsymbol{b}\colon \Xi \to \mathbb{R}^n$ が与えられ，$f_0, f_1, \ldots, f_m\colon \Xi \times U \to \mathbb{R}$ が与えられたとき，

$$
\min_{(\boldsymbol{\xi}, \boldsymbol{u}) \in \Xi \times U} \{ f_0(\boldsymbol{\xi}, \boldsymbol{u}) \mid \boldsymbol{h}(\boldsymbol{\xi}, \boldsymbol{u}) = -\boldsymbol{K}(\boldsymbol{\xi})\boldsymbol{u} + \boldsymbol{b}(\boldsymbol{\xi}) = \boldsymbol{0}_{\mathbb{R}^n},
$$
$$
f_1(\boldsymbol{\xi}, \boldsymbol{u}) \le 0, \ldots, f_m(\boldsymbol{\xi}, \boldsymbol{u}) \le 0 \}
$$

を満たす $(\boldsymbol{\xi}, \boldsymbol{u})$ を求めよ．

問題 2.8.1 に対して，等式制約を満たす $(\boldsymbol{\xi}, \boldsymbol{u})$ の集合を

$$V = \{(\boldsymbol{\xi}, \boldsymbol{u}) \in \Xi \times U \mid \boldsymbol{h}(\boldsymbol{\xi}, \boldsymbol{u}) = -\boldsymbol{K}(\boldsymbol{\xi})\boldsymbol{u} + \boldsymbol{b}(\boldsymbol{\xi}) = \boldsymbol{0}_{\mathbb{R}^n}\}$$

とおく．さらに，$i \in \{0, 1, \ldots, m\}$ に対して

$$\tilde{f}_i(\boldsymbol{\xi}) = \{f_i(\boldsymbol{\xi}, \boldsymbol{u}) \mid (\boldsymbol{\xi}, \boldsymbol{u}) \in V\} \tag{2.8.1}$$

とかくことにする．このとき，$\tilde{f}_i(\boldsymbol{\xi})$ の $\boldsymbol{\xi}$ に対する微分 $\tilde{\boldsymbol{g}}_i$ は，2.6.5 項でみてきたように，式 (2.6.25) と同様の

$$\tilde{\boldsymbol{g}}_i = \frac{\partial f_i}{\partial \boldsymbol{\xi}} + \left(\frac{\partial \boldsymbol{b}}{\partial \boldsymbol{\xi}^{\mathrm{T}}} - \frac{\partial \boldsymbol{K}}{\partial \boldsymbol{\xi}^{\mathrm{T}}}\boldsymbol{u}\right)^{\mathrm{T}} \boldsymbol{v}_i \in \mathbb{R}^{d-n} \tag{2.8.2}$$

によって求められる．ただし，$(\partial \boldsymbol{K}/\partial \boldsymbol{\xi}^{\mathrm{T}})\boldsymbol{u}$ は式 (2.6.21) で定義されているものとする．ここで，$\boldsymbol{v}_i \in U$ は，式 (2.6.23) と同様の随伴方程式

$$\boldsymbol{K}^{\mathrm{T}}\boldsymbol{v}_i = \frac{\partial f_i}{\partial \boldsymbol{u}} \tag{2.8.3}$$

の解とする．

このようにして得られた $\tilde{\boldsymbol{g}}_0, \ldots, \tilde{\boldsymbol{g}}_m$ は評価関数が $\tilde{f}_0(\boldsymbol{\xi}), \ldots, \tilde{f}_m(\boldsymbol{\xi})$ とみなされたときの $\boldsymbol{\xi}$ に対する微分になっている．そこで，これらを用いれば，問題 2.8.1 は次のようにかきかえられる．

問題 2.8.2（不等式制約つき最適化問題）

$\Xi = \mathbb{R}^{d-n}$ とおく．$\tilde{f}_0, \tilde{f}_1, \ldots, \tilde{f}_m \colon \Xi \to \mathbb{R}$ が与えられたとき，

$$\min_{\boldsymbol{\xi} \in \Xi} \{\tilde{f}_0(\boldsymbol{\xi}) \mid \tilde{f}_1(\boldsymbol{\xi}) \le 0, \ldots, \tilde{f}_m(\boldsymbol{\xi}) \le 0\}$$

を満たす $\boldsymbol{\xi}$ を求めよ．

問題 2.8.2 に対する Lagrange 関数を

$$\tilde{\mathscr{L}}(\boldsymbol{\xi}, \boldsymbol{\lambda}) = \tilde{f}_0(\boldsymbol{\xi}) + \sum_{i \in \{1, \ldots, m\}} \lambda_i \tilde{f}_i(\boldsymbol{\xi}) \tag{2.8.4}$$

とおく．このとき，問題 2.8.2 に対する KKT 条件は

$$\tilde{\mathscr{L}}_{\boldsymbol{\xi}}(\boldsymbol{\xi},\boldsymbol{\lambda}) = \tilde{\boldsymbol{g}}_0 + \sum_{i\in\{1,\ldots,m\}} \lambda_i \tilde{\boldsymbol{g}}_i = \boldsymbol{0}_{\mathbb{R}^{d-n}} \tag{2.8.5}$$

$$\tilde{\mathscr{L}}_{\lambda_i}(\boldsymbol{\xi},\boldsymbol{\lambda}) = \tilde{f}_i(\boldsymbol{\xi}) \leq 0 \quad \text{for } i \in \{1,\ldots,m\} \tag{2.8.6}$$

$$\lambda_i \tilde{f}_i(\boldsymbol{\xi}) = 0 \quad \text{for } i \in \{1,\ldots,m\} \tag{2.8.7}$$

$$\lambda_i \geq 0 \quad \text{for } i \in \{1,\ldots,m\} \tag{2.8.8}$$

となる．そこで，問題 2.8.2 に対する極小点の候補を求めるための Lagrange 乗数法は次のようになる．

問題 2.8.3（不等式制約つき最適化問題に対する Lagrange 乗数法）

問題 2.8.2 に対して，$\tilde{\mathscr{L}}(\boldsymbol{\xi},\boldsymbol{\lambda})$ を式 (2.8.4) とおく．このとき，KKT 条件（式 (2.8.5)～(2.8.8)）を満たす $(\boldsymbol{\xi},\boldsymbol{\lambda})$ を求めよ．

そこで，問題 2.8.3 の解 $(\boldsymbol{\xi},\boldsymbol{\lambda})$ に対して，定理 2.7.5～2.7.8 の結果が得られることになる．これらの結果から等式と不等式制約つき最適化問題（問題 2.8.1）の解法に関していえることは，2.8.2 項にまわすことにしよう．

2.8.1　等式と不等式制約つき最適化問題に対する Lagrange 乗数法

問題 2.8.1 の最小点が満たす条件については上記のとおりである．ここでは，問題 2.8.1 に対する Lagrange 関数を定義して，それらを用いて問題 2.8.3 の Lagrange 乗数法につなげることを考えよう．ここで示される内容は，第 1 章でも示された内容である．第 7 章以降の最適設計問題においても評価関数の設計変数に対する微分を求める際に使われる考え方である．第 2 章の内容とそれらとの関係を明確にするために，あえてこの項を設けることにした．

問題 2.8.1 に対する Lagrange 関数を

$$\mathscr{L}(\boldsymbol{\xi},\boldsymbol{u},\boldsymbol{v}_0,\ldots,\boldsymbol{v}_m,\boldsymbol{\lambda}) = \mathscr{L}_0(\boldsymbol{\xi},\boldsymbol{u},\boldsymbol{v}_0) + \sum_{i\in\{1,\ldots,m\}} \lambda_i \mathscr{L}_i(\boldsymbol{\xi},\boldsymbol{u},\boldsymbol{v}_i) \tag{2.8.9}$$

とおく．ただし，$\boldsymbol{\lambda} = (\lambda_1,\ldots,\lambda_m)^{\mathrm{T}} \in \mathbb{R}^m$ を $f_1 \leq 0,\ldots,f_m \leq 0$ に対する Lagrange 乗数とする．また，

$$\mathscr{L}_i(\boldsymbol{\xi},\boldsymbol{u},\boldsymbol{v}_i) = f_i(\boldsymbol{\xi},\boldsymbol{u}) + \mathscr{L}_{\mathrm{S}}(\boldsymbol{\xi},\boldsymbol{u},\boldsymbol{v}_i) \tag{2.8.10}$$

を $f_i(\boldsymbol{\xi}, \boldsymbol{u})$ に対する Lagrange 関数とする．さらに，

$$\mathscr{L}_{\mathrm{S}}(\boldsymbol{\xi}, \boldsymbol{u}, \boldsymbol{v}_i) = -\boldsymbol{v}_i \cdot (\boldsymbol{K}(\boldsymbol{\xi})\boldsymbol{u} - \boldsymbol{b}(\boldsymbol{\xi})) \tag{2.8.11}$$

を等式制約に対する Lagrange 関数，$\boldsymbol{v}_0, \ldots, \boldsymbol{v}_m$ を $\boldsymbol{h}(\boldsymbol{\xi}, \boldsymbol{u}) = \boldsymbol{0}_{\mathbb{R}^n}$ に対する Lagrange 乗数（**随伴変数**）として，それぞれ $f_0, \ldots, f_m$ のために定義されたものであるとする．

式 (2.8.2) の $\tilde{\boldsymbol{g}}_i$ は次のようにして得られる．$(\boldsymbol{\xi}, \boldsymbol{u}, \boldsymbol{v}_i)$ の任意の変動 $(\boldsymbol{\eta}, \boldsymbol{u}', \boldsymbol{v}_i') \in \Xi \times U \times U$ に対する $\mathscr{L}_i$ の微分（全微分）は

$$\begin{aligned}\mathscr{L}_i'(\boldsymbol{\xi}, \boldsymbol{u}, \boldsymbol{v}_i)[\boldsymbol{\eta}, \boldsymbol{u}', \boldsymbol{v}_i'] &= \mathscr{L}_{i\boldsymbol{\xi}}(\boldsymbol{\xi}, \boldsymbol{u}, \boldsymbol{v}_i)[\boldsymbol{\eta}] + \mathscr{L}_{i\boldsymbol{u}}(\boldsymbol{\xi}, \boldsymbol{u}, \boldsymbol{v}_i)[\boldsymbol{u}'] \\ &\quad + \mathscr{L}_{i\boldsymbol{v}_i}(\boldsymbol{\xi}, \boldsymbol{u}, \boldsymbol{v}_i)[\boldsymbol{v}_i']\end{aligned} \tag{2.8.12}$$

となる．式 (2.8.12) の右辺第 3 項は，

$$\mathscr{L}_{i\boldsymbol{v}_i}(\boldsymbol{\xi}, \boldsymbol{u}, \boldsymbol{v}_i)[\boldsymbol{v}_i'] = -\boldsymbol{v}_i' \cdot (\boldsymbol{K}(\boldsymbol{\xi})\boldsymbol{u} - \boldsymbol{b}(\boldsymbol{\xi})) = \mathscr{L}_{\mathrm{S}}\big(\boldsymbol{\xi}, \boldsymbol{u}, \boldsymbol{v}_i'\big) \tag{2.8.13}$$

となる．式 (2.8.13) は $\boldsymbol{u}$ が等式制約を満たすときに 0 となる．式 (2.8.12) の右辺第 2 項は，

$$\mathscr{L}_{i\boldsymbol{u}}(\boldsymbol{\xi}, \boldsymbol{u}, \boldsymbol{v}_i)[\boldsymbol{u}'] = -\boldsymbol{u}' \cdot \left(\boldsymbol{K}^{\mathrm{T}}(\boldsymbol{\xi})\boldsymbol{v}_i - \frac{\partial f_i}{\partial \boldsymbol{u}}\right) \tag{2.8.14}$$

となる．式 (2.8.14) は $\boldsymbol{v}_i$ が式 (2.8.3) を満たすときに 0 となる．さらに，式 (2.8.12) の右辺第 1 項は，

$$\mathscr{L}_{i\boldsymbol{\xi}}(\boldsymbol{\xi}, \boldsymbol{u}, \boldsymbol{v}_i)[\boldsymbol{\eta}] = \left\{\frac{\partial f_i}{\partial \boldsymbol{\xi}} + \left(\frac{\partial \boldsymbol{b}}{\partial \boldsymbol{\xi}^{\mathrm{T}}} - \frac{\partial \boldsymbol{K}}{\partial \boldsymbol{\xi}^{\mathrm{T}}}\boldsymbol{u}\right)^{\mathrm{T}} \boldsymbol{v}_i\right\} \cdot \boldsymbol{\eta} \tag{2.8.15}$$

となる．

以上の結果から，$\boldsymbol{u}$ を求める等式制約は任意の $\boldsymbol{v}_i' \in U$ に対して $\mathscr{L}_{i\boldsymbol{v}_i}(\boldsymbol{\xi}, \boldsymbol{u}, \boldsymbol{v}_i)[\boldsymbol{v}_i'] = 0$ が成り立つ条件と同値であり，$\boldsymbol{v}_i$ を求める随伴方程式は任意の $\boldsymbol{u}' \in U$ に対して $\mathscr{L}_{i\boldsymbol{u}}(\boldsymbol{\xi}, \boldsymbol{u}, \boldsymbol{v}_i)[\boldsymbol{u}'] = 0$ が成り立つ条件と同値であることがわかる．さらに，$\tilde{f}_i$ の微分 $\tilde{f}_i'(\boldsymbol{\xi})[\boldsymbol{\eta}]$ は，それらの $\boldsymbol{u}$ と $\boldsymbol{v}_i$ を用いたときの $\mathscr{L}_{i\boldsymbol{\xi}}(\boldsymbol{\xi}, \boldsymbol{u}, \boldsymbol{v}_i)[\boldsymbol{\eta}] = \tilde{\boldsymbol{g}}_i \cdot \boldsymbol{\eta}$ によって得られることが示されたことになる．

2.8.2 等式と不等式制約つき最適化問題の解法に関する考察

これまでの結果より，等式と不等式制約つき最適化問題（問題 2.8.1）の解法について次のことがいえる．

(1) $\tilde{f}_0, \ldots, \tilde{f}_m$ を式 (2.8.1) のようにおく．このとき，等式と不等式制約つき最適化問題（問題 2.8.1）は不等式制約つき最適化問題（問題 2.8.2）にかきかえられる．

(2) $i \in \{0, 1, \ldots, m\}$ に対して $\tilde{f}_i$ の微分 $\tilde{f}_i'(\boldsymbol{\xi})[\boldsymbol{\eta}]$ は，問題 2.8.1 の Lagrange 関数を式 (2.8.10) の $\mathscr{L}_i$ とおいたとき，等式制約を満たす $\boldsymbol{u}$ と随伴方程式（あるいは任意の $\boldsymbol{u}' \in U$ に対して $\mathscr{L}_{i\boldsymbol{u}}(\boldsymbol{\xi}, \boldsymbol{u}, \boldsymbol{v}_i)[\boldsymbol{u}'] = 0$）を満たす $\boldsymbol{v}_i$ を使って，$\mathscr{L}_{i\boldsymbol{\xi}}(\boldsymbol{\xi}, \boldsymbol{u}, \boldsymbol{v}_i)[\boldsymbol{\eta}] = \tilde{\boldsymbol{g}}_i \cdot \boldsymbol{\eta}$ によって得られる．

(3) 不等式制約つき最適化問題（問題 2.8.2）に対する Lagrange 乗数法（問題 2.8.3）の解 $(\boldsymbol{\xi}, \boldsymbol{\lambda})$ が得られたとする（具体的な方法は第 3 章で示される）．このとき，Lagrange 関数 $\tilde{\mathscr{L}}(\boldsymbol{\xi}, \boldsymbol{\lambda})$ の $\boldsymbol{\xi}$ の変動に対する Hesse 行列 $\partial_\Xi \partial_\Xi^{\mathrm{T}} \tilde{\mathscr{L}}(\boldsymbol{\xi}, \boldsymbol{\lambda}) = \boldsymbol{H}_{\tilde{\mathscr{L}}}(\boldsymbol{\xi}, \boldsymbol{\lambda})$ が不等式制約を満たす任意の変動

$$\boldsymbol{\eta} \in T_S(\boldsymbol{\xi}) = \{\boldsymbol{\eta} \in \Xi \mid \tilde{g}_i(\boldsymbol{\xi}) \cdot \boldsymbol{\eta} \le 0 \text{ for all } i \in I_{\mathrm{A}}(\boldsymbol{\xi})\}$$

に対して

$$\boldsymbol{\eta} \cdot (\boldsymbol{H}_{\tilde{\mathscr{L}}}(\boldsymbol{\xi}, \boldsymbol{\lambda})\boldsymbol{\eta}) > 0$$

が確認されたならば，定理 2.7.8 より，$\boldsymbol{\xi}$ は極小値と判定される．

(4) 不等式制約つき最適化問題（問題 2.8.2）が凸最適化問題のとき，定理 2.7.9 より，Lagrange 乗数法の解 $\boldsymbol{\xi}$ とそのときの $\boldsymbol{h}(\boldsymbol{\xi}, \boldsymbol{u}) = \boldsymbol{0}_{\mathbb{R}^n}$ を満たす $\boldsymbol{u}$ は最小点と判定される．

第 1 章の 1 次元線形弾性体と 1 次元定常 Stokes 流れ場の形状最適化問題は，等式と不等式制約つき最適化問題の例題となっていた．それらの問題は凸最適化問題であった．そこで，KKT 条件を満たす $\boldsymbol{a}$ がみつかれば，それらは最小点であると判定される．

2.9 双対定理

2.7 節および 2.8 節で用いた KKT 条件は，$f_0, \ldots, f_m$ が 1 階微分可能であ

ることを必要とした．次に示される**双対定理**を用いれば，この 1 階微分可能性を凸性に変えることができる．本書ではこの定理を直接使わないため，証明を省略して結果だけを示すことにする．

次のような制約想定を定義しよう．

■定義 2.9.1（Slater 制約想定） 問題 2.1.2 において，$\boldsymbol{f}(\boldsymbol{y}) < \boldsymbol{0}_{\mathbb{R}^m}$ が成り立つようなある $\boldsymbol{y} \in S$ が存在するとき，**Slater 制約想定**が満たされているという．

双対定理は次のように表される[49, 50, 58]．

■定理 2.9.2（双対定理） 問題 2.1.2 が凸最適化問題で，かつ Slater 制約想定が満たされるとする．$\mathscr{L}(\boldsymbol{x}, \boldsymbol{\lambda})$ を式 (2.7.26) とする．このとき，$\boldsymbol{x} \in X$ が最小点であるための必要十分条件は，任意の $\boldsymbol{y} \in X$ および $\boldsymbol{\mu} \geq \boldsymbol{0}_{\mathbb{R}^m}$ に対して

$$\mathscr{L}(\boldsymbol{x}, \boldsymbol{\mu}) \leq \mathscr{L}(\boldsymbol{x}, \boldsymbol{\lambda}) \leq \mathscr{L}(\boldsymbol{y}, \boldsymbol{\lambda}) \tag{2.9.1}$$

が成り立つような $\boldsymbol{\lambda} \geq \boldsymbol{0}_{\mathbb{R}^m}$ が存在することである．

式 (2.9.1) を満たす $(\boldsymbol{x}, \boldsymbol{\lambda})$ は図 2.9.1 のような鞍点となる．そのために，双対定理は**鞍点定理**ともよばれる．

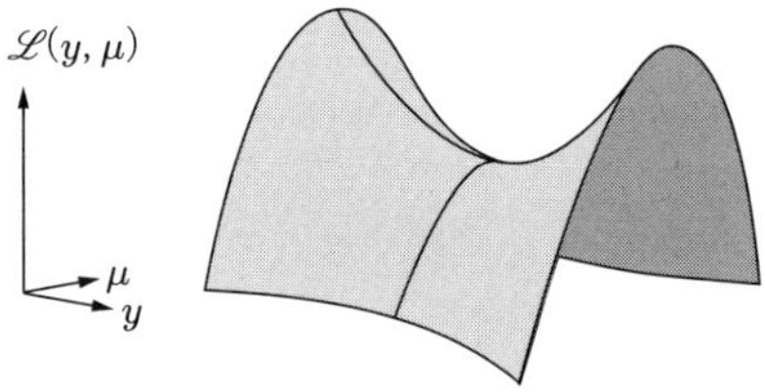

図 2.9.1　鞍点

2.9.1　双対定理の例題

ここでも，ばねの結合問題に対して双対定理を使ってみよう．

□例題 2.9.3（ばねの結合問題） 例題 2.7.11 において，

$$\min_{\boldsymbol{u} \in \mathbb{R}^2} \left\{ f_0(\boldsymbol{u}) = \frac{1}{2} k_1 u_1^2 + \frac{1}{2} k_2 u_2^2 \;\middle|\; f_1(\boldsymbol{u}) = a - (u_1 + u_2) \leq 0 \right\}$$

を満たす $\boldsymbol{u}$ は Lagrange 関数の鞍点になることを示せ．

▶解答 $\boldsymbol{u}$ をこの問題の最小点とみなし，$\boldsymbol{v} \in \mathbb{R}^2$ を任意の変数とおく．このとき，$f_0(\boldsymbol{v})$ と $f_1(\boldsymbol{v})$ は凸関数なので，この問題は凸最適化問題である．また，$(v_1, v_2) = (a/4, a/4)$ のとき $f_1(\boldsymbol{v}) < 0$ となることから，Slater 制約想定は満たされている．この問題の Lagrange 関数は

$$\mathscr{L}(\boldsymbol{v}, \mu) = f_0(\boldsymbol{v}) + \mu f_1(\boldsymbol{v}) = \frac{1}{2}k_1 v_1^2 + \frac{1}{2}k_2 v_2^2 + \mu(a - v_1 - v_2)$$

で定義される．ここで，$\mu \in \mathbb{R}$ は $f_1 \leq 0$ に対する Lagrange 乗数である．このとき，$\mu > 0$ に対して

$$\begin{aligned}\mathscr{L}(\boldsymbol{u}, \mu) &= \inf_{\boldsymbol{v} \in \mathbb{R}^2} \mathscr{L}(\boldsymbol{v}, \mu) = \mathscr{L}\left(\frac{\mu}{k_1}, \frac{\mu}{k_2}, \mu\right) \\ &= \frac{1}{2}\frac{\mu^2}{k_1} + \frac{1}{2}\frac{\mu^2}{k_2} + \mu\left(a - \frac{\mu}{k_1} - \frac{\mu}{k_2}\right) = -\frac{1}{2}\left(\frac{1}{k_1} + \frac{1}{k_2}\right)\mu^2 + a\mu\end{aligned}$$

となる．さらに，$\tilde{\mathscr{L}}(\mu) = \mathscr{L}(\boldsymbol{u}(\mu), \mu)$ とおき，

$$\frac{\mathrm{d}\tilde{\mathscr{L}}}{\mathrm{d}\mu} = -\left(\frac{1}{k_1} + \frac{1}{k_2}\right)\mu + a = 0$$

を満たす μ を λ とおく．また，

$$\frac{\mathrm{d}^2\tilde{\mathscr{L}}}{\mathrm{d}\mu^2} = -\left(\frac{1}{k_1} + \frac{1}{k_2}\right) < 0$$

となる．したがって，

$$\mathscr{L}(\boldsymbol{u}, \mu) \leq \mathscr{L}(\boldsymbol{u}, \lambda)$$

が成り立つ．一方，$\mathscr{L}(\boldsymbol{u}, \lambda) \leq \mathscr{L}(\boldsymbol{v}, \lambda)$ は明らかである． □

例題 2.9.3 の最小点が Lagrange 関数の鞍点になっていることを図で確認してみよう．この問題の変数は $(u_1, u_2, \lambda)^{\mathrm{T}} \in X = \mathbb{R}^3$ であった．このままでは図にすることは難しい．そこで，$u_2 = 0$ とおく．あるいは $k_2 \to \infty$ を仮定する．また，$k_1 = 1$ および $a = 1$ とおく．このとき，

$$\mathscr{L}(u_1, \lambda) = \frac{1}{2}u_1^2 + \lambda(1 - u_1)$$

となり，鞍点は $(u_1, \lambda) = (1, 1)$ となる．図 2.9.2 にそのようすを示す．鞍点の条件が成り立っていることが確かめられる．

なお，λ は内力の意味をもつ．また，$-\mathscr{L}(\boldsymbol{u}, \boldsymbol{\lambda})$ はコンプリメンタリエネルギーとよばれる．工学では，変位を既知として内力を求めるときに，コンプリ

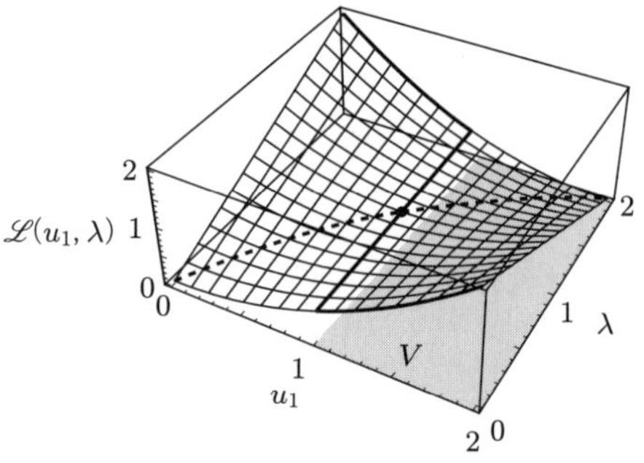

図 2.9.2　例題 2.9.3 の鞍点

メンタリエネルギーの最小化問題が使われる．

この章の最後に，第1章でみてきたような最適設計問題に対して双対定理を使ってみよう．1.1 節や 2.2 節で解説されたように，本書で考えるような最適設計問題は凸最適化問題になっていた．それならば双対定理が適用されて，最適設計問題の最小点では設計変数と Lagrange 乗数に対して Lagrange 関数は鞍点を形成しているはずである．そのことを図で確かめてみよう．

図にするために，変数を二つに限定することにしよう．一つを Lagrange 乗数にとれば，設計変数を一つに限定する必要がある．そこで，図 2.9.3 のような一つだけの断面積をもつ1次元線形弾性体を考えることにしよう．

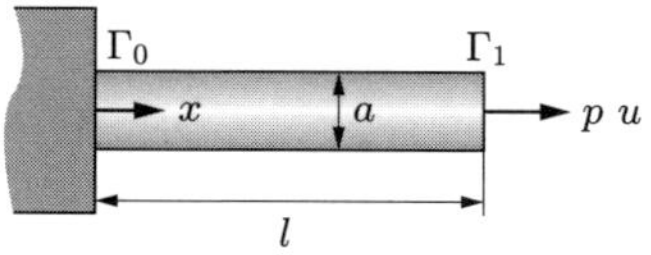

図 2.9.3　1個の断面積をもつ1次元線形弾性体

□例題 2.9.4（平均コンプライアンス最小化問題）　$e_{\mathrm{Y}} = 1$, $l = 1$, $c_1 = 1$ および $p = 1$ とする．このとき，

$$\min_{(a,u)\in\mathbb{R}^2} \left\{ f_0(u) = pu \;\middle|\; f_1(a) = la - c_1 \le 0,\ \frac{e_{\mathrm{Y}}}{l} au = p \right\}$$

を満たす (a, u) を求めよ．また，この点における Lagrange 関数を図示せよ．

▶解答　$\tilde{f}_0(a) = f_0(u(a)) = f_0(1/a) = 1/a$ となる．$\tilde{f}_0(a)$ と $f_1(a)$ は凸関数なので，

$$\min_{a \in \mathbb{R}} \{\tilde{f}_0(a) \mid f_1(a) \leq 0\}$$

は凸最適化問題である．Slater 制約想定が満たされることは自明である．この問題の Lagrange 関数は，$\lambda \in \mathbb{R}$ を $f_1(a) \leq 0$ に対する Lagrange 乗数とおいて

$$\mathscr{L}(a, \lambda) = \tilde{f}_0(a) + \lambda f_1(a) = \frac{1}{a} + \lambda(a - 1)$$

で与えられる．このとき，

$$\mathscr{L}_a = -\frac{1}{a^2} + \lambda = 0$$
$$\mathscr{L}_\lambda = a - 1 = 0$$

より，$(a, \lambda) = (1, 1)$ が $\mathscr{L}(a, \lambda)$ の停留点となる．図 2.9.4 は，この点の近傍における $\mathscr{L}$ を示す．停留点の近傍が鞍点になっていることが確かめられる．□

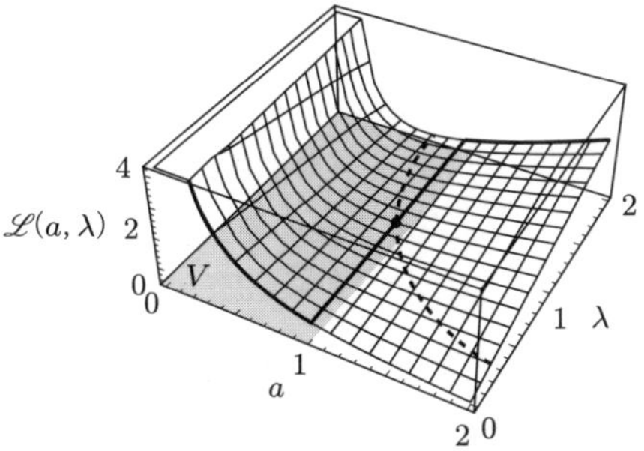

図 2.9.4　例題 2.9.4 の鞍点

2.10　第 2 章のまとめ

第 2 章では，有限次元ベクトル空間上の最適化問題に関する理論をみてきた．要点は以下のようである．

(1) 最適化問題は，一般に，設計変数の集合の中から評価関数が最小となる要素を求める問題として定義される．一方，最適設計問題では，第 1 章でみてきたように，設計変数のほかに状態変数が定義され，評価関数は設計変数と状態変数の関数として定義された．そのとき，状態変数は状態方程式によって一意に決定された．そこで，最適設計問題を一般的な最適化問題の枠組みにあてはめるためには，状態変数を設計変数に含めて，状態方

程式を等式制約とみなせばよい（2.1節）．

(2) 制約なし最適化問題の極小点では目的関数の勾配が0になる（定理2.5.2）．また，目的関数の停留点（勾配が0）で，Hesse行列が正定値ならば，極小点である（定理2.5.5）．さらに，目的関数が凸関数ならば，極小点は最小点である（定理2.5.6あるいは系2.7.3）．

(3) 等式制約つき最適化問題の極小点ではLagrange関数が停留する（定理2.6.4）．また，Lagrange関数の停留点で，等式制約が満たされるような変数の変動に対してLagrange関数のHesse行列が正定値ならば，その停留点は極小点である（定理2.6.7）．さらに，凸最適化問題ならばLagrange関数の停留点は最小点である（系2.7.10）．

(4) 不等式制約つき最適化問題の極小点ではKKT条件が成り立つ（定理2.7.5）．また，KKT条件を満たす点で，不等式制約を満たす変数の任意変動に対してLagrange関数のHesse行列が正定値ならば，その点は極小点である（定理2.7.8）．さらに，凸最適化問題では，KKT条件を満たす点は最小点である（定理2.7.9）．

(5) 等式と不等式制約つき最適化問題の極小点では，等式制約が満たされるもとで独立に変動できる変数が変動したときの評価関数の微分を用いたKKT条件が成り立つ（式(2.8.5)〜(2.8.8)）．

(6) 不等式制約つき最適化問題が凸最適化問題のとき，最小点はLagrange関数の鞍点となる（定理2.9.2）．

最適化理論に関する文献もたくさん存在する．本章で引用された文献のほかにいくつかをあげると，$[21, 39, 77, 102, 152, 167]$である．

2.11 第2章の演習問題

2.1 定義2.4.5において，$\boldsymbol{A}$が正定値ならばαは$\boldsymbol{A}$の固有値の中の最小値と一致することを示せ．また，$\boldsymbol{A}$が負定値ならば$-\alpha$は$\boldsymbol{A}$の固有値の中の最大値と一致することを示せ（ヒント：定理A.2.1を参考にせよ）．

2.2 関数$f\colon \mathbb{R}^2 \mapsto \mathbb{R}$を

$$f(x_1, x_2) = \frac{1}{2}(ax_1^2 + 2bx_1x_2 + cx_2^2) + dx_1 + ex_2$$

とする．ただし，$a, b, c, d \in \mathbb{R}$は定数とする．$f$が最小値をとるための必要条件を示せ．また，十分条件が $a > 0$ および $ac - b^2 > 0$ であることを示せ．ただし，Sylvester 判定法（定理 A.2.2）を用いてよい．

2.3 周の長さが一定値以下である長方形のうちで，面積が最大となるものは正方形であることを次の順に示せ．

- 長方形の隣り合う 2 辺の長さを $\boldsymbol{x} = (x_1, x_2)^{\mathrm{T}} \in \mathbb{R}^2$ とおき，周の長さを制限する正の実定数を c_1 とおいて問題を構成せよ．
- Lagrange 関数を定義して，KKT 条件を求めよ．
- KKT 条件を満たす解が最小点であることを示せ．（ヒント：この問題は凸最適化問題であるかを考え，そうでない場合には，目的関数が制約を満たす変数の集合に対する関数（本文では $\tilde{f}_0$ とかいた）で再構成された問題が凸最適化問題になっていることを示せばよい）．

第3章 数理計画法の基礎

第 2 章では有限次元ベクトル空間上の最適化問題について，極小点であれば成り立つ条件（極小点の必要条件）と最小点であることを保証する条件（最小点の十分条件）をみてきた．そこでは極小点をみつける方法（解法）については詳しく説明されなかった．本章では，解法に焦点をあてたい．最適化問題の解法は，**数理計画法**とよばれ，**オペレーションズ・リサーチ** (OR) とよばれる学問分野で盛んに研究がおこなわれている．ここでは，解法に関する考え方や理論的に得られる結果を示しながら，アルゴリズムについて考えてみたい．ここで示される内容の多くは第 7 章の抽象的最適設計問題においても有効である．第 7 章では，関数空間を舞台にして同じアルゴリズムが成り立つことをみることになる．

3.1 問題設定

最適設計問題は，第 1 章でみてきたように，設計変数 $\boldsymbol{\xi} \in \Xi$ と状態変数 $\boldsymbol{u} \in U$ によって定義された評価関数 $f_0(\boldsymbol{\xi}, \boldsymbol{u}), \ldots, f_m(\boldsymbol{\xi}, \boldsymbol{u})$ に対する等式制約（状態方程式）と不等式制約つき最適化問題であるとみなされた．第 2 章では，そのような問題は $\boldsymbol{x} = (\boldsymbol{\xi}, \boldsymbol{u}) \in \Xi \times U$ を設計変数とする $f_0(\boldsymbol{\xi}, \boldsymbol{u}), \ldots, f_m(\boldsymbol{\xi}, \boldsymbol{u})$ で構成された最適化問題とみなされた．

本章では，第 1 章の定義に戻って，$\boldsymbol{\xi}$ を設計変数とよび，$f_0(\boldsymbol{\xi}, \boldsymbol{u}(\boldsymbol{\xi})), \ldots, f_m(\boldsymbol{\xi}, \boldsymbol{u}(\boldsymbol{\xi}))$ を $\tilde{f}_0(\boldsymbol{\xi}), \ldots, \tilde{f}_m(\boldsymbol{\xi})$ とみなすことにする．$\boldsymbol{\xi}$ に対する $\tilde{f}_0(\boldsymbol{\xi}), \ldots, \tilde{f}_m(\boldsymbol{\xi})$ の微分は，2.8 節でみてきたように，随伴変数法で求められる．さらに，$\tilde{f}_0(\boldsymbol{\xi}), \ldots, \tilde{f}_m(\boldsymbol{\xi})$ は非線形関数であると仮定する．実際，第 1 章の最適設計問題（問題 1.1.4）では，$f_0(\boldsymbol{u})$ が $\boldsymbol{u}$ に対する線形関数であっても，等式制約関数 $\boldsymbol{h}(\boldsymbol{a}, \boldsymbol{u}) = -\boldsymbol{K}(\boldsymbol{a})\boldsymbol{u} + \boldsymbol{p}$ は $(\boldsymbol{a}, \boldsymbol{u})$ に対して非線形となるために，$\tilde{f}_0(\boldsymbol{a})$

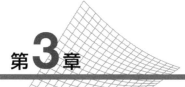

は非線形関数となった．

そこで，本章では，設計変数 $\boldsymbol{\xi} \in \Xi$ を $\boldsymbol{x} \in X = \mathbb{R}^d$ とかき，非線形関数 $\tilde{f}_0, \ldots, \tilde{f}_m$ を $f_0, \ldots, f_m$ とかき，それらの $\boldsymbol{x}$ に対する勾配を $\boldsymbol{g}_0, \ldots, \boldsymbol{g}_m$ とかくことにして，等式制約を含まない次の問題を考えることにしよう．

問題 3.1.1（非線形最適化問題）

$X = \mathbb{R}^d$ とする．$f_0, \ldots, f_m \in C^1(X; \mathbb{R})$ に対して，

$$\min_{\boldsymbol{x} \in X} \{ f_0(\boldsymbol{x}) \mid f_1(\boldsymbol{x}) \le 0, \ldots, f_m(\boldsymbol{x}) \le 0 \}$$

を満たす $\boldsymbol{x}$ を求めよ．

本章の構成は次のようである．3.2 節で非線形最適化問題の解法に関する基本的な考え方である反復法の定義と収束性に関する定義を示す．その後，3.3 節から 3.5 節までにおいて，制約なし最適化問題に対する解法をみていくことにする．不等式制約つき最適化問題 (問題 3.1.1) に対する解法は，3.6 節以降においてみていくことにする．

3.2 反復法

非線形最適化問題の解法を考えたとき，特別な前処理をせずに連立 1 次方程式を 1 回解くだけで最適解が得られるような方法はないと考えられる．通常は，次に示される反復法が基本となる．

■定義 3.2.1（反復法） 問題 3.1.1 に対して，最小点ではない $\boldsymbol{x}_0 \in X$ を選び，$\boldsymbol{y}_g \in X$ を決めながら，$k \in \{0, 1, 2, \ldots\}$ に対して，

$$\boldsymbol{x}_{k+1} = \boldsymbol{x}_k + \boldsymbol{y}_g = \boldsymbol{x}_k + \bar{\epsilon}_g \bar{\boldsymbol{y}}_g \tag{3.2.1}$$

を求めていく方法を**反復法**という．ここで，$\boldsymbol{y}_g$ を**探索ベクトル**，その大きさ $\|\boldsymbol{y}_g\|_X$ を**ステップサイズ**という．それに対して，$\bar{\boldsymbol{y}}_g$ は方向のみを与えるベクトルで，本書では，**探索方向**とよんで，探索ベクトルとは区別することにする．$\bar{\boldsymbol{y}}_g$ の大きさは 1 である必要はないと仮定する．$\bar{\epsilon}_g$ はその大きさを調整するための正の定数とする．また，$\boldsymbol{x}_0$ を**初期点**，$k \in \{0, 1, 2, \ldots\}$ に対して $\boldsymbol{x}_k$ を**試**

行点という．

この定義から，反復法を使ったアルゴリズムを考える場合は，探索方向 $\bar{\boldsymbol{y}}_g$ を求める方法とステップサイズ $\|\boldsymbol{y}_g\|_X$ を適切に決める方法を具体的に示す必要がある．3.3 節以降で，それらの方法についてみていくことにする．なお，このような反復法とは別に，**直接法**とよばれる最適化問題の数値解法が知られている．直接法は，ある決められた有限回の手順で解を求めることができる方法の総称として用いられる．直接法は，主に線形最適化問題に対して想定される方法であることから，本書では省略することにする．

のちの議論のために，反復法の特徴や性能を表す用語を定義しておこう．

■定義 3.2.2（大域的収束性） 初期点が最小点から十分離れていても，最小点に収束する性質があるとき，反復法は**大域的収束性**をもつという．

■定義 3.2.3（収束率） $\boldsymbol{x}$ を極小点，$\{\boldsymbol{x}_k\}_{k\in\mathbb{N}}$ を反復法で得られた点列とする．このとき，ある k_0 がとれて，任意の $k \geq k_0$ に対して，

$$\|\boldsymbol{x}_{k+1} - \boldsymbol{x}\|_X < r\|\boldsymbol{x}_k - \boldsymbol{x}\|_X^p$$

が成り立つような $p \in [1, \infty)$ がとれるとき，p をそのアルゴリズムの**収束次数**という．ただし，$p = 1$ のとき $r \in (0, 1)$ として，$p > 1$ のとき r は正の定数とする．また，r が 0 に収束する数列 $\{r_k\}_{k\in\mathbb{N}}$ におきかえられるとき，**超 p 次収束**という．

3.3 勾配法

最初に，探索方向 $\bar{\boldsymbol{y}}_g$ をみつける方法の一つとして，勾配法についてみてみよう．ここでは，$i \in \{0, 1, \ldots, m\}$ の中から一つの評価関数 f_i を選んで，それが降下する方向 $\bar{\boldsymbol{y}}_{gi}$ を求めることを考えよう．このような $\bar{\boldsymbol{y}}_{gi}$ を f_i の**降下方向**とよぶことにする．

問題 3.1.1 において，最小点が許容集合の内点にある（すべての不等式制約が無効となる）ならば，f_0 の降下方向 $\bar{\boldsymbol{y}}_{g0}$ は式 (3.2.1) の探索方向 $\bar{\boldsymbol{y}}_g$ となる．また，いずれかの不等式制約条件が有効になった場合の探索方向 $\bar{\boldsymbol{y}}_g$ を求める際にも，3.7 節以降で示されるように，目的関数 f_0 と有効な評価関数 f_i の降下

方向 $\bar{\boldsymbol{y}}_{g0}$ と $\bar{\boldsymbol{y}}_{gi}$ を使って，不等式制約を満たす探索方向 $\bar{\boldsymbol{y}}_g$ が求められる．そのときにも勾配法が使われる．

本書では，3.3 節から 3.5 節までは，制約なしの問題を考える．そこで，簡単のために，f_i，$\boldsymbol{g}_i$ および $\bar{\boldsymbol{y}}_{gi}$ をそれぞれ f，$\boldsymbol{g}$ および $\bar{\boldsymbol{y}}_g$ のようにかくことにする．

まず，図 3.3.1 と図 3.3.2 をみながら記号を定義しよう．$k \in \{0,1,2,\ldots\}$ に対して $\boldsymbol{x}_k \in X$ を試行点，$\boldsymbol{g}$ を $\boldsymbol{x}_k$ における f の勾配で，$\boldsymbol{0}_X$ ではないとする．次に，$\boldsymbol{g}$ を既知として，f が減少する方向 $\bar{\boldsymbol{y}}_g \in X$ を求めることを考えよう．

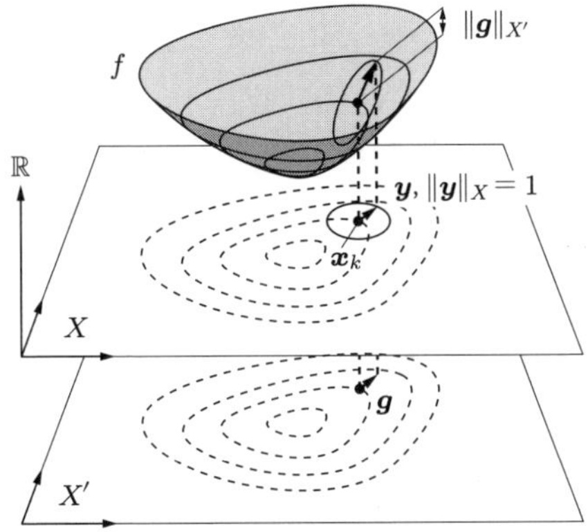

図 3.3.1 勾配 $\boldsymbol{g}$ の定義

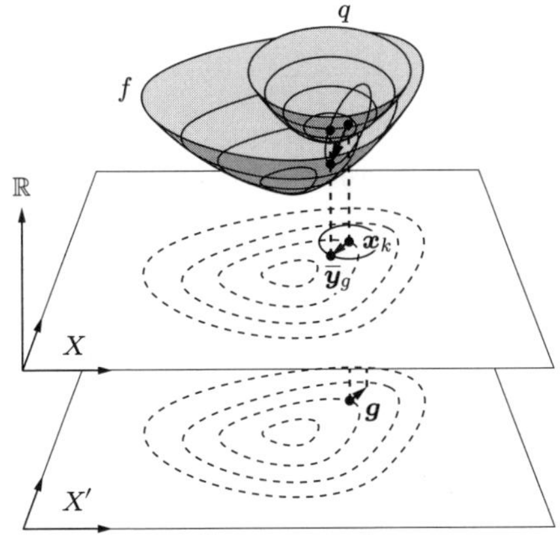

図 3.3.2 勾配法

ここで，$\boldsymbol{g}$ の意味について確認しておこう．f を $\boldsymbol{x}_k$ のまわりで Taylor 展開すれば，

$$f(\boldsymbol{x}_k+\boldsymbol{y})=f(\boldsymbol{x}_k)+\boldsymbol{g}\cdot\boldsymbol{y}+o(\|\boldsymbol{y}\|_X) \tag{3.3.1}$$

となる．ここで，第4章で示される Fréchet 微分の定義（定義 4.5.4）を先取りすれば，$\boldsymbol{g}$ は X の双対空間 X' の要素で，$\boldsymbol{g}$ の大きさ（ノルム）は

$$\|\boldsymbol{g}\|_{X'}=\max_{\boldsymbol{y}\in X}\frac{|\langle\boldsymbol{g},\boldsymbol{y}\rangle_{X'\times X}|}{\|\boldsymbol{y}\|_X}=\max_{\boldsymbol{y}\in X,\|\boldsymbol{y}\|_X=1}|\langle\boldsymbol{g},\boldsymbol{y}\rangle_{X'\times X}|$$

で定義される．$X=\mathbb{R}^d$ の場合は $X'=\mathbb{R}^d$ および双対積 $\langle\boldsymbol{g},\boldsymbol{y}\rangle_{X'\times X}=\boldsymbol{g}\cdot\boldsymbol{y}$ となる．この定義によれば，$\|\boldsymbol{g}\|_{X'}$ は，$\|\boldsymbol{y}\|_X=1$ なる任意の $\boldsymbol{y}\in X$ に対する $|\boldsymbol{g}\cdot\boldsymbol{y}|$ の最大値を意味することになる．また，$\boldsymbol{g}$ の方向は f の等高線に対して垂直な方向を向いている．なぜならば，式 (3.3.1) において $\boldsymbol{x}_k+\boldsymbol{y}\in X$ を等高線上の点として，$\boldsymbol{y}$ を十分小さなベクトルにとったとき，

$$\boldsymbol{g}\cdot\boldsymbol{y}\approx f(\boldsymbol{x}_k+\boldsymbol{y})-f(\boldsymbol{x}_k)=0$$

が成り立つためである．図 3.3.1 はこの関係を示している．

これらの関係より，$\boldsymbol{g}$ は f がもっとも増加する方向を向いていることになる．そこで，有限次元ベクトル空間では $X=X'$ が成り立つことから，

$$\bar{\boldsymbol{y}}_g=-\boldsymbol{g} \tag{3.3.2}$$

のように $\bar{\boldsymbol{y}}_g\in X$ を選べば，

$$f(\boldsymbol{x}_k+\bar{\boldsymbol{y}}_g)-f(\boldsymbol{x}_k)=-\|\bar{\boldsymbol{y}}_g\|_X^2+o(\|\bar{\boldsymbol{y}}_g\|_X)$$

となる．ここで，$\|\bar{\boldsymbol{y}}_g\|_X$ が十分小さければ，f が減少することになる．

この方法を一般化しよう．降下方向を次の問題の解 $\bar{\boldsymbol{y}}_g\in X$ として求める方法を**勾配法**という．

問題 3.3.1（勾配法）

$X=\mathbb{R}^d$ とする．$\boldsymbol{A}\in\mathbb{R}^{d\times d}$ を正定値実対称行列（定義 2.4.5）とする．$f\in C^1(X;\mathbb{R})$ に対して，極小点ではない $\boldsymbol{x}_k\in X$ における f の勾配を $\boldsymbol{g}(\boldsymbol{x}_k)\in X'=\mathbb{R}^d$ とする．このとき，任意の $\boldsymbol{y}\in X$ に対して

$$\bar{\boldsymbol{y}}_g \cdot (\boldsymbol{A}\boldsymbol{y}) = -\boldsymbol{g}(\boldsymbol{x}_k) \cdot \boldsymbol{y} \tag{3.3.3}$$

を満たす $\bar{\boldsymbol{y}}_g \in X$ を求めよ．

式 (3.3.3) は，任意の $\boldsymbol{y} \in X$ との内積を用いた表現になっている．この方程式は，

$$\bar{\boldsymbol{y}}_g = -\boldsymbol{A}^{-1}\boldsymbol{g} \tag{3.3.4}$$

によって $\bar{\boldsymbol{y}}_g$ を求めることと同値である．わざわざ内積を用いたのは，第 7 章で関数空間での勾配法を定義するときに，それが問題 3.3.1 の自然な拡張になるようにするためである．また，式 (3.3.2) は $\boldsymbol{A}$ に単位行列 $\boldsymbol{I}$ を使った場合の勾配法であったことになる．問題 3.3.1 の解 $\bar{\boldsymbol{y}}_g$ が f を減少させることを次の定理で確認しておこう．

■定理 3.3.2（勾配法） 問題 3.3.1 の解 $\bar{\boldsymbol{y}}_g$ は，f の $\boldsymbol{x}_k$ における降下方向である．

▶証明 $\boldsymbol{A}$ は正定値実対称行列なので，ある正定値 α が存在して，任意の $\boldsymbol{y} \in X$ に対して

$$\boldsymbol{y} \cdot (\boldsymbol{A}\boldsymbol{y}) \geq \alpha \|\boldsymbol{y}\|_X^2, \quad \boldsymbol{A} = \boldsymbol{A}^{\mathrm{T}}$$

が成り立つ．この関係と式 (3.3.3) を用いれば，正の定数 $\bar{\epsilon}$ に対して，

$$\begin{aligned} f(\boldsymbol{x}_k + \bar{\epsilon}\bar{\boldsymbol{y}}_g) - f(\boldsymbol{x}_k) &= \bar{\epsilon}\boldsymbol{g} \cdot \bar{\boldsymbol{y}}_g + o(\bar{\epsilon}) = -\bar{\epsilon}\bar{\boldsymbol{y}}_g \cdot (\boldsymbol{A}\bar{\boldsymbol{y}}_g) + o(\bar{\epsilon}) \\ &\leq -\bar{\epsilon}\alpha\|\bar{\boldsymbol{y}}_g\|_X^2 + o(\bar{\epsilon}) \end{aligned}$$

が成り立つ．ここで，$\bar{\epsilon}$ が十分小さければ，f は減少することになる． □

ここで，降下方向の**降下角**を次のように定義しよう．

■定義 3.3.3（降下角） $\boldsymbol{x}_k \in X$ において，$\boldsymbol{g} \in X'$ を勾配，$\bar{\boldsymbol{y}}_g \in X$ を降下方向とする．このとき，

$$\cos\theta = -\frac{\langle \boldsymbol{g}, \bar{\boldsymbol{y}}_g \rangle_{X' \times X}}{\|\boldsymbol{g}\|_{X'} \|\bar{\boldsymbol{y}}_g\|_X}$$

で定義された $\theta \in [0, \pi]$ を $\boldsymbol{x}_k$ における $\bar{\boldsymbol{y}}_g$ の降下角という．

勾配法（問題 3.3.1）において，$\boldsymbol{A}$ を単位行列 $\boldsymbol{I}$ とおいたとき，$\bar{\boldsymbol{y}}_g$ の降下角 θ は 0 となる．そこで，このときの反復法は**最急降下法**とよばれる．しかし，最急降下法がいつも収束が速いとは限らない．そのことは，あとで示される共役勾配法（問題 3.4.10）との比較で明らかになる．

さらに，勾配法で得られる $\bar{\boldsymbol{y}}_g$ の幾何学的意味について考えてみよう．問題 3.3.1 は，

$$q(\bar{\boldsymbol{y}}_g) = \min_{\boldsymbol{y} \in X} \left\{ q(\boldsymbol{y}) = \frac{1}{2} \boldsymbol{y} \cdot (\boldsymbol{A}\boldsymbol{y}) + \boldsymbol{g} \cdot \boldsymbol{y} + f(\boldsymbol{x}_k) \right\} \tag{3.3.5}$$

を満たす $\bar{\boldsymbol{y}}_g \in X$ を求めることと同値である．実際，任意の $\boldsymbol{y} \in X$ に対して $q'(\bar{\boldsymbol{y}}_g)[\boldsymbol{y}] = 0$ が成り立つことは，式 (3.3.3) が成り立つことと同値である．図 3.3.2 にそのときの関数 q を示す．ここで，q は楕円放物面で，その最小点が $\boldsymbol{x}_k + \bar{\boldsymbol{y}}_g$ になっている．$\bar{\boldsymbol{y}}_g$ の大きさは $\boldsymbol{A}$ の選び方に依存する．したがって，ステップサイズ $\|\boldsymbol{y}_g\|_X = \|\bar{\epsilon}_g \bar{\boldsymbol{y}}_g\|_X$ が ϵ_g になるようにしたければ，次のような計算をおこなえばよいことになる．正の定数 c_a を調整パラメータとして導入して，式 (3.3.4) を

$$\boldsymbol{y}_g = -(c_a \boldsymbol{A})^{-1} \boldsymbol{g} \tag{3.3.6}$$

に変更する．ここで，c_a を大きくすれば $\boldsymbol{y}_g$ の大きさは小さくなることに注意する．そこで，ステップサイズ ϵ_g と初期点 $\boldsymbol{x}_0$ における勾配法（問題 3.3.1）の解 $\bar{\boldsymbol{y}}_{g0} = \bar{\boldsymbol{y}}_g(\boldsymbol{x}_0)$ が与えられたとき，

$$c_a = \frac{\|\bar{\boldsymbol{y}}_{g0}\|_X}{\epsilon_g} \tag{3.3.7}$$

とおくことにする．最初のステップ $(k = 0)$ において，c_a をこのように定めて，$k \in \mathbb{N}$ に対してもこの c_a を用いて式 (3.3.6) で探索ベクトルを求めていけば，ステップサイズ $\|\boldsymbol{y}_{gk}\|_X$ は，しばらくは，およそ ϵ_g の大きさをもつことになる．また，c_a は最初のステップで求めた値に固定しておけば，収束に近づいたときにステップサイズは 0 に近づく．このときは，

$$q(\boldsymbol{y}_g) = \min_{\boldsymbol{y} \in X} \left\{ q(\boldsymbol{y}) = \frac{1}{2} \boldsymbol{y} \cdot (c_a \boldsymbol{A}\boldsymbol{y}) + \boldsymbol{g} \cdot \boldsymbol{y} + f(\boldsymbol{x}_k) \right\} \tag{3.3.8}$$

を満たす $\boldsymbol{y}_g \in X$ を求めることと同値である．

これまでの考察に基づいて，勾配法を使った簡単なアルゴリズムを示すこと

にしよう．なお，本章でアルゴリズムを記述するときには，最適設計問題を解くことを想定して，次のような表記をすることにする．「$f(\boldsymbol{x}_k)$ を計算する」とかくところを「状態決定問題を解いて，$f(\boldsymbol{x}_k)$ を計算する」とかく．また，「$\boldsymbol{g}(\boldsymbol{x}_k)$ を計算する」とかくところを「f に対する随伴問題を解いて，$\boldsymbol{g}(\boldsymbol{x}_k)$ を計算する」とかく．その理由は，3.1 節の冒頭で説明されたように，最適設計問題ではそのような計算になるためである．

これらの背景をふまえて，勾配法を使ったアルゴリズムの例を次に示す．最初にもっとも簡単な例を示そう．ステップサイズを調整するパラメータ c_a が，直接，決め打ちで与えられると考える．図 3.3.3 はその概要を示す．

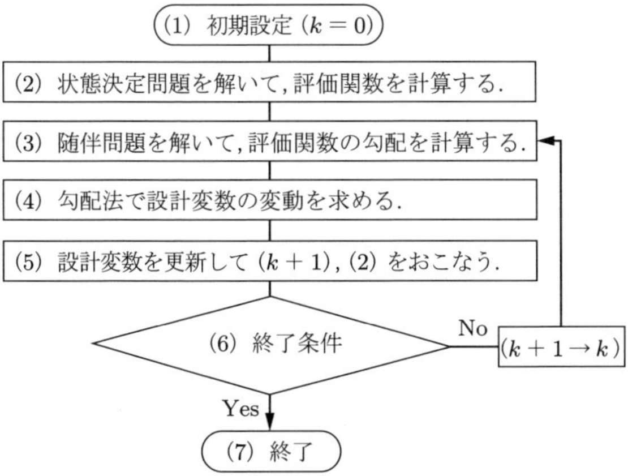

図 3.3.3 勾配法のアルゴリズム

アルゴリズム 3.3.4（勾配法） 問題 3.1.1 において f_0 を f とかき，すべての不等式制約は無効とする．

(1) 初期点 $\boldsymbol{x}_0$，正定値対称行列 $\boldsymbol{A}$（特に指定がなければ $\boldsymbol{I}$），ステップサイズを調整する正の定数 c_a および収束判定に用いる正の定数 ϵ_0 を与える．$k = 0$ とおく．

(2) 状態決定問題を解いて，$f(\boldsymbol{x}_k)$ を計算する．

(3) f に対する随伴問題を解いて，$\boldsymbol{g}(\boldsymbol{x}_k)$ を計算する．

(4) 式 (3.3.6) で $\boldsymbol{y}_g$ を計算する．

(5) $\boldsymbol{x}_{k+1} = \boldsymbol{x}_k + \boldsymbol{y}_g$ とおき，$f(\boldsymbol{x}_{k+1})$ を計算する．

(6) 終了条件 $|f(\boldsymbol{x}_{k+1}) - f(\boldsymbol{x}_k)| \leq \epsilon_0$ を判定する．

- 終了条件が満たされたとき，(7) に進む．
- そうではないとき，$k+1$ を k に代入し，(3) に戻る．

(7) 計算を終了する．

アルゴリズム 3.3.4 では，終了条件に $|f(\boldsymbol{x}_{k+1}) - f(\boldsymbol{x}_k)| \leq \epsilon_0$ が使われた．これ以外に，設計変数の変動量に注意が向けられた $\|\boldsymbol{y}_g\|_X \leq \epsilon_0$ や k が上限値を超えない条件などが考えられる．

最初のステップサイズが指定された ϵ_g になるように c_a を決めたい場合には，次のようなアルゴリズムが考えられる．図 3.3.4 はその概要を示す．

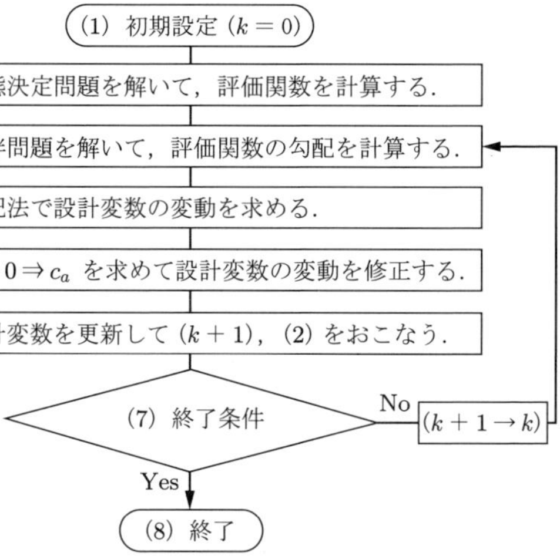

図 3.3.4　ステップサイズの初期値が与えられた勾配法のアルゴリズム

アルゴリズム 3.3.5（初期ステップサイズ指定の勾配法）　問題 3.1.1 において f_0 を f とかき，すべての不等式制約は無効とする．

(1) 初期点 $\boldsymbol{x}_0$，正定値対称行列 $\boldsymbol{A}$，初期のステップサイズを与える正の定数 ϵ_g および収束判定に用いる正の定数 ϵ_0 を与える．$c_a = 1$ および $k = 0$ とおく．

(2) 状態決定問題を解いて，$f(\boldsymbol{x}_k)$ を計算する．

(3) f に対する随伴問題を解いて，$\boldsymbol{g}(\boldsymbol{x}_k)$ を計算する．

(4) 式 (3.3.6) で $\boldsymbol{y}_g$ を計算する．

(5) $k = 0$ のとき，$\boldsymbol{y}_g = \bar{\boldsymbol{y}}_g$ とおき，式 (3.3.7) で c_a を求める．また，

$\bar{\boldsymbol{y}}_g/c_a$ を $\boldsymbol{y}_g$ に代入する.

(6) $\boldsymbol{x}_{k+1} = \boldsymbol{x}_k + \boldsymbol{y}_g$ とおき, $f(\boldsymbol{x}_{k+1})$ を計算する.

(7) 終了条件 $|f(\boldsymbol{x}_{k+1}) - f(\boldsymbol{x}_k)| \leq \epsilon_0$ を判定する.

- 終了条件が満たされたとき, (8) に進む.
- そうではないとき, $k+1$ を k に代入し, (3) に戻る.

(8) 計算を終了する.

3.4 ステップサイズの規準

次に, **ステップサイズ** $\|\boldsymbol{y}_g\|_X$ を適切に決める方法について考えてみよう.

探索方向 $\bar{\boldsymbol{y}}_g$ が既知であれば, 最適化問題の変数は式 (3.2.1) の $\bar{\epsilon}_g$ だけとなる. そこで, $\bar{\epsilon}_g$ を設計変数においた次のような最適化問題を考えて, その解でステップサイズ $\|\bar{\epsilon}_g\bar{\boldsymbol{y}}_g\|_X$ を決定する方法が考えられる. この方法は**厳密直線探索法**とよばれる.

問題 3.4.1 (厳密直線探索法)

$X = \mathbb{R}^d$ とする. $f \in C^1(X;\mathbb{R})$, $\boldsymbol{x}_k \in X$ と $\bar{\boldsymbol{y}}_g \in X$ が与えられたとき,

$$\min_{\bar{\epsilon}_g \in (0,\infty)} f(\boldsymbol{x}_k + \bar{\epsilon}_g\bar{\boldsymbol{y}}_g)$$

を満たす $\bar{\epsilon}_g$ を求めよ.

問題 3.4.1 を解くアルゴリズムには, 非線形方程式を解くためのアルゴリズムが使われる. たとえば次のような方法が考えられる.

- **二分法**
- **セカント法**

二分法は, f が減少から増加に転じるような $\bar{\epsilon}_g$ の区間をみつけて, その区間の中間点を求める操作を繰り返す. そのときの $\bar{\epsilon}_g$ の厳密解への収束次数は 1 となる. セカント法を用いる場合には, f の $\bar{\epsilon}_g$ に対する勾配が 0 となるような $\bar{\epsilon}_g$ を求める問題とみなす. そのうえで, あとで示される Newton–Raphson 法において f の勾配を差分におきかえたときの更新式を用いて極小点が求められる (演習問題 **3.1** と **3.2**). この方法の収束次数は黄金比 $(1+\sqrt{5})/2$ であることが知られている.

厳密直線探索法によって得られた $\boldsymbol{x}_k$ の厳密解への収束性については，次のような結果が得られる．評価関数を 2 次関数と仮定する．探索方向は最急降下法によって得られていると仮定する．このとき，厳密直線探索法によって得られるステップサイズは次の問題の解となる．

問題 3.4.2（2 次最適化問題の厳密直線探索法）

$X = \mathbb{R}^d$ とする．$\boldsymbol{B} \in \mathbb{R}^{d \times d}$ を正定値実対称行列，$\boldsymbol{b} \in X$ を既知ベクトルとして，評価関数を

$$f(\boldsymbol{x}) = \frac{1}{2}\boldsymbol{x} \cdot (\boldsymbol{B}\boldsymbol{x}) + \boldsymbol{b} \cdot \boldsymbol{x} \tag{3.4.1}$$

とおく．このとき，$\boldsymbol{x}_k \in X$ に対して最急降下法により $\bar{\boldsymbol{y}}_g \in X$ を求め，問題 3.4.1 を満たす $\bar{\epsilon}_g \in (0, \infty)$ を求めよ．

▶**解答**　$f(\boldsymbol{x}_k + \bar{\epsilon}_g \bar{\boldsymbol{y}}_g)$ を $\bar{f}(\bar{\epsilon}_g)$ とかけば，

$$\begin{aligned}\bar{f}(\bar{\epsilon}_g) &= \frac{1}{2}(\boldsymbol{x}_k + \bar{\epsilon}_g \bar{\boldsymbol{y}}_g) \cdot \{\boldsymbol{B}(\boldsymbol{x}_k + \bar{\epsilon}_g \bar{\boldsymbol{y}}_g)\} + \boldsymbol{b} \cdot (\boldsymbol{x}_k + \bar{\epsilon}_g \bar{\boldsymbol{y}}_g) \\ &= \bar{\epsilon}_g^2 \frac{1}{2} \bar{\boldsymbol{y}}_g \cdot (\boldsymbol{B}\bar{\boldsymbol{y}}_g) + \bar{\epsilon}_g \bar{\boldsymbol{y}}_g \cdot \boldsymbol{g} + f(\boldsymbol{x}_k)\end{aligned}$$

とかける．ここで，$\boldsymbol{g} = (\boldsymbol{B}\boldsymbol{x}_k + \boldsymbol{b})$ が使われた．厳密直線探索法では，

$$\frac{\mathrm{d}\bar{f}}{\mathrm{d}\bar{\epsilon}_g} = \bar{\epsilon}_g \bar{\boldsymbol{y}}_g \cdot (\boldsymbol{B}\bar{\boldsymbol{y}}_g) + \bar{\boldsymbol{y}}_g \cdot \boldsymbol{g} = 0$$

より，

$$\bar{\epsilon}_g = -\frac{\bar{\boldsymbol{y}}_g \cdot \boldsymbol{g}}{\bar{\boldsymbol{y}}_g \cdot (\boldsymbol{B}\bar{\boldsymbol{y}}_g)}$$

が得られる．さらに，$\bar{\boldsymbol{y}}_g$ が最急降下法の解ならば，$\bar{\boldsymbol{y}}_g = -\boldsymbol{g}$ より

$$\bar{\epsilon}_g = -\frac{\bar{\boldsymbol{y}}_g \cdot \boldsymbol{g}}{\bar{\boldsymbol{y}}_g \cdot (\boldsymbol{B}\bar{\boldsymbol{y}}_g)} = \frac{\boldsymbol{g} \cdot \boldsymbol{g}}{\boldsymbol{g} \cdot (\boldsymbol{B}\boldsymbol{g})} = \frac{\boldsymbol{g} \cdot \boldsymbol{g}}{\bar{\boldsymbol{y}}_g \cdot (\boldsymbol{B}\bar{\boldsymbol{y}}_g)} \tag{3.4.2}$$

が成り立つ．□

このように厳密直線探索法により $\bar{\epsilon}_g$ を求めながら反復法を繰り返したときの収束性について，次の結果が得られる．

■定理 3.4.3（厳密直線探索法を用いた最急降下法の収束性） 問題 3.4.2 の解 $\bar{\boldsymbol{y}}_g \in X$ と $\bar{\epsilon}_g$ を用いた反復法によって生成される点列 $\{\boldsymbol{x}_k\}_{k\in\mathbb{N}}$ は

$$\|\boldsymbol{x}_{k+1} - \boldsymbol{x}\|_{\boldsymbol{B}} \le \left|\frac{\lambda_d - \lambda_1}{\lambda_1 + \lambda_d}\right| \|\boldsymbol{x}_k - \boldsymbol{x}\|_{\boldsymbol{B}}$$

を満たす．ただし，$\boldsymbol{x}$ は極小点，λ_1，λ_d は $\boldsymbol{B}$ の最小および最大の固有値，$\|\boldsymbol{x}\|_{\boldsymbol{B}} = \sqrt{\boldsymbol{x}\cdot(\boldsymbol{B}\boldsymbol{x})}$ とする．

▶証明 問題 3.4.2 の目的関数は

$$f(\boldsymbol{x}) = \frac{1}{2}(\boldsymbol{x} + \boldsymbol{B}^{-1}\boldsymbol{b})\cdot\{\boldsymbol{B}(\boldsymbol{x} + \boldsymbol{B}^{-1}\boldsymbol{b})\} - \frac{1}{2}\boldsymbol{b}\cdot(\boldsymbol{B}^{-1}\boldsymbol{b})$$

とかける．ここで，$\boldsymbol{x} + \boldsymbol{B}^{-1}\boldsymbol{b}$ を $\boldsymbol{x}$ におきかえても $\boldsymbol{x}_{k+1} - \boldsymbol{x}$ の評価は変わらない．また，上式の右辺第 2 項は $\boldsymbol{x}$ の関数ではないので，それを省略しても $\boldsymbol{x}_{k+1} - \boldsymbol{x}$ の評価は変わらない．そこで，

$$f(\boldsymbol{x}) = \frac{1}{2}\boldsymbol{x}\cdot(\boldsymbol{B}\boldsymbol{x})$$

の最小点を求める問題を考える．$\boldsymbol{g}_k = \boldsymbol{g}(\boldsymbol{x}_k) = \boldsymbol{B}\boldsymbol{x}_k$ とかくとき，最急降下法より，$\bar{\boldsymbol{y}}_k = -\boldsymbol{g}_k$ が得られる．さらに，厳密直線探索法の結果，式 (3.4.2) より，

$$\boldsymbol{x}_{k+1} = \boldsymbol{x}_k + \frac{\boldsymbol{g}_k\cdot\boldsymbol{g}_k}{\boldsymbol{g}_k\cdot(\boldsymbol{B}\boldsymbol{g}_k)}\bar{\boldsymbol{y}}_k$$

によって点列が生成される．このとき，

$$\begin{aligned}
f(\boldsymbol{x}_{k+1}) &= \frac{1}{2}\left\{\boldsymbol{x}_k - \frac{\boldsymbol{g}_k\cdot\boldsymbol{g}_k}{\boldsymbol{g}_k\cdot(\boldsymbol{B}\boldsymbol{g}_k)}\boldsymbol{g}_k\right\}\cdot\left\{\boldsymbol{B}\left(\boldsymbol{x}_k - \frac{\boldsymbol{g}_k\cdot\boldsymbol{g}_k}{\boldsymbol{g}_k\cdot\boldsymbol{B}\boldsymbol{g}_k}\boldsymbol{g}_k\right)\right\} \\
&= \frac{1}{2}\left[\boldsymbol{x}_k\cdot(\boldsymbol{B}\boldsymbol{x}_k) - \frac{2(\boldsymbol{g}_k\cdot\boldsymbol{g}_k)\{\boldsymbol{g}_k\cdot(\boldsymbol{B}\boldsymbol{x}_k)\} - (\boldsymbol{g}_k\cdot\boldsymbol{g}_k)^2}{\boldsymbol{g}_k\cdot(\boldsymbol{B}\boldsymbol{g}_k)}\right] \\
&= \frac{1}{2}\left\{\boldsymbol{x}_k\cdot(\boldsymbol{B}\boldsymbol{x}_k) - \frac{(\boldsymbol{g}_k\cdot\boldsymbol{g}_k)^2}{\boldsymbol{g}_k\cdot(\boldsymbol{B}\boldsymbol{g}_k)}\right\} \\
&= \frac{1}{2}\boldsymbol{x}_k\cdot(\boldsymbol{B}\boldsymbol{x}_k)\left[1 - \frac{(\boldsymbol{g}_k\cdot\boldsymbol{g}_k)^2}{\{\boldsymbol{x}_k\cdot(\boldsymbol{B}\boldsymbol{x}_k)\}\{\boldsymbol{g}_k\cdot(\boldsymbol{B}\boldsymbol{g}_k)\}}\right] \\
&= \left[1 - \frac{(\boldsymbol{g}_k\cdot\boldsymbol{g}_k)^2}{\{\boldsymbol{g}_k\cdot(\boldsymbol{B}^{-1}\boldsymbol{g}_k)\}\{\boldsymbol{g}_k\cdot(\boldsymbol{B}\boldsymbol{g}_k)\}}\right]f(\boldsymbol{x}_k)
\end{aligned}$$

が成り立つ．ここで，任意の $\boldsymbol{y}\in X$ に対して，Kantorovich の不等式

$$\frac{4\lambda_1\lambda_d}{(\lambda_1 + \lambda_d)^2} \le \frac{(\boldsymbol{y}\cdot\boldsymbol{y})^2}{\{\boldsymbol{y}\cdot(\boldsymbol{B}^{-1}\boldsymbol{y})\}\{\boldsymbol{y}\cdot(\boldsymbol{B}\boldsymbol{y})\}}$$

が成り立つことを用いれば，次が得られる．

$$f(\boldsymbol{x}_{k+1}) \leq \left\{1 - \frac{4\lambda_1\lambda_d}{(\lambda_1+\lambda_d)^2}\right\} f(\boldsymbol{x}_k) = \left(\frac{\lambda_d-\lambda_1}{\lambda_1+\lambda_d}\right)^2 f(\boldsymbol{x}_k) \qquad \square$$

以上の結果をふまえて，厳密直線探索法の特徴について考えてみよう．厳密直線探索法では，ステップサイズのみを設計変数においた最小化問題を正確に解くことを要請している．最小点を正確に求めるためには，二分法やセカント法などのような繰り返し計算が必要となる．もしも，勾配を求める計算が容易ではなく，設計変数に対して評価関数を求める計算が容易な問題に対しては，二分法などのような勾配の計算が不要なアルゴリズムは有効であると考えられる．しかしながら，設計変数が探索方向に移動したあとでは勾配は変化し，勾配法から決定される探索方向も変化することになる．そのような状況にあっても古い探索方向を使って最小点を正確に求めることは，必ずしも得策ではないと考えられる．特に，セカント法のように $\bar{\epsilon}_g$ を更新したあとに勾配の再計算が必要となる（演習問題 **3.2**）アルゴリズムを用いる場合には，古い探索方向を使い続けるよりは，勾配法によって探索方向を更新したほうがより収束性が向上すると思われる．

そこで，次に，厳密であることにはこだわらずに，評価関数の非線形性と勾配の有効な範囲に注目した方法について考えてみることにしよう．以下に示される規準は，ステップサイズの上限と下限を与える．ステップサイズ $\|\bar{\epsilon}_g \bar{\boldsymbol{y}}_g\|_X$ の上限に関しては，次のような条件が知られている[4]．

■定義 3.4.4（Armijo の規準） $\boldsymbol{g}(\boldsymbol{x}_k)$ を $f(\boldsymbol{x}_k)$ の勾配，$\bar{\boldsymbol{y}}_g$ を探索方向，$\xi \in (0,1)$ をステップサイズの上限を調整するパラメータとする．このとき，$\bar{\epsilon}_g > 0$ に対して

$$f(\boldsymbol{x}_k + \bar{\epsilon}_g \bar{\boldsymbol{y}}_g) - f(\boldsymbol{x}_k) \leq \xi \boldsymbol{g}(\boldsymbol{x}_k) \cdot (\bar{\epsilon}_g \bar{\boldsymbol{y}}_g) < 0 \tag{3.4.3}$$

が成り立つとき，$\bar{\epsilon}_g$ は **Armijo の規準**を満たすという．

Armijo の規準を満たす $\bar{\epsilon}_g$ の上限値を $\bar{\epsilon}_{g\mathrm{A}}$ とかけば，図 3.4.1 のような関係が成り立つ．式 (3.4.3) の左辺は，$\boldsymbol{x}$ が $\boldsymbol{x}_k$ から $\bar{\epsilon}_g \bar{\boldsymbol{y}}_g$ だけ変動したときに非線形関数 f が実際に減少した負の値を表している．それに対して右辺の $\boldsymbol{g}(\boldsymbol{x}_k) \cdot (\bar{\epsilon}_g \bar{\boldsymbol{y}}_g)$ は，勾配を使って f の減少を予測したときの負の値を表している．$\bar{\epsilon}_g$ が十分小

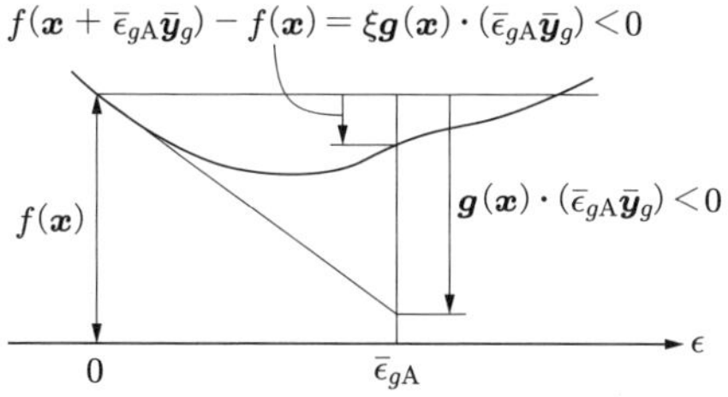

図 3.4.1 Armijo の規準

さければ両者は一致するはずである．しかし，$\bar{\epsilon}_g$ がある大きさをもつときには異なってくる．$\xi \in (0,1)$ はその違いを許容する割合を与えている．ξ を 1 に近づけることはその違いを許容しないことを表し，ξ を 0 に近づけることは違いを許容することを表す．したがって，Armijo の規準は，勾配を使った予測値が f の実際の減少値から大きく外れない程度にステップサイズを決めるための条件を与えていることになる．

また，ξ の目安として，次の結果が参考になる．$f(\boldsymbol{x})$ が 2 次関数ならば，$\xi = 1/2$ のときの Armijo の規準の上限値を $\bar{\epsilon}_{gA}$ とするとき，$\boldsymbol{x}_k + \bar{\epsilon}_{gA}\bar{\boldsymbol{y}}_g$ が f の最小点となる（図 3.4.2）．実際，式 (3.4.1) の 2 次関数に対して

$$f(\boldsymbol{x}_k + \bar{\epsilon}_{gA}\bar{\boldsymbol{y}}_g) - f(\boldsymbol{x}_k) = \boldsymbol{g}(\boldsymbol{x}_k)\cdot(\bar{\epsilon}_{gA}\bar{\boldsymbol{y}}_g) + \frac{1}{2}(\bar{\epsilon}_{gA}\bar{\boldsymbol{y}}_g)\cdot\{\boldsymbol{B}(\bar{\epsilon}_{gA}\bar{\boldsymbol{y}}_g)\} \tag{3.4.4}$$

が成り立つ．ここで，$\boldsymbol{x}_k + \bar{\epsilon}_{gA}\bar{\boldsymbol{y}}_g$ が極小点ならば，$\boldsymbol{g}(\boldsymbol{x}_k)$ の Taylor 展開について

$$\boldsymbol{g}(\boldsymbol{x}_k + \bar{\epsilon}_{gA}\bar{\boldsymbol{y}}_g) = \boldsymbol{g}(\boldsymbol{x}_k) + \boldsymbol{B}(\bar{\epsilon}_{gA}\bar{\boldsymbol{y}}_g) = \boldsymbol{0}_{X'} \tag{3.4.5}$$

が成り立つ．式 (3.4.5) を式 (3.4.4) に代入すれば，

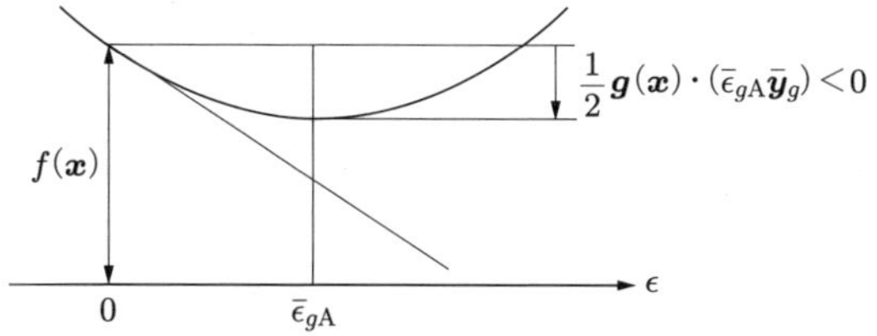

図 3.4.2 2 次関数に対する Armijo の規準

$$f(\boldsymbol{x}_k + \bar{\epsilon}_{g\mathrm{A}}\bar{\boldsymbol{y}}_g) - f(\boldsymbol{x}_k) = \frac{1}{2}\boldsymbol{g}(\boldsymbol{x}_k)\cdot(\bar{\epsilon}_{g\mathrm{A}}\bar{\boldsymbol{y}}_g)$$

が得られる．

一方，ステップサイズ $\|\bar{\epsilon}_g\bar{\boldsymbol{y}}_g\|_X$ の下限を与える条件として次のような条件が知られている[160]†．

■**定義 3.4.5（Wolfe の規準）**　$\boldsymbol{g}(\boldsymbol{x}_k)$ を $f(\boldsymbol{x}_k)$ の勾配，$\bar{\boldsymbol{y}}_g$ を探索方向，$\xi \in (0,1)$ を Armijo の規準で使われたパラメータ，$\mu \in (0,1)$ をステップサイズの下限を調整するパラメータで $0 < \xi < \mu < 1$ を満たすとする．このとき，$\bar{\epsilon}_g > 0$ に対して

$$\mu\boldsymbol{g}(\boldsymbol{x}_k)\cdot(\bar{\epsilon}_g\bar{\boldsymbol{y}}_g) \le \boldsymbol{g}(\boldsymbol{x}_k + \bar{\epsilon}_g\bar{\boldsymbol{y}}_g)\cdot(\bar{\epsilon}_g\bar{\boldsymbol{y}}_g) < 0 \tag{3.4.6}$$

が成り立つとき，$\bar{\epsilon}_g$ は **Wolfe の規準**を満たすという．

Wolfe の規準を満たす $\bar{\epsilon}_g$ の下限値を $\bar{\epsilon}_{g\mathrm{W}}$ とかけば，図 3.4.3 のような関係が成り立つ．式 (3.4.6) の左辺における $\boldsymbol{g}(\boldsymbol{x}_k)$ は，$\boldsymbol{x}_k$ のときの f の勾配を表している．一方，右辺の $\boldsymbol{g}(\boldsymbol{x}_k + \bar{\epsilon}_g\bar{\boldsymbol{y}}_g)$ は，実際に $\boldsymbol{x}$ を $\boldsymbol{x}_k$ から $\boldsymbol{x}_k + \bar{\epsilon}_g\bar{\boldsymbol{y}}_g$ に移動したときに得られる f の勾配を表している．Wolfe の規準に対して，次のことが成り立つ．

(1) ある $\bar{\epsilon}_g > 0$ に対して $\boldsymbol{g}(\boldsymbol{x}_k + \bar{\epsilon}_g\bar{\boldsymbol{y}}_g)\cdot(\bar{\epsilon}_g\bar{\boldsymbol{y}}_g) \le \boldsymbol{g}(\boldsymbol{x}_k)\cdot(\bar{\epsilon}_g\bar{\boldsymbol{y}}_g) < 0$ が成り立つとき，式 (3.4.6) が成り立つような $\bar{\epsilon}_g > 0$ は存在しない．この条件は，$\boldsymbol{x}$ が $\bar{\boldsymbol{y}}_g$ の方向に移動したときに，f が減少するような負の勾配がさらに大きな負の勾配になることを表している．このようなときにはステッ

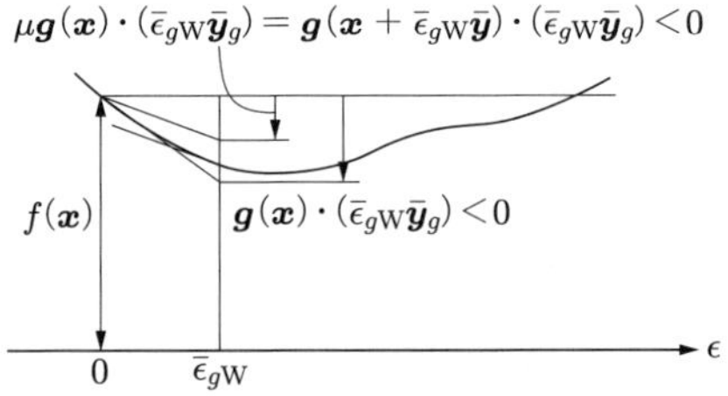

図 3.4.3　Wolfe の規準

† 文献では Wolfe の規準の中に Armijo の規準が含まれているが，本書では $\bar{\epsilon}_g$ の下限を与える条件のみを Wolfe の規準とよぶことにする．

プサイズの下限を設ける必要はないことを表している．

(2) ある $\bar{\epsilon}_g > 0$ に対して $\boldsymbol{g}(\boldsymbol{x}_k) \cdot (\bar{\epsilon}_g \bar{\boldsymbol{y}}_g) < \boldsymbol{g}(\boldsymbol{x}_k + \bar{\epsilon}_g \bar{\boldsymbol{y}}_g) \cdot (\bar{\epsilon}_g \bar{\boldsymbol{y}}_g) < 0$ が成り立つとき，式 (3.4.6) が成り立つような $\bar{\epsilon}_g > 0$ は存在する．この条件は，上記 (1) とは反対に，$\boldsymbol{x}$ が $\bar{\boldsymbol{y}}_g$ の方向に移動したときに，勾配の大きさが減少することを表している．式 (3.4.6) において μ を 1 よりも小さくしていけば，$\bar{\epsilon}_g$ の下限値 $\bar{\epsilon}_{g\mathrm{W}}$ は大きくなっていく．

そこで，Wolfe の規準は，勾配の有効性が μ の割合まで失われる程度にステップサイズを大きくとることを要請する条件になっている．

また，$\xi < \mu$ の根拠は次のような関係に基づいている．f の $\boldsymbol{x}_k + \bar{\epsilon}_g \bar{\boldsymbol{y}}_g$ まわりにおける Taylor 展開を

$$f(\boldsymbol{x}_k) = f(\boldsymbol{x}_k + \bar{\epsilon}_g \bar{\boldsymbol{y}}_g) - \boldsymbol{g}(\boldsymbol{x}_k + \bar{\epsilon}_g \bar{\boldsymbol{y}}_g) \cdot (\bar{\epsilon}_g \bar{\boldsymbol{y}}_g) + o(\bar{\epsilon}_g)$$

とかく．このとき，Wolfe の規準が満たされるならば，

$$\begin{aligned} \mu \boldsymbol{g}(\boldsymbol{x}_k) \cdot (\bar{\epsilon}_g \bar{\boldsymbol{y}}_g) - o(\bar{\epsilon}_g) &\leq \boldsymbol{g}(\boldsymbol{x}_k + \bar{\epsilon}_g \bar{\boldsymbol{y}}_g) \cdot (\bar{\epsilon}_g \bar{\boldsymbol{y}}_g) - o(\bar{\epsilon}_g) \\ &= f(\boldsymbol{x}_k + \bar{\epsilon}_g \bar{\boldsymbol{y}}_g) - f(\boldsymbol{x}_k) \end{aligned}$$

が成り立つ．一方，Armijo の規準が満たされるならば，

$$f(\boldsymbol{x}_k + \bar{\epsilon}_g \bar{\boldsymbol{y}}_g) - f(\boldsymbol{x}_k) \leq \xi \boldsymbol{g}(\boldsymbol{x}_k) \cdot (\bar{\epsilon}_g \bar{\boldsymbol{y}}_g)$$

が成り立つ．そこで，二つの規準を同時に満たすならば，

$$(\mu - \xi) \boldsymbol{g}(\boldsymbol{x}_k) \cdot (\bar{\epsilon}_g \bar{\boldsymbol{y}}_g) \leq o(\bar{\epsilon}_g)$$

が成り立つ必要がある．ここで，$\boldsymbol{g}(\boldsymbol{x}_k) \cdot (\bar{\epsilon}_g \bar{\boldsymbol{y}}_g) \leq 0$ であることから，右辺が正，あるいは絶対値が十分に小さい場合には，$\xi < \mu$ のときにこの不等式は成り立つことになる．

Armijo の規準と Wolfe の規準が満たされるようにステップサイズが制御されたアルゴリズムの一例を次に示す．図 3.4.4 はその概要を示す．

アルゴリズム 3.4.6（Armijo の規準と Wolfe の規準） 問題 3.1.1 において f_0 を f とかき，すべての不等式制約は無効とする．

(1) 初期点 $\boldsymbol{x}_0$，正定値実対称行列 $\boldsymbol{A}$，ステップサイズ ϵ_g，収束判定値 ϵ_0

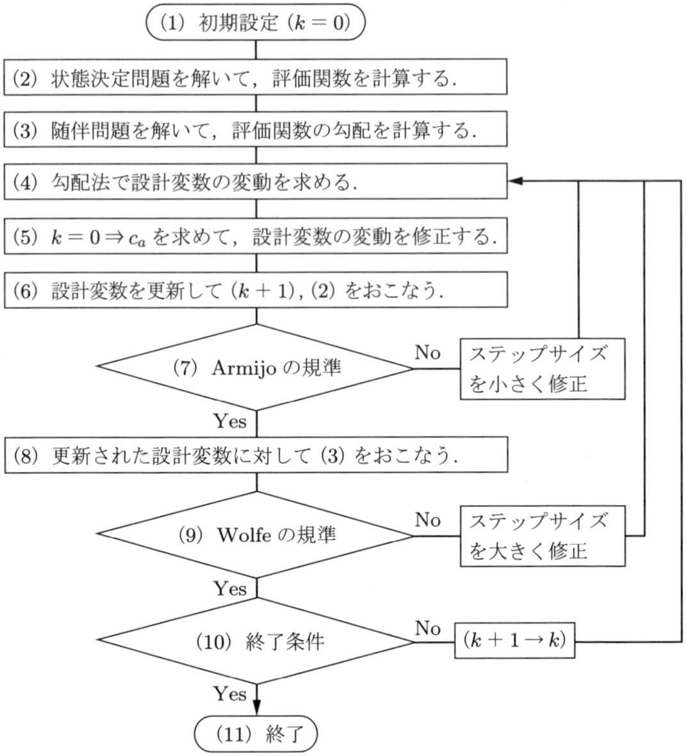

図 3.4.4 Armijo の規準と Wolfe の規準を用いた勾配法のアルゴリズム

および Armijo の規準と Wolfe の規準で使われるパラメータ ξ と μ $(0<\xi<\mu<1)$ を与える．$c_a=1$ および $k=0$ とおく．

(2) 状態決定問題を解いて，$f(\boldsymbol{x}_k)$ を計算する．

(3) f に対する随伴問題を解いて，$\boldsymbol{g}(\boldsymbol{x}_k)$ を計算する．

(4) 式 (3.3.6) で $\boldsymbol{y}_g$ を計算する．

(5) $k=0$ のとき，$\boldsymbol{y}_g=\bar{\boldsymbol{y}}_g$ とおき，式 (3.3.7) で c_a を求める．また，$\bar{\boldsymbol{y}}_g/c_a$ を $\boldsymbol{y}_g$ に代入する．

(6) $\boldsymbol{x}_{k+1}=\boldsymbol{x}_k+\boldsymbol{y}_g$ とおき，$f(\boldsymbol{x}_{k+1})$ を計算する．

(7) Armijo の規準（式 (3.4.3)）を判定する．

- 満たされていれば，次に進む．
- そうではないとき，$\alpha>1$ として c_a に αc_a を代入し，$\boldsymbol{y}_g$ に $\alpha\boldsymbol{y}_g$

を代入して，(4) に戻る．

(8) $\boldsymbol{g}(\boldsymbol{x}_{k+1})$ を計算する．

(9) Wolfe の規準（式 (3.4.6)）を判定する．
- 満たされていれば，次に進む．
- そうではないとき，$\beta \in (0,1)$ として c_a に βc_a を代入し，$\boldsymbol{y}_g$ に $\beta \boldsymbol{y}_g$ を代入して，(4) に戻る．

(10) 終了条件 $|f_0(\boldsymbol{x}_{k+1}) - f_0(\boldsymbol{x}_k)| \le \epsilon_0$ を判定する．
- 終了条件が満たされたとき，(11) に進む．
- そうではないとき，$k+1$ を k に代入し，(4) に戻る．

(11) 計算を終了する．

Armijo の規準と Wolfe の規準が満たされるようにステップサイズが制御されたアルゴリズムによって得られる点列に対して，**大域的収束性**に関する次の結果が得られる．

■定理 3.4.7（大域的収束定理） $X = \mathbb{R}^d$ とする．関数 $f\colon X \to \mathbb{R}$ は下界をもち，$\boldsymbol{x}_0 \in X$ の水準集合 $L = \{\boldsymbol{x} \in X \mid f(\boldsymbol{x}) \le f(\boldsymbol{x}_0)\}$ の近傍で微分可能で，勾配 $\boldsymbol{g}$ は L の近傍で Lipschitz 連続（定義 4.3.1）とする．$\boldsymbol{x}_k$ における探索ベクトルを $\boldsymbol{y}_{gk}$ とかいて，$\boldsymbol{y}_{gk}$ は降下角 θ_k に対して $\cos\theta_k > 0$ を満たすとする．ステップサイズ $\|\bar{\epsilon}_g \bar{\boldsymbol{y}}_g\|_X$ は Armijo の規準と Wolfe の規準を満たすとする．このとき，勾配法で生成される点列 $\{\boldsymbol{x}_k\}_{k\in\mathbb{N}}$ は

$$\sum_{k\in\mathbb{N}} \|\boldsymbol{g}(\boldsymbol{x}_k)\|_{X'}^2 \cos^2\theta_k < \infty \tag{3.4.7}$$

を満たす．

▶証明 Armijo の規準より，$\{\boldsymbol{x}_k\}_{k\in\mathbb{N}}$ は L の近傍に含まれる．Wolfe の規準より，

$$(\mu - 1)\boldsymbol{g}(\boldsymbol{x}_k)\cdot\boldsymbol{y}_g \le (\boldsymbol{g}(\boldsymbol{x}_{k+1}) - \boldsymbol{g}(\boldsymbol{x}_k))\cdot\boldsymbol{y}_g$$

が成り立つ．一方，$\boldsymbol{g}$ が Lipschitz 連続であることから，ある $\beta > 0$ に対して

$$(\boldsymbol{g}(\boldsymbol{x}_{k+1}) - \boldsymbol{g}(\boldsymbol{x}_k))\cdot\boldsymbol{y}_g \le \beta\|\boldsymbol{x}_{k+1} - \boldsymbol{x}_k\|_X\|\boldsymbol{y}_g\|_X = \bar{\epsilon}_g\beta\|\boldsymbol{y}_g\|_X^2$$

が成り立つ．これらの式より，

$$\bar{\epsilon}_g \ge \frac{(\boldsymbol{g}(\boldsymbol{x}_{k+1}) - \boldsymbol{g}(\boldsymbol{x}_k))\cdot\boldsymbol{y}_g}{\beta\|\boldsymbol{y}_g\|_X^2} \ge \frac{(\mu - 1)\boldsymbol{g}(\boldsymbol{x}_k)\cdot\boldsymbol{y}_g}{\beta\|\boldsymbol{y}_g\|_X^2}$$

が得られる．この式を Armijo の規準に代入すれば，

$$f(\boldsymbol{x}_{k+1}) \leq f(\boldsymbol{x}_k) + \xi\bar{\epsilon}_g \boldsymbol{g}(\boldsymbol{x}_k)\cdot\boldsymbol{y}_g = f(\boldsymbol{x}_k) - \xi\frac{\mu-1}{\beta}\left(\frac{\boldsymbol{g}(\boldsymbol{x}_k)\cdot\boldsymbol{y}_g}{\|\boldsymbol{y}_g\|_X}\right)^2$$
$$= f(\boldsymbol{x}_k) - \xi\frac{\mu-1}{\beta}\|\boldsymbol{g}(\boldsymbol{x}_k)\|_{X'}^2\cos^2\theta_k$$

となる．したがって，

$$f(\boldsymbol{x}_{k+1}) \leq f(\boldsymbol{x}_k) - \xi\frac{\mu-1}{\beta}\sum_{k\in\{0,\ldots,m\}}\|\boldsymbol{g}(\boldsymbol{x}_k)\|_{X'}^2\cos^2\theta_k$$

が成り立つ．f は下に有界であることから，定理の式が成り立つ． □

式 (3.4.7) は **Zoutendijk 条件**とよばれる．定理 3.4.7 の結果と，無限級数が収束するための必要条件 $\lim_{k\to\infty}\|\boldsymbol{g}(\boldsymbol{x}_k)\|_{X'}^2\cos^2\theta_k = 0$ を用いれば，次のような結果が得られる．

■系 3.4.8（大域的収束定理） 定理 3.4.7 の仮定に加えて，$\boldsymbol{y}_g$ は $-\boldsymbol{g}(\boldsymbol{x}_k)$ と直角に交わる方向に漸近することがないとき，すなわち $\cos\theta_k > 0$ のとき，

$$\lim_{k\to\infty}\boldsymbol{g}(\boldsymbol{x}_k) = \boldsymbol{0}_{X'}$$

が成り立つ．

この結果は，問題設定が適切であれば，勾配法で探索方向を求め，Armijo の規準と Wolfe の規準が満たされるようにステップサイズをとっていけば，生成される点列 $\{\boldsymbol{x}_k\}_{k\in\mathbb{N}}$ は大域的収束性をもつことを示している．

この節の最後に，勾配法が拡張された方法として共役勾配法を紹介しておこう．まず，ベクトルどうしの共役を次のように定義する．

■定義 3.4.9（共役） $\boldsymbol{B}\in\mathbb{R}^{d\times d}$ を正定値実対称行列とする．$\boldsymbol{x}\in X$ と $\boldsymbol{y}\in X$ に対して $\boldsymbol{x}\cdot(\boldsymbol{B}\boldsymbol{y}) = 0$ のとき，$\boldsymbol{x}$ と $\boldsymbol{y}$ は**共役**であるという．

問題 3.4.2 に対して，**共役勾配法**は次のように定義される．

問題 3.4.10（共役勾配法）

$\boldsymbol{x}_0\in X$ に対して，探索方向 $\bar{\boldsymbol{y}}_{g0}$ とステップサイズを調整するパラメータ $\bar{\epsilon}_{g0}$ は，それぞれ最急降下法と厳密直線探索法により与えられているとする．

$k \in \mathbb{N}$ に対して，$\bar{\boldsymbol{y}}_{g\,k-1}$ を与えて，$\bar{\boldsymbol{y}}_{g\,k-1}$ と共役になるように $\bar{\boldsymbol{y}}_{gk}$ を求めよ．また，厳密直線探索法によってステップサイズを調整するパラメータ $\bar{\epsilon}_{gk}$ を求めよ．

図 3.4.5 は，$X = \mathbb{R}^2$ のときの共役勾配法によって得られた探索ベクトルを表している．$\bar{\boldsymbol{y}}_{g0}$ と $\bar{\boldsymbol{y}}_{g1}$ が共役になるように選ばれることによって，2 次元ベクトル空間上の問題 3.4.2 であれば，探索ベクトルを 2 回求めるだけで最小点に到達できることになる．

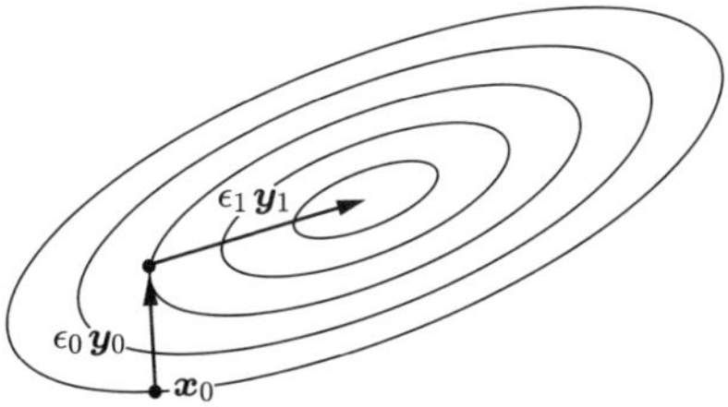

図 3.4.5 共役勾配法で得られる探索ベクトル

共役勾配法の一例を示そう．$\boldsymbol{x}_0 = \boldsymbol{0}_X$ とおく．最急降下法により探索方向を $\bar{\boldsymbol{y}}_{g0} = -\boldsymbol{g}_0 = -\boldsymbol{g}(\boldsymbol{x}_0) = -\boldsymbol{b}$ とおく．$k \in \{0, 1, 2, \ldots\}$ に対して，$\bar{\boldsymbol{y}}_{gk}$ と $\boldsymbol{g}_k$ が与えられたとき，式 (3.4.2)（厳密直線探索法）により，

$$\bar{\epsilon}_{gk} = \frac{\boldsymbol{g}_k \cdot \boldsymbol{g}_k}{\bar{\boldsymbol{y}}_{gk} \cdot (\boldsymbol{B}\bar{\boldsymbol{y}}_{gk})} \tag{3.4.8}$$

を求める．さらに，$k \in \mathbb{N}$ に対して，

$$\boldsymbol{x}_k = \boldsymbol{x}_{k-1} + \bar{\epsilon}_{g\,k-1}\bar{\boldsymbol{y}}_{g\,k-1} \tag{3.4.9}$$

$$\boldsymbol{g}_k = \boldsymbol{g}_{k-1} + \bar{\epsilon}_{g\,k-1}\boldsymbol{B}\bar{\boldsymbol{y}}_{g\,k-1} \tag{3.4.10}$$

$$\beta_k = \frac{\boldsymbol{g}_k \cdot \boldsymbol{g}_k}{\boldsymbol{g}_{k-1} \cdot \boldsymbol{g}_{k-1}} \tag{3.4.11}$$

$$\bar{\boldsymbol{y}}_{gk} = -\boldsymbol{g}_k + \beta_k \bar{\boldsymbol{y}}_{g\,k-1} \tag{3.4.12}$$

によって点列を構成する．このとき，$\bar{\boldsymbol{y}}_{g\,k-1}$ と $\bar{\boldsymbol{y}}_{gk}$ は共役になる（演習問題 **3.3**）．

式 (3.4.11) は Fletcher–Reeves 公式とよばれる．また，それと同値な

$$\beta_k = \frac{\boldsymbol{g}_k \cdot (\boldsymbol{g}_k - \boldsymbol{g}_{k-1})}{\boldsymbol{g}_{k-1} \cdot \boldsymbol{g}_{k-1}}$$

は **Polak–Ribiere 公式**とよばれる．これらのほかにもいくつかの公式が知られている．これらの公式は，2 次最適化問題（問題 3.4.2）に対しては同値でも，そうではない非線形最適化問題に $\boldsymbol{g}_k = \boldsymbol{g}(\boldsymbol{x}_k)$ を用いた場合には，異なる結果となる．

3.5 Newton 法

勾配法では勾配 $\boldsymbol{g}$ を用いて探索方向が求められた．ステップサイズは厳密直線探索法あるいは Armijo の規準や Wolfe の規準を満たすように決められた．ここでは，$\boldsymbol{g}$ と Hesse 行列 $\boldsymbol{H}$ を使って，探索方向とステップサイズを同時に求める方法について考えてみよう．その方法は **Newton 法**とよばれる．Newton 法は，$\boldsymbol{g}$ の $\boldsymbol{x}_k$ まわりの Taylor 展開

$$\boldsymbol{g}(\boldsymbol{x}_k + \boldsymbol{y}_g) = \boldsymbol{g}(\boldsymbol{x}_k) + \boldsymbol{H}(\boldsymbol{x}_k)\boldsymbol{y}_g + \boldsymbol{o}(\|\boldsymbol{y}_g\|_X)$$

において，$\boldsymbol{o}(\|\boldsymbol{y}_g\|_X)$ を無視し，

$$\boldsymbol{g}(\boldsymbol{x}_k + \boldsymbol{y}_g) = \boldsymbol{g}(\boldsymbol{x}_k) + \boldsymbol{H}(\boldsymbol{x}_k)\boldsymbol{y}_g = \boldsymbol{0}_{X'}$$

とおくことにより探索ベクトル $\boldsymbol{y}_g \in X$ を求める方法である．すなわち，次のように定義される．

問題 3.5.1（Newton 法）

$X = \mathbb{R}^d$ とする．$f \in C^2(X;\mathbb{R})$ に対して，極小点ではない $\boldsymbol{x}_k \in X$ における f の勾配と Hesse 行列を $\boldsymbol{g}(\boldsymbol{x}_k)$ と $\boldsymbol{H}(\boldsymbol{x}_k)$ とする．このとき，任意の $\boldsymbol{y} \in X$ に対して

$$\boldsymbol{y}_g \cdot (\boldsymbol{H}(\boldsymbol{x}_k)\boldsymbol{y}) = -\boldsymbol{g}(\boldsymbol{x}_k) \cdot \boldsymbol{y} \tag{3.5.1}$$

が満たされるように $\boldsymbol{y}_g \in X$ を求めよ．

Newton 法は，勾配法（定義 3.3.1）において使われた正定値実対称行列 $\boldsymbol{A}$ を Hesse 行列におきかえて，さらに，$\bar{\epsilon}_g = 1$ とおいたときの勾配法になってい

る．Newton 法について次の結果が得られる．

定理 3.5.2 (Newton 法)　f は極小点 $\boldsymbol{x}$ の近傍で 2 階微分可能で，Hesse 行列 $\boldsymbol{H}$ は Lipschitz 連続（定義 4.3.1）であるとする．また，$\boldsymbol{H}(\boldsymbol{x})$ は正定値であるとする．このとき，極小点に十分近い点を $\boldsymbol{x}_0$ にして，Newton 法で生成された点列 $\{\boldsymbol{x}_k\}_{k\in\mathbb{N}}$ は $\boldsymbol{x}$ に 2 次収束する．

▶**証明**　極小点を $\boldsymbol{x}$ とする．$\boldsymbol{x}$ の近傍で Hesse 行列 $\boldsymbol{H}$ は Lipschitz 連続，かつ $\boldsymbol{H}(\boldsymbol{x})$ は正則であることから，ある $\beta > 0$ に対して

$$\|\boldsymbol{H}^{-1}(\boldsymbol{x})(\boldsymbol{H}(\boldsymbol{x}_k) - \boldsymbol{H}(\boldsymbol{x}))\|_{\mathbb{R}^{d\times d}} \le \|\boldsymbol{H}^{-1}(\boldsymbol{x})\|_{\mathbb{R}^{d\times d}}\beta\|\boldsymbol{x}_k - \boldsymbol{x}\|_{\mathbb{R}^d} < \frac{1}{2} \tag{3.5.2}$$

が満たされるように極小点に十分近い点 $\boldsymbol{x}_k$ をとることができる．ただし，

$$\|\boldsymbol{H}^{-1}(\boldsymbol{x})\|_{\mathbb{R}^{d\times d}} = \max_{\boldsymbol{y}\in\mathbb{R}^d,\|\boldsymbol{y}\|_{\mathbb{R}^d}=1} \|\boldsymbol{H}^{-1}(\boldsymbol{x})\boldsymbol{y}\|_{\mathbb{R}^d}$$

と定義する．この関係に対して **Banach の摂動定理**（たとえば，[167] p.240）より，

$$\begin{aligned}\|\boldsymbol{H}^{-1}(\boldsymbol{x}_k)\|_{\mathbb{R}^{d\times d}} &\le \frac{\|\boldsymbol{H}^{-1}(\boldsymbol{x})\|_{\mathbb{R}^{d\times d}}}{1 - \|\boldsymbol{H}^{-1}(\boldsymbol{x})(\boldsymbol{H}(\boldsymbol{x}_k) - \boldsymbol{H}(\boldsymbol{x}))\|_{\mathbb{R}^{d\times d}}} \\ &< 2\|\boldsymbol{H}^{-1}(\boldsymbol{x})\|_{\mathbb{R}^{d\times d}}\end{aligned} \tag{3.5.3}$$

が成り立つ．このとき，$\boldsymbol{x}_{k+1} = \boldsymbol{x}_k + \boldsymbol{y}_g$，式 (3.5.1) および $\boldsymbol{g}(\boldsymbol{x}) = \boldsymbol{0}_{\mathbb{R}^d}$ より，

$$\begin{aligned}\boldsymbol{x}_{k+1} - \boldsymbol{x} &= \boldsymbol{x}_k - \boldsymbol{H}^{-1}(\boldsymbol{x}_k)\boldsymbol{g}(\boldsymbol{x}_k) - \boldsymbol{x} + \boldsymbol{H}^{-1}(\boldsymbol{x}_k)\boldsymbol{g}(\boldsymbol{x}) \\ &= -\boldsymbol{H}^{-1}(\boldsymbol{x}_k)\{\boldsymbol{g}(\boldsymbol{x}_k) - \boldsymbol{g}(\boldsymbol{x}) - \boldsymbol{H}(\boldsymbol{x}_k)(\boldsymbol{x}_k - \boldsymbol{x})\}\end{aligned} \tag{3.5.4}$$

が成り立つ．一方，

$$\begin{aligned}&\|\boldsymbol{g}(\boldsymbol{x}_k) - \boldsymbol{g}(\boldsymbol{x}) - \boldsymbol{H}(\boldsymbol{x}_k)(\boldsymbol{x}_k - \boldsymbol{x})\|_{\mathbb{R}^d} \\ &\quad= \left\|\int_0^1 (\boldsymbol{H}(\boldsymbol{x} + t(\boldsymbol{x}_k - \boldsymbol{x})) - \boldsymbol{H}(\boldsymbol{x}_k))(\boldsymbol{x}_k - \boldsymbol{x})\mathrm{d}t\right\|_{\mathbb{R}^d} \\ &\quad\le \|\boldsymbol{x}_k - \boldsymbol{x}\|_{\mathbb{R}^d}\int_0^1 \|\boldsymbol{H}(\boldsymbol{x} + t(\boldsymbol{x}_k - \boldsymbol{x})) - \boldsymbol{H}(\boldsymbol{x}_k)\|_{\mathbb{R}^{d\times d}}\,\mathrm{d}t \\ &\quad\le \|\boldsymbol{x}_k - \boldsymbol{x}\|_{\mathbb{R}^d}\int_0^1 \beta\|\boldsymbol{x}_k - \boldsymbol{x}\|_{\mathbb{R}^d}(1-t)\,\mathrm{d}t = \frac{1}{2}\beta\|\boldsymbol{x}_k - \boldsymbol{x}\|_{\mathbb{R}^d}^2\end{aligned}$$

が成り立つ．したがって，式 (3.5.2)，(3.5.3) および (3.5.4) より

$$\|\boldsymbol{x}_{k+1} - \boldsymbol{x}\|_{\mathbb{R}^d} \leq \frac{1}{2}\|\boldsymbol{H}^{-1}(\boldsymbol{x}_k)\|_{\mathbb{R}^{d\times d}}\beta\|\boldsymbol{x}_k - \boldsymbol{x}\|^2_{\mathbb{R}^d} < \frac{1}{2}\|\boldsymbol{x}_k - \boldsymbol{x}\|_{\mathbb{R}^d} \quad (3.5.5)$$

が成り立つ．式 (3.5.5) の左辺と最右辺の関係により，極小点 $\boldsymbol{x}$ への収束が確認される．また，式 (3.5.5) の左辺と第 1 右辺の関係により，2 次収束が示された． □

Newton 法を使ったアルゴリズムの例を次に示す．図 3.5.1 はその概要を示す．

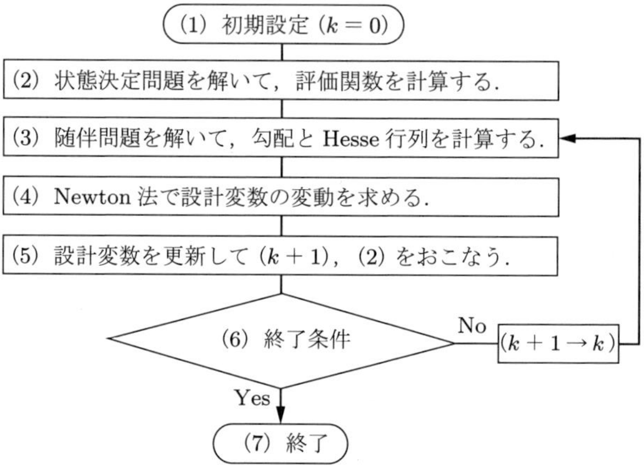

図 3.5.1 Newton 法のアルゴリズム

アルゴリズム 3.5.3 (Newton 法) 問題 3.1.1 において f_0 を f とかき，すべての不等式制約は無効とする．

(1) 初期値 $\boldsymbol{x}_0$ と収束判定値 ϵ_0 を定める．$k = 0$ とおく．

(2) 状態決定問題を解いて，$f(\boldsymbol{x}_k)$ を計算する．

(3) f に対する随伴問題を解いて，$\boldsymbol{g}(\boldsymbol{x}_k)$ および $\boldsymbol{H}(\boldsymbol{x}_k)$ を計算する．

(4) 式 (3.5.1) で $\boldsymbol{y}_g$ を計算する．

(5) $\boldsymbol{x}_{k+1} = \boldsymbol{x}_k + \boldsymbol{y}_g$ とおき，$f(\boldsymbol{x}_{k+1})$ を計算する．

(6) 終了条件 $|f_0(\boldsymbol{x}_{k+1}) - f_0(\boldsymbol{x}_k)| \leq \epsilon_0$ を判定する．
- 終了条件が満たされたとき，(7) に進む．
- そうではないとき，$k+1$ を k に代入し，(3) に戻る．

(7) 計算を終了する．

Newton 法について，次のことを指摘しておこう．

♦**注意 3.5.4 (Newton 法)** Newton 法は次の性質をもつ．

(1) Newton 法は Hesse 行列が必要となる．Hesse 行列の計算量は，この行列が密な場合には，設計変数の 2 乗に比例する．しかし，Hesse 行列が対角行列となる場合には，設計変数に比例する程度である．実際，第 1 章の問題 1.1.4 では Hesse 行列は対角行列であった．

(2) Newton 法は 2 次収束する（定理 3.5.2）．

(3) Hesse 行列が正定値ではない場合，Newton 法では収束しないことがある．また，不定値の場合，極大点に収束することがある（図 3.5.2）．

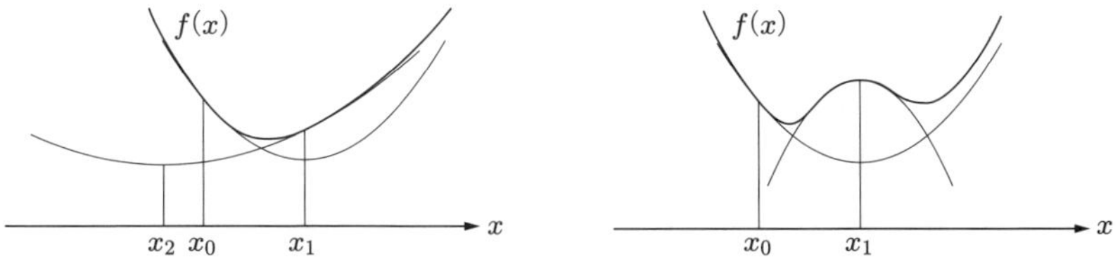

（a）収束しない場合　（b）極大値に収束する場合

図 3.5.2 Newton 法

(4) Hesse 行列 $\boldsymbol{H}$ が特異行列のとき，あるいは特異行列でなくても行列の条件数が大きいとき，逆行列の計算が困難になる．

このようにみてくると，勾配法（問題 3.3.1）は，Newton 法（問題 3.5.1）において Hesse 行列を正定値実対称行列におきかえた方法になっている．そこで，正定値実対称行列を Hesse 行列に漸近するように更新していくことで，Newton 法に近い性能をもつ勾配法が研究されている．それらは**準 Newton 法**ともよばれる．代表的な更新公式として次のようなものが知られている．詳細は数理計画法の教科書を参照されたい．

- Davidon–Fletcher–Powell 法
- Broyden–Fletcher–Goldfarb–Shanno 法
- Broyden 法

また，Newton 法の原理は，非線形方程式の解を求めるときにも使われる．そのような場合には，**Newton–Raphson 法**ともよばれる．Newton–Raphson 法は，あとで示されるアルゴリズム 3.7.6 の中でも使われる．そこで，その説明をここでしておこう．Newton–Raphson 法が適用される問題は次のような問題である．

問題 3.5.5（非線形方程式）

$X=\mathbb{R}^d$ とする．$\boldsymbol{f}\in C^1(\mathbb{R}^d;\mathbb{R}^d)$ に対して，

$$\boldsymbol{f}(\boldsymbol{x})=\boldsymbol{0}_{\mathbb{R}^d} \tag{3.5.6}$$

が満たされるように $\boldsymbol{x}\in\mathbb{R}^d$ を求めよ．

問題 3.5.5 の試行点を $k\in\{0,1,2,\ldots\}$ に対して $\boldsymbol{x}_k$ とかくことにする．$\boldsymbol{x}_k$ における $\boldsymbol{f}$ とその勾配 $\boldsymbol{G}=(\partial f_i/\partial x_j)_{(i,j)\in\{1,\ldots,d\}^2}$ が計算可能であるとする．このとき，$\boldsymbol{x}_{k+1}=\boldsymbol{x}_k+\boldsymbol{y}_g$ が $\boldsymbol{x}$ となるような $\boldsymbol{y}_g$ を求めることを考える．$\boldsymbol{f}$ の $\boldsymbol{x}_k$ まわりの Taylor 展開は

$$\boldsymbol{f}(\boldsymbol{x}_k+\boldsymbol{y}_g)=\boldsymbol{f}(\boldsymbol{x}_k)+\boldsymbol{G}(\boldsymbol{x}_k)\boldsymbol{y}_g+o(\|\boldsymbol{y}_g\|_{\mathbb{R}^d})$$

とかける．ここで，$o(\|\boldsymbol{y}_g\|_{\mathbb{R}^d})$ を無視すれば，

$$\boldsymbol{f}(\boldsymbol{x}_k+\boldsymbol{y}_g)=\boldsymbol{f}(\boldsymbol{x}_k)+\boldsymbol{G}(\boldsymbol{x}_k)\boldsymbol{y}_g=\boldsymbol{0}_{\mathbb{R}^d} \tag{3.5.7}$$

となる．式 (3.5.7) より，次の問題を考える．

問題 3.5.6（Newton–Raphson 法）

問題 3.5.5 に対して，試行点 $\boldsymbol{x}_k$ における関数値 $\boldsymbol{f}(\boldsymbol{x}_k)$ とその勾配 $\boldsymbol{G}(\boldsymbol{x}_k)$ が与えられたとする．探索ベクトルを

$$\boldsymbol{y}_g=-\boldsymbol{G}^{-1}(\boldsymbol{x}_k)\boldsymbol{f}(\boldsymbol{x}_k) \tag{3.5.8}$$

によって求めよ．

Newton–Raphson 法は，問題 3.5.6 の解 $\boldsymbol{y}_g$ を用いて，$\boldsymbol{x}_{k+1}=\boldsymbol{x}_k+\boldsymbol{y}_g$ により問題 3.5.5 の解 $\boldsymbol{x}$ に収束する点列 $\{\boldsymbol{x}_k\}_{k\in\mathbb{N}}$ を求める方法である．Newton 法（問題 3.5.1）の $\boldsymbol{g}$ と $\boldsymbol{H}$ をそれぞれ $\boldsymbol{f}$ と $\boldsymbol{G}$ におきかえれば，Newton–Raphson 法（問題 3.5.6）に一致することが理解されよう．

3.6 拡大関数法

3.3 節から 3.5 節までは制約なし最適化問題に対する数値解法についてみてきた．この節以降では問題 3.1.1 に戻って，極小点で不等式制約が有効となる場合について考えよう．まず，本節では，制約関数に重みを表す定数をかけて目的関数に加えることで，制約なし問題におきかえる方法について考えてみることにする．このような方法は，**拡大関数法**とよばれる．拡大関数の最小値を求める方法には，3.3 節から 3.5 節までに示された制約なし最適化問題の解法が使われる．

拡大関数法の一つは，すべての不等式制約が満たされている点（内点）を初期点として，許容集合の外に出ないように工夫された拡大関数を用いる方法である．問題 3.1.1 に対して，次のようにして得られる点列 $\{\boldsymbol{x}_k\}_{k\in\mathbb{N}}$ の収束点により解を求める方法を**障壁法**あるいは**内点法**という．

問題 3.6.1（障壁法，内点法）

$\{\rho_k\}_{k\in\mathbb{N}}$ を正値をとる単調減少数列とする．$\boldsymbol{x}_0 \in X$ は $f_1(\boldsymbol{x}_0) < 0, \ldots, f_m(\boldsymbol{x}_0) < 0$ が満たされるように与えられているとする．$k \in \mathbb{N}$ に対して，ρ_k と試行点 $\boldsymbol{x}_{k-1}$ を与えて，

$$\min_{\boldsymbol{y}\in X} \left\{ \hat{f}_k(\boldsymbol{x}_k, \rho_k) = f_0(\boldsymbol{x}_k) - \rho_k \sum_{i\in\{1,\ldots,m\}} \log(-f_i(\boldsymbol{x}_k)) \right\}$$

を満たす $\boldsymbol{x}_k = \boldsymbol{x}_{k-1} + \boldsymbol{y}$ を求めよ．

拡大関数法のもう一つの方法は，不等式制約条件が満たされていない点を初期点に選び，試行点を求めるごとに許容集合内に収まるように追い込んでいくように工夫された拡大関数を用いる方法である．問題 3.1.1 に対して，次のようにして得られる点列 $\{\boldsymbol{x}_k\}_{k\in\mathbb{N}}$ の収束点により解を求める方法を**罰金法**あるいは**外点法**という．

問題 3.6.2（罰金法，外点法）

$\{\rho_k\}_{k\in\mathbb{N}}$ を正値をとるある単調増加数列とする．$\boldsymbol{x}_0 \in X$ は与えられているとする．$k \in \mathbb{N}$ に対して，ρ_k と試行点 $\boldsymbol{x}_{k-1}$ を与えて，

$$\min_{\boldsymbol{y} \in X} \left\{ \hat{f}_k(\boldsymbol{x}_k, \rho_k) = f_0(\boldsymbol{x}_k) + \rho_k \sum_{i \in \{1,\ldots,m\}} \max\{0, f_i(\boldsymbol{x}_k)\} \right\}$$

を満たす $\boldsymbol{x}_k = \boldsymbol{x}_{k-1} + \boldsymbol{y}$ を求めよ．

以上の定義から，拡大関数法は，原理が明快であることから，利用しやすようにに思われる．しかし，拡大関数法を使用するためには，問題に応じて単調減少数列あるいは単調増加数列 $\{\rho_k\}_{k\in\mathbb{N}}$ を適切に選ぶ必要がある．本書では，その選択方法の詳細にはふれないことにする．

3.7　制約つき問題に対する勾配法

次に，3.7 節と 3.8 節において，KKT 条件を用いる方法について考えてみよう．ここで示されるアルゴリズムは第 7 章以降で使われる．最初に，**制約つき問題に対する勾配法**について考える．

問題 3.1.1 に対して，不等式制約が満たされる許容集合を

$$S = \{\boldsymbol{x} \in X \mid f_1(\boldsymbol{x}) \leq 0, \ldots, f_m(\boldsymbol{x}) \leq 0\} \tag{3.7.1}$$

とかくことにする．また，$\boldsymbol{x} \in S$ に対して，

$$I_{\mathrm{A}}(\boldsymbol{x}) = \{i \in \{1, \ldots, m\} \mid f_i(\boldsymbol{x}) \geq 0\} = \{i_1, \ldots, i_{|I_{\mathrm{A}}(\boldsymbol{x})|}\} \tag{3.7.2}$$

を有効な制約に対する添え字の集合とする．混乱がない場合には $I_{\mathrm{A}}(\boldsymbol{x}_k)$ を I_{A} とかくことにする．

勾配法は，$k \in \{0, 1, 2, \ldots\}$ に対して，試行点 $\boldsymbol{x}_k \in S$ のまわりで，評価関数 f が式 (3.3.8) のような近似 2 次関数 $q(\boldsymbol{y})$ で近似されたときの Newton 法になっていた．そこで，問題 3.1.1 に対して，目的関数を式 (3.3.8) のように仮定して，不等式制約が勾配を用いた 1 次関数で近似された次のような問題を考えることにしよう．

問題 3.7.1（制約つき問題に対する勾配法）

問題 3.1.1 の試行点 $\boldsymbol{x}_k \in S$ において $f_0(\boldsymbol{x}_k), f_{i_1}(\boldsymbol{x}_k) = 0, \ldots, f_{i_{|I_{\mathrm{A}}|}}(\boldsymbol{x}_k) = 0$，$\boldsymbol{g}_0(\boldsymbol{x}_k), \boldsymbol{g}_{i_1}(\boldsymbol{x}_k), \ldots, \boldsymbol{g}_{i_{|I_{\mathrm{A}}|}}(\boldsymbol{x}_k)$ を既知とする．また，$\boldsymbol{A} \in \mathbb{R}^{d\times d}$ を正定

値実対称行列，c_a を正の定数とする．このとき，

$$q(\boldsymbol{y}_g) = \min_{\boldsymbol{y} \in X} \left\{ q(\boldsymbol{y}) = \frac{1}{2} \boldsymbol{y} \cdot (c_a \boldsymbol{A} \boldsymbol{y}) + \boldsymbol{g}_0(\boldsymbol{x}_k) \cdot \boldsymbol{y} + f_0(\boldsymbol{x}_k) \;\middle|\; f_i(\boldsymbol{x}_k) + \boldsymbol{g}_i(\boldsymbol{x}_k) \cdot \boldsymbol{y} \le 0 \quad \text{for } i \in I_{\mathrm{A}}(\boldsymbol{x}_k) \right\}$$

を満たす $\boldsymbol{x}_{k+1} = \boldsymbol{x}_k + \boldsymbol{y}_g$ を求めよ．

問題 3.7.1 は，2.2 節の最適化問題の分類によれば，2 次最適化問題に分類される．さらに，$\boldsymbol{A}$ は正定値対称実行列であることから凸最適化問題となる．したがって，この問題に対する KKT 条件を満たす $\boldsymbol{y}_g$ は問題 3.7.1 の最小点となる．その $\boldsymbol{y}_g$ をみつける方法について考えてみよう．

問題 3.7.1 の Lagrange 関数を，

$$\mathscr{L}_{\mathrm{Q}}(\boldsymbol{y}, \boldsymbol{\lambda}_{k+1}) = q(\boldsymbol{y}) + \sum_{i \in I_{\mathrm{A}}(\boldsymbol{x}_k)} \lambda_{i\,k+1} (f_i(\boldsymbol{x}_k) + \boldsymbol{g}_i(\boldsymbol{x}_k) \cdot \boldsymbol{y}) \tag{3.7.3}$$

とおく．問題 3.7.1 の最小点 $\boldsymbol{y}_g$ における KKT 条件は

$$c_a \boldsymbol{A} \boldsymbol{y}_g + \boldsymbol{g}_0(\boldsymbol{x}_k) + \sum_{i \in I_{\mathrm{A}}(\boldsymbol{x}_k)} \lambda_{i\,k+1} \boldsymbol{g}_i(\boldsymbol{x}_k) = \boldsymbol{0}_{X'} \tag{3.7.4}$$

$$f_i(\boldsymbol{x}_k) + \boldsymbol{g}_i(\boldsymbol{x}_k) \cdot \boldsymbol{y}_g \le 0 \quad \text{for } i \in I_{\mathrm{A}}(\boldsymbol{x}_k) \tag{3.7.5}$$

$$\lambda_{i\,k+1} (f_i(\boldsymbol{x}_k) + \boldsymbol{g}_i(\boldsymbol{x}_k) \cdot \boldsymbol{y}_g) = 0 \quad \text{for } i \in I_{\mathrm{A}}(\boldsymbol{x}_k) \tag{3.7.6}$$

$$\lambda_{i\,k+1} \ge 0 \quad \text{for } i \in I_{\mathrm{A}}(\boldsymbol{x}_k) \tag{3.7.7}$$

となる．すべての $i \in I_{\mathrm{A}}(\boldsymbol{x}_k)$ に対して，不等式制約が有効であると仮定すれば，式 (3.7.4) と式 (3.7.5) は

$$\begin{pmatrix} c_a \boldsymbol{A} & \boldsymbol{G}^{\mathrm{T}} \\ \boldsymbol{G} & \boldsymbol{0}_{\mathbb{R}^{|I_{\mathrm{A}}| \times |I_{\mathrm{A}}|}} \end{pmatrix} \begin{pmatrix} \boldsymbol{y}_g \\ \boldsymbol{\lambda}_{k+1} \end{pmatrix} = - \begin{pmatrix} \boldsymbol{g}_0 \\ (f_i)_{i \in I_{\mathrm{A}}} \end{pmatrix} \tag{3.7.8}$$

となる．ただし，

$$\boldsymbol{G}^{\mathrm{T}} = (\boldsymbol{g}_{i_1}(\boldsymbol{x}_k) \quad \cdots \quad \boldsymbol{g}_{i_{|I_{\mathrm{A}}(\boldsymbol{x}_k)|}}(\boldsymbol{x}_k))$$

とする．ここで，$\boldsymbol{g}_{i_1}, \ldots, \boldsymbol{g}_{i_{|I_A|}}$ が 1 次独立であれば，式 (3.7.8) は $(\boldsymbol{y}_g, \boldsymbol{\lambda}_{k+1})$ について可解となる．この連立 1 次方程式の解に対して，

$$I_{\mathrm{I}}(\boldsymbol{x}_k) = \{i \in I_{\mathrm{A}}(\boldsymbol{x}_k) \mid \lambda_{i\,k+1} < 0\} \tag{3.7.9}$$

を無効な制約条件の集合とおき，$I_{\mathrm{I}}(\boldsymbol{x}_k) \neq \emptyset$ のときには $I_{\mathrm{A}}(\boldsymbol{x}_k) \setminus I_{\mathrm{I}}(\boldsymbol{x}_k)$ を $I_{\mathrm{A}}(\boldsymbol{x}_k)$ とおきなおし，式 (3.7.8) を再度解くことにする．このようにして得られた $(\boldsymbol{y}_g, \boldsymbol{\lambda}_{k+1}) \in X \times \mathbb{R}^{|I_{\mathrm{A}}|}$ は，式 (3.7.4)〜(3.7.7) を満たすことになる．このように，有効な制約のみを残しながら繰り返す方法は**有効制約法**とよばれる．

一方，式 (3.7.8) を直接解くかわりに，$i \in I_{\mathrm{A}}(\boldsymbol{x}_k)$ ごとに f_i に対して勾配法が使われた結果を用いる方法も考えられる．その方法は次のようである．$\boldsymbol{g}_0$，$\boldsymbol{g}_{i_1}, \ldots, \boldsymbol{g}_{i_{|I_A|}}$ を用いて，個別に勾配法を適用する．すなわち，

$$\boldsymbol{y}_{gi} = -(c_a \boldsymbol{A})^{-1} \boldsymbol{g}_i \tag{3.7.10}$$

が満たされるように $\boldsymbol{y}_{g0}, \boldsymbol{y}_{gi_1}, \ldots, \boldsymbol{y}_{gi_{|I_A|}}$ を求める．ここで，Lagrange 乗数 $\boldsymbol{\lambda}_{k+1} \in \mathbb{R}^{|I_{\mathrm{A}}|}$ を未知数として，

$$\boldsymbol{y}_g = \boldsymbol{y}_g(\boldsymbol{\lambda}_{k+1}) = \boldsymbol{y}_{g0} + \sum_{i \in I_{\mathrm{A}}(\boldsymbol{x}_k)} \lambda_{i\,k+1} \boldsymbol{y}_{gi} \tag{3.7.11}$$

とおく．このとき，$\boldsymbol{y}_g$ は式 (3.7.8) の 1 行目を満たすことになる．一方，式 (3.7.8) の 2 行目は

$$\begin{pmatrix} \boldsymbol{g}_{i_1} \cdot \boldsymbol{y}_{gi_1} & \cdots & \boldsymbol{g}_{i_1} \cdot \boldsymbol{y}_{gi_{|I_A|}} \\ \vdots & \ddots & \vdots \\ \boldsymbol{g}_{i_{|I_A|}} \cdot \boldsymbol{y}_{gi_1} & \cdots & \boldsymbol{g}_{i_{|I_A|}} \cdot \boldsymbol{y}_{gi_{|I_A|}} \end{pmatrix} \begin{pmatrix} \lambda_{i_1\,k+1} \\ \vdots \\ \lambda_{i_{|I_A|}\,k+1} \end{pmatrix} = -\begin{pmatrix} f_{i_1} + \boldsymbol{g}_{i_1} \cdot \boldsymbol{y}_{g0} \\ \vdots \\ f_{i_{|I_A|}} + \boldsymbol{g}_{i_{|I_A|}} \cdot \boldsymbol{y}_{g0} \end{pmatrix}$$

となる．この式を

$$(\boldsymbol{g}_i \cdot \boldsymbol{y}_{gj})_{(i,j) \in I_{\mathrm{A}}^2} (\lambda_{j\,k+1})_{j \in I_{\mathrm{A}}} = -(f_i + \boldsymbol{g}_i \cdot \boldsymbol{y}_{g0})_{i \in I_{\mathrm{A}}} \tag{3.7.12}$$

とかくことにする．ここでも，$\boldsymbol{g}_{i_1}, \ldots, \boldsymbol{g}_{i_{|I_A|}}$ が 1 次独立ならば，$\boldsymbol{\lambda}_{k+1}$ は

式 (3.7.12) により一意に決定されることになる．この連立 1 次方程式の解に対して，有効制約法を適用する．すなわち，式 (3.7.9) の $I_{\mathrm{I}}(\boldsymbol{x}_k)$ が $\emptyset$ ではないときには $I_{\mathrm{A}}(\boldsymbol{x}_k) \setminus I_{\mathrm{I}}(\boldsymbol{x}_k)$ を $I_{\mathrm{A}}(\boldsymbol{x}_k)$ とおきなおし，式 (3.7.8) を再度解くことにする．このようにして得られた $(\boldsymbol{y}_g, \boldsymbol{\lambda}_{k+1}) \in X \times \mathbb{R}^{|I_{\mathrm{A}}|}$ は，式 (3.7.4)〜(3.7.7) を満たすことになる．

また，式 (3.7.12) において，有効な制約関数 $f_{i_1}, \ldots, f_{i_{|I_{\mathrm{A}}|}}$ の値がすべて 0 であれば，すべての $\boldsymbol{y}_{g0}, \boldsymbol{y}_{gi_1}, \ldots, \boldsymbol{y}_{gi_{|I_{\mathrm{A}}|}}$ に任意の定数をかけても $\boldsymbol{\lambda}_{k+1}$ は変化しない．このことは，ステップサイズ $\|\boldsymbol{y}_g\|_X$ が適切に設定されていなくても，$\boldsymbol{\lambda}_{k+1}$ を求められることを意味する．この関係は，3.7.2 項においてステップサイズの初期値が与えられた大きさになるように c_a を決定するときに使われる．

以上をまとめると，制約つき問題に対する勾配法は，式 (3.7.8) により探索ベクトル $\boldsymbol{y}_g$ と Lagrange 乗数 $\boldsymbol{\lambda}_{k+1}$ を直接解くか，あるいは $i \in I_{\mathrm{A}}(\boldsymbol{x}_k)$ ごとに式 (3.7.10) より $\boldsymbol{y}_{gi}$ を解いて，それらを用いて式 (3.7.12) より $\boldsymbol{\lambda}_{k+1}$ を求め，それらを式 (3.7.11) に代入することにより $\boldsymbol{y}_g$ を求めるかのいずれかの方法により，$\boldsymbol{y}_g$ を更新していく反復法であるということができる．

具体的なアルゴリズムを示す前に，いくつかの状況について考えておこう．一つは，問題 3.1.1 の不等式制約が等式制約 $f_i(\boldsymbol{x}) = 0$ におきかえられた状況である．実は，不等式制約が有効な場合には等式制約と同じ扱いになることから，この状況はいつも起こりうることになる．このような等式制約は，二つの不等式制約 $f_i(\boldsymbol{x}) \leq 0$ および $-f_i(\boldsymbol{x}) \leq 0$ におきかえられる．しかし，これら二つの不等式制約が非線形の場合，それらを厳密に満たすように $\boldsymbol{x}$ を決めることは一般には困難である．そこで，正の定数 ϵ_i を定めて，$|f_i(\boldsymbol{x})| \leq \epsilon_i$ のように緩和する必要がある．あとで示されるアルゴリズムでは不等式制約のみが仮定されているので，ϵ_i を用いて制約を緩和する必要はないように思われる．しかしながら，不等式制約が有効な場合は等式制約 $f_i(\boldsymbol{x}) = 0$ と同じ意味となり，正の定数 ϵ_i によるチェックが必要となる．

もう一つは，あとに示されるアルゴリズムでは，初期点 $\boldsymbol{x}_0$ においてすべての不等式制約が満たされている状況を仮定する．このような状況が満たされていない場合には，次のステップを前処理としておこなうことで，すべての不等式制約を満たす $\boldsymbol{x}_0 \in S$ をみつけることができる．みつからない場合には問題設定をみなおす必要がある．

(0) 目的関数 $f_0 = 0$ および $\boldsymbol{g}_0 = \boldsymbol{0}_{\mathbb{R}^d}$ とおいて，すべての不等式制約が満た

されるまで，あとのアルゴリズムで示される既定のステップを繰り返す．

3.7.1　簡単なアルゴリズム

上でみてきたことをふまえて，まずは，簡単なアルゴリズムについて考えてみよう．本項では，ステップサイズを調整するパラメータ c_a を決め打ちで与え，設計変数の更新後に不等式制約のチェックをおこなわないときのアルゴリズムの一例を示す．図 3.7.1 にその流れ図を示す．

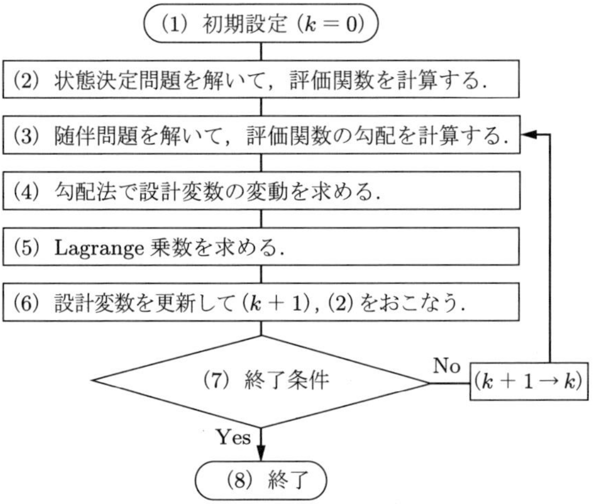

図 3.7.1　パラメータ調整なし制約つき問題に対する勾配法のアルゴリズム

アルゴリズム 3.7.2（パラメータ調整なし制約つき問題に対する勾配法）　問題 3.1.1 の極小点を次のようにして求める．

(1) 初期点 $\boldsymbol{x}_0$ を $f_1(\boldsymbol{x}_0) \leq 0, \ldots, f_m(\boldsymbol{x}_0) \leq 0$ が満たされるように定める．式 (3.7.10) の正定値行列 $\boldsymbol{A}$ とステップサイズを調整する正の定数 c_a，f_0 の収束判定に用いる正の定数 ϵ_0 および $f_1, \ldots, f_m$ の許容範囲を与える正の定数 $\epsilon_1, \ldots, \epsilon_m$ を定める．また，$k=0$ とおく．

(2) 状態決定問題を解いて，$\boldsymbol{x}_k$ において $f_0(\boldsymbol{x}_k), f_1(\boldsymbol{x}_k), \ldots, f_m(\boldsymbol{x}_k)$ を計算する．また，

$$I_{\mathrm{A}}(\boldsymbol{x}_k) = \{i \in \{1, \ldots, m\} \mid f_i(\boldsymbol{x}_k) \geq -\epsilon_i\}$$

とおく．

(3) $f_0, f_{i_1}, \ldots, f_{i_{|I_A|}}$ に対する随伴問題を解いて，$\boldsymbol{x}_k$ において $\boldsymbol{g}_0$，$\boldsymbol{g}_{i_1}, \ldots, \boldsymbol{g}_{i_{|I_A|}}$ を計算する．

(4) 式 (3.7.10) で $\boldsymbol{y}_{g0}$，$\boldsymbol{y}_{gi_1}, \ldots, \boldsymbol{y}_{gi_{|I_A|}}$ を計算する．

(5) 式 (3.7.12) で $\boldsymbol{\lambda}_{k+1}$ を求める．式 (3.7.9) の $I_{\mathrm{I}}(\boldsymbol{x}_k)$ が $\emptyset$ ではないときには，$I_{\mathrm{A}}(\boldsymbol{x}_k) \setminus I_{\mathrm{I}}(\boldsymbol{x}_k)$ を $I_{\mathrm{A}}(\boldsymbol{x}_k)$ とおきなおし，式 (3.7.12) を再度解く．

(6) 式 (3.7.11) で $\boldsymbol{y}_g$ を求め，$\boldsymbol{x}_{k+1} = \boldsymbol{x}_k + \boldsymbol{y}_g$ とおき，$f_0(\boldsymbol{x}_{k+1})$，$f_1(\boldsymbol{x}_{k+1}), \ldots, f_m(\boldsymbol{x}_{k+1})$ を計算する．また，

$$I_{\mathrm{A}}(\boldsymbol{x}_{k+1}) = \{i \in \{1, \ldots, m\} \mid f_i(\boldsymbol{x}_{k+1}) \geq -\epsilon_i\}$$

とおく．

(7) 終了条件 $|f_0(\boldsymbol{x}_{k+1}) - f_0(\boldsymbol{x}_k)| \leq \epsilon_0$ を判定する．
- 終了条件が満たされたとき，(8) に進む．
- そうではないとき，$k+1$ を k に代入し，(3) に戻る．

(8) 計算を終了する．

アルゴリズム 3.7.2 を使って，第 1 章の例題 1.1.6（平均コンプライアンス最小化問題の数値例）に対する試行点を求めてみよう．

□例題 3.7.3（平均コンプライアンス最小化問題の数値例） 例題 1.1.6 に対して，初期点を $\boldsymbol{a}_{(0)} = (1/2, 1/2)^{\mathrm{T}}$ とおき，アルゴリズム 3.7.2 を使って $k \in \{0, 1\}$ のときの試行点を求めよ．ただし，必要となる行列や数値は適当に定めよ．

▶解答 平均コンプライアンス $\tilde{f}_0(\boldsymbol{a})$ と体積に対する制約関数 $f_1(\boldsymbol{a})$ は，それぞれ

$$\tilde{f}_0(\boldsymbol{a}) = \frac{4}{a_1} + \frac{1}{a_2} \tag{3.7.13}$$
$$f_1(\boldsymbol{a}) = a_1 + a_2 - 1 \tag{3.7.14}$$

で与えられる．また，それらの断面積微分は

$$\boldsymbol{g}_0 = -\begin{pmatrix} 4/a_1^2 \\ 1/a_2^2 \end{pmatrix} \tag{3.7.15}$$

$$\boldsymbol{g}_1 = \begin{pmatrix} 1 \\ 1 \end{pmatrix} \tag{3.7.16}$$

となる．アルゴリズム 3.7.2 に沿って，数値を求めていく．ただし，ステップ数 k のときの設計変数を $\boldsymbol{a}_{(k)}$ とかくことにする．$\boldsymbol{b}_{g0(k)}$，$\boldsymbol{b}_{g1(k)}$ および $\lambda_{1(k)}$ も同様とする．

(1) 初期点 $\boldsymbol{a}_{(0)} = (1/2, 1/2)^{\mathrm{T}}$ では $f_1(\boldsymbol{a}_{(0)}) = 0$ は満たされる．式 (3.7.10) の正定値行列を $\boldsymbol{A} = \boldsymbol{I}$，ステップサイズを調整する正の定数を $c_a = 100$（あとで示される計算より，ステップサイズ $\|\boldsymbol{b}_{g(0)}\|_{\mathbb{R}^2} = 0.0848528$ となった），$\epsilon_0 = 10^{-3}\tilde{f}_0(\boldsymbol{a}_{(0)})$，$\epsilon_1 = 10^{-3}$ とおく．また，$k = 0$ とおく．

(2) 式 (3.7.13) と式 (3.7.14) より，$\tilde{f}_0(\boldsymbol{a}_{(0)}) = 10$ と $f_1(\boldsymbol{a}_{(0)}) = 0$ が得られる．また，$I_{\mathrm{A}}(\boldsymbol{a}_{(0)}) = \{1\}$ とおく．

(3) 式 (3.7.15) と式 (3.7.16) より，$\boldsymbol{g}_{0(0)} = -(16, 4)^{\mathrm{T}}$，$\boldsymbol{g}_{1(0)} = (1, 1)^{\mathrm{T}}$ が得られる．

(4) 式 (3.7.10) より，$\boldsymbol{b}_{g0(0)} = (0.16, 0.04)^{\mathrm{T}}$，$\boldsymbol{b}_{g1(0)} = -(0.01, 0.01)^{\mathrm{T}}$ が得られる．

(5) 式 (3.7.12) で $\boldsymbol{\lambda}_{1(1)} = 10$ が得られる．

(6) 式 (3.7.11) で $\boldsymbol{b}_{g(0)} = (0.06, -0.06)^{\mathrm{T}}$ を得て，$\boldsymbol{a}_{(1)} = \boldsymbol{a}_{(0)} + \boldsymbol{b}_{g(0)} = (0.56, 0.44)^{\mathrm{T}}$ とおき，$\tilde{f}_0(\boldsymbol{a}_{(1)}) = 9.41558$，$f_1(\boldsymbol{a}_{(1)}) = 0$ が得られる．また，$I_{\mathrm{A}}(\boldsymbol{a}_{(1)}) = \{1\}$ とおく．

(7) $|\tilde{f}_0(\boldsymbol{a}_{(1)}) - \tilde{f}_0(\boldsymbol{a}_{(0)})| = 0.584416 \geq \epsilon_0 = 0.01$ より，終了条件は満たされないと判定し，1 を k に代入し，(3) に戻る．

(3) 式 (3.7.15) と式 (3.7.16) より，$\boldsymbol{g}_{0(1)} = -(12.7551, 5.16529)^{\mathrm{T}}$，$\boldsymbol{g}_{1(1)} = (1, 1)^{\mathrm{T}}$ が得られる．

(4) 式 (3.7.10) より，$\boldsymbol{b}_{g0(1)} = (0.127551, 0.0516529)^{\mathrm{T}}$，$\boldsymbol{b}_{g1(1)} = -(0.01, 0.01)^{\mathrm{T}}$ が得られる．

(5) 式 (3.7.12) で $\boldsymbol{\lambda}_{1(2)} = 8.9602$ が得られる．

(6) 式 (3.7.11) で $\boldsymbol{b}_{g(1)} = (0.0379491, -0.0379491)^{\mathrm{T}}$ を得て，$\boldsymbol{a}_{(2)} = \boldsymbol{a}_{(1)} + \boldsymbol{b}_{g(1)} = (0.597949, 0.402051)^{\mathrm{T}}$ とおき，$\tilde{f}_0(\boldsymbol{a}_{(2)}) = 9.17678$，$f_1(\boldsymbol{a}_{(2)}) = 0$ が得られる．また，$I_{\mathrm{A}}(\boldsymbol{a}_{(1)}) = \{1\}$ とおく．

(7) $|\tilde{f}_0(\boldsymbol{a}_{(2)}) - \tilde{f}_0(\boldsymbol{a}_{(1)})| = 0.238804 \geq \epsilon_0 = 0.01$ より，終了条件は満たされないと判定し，2 を k に代入し，(3) に戻る．

図 3.7.2 にこれらとその後の結果を示す．ただし，$f_{0\,\mathrm{init}}$ は $k = 0$ のときの f_0 の値を示す．□

次に，例題 1.1.6 の目的関数と制約関数をいれかえてみよう．

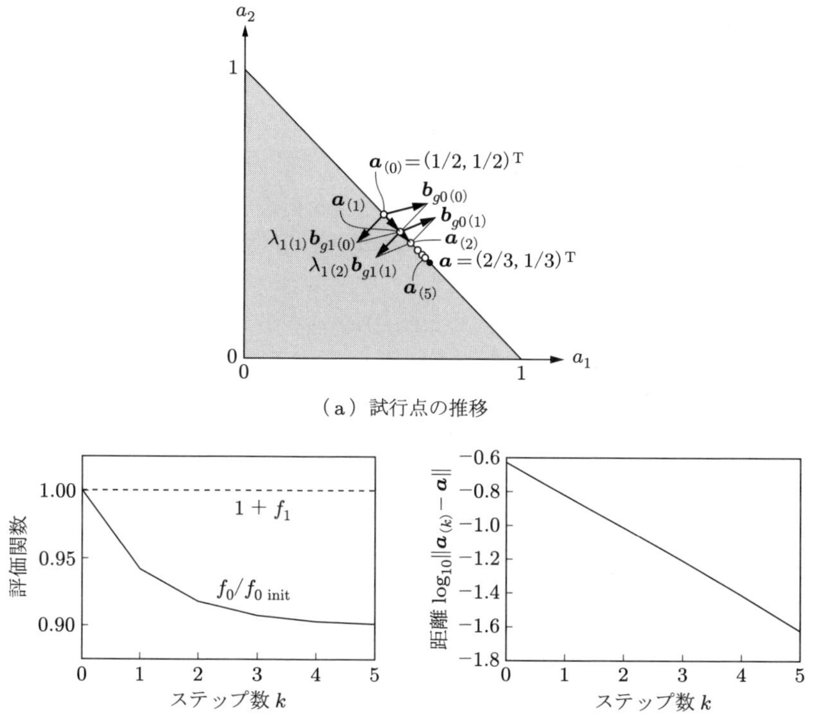

（a）試行点の推移

（b）評価関数の履歴

（c）最小点からの距離 $\|\boldsymbol{a}_k - \boldsymbol{a}\|_{\mathbb{R}^2}$

図 3.7.2 パラメータ調整なし制約つき問題に対する勾配法による平均コンプライアンス最小化問題の数値例

□例題 3.7.4（体積最小化問題の数値例） 目的関数と制約関数をそれぞれ

$$f_0(\boldsymbol{a}) = a_1 + a_2 \tag{3.7.17}$$

$$\tilde{f}_1(\boldsymbol{a}) = \frac{4}{a_1} + \frac{1}{a_2} - 9 \tag{3.7.18}$$

とおく．このとき，$\tilde{f}_1(\boldsymbol{a}) \leq 0$ を満たす制約のもとで $f_0(\boldsymbol{a})$ を最小化する問題（平均コンプライアンス制約つき体積最小化問題）に対して，初期点を $\boldsymbol{a}_{(0)} = (16/31, 4/5)^{\mathrm{T}} \approx (0.516, 0.8)^{\mathrm{T}}$ とおき，アルゴリズム 3.7.2 を使って $k \in \{0, 1\}$ のときの試行点を求めよ．ただし，必要となる行列や数値は適当に定めよ．

▶解答 評価関数 $f_0(\boldsymbol{a})$ と $\tilde{f}_1(\boldsymbol{a})$ の断面積微分はそれぞれ

$$\boldsymbol{g}_0 = \begin{pmatrix} 1 \\ 1 \end{pmatrix} \tag{3.7.19}$$

$$\boldsymbol{g}_1 = -\begin{pmatrix} 4/a_1^2 \\ 1/a_2^2 \end{pmatrix} \tag{3.7.20}$$

となる．アルゴリズム 3.7.2 に沿って，数値を求めていく．ここでも，ステップ数 k のときの設計変数を $\boldsymbol{a}_{(k)}$ とかくことにする．$\boldsymbol{b}_{g0(k)}$，$\boldsymbol{b}_{g1(k)}$ および $\lambda_{1(k)}$ も同様とする．

(1) 初期点 $\boldsymbol{a}_{(0)} = (16/31, 4/5)^{\mathrm{T}}$ のとき $\tilde{f}_1(\boldsymbol{a}_{(0)}) = 0$ は満たされる．式 (3.7.10) の正定値行列を $\boldsymbol{A} = \boldsymbol{I}$，ステップサイズを調整する正の定数を $c_a = 10$ （あとで示される計算より，ステップサイズ $\|\boldsymbol{b}_{g(0)}\|_{\mathbb{R}^2} = 0.089113$ となった），$\epsilon_0 = 10^{-3} f_1(\boldsymbol{a}_{(0)})$，$\epsilon_1 = 9 \times 10^{-3}$ とおく．また，$k = 0$ とおく．

(2) 式 (3.7.17) と式 (3.7.18) より，$f_0(\boldsymbol{a}_{(0)}) = 1.31613$ と $\tilde{f}_1(\boldsymbol{a}_{(0)}) = 0$ が得られる．また，$I_{\mathrm{A}}(\boldsymbol{a}_{(0)}) = \{1\}$ とおく．

(3) 式 (3.7.15) と式 (3.7.16) より，$\boldsymbol{g}_{0(0)} = (1, 1)^{\mathrm{T}}$，$\boldsymbol{g}_{1(0)} = -(15.0156, 1.5625)^{\mathrm{T}}$ が得られる．

(4) 式 (3.7.10) より，$\boldsymbol{b}_{g0(0)} = -(0.1, 0.1)^{\mathrm{T}}$，$\boldsymbol{b}_{g1(0)} = (1.50156, 0.15625)^{\mathrm{T}}$ が得られる．

(5) 式 (3.7.12) で $\boldsymbol{\lambda}_{1(1)} = 0.0727397$ が得られる．

(6) 式 (3.7.11) で $\boldsymbol{b}_{g(0)} = (0.00922315, -0.0886344)^{\mathrm{T}}$ を得て，$\boldsymbol{a}_{(1)} = \boldsymbol{a}_{(0)} + \boldsymbol{b}_{g(0)} = (0.525352, 0.711366)^{\mathrm{T}}$ とおき，$f_0(\boldsymbol{a}_{(1)}) = 1.23672$，$\tilde{f}_1(\boldsymbol{a}_{(1)}) = 0.019687$ が得られる．また，$I_{\mathrm{A}}(\boldsymbol{a}_{(1)}) = \{1\}$ とおく．

(7) $|f_0(\boldsymbol{a}_{(1)}) - f_0(\boldsymbol{a}_{(0)})| = 0.0794113 \geq \epsilon_0 = 0.00131613$ より，終了条件は満たされないと判定し，1 を k に代入し，(3) に戻る．

(3) 式 (3.7.15) と式 (3.7.16) より，$\boldsymbol{g}_{0(1)} = (1, 1)^{\mathrm{T}}$，$\boldsymbol{g}_{1(1)} = -(14.493, 1.97612)^{\mathrm{T}}$ が得られる．

(4) 式 (3.7.10) より，$\boldsymbol{b}_{g0(1)} = -(0.1, 0.1)^{\mathrm{T}}$，$\boldsymbol{b}_{g1(1)} = (1.4493, 0.197612)^{\mathrm{T}}$ が得られる．

(5) 式 (3.7.12) で $\boldsymbol{\lambda}_{1(2)} = 0.0769756$ が得られる．

(6) 式 (3.7.11) で $\boldsymbol{b}_{g(1)} = (0.0115609, -0.0847887)^{\mathrm{T}}$ を得て，$\boldsymbol{a}_{(2)} = \boldsymbol{a}_{(1)} + \boldsymbol{b}_{g(1)} = (0.536913, 0.626577)^{\mathrm{T}}$ とおき，$f_0(\boldsymbol{a}_{(2)}) = 1.16349$，$\tilde{f}_1(\boldsymbol{a}_{(2)}) = 0.0459682$ が得られる．また，$I_{\mathrm{A}}(\boldsymbol{a}_{(1)}) = \{1\}$ とおく．

(7) $|f_0(\boldsymbol{a}_{(2)}) - f_0(\boldsymbol{a}_{(1)})| = 0.0732277 \geq \epsilon_0 = 0.00131613$ より，終了条件は満たされないと判定し，2 を k に代入し，(3) に戻る．

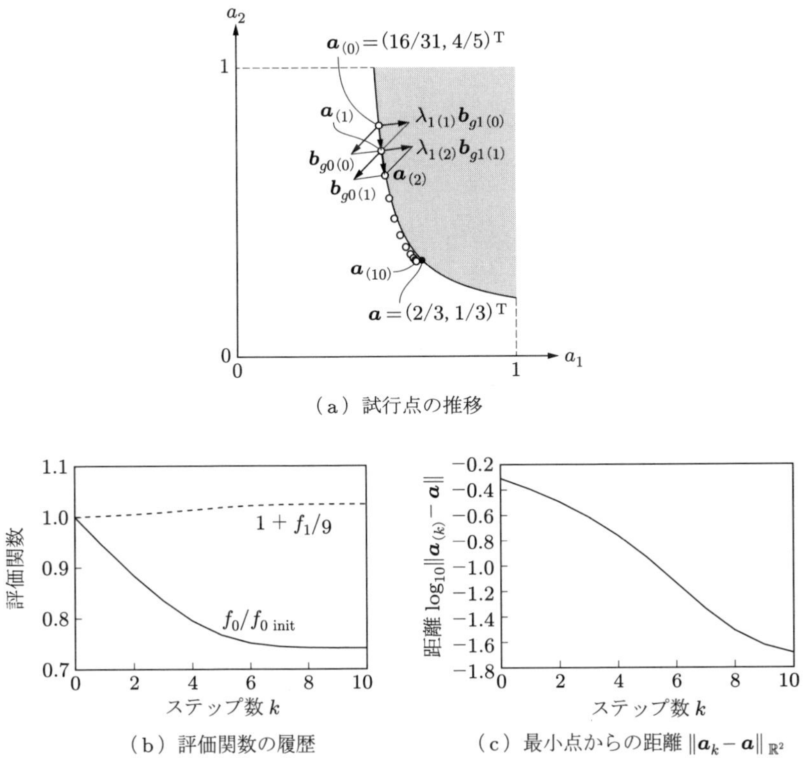

図 3.7.3 パラメータ調整なし制約つき問題に対する勾配法による体積最小化問題の数値例

図 3.7.3 にこれらとその後の結果を示す. □

例題 3.7.3 では, $f_1(\boldsymbol{a}_{(1)}) = f_1(\boldsymbol{a}_{(2)}) = 0$ のように, 制約は常に満たされていた. しかし, 例題 3.7.4 では, $\tilde{f}_1(\boldsymbol{a}_{(1)}) = 0.019687$ および $\tilde{f}_1(\boldsymbol{a}_{(2)}) = 0.0459682$ のように, 制約は満たされておらず, 反復を繰り返すごとにその超過量は拡大した. このようなことを防ぐ方法については, 次の項で考えることにしよう.

3.7.2 複雑なアルゴリズム

次に, 簡単なアルゴリズム (アルゴリズム 3.7.2) に次のような機能を追加することを考えよう.

(i) ステップサイズの初期値 ϵ_g を与えて, $\|\boldsymbol{y}_g\|_X = \epsilon_g$ となるように c_a を

決定する機能

(ii) 設計変数が $\boldsymbol{x}_{k+1}$ に更新されたとき，$i \in I_{\mathrm{A}}(\boldsymbol{x}_{k+1})$ に対して，$|f_i(\boldsymbol{x}_{k+1})| \leq \epsilon_i$ と $\lambda_{i\,k+1} \geq 0$ が満たされるように $\boldsymbol{\lambda}_{k+1} = (\lambda_{i\,k+1})_{i \in I_{\mathrm{A}}(\boldsymbol{x}_{k+1})}$ を修正する機能

(iii) 目的関数 f_0 の収束判定値 ϵ_0 に対して，制約関数 $f_1, \ldots, f_m$ の許容値 $\epsilon_1, \ldots, \epsilon_m$ を適切化する機能

(iv) 大域的収束性が保証されるようにステップサイズ $\|\boldsymbol{y}_g\|_X$ を調整する機能

上記 (i) は，アルゴリズム 3.3.5 と同様に，式 (3.3.7) で c_a を求めることで解決される．あとで示されるアルゴリズム 3.7.6 では，ステップ (6) に取り入れられている．

また，上記 (ii) については次のような方法が考えられる．アルゴリズム 3.7.2 のステップ (5) で計算された $\boldsymbol{\lambda}_{k+1}$ は，制約つき問題に対する勾配法（問題 3.7.1）の KKT 条件は満たしていても，有効な不等式制約関数の非線形性により，$\boldsymbol{x}_{k+1}$ において指定された許容範囲で満たしているとは限らない．$\boldsymbol{x}_{k+1}$ で不等式制約が指定された許容範囲で満たすためには，$\boldsymbol{\lambda}_{k+1}$ が修正されて，それにより式 (3.7.11) で $\boldsymbol{y}_g$ が修正され，その結果，$\boldsymbol{x}_{k+1}$ は $\boldsymbol{x}_k + \boldsymbol{y}_g$ に更新される必要がある．ここでは，$\boldsymbol{\lambda}_{k+1} = \boldsymbol{\lambda}_{0\,k+1}$ とおき，$l \in \{0, 1, 2, \ldots\}$ に対して $\boldsymbol{\lambda}_{l\,k+1}$ を与えて $\boldsymbol{\lambda}_{l+1\,k+1}$ を求める計算を繰り返すことを考える．そこでは，非線形方程式の解法である Newton–Raphson 法（問題 3.5.1）が使われる．

その方法は次のようである．$i \in I_{\mathrm{A}}(\boldsymbol{x}_{k+1})$ に対して $f_i(\boldsymbol{x}_k + \boldsymbol{y}_g(\boldsymbol{\lambda}_{l\,k+1}))$ を $\bar{f}_i(\boldsymbol{\lambda}_{l\,k+1})$ とかくことにする．Newton–Raphson 法の説明では，$k \in \{0, 1, 2, \ldots\}$ に対して式 (3.5.7) の関数 $\boldsymbol{f}(\boldsymbol{x}_k + \boldsymbol{y}_g) = \boldsymbol{0}_{\mathbb{R}^d}$ を考えた．ここでは，$l \in \{0, 1, 2, \ldots\}$ に対して $(\bar{f}_i(\boldsymbol{\lambda}_{l\,k+1} + \delta\boldsymbol{\lambda}))_{i \in I_{\mathrm{A}}} = \boldsymbol{0}_{\mathbb{R}^{|I_{\mathrm{A}}|}}$ を考える．また，$\boldsymbol{y}_g(\boldsymbol{\lambda}_{l\,k+1})$ は式 (3.7.11) で定義された $\boldsymbol{\lambda}_{l\,k+1}$ の 1 次関数であることを考慮して，式 (3.5.7) の $\boldsymbol{G}(\boldsymbol{x}_k)$ のかわりに $(\boldsymbol{g}_i(\boldsymbol{\lambda}_{l\,k+1}) \cdot \boldsymbol{y}_{gj}(\boldsymbol{\lambda}_{l\,k+1}))_{(i,j) \in I_{\mathrm{A}}^2}$ を考える．このとき，式 (3.5.8) にかわって，

$$
\begin{aligned}
\delta\boldsymbol{\lambda} &= (\delta\lambda_j)_{j \in I_{\mathrm{A}}} \\
&= -(\boldsymbol{g}_i(\boldsymbol{\lambda}_{l\,k+1}) \cdot \boldsymbol{y}_{gj}(\boldsymbol{\lambda}_{l\,k+1}))^{-1}_{(i,j) \in I_{\mathrm{A}}^2} (f_i(\boldsymbol{\lambda}_{l\,k+1}))_{i \in I_{\mathrm{A}}} \qquad (3.7.21)
\end{aligned}
$$

が得られる．式 (3.7.21) の $\delta\boldsymbol{\lambda}$ を用いて，$\boldsymbol{\lambda}_{k+1}$ は $\boldsymbol{\lambda}_{l+1\,k+1} = \boldsymbol{\lambda}_{l\,k+1} + \delta\boldsymbol{\lambda}$ に更新されることになる．さらに，式 (3.7.11) により $\boldsymbol{y}_g$ は $\boldsymbol{y}_g(\boldsymbol{\lambda}_{l+1\,k+1})$ に修正される．その結果，$\boldsymbol{x}_{k+1} = \boldsymbol{x}_k + \boldsymbol{y}_g$ は $\boldsymbol{x}_{l+1\,k+1} = \boldsymbol{x}_k + \boldsymbol{y}_g(\boldsymbol{\lambda}_{l+1\,k+1})$ に更

新される．この更新は，あとで示されるアルゴリズム 3.7.6 のステップ (11) の中で使われている．

例題 3.7.4 に対して，$\boldsymbol{\lambda}_{k+1}$ を修正する方法を試してみよう．

□例題 3.7.5（体積最小化問題の数値例） 例題 3.7.4 では，$\tilde{f}_1(\boldsymbol{a}_{(1)}) = 0.019687$ であった．式 (3.7.21) を用いて，$\lambda_{1(1)} = 0.0727397$ を修正し，$\tilde{f}_1(\boldsymbol{a}_{(1)[l]}) \leq 10^{-4}$ が成り立つような試行点 $\boldsymbol{a}_{(1)[l]}$ を求めよ．ただし，ステップ数 k において修正回数 l のときの λ_1 を $\lambda_{1(k+1)[l]}$ とかくことにする．

▶解答 式 (3.7.21) を例題 3.7.4 に適用すれば，

$$\delta\lambda_1 = -\frac{\tilde{f}_1(\boldsymbol{a}_{(1)[l]})}{\boldsymbol{g}_{1(0)[l]} \cdot \boldsymbol{b}_{g1(0)[l]}} \tag{3.7.22}$$

となる．$l = 0$ のとき，$\boldsymbol{a}_{(1)[0]} = \boldsymbol{a}_{(1)}$，$\boldsymbol{g}_{1(0)[0]} = \boldsymbol{g}_{1(0)}$ および $\boldsymbol{b}_{g1(0)[0]} = \boldsymbol{b}_{g1(0)}$ より，$\delta\lambda_1 = 0.000863807$ が得られる．そこで，λ_1 を

$$\lambda_{1(1)[1]} = \lambda_1 + \delta\lambda_1 = 0.0736035$$

に更新する．この $\lambda_{1(1)[1]}$ を用いて，式 (3.7.11) で $\boldsymbol{b}_{g(0)}$ を再計算すれば，

$$\boldsymbol{b}_{g(0)[1]} = (0.0105202, -0.0884995)^{\mathrm{T}}$$

となる．この探索ベクトルを用いて設計変数を更新すれば，

$$\boldsymbol{a}_{(1)[1]} = \boldsymbol{a}_{(1)} + \boldsymbol{b}_{g(0)[1]} = (0.526649, 0.711501)^{\mathrm{T}}$$

となる．このとき，$\tilde{f}_1(\boldsymbol{a}_{(1)[1]}) = 0.00066837 > 10^{-4}$ となる．許容制約条件は満たされない．

そこで，$l = 1$ とおいて，上記のステップを繰り返す．式 (3.7.22) を適用し，

$$\delta\lambda_1 = -\frac{\tilde{f}_1(\boldsymbol{a}_{(1)[1]})}{\boldsymbol{g}_{1(0)[1]} \cdot \boldsymbol{b}_{g1(0)[1]}} = 0.000029326$$

が得られる．そこで，λ_1 を

$$\lambda_{1(1)[2]} = \lambda_{1(1)[1]} + \delta\lambda_1 = 0.0736328$$

に更新する．この $\lambda_{1(1)[2]}$ を用いて，式 (3.7.11) で $\boldsymbol{b}_{g(0)}$ を再計算すれば，

$$\boldsymbol{b}_{g(0)[2]} = (0.0105202, -0.0884995)^{\mathrm{T}}$$

となる．この探索ベクトルを用いて設計変数を更新すれば，

$$\boldsymbol{a}_{(1)[2]} = \boldsymbol{a}_{(1)} + \boldsymbol{b}_{g(0)[2]} = (0.526693, 0.711505)^{\mathrm{T}}$$

となる．このとき，$\tilde{f}_1(\boldsymbol{a}_{(1)[2]}) = 0.0000243138 \leq 10^{-4}$ となる．□

さらに，上記 (iii) については，次のような方法が考えられる．原問題（問題 3.1.1）の Lagrange 関数は

$$\mathscr{L}(\boldsymbol{x}, \boldsymbol{\lambda}) = f_0(\boldsymbol{x}) + \sum_{i \in I_{\mathrm{A}}(\boldsymbol{x})} \lambda_i f_i(\boldsymbol{x}) \tag{3.7.23}$$

で与えられる．$i \in I_{\mathrm{A}}(\boldsymbol{x}_k)$ に対して，$|f_i(\boldsymbol{x}_k)| \leq \epsilon_i$ が満たされているとき，$\mathscr{L}(\boldsymbol{x}_k, \boldsymbol{\lambda}_k) \approx f_0(\boldsymbol{x}_k)$ が成り立つためには

$$\epsilon_0 \gg \sum_{i \in I_{\mathrm{A}}(\boldsymbol{x}_k)} \lambda_{ki} \epsilon_i \tag{3.7.24}$$

である必要がある．そこで，この条件が満たされるようにするために，σ を 1 よりも十分小さい正の定数として，制約許容値の規準を，すべての $i \in I_{\mathrm{A}}(\boldsymbol{x}_k)$ に対して，

$$\epsilon_i \leq \frac{\sigma \epsilon_0}{|I_{\mathrm{A}}(\boldsymbol{x}_k)| \lambda_{ki}} \tag{3.7.25}$$

が成り立つことであるとする．この条件が満たされない i がある場合には，ϵ_i に $\sigma\epsilon_0/(|I_{\mathrm{A}}(\boldsymbol{x}_k)|\lambda_{ki})$ よりも小さな値を代入することで規準が満たされるようにする．このような制約許容値の規準は，このあとで示されるアルゴリズム 3.7.6 のステップ (12) で使われている．

一方, 上記 (iv) については, Lagrange 関数に対して Armijo の規準と Wolfe の規準が満たされるようにステップサイズ $\|\boldsymbol{y}_g\|_X$（すなわち c_a）を決定する方法が考えられる．大域的収束性を保証する根拠となった定理 3.4.7 では, 制約なしの問題を対象にしていた．ここでは, 上記 (ii) と (iii) により，$\boldsymbol{x}_k$ と $\boldsymbol{x}_{k+1} = \boldsymbol{x}_k + \boldsymbol{y}_g$ において KKT 条件が満たされていると仮定する（あとで示されるアルゴリズム 3.7.6 では，ステップサイズが調整されたあとで KKT 条件が満たされるようになっている）．このとき, Lagrange 関数は f_0 と一致し, 制約なし問題に対する Armijo の規準と Wolfe の規準を適用することが可能となる．実際に，それらの規準を示しておこう．原問題（問題 3.1.1）の Lagrange 関数を式 (3.7.23) とお

く．$f_0(\boldsymbol{x}_k), f_{i_1}(\boldsymbol{x}_k), \ldots, f_{i_{|I_{\mathrm{A}}|}}(\boldsymbol{x}_k)$ の勾配を $\boldsymbol{g}_0(\boldsymbol{x}_k), \boldsymbol{g}_{i_1}(\boldsymbol{x}_k), \ldots, \boldsymbol{g}_{i_{|I_{\mathrm{A}}|}}(\boldsymbol{x}_k)$ とかき，$f_0(\boldsymbol{x}_k + \boldsymbol{y}_g), f_{i_1}(\boldsymbol{x}_k + \boldsymbol{y}_g), \ldots, f_{i_{|I_{\mathrm{A}}|}}(\boldsymbol{x}_k + \boldsymbol{y}_g)$ の勾配を $\boldsymbol{g}_0(\boldsymbol{x}_k + \boldsymbol{y}_g), \boldsymbol{g}_{i_1}(\boldsymbol{x}_k + \boldsymbol{y}_g), \ldots, \boldsymbol{g}_{i_{|I_{\mathrm{A}}|}}(\boldsymbol{x}_k + \boldsymbol{y}_g)$ とかくことにする．このとき，Armijo の規準は $\xi \in (0,1)$ に対して

$$
\begin{aligned}
&\mathscr{L}(\boldsymbol{x}_k + \boldsymbol{y}_g, \boldsymbol{\lambda}_{k+1}) - \mathscr{L}(\boldsymbol{x}_k, \boldsymbol{\lambda}_k) \\
&\quad \le \xi \left(\boldsymbol{g}_0(\boldsymbol{x}_k) + \sum_{i \in I_{\mathrm{A}}(\boldsymbol{x}_k)} \lambda_{ki} \boldsymbol{g}_i(\boldsymbol{x}_k) \right) \cdot \boldsymbol{y}_g
\end{aligned}
\tag{3.7.26}
$$

となる．また，Wolfe の規準は μ $(0 < \xi < \mu < 1)$ に対して

$$
\begin{aligned}
&\mu \left(\boldsymbol{g}_0(\boldsymbol{x}_k) + \sum_{i \in I_{\mathrm{A}}(\boldsymbol{x}_k)} \lambda_{ki} \boldsymbol{g}_i(\boldsymbol{x}_k) \right) \cdot \boldsymbol{y}_g \\
&\quad \le \left(\boldsymbol{g}_0(\boldsymbol{x}_k + \boldsymbol{y}_g) + \sum_{i \in I_{\mathrm{A}}(\boldsymbol{x}_{k+1})} \lambda_{i\,k+1} \boldsymbol{g}_i(\boldsymbol{x}_k + \boldsymbol{y}_g) \right) \cdot \boldsymbol{y}_g
\end{aligned}
\tag{3.7.27}
$$

で与えられる．これらの規準は，このあとで示されるアルゴリズム 3.7.6 のステップ (8) と (10) で使われている．

以上のような方法を組み込んだアルゴリズムの一例を次に示す．図 3.7.4 にその流れ図を示す．

アルゴリズム 3.7.6（パラメータ調整あり制約つき問題に対する勾配法） 問題 3.1.1 の極小点を次のようにして求める．

(1) 初期点 $\boldsymbol{x}_0$ を $f_1(\boldsymbol{x}_0) \le 0, \ldots, f_m(\boldsymbol{x}_0) \le 0$ が満たされるように定める．式 (3.7.10) の正定値行列 $\boldsymbol{A}$ と初期ステップサイズ ϵ_g，f_0 の収束判定値 ϵ_0，$f_1, \ldots, f_m$ の許容範囲の初期値 $\epsilon_1, \ldots, \epsilon_m$，Armijo と Wolfe の規準値 ξ と μ $(0 < \xi < \mu < 1)$ および制約許容値の規準値 σ $(\ll 1)$ を定める．また，$c_a = 1$，$k = 0$ および $l = 0$ とおく．

(2) 状態決定問題を解いて，$\boldsymbol{x}_k$ において $f_0(\boldsymbol{x}_k), f_1(\boldsymbol{x}_k), \ldots, f_m(\boldsymbol{x}_k)$ を計算する．また，

$$
I_{\mathrm{A}}(\boldsymbol{x}_k) = \{ i \in \{1, \ldots, m\} \mid f_i(\boldsymbol{x}_k) \ge -\epsilon_i \}
$$

とおく．

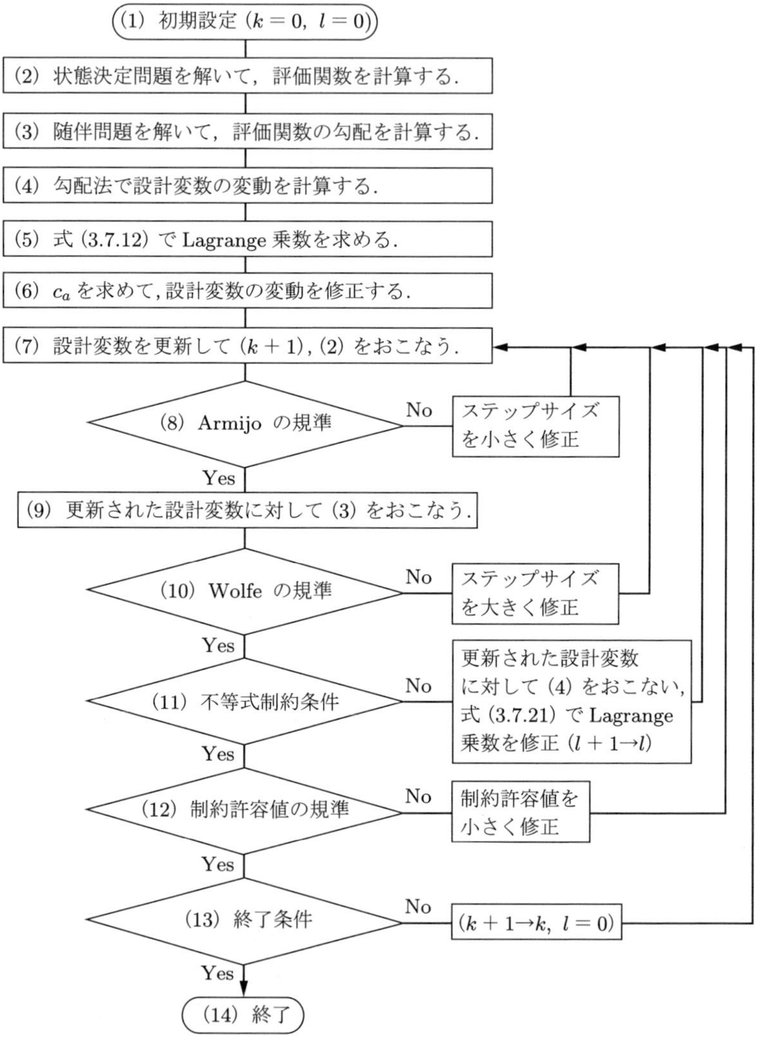

図 3.7.4 パラメータ調整あり制約つき問題に対する勾配法のアルゴリズム

(3) $f_0, f_1, \dots, f_{i_{|I_\mathrm{A}|}}$ に対する随伴問題を解いて，$\boldsymbol{x}_k$ において $\boldsymbol{g}_0, \boldsymbol{g}_{i_1}, \dots, \boldsymbol{g}_{i_{|I_\mathrm{A}|}}$ を計算する．

(4) 式 (3.7.10) で $\boldsymbol{y}_{g0}, \boldsymbol{y}_{gi_1}, \dots, \boldsymbol{y}_{gi_{|I_\mathrm{A}|}}$ を計算する．

(5) 式 (3.7.12) で $\boldsymbol{\lambda}_{k+1} = \boldsymbol{\lambda}_{l\,k+1}$ を求める．式 (3.7.9) の $I_\mathrm{I}(\boldsymbol{x}_k)$ が $\emptyset$ ではないときには，$I_\mathrm{A}(\boldsymbol{x}_k) \setminus I_\mathrm{I}(\boldsymbol{x}_k)$ を $I_\mathrm{A}(\boldsymbol{x}_k)$ とおきなおし，式 (3.7.12) を再度解く．

(6) 式 (3.7.11) で $\boldsymbol{y}_g$ を求める．$\boldsymbol{y}_g = \bar{\boldsymbol{y}}_g$ とおき，式 (3.3.7) で c_a を求める．また，$i \in I_\mathrm{A}(\boldsymbol{x}_k)$ に対して $\bar{\boldsymbol{y}}_{gi}/c_a$ を $\boldsymbol{y}_{gi}$ に代入する．

(7) $\boldsymbol{x}_{l\,k+1} = \boldsymbol{x}_k + \boldsymbol{y}_g(\boldsymbol{\lambda}_{l\,k+1})$ とおき，$f_0(\boldsymbol{x}_{l\,k+1}), f_1(\boldsymbol{x}_{l\,k+1}), \dots, f_m(\boldsymbol{x}_{l\,k+1})$ を計算する．また，

$$I_\mathrm{A}(\boldsymbol{x}_{k+1}) = \{i \in \{1, \dots, m\} \mid f_i(\boldsymbol{x}_{l\,k+1}) \geq -\epsilon_i\}$$

とおく．

(8) $\boldsymbol{\lambda}_{k+1} = \boldsymbol{\lambda}_{l\,k+1}$ とおき，Armijo の規準（式 (3.7.26)）を判定する．
- 満たされていれば，次に進む．
- そうではないとき，$\alpha > 1$ として αc_a を c_a に代入し，$\boldsymbol{y}_{g0}/c_a, \boldsymbol{y}_{gi_1}/c_a, \dots, \boldsymbol{y}_{gi_{|I_\mathrm{A}|}}/c_a$ を $\boldsymbol{y}_{g0}, \boldsymbol{y}_{gi_1}, \dots, \boldsymbol{y}_{gi_{|I_\mathrm{A}|}}$ に代入し，(7) に戻る．

(9) $\boldsymbol{x}_{k+1}$ において $\boldsymbol{g}_0, \boldsymbol{g}_{i_1}, \dots, \boldsymbol{g}_{i_{|I_\mathrm{A}|}}$ を計算する．

(10) $\boldsymbol{\lambda}_{k+1} = \boldsymbol{\lambda}_{l\,k+1}$ とおき，Wolfe の規準（式 (3.7.27)）を判定する．
- 満たされていれば，次に進む．
- そうではないとき，$\beta \in (0,1)$ として βc_a を c_a に代入し，$\beta\boldsymbol{y}_{g0}, \beta\boldsymbol{y}_{gi_1}, \dots, \beta\boldsymbol{y}_{gi_{|I_\mathrm{A}|}}$ を $\boldsymbol{y}_{g0}, \boldsymbol{y}_{gi_1}, \dots, \boldsymbol{y}_{gi_{|I_\mathrm{A}|}}$ に代入し，(7) に戻る．

(11) すべての $i \in I_\mathrm{A}(\boldsymbol{x}_{k+1})$ に対して，$|f_i(\boldsymbol{x}_{k+1})| \leq \epsilon_i$ を判定する．
- 満たされていれば，次に進む．
- そうではないとき，$\boldsymbol{x}_{k+1}$ において $\boldsymbol{g}_0, \boldsymbol{g}_{i_1}, \dots, \boldsymbol{g}_{i_{|I_\mathrm{A}|}}$ を計算し，式 (3.7.10) で $\boldsymbol{y}_{g0}, \boldsymbol{y}_{gi_1}, \dots, \boldsymbol{y}_{gi_{|I_\mathrm{A}|}}$ を計算し，式 (3.7.21) で $\delta\boldsymbol{\lambda}$ を求め，$\boldsymbol{\lambda}_{l+1\,k+1} = \boldsymbol{\lambda}_{l\,k+1} + \delta\boldsymbol{\lambda}$ とおく．$l+1$ を l に代入して (7) に戻る．

(12) すべての $i \in I_\mathrm{A}(\boldsymbol{x}_{k+1})$ に対して，制約許容値の規準（式 (3.7.25)）

を判定する．

- 満たされていれば，次に進む．
- そうではないとき，満たされない i に対して，$\beta \in (0,1)$ として $\beta\sigma\epsilon_0/(|I_{\mathrm{A}}(\boldsymbol{x}_{k+1})|\lambda_{i\,k+1})$ を ϵ_i に代入し，(7) に戻る．

(13) 終了条件 $|f_0(\boldsymbol{x}_{k+1}) - f_0(\boldsymbol{x}_k)| \le \epsilon_0$ を判定する．

- 終了条件が満たされたとき，(14) に進む．
- そうではないとき，$k+1$ を k に代入し，$l=0$ とおき，(7) に戻る．

(14) 計算を終了する．

3.8 制約つき問題に対する Newton 法

評価関数の $\boldsymbol{x}$ の変動に対する Hesse 行列が得られる場合には，勾配法を Newton 法に変更することができる．その方法を**制約つき問題に対する Newton 法**とよぶことにする．ここでは，$f_0, f_1, \ldots, f_m$ の Hesse 行列を $\boldsymbol{H}_0, \boldsymbol{H}_1, \ldots, \boldsymbol{H}_m$ とかくことにする．また，混乱がないときには $I_{\mathrm{A}}(\boldsymbol{x}_k)$ を I_{A} とかくことにする．

制約つき問題に対する勾配法（問題 3.7.1）に対して定義された式 (3.7.3) の Lagrange 関数 $\mathscr{L}_{\mathrm{Q}}$ を，ここでは，

$$
\begin{aligned}
&\mathscr{L}_{\mathrm{Q}}(\boldsymbol{y}, \boldsymbol{\lambda}_{k+1}) \\
&\quad = \frac{1}{2}\boldsymbol{y}\cdot(\boldsymbol{H}_0(\boldsymbol{x}_k)\boldsymbol{y}) + \boldsymbol{g}_0(\boldsymbol{x}_k)\cdot\boldsymbol{y} + f_0(\boldsymbol{x}_k) \\
&\qquad + \sum_{i\in I_{\mathrm{A}}(\boldsymbol{x}_k)} \left\{\lambda_{i\,k+1}(f_i + \boldsymbol{g}_i\cdot\boldsymbol{y}) + \lambda_{ik}\frac{1}{2}\boldsymbol{y}\cdot(\boldsymbol{H}_i(\boldsymbol{x}_k)\boldsymbol{y})\right\}
\end{aligned}
\tag{3.8.1}
$$

におきかえる．ここで，$\boldsymbol{\lambda}_k = (\lambda_{ik})_i$ は前のステップで得られた Lagrange 乗数とする．$k=0$ のときには，制約つき問題に対する勾配法で使われた方法で決定されると仮定する．この $\mathscr{L}_{\mathrm{Q}}$ は，次の問題の Lagrange 関数となっている．

問題 3.8.1（制約つき問題に対する Newton 法）

問題 3.1.1 の試行点 $\boldsymbol{x}_k \in X$ において，Lagrange 乗数 $\boldsymbol{\lambda}_k \in \mathbb{R}^{|I_{\mathrm{A}}|}$ は式 (3.7.5) から式 (3.7.7)（ただし，$k+1$ を k とみなす）を満たすとする．また，$f_0(\boldsymbol{x}_k), f_{i_1}(\boldsymbol{x}_k)=0, \ldots, f_{i_{|I_{\mathrm{A}}|}}(\boldsymbol{x}_k)=0$ および $\boldsymbol{g}_0(\boldsymbol{x}_k), \boldsymbol{g}_{i_1}(\boldsymbol{x}_k), \ldots,$

$\boldsymbol{g}_{i_{|I_{\mathrm{A}}|}}(\boldsymbol{x}_k)$ と $\boldsymbol{H}_0(\boldsymbol{x}_k), \boldsymbol{H}_{i_1}(\boldsymbol{x}_k), \ldots, \boldsymbol{H}_{i_{|I_{\mathrm{A}}|}}(\boldsymbol{x}_k)$ を既知として，

$$\boldsymbol{H}_{\mathscr{L}}(\boldsymbol{x}_k) = \boldsymbol{H}_0(\boldsymbol{x}_k) + \sum_{i \in I_{\mathrm{A}}(\boldsymbol{x}_k)} \lambda_{ik} \boldsymbol{H}_i(\boldsymbol{x}_k) \tag{3.8.2}$$

とおく．このとき，

$$q(\boldsymbol{y}_g) = \min_{\boldsymbol{y} \in X} \left\{ q(\boldsymbol{y}) = \frac{1}{2} \boldsymbol{y} \cdot (\boldsymbol{H}_{\mathscr{L}}(\boldsymbol{x}_k) \boldsymbol{y}) + \boldsymbol{g}_0(\boldsymbol{x}_k) \cdot \boldsymbol{y} + f_0(\boldsymbol{x}_k) \right| \\ \left. f_i(\boldsymbol{x}_k) + \boldsymbol{g}_i(\boldsymbol{x}_k) \cdot \boldsymbol{y} \leq 0 \text{ for } i \in I_{\mathrm{A}}(\boldsymbol{x}_k) \right\}$$

を満たす $\boldsymbol{x}_{k+1} = \boldsymbol{x}_k + \boldsymbol{y}_g$ を求めよ．

問題 3.8.1 は，2 次最適化問題に分類される．$\boldsymbol{H}_{\mathscr{L}}(\boldsymbol{x}_k)$ は正定値実対称行列とは限らないが，そのような性質が満たされたときは，問題 3.8.1 は凸最適化問題となる．ここでも，この問題に対する KKT 条件を用いて，$\boldsymbol{y}_g$ をみつける方法について考えてみよう．

問題 3.8.1 の最小点 $\boldsymbol{y}_g$ における KKT 条件は，

$$\boldsymbol{H}_{\mathscr{L}}(\boldsymbol{x}_k) \boldsymbol{y}_g + \boldsymbol{g}_0(\boldsymbol{x}_k) + \sum_{i \in I_{\mathrm{A}}(\boldsymbol{x}_k)} \lambda_{i\,k+1} \boldsymbol{g}_i(\boldsymbol{x}_k) = \boldsymbol{0}_{X'} \tag{3.8.3}$$

$$f_i(\boldsymbol{x}_{k+1}) = f_i(\boldsymbol{x}_k) + \boldsymbol{g}_i(\boldsymbol{x}_k) \cdot \boldsymbol{y}_g \leq 0 \quad \text{for } i \in I_{\mathrm{A}}(\boldsymbol{x}_k) \tag{3.8.4}$$

$$\lambda_{i\,k+1}(f_i(\boldsymbol{x}_k) + \boldsymbol{g}_i(\boldsymbol{x}_k) \cdot \boldsymbol{y}_g) = 0 \quad \text{for } i \in I_{\mathrm{A}}(\boldsymbol{x}_k) \tag{3.8.5}$$

$$\lambda_{i\,k+1} \geq 0 \quad \text{for } i \in I_{\mathrm{A}}(\boldsymbol{x}_k) \tag{3.8.6}$$

となる．これらを満たす $(\boldsymbol{y}_g, \boldsymbol{\lambda}_{k+1}) \in X \times \mathbb{R}^{|I_{\mathrm{A}}|}$ は次のようにして求められる．すべての $i \in I_{\mathrm{A}}(\boldsymbol{x}_k)$ に対して，不等式制約が有効であると仮定すれば，式 (3.8.3) と式 (3.8.4) は

$$\begin{pmatrix} \boldsymbol{H}_{\mathscr{L}} & \boldsymbol{G}^{\mathrm{T}} \\ \boldsymbol{G} & \boldsymbol{0}_{\mathbb{R}^{|I_{\mathrm{A}}| \times |I_{\mathrm{A}}|}} \end{pmatrix} \begin{pmatrix} \boldsymbol{y}_g \\ \boldsymbol{\lambda}_{k+1} \end{pmatrix} = -\begin{pmatrix} \boldsymbol{g}_0 \\ (f_i)_{i \in I_{\mathrm{A}}} \end{pmatrix} \tag{3.8.7}$$

となる．ただし，

$$\boldsymbol{G}^{\mathrm{T}} = (\boldsymbol{g}_{i_1}(\boldsymbol{x}_k) \quad \cdots \quad \boldsymbol{g}_{i_{|I_{\mathrm{A}}(\boldsymbol{x}_k)|}}(\boldsymbol{x}_k))$$

とする．$\boldsymbol{g}_{i_1}, \ldots, \boldsymbol{g}_{i_{|I_{\mathrm{A}}|}}$ が1次独立で，かつ $\boldsymbol{H}_{\mathscr{L}}$ が正則ならば，式 (3.8.7) は $(\boldsymbol{y}_g, \boldsymbol{\lambda}_{k+1})$ について可解となる．この連立1次方程式の解に対して，

$$I_{\mathrm{I}}(\boldsymbol{x}_k) = \{i \in I_{\mathrm{A}}(\boldsymbol{x}_k) \mid \lambda_{i\,k+1} < 0\} \tag{3.8.8}$$

を無効な制約条件の集合とおき，$I_{\mathrm{I}}(\boldsymbol{x}_k) \neq \emptyset$ のときには $I_{\mathrm{A}}(\boldsymbol{x}_k) \setminus I_{\mathrm{I}}(\boldsymbol{x}_k)$ を $I_{\mathrm{A}}(\boldsymbol{x}_k)$ とおきなおし，式 (3.8.7) を再度解くことにする．このようにして得られた $(\boldsymbol{y}_g, \boldsymbol{\lambda}_{k+1}) \in X \times \mathbb{R}^{|I_{\mathrm{A}}|}$ は，式 (3.8.3)〜(3.8.6) を満たすことになる．

また，制約つき問題に対する勾配法（3.7節）においても示されたように，式 (3.8.7) の連立1次方程式を直接解くかわりに，次のような方法も考えられる．$i \in I_{\mathrm{A}}(\boldsymbol{x}_k)$ ごとに $\boldsymbol{g}_i$ に対して

$$\boldsymbol{y}_{gi} = -\boldsymbol{H}_{\mathscr{L}}^{-1} \boldsymbol{g}_i \tag{3.8.9}$$

が満たされるように $\boldsymbol{y}_{g0}, \boldsymbol{y}_{gi_1}, \ldots, \boldsymbol{y}_{gi_{|I_{\mathrm{A}}|}}$ を求める．さらに，式 (3.7.12) で $\boldsymbol{\lambda}_{k+1}$ を求める．ただし，$I_{\mathrm{I}}(\boldsymbol{x}_k)$ が $\emptyset$ ではないときには $I_{\mathrm{A}}(\boldsymbol{x}_k) \setminus I_{\mathrm{I}}(\boldsymbol{x}_k)$ を $I_{\mathrm{A}}(\boldsymbol{x}_k)$ とおきなおし，式 (3.7.8) を再度解くことにする．それらの結果を用いれば，$\boldsymbol{y}_g$ は式 (3.7.11) によって求められることになる．

制約つき問題に対する勾配法とこの方法の違いは $c_a \boldsymbol{A}$ が $\boldsymbol{H}_{\mathscr{L}}$ におきかえられただけである．しかし，この方法で得られた探索ベクトル $\boldsymbol{y}_g$ は，評価関数の Hesse 行列を用いていることから，注意 3.5.4 であげた Newton 法の性質が成り立つことが期待される．ただし，次のことに注意する必要がある．

♦注意 3.8.2（制約つき問題に対する Newton 法） 問題 3.8.1 の評価関数 q には，制約関数の Hesse 行列が前のステップの Lagrange 乗数が乗じられて加えられている．その結果，制約条件には Hesse 行列が使われていない．このことから，制約関数の非線形性が強く，KKT 条件をみたす Lagrange 乗数が大きく変化する問題に対しては，ステップサイズを小さくしなければ，収束しない場合がある．

3.8.1 簡単なアルゴリズム

上でみてきたことをふまえて，制約つき問題に対する Newton 法の考え方による簡単なアルゴリズムについて考えてみよう．図 3.8.1 にその流れ図を示す．ここでも，$i \in I_{\mathrm{A}}(\boldsymbol{x}_k)$ ごとに $\boldsymbol{g}_i$ を用いて式 (3.8.9) で $\boldsymbol{y}_{gi}$ を求める方法を用い

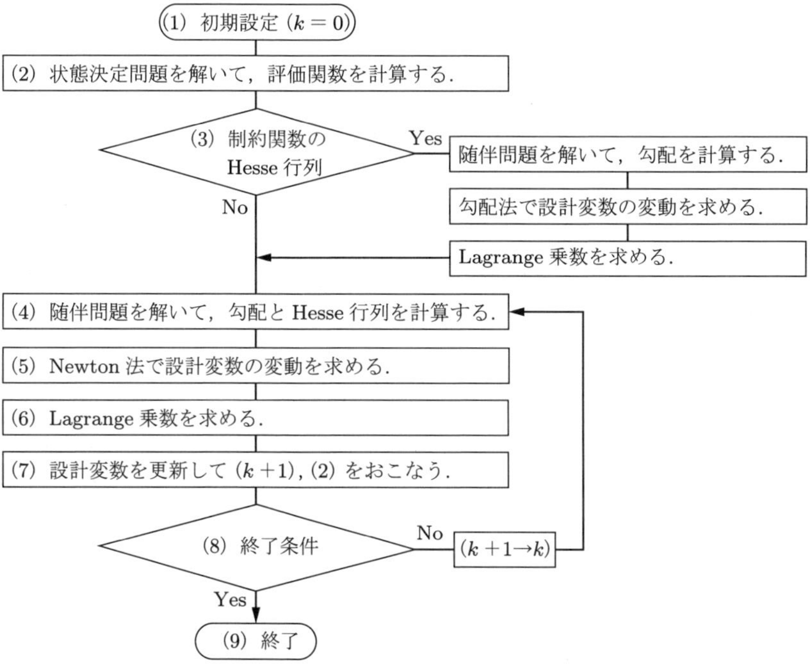

図 3.8.1 制約つき問題に対する Newton 法のアルゴリズム

ることにする．

アルゴリズム 3.8.3（制約つき問題に対する Newton 法） 問題 3.1.1 の極小点を次のようにして求める．

(1) 初期点 $\boldsymbol{x}_0$ を $f_1(\boldsymbol{x}_0) \leq 0, \ldots, f_m(\boldsymbol{x}_0) \leq 0$ が満たされるように定める．f_0 の収束判定に用いる収束判定に用いる正の定数 ϵ_0 および $f_1, \ldots, f_m$ の許容範囲を与える正の定数 $\epsilon_1, \ldots, \epsilon_m$ を定める．また，$k=0$ とおく．

(2) 状態決定問題を解いて，$f_0(\boldsymbol{x}_k)$，$f_1(\boldsymbol{x}_k), \ldots, f_m(\boldsymbol{x}_k)$ を計算する．また，

$$I_{\mathrm{A}}(\boldsymbol{x}_k) = \{i \in \{1, \ldots, m\} \mid f_i(\boldsymbol{x}_k) \geq -\epsilon_i\}$$

とおく．

(3) 制約関数の Hesse 行列が計算可能のとき次をおこなう．

- 随伴問題を解いて，$\boldsymbol{x}_k$ において $\boldsymbol{g}_0, \boldsymbol{g}_{i_1}, \ldots, \boldsymbol{g}_{i_{|I_\mathrm{A}|}}$ を計算する．
- 式 (3.7.10) で $\boldsymbol{y}_{g0}, \boldsymbol{y}_{gi_1}, \ldots, \boldsymbol{y}_{gi_{|I_\mathrm{A}|}}$ を計算する．
- 式 (3.7.12) で $\boldsymbol{\lambda}_{k+1}$ を求める．式 (3.7.9) の $I_\mathrm{I}(\boldsymbol{x}_k)$ が $\emptyset$ ではないときには，$I_\mathrm{A}(\boldsymbol{x}_k) \setminus I_\mathrm{I}(\boldsymbol{x}_k)$ を $I_\mathrm{A}(\boldsymbol{x}_k)$ とおきなおし，式 (3.7.12) を再度解く．

(4) $f_0, f_{i_1}, \ldots, f_{i_{|I_\mathrm{A}|}}$ に対する随伴問題を解いて，$\boldsymbol{g}_0(\boldsymbol{x}_k), \boldsymbol{g}_{i_1}(\boldsymbol{x}_k), \ldots, \boldsymbol{g}_{i_{|I_\mathrm{A}|}}(\boldsymbol{x}_k)$ および $\boldsymbol{H}_0(\boldsymbol{x}_k), \boldsymbol{H}_{i_1}(\boldsymbol{x}_k), \ldots, \boldsymbol{H}_{i_{|I_\mathrm{A}|}}(\boldsymbol{x}_k)$ を計算する．

(5) 式 (3.8.9) で $\boldsymbol{y}_{g0}, \boldsymbol{y}_{gi_1}, \ldots, \boldsymbol{y}_{gi_{|I_\mathrm{A}|}}$ を計算する．

(6) 式 (3.7.12) で $\boldsymbol{\lambda}_{k+1}$ を求める．式 (3.7.9) の $I_\mathrm{I}(\boldsymbol{x}_k)$ が $\emptyset$ ではないときには，$I_\mathrm{A}(\boldsymbol{x}_k) \setminus I_\mathrm{I}(\boldsymbol{x}_k)$ を $I_\mathrm{A}(\boldsymbol{x}_k)$ とおきなおし，式 (3.7.12) を再度解く．

(7) 式 (3.7.11) で $\boldsymbol{y}_g$ を求め，$\boldsymbol{x}_{k+1} = \boldsymbol{x}_k + \boldsymbol{y}_g$ とおき，$f_0(\boldsymbol{x}_{k+1}), f_1(\boldsymbol{x}_{k+1}), \ldots, f_m(\boldsymbol{x}_{k+1})$ を計算する．また，

$$I_\mathrm{A}(\boldsymbol{x}_{k+1}) = \{i \in \{1, \ldots, m\} \mid f_i(\boldsymbol{x}_{k+1}) \geq -\epsilon_i\}$$

とおく．

(8) 終了条件 $|f_0(\boldsymbol{x}_{k+1}) - f_0(\boldsymbol{x}_k)| \leq \epsilon_0$ を判定する．
- 終了条件が満たされたとき，(9) に進む．
- そうではないとき，$k+1$ を k に代入し，(4) に戻る．

(9) 計算を終了する．

アルゴリズム 3.8.3 を使って，第 1 章の例題 1.1.6 に対する試行点を求めてみよう．

□例題 3.8.4（平均コンプライアンス最小化問題の数値例） 例題 1.1.6 に対して，初期点を $\boldsymbol{a}_{(0)} = (1/2, 1/2)^\mathrm{T}$ とおき，アルゴリズム 3.8.3 を使って $k \in \{0, 1\}$ のときの試行点を求めよ．ただし，必要となる数値は適当に定めよ．

▶解答 平均コンプライアンス $\tilde{f}_0(\boldsymbol{a})$ と体積に対する制約関数 $f_1(\boldsymbol{a})$ は，それぞれ式 (3.7.13) と式 (3.7.14) で与えられる．また，それらの断面積微分は式 (3.7.15) と式 (3.7.16) で与えられる．$\tilde{f}_0(\boldsymbol{a})$ の Hesse 行列は，

$$\boldsymbol{H}_0 = \begin{pmatrix} 8/a_1^3 & 0 \\ 0 & 2/a_2^3 \end{pmatrix} \tag{3.8.10}$$

となる．アルゴリズム 3.8.3 に沿って，数値を求めていく．ここでも，ステップ数 k のときの設計変数を $\boldsymbol{a}_{(k)}$ とかくことにする．$\boldsymbol{b}_{g0(k)}$，$\boldsymbol{b}_{g1(k)}$ および $\lambda_{1(k)}$ も同様とする．

(1) 初期点 $\boldsymbol{a}_{(0)}=(1/2,1/2)^{\mathrm{T}}$ では $f_1(\boldsymbol{a}_{(0)})=0$ は満たされる．$\epsilon_0=10^{-3}\tilde{f}_0(\boldsymbol{a}_{(0)})$，$\epsilon_1=10^{-6}$ とおく．また，$k=0$ とおく．

(2) 式 (3.7.13) と式 (3.7.14) より，$\tilde{f}_0(\boldsymbol{a}_{(0)})=10$ と $f_1(\boldsymbol{a}_{(0)})=0$ が得られる．また，$I_{\mathrm{A}}(\boldsymbol{a}_{(0)})=\{1\}$ とおく．

(3) $\boldsymbol{H}_1=\boldsymbol{0}_{\mathbb{R}^{2\times 2}}$ なので，先に進む．

(4) 式 (3.7.15) と式 (3.7.16) より，$\boldsymbol{g}_{0(0)}=-(16,4)^{\mathrm{T}}$，$\boldsymbol{g}_{1(0)}=(1,1)^{\mathrm{T}}$ が得られる．

(5) 式 (3.8.9) より，$\boldsymbol{b}_{g0(0)}=(1/4,1/4)^{\mathrm{T}}$，$\boldsymbol{b}_{g1(0)}=-(1/64,1/16)^{\mathrm{T}}$ が得られる．

(6) 式 (3.7.12) で $\boldsymbol{\lambda}_{1(1)}=6.4$ が得られる．

(7) 式 (3.7.11) で $\boldsymbol{b}_{g(0)}=(0.15,-0.15)^{\mathrm{T}}$ を得て，$\boldsymbol{a}_{(1)}=\boldsymbol{a}_{(0)}+\boldsymbol{b}_{g(0)}=(0.65,0.35)^{\mathrm{T}}$ とおき，$\tilde{f}_0(\boldsymbol{a}_{(1)})=9.01099$，$f_1(\boldsymbol{a}_{(1)})=0$ が得られる．また，$I_{\mathrm{A}}(\boldsymbol{a}_{(1)})=\{1\}$ とおく．

(8) $|\tilde{f}_0(\boldsymbol{a}_{(1)})-\tilde{f}_0(\boldsymbol{a}_{(0)})|=0.989011\geq\epsilon_0=0.01$ より，終了条件は満たされないと判定し，1 を k に代入し，(4) に戻る．

(4) 式 (3.7.15) と式 (3.7.16) より，$\boldsymbol{g}_{0(1)}=-(9.46746,8.16327)^{\mathrm{T}}$，$\boldsymbol{g}_{1(1)}=(1,1)^{\mathrm{T}}$ が得られる．

(5) 式 (3.8.9) より，$\boldsymbol{b}_{g0(1)}=(0.325,0.175)^{\mathrm{T}}$，$\boldsymbol{b}_{g1(1)}=-(0.0343281,0.0214375)^{\mathrm{T}}$ が得られる．

(6) 式 (3.7.12) で $\boldsymbol{\lambda}_{1(2)}=8.9661$ が得られる．

(7) 式 (3.7.11) で $\boldsymbol{b}_{g(1)}=(0.0172107,-0.0172107)^{\mathrm{T}}$ を得て，$\boldsymbol{a}_{(2)}=\boldsymbol{a}_{(1)}+\boldsymbol{b}_{g(1)}=(0.667211,0.332789)^{\mathrm{T}}$ とおき，$\tilde{f}_0(\boldsymbol{a}_{(2)})=9.00001$，$f_1(\boldsymbol{a}_{(2)})=1.11022\times 10^{-16}$ が得られる．また，$I_{\mathrm{A}}(\boldsymbol{a}_{(1)})=\{1\}$ とおく．

(8) $|\tilde{f}_0(\boldsymbol{a}_{(2)})-\tilde{f}_0(\boldsymbol{a}_{(1)})|=0.010977\geq\epsilon_0=0.01$ より，終了条件は満たされないと判定し，2 を k に代入し，(4) に戻る．

図 3.8.2 にこれらとその後の結果を示す．$k=3$ のとき，$|\tilde{f}_0(\boldsymbol{a}_{(3)})-\tilde{f}_0(\boldsymbol{a}_{(2)})|=0.0000119968\leq\epsilon_0=0.01$ より，終了条件は満たされた． □

このように，平均コンプライアンス最小化問題に対しては Newton 法が有効に機能することが確かめられた．

一方，例題 3.7.4 のような体積最小化問題に対して Newton 法をそのまま適用すれば，収束しない結果におちいる．図 3.8.3 に，アルゴリズム 3.8.3 によって得られる試行点の推移を示す．ただし，$k=0$ のときの Lagrange 乗数 $\lambda_{1(0)}$

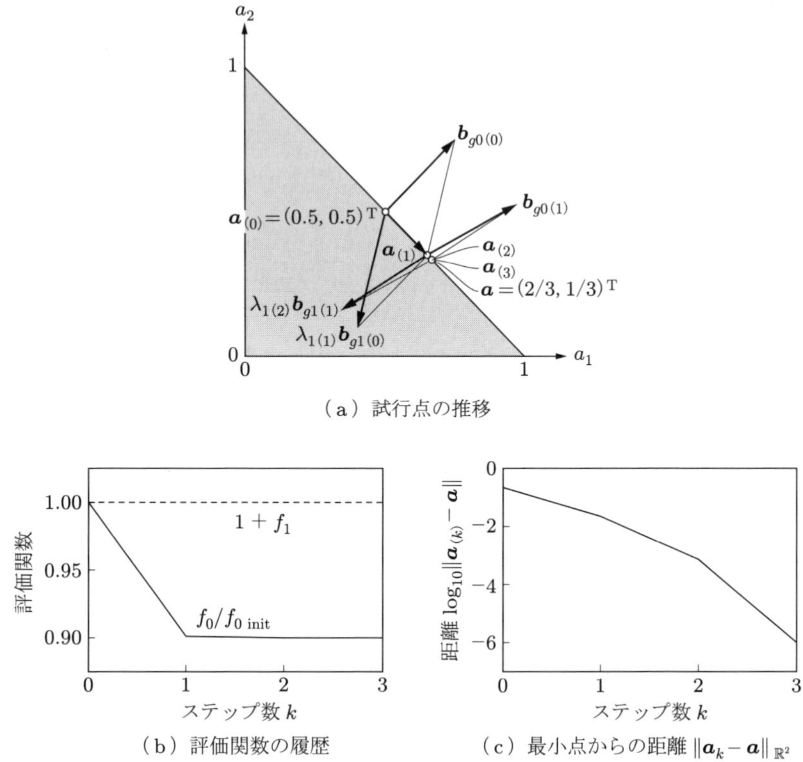

図 3.8.2 Newton 法による平均コンプライアンス最小化問題の数値例

には，例題 3.7.4 の $\lambda_{1(1)}$ が使われた．この問題では，f_0 の Hesse 行列は $\mathbf{0}_{\mathbb{R}^{2\times2}}$ で，f_1 の Hesse 行列が正定値となっている．すなわち，注意 3.8.2 で指摘された条件が成り立っている．このような場合にも Newton 法が使えるようにするためには，ステップサイズを調整する必要がある．

3.8.2 複雑なアルゴリズム

図 3.8.3 のような場合が起こりうることを考えると，ステップサイズを調整する機能をはじめ，3.7.2 節で説明された機能を追加する必要がある．それらの機能とアルゴリズムの関係は 3.7.2 項に示されている．それらをもう一度説明することは省略する．

また，Hesse 行列が正定値ではないような場合には，正定値行列を加えるこ

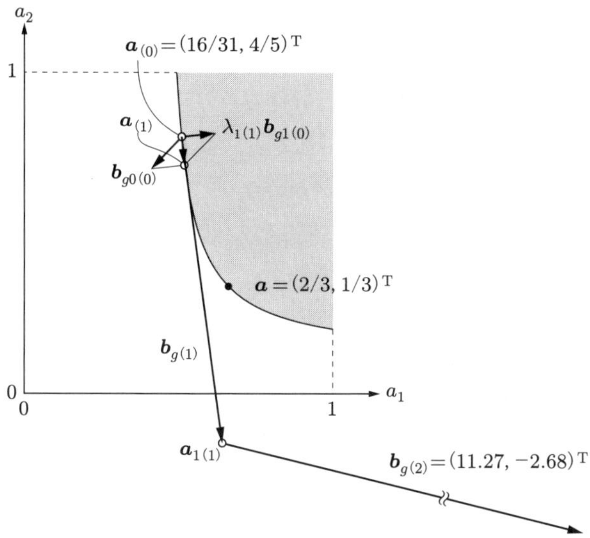

図 3.8.3 Newton 法による体積最小化問題の数値例

とで正定値化する方法や，負の固有値をもつ固有モードの成分のみをとりだして正値化する方法などが知られている．さらに，正定値ではないときには勾配法を適用して，収束が近づいてきてから Newton 法にきりかえる方法なども考えられる．

3.9 第 3 章のまとめ

第 3 章では，有限次元ベクトル空間上の非線形最適化問題に対して，極小点を求める方法についてみてきた．要点は以下のようである．

(1) 非線形最適化問題の解法には基本的に反復法が使われる．反復法は，初期点を与えて，探索ベクトル（探索方向とステップサイズ）を適切に決めながら試行点を更新していく方法である（3.2 節）．

(2) 制約なし最適化問題に対して，探索方向を決める代表的な方法は勾配法である．勾配法は，評価関数の設計変数に対する勾配を既知として，勾配とは逆向きに探索方向を決める方法である（3.3 節）．

(3) 制約なし最適化問題に対して，ステップサイズの適切性を判定する規準として Armijo の規準と Wolfe の規準が知られている．それらの規準が満たされるようにステップサイズが決定された反復法は，大域的収束性をもつ（3.4 節）．

(4) 制約なし最適化問題に対して，評価関数の勾配と Hesse 行列が計算可能なとき，Newton 法を用いれば探索方向とステップサイズを同時に決めることができる．Newton 法で得られる試行点は 2 次収束する．しかし，Hesse 行列の計算にコストがかかる（3.5 節）．

(5) 不等式制約つき最適化問題の解法の一つとして，拡大関数法が知られている．拡大関数法は，制約関数に重みを表す定数をかけて目的関数に加えることで制約なし問題におきかえる方法である．しかし，それらの方法を用いるためには，単調数列を問題ごとに適切に選ぶ必要がある（3.6 節）．

(6) 不等式制約つき最適化問題の解法には，KKT 条件を用いた解法が考えられる．すべての評価関数の勾配が計算可能であれば，制約つき問題に対する勾配法が使われる．この方法では，評価関数ごとの勾配とそれらを用いた勾配法によって得られる探索ベクトルで構成される行列を使って Lagrange 乗数が決定される．この関係は，実用的なアルゴリズムを考える際に有効に利用される（3.7 節）．

(7) 不等式制約つき最適化問題において，評価関数の Hesse 行列が計算可能であれば，制約つき問題に対する Newton 法が使われる．この方法では，制約つき問題に対する勾配法で使われた正定値対称行列を Hesse 行列におきかえるだけで，制約つき問題に対する勾配法と同様のアルゴリズムが使われる．この方法が有効に機能するためには，制約関数の非線形性が弱いことが条件になる（3.8 節）．

3.10 第 3 章の演習問題

3.1 非線形関数 $f \in C^2(\mathbb{R};\mathbb{R})$ に対して，勾配 $g(x) = 0$ を満たす $x \in \mathbb{R}$ を求める問題を考える．$k \in \{0,1,2,\ldots\}$ に対して，$x_k \in \mathbb{R}$ と $g(x_k)$ が与えられたとき，Newton–Raphson 法（問題 3.5.1）によって x_{k+1} を求める式を示せ．また，$g(x_k)$ を差分

$$\frac{f(x_k) - f(x_{k-1})}{x_k - x_{k-1}}$$

におきかえたときに，x_{k+1} を求める式を示せ．この式は**セカント法**の公式を示す．

3.2 問題 3.4.1（厳密直線探索法）を解くアルゴリズムとしてセカント法を用いることを考える．$l \in \{0, 1, 2, \ldots\}$ に対して $\bar{\epsilon}_{gl}$ が与えられたとき，$\bar{\epsilon}_{g\,l+1}$ を求める式を示せ．

3.3 共役勾配法（問題 3.4.10）の一例として示された式 (3.4.8)∼(3.4.12) で計算される探索方向 $\bar{\boldsymbol{y}}_{g\,k+1}$ は $\bar{\boldsymbol{y}}_{gk}$ と共役になることを確かめよ．

3.4 演習問題 **1.6** の評価関数 $f(\boldsymbol{a})$（4 面体の体積）が最小となる設計変数 $\boldsymbol{a}$（2 辺の長さ）を求める問題を考える．設計変数の初期値 $\boldsymbol{a}_0 = (a_{01}, a_{02})^{\mathrm{T}}$ が与えられたとき，Newton 法で探索ベクトル $\boldsymbol{b}$ を求めよ．

第4章 変分原理と関数解析の基礎

第3章までは，有限次元ベクトル空間上の最適化問題に関する理論と解法についてみてきた．本章からは，設計変数を場所や時間の関数に選んだ場合の最適化問題について考えてみたい．

本章では，最初に力学の変分原理をとりあげて，それらが関数最適化問題の構造をもち，運動方程式などは最適性の条件になっていることを確認する．そのあとで，関数最適化問題を考えるうえで必要となる道具を用意していきたい．第3章までの最適化問題では，設計変数が入る線形空間は有限次元のベクトル空間であった．それに対して本章では，設計変数が入る線形空間として関数空間を用意する．しかし，関数空間の説明に至るまでには，線形空間の定義から始めて，極限操作がとれる連続な（完備な）距離空間や内積が使える線形空間などいくつかの抽象的な空間に対する説明が必要となる．いろいろな関数空間はそれらの抽象空間との関係をみながら説明されることになる．

関数空間が定義されたならば，次に，関数空間から関数空間への写像について考えてみたい．ここでは，その写像を作用素とよんで定義し，その有界性と線形性の説明から始めることにする．作用素の例としては，トレース作用素がとりあげられる．トレース作用素は第5章以降で偏微分方程式の境界値問題の解の存在を示すときや，数値解析の誤差評価において使われる．その後，作用素の中でも値域が実数に限定された作用素を汎関数とよんで定義する．その汎関数の中でも有界かつ線形な汎関数の集合は，定義域となっている関数空間の双対空間とよばれる．双対空間は，そのあとで示される作用素の一般化微分の中で，Fréchet 微分における勾配が入る関数空間となる．

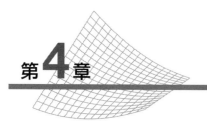

以上のように，関数最適化問題で必要となる道具をそろえたあとで，もう一度変分原理に戻って，変分原理で使われていた関数空間を明らかにしたい．それ

により，変分原理はある関数空間上の最適化問題になっていて，最適性の条件はFréchet微分が零となる条件（制約つきの問題ではKKT条件）で与えられていることが確認される．変分原理の関数最適化問題としての理解は，第5章ですぐに役立つことになる．

4.1 変分原理

力学でよく知られたHamiltonの原理やポテンシャルエネルギー最小原理は，運動方程式や力のつり合い方程式があるエネルギーの停留点として得られることを示している．さらに，制御系の最適な制御則は，最適制御問題に対するPontryaginの最小原理によって得られることが知られている．ここでは，それらが関数最適化問題の構造をもっていることをみていくことにする．

4.1.1 Hamiltonの原理

図4.1.1のようなばね質点系を考えよう．kとmをばね定数と質量を表す正の定数とする．t_{T}を終端時刻を表す正の定数として，時間$(0, t_{\mathrm{T}})$に対して$p\colon (0, t_{\mathrm{T}}) \to \mathbb{R}$と$u\colon (0, t_{\mathrm{T}}) \to \mathbb{R}$をそれぞれ外力と変位を表す時間の関数とする．ここでは，pが与えられたとき，uを決定するための**運動方程式**を**Hamiltonの原理**から求めてみよう．

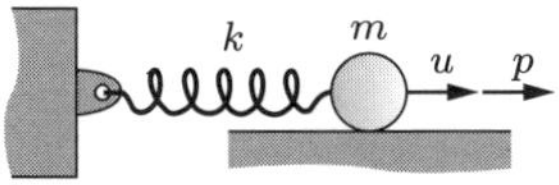

図 4.1.1 1自由度ばね質点系

時刻$t \in (0, t_{\mathrm{T}})$に対して$\dot{u} = \partial u/\partial t$を速度，$u$と$\dot{u}$の関数$\kappa(u, \dot{u})$と$\pi(u, \dot{u})$をそれぞれ**運動エネルギー**と**ポテンシャルエネルギー**とする．このとき，

$$l(u) = \kappa(u, \dot{u}) - \pi(u, \dot{u}) = \frac{1}{2}m\dot{u}^2 - \frac{1}{2}ku^2 + pu \tag{4.1.1}$$

を図4.1.1のばね質点系に対する**力学におけるLagrange関数**という．第3章までにおいて使われたLagrange関数とは区別するために，「力学における」をつけた．さらに，

$$a(u) = \int_0^{t_\mathrm{T}} l(u)\,\mathrm{d}t \tag{4.1.2}$$

を**作用積分**という．Hamilton の原理は，時刻 $t=0$ と $t=t_\mathrm{T}$ のときの変位 $u(0)$ と $u(t_\mathrm{T})$ が与えられているとき，u は式 (4.1.2) の $a(u)$ が停留するように決められることを主張する．停留の定義も含めて，次の問題に対する解答の中で Hamilton の原理の意味について考えてみよう．ただし，次の問題では，今後のために，Hamilton の原理の終端条件が変更されている．

問題 4.1.1（拡張 Hamilton の原理）

α と β を与えられた定数として，U を $u(0)=\alpha$ を満たす $u\colon (0,t_\mathrm{T}) \to \mathbb{R}$ の集合，$l(u)$ を式 (4.1.1) とする．また，拡張作用積分を

$$f(u) = \int_0^{t_\mathrm{T}} l(u)\,\mathrm{d}t - m\beta u(t_\mathrm{T})$$

とおく．u が集合 U の中で任意に変動するとき，f が停留する条件を求めよ．

問題 4.1.1 において，u は $u(0)=\alpha$ の条件を満たす関数の集合 U の要素である．そこで，u からの任意の変動を表す関数を $v\colon (0,t_\mathrm{T}) \to \mathbb{R}$ とかくことにすれば，v は $v(0)=0$ の条件を満たす必要がある．図 4.1.2 に u と v の例を示す．このような v の集合をここでは V とかくことにする．このとき，任意の $v \in V$ に対して

$$\begin{aligned} f(u+v) &= \int_0^{t_\mathrm{T}} \left\{ \frac{1}{2}m(\dot{u}+\dot{v})^2 - \frac{1}{2}k(u+v)^2 + p(u+v) \right\} \mathrm{d}t \\ &\qquad - m\beta(u(t_\mathrm{T}) + v(t_\mathrm{T})) \\ &= f(u) + \left\{ \int_0^{t_\mathrm{T}} (m\dot{u}\dot{v} - kuv + pv)\,\mathrm{d}t - m\beta v(t_\mathrm{T}) \right\} \end{aligned}$$

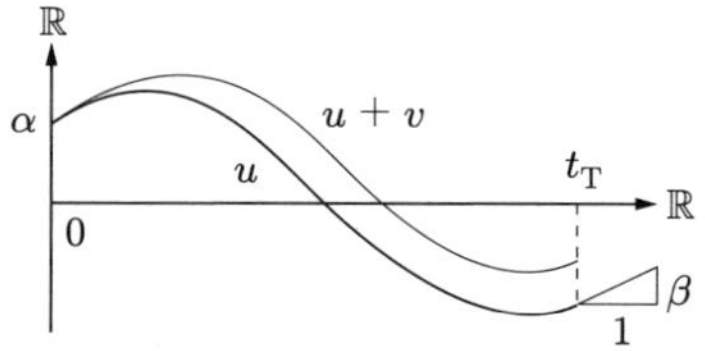

図 4.1.2　拡張 Hamilton の原理で使われる変位 u と任意変動 v

$$
\begin{aligned}
&+\int_0^{t_\mathrm{T}} \left(\frac{1}{2}m\dot{v}^2 - \frac{1}{2}kv^2\right) \mathrm{d}t \\
&= f(u) - \left\{\int_0^{t_\mathrm{T}} (m\ddot{u} + ku - p)v \,\mathrm{d}t - m(\dot{u}(t_\mathrm{T}) - \beta)v(t_\mathrm{T})\right\} \\
&\quad + \int_0^{t_\mathrm{T}} \left(\frac{1}{2}m\dot{v}^2 - \frac{1}{2}kv^2\right) \mathrm{d}t \qquad (4.1.3)
\end{aligned}
$$

が成り立つ．ただし，最後の等号において $m\dot{u}\dot{v}$ の積分に対する部分積分と $v(0) = 0$ が使われた．この式の右辺を v の次数ごとにまとめて

$$
f(u+v) = f(u) + f'(u)[v] + \frac{1}{2}f''(u)[v,v] \qquad (4.1.4)
$$

とかくことにしよう．式 (4.1.4) の $f'(u)[v]$ と $f''(u)[v,v]$ は，**変分法**において u における f の**第 1 変分**と**第 2 変分**とよばれる．f が停留する条件は，任意の $v \in V$ に対して，第 1 変分が 0 になる条件として定義される．この問題においては，

$$
f'(u)[v] = -\int_0^{t_\mathrm{T}} (m\ddot{u} + ku - p)v \,\mathrm{d}t + m(\dot{u}(t_\mathrm{T}) - \beta)v(t_\mathrm{T}) = 0 \qquad (4.1.5)
$$

となる．この条件が任意の $v \in V$ に対して成り立つことは，

$$
m\ddot{u} + ku = p \quad \text{in } (0, t_\mathrm{T}) \qquad (4.1.6)
$$

$$
\dot{u}(t_\mathrm{T}) = \beta \qquad (4.1.7)
$$

が成り立つことと同値である．

式 (4.1.6) と式 (4.1.7) はそれぞれ**運動方程式**と**速度の終端条件**とよばれる．例題 4.5.5 では，$f'(u)[v]$ と $f''(u)[v,v]$ がそれぞれ Fréchet 微分と 2 階 Fréchet 微分の定義（定義 4.5.4）を満たしていることが確認される．また，4.6.1 項では，U がどのような関数空間であるのか，p に対してはどのような関数空間を用意すればよいのかなどについて詳しくみていくことにする．

4.1.2 ポテンシャルエネルギー最小原理

次に，図 4.1.3 のような 1 次元線形弾性体を考えてみよう．l を長さを表す正の定数，$a_\mathrm{S} \colon (0,l) \to \mathbb{R}$ と $e_\mathrm{Y} \colon (0,l) \to \mathbb{R}$ をそれぞれ断面積と縦弾性係数

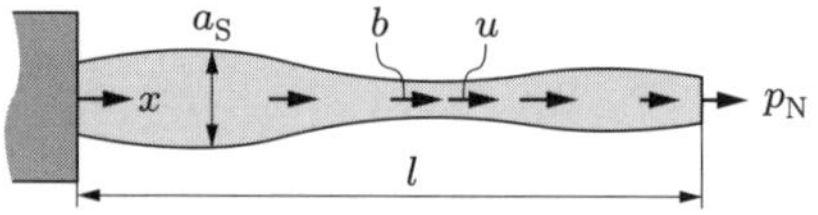

図 4.1.3 1 次元線形弾性体

(Young 率) を表す正値をとる関数とする．また，$b\colon (0,l) \to \mathbb{R}$，$p_N \in \mathbb{R}$ および $u\colon (0,l) \to \mathbb{R}$ をそれぞれ**体積力** (単位体積あたりの力)，$x = l$ における**境界力** (単位面積あたりの力) および変位とする．このとき，u 以外が与えられたとき，**ポテンシャルエネルギー最小原理**により，u を決定する**力のつり合い方程式**が得られることをみてみよう．

例題 1.1.1 でみてきたように，$u = 0$ のときを基準にした系全体のポテンシャルエネルギーは，$\pi_I(u)$ と $\pi_E(u)$ をそれぞれ**内部ポテンシャルエネルギー** (**弾性ポテンシャルエネルギー**) と**外部ポテンシャルエネルギー** (**外力ポテンシャルエネルギー**) としたとき，

$$\begin{aligned} \pi(u) &= \pi_I(u) + \pi_E(u) \\ &= \int_0^l \frac{1}{2}\sigma(u)\varepsilon(u)a_S\,\mathrm{d}x - \int_0^l bua_S\,\mathrm{d}x - p_N u(l)a_S(l) \end{aligned} \tag{4.1.8}$$

によって定義される．ただし，ひずみと応力をそれぞれ

$$\varepsilon(u) = \frac{\mathrm{d}u}{\mathrm{d}x} = \nabla u, \quad \sigma(u) = e_Y\varepsilon(u)$$

とおいた．

図 4.1.3 の 1 次元線形弾性体に対して，ポテンシャルエネルギー最小原理によって得られる u の条件を求めてみよう．

問題 4.1.2 (ポテンシャルエネルギー最小原理)

U を $u(0) = 0$ を満たす関数 $u\colon (0,l) \to \mathbb{R}$ の集合，$\pi(u)$ を式 (4.1.8) とする．このとき，

$$\min_{u \in U} \pi(u)$$

を満たす u の条件を求めよ．

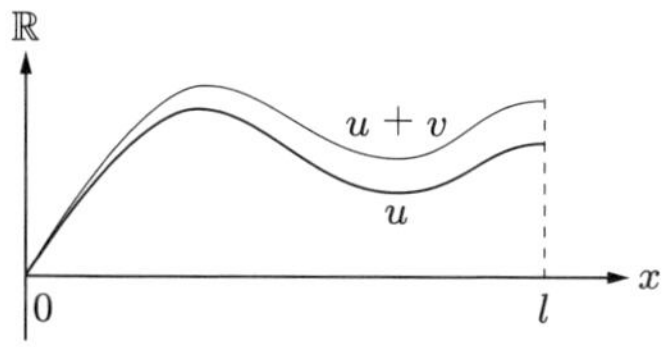

図 4.1.4 ポテンシャルエネルギー最小原理で使われる変位 u と任意変動 v

問題 4.1.2 において，u は $u(0)=0$ を満たす関数の集合 U の要素である．u からの任意変動を表す関数を $v\colon (0,l)\to\mathbb{R}$ とかくことにする．このとき，v は $v(0)=0$ を満たす必要がある．図 4.1.4 に u と v の例を示す．そこで，v の集合は U と同じことになる．このとき，任意の $v\in U$ に対して

$$\begin{aligned}
\pi(u+v) &= \int_0^l \frac{1}{2}e_{\mathrm{Y}}(\nabla u+\nabla v)^2 a_{\mathrm{S}}\,\mathrm{d}x - \int_0^l b(u+v)a_{\mathrm{S}}\,\mathrm{d}x \\
&\quad - p_{\mathrm{N}}(u(l)+v(l))a_{\mathrm{S}}(l) \\
&= \pi(u) + \left\{\int_0^l (e_{\mathrm{Y}}\nabla u\nabla v - bv)a_{\mathrm{S}}\,\mathrm{d}x - p_{\mathrm{N}}v(l)a_{\mathrm{S}}(l)\right\} \\
&\quad + \int_0^l \frac{1}{2}e_{\mathrm{Y}}(\nabla v)^2 a_{\mathrm{S}}\,\mathrm{d}x \\
&= \pi(u) + \left[\int_0^l \{-\nabla(e_{\mathrm{Y}}\nabla u) - b\}v\, a_{\mathrm{S}}\,\mathrm{d}x + (e_{\mathrm{Y}}\nabla u(l) - p_{\mathrm{N}})v(l)a_{\mathrm{S}}(l)\right] \\
&\quad + \int_0^l \frac{1}{2}e_{\mathrm{Y}}(\nabla v)^2 a_{\mathrm{S}}\,\mathrm{d}x
\end{aligned} \tag{4.1.9}$$

が成り立つ．ただし，最後の等号において $e_{\mathrm{Y}}\nabla u\nabla v$ の積分に対する部分積分と $v(0)=0$ が使われた．この式の右辺を v の次数ごとにまとめて

$$\pi(u+v) = \pi(u) + \pi'(u)[v] + \frac{1}{2}\pi''(u)[v,v] \tag{4.1.10}$$

とかくことにする．このとき，$\pi(u)$ の停留条件は，任意の $v\in U$ に対して，π の第 1 変分

$$\pi'(u)[v] = \int_0^l \{-\nabla(e_{\mathrm{Y}}\nabla u) - b\}v\, a_{\mathrm{S}}\,\mathrm{d}x + (e_{\mathrm{Y}}\nabla u(l) - p_{\mathrm{N}})v(l)a_{\mathrm{S}}(l)$$

が 0 となることである．この条件は，

$$-\nabla(e_{\mathrm{Y}}\nabla u) = -\nabla\sigma(u) = b \quad \text{in } (0,l) \tag{4.1.11}$$

$$\sigma(u(l)) = e_{\mathrm{Y}}\nabla u(l) = p_{\mathrm{N}} \tag{4.1.12}$$

と同値である．さらに，任意の $v \in U$ に対する π の第 2 変分に対して

$$\pi''(u)[v,v] = \int_0^l \frac{1}{2} e_{\mathrm{Y}} (\nabla v)^2 a_{\mathrm{S}} \,\mathrm{d}x \geq \alpha \int_0^l (\nabla v)^2 \,\mathrm{d}x \tag{4.1.13}$$

が成り立つ．ここで，$\alpha = \min_{x\in(0,l)} e_{\mathrm{Y}}(x) \min_{x\in(0,l)} a_{\mathrm{S}}(x)/2 > 0$ である．これにより，式 (4.1.11) と式 (4.1.12) の停留条件は最小条件を表すことになる．

式 (4.1.13) は，例題 2.4.8 において，ポテンシャルエネルギーの Hesse 行列が正定値であったことに対応する．関数最適化問題では，式 (4.1.13) が満たされることを $\pi''(u)[v,v]$ は**強圧的**（定義 5.2.1）であると表現する．

4.1.3 Pontryagin の最小原理

最後に，制約が課された例として最適制御問題をとりあげてみよう．本項の内容は，時間発展問題や非線形問題を状態決定問題においた場合の最適設計問題を考える際には示唆を与えるが，先を急ぐ読者は飛ばしてほしい．

まず，システムの状態方程式について考えてみよう．$n \in \mathbb{N}$ 自由度系の運動方程式は，一般に

$$\boldsymbol{M}\ddot{\boldsymbol{u}} + \boldsymbol{C}\dot{\boldsymbol{u}} + \boldsymbol{K}\boldsymbol{u} = \boldsymbol{\xi} \tag{4.1.14}$$

のようにかかれる．ただし，$\boldsymbol{M}, \boldsymbol{C}, \boldsymbol{K} \in \mathbb{R}^{n\times n}$ はそれぞれ質量，減衰，剛性を表す行列とみなされる．また，$\boldsymbol{\xi}\colon (0,t_{\mathrm{T}}) \to \mathbb{R}^n$ と $\boldsymbol{u}\colon (0,t_{\mathrm{T}}) \to \mathbb{R}^n$ はそれぞれ制御力と変位とみなされる．ここで，$\boldsymbol{v} = \dot{\boldsymbol{u}}$ とおく．このとき，式 (4.1.14) は

$$\begin{pmatrix} \boldsymbol{I} & \boldsymbol{0}_{\mathbb{R}^{n\times n}} \\ \boldsymbol{0}_{\mathbb{R}^{n\times n}} & \boldsymbol{M} \end{pmatrix} \begin{pmatrix} \dot{\boldsymbol{u}} \\ \dot{\boldsymbol{v}} \end{pmatrix} + \begin{pmatrix} \boldsymbol{0}_{\mathbb{R}^{n\times n}} & -\boldsymbol{I} \\ \boldsymbol{K} & \boldsymbol{C} \end{pmatrix} \begin{pmatrix} \boldsymbol{u} \\ \boldsymbol{v} \end{pmatrix} = \begin{pmatrix} \boldsymbol{0}_{\mathbb{R}^n} \\ \boldsymbol{\xi} \end{pmatrix} \tag{4.1.15}$$

のようにかきかえられる．このように，2 階の定数係数常微分方程式である式 (4.1.14) は，変数を 2 倍にした 1 階の定数係数常微分方程式 (4.1.15) にかきかえられる．高階であっても同様のかきかえが可能である．

そこで，あらためて記号を定義しなおして，制御力は $d \in \mathbb{N}$ 次元であるとして，最適制御問題の状態決定問題を次のように定義することにしよう．

問題 4.1.3（線形制御システム）

$\boldsymbol{A} \in \mathbb{R}^{n\times n}$，$\boldsymbol{B} \in \mathbb{R}^{n\times d}$，$\boldsymbol{\alpha} \in \mathbb{R}^{n}$ および制御力 $\boldsymbol{\xi}\colon (0, t_{\mathrm{T}}) \to \mathbb{R}^{d}$ が与えられたとき，

$$\dot{\boldsymbol{u}} = \boldsymbol{A}\boldsymbol{u} + \boldsymbol{B}\boldsymbol{\xi} \quad \text{in } (0, t_{\mathrm{T}}) \tag{4.1.16}$$

$$\boldsymbol{u}(0) = \boldsymbol{\alpha} \tag{4.1.17}$$

を満たすシステムの状態 $\boldsymbol{u}\colon (0, t_{\mathrm{T}}) \to \mathbb{R}^{n}$ を求めよ．

制御力 $\boldsymbol{\xi}$ と問題 4.1.3 の解 $\boldsymbol{u}$ を用いて，最適制御の評価関数を

$$f_0(\boldsymbol{\xi}, \boldsymbol{u}) = \frac{1}{2}\int_0^{t_{\mathrm{T}}} (\|\boldsymbol{u}\|_{\mathbb{R}^n}^2 + \|\boldsymbol{\xi}\|_{\mathbb{R}^d}^2)\,\mathrm{d}t + \frac{1}{2}\|\boldsymbol{u}(t_{\mathrm{T}})\|_{\mathbb{R}^n}^2 \tag{4.1.18}$$

とおく．また，制御力の制約を

$$\frac{1}{2}\|\boldsymbol{\xi}\|_{\mathbb{R}^d}^2 - 1 \le 0 \quad \text{in } (0, t_{\mathrm{T}}) \tag{4.1.19}$$

とおく．このとき，最適制御問題は次のように構成される．

問題 4.1.4（線形システムの最適制御問題）

Ξ を $\boldsymbol{\xi}\colon (0, t_{\mathrm{T}}) \to \mathbb{R}^{d}$ の集合，U を $\boldsymbol{u}\colon (0, t_{\mathrm{T}}) \to \mathbb{R}^{n}$ の集合とする．f_0 を式 (4.1.18) とする．このとき，

$$\min_{\boldsymbol{\xi}\in\Xi}\{f_0(\boldsymbol{\xi}, \boldsymbol{u}) \mid \text{式 (4.1.19)},\ \boldsymbol{u} \in U,\ \text{問題 4.1.3}\}$$

を満たす $\boldsymbol{\xi}$ に対する KKT 条件を求めよ．

問題 4.1.4 は等式と不等式制約つき最適化問題となっており，問題 2.8.1 と同じ構造をしている．問題 2.8.1 では，Ξ と U は有限次元のベクトル空間として定義された．ここでは，Ξ と U は無限次元のベクトル空間に拡張されたものとみなして，形式的に KKT 条件を求めてみることにしよう．

問題 4.1.4 の Lagrange 関数を次のように定義する．$\boldsymbol{z}_0\colon (0, t_{\mathrm{T}}) \to \mathbb{R}^{n}$ を式 (4.1.16) に対する Lagrange 乗数として，その集合を Z とかくことにする．また，$p\colon (0, t_{\mathrm{T}}) \to \mathbb{R}$ を式 (4.1.19) に対する Lagrange 乗数として，その集合を P とかくことにする．このとき，任意の $(\boldsymbol{z}_0, p) \in Z \times P$ に対して，問題 4.1.4

の Lagrange 関数を

$$\mathscr{L}(\boldsymbol{\xi}, \boldsymbol{u}, \boldsymbol{z}_0, p) = \mathscr{L}_0(\boldsymbol{\xi}, \boldsymbol{u}, \boldsymbol{z}_0) + \mathscr{L}_1(\boldsymbol{\xi}, p) \tag{4.1.20}$$

とおく．ただし，

$$\begin{aligned}\mathscr{L}_0(\boldsymbol{\xi}, \boldsymbol{u}, \boldsymbol{z}_0) &= f_0(\boldsymbol{\xi}, \boldsymbol{u}) - \int_0^{t_{\mathrm{T}}} (\dot{\boldsymbol{u}} - \boldsymbol{A}\boldsymbol{u} - \boldsymbol{B}\boldsymbol{\xi}) \cdot \boldsymbol{z}_0 \,\mathrm{d}t \\ &= \int_0^{t_{\mathrm{T}}} \left\{ \frac{\|\boldsymbol{u}\|_{\mathbb{R}^n}^2}{2} + \frac{\|\boldsymbol{\xi}\|_{\mathbb{R}^d}^2}{2} - (\dot{\boldsymbol{u}} - \boldsymbol{A}\boldsymbol{u} - \boldsymbol{B}\boldsymbol{\xi}) \cdot \boldsymbol{z}_0 \right\} \mathrm{d}t + \frac{1}{2}\|\boldsymbol{u}(t_{\mathrm{T}})\|_{\mathbb{R}^n}^2\end{aligned} \tag{4.1.21}$$

$$\mathscr{L}_1(\boldsymbol{\xi}, p) = \int_0^{t_{\mathrm{T}}} \left(\frac{\|\boldsymbol{\xi}\|_{\mathbb{R}^d}^2}{2} - 1 \right) p \,\mathrm{d}t \tag{4.1.22}$$

をそれぞれ $f_0(\boldsymbol{\xi}, \boldsymbol{u})$ と式 (4.1.19) に対する Lagrange 関数とおく．ここで，$(\boldsymbol{\xi}, \boldsymbol{u}, \boldsymbol{z}_0, p) \in \Xi \times U \times Z \times P$ の任意変動を $\{\boldsymbol{\eta}, \boldsymbol{u}', \boldsymbol{z}_0', p'\} \in \Xi \times V \times W \times P$ とおく．ただし，V は $\boldsymbol{u}'(0) = \boldsymbol{0}_{\mathbb{R}^n}$ を満たす $\boldsymbol{u}' : (0, t_{\mathrm{T}}) \to \mathbb{R}^n$ の集合，W は $\boldsymbol{z}_0'(t_{\mathrm{T}}) = \boldsymbol{0}_{\mathbb{R}^n}$ を満たす $\boldsymbol{z}_0' : (0, t_{\mathrm{T}}) \to \mathbb{R}^n$ の集合とする．このとき，$\mathscr{L}$ の第 1 変分は，任意の $\{\boldsymbol{\eta}, \boldsymbol{u}', \boldsymbol{z}_0', p'\} \in \Xi \times V \times W \times P$ に対して

$$\begin{aligned}&\mathscr{L}'(\boldsymbol{\xi}, \boldsymbol{u}, \boldsymbol{z}_0, p)[\boldsymbol{\eta}, \boldsymbol{u}', \boldsymbol{z}_0', p'] \\ &\quad = \mathscr{L}_{0\boldsymbol{\xi}}(\boldsymbol{\xi}, \boldsymbol{u}, \boldsymbol{z}_0)[\boldsymbol{\eta}] + \mathscr{L}_{1\boldsymbol{\xi}}(\boldsymbol{\xi}, p)[\boldsymbol{\eta}] \\ &\qquad + \mathscr{L}_{0\boldsymbol{u}}(\boldsymbol{\xi}, \boldsymbol{u}, \boldsymbol{z}_0)[\boldsymbol{u}'] + \mathscr{L}_{0\boldsymbol{z}_0}(\boldsymbol{\xi}, \boldsymbol{u}, \boldsymbol{z}_0)[\boldsymbol{z}_0'] + \mathscr{L}_{1p}(\boldsymbol{\xi}, p)[p']\end{aligned} \tag{4.1.23}$$

となる．式 (4.1.23) の右辺第 4 項と第 5 項はそれぞれ

$$\begin{aligned}\mathscr{L}_{0\boldsymbol{z}_0}(\boldsymbol{\xi}, \boldsymbol{u}, \boldsymbol{z}_0)[\boldsymbol{z}_0'] &= -\int_0^{t_{\mathrm{T}}} (\dot{\boldsymbol{u}} - \boldsymbol{A}\boldsymbol{u} - \boldsymbol{B}\boldsymbol{\xi}) \cdot \boldsymbol{z}_0' \,\mathrm{d}t \\ \mathscr{L}_{1p}(\boldsymbol{\xi}, p)[p'] &= \int_0^{t_{\mathrm{T}}} \left(\frac{\|\boldsymbol{\xi}\|_{\mathbb{R}^d}^2}{2} - 1 \right) p' \,\mathrm{d}t\end{aligned}$$

となる．$\boldsymbol{u}$ が状態決定問題（問題 4.1.3）の解で式 (4.1.19) が満たされるとき，これらの項は 0 となる．また，式 (4.1.23) の右辺第 3 項は

$$\mathscr{L}_{0\boldsymbol{u}}(\boldsymbol{\xi}, \boldsymbol{u}, \boldsymbol{z}_0)[\boldsymbol{u}'] = \int_0^{t_{\mathrm{T}}} \{\boldsymbol{u} \cdot \boldsymbol{u}' - (\dot{\boldsymbol{u}}' - \boldsymbol{A}\boldsymbol{u}') \cdot \boldsymbol{z}_0\} \,\mathrm{d}t + \boldsymbol{u}(t_{\mathrm{T}}) \cdot \boldsymbol{u}'(t_{\mathrm{T}})$$

$$= \int_0^{t_\mathrm{T}} (\boldsymbol{u} + \dot{\boldsymbol{z}}_0 + \boldsymbol{A}^\mathrm{T} \boldsymbol{z}_0) \cdot \boldsymbol{u}' \, \mathrm{d}t + (\boldsymbol{u}(t_\mathrm{T}) - \boldsymbol{z}_0(t_\mathrm{T})) \cdot \boldsymbol{u}'(t_\mathrm{T})$$

となる．ただし，$\boldsymbol{u}'(0) = \boldsymbol{0}_{\mathbb{R}^n}$ が使われた．この項は，$\boldsymbol{z}_0$ が次の随伴問題の解のときに 0 となる．

問題 4.1.5（f_0 に対する随伴問題）

$\boldsymbol{A} \in \mathbb{R}^{n \times n}$ を問題 4.1.3 のとおりとする．このとき，

$$\dot{\boldsymbol{z}}_0 = -\boldsymbol{A}^\mathrm{T} \boldsymbol{z}_0 - \boldsymbol{u} \quad \text{in } (0, t_\mathrm{T}) \tag{4.1.24}$$

$$\boldsymbol{z}_0(t_\mathrm{T}) = \boldsymbol{u}(t_\mathrm{T}) \tag{4.1.25}$$

を満たす $\boldsymbol{z}_0 \colon (0, t_\mathrm{T}) \to \mathbb{R}^n$ を求めよ．

さらに，式 (4.1.23) の右辺第 1 項と第 2 項はそれぞれ

$$\mathscr{L}_{0\boldsymbol{\xi}}(\boldsymbol{\xi}, \boldsymbol{u}, \boldsymbol{z}_0)[\boldsymbol{\eta}] = \int_0^{t_\mathrm{T}} (\boldsymbol{\xi} + \boldsymbol{B}^\mathrm{T} \boldsymbol{z}_0) \cdot \boldsymbol{\eta} \, \mathrm{d}t = \langle \boldsymbol{g}_0, \boldsymbol{\eta} \rangle$$

$$\mathscr{L}_{1\boldsymbol{\xi}}(\boldsymbol{\xi}, p)[\boldsymbol{\eta}] = \int_0^{t_\mathrm{T}} p\boldsymbol{\xi} \cdot \boldsymbol{\eta} \, \mathrm{d}t = \langle \boldsymbol{g}_1, \boldsymbol{\eta} \rangle$$

となる．ここで，$\langle \cdot, \cdot \rangle$ は双対積（定義 4.4.5）を表す．ここでは，有限次元ベクトル空間における内積に相当するものとみなす．そこで，問題 2.8.2 の KKT 条件が式 (2.8.5)〜(2.8.8) で与えられたことに対応させて，問題 4.1.4 の解 $\boldsymbol{\xi}$ に対する KKT 条件は

$$\boldsymbol{g}_0 + \boldsymbol{g}_1 = (1 + p)\boldsymbol{\xi} + \boldsymbol{B}^\mathrm{T} \boldsymbol{z}_0 = \boldsymbol{0}_{\mathbb{R}^d} \quad \text{in } (0, t_\mathrm{T}) \tag{4.1.26}$$

$$\frac{1}{2} \|\boldsymbol{\xi}\|_{\mathbb{R}^d}^2 \le 1 \quad \text{in } (0, t_\mathrm{T}) \tag{4.1.27}$$

$$\left(\frac{1}{2} \|\boldsymbol{\xi}\|_{\mathbb{R}^d}^2 - 1 \right) p = 0 \quad \text{in } (0, t_\mathrm{T}) \tag{4.1.28}$$

$$p \ge 0 \quad \text{in } (0, t_\mathrm{T}) \tag{4.1.29}$$

のようになる．

ここで得られた KKT 条件を別の表現に変更してみよう．$\boldsymbol{\xi}$，$\boldsymbol{u}$，$\boldsymbol{z}_0$ は式 (4.1.26)〜(4.1.29) を満たすとする．$\boldsymbol{\zeta} \in \mathbb{R}^d$ を $\|\boldsymbol{\zeta}\|_{\mathbb{R}^d}^2/2 \le 1$ を満たす任意のベクトルとする．このとき，$\|\boldsymbol{\xi}\|_{\mathbb{R}^d}^2/2 < 1$ ならば $p = 0$ となり，式 (4.1.26) より

$$\langle \boldsymbol{g}_0, \boldsymbol{\zeta} - \boldsymbol{\xi} \rangle = (\boldsymbol{\xi} + \boldsymbol{B}^{\mathrm{T}} \boldsymbol{z}_0) \cdot (\boldsymbol{\zeta} - \boldsymbol{\xi}) = 0 \quad \text{in } (0, t_{\mathrm{T}})$$

が成り立つ．また，$\|\boldsymbol{\xi}\|^2_{\mathbb{R}^d}/2 = 1$ ならば $p > 0$，$\boldsymbol{\xi} \cdot (\boldsymbol{\zeta} - \boldsymbol{\xi}) \leq 0$ および

$$\begin{aligned} &\langle \boldsymbol{g}_0 + \boldsymbol{g}_1, \boldsymbol{\zeta} - \boldsymbol{\xi} \rangle \\ &\quad = (\boldsymbol{\xi} + \boldsymbol{B}^{\mathrm{T}} \boldsymbol{z}_0) \cdot (\boldsymbol{\zeta} - \boldsymbol{\xi}) + p\boldsymbol{\xi} \cdot (\boldsymbol{\zeta} - \boldsymbol{\xi}) = 0 \quad \text{in } (0, t_{\mathrm{T}}) \end{aligned}$$

が成り立つ．したがって，いずれの場合も

$$(\boldsymbol{\xi} + \boldsymbol{B}^{\mathrm{T}} \boldsymbol{z}_0) \cdot (\boldsymbol{\zeta} - \boldsymbol{\xi}) = \boldsymbol{g}_0 \cdot (\boldsymbol{\zeta} - \boldsymbol{\xi}) \geq 0 \quad \text{in } (0, t_{\mathrm{T}}) \tag{4.1.30}$$

が成り立つ．式 (4.1.30) は，評価関数 f_0 の Lagrange 関数 $\mathscr{L}_0$ が $\boldsymbol{\xi}$ において極小となることを示している．この条件は **Pontryagin の局所最小条件**とよばれる．

さらに，**Hamilton 関数**を

$$\mathscr{H}(\boldsymbol{\xi}, \boldsymbol{u}, \boldsymbol{z}) = (\boldsymbol{A}\boldsymbol{u} + \boldsymbol{B}\boldsymbol{\xi}) \cdot \boldsymbol{z} + \frac{1}{2}(\|\boldsymbol{u}\|^2_{\mathbb{R}^n} + \|\boldsymbol{\xi}\|^2_{\mathbb{R}^d})$$

と定義するとき，随伴問題（問題 4.1.5）は，任意の $\boldsymbol{u}' \in U$ に対して

$$\begin{aligned} &\dot{\boldsymbol{z}}_0 \cdot \boldsymbol{u}' = -\mathscr{H}_{\boldsymbol{u}}(\boldsymbol{\xi}, \boldsymbol{u}, \boldsymbol{z}_0)[\boldsymbol{u}'] \quad \text{in } (0, t_{\mathrm{T}}) \\ &\boldsymbol{z}_0(t_{\mathrm{T}}) = \boldsymbol{u}(t_{\mathrm{T}}) \end{aligned}$$

とかける．このとき，式 (4.1.30) は

$$\mathscr{H}_{\boldsymbol{\xi}}(\boldsymbol{\xi}, \boldsymbol{u}, \boldsymbol{z}_0)[\boldsymbol{\zeta} - \boldsymbol{\xi}] \geq 0 \quad \text{in } (0, t_{\mathrm{T}})$$

とかける．この関係は，$\boldsymbol{\zeta}$ を $\|\boldsymbol{\zeta}\|^2_{\mathbb{R}^d}/2 \leq 1$ を満たす任意のベクトルとして，そのときの状態決定問題（問題 4.1.3）と随伴問題（問題 4.1.5）の解をそれぞれ $\boldsymbol{v}$ と $\boldsymbol{w}_0$ とするとき，

$$\mathscr{H}(\boldsymbol{\xi}, \boldsymbol{u}, \boldsymbol{z}_0) \leq \mathscr{H}(\boldsymbol{\zeta}, \boldsymbol{v}, \boldsymbol{w}_0) \quad \text{in } (0, t_{\mathrm{T}})$$

が成り立つことを表している．このように，問題 4.1.4 の KKT 条件を満たす $\boldsymbol{\xi}$ は Hamilton 関数を最小にすることを表している．この最小条件は **Pontryagin の最小原理**とよばれる．

さらに，非線形システムに対しても同様の結果が得られる（[76] p.140 5.4

節，ただし，t_{T} は変数と仮定されている．ここでは固定とみなす）．非線形システムの最適制御問題に対する状態決定問題を次のように定義する．

問題 4.1.6（非線形システムの制御問題）

$\boldsymbol{b}\colon \mathbb{R}^d \times \mathbb{R}^n \to \mathbb{R}^n$，$\boldsymbol{\alpha} \in \mathbb{R}^n$ および制御力 $\boldsymbol{\xi}\colon (0, t_{\mathrm{T}}) \to \mathbb{R}^d$ が与えられたとき，

$$\dot{\boldsymbol{u}} = \frac{\partial \boldsymbol{b}}{\partial \boldsymbol{u}^{\mathrm{T}}}(\boldsymbol{\xi}, \boldsymbol{u})\boldsymbol{u} + \frac{\partial \boldsymbol{b}}{\partial \boldsymbol{\xi}^{\mathrm{T}}}(\boldsymbol{\xi}, \boldsymbol{u})\boldsymbol{\xi} \quad \text{in } (0, t_{\mathrm{T}}) \tag{4.1.31}$$

$$\boldsymbol{u}(0) = \boldsymbol{\alpha} \tag{4.1.32}$$

を満たすシステムの状態 $\boldsymbol{u}\colon (0, t_{\mathrm{T}}) \to \mathbb{R}^n$ を求めよ．

制御力 $\boldsymbol{\xi}$ と状態決定問題（問題 4.1.3）の解 $\boldsymbol{u}$ を用いて，最適制御の評価関数を

$$f_0(\boldsymbol{\xi}, \boldsymbol{u}) = \int_0^{t_{\mathrm{T}}} h(\boldsymbol{\xi}, \boldsymbol{u})\,\mathrm{d}t + j(\boldsymbol{u}(t_{\mathrm{T}})) \tag{4.1.33}$$

とおく．ここで，$h\colon \mathbb{R}^d \times \mathbb{R}^n \to \mathbb{R}$ と $j\colon \mathbb{R}^n \to \mathbb{R}$ は与えられた関数とする．また，凸領域 $\Omega \subset \mathbb{R}^d$ が与えられたとき，制御力の制約を

$$\boldsymbol{\xi} \in \Omega \quad \text{in } (0, t_{\mathrm{T}}) \tag{4.1.34}$$

とおく．このとき，最適制御問題は次のように構成される．

問題 4.1.7（非線形システムの最適制御問題）

Ξ を $\boldsymbol{\xi}\colon (0, t_{\mathrm{T}}) \to \mathbb{R}^d$ の集合，U を $\boldsymbol{u}\colon (0, t_{\mathrm{T}}) \to \mathbb{R}^n$ の集合とする．f_0 を式 (4.1.33) とする．このとき，

$$\min_{\boldsymbol{\xi} \in \Xi} \{ f_0(\boldsymbol{\xi}, \boldsymbol{u}) \mid \text{式 (4.1.34)},\ \boldsymbol{u} \in U,\ \text{問題 4.1.6} \}$$

を満たす $\boldsymbol{\xi}$ を求める問題に対する KKT 条件を求めよ．

問題 4.1.4 と同様に Lagrange 関数を定義する．このとき，この問題の随伴問題は次のようになる．

問題 4.1.8（f_0 に対する随伴問題）

問題 4.1.6 の解 $\boldsymbol{u}$ と式 (4.1.33) の f_0 に対して，

$$\dot{\boldsymbol{z}}_0 = -\left(\frac{\partial \boldsymbol{b}}{\partial \boldsymbol{u}^{\mathrm{T}}}(\boldsymbol{\xi}, \boldsymbol{u})\right)^{\mathrm{T}} \boldsymbol{z}_0 - \frac{\partial h}{\partial \boldsymbol{u}}(\boldsymbol{\xi}, \boldsymbol{u})$$

$$\boldsymbol{z}_0(t_{\mathrm{T}}) = \frac{\partial j}{\partial \boldsymbol{u}}(\boldsymbol{u}(t_{\mathrm{T}}))$$

を満たす $\boldsymbol{z}_0 \colon (0, t_{\mathrm{T}}) \to \mathbb{R}^n$ を求めよ．

$\boldsymbol{u}$ と $\boldsymbol{z}_0$ がそれぞれ状態決定問題（問題 4.1.6）と随伴問題（問題 4.1.8）の解のとき，Pontryagin の局所最小条件は，任意の $\boldsymbol{\zeta} \in \Omega$ に対して，次のようになる．

$$\left\{\frac{\partial h}{\partial \boldsymbol{\xi}}(\boldsymbol{\xi}, \boldsymbol{u}) + \left(\frac{\partial \boldsymbol{b}}{\partial \boldsymbol{\xi}^{\mathrm{T}}}(\boldsymbol{\xi}, \boldsymbol{u})\right)^{\mathrm{T}} \boldsymbol{z}_0\right\} \cdot (\boldsymbol{\zeta} - \boldsymbol{\xi}) \geq 0 \quad \text{in } (0, t_{\mathrm{T}})$$

問題 4.1.4 や問題 4.1.7 は時間発展問題に対する関数最適化問題の解法を考えるうえで，随伴問題がどのように構成されるのかをみるのによい例題になっている．

4.2　抽象空間

4.1 節において，変分原理は時間や場所の関数を設計変数とする関数最適化問題になっていることをみてきた．4.2 節と 4.3 節では，関数最適化問題の設計変数が入る線形空間についてみていくことにしよう．4.2 節では，線形空間の定義から始めて，今後使われる**抽象空間**を定義する．ここで抽象空間とは，すべての要素間で演算や近さなどを判定する規準が定義されているような集合のことを意味することにする．

本節では，線形演算が使える抽象空間として線形空間を定義する．その後，距離が使える距離空間を定義する．距離空間では，極限操作が可能なことを保証する完備性が定義される．その後，また線形空間に戻って，ノルムが定義された線形空間（ノルム空間）や内積が使える線形空間（内積空間）を定義していく．完備性が備わったノルム空間（Banach 空間）と内積空間（Hilbert 空間）は，今後重要な抽象空間となる．

4.2.1 線形空間

まず，本書でもっとも基本的な抽象空間として位置づけられる線形空間の定義を示そう．いわゆる**ベクトル空間**は線形空間の別称である．線形空間は次のように定義される．

■定義 4.2.1（線形空間） 集合 X に属する任意の要素 $\boldsymbol{x}$ と $\boldsymbol{y}$ に対して**和** $\boldsymbol{x}+\boldsymbol{y} \in X$ が定義され，$\mathbb{R}$ あるいは $\mathbb{C}$ を表す集合 K に属する任意の要素 α と X に属する任意の要素 $\boldsymbol{x}$ に対して**スカラー積** $\alpha\boldsymbol{x} \in X$ が定義されているとする．このとき，任意の $\boldsymbol{x}, \boldsymbol{y}, \boldsymbol{z} \in X$ および α，$\beta \in K$ に対して，

(1) 和の交換則 $\boldsymbol{x}+\boldsymbol{y} = \boldsymbol{y}+\boldsymbol{x}$

(2) 和の結合則 $(\boldsymbol{x}+\boldsymbol{y})+\boldsymbol{z} = \boldsymbol{x}+(\boldsymbol{y}+\boldsymbol{z})$

(3) $\boldsymbol{e}+\boldsymbol{x} = \boldsymbol{x}$ を満たす零元 $\boldsymbol{e} \in X$ の存在

(4) $(-\boldsymbol{x})+\boldsymbol{x} = \boldsymbol{e}$ を満たす逆元 $-\boldsymbol{x} \in X$ の存在

(5) $1\boldsymbol{x} = \boldsymbol{x}$ を満たす単位元 $1 \in K$ の存在

(6) スカラー積の結合則 $\alpha(\beta\boldsymbol{x}) = (\alpha\beta)\boldsymbol{x}$

(7) スカラーの分配則 $(\alpha+\beta)\boldsymbol{x} = \alpha\boldsymbol{x}+\beta\boldsymbol{x}$

(8) ベクトルの分配則 $\alpha(\boldsymbol{x}+\boldsymbol{y}) = \alpha\boldsymbol{x}+\alpha\boldsymbol{y}$

が成り立つならば，X を K 上の**線形空間**という．X の要素を**ベクトル**あるいは**点**とよぶ．K の要素を**スカラー**とよぶ．さらに，$K=\mathbb{R}$ のとき X を**実線形空間**という．

線形空間 X の要素 $\boldsymbol{x}$ と $\boldsymbol{y}$ に対して，任意の $\alpha, \beta \in K$ による $\alpha\boldsymbol{x}+\beta\boldsymbol{y}$ は**線形演算**あるいは**線形結合**とよばれる．また，線形空間 X，Y の直積空間 $X \times Y$ は，任意の $(x_1, y_1), (x_2, y_2) \in X \times Y$ と $\alpha \in K$ に対して，和 $(x_1, y_1)+(x_2, y_2) = (x_1+x_2, y_1+y_2)$ とスカラー積 $\alpha(x_1, y_1) = (\alpha x_1, \alpha y_1)$ により，線形空間になる．

線形空間が定義されたので，さっそくその例をあげてみよう．d を自然数としたとき，$\mathbb{R}^d$ が実線形空間の定義を満たすことはすぐにわかる．このとき，零元 $\boldsymbol{e}$ は $\boldsymbol{0}_{\mathbb{R}^d}$ となり，$\boldsymbol{x} \in \mathbb{R}^d$ の逆元はマイナス元 $-\boldsymbol{x}$ となる．

連続関数全体の集合

次に，実数を値域とする連続関数全体の集合が実線形空間になることをみてみよう．連続関数全体の集合は関数空間の一つであることから，本書の構成では 4.3 節で解説するのが適当である．しかし，線形空間のイメージを早く具体化しておくために，あえてここで定義を示しておくことにする．

これ以降，d を自然数，k を非負の整数とする．まず，連続関数の偏微分を表す際に使われる多重指数とよばれる規約について説明しておこう．k 階偏微分可能な関数 $f\colon \mathbb{R}^d \to \mathbb{R}$ に対して，$\sum_{i\in\{1,\dots,d\}} \beta_i \le k$ を満たす $\boldsymbol{\beta} = (\beta_1, \dots, \beta_d)^{\mathrm{T}} \in \{0, \dots, k\}^d$ が与えられたとき，$\nabla^{\boldsymbol{\beta}} f$ と $|\boldsymbol{\beta}|$ をそれぞれ

$$\nabla^{\boldsymbol{\beta}} f = \frac{\partial^{\beta_1}\partial^{\beta_2}\cdots\partial^{\beta_d} f}{\partial x_1^{\beta_1}\partial x_2^{\beta_2}\cdots\partial x_d^{\beta_d}}, \quad |\boldsymbol{\beta}| = \sum_{i\in\{1,\dots,d\}} \beta_i \le k$$

のように定義する．このときの $\boldsymbol{\beta}$ は**多重指数**とよばれる．また，$\mathbb{R}^d$ の部分集合 $\{\boldsymbol{x} \in \mathbb{R}^d \mid f(\boldsymbol{x}) \neq 0\}$ の閉包は f の**台**とよばれ，$\operatorname{supp} f$ とかかれる．

k 階偏微分まで連続な（A.1.2 項）実数値関数全体の集合を次のようにかく．なお，以下では，Ω を $\mathbb{R}^d$ あるいは $\mathbb{R}^d$ の連結な開部分集合とし，領域とよぶことにする（A.5 節）．領域が有界な場合にはその境界 $\partial\Omega$ は **Lipschitz 境界**（A.5 節）であると仮定し，そのときの Ω を **Lipschitz 領域**という．また，$\bar{\Omega}$ $(= \Omega \cup \partial\Omega)$ は Ω の閉包（A.1.1 項）を表すことにする．

■定義 4.2.2（連続関数全体の集合） $\Omega \subset \mathbb{R}^d$ を Lipschitz 領域とする．Ω 上で定義された連続関数 $f\colon \Omega \to \mathbb{R}$ の集合を次のように定義する．$k \in \{0, 1, 2, \dots\}$ に対して，

(1) f の全体集合を $C(\Omega;\mathbb{R})$ とかく．$\nabla^{\boldsymbol{\beta}} f\colon \Omega \to \mathbb{R}$ $(|\boldsymbol{\beta}| \le k)$ が連続な f の全体集合を $C^k(\Omega;\mathbb{R})$ とかく．さらに，定義域が $\bar{\Omega}$ のとき $C^k(\bar{\Omega};\mathbb{R})$ とかく．

(2) 有界な f の全体集合を $C_{\mathrm{B}}(\Omega;\mathbb{R})$ とかく．$\nabla^{\boldsymbol{\beta}} f\colon \Omega \to \mathbb{R}$ $(|\boldsymbol{\beta}| \le k)$ が有界な f の全体集合を $C_{\mathrm{B}}^k(\Omega;\mathbb{R})$ とかく．

(3) $\operatorname{supp} f$ が Ω 上のコンパクト集合（命題 4.2.12 参照）であるような f の全体集合を $C_0(\Omega;\mathbb{R})$ とかく．$C^k(\Omega;\mathbb{R}) \cap C_0(\Omega;\mathbb{R})$ を $C_0^k(\Omega;\mathbb{R})$ とかく．

定義 4.2.2 の (1) と (2) で定義された関数の集合 $C(\Omega;\mathbb{R})$ と $C_{\mathrm{B}}(\Omega;\mathbb{R})$ の違いは有界性にある．Ω は開集合であるので，$C(\Omega;\mathbb{R})$ には境界で無限大になるよう

な連続関数も含まれることになる．たとえば，$x \in (0, \infty]$ に対して $f(x) = 1/x$ は連続であるが，有界ではない．それに対して，$C_{\mathrm{B}}(\Omega; \mathbb{R})$ の要素には境界で無限大になるような連続関数は含まれないことになる．そこで，

$$C_{\mathrm{B}}(\Omega; \mathbb{R}) \subset C(\Omega; \mathbb{R}) \tag{4.2.1}$$

が成り立つことになる．

また，$C(\bar{\Omega}; \mathbb{R})$ と $C_{\mathrm{B}}(\Omega; \mathbb{R})$ の違いは定義域が閉集合 $\bar{\Omega}$ か開集合 Ω かの違いにある．定義域が有界閉集合ならば，連続関数は一様連続（A.1.2 項）かつ有界となることが示される．一方，定義域が開集合ならば，有界であっても一様連続ではない例がみつけられる．たとえば，$x \in (0, \infty]$ に対して $f(x) = \sin(1/x)$ は連続かつ有界であるが，一様連続ではない．そこで，

$$C(\bar{\Omega}; \mathbb{R}) \subset C_{\mathrm{B}}(\Omega; \mathbb{R}) \tag{4.2.2}$$

が成り立つことになる．しかし，のちに，$C(\bar{\Omega}; \mathbb{R})$ と $C_{\mathrm{B}}(\Omega; \mathbb{R})$ のノルムは同じになるという結果が示される（命題 4.2.15）．

さらに，定義 4.2.2 (3) で定義された $C_0(\Omega; \mathbb{R})$ は，Ω の境界 $\partial\Omega$ （$\Omega = \mathbb{R}^d$ のときには無限遠）近傍で $f = 0$ となるような関数の集合であることを表している．そこで，定義 4.2.2 (3) で定義された $C_0^k(\Omega; \mathbb{R})$ は，$\partial\Omega$ 近傍で $\nabla^{\boldsymbol{\beta}} f = 0$ ($|\boldsymbol{\beta}| \leq k$) となるような関数の集合であることになる．この定義に基づけば，$C_0(\Omega; \mathbb{R})$ や $C_0^k(\Omega; \mathbb{R})$ に対して Ω を $\bar{\Omega}$ におきかえることは意味をなさないことに注意する必要がある．なぜならば，関数の台（値が非ゼロの定義域の閉包）が $\bar{\Omega}$ であることは，境界近傍で関数の値が 0 となることと矛盾するからである．

定義 4.2.2 (3) で定義された $C_0^{\infty}(\Omega; \mathbb{R})$ は，のちに Sobolev 空間 $W^{k,p}(\Omega; \mathbb{R})$（定義 4.3.10）に入る関数 f の微分を定義する際に，Schwartz 超関数の試験関数として使われる（定義 4.3.7）．$C^{\infty}(\Omega; \mathbb{R})$ も，Sobolev 空間 $W_0^{k,p}(\Omega; \mathbb{R})$（定義 4.3.10）に入る関数 f の微分を定義するときに，試験関数として使われる（式 (4.3.10) 参照）．

連続関数全体の集合 $C^k(\Omega; \mathbb{R})$ と $C_0^k(\Omega; \mathbb{R})$ について，次のことがいえる．

■命題 4.2.3（連続関数全体の集合） $C^k(\Omega; \mathbb{R})$，$C^k(\bar{\Omega}; \mathbb{R})$，$C_{\mathrm{B}}^k(\Omega; \mathbb{R})$ および $C_0^k(\Omega; \mathbb{R})$ は，零元を $f_0 = 0$ in Ω，f の逆元を $-f$ とする実線形空間である．また，$C^k(\bar{\Omega}; \mathbb{R})$，$C_{\mathrm{B}}^k(\Omega; \mathbb{R})$ および $C_0^k(\Omega; \mathbb{R})$ は，$C^k(\Omega; \mathbb{R})$ の部分実線形空間

（部分集合でかつ線形空間）である．

▶**証明**　連続関数の線形結合が連続関数になることを確認すればよい．任意の $f_1, f_2 \in C^k(\Omega;\mathbb{R})$ と任意の $\alpha_1, \alpha_2 \in \mathbb{R}$ に対して，$\alpha_1 f_1 + \alpha_2 f_2$ は $C^k(\Omega;\mathbb{R})$ の要素に入る（図 4.2.1 (a) 参照）．したがって，$C^k(\Omega;\mathbb{R})$ は実線形空間である．$C(\bar{\Omega};\mathbb{R})$ と $C^k_{\mathrm{B}}(\Omega;\mathbb{R})$ についても同様のことが成り立つ．さらに，任意の $f_1, f_2 \in C^k_0(\Omega;\mathbb{R})$ と任意の $\alpha_1, \alpha_2 \in \mathbb{R}$ に対して，$\alpha_1 f_1 + \alpha_2 f_2$ は $\partial\Omega$ の近傍で $\alpha_1 f_1 + \alpha_2 f_2 = 0$ が成り立つので，$\alpha_1 f_1 + \alpha_2 f_2$ は $C^k_0(\Omega;\mathbb{R})$ の要素に入る（図 4.2.1 (b) 参照）．したがって，$C^k_0(\Omega;\mathbb{R})$ は実線形空間である．さらに，$C^k(\bar{\Omega};\mathbb{R}) \subset C^k(\Omega;\mathbb{R})$，$C^k_{\mathrm{B}}(\Omega;\mathbb{R}) \subset C^k(\Omega;\mathbb{R})$ および $C^k_0(\Omega;\mathbb{R}) \subset C^k(\Omega;\mathbb{R})$ であるので，$C^k(\bar{\Omega};\mathbb{R})$，$C^k_{\mathrm{B}}(\Omega;\mathbb{R})$ および $C^k_0(\Omega;\mathbb{R})$ は $C^k(\Omega;\mathbb{R})$ の部分実線形空間である． □

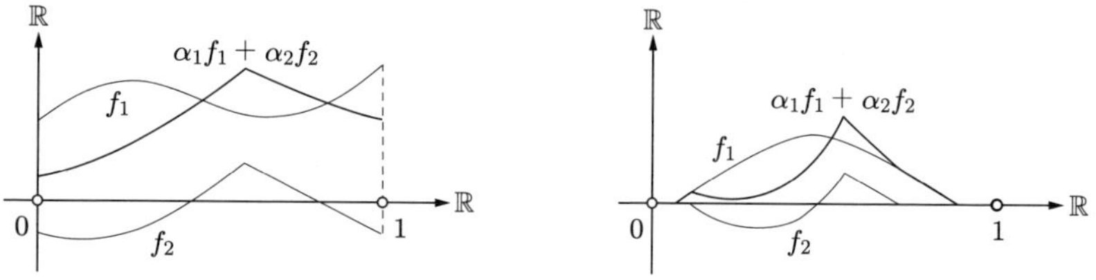

（a）$f_1, f_2 \in C((0,1);\mathbb{R})$　　（b）$f_1, f_2 \in C_0((0,1);\mathbb{R})$

図 4.2.1　連続関数の線形結合

次に，$C^k(\Omega;\mathbb{R})$ の次元について考えてみよう．次元を次のように定義する．

■**定義 4.2.4（次元）**　n を自然数として，線形空間 X が n 個の線形独立（1 次独立）なベクトルを含むが，$n+1$ 個のベクトルを選ぶと必ず線形従属になるとき，X の次元を n という．

このとき，次のことがいえる．

■**命題 4.2.5（連続関数全体の集合の次元）**　$C^k(\Omega;\mathbb{R})$ の次元は無限次元である．

▶**証明**　線形独立な連続関数が無限個みつけられることを示す．$\{f_n\}_{n\in\mathbb{N}} \in C((0,1);\mathbb{R})$ を $f_1(x)=1, f_2(x)=x, f_3(x)=x^2, \ldots, f_n(x)=x^{n-1}$ のように選べば，これらは線形独立である．なぜならば，x^{n-1} を $1, \ldots, x^{n-2}$ の線形結合で表せないからである．n は任意に選べるので無限次元である． □

これまでみてきたように，連続関数全体の集合は無限次元（命題 4.2.5）の実線形空間（命題 4.2.3）であることがわかった.

4.2.2 部分線形空間

線形空間のイメージが具体化されたところで，線形空間の部分空間に関するいくつかの定義を示しておこう．まず，有限個の要素の線形結合によって構成される部分線形空間を次のように定義する.

■**定義 4.2.6（線形包）** m を自然数として，K（$\mathbb{R}$ あるいは $\mathbb{C}$）上の線形空間 X に対して，$V = \{x_1, \ldots, x_m\}$ を X の有限部分集合とする．このとき，

$$\operatorname{span} V = \{\alpha_1 x_1 + \cdots + \alpha_m x_m \mid \alpha_1, \ldots, \alpha_m \in K\}$$

を V の**線形包**，あるいは V によって張られた X の部分線形空間という.

V の線形包 $\operatorname{span} V$ は，X の部分集合で V を含む最小の部分線形空間となることが示される．第 6 章で偏微分方程式の境界値問題に対する数値解法として示される Galerkin 法では，近似関数の集合は既知関数の線形包で構成される.

また，線形空間の要素とその要素を含まない部分線形空間の和で構成された集合は次のようによばれる.

■**定義 4.2.7（アフィン部分空間）** X を線形空間，V を X の部分線形空間とする．$\boldsymbol{x}_0 \in X \setminus V$ に対して，

$$V(\boldsymbol{x}_0) = \{\boldsymbol{x}_0 + \boldsymbol{x} \mid \boldsymbol{x} \in V\}$$

とかいて，$V(\boldsymbol{x}_0)$ を V の**アフィン部分空間**という.

アフィン部分空間の例として，拡張 Hamilton の原理（問題 4.1.1）における関数の集合 U があげられる．のちに 4.6.1 項で示されるように，U は，図 4.2.2 (a) のような $t = 0$ において $u = \alpha$ を満たす関数 u の集合になっている（式 (4.6.3) 参照）．このとき，U は線形空間にはなっていない．なぜならば，$u_1, u_2 \in U$ に対して $u_1 + u_2$ は $t = 0$ において $2\alpha \neq \alpha$ となってしまうからである．それに対して，図 4.2.2 (b) のような $t = 0$ において $v = 0$ を満たす関数 v の集合 V（式 (4.6.4) 参照）は線形空間になっている．実際，$v_1, v_2 \in V$ に対して $v_1 + v_2$ は $t = 0$ において 0 となるからである．このような境界上で 0 になるような条

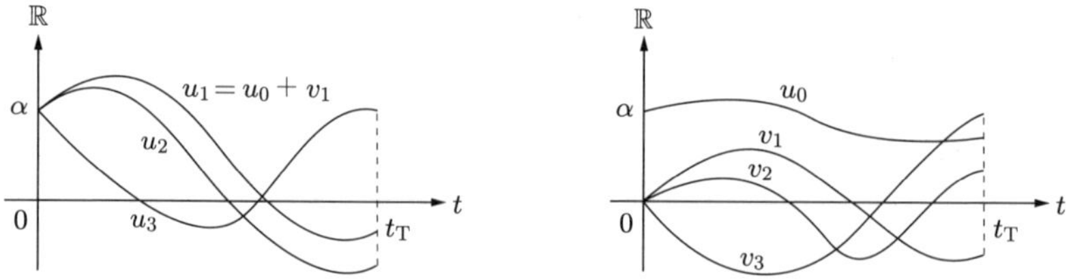

（a） $u_1, u_2, u_3 \in U$　　　（b） $u_0 \in X, v_1, v_2, v_3 \in V$

図 4.2.2　$X = H^1((0, t_{\mathrm{T}}); \mathbb{R})$ のアフィン部分空間 $U = V(u_0)$

件は，偏微分方程式の境界値問題では**同次 Dirichlet 条件**とよばれ，0 ではない値になるような条件は**非同次 Dirichlet 条件**とよばれる．そこで，のちに定義される $H^1((0, t_{\mathrm{T}}); \mathbb{R})$（定義 4.3.10 参照）を線形空間 X とおき，$t = 0$ において $u_0 = \alpha$ を満たす関数 $u_0 \in X$ （たとえば，図 4.2.2 (b) の u_0）を選んで固定すれば，U は V のアフィン部分空間 $V(u_0)$ と一致する．また，$u \in V(u_0)$ は

$$u - u_0 \in V \tag{4.2.3}$$

と同意である．本書では，線形空間を重視することから，第 5 章以降で偏微分方程式の境界値問題を定義する際には，主に，式 (4.2.3) の表現を使うことにする．

4.2.3　距離空間

次に，関数の集合において極限の操作が可能となるような性質について考えてみたい．そのために，距離と距離空間を次のように定義する．

■定義 4.2.8 (距離空間)　集合 X に対して，関数 $d \colon X \times X \to \mathbb{R}$ が，任意の $\boldsymbol{x}, \boldsymbol{y}, \boldsymbol{z} \in X$ に対して，

(1) 非負性 $d(\boldsymbol{x}, \boldsymbol{y}) \geq 0$

(2) $d(\boldsymbol{x}, \boldsymbol{y}) = 0$ と $\boldsymbol{x} = \boldsymbol{y}$ は同値

(3) 対称性 $d(\boldsymbol{x}, \boldsymbol{y}) = d(\boldsymbol{y}, \boldsymbol{x})$

(4) 三角不等式 $d(\boldsymbol{x}, \boldsymbol{z}) \leq d(\boldsymbol{x}, \boldsymbol{y}) + d(\boldsymbol{y}, \boldsymbol{z})$

を満たすとき，d を X 上の**距離**という．また，集合 X を d を距離とする**距離空間**という．

この定義からわかるように，距離空間は線形空間である必要はない．関数空

間の連続性に相当するいくつかの性質は距離空間において定義されることである．そこで，それらの定義をこの距離空間の項で示しておくことにしよう．

稠密性

距離空間の部分集合に関する性質について考えてみよう．X を距離空間として，V をその部分集合，$\bar{V}$ をその閉包（A.1.1 項）とする．このとき，$X = \bar{V}$ ならば，V は X において**稠密**であるという．これは，任意の $\boldsymbol{x} \in X$ の近傍には V の点が少なくとも一つ含まれることと同値である．

このことは，実数全体の集合 $\mathbb{R}$ と有理数全体の集合 $\mathbb{Q}$ の関係を用いて次のように説明される．任意の $x, y \in \mathbb{R}$ に対して絶対値 $|x-y|$ を距離とするとき，すべての実数 $\boldsymbol{x}$ に対して，その近傍に $\mathbb{Q}$ の要素は少なくとも一つ含まれる．そこで，$\mathbb{Q}$ は $\mathbb{R}$ において稠密である．

可分性

次に，距離空間の連続性や閉包性を調べるために，無限点列がとれるという性質について考えてみよう．ただし，**無限点列**とは，距離空間の点を無限個並べた集合を表すものとする．X を距離空間として，X がたかだか可算個（自然数全体の要素数と同じ程度の無限個）の点からなる稠密な部分集合をもつとき，X は**可分**であるという．有理数全体の集合 $\mathbb{Q}$ は（自然数を分母と分子にもつ分数の集合であるために）可算集合である．$\mathbb{R}$ は $\mathbb{Q}$ を含むので，$\mathbb{R}$ は可分であることになる．このような可分性は，無限点列を使って収束を議論する際の前提条件となる性質である．

完備性

可分な距離空間における連続性の概念は完備性とよばれ，Cauchy 列を使って定義される．まず，Cauchy 列を次のように定義する．

■**定義 4.2.9 (Cauchy 列)** 距離空間 X 上の無限点列 $\{\boldsymbol{x}_n\}_{n\in\mathbb{N}}$ が

$$\lim_{n,m\to\infty} d(\boldsymbol{x}_n, \boldsymbol{x}_m) = 0$$

を満たすとき，$\{\boldsymbol{x}_n\}_{n\in\mathbb{N}}$ を **Cauchy 列**という．

Cauchy 列を使って完備性を次のように定義する.

■**定義 4.2.10 (完備)** 距離空間 X のいかなる Cauchy 列も X 内の点に収束するとき，X は**完備**であるという.

ここで，無限点列の無限個の意味について解説しておきたい．自然数全体の集合 $\mathbb{N}$ の要素の数は無限個であるというときと，実数全体の集合 $\mathbb{R}$ の要素の数は無限個であるというときの意味は同じであるようには思えない．この素朴な疑問に答えたのが **Cantor の対角線論法**である（たとえば，[133] p.65 3.4 節）．無限集合の**濃度**（大きさ）という概念が定義され，それにより $\mathbb{R}$ の濃度（連続体濃度）は $\mathbb{N}$ の濃度（可算濃度）よりも高いことが示されている．しかし，Cauchy 列の定義で使われた無限点列は可算濃度の意味の可算無限個で構成される．このことは，$\mathbb{R}$ の濃度は連続体濃度であっても，距離空間における連続性（完備性）を調べる目的に対しては可算無限個の Cauchy 列を用意すれば十分であるという意味に解釈される.

そのことは，実数全体の集合 $\mathbb{R}$ の連続性を次の公理で済ますことからみてとれる.

■**公理 4.2.11 ($\mathbb{R}$ の完備性)** 任意の $x, y \in \mathbb{R}$ に対して絶対値 $|x-y|$ を距離とするとき，$\mathbb{R}$ の Cauchy 列は必ず $\mathbb{R}$ 内の点に収束する.

この公理において，$\mathbb{R}$ の Cauchy 列は $\mathbb{Q}$ の要素だけでもつくることができる．たとえば，$\sqrt{2}$ は $x_1 = 1$ と $x_{n+1} = x_n/2 + 1/x_n$ で生成された無限数列の収束点として定義される．このとき，この無限数列は Cauchy 列である．実際，$n \to \infty$ のとき，$|x_{n+1} - x_n| = |1/x_n - x_n/2| \to 0$ となる．したがって，$\mathbb{Q}$ の Cauchy 列の収束点をすべて含むような集合を考えれば，その集合は完備になる．それを $\mathbb{R}$ とみなすことが約束されている．このことから，$\mathbb{R}$ は $\mathbb{Q}$ が**完備化**された集合であるということができる.

また，完備性と実数の部分集合との関係は次のようになる．開区間 $(0,1)$ は完備ではない．しかし，閉区間 $[0,1]$ は完備である．なぜならば，Cauchy 列 $\{1/2, 1/3, 1/4, 1/5, \ldots\}$ は $(0,1)$ 内に収束しないが，$[0,1]$ には収束するからである.

コンパクト性

稠密性は，距離空間の部分集合の中でもその部分集合の閉包が距離空間になる性質を示していた．それに対して，距離空間の部分集合でその部分集合の中にとった無限点列はいつもその部分集合の中に収束する性質は，コンパクト性とよばれる．X を完備な距離空間，V をその部分集合とする．V の任意の無限点列が V の中に収束する部分無限点列を含むとき，V は**コンパクト**であるという．V の閉包の中に収束する部分無限点列を含むとき，V は**相対コンパクト**であるという．このとき，次の命題が成り立つ．

■命題 4.2.12（コンパクト集合の有界性） X を完備な距離空間，V を X の部分集合とする．V がコンパクトならば，V は有界閉集合である．

▶証明 コンパクトの定義より，V は閉集合である．V の有界性を背理法で示す．V が有界でないならば，X の固定点 $\boldsymbol{x}$ に対して，$d(\boldsymbol{x}, \boldsymbol{y}_n) \to \infty$ となる無限点列 $\{\boldsymbol{y}_n\}_{n\in\mathbb{N}}$ が存在する．$\{\boldsymbol{y}_n\}_{n\in\mathbb{N}}$ の中から収束する部分無限点列を選びだせない．なぜならば，収束する無限点列は有界であるからである．そこで，V は有界でなければならない．□

4.2.4 ノルム空間

完備性を距離空間でみてきたが，距離空間は線形空間である必要はなかった．ここでは，距離が定義された線形空間を定義して，完備性を備えた線形空間を定義しよう．

X を K 上の線形空間とする．関数 $\|\cdot\|: X \to \mathbb{R}$ $(\|\boldsymbol{x}\|: X \ni \boldsymbol{x} \mapsto \|\boldsymbol{x}\| \in \mathbb{R})$ が，任意の $\boldsymbol{x}, \boldsymbol{y} \in X$ と任意の $\alpha \in K$ に対して，

(1) 正値性 $\|\boldsymbol{x}\| \geq 0$

(2) $\|\boldsymbol{x}\| = 0$ と $\boldsymbol{x} = \boldsymbol{0}_X$ は同値

(3) 斉次性あるいは比例性 $\|\alpha\boldsymbol{x}\| = |\alpha|\|\boldsymbol{x}\|$

(4) 三角不等式 $\|\boldsymbol{x} + \boldsymbol{y}\| \leq \|\boldsymbol{x}\| + \|\boldsymbol{y}\|$

を満たすとき，$\|\cdot\|$ を $\|\cdot\|_X$ ともかいて，X 上の**ノルム**という．

このとき，ノルム空間は次のように定義される．

■定義 4.2.13（ノルム空間） ノルムが定義された線形空間を**ノルム空間**という．スカラーの集合 K が $\mathbb{R}$ のとき実ノルム空間という．

ノルム空間は，$\|\boldsymbol{x} - \boldsymbol{y}\|$ を距離 $d(\boldsymbol{x}, \boldsymbol{y})$ とおくことにより，距離空間となる．

したがって，Cauchy 列が定義できて，完備性が調べられる．

Banach 空間

完備なノルム空間を次のように定義する．

■定義 4.2.14 (Banach 空間) 完備なノルム空間 X を **Banach 空間**という．スカラーの集合 K が $\mathbb{R}$ のとき実 Banach 空間という．

具体例をあげてみよう．$\mathbb{R}$ の要素 x に対して絶対値 $|x|$ をノルムとおく．このとき，$\mathbb{R}$ は Banach 空間である．しかし，$[0,1]$ は Banach 空間ではない．なぜならば，$[0,1]$ は線形空間ではないためである．

次に，$\mathbb{R}^d$ について考えてみよう．$\boldsymbol{x} = (x_1, \ldots, x_d)^{\mathrm{T}} \in \mathbb{R}^d$ に対して，

$$\|\boldsymbol{x}\|_{\mathbb{R}^d} = \sqrt{|x_1|^2 + \cdots + |x_d|^2}$$

は **Euclid ノルム**とよばれる．このノルムは $\mathbb{R}^d$ 上の内積を使って $\sqrt{\boldsymbol{x} \cdot \boldsymbol{x}}$ でノルムが定義されたときと同じ定義となる．ノルムの定義を満たすものはほかにもある．$p \in [1, \infty)$ に対して

$$\|\boldsymbol{x}\|_p = (|x_1|^p + \cdots + |x_d|^p)^{1/p}$$

は p **ノルム**とよばれる．また，$p = \infty$ に対して

$$\|\boldsymbol{x}\|_\infty = \max\{|x_1|, \ldots, |x_d|\}$$

は**最大値ノルム**あるいは **Chebyshev ノルム**とよばれる．これらのノルムに対して，$\mathbb{R}^d$ は Banach 空間になる．

さらに，連続関数全体の集合（定義 4.2.2）について考えてみよう．$C^k(\Omega; \mathbb{R})$ が実線形空間になることは命題 4.2.3 で確かめられた．しかし，$C^k(\Omega; \mathbb{R})$ の要素は無限大になる可能性をもっていた．そこで，完備性を備えた線形空間を考えるときには $C^k(\Omega; \mathbb{R})$ は除外されなければならない．その点，$C^k(\bar{\Omega}; \mathbb{R})$ と $C_{\mathrm{B}}^k(\Omega; \mathbb{R})$ は Banach 空間になれる可能性をもつ．ここでは，これらのノルムを定義して，それらを用いて完備性（連続関数の Cauchy 列が連続関数に収束すること）が示されることをみてみよう．

そのために，まず，連続関数全体の集合が可分であること（連続関数の Cauchy 列がつくれること）を調べておきたい．連続関数は係数が有理数をとる多項式

全体の集合を含む．この集合はたかだか可算個はある．そこで，係数が有理数をとる多項式全体の集合は，係数が実数をとる多項式全体の集合の稠密な部分集合となる．さらに，**Weierstrass の近似定理**より，係数が実数をとる多項式全体の集合は連続関数全体の集合の稠密な部分集合であることがいえる．そこで，連続関数全体の集合は可分であることが確かめられた．完備性は次のように確かめられる．

命題 4.2.15（連続関数全体の集合） 定義 4.2.2 の $C^k(\bar{\Omega};\mathbb{R})$ と $C^k_{\mathrm{B}}(\Omega;\mathbb{R})$ は

$$\|f\|_{C^k(\bar{\Omega};\mathbb{R})} = \|f\|_{C^k_{\mathrm{B}}(\Omega;\mathbb{R})} = \max_{|\boldsymbol{\beta}|\le k}\sup_{\boldsymbol{x}\in\Omega}|\nabla^{\boldsymbol{\beta}} f(\boldsymbol{x})|$$

をノルムとして実 Banach 空間になる．

▶**証明** 証明の要点は，連続関数の Cauchy 列は各点で収束するが，各点で収束した関数が一様に連続となるかという点である．

まず $k=0$ の場合を考える．$\{f_n\}_{n\in\mathbb{N}} \in C(\bar{\Omega};\mathbb{R})$ を Cauchy 列とする．任意の $\boldsymbol{x}\in\bar{\Omega}$ を選んで固定するとき，$n,m\to\infty$ に対して

$$|f_n(\boldsymbol{x}) - f_m(\boldsymbol{x})| \le \|f_n - f_m\|_{C(\bar{\Omega};\mathbb{R})} \to 0$$

となることから，各点 $\boldsymbol{x}\in\bar{\Omega}$ において $\mathbb{R}$ ノルム（絶対値）で収束する．それを $f(\boldsymbol{x})$ とかく．

次に，任意の $\epsilon>0$ に対して，$n,m>n_0$ に対して

$$\|f_n - f_m\|_{C(\bar{\Omega};\mathbb{R})} \le \frac{\epsilon}{2}$$

が成り立つような n_0 を選ぶ．このとき，任意の $n>n_0$ に対して，

$$\begin{aligned}|f_n(\boldsymbol{x}) - f(\boldsymbol{x})| &\le |f_n(\boldsymbol{x}) - f_m(\boldsymbol{x})| + |f_m(\boldsymbol{x}) - f(\boldsymbol{x})| \\ &\le \|f_n - f_m\|_{C(\bar{\Omega};\mathbb{R})} + |f_m(\boldsymbol{x}) - f(\boldsymbol{x})|\end{aligned}$$

となる．ここで，$|f_m(\boldsymbol{x}) - f(\boldsymbol{x})| \le \epsilon/2$ となるように m を大きくとれば，$|f_n(\boldsymbol{x}) - f(\boldsymbol{x})| \le \epsilon$ が成り立ち，$\{f_n\}_{n\in\mathbb{N}}$ は f に一様収束する．連続関数が一様収束すればその極限も連続であることから $f\in C(\bar{\Omega};\mathbb{R})$ となり，$C(\bar{\Omega};\mathbb{R})$ は完備となる．

さらに $k>0$ とする．$C^k(\bar{\Omega};\mathbb{R})$ のノルムの定義から，$n\to\infty$ のとき，すべての $|\boldsymbol{\beta}|\le k$ に対して，一様収束の意味で $\nabla^{\boldsymbol{\beta}} f_n \to \nabla^{\boldsymbol{\beta}} f$ となることと $\|f_n - f\|_{C^k(\bar{\Omega};\mathbb{R})} \to 0$ とは等価となる．したがって，$C^k(\bar{\Omega};\mathbb{R})$ は完備となる．

$C^k_{\mathrm{B}}(\Omega;\mathbb{R})$ の要素は有界であるので，$\bar{\Omega}$ を Ω に変更しても同様のことがいえる． □

また，Banach 空間 X と Y の直積空間 $X \times Y$ は，$(x, y) \in X \times Y$ のノルム $\|(x, y)\|_{X \times Y}$ を $p \in [1, \infty)$ に対して $(\|x\|_X^p + \|y\|_Y^p)^{1/p}$，あるいは $\max\{\|x\|_X, \|y\|_Y\}$ とおけば $X \times Y$ は Banach 空間になる．そこで，r を自然数として，$\mathbb{R}^r$ を値域とする k 階微分可能な関数 $\boldsymbol{f} = (f_1, \ldots, f_r)^{\mathrm{T}} : \bar{\Omega} \to \mathbb{R}^r$ の全体集合 $C^k(\bar{\Omega}; \mathbb{R}^r)$ は直積空間 $(C^k(\bar{\Omega}; \mathbb{R}))^r$ となり，ノルム $\|\boldsymbol{f}\|_{C^k(\bar{\Omega}; \mathbb{R}^r)}$ を $\left(\sum_{i \in \{1 \cdots r\}} \|f_i\|^p_{C^k(\bar{\Omega}; \mathbb{R})}\right)^{1/p}$，あるいは $\max_{i \in \{1 \cdots r\}} \|f_i\|_{C^k(\bar{\Omega}; \mathbb{R})}$ とおけば，$C^k(\bar{\Omega}; \mathbb{R}^r)$ は Banach 空間になる．

ここで，最適化問題における Banach 空間の必要性について確認しておこう．設計変数が定義された線形空間を Banach 空間に選べば，Banach 空間の完備性により，次のことがいえることになる．第 3 章でみてきたような反復法で試行点を次々にみつけていったときの収束点は，Banach 空間の要素として存在することが保証される．さらに，勾配法を使うためには，評価関数の微分や勾配法を一般化する必要がある．微分を一般化した Fréchet 微分については，4.5 節で解説される．勾配法の一般化は第 7 章のテーマである．そこでは，次に示される完備性を備えた内積空間である Hilbert 空間が必要になる．

4.2.5　内積空間

さらに，有限次元ベクトル空間における内積を抽象的な線形空間に導入しよう．内積は次のように定義される．X を K（$\mathbb{R}$ あるいは $\mathbb{C}$）上の線形空間とする．関数 $(\cdot, \cdot) : X \times X \to K$ が，任意の $\boldsymbol{x}, \boldsymbol{y}, \boldsymbol{z} \in X$，$\alpha \in K$ に対して，

(1) $(\boldsymbol{x}, \boldsymbol{x}) = 0$ と $\boldsymbol{x} = \boldsymbol{0}_X$ は同値

(2) $(\boldsymbol{x} + \boldsymbol{y}, \boldsymbol{z}) = (\boldsymbol{x}, \boldsymbol{z}) + (\boldsymbol{y}, \boldsymbol{z})$

(3) $(\alpha \boldsymbol{x}, \boldsymbol{y}) = \alpha (\boldsymbol{x}, \boldsymbol{y})$

(4) 対称性 $(\boldsymbol{x}, \boldsymbol{y}) = (\boldsymbol{y}, \boldsymbol{x})$ あるいは**共役対称性** $(\boldsymbol{x}, \boldsymbol{y}) = (\boldsymbol{y}, \boldsymbol{x})^*$　（$(\cdot)^*$ は複素共役を表す）

(5) 正値性: 任意の $\boldsymbol{x} \in X \setminus \{\boldsymbol{0}\}$ に対して $(\boldsymbol{x}, \boldsymbol{x}) > 0$

を満たすとき，$(\cdot, \cdot)$ を $(\cdot, \cdot)_X$ ともかいて，X 上の**内積**あるいは**スカラー積**という．内積空間は次のように定義される．

■**定義 4.2.16 (内積空間)**　内積の定義された線形空間を**内積空間**という．スカラーの集合 K が $\mathbb{R}$ のとき実内積空間という．

内積が定義されていれば，$\|\boldsymbol{x}\| = \sqrt{(\boldsymbol{x}, \boldsymbol{x})}$ はノルムの定義を満たす．したがって，内積空間はノルム空間にもなり，完備性が調べられる．

Hilbert 空間

完備性を備えた内積空間を次のようにいう．

定義 4.2.17 (Hilbert 空間) 内積空間がノルム

$$\|\boldsymbol{x}\| = \sqrt{(\boldsymbol{x}, \boldsymbol{x})}$$

に関して完備のとき，**Hilbert 空間**という．スカラーの集合 K が $\mathbb{R}$ のとき，実 Hilbert 空間という．

有限次元ベクトル空間 $\mathbb{R}^d$ は d 次元の実 Hilbert 空間である．関数空間の中にも Hilbert 空間があることを 4.3 節でみていくことにする．実は，本書でもっとも重要な抽象空間は Hilbert 空間である．重要である理由の一つは，4.1 節でみてきた変分原理のほとんどが，実 Hilbert 空間の定義が満たされた関数空間上の最適化問題になっているためである．そのことを 4.6 節で確認する．また，第 7 章以降で説明される最適設計問題も，実 Hilbert 空間の定義が満たされた関数空間上で定義されることになる．さらに，第 3 章で示された勾配法を第 7 章において一般化する際にも，Hilbert 空間が使われることになる．

4.3 関数空間

線形空間と距離空間を基本として完備性や内積を備えた抽象空間をみてきた．それに対して，連続関数全体の集合 $C^k(\Omega; \mathbb{R})$ は，Ω で定義された $\mathbb{R}$ 値をもつ連続な関数全体の集合として定義された．いってみれば具体的な関数全体の集合を表していた．このような定義域と値域が決められた条件を満たす関数全体の集合を**関数空間**という．ここでは，連続関数全体の集合以外の関数空間を定義する．そのうえで，それらが Banach 空間や Hilbert 空間の要件を満たすときのノルムや内積の定義をまとめておくことにしよう．

ここでは，関数の定義域を Ω とかくことにする．しかし，その定義が関数の性質に依存して変更されることを断っておきたい．関数が連続である場合には，Ω は定義 4.2.2 の前で説明された **Lipschitz 領域**（A.5 節）であると仮定する．一方，積分が有界になること（可積分性）だけに注意が向けられた関数を考える場合には，Ω は $\mathbb{R}^d$ の部分集合で **Lebesgue 測度**が 0 となる集合を除いた Ω 上の可測集合であるとみなす．ただし，$d = 1, 2, 3$ に対して，$\mathbb{R}^d$ における Lebesgue 測度は長さ，面積，体積を意味することにする．そこで，Lebesgue 測度が 0 となる集合とは，$d = 1, 2, 3$ に対してそれぞれ点，長さ，面積をもつ集合を意味する．このような可測集合上で成り立つ式では，「**ほとんど至るところで** (almost everywhere)」の意味で a.e. が添えられる．

なお，本節で示される定理や命題に対する証明は本書のレベルを超えるものである．例としてあげられた文献などを参照されたい．

4.3.1 Hölder 空間

まず，連続の定義をより厳しくした $C^k(\bar{\Omega}; \mathbb{R})$ の部分線形空間を定義しよう．ここで示される Lipschitz 連続は，領域の境界に対する滑らかさを定義する際に使われる（A.5 節）．第 8 章と第 9 章で示される形状最適化問題では，その滑らかさが保たれるように設計変数を変動させることが話題となる．

■定義 4.3.1 (Hölder 空間)　Ω は $d \in \{1, 2, \ldots\}$ 次元の Lipschitz 領域とする．$\sigma \in (0, 1]$ に対して，ある $\beta > 0$ が存在して，関数 $f\colon \bar{\Omega} \to \mathbb{R}$ が，任意の $\boldsymbol{x}, \boldsymbol{y} \in \bar{\Omega}$ に対して

$$|f(\boldsymbol{x}) - f(\boldsymbol{y})| \le \beta \|\boldsymbol{x} - \boldsymbol{y}\|_{\mathbb{R}^d}^{\sigma} \tag{4.3.1}$$

を満たすとき，f を **Hölder 連続**という．σ を **Hölder 指数**という．また，$k \in \{0, 1, 2, \ldots\}$ に対して，$\nabla^{\boldsymbol{\beta}} f$ $(|\boldsymbol{\beta}| \le k)$ が Hölder 連続な f の集合を $C^{k,\sigma}(\bar{\Omega}; \mathbb{R})$ とかき，**Hölder 空間**という†．特に，$k = 0$ および $\sigma = 1$ のとき，f は **Lipschitz 連続**であるといい，$C^{0,1}(\bar{\Omega}; \mathbb{R})$ を **Lipschitz 空間**という．このときの β を **Lipschitz 定数**という．

図 4.3.1 は，$f\colon \mathbb{R} \to \mathbb{R}$ が Hölder 連続の場合と Lipschitz 連続の場合の例を示す．

$C^{k,\sigma}(\bar{\Omega}; \mathbb{R})$ に対して次の結果が得られる（たとえば，[47] p.241 Theorem 1）．

---

† 文献によっては $C^{0,1}(\bar{\Omega}; \mathbb{R})$ を Hölder 空間に含めない場合もある．

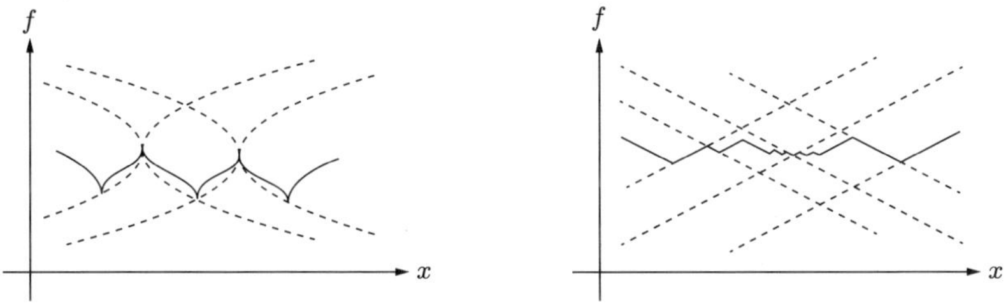

（a）$\sigma = 0.5$　　（b）$\sigma = 1$（Lipschitz 連続）

図 4.3.1　Hölder 連続な関数

命題 4.3.2 (Hölder 空間)　定義 4.3.1 の $C^{k,\sigma}(\bar{\Omega}; \mathbb{R})$ は，

$$|\nabla^{\boldsymbol{\beta}} f|_{C^{0,\sigma}(\bar{\Omega};\mathbb{R})} = \sup_{\boldsymbol{x},\boldsymbol{y} \in \bar{\Omega}} \frac{|\nabla^{\boldsymbol{\beta}} f(\boldsymbol{x}) - \nabla^{\boldsymbol{\beta}} f(\boldsymbol{y})|}{\|\boldsymbol{x} - \boldsymbol{y}\|_{\mathbb{R}^d}^{\sigma}}$$

を**セミノルム**として

$$\|f\|_{C^{k,\sigma}(\bar{\Omega};\mathbb{R})} = \|f\|_{C^k(\bar{\Omega};\mathbb{R})} + \max_{|\boldsymbol{\beta}|=k} |\nabla^{\boldsymbol{\beta}} f|_{C^{0,\sigma}(\bar{\Omega};\mathbb{R})} \tag{4.3.2}$$

をノルムとして実 Banach 空間になる．ただし，$\|f\|_{C^k(\bar{\Omega};\mathbb{R})}$ は命題 4.2.15 で定義されたものとする．

式 (4.3.2) において，$C^{k,\sigma}(\bar{\Omega}; \mathbb{R})$ のノルムには $C^k(\bar{\Omega}; \mathbb{R})$ のノルムが含まれている．したがって，

$$C^{k,\sigma}(\bar{\Omega}; \mathbb{R}) \subset C^k(\bar{\Omega}; \mathbb{R}) \tag{4.3.3}$$

が成り立つことになる．

4.3.2 Lebesgue 空間

次に，連続性を用いずに，積分が定義される性質（可積分性）に注意が向けられた関数全体の集合を定義しよう．図 4.3.2 のような不連続関数であってもその積分は定義される．このような可積分性は，変分原理においてエネルギーが定義されることなどに対応する．そのことは 4.6 節で確認される．

なお，この項と次項で定義される Lebesgue 空間と Sobolev 空間では，Lebesgue 測度が 0 の集合を除いて等しい関数 $f_1(x)$ と $f_2(x)$ は同じ関数とみな

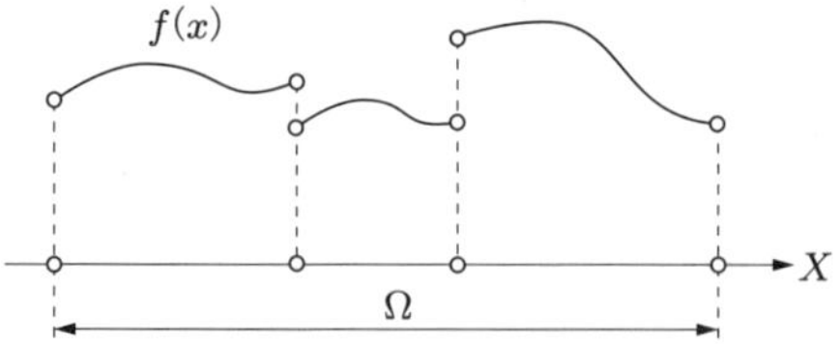

図 4.3.2　可積分関数 $f\colon \mathbb{R} \to \mathbb{R}$

す．このことを，$f_1(x) = f_2(x)$ for a.e. $x \in \Omega$ と表記する．詳細は Lebesgue 積分の教科書を参照されたい．

定義 4.3.3 (Lebesgue 空間)　Ω は $d \in \{1, 2, \ldots\}$ 次元の領域とする．$f\colon \Omega \to \mathbb{R}$ とする．$p \in [1, \infty)$ のとき，**Lebesgue 積分**（可測集合上の積分）の意味で

$$\int_{\Omega} |f(\boldsymbol{x})|^p \, \mathrm{d}x < \infty \tag{4.3.4}$$

が満たされるとき，f は p 乗 **Lebesgue 可積分**であるという．$p = \infty$ のとき，

$$\operatorname*{ess\,sup}_{\text{a.e. } \boldsymbol{x} \in \Omega} |f(\boldsymbol{x})| < \infty \tag{4.3.5}$$

が満たされるとき，f は**本質的有界**であるという．このような f 全体の集合を **Lebesgue 空間**といい，$L^p(\Omega; \mathbb{R})$ とかく．

$L^p(\Omega; \mathbb{R})$ について次の結果が得られる．

命題 4.3.4 (Lebesgue 空間)　定義 4.3.3 の $L^p(\Omega; \mathbb{R})$ は

$$\|f\|_{L^p(\Omega;\mathbb{R})} = \begin{cases} \left(\displaystyle\int_{\Omega} |f(\boldsymbol{x})|^p \, \mathrm{d}x \right)^{1/p} & \text{for } p \in [1, \infty) \\ \operatorname*{ess\,sup}_{\text{a.e. } \boldsymbol{x} \in \Omega} |f(\boldsymbol{x})| & \text{for } p = \infty \end{cases}$$

をノルムとして実 Banach 空間になる．

この命題の $L^1(\Omega; \mathbb{R})$ の完備性に対する証明では，**Lebesgue の収束定理**が使われる（たとえば，[101] p.38 定理 2.5）．また，$p \in (1, \infty)$ のときの $L^p(\Omega; \mathbb{R})$ が線形空間になることの証明には，**Hölder の不等式**（定理 A.9.1）と **Minkowski**

の不等式（定理 A.9.2）が使われる（たとえば，[101] p.42 定理 2.10）．さらに，$L^\infty(\Omega;\mathbb{R})$ の線形性と完備性は**本質的上限** $\operatorname{ess\,sup}_{\text{a.e. } \boldsymbol{x}\in\Omega}|f(\boldsymbol{x})|$ をノルムにして示される（たとえば，[101] p.46 定理 2.20）．ここで，$L^\infty(\Omega;\mathbb{R})$ のノルムが関数の絶対値の上限値になることは，有限次元ベクトルに対する最大値ノルムの関数への拡張と考えれば理解されよう．

さらに，$p=2$ のとき，$L^2(\Omega;\mathbb{R})$ は 2 乗可積分な関数全体の集合を意味し，

$$(f,g)_{L^2(\Omega;\mathbb{R})} = \int_\Omega f(\boldsymbol{x})g(\boldsymbol{x})\,\mathrm{d}x \tag{4.3.6}$$

を内積として，実 Hilbert 空間になる．この関数空間は，今後の展開において重要な関数空間の一つとなる．

ここで，$L^2(\Omega;\mathbb{R})$ の中に連続関数の（$L^2(\Omega;\mathbb{R})$ ノルムでみた）Cauchy 列がとれて，それが $L^2(\Omega;\mathbb{R})$ の要素である不連続関数に収束する例をみておこう．

□例題 4.3.5（連続関数の L^2 ノルムによる Cauchy 列） $C([0,2];\mathbb{R})$ の要素

$$f_n(x) = \begin{cases} x^n & \text{in } (0,1) \\ 1-(x-1)^n & \text{in } (1,2) \end{cases}$$

で生成された関数列 $\{f_n\}_{n\in\mathbb{N}}$ を考える．$\{f_n\}_{n\in\mathbb{N}}$ は，

$$\|f\|_{L^2((0,2);\mathbb{R})} = \left(\int_0^2 |f(x)|^2\,\mathrm{d}x\right)^{1/2}$$

をノルムとおいた Cauchy 列になっていることを示せ．また，その Cauchy 列が収束する関数を求めよ．

▶解答 図 4.3.3 のような関数列 $\{f_n\}_{n\in\mathbb{N}}$ に対して，$m,n\to\infty$ のとき，

$$\begin{aligned}(f_m,f_n)_{L^2((0,2);\mathbb{R})} &= \int_0^1 x^{m+n}\,\mathrm{d}x + \int_1^2 \{1-(x-1)^m\}\{1-(x-1)^n\}\,\mathrm{d}x \\ &= \frac{1}{1+m+n} + \frac{m}{1+m} - \frac{1}{1+n} - \frac{1}{1+m+n} \to 1\end{aligned}$$

が得られる．これより，

$$\begin{aligned}&\|f_m - f_n\|^2_{L^2((0,2);\mathbb{R})} \\ &\quad = (f_m,f_m)_{L^2((0,2);\mathbb{R})} - 2(f_n,f_m)_{L^2((0,2);\mathbb{R})} + (f_n,f_n)_{L^2((0,2);\mathbb{R})} \to 0\end{aligned}$$

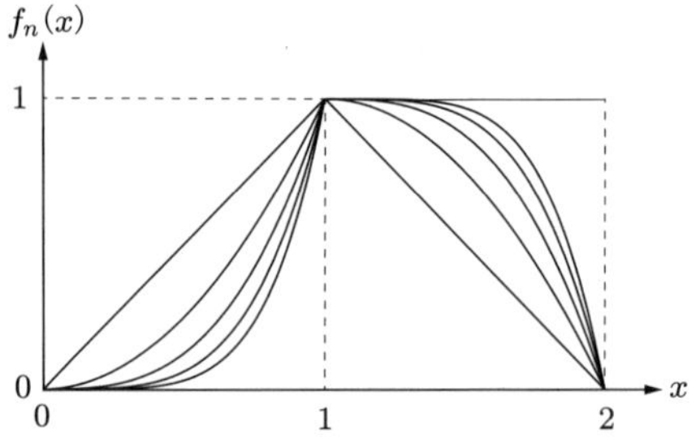

図 4.3.3 $[0,2]$ 上の連続関数の関数列 $\{f_n\}_{n\in\mathbb{N}}$

が成り立つ．したがって，$\{f_n\}_{n\in\mathbb{N}}$ は $L^2(\Omega;\mathbb{R})$ ノルムを用いたときの Cauchy 列となっている．また，この Cauchy 列は

$$f = \begin{cases} 0 & \text{in } [0,1) \\ 1 & \text{in } [1,2] \end{cases}$$

に収束する．実際，$n \to \infty$ のとき，

$$\|f_n - f\|^2_{L^2((0,1);\mathbb{R})} = \int_0^1 x^{2n} \mathrm{d}x = \frac{1}{1+2n} \to 0$$

$$\|f_n - f\|^2_{L^2((1,2);\mathbb{R})} = \int_1^2 \{-(x-1)^n\}^2 \mathrm{d}x = \frac{1}{1+2n} \to 0$$

が成り立ち，その結果，$\|f_n - f\|_{L^2((0,2);\mathbb{R})} \to 0$ が得られるためである．□

この事実に基づけば，$C(\bar{\Omega};\mathbb{R})$ の $L^2(\Omega;\mathbb{R})$ ノルムによる Cauchy 列が収束する関数をすべて含むような**完備化**された集合を $L^2(\Omega;\mathbb{R})$ とおいたという解釈ができる．そのことは，$\mathbb{Q}$ の $\mathbb{R}$ ノルムによる Cauchy 列の収束点をすべて含むような集合を $\mathbb{R}$ とおいたことと同様である．さらに，$L^2(\Omega;\mathbb{R})$ は $C^\infty(\bar{\Omega};\mathbb{R})$ あるいは $C_0^\infty(\Omega;\mathbb{R})$ の完備化にもなっていることが示される．それらの例は **Friedrichs の軟化子**を用いてつくられる．一方，これらの事実は，$C(\bar{\Omega};\mathbb{R})$ は $L^2(\Omega;\mathbb{R})$ の稠密な部分空間になることを示している．このことから，$L^2(\Omega;\mathbb{R})$ は可分である（Cauchy 列がとれる）ことがいえることになる．可分性に関しては，$p \in [1,\infty)$ に拡張できて，$L^p(\Omega;\mathbb{R})$ の可分性は $C(\bar{\Omega};\mathbb{R})$ が $L^p(\Omega;\mathbb{R})$ の稠密な部分空間になることを使って示される．

4.3.3 Sobolev 空間

次に，微分も含めた可積分関数全体の集合を定義しよう．4.1 節でみてきた変分原理では，変位を時間や場所に対して微分した関数を積分した値によってエネルギーが定義されていた．以下に登場する関数空間の中のあるものは，まさに変位に対して必要とされる性質を備えたものとなる．そのことを 4.6 節で確認する．ここでは，可積分性だけを備えた関数の微分を定義してから，本題に入ることにしよう．

Schwartz 超関数

積分可能であっても不連続な関数 (図 4.3.2 参照) の微分に対しては，Schwartz の超関数を使った定義が使われる．ここでは，その定義とそれを用いた不連続関数の微分についてみておくことにしよう．

Schwartz 超関数の定義では有界線形汎関数が使われる．本書では，有界線形汎関数は 4.4.5 項で作用素の一つとして定義される．ここでは，ひとまず次のように定義しておこう．$f\colon \mathbb{R}^d \to \mathbb{R}$ を Lebesgue 可積分な関数として，ϕ を $C_0^\infty(\mathbb{R}^d;\mathbb{R})$（定義 4.2.2）に入る任意の関数とする．このとき，

$$\langle f, \phi \rangle = \int_{\mathbb{R}^d} f\phi \, \mathrm{d}x < \infty \tag{4.3.7}$$

によって定義された $\langle f, \cdot \rangle\colon C_0^\infty(\mathbb{R}^d;\mathbb{R}) \to \mathbb{R}$ を f より定まる有界線形汎関数とよぶことにする．ここで使われた任意関数 $\phi \in C_0^\infty(\mathbb{R}^d;\mathbb{R})$ は，有界線形汎関数を定義するために試験的に使われた関数であることから，**試験関数**とよばれる．また，試験関数の関数空間は $\mathscr{D}(\Omega)$ とかかれることが一般的である．そこで以下では，$C_0^\infty(\Omega;\mathbb{R})$ を $\mathscr{D}(\Omega)$ とかくことにする．

■**定義 4.3.6 (Schwartz の超関数)**　Ω は $d \in \{1, 2, \ldots\}$ 次元の領域とする．$\mathscr{D}(\Omega)$ の関数列 $\{\phi_n\}_{n\in\mathbb{N}}$ で，Ω 上のコンパクト集合を台として，$n \to \infty$ のときすべての偏導関数がそのコンパクト集合上で 0 に一様収束するとき，$\langle f, \phi_n \rangle \to 0$ となるような有界線形汎関数 $\langle f, \cdot \rangle : \mathscr{D}(\Omega) \to \mathbb{R}$ を f から定まる **Schwartz の超関数**といい，本書では混乱のない限り同じ記号 f を用いることにする．Ω を定義域とする Schwartz 超関数 f の集合を $\mathscr{D}'(\Omega)$ とかく．

定義 4.3.6 より，超関数とは，定義域から値域への写像として定義される通

常の関数の意味では定義されないような関数に対して，性質のよい試験関数を用いた積分によって定義された有界線形汎関数と同一視することによって定義しようという試みである．

このような Schwartz の超関数に対する微分は，次のように定義される．

■**定義 4.3.7 (Schwartz 超関数の偏導関数)**　$\langle f, \cdot\rangle\colon \mathscr{D}(\Omega) \to \mathbb{R}$ を f から定まる Schwartz の超関数とする．任意の $\phi \in \mathscr{D}(\Omega)$ に対して

$$\left\langle \frac{\partial f}{\partial x_i}, \phi \right\rangle = -\left\langle f, \frac{\partial \phi}{\partial x_i} \right\rangle \quad \text{for } i \in \{1, \ldots, d\}$$

が成り立つとき，$\langle \partial f/\partial x_i, \cdot\rangle$ を f から定まる **Schwartz 超関数の偏導関数**といい，本書では混乱のない限り同じ記号 $\partial f/\partial x_i$ を用いることにする．

定義 4.3.7 の $\langle \partial f/\partial x_i, \cdot\rangle$ が $\mathscr{D}'(\Omega)$ の要素になることは，定義 4.3.6 において，$\mathscr{D}(\Omega)$ の関数列 $\{\phi_n\}_{n\in\mathbb{N}}$ を $\{\partial \phi_n/\partial x_i\}_{n\in\mathbb{N}}$ に変更しても，$\{\partial \phi_n/\partial x_i\}_{n\in\mathbb{N}}$ は $\mathscr{D}(\Omega)$ の関数列になることからいえる（たとえば，[2] p.21 1.60，[110] p.30 命題 2.8）．定義 4.3.7 を繰り返し用いれば，Schwartz 超関数の意味で高階の偏導関数が定義される．$\boldsymbol{\beta}$ を多重指数として，$\nabla^{\boldsymbol{\beta}}(\cdot) \doteq \partial^{\beta_1}\partial^{\beta_2}\cdots\partial^{\beta_d}(\cdot)/\partial x_1^{\beta_1}\partial x_2^{\beta_2}\cdots\partial x_d^{\beta_d}$ とおき，

$$\langle \nabla^{\boldsymbol{\beta}} f, \phi\rangle = (-1)^{|\boldsymbol{\beta}|}\langle f, \nabla^{\boldsymbol{\beta}}\phi\rangle$$

が成り立つとき，$\langle \nabla^{\boldsymbol{\beta}} f, \cdot\rangle$ を Schwartz 超関数の意味で $|\boldsymbol{\beta}|$ 階の偏導関数といい，本書では混乱のない限り同じ記号 $\nabla^{\boldsymbol{\beta}} f$ を用いることにする．

ここで，具体的な例をあげておこう．任意の $\phi \in C_0^\infty(\mathbb{R}^d; \mathbb{R})$ に対して

$$\langle \delta, \phi\rangle = \int_{\mathbb{R}^d} \delta\phi \, \mathrm{d}x = \phi(\mathbf{0}_{\mathbb{R}^d}) \tag{4.3.8}$$

が成り立つ $\delta\colon \Omega^d \to \mathbb{R}$ を **Dirac のデルタ関数**あるいは **Dirac の超関数**という．それを用いて，階段関数の微分について考えてみよう．

□**例題 4.3.8 (Heaviside 階段関数の導関数)**　Heaviside の階段関数

$$h = \begin{cases} 0 & \text{in } (-\infty, 0) \\ 1 & \text{in } (0, \infty) \end{cases}$$

の Schwartz の超関数としての導関数は，Dirac のデルタ関数となることを示せ．

▶**解答** Schwartz 超関数の導関数の定義より，次が成り立つ．

$$\langle \nabla h, \phi \rangle = \int_{-\infty}^{\infty} \nabla h \phi \, \mathrm{d}x = -\int_{-\infty}^{\infty} h \nabla \phi \, \mathrm{d}x = -\int_{0}^{\infty} \nabla \phi \, \mathrm{d}x = \phi(0) = \langle \delta, \phi \rangle$$

□

Heaviside 階段関数の導関数が Dirac のデルタ関数になることをみた．この関係を用いれば，不連続関数の導関数は次のようにかかれる．

□**例題 4.3.9（不連続関数の導関数）** 図 4.3.4 のような原点で不連続な関数 $f\colon \mathbb{R} \to \mathbb{R}$ の Schwartz の超関数としての導関数を示せ．

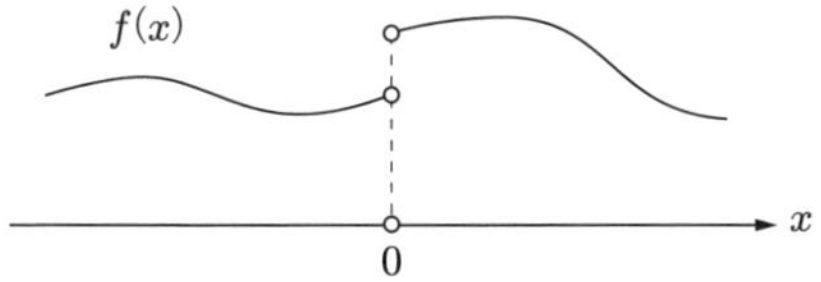

図 4.3.4 不連続な関数 $f\colon \mathbb{R} \to \mathbb{R}$

▶**解答** Schwartz 超関数の導関数の定義により

$$\begin{aligned}
\langle \nabla f, \phi \rangle &= -\int_{-\infty}^{\infty} f \nabla \phi \, \mathrm{d}x = -\int_{-\infty}^{0} f \nabla \phi \, \mathrm{d}x - \int_{0}^{\infty} f \nabla \phi \, \mathrm{d}x \\
&= (f(0_+) - f(0_-))\phi(0) + \int_{-\infty}^{\infty} \nabla f \phi \, \mathrm{d}x \\
&= (f(0_+) - f(0_-))\langle \delta, \phi \rangle + \int_{-\infty}^{\infty} \nabla f \phi \, \mathrm{d}x
\end{aligned}$$

となる．ただし，$\epsilon > 0$ に対して $f(0_-) = \lim_{\epsilon \to 0} f(-\epsilon)$ および $f(0_+) = \lim_{\epsilon \to 0} f(\epsilon)$ とする．□

Sobolev 空間

可積分性を備えた関数の導関数が定義されたので，それを用いて導関数も含めた可積分関数の関数空間を定義しよう（たとえば，[55] p.16 Definition 1.3.2.1 および Definition 1.3.2.2，[110] p.195 定義 9.10）．

■定義 4.3.10 (Sobolev 空間)　Ω は $d \in \{1, 2, \ldots\}$ 次元の領域とする．$k \in \{0, 1, 2, \ldots\}$，$s = k + \sigma$ $(\sigma \in (0, 1))$ および $p \in [1, \infty]$ に対して，次のような $f \colon \Omega \to \mathbb{R}$ の全体集合を **Sobolev 空間**という．

(1) $|\boldsymbol{\beta}| \le k$ に対して $\nabla^{\boldsymbol{\beta}} f \in L^p(\Omega; \mathbb{R})$ が成り立つとき，$W^{k,p}(\Omega; \mathbb{R})$ とかく．

(2) $p \in (1, \infty)$ に対して $f \in W^{k,p}(\Omega; \mathbb{R})$ が成り立ち，$|\boldsymbol{\beta}| \le k$ に対して

$$\int_{\Omega} \int_{\Omega} \frac{|\nabla^{\boldsymbol{\beta}} f(\boldsymbol{x}) - \nabla^{\boldsymbol{\beta}} f(\boldsymbol{y})|^p}{\|\boldsymbol{x} - \boldsymbol{y}\|_{\mathbb{R}^d}^{d+\sigma p}} \, \mathrm{d}x \, \mathrm{d}y < \infty \tag{4.3.9}$$

が成り立つとき，$W^{s,p}(\Omega; \mathbb{R})$ とかく．

(3) $W^{k,p}(\Omega; \mathbb{R})$ における $C_0^{\infty}(\Omega; \mathbb{R})$（定義 4.2.2）の閉包を $W_0^{k,p}(\Omega; \mathbb{R})$ とかく．

(4) $k = 0$ のとき，$p \in [1, \infty)$ に対して，$W_0^{0,p}(\Omega; \mathbb{R}) = L^p(\Omega; \mathbb{R})$ とかく ([2] p.38 2.30 Corollary).

(5) $p = 2$ のとき，$W^{k,2}(\Omega; \mathbb{R})$ と $W_0^{k,2}(\Omega; \mathbb{R})$ をそれぞれ $H^k(\Omega; \mathbb{R})$ と $H_0^k(\Omega; \mathbb{R})$ とかく．

定義 4.3.10 において，$f \in W_0^{k,p}(\Omega; \mathbb{R})$ に対する Schwartz の超関数の定義では，試験関数が $C^{\infty}(\Omega; \mathbb{R})$ （$C_0^{\infty}(\Omega; \mathbb{R})$ でないことに注意）から選ばれる．すなわち，式 (4.3.7) のかわりに，任意の $\phi \in C^{\infty}(\Omega; \mathbb{R})$ に対して

$$\langle f, \phi \rangle = \int_{\Omega} f \phi \, \mathrm{d}x \tag{4.3.10}$$

を満たす $\langle f, \cdot \rangle \colon C^{\infty}(\Omega; \mathbb{R}) \to \mathbb{R}$ によって定義される．

$W^{k,p}(\Omega; \mathbb{R})$ に対して次の結果が得られる（たとえば，[2] p.60 3.3 Theorem).

■命題 4.3.11 (Sobolev 空間)　定義 4.3.10 の $W^{k,p}(\Omega; \mathbb{R})$ は

$$\|f\|_{W^{k,p}(\Omega;\mathbb{R})} = \begin{cases} \left(\displaystyle\sum_{|\boldsymbol{\beta}| \le k} \|\nabla^{\boldsymbol{\beta}} f\|_{L^p(\Omega;\mathbb{R})}^p \right)^{1/p} & \text{for } p \in [0, \infty) \\ \displaystyle\max_{|\boldsymbol{\beta}| \le k} \|\nabla^{\boldsymbol{\beta}} f\|_{L^{\infty}(\Omega;\mathbb{R})} & \text{for } p = \infty \end{cases} \tag{4.3.11}$$

をノルムとして実 Banach 空間になる．

命題 4.3.11 で使われたノルムに対して，

$$|f|_{W^{k,p}(\Omega;\mathbb{R})} = \begin{cases} \left(\displaystyle\sum_{|\boldsymbol{\beta}|=k} \|\nabla^{\boldsymbol{\beta}} f\|^p_{L^p(\Omega;\mathbb{R})} \right)^{1/p} & \text{for } p \in [0,\infty) \\ \displaystyle\max_{|\boldsymbol{\beta}|=k} \|\nabla^{\boldsymbol{\beta}} f\|_{L^\infty(\Omega;\mathbb{R})} & \text{for } p = \infty \end{cases} \tag{4.3.12}$$

は**セミノルム**とよばれる．

本書では，$H^1(\Omega;\mathbb{R})$ がもっとも重要な関数空間である．なぜならば，次のように内積が使える Hilbert 空間になるためである（たとえば，[101] p.134 定理 6.28）．

■命題 4.3.12 (Sobolev 空間 $H^k(\Omega;\mathbb{R})$) $W^{k,2}(\Omega;\mathbb{R}) = H^k(\Omega;\mathbb{R})$ は

$$(f,g)_{H^k(\Omega;\mathbb{R})} = \sum_{|\boldsymbol{\beta}|\le k} \int_\Omega \nabla^{\boldsymbol{\beta}} f \cdot \nabla^{\boldsymbol{\beta}} g \, \mathrm{d}x \tag{4.3.13}$$

を内積とする実 Hilbert 空間になる．

$H^k(\Omega;\mathbb{R})$ の中でも，$H^1(\Omega;\mathbb{R})$ と $H^1(\Omega;\mathbb{R}^d)$ は，偏微分方程式の境界値問題や形状や位相の最適化問題の関数が入る関数空間として使われる重要な関数空間である．そこで，確認のために内積の定義を示しておこう．$f,g \in H^1(\Omega;\mathbb{R})$ の内積は

$$(f,g)_{H^1(\Omega;\mathbb{R})} = \int_\Omega (fg + \boldsymbol{\nabla} f \cdot \boldsymbol{\nabla} g) \, \mathrm{d}x \tag{4.3.14}$$

で定義される．また，$\boldsymbol{f},\boldsymbol{g} \in H^1(\Omega;\mathbb{R}^d)$ の内積は

$$\begin{aligned}(\boldsymbol{f},\boldsymbol{g})_{H^1(\Omega;\mathbb{R}^d)} &= \int_\Omega \{\boldsymbol{f}\cdot\boldsymbol{g} + (\boldsymbol{\nabla}\boldsymbol{f}^{\mathrm{T}}) \cdot (\boldsymbol{\nabla}\boldsymbol{g}^{\mathrm{T}})\} \, \mathrm{d}x \\ &= \int_\Omega \left\{ \boldsymbol{f}\cdot\boldsymbol{g} + \sum_{(i,j)\in\{0,\ldots,d\}^2} \left(\frac{\partial f_i}{\partial x_j}\right)_{ij} \left(\frac{\partial g_i}{\partial x_j}\right)_{ij} \right\} \mathrm{d}x \end{aligned} \tag{4.3.15}$$

で定義される．

$H^1((0,1);\mathbb{R})$ に含まれる関数と含まれない関数の区別をべき関数を使って調べてみよう．

□例題 4.3.13（$H^1((0,1);\mathbb{R})$ に入るべき関数）　$x \in (0,1)$ に対して，関数

$$f = x^{\alpha}$$

が $H^1((0,1);\mathbb{R})$ の要素に入るような $\alpha \in \mathbb{R}$ の条件を示せ．

▶解答　f の x に対する微分を f' とかく．このとき，

$$\|f\|_{H^1((0,1);\mathbb{R})} = \left\{ \int_0^1 (f^2 + f'^2)\,\mathrm{d}x \right\}^{1/2} = \left\{ \int_0^1 (x^{2\alpha} + \alpha^2 x^{2(\alpha-1)})\,\mathrm{d}x \right\}^{1/2}$$
$$= \left(\left[\frac{x^{2\alpha+1}}{2\alpha+1} + \frac{\alpha^2 x^{2\alpha-1}}{2\alpha-1} \right]_0^1 \right)^{1/2} < \infty$$

となるためには，$2\alpha - 1 > 0$，すなわち $\alpha > 1/2$ であればよい．　□

例題 4.3.13 より，$f = \sqrt{x}$ の $x = 0$ における特異性（5.3 節）は，$H^1((0,1);\mathbb{R})$ では許容されないことがわかる．

4.3.4 Sobolev の埋蔵定理

Sobolev 空間 $W^{k,p}(\Omega;\mathbb{R})$ の定義（定義 4.3.10）によれば，$d \in \{1,2,\dots\}$，$k \in \{0,1,2,\dots\}$ および $p \in [1,\infty]$ のとり方によりたくさんの関数空間がつくりだされる．さらに，Hölder 空間 $C^{k,\sigma}(\Omega;\mathbb{R})$ も含めたさまざまな関数空間の埋蔵関係は，下で示される **Sobolev の埋蔵定理**によってまとめられている．

その埋蔵関係を概観するところから始めよう．$\Omega \subset \mathbb{R}^d$ を共通として，k が同じならば $q < p$ のときに $W^{k,p}(\Omega;\mathbb{R}) \subset W^{k,q}(\Omega;\mathbb{R})$ が成り立つ．また，p が同じならば $W^{k+1,p}(\Omega;\mathbb{R}) \subset W^{k,p}(\Omega;\mathbb{R})$ が成り立つ．これらの関係はノルムの定義から明らかである．Sobolev の埋蔵定理は，p と k が異なった Sobolev 空間どうしの埋蔵関係を示している．その概要は，$k - d/p$ を微分の階数とみなしたときに，

$$k + 1 - \frac{d}{p} \geq k - \frac{d}{q}$$

ならば

$$W^{k+1,p}(\Omega;\mathbb{R}) \subset W^{k,q}(\Omega;\mathbb{R})$$

となることを示している．さらに，$0 < \sigma = k - d/p < 1$ ならば，

$$W^{k,p}(\Omega;\mathbb{R}) \subset C^{0,\sigma}(\Omega;\mathbb{R})$$

となることを示している．この場合には，Ω が Lipschitz 領域である必要がある．

これらの関係を念頭において，Sobolev の埋蔵定理の詳細な記述をみてみよう（たとえば，[2] p.85 4.12 Theorem）．

定理 4.3.14（Sobolev の埋蔵定理） Ω は $d \in \{1,2,\ldots\}$ 次元の領域とする．$k \in \{1,2,\ldots\}$，$j \in \{0,1,2,\ldots\}$ および $p \in [1,\infty)$ に対して，

(1) $k - d/p < 0$ のとき，$p^* = d/\{(d/p) - k\}$ を用いて，

$$W^{k+j,p}(\Omega;\mathbb{R}) \subset W^{j,q}(\Omega;\mathbb{R}) \quad \text{for } q \in [p,p^*] \tag{4.3.16}$$

(2) $k - d/p = 0$ のとき，

$$W^{k+j,p}(\Omega;\mathbb{R}) \subset W^{j,q}(\Omega;\mathbb{R}) \quad \text{for } q \in [p,\infty) \tag{4.3.17}$$

(3) $k - d/p = j + \sigma > 0$ $(\sigma \in (0,1))$ のとき，あるいは $k = d$ かつ $p = 1$ のとき，

$$W^{k+j,p}(\Omega;\mathbb{R}) \subset W^{j,q}(\Omega;\mathbb{R}) \quad \text{for } q \in [p,\infty] \tag{4.3.18}$$

が成り立つ．さらに，Ω が Lipschitz 領域ならば，

(4) $k - d/p = j + \sigma > 0$ $(\sigma \in (0,1))$ のとき，あるいは $k = d$ かつ $p = 1$ のとき，

$$W^{k+j,p}(\Omega;\mathbb{R}) \subset C^{j,\lambda}(\bar{\Omega};\mathbb{R}) \quad \text{for } \lambda \in (0,\sigma] \tag{4.3.19}$$

(5) $k - 1 = d$ かつ $p = 1$ のとき，

$$W^{k+j,p}(\Omega;\mathbb{R}) \subset C^{j,1}(\bar{\Omega};\mathbb{R}) \tag{4.3.20}$$

が成り立つ．

定理 4.3.14 の (1) が成り立つ背景を理解するために，**Sobolev の不等式**が成り立つことを確認してみよう．Sobolev の不等式は，定理 4.3.14 の (1) の仮定のもとで，任意の $f \in C_0^\infty(\Omega;\mathbb{R})$ に対して，

$$\|f\|_{L^q(\Omega;\mathbb{R})} \le c|f|_{W^{k,p}(\Omega;\mathbb{R})} \tag{4.3.21}$$

によって与えられる．ただし，c は f に依存しない正の定数である．ここでは，$k=1$ のときに式 (4.3.21) が成り立つことをみてみよう（たとえば，[2] p.102 4.31 Theorem，[31] p.162 Théoréme IX.9，[30] p.223 定理 IX.9）．

$a>0$ を用いて，$\boldsymbol{x}\in\Omega$ に対して $\boldsymbol{y}=a\boldsymbol{x}\in\hat{\Omega}$ とおき，$f(\boldsymbol{x})=\hat{f}(\boldsymbol{y})$ とおく．このとき，式 (4.3.21) の左辺に対して

$$\begin{aligned}\|f\|_{L^q(\Omega;\mathbb{R})} &= \left(\int_{\Omega}|f|^q\,\mathrm{d}x_1\cdots\mathrm{d}x_d\right)^{1/q}\\ &= a^{-d/q}\left(\int_{\hat{\Omega}}|\hat{f}|^q\,\mathrm{d}y_1\cdots\mathrm{d}y_d\right)^{1/q} = a^{-d/q}\|\hat{f}\|_{L^q(\hat{\Omega};\mathbb{R})}\end{aligned} \tag{4.3.22}$$

が成り立つ．一方，式 (4.3.21) 右辺の $|f|_{W^{k,p}(\Omega;\mathbb{R})}$ に対して

$$\begin{aligned}|f|_{W^{1,p}(\Omega;\mathbb{R})} &= \left(\int_{\Omega}\sum_{|\boldsymbol{\beta}|=1}\left|\frac{\partial^{|\boldsymbol{\beta}|}f}{\partial x_1^{\beta_1}\cdots\partial x_d^{\beta_d}}\right|^p\mathrm{d}x_1\cdots\mathrm{d}x_d\right)^{1/p}\\ &= a^{(p-d)/p}\left(\int_{\hat{\Omega}}\sum_{|\boldsymbol{\beta}|=1}\left|\frac{\partial^{|\boldsymbol{\beta}|}\hat{f}}{\partial y_1^{\beta_1}\cdots\partial y_d^{\beta_d}}\right|^p\mathrm{d}y_1\cdots\mathrm{d}y_d\right)^{1/p}\\ &= a^{1-d/p}|\hat{f}|_{W^{1,p}(\hat{\Omega};\mathbb{R})}\end{aligned} \tag{4.3.23}$$

が成り立つ．ここで，定理 4.3.14(1) の仮定 $q\le p^*=d/\{(d/p)-1\}$ は

$$\frac{1}{p^*}=\frac{1}{p}-\frac{1}{d}\le\frac{1}{q}$$

ともかかれ，さらに，$1-d/p+d/q\ge 0$ ともかかれることに注意する．そこで，定理 4.3.14(1) の仮定が成り立つならば，任意の $a>0$ に対して

$$\|\hat{f}\|_{L^q(\hat{\Omega};\mathbb{R})}\le a^{1-d/p+d/q}|\hat{f}|_{W^{1,p}(\hat{\Omega};\mathbb{R})} \tag{4.3.24}$$

が成り立つことになる（$1-d/p+d/q<0$ ならば，$a\to\infty$ のとき $a^{1-d/p+d/q}\to 0$ となってしまう）．式 (4.3.24) において，$a^{1-d/p+d/q}$ を c とおけば，$k=1$ のときの式 (4.3.21) が成り立つことになる．

また，定理 4.3.14 の (4) と (5) では，Sobolev 空間 $W^{k,p}(\Omega;\mathbb{R})$ と Hölder 空間 $C^{0,\sigma}(\bar{\Omega};\mathbb{R})$ の埋蔵関係が与えられている．両者の関係については説明を要する．$C^{0,\sigma}(\bar{\Omega};\mathbb{R})$ に含まれる関数は $\bar{\Omega}$ 上のすべての点で値をもつ関数であ

るのに対して，$W^{k,p}(\Omega;\mathbb{R})$ に含まれる関数は Ω 上の可測集合上（ほとんど至るところ）で定義された関数であるからである．これらの定義のもとで両者を比較する場合には，$f \in W^{k,p}(\Omega;\mathbb{R})$ と可測集合上で $f = f^*$ が成り立つ等価な関数 $f^* \in C^{0,\sigma}(\bar{\Omega};\mathbb{R})$ が選ぶことができて，ある $c > 0$ に対して

$$\|f^*\|_{C^{0,\sigma}(\bar{\Omega};\mathbb{R})} \leq c\|f\|_{W^{k,p}(\Omega;\mathbb{R})} \tag{4.3.25}$$

が成り立つことを意味するものとみなす（たとえば，[2] p.79 4.2）．

Hölder 空間の中でも Lipschitz 空間 $C^{0,1}(\bar{\Omega};\mathbb{R})$ と Sobolev 空間 $W^{1,\infty}(\Omega;\mathbb{R})$ との埋蔵関係については，Ω が凸で，f が $\mathbb{R}$ 値の関数（$\mathbb{R}^n$ ではない）のときには，$f \in W^{1,\infty}(\Omega;\mathbb{R})$ と等価な関数 $f^* \in C^{0,1}(\bar{\Omega};\mathbb{R})$ に対して両者のノルムが一致することから，$W^{1,\infty}(\Omega;\mathbb{R}) = C^{0,1}(\bar{\Omega};\mathbb{R})$ が成り立つことになる（[94] p.23 Proposition 1.39）．

さらに，定理 4.3.14 においては，k と j は整数であると仮定された．これらが実数 s と t に拡張された場合の埋蔵関係については，次の関係が成り立つことが知られている（たとえば，[55] p.27 式 (1.4.4.5) および式 (1.4.4.6)）．s と $t \leq s$ を非負の実数として，p と $q \geq p$ を定理 4.3.14 において k を s におきかえたときの関係に従って定義されるとする．このとき，

$$s - \frac{d}{p} \geq t - \frac{d}{q} \tag{4.3.26}$$

が満たされるならば，

$$W^{s,p}(\Omega;\mathbb{R}) \subset W^{t,q}(\Omega;\mathbb{R}) \tag{4.3.27}$$

となる．さらに，Ω が Lipschitz 領域のとき，$k < \sigma = s - d/p < k+1$（$k$ は非負の整数）ならば，

$$W^{s,p}(\Omega;\mathbb{R}) \subset C^{k,\sigma}(\Omega;\mathbb{R}) \tag{4.3.28}$$

となる．

4.4 作用素

4.3 節では，いろいろな関数空間を定義して，それらが Banach 空間や Hilbert 空間になることをみてきた．関数最適化問題においては，設計変数が入る線形空間をみてきたことになる．関数を設計変数においた最適設計問題では，状態決定問題の解である状態変数が入る線形空間にもなる．次に考えたいことは，評価関数が設計変数や状態変数で構成された積分（汎関数）によって与えられたときに，その評価関数の微分がどのように定義されるかということである．ここでは，そのための準備として，Banach 空間から Banach 空間への写像を作用素とよんで定義する．また，その中で値域が実数になる作用素を汎関数とよんで定義する．さらに，関数空間を定義域とする汎関数の集合は Banach 空間となり，その関数空間に対する双対空間として定義されることを示す．この双対空間は，4.5 節で汎関数の微分を定義するときに勾配が入る関数空間となる重要な関数空間である．本節では，双対空間以外の作用素に関連する重要な定理（トレース定理と Riesz の表現定理）についても記載しておくことにしよう．

4.4.1 有界線形作用素

関数に演算を施すことは，関数空間から関数空間への写像を定義することになる．このときの写像を特に**作用素**という．作用素の中でも線形性を備えているものは線形作用素とよばれ，次のように定義される．X と Y を K 上の Banach 空間とする．任意の $\boldsymbol{x}_1, \boldsymbol{x}_2 \in X$ および $\alpha_1, \alpha_2 \in K$ に対して，写像 $f\colon X \to Y$ が

$$f(\alpha_1 \boldsymbol{x}_1 + \alpha_2 \boldsymbol{x}_2) = \alpha_1 f(\boldsymbol{x}_1) + \alpha_2 f(\boldsymbol{x}_2) \tag{4.4.1}$$

を満たすとき，f を**線形写像**あるいは**線形作用素**という．また，f は**線形形式**，あるいは **1 次形式**ともよばれる．さらに，写像 $f\colon X \to Y$ が全単射（1 対 1 写像）のとき，f は**同型写像**であるという．

たとえば，関数 $u \in C^1(\mathbb{R}^d;\mathbb{R})$ の微分作用素 $\mathcal{D} = (\partial/\partial x_i)_{i\in\{1,\dots,d\}}\colon C^1(\mathbb{R}^d;\mathbb{R}) \to C(\mathbb{R}^d;\mathbb{R}^d)$ は，

$$\mathcal{D}(\alpha_1 u_1 + \alpha_2 u_2) = \alpha_1 \mathcal{D}(u_1) + \alpha_2 \mathcal{D}(u_2)$$

を満たすことから線形作用素である．

さらに，線形作用素 f が

$$\sup_{\boldsymbol{x}\in X\setminus\{\mathbf{0}_X\}} \frac{\|f(\boldsymbol{x})\|_Y}{\|\boldsymbol{x}\|_X} < \infty \tag{4.4.2}$$

を満たすとき，f を**有界線形作用素**という．本書では，X から Y への有界線形作用素の全体集合を $\mathcal{L}(X;Y)$ とかく．また，f が式 (4.4.2) を満たすならば，$f\colon X \to Y$ は連続となる．なぜならば，ある正の定数 β が存在して，任意の $\boldsymbol{x},\boldsymbol{y} \in X$ に対して，

$$\|f(\boldsymbol{x}) - f(\boldsymbol{y})\|_Y \leq \beta\|\boldsymbol{x} - \boldsymbol{y}\|_X$$

が成り立つためである．また，$f\colon X \to Y$ が連続ならば f は有界となる（たとえば，[121] p.108 定理 4.8）．そこで，有界線形作用素は**連続線形作用素**ともよばれる．さらに，有界線形作用素の全体集合 $\mathcal{L}(X;Y)$ について次の結果が得られる（たとえば，[101] p.150 定理 7.6）．

■命題 4.4.1（有界線形作用素） X と Y が Banach 空間のとき，$\mathcal{L}(X;Y)$ は

$$\|f\|_{\mathcal{L}(X;Y)} = \sup_{\boldsymbol{x}\in X\setminus\{\mathbf{0}_X\}} \frac{\|f(\boldsymbol{x})\|_Y}{\|\boldsymbol{x}\|_X}$$

をノルム $\|\cdot\|_{\mathcal{L}(X;Y)}$ とする Banach 空間になる．

有界線形作用素の例をあげてみよう．n と m を自然数として n 行 m 列の行列 $\mathbb{R}^{n\times m}$ は有界線形作用素であり，$\mathbb{R}^{n\times m}$ 全体の集合は $\mathcal{L}(\mathbb{R}^m;\mathbb{R}^n)$ とかける．そこで，行列 $\boldsymbol{A} \in \mathbb{R}^{n\times m}$ のノルムは，$\boldsymbol{x} \in \mathbb{R}^m$ に対して $\boldsymbol{y} = \boldsymbol{A}\boldsymbol{x}$ とおくとき，

$$\|\boldsymbol{A}\|_{\mathbb{R}^{n\times m}} = \|\boldsymbol{y}\|_{\mathcal{L}(\mathbb{R}^m;\mathbb{R}^n)} = \sup_{\boldsymbol{x}\in\mathbb{R}^m\setminus\{\mathbf{0}_{\mathbb{R}^m}\}} \frac{\|\boldsymbol{A}\boldsymbol{x}\|_{\mathbb{R}^n}}{\|\boldsymbol{x}\|_{\mathbb{R}^m}} \tag{4.4.3}$$

によって定義される．この定義から，$\boldsymbol{A}$ が正定値実対称行列 ($n = m$) で Euclid ノルム $\|\boldsymbol{x}\|_{\mathbb{R}^n}$ を用いたときの $\|\boldsymbol{A}\|_{\mathbb{R}^{n\times n}}$ は，最大固有値で与えられることになる．

4.4.2 トレース定理

第 5 章以降で詳しくみていくことになる偏微分方程式の境界値問題では，領域上で定義された関数から境界上の値を抽出する操作が必要となる．その操作はトレース作用素によっておこなわれる．この作用素は有界線形作用素になる．

$\boldsymbol{\nu}$ を境界で定義された外向き単位法線（定義 A.5.4）として，$\partial_\nu = \boldsymbol{\nu} \cdot \boldsymbol{\nabla}$ とかくことにしよう．このとき，次のようなトレース定理が得られる（たとえば，[55] p.37 Theorem 1.5.1.2 および p.38 Theorem 1.5.1.3）．

■定理 4.4.2（トレース定理） $k, l \in \{0, 1, 2, \ldots\}$，$\sigma \in (0, 1)$，$p \in (1, \infty)$，$s - 1/p = l + \sigma$ および $s \leq k + 1$ とする．$\Omega \subset \mathbb{R}^d$ の境界 $\partial\Omega$ は $k \geq 1$ のとき $C^{k,1}$ 級境界で，$k = 0$ のとき Lipschitz 境界とする．このとき，$f \in W^{k+1,\infty}(\Omega; \mathbb{R})$ に対して有界線形作用素 γ: $W^{s,p}(\Omega; \mathbb{R}) \to \prod_{i \in \{0,1,\ldots,l\}} W^{s-i-1/p,p}(\partial\Omega; \mathbb{R})$ で

$$\gamma f = \{f|_{\partial\Omega}, \partial_\nu f|_{\partial\Omega}, \ldots, \partial_\nu^l f|_{\partial\Omega}\}$$

を満たすものが一意に存在する．その作用素は，p に依存しない連続な**右逆作用素** ($\gamma^{-1} g = f$ ならば，$\gamma f = g$ が満たされる) をもつ．

定理 4.4.2 における写像 γ は**トレース作用素**とよばれる．本書では，もっぱら $s = 1$（$l = 0$）が仮定されることがほとんどであることから，$\gamma f = f|_{\partial\Omega}$ の意味で用いられる．

トレース作用素により，関数の定義域が d 次元から $d - 1$ 次元に変化したときに，微分の階数は s から $t = s - 1/p$ に変化した．そのように変化した理由は，微分の階数は

$$s - \frac{d}{p} = \left(s - \frac{1}{p}\right) - \frac{d-1}{p} = t - \frac{d-1}{p}$$

のように不変となるように変化したためであるとみなすことができる．

また，$W_0^{s,\infty}(\Omega; \mathbb{R})$（定義 4.3.10）に入る関数に対しては次の結果が得られる（たとえば，[55] p.38 Theorem 1.5.1.5 および p.39 Corollary 1.5.1.6）．

■定理 4.4.3（$W_0^{s,p}(\partial\Omega; \mathbb{R})$ に対するトレース定理） $k, l \in \{0, 1, 2, \ldots\}$，$\sigma \in (0, 1)$，$p \in (1, \infty)$，$s - 1/p = l + \sigma$ および $s \leq k + 1$ とする．$\Omega \subset \mathbb{R}^d$ の境界 $\partial\Omega$ は $k \geq 1$ のとき $C^{k,1}$ 級境界で，$k = 0$ のとき Lipschitz 領域とする．このとき，$f \in W_0^{s,p}(\Omega; \mathbb{R})$ であることは，$f \in W^{s,p}(\Omega; \mathbb{R})$ でかつ

$$\gamma f = \gamma \partial_\nu f = \cdots = \gamma \partial_\nu^l f = 0 \quad \text{on } \partial\Omega$$

を満たすことと同値である．

定理 4.4.3 より，$H_0^1(\Omega;\mathbb{R}) = W_0^{1,2}(\Omega;\mathbb{R})$ は，

$$H_0^1(\Omega;\mathbb{R}) = \{u \in H^1(\Omega;\mathbb{R}) \mid u = 0 \text{ on } \partial\Omega\}$$

のように定義される．この関数空間は，第 5 章以降で，境界上で 0 となる条件（**同次 Dirichlet 条件**）が課された偏微分方程式の境界値問題の解の存在を考えるときに使われる．$H_0^1(\Omega;\mathbb{R})$ は $H^1(\Omega;\mathbb{R})$ の部分線形空間で，実 Hilbert 空間となる．このとき，内積とノルムは $H^1(\Omega;\mathbb{R})$ と同じものが使われる．

4.4.3 Calderón の拡張定理

さらに，第 9 章でとりあげられる領域変動型の形状最適化問題では，偏微分方程式の境界値問題が定義された領域そのものが変動することが仮定される．そのために，境界値問題を定義する際に使用される既知関数や解関数は，変動したあとの領域でも定義されるような関数空間の要素である必要がある．そこで，関数の定義域を有界領域 Ω から $\mathbb{R}^d$ に拡張する際に，次の **Calderón の拡張定理**が使われる．そこで存在が保証される有界線形作用素は**拡張作用素**とよばれる（たとえば，[2] p.156 5.28）．

■定理 4.4.4（Calderón の拡張定理） $\Omega \subset \mathbb{R}^d$ を Lipschitz 領域とする．このとき，任意の $k \in \{1, 2, \ldots\}$ と $p \in (1, \infty)$ に対して有界線形作用素

$$e_\Omega \colon W^{k,p}(\Omega;\mathbb{R}) \to W^{k,p}(\mathbb{R}^d;\mathbb{R})$$

が存在し，任意の $u \in W^{k,p}(\Omega;\mathbb{R})$ に対して

$$e_\Omega(u) = u \quad \text{in } \Omega$$
$$\|e_\Omega(u)\|_{W^{k,p}(\mathbb{R}^d;\mathbb{R})} \le c\|u\|_{W^{k,p}(\Omega;\mathbb{R})}$$

が成り立つ．ただし，c は k と p に依存した定数である．

定理 4.4.4 の $W^{k,p}(\Omega;\mathbb{R})$ において $k \ge 1$ であることに注意されたい．

4.4.4 有界双線形作用素

さらに，双線形性を備えた作用素も定義される．X，Y，Z を K 上の Banach 空間とする．任意の $\boldsymbol{x}_1, \boldsymbol{x}_2 \in X$，$\boldsymbol{y}_1, \boldsymbol{y}_2 \in Y$，$\alpha_1, \alpha_2 \in K$ に対して，写像

$f\colon X \times Y \to Z$ が

$$f(\alpha_1 \boldsymbol{x}_1 + \alpha_2 \boldsymbol{x}_2, \boldsymbol{y}_1) = \alpha_1 f(\boldsymbol{x}_1, \boldsymbol{y}_1) + \alpha_2 f(\boldsymbol{x}_2, \boldsymbol{y}_1)$$
$$f(\boldsymbol{x}_1, \alpha_1 \boldsymbol{y}_1 + \alpha_2 \boldsymbol{y}_2) = \alpha_1 f(\boldsymbol{x}_1, \boldsymbol{y}_1) + \alpha_2 f(\boldsymbol{x}_1, \boldsymbol{y}_2)$$

を満たすとき，f は**双線形作用素**あるいは**双1次形式**とよばれる．

さらに，任意の $(\boldsymbol{x}, \boldsymbol{y}) \in X \times Y$ に対して，

$$\sup_{\boldsymbol{x} \in X \setminus \{\boldsymbol{0}_X\}, \boldsymbol{y} \in Y \setminus \{\boldsymbol{0}_Y\}} \frac{\|f(\boldsymbol{x}, \boldsymbol{y})\|_Z}{\|\boldsymbol{x}\|_X \|\boldsymbol{y}\|_Y} < \infty$$

が満たされるとき，f は**有界双線形作用素**とよばれる．本書では，$X \times Y$ から Z への有界線形作用素の全体集合を $\mathcal{L}(X, Y; Z)$ とかくことにする．

有界双線形作用素の例として，式 (4.1.1) で使われた運動エネルギー $\kappa(u, \dot{u})$ や式 (4.1.8) で使われた弾性ポテンシャルエネルギー $\pi_{\mathrm{I}}(u)$ などがあげられる．$\kappa(u, \dot{u})$ は，のちに u に対する双線形に注目して，式 (4.6.10) で定義される $b(u, v)$ を使って $b(u, u)$ とかかれる．$\pi_{\mathrm{I}}(u)$ は，のちに u に対する双線形に注目して，式 (4.6.17) で定義される $a(u, v)$ を使って $a(u, u)$ とかかれる．これらは有界双線形作用素であるが，値域が $\mathbb{R}$ となる作用素である．このような作用素は，次項で定義される汎関数となる．そこで，$b(\,\cdot\,, \,\cdot\,)$ や $a(\,\cdot\,, \,\cdot\,)$ は**有界双線形汎関数**の例になっている．

4.4.5 有界線形汎関数

作用素の中でも値域が $\mathbb{R}$ のものを**汎関数**という．関数最適化問題では，評価関数は関数空間から実数への写像として与えられることになる．そこで，汎関数の性質を知っておくことは評価関数の性質を知ることになる．

汎関数の線形性と有界性は式 (4.4.1) と式 (4.4.2) において $Y = \mathbb{R}$ とおいた関係によって定義される．しかし，ここでは $f(\,\cdot\,) = \langle \boldsymbol{\phi}, \,\cdot\, \rangle\colon X \to \mathbb{R}$ とかくことにして，有界線形汎関数を次のように定義する．X を K 上の Banach 空間とする．任意の $\boldsymbol{x}_1, \boldsymbol{x}_2 \in X$，$\alpha_1, \alpha_2 \in K$ に対して，汎関数 $\langle \boldsymbol{\phi}, \,\cdot\, \rangle\colon X \to \mathbb{R}$ が

$$\langle \boldsymbol{\phi}, \alpha_1 \boldsymbol{x}_1 + \alpha_2 \boldsymbol{x}_2 \rangle = \alpha_1 \langle \boldsymbol{\phi}, \boldsymbol{x}_1 \rangle + \alpha_2 \langle \boldsymbol{\phi}, \boldsymbol{x}_2 \rangle$$

を満たすとき，$\langle \boldsymbol{\phi}, \,\cdot\, \rangle$ を X 上の**線形汎関数**という．さらに，

$$\sup_{\boldsymbol{x}\in X\setminus\{\boldsymbol{0}_X\}} \frac{|\langle \boldsymbol{\phi}, \boldsymbol{x}\rangle|}{\|\boldsymbol{x}\|_X} < \infty$$

が満たされるとき，$\langle \boldsymbol{\phi}, \cdot \rangle$ を X 上の**有界線形汎関数**という．

X が有限次元ベクトル空間 $\mathbb{R}^d$ ならば，$\boldsymbol{\phi} \in \mathbb{R}^d$ を選んで固定し，それによって構成された内積を表す汎関数 $(\boldsymbol{\phi}, \cdot)_{\mathbb{R}^d} \colon \mathbb{R}^d \to \mathbb{R}$ を考えれば，それは $X = \mathbb{R}^d$ 上の有界線形汎関数となる．

4.4.6 双対空間

X が有限次元ベクトル空間 $\mathbb{R}^d$ ならば，$X = \mathbb{R}^d$ 上の有界線形汎関数 $(\boldsymbol{\phi}, \cdot)_{\mathbb{R}^d}$ を選ぶことは $\mathbb{R}^d$ 上の要素 $\boldsymbol{\phi}$ を選ぶことと同値であった．ここで，有界線形汎関数と同一視したときの $\boldsymbol{\phi}$ 全体の集合 $\mathbb{R}^d$ を，X とは区別して，X の双対空間とよぶことにして，$X' = \mathbb{R}^d$ とかくことにする．このことを一般化して，双対空間なるものが次のように定義される．

■**定義 4.4.5（双対空間）** X を Banach 空間とするとき, X 上の有界線形汎関数全体の集合 $\mathcal{L}(X;\mathbb{R})$ を X' とかいて, X の**双対空間**という．また, $\langle\cdot,\cdot\rangle\colon X'\times X \to \mathbb{R}$ を $\langle \cdot, \cdot \rangle_{X'\times X}$ ともかいて，**双対積**という．

定義 4.4.5 の双対空間は**共役空間**あるいは**随伴空間**などともよばれることがある．

この定義に基づけば，Banach 空間の双対空間は有界線形作用素の全体集合 $\mathcal{L}(X;\mathbb{R})$ であることから，命題 4.4.1 より，

$$\|\boldsymbol{\phi}\|_{X'} = \sup_{\boldsymbol{x}\in X\setminus\{\boldsymbol{0}_X\}} \frac{|\langle \boldsymbol{\phi}, \boldsymbol{x}\rangle|}{\|\boldsymbol{x}\|_X} \tag{4.4.4}$$

をノルムとする Banach 空間になる．

弱完備と汎弱完備

ここまでの議論で，Banach 空間のみならず，その双対空間も式 (4.4.4) のようなノルムに対して Banach 空間（完備なノルム空間）になることがわかった．すなわち，それぞれのノルムで測った Cauchy 列は必ず収束することを意味する．有限次元ベクトル空間の場合は，その双対空間も同じ有限次元ベクトル空間であったので，収束を同じノルムで測ればよかった．しかし，Banach 空間と

その双対空間では一般にノルムの定義が異なる．そのために，ノルムを使った収束のほかに別の収束も定義することが可能になる．ここでは，双対積を使った収束を定義しよう．

■定義 4.4.6 (弱収束)　X を Banach 空間，X' をその双対空間とする．任意の $\boldsymbol{\phi} \in X'$ に対して，無限点列 $\{x_n\}_{n\in\mathbb{N}} \in X$ が

$$\lim_{n,m\to\infty} \langle \boldsymbol{\phi}, x_n - x_m \rangle = 0$$

を満たすとき，$\{x_n\}_{n\in\mathbb{N}}$ を**弱 Cauchy 列**という．弱 Cauchy 列の収束を**弱収束**といい，$x_n \to x$（弱）とかく．X のいかなる弱 Cauchy 列も X 内の点に収束するとき，X は**弱完備**であるという．さらに，弱完備な X の部分集合 V の任意の無限点列が V の中に弱収束する部分無限点列を含むとき，V は**弱コンパクト**であるという．

なお，ノルムに関する収束を**強収束**という．また，Banach 空間とその双対空間の役割を逆にすれば，もう一つの収束の定義が可能である．

■定義 4.4.7 (汎弱収束)　X を Banach 空間，X' をその双対空間とする．任意の $x \in X$ に対して，無限点列 $\{\boldsymbol{\phi}_n\}_{n\in\mathbb{N}} \in X'$ が

$$\lim_{n,m\to\infty} \langle \boldsymbol{\phi}_n - \boldsymbol{\phi}_m, \boldsymbol{x} \rangle = 0$$

を満たすとき，$\{\boldsymbol{\phi}_n\}_{n\in\mathbb{N}} \in X'$ を**汎弱 Cauchy 列**という．汎弱 Cauchy 列の収束を**汎弱収束**といい，$\boldsymbol{\phi}_n \to \boldsymbol{\phi}$（$*$ 弱）とかく．X' のいかなる汎弱 Cauchy 列も X' 内の点に収束するとき，X' は**汎弱完備**であるという．さらに，汎弱完備な X' の部分集合 V' の任意の無限点列が V' の中に汎弱収束する部分無限点列を含むとき，V' は**汎弱コンパクト**であるという．

あとで示されるように，関数最適化問題における評価関数の Fréchet 微分は双対積を用いて定義される．弱完備性と汎弱完備性は，評価関数の Fréchet 微分を用いて最小点をみつける際に必要となる性質である．

Banach 空間が弱完備性をもつことが保証される条件について考えてみよう．そのために，反射的 Banach 空間を次のように定義する．

■**定義 4.4.8 (反射的 Banach 空間)** X を Banach 空間とする．X' と $X'' = (X')'$ を X の双対空間と**第 2 双対空間**とする．すべての $(\boldsymbol{x}, \boldsymbol{f}) \in X \times X'$ に対して

$$\langle \boldsymbol{f}, \boldsymbol{\tau}(\boldsymbol{x}) \rangle_{X' \times X''} = \langle \boldsymbol{f}, \boldsymbol{x} \rangle_{X' \times X}$$

が成り立つような 1 対 1 写像 $\boldsymbol{\tau}\colon X \to X''$ が存在するとき，X を**反射的 Banach 空間**あるいは**回帰的 Banach 空間**という．

反射的 Banach 空間に対して次の結果が得られる（たとえば，[101] p.193 定理 8.33）．

■**命題 4.4.9 (弱完備)** 反射的 Banach 空間は弱完備である．

命題 4.4.9 により，反射的 Banach 空間上であれば，弱 Cauchy 列あるいは汎弱 Cauchy 列は必ずその空間の要素に収束することが保証される．Sobolev 空間は Banach 空間である（命題 4.3.11）．Sobolev 空間の反射性について次の結果が得られる（たとえば，[110] p.41 定理 2.25）．

■**命題 4.4.10 (Sobolev 空間の可分性と反射性)** Ω は $d \in \{1, 2, \ldots\}$ 次元の領域とする．$p \in (1, \infty)$ （$[1, \infty]$ ではないことに注意）および $k \in \{0, 1, 2, \ldots\}$ のとき，$W^{k,p}(\Omega; \mathbb{R})$ および $W_0^{k,p}(\Omega; \mathbb{R})$ は反射的となる．

$H^k(\Omega; \mathbb{R})$ は，$p = 2$ のときの Sobolev 空間なので，反射的 Banach 空間の一つである．したがって，命題 4.4.10 により，$H^k(\Omega; \mathbb{R})$ は弱完備であることになる．一方，$L^1(\Omega; \mathbb{R})$ や $L^\infty(\Omega; \mathbb{R})$ は反射的ではないことから，弱完備ではないことになる．

また，Banach 空間のコンパクト性に関しては，次のことが知られている．無限次元空間の単位球は一般にはコンパクトではない．なぜならば，基底ベクトルが無限個とれて，それらを順番に渡り歩くことで，Cauchy 列を含まない無限点列がつくれるからである．単位球上のある有限次元の任意ベクトルに対して，次元を増やした点列を構成していくと，Cauchy 列を含まない無限点列がつくれるからである（たとえば，[170] p.15 1.2.1 項）．しかし，次の結果が知られている（たとえば，[101] p.194 定理 8.36）．

■**命題 4.4.11 (弱コンパクト)** 反射的 Banach 空間の閉単位球は弱コンパクトである．

命題 4.4.11 は，関数 $f \in L^2((-\pi, \pi); \mathbb{R})$ の **Fourier 級数**は $L^2((-\pi, \pi); \mathbb{R})$ のノルムで f に収束することを保証する（たとえば，[101] p.65 定理 4.2）.

Sobolev 空間の双対空間

また，Sobolev 空間の双対空間に関しては，次に示されるような明快な結果が得られる．まず，$L^p(\Omega; \mathbb{R})$ の指数 p に対して，双対指数 q を次のように定義する．

定義 4.4.12（双対指数） $p \in [1, \infty)$ に対して，

$$\frac{1}{q} + \frac{1}{p} = 1$$

を満たす $q \in [1, \infty]$ を**双対指数**という．また，$L^p(\Omega; \mathbb{R})$ に対して，$L^q(\Omega; \mathbb{R})$ を $L^p(\Omega; \mathbb{R})$ の双対空間といい，$(L^p(\Omega; \mathbb{R}))'$ とかく．

双対指数を用いて，$k \geq 1$ のときの Sobolev 空間 $W^{k,p}(\Omega; \mathbb{R})$ の双対空間がどのように定義されるのかをみておこう．まず，$\Omega = (0, 1)$ として，$H^1((0, 1); \mathbb{R})$ の双対空間 $(H^1((0, 1); \mathbb{R}))'$ について考えてみよう．任意の $f \in (H^1((0, 1); \mathbb{R}))'$ を選んだとき，f は任意の $v \in H^1((0, 1); \mathbb{R})$ に対する有界線形汎関数となる．あとで示される Riesz の表現定理（定理 4.4.17）によれば，任意の $v \in H^1((0, 1); \mathbb{R})$ に対して

$$\langle f, v \rangle = (u, v)_{H^1((0,1);\mathbb{R})} = \int_0^1 (uv + u'v') \, \mathrm{d}x \tag{4.4.5}$$

を満たす $u \in H^1((0, 1); \mathbb{R})$ が一意に存在する．そこで，

$$\langle f, v \rangle = f(v) = \int_0^1 (f_0 v + f_1 v') \, \mathrm{d}x \tag{4.4.6}$$

を満たす $f_0, f_1 \in L^2((0, 1); \mathbb{R})$ が存在することになる．f のノルムは

$$\|f\|_{(H^1((0,1);\mathbb{R}))'} = \sup_{v \in H^1((0,1);\mathbb{R})} \frac{|\langle f, v \rangle|}{\|v\|_{H^1((0,1);\mathbb{R})}}$$

によって定義される．ここで，Schwarz の不等式（定理 A.9.1 参照）より

$$|\langle f, v \rangle| = \left| \int_0^1 (f_0 v + f_1 v') \, \mathrm{d}x \right|$$

$$\leq \left(\|f_0\|_{L^2((0,1);\mathbb{R})} + \|f_1\|_{L^2((0,1);\mathbb{R})}\right)\|v\|_{H^1((0,1);\mathbb{R})}$$

が成り立つことを考えれば，

$$\|f\|_{(H^1((0,1);\mathbb{R}))'} = \inf_{f_0, f_1 \in L^2((0,1);\mathbb{R})} \{\|f_0\|_{L^2((0,1);\mathbb{R})} + \|f_1\|_{L^2((0,1);\mathbb{R})} \mid \text{式 } (4.4.6)\}$$

が成り立つことが予想される．

これを一般化すれば，次のようになる（たとえば，[2] p.62 3.8 Theorem および 3.9 Theorem，[110] p.38 定理 2.20 および定理 2.21）．

■命題 4.4.13 ($W^{k,p}(\Omega;\mathbb{R})$ の双対空間) Ω は $d \in \{1, 2, \ldots\}$ 次元の領域とする．$k \in \{0, 1, 2, \ldots\}$ および $p \in [1, \infty)$ とする．q を p に対する双対指数とする．$W^{k,p}(\Omega;\mathbb{R})$ の双対空間を $(W^{k,p}(\Omega;\mathbb{R}))'$ とする．任意の $f \in (W^{k,p}(\Omega;\mathbb{R}))'$ を選んだとき，任意の $v \in W^{k,p}(\Omega;\mathbb{R})$ に対して，

$$f(v) = \sum_{|\boldsymbol{\beta}| \leq k} \int_\Omega \nabla^{\boldsymbol{\beta}} v f_{\boldsymbol{\beta}} \, \mathrm{d}x \tag{4.4.7}$$

を満たす $f_{\boldsymbol{\beta}} \in L^q(\Omega;\mathbb{R})$ が存在する．さらに，

$$\|f\|_{(W^{k,p}(\Omega;\mathbb{R}))'} = \inf_{f_{\boldsymbol{\beta}} \in L^q(\Omega;\mathbb{R}), |\boldsymbol{\beta}| \leq k} \left\{ \sum_{|\boldsymbol{\beta}| \leq k} \|f_{\boldsymbol{\beta}}\|_{L^q(\Omega;\mathbb{R})} \;\middle|\; \text{式 } (4.4.7) \right\}$$

が成り立つ．

また，Sobolev 空間 $W_0^{k,p}(\Omega;\mathbb{R})$ の双対空間に関しては次の結果が得られる．ここで，$f_{\boldsymbol{\beta}}$ を命題 4.4.13 によって存在がいえた $L^q(\Omega;\mathbb{R})$ の要素とする．関数 g と $g_{\boldsymbol{\beta}}$ は任意の $\phi \in C_0^\infty(\Omega;\mathbb{R})$ に対して，

$$g(\phi) = \sum_{|\boldsymbol{\beta}| \leq k} (-1)^{|\boldsymbol{\beta}|} \nabla^{\boldsymbol{\beta}} g_{\boldsymbol{\beta}}(\phi), \quad g_{\boldsymbol{\beta}}(\phi) = \int_\Omega \phi f_{\boldsymbol{\beta}} \, \mathrm{d}x \quad \text{for } |\boldsymbol{\beta}| \leq k \tag{4.4.8}$$

を満たす $(C_0^\infty(\Omega;\mathbb{R}))'$ の要素とする．このとき，任意の $\phi \in C_0^\infty(\Omega;\mathbb{R})$ に対して，

$$\nabla^{\boldsymbol{\beta}} g_{\boldsymbol{\beta}}(\phi) = (-1)^{|\boldsymbol{\beta}|} \int_{\Omega} \nabla^{\boldsymbol{\beta}} \phi f_{\boldsymbol{\beta}} \, \mathrm{d}x$$

となることから，

$$g(\phi) = \sum_{|\boldsymbol{\beta}| \le k} g_{\boldsymbol{\beta}}(\nabla^{\boldsymbol{\beta}} \phi) = f(\phi)$$

が得られることになる．ここで，式 (4.4.7) が使われた．この結果は，$f \in (W^{k,p}(\Omega;\mathbb{R}))'$ が Schwartz の超関数 $g \in (C_0^{\infty}(\Omega;\mathbb{R}))'$ における $C_0^{\infty}(\Omega;\mathbb{R})$ を $W^{k,p}(\Omega;\mathbb{R})$ に拡張した関数になっていることを示している．その結果，$W_0^{k,p}(\Omega;\mathbb{R}) \subset C_0^{\infty}(\Omega;\mathbb{R}) \subset W^{k,p}(\Omega;\mathbb{R})$ の埋蔵関係に対して，それらの双対空間の埋蔵関係は $(W^{k,p}(\Omega;\mathbb{R}))' \subset (C_0^{\infty}(\Omega;\mathbb{R}))' \subset (W_0^{k,p}(\Omega;\mathbb{R}))'$ となることに注意されたい（演習問題 **4.4**）．

これらの関係から，次の結果が得られる（たとえば，[2] p.64 3.12 Theorem, [110] p.40 定理 2.3，$(H_0^1(\Omega;\mathbb{R}))'$ に対して [47] p.283 Theorem 1，[170] p.80 例 3.4）．

命題 4.4.14（$W_0^{k,p}(\Omega;\mathbb{R})$ の双対空間）　Ω は $d \in \{1,2,\ldots\}$ 次元の領域とする．$k \in \{1,2,\ldots\}$ および $p \in [0,\infty)$ とする．$v_{\boldsymbol{\beta}} \in L^q(\Omega;\mathbb{R})$ を命題 4.4.13 によって存在がいえた $L^q(\Omega;\mathbb{R})$ の要素とする．$W_0^{k,p}(\Omega;\mathbb{R})$ の双対空間を $(W_0^{k,p}(\Omega;\mathbb{R}))'$ とする．このとき，$g \in (W_0^{k,p}(\Omega;\mathbb{R}))'$ は Schwartz の超関数 $g \in (C_0^{\infty}(\Omega;\mathbb{R}))'$ の意味で，式 (4.4.8) によって一意に与えられる．さらに，

$$\|g\|_{(W_0^{k,p}(\Omega;\mathbb{R}))'} = \inf_{g_{\boldsymbol{\beta}} \in L^q(\Omega;\mathbb{R}),\, |\boldsymbol{\beta}| \le k} \left\{ \sum_{|\boldsymbol{\beta}| \le k} \|g_{\boldsymbol{\beta}}\|_{L^q(\Omega;\mathbb{R})} \;\middle|\; \text{式 (4.4.8)} \right\}$$

が成り立つ．

命題 4.4.14 から，$(W_0^{k,p}(\Omega;\mathbb{R}))'$ の要素は，k 階積分（微分でないことに注意）の q 乗可積分性をもつ関数となる．このことから，$(W_0^{k,p}(\Omega;\mathbb{R}))'$ は $W^{-k,q}(\Omega;\mathbb{R})$ ともかかれる．また，命題 4.4.14 では $k = 0$ の場合を除いているが，定義 4.3.10 において $W_0^{0,p}(\Omega;\mathbb{R}) = L^p(\Omega;\mathbb{R})$ と定義されていたためである．

4.4.7　Rellich–Kondrachov のコンパクト埋蔵定理

Sobolev の埋蔵定理（定理 4.3.14）で与えられた Sobolev 空間の埋蔵関係をコンパクト性を備えた埋蔵関係にかきかえた結果は，Rellich–Kondrachov の

コンパクト埋蔵定理とよばれる．ここで，Banach 空間 X が Banach 空間 Y に**コンパクトに埋蔵**されるとは，

(1) 任意の $\phi \in Y$ に対して，ある $c > 0$ が存在して，$\|\phi\|_Y \leq c\|\phi\|_X$ が成り立つこと

(2) X の任意の有界な無限点列が，Y のノルムで Y に収束する部分列を含むこと（X は相対コンパクト）

によって定義される．このとき，$X \Subset Y$ のようにかかれる．したがって，X が弱完備ならば，X は Y のノルム $\|\cdot\|_Y$ で完備になる．

このとき，次の結果が得られている（たとえば，[2] p.168 6.3 Theorem，[110] p.153 第 7 章）．

定理 4.4.15（Rellich–Kondrachov のコンパクト埋蔵定理） Ω は $d \in \{1, 2, \ldots\}$ 次元の領域とする．$k \in \{1, 2, \ldots\}$，$j \in \{0, 1, 2, \ldots\}$ および $p \in [1, \infty)$ に対して，

(1) $k - d/p < 0$ のとき，$p^* = d/\{(d/p) - k\}$ を用いて，

$$W^{k+j,p}(\Omega; \mathbb{R}) \Subset W^{j,q}(\Omega; \mathbb{R}) \quad \text{for } q \in [1, p^*) \tag{4.4.9}$$

(2) $k - d/p = 0$ のとき，

$$W^{k+j,p}(\Omega; \mathbb{R}) \Subset W^{j,q}(\Omega; \mathbb{R}) \quad \text{for } q \in [1, \infty) \tag{4.4.10}$$

(3) $k - d/p = j + \sigma > 0$ $(\sigma \in (0, 1))$ のとき，あるいは $k = d$ かつ $p = 1$ のとき，

$$W^{k+j,p}(\Omega; \mathbb{R}) \Subset W^{j,q}(\Omega; \mathbb{R}) \quad \text{for } q \in [p, \infty) \tag{4.4.11}$$

が成り立つ．さらに，Ω が Lipschitz 領域ならば，

(4) $k - d/p = j + \sigma > 0$ $(\sigma \in (0, 1))$ のとき，あるいは $k = d$ かつ $p = 1$ のとき，

$$W^{k+j,p}(\Omega; \mathbb{R}) \Subset C^{j,\lambda}(\bar{\Omega}; \mathbb{R}) \quad \text{for } \lambda \in (0, \sigma] \tag{4.4.12}$$

が成り立つ．

Sobolev の埋蔵定理（定理 4.3.14）と Rellich–Kondrachov のコンパクト埋

蔵定理（定理 4.4.15）を比較すれば，式 (4.3.16) において $q \in [p, p^*]$ であった条件が式 (4.4.9) では $q \in [1, p^*)$ となっている点が異なっている．

定理 4.4.15 に基づけば，$H^1(\Omega; \mathbb{R})$ の完備性について次の結果が得られる．

命題 4.4.16 ($H^1(\Omega; \mathbb{R})$ の $L^2(\Omega; \mathbb{R})$ における完備性)　$H^1(\Omega; \mathbb{R})$の任意の無限点列は，$L^2(\Omega; \mathbb{R})$の中に$\|\cdot\|_{L^2(\Omega;\mathbb{R})}$を用いて強収束する部分無限点列を含む．

命題 4.4.16 の結果は，第 7 章以降で示される関数空間上で定義された最適設計問題と次のように関連する．第 8 章と第 9 章で示される形状最適化問題では，設計変数が入る線形空間 X を $H^1(\Omega; \mathbb{R})$ や $H^1(\Omega; \mathbb{R}^d)$ と仮定する．このとき，勾配法や Newton 法によって試行点を更新していけば，その点列は X 上の無限点列になると考えられる．その収束性について考えたとき，命題 4.4.16 は，$L^2(\Omega; \mathbb{R})$ や $L^2(\Omega; \mathbb{R}^d)$ のノルムで測れば，強収束する部分無限点列の存在が保証されることを表している．

4.4.8 Riesz の表現定理

4.4 節の最後に，楕円型偏微分方程式の境界値問題（定義 A.7.1）に対する解の一意存在を示す際に使われる **Riesz の表現定理**を示しておくことにしよう（たとえば，[2] p.6 1.12 Theorem, [170] p.79 定理 3.6）．

定理 4.4.17 (Riesz の表現定理)　X を Hilbert 空間，X' を X の双対空間，$(\cdot, \cdot)_X$ を X 上の内積，$\langle \cdot, \cdot \rangle_{X' \times X}$ を双対積とする．$\boldsymbol{\phi} \in X'$ に対して，ある $\boldsymbol{x} \in X$ が一意に存在して，任意の $\boldsymbol{y} \in X$ に対して

$$\langle \boldsymbol{\phi}, \boldsymbol{y} \rangle_{X' \times X} = (\boldsymbol{x}, \boldsymbol{y})_X, \quad \|\boldsymbol{\phi}\|_{X'} = \|\boldsymbol{x}\|_X$$

が成り立つ．また，

$$\langle \boldsymbol{\phi}, \boldsymbol{y} \rangle_{X' \times X} = (\boldsymbol{\tau}\boldsymbol{\phi}, \boldsymbol{y})_X, \quad \|\boldsymbol{\tau}\|_{\mathcal{L}(X'; X)} = 1$$

を満たす同型写像 $\boldsymbol{\tau}\colon X' \to X$ が存在する．

X が有限次元ベクトル空間 $\mathbb{R}^d$ のときには，双対積は内積と一致し，$X' = X$ となり，$\boldsymbol{\tau}$ は恒等写像となる．

定理 4.4.17 で存在することがいえた同型写像 $\boldsymbol{\tau}$ を用いれば，Hilbert 空間 X の双対空間 X' における内積を $(\boldsymbol{\phi}, \boldsymbol{\varphi})_{X'} = (\boldsymbol{\tau}\boldsymbol{\phi}, \boldsymbol{\tau}\boldsymbol{\varphi})_X$ のように定義すること

ができる．この内積を用いれば，X' も Hilbert 空間となる．

Riesz の表現定理は，第 5 章において Lax–Milgram の定理（定理 5.2.4）にかきかえられ，第 5 章や第 7 章以降において状態決定問題や解法の中で使われる．

4.5 一般化微分

4.4 節では，Banach 空間上の有界線形作用素と有界線形汎関数を定義して，有界線形汎関数全体の集合が双対空間になることをみてきた．この節では，その関係を用いて，作用素や汎関数に対する微分の定義を示しておきたい．ここでは，方向微分ともよばれる Gâteaux 微分の定義を示してから，勾配が定義されるような Fréchet 微分の定義を示すことにする．特に，汎関数に対する Fréchet 微分では，勾配が変動ベクトルの Banach 空間に対する双対空間の要素として定義される．この関係は，第 2 章でみてきたような評価関数の微分を用いた最適化理論や第 3 章でみてきたような勾配法を関数最適化問題に対して適用する際に不可欠な関係となる．

4.5.1 Gâteaux 微分

まず，緩やかな条件のもとで定義される Gâteaux 微分からみていくことにしよう．この節では，X と Y を Banach 空間と仮定して，関数（作用素）は X から Y への写像として与えられているものとみなす．

定義 4.5.1（k 階の Gâteaux 微分） X と Y を $\mathbb{R}$ 上の Banach 空間とする．$\boldsymbol{x} \in X$ の近傍（開集合）$B \subset X$ 上で，$f\colon B \to Y$ が定義されているとする．$\boldsymbol{y} \in X$ を変動ベクトルに選び固定する．$k \in \mathbb{N}$ とする．任意の $\epsilon \in \mathbb{R}$ に対して，写像 $\epsilon \mapsto f(\boldsymbol{x} + \epsilon \boldsymbol{y})$ が $C^k(\mathbb{R}; Y)$ の要素であるとき，

$$f^{(k)}(\boldsymbol{x})[\boldsymbol{y}] = \left. \frac{\mathrm{d}^k}{\mathrm{d}\epsilon^k} f(\boldsymbol{x} + \epsilon \boldsymbol{y}) \right|_{\epsilon=0}$$

を f の $\boldsymbol{x}$ における $\boldsymbol{y}$ 方向に対する k 階の **Gâteaux 微分**という．

Gâteaux 微分の定義に関しては，定義 4.5.1 とは異なった定義が使われることがある．それらの定義から有益な結果が導き出される場合にはそれらを使うことに意味がある．しかし，本書では Gâteaux 微分を使った本格的な議論をし

ないことから，これ以上踏み込まないことにする．

変分問題 4.1.1 の f に対して Gâteaux 微分の定義を適用してみよう．

□例題 4.5.2（拡張作用積分の Gâteaux 微分） 問題 4.1.1 で定義された拡張作用積分

$$f(u) = \int_0^{t_\mathrm{T}} l(u)\,\mathrm{d}t - m\beta u(t_\mathrm{T})$$

の Gâteaux 微分と 2 階の Gâteaux 微分を示せ．

▶解答 問題 4.1.1 では $u(0) = \alpha$ を満たす関数 u の集合を U とかき，$v(0) = 0$ を満たす関数 v の集合を V とかいた．U は線形空間ではなく，V は線形空間になる．そこで，定義 4.5.1 の Banach 空間 X には V を選ぶことにして $X = \{v \in H^1((0, t_\mathrm{T}); \mathbb{R}) \mid v(0) = 0\}$ とおく（4.6.1 項で解説される）．このとき，$u \in U$ を求める問題は，$u_0 \in U$ を一つ選んで固定して，$u - u_0 \in V$ を求める問題とみなすことにする．また，値域の Banach 空間 Y には $\mathbb{R}$ がおかれる．

これらの仮定のもとで，固定された変動ベクトルを $v \in X$ として，この方向の Gâteaux 微分を求めてみる．定義 4.5.1 より，任意の $\epsilon \in \mathbb{R}$ に対して

$$\begin{aligned} f(u + \epsilon v) = \int_0^t \left\{ \frac{1}{2} m(\dot{u} + \epsilon \dot{v})^2 - \frac{1}{2} k(u + \epsilon v)^2 + p(u + \epsilon v) \right\} \mathrm{d}t \\ - m\beta(u(t) + \epsilon v(t)) \end{aligned}$$

とおく．このとき，Gâteaux 微分は

$$\begin{aligned} f^{(1)}(u)[v] &= f'(u)[v] = \left. \frac{\mathrm{d}f}{\mathrm{d}\epsilon} \right|_{\epsilon=0} \\ &= \left. \left[\int_0^t \{ m(\dot{u} + \epsilon \dot{v})\dot{v} - k(u + \epsilon v)v + pv \} \,\mathrm{d}t - m\beta v(t) \right] \right|_{\epsilon=0} \\ &= \int_0^t (m\dot{u}\dot{v} - kuv + pv)\,\mathrm{d}t - m\beta v(t) \end{aligned}$$

となる．この式は式 (4.1.14) と一致する．しかし，式 (4.1.14) は任意の $v \in X$ に対して示されていた．また，2 階の Gâteaux 微分は

$$f^{(2)}(u)[v] = f''(u)[v] = \left. \frac{\mathrm{d}^2 f}{\mathrm{d}\epsilon^2} \right|_{\epsilon=0} = \int_0^t \left(m\dot{v}^2 - kv^2 \right) \mathrm{d}t$$

となる．この式は式 (4.1.14) と一致する．ここでも式 (4.1.14) とは $v \in X$ が固定さ

れている点で異なっている. □

次に, Gâteaux 微分は可能であるが, 次項に示される Fréchet 微分は可能ではない例をみておこう.

□例題 4.5.3 (Gâteaux 微分のみ可能な例) 2 次元空間上の関数

$$f(\boldsymbol{x}) = \begin{cases} \dfrac{x_1^3}{x_1^2 + x_2^2} & \text{for } \boldsymbol{x} \neq \boldsymbol{0}_{\mathbb{R}^2} \\ 0 & \text{for } \boldsymbol{x} = \boldsymbol{0}_{\mathbb{R}^2} \end{cases}$$

の $\boldsymbol{x} = \boldsymbol{0}_{\mathbb{R}^2}$ における Gâteaux 微分を示せ.

▶解答 $f(\boldsymbol{x})$ の $\boldsymbol{x} = \boldsymbol{0}_{\mathbb{R}^2}$ における Gâteaux 微分は

$$f'(\boldsymbol{0}_{\mathbb{R}^2})[\boldsymbol{y}] = \begin{cases} \dfrac{y_1^3}{y_1^2 + y_2^2} & \text{for } \boldsymbol{y} \neq \boldsymbol{0}_{\mathbb{R}^2} \\ 0 & \text{for } \boldsymbol{y} = \boldsymbol{0}_{\mathbb{R}^2} \end{cases}$$

となる. $f'(\boldsymbol{0}_{\mathbb{R}^2})[\boldsymbol{y}]$ は $\boldsymbol{y}$ に対して連続であるが, 非線形である. □

4.5.2 Fréchet 微分

Gâteaux 微分は変動ベクトルの方向が指定されたもとで, その大きさに対する導関数として定義された. しかし, 本書で必要とされる微分は勾配が定義されるような微分である. すなわち, 汎関数の微分が任意の変動ベクトルと勾配の双対積で与えられるような微分である. 次に示される Fréchet 微分は, 汎関数に限定されずに, Banach 空間から Banach 空間への作用素の微分として一般化された微分の定義である.

■定義 4.5.4 (k 階の Fréchet 微分) X と Y を $\mathbb{R}$ 上の Banach 空間とする. $\boldsymbol{x} \in X$ の近傍 $B \subset X$ 上で $f\colon B \to Y$ が定義されているとする. 任意の変動ベクトル $\boldsymbol{y}_1 \in X$ に対して,

$$\lim_{\|\boldsymbol{y}_1\|_X \to 0} \frac{\|f(\boldsymbol{x} + \boldsymbol{y}_1) - f(\boldsymbol{x}) - f'(\boldsymbol{x})[\boldsymbol{y}_1]\|_Y}{\|\boldsymbol{y}_1\|_X} = 0 \tag{4.5.1}$$

を満たす有界線形作用素 $f'(\boldsymbol{x})[\,\cdot\,] \in \mathcal{L}(X;Y)$ が存在するとき, $f'(\boldsymbol{x})[\boldsymbol{y}_1]$ を f の $\boldsymbol{x}$ における **Fréchet 微分**という. すべての $\boldsymbol{x} \in B$ に対して $f'(\boldsymbol{x})[\boldsymbol{y}_1]$ が存

在して $C(B;\mathcal{L}(X;Y))$ に属するとき，$f \in C^1(B;Y)$ とかく．

さらに，任意の $\boldsymbol{y}_2 \in X$ に対して，

$$\lim_{\|\boldsymbol{y}_2\|_X \to \boldsymbol{0}_X} \frac{\|f'(\boldsymbol{x}+\boldsymbol{y}_2)[\boldsymbol{y}_1] - f'(\boldsymbol{x})[\boldsymbol{y}_1] - f''(\boldsymbol{x})[\boldsymbol{y}_1,\boldsymbol{y}_2]\|_Y}{\|\boldsymbol{y}_2\|_X} = 0$$

を満たす $f''(\boldsymbol{x})[\boldsymbol{y}_1,\,\cdot\,] \in \mathcal{L}(X;\mathcal{L}(X;Y))$ が存在するとき，$f''(\boldsymbol{x})[\boldsymbol{y}_1,\boldsymbol{y}_2]$ を f の $\boldsymbol{x}$ における 2 階の Fréchet 微分という．$\mathcal{L}(X;\mathcal{L}(X;Y))$ を $\mathcal{L}^2(X \times X;Y)$ とかく．また，すべての $\boldsymbol{x} \in B$ に対して，2 階の Fréchet 微分が存在して，$f''(\boldsymbol{x})[\,\cdot\,,\,\cdot\,] \in C(B;\mathcal{L}(B;\mathcal{L}(X;Y)))$ のとき，$f \in C^2(B;Y)$ とかく．同様に，$k \in \{3,4,\ldots\}$ 階の Fréchet 微分 $f^{(k)}$ も定義され，$f \in C^k(B;Y)$ とかく．

定義 4.5.4 で使われた式 (4.5.1) は，

$$f(\boldsymbol{x}+\boldsymbol{y}_1) = f(\boldsymbol{x}) + f'(\boldsymbol{x})[\boldsymbol{y}_1] + o(\|\boldsymbol{y}_1\|_X)$$

のような Taylor 展開による表示が可能になる．ここで，$o(\|\boldsymbol{y}_1\|_X)$ は Bachmann–Landau の small-o 記号とよばれ，

$$\lim_{\|\boldsymbol{y}_1\|_X \to 0} \frac{o(\|\boldsymbol{y}_1\|_X)}{\|\boldsymbol{y}_1\|_X} = \boldsymbol{0}_Y$$

が成り立つと仮定される．

また，定義 4.5.4 において，$Y = \mathbb{R}$ ならば，$f\colon B \to \mathbb{R}$ は汎関数になる．このとき，f の Fréchet 微分は

$$f'(\boldsymbol{x})[\boldsymbol{y}] = \langle \boldsymbol{g}, \boldsymbol{y} \rangle_{X' \times X} \tag{4.5.2}$$

のようにかくことができる．このとき，$\boldsymbol{g} \in X'$ は**勾配**とよばれる．さらに，

$$f''(\boldsymbol{x})[\boldsymbol{y}_1,\boldsymbol{y}_2] = h(\boldsymbol{x})[\boldsymbol{y}_1,\boldsymbol{y}_2] \tag{4.5.3}$$

のようにかいて，$h(\boldsymbol{x}) \in \mathcal{L}^2(X \times X;\mathbb{R})$ を $\boldsymbol{x}$ における f の **Hesse 形式**とよぶことにする．

ここでも，変分問題 4.1.1 における f の第 1 変分と第 2 変分を Fréchet 微分の定義に従ってみなおしてみよう．

□例題 4.5.5（拡張作用積分の Fréchet 微分） 問題 4.1.1 で定義された拡張作用積分

$$f(u) = \int_0^{t_{\mathrm{T}}} l(u)\,\mathrm{d}t - m\beta u(t_{\mathrm{T}})$$

の Fréchet 微分と 2 階の Fréchet 微分を求めよ．ただし，$u(0) = \alpha$ とする．

▶解答 $X = \{v \in H^1((0, t_{\mathrm{T}}); \mathbb{R}) \mid v(0) = 0\}$，$Y = \mathbb{R}$ とおく．式 (4.1.15) の $f'(u)[v]$ は $\mathcal{L}(X; Y)$ に入る（4.6.1 項で解説される）．したがって，任意の $v_1 \in X$ に対する $f'(u)[v_1]$ を Fréchet 微分とみなすことができて，$f'(u)[v_1] = \langle g, v_1 \rangle_{X' \times X}$ のようにかくことができる．このとき，$g \in X'$ が勾配となる．

次に，$f'(u)[v_1]$ において v_1 を固定して，u に任意の変動 $v_2 \in X$ が加わったとき，

$$\begin{aligned} f'(u + v_2)[v_1] &= \int_0^{t_{\mathrm{T}}} \{m(\dot{u} + \dot{v}_2)\dot{v}_1 - k(u + v_2)v_1 + pv_1\}\,\mathrm{d}t - m\beta v_1(t_{\mathrm{T}}) \\ &= f'(u)[v_1] + \int_0^{t_{\mathrm{T}}} (m\dot{v}_1\dot{v}_2 - kv_1v_2)\,\mathrm{d}t = f'(u)[v_1] + f''(u)[v_1, v_2] \end{aligned}$$

が得られる．これより，$f''(u)[v_1, v_2]$ は式 (4.1.4) の $f''(u)[v, v]$ と一致する． □

式 (4.5.2) で定義された勾配 $\boldsymbol{g}(\boldsymbol{x})$ は双対空間 X' の要素となる．したがって，そのノルムは，有界線形汎関数におけるノルムの定義に従い，

$$\begin{aligned} \|\boldsymbol{g}(\boldsymbol{x})\|_{X'} &= \sup_{\boldsymbol{y} \in X \setminus \{\boldsymbol{0}_X\}} \frac{|\langle \boldsymbol{g}(\boldsymbol{x}), \boldsymbol{y} \rangle_{X' \times X}|}{\|\boldsymbol{y}\|_X} \\ &= \sup_{\boldsymbol{y} \in X, \|\boldsymbol{y}\|_X = 1} |\langle \boldsymbol{g}(\boldsymbol{x}), \boldsymbol{y} \rangle_{X' \times X}| \end{aligned} \tag{4.5.4}$$

によって与えられることになる（図 3.3.1 参照）．

4.6 変分原理における関数空間

4.3 節ではさまざまな関数空間が定義されて，それらが Banach 空間や Hilbert 空間の要件を満たすことが示された．4.4 節では Banach 空間から Banach 空間への写像として作用素が定義され，4.5 節では作用素の微分が定義された．その中で，汎関数の Fréchet 微分は汎関数の変数が入る関数空間と勾配が入る双対空間の双対積によって定義されることをみてきた．本節では，4.2 節から 4.5 節までで示された内容を使って，4.1 節で示された変分原理や最適制御問題をみ

なおしてみたい.

4.6.1 Hamilton の原理

拡張 Hamilton の原理（問題 4.1.1）で使われた定義をまとめると次のようになる. $u(0) = \alpha$ を満たす関数 $u\colon (0, t_{\mathrm{T}}) \to \mathbb{R}$ の集合を U とかいた. また, $v(0) = 0$ を満たす関数 $v\colon (0, t_{\mathrm{T}}) \to \mathbb{R}$ の集合を V とかいた. $u \in U$ に対して, 拡張作用積分を表す汎関数を

$$f(u) = \int_0^{t_{\mathrm{T}}} \left(\frac{1}{2} m \dot{u}^2 - \frac{1}{2} k u^2 + p u \right) \mathrm{d}t - m\beta u(t_{\mathrm{T}}) \tag{4.6.1}$$

とおいた. また, $v(0) = 0$ を満たす任意の $v \in V$ に対して, $f(u+v)$ が停留する条件として, 式 (4.1.3) の計算の途中で

$$f'(u)[v] = \int_0^{t_{\mathrm{T}}} (m\dot{u}\dot{v} - kuv + pv)\,\mathrm{d}t - m\beta v(t_{\mathrm{T}}) = 0 \tag{4.6.2}$$

を得た.

式 (4.6.1) と式 (4.6.2) の積分が意味をもつためには, u, v および p に対する関数空間を明確にする必要がある. 以下でそのことを明らかにしていこう.

まず, U と V が何であったのかを考えてみよう. $u \in U$ は $u(0) = \alpha$ を満たさなければならなかった. そこで,

$$U = \{u \in H^1((0, t_{\mathrm{T}}); \mathbb{R}) \mid u(0) = \alpha\} \tag{4.6.3}$$

とおいてみよう. 一方, $v \in V$ は, 同次形の境界条件 $v(0) = 0$ を満たす必要があったので,

$$V = \{v \in H^1((0, t_{\mathrm{T}}); \mathbb{R}) \mid v(0) = 0\} \tag{4.6.4}$$

とおいてみよう. このとき, U は非同次形の境界条件 $u(0) \neq 0$ により線形空間ではない. 一方, V は線形空間になる. また, U は V に対するアフィン部分空間（定義 4.2.7）になっている. 実際, $u(0) = \alpha$ を満たす $H^1((0, t_{\mathrm{T}}); \mathbb{R})$ の要素 u_0 を選んで固定すれば, U は $V(u_0)$ と同値となる. ここでは, $\tilde{u} = u - u_0$ とおいて, $\tilde{u} \in V$ とかくことにしよう.

V と $\tilde{u}$ をこのようにおいたとき, 式 (4.6.2) の右辺にある $\dot{u}\dot{v}$ の積分に対して, Minkowski の不等式（定理 A.9.2）と Hölder の不等式（定理 A.9.1）を用いれば,

$$\int_0^{t_{\mathrm{T}}} \dot{u}\dot{v}\,\mathrm{d}t \le \|\dot{\tilde{u}}\dot{v}\|_{L^1((0,t_{\mathrm{T}});\mathbb{R})} + \|\dot{u}_0\dot{v}\|_{L^1((0,t_{\mathrm{T}});\mathbb{R})}$$
$$\le \|\dot{\tilde{u}}\|_{L^2((0,t_{\mathrm{T}});\mathbb{R})}\|\dot{v}\|_{L^2((0,t_{\mathrm{T}});\mathbb{R})} + \|\dot{u}_0\|_{L^2((0,t_{\mathrm{T}});\mathbb{R})}\|\dot{v}\|_{L^2((0,t_{\mathrm{T}});\mathbb{R})} \tag{4.6.5}$$

が成り立つ．さらに，式 (4.6.5) の右辺に Poincaré の不等式の系（系 A.9.4）を用いれば，

$$\int_0^{t_{\mathrm{T}}} \dot{u}\dot{v}\,\mathrm{d}t \le \|\tilde{u}\|_V\|v\|_V + \|u_0\|_{H^1((0,t_{\mathrm{T}});\mathbb{R})}\|v\|_V \tag{4.6.6}$$

が成り立つ．そこで，u_0 が $H^1((0,t_{\mathrm{T}});\mathbb{R})$ の要素で，$\tilde{u}$ と v が V の要素ならば，式 (4.6.6) の右辺は有界となることが確認される．式 (4.6.1) 右辺の $\dot{u}^2$ と u^2 の積分および式 (4.6.2) 右辺の uv の積分も同様に有界となる．

また，式 (4.6.1) と式 (4.6.2) の中に現れる u と v の境界値 $u(t_{\mathrm{T}})$ と $v(t_{\mathrm{T}})$ が定義されることは次のようにして確認される．Sobolev の埋蔵定理（定理 4.3.14）より $H^1((0,t_{\mathrm{T}});\mathbb{R}) \subset C^{0,1/2}([0,t_{\mathrm{T}}];\mathbb{R})$ が成り立つ．そこで，u と v は連続関数となり，境界値は定まる（トレースがとれる）ことになる．

さらに，式 (4.6.1) と式 (4.6.2) 右辺のそれぞれ pu と pv の積分が有界になるためには，p は $L^2((0,t_{\mathrm{T}});\mathbb{R})$ の要素であれば十分である．実際，

$$\int_0^{t_{\mathrm{T}}} pv\,\mathrm{d}t \le \|p\|_{L^2((0,t_{\mathrm{T}});\mathbb{R})}\|v\|_V \tag{4.6.7}$$

が成り立つためである．

そこで，$u - u_0 \in V$，$v \in V$ および $p \in L^2((0,t_{\mathrm{T}});\mathbb{R})$ のもとで，式 (4.6.2) の積分 $f'(u)[v]$ は意味をもち，$f'(u)[v]$ は $v \in V$ に対する有界線形汎関数となる．このとき，

$$f'(u)[v] = \langle g, v\rangle_{V'\times V} \tag{4.6.8}$$

とかくことができて，g は V の双対空間 V' の要素で f の勾配とよばれるものになる．任意の $v \in V$ に対して式 (4.6.8) が 0 になることは，運動方程式（式 (4.1.6)）と速度の終端条件（式 (4.1.7)）が成り立つことと同値となる．

さらに，第 5 章以降で使うために，式 (4.6.1) と式 (4.6.2) を汎関数の双線形性や線形性に着目してかきかえておこう．弾性ポテンシャルエネルギー，運動

エネルギーおよび外力仕事に対して

$$a(u,v)=\int_0^{t_\mathrm{T}} kuv\,\mathrm{d}t \tag{4.6.9}$$

$$b(u,v)=\int_0^{t_\mathrm{T}} muv\,\mathrm{d}t \tag{4.6.10}$$

$$l(v)=\int_0^{t_\mathrm{T}} pv\,\mathrm{d}x - m\beta v(t_\mathrm{T}) \tag{4.6.11}$$

を定義する．このとき，式 (4.6.1) は

$$f(u)=\frac{1}{2}b(\dot{u},\dot{u})-\frac{1}{2}a(u,u)+l(u) \tag{4.6.12}$$

とかける．そこで，これらの定義を用いれば，拡張 Hamilton の原理に基づいてばね質点系の変位を求める問題は，次のようにかきかえられる．

問題 4.6.1（拡張作用積分停留問題）

$V=\{v\in H^1((0,t_\mathrm{T});\mathbb{R})\mid v(0)=0\}$ とおく．a，b および l を式 (4.6.9), (4.6.10) および (4.6.11) とする．$u_0\in H^1((0,t_\mathrm{T});\mathbb{R})$ は $u_0(0)=\alpha$ を満たすとする．このとき，式 (4.6.12) の $f(u)$ が停留する $u-u_0\in V$ を求めよ．

なお，時間 t_T を固有振動の半周期 $\pi/\sqrt{k/m}$ 以下で十分小さくとったときに，停留を最小に変えることができて，最小点の一意存在がいえる（[51] p.168 32.2 節）．

さらに，任意の $v\in V$ に対して $f'(u)[v]=0$ が成り立つことは，任意の $v\in V$ に対して

$$a(u,v)-b(\dot{u},\dot{v})=l(v) \tag{4.6.13}$$

が成り立つことと同値となる．そこで，問題 4.6.1 は次のようにもかきかえられる．

問題 4.6.2（拡張作用積分変分問題）

$V=\{v\in H^1((0,t_\mathrm{T});\mathbb{R})\mid v(0)=0\}$ とおく．a，b および l を式 (4.6.9), (4.6.10) および (4.6.11) とする．$u_0\in H^1((0,t_\mathrm{T});\mathbb{R})$ は $u_0(0)=\alpha$ を満たすとする．このとき，任意の $v\in V$ に対して式 (4.6.13) を満たす $u-u_0\in V$

を求めよ.

4.6.2 ポテンシャルエネルギー最小原理

次に，ポテンシャルエネルギー最小原理（問題 4.1.2）で使われた関数に対する関数空間について考えてみよう．ポテンシャルエネルギーは，式 (4.1.8) で定義された．これを再記すれば，$u \in U$ に対して

$$\pi(u) = \int_0^l \frac{1}{2} e_{\mathrm{Y}} \nabla u \nabla u \, a_{\mathrm{S}} \, \mathrm{d}x - \int_0^l bu \, a_{\mathrm{S}} \, \mathrm{d}x - p_{\mathrm{N}} u(l) a_{\mathrm{S}}(l) \quad (4.6.14)$$

となる．また，任意の $v \in U$ に対して $\pi(u+v)$ が停留する条件として，式 (4.1.9) の計算の途中で

$$\pi'(u)[v] = \int_0^l (e_{\mathrm{Y}} \nabla u \nabla v - bv) a_{\mathrm{S}} \, \mathrm{d}x - p_{\mathrm{N}} v(l) a_{\mathrm{S}}(l) = 0 \quad (4.6.15)$$

を得た．これらの積分が意味をもつためには，式 (4.6.5)，(4.6.6) および (4.6.7) でみてきたような関係を用いて，

$$u, v \in U = \{u \in H^1((0,l);\mathbb{R}) \mid u(0) = 0\}, \quad e_{\mathrm{Y}} \in L^\infty((0,l);\mathbb{R}),$$
$$b \in L^2((0,l);\mathbb{R}), \quad a_{\mathrm{S}} \in W^{1,\infty}((0,l);\mathbb{R})$$

が仮定されればよいことになる．

これらの仮定のもとで，式 (4.6.14) と (4.6.15) の積分は意味をもつ．このとき，$\pi'(u)[v]$ は $v \in U$ に対する有界線形汎関数となり，

$$\pi'(u)[v] = \langle g, v \rangle_{U' \times U} \quad (4.6.16)$$

とかけることになる．ここで，g は U' の要素で π の勾配とよばれるものになる．

さらに，ここでも弾性ポテンシャルエネルギーと外力仕事の u と v に対する双線形性や線形性に着目して，

$$a(u,v) = \int_0^l e_{\mathrm{Y}} \nabla u \cdot \nabla v a_{\mathrm{S}} \, \mathrm{d}x \quad (4.6.17)$$

$$l(v) = \int_0^l b v a_{\mathrm{S}} \, \mathrm{d}x + a_{\mathrm{S}}(l) p_{\mathrm{N}} v(l) \quad (4.6.18)$$

とおくことにする．このとき，式 (4.6.14) は

$$\pi(u) = \frac{1}{2}a(u, u) - l(u) \tag{4.6.19}$$

とかける．そこで，これらの定義を用いれば，1 次元線形弾性体の変位を求める問題は次のようにかきかえられる．

問題 4.6.3（ポテンシャルエネルギー最小問題）

$U = \{v \in H^1((0, l); \mathbb{R}) \mid v(0) = 0\}$ とおく．π を式 (4.6.19) とする．このとき，

$$\min_{u \in U} \pi(u)$$

を満たす u を求めよ．

さらに，任意の $v \in U$ に対して $\pi'(u)[v] = 0$ が成り立つことは，任意の $v \in U$ に対して

$$a(u, v) = l(v) \tag{4.6.20}$$

が成り立つことと同値となる．そこで，問題 4.6.3 は次のようにもかきかえられる．

問題 4.6.4（ポテンシャルエネルギー変分問題）

$U = \{v \in H^1((0, l); \mathbb{R}) \mid v(0) = 0\}$ とおく．a と l をそれぞれ式 (4.6.17) と式 (4.6.18) とする．このとき，任意の $v \in U$ に対して，式 (4.6.20) を満たす $u \in U$ を求めよ．

問題 4.6.3 と問題 4.6.4 に対する解の一意存在は 5.2 節で示される．

4.6.3 Pontryagin の最小原理

線形システムの最適制御問題（問題 4.1.4）に対しては，Lagrange 関数が式 (4.1.20) のように定義された．それを再記すれば，$(\boldsymbol{\xi}, \boldsymbol{u}, \boldsymbol{z}_0, p) \in \Xi \times U \times Z \times P$ に対して，

$$
\begin{aligned}
\mathscr{L}(\boldsymbol{\xi},\boldsymbol{u},\boldsymbol{z}_0,p) &= \mathscr{L}_0(\boldsymbol{\xi},\boldsymbol{u},\boldsymbol{z}_0)+\mathscr{L}_1(\boldsymbol{\xi},p)\\
&= f_0(\boldsymbol{\xi},\boldsymbol{u})-\int_0^{t_{\mathrm{T}}}(\dot{\boldsymbol{u}}-\boldsymbol{A}\boldsymbol{u}-\boldsymbol{B}\boldsymbol{\xi})\cdot\boldsymbol{z}\,\mathrm{d}t+\int_0^{t_{\mathrm{T}}}\left(\frac{\|\boldsymbol{\xi}\|^2_{\mathbb{R}^d}}{2}-1\right)p\,\mathrm{d}t\\
&= \int_0^{t_{\mathrm{T}}}\left\{\frac{\|\boldsymbol{u}\|^2_{\mathbb{R}^n}}{2}+\frac{\|\boldsymbol{\xi}\|^2_{\mathbb{R}^d}}{2}-(\dot{\boldsymbol{u}}-\boldsymbol{A}\boldsymbol{u}-\boldsymbol{B}\boldsymbol{\xi})\cdot\boldsymbol{z}+\left(\frac{\|\boldsymbol{\xi}\|^2_{\mathbb{R}^d}}{2}-1\right)p\right\}\mathrm{d}t\\
&\quad+\frac{1}{2}\|\boldsymbol{u}(t_{\mathrm{T}})\|^2_{\mathbb{R}^n}
\end{aligned}
\tag{4.6.21}
$$

になる．また，$\mathscr{L}$ の第 1 変分は $(\boldsymbol{\xi},\boldsymbol{u},\boldsymbol{z}_0,p)\in\Xi\times U\times Z\times P$ の任意変動 $(\boldsymbol{\eta},\boldsymbol{u}',\boldsymbol{z}_0',p')\in\Xi\times V\times W\times P$ に対して

$$
\begin{aligned}
&\mathscr{L}'(\boldsymbol{\xi},\boldsymbol{u},\boldsymbol{z}_0,p)[\boldsymbol{\eta},\boldsymbol{u}',\boldsymbol{z}_0',p']\\
&\quad= \mathscr{L}_{\boldsymbol{\xi}}(\boldsymbol{\xi},\boldsymbol{u},\boldsymbol{z}_0,p)[\boldsymbol{\eta}]+\mathscr{L}_{\boldsymbol{u}}(\boldsymbol{\xi},\boldsymbol{u},\boldsymbol{z}_0,p)[\boldsymbol{u}']\\
&\qquad+\mathscr{L}_{\boldsymbol{z}_0}(\boldsymbol{\xi},\boldsymbol{u},\boldsymbol{z}_0,p)[\boldsymbol{z}_0']+\mathscr{L}_p(\boldsymbol{\xi},\boldsymbol{u},\boldsymbol{z}_0,p)[p']
\end{aligned}
\tag{4.6.22}
$$

のようにまとめられる．ただし，

$$
\mathscr{L}_{\boldsymbol{\xi}}(\boldsymbol{\xi},\boldsymbol{u},\boldsymbol{z}_0,p)[\boldsymbol{\eta}]=\int_0^{t_{\mathrm{T}}}\{(1+p)\boldsymbol{\xi}+\boldsymbol{B}^{\mathrm{T}}\boldsymbol{z}_0\}\cdot\boldsymbol{\eta}\,\mathrm{d}t=\langle\boldsymbol{g},\boldsymbol{\eta}\rangle
\tag{4.6.23}
$$

$$
\begin{aligned}
\mathscr{L}_{\boldsymbol{u}}(\boldsymbol{\xi},\boldsymbol{u},\boldsymbol{z}_0,p)[\boldsymbol{u}']&=\int_0^{t_{\mathrm{T}}}(\boldsymbol{u}+\dot{\boldsymbol{z}}_0+\boldsymbol{A}^{\mathrm{T}}\boldsymbol{z}_0)\cdot\boldsymbol{u}'\,\mathrm{d}t\\
&\quad+(\boldsymbol{u}(t_{\mathrm{T}})-\boldsymbol{z}_0(t_{\mathrm{T}}))\cdot\boldsymbol{u}'(t_{\mathrm{T}})
\end{aligned}
\tag{4.6.24}
$$

$$
\mathscr{L}_{\boldsymbol{z}_0}(\boldsymbol{\xi},\boldsymbol{u},\boldsymbol{z}_0,p)[\boldsymbol{z}_0']=-\int_0^{t_{\mathrm{T}}}(\dot{\boldsymbol{u}}-\boldsymbol{A}\boldsymbol{u}-\boldsymbol{B}\boldsymbol{\xi})\cdot\boldsymbol{z}_0'\,\mathrm{d}t
\tag{4.6.25}
$$

$$
\mathscr{L}_p(\boldsymbol{\xi},\boldsymbol{u},\boldsymbol{z}_0,p)[q]=\int_0^{t_{\mathrm{T}}}\left(\frac{\|\boldsymbol{\xi}\|^2_{\mathbb{R}^d}}{2}-1\right)q\,\mathrm{d}t
\tag{4.6.26}
$$

のようになる．

式 (4.6.21) と式 (4.6.22) の積分が意味をもつためには，4.6.1 項でみてきたような関係により，

$$
\Xi=L^2((0,t_{\mathrm{T}});\mathbb{R}^d)
$$

$$
U=\{\boldsymbol{u}\in H^1((0,t_{\mathrm{T}});\mathbb{R}^n)\mid\boldsymbol{u}(0)=\boldsymbol{\alpha}\}
$$

$$
V=\{\boldsymbol{v}\in H^1((0,t_{\mathrm{T}});\mathbb{R}^n)\mid\boldsymbol{v}(0)=\boldsymbol{0}_{\mathbb{R}^n}\}
$$

$$Z = \{\boldsymbol{z} \in H^1((0, t_{\mathrm{T}}); \mathbb{R}^n) \mid \boldsymbol{z}(t_{\mathrm{T}}) = \boldsymbol{u}(t_{\mathrm{T}})\}$$
$$W = \{\boldsymbol{w} \in H^1((0, t_{\mathrm{T}}); \mathbb{R}^n) \mid \boldsymbol{w}(t_{\mathrm{T}}) = \boldsymbol{0}_{\mathbb{R}^n}\}$$

が仮定されればよいことになる．ここで，U と Z はそれぞれ V と W に対するアフィン部分空間になっている．$\boldsymbol{u}(0) = \boldsymbol{\alpha}$ と $\boldsymbol{z}(t_{\mathrm{T}}) = \boldsymbol{u}(t_{\mathrm{T}})$ を満たす $H^1((0, t_{\mathrm{T}}); \mathbb{R})$ の要素 $\boldsymbol{u}_0$ と $\boldsymbol{z}_{\mathrm{T}}$ をそれぞれ選んで固定すれば，U と Z はそれぞれ $V(\boldsymbol{u}_0)$ と $W(\boldsymbol{z}_{\mathrm{T}})$ と同値となる．

以上のような定義を用いれば，問題 4.1.3 を次のようにかくことができる．

問題 4.6.5（線形制御システム）

$\boldsymbol{A} \in \mathbb{R}^{n\times n}$，$\boldsymbol{B} \in \mathbb{R}^{n\times d}$，$\boldsymbol{\alpha} \in \mathbb{R}^n$ および制御力 $\boldsymbol{\xi} \in \Xi$ が与えられたとき，任意の $\boldsymbol{z}_0' \in W$ に対して，式 (4.6.25) が 0 となるような $\boldsymbol{u} - \boldsymbol{u}_0 \in V$ を求めよ．

$\boldsymbol{z}_0$ を決定する随伴問題（問題 4.1.5）は次のようにかける．

問題 4.6.6（f_0 に対する随伴問題）

$\boldsymbol{A} \in \mathbb{R}^{n\times n}$ を問題 4.6.5 のとおりとする．このとき，任意の $\boldsymbol{u}' \in V$ に対して，式 (4.6.24) が 0 となるような $\boldsymbol{z}_0 - \boldsymbol{z}_{\mathrm{T}} \in W$ を求めよ．

非線形システムの最適制御問題（問題 4.1.7）に対しても同様の表現が可能であるが，ここでは省略する．

4.7　第 4 章のまとめ

第 4 章では，設計変数が時間や場所を表す領域上で定義された関数になった場合の最適化問題（関数最適化問題）とはどういうものかを関数解析学の基礎と関連づけてみてきた．要点は以下のようである．

(1) 1 自由度ばね質点系の運動方程式は，作用積分の停留条件（Hamilton の原理）として得られる (4.1.1 項)．また，1 次元線形弾性体の弾性方程式は，ポテンシャルエネルギーの最小条件（ポテンシャルエネルギー最小原理）として得られる (4.1.2 項)．さらに，最適制御問題の最適解は，Hamilton 関数の最小条件（Pontryagin の最小原理）として得られる（4.1.3 項）．

(2) 線形空間（ベクトル空間）とは，すべての要素どうしの線形結合がその要素に含まれるような集合のことである．連続関数全体の集合は線形空間になる（4.2.1 項）．
(3) ノルムが定義された線形空間をノルム空間という．さらに，ノルムについて完備な（いかなる Cauchy 列も収束する）線形空間を Banach 空間という．連続関数全体の集合は最大値をノルムとして Banach 空間になる（4.2.4 項）．
(4) 内積が定義された線形空間を内積空間という．さらに，内積を用いて定義されたノルムについて完備な線形空間を Hilbert 空間という．有限次元ベクトル空間は Hilbert 空間である（4.2.5 項）．
(5) 関数空間として定義された Hölder 空間 $C^{k,\sigma}(\Omega;\mathbb{R})$，Lebesgue 空間 $L^p(\Omega;\mathbb{R})$ および Sobolev 空間 $W^{k,p}(\Omega;\mathbb{R})$ はそれぞれに対するノルムを用いて Banach 空間になる．また，$L^2(\Omega;\mathbb{R})$ と $H^k(\Omega;\mathbb{R}) = W^{k,2}(\Omega;\mathbb{R})$ は Hilbert 空間になる（4.3 節）．これらの関数空間の埋蔵関係は Sobolev の埋蔵定理（定理 4.3.14）によって与えられる．
(6) Banach 空間上の有界線形汎関数全体の集合を双対空間という．汎関数の Fréchet 微分は変動ベクトルと勾配の双対積によって定義される（4.4.6 項）．
(7) Hamilton の原理，ポテンシャルエネルギー最小原理および最適制御問題は，それぞれ $H^1((0,t_{\mathrm{T}});\mathbb{R})$，$H^1((0,l);\mathbb{R})$ および $L^2((0,t_{\mathrm{T}});\mathbb{R}^d)$ 上の関数最適化問題として定義される（4.6 節）．

4.8 第 4 章の演習問題

4.1 ポテンシャルエネルギー最小原理を表す問題 4.1.2 に時間 $t \in (0,t_{\mathrm{T}})$ を導入して，1 次元弾性体に対する拡張 Hamilton の原理によって得られる運動方程式と速度の終端条件を次の順に示せ．その際，密度を $\rho\colon (0,l) \to \mathbb{R}$ $(\rho > 0)$，$t = 0$ のときの変位を $\alpha\colon (0,l) \to \mathbb{R}$，$t = t_{\mathrm{T}}$ のときの速度を $\beta\colon (0,l) \to \mathbb{R}$，体積力を $b\colon (0,l) \times (0,t_{\mathrm{T}}) \to \mathbb{R}$ および境界力を $p_{\mathrm{N}}\colon (0,t_{\mathrm{T}}) \to \mathbb{R}$ とする．

- U を

$$u(0,t) = 0 \quad t \in (0,t_{\mathrm{T}}), \quad u(x,0) = \alpha(x) \quad x \in (0,l)$$

を満たす変位 $u\colon (0,l) \times (0,t_{\mathrm{T}}) \to \mathbb{R}$ の集合として定義せよ．V を $u \in U$ の任意変動を表す変分変位 v の集合として定義せよ．

- 拡張作用積分を

$$f(u)=\int_0^{t_{\mathrm{T}}}\left\{\int_0^l\left(\frac{1}{2}\rho\dot{u}^2-\frac{1}{2}e_{\mathrm{Y}}(\nabla u)^2+bu\right)a_{\mathrm{S}}\,\mathrm{d}x\right.$$
$$\left.+p_{\mathrm{N}}u(l,t)a_{\mathrm{S}}(l)\right\}\mathrm{d}t-\int_0^l\rho\beta u(x,t_{\mathrm{T}})a_{\mathrm{S}}\,\mathrm{d}x$$

とおき，任意の $v\in V$ に対して f が停留する $u\in U$ に対する条件を求めよ．

- ρ，α，β，b および p_{N} に適した関数空間を示せ．

4.2 $n\in\mathbb{N}$ 自由度系の一般化変位 $\boldsymbol{u}$ とその変動 $\boldsymbol{v}$ に関する関数空間を

$$U=\{\boldsymbol{u}\in H^1((0,t_{\mathrm{T}});\mathbb{R}^n)\mid\boldsymbol{u}(0)=\boldsymbol{\alpha},\ \boldsymbol{u}(t_{\mathrm{T}})=\boldsymbol{\beta}\}$$
$$V=\{\boldsymbol{v}\in H^1((0,t_{\mathrm{T}});\mathbb{R}^n)\mid\boldsymbol{v}(0)=\boldsymbol{0}_{\mathbb{R}^n},\ \boldsymbol{v}(t_{\mathrm{T}})=\boldsymbol{0}_{\mathbb{R}^n}\}$$

とおく．ただし，$\boldsymbol{\alpha}$ と $\boldsymbol{\beta}$ は $\mathbb{R}^n$ の要素とする．$\boldsymbol{u}\in U$ に対して，運動エネルギー $\kappa(\boldsymbol{u},\dot{\boldsymbol{u}})$ とポテンシャルエネルギー $\pi(\boldsymbol{u},\dot{\boldsymbol{u}})$ が与えられているとする．また，力学における Lagrange 関数が $l(\boldsymbol{u},\dot{\boldsymbol{u}})=\kappa(\boldsymbol{u},\dot{\boldsymbol{u}})-\pi(\boldsymbol{u},\dot{\boldsymbol{u}})$ によって定義されているとする．さらに，作用積分が

$$f(\boldsymbol{u},\dot{\boldsymbol{u}})=\int_0^{t_{\mathrm{T}}}l(\boldsymbol{u},\dot{\boldsymbol{u}})\,\mathrm{d}t$$

によって定義されているとする．このとき，任意の $\boldsymbol{v}\in V$ に対して $f(\boldsymbol{u}+\boldsymbol{v},\dot{\boldsymbol{u}}+\dot{\boldsymbol{v}})$ が停留する条件（Hamilton の原理）から Lagrange の運動方程式

$$\frac{\mathrm{d}}{\mathrm{d}t}\frac{\partial l}{\partial\dot{\boldsymbol{u}}}-\frac{\partial l}{\partial\boldsymbol{u}}=\boldsymbol{0}_{\mathbb{R}^n}$$

が得られることを示せ．

4.3 演習問題 **4.2** に一般化運動量 $\boldsymbol{q}\in Q=H^1((0,t_{\mathrm{T}});\mathbb{R}^n)$ を導入して，$\mathscr{H}(\boldsymbol{u},\boldsymbol{q})=-l(\boldsymbol{u},\boldsymbol{q})+\boldsymbol{q}\cdot\dot{\boldsymbol{u}}$ を Hamilton 関数とよび，作用積分を

$$f(\boldsymbol{u},\boldsymbol{q})=\int_0^{t_{\mathrm{T}}}(-\dot{\boldsymbol{q}}\cdot\boldsymbol{u}-\mathscr{H}(\boldsymbol{u},\boldsymbol{q}))\,\mathrm{d}t$$

とおく．このとき，$f(\boldsymbol{u},\boldsymbol{q})$ の停留条件が，Hamilton の運動方程式

$$\dot{\boldsymbol{q}}=-\frac{\partial\mathscr{H}}{\partial\boldsymbol{u}},\quad\dot{\boldsymbol{u}}=\frac{\partial\mathscr{H}}{\partial\boldsymbol{q}}$$

になることを示せ．また，Hamilton の運動方程式が成り立つとき，$\dot{\mathscr{H}}(\boldsymbol{u},\boldsymbol{q})=0$（Hamilton 関数が保存される）となることを示せ．さらに，図 4.1.1 のばね質

点系に対して外力 $p = 0$ のときの $\mathscr{H}(\boldsymbol{u}, \boldsymbol{q})$ を求めよ.

4.4 Y と Z を Banach 空間として, Y は Z の中にコンパクトに埋蔵する $(Y \Subset Z)$（定理 4.4.15）とき, Y と Z の双対空間 Y' と Z' に対して $Z' \Subset Y'$ が成り立つことを示せ.

第5章 偏微分方程式の境界値問題

最適設計問題は，第 1 章でみてきたように，状態方程式を等式制約に含む最適化問題であった．第 1 章では設計変数と状態変数は有限次元ベクトル空間の要素であった．それに対して，本書の目標は，連続体の形状最適化問題である．そこでは，線形弾性体や Stokes 流れ場などの偏微分方程式の境界値問題が状態方程式として等式制約に入ってくる．

そこで，本章では，第 4 章でみてきた関数解析の定義や結果を使って，楕円型偏微分方程式の境界値問題を変分形式（ここでは弱形式とよぶ）で表現する方法と解の一意存在に関する定理についてみておきたい．この弱形式は，第 6 章で示す楕円型偏微分方程式の境界値問題に対する数値解法を考える際に使われるだけでなく，第 8 章と第 9 章では楕円型偏微分方程式の境界値問題が等式制約に入った形状や位相の最適化問題に対する Lagrange 関数としても使われることになる．

5.1 Poisson 問題

楕円型偏微分方程式の境界値問題（定義 A.7.1）の簡単な例として Poisson 問題をとりあげて，その定義とそれを弱形式に変換する過程をみておこう．Poisson 問題とは，たとえば，定常熱伝導問題において熱伝導率が 1 の場合であると想像すればよい（A.6 節）．

Ω を図 5.1.1 のような $d \in \{2,3\}$ 次元の **Lipschitz 領域**（A.5 節），Γ_{D} を Ω の境界 $\partial\Omega$ の部分開集合で，熱伝導問題においては温度が与えられた境界とする．残りの境界 $\Gamma_{\mathrm{N}} = \partial\Omega \setminus \bar{\Gamma}_{\mathrm{D}}$ は熱流束が与えられた境界とする．さらに，$\Gamma_p \subset \Gamma_{\mathrm{N}}$ は熱流束が非零の境界を表すことにする．本章では，Γ_p と $\Gamma_{\mathrm{N}} \setminus \bar{\Gamma}_p$ を区別しな

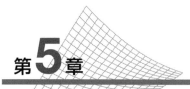

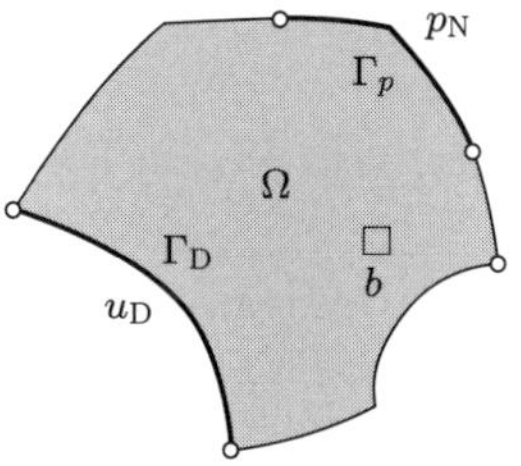

図 5.1.1 領域 Ω とその境界 $\partial\Omega = \bar{\Gamma}_D \cup \bar{\Gamma}_N$

いが，第 9 章では分けて考えることにする．また，$\Delta = \boldsymbol{\nabla} \cdot \boldsymbol{\nabla}$ は **Laplace 作用素**を表す．さらに，$\boldsymbol{\nu}$ は境界で定義された外向き単位法線（定義 A.5.4）を表すとして，$\partial_\nu = \boldsymbol{\nu} \cdot \boldsymbol{\nabla}$ とかくことにする．このとき，混合境界条件をもつ **Poisson 問題**は次のように定義される．

問題 5.1.1（Poisson 問題）

関数 $b\colon \Omega \to \mathbb{R}$，$p_N\colon \Gamma_N \to \mathbb{R}$，$u_D\colon \Omega \to \mathbb{R}$ が与えられたとき，

$$-\Delta u = b \quad \text{in } \Omega \tag{5.1.1}$$

$$\partial_\nu u = p_N \quad \text{on } \Gamma_N \tag{5.1.2}$$

$$u = u_D \quad \text{on } \Gamma_D \tag{5.1.3}$$

を満たす関数 $u\colon \Omega \to \mathbb{R}$ を求めよ．

問題 5.1.1 において，式 (5.1.1) は **Poisson 方程式**とよばれる．また，$b = 0$ のとき **Laplace 方程式**あるいは**同次 Poisson 方程式**とよばれる．そのときの問題 5.1.1 は **Laplace 問題**とよばれる．

なお，式 (5.1.3) の境界条件は，Ω 上で定義された関数 u と u_D の Γ_D 上でのトレースに対して成り立つ関係を表している．そこで，u と u_D の関数空間は，トレースがとれるような関数空間を選ぶ必要がある．一方，式 (5.1.2) の $\partial_\nu u$ も Γ_N 上でのトレースに対して成り立つ関係を示している．この関係が意味をもつためには，$\boldsymbol{\nabla} u$ の境界上トレースがとれるような仮定を設けなければならない．しかし，次に示されるように，問題 5.1.1 が積分方程式（弱形式）に変換されたならば，そのような仮定が不要となることに注意しよう．

上記の考察から，u_D は $H^1(\Omega; \mathbb{R})$ の要素であると仮定して，式 (5.1.3) をみ

たす関数 u の集合を

$$U(u_{\mathrm{D}}) = \{v \in H^1(\Omega;\mathbb{R}) \mid v = u_{\mathrm{D}} \text{ on } \Gamma_{\mathrm{D}}\}$$

とおく．4.6 節でみてきたように，$U(u_{\mathrm{D}})$ は Hilbert 空間

$$U = \{v \in H^1(\Omega;\mathbb{R}) \mid v = 0 \text{ on } \Gamma_{\mathrm{D}}\} \tag{5.1.4}$$

のアフィン部分空間になっている．U が Hilbert 空間であることは，のちに Poisson 問題を抽象的変分問題の枠組みにはめこむ際に必要となる．

式 (5.1.1) の両辺に任意の $v \in U$ をかけて Ω で積分し，Gauss–Green の定理（定理 A.8.2）を用いれば，

$$-\int_{\Omega} \Delta u v \,\mathrm{d}x = \int_{\Omega} \boldsymbol{\nabla} u \cdot \boldsymbol{\nabla} v \,\mathrm{d}x - \int_{\Gamma_{\mathrm{N}}} \partial_{\nu} u v \,\mathrm{d}\gamma = \int_{\Omega} b v \,\mathrm{d}x \tag{5.1.5}$$

が成り立つ．ただし，Γ_{D} 上で $v=0$ となることが使われた．一方，式 (5.1.2) の両辺に任意の $v \in U$ をかけて Γ_{N} で積分すれば，

$$\int_{\Gamma_{\mathrm{N}}} \partial_{\nu} u v \,\mathrm{d}\gamma = \int_{\Gamma_{\mathrm{N}}} p_{\mathrm{N}} v \,\mathrm{d}\gamma \tag{5.1.6}$$

が成り立つ．そこで，式 (5.1.6) を式 (5.1.5) に代入すれば，

$$\int_{\Omega} \boldsymbol{\nabla} u \cdot \boldsymbol{\nabla} v \,\mathrm{d}x = \int_{\Omega} b v \,\mathrm{d}x + \int_{\Gamma_{\mathrm{N}}} p_{\mathrm{N}} v \,\mathrm{d}\gamma \tag{5.1.7}$$

が得られる．式 (5.1.7) を **Poisson 問題の弱形式**という．

弱形式を求める際に使われた任意関数 $v \in U$ は，境界値問題が等式制約に入った形状や位相の最適化問題を考える際には，境界値問題に対する Lagrange 乗数として使われることを予告しておこう．

さらに，式 (5.1.7) の左辺は u と v に対する双線形性をもつ．また，式 (5.1.7) の右辺は v に対する線形性をもつ．そこで，4.6 節でみてきたように，

$$a(u,v) = \int_{\Omega} \boldsymbol{\nabla} u \cdot \boldsymbol{\nabla} v \,\mathrm{d}x \tag{5.1.8}$$

$$l(v) = \int_{\Omega} b v \,\mathrm{d}x + \int_{\Gamma_{\mathrm{N}}} p_{\mathrm{N}} v \,\mathrm{d}\gamma \tag{5.1.9}$$

とおくことにする．これらの定義を用いれば，問題 5.1.1 の弱形式は次のよう

になる．

問題 5.1.2（Poisson 問題の弱形式）

U を式 (5.1.4) とおく．$b \in L^2(\Omega;\mathbb{R})$，$p_{\mathrm{N}} \in L^2(\Gamma_{\mathrm{N}};\mathbb{R})$ および $u_{\mathrm{D}} \in H^1(\Omega;\mathbb{R})$ とする．また，$a(\,\cdot\,,\,\cdot\,)$ と $l(\,\cdot\,)$ はそれぞれ式 (5.1.8) と式 (5.1.9) とする．このとき，任意の $v \in U$ に対して

$$a(u,v) = l(v) \tag{5.1.10}$$

を満たす $\tilde{u} = u - u_{\mathrm{D}} \in U$（なる u）を求めよ．

ここで，問題 5.1.1 と問題 5.1.2 を比較してみよう．問題 5.1.1 では，式 (5.1.1) が意味をもつために u は 2 階微分可能でなければならない．また，Γ_{N} 上で $\partial_\nu u$ が定義されなければならない．一方，問題 5.1.2 では，u は 2 階微分可能である必要はなく，そのかわり，式 (5.1.8) の積分が定義できるために u と v がともに 1 階微分が 2 乗可積分である性質を満たす必要がある．このように解の満たすべき条件の違いにより，問題 5.1.1 を Poisson 問題の**強形式**，問題 5.1.2 を Poisson 問題の**弱形式**という．また，問題 5.1.2 の解 u は**弱解**とよばれる．なお，5.2 節で示されるように，解が一意に存在することは弱解に対して保証される．

微分方程式の境界値問題では，次の用語が使われる．

- 式 (5.1.3) を **Dirichlet 条件**あるいは**基本境界条件**あるいは**第 1 種境界条件**という．Dirichlet 条件が与えられた境界を **Dirichlet 境界**という．境界全体でこの条件が与えられたときの問題 5.1.1 あるいは問題 5.1.2 を **Dirichlet 問題**という．
- 式 (5.1.2) を **Neumann 条件**あるいは**自然境界条件**あるいは**第 2 種境界条件**ともいう．Neumann 条件が与えられた境界を **Neumann 境界**という．境界全体でこの条件が与えられたときの問題 5.1.1 あるいは問題 5.1.2 を **Neumann 問題**という．ただし，Neumann 問題は解が一意に定まらないことに注意する必要がある（例題 5.2.6）．
- Dirichlet 条件と Neumann 条件の両方が存在するとき，**混合境界値問題**という．
- Dirichlet 条件あるいは Neumann 条件において，それぞれ $u_{\mathrm{D}} = 0$ ある

いは $p_{\mathrm{N}} = 0$ のとき，**同次形**という．$u_{\mathrm{D}} \neq 0$ あるいは $p_{\mathrm{N}} \neq 0$ のとき，**非同次形**という．なお，同次を**斉次**ということもある．

5.1.1　拡張 Poisson 問題

さらに，拡張された Poisson 問題を考えよう．この問題は第 8 章で抽象的な勾配法を具体化するときに使われる．また，第 9 章でも，抽象的な勾配法を具体化するときに，ここで示される形式と同様に拡張された線形弾性問題が使われる．

問題 5.1.1 で使われた記号を用いて，Poisson 問題を次のように拡張しよう．

問題 5.1.3（拡張 Poisson 問題）

関数 $b\colon \Omega \to \mathbb{R}$，$c_\Omega\colon \Omega \to \mathbb{R}$，$p_{\mathrm{R}}\colon \partial\Omega \to \mathbb{R}$，$c_{\partial\Omega}\colon \partial\Omega \to \mathbb{R}$ が与えられたとき，

$$-\Delta u + c_\Omega u = b \quad \text{in } \Omega \tag{5.1.11}$$

$$\partial_\nu u + c_{\partial\Omega} u = p_{\mathrm{R}} \quad \text{on } \partial\Omega \tag{5.1.12}$$

を満たす関数 $u\colon \Omega \to \mathbb{R}$ を求めよ．

問題 5.1.3 において，式 (5.1.12) を **Robin 条件**あるいは**第 3 種境界条件**という．問題 5.1.3 のように，境界全体でこの条件が与えたときの問題を **Robin 問題**という．

問題 5.1.3 の弱形式は次のようにして得られる．ここでは，

$$U = H^1(\Omega; \mathbb{R}) \tag{5.1.13}$$

とおく．式 (5.1.11) の両辺に任意の $v \in U$ をかけて Ω で積分し，Gauss–Green の定理 (定理 A.8.2) を用いれば，

$$\begin{aligned}\int_\Omega (-\Delta u + c_\Omega u) v \,\mathrm{d}x &= \int_\Omega (\boldsymbol{\nabla} u \cdot \boldsymbol{\nabla} v + c_\Omega u v) \,\mathrm{d}x - \int_{\partial\Omega} \partial_\nu u v \,\mathrm{d}\gamma \\ &= \int_\Omega b v \,\mathrm{d}x \end{aligned} \tag{5.1.14}$$

が成り立つ．一方，式 (5.1.12) の両辺に任意の $v \in U$ をかけて $\partial\Omega$ で積分すれば，

$$\int_{\partial\Omega} \partial_\nu u v \,\mathrm{d}\gamma = \int_{\partial\Omega} (p_{\mathrm{R}} - c_{\partial\Omega} u) v \,\mathrm{d}\gamma \tag{5.1.15}$$

が成り立つ．そこで，式 (5.1.15) を式 (5.1.14) に代入すれば，

$$\int_{\Omega} (\boldsymbol{\nabla} u \cdot \boldsymbol{\nabla} v + c_{\Omega} uv) \,\mathrm{d}x + \int_{\partial\Omega} c_{\partial\Omega} uv \,\mathrm{d}\gamma = \int_{\Omega} bv \,\mathrm{d}x + \int_{\partial\Omega} p_{\mathrm{R}} v \,\mathrm{d}\gamma \tag{5.1.16}$$

が得られる．式 (5.1.16) は問題 5.1.3 の弱形式である．

ここで，式 (5.1.16) の左辺は u と v に対する双線形性をもち，右辺は v に対する線形性をもつことに注目して，$a\colon U \times U \to \mathbb{R}$ と $l\colon U \to \mathbb{R}$ を

$$a(u, v) = \int_{\Omega} (\boldsymbol{\nabla} u \cdot \boldsymbol{\nabla} v + c_{\Omega} uv) \,\mathrm{d}x + \int_{\partial\Omega} c_{\partial\Omega} uv \,\mathrm{d}\gamma \tag{5.1.17}$$

$$l(v) = \int_{\Omega} bv \,\mathrm{d}x + \int_{\partial\Omega} p_{\mathrm{R}} v \,\mathrm{d}\gamma \tag{5.1.18}$$

とおく．このとき，問題 5.1.3 の弱形式は次のようになる．

問題 5.1.4（拡張 Poisson 問題の弱形式）

U を式 (5.1.13) とおく．$b \in L^2(\Omega; \mathbb{R})$，$c_{\Omega} \in L^{\infty}(\Omega; \mathbb{R})$，$p_{\mathrm{R}} \in L^2(\partial\Omega; \mathbb{R})$，$c_{\partial\Omega} \in L^{\infty}(\partial\Omega; \mathbb{R})$ とする．また，$a(\,\cdot\,,\,\cdot\,)$ と $l(\,\cdot\,)$ はそれぞれ式 (5.1.17) と式 (5.1.18) とする．このとき，任意の $v \in U$ に対して

$$a(u, v) = l(v) \tag{5.1.19}$$

を満たす $u \in U$ を求めよ．

5.2 抽象的変分問題

5.1 節と 5.1.1 項において，Poisson 問題と拡張 Poisson 問題の弱形式が式 (5.1.10) や式 (5.1.19) のように示された．これらは，線形 2 階偏微分方程式の分類によれば，楕円型偏微分方程式の境界値問題に分類される（定義 A.7.1）．楕円型偏微分方程式の境界値問題であれば，いずれの弱形式も双 1 次形式 a と 1 次形式 l を使って表されることが予想される．そこで，楕円型偏微分方程式の弱形式が抽象化された**抽象的変分問題**を定義して，その問題に対する解の一

意存在について調べておくことにしよう．

本節では U を実 Hilbert 空間とする．U 上の双 1 次形式（4.4 節）に対して次の二つの性質を定義しよう．

■定義 5.2.1（実 Hilbert 空間上双 1 次形式の強圧性） $a\colon U \times U \to \mathbb{R}$ を U 上の双 1 次形式とする．任意の $v \in U$ に対して，ある $\alpha > 0$ が存在して，

$$a(v, v) \geq \alpha \|v\|_U^2$$

が成り立つとき，a は**強圧的**あるいは**楕円的**であるという．

U が $\mathbb{R}^d$ の場合は，双 1 次形式は $\boldsymbol{x}, \boldsymbol{y} \in \mathbb{R}^d$ に対して $a(\boldsymbol{x}, \boldsymbol{y}) = \boldsymbol{x} \cdot (\boldsymbol{A}\boldsymbol{y})$ のようにかかれる．ここで，$\boldsymbol{A}$ は $\mathbb{R}^{d \times d}$ の行列である．$\boldsymbol{A} = \boldsymbol{A}^{\mathrm{T}}$ のとき，a の強圧性は $\boldsymbol{A}$ の正定値性と同値となる．

■定義 5.2.2（実 Hilbert 空間上双 1 次形式の有界性） $a\colon U \times U \to \mathbb{R}$ を U 上の双 1 次形式とする．任意の $u, v \in U$ に対して，ある $\beta > 0$ が存在して，

$$|a(u, v)| \leq \beta \|u\|_U \|v\|_U$$

が成り立つとき，a は**有界**であるという．

$U = \mathbb{R}^d$ の場合は，双 1 次形式 $a(\boldsymbol{x}, \boldsymbol{y}) = \boldsymbol{x} \cdot (\boldsymbol{A}\boldsymbol{y})$ の有界性は行列 $\boldsymbol{A}$ のノルム（式 (4.4.3) 参照）が有界であることと同値となる．

以上の定義を用いて，次の問題を考えよう．

問題 5.2.3（抽象的変分問題）

$a\colon U \times U \to \mathbb{R}$ を U 上の双 1 次形式，$l = l(\,\cdot\,) = \langle l, \cdot\,\rangle \in U'$ とする．このとき，任意の $v \in U$ に対して

$$a(u, v) = l(v)$$

を満たす $u \in U$ を求めよ．

$U = \mathbb{R}^d$ の場合，抽象的変分問題は，双 1 次形式 $a(\boldsymbol{x}, \boldsymbol{y}) = \boldsymbol{x} \cdot (\boldsymbol{A}\boldsymbol{y})$ において行列 $\boldsymbol{A} \in \mathbb{R}^{d \times d}$ と $\boldsymbol{b} \in \mathbb{R}^d$ が与えられたとき，任意の $\boldsymbol{y} \in \mathbb{R}^d$ に対して

$$\boldsymbol{x} \cdot (\boldsymbol{A}\boldsymbol{y}) = \boldsymbol{b} \cdot \boldsymbol{y} \tag{5.2.1}$$

を満たす $\boldsymbol{x} \in \mathbb{R}^d$ を求める問題となる．

5.2.1 Lax–Milgram の定理

問題 5.2.3 の解が一意に存在することは **Lax–Milgram の定理**によって保証される．この定理では，双 1 次形式 a が強圧的かつ有界であると仮定される．この性質は Hilbert 空間の内積の定義と同じであることから，この定理は **Riesz の表現定理**（定理 4.4.17）を使って証明される（たとえば，[41] p.29 Theorem 1.3, [46] p.297 Theorem 1, [149] p.48 定理 2.6）．

■定理 5.2.4 (Lax–Milgram の定理) 問題 5.2.3 において，a は強圧的かつ有界とする．また，$l \in U'$ とする．このとき，問題 5.2.3 の解 $u \in U$ は一意に存在し，定義 5.2.1 で用いた α に対して，

$$\|u\|_U \leq \frac{1}{\alpha}\|l\|_{U'}$$

が成り立つ．

$U = \mathbb{R}^d$ の場合は，式 (5.2.1) を満たす $\boldsymbol{x}$ は，$\boldsymbol{A}$ が対称有界かつ正定値のとき，$\boldsymbol{A}$ の逆行列が存在して，

$$\boldsymbol{x} = \boldsymbol{A}^{-1}\boldsymbol{b} \tag{5.2.2}$$

となる．このとき，

$$\|\boldsymbol{x}\|_{\mathbb{R}^d} \leq \frac{1}{\alpha}\|\boldsymbol{b}\|_{\mathbb{R}^d}$$

が成り立つ．ここで，α は $\boldsymbol{A}$ の最小固有値となる．

次に，Poisson 問題の解の一意存在を Lax–Milgram の定理を使って示そう．

□例題 5.2.5 (Poisson 問題の解の一意存在) 問題 5.1.2 において，$|\Gamma_{\mathrm{D}}|$ $(= \int_{\Gamma_{\mathrm{D}}} \mathrm{d}\gamma)$ が正のとき，解 $\tilde{u} = u - u_{\mathrm{D}} \in U$ は一意に存在することを示せ．

▶解答 問題 5.1.2 に対して Lax–Milgram の定理の仮定が成り立つことを示せばよい．$U = \{u \in H^1(\Omega;\mathbb{R}) \mid u = 0 \text{ on } \Gamma_{\mathrm{D}}\}$ は Hilbert 空間である．また，

$$\hat{l}(v) = l(v) - a(u_{\mathrm{D}}, v) \tag{5.2.3}$$

とおけば，問題 5.1.2 は，任意の $v \in U$ に対して

$$a(\tilde{u}, v) = \hat{l}(v)$$

を満たす $\tilde{u} = u - u_{\mathrm{D}} \in U$ を求める問題にかきかえられる．そのうえで，次のように Lax–Milgram の定理の仮定が成り立つことが確かめられる．

(1) a は強圧的である．実際，**Poincaré の不等式**の系（系 A.9.4）より，

$$a(v, v) = \int_{\Omega} \boldsymbol{\nabla} v \cdot \boldsymbol{\nabla} v \, \mathrm{d}x = \|\boldsymbol{\nabla} v\|^2_{L^2(\Omega;\mathbb{R}^d)} \geq \frac{1}{c^2} \|v\|^2_{H^1(\Omega;\mathbb{R})}$$

が成り立つ．$1/c^2$ を α とおけば定義 5.2.1 より，a は強圧的となる．

(2) a は有界である．実際，Hölder の不等式（定理 A.9.1）より，

$$\begin{aligned} |a(u, v)| &= \left| \int_{\Omega} \boldsymbol{\nabla} u \cdot \boldsymbol{\nabla} v \, \mathrm{d}x \right| \leq \|\boldsymbol{\nabla} u\|_{L^2(\Omega;\mathbb{R}^d)} \|\boldsymbol{\nabla} v\|_{L^2(\Omega;\mathbb{R}^d)} \\ &\leq \|u\|_{H^1(\Omega;\mathbb{R})} \|v\|_{H^1(\Omega;\mathbb{R})} \end{aligned}$$

が成り立つ．この関係は，定義 5.2.2 において $\beta = 1$ で成り立つことを示している．

(3) $\hat{l} \in U'$ である．実際，$\partial\Omega$ は Lipschitz 境界を仮定していることから，トレース作用素（定理 4.4.2）のノルム

$$\|\gamma\|_{\mathcal{L}(H^1(\Omega;\mathbb{R}); H^{1/2}(\partial\Omega;\mathbb{R}))} = \sup_{v \in H^1(\Omega;\mathbb{R}) \setminus \{0_{H^1(\Omega;\mathbb{R})}\}} \frac{\|v\|_{H^{1/2}(\partial\Omega;\mathbb{R})}}{\|v\|_{H^1(\Omega;\mathbb{R})}} \tag{5.2.4}$$

は有界である．それを $c_1 > 0$ とおく．また，Hölder の不等式を用いれば，

$$\begin{aligned} |\hat{l}(v)| &\leq \int_{\Omega} |bv| \, \mathrm{d}x + \int_{\Gamma_{\mathrm{N}}} |p_{\mathrm{N}} v| \, \mathrm{d}\gamma + \int_{\Omega} |\boldsymbol{\nabla} u_{\mathrm{D}} \cdot \boldsymbol{\nabla} v| \, \mathrm{d}x \\ &\leq \|b\|_{L^2(\Omega;\mathbb{R})} \|v\|_{L^2(\Omega;\mathbb{R})} + \|p_{\mathrm{N}}\|_{L^2(\Gamma_{\mathrm{N}};\mathbb{R})} \|v\|_{L^2(\Gamma_{\mathrm{N}};\mathbb{R})} \\ &\quad + \|\boldsymbol{\nabla} u_{\mathrm{D}}\|_{L^2(\Omega;\mathbb{R}^d)} \|\boldsymbol{\nabla} v\|_{L^2(\Omega;\mathbb{R}^d)} \\ &\leq \left(\|b\|_{L^2(\Omega;\mathbb{R})} + c_1 \|p_{\mathrm{N}}\|_{L^2(\Gamma_{\mathrm{N}};\mathbb{R})} + \|u_{\mathrm{D}}\|_{H^1(\Omega;\mathbb{R})}\right) \|v\|_{H^1(\Omega;\mathbb{R})} \end{aligned}$$

が成り立つ．問題 5.1.2 において，$b \in L^2(\Omega;\mathbb{R})$，$p_{\mathrm{N}} \in L^2(\Gamma_{\mathrm{N}};\mathbb{R})$ および $u_{\mathrm{D}} \in H^1(\Omega;\mathbb{R})$ が仮定されていたので，右辺の (　) は有界となり，l は U 上の有界線形汎関数となる．

したがって，$\tilde{u} = u - u_{\mathrm{D}} \in U$ は一意に存在する．□

また，Neumann 問題に対して Lax–Milgram の定理を適用すれば，次のようになる．

□**例題 5.2.6 (Neumann 問題の解の不定性)** 問題 5.1.2 において $|\Gamma_{\mathrm{D}}| = 0$ のとき，問題 5.1.2 を満たす $u \in U$ は一意に存在しないことを示せ．また，解の一意存在を保証するためには問題をどのように修正すればよいかを示せ．

▶**解答** 例題 5.2.5 の解答において，a の強圧性を示すのに $|\Gamma_{\mathrm{D}}| > 0$ であることから Poincaré の不等式の系（系 A.9.4）を用いた．しかし，Neumann 問題では $|\Gamma_{\mathrm{D}}| = 0$ なので Poincaré の不等式の系が使えず，a の強圧性がいえない．よって，Lax–Milgram の定理が使えないことから，解の一意存在はいえないことになる．しかし，

$$u_{\mathrm{D}} = \frac{1}{|\Omega|} \int_{\Omega} u \, \mathrm{d}x \tag{5.2.5}$$

とおいて Poincaré の不等式（定理 A.9.3）を適用すれば

$$a(v, v) = \int_{\Omega} \boldsymbol{\nabla} v \cdot \boldsymbol{\nabla} v \, \mathrm{d}x = \|\boldsymbol{\nabla} v\|^2_{L^2(\Omega;\mathbb{R}^d)} \geq \frac{1}{c^2} \|v - u_{\mathrm{D}}\|^2_{L^2(\Omega;\mathbb{R}^d)}$$

が成り立ち，a は強圧的になる．したがって，Neumann 問題を式 (5.2.5) を満たす u_{D} に対して $\tilde{u} = u - u_{\mathrm{D}} \in U$ を求める問題にかきかえれば，解の一意存在はいえることになる． □

例題 5.2.6 の結果から，Neumann 問題の解は**定数分の不定性**をもつといわれる．

さらに，拡張 Poisson 問題（問題 5.1.3）に対しては，解の一意存在を保証するために，次のような仮定が必要となる．

□**例題 5.2.7 (拡張 Poisson 問題の解の一意存在)** 問題 5.1.4 において，次のうちの一つが成り立つと仮定する．

(1) $c_{\Omega} \in L^{\infty}(\Omega; \mathbb{R})$ は Ω 上のほとんど至るところで正値をとる．

(2) $c_{\partial\Omega} \in L^{\infty}(\partial\Omega; \mathbb{R})$ は $\partial\Omega$ 上のほとんど至るところで正値をとる．

このとき，問題 5.1.4 の解 $u \in U$ は一意に存在することを示せ．

▶**解答** 問題 5.1.4 に対して Lax–Milgram の定理の仮定が成り立つことを示せばよい．$U = H^1(\Omega; \mathbb{R})$ は Hilbert 空間である．さらに，次のことが成り立つ．

(1) a は強圧的である．実際，仮定より $\operatorname{ess\,inf}_{\boldsymbol{x}\in\Omega} c_{\Omega}(\boldsymbol{x})$ および $\operatorname{ess\,inf}_{\boldsymbol{x}\in\partial\Omega} c_{\partial\Omega}(\boldsymbol{x})$

をそれぞれ $c_1 > 0$ および $c_2 > 0$ とおき，トレース作用素 $\gamma\colon H^1(\Omega;\mathbb{R}) \to L^2(\partial\Omega;\mathbb{R})$ の逆作用素のノルム

$$\|\gamma^{-1}\|_{\mathcal{L}(L^2(\partial\Omega;\mathbb{R});H^1(\Omega;\mathbb{R}))} = \sup_{v\in L^2(\partial\Omega;\mathbb{R})\setminus\{0_{L^2(\partial\Omega;\mathbb{R})}\}} \frac{\|v\|_{H^1(\Omega;\mathbb{R})}}{\|v\|_{L^2(\partial\Omega;\mathbb{R})}} \tag{5.2.6}$$

を $c_3 > 0$ とおいたとき，

$$\begin{aligned} a(v,v) &\geq \|\boldsymbol{\nabla} v\|^2_{L^2(\Omega;\mathbb{R}^d)} + c_1\|v\|^2_{L^2(\Omega;\mathbb{R})} + c_2\|v\|^2_{L^2(\partial\Omega;\mathbb{R})} \\ &\geq \left(\min\{1,c_1\} + \frac{c_2}{c_3^2}\right)\|v\|^2_{H^1(\Omega;\mathbb{R})} \end{aligned}$$

が成り立つ．右辺の（　）を α とおけば定義 5.2.1 より，a は強圧的となる．

(2) a は有界である．実際，式 (5.2.4) のトレース作用素のノルム $\|\gamma\|_{\mathcal{L}(H^1(\Omega;\mathbb{R});H^{1/2}(\partial\Omega;\mathbb{R}))}$ を c_4 とおいたとき，$c_\Omega \in L^\infty(\Omega;\mathbb{R})$ と $c_{\partial\Omega} \in L^\infty(\partial\Omega;\mathbb{R})$ より，

$$\begin{aligned} &|a(u,v)| \\ &\quad\leq \|\boldsymbol{\nabla} u\|_{L^2(\Omega;\mathbb{R}^d)}\|\boldsymbol{\nabla} v\|_{L^2(\Omega;\mathbb{R}^d)} \\ &\qquad + \|c_\Omega\|_{L^\infty(\Omega;\mathbb{R})}\|u\|_{L^2(\Omega;\mathbb{R})}\|v\|_{L^2(\Omega;\mathbb{R})} \\ &\qquad + \|c_{\partial\Omega}\|_{L^\infty(\partial\Omega;\mathbb{R})}\|u\|_{L^2(\partial\Omega;\mathbb{R})}\|v\|_{L^2(\partial\Omega;\mathbb{R})} \\ &\quad\leq (1 + \|c_\Omega\|_{L^\infty(\Omega;\mathbb{R})} + c_4^2\|c_{\partial\Omega}\|_{L^\infty(\partial\Omega;\mathbb{R})})\|u\|_{H^1(\Omega;\mathbb{R}^d)}\|v\|_{H^1(\Omega;\mathbb{R}^d)} \end{aligned}$$

が成り立つ．右辺の（　）を β とおけば定義 5.2.2 より，a は有界となる．

(3) $l \in U'$ である．実際，式 (5.2.4) のトレース作用素のノルム $\|\gamma\|_{\mathcal{L}(H^1(\Omega;\mathbb{R});H^{1/2}(\partial\Omega;\mathbb{R}))}$ を c_4 とおいたとき，

$$\begin{aligned} |l(v)| &\leq \int_\Omega |bv|\,\mathrm{d}x + \int_{\partial\Omega} |p_{\mathrm{R}}v|\,\mathrm{d}\gamma \\ &\leq \|b\|_{L^2(\Omega;\mathbb{R})}\|v\|_{L^2(\Omega;\mathbb{R})} + \|p_{\mathrm{R}}\|_{L^2(\partial\Omega;\mathbb{R})}\|v\|_{L^2(\partial\Omega;\mathbb{R})} \\ &\leq (\|b\|_{L^2(\Omega;\mathbb{R})} + c_4\|p_{\mathrm{R}}\|_{L^2(\partial\Omega;\mathbb{R})})\|v\|_{H^1(\Omega;\mathbb{R})} \end{aligned}$$

が成り立つ．問題 5.1.4 では，$b \in L^2(\Omega;\mathbb{R})$ および $p_{\mathrm{R}} \in L^2(\partial\Omega;\mathbb{R})$ が仮定されていたので，右辺の（　）は有界となり，l は U 上の有界線形汎関数となる．

したがって，Lax–Milgram の定理より $u \in U$ は一意に存在する．　□

5.2.2　抽象的最小化問題

抽象的変分問題（問題 5.2.3）において $a\colon U \times U \to \mathbb{R}$ が対称ならば，抽象

的変分問題は**抽象的最小化問題**と同値になることが示される．本項では，そのことを確認しておこう．

U を実 Hilbert 空間として，$a\colon U \times U \to \mathbb{R}$ を U 上の双 1 次形式とする．任意の $u, v \in U$ に対して，

$$a(u,v) = a(v,u)$$

が成り立つとき，a は対称であるという．

U が $\mathbb{R}^d$ の場合は，$\boldsymbol{x}, \boldsymbol{y} \in \mathbb{R}^d$ に対して $a(\boldsymbol{x}, \boldsymbol{y}) = \boldsymbol{x} \cdot (\boldsymbol{A}\boldsymbol{y})$ とかいたとき，a が対称であることは行列 $\boldsymbol{A} \in \mathbb{R}^{d \times d}$ が対称 $\boldsymbol{A} = \boldsymbol{A}^{\mathrm{T}}$ であることと同値となる．

次の問題を抽象的最小化問題という．

問題 5.2.8（抽象的最小化問題）

$a\colon U \times U \to \mathbb{R}$ を U 上の双 1 次形式，$l = l(\,\cdot\,) = \langle l, \,\cdot\, \rangle \in U'$，$f\colon U \to \mathbb{R}$ とする．このとき，

$$\min_{u \in U} \left\{ f(u) = \frac{1}{2} a(u,u) - l(u) \right\}$$

を満たす $u \in U$ を求めよ．

$U = \mathbb{R}^d$ の場合は，

$$\min_{\boldsymbol{x} \in \mathbb{R}^d} \left\{ f(\boldsymbol{x}) = \frac{1}{2} \boldsymbol{x} \cdot (\boldsymbol{A}\boldsymbol{x}) - \boldsymbol{b} \cdot \boldsymbol{x} \right\} \tag{5.2.7}$$

を満たす $\boldsymbol{x} \in \mathbb{R}^d$ を求める問題となる．

問題 5.2.8 に対して，次の結果が得られる（たとえば，[41] p.24 Theorem 1.1, [92] p.33 定理 2.1, [149] p.50 定理 2.7）．

■定理 5.2.9（抽象的最小化問題の解の一意存在）　問題 5.2.8 において，a は強圧的，有界かつ対称とする．このとき，任意の $l \in U'$ に対して，問題 5.2.8 を満たす $u \in U$ は一意に存在し，問題 5.2.3 の解と一致する．

$U = \mathbb{R}^d$ のとき，$\boldsymbol{A}$ が有界，正定値かつ対称ならば，式 (5.2.7) を満たす $\boldsymbol{x} \in \mathbb{R}^d$ は式 (5.2.2) と一致する．

Poisson 問題の弱形式（問題 5.1.2）において，a は対称である．したがって，例題 5.2.5 の解答と定理 5.2.9 より，問題 5.1.2 は次の問題と同値となる．

問題 5.2.10（Poisson 問題の最小問題）

$\hat{l}(\cdot)$ を式 (5.2.3) とする．このとき，

$$\min_{\tilde{u}\in U}\left\{f(\tilde{u})=\frac{1}{2}a(\tilde{u},\tilde{u})-\hat{l}(\tilde{u})\right\}$$

を満たす $\tilde{u}=u-u_{\mathrm{D}}\in U$ を求めよ．

5.3 解の正則性

Poisson 問題は抽象的変分問題の一つであり，解の一意存在は Lax–Milgram の定理によって保証されることをみてきた．そこでは，Poisson 問題（問題 5.1.1）の既知関数 b，p，u_{D} で構成される式 (5.2.3) の $\hat{l}$ が U' の要素に入っていれば，Poisson 問題の解 u は $U=\{u\in H^1(\Omega;\mathbb{R})\mid u=0 \text{ on } \Gamma_{\mathrm{D}}\}$ の中に存在することを意味していた．しかし，この条件は解が存在するための条件であり，それよりも滑らかな既知関数が仮定されたならば，Poisson 問題の解もそれに応じて滑らかになることが期待される．第8章と第9章では境界値問題の解に対して H^1 級以上の滑らかさが必要となる．ここでは，そのようすをみておこう．

なお，本書では，関数の滑らかさとは，関数の微分階数とべき指数に対する可積分性を意味することにして，それらを関数の**正則性**とよぶ．それに対して，正則性が足りないあるいは少ないことを**特異性**とよぶ．関数の正則性（あるいは特異性）は，関数空間の記号に級をつけて「C^1 級」などのように表現することにする．

境界値問題の解の特異性を決める要因は二つある．これらについて以下の項でみていこう．

5.3.1 既知関数の正則性

最初に，Poisson 問題（問題 5.1.1）の既知関数 b，p，u_{D} の正則性と解の正則性の関係について考えてみよう．境界 $\partial\Omega$ は十分滑らかであるとする．このとき，

$$-\Delta u=b \quad \text{in } \Omega, \quad \partial_\nu u=p_{\mathrm{N}} \quad \text{on } \Gamma_{\mathrm{N}}, \quad u=u_{\mathrm{D}} \quad \text{on } \Gamma_{\mathrm{D}}$$

が成り立つことから，

$$b \in L^2(\Omega;\mathbb{R}), \quad p_{\mathrm{N}} \in H^1(\Omega;\mathbb{R}), \quad u_{\mathrm{D}} \in H^2(\Omega;\mathbb{R})$$

ならば，Dirichlet 境界と Neumann 境界の境界 $\bar{\Gamma}_{\mathrm{N}} \cap \bar{\Gamma}_{\mathrm{D}}$ の近傍を B とかくとき，$u \in H^2(\Omega \setminus \bar{B};\mathbb{R})$ となる．実際，$b \in L^2(\Omega;\mathbb{R})$ ならば Poisson 方程式が満たされることより $u \in H^2(\Omega \setminus \bar{B};\mathbb{R})$ が得られる．また，境界 $\partial\Omega$ は十分滑らかなので，$\boldsymbol{\nu} \in C(\Gamma_{\mathrm{N}};\mathbb{R})$ となり，$p_{\mathrm{N}} \in H^1(\Omega;\mathbb{R})$ ならば，$p_{\mathrm{N}} \in H^{1/2}(\Gamma_{\mathrm{N}};\mathbb{R})$ より $\partial_\nu u = \boldsymbol{\nu} \cdot \boldsymbol{\nabla} u \in H^{1/2}(\Gamma_{\mathrm{N}} \setminus \bar{B};\mathbb{R})$ が得られる．これより $u \in H^2(\Omega \setminus \bar{B};\mathbb{R})$ が得られる．また，Sobolev の埋蔵定理（定理 4.3.14）によれば，$d \in \{2,3\}$ のとき $\alpha \in (0,1/2)$ に対して $H^2(\Omega;\mathbb{R}) \subset C^{0,\alpha}(\bar{\Omega};\mathbb{R})$ となる．したがって，u は連続関数であることになる．このときの u には特異性はないという．既知関数をさらに滑らかな関数に変更すれば，それに応じて滑らかな u が得られることになる．

5.3.2 境界の正則性

一方，既知関数が十分滑らかであると仮定されていても，境界が滑らかではない場合には解に特異性が現れることがある．その場合について詳細にみていこう．この項では Ω を 2 次元領域と仮定し，図 5.3.1 の $\boldsymbol{x}_0$ のような角点の近傍に注目する．このような角点は，V 字型の切り欠きをもつ 3 次元領域において，滑らかな切り欠き線に対して垂直な断面上の角点をみていることにも対応する．

図 5.3.1 の $\boldsymbol{x}_0$ のような境界 $\partial\Omega$ 上の C^1 級に対して不連続な点を角点とよび，角点の集合を Θ とかくことにする．r_0 を正の定数として $B(\boldsymbol{x}_0, r_0)$ を $\boldsymbol{x}_0$ の r_0 近傍（開集合）とする．$\boldsymbol{x}_0$ における領域内部の開き角を $\alpha \in (0, 2\pi)$ とおき，$\boldsymbol{x}_0$ をはさんだ両側の $B(\boldsymbol{x}_0, r_0)$ 上の境界（開集合）をそれぞれ Γ_1 と Γ_2 とする．Γ_1 と Γ_2 は滑らか（C^1 級）であると仮定する．また，$\boldsymbol{x}_0$ を原点とす

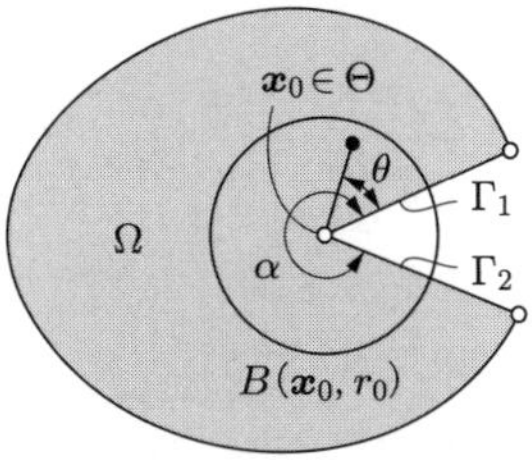

図 5.3.1 角をもつ 2 次元領域

る極座標を (r,θ) とする．

$\boldsymbol{x}_0$ から離れたところでは u は滑らか（解析的）であることから，ある $r \in (0, r_0]$ を固定すれば，u は

$$u(r,\theta) = \sum_{i \in \{1,2,\ldots\}} k_i u_i(r) \tau_i(\theta) + u_{\mathrm{R}} \tag{5.3.1}$$

のように展開される（たとえば，[103]，[146] p.273 8章，[150]，[55] p.ix Preface および p.182 Chapter 4）．ここで，u_{R} は既知関数の正則性で決まる残余項を表す．それに対して，角点によって生じた式 (5.3.1) の右辺第1項は主要項とよばれる．主要項の k_i は実定数，$u_i(r)$ は r に依存して決定される実数値関数を表す．また，$\tau_i(\theta)$ は境界条件に依存した $\theta \in (0,\alpha)$ の実数値関数で次のように決定される．Γ_1 と Γ_2 がともに同次 Dirichlet 境界 $(u = 0)$ およびともに同次 Neumann 境界 $(\partial_\nu u = 0)$ のとき，それぞれ，$i \in \{1,2,\ldots\}$ に対して，

$$\tau_i(\theta) = \sin \frac{i\pi}{\alpha}\theta \tag{5.3.2}$$

$$\tau_i(\theta) = \cos \frac{i\pi}{\alpha}\theta \tag{5.3.3}$$

となる．実際，式 (5.3.2) は $\tau_i(0) = \tau_i(\alpha) = 0$ を満たす．式 (5.3.3) は $(\mathrm{d}\tau_i/\mathrm{d}\theta)(0) = (\mathrm{d}\tau_i/\mathrm{d}\theta)(\alpha) = 0$ を満たす．また，Γ_1 と Γ_2 がそれぞれ同次 Dirichlet 境界と同次 Neumann 境界となる混合境界ならば，$i \in \{1,2,\ldots\}$ に対して，

$$\tau_i(\theta) = \sin \frac{i\pi}{2\alpha}\theta \tag{5.3.4}$$

となる．

一方，Laplace 作用素 Δ に対して，

$$\Delta(r^\omega \sin\omega\theta) = \left(\frac{\partial^2}{\partial r^2} + \frac{1}{r}\frac{\partial}{\partial r} + \frac{1}{r^2}\frac{\partial^2}{\partial\theta^2}\right)(r^\omega \sin\omega\theta) = 0 \tag{5.3.5}$$

が成り立つ．ただし，ω は $\omega > 1/4$ を満たす 1 ではない実数とする．$\omega > 1/4$ の条件は，あとで示される条件において Γ_1 と Γ_2 が混合境界条件でき裂に近づく $(\alpha \to 2\pi)$ ときに $\omega \to 1/4$ となることに対応する．また，$\omega = 1$ は境界が滑らかである条件に対応する．式 (5.3.5) は，$r^\omega \sin\omega\theta$ の形式をもつ関数であれば，Laplace 方程式（同次 Poisson 方程式）が満たされることを示している．

この関係に注目すれば，$\tau_i(\theta)$ が $\sin\omega\theta$ の形式で与えられたときには，

$$u_i(r) = r^{\omega}$$

であれば，Laplace 方程式が満たされることになる．この結果から，$\boldsymbol{x}_0$ の r_0 近傍 $B(\boldsymbol{x}_0, r_0)\cap\Omega$ において，次の結果が得られる．

(1) Γ_1 と Γ_2 がともに同次 Dirichlet 境界 $(u=0)$ のとき，

$$u(r,\theta) = kr^{\pi/\alpha}\sin\frac{\pi}{\alpha}\theta + u_{\mathrm{R}} \tag{5.3.6}$$

(2) Γ_1 と Γ_2 がともに同次 Neumann 境界 $(\partial_\nu u = 0)$ のとき，

$$u(r,\theta) = kr^{\pi/\alpha}\cos\frac{\pi}{\alpha}\theta + u_{\mathrm{R}} \tag{5.3.7}$$

(3) Γ_1 が同次 Dirichlet 境界 で Γ_2 が同次 Neumann 境界となる混合境界ならば，

$$u(r,\theta) = kr^{\pi/(2\alpha)}\sin\frac{\pi}{2\alpha}\theta + u_{\mathrm{R}} \tag{5.3.8}$$

ただし，k は α に依存した定数である．

また，r^{ω} 型の関数が入る Sobolev 空間について，次の結果が得られる．

■命題 5.3.1（特異項の正則性） Ω は 2 次元有界領域で，$\boldsymbol{x}_0$ を $\partial\Omega$ 上の開き角 $\alpha\in(0,2\pi)$ の角点とする．関数 u は $\boldsymbol{x}_0$ の近傍 $B(\boldsymbol{x}_0, r_0)\cap\Omega$ で

$$u = r^{\omega}\tau(\theta)$$

のように与えられたとする．ただし，$\tau(\theta)$ は $C^{\infty}((0,\alpha),\mathbb{R})$ の要素とする．このとき，$k\in\{0,1,2,\dots\}$ および $p\in(1,\infty)$ に対して，

$$\omega > k - \frac{2}{p} \tag{5.3.9}$$

が成り立てば，u は $W^{k,p}(B(\boldsymbol{x}_0,r_0)\cap\Omega;\mathbb{R})$ に入る．

▶証明 $u=r^{\omega}\tau(\theta)$ の k 階導関数は $r^{\omega-k}\tilde{\tau}(\theta)$ の項の和で構成される．ここで，$\tilde{\tau}(\theta)$ は $C^{\infty}((0,\alpha),\mathbb{R})$ の要素である．そこで，u の k 階導関数が $B(\boldsymbol{x}_0,r_0)\cap\Omega$ 上で p 乗 Lebesgue 可積分であるためには，

$$\int_0^{r_0}\int_0^{\alpha} r^{p(\omega-k)} r\tilde{\tau}(\theta)\,\mathrm{d}\theta\,\mathrm{d}r < \infty$$

が成り立てばよい．そのためには，

$$p(\omega-k)+1>-1$$

であればよい．この関係は式 (5.3.9) を与える．□

角点近傍における Poisson 問題の解 u の主要項が r^{ω} 型の関数になっていることと命題 5.3.1 を用いれば，図 5.3.2 のような角点に対して，次の結果が得られる．

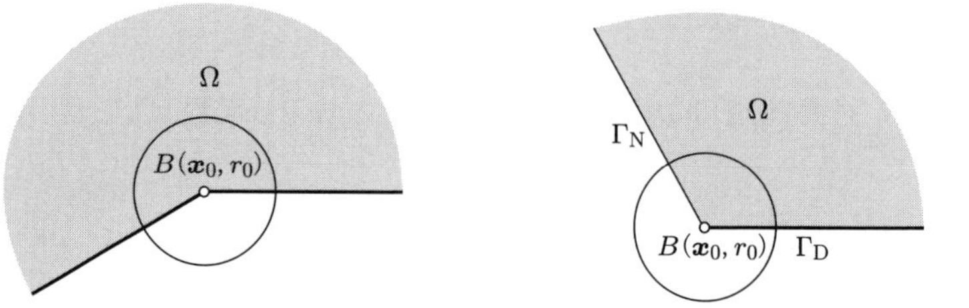

（a） 同一種境界で開き角が $\alpha>\pi$　　（b） 混合境界で開き角が $\alpha>\pi/2$

図 5.3.2　特異性が現れる角をもつ 2 次元領域

■定理 5.3.2（角点近傍における解の正則性）　Ω は 2 次元有界領域で，$\boldsymbol{x}_0 \in \Theta$ を開き角 $\alpha \in (0, 2\pi)$ の角点とする．このとき，Poisson 問題（問題 5.1.1）の解 u は $\boldsymbol{x}_0$ の近傍で $u \in H^s(B(\boldsymbol{x}_0, r_0)\cap\Omega;\mathbb{R})$ に入る．ただし，

(1) $\boldsymbol{x}_0$ をはさんだ両側の境界 Γ_1 と Γ_2 が同一種境界ならば，$\alpha \in [\pi, 2\pi)$ のとき $s \in (3/2, 2]$

(2) Γ_1 と Γ_2 が混合境界ならば，$\alpha \in [\pi/2, \pi)$ のとき $s \in (3/2, 2]$，および $\alpha \in [\pi, 2\pi)$ のとき $s \in (5/4, 3/2]$

となる．

▶証明　Γ_1 と Γ_2 が同一種境界ならば，式 (5.3.6) と式 (5.3.7) より $\omega = \pi/\alpha$ となる．そこで，開き角が $\alpha \in [\pi, 2\pi)$ のとき $\omega \in (1/2, 1]$ となる．このとき，式 (5.3.9) に対して

$$s-\frac{2}{p}=\frac{3}{2}-\frac{2}{2}=\frac{1}{2}<\omega\le s-\frac{2}{p}=2-\frac{2}{2}=1$$

となることに注意すれば，$\omega \in (1/2, 1]$ に対して s は (1) のようになる．

一方，Γ_1 と Γ_2 が混合境界ならば，式 (5.3.8) より $\omega = \pi/(2\alpha)$ となる．そこで，開き角が $\alpha \in [\pi/2, \pi)$ ならば，$\omega \in (1/2, 1]$ となり，式 (5.3.9) を満たす s は (2) の前半のような結果となる．また，開き角が $\alpha \in [\pi, 2\pi)$ ならば，$\omega \in (1/4, 1/2]$ となる．このとき，式 (5.3.9) に対して

$$s - \frac{2}{p} = \frac{5}{4} - \frac{2}{2} = \frac{1}{4} < \omega \leq s - \frac{2}{p} = \frac{3}{2} - \frac{2}{2} = \frac{1}{2}$$

となることに注意すれば，$\omega \in (1/4, 1/2]$ に対して s は (2) の後半のような結果となる．

□

定理 5.3.2 の仮定では，き裂 ($\alpha = 2\pi$) は含まれていなかった．$\boldsymbol{x}_0$ がき裂の場合には，$\epsilon > 0$ に対して

$$u \in H^{3/2-\epsilon}(B(\boldsymbol{x}_0, r_0) \cap \Omega; \mathbb{R}) \tag{5.3.10}$$

のようにかくことができる．また，$\boldsymbol{x}_0$ が混合境界の境界で，$\boldsymbol{x}_0$ の近傍で境界は滑らか ($\alpha = \pi$) である場合も，式 (5.3.10) のようにかくことができる．

また，定理 5.3.2 (2) より，Γ_1 と Γ_2 が混合境界のときは，境界が滑らかであっても，き裂と同じ特異性が現れることがわかった．このような特異性が生じないようにする一つの方法は，混合境界値問題を問題 5.1.3 のような拡張 Poisson 問題にかきかえることである．このとき，$c_{\partial\Omega}\colon \partial\Omega \to \mathbb{R}$ に Dirichlet 境界から Neumann 境界に変化するような滑らかな関数を仮定することで，特異点をもたない混合境界値問題を構成することができる．

5.4 線形弾性問題

本書では，形状最適化問題の具体例を線形弾性体と Stokes 流れ場を使って示そうとしている．ここでは，そのための準備として，線形弾性問題を定義して，その弱形式と解の一意存在についてみておくことにしよう．

$\Omega \subset \mathbb{R}^d$ を $d \in \{2, 3\}$ 次元の Lipschitz 領域，$\Gamma_{\mathrm{D}} \subset \partial\Omega$ を変位が与えられた境界（Dirichlet 境界），残りの境界 $\Gamma_{\mathrm{N}} = \partial\Omega \setminus \bar{\Gamma}_{\mathrm{D}}$ を境界力が与えられた境界（Neumann 境界）とする．また，$\Gamma_p \subset \Gamma_{\mathrm{N}}$ は境界力が非零の境界を表すことにする．ここでは，Γ_p と $\Gamma_{\mathrm{N}} \setminus \bar{\Gamma}_p$ を区別しないが，第 9 章では区別することにする．図 5.4.1 に 2 次元の場合の線形弾性体を示す．ただし，例題 5.2.6

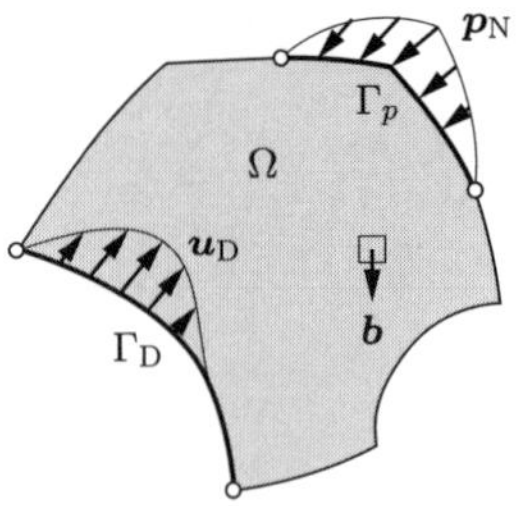

図 5.4.1　線形弾性問題

でみたように，定数分の不定性をなくすために，$|\Gamma_{\mathrm{D}}| > 0$ を仮定する．また，$\boldsymbol{b}: \Omega \to \mathbb{R}^d$ を**体積力**，$\boldsymbol{p}_{\mathrm{N}}: \Gamma_{\mathrm{N}} \to \mathbb{R}^d$ を**境界力**，$\boldsymbol{u}_{\mathrm{D}}: \Omega \to \mathbb{R}^d$ を与えられた変位とする．線形弾性問題はこれらが与えられたときに**変位** $\boldsymbol{u}: \Omega \to \mathbb{R}^d$ を求める問題として定義される．

5.4.1　線形ひずみ

第 1 章で 1 次元連続体の線形弾性問題が定義された．ここでは，それを $d \in \{2, 3\}$ 次元に拡張しよう．最初に，ひずみを定義しよう．1 次元の線形弾性体では，変位 u は $(0, l)$ 上で定義された実数値関数であった．ひずみはその勾配 $\mathrm{d}u/\mathrm{d}x$ によって定義された．$d \in \{2, 3\}$ 次元の線形弾性体の場合には，変位 $\boldsymbol{u}$ は d 次元のベクトルとなり，その勾配 $(\boldsymbol{\nabla}\boldsymbol{u}^{\mathrm{T}})^{\mathrm{T}} = (\partial u_i/\partial x_j)_{ij}$ は $\mathbb{R}^{d \times d}$ の値をもつ 2 階のテンソル（行列）となる．図 5.4.2 に $\boldsymbol{u}$ と $(\boldsymbol{\nabla}\boldsymbol{u}^{\mathrm{T}})^{\mathrm{T}}$ の関係を示している．そのテンソルを対称成分と非対称成分に分けて

$$(\boldsymbol{\nabla}\boldsymbol{u}^{\mathrm{T}})^{\mathrm{T}} = \boldsymbol{E}(\boldsymbol{u}) + \boldsymbol{R}(\boldsymbol{u}) \tag{5.4.1}$$

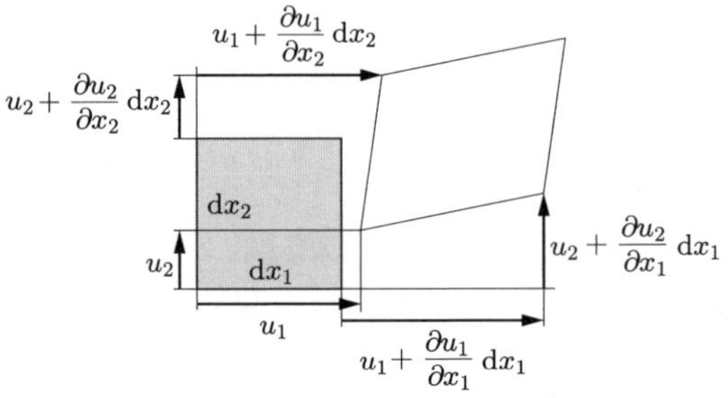

図 5.4.2　2 次元線形弾性体の変位 $\boldsymbol{u}$ と変位勾配 $(\boldsymbol{\nabla}\boldsymbol{u}^{\mathrm{T}})^{\mathrm{T}}$ の成分

とおく．このとき，

$$\boldsymbol{E}(\boldsymbol{u}) = \boldsymbol{E}^{\mathrm{T}}(\boldsymbol{u}) = (\varepsilon_{ij}(\boldsymbol{u}))_{ij} = \frac{1}{2}\{\boldsymbol{\nabla}\boldsymbol{u}^{\mathrm{T}} + (\boldsymbol{\nabla}\boldsymbol{u}^{\mathrm{T}})^{\mathrm{T}}\} \tag{5.4.2}$$

$$\boldsymbol{R}(\boldsymbol{u}) = -\boldsymbol{R}^{\mathrm{T}}(\boldsymbol{u}) = (r_{ij}(\boldsymbol{u}))_{ij} = \frac{1}{2}\{(\boldsymbol{\nabla}\boldsymbol{u}^{\mathrm{T}})^{\mathrm{T}} - \boldsymbol{\nabla}\boldsymbol{u}^{\mathrm{T}}\} \tag{5.4.3}$$

となる．ここで，対称成分 $\boldsymbol{E}(\boldsymbol{u})$ は，Ω が 2 次元領域のとき図 5.4.3 の (a) から (c) のような変形を表し，d 次元線形弾性体の**線形ひずみ**，あるいは混乱のおそれがないときは**ひずみ**とよばれる．また，非対称成分 $\boldsymbol{R}(\boldsymbol{u})$ は，Ω が 2 次元領域のとき図 5.4.3 の (d) のような回転運動を表し，d 次元線形弾性体の**回転テンソル**とよばれる．

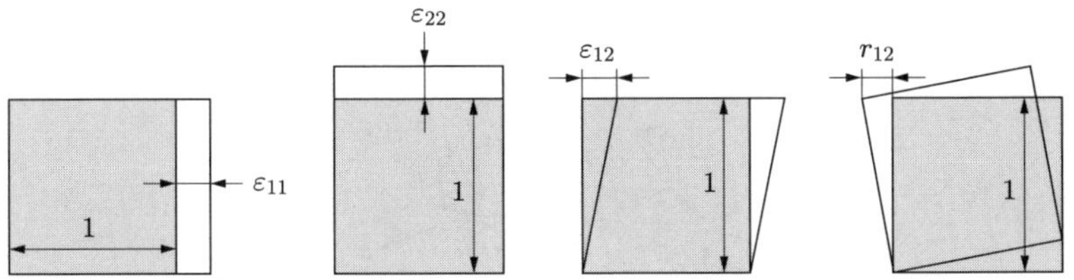

(a) ε_{11}　(b) ε_{22}　(c) $\varepsilon_{12} = \varepsilon_{21}$　(d) r_{12}

図 5.4.3　2 次元線形弾性体の線形ひずみ $\boldsymbol{E}(\boldsymbol{u})$ と回転テンソル $\boldsymbol{R}(\boldsymbol{u})$ の成分

式 (5.4.2) と式 (5.4.3) で定義された線形ひずみと回転テンソルは，$\boldsymbol{u}$ が $\boldsymbol{0}_{\mathbb{R}^d}$（変形前）のときの勾配テンソルを用いて定義されている．そこで，$\boldsymbol{u}$ は大きな値をとることはできないことに注意する必要がある．$\boldsymbol{u}$ が有限の大きさをもつことが仮定されたときには，変位勾配の 2 次項をもつ Almansi のひずみあるいは Green のひずみを用いた有限変形理論が使われる．その場合には偏微分方程式が非線形となる．このときの非線形性は幾何学的非線形性とよばれる．本書の範囲は線形問題までにとどめることにする．

5.4.2 Cauchy 応力

一方，変位から定義された線形ひずみに対して，力の分布からは応力が定義される．領域 Ω の内部に微小な領域を考える．$d = 2$ のときには図 5.4.4 (b) のような 3 角形を，$d = 3$ のときには図 5.4.5 のような 3 角錐を考える．それらの傾斜境界の法線を $\boldsymbol{\nu}$ とする．傾斜境界に作用する単位境界測度（$d = 2$ のとき長さ，$d = 3$ のとき面積）あたりの力を $\boldsymbol{p} \in \mathbb{R}^d$ とする．$\boldsymbol{p}$ は**応力**とよばれる．

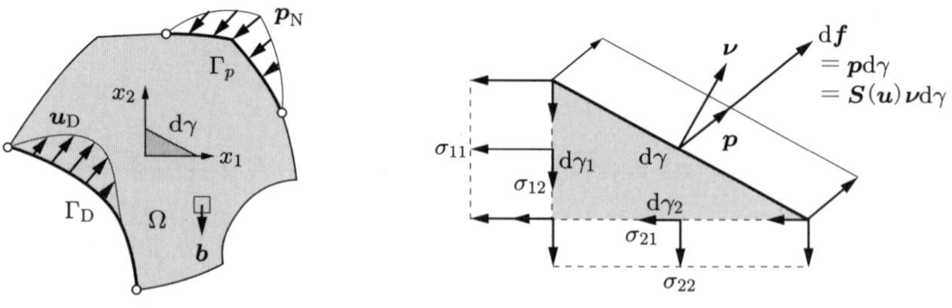

（a） 領域内の微小線分 $\mathrm{d}\gamma$　　（b） Cauchy 応力と応力

図 5.4.4　2 次元線形弾性体の Cauchy 応力 $\boldsymbol{S}$ と応力 $\boldsymbol{p}$

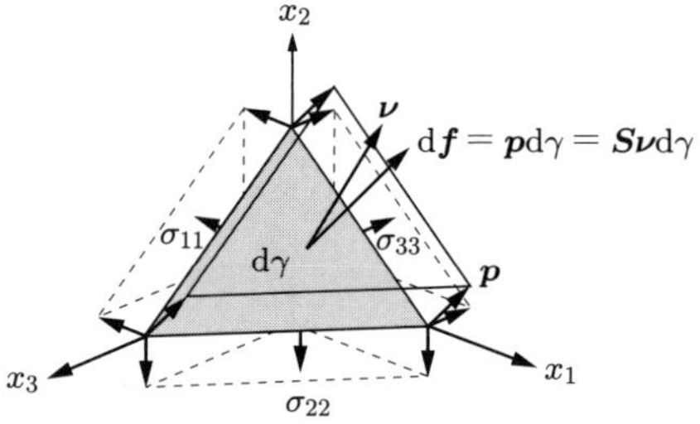

図 5.4.5　3 次元線形弾性体の Cauchy 応力 $\boldsymbol{S}$ と応力 $\boldsymbol{p}$

また，$i, j \in \{1, \ldots, d\}$ に対して σ_{ij} を x_i 方向を法線とする境界に作用する単位境界測度あたりの x_j 方向の力とするとき，$\boldsymbol{S} = (\sigma_{ij}) \in \mathbb{R}^{d \times d}$ は **Cauchy 応力**，あるいは混乱のおそれがないときは**応力**とよばれる．

Cauchy 応力 $\boldsymbol{S}$ と応力 $\boldsymbol{p}$ は次のように関連づけられる．

命題 5.4.1 (Cauchy 応力)　$\boldsymbol{p}$ を応力，$\boldsymbol{S}$ を Cauchy 応力とするとき，

$$\boldsymbol{S}^{\mathrm{T}}\boldsymbol{\nu} = \boldsymbol{S}\boldsymbol{\nu} = \boldsymbol{p} \tag{5.4.4}$$

が成り立つ．

▶**証明**　$d = 2$ の場合について示す．$i \in \{1, 2\}$ に対して，x_i 方向の力のつり合いにより，

$$\sigma_{1i}\mathrm{d}\gamma_1 + \sigma_{2i}\mathrm{d}\gamma_2 = p_i\mathrm{d}\gamma$$

が成り立つ（図 5.4.4 (b)）．ここで，$\nu_1 = \mathrm{d}\gamma_1/\mathrm{d}\gamma$ と $\nu_2 = \mathrm{d}\gamma_2/\mathrm{d}\gamma$ を使えば，

$$\sigma_{1i}\nu_1 + \sigma_{2i}\nu_2 = p_i \tag{5.4.5}$$

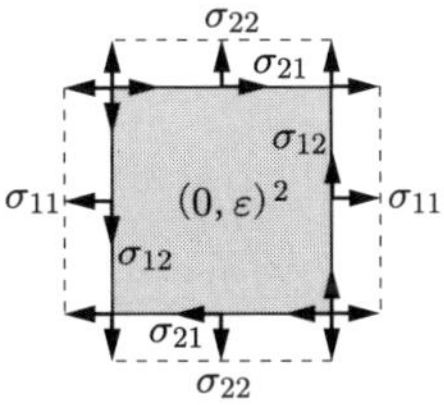

図 5.4.6 2 次元線形弾性体の微小面積におけるモーメントのつり合い ($\varepsilon \ll 1$)

が得られる．式 (5.4.5) は式 (5.4.4) を表している．一方，モーメントのつり合いにより，

$$\sigma_{21} = \sigma_{12}$$

が成り立つ（図 5.4.6）．$d=3$ の場合も同様の関係が成り立つ． □

5.4.3 構成方程式

第 1 章で 1 次元の線形弾性問題が定義された際にも使われたように，変位を用いて定義されたひずみと力を用いて定義された応力を関連づける**構成方程式**あるいは**構成則**が必要となる．d 次元の線形弾性体では，

$$\begin{aligned} \boldsymbol{S}(\boldsymbol{u}) &= \boldsymbol{S}^{\mathrm{T}}(\boldsymbol{u}) = (\sigma_{ij}(\boldsymbol{u}))_{ij} \\ &= \boldsymbol{C}\boldsymbol{E}(\boldsymbol{u}) = \left(\sum_{(k,l)\in\{1,\dots,d\}^2} c_{ijkl}\varepsilon_{kl}(\boldsymbol{u}) \right)_{ij} \end{aligned} \tag{5.4.6}$$

によって与えられる．ここで，$\boldsymbol{C} = (c_{ijkl})_{ijkl} \colon \Omega \to \mathbb{R}^{d\times d\times d\times d}$ は剛性を表す 4 階のテンソル値関数で，次の性質が仮定される．まず，$\boldsymbol{S}(\boldsymbol{u})$ と $\boldsymbol{E}(\boldsymbol{u})$ の対称性により，

$$c_{ijkl} = c_{jikl}, \quad c_{ijkl} = c_{ijlk} \tag{5.4.7}$$

が成り立つ．また，$\boldsymbol{C}$ は L^∞ 級の関数であると仮定して，Ω 上ほとんど至るところで，任意の対称テンソル $\boldsymbol{A} = (a_{ij})_{ij} \in \mathbb{R}^{d\times d}$ と $\boldsymbol{B} = (b_{ij})_{ij} \in \mathbb{R}^{d\times d}$ に対して

$$\boldsymbol{A} \cdot (\boldsymbol{C}\boldsymbol{A}) \geq \alpha \|\boldsymbol{A}\|^2 \tag{5.4.8}$$

$$|\boldsymbol{A} \cdot (\boldsymbol{C}\boldsymbol{B})| \leq \beta \|\boldsymbol{A}\| \|\boldsymbol{B}\| \tag{5.4.9}$$

が成り立つような正の定数 α と β が存在する．なお，本書では行列のスカラー積を $\boldsymbol{A} \cdot \boldsymbol{B} = \sum_{i,j\{1,\ldots,d\}} a_{ij} b_{ij}$ のように表すことにする．式 (5.4.8) が成り立つことを $\boldsymbol{C}$ は**楕円的**であるという．また，式 (5.4.9) が成り立つことを $\boldsymbol{C}$ は有界であるという．$\boldsymbol{C}$ が $\boldsymbol{u}$ の関数ではない（応力がひずみの線形関数になる）とき，式 (5.4.6) は**一般化 Hooke 則**とよばれる．$\boldsymbol{C}$ が $\boldsymbol{u}$ の関数となることによる非線形性は材料非線形性とよばれる．このような非線形性も本書では扱わないことにする．

また，剛性 $\boldsymbol{C}$ の中で独立に選べる実数の数について，$d = 3$ のとき，次のことがいえる．

(1) $\boldsymbol{C}$ は $3^4 = 81$ 個の実数で構成される．

(2) 式 (5.4.7) により 36 個に減少する．

(3) **ひずみエネルギー密度** w が存在して

$$w = \frac{1}{2}\boldsymbol{E}(\boldsymbol{u}) \cdot (\boldsymbol{C}\boldsymbol{E}(\boldsymbol{u})), \quad \boldsymbol{S}(\boldsymbol{u}) = \frac{\partial w}{\partial \boldsymbol{E}(\boldsymbol{u})}$$

が成り立つと仮定すれば，2 次形式の対称性により

$$c_{ijkl} = c_{klij} \tag{5.4.10}$$

が成り立ち，21 個に減少する．

(4) 直交異方性材料の場合は 9 個に減少する．

(5) 等方性材料の場合は 2 個に減少する．

等方性材料の場合の 2 定数を λ_{L} と μ_{L} のようにかくことにして，

$$\boldsymbol{S}(\boldsymbol{u}) = 2\mu_{\mathrm{L}}\boldsymbol{E}(\boldsymbol{u}) + \lambda_{\mathrm{L}} \operatorname{tr}(\boldsymbol{E}(\boldsymbol{u}))\boldsymbol{I}$$

とおいたとき，λ_{L} と μ_{L} は **Lamé の定数**とよばれる．ただし，$\operatorname{tr}(\boldsymbol{E}(\boldsymbol{u})) = \sum_{i\in\{1,\ldots,d\}} e_{ii}(\boldsymbol{u})$ を表す．なお，μ_{L} は**せん断弾性係数**ともよばれる．また，2 定数を e_{Y} と ν_{P} のようにかくことにして，

$$\boldsymbol{E}(\boldsymbol{u}) = \frac{1+\nu_{\mathrm{P}}}{e_{\mathrm{Y}}}\boldsymbol{S}(\boldsymbol{u}) - \frac{\nu_{\mathrm{P}}}{e_{\mathrm{Y}}} \operatorname{tr}(\boldsymbol{S}(\boldsymbol{u}))\boldsymbol{I}$$

が仮定されたとき，e_{Y} と ν_{P} はそれぞれ**縦弾性係数**（Young 率）と **Poisson 比**とよばれる．そのほかに，**体積弾性率** k_{b} も使われる．これらの定数に関して，

$$k_{\mathrm{b}} = \lambda_{\mathrm{L}} + \frac{2\mu_{\mathrm{L}}}{3}, \quad e_{\mathrm{Y}} = 2\mu_{\mathrm{L}}(1 + \nu_{\mathrm{P}}), \quad \lambda_{\mathrm{L}} = \frac{2\mu_{\mathrm{L}}\nu_{\mathrm{P}}}{1 - 2\nu_{\mathrm{P}}}$$

などの関係が成り立つ．

5.4.4 力のつり合い方程式

線形弾性問題は，線形ひずみと Cauchy 応力が式 (5.4.6) の一般化 Hooke の法則で関連づけられているもとで，力のつり合い条件を使って構成される．

2 次元線形弾性体の内部に任意の 4 角形微小要素を選んだとき，その要素に作用する力は図 5.4.7 の矢印のようになる．このとき，x_1 方向と x_2 方向の**力のつり合い方程式**は

$$\frac{\partial \sigma_{11}}{\partial x_1} + \frac{\partial \sigma_{21}}{\partial x_2} + b_1 = 0$$
$$\frac{\partial \sigma_{12}}{\partial x_1} + \frac{\partial \sigma_{22}}{\partial x_2} + b_2 = 0$$

となる．$d \in \{2, 3\}$ 次元線形弾性体の場合には，

$$-\boldsymbol{\nabla}^{\mathrm{T}} \boldsymbol{S}(\boldsymbol{u}) = \boldsymbol{b}^{\mathrm{T}} \tag{5.4.11}$$

とかける．式 (5.4.11) は，$\boldsymbol{\nabla}^{\mathrm{T}} \boldsymbol{S}(\boldsymbol{u}) = \boldsymbol{\nabla} \cdot \left[\boldsymbol{C} \left\{ \frac{1}{2} (\boldsymbol{\nabla} \boldsymbol{u}^{\mathrm{T}} + (\boldsymbol{\nabla} \boldsymbol{u}^{\mathrm{T}})^{\mathrm{T}}) \right\} \right]$ であることをみれば，$\boldsymbol{u}$ に対する 2 階偏微分方程式となっている．さらに，$\boldsymbol{C}$ が**楕円性**を満たすことから，式 (5.4.11) は**楕円型偏微分方程式**に分類される．

式 (5.4.11) の力のつり合い方程式に境界条件を加えれば，次のような**線形弾**

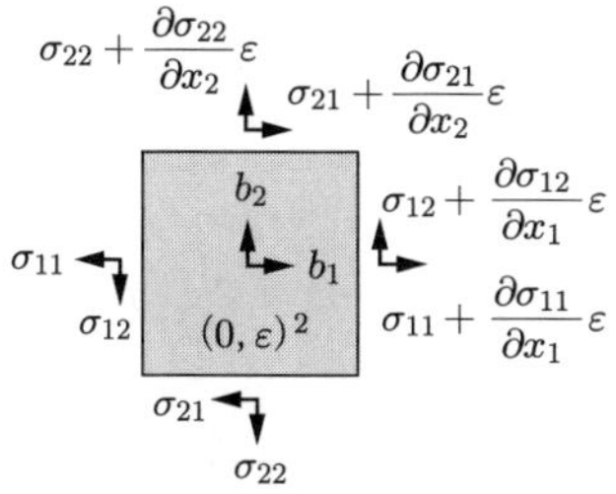

図 5.4.7 微小面積における力のつり合い $(\varepsilon \ll 1)$

性問題が定義される．

問題 5.4.2（線形弾性問題）

$\boldsymbol{b}\colon \Omega \to \mathbb{R}^d$，$\boldsymbol{p}_{\mathrm{N}}\colon \Gamma_{\mathrm{N}} \to \mathbb{R}^d$，$\boldsymbol{u}_{\mathrm{D}}\colon \Omega \to \mathbb{R}^d$ に対して，

$$-\boldsymbol{\nabla}^{\mathrm{T}}\boldsymbol{S}(\boldsymbol{u}) = \boldsymbol{b}^{\mathrm{T}} \quad \text{in } \Omega \tag{5.4.12}$$

$$\boldsymbol{S}(\boldsymbol{u})\boldsymbol{\nu} = \boldsymbol{p}_{\mathrm{N}} \quad \text{on } \Gamma_{\mathrm{N}} \tag{5.4.13}$$

$$\boldsymbol{u} = \boldsymbol{u}_{\mathrm{D}} \quad \text{on } \Gamma_{\mathrm{D}} \tag{5.4.14}$$

を満たす $\boldsymbol{u}\colon \Omega \to \mathbb{R}^d$ を求めよ．

5.4.5　弱形式

線形弾性問題の解の一意存在を示すために，問題 5.4.2 を弱形式にかきかえよう．$\boldsymbol{u}$ に対する関数空間を

$$U = \{\boldsymbol{v} \in H^1(\Omega; \mathbb{R}^d) \mid \boldsymbol{v} = \boldsymbol{0}_{\mathbb{R}^d} \text{ on } \Gamma_{\mathrm{D}}\} \tag{5.4.15}$$

とおく．式 (5.4.12) の両辺に任意の $\boldsymbol{v} \in U$ をかけて Ω で積分し，Gauss–Green の定理（定理 A.8.2）を用いることにより，

$$\begin{aligned} -\int_\Omega (\boldsymbol{\nabla}^{\mathrm{T}}\boldsymbol{S}(\boldsymbol{u}))\boldsymbol{v}\,\mathrm{d}x &= -\int_{\Gamma_{\mathrm{N}}} (\boldsymbol{S}(\boldsymbol{u})\boldsymbol{\nu}) \cdot \boldsymbol{v}\,\mathrm{d}\gamma + \int_\Omega \boldsymbol{S}(\boldsymbol{u}) \cdot \boldsymbol{E}(\boldsymbol{v})\,\mathrm{d}x \\ &= \int_\Omega \boldsymbol{b} \cdot \boldsymbol{v}\,\mathrm{d}x \end{aligned} \tag{5.4.16}$$

が得られる．また，式 (5.4.13) の両辺に任意の $\boldsymbol{v} \in U$ をかけて Γ_{N} で積分すれば，

$$\int_{\Gamma_{\mathrm{N}}} (\boldsymbol{S}(\boldsymbol{u})\boldsymbol{\nu}) \cdot \boldsymbol{v}\,\mathrm{d}\gamma = \int_{\Gamma_{\mathrm{N}}} \boldsymbol{p}_{\mathrm{N}} \cdot \boldsymbol{v}\,\mathrm{d}\gamma \tag{5.4.17}$$

が得られる．式 (5.4.16) の第 2 式第 1 項に式 (5.4.17) を代入すれば，

$$\int_\Omega \boldsymbol{S}(\boldsymbol{u}) \cdot \boldsymbol{E}(\boldsymbol{v})\,\mathrm{d}x = \int_\Omega \boldsymbol{b} \cdot \boldsymbol{v}\,\mathrm{d}x + \int_{\Gamma_{\mathrm{N}}} \boldsymbol{p}_{\mathrm{N}} \cdot \boldsymbol{v}\,\mathrm{d}\gamma$$

が得られる．任意の $\boldsymbol{v} \in U$ に対してこの式が成り立つことを**線形弾性問題の弱形式**という．

ここでも，

$$a(\boldsymbol{u},\boldsymbol{v}) = \int_\Omega \boldsymbol{S}(\boldsymbol{u}) \cdot \boldsymbol{E}(\boldsymbol{v})\,\mathrm{d}x \tag{5.4.18}$$

$$l(\boldsymbol{v}) = \int_\Omega \boldsymbol{b} \cdot \boldsymbol{v}\,\mathrm{d}x + \int_{\Gamma_\mathrm{N}} \boldsymbol{p}_\mathrm{N} \cdot \boldsymbol{v}\,\mathrm{d}\gamma \tag{5.4.19}$$

とおけば，線形弾性問題の弱形式は次のようになる．

問題 5.4.3（線形弾性問題の弱形式）

U を式 (5.4.15) とする．$\boldsymbol{b} \in L^2(\Omega;\mathbb{R}^d)$，$\boldsymbol{p}_\mathrm{N} \in L^2(\Gamma_\mathrm{N};\mathbb{R}^d)$，$\boldsymbol{u}_\mathrm{D} \in H^1(\Omega;\mathbb{R}^d)$ および $\boldsymbol{C} \in L^\infty(\Omega;\mathbb{R}^{d\times d\times d\times d})$ とする．$a(\,\cdot\,,\,\cdot\,)$ と $l(\,\cdot\,)$ をそれぞれ式 (5.4.18) と式 (5.4.19) とおく．このとき，任意の $\boldsymbol{v} \in U$ に対して

$$a(\boldsymbol{u},\boldsymbol{v}) = l(\boldsymbol{v})$$

を満たす $\tilde{\boldsymbol{u}} = \boldsymbol{u} - \boldsymbol{u}_\mathrm{D} \in U$ を求めよ．

5.4.6 解の存在

線形弾性問題の弱形式は，v を仮想変位とみなせば $l(\boldsymbol{v})$ は外力による仮想仕事，$a(\boldsymbol{u},\boldsymbol{v})$ は内力による仮想仕事であることから，仮想仕事の原理を表している．この弱形式に対する解の一意存在は次のようにして示される．

□**例題 5.4.4（線形弾性問題の解の一意存在）** 問題 5.4.3 において，$|\Gamma_\mathrm{D}| > 0$ のとき，解 $\tilde{\boldsymbol{u}} = \boldsymbol{u} - \boldsymbol{u}_\mathrm{D} \in U$ は一意に存在することを示せ．

▶**解答** Lax–Milgram の定理の仮定が成り立つことを確かめよう．U は Hilbert 空間である．また，任意の $\boldsymbol{v} \in U$ に対して，

$$\hat{l}(\boldsymbol{v}) = l(\boldsymbol{v}) - a(\boldsymbol{u}_\mathrm{D},\boldsymbol{v})$$

とおけば，問題 5.4.3 は，

$$a(\tilde{\boldsymbol{u}},\boldsymbol{v}) = \hat{l}(\boldsymbol{v})$$

を満たす $\tilde{\boldsymbol{u}} = \boldsymbol{u} - \boldsymbol{u}_\mathrm{D} \in U$ を求める問題にかきかえられる．そのうえで，次のように Lax–Milgram の定理の仮定が成り立つことが確かめられる．

(1) a は強圧的である．実際，$|\Gamma_\mathrm{D}| > 0$ より剛体運動は発生しない．したがって，**Korn の第 2 不等式**（定理 A.9.6）より，正の定数 c に対して

$$\|\boldsymbol{v}\|_{H^1(\Omega;\mathbb{R}^d)}^2 \le c\|\boldsymbol{E}(\boldsymbol{v})\|_{L^2(\Omega;\mathbb{R}^{d\times d})}^2$$

が成り立つ．式 (5.4.8) による $\boldsymbol{C}$ の楕円性より，$\boldsymbol{v} \in U$ に対して，

$$\begin{aligned} a(\boldsymbol{v},\boldsymbol{v}) &= \int_\Omega \boldsymbol{E}(\boldsymbol{v}) \cdot (\boldsymbol{C}\boldsymbol{E}(\boldsymbol{v}))\,\mathrm{d}x \\ &\ge c_1\|\boldsymbol{E}(\boldsymbol{v})\|_{L^2(\Omega;\mathbb{R}^{d\times d})}^2 \ge \frac{c_1}{c}\|\boldsymbol{v}\|_{H^1(\Omega;\mathbb{R}^d)}^2 \end{aligned}$$

が成り立つ．ここで，c_1 は式 (5.4.8) の α と $|\Omega|$ をかけた正の定数である．c_1/c をあらためて α とおけば定義 5.2.1 より，a は強圧的となる．

(2) a は有界性である．実際，式 (5.4.9) の β と $|\Omega|$ をかけた正の定数をあらためて β とおけば，定義 5.2.2 より，a の有界性は確かめられる．

(3) $\hat{l} \in U'$ である．実際，$\partial\Omega$ は Lipschitz 境界を仮定していることから，トレース作用素（定理 4.4.2）のノルム $\|\gamma\|_{\mathcal{L}(H^1(\Omega;\mathbb{R}^d);H^{1/2}(\partial\Omega;\mathbb{R}^d))}$ は有界である．それを $c_2 > 0$ とおく．また，Hölder の不等式を用いれば，

$$\begin{aligned} |\hat{l}(\boldsymbol{v})| &\le \int_\Omega |\boldsymbol{b}\cdot\boldsymbol{v}|\,\mathrm{d}x + \int_{\Gamma_\mathrm{N}} |\boldsymbol{p}_\mathrm{N}\cdot\boldsymbol{v}|\,\mathrm{d}\gamma + \int_\Omega \beta|\boldsymbol{E}(\boldsymbol{u}_\mathrm{D})\cdot\boldsymbol{E}(\boldsymbol{v})|\,\mathrm{d}x \\ &\le \|\boldsymbol{b}\|_{L^2(\Omega;\mathbb{R}^d)}\|\boldsymbol{v}\|_{L^2(\Omega;\mathbb{R}^d)} + \|\boldsymbol{p}_\mathrm{N}\|_{L^2(\Gamma_\mathrm{N};\mathbb{R}^d)}\|\boldsymbol{v}\|_{L^2(\Gamma_\mathrm{N};\mathbb{R}^d)} \\ &\quad + \beta\|\boldsymbol{E}(\boldsymbol{u}_\mathrm{D})\|_{L^2(\Omega;\mathbb{R}^{d\times d})}\|\boldsymbol{E}(\boldsymbol{v})\|_{L^2(\Omega;\mathbb{R}^{d\times d})} \\ &\le (\|\boldsymbol{b}\|_{L^2(\Omega;\mathbb{R}^d)} + c_2\|\boldsymbol{p}_\mathrm{N}\|_{L^2(\Gamma_\mathrm{N};\mathbb{R}^d)} \\ &\quad + \beta\|\boldsymbol{E}(\boldsymbol{u}_\mathrm{D})\|_{L^2(\Omega;\mathbb{R}^{d\times d})})\|\boldsymbol{v}\|_{H^1(\Omega;\mathbb{R}^d)} \end{aligned}$$

が成り立つためである．

したがって，Lax–Milgram の定理より，問題 5.4.3 を満たす $\tilde{\boldsymbol{u}} = \boldsymbol{u} - \boldsymbol{u}_\mathrm{D} \in U$ は一意に存在する．□

5.5　Stokes 問題

次に，流れ場の例として **Stokes 問題**を定義して，その弱形式と解の一意存在についてみておこう．Stokes 問題とは，粘性流体の流れ場で，粘性力に比べて慣性力が無視できる程度にゆっくりとした流れ場の数理モデルとして用いられる．

ここでも $\Omega \subset \mathbb{R}^d$ を $d \in \{2,3\}$ 次元の Lipschitz 領域とする．$\boldsymbol{b}\colon \Omega \to \mathbb{R}^d$ を**体積力**とする．また，Ω の全境界 $\partial\Omega$ を流速が与えられた Dirichlet 境界として，$\boldsymbol{u}_\mathrm{D}\colon \Omega \to \mathbb{R}^d$ を与えられた流速とする．ただし，

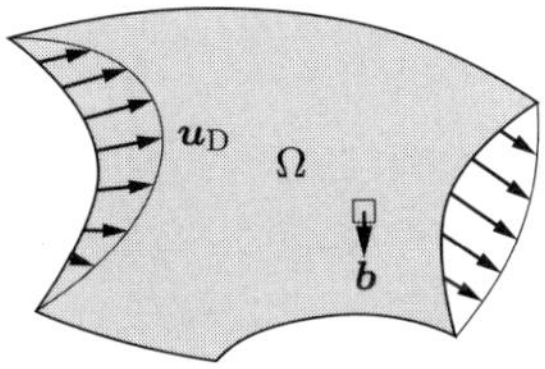

図 5.5.1 Stokes 問題

$$\boldsymbol{\nabla} \cdot \boldsymbol{u}_{\mathrm{D}} = 0 \quad \text{in } \Omega \tag{5.5.1}$$

が満たされるとする．μ を**粘性係数**を表す正の定数とする．図 5.5.1 に 2 次元の場合の Stokes 問題を示す．

Stokes 問題は，これらが与えられたときに**流速** $\boldsymbol{u}\colon \Omega \to \mathbb{R}^d$ と**圧力** $p\colon \Omega \to \mathbb{R}$ を求める問題として次のように定義される．なお，$(\boldsymbol{\nu} \cdot \boldsymbol{\nabla})\boldsymbol{u} = (\boldsymbol{\nabla}\boldsymbol{u}^{\mathrm{T}})^{\mathrm{T}}\boldsymbol{\nu}$ を $\partial_\nu \boldsymbol{u}$ とかくことにする．

問題 5.5.1（Stokes 問題）

$\boldsymbol{b}\colon \Omega \to \mathbb{R}^d$，$\boldsymbol{u}_{\mathrm{D}}\colon \Omega \to \mathbb{R}^d$ と $\mu \in \mathbb{R}$ が与えられたとき，

$$-\boldsymbol{\nabla}^{\mathrm{T}}(\mu \boldsymbol{\nabla} \boldsymbol{u}^{\mathrm{T}}) + \boldsymbol{\nabla}^{\mathrm{T}} p = \boldsymbol{b}^{\mathrm{T}} \quad \text{in } \Omega \tag{5.5.2}$$

$$\boldsymbol{\nabla} \cdot \boldsymbol{u} = 0 \quad \text{in } \Omega \tag{5.5.3}$$

$$\boldsymbol{u} = \boldsymbol{u}_{\mathrm{D}} \quad \text{on } \partial\Omega \tag{5.5.4}$$

$$\int_\Omega p \, \mathrm{d}x = 0 \tag{5.5.5}$$

を満たす $(\boldsymbol{u}, p)\colon \Omega \to \mathbb{R}^{d+1}$ を求めよ．

問題 5.5.1 において，式 (5.5.2) を **Stokes 方程式**，式 (5.5.3) を**連続の式**という．これらは**非圧縮性**の Newton **粘性**流体の流れ場に対して使われる．

なお，式 (5.5.2) は

$$-\boldsymbol{\nabla}^{\mathrm{T}}(\mu \boldsymbol{\nabla} \boldsymbol{u}^{\mathrm{T}} - p\boldsymbol{I}) = \boldsymbol{b}^{\mathrm{T}} \quad \text{in } \Omega \tag{5.5.6}$$

とかかれることもある．ただし，$\boldsymbol{I}$ は d 次の単位行列を表す．また，式 (5.4.2) の $\boldsymbol{E}(\boldsymbol{u})$ を用いて，**Cauchy 応力**を

$$\boldsymbol{S}(\boldsymbol{u},p) = -p\boldsymbol{I} + 2\mu\boldsymbol{E}(\boldsymbol{u}) \tag{5.5.7}$$

のように定義して，式 (5.5.2) を

$$-\boldsymbol{\nabla}^{\mathrm{T}}\boldsymbol{S}(\boldsymbol{u},p) = \boldsymbol{b}^{\mathrm{T}} \quad \text{in } \Omega \tag{5.5.8}$$

のようにかくこともある．式 (5.5.3) が成り立つ場合には，これらは同値となる．本章では，5.6 節で抽象的鞍点型変分問題との関連をみるために式 (5.5.2) を用いることにする．

問題 5.5.1 に対する弱形式は次のようにして求められる．$\boldsymbol{u}$ に対する関数空間を

$$U = H_0^1(\Omega;\mathbb{R}^d) = \{\boldsymbol{u} \in H^1(\Omega;\mathbb{R}^d) \mid \boldsymbol{u} = \boldsymbol{0}_{\mathbb{R}^d} \text{ on } \partial\Omega\} \tag{5.5.9}$$

とおく．式 (5.5.2) の両辺に任意の $\boldsymbol{v} \in U$ をかけて Ω で積分し，Gauss–Green の定理（定理 A.8.2）を用いることにより，

$$\begin{aligned}
&\int_\Omega \{\boldsymbol{\nabla}^{\mathrm{T}}(\mu\boldsymbol{\nabla}\boldsymbol{u}^{\mathrm{T}}) - \boldsymbol{\nabla}^{\mathrm{T}}p + \boldsymbol{b}^{\mathrm{T}}\}\boldsymbol{v}\,\mathrm{d}x \\
&\quad = \int_{\partial\Omega} (\mu\partial_\nu\boldsymbol{u} - p\boldsymbol{\nu})\cdot\boldsymbol{v}\,\mathrm{d}\gamma \\
&\qquad + \int_\Omega \{-\mu(\boldsymbol{\nabla}\boldsymbol{u}^{\mathrm{T}})\cdot(\boldsymbol{\nabla}\boldsymbol{v}^{\mathrm{T}}) + p\boldsymbol{\nabla}\cdot\boldsymbol{v} + \boldsymbol{b}\cdot\boldsymbol{v}\}\,\mathrm{d}x \\
&\quad = \int_\Omega \{-\mu(\boldsymbol{\nabla}\boldsymbol{u}^{\mathrm{T}})\cdot(\boldsymbol{\nabla}\boldsymbol{v}^{\mathrm{T}}) + p\boldsymbol{\nabla}\cdot\boldsymbol{v} + \boldsymbol{b}\cdot\boldsymbol{v}\}\,\mathrm{d}x = 0
\end{aligned}$$

が得られる．任意の $\boldsymbol{v} \in U$ に対してこの式が成り立つことを Stokes 方程式の弱形式という．

一方，p に対する関数空間を

$$Q = \left\{ q \in L^2(\Omega;\mathbb{R}) \;\middle|\; \int_\Omega q\,\mathrm{d}x = 0 \right\} \tag{5.5.10}$$

とおく．式 (5.5.3) に任意の $q \in Q$ をかけて Ω で積分することにより，

$$\int_\Omega q\boldsymbol{\nabla}\cdot\boldsymbol{u}\,\mathrm{d}x = 0$$

が成り立つ．任意の $q \in Q$ に対してこの式が成り立つことを連続の式の弱形式

という．

Stokes 問題に対しては，

$$a(\boldsymbol{u},\boldsymbol{v}) = \int_{\Omega} \mu(\boldsymbol{\nabla}\boldsymbol{u}^{\mathrm{T}}) \cdot (\boldsymbol{\nabla}\boldsymbol{v}^{\mathrm{T}})\,\mathrm{d}x \tag{5.5.11}$$

$$b(\boldsymbol{v},q) = -\int_{\Omega} q\boldsymbol{\nabla}\cdot\boldsymbol{v}\,\mathrm{d}x \tag{5.5.12}$$

$$l(\boldsymbol{v}) = \int_{\Omega} \boldsymbol{b}\cdot\boldsymbol{v}\,\mathrm{d}x \tag{5.5.13}$$

とおく．このとき，**Stokes 問題の弱形式**は次のようにかける．

問題 5.5.2（Stokes 問題の弱形式）

U と Q をそれぞれ式 (5.5.9) と式 (5.5.10) とする．$\boldsymbol{u}_{\mathrm{D}} \in H^1(\Omega;\mathbb{R}^d)$ は式 (5.5.1) を満たすとする．μ は正の定数とする．$a(\,\cdot\,,\,\cdot\,)$，$b(\,\cdot\,,\,\cdot\,)$ および $l(\,\cdot\,)$ はそれぞれ式 (5.5.11)，(5.5.12) および (5.5.13) とする．このとき，任意の $(\boldsymbol{v},q) \in U \times Q$ に対して

$$a(\boldsymbol{u},\boldsymbol{v}) + b(\boldsymbol{v},p) = l(\boldsymbol{v}) \tag{5.5.14}$$

$$b(\boldsymbol{u},q) = 0 \tag{5.5.15}$$

を満たす $(\tilde{\boldsymbol{u}},p) = (\boldsymbol{u}-\boldsymbol{u}_{\mathrm{D}},p) \in U \times Q$ を求めよ．

5.6　抽象的鞍点型変分問題

Stokes 問題の弱形式が得られたので，それらを満たす解の一意存在がどのような結果に基づいて保証されるのかについてみておこう．

線形弾性問題は変位 $\boldsymbol{u}$ に対する楕円型偏微分方程式になっていた．そこで，抽象的変分問題あるいは抽象的最小化問題に対する結果を用いて解の一意存在を示すことができた．それに対して，Stokes 問題は流速 $\boldsymbol{u}$ に加えて圧力 p が未知変数に加わり，その分連続の式を同時に満たすことが要請されている．この構成は，制約つきの抽象的変分問題，あるいは制約つきの抽象的最小化問題に相当する**抽象的鞍点型変分問題**，あるいは**抽象的鞍点問題**とよばれる問題になっていることが確かめられる．ここでは，その定義と結果を使って Stokes 問題に対する解の一意存在を示そう．

U と Q を実 Hilbert 空間として，$a\colon U \times U \to \mathbb{R}$ と $b\colon U \times Q \to \mathbb{R}$ をそれぞれ $U \times U$ および $U \times Q$ 上で定義された有界双線形作用素（4.4.4 項）とする．それらのノルムを

$$\|a\| = \|a\|_{\mathcal{L}(U,U;\mathbb{R})} = \sup_{\boldsymbol{u},\boldsymbol{v}\in U\setminus\{\boldsymbol{0}_U\}} \frac{|a(\boldsymbol{u},\boldsymbol{v})|}{\|\boldsymbol{u}\|_U\|\boldsymbol{v}\|_U}$$

$$\|b\| = \|b\|_{\mathcal{L}(U,Q;\mathbb{R})} = \sup_{\boldsymbol{u}\in U\setminus\{\boldsymbol{0}_U\},\, q\in Q\setminus\{0_Q\}} \frac{|b(\boldsymbol{u},q)|}{\|\boldsymbol{u}\|_U\|q\|_Q}$$

とおく．

さらに，連続の式が満たされるような関数の集合で Hilbert 空間となるような線形空間を次のように定義する．

■定義 5.6.1（発散なし Hilbert 空間 U_{div}） $b\colon U \times Q \to \mathbb{R}$ を双 1 次形式とする．このとき，

$$U_{\mathrm{div}} = \{\boldsymbol{v} \in U \mid b(\boldsymbol{v},q) = 0 \text{ for all } q \in Q\}$$

を U に対する**発散なし Hilbert 空間**という．

これらの定義を用いて，次のような問題を考える．

問題 5.6.2（抽象的鞍点型変分問題）

$a\colon U \times U \to \mathbb{R}$ と $b\colon U \times Q \to \mathbb{R}$ を有界双線形作用素とする．$l \in U'$ および $r \in Q'$ とする．任意の $(\boldsymbol{v},q) \in U \times Q$ に対して，

$$a(\boldsymbol{u},\boldsymbol{v}) + b(\boldsymbol{v},p) = \langle l,\boldsymbol{v}\rangle, \quad b(\boldsymbol{u},q) = \langle r,q\rangle$$

を満たす $(\boldsymbol{u},p) \in U \times Q$ を求めよ．

5.6.1 解の存在定理

抽象的鞍点型変分問題 5.6.2 の解の一意存在について次の結果が知られている（たとえば，[54] p.61 Corollary 4.1, [32] p.42 Theorem 1.1, [92] p.135 定理 7.3, [149] p.116 定理 4.3）．

■定理 5.6.3（抽象的鞍点型変分問題の解の存在） $a\colon U \times U \to \mathbb{R}$ を U_{div} で強圧的な有界双線形作用素（任意の $\boldsymbol{v} \in U_{\mathrm{div}}$ に対して，ある $\alpha > 0$ が存在して，

$$|a(\boldsymbol{v},\boldsymbol{v})| \geq \alpha\|\boldsymbol{v}\|_U^2$$

を満たす）とする．$b\colon U \times Q \to \mathbb{R}$ を有界双線形作用素で，ある $\beta > 0$ が存在して，

$$\inf_{q\in Q\setminus\{0_Q\}} \sup_{\boldsymbol{v}\in U\setminus\{\boldsymbol{0}_U\}} \frac{b(\boldsymbol{v},q)}{\|\boldsymbol{v}\|_U\|q\|_Q} \geq \beta \tag{5.6.1}$$

を満たすとする．このとき，問題 5.6.2 の解 $(\boldsymbol{u},p) \in U \times Q$ は一意に存在し，α，β，$\|a\|$ および $\|b\|$ に依存した $c > 0$ に対して，

$$\|u\|_U + \|p\|_Q \leq c(\|l\|_{U'} + \|r\|_{Q'})$$

が成り立つ．

式 (5.6.1) は**下限上限条件**，あるいは Ladysenskaja–Babuška–Brezzi 条件，Babuška–Brezzi–Kikuchi 条件などとよばれる．

定理 5.6.3 を用いれば，Stokes 問題に対する解の一意存在は次のように示される．

□例題 5.6.4（Stokes 問題の解の一意存在） 問題 5.5.2 において，ある $\tilde{\boldsymbol{u}} = \boldsymbol{u} - \boldsymbol{u}_{\mathrm{D}} \in U_{\mathrm{div}}$ が存在して，$\partial\Omega$ 上で $\tilde{\boldsymbol{u}} = \boldsymbol{0}_{\mathbb{R}^d}$ を満たすとする．このとき，式 (5.5.14) と式 (5.5.15) を満たす $(\tilde{\boldsymbol{u}},p) \in U \times Q$ は一意に存在することを示せ．

▶解答 定理 5.6.3 の仮定が次のように成り立つことを確認しよう．U と Q は Hilbert 空間である．また，問題 5.5.2 は，任意の $(\boldsymbol{v},q) \in U \times Q$ に対して，

$$a(\tilde{\boldsymbol{u}},\boldsymbol{v}) + b(\boldsymbol{v},p) = \hat{l}(\boldsymbol{v}), \quad b(\tilde{\boldsymbol{u}},q) = \hat{r}(q)$$

を満たす $(\tilde{\boldsymbol{u}},p) \in U \times Q$ を求める問題と同値である．ただし，

$$\hat{l}(\boldsymbol{v}) = l(\boldsymbol{v}) - a(\boldsymbol{u}_{\mathrm{D}},\boldsymbol{v}), \quad \hat{r}(q) = -b(\boldsymbol{u}_{\mathrm{D}},q)$$

とする．a は U_{div} 上で有界かつ強圧的である．なぜならば，例題 5.4.4 の解答より，a は有界かつ U で強圧的であるためである．b は有界かつ下限上限条件を満たす．実際，$U_{\mathrm{div}}^{\perp}$ を U_{div} の直交補空間として，作用素 div の定義域を $U_{\mathrm{div}}^{\perp}$ に制限した作用素を τ とする．τ は有界 $(|\mathrm{div}\,\boldsymbol{v}|/\|\boldsymbol{v}\|_U < \infty)$ 線形である．また，単射（$\boldsymbol{v}_1,\boldsymbol{v}_2 \in U_{\mathrm{div}}^{\perp}$ に対して $\tau\boldsymbol{v}_1 = \tau\boldsymbol{v}_2$ ならば $\boldsymbol{v}_1 = \boldsymbol{v}_2$）である．なぜならば，$\boldsymbol{v} \in U_{\mathrm{div}}^{\perp}$ に対して $\tau\boldsymbol{v} = \mathrm{div}\,\boldsymbol{v} = 0$

のときに $\boldsymbol{v} \in U_{\mathrm{div}}$ となり，$\boldsymbol{v} \in U_{\mathrm{div}}^{\perp} \cap U_{\mathrm{div}} = \{\boldsymbol{0}_U\}$ となるからである．さらに，τ は $U_{\mathrm{div}}^{\perp}$ から Q への全射であることが示される（証明は文献 [54] などを参照されたい）．そこで，

$$\begin{aligned}
&\inf_{q \in Q \setminus \{0_Q\}} \sup_{\boldsymbol{v} \in U \setminus \{\boldsymbol{0}_U\}} \frac{b(\boldsymbol{v}, q)}{\|\boldsymbol{v}\|_U \|q\|_Q} = \inf_{q \in Q \setminus \{0_Q\}} \sup_{\boldsymbol{v} \in U \setminus \{\boldsymbol{0}_U\}} \frac{(-\operatorname{div} \boldsymbol{v}, q)_{L^2(\Omega;\mathbb{R})}}{\|\boldsymbol{v}\|_U \|q\|_Q} \\
&\geq \inf_{q \in Q \setminus \{0_Q\}} \sup_{\boldsymbol{v} \in U \setminus \{\boldsymbol{0}_U\}} \frac{(-\tau \boldsymbol{v}, q)_Q}{\|\tau^{-1}(-q)\|_U \|q\|_Q} \geq \inf_{q \in Q \setminus \{0_Q\}} \frac{(q, q)_Q}{\|\tau^{-1}(-q)\|_U \|q\|_Q} \\
&\geq \frac{1}{\|\tau^{-1}\|_{\mathcal{L}(Q; U_{\mathrm{div}}^{\perp})}} > 0
\end{aligned}$$

が成り立つ．一方，$\hat{l} \in U'$ は例題 5.4.4 の解答の中で示されている．また，式 (5.5.1) の仮定より，$\hat{r}(q) = 0 \in Q'$ である．以上のことから，定理 5.6.3 が適用できて，問題 5.5.2 を満たす $(\boldsymbol{u} - \boldsymbol{u}_{\mathrm{D}}, p) \in U \times Q$ は一意に存在する． □

5.6.2　抽象的鞍点問題

抽象的鞍点型変分問題（問題 5.6.2）において $a\colon U \times U \to \mathbb{R}$ が対称のときには，抽象的鞍点型変分問題は次のような**抽象的鞍点問題**と同値になる．

問題 5.6.5（抽象的鞍点問題）

$a\colon U \times U \to \mathbb{R}$ と $b\colon U \times Q \to \mathbb{R}$ を有界双線形作用素とする．$(l, r) \in U' \times Q'$ が与えられたとき，

$$\mathscr{L}(\boldsymbol{v}, q) = \frac{1}{2} a(\boldsymbol{v}, \boldsymbol{v}) + b(\boldsymbol{v}, q) - \langle l, \boldsymbol{v} \rangle - \langle r, q \rangle$$

とする．このとき，任意の $(\boldsymbol{v}, q) \in U \times Q$ に対して，

$$\mathscr{L}(\boldsymbol{u}, q) \leq \mathscr{L}(\boldsymbol{u}, p) \leq \mathscr{L}(\boldsymbol{v}, p)$$

を満たす $(\boldsymbol{u}, p) \in U \times Q$ を求めよ．

問題 5.6.5 に対して次の結果が得られる（たとえば，[54] p.62 Theorem 4.2, [149] p.118 定理 4.4）．

■定理 5.6.6（抽象的鞍点問題と鞍点型変分問題の解の一致）　a が対称 ($a(\boldsymbol{u}, \boldsymbol{v}) = a(\boldsymbol{v}, \boldsymbol{u})$) かつ半正定値（任意の $\boldsymbol{v} \in U$ に対して $a(\boldsymbol{v}, \boldsymbol{v}) \geq 0$ が成り立つ）のとき，問題 5.6.2 の解と問題 5.6.5 の解は一致する．

なお，抽象的鞍点問題（問題 5.6.5）において，$q \in Q$ は連続の式のような等式制約に対する Lagrange 乗数となっていることを確認しておこう．問題 5.6.5 は，

$$f(\boldsymbol{v}) = \frac{1}{2}a(\boldsymbol{v}, \boldsymbol{v}) - \langle l, \boldsymbol{v} \rangle$$

とおいたとき，

$$\min_{(\boldsymbol{v},q) \in U \times Q} \{f(\boldsymbol{v}) \mid b(\boldsymbol{v}, q) - \langle r,\, q \rangle = 0\} \tag{5.6.2}$$

を満たす $(\boldsymbol{v}, q)$ を求める問題になっている．このとき，問題 5.6.5 の $\mathscr{L}(\boldsymbol{v}, q)$ はこの問題の Lagrange 関数であり，$q \in Q$ は等式制約に対する Lagrange 乗数になっている．式 (5.6.2) の解が問題 5.6.5 の鞍点と一致することを示す定理 5.6.6 は，双対定理（定理 2.9.2）に対応した結果になっている．

5.7 第 5 章のまとめ

第 5 章では，楕円型偏微分方程式の境界値問題を定義して，その弱形式を求め，解の存在と正則性についてみてみた．要点は以下のようである．

(1) 楕円型偏微分方程式の境界値問題（Poisson 問題）に対する解の一意存在は，弱形式に対して Lax–Milgram の定理の仮定が満たされたときに保証される（5.1 節，5.2 節）．

(2) 楕円型偏微分方程式の境界値問題に対する解の正則性は，既知関数の正則性と境界の正則性に依存する（5.3 節）．

(3) 線形弾性問題は楕円型偏微分方程式の境界値問題の一つである．その問題に対する解の一意存在は，弱形式に対して Lax–Milgram の定理の仮定が満たされたときに保証される（5.4 節）．

(4) Stokes 問題は連続の式を等式制約にもつ楕円型偏微分方程式の境界値問題である．Stokes 問題に対する解の一意存在は，弱形式に対して下限上限条件を用いた抽象的鞍点型変分問題に対する解の存在の仮定が満たされたときに保証される（5.5 節）．

5.8 第 5 章の演習問題

5.1 $b\colon \Omega \to \mathbb{R}$，$u_{\mathrm{D}}\colon \Omega \to \mathbb{R}$ に対して，

$$-\Delta u + u = b \quad \text{in } \Omega, \quad u = u_{\mathrm{D}} \quad \text{on } \partial\Omega$$

を満たす $u\colon \Omega \to \mathbb{R}$ を求める境界値問題の弱形式を求めよ．また，この弱形式を満たす u が一意に存在するためには，b と u_{D} をどのような関数空間から選べばよいかを示せ．

5.2 図 5.8.1 のような線形弾性体の片持ちはり問題を考える．このとき，点 $\boldsymbol{x}_{\mathrm{A}}$ は特異点ではないが，点 $\boldsymbol{x}_{\mathrm{B}}$ は特異点になることを示せ．

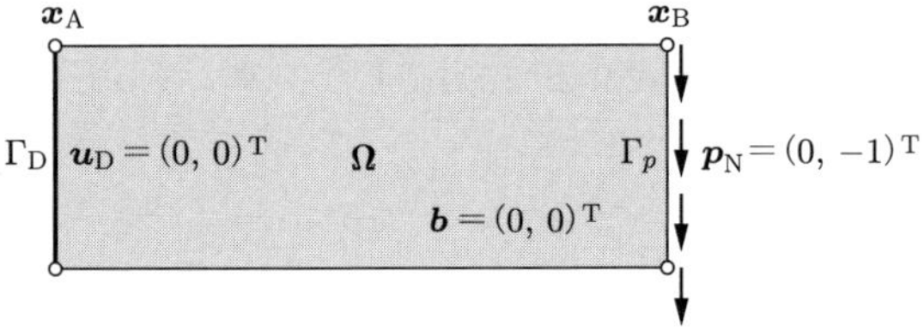

図 5.8.1　線形弾性体の片持ちはり問題

5.3 動的線形弾性問題は次のようにかかれる．「$\boldsymbol{b}\colon \Omega \times (0, t_{\mathrm{T}}) \to \mathbb{R}^d$，$\boldsymbol{p}_{\mathrm{N}}\colon \Gamma_{\mathrm{N}} \times (0, t_{\mathrm{T}}) \to \mathbb{R}^d$，$\boldsymbol{u}_{\mathrm{D}}\colon \Omega \times (0, t_{\mathrm{T}}) \to \mathbb{R}^d$，$\boldsymbol{u}_{\mathrm{D0}}\colon \Omega \to \mathbb{R}^d$，$\boldsymbol{u}_{\mathrm{DT}}\colon \Omega \to \mathbb{R}^d$ および $\rho > 0$ に対して，

$$\begin{aligned}
&\rho \ddot{\boldsymbol{u}}^{\mathrm{T}} - \boldsymbol{\nabla} \cdot \boldsymbol{S}(\boldsymbol{u}) = \boldsymbol{b}^{\mathrm{T}} \quad \text{in } \Omega \times (0, t_{\mathrm{T}}),\\
&\boldsymbol{S}(\boldsymbol{u})\boldsymbol{\nu} = \boldsymbol{p}_{\mathrm{N}} \quad \text{on } \Gamma_{\mathrm{N}} \times (0, t_{\mathrm{T}}), \quad \boldsymbol{u} = \boldsymbol{u}_{\mathrm{D}} \quad \text{on } \Gamma_{\mathrm{D}} \times (0, t_{\mathrm{T}}),\\
&\boldsymbol{u} = \boldsymbol{u}_{\mathrm{D0}} \quad \text{in } \Omega \times \{0\}, \quad \boldsymbol{u} = \boldsymbol{u}_{\mathrm{DT}} \quad \text{in } \Omega \times \{t_{\mathrm{T}}\}
\end{aligned}$$

を満たす $\boldsymbol{u}\colon \Omega \times (0, t_{\mathrm{T}}) \to \mathbb{R}^d$ を求めよ．ただし，時刻 $t \in (0, t_{\mathrm{T}})$ に対して $\dot{\boldsymbol{u}} = \partial \boldsymbol{u}/\partial t$ を表す．」この問題の弱形式を求めよ．

5.4 演習問題 **5.3** において，$\boldsymbol{b} = \boldsymbol{0}_{\mathbb{R}^d}$，$\boldsymbol{p}_{\mathrm{N}} = \boldsymbol{0}_{\mathbb{R}^d}$ および $\boldsymbol{u}_{\mathrm{D}} = \boldsymbol{0}_{\mathbb{R}^d}$ とするとき，$(\boldsymbol{x}, t) \in \Omega \times (0, t_{\mathrm{T}})$ に対して，変数分離型の解（定在波）

$$\boldsymbol{u}(\boldsymbol{x}, t) = \boldsymbol{\phi}(\boldsymbol{x}) \mathrm{e}^{\lambda t}$$

が仮定されたとき，$\boldsymbol{\phi}\colon \Omega \to \mathbb{R}^d$ と $\lambda \in \mathbb{R}$ を求める問題を固有振動問題という．この問題の弱形式を求めよ．

5.5 $\boldsymbol{b}\colon \Omega \times (0, t_{\mathrm{T}}) \to \mathbb{R}^d$，$\boldsymbol{u}_{\mathrm{D}}\colon \Omega \times (0, t_{\mathrm{T}}) \to \mathbb{R}^d$，$\mu > 0$ および $\rho > 0$ に対して，

$$\rho\dot{\boldsymbol{u}} + \rho(\boldsymbol{u}\cdot\boldsymbol{\nabla})\boldsymbol{u} - \mu\Delta\boldsymbol{u} + \boldsymbol{\nabla}p = \boldsymbol{b} \quad \text{in } \Omega\times(0,t_{\mathrm{T}}),$$
$$\boldsymbol{\nabla}\cdot\boldsymbol{u} = 0 \quad \text{in } \Omega\times(0,t_{\mathrm{T}}),$$
$$\boldsymbol{u} = \boldsymbol{u}_{\mathrm{D}} \quad \text{on } \{\partial\Omega\times(0,t_{\mathrm{T}})\}\cup\{\Omega\times\{0\}\}$$

を満たす $(\boldsymbol{u},p)\colon \Omega\times(0,t_{\mathrm{T}})\to\mathbb{R}^d\times\mathbb{R}$ を求める問題を **Navier–Stokes 問題**という．第 1 式を **Navier–Stokes 方程式**，第 2 式を**連続の式**という．この問題の弱形式を求めよ．

5.6 等方性の線形弾性体に対して，縦弾性係数 e_{Y}，せん断弾性係数 μ_{L} と Poisson 比 ν_{P} の間に，$e_{\mathrm{Y}} = 2\mu_{\mathrm{L}}(1+\nu_{\mathrm{P}})$ の関係が成り立つことを示せ．

第6章 数値解析の基礎

第5章では楕円型偏微分方程式の境界値問題のいくつかをとりあげて，それらに対する解の一意存在は，弱形式を満たす解に対して保証されることをみてきた．その解を厳密解とよぶことにしよう．厳密解は，領域の形状が長方形や楕円のように幾何学的に単純な形状のときには解析的にみつかるかもしれない．しかし，本書が目標とするような，領域の形状が任意に動いたあとの領域に対して厳密解を解析的に求めることは容易ではない．しかし，形状最適化問題を解くためには，厳密解は無理であっても近似解が常に得られるような数値解法を手に入れておく必要がある．

本章では，それらの偏微分方程式の境界値問題に対する近似解の求め方についてみておきたい．ここでは最初に Galerkin 法に注目する．Galerkin 法は，解関数と任意に選ぶ変分関数（試験関数）の近似関数をあらかじめ与えられた基底関数に未定乗数を乗じた線形和で構成し，それらを弱形式に代入することで未定乗数を決定する方法である．この方法の特徴は，その明快さだけでなく，近似解の一意存在が第5章で示された Lax–Milgram の定理によって保証されるところにある．しかし，基底関数の選び方によっては領域の形状についての制限が加わることになる．

その制限をなくすために，基底関数の選び方が工夫された方法として有限要素法を紹介したい．さらに，有限要素法による近似解に対しては誤差解析が可能である．これらの結果をみれば，有限要素法が領域の形状近似に対して柔軟で，かつ要素分割を増やしていけば厳密解への収束性が保証されるという信頼性を併せ持つ，優れた方法に仕上がっていることに気づくであろう．

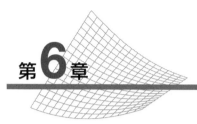

6.1 Galerkin 法

楕円型偏微分方程式の境界値問題に対する近似解の求め方として，Galerkin 法についてみてみよう．ここでは，1 次元 Poisson 問題を Galerkin 法で解くところをみてから，$d \in \{2,3\}$ 次元 Poisson 問題も同様に解けるところをみていくことにする．

6.1.1 1 次元 Poisson 問題

次のような混合境界条件をもつ 1 次元 Poisson 問題を考えよう．

問題 6.1.1（1 次元 Poisson 問題）

$b\colon (0,1) \to \mathbb{R}$，$p_{\mathrm{N}} \in \mathbb{R}$ および $u_{\mathrm{D}}\colon (0,1) \to \mathbb{R}$ が与えられたとき，

$$-\frac{\mathrm{d}^2 u}{\mathrm{d}x^2} = b \quad \text{in } (0,1), \quad \frac{\mathrm{d}u}{\mathrm{d}x}(1) = p_{\mathrm{N}}, \quad u(0) = u_{\mathrm{D}}(0)$$

を満たす $u\colon (0,1) \to \mathbb{R}$ を求めよ．

問題 6.1.1 に対して，

$$U = \{v \in H^1((0,1);\mathbb{R}) \mid v(0) = 0\} \tag{6.1.1}$$

とおく．また，$u, v \in U$ に対して

$$a(u,v) = \int_0^1 \frac{\mathrm{d}u}{\mathrm{d}x}\frac{\mathrm{d}v}{\mathrm{d}x}\,\mathrm{d}x \tag{6.1.2}$$

$$l(v) = \int_0^1 bv\,\mathrm{d}x + p_{\mathrm{N}} v(1) \tag{6.1.3}$$

とおく．この問題の弱形式は次のようになる．

問題 6.1.2（1 次元 Poisson 問題の弱形式）

$a(\cdot,\cdot)$ と $l(\cdot)$ はそれぞれ式 (6.1.2) と式 (6.1.3) とする．$b \in L^2((0,1);\mathbb{R})$，$p_{\mathrm{N}} \in \mathbb{R}$ および $u_{\mathrm{D}} \in H^1((0,1);\mathbb{R})$ が与えられたとき，任意の $v \in U$ に対して

$$a(u,v) - l(v) \tag{6.1.4}$$

を満たす $u - u_{\mathrm{D}} \in U$ を求めよ．

問題 6.1.2 に対して，Galerkin 法では近似関数を次のように構成する．m を自然数とする．

定義 6.1.3（近似関数の集合） $\boldsymbol{\phi} = (\phi_1, \ldots, \phi_m)^{\mathrm{T}} \in U^m$ を m 個の 1 次独立な既知関数とする．U に対する近似関数の集合を，$\boldsymbol{\alpha} = (\alpha_i)_i \in \mathbb{R}^m$ を未定乗数として，

$$U_h = \left\{ v_h(\boldsymbol{\alpha}) = \sum_{i \in \{1,\ldots,m\}} \alpha_i \phi_i = \boldsymbol{\alpha} \cdot \boldsymbol{\phi} \;\middle|\; \boldsymbol{\alpha} \in \mathbb{R}^m \right\}$$

とおく．このとき，$\boldsymbol{\phi}$ を**基底関数**とよぶ．

図 6.1.1 に u_{D} と $\boldsymbol{\phi}$ の例を示す．このように定義された u_{D} と U_h を用いて，$u - u_{\mathrm{D}} \in U$ と $v \in U$ の近似関数を $u_h - u_{\mathrm{D}} \in U_h$ と $v_h \in U_h$ と仮定する．このことは，定義 4.2.6 に従えば，

$$u_h = u_{\mathrm{D}} + \operatorname{span} \boldsymbol{\phi}, \quad v_h = \operatorname{span} \boldsymbol{\phi}$$

ともかける．このとき，U_h は $\boldsymbol{\phi}$ を含む最小の部分線形空間（すなわち線形空間）となる．さらに，$H^1((0,1);\mathbb{R})$ に対して定義された内積を用いることにすれば，U_h は Hilbert 空間となる．このとき，U_h の中で独立に選べるベクトルの数は m である．そこで，U_h は m 次元の Hilbert 空間であることになる．

近似関数の集合 U_h と u_{D} が定義されたので，それらを使って問題 6.1.2 に対

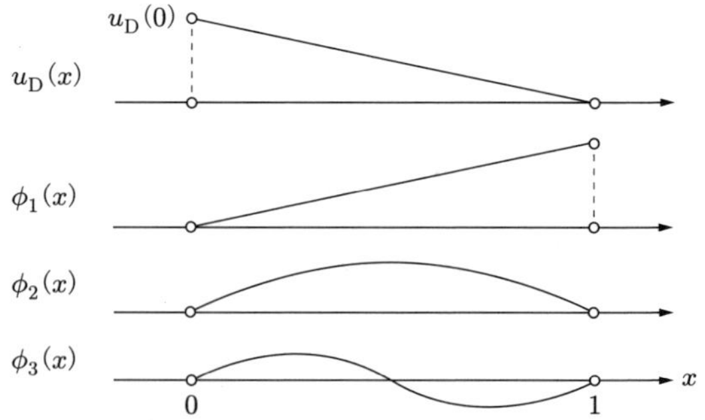

図 6.1.1 基底関数 u_{D}，$\boldsymbol{\phi}$ の例

する Galerkin 法を次のように定義する．

■定義 6.1.4 (Galerkin 法) u_{D} と U_h を定義 6.1.3 のとおりとする．$u_h(\boldsymbol{\alpha})-u_{\mathrm{D}} \in U_h$ と $v_h(\boldsymbol{\beta}) \in U_h$ を式 (6.1.4) の $u-u_{\mathrm{D}} \in U$ と $v \in U$ に代入すれば，$\boldsymbol{\alpha} \in \mathbb{R}^m$ を未知ベクトルとする連立 1 次方程式が得られる．その方程式の解 $\boldsymbol{\alpha}$ を用いて，問題 6.1.2 の近似解を $u_h(\boldsymbol{\alpha}) = u_{\mathrm{D}} + \boldsymbol{\phi} \cdot \boldsymbol{\alpha}$ によって求める方法を **Galerkin 法**という．

U_h は Hilbert 空間であることから，Lax–Milgram の定理を適用すれば，Galerkin 法の解 $u_h(\boldsymbol{\alpha})$ の一意存在はいえる．実際，$a(\,\cdot\,,\,\cdot\,)$ は有界で，U_h は同次基本境界条件を満たすので，$U_h \times U_h$ 上で $a(\,\cdot\,,\,\cdot\,)$ の強圧性はいえて，例題 5.2.5 のような $\hat{l}(\,\cdot\,)$ が U_h' に入ることがいえるためである．さらに，$a(\,\cdot\,,\,\cdot\,)$ は対称にもなっている．$a(\,\cdot\,,\,\cdot\,)$ の対称性と強圧性は，あとで示される解くべき連立 1 次方程式における係数行列の対称性と正定値性となって現れる．

実際に問題 6.1.2 を Galerkin 法で解く過程を詳細にみていこう．定義 6.1.3 の u_{D} と U_h を用いて，$u_h - u_{\mathrm{D}} \in U_h$ と $v_h \in U_h$ を弱形式（式 (6.1.4)）に代入して，任意の $v_h \in U_h$ に対して

$$a(u_h, v_h) = l(v_h) \tag{6.1.5}$$

が満たされるような u_h を求めることを目指す．式 (6.1.5) の両辺はそれぞれ

$$a(u_h, v_h) = \int_0^1 \frac{\mathrm{d}u_h}{\mathrm{d}x}\frac{\mathrm{d}v_h}{\mathrm{d}x}\,\mathrm{d}x, \quad l(v_h) = \int_0^1 b v_h\,\mathrm{d}x + p_{\mathrm{N}} v_h(1)$$

である．$a(u_h, v_h)$ の被積分項は

$$\frac{\mathrm{d}u_h}{\mathrm{d}x} = \frac{\mathrm{d}u_{\mathrm{D}}}{\mathrm{d}x} + \frac{\mathrm{d}\boldsymbol{\phi}}{\mathrm{d}x} \cdot \boldsymbol{\alpha} = \frac{\mathrm{d}u_{\mathrm{D}}}{\mathrm{d}x} + \begin{pmatrix} \dfrac{\mathrm{d}\phi_1}{\mathrm{d}x} & \cdots & \dfrac{\mathrm{d}\phi_m}{\mathrm{d}x} \end{pmatrix} \begin{pmatrix} \alpha_1 \\ \vdots \\ \alpha_m \end{pmatrix}$$

$$\frac{\mathrm{d}v_h}{\mathrm{d}x} = \frac{\mathrm{d}\boldsymbol{\phi}}{\mathrm{d}x} \cdot \boldsymbol{\beta} = \begin{pmatrix} \dfrac{\mathrm{d}\phi_1}{\mathrm{d}x} & \cdots & \dfrac{\mathrm{d}\phi_m}{\mathrm{d}x} \end{pmatrix} \begin{pmatrix} \beta_1 \\ \vdots \\ \beta_m \end{pmatrix}$$

によって与えられる．そこで，$a(u_h, v_h)$ は

$$
\begin{aligned}
a(u_h, v_h) &= \int_0^1 \frac{\mathrm{d}u_h}{\mathrm{d}x}\frac{\mathrm{d}v_h}{\mathrm{d}x}\,\mathrm{d}x \\
&= \int_0^1 (\beta_1 \ \cdots \ \beta_m) \begin{pmatrix} \dfrac{\mathrm{d}\phi_1}{\mathrm{d}x} \\ \vdots \\ \dfrac{\mathrm{d}\phi_m}{\mathrm{d}x} \end{pmatrix} \left(\frac{\mathrm{d}u_\mathrm{D}}{\mathrm{d}x} + \left(\frac{\mathrm{d}\phi_1}{\mathrm{d}x} \ \cdots \ \frac{\mathrm{d}\phi_m}{\mathrm{d}x} \right) \begin{pmatrix} \alpha_1 \\ \vdots \\ \alpha_m \end{pmatrix} \right) \mathrm{d}x \\
&= \int_0^1 (\beta_1 \ \cdots \ \beta_m) \\
&\quad \times \left(\begin{pmatrix} \dfrac{\mathrm{d}\phi_1}{\mathrm{d}x}\dfrac{\mathrm{d}\phi_1}{\mathrm{d}x} & \cdots & \dfrac{\mathrm{d}\phi_1}{\mathrm{d}x}\dfrac{\mathrm{d}\phi_m}{\mathrm{d}x} \\ \vdots & \ddots & \vdots \\ \dfrac{\mathrm{d}\phi_m}{\mathrm{d}x}\dfrac{\mathrm{d}\phi_1}{\mathrm{d}x} & \cdots & \dfrac{\mathrm{d}\phi_m}{\mathrm{d}x}\dfrac{\mathrm{d}\phi_m}{\mathrm{d}x} \end{pmatrix} \begin{pmatrix} \alpha_1 \\ \vdots \\ \alpha_m \end{pmatrix} + \begin{pmatrix} \dfrac{\mathrm{d}u_\mathrm{D}}{\mathrm{d}x}\dfrac{\mathrm{d}\phi_1}{\mathrm{d}x} \\ \vdots \\ \dfrac{\mathrm{d}u_\mathrm{D}}{\mathrm{d}x}\dfrac{\mathrm{d}\phi_m}{\mathrm{d}x} \end{pmatrix} \right) \mathrm{d}x \\
&= (\beta_1 \ \cdots \ \beta_m) \\
&\quad \times \left(\begin{pmatrix} a(\phi_1, \phi_1) & \cdots & a(\phi_1, \phi_m) \\ \vdots & \ddots & \vdots \\ a(\phi_m, \phi_1) & \cdots & a(\phi_m, \phi_m) \end{pmatrix} \begin{pmatrix} \alpha_1 \\ \vdots \\ \alpha_m \end{pmatrix} + \begin{pmatrix} a(u_\mathrm{D}, \phi_1) \\ \vdots \\ a(u_\mathrm{D}, \phi_m) \end{pmatrix} \right) \\
&= \boldsymbol{\beta} \cdot (\boldsymbol{A}\boldsymbol{\alpha} + \boldsymbol{a}_\mathrm{D})
\end{aligned}
$$

となる．ただし，$\boldsymbol{A} = (a_{ij})_{(i,j)\in\{1,\ldots,m\}^2}$ および $\boldsymbol{a}_\mathrm{D} = (a_{\mathrm{D}i})_{i\in\{1,\ldots,m\}}$ とかいて，

$$
a_{ij} = a(\phi_i, \phi_j) = \int_0^1 \frac{\mathrm{d}\phi_i}{\mathrm{d}x}\frac{\mathrm{d}\phi_j}{\mathrm{d}x}\,\mathrm{d}x \tag{6.1.6}
$$

$$
a_{\mathrm{D}i} = a(u_\mathrm{D}, \phi_i) = \int_0^1 \frac{\mathrm{d}u_\mathrm{D}}{\mathrm{d}x}\frac{\mathrm{d}\phi_i}{\mathrm{d}x}\,\mathrm{d}x \tag{6.1.7}
$$

とおいた．一方，$l(v_h)$ は

$$
\begin{aligned}
l(v_h) &= \int_0^1 b v_h\,\mathrm{d}x + p_\mathrm{N} v_h(1) \\
&\quad = \int_0^1 b(\beta_1 \ \cdots \ \beta_m) \begin{pmatrix} \phi_1 \\ \vdots \\ \phi_m \end{pmatrix} \mathrm{d}x + p_\mathrm{N}(\beta_1 \ \cdots \ \beta_m) \begin{pmatrix} \phi_1(1) \\ \vdots \\ \phi_m(1) \end{pmatrix}
\end{aligned}
$$

$$= (\beta_1 \ \cdots \ \beta_m)\begin{pmatrix} l(\phi_1) \\ \vdots \\ l(\phi_m) \end{pmatrix} = \boldsymbol{\beta} \cdot \boldsymbol{l}$$

となる．ただし，$\boldsymbol{l} = (l_i)_{i \in \{1,\dots,m\}}$ とかいて，

$$l_i = l(\phi_i) = \int_0^1 b\phi_i \,\mathrm{d}x + p_{\mathrm{N}}\phi_i(1) \tag{6.1.8}$$

とおいた．したがって，式 (6.1.5) は

$$\boldsymbol{\beta} \cdot (\boldsymbol{A}\boldsymbol{\alpha} + \boldsymbol{a}_{\mathrm{D}}) = \boldsymbol{\beta} \cdot \boldsymbol{l}$$

とかける．ここで，任意の $\boldsymbol{\beta} \in \mathbb{R}^m$ を考慮すれば，

$$\boldsymbol{A}\boldsymbol{\alpha} = \boldsymbol{l} - \boldsymbol{a}_{\mathrm{D}} = \hat{\boldsymbol{l}} \tag{6.1.9}$$

となる．確認のために式 (6.1.9) の行列とベクトルの要素をかけば，

$$\begin{pmatrix} a(\phi_1,\phi_1) & \cdots & a(\phi_1,\phi_m) \\ \vdots & \ddots & \vdots \\ a(\phi_m,\phi_1) & \cdots & a(\phi_m,\phi_m) \end{pmatrix}\begin{pmatrix} \alpha_1 \\ \vdots \\ \alpha_m \end{pmatrix} = \begin{pmatrix} l(\phi_1) - a(u_{\mathrm{D}},\phi_1) \\ \vdots \\ l(\phi_m) - a(u_{\mathrm{D}},\phi_m) \end{pmatrix}$$

となる．$\boldsymbol{A}$ は**係数行列**，$\hat{\boldsymbol{l}}$ は**既知項ベクトル**とよばれる．$\boldsymbol{A}$ は，$a(\phi_i,\phi_j) = a(\phi_j,\phi_i)$ より対称である．また，$a(\,\cdot\,,\,\cdot\,)$ の U_h における強圧性により，ある $c_0 > 0$ が存在して，任意の $\boldsymbol{\beta} \in \mathbb{R}^m$ に対して

$$\boldsymbol{\beta} \cdot \boldsymbol{A}\boldsymbol{\beta} = a(\boldsymbol{v}_h, \boldsymbol{v}_h) \geq c_0 \|\boldsymbol{\beta}\|_{\mathbb{R}^m}^2$$

が成り立つ．したがって，$\boldsymbol{A}$ は正定値対称行列（よって正則行列）となり，$\boldsymbol{A}$ の逆行列がとれて，

$$\boldsymbol{\alpha} = \boldsymbol{A}^{-1}\hat{\boldsymbol{l}} \tag{6.1.10}$$

によって $\boldsymbol{\alpha}$ が計算される．近似解 u_h は，この $\boldsymbol{\alpha}$ を用いて

$$u_h = u_{\mathrm{D}} + \boldsymbol{\phi} \cdot \boldsymbol{\alpha} \tag{6.1.11}$$

によって得られることになる．

このようにみてくると，基底関数 u_{D} と $\boldsymbol{\phi}$ には，$\displaystyle\int_0^1 (\mathrm{d}\phi_i/\mathrm{d}x)(\mathrm{d}\phi_j/\mathrm{d}x)\,\mathrm{d}x$ の計算が容易にできるようなものを選ぶ必要がある．さらに，基底関数の微分が互いに直交しているように選べたならば，$\boldsymbol{A}$ は対角行列になり，逆行列の計算は容易になる．

次の例題を Galerkin 法で解いてみよう．

□例題 6.1.5（1次元 Dirichlet 問題に対する Galerkin 法） 基底関数を

$$\boldsymbol{\phi} = (\phi_1 \quad \cdots \quad \phi_m)^{\mathrm{T}} = (\sin(1\pi x) \quad \cdots \quad \sin(m\pi x))^{\mathrm{T}}$$

とおいて，Galerkin 法により

$$-\frac{\mathrm{d}^2 u}{\mathrm{d}x^2} = 1 \quad \text{in } (0,1), \quad u(0) = 0, \quad u(1) = 0$$

を満たす近似解 $u_h\colon (0,1) \to \mathbb{R}$ を求めよ．

▶解答 $U = H_0^1((0,1);\mathbb{R})$ とおいて，この問題の弱形式を，任意の $v \in U$ に対して

$$a(u,v) = l_1(v)$$

とかく．ただし，$a(\cdot,\cdot)$ を式 (6.1.2)，$l_1(\cdot)$ を式 (6.1.3) において $b=1$ および $p=0$ のときの $l(\cdot)$ とする．近似関数を $\boldsymbol{\alpha}, \boldsymbol{\beta} \in \mathbb{R}^m$ に対して

$$u_h = \boldsymbol{\alpha} \cdot \boldsymbol{\phi}(x), \quad v_h = \boldsymbol{\beta} \cdot \boldsymbol{\phi}(x)$$

とおく．これらを弱形式に代入すれば，

$$\boldsymbol{\beta} \cdot \boldsymbol{A}\boldsymbol{\alpha} = \boldsymbol{\beta} \cdot \boldsymbol{l}_1$$

が得られる．ここで，$\boldsymbol{A} = (a_{ij})_{(i,j)\in\{1,\ldots,m\}^2}$ および $\boldsymbol{l}_1 = (l_{1i})_{i\in\{1,\ldots,m\}}$ とかいて，

$$\begin{aligned} a_{ij} &= a(\phi_i,\phi_j) = \int_0^1 \frac{\mathrm{d}\phi_i}{\mathrm{d}x}\frac{\mathrm{d}\phi_j}{\mathrm{d}x}\,\mathrm{d}x = ij\pi^2 \int_0^1 \cos(i\pi x)\cos(j\pi x)\,\mathrm{d}x \\ &= \frac{1}{2}ij\pi^2 \int_0^1 [\cos\{(i+j)\pi x\} + \cos\{(i-j)\pi x\}]\,\mathrm{d}x = \frac{1}{2}ij\pi^2\delta_{ij}, \\ l_{1i} &= \int_0^1 \sin(i\pi x)\,\mathrm{d}x = \frac{1}{i\pi}[-\cos(i\pi x)]_0^1 = \frac{(-1)^{i+1}+1}{i\pi} \end{aligned}$$

となる．ただし，

$$\delta_{ij} = \begin{cases} 1 & (i = j) \\ 0 & (i \neq j) \end{cases}$$

は Kronecker デルタを表す．そこで，$\boldsymbol{A}\boldsymbol{\alpha} = \boldsymbol{l}_1$ は

$$\frac{\pi^2}{2} \begin{pmatrix} 1 & 0 & 0 & \cdots & 0 \\ 0 & 4 & 0 & \cdots & 0 \\ 0 & 0 & 9 & \cdots & 0 \\ \vdots & \vdots & \vdots & \ddots & \vdots \\ 0 & 0 & 0 & \cdots & m^2 \end{pmatrix} \begin{pmatrix} \alpha_1 \\ \alpha_2 \\ \alpha_3 \\ \vdots \\ \alpha_m \end{pmatrix} = \frac{1}{\pi} \begin{pmatrix} 2 \\ 0 \\ 2/3 \\ \vdots \\ \{(-1)^{m+1} + 1\}/m \end{pmatrix}$$

となる．この連立 1 次方程式を解けば，

$$\alpha_i = \frac{2\{(-1)^{i+1} + 1\}}{i^3\pi^3}$$

が得られる．したがって，近似解は

$$u_h = \sum_{i \in \{1,\ldots,m\}} \frac{2\{(-1)^{i+1} + 1\}}{i^3\pi^3} \sin(i\pi x)$$

となる．一方，厳密解は

$$u = \frac{1}{2}x(x-1)$$

である．図 6.1.2 に近似解と厳密解の比較を示す． □

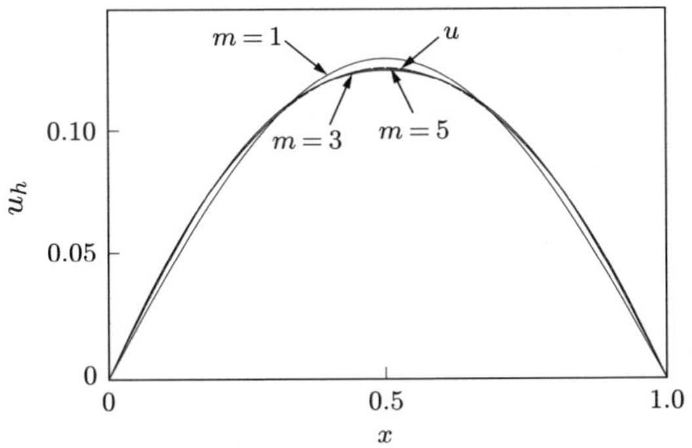

図 6.1.2 例題 6.1.5 の厳密解と近似解

6.1.2　d 次元 Poisson 問題

次に，$d \in \{2,3\}$ 次元 Poisson 問題を Galerkin 法で解くことを考えよう．問題 5.1.1 を再記しよう．

問題 6.1.6（d 次元 Poisson 問題）

$b\colon \Omega \to \mathbb{R}$，$p_{\mathrm{N}}\colon \Gamma_{\mathrm{N}} \to \mathbb{R}$ および $u_{\mathrm{D}}\colon \Omega \to \mathbb{R}$ が与えられたとき，

$$-\Delta u = b \quad \text{in } \Omega$$
$$\frac{\partial u}{\partial \nu} = p_{\mathrm{N}} \quad \text{on } \Gamma_{\mathrm{N}}$$
$$u = u_{\mathrm{D}} \quad \text{on } \Gamma_{\mathrm{D}}$$

を満たす $u\colon \Omega \to \mathbb{R}$ を求めよ．

問題 6.1.6 に対して，

$$U = \{u \in H^1(\Omega;\mathbb{R}) \mid u = 0 \text{ on } \Gamma_{\mathrm{D}}\} \tag{6.1.12}$$

とおく．また，$u, v \in U$ に対して

$$a(u,v) = \int_\Omega \boldsymbol{\nabla} u \cdot \boldsymbol{\nabla} v \, \mathrm{d}x \tag{6.1.13}$$
$$l(v) = \int_\Omega bv \, \mathrm{d}x + \int_{\Gamma_{\mathrm{N}}} p_{\mathrm{N}} v \, \mathrm{d}\gamma \tag{6.1.14}$$

とおく．この問題の弱形式は次のようになる．

問題 6.1.7（d 次元 Poisson 問題の弱形式）

$b \in L^2(\Omega;\mathbb{R})$，$p_{\mathrm{N}} \in L^2(\Gamma_{\mathrm{N}};\mathbb{R})$ および $u_{\mathrm{D}} \in H^1(\Omega;\mathbb{R})$ が与えられたとき，任意の $v \in U$ に対して

$$a(u,v) = l(v) \tag{6.1.15}$$

を満たす $u - u_{\mathrm{D}} \in U$ を求めよ．

問題 6.1.6 に対して，近似関数を次のように構成する．m を自然数とする．

■**定義 6.1.8（近似関数の集合）** $\boldsymbol{\phi} = (\phi_1, \ldots, \phi_m)^{\mathrm{T}} \in U^m$ を m 個の 1 次独立な既知関数とする．U に対する近似関数の集合を，$\boldsymbol{\alpha} = (\alpha_i)_i \in \mathbb{R}^m$ を未定乗数として，

$$U_h = \left\{ v_h(\boldsymbol{\alpha}) = \sum_{i \in \{1,\ldots,m\}} \alpha_i \phi_i = \boldsymbol{\alpha} \cdot \boldsymbol{\phi} \;\middle|\; \boldsymbol{\alpha} \in \mathbb{R}^m \right\}$$

とおく．このとき，$\boldsymbol{\phi}$ を**基底関数**とよぶ．

定義 6.1.3 と定義 6.1.8 を比較すれば，関数の定義域が変更されただけで，同一の表現が使われている．そこで，d 次元 Poisson 問題に対しても，1 次元 Poisson 問題に対して使われた多くの式がそのまま使われることになる．そのことを以下で確認しよう．定義 6.1.8 の u_{D} と U_h を用いて，$u_h - u_{\mathrm{D}} \in U_h$ と $v_h \in U_h$ が弱形式（式 (6.1.15)）に代入された

$$a(u_h, v_h) = l(v_h) \tag{6.1.16}$$

は式 (6.1.5) と同じになる．ただし，$a(\,\cdot\,,\,\cdot\,)$ と $l(\,\cdot\,)$ の定義は

$$a(u_h, v_h) = \int_\Omega \boldsymbol{\nabla} u_h \cdot \boldsymbol{\nabla} v_h \,\mathrm{d}x, \quad l(v_h) = \int_\Omega b v_h \,\mathrm{d}x + \int_{\Gamma_{\mathrm{N}}} p_{\mathrm{N}} v_h \,\mathrm{d}\gamma$$

におきかえられる．それ以後は 1 次元 Poisson 問題のときと同様の式展開がおこなわれ，式 (6.1.9) と同じ

$$\boldsymbol{A}\boldsymbol{\alpha} = \boldsymbol{l} - \boldsymbol{a}_{\mathrm{D}} = \hat{\boldsymbol{l}} \tag{6.1.17}$$

が得られる．ただし，$\boldsymbol{A} = (a_{ij})_{(i,j) \in \{1,\ldots,m\}^2}$，$\boldsymbol{a}_{\mathrm{D}} = (a_{\mathrm{D}i})_{i \in \{1,\ldots,m\}}$ および $\boldsymbol{l} = (l_i)_{i \in \{1,\ldots,m\}}$ はそれぞれ

$$a_{ij} = a(\phi_i, \phi_j) = \int_\Omega \boldsymbol{\nabla}\phi_i \cdot \boldsymbol{\nabla}\phi_j \,\mathrm{d}x \tag{6.1.18}$$

$$a_{\mathrm{D}i} = a(u_{\mathrm{D}}, \phi_j) = \int_\Omega \boldsymbol{\nabla} u_{\mathrm{D}} \cdot \boldsymbol{\nabla}\phi_j \,\mathrm{d}x \tag{6.1.19}$$

$$l_i = l(\phi_i) = \int_\Omega b\phi_i \,\mathrm{d}x + \int_{\Gamma_{\mathrm{N}}} p_{\mathrm{N}} \phi_i \,\mathrm{d}\gamma \tag{6.1.20}$$

のように変更される．$\boldsymbol{A}$ は正定値対称行列となり，$\boldsymbol{A}$ の逆行列がとれて，

式 (6.1.10) と式 (6.1.11) の表記はそのまま成り立つことになる．

正方領域に対する 2 次元 Dirichlet 問題を Galerkin 法で解いてみよう．それをみれば，式 (6.1.10) と式 (6.1.11) の表記がそのまま成り立つことが了解されるであろう（[93] p.30 例 3.2）．

□例題 6.1.9（2 次元 Dirichlet 問題に対する Galerkin 法）　基底関数を

$$\boldsymbol{\phi} = (\phi_{ij}(\boldsymbol{x}))_{(i,j)\in\{1,\dots,m\}^2} = (\sin(i\pi x_1)\sin(j\pi x_2))_{(i,j)\in\{1,\dots,m\}^2}$$

として，Galerkin 法により

$$-\Delta u = 1 \quad \text{in } \Omega = (0,1)^2, \quad u = 0 \quad \text{on } \partial\Omega$$

を満たす近似解 $u_h\colon (0,1)^2 \to \mathbb{R}$ を求めよ．

▶解答　$U = H_0^1((0,1)^2;\mathbb{R})$ とおいて，この問題の弱形式を，任意の $v \in U$ に対して

$$a(u,v) = l_1(v)$$

とかく．ただし，$a(\,\cdot\,,\,\cdot\,)$ を式 (6.1.13)，$l_1(\,\cdot\,)$ を式 (6.1.14) において $b=1$ および $p=0$ のときの $l(\,\cdot\,)$ とする．近似関数を $\boldsymbol{\alpha}$ と $\boldsymbol{\beta} \in \mathbb{R}^{m\times m}$ に対して

$$u_h = \boldsymbol{\alpha}\cdot\boldsymbol{\phi}(\boldsymbol{x}) = \sum_{(i,j)\in\{1,\dots,m\}^2} \alpha_{ij}\phi_{ij}(\boldsymbol{x})$$
$$v_h = \boldsymbol{\beta}\cdot\boldsymbol{\phi}(\boldsymbol{x}) = \sum_{(i,j)\in\{1,\dots,m\}^2} \beta_{ij}\phi_{ij}(\boldsymbol{x})$$

とおく．u_h，v_h を弱形式に代入すれば，

$$\boldsymbol{\beta}\cdot\boldsymbol{A}\boldsymbol{\alpha} = \boldsymbol{\beta}\cdot\boldsymbol{l}_1$$

が得られる．ここで，$\boldsymbol{A} = (a(\phi_{ij},\phi_{kl}))_{(i,j,k,l)\in\{1,\dots,m\}^4}$ および $\boldsymbol{l}_1 = (l_1(\phi_{ij}))_{(i,j)\in\{1,\dots,m\}^2}$ とかけば，

$$\begin{aligned} a(\phi_{ij},\phi_{kl}) &= \int_0^1\int_0^1 \left(\frac{\partial\phi_{ij}}{\partial x_1}\frac{\partial\phi_{kl}}{\partial x_1} + \frac{\partial\phi_{ij}}{\partial x_2}\frac{\partial\phi_{kl}}{\partial x_2}\right)\mathrm{d}x_1\,\mathrm{d}x_2 \\ &= \int_0^1\int_0^1 \{ki\pi^2\cos(k\pi x_1)\sin(l\pi x_2)\cos(i\pi x_1)\sin(j\pi x_2) \\ &\qquad + li\pi^2\sin(k\pi x_1)\cos(l\pi x_2)\sin(i\pi x_1)\cos(j\pi x_2)\}\,\mathrm{d}x_1\,\mathrm{d}x_2 \end{aligned}$$

$$= \frac{\pi^2}{4}(ki + lj)\delta_{ki}\delta_{lj},$$

$$l_1(\phi_{ij}) = \int_0^1 \int_0^1 \sin(i\pi x_1)\sin(j\pi x_2)\,\mathrm{d}x_1\,\mathrm{d}x_2$$

$$= \frac{\{(-1)^{i+1} + 1\}\{(-1)^{j+1} + 1\}}{ij\pi^2}$$

が得られる．そこで，$\boldsymbol{A}\boldsymbol{\alpha} = \boldsymbol{l}_1$ は

$$\sum_{(k,l)\in\{1,\ldots,m\}^2} \frac{\pi^2}{4}(ki + lj)\delta_{ki}\delta_{lj}\alpha_{ij} = \frac{\{(-1)^{i+1} + 1\}\{(-1)^{j+1} + 1\}}{ij\pi^2}$$

となる．この連立 1 次方程式を解けば，$i, j \in \{1, \ldots, m\}$ に対して

$$\alpha_{ij} = \frac{4\{(-1)^{i+1} + 1\}\{(-1)^{j+1} + 1\}}{ij(i^2 + j^2)\pi^4}$$

が得られる．したがって，近似解 u_h は次のようになる．

$$u_h = \sum_{(i,j)\in\{1,\ldots,m\}^2} \frac{4\{(-1)^{i+1} + 1\}\{(-1)^{j+1} + 1\}}{ij(i^2 + j^2)\pi^4} \sin(i\pi x)\sin(j\pi x) \tag{6.1.21}$$

□

6.1.3 Ritz 法

Galerkin 法では近似関数が弱形式に代入された．しかし，近似関数を最小化問題に代入しても同一の近似解が得られる．その方法は Ritz 法とよばれる．

問題 6.1.7 を最小化問題にかきかえた次の問題を考えよう．$a(\,\cdot\,,\,\cdot\,)$，$l(\,\cdot\,)$，u_{D} および U は問題 6.1.7 で使われたものと同じであるとする．

問題 6.1.10（d 次元 Poisson 問題の最小化問題）

$b \in L^2(\Omega;\mathbb{R})$，$p_{\mathrm{N}} \in L^2(\Gamma_{\mathrm{N}};\mathbb{R})$ および $u_{\mathrm{D}} \in H^1(\Omega;\mathbb{R})$ に対して，

$$\min_{u-u_{\mathrm{D}}\in U} \left\{ f(u) = \frac{1}{2}a(u,u) - l(u) \right\}$$

を満たす u を求めよ．

問題 6.1.10 に対して Ritz 法は次のように定義される．

定義 6.1.11 (Ritz 法)　U_h を定義 6.1.8 のとおりとする．$u_h(\boldsymbol{\alpha}) - u_{\mathrm{D}} \in U_h$ を問題 6.1.10 の $u - u_{\mathrm{D}} \in U$ に代入すれば，$f(u)$ の $\boldsymbol{\alpha} \in \mathbb{R}^m$ の変動に対する停留条件（$\boldsymbol{\alpha}$ を未知ベクトルとする連立 1 次方程式）が得られる．その方程式の解 $\boldsymbol{\alpha}$ を用いて問題 6.1.10 の近似解を $u_h(\boldsymbol{\alpha}) = u_{\mathrm{D}} + \boldsymbol{\phi}\cdot\boldsymbol{\alpha}$ によって求める方法を **Ritz 法**という．

問題 6.1.10 を Ritz 法で解いてみよう．u_h を $f(u_h)$ に代入すれば，

$$f(u_h) = \frac{1}{2}(a(u_{\mathrm{D}}, u_{\mathrm{D}}) + \boldsymbol{\alpha}\cdot\boldsymbol{A}\boldsymbol{\alpha} + 2\boldsymbol{\alpha}\cdot\boldsymbol{a}_{\mathrm{D}}) - (l(u_{\mathrm{D}}) + \boldsymbol{\alpha}\cdot\boldsymbol{l})$$

が得られる．ただし，$\boldsymbol{A}$，$\boldsymbol{a}_{\mathrm{D}}$ および $\boldsymbol{l}$ はそれぞれ式 (6.1.18)，(6.1.19) および (6.1.20) である．

$f(u_h)$ の最小条件より，

$$\frac{\partial f(u_h)}{\partial \boldsymbol{\alpha}} = \boldsymbol{A}\boldsymbol{\alpha} + \boldsymbol{a}_{\mathrm{D}} - \boldsymbol{l} = \boldsymbol{0}_{\mathbb{R}^m}$$

が得られる．この式は，Galerkin 法の式 (6.1.17) と一致する．

このように，Ritz 法は，近似関数を u に対してのみ構成すればよいことから，理論がコンパクトに収まるという利点をもつ．しかし，Galerkin 法と比較すれば，楕円型偏微分方程式の境界値問題が最小化問題にかきかえられるとき，すなわち，5.2 節でみてきたように，$a(\,\cdot\,,\,\cdot\,)$ が対称のときに限られることに注意しなければならない．また，$a(\,\cdot\,,\,\cdot\,)$ が対称のときには Galerkin 法と Ritz 法によって得られる方程式は同一になることから，二つの方法をあわせて Ritz–Galerkin 法とよぶことがある．

6.1.4　基本誤差評価

Galerkin 法の解 $u_h(\boldsymbol{\alpha})$ が一意に存在することは，近似関数の集合 U_h が Hilbert 空間であることから，Lax–Milgram の定理によって保証されることをみてきた．さらに，厳密解の属する Hilbert 空間のノルムを用いれば，近似解の安定性と誤差について明快な結果が得られる．

ここでは，問題 6.1.1 に対して，

$$V = H^1((0,1);\mathbb{R})$$
$$U = \{v \in V \mid v(0) = 0\}$$

$$U(u_{\mathrm{D}}) = \{v \in V \mid v - u_{\mathrm{D}} \in U,\ u_{\mathrm{D}} \in V\}$$

とおく．問題 6.1.6 に対して，

$$V = H^1(\Omega; \mathbb{R})$$
$$U = \{v \in V \mid u = 0 \text{ on } \Gamma_{\mathrm{D}}\}$$
$$U(u_{\mathrm{D}}) = \{v \in V \mid v - u_{\mathrm{D}} \in U,\ u_{\mathrm{D}} \in V\}$$

とおく．V' を V の双対空間とする．また，近似関数の集合 U_h を問題 6.1.1 に対して定義 6.1.3，問題 6.1.6 に対して定義 6.1.8 とする．さらに，これまでは u_{D} の近似関数は考えてこなかったが，ここではその近似関数を $u_{\mathrm{D}h}$ とおき，

$$U_h(u_{\mathrm{D}h}) = \{u_h \in V \mid h_h - u_{\mathrm{D}h} \in U_h\}$$

とかくことにする．

結果の一つは，既知関数の誤差が近似解に及ぼす影響に関する次のような結果である（たとえば，[41] p.30，[92] p.34 定理 2.3）．

■定理 6.1.12（近似解の安定性） $a\colon V \times V \to \mathbb{R}$ を有界かつ強圧的な双 1 次形式とする．任意の $l_1, l_2 \in V'$ に対する問題 6.1.2 あるいは問題 6.1.7 の Galerkin 法による近似解を $u_{h1}, u_{h2} \in U_h(u_{\mathrm{D}h}) \subset U(u_{\mathrm{D}})$ とする．このとき，

$$\|u_{h1} - u_{h2}\|_V \leq \frac{1}{\alpha}\|l_1 - l_2\|_{V'}$$

が成り立つ．ただし，$\alpha > 0$ は $a(\cdot,\cdot)$ の強圧性を与える定数とする（定義 5.2.1）．

もう一つは，Galerkin 法の近似解 u_h は，近似解の集合 $U_h(u_{\mathrm{D}h})$ の中で最良の（厳密解にもっとも近い）要素になっていることを示す結果である．ただし，厳密解 $u \in U(u_{\mathrm{D}})$ と $u_h \in U_h(u_{\mathrm{D}h})$ の距離を $\sqrt{a(u - u_h, u - u_h)}$ あるいは V のノルム $\|u - u_h\|_V$ で計るものとする．次の結果は **Cea の補題**とよばれる（たとえば，[41] p.113 Theorem 13.1，[148] p.54 補題 2.3，[92] p.42 定理 2.4）．

■定理 6.1.13（基本誤差評価） 任意の $l \in V'$ に対する問題 6.1.2 あるいは問題 6.1.7 の解を $u \in U(u_{\mathrm{D}})$，Galerkin 法による近似解を $u_h \in U_h(u_{\mathrm{D}h})$ とする．このとき，

$$a(u-u_h, u-u_h) \le \inf_{v_h \in U_h(u_{\mathrm{D}h})} a(u-v_h, u-v_h),$$

$$\|u-u_h\|_V$$

$$\le \sqrt{\frac{\|a\|}{\alpha}} \inf_{v_h \in U_h(u_{\mathrm{D}h})} \|u-v_h\|_V + \left(1+\sqrt{\frac{\|a\|}{\alpha}}\right)\|u_{\mathrm{D}}-u_{\mathrm{D}h}\|_V$$

が成り立つ．ただし，$\|a\|$ は双線形作用素のノルム（4.4.4 項），$\alpha > 0$ は $a(\cdot,\cdot)$ の強圧性を与える定数である．

定理 6.1.13 は，Galerkin 法による近似解は U_h の中で最良であることを示している．そこで，Galerkin 法による近似解の誤差を小さくするためには，厳密解に近づく能力をもった近似関数を U_h の中にそろえておくことが有効であることを示している．そのことは，Galerkin 法を基礎にした数値解法の誤差評価をおこなう際にも使われる．有限要素法に対する誤差評価は，6.6 節で詳しくみることにしよう．

6.2 1 次元有限要素法

Galerkin 法では基底関数の線形結合で近似関数が構成され，それらを弱形式に代入することで未定乗数が決定されていた．その枠組みを変えないで，基底関数の選び方について再考することにしよう．

6.1 節でみてきた Galerkin 法では，基底関数は領域全体で定義された関数の中から選ばれていた．例題 6.1.9 では $(\sin(i\pi x_1)\sin(j\pi x_2))_{(i,j)\in\{1,\ldots,m\}^2}$ が基底関数に選ばれていた．これらの関数は偏微分方程式の境界値問題の定義域 $\Omega = (0,1)^2$ を台としている．このような基底関数の選び方をする限りにおいては，境界値問題が定義された領域形状は，図 6.2.1 (a) のような長方形や楕円な

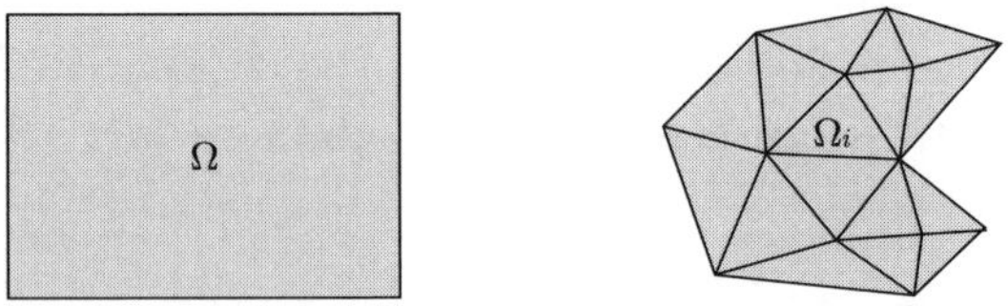

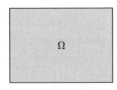

（a）Ω :6.1 節の Galerkin 法　（b）$\{\Omega_i\}_i$: 有限要素法

図 6.2.1 近似関数の台

どに制限されることになる.

それに対して，図 6.2.1 (b) のような多角形領域 Ω を単純な 3 角形領域 $\{\Omega_i\}_i$ に分割して，それぞれの 3 角形領域を台にもつ基底関数で U_h を構成することを考える．このようにすれば，Galerkin 法の枠組みは変更せずに，基底関数の選び方を変更するだけで，任意の多角形上で定義された境界値問題の近似解が得られそうである．このような方針で臨んだ Galerkin 法が有限要素法である．このときに選ばれた単純な領域を**有限要素**とよぶ.

本節では，1 次元 Poisson 問題を有限要素法で解く過程を詳しくみてみることにしよう．最初に，有限要素法で使われる近似関数を Galerkin 法の枠組みで定義する．そのあとで，その近似関数は分割された有限要素の領域ごとに定義された近似関数であるとみなす．それによって，弱形式の積分が有限要素の領域ごとの積分におきかえられることになる.

6.2.1　Galerkin 法における近似関数

1 次元 Poisson 問題（問題 6.1.1 とその弱形式表現である問題 6.1.2）に対する有限要素法を考えよう．有限要素法では，領域 $\Omega = (0,1)$ を図 6.2.2 のように $(x_0, x_1), (x_1, x_2), \ldots, (x_{m-1}, x_m)$ に分割する．ここで，$x_0, x_1, \ldots, x_m$ を**節点**とよび，$(x_0, x_1), (x_1, x_2), \ldots, (x_{m-1}, x_m)$ を **1 次元有限要素**あるいは有限要素の領域とよぶ．有限要素に番号をつけて，その番号の集合を $\mathcal{E} = \{1, \ldots, m\}$ とかくことにする．また，節点にも番号をつけて，その番号の集合を $\mathcal{N} = \{0, \ldots, m\}$ とかくことにする.

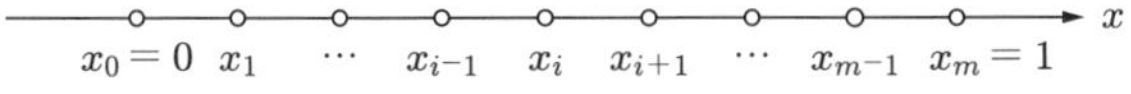

図 6.2.2　1 次元領域 $\Omega = (0,1)$ における有限要素と節点

問題 6.1.1 に対する **1 次元有限要素法の基底関数**を，図 6.2.3 のような高さ 1 の山形の関数

$$\phi_0(x) = \begin{cases} \dfrac{x_1 - x}{x_1 - x_0} & \text{in } (0, x_1) \\ 0 & \text{in } (x_1, 1) \end{cases}$$

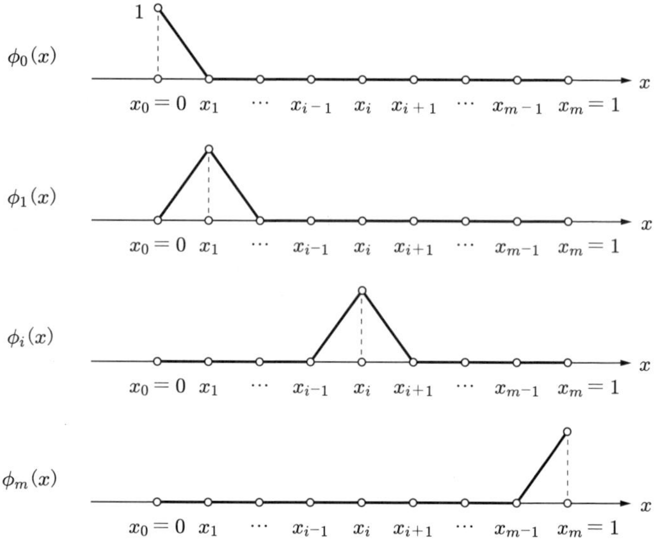

図 6.2.3 1次元有限要素法における基底関数 $\phi_0, \ldots, \phi_m$

$$\phi_i(x) = \begin{cases} \dfrac{x - x_{i-1}}{x_i - x_{i-1}} & \text{in } (x_{i-1}, x_i) \\ \dfrac{x_{i+1} - x}{x_{i+1} - x_i} & \text{in } (x_i, x_{i+1}) \\ 0 & \text{in } (0, x_{i-1}) \cup (x_{i+1}, 1) \end{cases} \qquad \text{for } i \in \{1, 2, \ldots, m\}$$

$$\phi_m(x) = \begin{cases} \dfrac{x - x_{m-1}}{x_m - x_{m-1}} & \text{in } (x_{m-1}, 1) \\ 0 & \text{in } (0, x_{m-1}) \end{cases}$$

に選ぶ．近似関数は

$$u_h(\bar{\boldsymbol{u}}) = u_0\phi_0 + \sum_{i \in \{1,\ldots,m\}} u_i \phi_i = \begin{pmatrix} \bar{u}_{\mathrm{D}} \\ \bar{\boldsymbol{u}}_{\mathrm{N}} \end{pmatrix} \cdot \begin{pmatrix} \phi_{\mathrm{D}} \\ \boldsymbol{\phi}_{\mathrm{N}} \end{pmatrix} = \bar{\boldsymbol{u}} \cdot \boldsymbol{\phi} \quad (6.2.1)$$

$$v_h(\bar{\boldsymbol{v}}) = v_0\phi_0 + \sum_{i \in \{1,\ldots,m\}} v_i \phi_i = \begin{pmatrix} \bar{v}_{\mathrm{D}} \\ \bar{\boldsymbol{v}}_{\mathrm{N}} \end{pmatrix} \cdot \begin{pmatrix} \phi_{\mathrm{D}} \\ \boldsymbol{\phi}_{\mathrm{N}} \end{pmatrix} = \bar{\boldsymbol{v}} \cdot \boldsymbol{\phi} \quad (6.2.2)$$

のように構成する．ただし，$u_0 = \bar{u}_{\mathrm{D}} = u_{\mathrm{D}}$ および $v_0 = \bar{v}_{\mathrm{D}} = 0$ とする．ここで，$\bar{\boldsymbol{u}}_{\mathrm{N}} = (u_1, \ldots, u_m)^{\mathrm{T}}$ と $\bar{\boldsymbol{v}}_{\mathrm{N}} = (v_1, \ldots, v_m)^{\mathrm{T}}$ が未定乗数である．なお，$(\bar{\cdot})$ はベクトルの意味でつけたが，$\bar{u}_{\mathrm{D}}$ と $\bar{v}_{\mathrm{D}}$ は，たまたま問題 6.1.1 では基本

境界条件が与えられた節点が一つであったために 1 次元ベクトルとなった．

このように定義された近似関数の特徴についてみておこう．まず，基底関数がこのような連続関数であることは，$H^1(\Omega;\mathbb{R})$ に含まれることになり（Sobolev の埋蔵定理（定理 4.3.14）），弱形式に代入するための要件を満たしている．有限要素上で 1 次多項式であることは，$a(\phi_i,\phi_j)$ の中に現れる ϕ_i と ϕ_j の微分の評価が容易になることを意味する．また，節点ごとに定義された基底関数は節点に隣接する有限要素だけを台にもつことになり，$a(\phi_i,\phi_j)$ の積分領域はそれらの有限要素に限定される．さらに，節点 $i \in \mathcal{N}$ で 1 となる基底関数 ϕ_i に対する未定乗数 u_i は，図 6.2.4 のように，近似関数の節点値と一致する．このことから，$\bar{\boldsymbol{u}}$ と $\bar{\boldsymbol{v}}$ は**節点値ベクトル**とよばれる．本書では，$\bar{\boldsymbol{u}}$ と $\bar{\boldsymbol{v}}$ の要素を二つに分けて，基本境界条件を与える $\bar{u}_{\mathrm{D}} = u_0$ と $\bar{v}_{\mathrm{D}} = v_0$ を **Dirichlet 型節点値ベクトル**（この場合は実数）とよび，$\bar{\boldsymbol{u}}_{\mathrm{N}} = (u_1,\ldots,u_m)^{\mathrm{T}}$ と $\bar{\boldsymbol{v}}_{\mathrm{N}} = (v_1,\ldots,v_m)^{\mathrm{T}}$ を **Neumann 型節点値ベクトル**とよぶことにする．

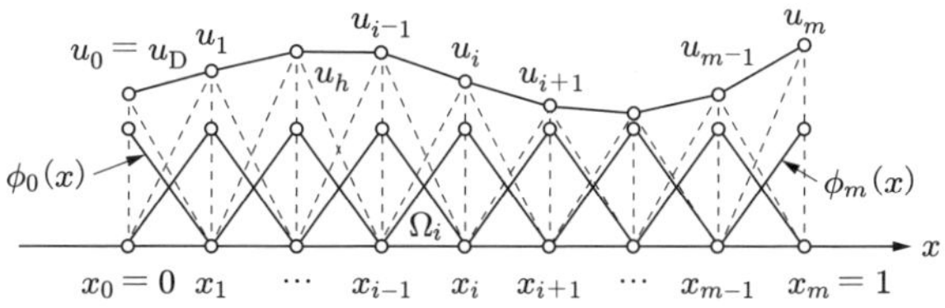

図 6.2.4　1 次元有限要素法における節点値ベクトル $\bar{\boldsymbol{u}}$

6.2.2　有限要素法における近似関数

これまでは，有限要素法が Galerkin 法の一つであるとの認識のもとで，近似関数の定義域は Ω であるとみなしてきた．しかし，有限要素 $i \in \mathcal{E}$ の領域 $\Omega_i = (x_{i-1}, x_i)$ を台にもつ基底関数の集合に注目すれば，図 6.2.5 に示されるような節点 $i-1 \in \mathcal{N}$ と $i \in \mathcal{N}$ に対する二つの基底関数 $\phi_{i-1}(x)$ と $\phi_i(x)$ を用いて

$$\varphi_{i(1)}(x) = \phi_{i-1}(x) = \frac{x_{i(2)} - x}{x_{i(2)} - x_{i(1)}} \tag{6.2.3}$$

$$\varphi_{i(2)}(x) = \phi_i(x) = \frac{x - x_{i(1)}}{x_{i(2)} - x_{i(1)}} \tag{6.2.4}$$

とおき，すべての $i \in \mathcal{E}$ に対して Ω_i 上の近似関数を

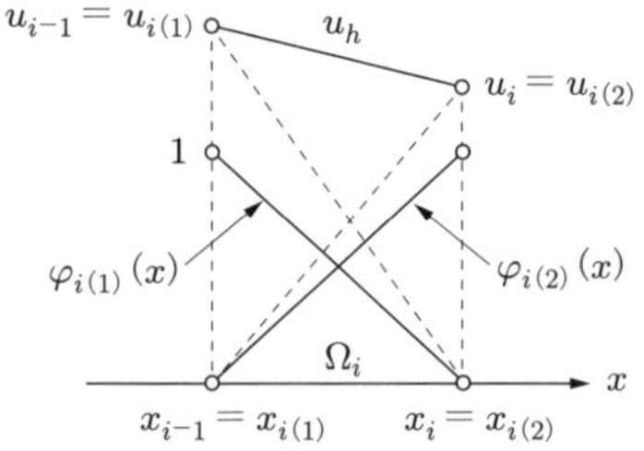

図 6.2.5 1 次元有限要素法における有限要素上の基底関数 $\varphi_{i(1)}$, $\varphi_{i(2)}$

$$u_h(\bar{\boldsymbol{u}}_i) = \begin{pmatrix}\varphi_{i(1)} & \varphi_{i(2)}\end{pmatrix}\begin{pmatrix}u_{i(1)} \\ u_{i(2)}\end{pmatrix} = \boldsymbol{\varphi}_i \cdot \bar{\boldsymbol{u}}_i \tag{6.2.5}$$

$$v_h(\bar{\boldsymbol{v}}_i) = \begin{pmatrix}\varphi_{i(1)} & \varphi_{i(2)}\end{pmatrix}\begin{pmatrix}v_{i(1)} \\ v_{i(2)}\end{pmatrix} = \boldsymbol{\varphi}_i \cdot \bar{\boldsymbol{v}}_i \tag{6.2.6}$$

のように定義する方法もある．このとき，$\boldsymbol{\varphi}_i(x) = (\varphi_{i-1}(x), \varphi_i(x))^{\mathrm{T}} = (\varphi_{i(1)}(x), \varphi_{i(2)}(x))^{\mathrm{T}}$ を **有限要素上の基底関数**とよぶことにする．なお，有限要素法の専門書では，$\boldsymbol{\varphi}_i(x)$ を**形状関数**あるいは**内挿関数**とよぶことが一般的である．しかし，本書の主題は形状最適化問題であることから，形状関数の用語は混乱をきたす可能性がある．そこで，本書では $\boldsymbol{\varphi}_i(x)$ を有限要素上の基底関数あるいは混乱のおそれがないときは基底関数とよぶことにする．また，式 (6.2.5) と式 (6.2.6) において

$$\bar{\boldsymbol{u}}_i = \begin{pmatrix}u_{i-1} \\ u_i\end{pmatrix} = \begin{pmatrix}u_{i(1)} \\ u_{i(2)}\end{pmatrix}, \quad \bar{\boldsymbol{v}}_i = \begin{pmatrix}v_{i-1} \\ v_i\end{pmatrix} = \begin{pmatrix}v_{i(1)} \\ v_{i(2)}\end{pmatrix}$$

を有限要素 $i \in \mathcal{E}$ に対する u と v の**要素節点値ベクトル**という．ここで，$(\cdot)_{i(\alpha)}$ の表現によって有限要素 $i \in \mathcal{E}$ における**局所節点番号** $\alpha \in \{1, 2\}$ に対応した関数あるいは値を表すことにして，$u_{i(\alpha)}$ と $v_{i(\alpha)}$ を有限要素 $i \in \mathcal{E}$ の局所節点番号表示とよぶことにする．なお，式 (6.2.5) と式 (6.2.6) の $u_h(\bar{\boldsymbol{u}}_i)$ と $v_h(\bar{\boldsymbol{v}}_i)$ は関数 $\Omega_i \to \mathbb{R}$ であることから，$x \in \Omega_i$ に対して $u_h(\bar{\boldsymbol{u}}_i)(x)$ と $v_h(\bar{\boldsymbol{v}}_i)(x)$ のようにかけることに注意されたい．$\bar{\boldsymbol{u}}_i$ と $\bar{\boldsymbol{v}}_i$ の関数でもあるような表示が使われたのは，$\bar{\boldsymbol{u}}_i$ と $\bar{\boldsymbol{v}}_i$ は未定乗数として $u_h(\bar{\boldsymbol{u}}_i)$ と $v_h(\bar{\boldsymbol{v}}_i)$ の変数になっているためである．一方，有限要素上の基底関数 $\boldsymbol{\varphi}_i(x) = (\varphi_{i(1)}(x), \varphi_{i(2)}(x))^{\mathrm{T}}$ は，$x \in \Omega_i$ の関数ではあるが

$$\bar{\boldsymbol{x}}_i = \begin{pmatrix} x_{i-1} \\ x_i \end{pmatrix} = \begin{pmatrix} x_{i(1)} \\ x_{i(2)} \end{pmatrix}$$

を使って構成されている．このときの $\bar{\boldsymbol{x}}_i$ は有限要素 $i \in \mathcal{E}$ に対する**要素節点ベクトル**という．

このように定義された有限要素上の基底関数は，$\alpha, \beta \in \{1, 2\}$ に対して

$$\varphi_{i(\alpha)}(x_{i(\beta)}) = \delta_{\alpha\beta} \tag{6.2.7}$$

を満たしている．また，すべての $i \in \mathcal{E}$ に対する $x \in \Omega_i$ において

$$\sum_{\alpha \in \{1,2\}} \varphi_{i(\alpha)}(x) = 1 \tag{6.2.8}$$

が成り立つ．式 (6.2.7) は，未定乗数 $\bar{\boldsymbol{u}}_i$ と $\bar{\boldsymbol{v}}_i$ が近似関数の節点値の意味をもつための条件となっている．また，式 (6.2.8) は，Ω_i 上で $u = 0$ を $\bar{\boldsymbol{u}}_i = \boldsymbol{0}_{\mathbb{R}^2}$ によって厳密に表現できるための条件になっている．

式 (6.2.5) と式 (6.2.6) で定義された $\Omega_i = (x_{i-1}, x_i)$ 上の関数 $u_h(\bar{\boldsymbol{u}}_i)$ と $v_h(\bar{\boldsymbol{v}}_i)$ を全体の節点値ベクトル $\bar{\boldsymbol{u}} = (u_0, \ldots, u_m)^{\mathrm{T}}$ と $\bar{\boldsymbol{v}} = (v_0, \ldots, v_m)^{\mathrm{T}}$ に関連づけるためには，

$$\begin{aligned} u_h(\bar{\boldsymbol{u}}_i) &= \begin{pmatrix} \varphi_{i(1)} & \varphi_{i(2)} \end{pmatrix} \begin{pmatrix} 0 & \cdots & 1 & 0 & \cdots & 0 \\ 0 & \cdots & 0 & 1 & \cdots & 0 \end{pmatrix} \begin{pmatrix} u_0 \\ \vdots \\ u_{i-1} \\ u_i \\ \vdots \\ u_m \end{pmatrix} \\ &= \boldsymbol{\varphi}_i \cdot (\boldsymbol{Z}_i \bar{\boldsymbol{u}}), \end{aligned} \tag{6.2.9}$$

$$v_h(\bar{\boldsymbol{v}}_i) = \boldsymbol{\varphi}_i \cdot (\boldsymbol{Z}_i \bar{\boldsymbol{v}}) \tag{6.2.10}$$

のような行列 $\boldsymbol{Z}_i \in \mathbb{R}^{3 \times (m+1)}$ が使われる．このような $\boldsymbol{Z}_i$ は **Boole 行列**とよばれる．

6.2.3 離散化方程式

有限要素ごとの近似関数が式 (6.2.9) と式 (6.2.10) のように構成されたので，

これらを1次元 Poisson 問題の弱形式（問題 6.1.2）に代入して，$\bar{\boldsymbol{u}}_{\mathrm{N}}$ を未知数とする離散化方程式が得られるまでをみてみよう．

式 (6.2.1) と式 (6.2.2) の $u_h(\bar{\boldsymbol{u}})$ と $v_h(\bar{\boldsymbol{v}})$ を弱形式に代入すれば，

$$a(u_h(\bar{\boldsymbol{u}}), v_h(\bar{\boldsymbol{v}})) = l(v_h(\bar{\boldsymbol{v}})) \tag{6.2.11}$$

となる．ここで，式 (6.2.11) の左辺は，積分領域を要素ごとに分けることができて，

$$\begin{aligned} a(u_h(\bar{\boldsymbol{u}}), v_h(\bar{\boldsymbol{v}})) &= \sum_{i\in\{1,\ldots,m\}} \int_{x_{i(1)}}^{x_{i(2)}} \frac{\mathrm{d}u_h}{\mathrm{d}x}(\bar{\boldsymbol{u}}_i)\frac{\mathrm{d}v_h}{\mathrm{d}x}(\bar{\boldsymbol{v}}_i)\,\mathrm{d}x \\ &= \sum_{i\in\{1,\ldots,m\}} a_i(u_h(\bar{\boldsymbol{u}}_i), v_h(\bar{\boldsymbol{v}}_i)) \end{aligned} \tag{6.2.12}$$

のようにかける．式 (6.2.12) 右辺の各項は，式 (6.2.9) と式 (6.2.10) の $u_h(\bar{\boldsymbol{u}}_i)$ と $v_h(\bar{\boldsymbol{v}}_i)$ を用いて，

$$\begin{aligned} &a_i(u_h(\bar{\boldsymbol{u}}_i), v_h(\bar{\boldsymbol{v}}_i)) \\ &\quad = \begin{pmatrix} v_{i(1)} & v_{i(2)} \end{pmatrix} \\ &\qquad \times \begin{pmatrix} \displaystyle\int_{x_{i(1)}}^{x_{i(2)}} \frac{\mathrm{d}\varphi_{i(1)}}{\mathrm{d}x}\frac{\mathrm{d}\varphi_{i(1)}}{\mathrm{d}x}\,\mathrm{d}x & \displaystyle\int_{x_{i(1)}}^{x_{i(2)}} \frac{\mathrm{d}\varphi_{i(1)}}{\mathrm{d}x}\frac{\mathrm{d}\varphi_{i(2)}}{\mathrm{d}x}\,\mathrm{d}x \\ \displaystyle\int_{x_{i(1)}}^{x_{i(2)}} \frac{\mathrm{d}\varphi_{i(2)}}{\mathrm{d}x}\frac{\mathrm{d}\varphi_{i(1)}}{\mathrm{d}x}\,\mathrm{d}x & \displaystyle\int_{x_{i(1)}}^{x_{i(2)}} \frac{\mathrm{d}\varphi_{i(2)}}{\mathrm{d}x}\frac{\mathrm{d}\varphi_{i(2)}}{\mathrm{d}x}\,\mathrm{d}x \end{pmatrix} \begin{pmatrix} u_{i(1)} \\ u_{i(2)} \end{pmatrix} \\ &\quad = \begin{pmatrix} v_{i(1)} & v_{i(2)} \end{pmatrix} \begin{pmatrix} a_i(\varphi_{i(1)}, \varphi_{i(1)}) & a_i(\varphi_{i(1)}, \varphi_{i(2)}) \\ a_i(\varphi_{i(2)}, \varphi_{i(1)}) & a_i(\varphi_{i(2)}, \varphi_{i(2)}) \end{pmatrix} \begin{pmatrix} u_{i(1)} \\ u_{i(2)} \end{pmatrix} \\ &\quad = \bar{\boldsymbol{v}}_i \cdot (\bar{\boldsymbol{A}}_i \bar{\boldsymbol{u}}_i) = \bar{\boldsymbol{v}} \cdot (\boldsymbol{Z}_i^{\mathrm{T}} \bar{\boldsymbol{A}}_i \boldsymbol{Z}_i \bar{\boldsymbol{u}}) = \bar{\boldsymbol{v}} \cdot (\tilde{\boldsymbol{A}}_i \bar{\boldsymbol{u}}) \end{aligned} \tag{6.2.13}$$

のようにまとめられる．ここで，$\bar{\boldsymbol{A}}_i = (\bar{a}_{i(\alpha\beta)})_{\alpha\beta} \in \mathbb{R}^{2\times 2}$ を有限要素 $i \in \mathcal{E}$ の**係数行列**とよぶ．$\tilde{\boldsymbol{A}}_i \in \mathbb{R}^{(m+1)\times(m+1)}$ は，それを全体の節点値ベクトルにあわせて 0 を補充して拡大された行列とする．ここで，$\bar{\boldsymbol{u}}_i$ と $\bar{\boldsymbol{v}}_i$ は有限要素 $i \in \mathcal{E}$ の要素節点値ベクトルで $\mathbb{R}^2$ の要素であるのに対して，$\bar{\boldsymbol{u}}$ と $\bar{\boldsymbol{v}}$ は全体の節点値ベクトルで $\mathbb{R}^{m+1}$ の要素であることに注意されたい．

式 (6.2.3) と式 (6.2.4) を用いて $\bar{\boldsymbol{A}}_i$ を計算すれば，

$$\begin{aligned}
\bar{a}_{i(11)} &= \int_{x_{i(1)}}^{x_{i(2)}} \frac{\mathrm{d}\varphi_{i(1)}}{\mathrm{d}x}\frac{\mathrm{d}\varphi_{i(1)}}{\mathrm{d}x}\,\mathrm{d}x = \frac{1}{(x_{i(2)}-x_{i(1)})^2}\int_{x_{i(1)}}^{x_{i(2)}} (-1)^2\,\mathrm{d}x \\
&= \frac{1}{x_{i(2)}-x_{i(1)}} \\
\bar{a}_{i(12)} &= \int_{x_{i(1)}}^{x_{i(2)}} \frac{\mathrm{d}\varphi_{i(1)}}{\mathrm{d}x}\frac{\mathrm{d}\varphi_{i(2)}}{\mathrm{d}x}\,\mathrm{d}x = \frac{1}{(x_{i(2)}-x_{i(1)})^2}\int_{x_{i(1)}}^{x_{i(2)}} 1\cdot(-1)\,\mathrm{d}x \\
&= \frac{-1}{x_{i(2)}-x_{i(1)}} \\
\bar{a}_{i(21)} &= \bar{a}_{i(12)} \\
\bar{a}_{i(22)} &= \int_{x_{i(1)}}^{x_{i(2)}} \frac{\mathrm{d}\varphi_{i(2)}}{\mathrm{d}x}\frac{\mathrm{d}\varphi_{i(2)}}{\mathrm{d}x}\,\mathrm{d}x = \frac{1}{(x_{i(2)}-x_{i(1)})^2}\int_{x_{i(1)}}^{x_{i(2)}} 1^2\,\mathrm{d}x \\
&= \frac{1}{x_{i(2)}-x_{i(1)}}
\end{aligned}$$

となり，

$$\bar{\boldsymbol{A}}_i = \begin{pmatrix} \bar{a}_{i(11)} & \bar{a}_{i(12)} \\ \bar{a}_{i(21)} & \bar{a}_{i(22)} \end{pmatrix} = \frac{1}{x_{i(2)}-x_{i(1)}}\begin{pmatrix} 1 & -1 \\ -1 & 1 \end{pmatrix} \tag{6.2.14}$$

が得られる．

一方，式 (6.2.11) の右辺も

$$\begin{aligned}
l(v_h(\bar{\boldsymbol{v}})) &= \sum_{i\in\{1,\ldots,m\}} \int_{x_{i(1)}}^{x_{i(2)}} b v_h(\bar{\boldsymbol{v}}_i)\,\mathrm{d}x + p_{\mathrm{N}} v_h(\bar{\boldsymbol{v}}_m) \\
&= \sum_{i\in\{1,\ldots,m\}} l_i(v_h(\bar{\boldsymbol{v}}_i))
\end{aligned} \tag{6.2.15}$$

のように要素ごとに分けることができる．ただし，有限要素 $i\in\{1,\ldots,m-1\}$ と m に対して，それぞれ

$$\begin{aligned}
l_i(v_h(\bar{\boldsymbol{v}}_i)) &= \begin{pmatrix} v_{i(1)} & v_{i(2)} \end{pmatrix}\begin{pmatrix} \int_{x_{i(1)}}^{x_{i(2)}} b\varphi_{i(1)}\,\mathrm{d}x \\ \int_{x_{i(1)}}^{x_{i(2)}} b\varphi_{i(2)}\,\mathrm{d}x \end{pmatrix} = \begin{pmatrix} v_{i(1)} & v_{i(2)} \end{pmatrix}\begin{pmatrix} \bar{b}_{i(1)} \\ \bar{b}_{i(2)} \end{pmatrix} \\
&= \bar{\boldsymbol{v}}_i\cdot\bar{\boldsymbol{b}}_i = \bar{\boldsymbol{v}}\cdot(\boldsymbol{Z}_i^{\mathrm{T}}\bar{\boldsymbol{b}}_i) = \bar{\boldsymbol{v}}\cdot\tilde{\boldsymbol{b}}_i \\
&= \bar{\boldsymbol{v}}_i\cdot\bar{\boldsymbol{l}}_i = \bar{\boldsymbol{v}}\cdot(\boldsymbol{Z}_i^{\mathrm{T}}\bar{\boldsymbol{l}}_i) = \bar{\boldsymbol{v}}\cdot\tilde{\boldsymbol{l}}_i
\end{aligned} \tag{6.2.16}$$

$$
\begin{aligned}
l_m(v_h(\bar{\boldsymbol{v}}_m)) &= \begin{pmatrix} v_{m(1)} & v_{m(2)} \end{pmatrix} \left(\begin{pmatrix} \displaystyle\int_{x_{m(1)}}^{x_{m(2)}} b\varphi_{i(1)}\,\mathrm{d}x \\ \displaystyle\int_{x_{m(1)}}^{x_{m(2)}} b\varphi_{i(2)}\,\mathrm{d}x \end{pmatrix} + \begin{pmatrix} 0 \\ p_{\mathrm{N}} \end{pmatrix} \right) \\
&= \begin{pmatrix} v_{m(1)} & v_{m(2)} \end{pmatrix} \left(\begin{pmatrix} \bar{b}_{m(1)} \\ \bar{b}_{m(2)} \end{pmatrix} + \begin{pmatrix} \bar{p}_{m(1)} \\ \bar{p}_{m(2)} \end{pmatrix} \right) \\
&= \bar{\boldsymbol{v}}_m \cdot (\bar{\boldsymbol{b}}_m + \bar{\boldsymbol{p}}_m) = \bar{\boldsymbol{v}} \cdot \{\boldsymbol{Z}_m^{\mathrm{T}}(\bar{\boldsymbol{b}}_m + \bar{\boldsymbol{p}}_m)\} = \bar{\boldsymbol{v}} \cdot (\tilde{\boldsymbol{b}}_m + \tilde{\boldsymbol{p}}_m) \\
&= \bar{\boldsymbol{v}}_m \cdot \bar{\boldsymbol{l}}_m = \bar{\boldsymbol{v}} \cdot (\boldsymbol{Z}_m^{\mathrm{T}} \bar{\boldsymbol{l}}_m) = \bar{\boldsymbol{v}} \cdot \tilde{\boldsymbol{l}}_m
\end{aligned}
\tag{6.2.17}
$$

とおく．ここで，$i \in \mathcal{E} = \{1, \ldots, m\}$ に対して，$\bar{\boldsymbol{l}}_i$ を有限要素 i の**既知項ベクトル**とよぶ．$\bar{\boldsymbol{b}}_i$ と $\bar{\boldsymbol{p}}_i$ はそれぞれ既知項ベクトルの b および p_{N} による成分を表す．$\tilde{\boldsymbol{l}}_i$，$\tilde{\boldsymbol{b}}_i$ および $\tilde{\boldsymbol{p}}_i$ は，それぞれ $\bar{\boldsymbol{l}}_i$，$\bar{\boldsymbol{b}}_i$ および $\bar{\boldsymbol{p}}_i$ を全体の節点値ベクトルにあわせて 0 を補充して拡大されたベクトルとする．

b が定数関数のとき，$\bar{\boldsymbol{b}}_i = (\bar{b}_{i(1)}, \bar{b}_{i(2)})^{\mathrm{T}}$ を計算すれば，

$$
\begin{aligned}
\bar{b}_{i(1)} &= b \int_{x_{i(1)}}^{x_{i(2)}} \varphi_{i(1)}\,\mathrm{d}x = b \int_{x_{i(1)}}^{x_{i(2)}} \frac{x_{i(2)} - x}{x_{i(2)} - x_{i(1)}}\,\mathrm{d}x = b\frac{x_{i(2)} - x_{i(1)}}{2} \\
\bar{b}_{i(2)} &= b \int_{x_{i(1)}}^{x_{i(2)}} \varphi_{i(2)}\,\mathrm{d}x = b \int_{x_{i(1)}}^{x_{i(2)}} \frac{x - x_{i(1)}}{x_{i(2)} - x_{i(1)}}\,\mathrm{d}x = b\frac{x_{i(2)} - x_{i(1)}}{2}
\end{aligned}
$$

となり，

$$
\bar{\boldsymbol{b}}_i = b\frac{x_{i(2)} - x_{i(1)}}{2} \begin{pmatrix} 1 \\ 1 \end{pmatrix} \tag{6.2.18}
$$

が得られる．

ここで，式 (6.2.13) が代入された式 (6.2.12)，および式 (6.2.16) と式 (6.2.17) が代入された式 (6.2.15) を弱形式（式 (6.2.11)）に代入すれば，

$$
\bar{\boldsymbol{v}} \cdot \sum_{i \in \{1,\ldots,m\}} (\tilde{\boldsymbol{A}}_i \bar{\boldsymbol{u}}) = \bar{\boldsymbol{v}} \cdot \sum_{i \in \{1,\ldots,m\}} \tilde{\boldsymbol{l}}_i
$$

となる．この式を

$$
\bar{\boldsymbol{v}} \cdot (\bar{\boldsymbol{A}} \bar{\boldsymbol{u}}) = \bar{\boldsymbol{v}} \cdot \bar{\boldsymbol{l}} \tag{6.2.19}
$$

かく．すなわち，

$$\bar{\boldsymbol{A}} = \sum_{i \in \{1,\dots,m\}} \tilde{\boldsymbol{A}}_i \in \mathbb{R}^{(m+1)\times(m+1)}$$
$$\bar{\boldsymbol{l}} = \sum_{i \in \{1,\dots,m\}} \tilde{\boldsymbol{l}}_i = \sum_{i \in \{1,\dots,m\}} \tilde{\boldsymbol{b}}_i + \tilde{\boldsymbol{p}}_m = \bar{\boldsymbol{b}} + \bar{\boldsymbol{p}} \in \mathbb{R}^{m+1}$$

とおいた．$\bar{\boldsymbol{A}}$ と $\bar{\boldsymbol{l}}$ をそれぞれ**全体係数行列**と**全体既知項ベクトル**とよぶ．また，$\bar{\boldsymbol{b}}$ と $\bar{\boldsymbol{p}}$ をそれぞれ b と p_{N} の**全体節点値ベクトル**とよぶ．

式 (6.2.19) は弱形式を与えているが，u_h と v_h に対する基本境界条件が仮定されてこなかった．そこで，式 (6.2.19) に基本境界条件を代入することを考えよう．基本境界条件は $u_0 = \bar{u}_{\mathrm{D}} = u_{\mathrm{D}}$（$\bar{u}_{\mathrm{D}}$ は基本境界条件の節点値，u_{D} は境界値問題の既定値を意味する）と $v_0 = \bar{v}_{\mathrm{D}} = 0$ であった．これらを式 (6.2.19) に代入すれば，

$$\begin{aligned}
&(0 \mid v_1 \quad \cdots \quad v_m)\left(\left(\begin{array}{c|ccc} \bar{a}_{00} & \bar{a}_{01} & \cdots & \bar{a}_{0m} \\ \hline \bar{a}_{10} & \bar{a}_{11} & \cdots & \bar{a}_{1m} \\ \vdots & \vdots & \ddots & \vdots \\ \bar{a}_{m0} & \bar{a}_{m1} & \cdots & \bar{a}_{mm} \end{array}\right)\left(\begin{array}{c} u_{\mathrm{D}} \\ \hline u_1 \\ \vdots \\ u_m \end{array}\right) - \left(\begin{array}{c} l_0 \\ \hline l_1 \\ \vdots \\ l_m \end{array}\right)\right) \\
&= (0 \quad \bar{\boldsymbol{v}}_{\mathrm{N}}^{\mathrm{T}})\left(\begin{pmatrix} \bar{A}_{\mathrm{DD}} & \bar{\boldsymbol{A}}_{\mathrm{DN}} \\ \bar{\boldsymbol{A}}_{\mathrm{ND}} & \bar{\boldsymbol{A}}_{\mathrm{NN}} \end{pmatrix}\begin{pmatrix} \bar{u}_{\mathrm{D}} \\ \bar{\boldsymbol{u}}_{\mathrm{N}} \end{pmatrix} - \begin{pmatrix} \bar{l}_{\mathrm{D}} \\ \bar{\boldsymbol{l}}_{\mathrm{N}} \end{pmatrix}\right) = 0 \qquad (6.2.20)
\end{aligned}$$

となる．式 (6.2.20) を並び替えれば

$$\begin{aligned}
&\begin{pmatrix} v_1 \\ \vdots \\ v_m \end{pmatrix} \cdot \left(\begin{pmatrix} \bar{a}_{11} & \cdots & \bar{a}_{1m} \\ \vdots & \ddots & \vdots \\ \bar{a}_{m1} & \cdots & \bar{a}_{mm} \end{pmatrix}\begin{pmatrix} u_1 \\ \vdots \\ u_m \end{pmatrix} - \begin{pmatrix} l_1 \\ \vdots \\ l_m \end{pmatrix} + \begin{pmatrix} u_{\mathrm{D}}\bar{a}_{10} \\ \vdots \\ u_{\mathrm{D}}\bar{a}_{m0} \end{pmatrix}\right) \\
&= \bar{\boldsymbol{v}}_{\mathrm{N}}^{\mathrm{T}}(\bar{\boldsymbol{A}}_{\mathrm{NN}}\bar{\boldsymbol{u}}_{\mathrm{N}} - \bar{\boldsymbol{l}}_{\mathrm{N}} + \bar{\boldsymbol{u}}_{\mathrm{D}}\bar{\boldsymbol{A}}_{\mathrm{ND}}) = 0
\end{aligned}$$

となる．$\bar{\boldsymbol{v}}_{\mathrm{N}}$ は任意であるので，

$$\bar{\boldsymbol{A}}_{\mathrm{NN}}\bar{\boldsymbol{u}}_{\mathrm{N}} = \bar{\boldsymbol{l}}_{\mathrm{N}} - \bar{\boldsymbol{u}}_{\mathrm{D}}\bar{\boldsymbol{A}}_{\mathrm{ND}} = \hat{\boldsymbol{l}} \qquad (6.2.21)$$

とかける．式 (6.2.21) は未知ベクトル $\bar{\boldsymbol{u}}_{\mathrm{N}}$ に対する連立 1 次方程式となっており，有限要素法による離散化方程式とよばれる．式 (6.2.21) を $\bar{\boldsymbol{u}}_{\mathrm{N}}$ について解けば，

$$\bar{\boldsymbol{u}}_{\mathrm{N}} = \bar{\boldsymbol{A}}_{\mathrm{NN}}^{-1}\hat{\boldsymbol{l}} \tag{6.2.22}$$

となる．これにより，有限要素解 $u_h(\bar{\boldsymbol{u}})$ は $\bar{\boldsymbol{u}} = (\bar{u}_{\mathrm{D}}, \bar{\boldsymbol{u}}_{\mathrm{N}}^{\mathrm{T}})^{\mathrm{T}}$ を式 (6.2.1) に代入することによって得られることになる．また，有限要素 $i \in \mathcal{E}$ の領域 Ω_i 上の有限要素解 $u_h(\bar{\boldsymbol{u}}_i)$ は式 (6.2.9) によって求められることになる．

6.2.4 例　題

実際に 1 次元 Poisson 問題を有限要素法で解いてみよう．

□例題 6.2.1（1 次元 Poisson 問題に対する有限要素法） 問題 6.1.1 において b は定数関数とする．このとき，図 6.2.6 の有限要素分割を用いて上記の 1 次元有限要素法で近似解を求める際の連立 1 次方程式を示せ．また，$b = 1$，$u_{\mathrm{D}} = 0$，$p_{\mathrm{N}} = 0$ とおいたときの近似解を求めよ．

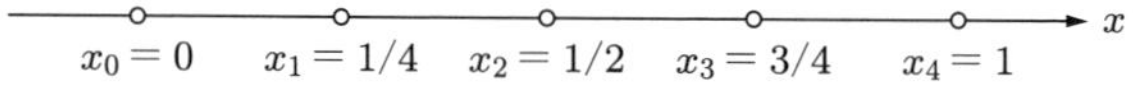

図 6.2.6　有限要素分割 $m = 4$

▶解答　有限要素の大きさを $h = 1/4$ とおく．式 (6.2.14)，(6.2.18) および (6.2.17) より

$$\bar{\boldsymbol{A}}_i = \frac{1}{h}\begin{pmatrix} 1 & -1 \\ -1 & 1 \end{pmatrix}, \quad \bar{\boldsymbol{b}}_i = \frac{hb}{2}\begin{pmatrix} 1 \\ 1 \end{pmatrix}, \quad \bar{\boldsymbol{p}}_4 = \begin{pmatrix} 0 \\ p_{\mathrm{N}} \end{pmatrix}$$

が得られる．$\bar{\boldsymbol{A}}_1$ と $\bar{\boldsymbol{b}}_1$ を全体の節点値ベクトルにあわせて拡大して

$$\tilde{\boldsymbol{A}}_1 = \frac{1}{h}\begin{pmatrix} 1 & -1 & 0 & 0 & 0 \\ -1 & 1 & 0 & 0 & 0 \\ 0 & 0 & 0 & 0 & 0 \\ 0 & 0 & 0 & 0 & 0 \\ 0 & 0 & 0 & 0 & 0 \end{pmatrix}, \quad \tilde{\boldsymbol{b}}_1 = \frac{hb}{2}\begin{pmatrix} 1 \\ 1 \\ 0 \\ 0 \\ 0 \end{pmatrix}$$

が得られる．$\tilde{\boldsymbol{A}}_2$ と $\tilde{\boldsymbol{b}}_2$ をそれぞれ $\tilde{\boldsymbol{A}}_1$ と $\tilde{\boldsymbol{b}}_1$ に重ね合わせれば，

$$\tilde{\boldsymbol{A}}_1+\tilde{\boldsymbol{A}}_2=\frac{1}{h}\begin{pmatrix}1&-1&0&0&0\\-1&1+1&-1&0&0\\0&-1&1&0&0\\0&0&0&0&0\\0&0&0&0&0\end{pmatrix},\quad \tilde{\boldsymbol{b}}_1+\tilde{\boldsymbol{b}}_2=\frac{hb}{2}\begin{pmatrix}1\\1+1\\1\\0\\0\end{pmatrix}$$

が得られる．同様にして，$\tilde{\boldsymbol{A}}_3$ と $\tilde{\boldsymbol{b}}_3$，$\tilde{\boldsymbol{A}}_4$ と $\tilde{\boldsymbol{b}}_4$ および $\tilde{\boldsymbol{p}}_4$ を重ね合わせれば，

$$\bar{\boldsymbol{A}}=\sum_{i\in\{1,\ldots,4\}}\tilde{\boldsymbol{A}}_i=\frac{1}{h}\begin{pmatrix}1&-1&0&0&0\\-1&2&-1&0&0\\0&-1&2&-1&0\\0&0&-1&2&-1\\0&0&0&-1&1\end{pmatrix}$$

$$\bar{\boldsymbol{l}}=\sum_{i\in\{1,\ldots,4\}}\tilde{\boldsymbol{b}}_i+\tilde{\boldsymbol{p}}_4=\frac{hb}{2}\begin{pmatrix}1\\2\\2\\2\\1\end{pmatrix}+\begin{pmatrix}0\\0\\0\\0\\p_{\mathrm{N}}\end{pmatrix}$$

が得られる．これらを用いた式 (6.2.19) に基本境界条件 $u_0=\bar{u}_{\mathrm{D}}=u_{\mathrm{D}}$ と $v_0=\bar{v}_{\mathrm{D}}=0$ を代入すれば，

$$\begin{pmatrix}0\\v_1\\v_2\\v_3\\v_4\end{pmatrix}\cdot\left(\frac{1}{h}\begin{pmatrix}1&-1&0&0&0\\-1&2&-1&0&0\\0&-1&2&-1&0\\0&0&-1&2&-1\\0&0&0&-1&1\end{pmatrix}\begin{pmatrix}u_{\mathrm{D}}\\u_1\\u_2\\u_3\\u_4\end{pmatrix}-\frac{hb}{2}\begin{pmatrix}1\\2\\2\\2\\1\end{pmatrix}-\begin{pmatrix}0\\0\\0\\0\\p_{\mathrm{N}}\end{pmatrix}\right)=0$$

となる．この式を並び替えて，

$$\begin{pmatrix}v_1\\v_2\\v_3\\v_4\end{pmatrix}\cdot\left(\frac{1}{h}\begin{pmatrix}2&-1&0&0\\-1&2&-1&0\\0&-1&2&-1\\0&0&-1&1\end{pmatrix}\begin{pmatrix}u_1\\u_2\\u_3\\u_4\end{pmatrix}-\frac{hb}{2}\begin{pmatrix}2\\2\\2\\1\end{pmatrix}-\begin{pmatrix}0\\0\\0\\p_{\mathrm{N}}\end{pmatrix}-\frac{1}{h}\begin{pmatrix}u_{\mathrm{D}}\\0\\0\\0\end{pmatrix}\right)=0$$

が得られる．(v_1,v_2,v_3,v_4) は任意であるので，

$$\frac{1}{h}\begin{pmatrix} 2 & -1 & 0 & 0 \\ -1 & 2 & -1 & 0 \\ 0 & -1 & 2 & -1 \\ 0 & 0 & -1 & 1 \end{pmatrix}\begin{pmatrix} u_1 \\ u_2 \\ u_3 \\ u_4 \end{pmatrix} = \frac{hb}{2}\begin{pmatrix} 2 \\ 2 \\ 2 \\ 1 \end{pmatrix} + \begin{pmatrix} 0 \\ 0 \\ 0 \\ p_{\mathrm{N}} \end{pmatrix} + \frac{1}{h}\begin{pmatrix} u_{\mathrm{D}} \\ 0 \\ 0 \\ 0 \end{pmatrix}$$

が得られる．この式は，

$$\bar{\boldsymbol{A}}_{\mathrm{NN}}\bar{\boldsymbol{u}}_{\mathrm{N}} = \hat{\boldsymbol{l}}$$

のような $\bar{\boldsymbol{u}}_{\mathrm{N}}$ に対する連立 1 次方程式である．ここで，$b = 1$，$u_{\mathrm{D}} = 0$，$p_{\mathrm{N}} = 0$ のとき，

$$\begin{pmatrix} u_1 \\ u_2 \\ u_3 \\ u_4 \end{pmatrix} = \frac{1}{4^2}\begin{pmatrix} 1 & 1 & 1 & 1 \\ 1 & 2 & 2 & 2 \\ 1 & 2 & 3 & 3 \\ 1 & 2 & 3 & 4 \end{pmatrix}\begin{pmatrix} 1 \\ 1 \\ 1 \\ 1/2 \end{pmatrix} = \begin{pmatrix} 7/32 \\ 3/8 \\ 15/32 \\ 1/2 \end{pmatrix}$$

となる．一方，厳密解は

$$u = -\frac{1}{2}x^2 + x$$

である．図 6.2.7 に数値解 u_h と厳密解 u の比較を示す．□

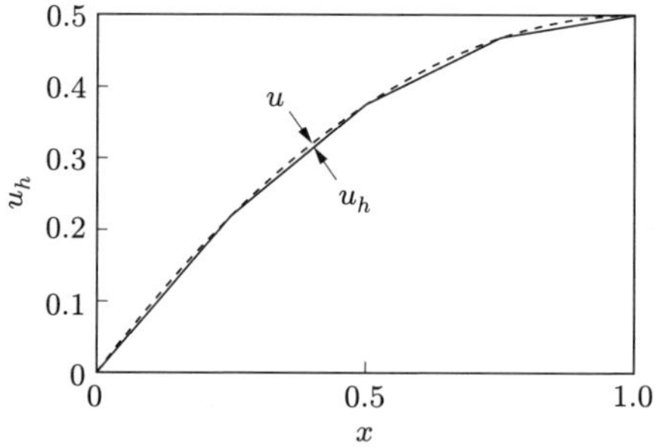

図 6.2.7　例題 6.2.1 の厳密解 u と近似解 u_h

例題 6.2.1 の境界条件を変更して，次の問題を考えてみよう．

□例題 6.2.2 (1 次元 Dirichlet 問題)　b，$u_{\mathrm{D}0}$，$u_{\mathrm{D}1}$，$p_{\mathrm{N}} \in \mathbb{R}$ が与えられたとき，

$$-\frac{\mathrm{d}^2 u}{\mathrm{d}x^2} = b \quad \text{in } (0,1), \quad u(0) = u_{\mathrm{D}0}, \quad u(1) = u_{\mathrm{D}1}$$

を満たす $u\colon (0,1) \to \mathbb{R}$ を求める問題を考える．図 6.2.6 の有限要素分割を用いて有限要素法による近似解を求める際の連立 1 次方程式を示せ．また，$b=1$ および $u_{\mathrm{D0}} = u_{\mathrm{D1}} = 0$ とおいたときの数値解を求めよ．

▶**解答**　$\bar{\boldsymbol{A}}$ の計算は，例題 6.2.1 と同じである．また，$\bar{\boldsymbol{l}} = \sum_{i\in\{1,\ldots,4\}} \tilde{\boldsymbol{b}}_i$ となる．これらを用いた式 (6.2.19) に基本境界条件 $u_0 = \bar{u}_{\mathrm{D0}} = u_{\mathrm{D0}}$，$u_4 = \bar{u}_{\mathrm{D4}} = u_{\mathrm{D1}}$，$v_0 = \bar{v}_{\mathrm{D0}} = 0$ および $v_4 = \bar{v}_{\mathrm{D4}} = 0$ を代入すれば，

$$\begin{pmatrix} 0 \\ v_1 \\ v_2 \\ v_3 \\ 0 \end{pmatrix} \cdot \left(\frac{1}{h} \begin{pmatrix} 1 & -1 & 0 & 0 & 0 \\ -1 & 2 & -1 & 0 & 0 \\ 0 & -1 & 2 & -1 & 0 \\ 0 & 0 & -1 & 2 & -1 \\ 0 & 0 & 0 & -1 & 1 \end{pmatrix} \begin{pmatrix} u_{\mathrm{D0}} \\ u_1 \\ u_2 \\ u_3 \\ u_{\mathrm{D1}} \end{pmatrix} - \frac{hb}{2} \begin{pmatrix} 1 \\ 2 \\ 2 \\ 2 \\ 1 \end{pmatrix} \right) = 0$$

となる．この式を並び替えて，

$$(v_1 \quad v_2 \quad v_3) \left(\frac{1}{h} \begin{pmatrix} 2 & -1 & 0 \\ -1 & 2 & -1 \\ 0 & -1 & 2 \end{pmatrix} \begin{pmatrix} u_1 \\ u_2 \\ u_3 \end{pmatrix} - \frac{h}{2} \begin{pmatrix} 2 \\ 2 \\ 2 \end{pmatrix} - \frac{1}{h} \begin{pmatrix} u_{\mathrm{D0}} \\ 0 \\ u_{\mathrm{D1}} \end{pmatrix} \right) = 0$$

となる．(v_1, v_2, v_3) は任意であるので，

$$\frac{1}{h} \begin{pmatrix} 2 & -1 & 0 \\ -1 & 2 & -1 \\ 0 & -1 & 2 \end{pmatrix} \begin{pmatrix} u_1 \\ u_2 \\ u_3 \end{pmatrix} = \frac{h}{2} \begin{pmatrix} 2 \\ 2 \\ 2 \end{pmatrix} + \frac{1}{h} \begin{pmatrix} u_{\mathrm{D0}} \\ 0 \\ u_{\mathrm{D1}} \end{pmatrix}$$

が得られる．この式は，

$$\bar{\boldsymbol{A}}_{\mathrm{NN}} \bar{\boldsymbol{u}}_{\mathrm{N}} = \hat{\boldsymbol{l}}$$

のような連立 1 次方程式である．$b = 1$ および $u_{\mathrm{D0}} = u_{\mathrm{D1}} = 0$ のとき，

$$\begin{pmatrix} u_1 \\ u_2 \\ u_3 \end{pmatrix} = \frac{1}{4^3} \begin{pmatrix} 3 & 2 & 1 \\ 2 & 4 & 2 \\ 1 & 2 & 3 \end{pmatrix} \begin{pmatrix} 1 \\ 1 \\ 1 \end{pmatrix} = \begin{pmatrix} 3/32 \\ 1/8 \\ 3/32 \end{pmatrix}$$

となる．図 6.2.8 に数値解 u_h と厳密解 $u = \dfrac{1}{2}x(x-1)$ の比較を示す．　□

例題 6.2.1 と例題 6.2.2 から，有限要素法の特徴の一つとして次のことがいえる．6.1 節でみてきた Galerkin 法では，基本境界条件の変更は基底関数の変更

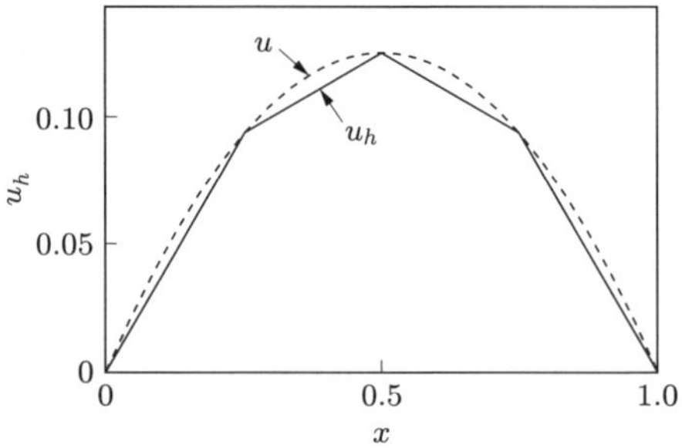

図 6.2.8　例題 6.2.2 の厳密解 u と近似解 u_h

が必要とされた．しかし，有限要素法では，係数行列と既知項ベクトルを求めたあとで境界条件を代入することになることから，基本境界条件の変更は容易である．

6.3　2 次元有限要素法

次に，2 次元 Poisson 問題（問題 6.1.6 において $d = 2$ とおく）に対する有限要素法を考えよう．ここでも，Galerkin 法の枠組みで有限要素法で使われる近似関数を定義する．そのあとで，その近似関数は分割された有限要素の領域ごとに定義された近似関数であるとみなすことにする．

6.3.1　Galerkin 法における近似関数

図 6.3.1 のように，2 次元領域 Ω と Dirichlet 境界 Γ_{D} はそれぞれ多角形領域 Ω_h と折れ線 $\Gamma_{\mathrm{D}h}$ によって近似されると仮定する．さらに，Ω_h は 3 角形領域の集合 $\{\Omega_i\}_i$ に分割されると仮定する．このとき，Ω_i を **3 角形有限要素**の領域とよび，有限要素番号 i の集合を $\mathcal{E}$ とかく．ただし，すべての $i \in \mathcal{E}$ に対して 3 角形領域 Ω_i の互いの重なりはなく，図 6.3.2 のように Ω_i の頂点以外の境界上に i 以外の 3 角形領域の頂点があることもないものとする．

また，3 角形の頂点 $\boldsymbol{x}_j = (x_{j1}, x_{j2})^{\mathrm{T}}$ を**節点**とよび，節点番号 j の集合を $\mathcal{N}$ とかく．さらに，$\mathcal{N}$ を二つの集合に分けて，$\Gamma_{\mathrm{D}h}$ 上におかれた節点番号の集合を $\mathcal{N}_{\mathrm{D}}$ とかいて，それ以外の節点番号の集合を $\mathcal{N}_{\mathrm{N}} = \mathcal{N} \setminus \mathcal{N}_{\mathrm{D}}$ とかくことにする．$\mathcal{N}$ は $\mathcal{N}_{\mathrm{D}}$ が最初にくるように並び替えられているとする．

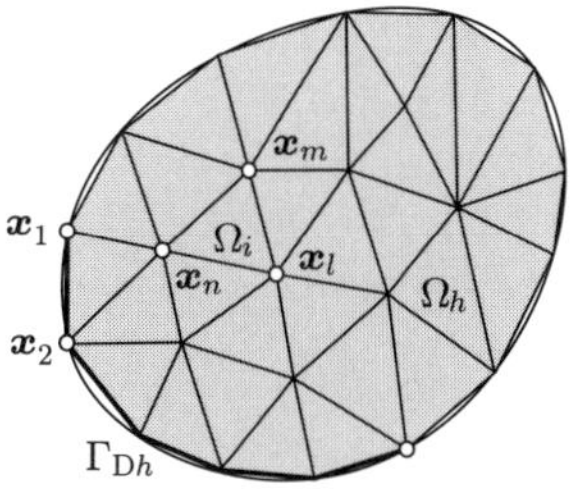

図 6.3.1　2 次元領域 Ω における 3 角形有限要素と節点

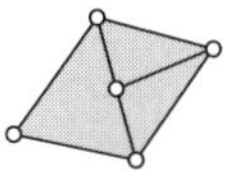

図 6.3.2　3 角形有限要素と節点の反例

このような 3 角形有限要素分割に対して，問題 6.1.6 に対する **2 次元有限要素法の基底関数**を，節点 $j \in \mathcal{N}$ に対して図 6.3.3 のような高さ 1 の**ピラミッド関数** ϕ_j によって定義する．すなわち，ϕ_j は節点 j を頂点にもつ有限要素上で台をもつ 1 次多項式で，節点 j において 1，それ以外の節点で 0 をとる連続関数であると仮定する．これらの特徴は，1 次元有限要素法でみたとおり，弱形式に代入して積分計算をおこなうのに都合がよくて，次に示す近似関数の構成において未定乗数が節点値になるという都合のよい結果につながる．

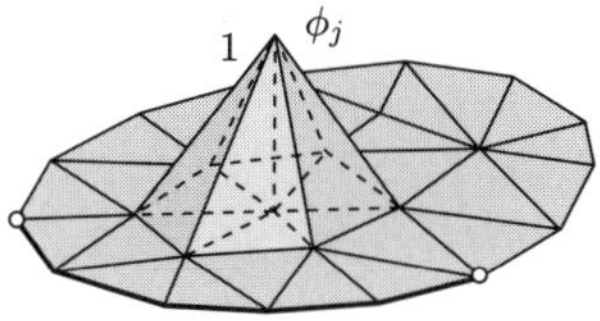

図 6.3.3　基底関数 ϕ_j

このような基底関数を用いて，有限要素法では近似関数を

$$u_h(\bar{\boldsymbol{u}}) = \sum_{j \in \mathcal{N}_{\mathrm{D}}} u_j \phi_j + \sum_{j \in \mathcal{N}_{\mathrm{N}}} u_j \phi_j = \begin{pmatrix} \bar{\boldsymbol{u}}_{\mathrm{D}} \\ \bar{\boldsymbol{u}}_{\mathrm{N}} \end{pmatrix} \cdot \begin{pmatrix} \boldsymbol{\phi}_{\mathrm{D}} \\ \boldsymbol{\phi}_{\mathrm{N}} \end{pmatrix} = \bar{\boldsymbol{u}} \cdot \boldsymbol{\phi} \qquad (6.3.1)$$

$$v_h(\bar{\boldsymbol{v}}) = \sum_{j \in \mathcal{N}_{\mathrm{D}}} v_j \phi_j + \sum_{j \in \mathcal{N}_{\mathrm{N}}} v_j \phi_j = \begin{pmatrix} \bar{\boldsymbol{v}}_{\mathrm{D}} \\ \bar{\boldsymbol{v}}_{\mathrm{N}} \end{pmatrix} \cdot \begin{pmatrix} \boldsymbol{\phi}_{\mathrm{D}} \\ \boldsymbol{\phi}_{\mathrm{N}} \end{pmatrix} = \bar{\boldsymbol{v}} \cdot \boldsymbol{\phi} \qquad (6.3.2)$$

とおく．このとき，$\bar{\boldsymbol{u}}$ と $\bar{\boldsymbol{v}}$ は近似関数 u_h と v_h の節点値の意味をもつことから，$\bar{\boldsymbol{u}}$ と $\bar{\boldsymbol{v}}$ を **節点値ベクトル**とよぶ．また，$\bar{\boldsymbol{u}}_{\mathrm{D}} = (u_{\mathrm{D}}(\boldsymbol{x}_j))_{j \in \mathcal{N}_{\mathrm{D}}}$ と $\bar{\boldsymbol{v}}_{\mathrm{D}} = \boldsymbol{0}_{\mathbb{R}^{|\mathcal{N}_{\mathrm{D}}|}}$ を **Dirichlet 型節点値ベクトル**とよび，$\bar{\boldsymbol{u}}_{\mathrm{N}} = (u_j)_{j \in \mathcal{N}_{\mathrm{N}}}$ と $\bar{\boldsymbol{v}}_{\mathrm{N}} = (v_j)_{j \in \mathcal{N}_{\mathrm{N}}}$ を

Neumann 型節点値ベクトルとよぶことにする．

6.3.2　有限要素法における近似関数

有限要素法では，Ω_h 上で定義された基底関数 $\boldsymbol{\phi}$ は，すべての $i \in \mathcal{E}$ に対して Ω_i 上で定義された基底関数にかきかえられる．それにより，Ω_i 上の近似関数を

$$u_h(\bar{\boldsymbol{u}}_i) = \begin{pmatrix} \varphi_{i(1)} & \varphi_{i(2)} & \varphi_{i(3)} \end{pmatrix} \begin{pmatrix} u_{i(1)} \\ u_{i(2)} \\ u_{i(3)} \end{pmatrix} = \boldsymbol{\varphi}_i \cdot \bar{\boldsymbol{u}}_i \tag{6.3.3}$$

$$v_h(\bar{\boldsymbol{v}}_i) = \begin{pmatrix} \varphi_{i(1)} & \varphi_{i(2)} & \varphi_{i(3)} \end{pmatrix} \begin{pmatrix} v_{i(1)} \\ v_{i(2)} \\ v_{i(3)} \end{pmatrix} = \boldsymbol{\varphi}_i \cdot \bar{\boldsymbol{v}}_i \tag{6.3.4}$$

とおく．ここで，有限要素 $i \in \mathcal{E}$ の三つの節点番号が $l, m, n \in \mathcal{N}$ であるとき，$\boldsymbol{\varphi}_i = (\varphi_l, \varphi_m, \varphi_n)^{\mathrm{T}} = (\varphi_{i(1)}, \varphi_{i(2)}, \varphi_{i(3)})^{\mathrm{T}} : \Omega_i \to \mathbb{R}^3$ を**有限要素上の基底関数**という．また，

$$\bar{\boldsymbol{x}}_i = \begin{pmatrix} \boldsymbol{x}_l \\ \boldsymbol{x}_m \\ \boldsymbol{x}_n \end{pmatrix} = \begin{pmatrix} \boldsymbol{x}_{i(1)} \\ \boldsymbol{x}_{i(2)} \\ \boldsymbol{x}_{i(3)} \end{pmatrix},$$

$$\bar{\boldsymbol{u}}_i = \begin{pmatrix} u_l \\ u_m \\ u_n \end{pmatrix} = \begin{pmatrix} u_{i(1)} \\ u_{i(2)} \\ u_{i(3)} \end{pmatrix}, \quad \bar{\boldsymbol{v}}_i = \begin{pmatrix} v_l \\ v_m \\ v_n \end{pmatrix} = \begin{pmatrix} v_{i(1)} \\ v_{i(2)} \\ v_{i(3)} \end{pmatrix}$$

を有限要素 $i \in \mathcal{E}$ に対する**要素節点ベクトル**および u と v に対する**要素節点値ベクトル**という．$\boldsymbol{x}_{i(\alpha)}$，$u_{i(\alpha)}$ および $v_{i(\alpha)}$ で使われた添え字の $\alpha \in \{1,2,3\}$ を有限要素 $i \in \mathcal{E}$ の**局所節点番号**という．図 6.3.4 に $\boldsymbol{\varphi}_i$ と $\bar{\boldsymbol{u}}_i$ によって有限要素 $i \in \mathcal{E}$ 上の近似関数 u_h が構成されるようすが示されている．

このように構成された $i \in \mathcal{E}$ 上の基底関数 $\boldsymbol{\varphi}_i$ は，$\alpha, \beta \in \{1,2,3\}$ に対して，

$$\varphi_{i(\alpha)}(\boldsymbol{x}_{i(\beta)}) = \delta_{\alpha\beta} \tag{6.3.5}$$

を満たす．また，すべての点 $\boldsymbol{x} \in \Omega_i$ で

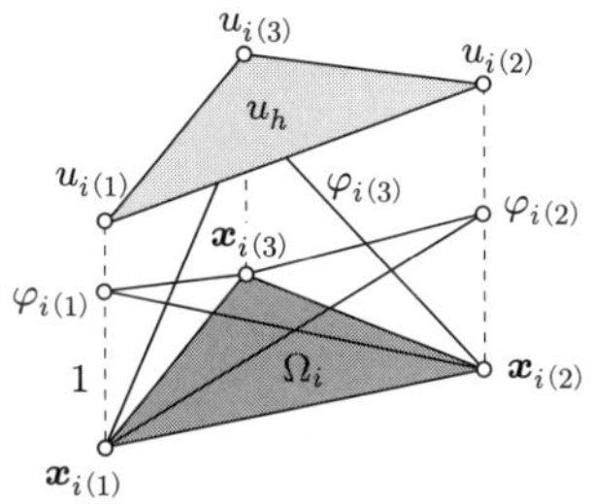

図 6.3.4　3 角形有限要素 $i \in \mathcal{E}$ 上の基底関数 $\varphi_{i(1)}, \varphi_{i(2)}, \varphi_{i(3)}$

$$\sum_{\alpha \in \{1,2,3\}} \varphi_{i(\alpha)}(\boldsymbol{x}) = 1$$

が成り立つ.

ここで，有限要素 $i \in \mathcal{E}$ 上の基底関数 $\varphi_{i(1)}$，$\varphi_{i(2)}$ および $\varphi_{i(3)}$ の式を具体的に求めてみよう．$\alpha \in \{1,2,3\}$ に対して，$\varphi_{i(\alpha)}$ は，$\boldsymbol{x} = (x_1, x_2)^{\mathrm{T}} \in \Omega_i$ に対する 1 次式であることから，三つの未定乗数で構成された完全 1 次多項式となる．これを

$$\varphi_{i(\alpha)} = \zeta_\alpha + \eta_\alpha x_1 + \theta_\alpha x_2 \tag{6.3.6}$$

とおく．未定乗数 ζ_α，η_α および θ_α は三つの節点における $\varphi_{i(\alpha)}$ の値を与えることで決定される．その値は，式 (6.3.5) で与えられる．すなわち，$\beta \in \{1,2,3\}$ に対して

$$\varphi_{i(\alpha)}(\boldsymbol{x}_{i(\beta)}) = \zeta_\alpha + \eta_\alpha x_{i(\beta)1} + \theta_\alpha x_{i(\beta)2} = \delta_{\alpha\beta}$$

によって決定される．この式は

$$\begin{pmatrix} 1 & x_{i(1)1} & x_{i(1)2} \\ 1 & x_{i(2)1} & x_{i(2)2} \\ 1 & x_{i(3)1} & x_{i(3)2} \end{pmatrix} \begin{pmatrix} \zeta_1 & \zeta_2 & \zeta_3 \\ \eta_1 & \eta_2 & \eta_3 \\ \theta_1 & \theta_2 & \theta_3 \end{pmatrix} = \begin{pmatrix} 1 & 0 & 0 \\ 0 & 1 & 0 \\ 0 & 0 & 1 \end{pmatrix}$$

のように展開される．そこで，未定乗数について解けば

$$\begin{pmatrix} \zeta_1 & \zeta_2 & \zeta_3 \\ \eta_1 & \eta_2 & \eta_3 \\ \theta_1 & \theta_2 & \theta_3 \end{pmatrix} = \frac{1}{\gamma} \begin{pmatrix} x_{i(2)1}x_{i(3)2} - x_{i(3)1}x_{i(2)2} & x_{i(3)1}x_{i(1)2} - x_{i(1)1}x_{i(3)2} & x_{i(1)1}x_{i(2)2} - x_{i(2)1}x_{i(1)2} \\ x_{i(2)2} - x_{i(3)2} & x_{i(3)2} - x_{i(1)2} & x_{i(1)2} - x_{i(2)2} \\ x_{i(3)1} - x_{i(2)1} & x_{i(1)1} - x_{i(3)1} & x_{i(2)1} - x_{i(1)1} \end{pmatrix} \tag{6.3.7}$$

となる．ただし，

$$\begin{aligned} \gamma &= \begin{vmatrix} x_{i(1)1} & x_{i(1)2} & 1 \\ x_{i(2)1} & x_{i(2)2} & 1 \\ x_{i(3)1} & x_{i(3)2} & 1 \end{vmatrix} \\ &= x_{i(1)1}(x_{i(2)2} - x_{i(3)2}) + x_{i(2)1}(x_{i(3)2} - x_{i(1)2}) \\ &\quad + x_{i(3)1}(x_{i(1)2} - x_{i(2)2}) \end{aligned} \tag{6.3.8}$$

である．ここで，3 角形有限要素の三つの節点 $\boldsymbol{x}_{i(1)}$，$\boldsymbol{x}_{i(2)}$ および $\boldsymbol{x}_{i(3)}$ を反時計回りになるように選んだとき，γ は 3 角形 Ω_i の面積 $|\Omega_i|$ の 2 倍に等しいことになる（演習問題 **6.3**）．

有限要素上の基底関数 $\varphi_{i(1)}$，$\varphi_{i(2)}$ および $\varphi_{i(3)}$ は，式 (6.3.7) と式 (6.3.8) を式 (6.3.6) に代入することよって得られた．それらを用いれば，式 (6.3.3) と式 (6.3.4) で定義された近似関数 $u_h(\bar{\boldsymbol{u}}_i)$ と $v_h(\bar{\boldsymbol{v}}_i)$ は，

$$\begin{aligned} u_h(\bar{\boldsymbol{u}}_i) &= \begin{pmatrix} \varphi_{i(1)} & \varphi_{i(2)} & \varphi_{i(3)} \end{pmatrix} \begin{pmatrix} 0 & \cdots & 1 & 0 & 0 & \cdots & 0 \\ 0 & \cdots & 0 & 1 & 0 & \cdots & 0 \\ 0 & \cdots & 0 & 0 & 1 & \cdots & 0 \end{pmatrix} \begin{pmatrix} u_1 \\ \vdots \\ u_l \\ u_m \\ u_n \\ \vdots \\ u_{|\mathcal{N}|} \end{pmatrix} \\ &= \boldsymbol{\varphi}_i \cdot \boldsymbol{Z}_i \bar{\boldsymbol{u}} \end{aligned} \tag{6.3.9}$$

$$v_h(\bar{\boldsymbol{v}}_i) = \boldsymbol{\varphi}_i \cdot \boldsymbol{Z}_i \bar{\boldsymbol{v}} \tag{6.3.10}$$

のようにかける．ただし，$\boldsymbol{Z}_i$ は全体の節点値ベクトル $\bar{\boldsymbol{u}}$ と有限要素 $i \in \mathcal{E}$ の節

点値ベクトル $\bar{\boldsymbol{u}}_i = (u_l, u_m, u_n)^{\mathrm{T}}$ を関連づける **Boole 行列**である．

6.3.3 離散化方程式

Ω_i 上の近似関数 $u_h(\bar{\boldsymbol{u}}_i)$ と $v_h(\bar{\boldsymbol{v}}_i)$ が定義されたので，式 (6.3.9) と式 (6.3.10) を 2 次元 Poisson 問題の弱形式（問題 6.1.7）に代入して，$\bar{\boldsymbol{u}}_{\mathrm{N}}$ を未知数とする離散化方程式が得られるまでをみてみよう．

式 (6.3.1) と式 (6.3.2) の $u_h(\bar{\boldsymbol{u}})$ と $v_h(\bar{\boldsymbol{v}})$ を弱形式に代入すれば，

$$a(u_h(\bar{\boldsymbol{u}}), v_h(\bar{\boldsymbol{v}})) = l(v_h(\bar{\boldsymbol{v}})) \tag{6.3.11}$$

となる．式 (6.3.11) の左辺は

$$\begin{aligned} a(u_h(\bar{\boldsymbol{u}}), v_h(\bar{\boldsymbol{v}})) &= \sum_{i\in\mathcal{E}} \int_{\Omega_i} \boldsymbol{\nabla} u_h(\bar{\boldsymbol{u}}_i) \cdot \boldsymbol{\nabla} v_h(\bar{\boldsymbol{v}}_i)\,\mathrm{d}x \\ &= \sum_{i\in\mathcal{E}} a_i(u_h(\bar{\boldsymbol{u}}_i), v_h(\bar{\boldsymbol{v}}_i)) \end{aligned} \tag{6.3.12}$$

のようにかける．このとき，式 (6.3.12) 右辺の各項は，

$$\begin{aligned} & a_i(u_h(\bar{\boldsymbol{u}}_i), v_h(\bar{\boldsymbol{v}}_i)) \qquad (6.3.13) \\ &= \begin{pmatrix} v_{i(1)} & v_{i(2)} & v_{i(3)} \end{pmatrix} \\ &\quad \times \begin{pmatrix} \displaystyle\int_{\Omega_i} \boldsymbol{\nabla}\varphi_{i(1)} \cdot \boldsymbol{\nabla}\varphi_{i(1)}\,\mathrm{d}x & \cdots & \displaystyle\int_{\Omega_i} \boldsymbol{\nabla}\varphi_{i(1)} \cdot \boldsymbol{\nabla}\varphi_{i(3)}\,\mathrm{d}x \\ \vdots & \ddots & \vdots \\ \displaystyle\int_{\Omega_i} \boldsymbol{\nabla}\varphi_{i(3)} \cdot \boldsymbol{\nabla}\varphi_{i(1)}\,\mathrm{d}x & \cdots & \displaystyle\int_{\Omega_i} \boldsymbol{\nabla}\varphi_{i(3)} \cdot \boldsymbol{\nabla}\varphi_{i(3)}\,\mathrm{d}x \end{pmatrix} \begin{pmatrix} u_{i(1)} \\ u_{i(2)} \\ u_{i(3)} \end{pmatrix} \\ &= \begin{pmatrix} v_{i(1)} & v_{i(2)} & v_{i(3)} \end{pmatrix} \\ &\quad \times \begin{pmatrix} a_i(\varphi_{i(1)}, \varphi_{i(1)}) & \cdots & a_i(\varphi_{i(1)}, \varphi_{i(3)}) \\ \vdots & \ddots & \vdots \\ a_i(\varphi_{i(3)}, \varphi_{i(1)}) & \cdots & a_i(\varphi_{i(3)}, \varphi_{i(3)}) \end{pmatrix} \begin{pmatrix} u_{i(1)} \\ u_{i(2)} \\ u_{i(3)} \end{pmatrix} \\ &= \bar{\boldsymbol{v}}_i \cdot \bar{\boldsymbol{A}}_i \bar{\boldsymbol{u}}_i = \bar{\boldsymbol{v}} \cdot \boldsymbol{Z}_i^{\mathrm{T}} \bar{\boldsymbol{A}}_i \boldsymbol{Z}_i \bar{\boldsymbol{u}} = \bar{\boldsymbol{v}} \cdot \tilde{\boldsymbol{A}}_i \bar{\boldsymbol{u}} \qquad (6.3.14) \end{aligned}$$

のようにまとめられる．$\bar{\boldsymbol{A}}_i$ を有限要素 $i \in \mathcal{E}$ の**係数行列**とよぶ．$\tilde{\boldsymbol{A}}_i$ はそれを全体の節点値ベクトルにあわせて 0 を補充して拡大された行列とする．

式 (6.3.7) の η_α と θ_α が式 (6.3.6) に代入された関係を用いて，$\bar{\boldsymbol{A}}_i = (\bar{a}_{i(\alpha\beta)})_{\alpha\beta} \in \mathbb{R}^{3\times 3}$ を計算すれば，

$$\begin{aligned}\bar{a}_{i(\alpha\beta)} &= \int_{\Omega_i} \left(\frac{\partial \varphi_{i(\alpha)}}{\partial x_1}\frac{\partial \varphi_{i(\beta)}}{\partial x_1} + \frac{\partial \varphi_{i(\alpha)}}{\partial x_2}\frac{\partial \varphi_{i(\beta)}}{\partial x_2} \right) \mathrm{d}x \\ &= \int_{\Omega_i} (\eta_\alpha \eta_\beta + \theta_\alpha \theta_\beta)\,\mathrm{d}x = |\Omega_i|(\eta_\alpha \eta_\beta + \theta_\alpha \theta_\beta) \end{aligned} \tag{6.3.15}$$

となる．ただし，$|\Omega_i| = \gamma/2$ である．γ は式 (6.3.8) で与えられる．

一方，式 (6.3.11) の右辺も

$$\begin{aligned} l(v_h(\bar{\boldsymbol{v}})) &= \sum_{i\in\mathcal{E}} \int_{\Omega_i} b v_h(\bar{\boldsymbol{v}}_i)\,\mathrm{d}x + \sum_{i\in\mathcal{E}} \int_{\partial\Omega_i \cap \Gamma_\mathrm{N}} p_\mathrm{N} v_h(\bar{\boldsymbol{v}}_i)\,\mathrm{d}\gamma \\ &= \sum_{i\in\mathcal{E}} l_i(v_h(\bar{\boldsymbol{v}}_i)) \end{aligned} \tag{6.3.16}$$

のように要素ごとに分けることができる．ただし，$i \in \mathcal{E}$ に対して

$$\begin{aligned} & l_i(v_h(\bar{\boldsymbol{v}}_i)) \\ &= \begin{pmatrix} v_{i(1)} & v_{i(2)} & v_{i(3)} \end{pmatrix} \left(\begin{pmatrix} \int_{\Omega_i} b\varphi_{i(1)}\,\mathrm{d}x \\ \int_{\Omega_i} b\varphi_{i(2)}\,\mathrm{d}x \\ \int_{\Omega_i} b\varphi_{i(3)}\,\mathrm{d}x \end{pmatrix} + \begin{pmatrix} \int_{\partial\Omega_i\cap\Gamma_\mathrm{N}} p_\mathrm{N}\varphi_{i(1)}\,\mathrm{d}\gamma \\ \int_{\partial\Omega_i\cap\Gamma_\mathrm{N}} p_\mathrm{N}\varphi_{i(2)}\,\mathrm{d}\gamma \\ \int_{\partial\Omega_i\cap\Gamma_\mathrm{N}} p_\mathrm{N}\varphi_{i(3)}\,\mathrm{d}\gamma \end{pmatrix} \right) \\ &= \begin{pmatrix} v_{i(1)} & v_{i(2)} & v_{i(3)} \end{pmatrix} \left(\begin{pmatrix} b_{i(1)} \\ b_{i(2)} \\ b_{i(3)} \end{pmatrix} + \begin{pmatrix} p_{i(1)} \\ p_{i(2)} \\ p_{i(3)} \end{pmatrix} \right) \\ &= \bar{\boldsymbol{v}}_i \cdot (\bar{\boldsymbol{b}}_i + \bar{\boldsymbol{p}}_i) = \bar{\boldsymbol{v}} \cdot \{ \boldsymbol{Z}_i^\mathrm{T} (\bar{\boldsymbol{b}}_i + \bar{\boldsymbol{p}}_i) \} = \bar{\boldsymbol{v}} \cdot (\tilde{\boldsymbol{b}}_i + \tilde{\boldsymbol{p}}_i) \\ &= \bar{\boldsymbol{v}} \cdot (\boldsymbol{Z}_i^\mathrm{T} \bar{\boldsymbol{l}}_i) = \bar{\boldsymbol{v}} \cdot \tilde{\boldsymbol{l}}_i \end{aligned} \tag{6.3.17}$$

とおく．ここで，$\bar{\boldsymbol{l}}_i$ を有限要素 $i \in \mathcal{E}$ の**既知項ベクトル**とよぶ．$\bar{\boldsymbol{b}}_i$ と $\bar{\boldsymbol{p}}_i$ はそれぞれ既知項ベクトルの b および p_N による成分を表す．$\tilde{\boldsymbol{l}}_i$，$\tilde{\boldsymbol{b}}_i$ および $\tilde{\boldsymbol{p}}_i$ は，それぞれ $\bar{\boldsymbol{l}}_i$，$\bar{\boldsymbol{b}}_i$ および $\bar{\boldsymbol{p}}_i$ を全体の節点値ベクトルにあわせて 0 を補充して拡大されたベクトルとする．

b が定数関数のとき，$\bar{\boldsymbol{b}}_i = (b_{i(1)}, b_{i(2)}, b_{i(3)})^\mathrm{T}$ を計算すれば，

$$\bar{\boldsymbol{b}}_i = b \begin{pmatrix} \displaystyle\int_{\Omega_i} \varphi_{i(1)}\,\mathrm{d}x \\ \displaystyle\int_{\Omega_i} \varphi_{i(2)}\,\mathrm{d}x \\ \displaystyle\int_{\Omega_i} \varphi_{i(3)}\,\mathrm{d}x \end{pmatrix} = \frac{b|\Omega_i|}{3} \begin{pmatrix} 1 \\ 1 \\ 1 \end{pmatrix} \tag{6.3.18}$$

となる．ただし，次の面積座標の積分公式を用いた．面積座標とは，3 角形有限要素上の点 $\boldsymbol{x} \in \Omega_i$ を 3 角形有限要素の基底関数 $\varphi_{i(1)}(\boldsymbol{x})$，$\varphi_{i(2)}(\boldsymbol{x})$ および $\varphi_{i(3)}(\boldsymbol{x})$ の値を要素とする 3 次元ベクトルで表した座標である（詳細は 6.4.2 項参照）．

■定理 6.3.1（面積座標の積分）　$(\varphi_{i(1)}, \varphi_{i(2)}, \varphi_{i(3)})$ を 2 次元 3 角形領域 Ω_i 上の面積座標とするとき，非負整数 l，m，n に対して

$$\int_{\Omega_i} (\varphi_{i(1)})^l (\varphi_{i(2)})^m (\varphi_{i(3)})^n \,\mathrm{d}x = 2|\Omega_i| \frac{l!\,m!\,n!}{(l+m+n+2)!}$$

が成り立つ．ただし，$|\Omega_i| = \gamma/2$，γ は式 (6.3.8) で与えられる．

さらに，p_{N} が定数関数のとき，$\bar{\boldsymbol{p}}_i = (p_{i(1)}, p_{i(2)}, p_{i(3)})^{\mathrm{T}}$ は，

$$\bar{\boldsymbol{p}}_i = p_{\mathrm{N}} \begin{pmatrix} 0 \\ \displaystyle\int_{\partial\Omega_i \cap \Gamma_{\mathrm{N}}} \varphi_{i(2)}\,\mathrm{d}\gamma \\ \displaystyle\int_{\partial\Omega_i \cap \Gamma_{\mathrm{N}}} \varphi_{i(3)}\,\mathrm{d}\gamma \end{pmatrix} = \frac{p_{\mathrm{N}} h}{2} \begin{pmatrix} 0 \\ 1 \\ 1 \end{pmatrix}$$

となる．ただし，h は $\partial\Omega_i \cap \Gamma_{\mathrm{N}}$ の長さである（図 6.3.5 参照）．

ここで，式 (6.3.14) が代入された式 (6.3.12) および式 (6.3.17) が代入された式 (6.3.16) を弱形式（式 (6.3.11)）に代入すれば，

$$\bar{\boldsymbol{v}} \cdot \sum_{i \in \mathcal{E}} \tilde{\boldsymbol{A}}_i \bar{\boldsymbol{u}} = \bar{\boldsymbol{v}} \cdot \sum_{i \in \mathcal{E}} \tilde{\boldsymbol{l}}_i$$

となる．この式を

$$\bar{\boldsymbol{v}} \cdot \bar{\boldsymbol{A}} \bar{\boldsymbol{u}} = \bar{\boldsymbol{v}} \cdot \bar{\boldsymbol{l}} \tag{6.3.19}$$

とかく．すなわち，

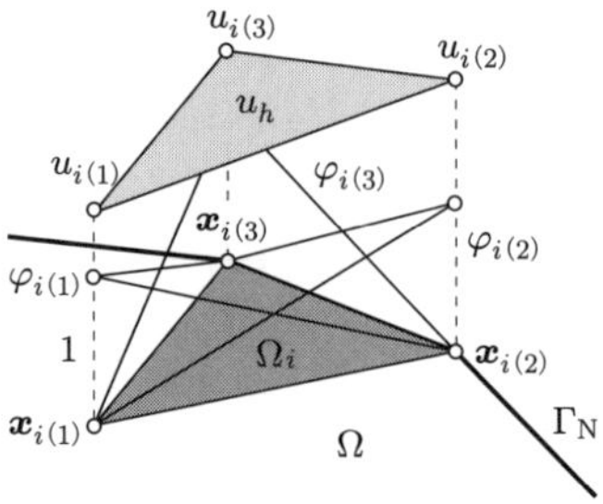

図 6.3.5　境界を含む有限要素

$$\bar{\boldsymbol{A}} = \sum_{i\in\mathcal{E}} \tilde{\boldsymbol{A}}_i \in \mathbb{R}^{|\mathcal{N}|\times|\mathcal{N}|}, \quad \bar{\boldsymbol{l}} = \sum_{i\in\mathcal{E}} \tilde{\boldsymbol{l}}_i = \sum_{i\in\mathcal{E}} (\tilde{\boldsymbol{b}}_i + \tilde{\boldsymbol{p}}_i) = \bar{\boldsymbol{b}} + \bar{\boldsymbol{p}} \in \mathbb{R}^{|\mathcal{N}|}$$

とおいた．$\bar{\boldsymbol{A}}$ と $\bar{\boldsymbol{l}}$ をそれぞれ**全体係数行列**と**全体既知項ベクトル**とよぶ．また，$\bar{\boldsymbol{b}}$ と $\bar{\boldsymbol{p}}$ をそれぞれ b と p_{N} の**全体節点値ベクトル**とよぶ．

式 (6.3.19) に基本境界条件を代入する．すなわち，$j \in \mathcal{N}_{\mathrm{D}}$ に対して $u_j = u_{\mathrm{D}}(\boldsymbol{x}_j)$ と $v_j = 0$ を代入すれば，

$$(\boldsymbol{0}^{\mathrm{T}} \quad \bar{\boldsymbol{v}}_{\mathrm{N}}^{\mathrm{T}}) \left(\begin{pmatrix} \bar{\boldsymbol{A}}_{\mathrm{DD}} & \bar{\boldsymbol{A}}_{\mathrm{DN}} \\ \bar{\boldsymbol{A}}_{\mathrm{ND}} & \bar{\boldsymbol{A}}_{\mathrm{NN}} \end{pmatrix} \begin{pmatrix} \bar{\boldsymbol{u}}_{\mathrm{D}} \\ \bar{\boldsymbol{u}}_{\mathrm{N}} \end{pmatrix} - \begin{pmatrix} \bar{\boldsymbol{l}}_{\mathrm{D}} \\ \bar{\boldsymbol{l}}_{\mathrm{N}} \end{pmatrix} \right) = 0 \tag{6.3.20}$$

となる．ただし，$\bar{\boldsymbol{u}}_{\mathrm{D}}$ と $\bar{\boldsymbol{u}}_{\mathrm{N}}$ は式 (6.3.1) で定義されたベクトル，$\bar{\boldsymbol{v}}_{\mathrm{D}}$ と $\bar{\boldsymbol{v}}_{\mathrm{N}}$ は式 (6.3.2) で定義されたベクトルである．また，

$$\bar{\boldsymbol{A}}_{\mathrm{DD}} = (\bar{A}_{ij})_{i\in\mathcal{N}_{\mathrm{D}}\ j\in\mathcal{N}_{\mathrm{D}}}, \quad \bar{\boldsymbol{A}}_{\mathrm{DN}} = (\bar{A}_{ij})_{i\in\mathcal{N}_{\mathrm{D}}\ j\in\mathcal{N}_{\mathrm{N}}},$$
$$\bar{\boldsymbol{A}}_{\mathrm{ND}} = (\bar{A}_{ij})_{i\in\mathcal{N}_{\mathrm{N}}\ j\in\mathcal{N}_{\mathrm{D}}}, \quad \bar{\boldsymbol{A}}_{\mathrm{NN}} = (\bar{A}_{ij})_{i\in\mathcal{N}_{\mathrm{N}}\ j\in\mathcal{N}_{\mathrm{N}}},$$
$$\bar{\boldsymbol{l}}_{\mathrm{D}} = (l_i)_{i\in\mathcal{N}_{\mathrm{D}}}, \quad \bar{\boldsymbol{l}}_{\mathrm{N}} = (l_i)_{i\in\mathcal{N}_{\mathrm{N}}}$$

とおく．式 (6.3.20) を並び替えれば

$$\bar{\boldsymbol{v}}_{\mathrm{N}}^{\mathrm{T}}(\bar{\boldsymbol{A}}_{\mathrm{NN}}\bar{\boldsymbol{u}}_{\mathrm{N}} - \bar{\boldsymbol{l}}_{\mathrm{N}} + \bar{\boldsymbol{u}}_{\mathrm{D}}\bar{\boldsymbol{A}}_{\mathrm{ND}}) = 0$$

となる．$\bar{\boldsymbol{v}}_{\mathrm{N}}$ は任意であるので，

$$\bar{\boldsymbol{A}}_{\mathrm{NN}}\bar{\boldsymbol{u}}_{\mathrm{N}} = \bar{\boldsymbol{l}}_{\mathrm{N}} - \bar{\boldsymbol{u}}_{\mathrm{D}}\bar{\boldsymbol{A}}_{\mathrm{ND}} = \hat{\boldsymbol{l}} \tag{6.3.21}$$

とかける．式 (6.3.21) は未知ベクトル $\bar{\boldsymbol{u}}_{\mathrm{N}}$ に対する連立 1 次方程式となってお

り，有限要素法による離散化方程式とよばれる．式 (6.3.21) を $\bar{\boldsymbol{u}}_{\mathrm{N}}$ について解けば，

$$\bar{\boldsymbol{u}}_{\mathrm{N}} = \bar{\boldsymbol{A}}_{\mathrm{NN}}^{-1} \hat{\boldsymbol{l}} \tag{6.3.22}$$

となる．これにより，有限要素解 $u_h(\bar{\boldsymbol{u}})$ は $\bar{\boldsymbol{u}} = (\bar{u}_{\mathrm{D}}, \bar{\boldsymbol{u}}_{\mathrm{N}}^{\mathrm{T}})^{\mathrm{T}}$ を式 (6.3.1) に代入することによって得られることになる．また，有限要素 $i \in \mathcal{E}$ の領域 Ω_i 上の有限要素解 $u_h(\bar{\boldsymbol{u}}_i)$ は式 (6.3.9) によって求められることになる．

6.3.4　例　題

上で示された 3 角形有限要素を使って 2 次元 Poisson 問題の近似解を求めるまでを詳しくみてみよう（[93] p.67 5.3 節）．

□**例題 6.3.2（2 次元 Poisson 問題に対する有限要素法）**　領域 Ω を $(0,1)^2$ とする．$\Gamma_{\mathrm{D}} = \{\boldsymbol{x} \in \partial\Omega \mid x_1 = 0,\, x_2 = 0\}$ および $\Gamma_{\mathrm{N}} = \partial\Omega \setminus \bar{\Gamma}_{\mathrm{D}}$ とする．このとき，

$$-\Delta u = 1 \quad \text{in } \Omega, \quad \frac{\partial u}{\partial \nu} = 0 \quad \text{on } \Gamma_{\mathrm{N}}, \quad u = 0 \quad \text{on } \Gamma_{\mathrm{D}}$$

を満たす $u\colon (0,1)^2 \to \mathbb{R}$ の有限要素法による近似解を求めよ．ただし，図 6.3.6 の要素分割を用いよ．

▶**解答**　有限要素の大きさを $h = 1/2$ とおく．このとき，式 (6.3.8) より $\gamma = h^2$ および $|\Omega_i| = \gamma/2 = h^2/2$ となる．係数行列 $\bar{\boldsymbol{A}}_i$ と $\bar{\boldsymbol{b}}_i$ を式 (6.3.15) と式 (6.3.18) を用いて計算しよう．有限要素を二つのタイプに分けて考える．図 6.3.7 (a) のような形

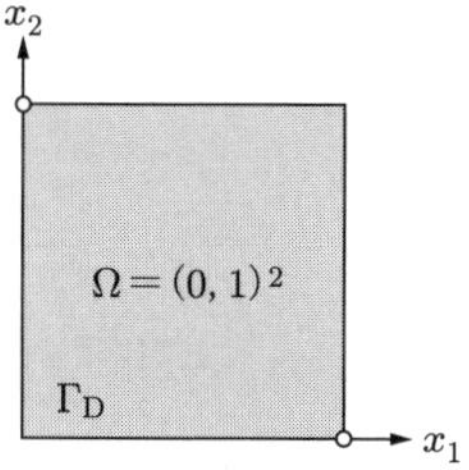

（a）領域 Ω

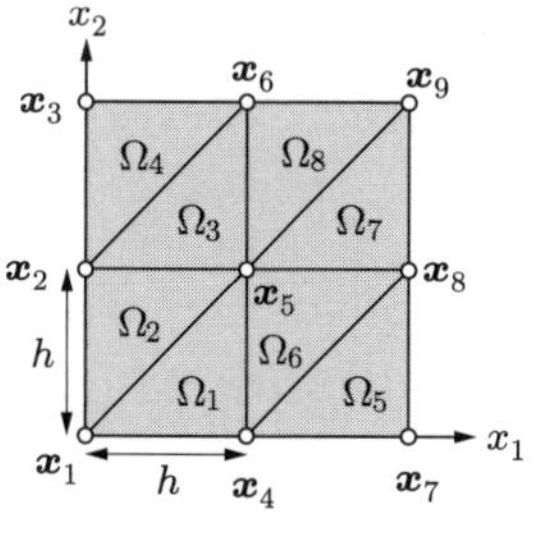

（b）有限要素分割

図 6.3.6　2 次元 Poisson 問題の例

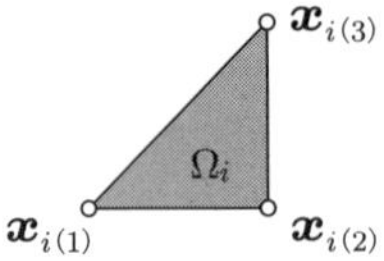

(a) Type 1

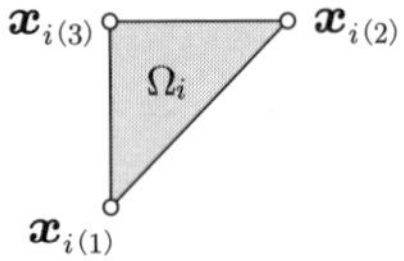

(b) Type 2

図 6.3.7 有限要素タイプ

状の有限要素 $i \in \{1,3,5,7\}$ を Type 1 とおく．Type 1 の基底関数は式 (6.3.6) で与えられ，$\alpha \in \{1,2,3\}$ に対して $\varphi_{i(\alpha)}$ によって定義された．そこで使われた未定乗数の中で，係数行列 $\bar{\boldsymbol{A}}_i$ の計算で必要となる未定乗数は η_α と θ_α である．Type 1 に対するこれらの値は，式 (6.3.7) より

$$\begin{pmatrix}\eta_1\\\eta_2\\\eta_3\end{pmatrix}=\frac{1}{\gamma}\begin{pmatrix}x_{i(2)2}-x_{i(3)2}\\x_{i(3)2}-x_{i(1)2}\\x_{i(1)2}-x_{i(2)2}\end{pmatrix}=\frac{1}{h^2}\begin{pmatrix}-h\\h\\0\end{pmatrix}$$

$$\begin{pmatrix}\theta_1\\\theta_2\\\theta_3\end{pmatrix}=\frac{1}{\gamma}\begin{pmatrix}x_{i(3)1}-x_{i(2)1}\\x_{i(1)1}-x_{i(3)1}\\x_{i(2)1}-x_{i(1)1}\end{pmatrix}=\frac{1}{h^2}\begin{pmatrix}0\\-h\\h\end{pmatrix}$$

となる．これらを，式 (6.3.15) と式 (6.3.18) に代入すれば，Type 1 の係数行列と既知項ベクトル

$$\bar{\boldsymbol{A}}_i=\frac{1}{2}\begin{pmatrix}1&-1&0\\-1&2&-1\\0&-1&1\end{pmatrix},\quad \bar{\boldsymbol{l}}_i=\bar{\boldsymbol{b}}_i=\frac{h^2}{6}\begin{pmatrix}1\\1\\1\end{pmatrix}$$

が得られる．

一方，図 6.3.7 (b) のような形状の有限要素 $i \in \{2,4,6,8\}$ を Type 2 とおく．これらに対しても同様にして，基底関数の未定乗数

$$\begin{pmatrix}\eta_1\\\eta_2\\\eta_3\end{pmatrix}=\frac{1}{\gamma}\begin{pmatrix}x_{i(2)2}-x_{i(3)2}\\x_{i(3)2}-x_{i(1)2}\\x_{i(1)2}-x_{i(2)2}\end{pmatrix}=\frac{1}{h^2}\begin{pmatrix}0\\h\\-h\end{pmatrix}$$

$$\begin{pmatrix}\theta_1\\\theta_2\\\theta_3\end{pmatrix}=\frac{1}{\gamma}\begin{pmatrix}x_{i(3)1}-x_{i(2)1}\\x_{i(1)1}-x_{i(3)1}\\x_{i(2)1}-x_{i(1)1}\end{pmatrix}=\frac{1}{h^2}\begin{pmatrix}-h\\0\\h\end{pmatrix}$$

が得られる．これらを，式 (6.3.15) と式 (6.3.18) に代入すれば，Type 2 の係数行列と既知項ベクトル

$$\bar{\boldsymbol{A}}_i = \frac{1}{2}\begin{pmatrix} 1 & 0 & -1 \\ 0 & 1 & -1 \\ -1 & -1 & 2 \end{pmatrix}, \quad \bar{\boldsymbol{l}}_i = \bar{\boldsymbol{b}}_i = \frac{h^2}{6}\begin{pmatrix} 1 \\ 1 \\ 1 \end{pmatrix}$$

が得られる．

有限要素 $i \in \mathcal{E} = \{1,2,3,4,5,6,7,8\}$ における局所節点 $\boldsymbol{x}_{i(1)}$，$\boldsymbol{x}_{i(2)}$，$\boldsymbol{x}_{i(3)}$ と全体節点 $j \in \mathcal{N} = \{1,2,3,4,5,6,7,8,9\}$ に対する $\boldsymbol{x}_j$ の関係は表 6.3.1 のとおりである．

表 6.3.1　例題 6.3.2 の局所節点 $\boldsymbol{x}_{i(1)}$，$\boldsymbol{x}_{i(2)}$，$\boldsymbol{x}_{i(3)}$ と全体節点 $\boldsymbol{x}_j$ の関係

$i \in \mathcal{E}$	1	2	3	4	5	6	7	8
$\boldsymbol{x}_{i(1)}$	$\boldsymbol{x}_1$	$\boldsymbol{x}_1$	$\boldsymbol{x}_2$	$\boldsymbol{x}_2$	$\boldsymbol{x}_4$	$\boldsymbol{x}_4$	$\boldsymbol{x}_5$	$\boldsymbol{x}_5$
$\boldsymbol{x}_{i(2)}$	$\boldsymbol{x}_4$	$\boldsymbol{x}_5$	$\boldsymbol{x}_5$	$\boldsymbol{x}_6$	$\boldsymbol{x}_7$	$\boldsymbol{x}_8$	$\boldsymbol{x}_8$	$\boldsymbol{x}_9$
$\boldsymbol{x}_{i(3)}$	$\boldsymbol{x}_5$	$\boldsymbol{x}_2$	$\boldsymbol{x}_6$	$\boldsymbol{x}_3$	$\boldsymbol{x}_8$	$\boldsymbol{x}_5$	$\boldsymbol{x}_9$	$\boldsymbol{x}_6$
Type	1	2	1	2	1	2	1	2

$\bar{\boldsymbol{A}}_1$ と $\bar{\boldsymbol{l}}_1$ を，全体の節点値ベクトルにあわせて拡大して

$$\tilde{\boldsymbol{A}}_1 = \frac{1}{2}\begin{pmatrix} 1 & 0 & 0 & -1 & 0 & 0 & 0 & 0 & 0 \\ 0 & 0 & 0 & 0 & 0 & 0 & 0 & 0 & 0 \\ 0 & 0 & 0 & 0 & 0 & 0 & 0 & 0 & 0 \\ -1 & 0 & 0 & 2 & -1 & 0 & 0 & 0 & 0 \\ 0 & 0 & 0 & -1 & 1 & 0 & 0 & 0 & 0 \\ 0 & 0 & 0 & 0 & 0 & 0 & 0 & 0 & 0 \\ 0 & 0 & 0 & 0 & 0 & 0 & 0 & 0 & 0 \\ 0 & 0 & 0 & 0 & 0 & 0 & 0 & 0 & 0 \\ 0 & 0 & 0 & 0 & 0 & 0 & 0 & 0 & 0 \end{pmatrix}, \quad \tilde{\boldsymbol{l}}_1 = \frac{h^2}{6}\begin{pmatrix} 1 \\ 0 \\ 0 \\ 1 \\ 1 \\ 0 \\ 0 \\ 0 \\ 0 \end{pmatrix}$$

をつくる．

同様に，$i \in \{2,\ldots,8\}$ に対して $\bar{\boldsymbol{A}}_i$ と $\bar{\boldsymbol{l}}_i$ から $\tilde{\boldsymbol{A}}_i$ と $\tilde{\boldsymbol{l}}_i$ をつくり，重ね合わせれば，

$$\bar{\boldsymbol{A}} = \frac{1}{2}\begin{pmatrix} 2 & -1 & 0 & -1 & 0 & 0 & 0 & 0 & 0 \\ -1 & 4 & -1 & 0 & -2 & 0 & 0 & 0 & 0 \\ 0 & -1 & 2 & 0 & 0 & -1 & 0 & 0 & 0 \\ -1 & 0 & 0 & 4 & -2 & 0 & -1 & 0 & 0 \\ 0 & -2 & 0 & -2 & 8 & -2 & 0 & -2 & 0 \\ 0 & 0 & -1 & 0 & -2 & 4 & 0 & 0 & -1 \\ 0 & 0 & 0 & -1 & 0 & 0 & 2 & -1 & 0 \\ 0 & 0 & 0 & 0 & -2 & 0 & -1 & 4 & -1 \\ 0 & 0 & 0 & 0 & 0 & -1 & 0 & -1 & 2 \end{pmatrix}, \quad \bar{\boldsymbol{l}} = \frac{h^2}{6}\begin{pmatrix} 2 \\ 3 \\ 1 \\ 3 \\ 6 \\ 3 \\ 1 \\ 3 \\ 2 \end{pmatrix}$$

となる．ここで，式 (6.3.20) のように，基本境界条件 $u_1 = u_2 = u_3 = u_4 = u_7 = 0$, $v_1 = v_2 = v_3 = v_4 = v_7 = 0$ を代入すれば,

$$\frac{1}{2}\begin{pmatrix} 8 & -2 & -2 & 0 \\ -2 & 4 & 0 & -1 \\ -2 & 0 & 4 & -1 \\ 0 & -1 & -1 & 2 \end{pmatrix}\begin{pmatrix} u_5 \\ u_6 \\ u_8 \\ u_9 \end{pmatrix} = \frac{1}{24}\begin{pmatrix} 6 \\ 3 \\ 3 \\ 2 \end{pmatrix}$$

となる．この連立 1 次方程式を解いて

$$\begin{pmatrix} u_5 \\ u_6 \\ u_8 \\ u_9 \end{pmatrix} = \frac{1}{192}\begin{pmatrix} 3 & 2 & 2 & 2 \\ 2 & 6 & 2 & 4 \\ 2 & 2 & 6 & 4 \\ 2 & 4 & 4 & 12 \end{pmatrix}\begin{pmatrix} 6 \\ 3 \\ 3 \\ 2 \end{pmatrix} = \frac{1}{96}\begin{pmatrix} 17 \\ 22 \\ 22 \\ 30 \end{pmatrix}$$

が得られる．図 6.3.8 は，この結果を節点値においた近似解 $u_h(\bar{\boldsymbol{u}})$ を示す． □

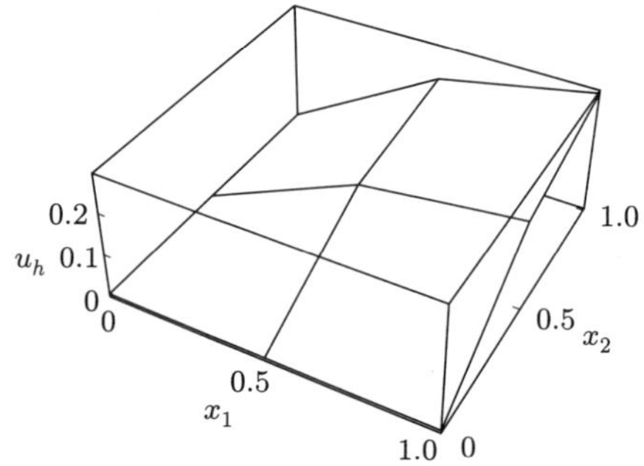

図 6.3.8　例題 6.3.2 の近似解

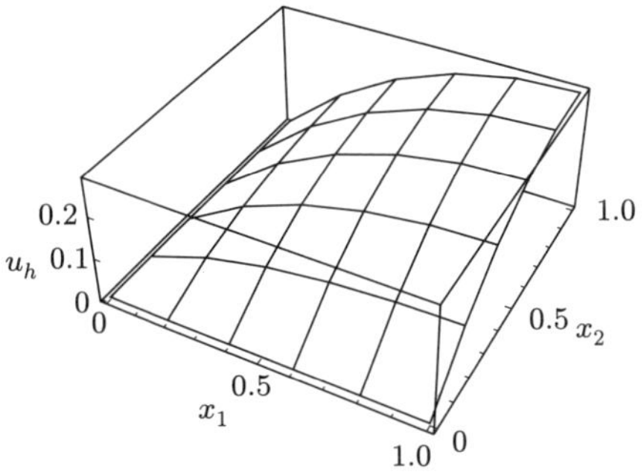

図 6.3.9 例題 6.3.2 の分割数を増やしたときの近似解

図 6.3.9 は，例題 6.3.2 の分割数を増やして，36 節点，50 有限要素に変更したときの結果を示す．

6.4 種々の有限要素

6.2 節と 6.3 節で基底関数が 1 次関数で構成されたときの 1 次元と 2 次元の有限要素法を詳しくみてきた．次に，これらの内容をふまえて基底関数を高次関数に変更することや有限要素の形状を 4 角形に変更すること，さらに，3 次元の有限要素法についての見通しを示しておきたい．いずれも基底関数の構成法が異なるだけで，それを弱形式に代入して未定乗数を求めるという Galerkin 法としての手続きは同一である．そこで，ここでは有限要素上の基底関数を定義して近似関数を構成するところまでをみていくことにしよう．

本章では，基底関数の定義域を大きさが規準化された領域（規準領域）に変更し，その上で定義された有限要素を**規準要素**とよぶことにする．任意の大きさの有限要素は規準要素からの写像によって与えられると考えることにする．

6.4.1 1 次元高次有限要素

まず，1 次元有限要素の高次化について考えよう．1 次元有限要素に対する規準領域を $\Xi = (0, 1)$ とおく．1 次元有限要素 $i \in \mathcal{E}$ の領域 $\Omega_i = (x_{i-1}, x_i)$ 上の点 $x \in \Omega_i$ は，式 (6.2.3) と式 (6.2.4) で定義された 1 次元有限要素（1 次要素）の基底関数 $\varphi_{i(1)}$ と $\varphi_{i(2)}$ を用いて $\xi = \varphi_{i(2)}(x) = 1 - \varphi_{i(1)}(x)$ によって規準領域上の点 $\xi \in \Xi$ に変換することができる．そこで，$\varphi_{i(2)}(x) = 1 - \varphi_{i(1)}(x)$

を $\xi \in \Xi$ と同一視して，$(\varphi_{i(1)}(x), \varphi_{i(2)}(x))$ を**長さ座標**と定義する．長さを表すのに 2 次元ベクトルとなっているが，$\varphi_{i(1)}(x) + \varphi_{i(2)}(x) = 1$ の条件が課されていることに注意されたい．さらに，$(\varphi_{i(1)}(x), \varphi_{i(2)}(x))$ のような x の関数を座標として用いることは混乱を招くことから，長さ座標を (λ_1, λ_2) とかくことにする．図 6.4.1 に長さ座標 (λ_1, λ_2) と規準座標 ξ の関係を示している．

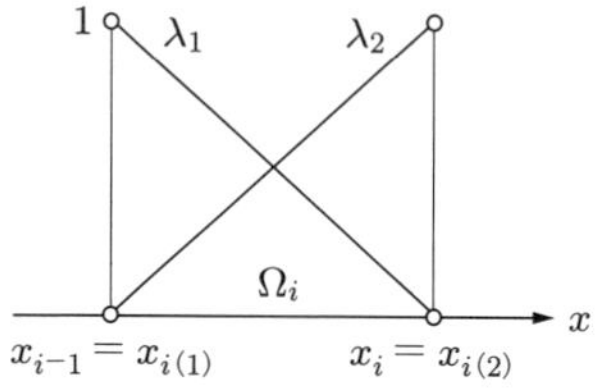

（a）長さ座標 (λ_1, λ_2)

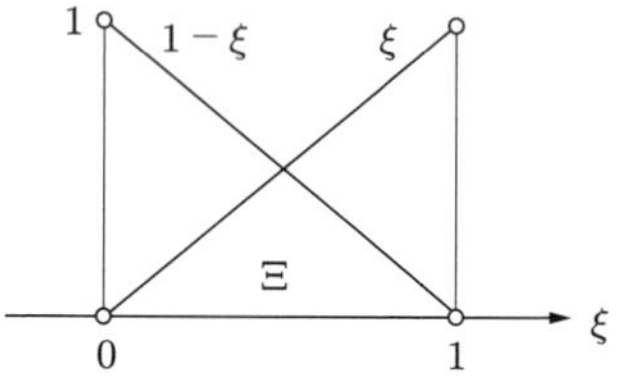

（b）規準座標 $\xi = \lambda_2 = 1 - \lambda_1$

図 6.4.1　1 次元有限要素の長さ座標と規準座標

これより，規準領域 $\Xi = (0, 1)$ 上で基底関数を定義して，基底関数の高次化をはかることにする．そのための準備として，6.2 節でみてきた $x \in \Omega_i$ に対して定義された基底関数 $(\varphi_{i(1)}(x), \varphi_{i(2)}(x))$ が $\xi \in \Xi$ に対して定義された基底関数を用いてどのように表されるのかを確認しておくことにしよう．本章では，規準領域上で定義された節点と基底関数をそれぞれ $\xi_{(\cdot)}$ と $\hat{\varphi}_{(\cdot)}$ のように表すことにする．すなわち，1 次の基底関数に対して，節点を

$$(\xi_{(1)} \quad \xi_{(2)}) = (0 \quad 1) \tag{6.4.1}$$

とおき，基底関数を

$$(\hat{\varphi}_{(1)}(\xi) \quad \hat{\varphi}_{(2)}(\xi)) = (\lambda_1 \quad \lambda_2) = (1 - \xi \quad \xi) \tag{6.4.2}$$

とおく．一方，規準座標 $\xi \in \Xi$ から全体座標 $x \in \Omega_i$ への写像 $f_i \colon \Xi \to \Omega_i$ は

$$x = f_i(\xi) = x_{i(1)} + \xi(x_{i(2)} - x_{i(1)}) \tag{6.4.3}$$

によって与えられる．このとき，Ω_i 上で定義された 1 次の基底関数 $(\varphi_{i(1)}, \varphi_{i(2)})$ と規準領域上で定義された 1 次の基底関数 $(\hat{\varphi}_{(1)}, \hat{\varphi}_{(2)})$ の間には

$$(\varphi_{i(1)}(f_i(\xi)) \quad \varphi_{i(2)}(f_i(\xi))) = (\hat{\varphi}_{(1)}(\xi) \quad \hat{\varphi}_{(2)}(\xi)) \tag{6.4.4}$$

が成り立つことになる．

1 次の基底関数に対する定義に対応させて，2 次の基底関数を定義しよう．2 次関数は三つの未定乗数をもつ．そこで，中間節点を追加して，節点を

$$(\xi_{i(1)} \quad \xi_{i(2)} \quad \xi_{i(3)}) = (0 \quad 1 \quad 1/2) \tag{6.4.5}$$

とおく．このとき，規準要素の基底関数 $\hat{\varphi}_{(1)}$，$\hat{\varphi}_{(2)}$ および $\hat{\varphi}_{(3)}$ は，それぞれ $\xi_{(1)}$，$\xi_{(2)}$ および $\xi_{(3)}$ における境界条件を満たすように決定される．それらの条件は，$\alpha, \beta \in \{1, 2, 3\}$ に対して

$$\hat{\varphi}_{(\alpha)}(\xi_{(\beta)}) = \delta_{\alpha\beta} \tag{6.4.6}$$

によって与えられる．式 (6.4.6) の条件は，未定乗数が近似関数の節点値の意味をもつための条件となっている．この条件より 2 次関数の三つの未定乗数を決定すれば，

$$(\hat{\varphi}_{(1)} \quad \hat{\varphi}_{(2)} \quad \hat{\varphi}_{(3)}) = (\lambda_1(2\lambda_1 - 1) \quad \lambda_2(2\lambda_2 - 1) \quad 4\lambda_1\lambda_2) \tag{6.4.7}$$

となる．このように決定された基底関数は，任意の $\xi \in \Xi$ に対して

$$\sum_{\alpha \in \{1,2,3\}} \hat{\varphi}_{(\alpha)}(\xi) = 1 \tag{6.4.8}$$

を満たす．式 (6.4.8) は，厳密解が $u = 0$ のとき，近似解が厳密解と一致するための条件になっている．図 6.4.2 にこれらの基底関数と Ω_i 上で定義された基底関数を示す．ただし，図中 l，m および n は全体で割り当てられた節点番号を表すものとする．

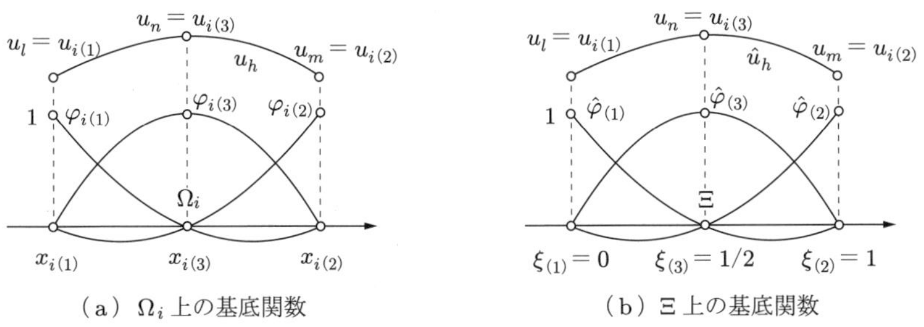

図 6.4.2 2 次の 1 次元有限要素で使われる基底関数と近似関数

したがって，2 次の 1 次元有限要素で使われる近似関数は，規準領域上で

$$\hat{u}_h(\xi) = \begin{pmatrix} \hat{\varphi}_{(1)}(\xi) & \hat{\varphi}_{(2)}(\xi) & \hat{\varphi}_{(3)}(\xi) \end{pmatrix} \begin{pmatrix} u_{i(1)} \\ u_{i(2)} \\ u_{i(3)} \end{pmatrix} = \hat{\boldsymbol{\varphi}}(\xi) \cdot \boldsymbol{u}_i$$

のように構成される．ただし，本章では，規準領域上で定義された近似関数を $\hat{u}_h$ のように表すことにする．

同様にして，$m \in \mathbb{N}$ 次の 1 次元有限要素は次のように構成される．

■**定義 6.4.1（m 次の 1 次元有限要素）** $\Xi = (0,1)$ を規準領域とする．$m \in \mathbb{N}$ に対して，節点を

$$\begin{pmatrix} \xi_{i(1)} & \cdots & \xi_{i(m+1)} \end{pmatrix} = \begin{pmatrix} 0 & 1/m & \cdots & 1 \end{pmatrix}$$

のように配置する．$\alpha \in \{1, \ldots, m+1\}$ に対して基底関数 $\hat{\varphi}_{(\alpha)}$ を m 次多項式で構成し，$\beta \in \{1, \ldots, m+1\}$ に対して式 (6.4.6) が満たされるように未定乗数を決定する．このように構成された基底関数を用いた有限要素を **1 次元 m 次有限要素**という．

定義 6.4.1 のように構成された基底関数 $\hat{\varphi}_{(\alpha)}$ を用いるとき，近似関数は規準領域上で

$$\hat{u}_h = \sum_{\alpha \in \mathcal{N}_i} \hat{\varphi}_{(\alpha)} u_{i(\alpha)} = \hat{\boldsymbol{\varphi}} \cdot \boldsymbol{u}_i \tag{6.4.9}$$

で構成される．ただし，$\mathcal{N}_i$ を局所節点番号の集合とする．式 (6.4.9) は，m 次の 1 次元有限要素に限らず，近似関数に対して成り立つ関係を表している．

このように，規準座標 $\xi \in \Xi$ 上で近似関数が与えられたならば，弱形式における有限要素ごとの双 1 次形式（式 (6.2.13)）は，

$$
\begin{aligned}
&a_i(u_h(\bar{\boldsymbol{u}}_i), v_h(\bar{\boldsymbol{v}}_i)) \\
&\quad = \begin{pmatrix} v_{i(1)} & \cdots & v_{i(m+1)} \end{pmatrix} \\
&\qquad \times \begin{pmatrix} a_i(\varphi_{i(1)}, \varphi_{i(1)}) & \cdots & a_i(\varphi_{i(1)}, \varphi_{i(m+1)}) \\ \vdots & \ddots & \vdots \\ a_i(\varphi_{i(m+1)}, \varphi_{i(1)}) & \cdots & a_i(\varphi_{i(m+1)}, \varphi_{i(m+1)}) \end{pmatrix} \begin{pmatrix} u_{i(1)} \\ \vdots \\ u_{i(m+1)} \end{pmatrix} \\
&\quad = \bar{\boldsymbol{v}}_i \cdot (\bar{\boldsymbol{A}}_i \bar{\boldsymbol{u}}_i) = \bar{\boldsymbol{v}} \cdot (\boldsymbol{Z}_i^{\mathrm{T}} \bar{\boldsymbol{A}}_i \boldsymbol{Z}_i \bar{\boldsymbol{u}}) = \bar{\boldsymbol{v}} \cdot (\tilde{\boldsymbol{A}}_i \bar{\boldsymbol{u}})
\end{aligned} \tag{6.4.10}
$$

となる．ここで，

$$
\frac{\mathrm{d}\varphi_{i(\alpha)}}{\mathrm{d}x} = \frac{\mathrm{d}\hat{\varphi}_{(\alpha)}}{\mathrm{d}\xi} \frac{\mathrm{d}\xi}{\mathrm{d}x} = \frac{1}{\omega_i} \frac{\mathrm{d}\hat{\varphi}_{(\alpha)}}{\mathrm{d}\xi}
$$

のようにかかれる．ただし，式 (6.4.3) より，

$$
\omega_i = \frac{\mathrm{d}x}{\mathrm{d}\xi} = \frac{\mathrm{d}f_i}{\mathrm{d}\xi} = x_{i(2)} - x_{i(1)}
$$

となる．そこで，$\bar{\boldsymbol{A}}_i = (\bar{a}_{i(\alpha\beta)})_{\alpha\beta} \in \mathbb{R}^{|\mathcal{N}_i| \times |\mathcal{N}_i|}$ の各要素は，

$$
\bar{a}_{i(\alpha\beta)} = \int_{\Omega_i} \frac{\mathrm{d}\varphi_{i(\alpha)}}{\mathrm{d}x} \frac{\mathrm{d}\varphi_{i(\beta)}}{\mathrm{d}x} \,\mathrm{d}x = \frac{1}{\omega_i} \int_0^1 \frac{\mathrm{d}\hat{\varphi}_{(\alpha)}}{\mathrm{d}\xi} \frac{\mathrm{d}\hat{\varphi}_{(\beta)}}{\mathrm{d}\xi} \,\mathrm{d}\xi
$$

によって計算される．

また，弱形式における有限要素ごとの 1 次形式（式 (6.2.16)）に対しても，

$$
\begin{aligned}
l_i(v_h(\bar{\boldsymbol{v}}_i)) &= \begin{pmatrix} v_{i(1)} & \cdots & v_{i(m+1)} \end{pmatrix} \begin{pmatrix} b_{i(1)} \\ \vdots \\ b_{i(m+1)} \end{pmatrix} \\
&= \bar{\boldsymbol{v}}_i \cdot \bar{\boldsymbol{b}}_i = \bar{\boldsymbol{v}} \cdot (\boldsymbol{Z}_i^{\mathrm{T}} \bar{\boldsymbol{b}}_i) = \bar{\boldsymbol{v}} \cdot \tilde{\boldsymbol{b}}_i \\
&= \bar{\boldsymbol{v}}_i \cdot \bar{\boldsymbol{l}}_i = \bar{\boldsymbol{v}} \cdot (\boldsymbol{Z}_i^{\mathrm{T}} \bar{\boldsymbol{l}}_i) = \bar{\boldsymbol{v}} \cdot \tilde{\boldsymbol{l}}_i
\end{aligned} \tag{6.4.11}
$$

となる．ただし，$\bar{\boldsymbol{b}}_i = (\bar{b}_{i(\alpha)})_{\alpha} \in \mathbb{R}^{|\mathcal{N}_i|}$ の各要素は，

$$
\bar{b}_{i(\alpha)} = \int_{\Omega_i} b_0 \varphi_{i(\alpha)} \,\mathrm{d}x = \omega_i \int_0^1 b_0 \hat{\varphi}_{(\alpha)} \,\mathrm{d}\xi
$$

によって計算される．式 (6.2.17) に対しても同様の関係が成り立つ．

6.4.2 3 角形高次有限要素

次に，2 次元問題に対して使われる 3 角形有限要素の高次化について考えてみよう．式 (6.3.6) で定義された 1 次の 3 角形有限要素の基底関数 $\varphi_{i(1)}$, $\varphi_{i(2)}$ および $\varphi_{i(3)}$ は**面積座標**とよばれる．その理由は，図 6.4.3 のように，有限要素 $i \in \mathcal{E}$ の領域 Ω_i 上のある点 $\boldsymbol{x} \in \Omega_i$ を選んだとき，$\boldsymbol{x}$ を頂点とする三つの小 3 角形の $|\Omega_i|$ に対する面積比を λ_1, λ_2 および λ_3 とおいたとき，$(\lambda_1, \lambda_2, \lambda_3) = (\varphi_{i(1)}, \varphi_{i(2)}, \varphi_{i(3)})$ が成り立つためである．これより，$\boldsymbol{\xi} = (\xi_1, \xi_2)^{\mathrm{T}} = (\lambda_2, \lambda_3)^{\mathrm{T}} \in \mathbb{R}^2$ を規準座標とよび，$\Xi = \{\boldsymbol{\xi} \in (0,1)^2 \mid \xi_1 + \xi_2 < 1\}$ を規準領域とおく．

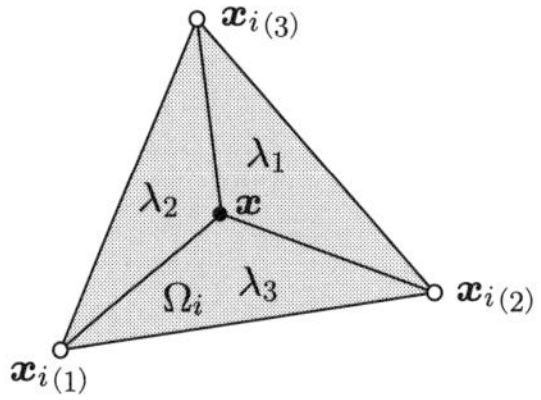

（a）面積座標 $(\lambda_1, \lambda_2, \lambda_3)$

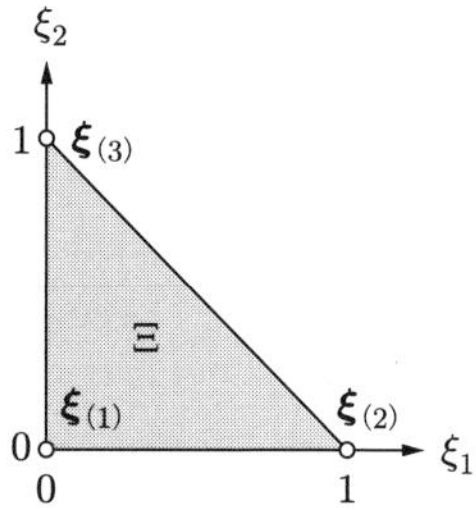

（b）規準座標 $(\xi_1, \xi_2) = (\lambda_2, \lambda_3)$

図 6.4.3　3 角形有限要素の面積座標と規準座標

ここでも，1 次の基底関数を規準領域上で定義してから高次化を考えることにしよう．規準要素に対して節点を

$$(\boldsymbol{\xi}_{(1)} \quad \boldsymbol{\xi}_{(2)} \quad \boldsymbol{\xi}_{(3)}) = \begin{pmatrix} 0 & 1 & 0 \\ 0 & 0 & 1 \end{pmatrix} \tag{6.4.12}$$

とおく．それに対して，6.3 節でみてきた基底関数は

$$(\hat{\varphi}_{(1)}(\boldsymbol{\xi}) \quad \hat{\varphi}_{(2)}(\boldsymbol{\xi}) \quad \hat{\varphi}_{(3)}(\boldsymbol{\xi})) = (\lambda_1 \quad \lambda_2 \quad \lambda_3) \tag{6.4.13}$$

であった．

1 次の基底関数に対する定義に対応させて，2 次の基底関数を定義しよう．ξ_1 と ξ_2 に対する完全 2 次多項式は

$$a_1 + a_2\xi_1 + a_3\xi_2 + a_4\xi_1^2 + a_5\xi_1\xi_2 + a_6\xi_2^2$$

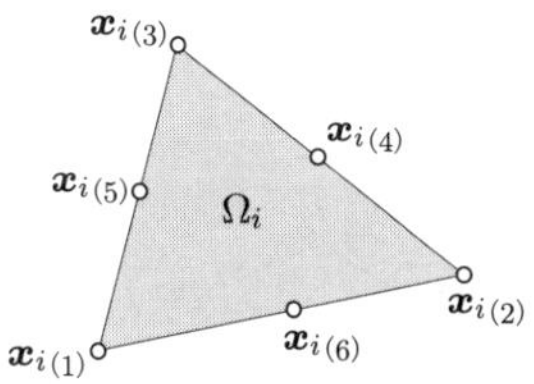

(a) Ω_i 上の節点

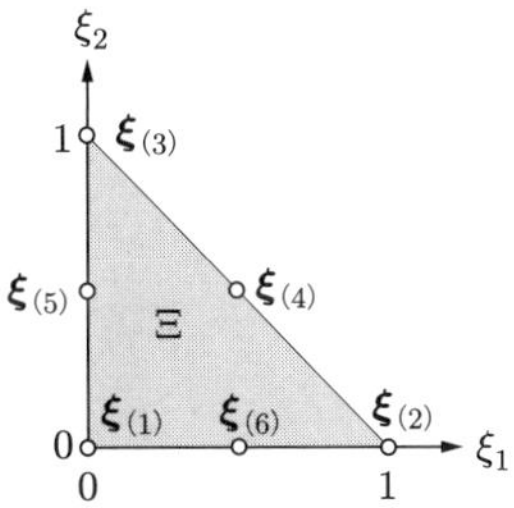

(b) Ξ 上の節点

図 6.4.4 2 次の 3 角形有限要素で使われる節点

のように六つの未定乗数 $a_1, \ldots, a_6$ をもつ．そこで，図 6.4.4 のように 3 角形の 3 辺に中間節点を追加して，節点を

$$(\boldsymbol{\xi}_{(1)} \quad \boldsymbol{\xi}_{(2)} \quad \boldsymbol{\xi}_{(3)} \quad \boldsymbol{\xi}_{(4)} \quad \boldsymbol{\xi}_{(5)} \quad \boldsymbol{\xi}_{(6)}) = \begin{pmatrix} 0 & 1 & 0 & 1/2 & 0 & 1/2 \\ 0 & 0 & 1 & 1/2 & 1/2 & 0 \end{pmatrix} \tag{6.4.14}$$

とおく．このとき，$\alpha \in \{1, \ldots, 6\}$ に対する規準要素の基底関数 $\hat{\varphi}_{(\alpha)}$ を $\beta \in \{1, \ldots, 6\}$ に対して，$\hat{\varphi}_{(\alpha)}(\boldsymbol{\xi}_{(\beta)}) = \delta_{\alpha\beta}$ が満たされるように決定すれば，

$$\begin{pmatrix} \hat{\varphi}_{(1)} \\ \hat{\varphi}_{(2)} \\ \hat{\varphi}_{(3)} \end{pmatrix} = \begin{pmatrix} \lambda_1(2\lambda_1 - 1) \\ \lambda_2(2\lambda_2 - 1) \\ \lambda_3(2\lambda_3 - 1) \end{pmatrix}, \quad \begin{pmatrix} \hat{\varphi}_{(4)} \\ \hat{\varphi}_{(5)} \\ \hat{\varphi}_{(6)} \end{pmatrix} = \begin{pmatrix} 4\lambda_2\lambda_3 \\ 4\lambda_1\lambda_3 \\ 4\lambda_1\lambda_2 \end{pmatrix}$$

となる．図 6.4.5 は，これらの関数を示す．近似関数は，これらを用いて式 (6.4.9) のように構成される．

同様にして，$m \in \mathbb{N}$ 次の 3 角形有限要素は，2 次元の m 次完全多項式により次のように構成される．

■定義 6.4.2 (m 次の 3 角形有限要素) $\Xi = \{\boldsymbol{\xi} \in (0,1)^2 \mid \xi_1 + \xi_2 < 1\}$ を規準領域とする．$m \in \mathbb{N}$ に対して，図 6.4.6 のように $\alpha \in \mathcal{N}_i$ に対して節点 $\boldsymbol{\xi}_{(\alpha)}$ を配置する．基底関数 $\hat{\varphi}_{(\alpha)}$ を ξ_1 と ξ_2 に対する完全 m 次多項式で構成し，$\alpha, \beta \in \mathcal{N}_i$ に対して $\hat{\varphi}_{(\alpha)}(\boldsymbol{\xi}_{(\beta)}) = \delta_{\alpha\beta}$ が満たされるように未定乗数を決定する．このように構成された基底関数を用いた有限要素を **3 角形 m 次有限要素**という．

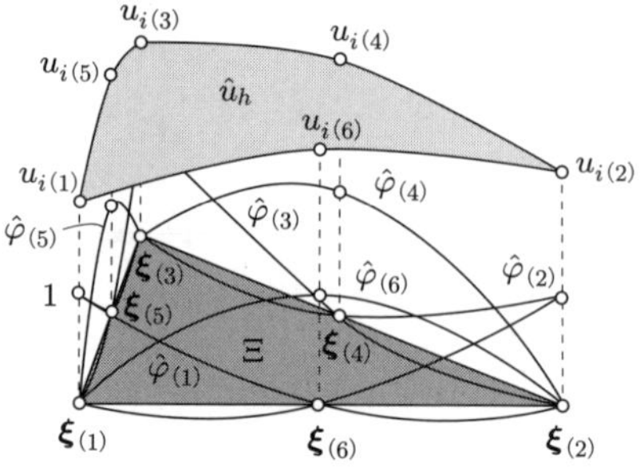

図 6.4.5 2 次の 3 角形有限要素で使われる基底関数と近似関数

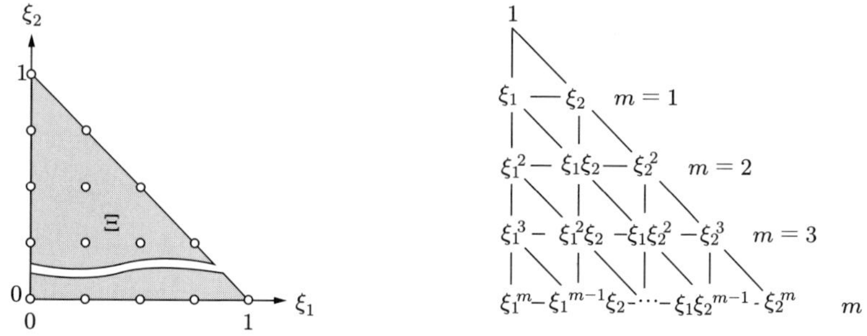

（a） $\alpha \in \mathcal{N}_i$ に対する節点 $\boldsymbol{\xi}_{(\alpha)}$ の配置　　（b） 完全 m 次多項式の項（$|\mathcal{N}_i|$ 個）

図 6.4.6 m 次の 3 角形有限要素で使われる節点配置と完全 m 次多項式の項

定義 6.4.2 のように構成された基底関数 $\hat{\varphi}_{(\alpha)}$ を用いるとき，近似関数は規準領域上で式 (6.4.9) のように構成される．近似関数が与えられたならば，弱形式における有限要素ごとの双 1 次形式（式 (6.3.15)）は，

$$
\begin{aligned}
\bar{a}_{i(\alpha\beta)} &= \int_{\Omega_i} \partial_{\boldsymbol{x}} \varphi_{i(\alpha)}(\boldsymbol{x}) \cdot \partial_{\boldsymbol{x}} \varphi_{i(\beta)}(\boldsymbol{x})\,\mathrm{d}x \\
&= \int_{\Xi} \{(\boldsymbol{F}_i^{\mathrm{T}})^{-1} \partial_{\boldsymbol{\xi}} \hat{\varphi}_{(\alpha)}(\boldsymbol{\xi})\} \cdot \{(\boldsymbol{F}_i^{\mathrm{T}})^{-1} \partial_{\boldsymbol{\xi}} \hat{\varphi}_{(\beta)}(\boldsymbol{\xi})\} \omega_i \,\mathrm{d}\xi
\end{aligned}
\tag{6.4.15}
$$

によって計算される．ここで，規準領域 Ξ から有限要素 $i \in \mathcal{E}$ の領域 Ω_i への写像は，$\alpha \in \{1,2,3\}$ に対して $\boldsymbol{x}_{i(\alpha)} = (x_{i(\alpha)1}, x_{i(\alpha)2})^{\mathrm{T}}$ を有限要素 $i \in \mathcal{E}$ の局所節点の座標値とするとき，

$$\begin{pmatrix} x_1 \\ x_2 \end{pmatrix} = \begin{pmatrix} x_{i(2)1}-x_{i(1)1} & x_{i(3)1}-x_{i(1)1} \\ x_{i(2)2}-x_{i(1)2} & x_{i(3)2}-x_{i(1)2} \end{pmatrix} \begin{pmatrix} \xi_1 \\ \xi_2 \end{pmatrix} + \begin{pmatrix} x_{i(2)1}-x_{i(1)1} \\ x_{i(3)1}-x_{i(1)1} \end{pmatrix}$$
$$= \boldsymbol{F}_i \boldsymbol{\xi} + \boldsymbol{x}_{i(1)} \tag{6.4.16}$$

によって与えられると仮定された．このような線形写像と固定元の平行移動を組み合わせた写像は**アフィン写像**とよばれる．この写像において，$\boldsymbol{F}_i^{\mathrm{T}}$ は Jacobi **行列**，ω_i は Jacobi 行列式 $\det \boldsymbol{F}_i^{\mathrm{T}}$ を表す．また，式 (6.4.15) では

$$\partial_{\boldsymbol{\xi}\hat{\varphi}_{(\alpha)}}(\boldsymbol{\xi}) = \begin{pmatrix} \partial\hat{\varphi}_{(\alpha)}/\partial\xi_1 \\ \partial\hat{\varphi}_{(\alpha)}/\partial\xi_2 \end{pmatrix} = \begin{pmatrix} \partial x_1/\partial\xi_1 & \partial x_2/\partial\xi_1 \\ \partial x_1/\partial\xi_2 & \partial x_2/\partial\xi_2 \end{pmatrix} \begin{pmatrix} \partial\hat{\varphi}_{(\alpha)}/\partial x_1 \\ \partial\hat{\varphi}_{(\alpha)}/\partial x_2 \end{pmatrix}$$
$$= \boldsymbol{F}_i \partial_{\boldsymbol{x}} \hat{\varphi}_{(\alpha)}(\boldsymbol{\xi})$$

の関係が使われた．

さらに，弱形式における有限要素ごとの 1 次形式（式 (6.3.17)）に対しても，

$$l_i(v_h(\bar{\boldsymbol{v}}_i)) = \bar{\boldsymbol{v}}_i \cdot (\bar{\boldsymbol{b}}_i + \bar{\boldsymbol{p}}_i) = \bar{\boldsymbol{v}} \cdot \{\boldsymbol{Z}_i^{\mathrm{T}}(\bar{\boldsymbol{b}}_i + \bar{\boldsymbol{p}}_i)\} = \bar{\boldsymbol{v}} \cdot (\tilde{\boldsymbol{b}}_i + \tilde{\boldsymbol{p}}_i)$$
$$= \bar{\boldsymbol{v}}_i \cdot \bar{\boldsymbol{l}}_i = \bar{\boldsymbol{v}} \cdot (\boldsymbol{Z}_i^{\mathrm{T}} \bar{\boldsymbol{l}}_i) = \bar{\boldsymbol{v}} \cdot \tilde{\boldsymbol{l}}_i \tag{6.4.17}$$

となる．ここで，$\bar{\boldsymbol{b}}_i = (\bar{b}_{i(\alpha)})_\alpha \in \mathbb{R}^{|\mathcal{N}_i|}$ と $\bar{\boldsymbol{p}}_i = (\bar{p}_{i(\alpha)})_\alpha \in \mathbb{R}^{|\mathcal{N}_i|}$ の各要素は，

$$\bar{b}_{i(\alpha)} = \int_{\Omega_i} b_0 \varphi_{i(\alpha)} \, \mathrm{d}x = \omega_i \int_{\Xi} b_0 \hat{\varphi}_{(\alpha)} \, \mathrm{d}\xi \tag{6.4.18}$$

$$\bar{p}_{i(\alpha)} = \int_{\partial\Omega_i \cap \Gamma_{\mathrm{N}}} \varphi_{i(2)} \, \mathrm{d}\gamma = \omega_{i1\mathrm{D}} \int_0^1 p_{\mathrm{N}} \hat{\varphi}_{(\alpha)} \, \mathrm{d}\xi_1 \tag{6.4.19}$$

によって計算される．ただし，$\omega_{i1\mathrm{D}} = \mathrm{d}\gamma/\mathrm{d}\xi_1 = |\partial\Omega_i \cap \Gamma_{\mathrm{N}}|$ である．

以上の計算式における 3 角形規準領域 Ξ 上の積分は，定理 6.3.1 の公式を用いて計算される．

6.4.3 長方形有限要素

2 次元問題に対しては長方形の有限要素も考えられる．2 次元領域 Ω は図 6.4.7 (a) のような長方形の領域 Ω_i $(i \in \mathcal{E})$ に分割可能とする．規準領域 Ξ を図 6.4.7 (b) のような $(0,1)^2$ とおく．$\boldsymbol{x} \in \Omega_i$ から $\boldsymbol{\xi} \in \Xi$ への変換は，x_1 方向の長さ座標 $(\lambda_{11}, \lambda_{12})$ と x_2 方向の長さ座標 $(\lambda_{21}, \lambda_{22})$ によって $\boldsymbol{\xi} = (\xi_1, \xi_2)^{\mathrm{T}} = (\lambda_{12}, \lambda_{22})^{\mathrm{T}} \in \Xi$ によって与えられる．ただし，

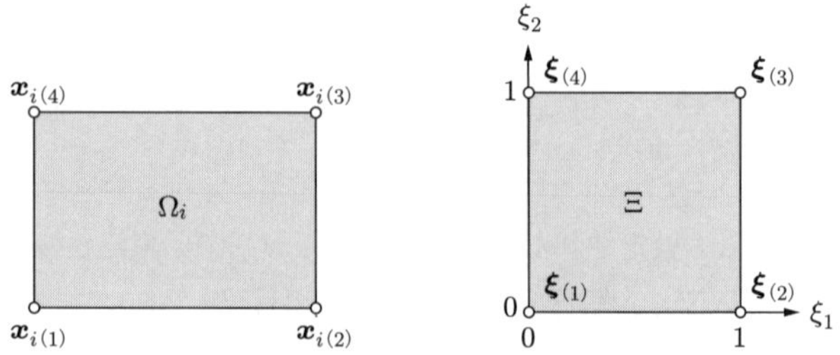

（a） Ω_i 上の節点　　（b） Ξ 上の節点

図 6.4.7　長方形有限要素の節点

$$\lambda_{11}(\boldsymbol{x}) = \frac{x_{i(2)1} - x_1}{x_{i(2)1} - x_{i(1)1}} \tag{6.4.20}$$

$$\lambda_{12}(\boldsymbol{x}) = \frac{x_1 - x_{i(1)1}}{x_{i(2)1} - x_{i(1)1}} \tag{6.4.21}$$

$$\lambda_{21}(\boldsymbol{x}) = \frac{x_{i(4)2} - x_2}{x_{i(4)2} - x_{i(1)2}} \tag{6.4.22}$$

$$\lambda_{22}(\boldsymbol{x}) = \frac{x_2 - x_{i(1)2}}{x_{i(4)2} - x_{i(1)2}} \tag{6.4.23}$$

である．

1 次の長方形有限要素では，基底関数に ξ_1 と ξ_2 に対する双 1 次多項式

$$a_1 + a_2\xi_1 + a_3\xi_2 + a_4\xi_1\xi_2$$

が使われる．四つの未定乗数 $a_1, \ldots, a_4$ は，規準要素の四つの節点

$$\begin{pmatrix} \boldsymbol{\xi}_{(1)} & \boldsymbol{\xi}_{(2)} & \boldsymbol{\xi}_{(3)} & \boldsymbol{\xi}_{(4)} \end{pmatrix} = \begin{pmatrix} 0 & 1 & 1 & 0 \\ 0 & 0 & 1 & 1 \end{pmatrix} \tag{6.4.24}$$

における境界条件によって決定される．実際，$\alpha, \beta \in \{1, 2, 3, 4\}$ に対して $\hat{\varphi}_{(\alpha)}(\boldsymbol{\xi}_{(\beta)}) = \delta_{\alpha\beta}$ を満たす条件から，規準要素の基底関数として

$$\begin{pmatrix} \hat{\varphi}_{(1)} & \hat{\varphi}_{(2)} & \hat{\varphi}_{(3)} & \hat{\varphi}_{(4)} \end{pmatrix} = \begin{pmatrix} \lambda_{11}\lambda_{21} & \lambda_{12}\lambda_{21} & \lambda_{12}\lambda_{22} & \lambda_{11}\lambda_{22} \end{pmatrix}$$

が得られる．図 6.4.8 にこれらの基底関数が示されている．これらを用いて，規準要素の近似関数は式 (6.4.9) のように構成される．

長方形有限要素の高次化については二つの方法が知られている．一つは双 m

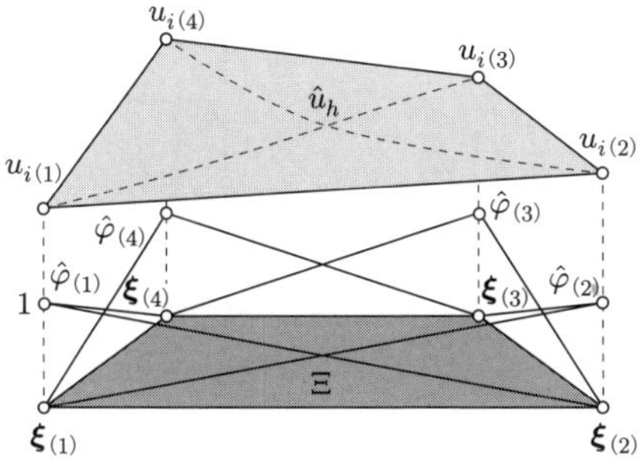

図 6.4.8 1 次の長方形有限要素で使われる基底関数と近似関数

次多項式を使う次のような方法である．

■定義 6.4.3（Lagrange 族長方形有限要素） $\Xi = (0,1)^2$ を規準領域とする．$m \in \mathbb{N}$ に対して，図 6.4.9 のように $\alpha \in \mathcal{N}_i$ に対して節点 $\boldsymbol{\xi}_{(\alpha)}$ を配置する．基底関数 $\hat{\varphi}_{(\alpha)}$ を ξ_1 と ξ_2 に対する双 m 次多項式で構成し，$\alpha, \beta \in \mathcal{N}_i$ に対して $\hat{\varphi}_{(\alpha)}(\boldsymbol{\xi}_{(\beta)}) = \delta_{\alpha\beta}$ が満たされるように未定乗数を決定する．このように構成された基底関数を用いた有限要素を **Lagrange 族長方形有限要素**という．

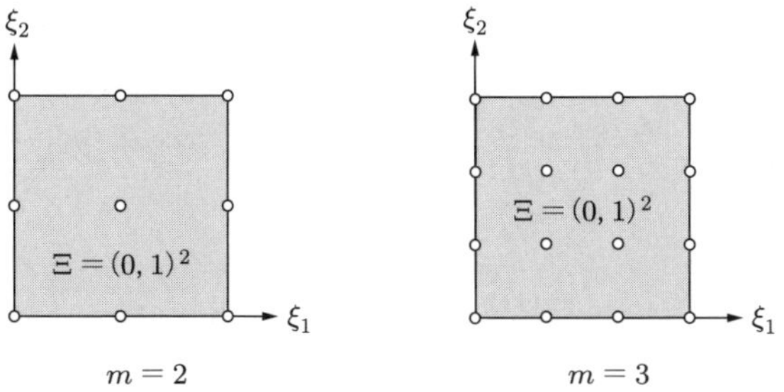

図 6.4.9 Lagrange 族長方形有限要素の節点

もう一つの高次化の方法は，有限要素の境界上の節点だけを使う方法である．この方法は双 m 次多項式を使って演繹的に得られた Lagrange 族とは異なり，偶発的にみつかった方法であることからセレンディピティ族とよばれる．

■定義 6.4.4（セレンディピティ族長方形有限要素） $\Xi = (0,1)^2$ を規準領域とする．$m \in \mathbb{N}$ に対して，図 6.4.10 のように $\alpha \in \mathcal{N}_i$ に対して節点 $\boldsymbol{\xi}_{(\alpha)}$ を配

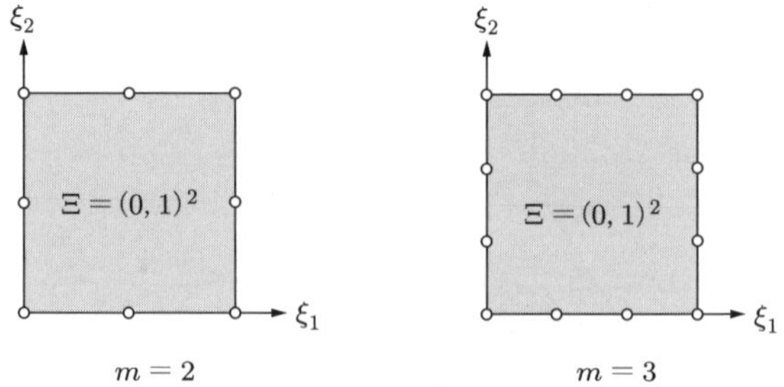

図 6.4.10 セレンディピティ族長方形有限要素の節点

置する．基底関数 $\hat{\varphi}_{(\alpha)}$ を ξ_1 と ξ_2 に対する多項式で構成し，$\alpha, \beta \in \mathcal{N}_i$ に対して $\hat{\varphi}_{(\alpha)}(\boldsymbol{\xi}_{(\beta)}) = \delta_{\alpha\beta}$ が満たされるように未定乗数を決定する．このように構成された基底関数を用いた有限要素を**セレンディピティ族長方形有限要素**という．その多項式は，$m=2$ のとき ξ_1 と ξ_2 に対する完全 2 次多項式に $\xi_1^2\xi_2$ と $\xi_1\xi_2^2$ が追加された項で構成される．また，$m=3$ のとき ξ_1 と ξ_2 に対する完全 3 次多項式に $\xi_1^3\xi_2$ と $\xi_1\xi_2^3$ が追加された項で構成される．

以上のように，規準座標 $\boldsymbol{\xi} \in \Xi$ 上で近似関数 $\hat{u}_h(\boldsymbol{\xi})$ が与えられたならば，規準座標 Ξ から長方形有限要素 Ω_i へのアフィン写像を用いて，式 (6.4.15) と式 (6.4.17) により，Ω_i の要素係数行列や既知項ベクトルが求められる．このときのアフィン写像は，図 6.4.7 のような長方形要素の場合，$\alpha \in \{1,2,3,4\}$ に対して $\boldsymbol{x}_{i(\alpha)} = (x_{i(\alpha)1}, x_{i(\alpha)2})^{\mathrm{T}}$ を有限要素 $i \in \mathcal{E}$ の局所節点の座標値とするとき，

$$\begin{aligned}\begin{pmatrix} x_1 \\ x_2 \end{pmatrix} &= \begin{pmatrix} x_{i(2)1} - x_{i(1)1} & 0 \\ 0 & x_{i(4)2} - x_{i(1)2} \end{pmatrix} \begin{pmatrix} \xi_1 \\ \xi_2 \end{pmatrix} + \begin{pmatrix} x_{i(1)1} \\ x_{i(1)2} \end{pmatrix} \\ &= \boldsymbol{F}_i \boldsymbol{\xi} + \boldsymbol{x}_{i(1)} \end{aligned} \tag{6.4.25}$$

によって与えられる．

6.4.4 4 面体有限要素

3 次元の有限要素も 2 次元のときと同様に構成することができる．まずは，図 6.4.11 のような **4 面体有限要素**について考えてみよう．3 角形有限要素では面積座標が使われた．4 面体有限要素では図 6.4.12 (a) のような**体積座標** $(\lambda_1, \ldots, \lambda_4)$ と図 6.4.12 (b) のような規準領域 $\Xi = \{\boldsymbol{\xi} \in (0,1)^3 \mid \xi_1 + \xi_2 +$

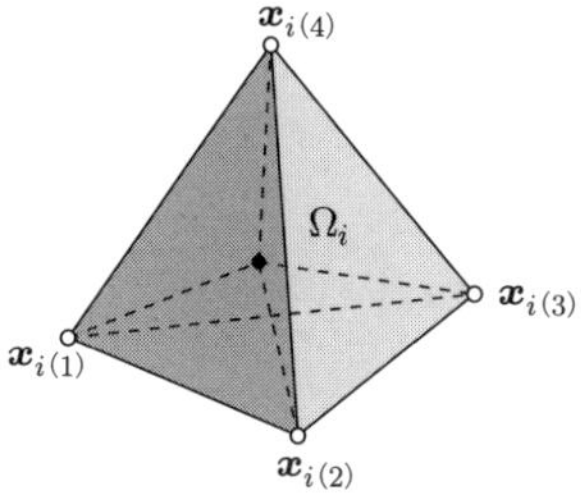

図 6.4.11 1 次の 4 面体有限要素

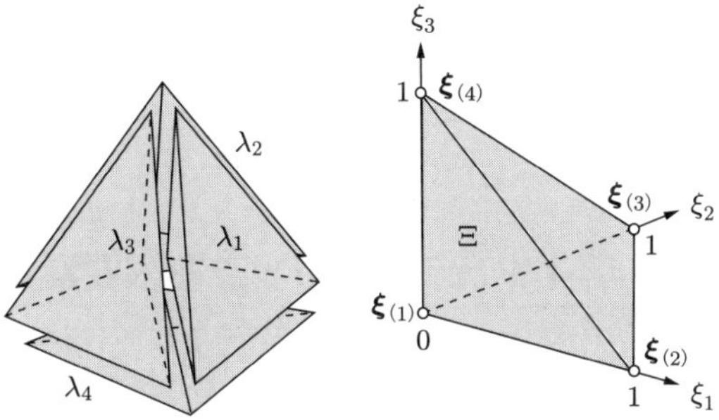

（a）体積座標$(\lambda_1, \ldots, \lambda_4)$　（b）規準座標(ξ_1, ξ_2, ξ_3)

図 6.4.12 4 面体有限要素の体積座標と規準座標

$\xi_3 < 1\}$ が使われる．1 次の 4 面体有限要素では，図 6.4.12 (b) のような節点 $\boldsymbol{\xi}_{(1)}, \ldots, \boldsymbol{\xi}_{(4)}$ に対して，$\hat{\varphi}_{(1)} = \lambda_1, \ldots, \hat{\varphi}_{(1)} = \lambda_4$ が基底関数に選ばれる．m 次の 4 面体有限要素は，3 角形有限要素と同様にして，完全 m 次多項式を使って基底関数が構成される．

6.4.5 6 面体有限要素

6 面体有限要素も 4 角形有限要素の 3 次元空間への拡張によってつくられる．図 6.4.13 に 1 次の 6 面体有限要素の節点を示している．ここでも，式 (6.4.20)〜(6.4.23) と同様に，節点座標 $\boldsymbol{x}_{i(1)}, \ldots, \boldsymbol{x}_{i(8)} \in \mathbb{R}^3$ に対して長さ座標 $\lambda_{11}, \ldots, \lambda_{33}$ と規準座標 $\boldsymbol{\xi} = (\xi_1, \xi_2, \xi_3)^{\mathrm{T}} = (\lambda_{12}, \lambda_{22}, \lambda_{32})^{\mathrm{T}} \in \Xi$ を定義することができる．規準要素に対して，Lagrange 族 m 次の 6 面体有限要素では，規準領域上で均等に節点を配置し，規準座標に対する 3 重 m 次多項式を使って基底関数

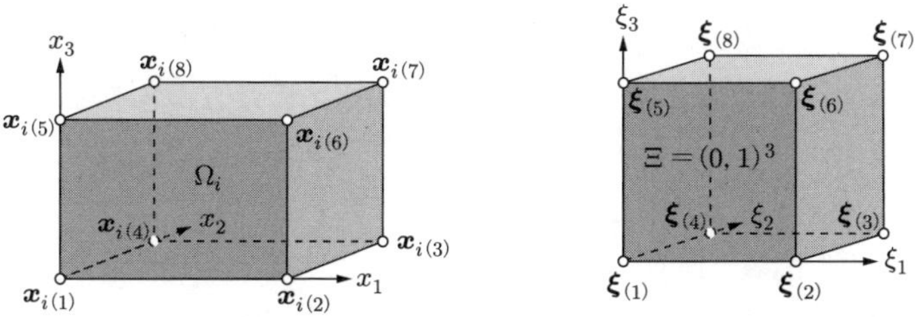

（a）6 面体 1 次有限要素　（b）規準座標(ξ_1, ξ_2, ξ_3)

図 6.4.13 1 次の 6 面体有限要素と規準座標

$\hat{\varphi}_{(1)}, \cdots, \hat{\varphi}_{((m+1)^3)}$ が構成される．セレンディピティ族 m 次の 6 面体有限要素では，有限要素の境界上で均等に節点を配置し，m 次多項式を使って基底関数が構成される．

6.5 アイソパラメトリック有限要素

6.4 節でみてきた有限要素の領域は，2 次元の場合は 3 角形あるいは 4 角形であると仮定され，3 次元の場合は 4 面体あるいは 6 面体であると仮定された．ここでは，図 6.5.1 のような一般の 4 角形，2 次曲線で構成された 3 角形や 4 角形およびそれらを 3 次元に拡張した形状などの有限要素について考えてみよう．

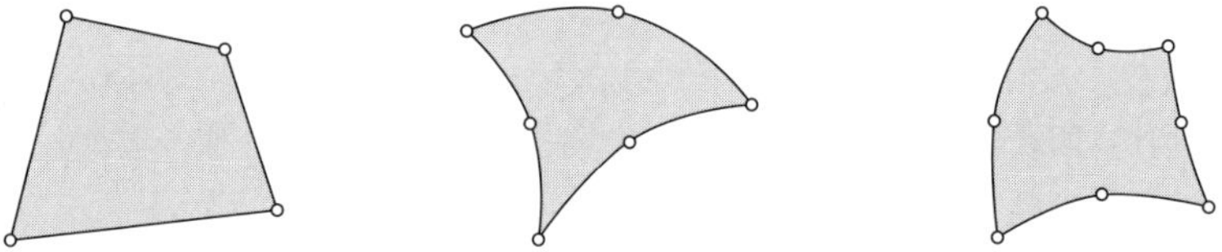

（a）一般の 4 角形要素　（b）2 次曲線の 3 角形要素　（c）2 次曲線の 4 角形要素

図 6.5.1　アイソパラメトリック有限要素の例

6.4.2 項でみてきたように，3 角形有限要素の基底関数は面積座標によって与えられ，それらによって構成された近似関数が弱形式に代入されたときの領域積分は，定理 6.3.1 を使って計算された．4 角形有限要素の場合は 6.5.2 項で示される Gauss 求積によって計算することができる．これらの積分公式は，基底関数を高次化することで被積分関数の次数が上がっても有効である．しかし，積分領域が図 6.5.1 のような場合には，それらの積分公式は使えないことになる．

そこで，有限要素の領域 Ω_i を，2 次元の場合には 3 角形や 4 角形の規準領域 Ξ に，3 次元の場合には 4 面体や 6 面体の規準座標 Ξ に変換する関数（写像）を用意すれば，その変換を通して，Ξ 上で定理 6.3.1 や Gauss 求積により積分がおこなえることになる．そのときの写像 $\hat{\boldsymbol{x}}\colon \Xi \to \Omega_i$ に対する近似関数 $\hat{\boldsymbol{x}}_h$ が u の近似関数と同じ基底関数で構成されたときの有限要素をアイソパラメトリック有限要素という．すなわち，次のように定義される．

■**定義 6.5.1（アイソパラメトリック有限要素）**　有限要素 $i \in \mathcal{E}$ の領域 $\Omega_i \subset \mathbb{R}^d$ に対する規準領域を $\Xi \subset \mathbb{R}^d$ とする．局所節点番号 $i \in \mathcal{N}_i = \{1, \ldots, |\mathcal{N}_i|\}$

に対して，規準要素の基底関数を $\hat{\boldsymbol{\varphi}} = (\hat{\varphi}_{(1)}, \ldots, \hat{\varphi}_{(|\mathcal{N}_i|)})$ とする．このとき，$\boldsymbol{\xi} \in \Xi$ に対して u の近似関数と Ω_i 上の座標値が

$$
\begin{aligned}
\hat{u}_h(\boldsymbol{\xi}) &= \hat{\boldsymbol{\varphi}}(\boldsymbol{\xi}) \cdot \bar{\boldsymbol{u}}_i, \\
\hat{v}_h(\boldsymbol{\xi}) &= \hat{\boldsymbol{\varphi}}(\boldsymbol{\xi}) \cdot \bar{\boldsymbol{v}}_i, \\
\hat{x}_{h1}(\boldsymbol{\xi}) &= \hat{\boldsymbol{\varphi}}(\boldsymbol{\xi}) \cdot \bar{\boldsymbol{x}}_{i1}, \\
&\vdots \\
\hat{x}_{hd}(\boldsymbol{\xi}) &= \hat{\boldsymbol{\varphi}}(\boldsymbol{\xi}) \cdot \bar{\boldsymbol{x}}_{id}
\end{aligned}
$$

で構成されたときの有限要素を**アイソパラメトリック有限要素**という．ただし，$\bar{\boldsymbol{u}}_i, \bar{\boldsymbol{v}}_i \in \mathbb{R}^{|\mathcal{N}_i|}$ を u と v の局所節点値ベクトル，$\bar{\boldsymbol{x}}_{i1}, \ldots, \bar{\boldsymbol{x}}_{id} \in \mathbb{R}^{|\mathcal{N}_i|}$ を Ω_i 上の局所節点座標値ベクトルとする．

アイソパラメトリック有限要素では，有限要素に対する弱形式に現れるすべての関数は規準座標 $\boldsymbol{\xi} \in \Xi$ を媒介変数として与えられる．その結果，積分領域は規準領域に変換されて，積分公式が使えることになる．しかし，その反面，u の $\boldsymbol{x} \in \Omega_i$ に対する偏微分や Jacobi 行列式の計算で苦労することになる．次の項でそのようすをみてみよう．

6.5.1 2次元4節点アイソパラメトリック有限要素

アイソパラメトリック有限要素の例として，図 6.5.2 のような**4節点アイソパラメトリック有限要素**について考えてみよう．$i \in \mathcal{E}$ に対して Ω_i を一般の4角形領域と仮定し，$\Xi = (0,1)^2$ を規準領域とする．このとき，$\boldsymbol{\xi} \in \Xi$ に対して

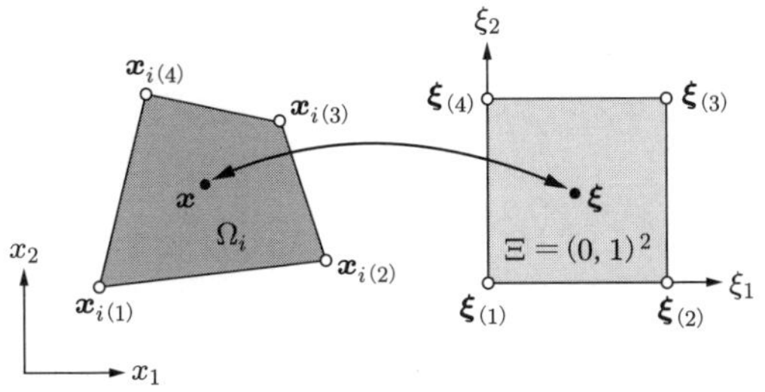

図 6.5.2 4節点アイソパラメトリック要素における座標変換

$$\hat{u}_h(\boldsymbol{\xi}) = \begin{pmatrix}\hat{\varphi}_{(1)}(\boldsymbol{\xi}) & \hat{\varphi}_{(2)}(\boldsymbol{\xi}) & \hat{\varphi}_{(3)}(\boldsymbol{\xi}) & \hat{\varphi}_{(4)}(\boldsymbol{\xi})\end{pmatrix}\begin{pmatrix}u_{i(1)}\\u_{i(2)}\\u_{i(3)}\\u_{i(4)}\end{pmatrix} = \hat{\boldsymbol{\varphi}}(\boldsymbol{\xi})\cdot\bar{\boldsymbol{u}}_i,$$

$$\hat{v}_h(\boldsymbol{\xi}) = \hat{\boldsymbol{\varphi}}(\boldsymbol{\xi})\cdot\bar{\boldsymbol{v}}_i, \quad \hat{x}_{h1}(\boldsymbol{\xi}) = \hat{\boldsymbol{\varphi}}(\boldsymbol{\xi})\cdot\bar{\boldsymbol{x}}_{i1}, \quad \hat{x}_{h2}(\boldsymbol{\xi}) = \hat{\boldsymbol{\varphi}}(\boldsymbol{\xi})\cdot\bar{\boldsymbol{x}}_{i2}$$

と定義する．ただし，

$$\hat{\boldsymbol{\varphi}} = \begin{pmatrix}\hat{\varphi}_{(1)}\\\hat{\varphi}_{(2)}\\\hat{\varphi}_{(3)}\\\hat{\varphi}_{(4)}\end{pmatrix} = \begin{pmatrix}(1-\xi_1)(1-\xi_2)\\\xi_1(1-\xi_2)\\\xi_1\xi_2\\(1-\xi_1)\xi_2\end{pmatrix}$$

とする．ここで，$\hat{\boldsymbol{\varphi}}$ の x_1 と x_2 に対する偏微分の計算について考えてみよう．しかし，$\hat{\boldsymbol{\varphi}}$ は $\boldsymbol{\xi}$ の関数である．ここで，微分の連鎖則を用いれば，$\alpha \in \{1,2,3,4\}$ に対して

$$\begin{aligned}\boldsymbol{\nabla}_\xi\hat{\varphi}_{(\alpha)}(\boldsymbol{\xi}) &= \begin{pmatrix}\partial\hat{\varphi}_{(\alpha)}/\partial\xi_1\\\partial\hat{\varphi}_{(\alpha)}/\partial\xi_2\end{pmatrix} = \begin{pmatrix}\partial\hat{x}_1/\partial\xi_1 & \partial\hat{x}_2/\partial\xi_1\\\partial\hat{x}_1/\partial\xi_2 & \partial\hat{x}_2/\partial\xi_2\end{pmatrix}\begin{pmatrix}\partial\hat{\varphi}_{(\alpha)}/\partial x_1\\\partial\hat{\varphi}_{(\alpha)}/\partial x_2\end{pmatrix}\\&= (\boldsymbol{\nabla}_\xi\hat{\boldsymbol{x}}^{\mathrm{T}})\boldsymbol{\nabla}_x\hat{\varphi}_{(\alpha)}(\boldsymbol{\xi})\end{aligned}$$

が成り立つ．そこで，

$$\begin{aligned}\boldsymbol{\nabla}_x\hat{\varphi}_{(\alpha)}(\boldsymbol{\xi}) &= \begin{pmatrix}\partial\hat{\varphi}_{(\alpha)}/\partial x_1\\\partial\hat{\varphi}_{(\alpha)}/\partial x_2\end{pmatrix}\\&= \frac{1}{\omega_i(\boldsymbol{\xi})}\begin{pmatrix}\partial\hat{x}_2/\partial\xi_2 & -\partial\hat{x}_2/\partial\xi_1\\-\partial\hat{x}_1/\partial\xi_2 & \partial\hat{x}_1/\partial\xi_1\end{pmatrix}\begin{pmatrix}\partial\hat{\varphi}_{(\alpha)}/\partial\xi_1\\\partial\hat{\varphi}_{(\alpha)}/\partial\xi_2\end{pmatrix}\\&= (\boldsymbol{\nabla}_\xi\hat{\boldsymbol{x}}^{\mathrm{T}})^{-1}\boldsymbol{\nabla}_\xi\hat{\varphi}_{(\alpha)}(\boldsymbol{\xi}) \qquad (6.5.1)\end{aligned}$$

が得られる．ここで，$(\boldsymbol{\nabla}_\xi\hat{\boldsymbol{x}}^{\mathrm{T}})^{\mathrm{T}}$ と

$$\omega_i(\boldsymbol{\xi}) = \det(\boldsymbol{\nabla}_\xi\hat{\boldsymbol{x}}^{\mathrm{T}}) \qquad (6.5.2)$$

はそれぞれ写像 $\hat{\boldsymbol{x}}\colon \Xi \to \Omega_i$ の Jacobi 行列と Jacobi 行列式である．

これらの結果を用いれば，要素係数行列 $(a_i(\varphi_{i(\alpha)}, \varphi_{i(\beta)}))_{\alpha,\beta} \in \mathbb{R}^{4\times 4}$ は

$$
\begin{aligned}
a_i(\varphi_{i(\alpha)}, \varphi_{i(\beta)}) &= \int_{\Omega_i} \left(\frac{\partial \varphi_{i(\alpha)}}{\partial x_1} \frac{\partial \varphi_{i(\beta)}}{\partial x_1} + \frac{\partial \varphi_{i(\alpha)}}{\partial x_2} \frac{\partial \varphi_{i(\beta)}}{\partial x_2} \right) \mathrm{d}x \\
&= \int_{\Omega_i} \boldsymbol{\nabla}_x \varphi_{i(\alpha)}(\boldsymbol{x}) \cdot \boldsymbol{\nabla}_x \varphi_{i(\beta)}(\boldsymbol{x}) \, \mathrm{d}x \\
&= \int_{(0,1)^2} \boldsymbol{\nabla}_x \hat{\varphi}_{(\alpha)}(\boldsymbol{\xi}) \cdot \boldsymbol{\nabla}_x \hat{\varphi}_{(\beta)}(\boldsymbol{\xi}) \omega_i(\boldsymbol{\xi}) \, \mathrm{d}\xi \qquad (6.5.3)
\end{aligned}
$$

のように変換される．式 (6.5.3) 右辺の被積分関数において，$\boldsymbol{\nabla}_x \hat{\varphi}_{(\alpha)}(\boldsymbol{\xi})$ と $\omega_i(\boldsymbol{\xi})$ はそれぞれ式 (6.5.1) と式 (6.5.2) で計算される．積分は次に示される Gauss 求積で計算される．

6.5.2 Gauss 求積

Gauss 求積の公式を具体的に示そう．$n \in \mathbb{N}$ に対して，$f_n\colon (-1,1) \to \mathbb{R}$ が n 次関数のとき，$n = 1, 3, 5, \ldots$ に対して

$$
\begin{aligned}
&\int_{-1}^{1} f_1(y) \, \mathrm{d}y = 2 f_1(0) \\
&\int_{-1}^{1} f_3(y) \, \mathrm{d}y = f_3\left(-\frac{1}{\sqrt{3}}\right) + f_3\left(\frac{1}{\sqrt{3}}\right) \\
&\int_{-1}^{1} f_5(y) \, \mathrm{d}y = \frac{5}{9} f_5\left(-\sqrt{\frac{3}{5}}\right) + \frac{8}{9} f_5(0) + \frac{5}{9} f_5\left(\sqrt{\frac{3}{5}}\right) \\
&\cdots
\end{aligned}
$$

が成り立つことを用いて，左辺の積分を右辺で算する方法を Gauss 求積という．ここで，右辺の項を $i \in \{1, 2, \ldots, (n+1)/2\}$ に対して $w_i f_n(\eta_i)$ とかいたとき，η_i を **Gauss 節点**という．図 6.5.3 に f_n と Gauss 節点の関係を示している．これらの公式が成り立つ根拠をみてみよう．

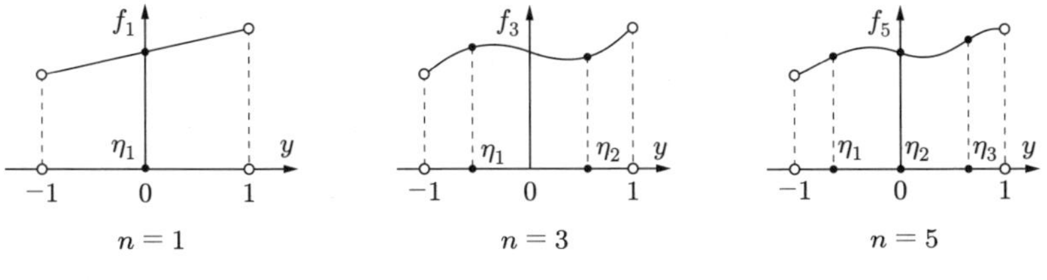

図 6.5.3 1 次元関数の Gauss 求積

まず，あとで示される Gauss 求積の定理で使うために，**Legendre 多項式**を定義しておこう．ここでは，n と m を非負の整数とする．

■定義 6.5.2（Legendre 多項式） 関数 $l_n\colon (-1,1) \to \mathbb{R}$ が Legendre の微分方程式

$$\frac{\mathrm{d}}{\mathrm{d}x}\left\{(1-x^2)\frac{\mathrm{d}}{\mathrm{d}x}l_n\right\} + n(n+1)l_n = 0 \tag{6.5.4}$$

を満たすとき，l_n を Legendre 多項式という．

Legendre 多項式は，Rodrigues の公式を用いて

$$l_n(x) = \frac{1}{2^n n!}\frac{\mathrm{d}^n}{\mathrm{d}x^n}\{(x^2-1)^n\} \tag{6.5.5}$$

とかける．これより，具体的に

$$l_0(x) = 1, \quad l_1(x) = x, \quad l_2(x) = x^2 - \frac{1}{3}, \quad l_3(x) = x^3 - \frac{3}{5}x$$

のように得られる．図 6.5.4 に l_0 から l_5 までを示している．したがって，l_n は n 次の多項式であることがわかる．さらに，関数 $f\colon (-1,1) \to \mathbb{R}$ が n 次未満の多項式ならば，

$$\int_{-1}^{1} f(x)l_n(x)\,\mathrm{d}x = 0$$

が成り立つ．なぜならば，式 (6.5.4) と式 (6.5.5) より

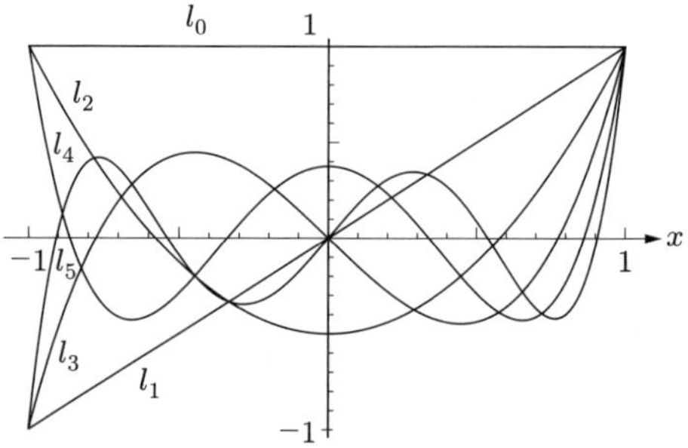

図 6.5.4 Legendre 多項式 l_n

$$\int_{-1}^{1} f(x)l_n(x)\,\mathrm{d}x = \left[f\left\{-\frac{1}{n(n+1)}(1-x^2)\frac{\mathrm{d}l_n}{\mathrm{d}x}\right\}\right]_{-1}^{1}$$
$$-\frac{1}{2^n n!}\int_{-1}^{1}\frac{\mathrm{d}f}{\mathrm{d}x}\frac{\mathrm{d}^{n-1}}{\mathrm{d}x^{n-1}}\{(x^2-1)^n\}\,\mathrm{d}x$$
$$=\frac{(-1)^n}{2^n n!}\int_{-1}^{1}\frac{\mathrm{d}^n f}{\mathrm{d}x^n}(x^2-1)^n\,\mathrm{d}x = 0$$

が成り立つからである．これらの性質から，$\{l_n\}_n$ の直交性

$$\int_{-1}^{1} l_n(x)l_m(x)\,\mathrm{d}x = \frac{2}{2n+1}\delta_{nm}$$

が成り立つ．

また，一般に $x_0 < x_1 < \cdots < x_n$ に対して

$$\phi_i(x) = \prod_{j\in\{1,\ldots,n\},\ j\neq i}\frac{x-x_j}{x_i-x_j}$$
$$= \frac{(x-x_0)(x-x_1)\cdots(x-x_{i-1})(x-x_{i+1})\cdots(x-x_n)}{(x_i-x_0)(x_i-x_1)\cdots(x_i-x_{i-1})(x_i-x_{i+1})\cdots(x_i-x_n)}$$

は $\phi_i(x_j)=\delta_{ij}$ を満たし，ある $f\colon \mathbb{R}\to\mathbb{R}$ に対して

$$\hat{f}(x) = \sum_{i\in\{1,\ldots,n\}}\phi_i(x)f(x_i)$$

とおけば，$\hat{f}(x_i)=f(x_i)$ が満たされる．このとき，$\phi_i(x)$ を **Lagrange 基底多項式**とよび，$\hat{f}(x)$ を **Lagrange 補間**とよぶ．ここで，Legendre 多項式 l_n の根 $\eta_1,\ldots,\eta_n$ に対する Lagrange 基底多項式を

$$\varphi_i(x) = \prod_{j\in\{1,\ldots,n\},\ j\neq i}\frac{x-\eta_j}{\eta_i-\eta_j} \tag{6.5.6}$$

とかく．図 6.5.5 に φ_1 から φ_5 までを示している．この $\varphi_i(x)$ を用いたときの Lagrange 補間を考えれば，次のような Gauss 求積の公式が得られる．

■定理 6.5.3 (Gauss 求積)　$\eta_1,\ldots,\eta_n$ を n 次 Legendre 多項式 l_n の根とする．$f\colon(-1,1)\to\mathbb{R}$ を $2n$ 次未満の多項式とする．このとき，

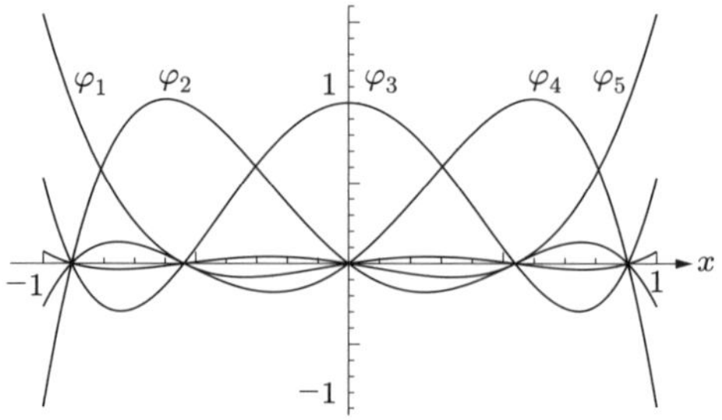

図 6.5.5 5 次 Legendre 多項式の根を節点とする関数 $\varphi_i(x)$

$$\int_{-1}^{1} f(x)\,\mathrm{d}x = \sum_{i\in\{1,\ldots,n\}} w_i f(\eta_i)$$

が成り立つ．ただし，式 (6.5.6) の $\varphi_i(x)$ に対して

$$w_i = \int_{-1}^{1} \varphi_i(x)\,\mathrm{d}x$$

である．

▶**証明** もしも，$f(x)$ が $n-1$ 次の多項式であったとする．このとき，

$$f(x) = \sum_{i\in\{1,\ldots,n\}} \varphi_i(x) f(\eta_i)$$

が成り立つ．なぜならば，両辺の差は n 階微分を含むが，f の n 階微分は零であるからである．よって，

$$\int_{-1}^{1} f(x)\,\mathrm{d}x = \int_{-1}^{1} \left(\sum_{i\in\{1,\ldots,n\}} \varphi_i(x) f(\eta_i) \right) \mathrm{d}x = \sum_{i\in\{1,\ldots,n\}} w_i f(\eta_i)$$

が成り立つ．次に，f が n 次以上 $2n$ 次未満の多項式であったとする．このとき，

$$f(x) = l_n(x) g(x) + r(x)$$

とかける．ただし，$g(x)$ と $r(x)$ は n 次未満の多項式である．ここで，Legendre 多項式の性質より

$$\int_{-1}^{1} l_n(x) g(x)\,\mathrm{d}x = 0$$

が成り立つ．また，$l_n(\eta_i) = 0$ より

$$f(\eta_i) = r(\eta_i)$$

が成り立つ．さらに，$r(x)$ が n 次未満の多項式なので，

$$\int_{-1}^{1} r(x)\,\mathrm{d}x = \sum_{i \in \{1,\ldots,n\}} w_i r(\eta_i)$$

が成り立つ．よって，次の式が得られる．

$$\int_{-1}^{1} f(x)\,\mathrm{d}x = \int_{-1}^{1} r(x)\,\mathrm{d}x = \sum_{i \in \{1,\ldots,n\}} w_i r(\eta_i) = \sum_{i \in \{1,\ldots,n\}} w_i f(\eta_i) \qquad \square$$

定理 6.5.3 において，積分領域が $(0,1)$ に変更された場合には，積分公式は変数変換により，

$$\int_{0}^{1} f_{2n-1}(y)\,\mathrm{d}y = \frac{1}{2} \sum_{i \in \{1,\ldots,n\}} w_i f\left(\frac{\eta_i - 1}{2}\right)$$

に変更される．さらに，2 次元領域 $(-1,1)^2$ 上の双 n 次関数に対しては，図 6.5.6 のような Gauss 節点に対して，

$$\int_{(-1,1)^2} f_{2n-1}(\boldsymbol{\xi})\,\mathrm{d}\xi = \sum_{(i,j) \in \{1,\ldots,n\}^2} w_i w_j f(\boldsymbol{\eta}_{ij}),$$

$$\int_{(0,1)^2} f_{2n-1}(\boldsymbol{\xi})\,\mathrm{d}\xi = \frac{1}{4} \sum_{(i,j) \in \{1,\ldots,n\}^2} w_i w_j f\left(\left(\boldsymbol{\eta}_{ij} - \begin{pmatrix} 1 \\ 1 \end{pmatrix}\right) \Big/ 2\right) \tag{6.5.7}$$

が成り立つ．これらの公式は，長方形のアイソパラメトリック有限要素の要素上

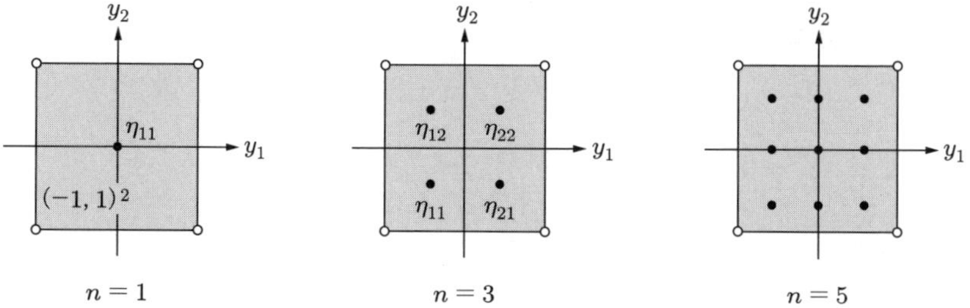

図 6.5.6 2 次元関数の Gauss 求積

での数値積分において利用される．たとえば，式 (6.5.3) に対しては式 (6.5.7) が使われる．このとき，n の値の選び方に関しては，多項式を要素とする行列の逆行列計算が含まれることから，厳密には決定されない．そこで，できるだけ小さな値でかつ実用上支障が現れない値が数値実験によって調べられている．また，線形弾性問題に対しては，**選択的次数低減積分**を用いることで**アワーグラスモード**（ひずみが 0 となる変形）の発生が抑えられることが知られている．それらについては専門書を参照されたい．

6.6 誤差評価

定理 6.1.13 では，Galerkin 法による近似解は近似関数の集合 U_h の中で最良の要素になっていることをみた．そこで，Galerkin 法による近似解の誤差を考える場合には，厳密解が属する関数空間の要素に U_h の要素がどこまで近づくことができるのか（近似能力）に依存することになる．ここでは，定理 6.1.13 の結果を用いて，有限要素法による近似解（**有限要素解**）の誤差評価について考えることにしよう．ここで示される結果は，第 8 章と第 9 章で形状最適化問題の数値解法に対する誤差評価において使われることになる．ここでは，本章においてこれまでみてきたことを基礎にして，有限要素法をある程度抽象化したうえで基本的な定理をみていくことにしよう．

6.6.1 有限要素分割列

有限要素分割について定義しよう．領域分割による誤差が無視できるように，$\Omega \subset \mathbb{R}^d$ を $d \in \{1,2,3\}$ 次元の有界領域で 2 次元のときは多角形，3 次元のときは多面体として，一般に多面体とよぶことにする．Ω に対して，$\mathcal{T} = \{\Omega_i\}_{i\in\mathcal{E}}$ を**有限要素分割**とよぶ．ただし，$\mathcal{E}$ を要素番号の有限集合とする．また，Ω_i は凸多面体で，$\bar{\Omega} = \bigcup_{i\in\mathcal{E}} \bar{\Omega}_i$ かつ $i \neq j$ なる任意の $i,j \in \mathcal{E}$ に対して

$$\Omega_i \cap \Omega_j = \emptyset, \quad \bar{\Omega}_i \cap \bar{\Omega}_j \subset \mathbb{R}^{d-1}$$

が満たされるとする．各 Ω_i に対して，

$$\operatorname{diam} \Omega_i = \sup_{\boldsymbol{x},\boldsymbol{y}\in\Omega_i} \|\boldsymbol{x}-\boldsymbol{y}\|_{\mathbb{R}^d}$$

を Ω_i の**直径**とよび h_i とかく．また，Ω_i の内接球の直径を $\operatorname{inscr}\Omega_i$ とかく．すべての $i \in \mathcal{E}$ に対して，ある正の実数 σ が存在して

$$\frac{\operatorname{inscr}\Omega_i}{\operatorname{diam}\Omega_i} \geq \sigma \tag{6.6.1}$$

が成り立つとき，$\mathcal{T}$ は**正則な有限要素分割**であるという．さらに，

$$h(\mathcal{T}) = \max_{i \in \mathcal{E}} h_i \tag{6.6.2}$$

を $\mathcal{T}$ の最大直径とよび，$h(\mathcal{T}) \to 0$ となるような有限要素分割列を $\{\mathcal{T}_h\}_{h\to 0}$ とかくことにする．

6.6.2 アフィン同等有限要素分割

正則な有限要素分割列 $\{\mathcal{T}_h\}_{h\to 0}$ からある有限要素分割 $\mathcal{T}_h$ を選び，そのときの節点番号の集合を $\mathcal{N}$ として，$j \in \mathcal{N}$ に対して $\boldsymbol{x}_j$ を節点とする．このとき，Galerkin 法としてみたときの有限要素法の基底関数 $\phi_j \colon \Omega \to \mathbb{R}$ は次の条件を満たしていると仮定する．

(1) 任意の $j, l \in \mathcal{N}$ に対して

$$\phi_j(\boldsymbol{x}_l) = \delta_{jl}$$

が成り立つ．

(2) ϕ_j は，$j \in \mathcal{N}$ を節点にもつ有限要素の領域を台とする．

これらの基底関数 ϕ_j の集合は，6.2 節から 6.5 節でみてきたように，有限要素 $i \in \mathcal{E}$ の領域 Ω_i 上で定義された基底関数 $\varphi_{i(\alpha)}$ $(\alpha \in \mathcal{N}_i)$ の集合にかきかえられる．さらに，規準領域を Ξ とおいて，Ξ 上の基底関数 $\hat{\varphi}_{(\alpha)} \colon \Xi \to \mathbb{R}$ も定義され，規準領域から有限要素の領域への写像 $\boldsymbol{f}_i \colon \Xi \to \Omega_i$ を用いて

$$\varphi_{i(\alpha)}(\boldsymbol{f}_i(\boldsymbol{\xi})) = \hat{\varphi}(\boldsymbol{\xi}_{(\alpha)})$$

のようにかけると仮定する．ただし，本節では，簡単のために，すべての有限要素に対応する規準要素は共通で，

$$\Xi = (0,1)^d \quad \text{or} \quad \Xi = \{\boldsymbol{\xi} \in (0,1)^d \mid \xi_1 + \cdots + \xi_d < 1\} \tag{6.6.3}$$

とする．また，$\boldsymbol{f}_i$ は，$\boldsymbol{F}_i \in \mathbb{R}^{d\times d}$ と $\boldsymbol{b}_i \in \mathbb{R}^d$ を用いて

$$\boldsymbol{f}_i(\boldsymbol{\xi}) = \boldsymbol{F}_i\boldsymbol{\xi} + \boldsymbol{b}_i \tag{6.6.4}$$

のような 1 次形式で与えられると仮定する．3 角形有限要素と 4 角形有限要素の場合はそれぞれ式 (6.4.16) と式 (6.4.25) に具体的に示されている．このような線形写像と固定元の平行移動を組み合わせた写像は**アフィン写像**とよばれる．そこで，$\boldsymbol{f}_i$ がアフィン写像のときの有限要素分割を**アフィン同等有限要素分割**とよぶことにする．

6.2 から 6.4 節でみてきたような有限要素分割はアフィン同等有限要素分割が仮定されていた．アイソパラメトリック有限要素では，一般に，この関係は成り立たないが，$\boldsymbol{f}_i \colon \Xi \to \Omega_i$ が非線形写像と固定元の平行移動を組み合わせた写像であっても，あとで示される $\boldsymbol{f}_i$ の Jacobi 行列 $\boldsymbol{f}_{i\boldsymbol{\xi}^{\mathrm{T}}} = (\boldsymbol{\nabla}_\xi \boldsymbol{f}_i^{\mathrm{T}})^{\mathrm{T}}$ と Jacobi 行列式 $\omega_i(\boldsymbol{\xi}) = \det \boldsymbol{f}_{i\boldsymbol{\xi}^{\mathrm{T}}}$ の上限値と下限値が正の実数で与えられる場合には同様の議論が成り立つことになる．

このように定義された正則なアフィン同等有限要素分割を用いる際，弱形式の計算において，たとえば Poisson 問題では，任意の $\alpha, \beta \in \mathcal{N}_i$ に対して

$$\begin{aligned} a_i(\varphi_{i(\alpha)}, \varphi_{i(\beta)}) &= \int_{\Omega_i} \boldsymbol{\nabla}_x \varphi_{i(\alpha)} \cdot \boldsymbol{\nabla}_x \varphi_{i(\beta)} \mathrm{d}x \\ &= \int_{\Xi} \{(\boldsymbol{\nabla}_\xi \boldsymbol{f}_i^{\mathrm{T}})^{-1} \boldsymbol{\nabla}_\xi \hat{\varphi}_{(\alpha)}\} \cdot \{(\boldsymbol{\nabla}_\xi \boldsymbol{f}_i^{\mathrm{T}})^{-1} \boldsymbol{\nabla}_\xi \hat{\varphi}_{(\beta)}\} \omega_i \, \mathrm{d}\xi \\ &= \int_{\Xi} \{(\boldsymbol{F}_i^{\mathrm{T}})^{-1} \boldsymbol{\nabla}_\xi \hat{\varphi}_{(\alpha)}\} \cdot \{(\boldsymbol{F}_i^{\mathrm{T}})^{-1} \boldsymbol{\nabla}_\xi \hat{\varphi}_{(\beta)}\} \omega_i \, \mathrm{d}\xi \end{aligned} \tag{6.6.5}$$

を計算する必要がある．ただし，$\boldsymbol{F}_i$ は式 (6.6.4) で用いられた行列であり，$\omega_i = \det \boldsymbol{F}_i^{\mathrm{T}}$ である．式 (6.6.5) の $\boldsymbol{F}_i$ と ω_i に対して次の結果が得られる．

■補題 6.6.1（アフィン写像の Jacobi 行列式）　$\mathcal{T}_h = \{\Omega_i\}_{i \in \mathcal{E}}$ を正則なアフィン同等有限要素分割とする．ただし，規準領域 Ξ を式 (6.6.3) として，アフィン写像 $\boldsymbol{f}_i$ を式 (6.6.4) とする．$\operatorname{diam} \Omega_i = h_i$ とおく．このとき，

$$\omega_i = \det \boldsymbol{F}_i^{\mathrm{T}} \le h_i^d, \quad \omega_i^{-1} = \det(\boldsymbol{F}_i^{\mathrm{T}})^{-1} \le c_1 h_i^{-d} \tag{6.6.6}$$

が成り立つ．また，$\boldsymbol{F}_i = (a_{ijk})_{jk} \in \mathbb{R}^{|\mathcal{N}_i| \times |\mathcal{N}_i|}$ および $\boldsymbol{F}_i^{-1} = (a_{ijk}^{-1})_{jk} \in \mathbb{R}^{|\mathcal{N}_i| \times |\mathcal{N}_i|}$ に対して

$$|a_{ijk}| \leq h_i, \quad |a_{ijk}^{-1}| \leq c_2 h_i^{-1} \tag{6.6.7}$$

が成り立つ．ただし，c_1 と c_2 は式 (6.6.1) の σ と d に依存した正定数である．

▶**証明**　アフィン同等有限要素分割の有限要素であれば ω_i は定数となる．Ξ が式 (6.6.3) のとき $0 < |\Xi| \leq 1$ である．$\mathcal{T}_h$ は正則なので，

$$\frac{1}{c_1} h_i^d \leq \omega_i = \frac{\int_\Xi \omega_i \, \mathrm{d}\xi}{\int_\Xi \mathrm{d}\xi} = \frac{|\Omega_i|}{|\Xi|} \leq h_i^d$$

すなわち，式 (6.6.6) が成り立つ．また，式 (6.6.4) の $\boldsymbol{f}_i(\boldsymbol{\xi})$ を $(f_{ij}(\boldsymbol{\xi}))_j$ とかけば，$\operatorname{diam} \Omega_i = h_i$ より，

$$|a_{ijk}| = \left| \frac{\partial f_{ij}}{\partial \xi_k} \right| \leq h_i$$

を得る．さらに，

$$\omega_i^{-1} = \det \left(\frac{\partial f_{ij}^{-1}}{\partial x_k} \right)_{jk} \leq \frac{c_1}{h_i^d}$$

より

$$|a_{ijk}^{-1}| = \left| \frac{\partial f_{ij}^{-1}}{\partial x_k} \right| \leq \frac{c_2}{h_i}$$

を得る．すなわち，式 (6.6.7) が成り立つ．　□

6.6.3 補間誤差評価

6.6.2 項では規準要素と有限要素の関係に注意が向けられた．ここでは，近似関数の近似能力に注目しよう．定理 6.1.13 では，厳密解の属する Hilbert 空間 U のノルムで計った有限要素解の誤差 $\|u - u_h\|_U$ は，同次基本境界条件 ($u_{\mathrm{D}} = 0$) のとき，$\inf_{v_h \in U_h} \|u - v_h\|_U$ で抑えられることをみた．ここでは，有限要素解よりも誤差が大きいかもしれないが，誤差評価のしやすい近似関数をつくって，それの近似能力を評価することを考える．もしも，そのような近似関数の誤差が評価されたならば，有限要素解の誤差はそれよりも小さいことから（定理 6.1.13），有限要素解の誤差はその誤差を使って評価されることになる．そのことを 6.6.4 項で示す．

本項では，そのための準備として，誤差評価のしやすい近似関数について考えることにしよう．そのような近似関数は，U_h の要素で，節点において厳密解

と一致するような関数であると仮定する．そのような近似関数を**補間関数**とよぶことにする．図 6.6.1 (a) に 1 次元問題に対して基底関数が 1 次関数で与えられたときの厳密解 u，有限要素解 u_h および補間関数 πu の関係を示している．図 6.6.1 (b) には規準要素上で定義されたそれらの関数を示している．ただし，π と $\hat{\pi}$ は，**補間作用素**とよばれ，次のように定義される．Ω_i 上の厳密解の関数空間を $U(\Omega_i)$ とかくことにする．また，基底関数 $\varphi_{i(\alpha)}$ $(\alpha \in \mathcal{N}_i)$ によって張られた補間関数の関数空間（線形空間）を $W(\Omega_i) = \mathrm{span}(\varphi_{i(\alpha)})_{\alpha \in \mathcal{N}_i}$（定義 4.2.6）とかくことにする．一方，$\Xi$ 上で定義された厳密解と補間関数に対する関数空間をそれぞれ $U(\Xi)$ および $W(\Xi) = \mathrm{span}(\hat{\varphi}_{(\alpha)})_{\alpha \in \mathcal{N}_i}$ とかくことにする．このとき，作用素 $\pi\colon U(\Omega_i) \to W(\Omega_i)$ と $\hat{\pi}\colon U(\Xi) \to W(\Xi)$ を

$$\pi u(\boldsymbol{x}) = \sum_{\alpha \in \mathcal{N}_i} u(\boldsymbol{x}_{i(\alpha)}) \varphi_{i(\alpha)}(\boldsymbol{x}) \tag{6.6.8}$$

$$\hat{\pi}\hat{u}(\boldsymbol{\xi}) = \sum_{\alpha \in \mathcal{N}_i} \hat{u}(\boldsymbol{\xi}_{(\alpha)}) \hat{\varphi}_{(\alpha)}(\boldsymbol{\xi}) \tag{6.6.9}$$

によって定義する．

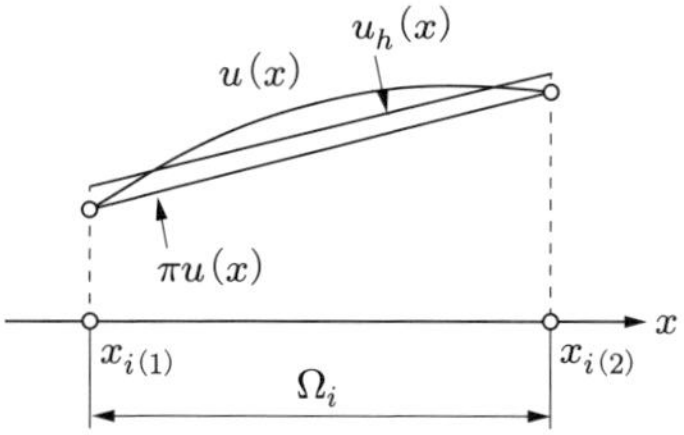

（a）Ω_i 上の補間関数 πu

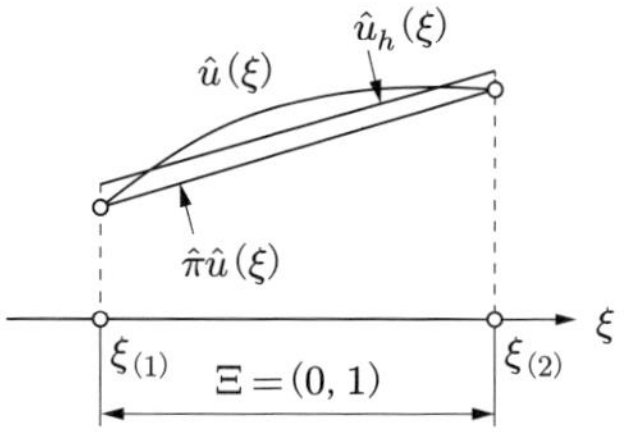

（b）Ξ 上の補間関数 $\hat{\pi}\hat{u}$

図 6.6.1 補間関数と有限要素解

このような補間関数の誤差 $\|u - \pi u\|_U$ すなわち $\|u - \pi u\|_{H^1(\Omega;\mathbb{R})}$ を**補間誤差**とよぶ．これを評価するために，まず，k 次多項式全体の集合を定義して，それによる一般的な近似能力に関する結果をみておこう．$k \in \{0, 1, \ldots\}$ として，有界領域 $\Omega \subset \mathbb{R}^d$ 上で定義された k 次多項式全体（完全 k 次多項式）の集合を

$$\mathcal{P}_k(\Omega) = \left\{ \sum_{|\boldsymbol{\beta}| \leq k} c_{\boldsymbol{\beta}} x_1^{\beta_1} \cdots x_d^{\beta_d} \;\middle|\; c_{\boldsymbol{\beta}} \in \mathbb{R},\, \boldsymbol{\beta} \in \{0, 1, \ldots, k\}^d,\, \boldsymbol{x} \in \Omega \right\}$$

とかくことにする．$\boldsymbol{\beta}$ は多重指数である．このとき，次の結果が得られる（た

とえば，[41] p.120 Theorem 14.1, [149] p.60 補題 2.8）.

■定理 6.6.2（k 次多項式全体の集合による近似能力） $\Omega \subset \mathbb{R}^d$ を区分的に滑らかな境界をもつ有界領域，$p \in [1, \infty]$ および $k \in \{0, 1, \dots\}$ とする．このとき，任意の $v \in W^{k+1,p}(\Omega; \mathbb{R})$ に対して

$$\inf_{\phi \in \mathcal{P}_k(\Omega)} \|v - \phi\|_{W^{k+1,p}(\Omega;\mathbb{R})} \leq c|v|_{W^{k+1,p}(\Omega;\mathbb{R})} \tag{6.6.10}$$

が成り立つ．ただし，c は Ω と k に依存した正の実数である．

定理 6.6.2 に基づけば，有限要素 $i \in \mathcal{E}$ の領域 Ω_i 上の補間関数について，次の結果が得られる（[41] p.126 Theorem 16.1).

■定理 6.6.3（有限要素上の補間誤差） $\{\mathcal{T}_h\}_{h \to 0}$ を $d \in \{1, 2, 3\}$ 次元の多面体有界領域 $\Omega \subset \mathbb{R}^d$ に対する正則な有限要素分割列として，$\mathcal{T}_h = \{\Omega_i\}_{i \in \mathcal{E}}$ をその要素とする．$\alpha \in \mathcal{N}_i$ に対して $\hat{\varphi}_{(\alpha)}$ を規準座標 Ξ 上で定義された基底関数として，$W(\Xi) = \mathrm{span}(\hat{\varphi}_{(\alpha)})_{\alpha \in \mathcal{N}_i}$ を補間関数の関数空間とする．$p \in [1, \infty]$ と $k, l \in \{0, 1, \dots\}$ は

$$k + 1 > \frac{d}{p}, \quad k + 1 \geq l \tag{6.6.11}$$

のもとで

$$\mathcal{P}_k(\Xi) \subset W(\Xi) \subset W^{l,p}(\Xi; \mathbb{R}) \tag{6.6.12}$$

を満たすと仮定する．π を式 (6.6.8) の補間作用素とする．このとき，任意の $v \in W^{k+1,p}(\Omega; \mathbb{R})$ に対して Ω_i の直径 h_i に依存しない正定数 c が存在して，

$$|v - \pi v|_{W^{l,p}(\Omega_i;\mathbb{R})} \leq c h_i^{k+1-l} |v|_{W^{k+1,p}(\Omega_i;\mathbb{R})}$$

が成り立つ．

定理 6.6.3 の結果を用いれば，領域 Ω 上の補間誤差について次の結果を得る（[41] p.128 Theorem 16.2, [149] p.62 定理 2.8 ただし $p = 2$ とおかれている）.

■系 6.6.4（領域上の補間誤差） 定理 6.6.3 の仮定のもとで，$l \in \{1, 2, \dots\}$ とする．Ω 上で定義された基底関数 $\boldsymbol{\phi} = (\phi_j)_{j \in \mathcal{N}}$ は連続とする．π を式 (6.6.8) の補間作用素とする．このとき，任意の $v \in W^{k+1,p}(\Omega; \mathbb{R})$ に対して最大直径

h に依存しない正定数 c が存在して,

$$|v - \pi v|_{W^{l,p}(\Omega;\mathbb{R})} \leq ch^{k+1-l}|v|_{W^{k+1,p}(\Omega;\mathbb{R})}$$

が成り立つ.

定理 6.6.3 や系 6.6.4 のように，有限要素の直径に対するオーダーで誤差を評価することを**誤差のオーダー評価**という.

6.6.4 有限要素解の誤差評価

有限要素法の基底関数を使って作成された補間関数の誤差評価は，系 6.6.4 において厳密解を $v \in W^{k+1,p}(\Omega;\mathbb{R})$ とおいたときの結果によって与えられたことになる．一方，定理 6.1.13 は，Galerkin 法の近似解（有限要素解）の基本誤差 $u - u_h$ を $U = H^1(\Omega;\mathbb{R})$ ノルムで測ったときの結果を示している．そこで，有限要素解の誤差は，系 6.6.4 において $p = 2$ および $l = 1$ とおいたときの結果を用いることで得られることになる.

$H^1(\Omega;\mathbb{R})$ ノルムで測ったときの誤差評価は次のようになる（[41] p.138 Theorem 18.1, [149] p.64 定理 2.9).

■**定理 6.6.5 (H^1 ノルムによる有限要素解の誤差評価)** $\{\mathcal{T}_h\}_{h\to 0}$ を $d \in \{1, 2, 3\}$ 次元の多面体有界領域 $\Omega \subset \mathbb{R}^d$ に対する正則な有限要素分割列として，$\mathcal{T}_h = \{\Omega_i\}_{i\in\mathcal{E}}$ をその要素とする．$p = 2$, $l = 1$ および $k \in \{0, 1, \ldots\}$ は式 (6.6.11) と式 (6.6.12) を満たすとする．Ω 上で定義された基底関数 $\boldsymbol{\phi} = (\phi_j)_{j\in\mathcal{N}}$ は連続とする．有限要素法における近似解の集合を

$$U_h = \{v_h(\bar{\boldsymbol{v}}) = \bar{\boldsymbol{v}} \cdot \boldsymbol{\phi} \mid \bar{\boldsymbol{v}} = (\bar{v}_j)_{j\in\mathcal{N}} \in \mathbb{R}^{|\mathcal{N}|}\} \tag{6.6.13}$$

とおく．$\{u_h\}_{h\to 0}$ $(u_h \in U_h)$ を同次基本境界条件 $(u_{\mathrm{D}} = 0)$ のときの問題 6.1.6 に対する有限要素解の列とする．このとき，厳密解が $u \in U \cap H^{k+1}(\Omega;\mathbb{R})$ であれば，h に依存しない正定数 c が存在して,

$$\|u - u_h\|_{H^1(\Omega;\mathbb{R})} \leq ch^k|u|_{H^{k+1}(\Omega;\mathbb{R})}$$

が成り立つ.

さらに，誤差 $u - u_h$ を $L^2(\Omega;\mathbb{R})$ ノルムで測った場合の結果は，Aubin–

Nitsche のトリックとよばれる方法によって次のように得られる（[41] p.142 Theorem 19.2, [149] p.66 定理 2.11 ただし Ω を 2 次元凸多角形領域と仮定している）.

■定理 6.6.6（L^2 ノルムによる有限要素解の誤差評価） $\{\mathcal{T}_h\}_{h\to 0}$ を $d \in \{1, 2, 3\}$ 次元の多面体有界領域 Ω に対する正則な有限要素分割列として，$\mathcal{T}_h = \{\Omega_i\}_{i\in\mathcal{E}}$ をその要素とする．$p = 2$，$l = 1$，$d \leq 3$ および $k \geq 1$ のもとで式 (6.6.12) を満たすとする．Ω 上で定義された基底関数 $\boldsymbol{\phi} = (\phi_j)_{j\in\mathcal{N}}$ は連続とする．有限要素法における近似解の集合 U_h を式 (6.6.13) とおく．$\{u_h\}_{h\to 0}$ $(u_h \in U_h)$ を同次基本境界条件 $(u_{\mathrm{D}} = 0)$ のときの問題 6.1.6 に対する有限要素解の列とする．このとき，厳密解が $u \in U \cap H^{k+1}(\Omega;\mathbb{R})$ であれば，h に依存しない正定数 c が存在して，

$$\|u - u_h\|_{L^2(\Omega;\mathbb{R})} \leq ch^{k+1}|u|_{H^{k+1}(\Omega;\mathbb{R})}$$

が成り立つ.

以上の結果を使って，有限要素解の誤差評価をおこなってみよう．厳密解の正則性については 5.3 節でみた結果を用いることができる．まず，厳密解の滑らかさ（正則性）が既知関数の滑らかさに依存して決められる場合は，次のような結果になる.

□例題 6.6.7（既知関数の正則性に対する有限要素解の誤差評価） 問題 6.1.6 において，Dirichlet 境界と Neumann 境界の境界で開き角が $\alpha < \pi/2$ で，それ以外の境界は滑らかであるとする．$b \in L^2(\Omega;\mathbb{R})$ および $p_{\mathrm{N}} = 0$ とする．このとき，有限要素解に対する誤差のオーダー評価を示せ.

▶解答 $b \in L^2(\Omega;\mathbb{R})$ のとき，$-\Delta u = b$ より，厳密解 u に対して $|u|_{H^2(\Omega;\mathbb{R})} \leq c_0\|b\|_{L^2(\Omega;\mathbb{R})}$ が成り立つ．したがって，定理 6.6.5 と定理 6.6.6 において $k = 1$ とおくとき，有限要素解 u_h に対して

$$\|u - u_h\|_{H^1(\Omega;\mathbb{R})} \leq c_1 h|u|_{H^2(\Omega;\mathbb{R})}, \quad \|u - u_h\|_{L^2(\Omega;\mathbb{R})} \leq c_1 h^2|u|_{H^2(\Omega;\mathbb{R})}$$

を得る. □

次に，滑らかでない境界をもつ 2 次元領域の場合を考えよう.

□例題 6.6.8（滑らかでない境界に対する有限要素解の誤差評価）　問題 6.1.6 において，Ω を図 5.3.1 のような角点 $\boldsymbol{x}_0$ をもつ 2 次元領域とする．$\boldsymbol{x}_0$ 近傍における有限要素解の誤差評価について考察せよ．

▶解答　特異性が現れるのは，Γ_1 と Γ_2 が同一種境界で開き角が $\alpha > \pi$（凹角）になるときと，混合境界で開き角が $\alpha > \pi/2$ になるときである．たとえば，同一種境界でき裂 ($\alpha = 2\pi$) の場合と混合境界で直線 ($\alpha = \pi$) の場合には，式 (5.3.10) より，角点の r_0 近傍で $\epsilon > 0$ に対して

$$u \in H^{3/2-\epsilon}(B(\boldsymbol{x}_0, r_0) \cap \Omega; \mathbb{R})$$

となる．一方，有限要素解に対する誤差のオーダー評価は式 (6.6.11) より，$d \in \{2, 3\}$ および $p = 2$ に対して $k + 1 = 2 > d/p$ を満たさなければならない．すなわち，厳密解が $H^2(\Omega; \mathbb{R})$ でなければ適用できないことになる．そこで，角点近傍の有限要素解については，誤差のオーダー評価はできないことになる．　□

例題 6.6.8 に基づけば，特異点近傍の有限要素解に対しては誤差のオーダー評価はできなかった．しかし，厳密解への収束に関しては，$U \cap H^{k+1}(\Omega; \mathbb{R})$ は U で稠密であることに基づいて，次の結果が得られる（たとえば，[92] p.100 定理 5.4）．

■定理 6.6.9（有限要素解の H^1 ノルムでの収束）　定理 6.6.5 と同じ表記を用いる．$\{u_h\}_{h \to 0}$ ($u_h \in U_h$) を同次基本境界条件 ($u_{\mathrm{D}} = 0$) のときの問題 6.1.6 に対する有限要素解の列とする．このとき，厳密解 $u \in U$ に対して，

$$\lim_{h \to 0} \|u - u_h\|_{H^1(\Omega; \mathbb{R})} = 0$$

が成り立つ．

さらに，特異点近傍の有限要素解に関しては，厳密解を表現できるように工夫された有限要素も考えられている．たとえば，5.3 節でみたような特異点近傍の r に対するべき級数展開を近似することのできる基底関数に加える方法などが開発されている（たとえば，[146] p.273 8 章，[150]）．

6.7 第 6 章のまとめ

第 6 章では，偏微分方程式の境界値問題に対する数値解法を，Galerkin 法を指導原理として，有限要素法の特徴とそれによる数値解の誤差評価についてみてきた．要点は以下のようである．

(1) Galerkin 法は，基底関数に未定乗数を乗じた線形結合で近似関数を構成し，それらの近似関数を弱形式に代入することで，偏微分方程式の境界値問題を未定乗数に関する連立 1 次方程式に変換する方法である（6.1 節）．

(2) 有限要素法は Galerkin 法である．ただし，有限要素法では，領域を単純な形の領域の集合に分割して，それぞれの領域上で低次多項式となり，分割された領域の境界で連続となるよう基底関数を用いて近似関数が構成された（6.2 節，6.3 節，6.4 節）．

(3) アイソパラメトリック有限要素法とは，有限要素領域を規準領域に写像して，有限要素上でおこなう積分を規準領域上でおこなう方法である．このとき，有限要素領域から規準領域への写像が，解に対する近似関数に用いられたものと同じ基底関数を用いることにする．長方形の規準領域上の数値積分には Gauss 求積が使われる（6.5 節）．

(4) 有限要素法による近似解の誤差ノルムは，有限要素の大きさのべき乗で抑えられる（6.6 節）．

6.8 第 6 章の演習問題

6.1 1 次元 2 階微分方程式の境界値問題

$$-\frac{\mathrm{d}^2 u}{\mathrm{d}x^2} + u = 1 \quad \text{in } (0,1), \quad u(0) = u(1) = 0$$

を満たす $u\colon (0,1) \to \mathbb{R}$ の近似解 u_h を Galerkin 法により求めよ．ただし，例題 6.1.5 と同じ基底関数を用いよ．

6.2 演習問題 **6.1** の境界値問題を，1 次の形状関数を用いた有限要素法によって解く場合の，連立 1 次方程式を求めよ．ただし，有限要素数 $m = 4$ とせよ．

6.3 3 角形有限要素 $i \in \mathcal{E}$ の三つの節点 $\boldsymbol{x}_{i(1)}$，$\boldsymbol{x}_{i(2)}$ および $\boldsymbol{x}_{i(3)}$ を反時計回りになるように選んだとき，式 (6.3.8) で定義された γ は，3 角形有限要素の領域 Ω_i の大きさ（面積）$|\Omega_i|$ の 2 倍に等しいことを示せ．

6.4 図 6.8.1 (a) のような領域 $\Omega = (0,1)^2$ および境界 $\Gamma_{\mathrm{D}} = \{\boldsymbol{x} \in \partial\Omega \mid x_1 = 0,$

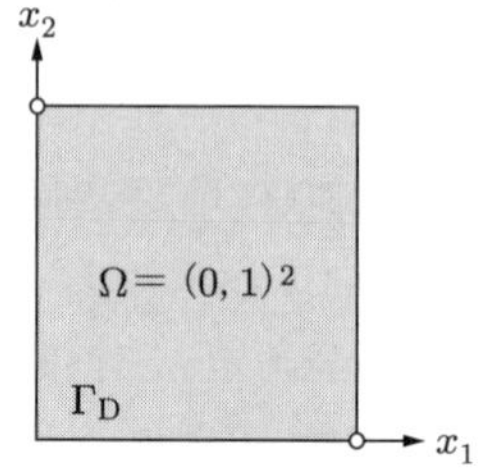

（a） Ω と Γ_D

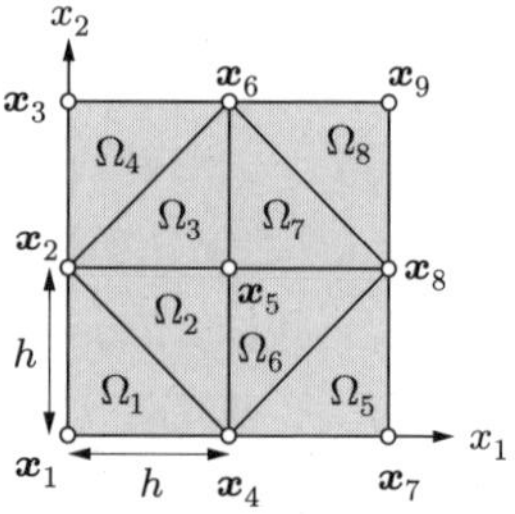

（b） 有限要素分割

図 6.8.1　例題 6.3.2 の領域と有限要素分割

$x_2 = 0\}$ と $\Gamma_N = \partial\Omega \setminus \bar{\Gamma}_D$ に対して，

$$-\Delta u = 1 \quad \text{in } \Omega, \quad \frac{\partial u}{\partial \nu} = 0 \quad \text{on } \Gamma_N, \quad u = 0 \quad \text{on } \Gamma_D$$

を満たす $u\colon \Omega \to \mathbb{R}$ を，図 6.8.1 (b) のような有限要素分割を用いた有限要素法によって求めよ．

6.5　2 次元 Poisson 問題（問題 6.1.7 において $d = 2$）に対して，図 6.4.7 の長方形 1 次要素を用いるとする．このとき，要素係数行列と要素既知項ベクトルを求めよ．ただし，$b = b_0$ を定数関数，$p = 0$ とする．

6.6　2 次元線形弾性問題において平面応力 $(\sigma_{33} = \sigma_{13} = \sigma_{23} = 0)$ を仮定したとき，4 節点アイソパラメトリック有限要素の要素係数行列の計算方法を，次の順に示せ．

- $\bar{\boldsymbol{u}}_i = (u_{11}, u_{12}, u_{13}, u_{14}, u_{21}, u_{22}, u_{23}, u_{24})^{\mathrm{T}}$ を有限要素 $i \in \mathcal{E}$ の節点変位とする．$\boldsymbol{E}(\boldsymbol{u}(\boldsymbol{\xi})) = (\varepsilon_{jl}(\boldsymbol{\xi}))_{jl}$ をひずみテンソルとして，$\boldsymbol{\varepsilon}(\boldsymbol{\xi}) = (\varepsilon_{11}, \varepsilon_{22}, 2\varepsilon_{12})^{\mathrm{T}}$ をそのベクトル表現とする．このとき，

$$\boldsymbol{\varepsilon}(\boldsymbol{\xi}) = \boldsymbol{B}(\boldsymbol{\xi})\bar{\boldsymbol{u}}_i$$

となる変位ひずみ行列 $\boldsymbol{B}(\boldsymbol{\xi})$ の計算方法を示せ．

- $\boldsymbol{S}(\boldsymbol{u}(\boldsymbol{\xi})) = (\sigma_{jl}(\boldsymbol{\xi}))_{jl}$ を応力テンソルとして，$\boldsymbol{\sigma}(\boldsymbol{\xi}) = (\sigma_{11}, \sigma_{22}, \sigma_{12})^{\mathrm{T}}$ をそのベクトル表現とする．平面応力 $(\sigma_{13} = \sigma_{23} = \sigma_{33} = 0)$ のとき，構成則は Young 率 e_{Y} と Poisson 比 ν_{P} を用いて

$$\boldsymbol{\sigma}(\boldsymbol{\xi}) = \boldsymbol{D}\boldsymbol{\varepsilon}(\boldsymbol{\xi}), \quad \boldsymbol{D} = \frac{e_{\mathrm{Y}}}{1 - \nu_{\mathrm{P}}^2}\begin{pmatrix} 1 & \nu_{\mathrm{P}} & 0 \\ \nu_{\mathrm{P}} & 1 & 0 \\ 0 & 0 & (1 - \nu_{\mathrm{P}})/2 \end{pmatrix}$$

で与えられる．このとき，要素係数行列 $\bar{\boldsymbol{K}}_i$ の計算方法を示せ．

第7章 抽象的最適設計問題

偏微分方程式の境界値問題とはどのような構造をしていてどのようにして解くことができるのかを第5章と第6章でみてきた．第1章でみてきた最適設計問題に対応させてみれば，状態決定問題についてみてきたことになる．本章からはいよいよ，境界値問題が定義された領域の形状や位相を設計対象にした最適設計問題について考えていきたい．本章では両問題に共通するような抽象的な問題を構成して，その解法について考えてみたい．

第1章において，最適設計問題の基礎についてみてきた．そこで扱われた問題では設計変数の線型空間と状態変数の線形空間はともに有限次元ベクトル空間であった．本章では，それらの有限次元ベクトル空間を関数空間に拡張する．また，状態決定問題を抽象的変分問題におきかえる．そのときに注意することは次の点である．有限次元ベクトル空間の双対空間は同じ有限次元ベクトル空間であった．そのために，設計変数の変動に対する評価関数の微分は設計変数と同じ有限次元ベクトル空間の要素であった．しかし，関数空間のようなベクトル空間を選んだ場合には，その双対空間は，一般には，別のベクトル空間になる．この章ではそのことに注意する必要がある．しかし，それ以外は，第1章でみてきた最適解が満たす条件と同様の結果が得られることになる．

さらに，数値解法（アルゴリズム）に関しては，第3章で示された勾配法とNewton法が拡張された抽象的勾配法と抽象的Newton法が定義される．それらの解を用いれば，第3章で示されたものと同様の制約つき問題に対する勾配法やNewton法が考えられる．そうなれば，第3章で示されたアルゴリズムを使って，対応する項目をおきかえるだけで抽象的最適設計問題の数値解法も構成されることになる．

そこで，本章の内容が理解されれば，位相や形状最適化問題の構成法と解法は，抽象的最適設計問題の枠組みの中でそれらの問題に対する関数空間や許容集合を具体化する作業となる．その際，設計変数の変動に対する評価関数の Fréchet 微分の計算法を明らかにして，それを用いた抽象的勾配法や抽象的 Newton 法の解が設計変数の許容集合に入ることを確認することが焦点となる．それらについては第 8 章と第 9 章で問題ごとにみていくことにする．

7.1　設計変数の線形空間

第 1 章でみてきた最適設計問題を思い出しながら，最適設計問題を抽象化していくことを考える．ここでは，段つき 1 次元線形弾性体の平均コンプライアンス最小化問題（問題 1.1.4）を使って，抽象的最適設計問題との対応をみていくことにしよう．

問題 1.1.4 では，設計変数の線形空間を $X = \mathbb{R}^2$ とおき，状態変数の線形空間を $U = \mathbb{R}^2$ とおいた．本章では，X と U は関数空間であってもよいとする．そのとき，X の要素が与えられたならば，状態決定問題が構成されて，U の要素として状態変数が決定され，$X \times U$ 上で定義された評価関数（汎関数）も計算されるものとする．このとき，第 3 章でみてきたような勾配や Hesse 形式を用いた解法を考えた場合，X と U は Fréchet 微分が定義できるような関数空間である必要がある．このような条件を満たす X と U は反射的 Banach 空間（定義 4.4.8）であればよかった（命題 4.4.9）．さらに，あとで示される抽象的勾配法（問題 7.5.1）や抽象的 Newton 法（問題 7.5.4）による解法までを考えるならば，X は実 Hilbert 空間であることが必要となる．そこで，本章では，そのように仮定することにしよう．

さらに，問題 1.1.4 では，設計変数 $\boldsymbol{a} \in X$ に対して不等式制約 $\boldsymbol{a} \geq \boldsymbol{a}_0$ が課されていた．このとき，式 (1.1.16) の $\mathcal{D}$ を設計変数の許容集合とよんだ．ここでは，$\mathcal{D}$ を次のように定義しよう．第 8 章と第 9 章で示される最適化問題では，偏微分方程式の境界値問題が定義された領域が設計対象となる．その際，第 5 章で示されたように，偏微分方程式の境界値問題が定義されるためには，領域は少なくとも Lipschitz 境界（A.5 節）でなければならない．第 8 章と第 9 章では密度や領域写像を表す関数が設計変数に選ばれる．その際，それらの関数を使って Lipschitz 境界が定義されるためには，それらの関数は Lipschitz 連続であることが必要となる．しかし，Lipschitz 連続な関数全体のような関数空間は，

第 4 章でみてきたように，実 Banach 空間となるが，実 Hilbert 空間ではない．そこで，設計変数が属する実 Banach 空間を Y とかくとき，実 Hilbert 空間 X は Y を埋蔵するように選ばれる必要がある．実際，第 8 章では，$d \in \{2, 3\}$ 次元の有界領域 D に対して $Y = W^{1,\infty}(D; \mathbb{R})$ が必要となり，それを埋蔵するように $X = H^1(D; \mathbb{R})$ が選ばれる．第 9 章では，$Y = W^{1,\infty}(\mathbb{R}^d; \mathbb{R}^d)$ が必要となり，それを埋蔵するように $X = H^1(\mathbb{R}^d; \mathbb{R}^d)$ が選ばれる．さらに，Y の要素に対して，必要に応じて追加の条件が課された関数の集合を**設計変数の許容集合** $\mathcal{D}$ とみなすことにする．

そこで，以下では，設計変数を ϕ とかくことにして，ϕ は $\mathcal{D} \subset X$ の要素であるとする．また，設計変数の変動を φ とかくことにして，設計変数の変動に対する Fréchet 微分を定義する際には，X の要素であるとする．

7.2 状態決定問題

問題 1.1.4 の最適設計問題では，状態変数は $\boldsymbol{u}$ で定義され，$\boldsymbol{a} \in \mathcal{D}$ が与えられたときに状態決定問題（問題 1.1.3）の解として一意に決定されるように構成されていた．$\boldsymbol{u}$ が入る線形空間は $U = \mathbb{R}^2$ であった．

本章では，状態変数を u とかくことにして，u は設計変数 $\phi \in \mathcal{D}$ が与えられたときに，次のような抽象的変分問題によって与えられた状態決定問題の解として一意に決定されるものとする．この問題は問題 5.2.3 と同じであるが，双 1 次形式 a や 1 次形式 l が ϕ に依存していることから，それぞれ $a(\phi)$ や $l(\phi)$ のようにかきかえられている．問題 5.2.3 と同様に，U は実 Hilbert 空間とする．

問題 7.2.1（ϕ に対する抽象的変分問題）

$\phi \in \mathcal{D}$ に対して $a(\phi)\colon U \times U \to \mathbb{R}$ を U 上の双 1 次形式，$l(\phi) = l(\phi)(\cdot) = \langle l(\phi), \cdot \rangle \in U'$ とする．このとき，任意の $v \in U$ に対して

$$a(\phi)(u, v) = l(\phi)(v)$$

を満たす $u \in U$ を求めよ．

問題 7.2.1 を次のようにかくことにする．「$\tau(\phi)\colon U' \to U$ を $a(\phi)(\cdot, \cdot)$ を内積とみなしたときの Riesz の表現定理（定理 4.4.17）によって与えられる同型

写像，$b(\phi) \in U'$ を既知項とする．このとき，

$$h_{\mathrm{V}}(\phi, u) = b(\phi) - \tau(\phi)u = 0_{U'} \tag{7.2.1}$$

を満たす $u \in U$ を求めよ.」ここで, h_{V} の添え字 V は, Hesse 形式を表す h とは区別するために, 変分問題の意味でつけた．なお, 第 5 章の例題 5.2.5 で示されたように, 非同次 Dirichlet 問題は, 式 (7.2.1) の $u \in U$ を $\tilde{u} = u - u_{\mathrm{D}} \in U$ におきかえることによって抽象的変分問題に入る．このとき, $b(\phi)$ は $\tilde{b}(\phi) = b(\phi) - \tau(\phi)u_{\mathrm{D}}$ におきかえられて,

$$h_{\mathrm{V}}(\phi, \tilde{u}) = \tilde{b}(\phi) - \tau(\phi)\tilde{u} = 0_{U'} \tag{7.2.2}$$

となる．

また，のちに注意 7.5.3 で示されるように，設計変数の変動に対する評価関数の Fréchet 微分が定義されるためには，問題 7.2.1 の解 u は**状態変数の許容集合** $\mathcal{S} \subset U$ の要素に入ることが要請される．それが満たされるためには，既知項 $b(\phi)$ や領域の正則性などを適切に設定することが必要となる．それらの条件については，具体的な最適設計問題に応じて，第 8 章と第 9 章の中で示すことにする．ここでは，設計変数 u は $\mathcal{S}$ の要素として得られることを仮定する．

このような設定のもとで，第 1 章の主問題 1.1.3 のときと同様に，$v \in U$ を随伴変数（あるいは Lagrange 乗数）として，

$$\mathscr{L}_{\mathrm{S}}(\phi, u, v) = -a(\phi)(u, v) + l(\phi)(v) \tag{7.2.3}$$

を問題 7.2.1 の**状態決定問題に対する Lagrange 関数**とよぶことにする．このとき，任意の $v \in U$ に対して

$$\mathscr{L}_{\mathrm{S}}(\phi, u, v) = 0 \tag{7.2.4}$$

を満たす $u \in U$ は，問題 7.2.1 の弱解と同値である．

7.3 抽象的最適設計問題

問題 1.1.4 では，評価関数 f_0 と f_1 は設計変数と状態変数の関数として定義された．ここでは，7.1 節で定義された設計変数の許容集合 $\mathcal{D} \subset X$ と 7.2 節で

定義された状態変数の許容集合 $\mathcal{S} \subset U$ 上で定義された汎関数 $f_0, \ldots, f_m$ を評価関数とおいて，抽象的最適設計問題を次のように定義する．

問題 7.3.1（抽象的最適設計問題）

$(\phi, u) \in \mathcal{D} \times \mathcal{S}$ に対して，$f_0, \ldots, f_m \colon \mathcal{D} \times \mathcal{S} \to \mathbb{R}$ が与えられたとき，

$$\min_{\phi \in \mathcal{D}} \{ f_0(\phi, u) \mid f_1(\phi, u) \le 0, \ldots, f_m(\phi, u) \le 0,\ u \in \mathcal{S},\ \text{問題 7.2.1} \}$$

を満たす ϕ を求めよ．

問題 7.3.1 は図 2.1.1 から図 2.1.3 を用いて，次のように考えることができる．X が実 Hilbert 空間になってもこれらの図中の平面のイメージを変更する必要はない．さらに，$\mathcal{D}$ は X の要素に対して，滑らかさなどの制約条件が課されているのみで，直接 X のノルムを使った制約条件が課されていない場合は，やはり X と同様の平面のイメージになる．しかし，そのときの平面は，実数の中の有理数の集合のような，滑らかさなどの制約条件を満たす要素のみからなる平面になると考えられる．なお，第 2 章で設計変数の許容集合とよんだ式 (2.1.1) の集合 S は，本章では，

$$S = \{ \phi \in \mathcal{D} \mid f_1(\phi, u) \le 0, \ldots, f_m(\phi, u) \le 0 \} \tag{7.3.1}$$

におきかえられることになる．この集合は，図 2.1.1 と図 2.1.3 の中で，$f_1 \le 0$ と $f_2 \le 0$ を満たす平面上の集合のイメージになる．

今後，問題 7.3.1 に対して評価関数の Fréchet 微分や KKT 条件についてみていくことにする．その際，いくつかの意味で Lagrange 関数の用語が使われる．ここでは，混乱をきたさないように，それらの関係をまとめておくことにしよう．問題 7.3.1 に対する Lagrange 関数を

$$\mathscr{L}(\phi, u, v_0, v_1, \ldots, v_m) = \mathscr{L}_0(\phi, u, v_0) + \sum_{i \in \{1, \ldots, m\}} \lambda_i \mathscr{L}_i(\phi, u, v_i) \tag{7.3.2}$$

とかく．ただし，$\boldsymbol{\lambda} = \{\lambda_1, \ldots, \lambda_m\}^{\mathrm{T}}$ は $f_1 \le 0, \ldots, f_m \le 0$ に対する Lagrange 乗数である．さらに，評価関数 f_i が状態決定問題（問題 7.2.1）の解 u の汎関数として与えられている場合には，

$$\mathscr{L}_i(\phi, u, v_i) = f_i(\phi, u) + \mathscr{L}_{\mathrm{S}}(\phi, u, v_i) \tag{7.3.3}$$

を $f_i(\phi, u)$ に対する Lagrange 関数という．ここで，$\mathscr{L}_{\mathrm{S}}$ は式 (7.2.3) で定義された問題 7.2.1 に対する Lagrange 関数である．また，v_i は，f_i に対して定義される Lagrange 乗数である．f_i に，たとえば Poisson 問題に対して $\int_{\Gamma_{\mathrm{D}}} v_{\mathrm{D}i} \partial_\nu u \, \mathrm{d}\gamma$ のような Dirichlet 境界上の境界積分が含まれないときには，U の要素であると仮定する．そのような境界積分が含まれる場合には，$\tilde{v}_i = v_i - v_{\mathrm{D}i}$ が U の要素であると仮定する．詳細については第 8 章と第 9 章で示される．以下では，簡単のために，f_i に Dirichlet 境界上の境界積分が含まれないと仮定して，v_i は U の要素であると仮定することにする．

7.4　評価関数の微分

抽象的最適設計問題（問題 7.3.1）が定義されたので，次に，評価関数 f_i の ϕ の変動に対する X 上の Fréchet 微分を求める方法について考えよう．ここでは，抽象的変分問題（問題 7.2.1）の等式制約が満たされたもとで，X 上の Fréchet 微分を求める必要がある．有限次元ベクトル空間上の等式制約問題に対しては 2.6.2 項で説明された Lagrange 乗数法（あるいは 2.6.5 項で説明された随伴変数法）が使われた．その原理は定理 2.6.4 に基づいている．ここでは，それを関数空間に拡張することを考えよう．

問題 2.6.1 を $X \times U$ 上で定義された問題に拡張しよう．次のような等式制約つき最適化問題を考えよう．ただし，f_i をある $i \in \{1, \ldots, m\}$ のときの評価関数とする．

問題 7.4.1（等式制約つき抽象的最適設計問題）

$(\phi, u) \in \mathcal{D} \times \mathcal{S}$ に対して，$f_i \colon \mathcal{D} \times \mathcal{S} \to \mathbb{R}$ が与えられたとき，

$$\min_{(\phi, u) \in \mathcal{D} \times \mathcal{S}} \{ f_i(\phi, u) \mid h_{\mathrm{V}}(\phi, u) = 0_{U'} \}$$

を満たす (ϕ, u) を求めよ．ただし，$h_{\mathrm{V}}(\phi, u)$ は式 (7.2.1) で定義されているとする．

本節では，(ϕ, u) の任意変動を $(\varphi, v_i) \in X \times U$ とかくことにして，f_i と h_{V}

の Fréchet 微分を

$$f_i'(\phi, u)[\varphi, v_i] = f_{i\phi}(\phi, u)[\varphi] + f_{iu}(\phi, u)[v_i]$$
$$= \langle g_{f_i}, \varphi \rangle + f_{iu}(\phi, u)[v_i], \tag{7.4.1}$$
$$h_{\mathrm{V}}'(\phi, u)[\varphi, v_i] = h_{\mathrm{V}\phi}(\phi, u)[\varphi] + h_{\mathrm{V}u}(\phi, u)[v_i] = g_h[\varphi] - \tau(\phi) v_i \tag{7.4.2}$$

とかくことにする．これらの表記を用いて，定理 2.6.4 が拡張された結果を次に示す．

定理 7.4.2（Lagrange 関数を用いた極小点 1 次の必要条件） 問題 7.4.1 の f_i と h_{V} をそれぞれ $C^1(\mathcal{D} \times \mathcal{S}; \mathbb{R})$ および $C^1(\mathcal{D} \times \mathcal{S}; U')$ の要素とする．f_i と h_{V} の任意の $\varphi \in X$ に対する Fréchet 微分をそれぞれ式 (7.4.1) と式 (7.4.2) とかくことにする．このとき，(ϕ, u) が問題 7.4.1 の極小点ならば，任意の $(\varphi, w) \in X \times U$ に対して

$$\langle g_{f_i}, \varphi \rangle + \langle g_h[\varphi], v_i \rangle + \langle f_{iu}(\phi, u) - \tau^{\mathrm{T}}(\phi) v_i, w \rangle = 0 \tag{7.4.3}$$
$$\langle b(\phi) - \tau(\phi) u, w \rangle = 0 \tag{7.4.4}$$

を満たす $v_i \in U$ が存在する．

▶**証明** $h_{\mathrm{V}} \in C^1(\mathcal{D} \times \mathcal{S}; U')$ の仮定と $h_{\mathrm{V}}(\phi, u) = 0_{U'}$ を満たす解 u が一意に決まることから，$h_{\mathrm{V}} \colon \mathcal{D} \times \mathcal{S} \to U'$ は，ある $(\phi, u) \in \mathcal{D} \times \mathcal{S}$ の近傍 $B_X \times B_U \subset X \times U$ において，Banach 空間の**陰関数定理**（定理 A.4.2）の仮定

(1) $h_{\mathrm{V}}(\phi, u) = 0_{U'}$
(2) $h_{\mathrm{V}} \in C^0(B_X \times B_U; U')$
(3) 任意の $y = (\phi, v_i) \in B_X \times B_U$ に対して $h_{\mathrm{V}}(\phi, \cdot\,) \in C^1(B_U; U')$ で，かつ $h_{\mathrm{V}u}(\phi, u) = \tau \colon U \to U'$ は (ϕ, u) で連続
(4) $(h_{\mathrm{V}u}(\phi, u))^{-1} = \tau^{-1} \colon U' \to U$ は有界線形

を満たす．そこで，陰関数定理より，ある近傍 $U_X \times U_U \subset B_X \times B_U$ と連続な写像 $\upsilon \colon U_X \to U_U$（$\upsilon$ はギリシャ文字 upsilon）が存在して，$h_{\mathrm{V}}(\phi, u) = 0_{U'}$ は

$$u = \upsilon(\phi) \tag{7.4.5}$$

とかける．したがって，$y(\phi) = (\phi, \upsilon(\phi)) \in C^1(\mathcal{D}; X \times U)$ を定義することができる．

そこで，$\tilde{f}_i(\phi) = f_i(\phi, \upsilon(\phi)) = f_i(y(\phi))$ とかくことにする．$f_i \in C^1(\mathcal{D} \times \mathcal{S}; \mathbb{R})$ が仮定されたので，ϕ が極小点のとき，任意の $\varphi \in X$ に対して，

$$\tilde{f}_i'(\phi)[\varphi] = y'^{\mathrm{T}}(\phi) \circ g(\phi, \upsilon(\phi))[\varphi] = 0 \tag{7.4.6}$$

が成り立つ．ただし，

$$g(\phi, \upsilon(\phi)) = f_i'(\phi, \upsilon(\phi)) \in \mathcal{L}(X; X' \times U') = \mathcal{L}(X; \mathcal{L}(X \times U; \mathbb{R})),$$
$$y'(\phi) \in \mathcal{L}(X; X \times U), \quad y'^{\mathrm{T}}(\phi) \in \mathcal{L}(X' \times U'; X')$$

である．なお，$\mathcal{L}(X;U)$ は有界線形作用素 $X \to U$ を表す．また，$\circ$ は合成作用素を表す．以下で，式 (7.4.6) の関係をかきかえる．

まず，(ϕ, u) の許容集合を

$$S = \{(\phi, u) \in \mathcal{D} \times \mathcal{S} \mid h_{\mathrm{V}}(\phi, u) = 0_{U'}\}$$

とかくことにする．ある $(\phi, u) \in S$ を固定して，y における**許容方向集合**（**接面**）を

$$T_S(\phi, u) = \{(\varphi, v_i) \in X \times U \mid h_{\mathrm{V}}'(\phi, u)[\varphi, v_i] = 0_{U'}\} = \operatorname{Ker} h_{\mathrm{V}}'(\phi, u)$$

とかく．ここで，$\operatorname{Ker} h_{\mathrm{V}}'(\phi, u)$ は，$h_{\mathrm{V}}'(\phi, u) \in \mathcal{L}(X \times U; U')$ の**零空間**（**核空間**）を表す．それに対して，$T_S(\phi, u)$ の**双対集合**（**双対面**）を

$$\begin{aligned} T_S'(\phi, u) = \{&(\psi, w) \in X' \times U' \mid \\ &\langle(\varphi, v_i), (\psi, w)\rangle = 0 \text{ for all } (\varphi, v_i) \in T_S(\phi, u)\} \\ = (&\operatorname{Ker} h_{\mathrm{V}}'(\phi, u))^{\perp} \end{aligned}$$

とかく．ここで，$(\,\cdot\,)^{\perp}$ は**直交補空間**を表す．

また, $T_S(\phi, u)$ および $T_S'(\phi, u)$ と $y'(\phi)$ の関係は, 次のように得られる．$h_{\mathrm{V}}(\phi, u) = 0_{U'}$ の両辺の任意の $\varphi \in X$ に対する Fréchet 微分をとると，

$$h_{\mathrm{V}}'(\phi, u) \circ y'(\phi)[\varphi] = 0_{U'}$$

となる．この関係は $y'(\phi)$ の**値空間**（**像空間**）$\operatorname{Im} y'(\phi)$ が $h_{\mathrm{V}}'(\phi, u)$ の零空間 $\operatorname{Ker} h_{\mathrm{V}}'(\phi, u)$ になっていることを表している．すなわち，

$$T_S(\phi, u) = \operatorname{Im} y'(\phi) \tag{7.4.7}$$

が成り立つ．

以上の関係を用いて，式 (7.4.6) をかきかえる．ϕ が極小点のとき，$g(\phi, \upsilon(\phi))$ は任意の $(\varphi, v_i) \in T_S(\phi, u)$ に対して直交していなければならないので，

$$g(\phi, \upsilon(\phi)) \in T_S'(\phi, u) \tag{7.4.8}$$

となる．ここで，式 (7.4.7) と零空間と像空間の直交補空間に関する定理より，

$$T'_S(\phi, u) = (T_S(\phi, u))^{\perp} = (\operatorname{Ker} h'_{\mathrm{V}}(\phi, u))^{\perp} = \operatorname{Im} h'^{\mathrm{T}}_{\mathrm{V}}(\phi, u)$$

が成り立つ．ここで，$h'^{\mathrm{T}}_{\mathrm{V}}(\phi, u) \in \mathcal{L}(U; X' \times U')$ である．したがって，式 (7.4.8) はある $v_i \in U$ が存在して，任意の $(\varphi, w) \in X \times U$ に対して

$$\begin{aligned} & f_{i\phi}(\phi, u)[\varphi] + f_{iu}(\phi, u)[w] + \langle h_{\mathrm{V}\phi}(\phi, u)[\varphi], v_i \rangle + \langle h_{\mathrm{V}u}(\phi, u)[\varphi], v_i \rangle \\ & \quad = \langle g_{f_i}, \varphi \rangle + \langle g_h[\varphi], v_i \rangle + \langle f_{iu}(\phi, u) - \tau^{\mathrm{T}}(\phi) v_i, w \rangle = 0 \end{aligned}$$

が成り立つことと同値である．すなわち，式 (7.4.3) が成り立つ．ただし，$\langle \tau(\phi) w, v_i \rangle = \langle \tau^{\mathrm{T}}(\phi) v_i, w \rangle$ が使われた．また，式 (7.4.4) は u が式 (7.2.1) の解ならば成り立つ．□

7.4.1 随伴変数法

定理 7.4.2 に基づいて，随伴変数法を次のように定義しよう．$v_i \in U$ を f_i に対する随伴変数とよび，式 (7.4.3) の左辺第 2 項が 0 になるように決定する．すなわち，次の問題の解とする．

問題 7.4.3（f_i に対する随伴問題）

$\phi \in \mathcal{D}$ とそのときの式 (7.2.1) の解 $u \in \mathcal{S}$ と $f_{iu}(\phi, u) \in U'$ が与えられたとき，

$$f_{iu}(\phi, u) - \tau^{\mathrm{T}}(\phi) v_i = 0_{U'} \tag{7.4.9}$$

を満たす関数 $v_i \in U$ を求めよ．ただし，$\tau(\phi)$ は式 (7.2.1) と同一である．

問題 7.4.3 の解 v_i を用いれば，式 (7.4.3) は

$$\langle g_{f_i}, \varphi \rangle + \langle g_h[\varphi], v_i \rangle = \langle g_i, \varphi \rangle = 0 \tag{7.4.10}$$

のようにかかれる．

このときの g_i は，任意の $\varphi \in X$ により設計変数が変動しても，u は状態決定問題（問題 7.2.1）の解であり続けたときの f_i の $\varphi \in X$ に対する Fréchet 微分の勾配になる．そこで，定理 7.4.2 の証明の中で定義された式 (7.4.5) の $\upsilon(\phi)$ を用いれば，$\tilde{f}_i(\phi) = f_i(\phi, \upsilon(\phi))$ に対して，

$$\tilde{f}'_i(\phi)[\varphi] = \langle g_i, \varphi \rangle \tag{7.4.11}$$

とかけることになる．

7.4.2 Lagrange 乗数法

評価関数 f_i の設計変数の任意の変動 $\varphi \in X$ に対する Fréchet 微分の勾配 g_i は，次に示される **Lagrange 乗数法**によっても求められる．第 8 章と第 9 章では，手続きが明快であるとの理由で，この方法を用いることにする．

Lagrange 乗数法は，問題 2.6.5 で定義されたように，等式制約つき最適化問題を Lagrange 関数の停留条件におきかえて，解の候補を見つける方法である．そこで，問題 7.4.1 の Lagrange 関数を

$$\mathscr{L}_i(\phi, u, v_i) = f_i(\phi, u) + \langle h_{\mathrm{V}}(\phi, u), v_i \rangle = f_i(\phi, u) + \mathscr{L}_{\mathrm{S}}(\phi, u, v_i) \tag{7.4.12}$$

とおく．ただし，$\mathscr{L}_{\mathrm{S}}(\phi, u, v_i)$ は状態決定問題（問題 7.2.1）の Lagrange 関数である．v_i は f_i のために用意された状態決定問題に対する Lagrange 乗数で，定理 7.4.2 と同様，v_i は U の要素であると仮定する．このとき，(ϕ, u, v_i) の任意変動 $(\varphi, u', v_i') \in X \times U \times U$ に対する $\mathscr{L}_i(\phi, u, v_i)$ の Fréchet 微分は

$$\begin{aligned}&\mathscr{L}_i'(\phi, u, v_i)[\varphi, u', v_i'] \\ &= \mathscr{L}_{i\phi}(\phi, u, v_i)[\varphi] + \mathscr{L}_{iu}(\phi, u, v_i)[u'] + \mathscr{L}_{iv_i}(\phi, u, v_i)[v_i']\end{aligned} \tag{7.4.13}$$

となる．式 (7.4.13) の右辺第 3 項に対しては，

$$\mathscr{L}_{iv_i}(\phi, u, v_i)[v_i'] = \mathscr{L}_{\mathrm{S}}(\phi, u, v_i') \tag{7.4.14}$$

を得る．式 (7.4.14) の右辺は状態決定問題（問題 7.2.1）の Lagrange 関数になっている．そこで，u が状態決定問題の解ならば，式 (7.4.13) の右辺第 3 項は 0 となる．また，

$$\begin{aligned}\mathscr{L}_{iu}(\phi, u, v_i)[u'] &= f_{iu}(\phi, u)[u'] + \mathscr{L}_{\mathrm{S}u}(\phi, u, v_i)[u'] \\ &= \langle f_{iu}(\phi, u) - \tau^{\mathrm{T}}(\phi) v_i, u' \rangle\end{aligned} \tag{7.4.15}$$

となる．任意の $u' \in U$ に対して式 (7.4.15) が 0 となる条件は，随伴問題（問題 7.4.3）の弱形式と一致する．そこで，随伴問題の弱解を v_i とおけば，式 (7.4.13) の右辺第 2 項は 0 となる．

さらに，式 (7.4.13) の右辺第 1 項は，

$$\mathscr{L}_{i\phi}(\phi, u, v_i)[\varphi] = \langle g_{f_i}, \varphi \rangle + \langle g_h[\varphi], v_i \rangle = \langle g_i, \varphi \rangle \tag{7.4.16}$$

となる．式 (7.4.16) の g_i は式 (7.4.10) の g_i と一致する．

この関係は第 1 章の式 (1.1.37) が抽象化された表現になっている．第 8 章と第 9 章では，ここで示されたように，f_i に対する Lagrange 関数の停留条件を用いて g_i を求めていくことにする．

7.4.3 評価関数の 2 階 Fréchet 微分

さらに，設計変数の変動に対する評価関数の 2 階微分を Fréchet 微分の定義（定義 4.5.4）に基づいて考えてみよう．

1.1.6 項では，段つき 1 次元線形弾性問題を状態決定問題とおいたときの設計変数の変動に対する平均コンプライアンスの 2 階微分を Lagrange 関数 $\mathscr{L}_0$ の 2 階微分を用いて求めた．その際，状態変数の変動 $\boldsymbol{u}'$ には，状態決定問題の等式制約が満たされたもとでの $\boldsymbol{u}$ の変動 $\boldsymbol{u}'(\boldsymbol{a})[\boldsymbol{b}]$ を代入することが重要であった．ここでは，等式制約つき抽象的最適設計問題（問題 7.4.1）に対して同様のことを考えてみよう．

式 (7.4.12) で定義された $\mathscr{L}_i$ に対して，第 2 章の定義に従って，(ϕ, u) を設計変数と考える．このとき，(ϕ, u) の任意変動 $(\varphi_1, u_1') \in X \times U$ と $(\varphi_2, u_2') \in X \times U$ に対する $\mathscr{L}_i$ の 2 階 Fréchet 微分は

$$\begin{aligned}
&\mathscr{L}_i''(\phi, u, v_i)[(\varphi_1, u_1'), (\varphi_2, u_2')] \\
&\quad = (\mathscr{L}_{i\phi}(\phi, u, v_i)[\varphi_1] + \mathscr{L}_{iu}(\phi, u, v_i)[u_1'])_\phi[\varphi_2] \\
&\qquad + (\mathscr{L}_{i\phi}(\phi, u, v_i)[\varphi_1] + \mathscr{L}_{iu}(\phi, u, v_i)[u_1'])_u[u_2'] \\
&\quad = \mathscr{L}_{i\phi\phi}(\phi, u, v_i)[\varphi_1, \varphi_2] + \mathscr{L}_{iu\phi}(\phi, u, v_i)[u_1', \varphi_2] \\
&\qquad + \mathscr{L}_{i\phi u}(\phi, u, v_i)[\varphi_1, u_2'] + \mathscr{L}_{iuu}(\phi, u, v_i)[u_1', u_2']
\end{aligned} \tag{7.4.17}$$

となる．式 (7.4.17) 右辺の各項に対して，次のことがいえる．第 1 項は，φ_1 と φ_2 に対する双線形汎関数であり，有界ならば 2 階 Fréchet 微分の形式を満たしている．第 4 項は，状態決定問題が線形の偏微分方程式で構成されていれば 0 となる．第 2 項と第 3 項は，それぞれ u_1' と u_2' に対する有界線形汎関数となっている．

ここで，第 1 章の式 (1.1.41) に対応して，設計変数 ϕ の任意変動 $\varphi \in X$ に対して，状態決定問題（問題 7.2.1）の等式制約が満たされたもとでの u の変動を $u'(\phi)[\varphi]$ とかくことにする．このとき，状態決定問題の Lagrange 関数 $\mathscr{L}_{\mathrm{S}}$ の Fréchet 微分は，任意の $v \in U$ に対して

$$
\begin{aligned}
&\mathscr{L}'_{\mathrm{S}}(\phi, u, v)[\varphi, u'(\phi)[\varphi]] \\
&\quad = \mathscr{L}_{\mathrm{S}\phi}(\phi, u, v)[\varphi] + \mathscr{L}_{\mathrm{S}u}(\phi, u, v)[u'(\phi)[\varphi]] \\
&\quad = \mathscr{L}_{\mathrm{S}\phi}(\phi, u, v)[\varphi] + \mathscr{L}_{\mathrm{S}}(\phi, u'(\phi)[\varphi], v) \\
&\quad = -a_\phi(\phi)(u, v)[\varphi] + l_\phi(\phi)(v)[\varphi] - a(\phi)(u'(\phi)[\varphi], v) \\
&\quad = 0
\end{aligned}
\tag{7.4.18}
$$

となる．ただし，状態決定問題が線形の偏微分方程式で構成されていると仮定して，$a_u(\phi)(u, v)[u'(\phi)[\varphi]] = a(\phi)(u'(\phi)[\varphi], v)$ が使われた．さらに，第 1 章において，式 (1.1.41) を式 (1.1.38) に代入して，式 (1.1.42) を得た．それに対応して，式 (7.4.18) を満たす $u'(\phi)[\varphi_1]$ と $u'(\phi)[\varphi_2]$ を式 (7.4.17) に代入した

$$
h_i(\phi, u, v_i)[\varphi_1, \varphi_2] = h_{\mathscr{L}i}(\phi, u, v_i)[(\varphi_1, u'(\phi)[\varphi_1]), (\varphi_2, u'(\phi)[\varphi_2])]
\tag{7.4.19}
$$

が任意の $(\varphi_1, \varphi_2) \in X^2$ に対する有界双線形汎関数となったとき，$h_i \in \mathcal{L}^2(X \times X; \mathbb{R})$（定義 4.5.4）とかいて，$h_i$ を $\tilde{f}_i$ の **Hesse 形式**とよぶ．これらの具体的な結果は第 8 章と第 9 章で示される．

7.5 評価関数の降下方向

7.4 節で，設計変数の変動に対する評価関数 $\tilde{f}_0, \ldots, \tilde{f}_m$ の 1 階と 2 階の Fréchet 微分が求められることがわかった．そこで，第 3 章で示された最適化問題の解法を抽象化することを考えよう．

7.5.1 抽象的勾配法

まずは，勾配法を抽象化しよう．これ以降，第 3 章の表記にあわせて，$\tilde{f}_i(\phi)$ を $f_i(\phi)$ とかくことにしよう．ここでは，$f_i(\phi)$ の Fréchet 微分 $\langle g_i, \varphi \rangle$ が計算可能であると仮定して，$f_i(\phi)$ の最小点を求めることを考えよう．

3.3 節でみてきた有限次元ベクトル空間上の勾配法（問題 3.3.1）では，正定値実対称行列 $\boldsymbol{A}$ を用いた双 1 次形式 $a_X(\,\cdot\,,\,\cdot\,) = (\,\cdot\,)\cdot(\boldsymbol{A}(\,\cdot\,))$ は，$X = \mathbb{R}^d$ とおいたとき，強圧的（定義 5.2.1），有界かつ対称な作用素 $X \times X \to \mathbb{R}$ であった．これらの性質に注目すれば，次のような**抽象的勾配法**が考えられる．

問題 7.5.1（抽象的勾配法）

X を実 Hilbert 空間，$\mathcal{D} \subset X$ とする．$a_X : X \times X \to \mathbb{R}$ を X 上の強圧的かつ有界な双 1 次形式とする．すなわち，任意の $\varphi, \psi \in X$ に対して，ある $\alpha, \beta > 0$ が存在して，

$$a_X(\varphi, \varphi) \geq \alpha \|\varphi\|_X^2, \quad |a_X(\varphi, \psi)| \leq \beta \|\varphi\|_X \|\psi\|_X \tag{7.5.1}$$

が成り立つとする．$f_i \in C^1(\mathcal{D}; \mathbb{R})$（定義 4.5.4）に対して，極小点ではない $\phi_k \in \mathcal{D}$ における f_i の Fréchet 微分を $g_i(\phi_k) \in X'$ とする．このとき，任意の $\varphi \in X$ に対して

$$a_X(\varphi_{gi}, \varphi) = -\langle g_i(\phi_k), \varphi \rangle \tag{7.5.2}$$

を満たす $\varphi_{gi} \in X$ を求めよ．

問題 7.5.1 では，a_X の対称性 $a_X(\varphi, \psi) = a_X(\psi, \varphi)$ は仮定されていなかった．あとの定理 7.5.2 で対称性を使わずに望みの結果が得られるからである．実際，実 Hilbert 空間上の強圧的かつ有界な双 1 次形式の中に，非対称なものを考えることができる．たとえば，$X = H_0^1(\Omega, \mathbb{R})$ 上で定義された任意の $u, v \in X$ に対して

$$a(u, v) = \int_\Omega \left(\boldsymbol{\nabla} u \cdot \boldsymbol{\nabla} v + \frac{\partial u}{\partial x_1} v \right) \mathrm{d}x$$

は，非対称であるが強圧的かつ有界な双 1 次形式である†．しかし，数値解法を考える場合には a_X の対称性を仮定することが望ましい．具体的な与え方については，第 8 章と第 9 章で問題に応じて示すことにする．

問題 7.5.1 について次の結果を得る．

---

†この a は，同次 Poisson 問題に移流項が付加された問題の弱形式に現れる［菊地文雄，私信］．

定理 7.5.2 (抽象的勾配法)　問題 7.5.1 の解 φ_{gi} は X において一意に存在し,

$$\|\varphi_{gi}\|_X \leq \frac{1}{\alpha}\|g_i(\phi_k)\|_{X'} \tag{7.5.3}$$

が成り立つ．ただし，α は式 (7.5.1) で用いられた正の定数である．さらに，φ_{gi} は ϕ における f_i の降下方向である.

▶**証明**　Lax–Milgram の定理より，一意存在と式 (7.5.3) はいえる．さらに，φ_{gi} は式 (7.5.2) を満たすので，正の定数 ϵ に対して，次の式が成り立つ.

$$\begin{aligned} f_i(\phi + \epsilon\varphi_{gi}) - f_i(\phi) &= \epsilon\langle g_i, \varphi_{gi}\rangle + o(|\epsilon|) = -\epsilon a_X(\varphi_{gi}, \varphi_{gi}) + o(|\epsilon|) \\ &\leq -\epsilon\alpha\|\varphi_{gi}\|_X^2 + o(|\epsilon|) \end{aligned}$$

□

抽象的勾配法の中でも，X に H^1 級の関数空間を選んだ場合を H^1 **勾配法**とよぶことにする.

定理 7.5.2 は抽象的勾配法（問題 7.5.1）の解 φ_{gi} は X の中にあることを示している．しかし，φ_{gi} が $\mathcal{D}$ に入る保証はない．そこで，次のことに注意する必要がある.

♦**注意 7.5.3 (抽象的勾配法の解)**　抽象的勾配法（問題 7.5.1）の解 φ_{gi} を抽象的最適設計問題（問題 7.3.1）の解法の中で利用するためには，φ_{gi} が $\mathcal{D}$ の要素に入るような問題設定をしなければならない．そのために，次のことに注意する必要がある.

(1) 抽象的勾配法（問題 7.5.1）の解 φ_{gi} が $\mathcal{D}$ に入るように，g_i が適切な正則性をもつ関数の集合に入るようにしなければならない．そのために，状態決定問題（問題 7.2.1）解 u が適切な関数の集合 $\mathcal{S}$ に入るように，既知項 $b(\phi)$ や境界の正則性が適切に設定されていなければならない．さらに，随伴問題（問題 7.4.3）の解 v_i が適切な関数の集合 $\mathcal{S}$ に入るように，$f_{iu}(\phi, u)$ が適切に設定されていなければならない．それらの詳細は第 8 章と第 9 章で示される.

(2) それができない場合（$\mathcal{D}$ において特別な制約条件が課されている場合など）には，φ_{gi} を求める過程において，あるいは求めたあと，追加の処理を加えることで，$\mathcal{D}$ において要求された制約条件が満たされるようにする必要がある.

7.5.2 抽象的 Newton 法

次に, Newton 法を抽象化しよう. ここでは, $f_i(\phi)$ の Fréchet 微分 $\langle g_i(\phi_k), \varphi \rangle$ と 2 階 Fréchet 微分 $h_i(\phi_k)[\varphi_1, \varphi_2]$ が計算可能であると仮定して, $f_i(\phi)$ の最小点を求めることを考えよう.

3.5 節でみてきたように, Newton 法（問題 3.5.1）では, 勾配法で使われた双 1 次形式 $a_X(\,\cdot\,, \,\cdot\,) = (\,\cdot\,) \cdot (\boldsymbol{A}(\,\cdot\,))$ が Hesse 行列 $\boldsymbol{H}$ を用いた $h(\boldsymbol{x}_k)[\,\cdot\,, \,\cdot\,] = (\,\cdot\,) \cdot (\boldsymbol{H}(\boldsymbol{x}_k)(\,\cdot\,))$ におきかえられた. 実 Hilbert 空間 X 上では, 次のような**抽象的 Newton 法**が考えられる.

問題 7.5.4（抽象的 Newton 法）

X を実 Hilbert 空間, $\mathcal{D} \subset X$ とする. $f_i \in C^2(\mathcal{D}; \mathbb{R})$（定義 4.5.4）に対して, 極小点ではない $\phi_k \in \mathcal{D}$ における f_i の Fréchet 微分の勾配および Hesse 形式をそれぞれ $g_i(\phi_k) \in X'$ および $h_i(\phi_k) \in \mathcal{L}^2(X \times X; \mathbb{R})$ とする. また, $a_X : X \times X \to \mathbb{R}$ を $h_i(\phi_k)$ の X 上における強圧性と有界性を補うための対称な双 1 次形式とする. このとき, 任意の $\varphi \in X$ に対して

$$h_i(\phi_k)[\varphi_{gi}, \varphi] + a_X(\varphi_{gi}, \varphi) = -\langle g_i(\phi_k), \varphi \rangle \tag{7.5.4}$$

を満たす $\varphi_{gi} \in X$ を求めよ.

抽象的 Newton 法の中でも, X に H^1 級の関数空間を選んだ場合を **H^1 Newton 法**とよぶことにする. 問題 7.5.4 について, 定理 7.5.2 と同様, ϕ_k が極小点に十分近いとき, 抽象的 Newton 法で生成される点列は極小点に 2 次収束することが期待される. また, 抽象的勾配法の解に対する注意 7.5.3 はここでも有効である.

7.6 抽象的最適設計問題の解法

抽象的勾配法と抽象的 Newton 法が定義されたので, これより抽象的最適設計問題（問題 7.3.1）に対する解法を考えていこう.

7.6.1　制約つき問題に対する勾配法

まず，3.7 節で示された内容にならって，制約つき問題に対する勾配法について考えてみよう．ここでは，評価関数 $f_0, \dots, f_m$ の Fréchet 微分の勾配 $g_0, \dots, g_m \in X'$ は，7.4 節で示された方法で計算可能であると仮定する．

ここで，問題 7.3.1 に対する KKT 条件を示しておこう．ここで示される内容は，第 1 章の問題 1.1.4 に対する KKT 条件を与える式 (1.1.43)～(1.1.46) を拡張したものになっている．問題 7.3.1 では $X = \mathbb{R}^2$ および $U = \mathbb{R}^2$ であった．それに対して，問題 1.1.4 では X と U は実 Hilbert 空間であると仮定された．設計変数の任意変動に対する評価関数の Fréchet 微分は X の双対空間 X' に入る．その関係に注意すれば，次の結果を得る．

問題 7.3.1 に対する Lagrange 関数を

$$\mathscr{L}(\phi, \boldsymbol{\lambda}) = \mathscr{L}_0(\phi) + \sum_{i \in \{1,\dots,m\}} \lambda_i \mathscr{L}_i(\phi) \tag{7.6.1}$$

とおく．ここで，$\mathscr{L}_i$ は式 (7.4.12) で定義された f_i に対する Lagrange 関数である．$\boldsymbol{\lambda} = (\lambda_1, \dots, \lambda_m)^{\mathrm{T}} \in \mathbb{R}^m$ は $f_1(\phi) \le 0, \dots, f_m(\phi) \le 0$ に対する Lagrange 乗数である．

このとき，問題 7.3.1 に対する KKT 条件は，

$$g_0(\phi) + \sum_{i \in \{1,\dots,m\}} \lambda_i g_i(\phi) = 0_{X'} \tag{7.6.2}$$

$$f_i(\phi) \le 0 \quad \text{for } i \in \{1, \dots, m\} \tag{7.6.3}$$

$$\lambda_i f_i(\phi) = 0 \quad \text{for } i \in \{1, \dots, m\} \tag{7.6.4}$$

$$\lambda_i \ge 0 \quad \text{for } i \in \{1, \dots, m\} \tag{7.6.5}$$

で与えられる．

この条件をもとにして，3.7 節で示された制約つき問題に対する勾配法に沿って，抽象的最適設計問題（問題 7.3.1）の解法について考えよう．$k \in \{0, 1, 2, \dots\}$ に対して，試行点 ϕ_k は式 (7.3.1) で定義された許容集合 S の要素であると仮定する．この ϕ_k に対して有効な制約に対する添え字の集合を

$$I_{\mathrm{A}}(\phi_k) = \{i \in \{1, \dots, m\} \mid f_i(\phi_k) \ge 0\} = \{i_1, \dots, i_{|I_{\mathrm{A}}|}\} \tag{7.6.6}$$

とかくことにする．混乱がないときは $I_{\mathrm{A}}(\phi_k)$ を I_{A} とかく．また，探索ベク

トルの大きさ（ステップサイズ）は正の定数 c_a の大きさで調整することにする．このとき，ϕ_k の近傍で評価関数に対する不等式制約を満たす探索ベクトル $\varphi_{gi} \in X$ を求める問題は次のように構成される．

問題 7.6.1（制約つき問題に対する勾配法）

問題 7.3.1 の試行点 $\phi_k \in S$ において，$f_0(\phi_k), f_{i_1}(\phi_k) = 0, \ldots, f_{i_{|I_A|}}(\phi_k) = 0$ および $g_0(\phi_k), g_{i_1}(\phi_k), \ldots, g_{i_{|I_A|}}(\phi_k) \in X'$ が与えられたとする．$a_X \colon X \times X \to \mathbb{R}$ を X 上の強圧的，有界かつ対称な双 1 次形式とする．また，c_a を正の定数とする．このとき，

$$q(\varphi_g) = \min_{\varphi \in X} \left\{ q(\varphi) = \frac{c_a}{2} a_X(\varphi, \varphi) + \langle g_0(\phi_k), \varphi \rangle \,\middle|\, f_i(\phi_k) + \langle g_i(\phi_k), \varphi \rangle \leq 0 \text{ for } i \in I_{\mathrm{A}}(\phi_k) \right\}$$

を満たす $\phi_{k+1} = \phi_k + \varphi_g$ を求めよ．

問題 3.7.1 と同様に，問題 7.6.1 は凸最適化問題である．そこで，KKT 条件を満たす φ_g は，問題 7.6.1 の最小点となる．このことに注目して問題 7.3.1 の解法を考えよう．以下の方法は 3.7 節で示された方法を抽象化したものである．

問題 7.6.1 の Lagrange 関数を

$$\mathscr{L}_{\mathrm{Q}}(\varphi_g, \boldsymbol{\lambda}) = q(\varphi_g) + \sum_{i \in I_{\mathrm{A}}(\phi_k)} \lambda_i (f_i(\phi_k) + \langle g_i(\phi_k), \varphi_g \rangle)$$

とおく．ここで，$\boldsymbol{\lambda} = (\lambda_1, \ldots, \lambda_m)^{\mathrm{T}} \in \mathbb{R}^m$ は不等式制約条件に対する Lagrange 乗数である．問題 7.6.1 の最小点 φ_g における KKT 条件は，任意の $\psi \in X$ に対して

$$c_a a_X(\varphi_g, \psi) + \langle g_0(\phi_k), \psi \rangle + \sum_{i \in I_{\mathrm{A}}(\phi_k)} \lambda_i \langle g_i(\phi_k), \psi \rangle = 0 \tag{7.6.7}$$

$$f_i(\phi_k) + \langle g_i(\phi_k), \varphi_g \rangle \leq 0 \quad \text{for } i \in I_{\mathrm{A}}(\phi_k) \tag{7.6.8}$$

$$\lambda_{k+1\,i}(f_i(\phi_k) + \langle g_i(\phi_k), \psi \rangle) = 0 \quad \text{for } i \in I_{\mathrm{A}}(\phi_k) \tag{7.6.9}$$

$$\lambda_{k+1\,i} \geq 0 \quad \text{for } i \in I_{\mathrm{A}}(\phi_k) \tag{7.6.10}$$

が成り立つことである．これらを満たす $(\varphi_g, \boldsymbol{\lambda}_{k+1}) \in X \times \mathbb{R}^{|I_{\mathrm{A}}|}$ は，次のよう

にして求められる．

$\varphi_{g0},\varphi_{i_1},\dots,\varphi_{i_{|I_\mathrm{A}|}}$ を抽象的勾配法（問題 7.5.1）の解とする．ただし，式 (7.5.2) を任意の $\psi\in X$ に対して

$$c_a a_X(\varphi_{gi},\psi)=-\langle g_i,\psi\rangle \tag{7.6.11}$$

に変更する．このとき，

$$\varphi_g=\varphi_g(\lambda_{k+1\,i})=\varphi_{g0}+\sum_{i\in I_\mathrm{A}(\phi_k)}\lambda_{k+1\,i}\varphi_{gi} \tag{7.6.12}$$

は，式 (7.6.7) を満たす．一方，式 (7.6.8) は，

$$\begin{pmatrix}\langle g_{i_1},\varphi_{gi_1}\rangle & \cdots & \langle g_{i_1},\varphi_{gi_{|I_\mathrm{A}|}}\rangle\\ \vdots & \ddots & \vdots\\ \langle g_{i_{|I_\mathrm{A}|}},\varphi_{gi_1}\rangle & \cdots & \langle g_{i_{|I_\mathrm{A}|}},\varphi_{gi_{|I_\mathrm{A}|}}\rangle\end{pmatrix}\begin{pmatrix}\lambda_{k+1\,i_1}\\ \vdots\\ \lambda_{k+1\,i_{|I_\mathrm{A}|}}\end{pmatrix}$$
$$=-\begin{pmatrix}f_{i_1}+\langle g_{i_1},\varphi_{g0}\rangle\\ \vdots\\ f_{i_{|I_\mathrm{A}|}}+\langle g_{i_{|I_\mathrm{A}|}},\varphi_{g0}\rangle\end{pmatrix}$$

となる．この式を

$$(\langle g_i,\varphi_{gj}\rangle)_{(i,j)\in I_\mathrm{A}^2}(\lambda_{k+1\,j})_{j\in I_\mathrm{A}}=-(f_i+\langle g_i,\varphi_{g0}\rangle)_{i\in I_\mathrm{A}} \tag{7.6.13}$$

とかく．$g_1,\dots,g_m$ が 1 次独立ならば，式 (7.6.13) は $\boldsymbol{\lambda}_{k+1}$ について可解となる．また，有効な制約関数 $f_{i_1},\dots,f_{i_{|I_\mathrm{A}|}}$ の値がすべて 0 であれば，$\varphi_{gi_1},\dots,\varphi_{gi_{|I_\mathrm{A}|}}$ のすべてに任意の実数をかけても成り立つことから，ステップサイズ $\|\varphi_g\|_X$ が適切に設定されていなくても，$\boldsymbol{\lambda}_{k+1}$ を求めることができることになる．

ここまでの定義を用いれば，3.7.1 項に示された簡単なアルゴリズム 3.7.2 を適用することができる．その際，次のように変更されるものとする．

(1) 設計変数 $\boldsymbol{x}$ とその変動 $\boldsymbol{y}$ をそれぞれ ϕ と φ におきかえる．

(2) 式 (3.7.10) を式 (7.6.11) におきかえる．

(3) 式 (3.7.11) を式 (7.6.12) におきかえる．

(4) 式 (3.7.12) を式 (7.6.13) におきかえる．

さらに，3.7.2 項に示されたパラメータ調整ありの複雑なアルゴリズム 3.7.6

を考える場合には，さらに次のことを考慮する必要がある．

(i) ステップサイズの初期値 ϵ_g を与えて，$\|\varphi_g\| = \epsilon_g$ となるように c_a を決定する機能

(ii) 設計変数が ϕ_{k+1} に更新されたとき，$i \in I_{\mathrm{A}}(\phi_{k+1})$ に対して，$|f_i(\phi_{k+1})| \leq \epsilon_i$ と $\lambda_{k+1\,i} > 0$ が満たされるように $\boldsymbol{\lambda}_{k+1} = (\lambda_{k+1\,i})_{i \in I_{\mathrm{A}}(\phi_{k+1})}$ を修正する機能

(iii) 目的関数 f_0 の収束判定値 ϵ_0 に対して，制約関数 $f_1, \ldots, f_m$ の許容値 $\epsilon_1, \ldots, \epsilon_m$ を適切化する機能

(iv) 大域的収束性が保証されるようにステップサイズ $\|\varphi_g\|$ を調整する機能

上記 (i) は，$\boldsymbol{y}$ を φ におきかえれば 3.7.2 項で示された内容がそのまま成り立つことになる．

上記 (ii) についても同様である．すなわち，Newton–Raphson 法による $\boldsymbol{\lambda}_{k+1}$ の更新式 (3.7.21) を

$$(\delta\lambda_j)_{j \in I_{\mathrm{A}}} = -(\langle g_i(\boldsymbol{\lambda}_{k+1\,l}), \varphi_{gj}(\boldsymbol{\lambda}_{k+1\,l})\rangle)^{-1}_{(i,j) \in I_{\mathrm{A}}^2} (f_i(\boldsymbol{\lambda}_{k+1\,l}))_{i \in I_{\mathrm{A}}} \tag{7.6.14}$$

におきかえることで，アルゴリズム 3.7.6 をそのまま使えることになる．

また，上記 (iii) についても，式 (3.7.25) が満たされるように ϵ_i をかきかえる処理はすでにアルゴリズム 3.7.6 の中に組み込まれている．

さらに，上記 (iv) については，次のようなおきかえによりアルゴリズム 3.7.6 をそのまま使えることになる．抽象的最適設計問題（問題 7.3.1）に対する Lagrange 関数は式 (7.6.1) の $\mathscr{L}(\phi, \boldsymbol{\lambda})$ で与えられる．このとき，**Armijo の規準**は，$\xi \in (0,1)$ に対して

$$\begin{aligned} &\mathscr{L}(\phi_k + \varphi_g, \boldsymbol{\lambda}_{k+1}) - \mathscr{L}(\phi_k, \boldsymbol{\lambda}_k) \\ &\quad \leq \xi \left\langle g_0(\phi_k) + \sum_{i \in I_{\mathrm{A}}(\phi_k)} \lambda_{ki} g_i(\phi_k), \varphi_g \right\rangle \end{aligned} \tag{7.6.15}$$

となる．**Wolfe の規準**は，μ $(0 < \xi < \mu < 1)$ に対して

$$\mu\left\langle g_0(\phi_k) + \sum_{i\in I_{\mathrm{A}}(\phi_k)} \lambda_{ki} g_i(\phi_k), \varphi_g \right\rangle$$
$$\leq \left\langle g_0(\phi_k + \varphi_g) + \sum_{i\in I_{\mathrm{A}}(\phi_{k+1})} \lambda_{k+1\,i} g_i(\phi_k + \varphi_g), \varphi_g \right\rangle \quad (7.6.16)$$

で与えられる．

これらのおきかえを用いれば，抽象的最適設計問題（問題 7.3.1）に対してアルゴリズム 3.7.6 を適用することができる．その際，上記 (1) から (4) に加えて，次のように変更されるものとする．

(5) Armijo の規準式 (3.7.26) を式 (7.6.15) におきかえる．

(6) Wolfe の規準式 (3.7.27) を式 (7.6.16) におきかえる．

(7) Newton–Raphson 法による $\boldsymbol{\lambda}$ の更新式 (3.7.21) を式 (7.6.14) におきかえる．

このアルゴリズムがうまく機能するためには，注意 7.5.3 で指摘されたことが満たされている必要がある．それらが満たされない場合には，数値不安定現象などが現れる可能性がある．このような現象を防ぐためには，設計変数が更新されたあとに適切な処理を追加して，新しい設計変数が常に許容集合 $\mathcal{D}$ に入るようにする工夫が必要となる．

7.6.2 制約つき問題に対する Newton 法

評価関数の 2 階 Fréchet 微分が得られる場合には，制約つき問題に対する勾配法を制約つき問題に対する Newton 法に変更することができる．ここでは，抽象的 Newton 法（問題 7.5.4）を用いて，第 3 章の問題 3.8.1 を抽象化しよう．

問題 7.6.2（制約つき問題に対する Newton 法）

問題 7.3.1 の試行点 $\phi_k \in X$ において，Lagrange 乗数 $\boldsymbol{\lambda}_k \in \mathbb{R}^{|I_{\mathrm{A}}|}$ は式 (7.6.8) から式 (7.6.10)（ただし，$k+1$ を k とみなす）を満たすとする．また，$f_0(\phi_k), f_{i_1}(\phi_k) = 0, \dots, f_{i_{|I_{\mathrm{A}}|}}(\phi_k) = 0$ および $g_0(\phi_k), g_{i_1}(\phi_k), \dots, g_{i_{|I_{\mathrm{A}}|}}(\phi_k) \in X'$ と $h_0(\phi_k)$ と $h_0(\phi_k), h_{i_1}(\phi_k), \dots, h_{i_{|I_{\mathrm{A}}|}}(\phi_k) \in \mathcal{L}^2(X \times X; \mathbb{R})$ を既知として，

$$h_{\mathscr{L}}(\phi_k) = h_0(\phi_k) + \sum_{i \in I_{\mathrm{A}}(\phi_k)} \lambda_{ik} h_i(\phi_k) \tag{7.6.17}$$

とおく．また，$a_X \colon X \times X \to \mathbb{R}$ を $h_{\mathscr{L}}(\phi_k)$ の X 上における強圧性と有界性を補うための対称な双 1 次形式とする．このとき，

$$q(\varphi_g) = \min_{\varphi \in X} \left\{ q(\varphi) = \frac{1}{2}(h_{\mathscr{L}}(\phi_k)[\varphi, \varphi] + a_X(\varphi, \varphi)) + \langle g_0(\phi_k), \varphi \rangle \right.$$
$$\left. + f_0(\phi_k) \;\middle|\; f_i(\phi_k) + \langle g_i(\phi_k), \varphi \rangle \leq 0 \text{ for } i \in I_{\mathrm{A}}(\phi_k) \right\}$$

を満たす $\phi_{k+1} = \phi_k + \varphi_g$ を求めよ．

問題 7.6.2 は，2 次最適化問題に分類される．$h_{\mathscr{L}}(\phi_k)[\varphi, \varphi] + a_X(\varphi, \varphi)$ が X 上で強圧的，有界かつ対称な双 1 次形式のときは，問題 7.6.2 は凸最適化問題となる．一般にはそうとは限らない．しかし，次に示される KKT 条件を満たす φ_g は，問題 7.6.2 に対する最小点の候補となる．このことに注目して，3.8 節で示された内容にならって，問題 7.6.2 の解法を考えよう．

問題 7.6.2 の最小点 φ_g における KKT 条件が成り立つと仮定する．すなわち，任意の $\psi \in X$ に対して

$$h_{\mathscr{L}}(\phi_k)[\varphi, \psi] + a_X(\varphi, \psi) + \langle g_0(\phi_k), \psi \rangle + \sum_{i \in I_{\mathrm{A}}(\phi_k)} \lambda_{k+1\, i} \langle g_i(\phi_k), \psi \rangle$$
$$= 0 \tag{7.6.18}$$

$$f_i(\phi_{k+1}) = f_i(\phi_k) + \langle g_i(\phi_k), \varphi_g \rangle \leq 0 \quad \text{for } i \in I_{\mathrm{A}}(\phi_k) \tag{7.6.19}$$

$$\lambda_{k+1\, i}(f_i(\phi_k) + \langle g_i(\phi_k), \varphi_g \rangle) = 0 \quad \text{for } i \in I_{\mathrm{A}}(\phi_k) \tag{7.6.20}$$

$$\lambda_{k+1\, i} \geq 0 \quad \text{for } i \in I_{\mathrm{A}}(\phi_k) \tag{7.6.21}$$

が成り立つ．これらを満たす $(\varphi_g, \boldsymbol{\lambda}_{k+1}) \in X \times \mathbb{R}^{|I_{\mathrm{A}}|}$ は，次のようにして求められる．

制約つき問題に対する勾配法（7.6.1 項）では $\varphi_{g0}, \varphi_{i_1}, \ldots, \varphi_{i_{|I_{\mathrm{A}}|}}$ を抽象的勾配法の解とした．ここでは，それらを抽象的 Newton 法の解におきかえる．ただし，問題 7.5.4 を次のようにかきかえる．「問題 7.6.2 の既知関数が与えられたとき，任意の $\varphi \in X$ に対して

$$h_{\mathscr{L}}(\phi_k)[\varphi_{gi}, \varphi] + a_X(\varphi_{gi}, \varphi) = -\langle g_i(\phi_k), \varphi \rangle \tag{7.6.22}$$

を満たす $\varphi_{gi} \in X$ を求めよ．」

このとき，式 (7.6.12) で定義された φ_g は，式 (7.6.18) を満たす．一方，式 (7.6.19) は，式 (7.6.13) となる．そこで，式 (7.6.13) より $\boldsymbol{\lambda}_{k+1}$ を求めれば，式 (7.6.19) が成り立ち，問題 7.6.2 の最小点 φ_g における KKT 条件は満たされることになる．ただし，式 (7.6.20) と式 (7.6.21) は，**有効制約法**によりアルゴリズムの中で $I_{\mathrm{A}}(\phi_{k+1})$ を適切に選ぶことによって満たされる．

ここまでの定義を用いれば，3.8.1 項に示された簡単なアルゴリズム 3.8.3 を適用することができる．その際，次のように変更されるものとする．

(1) 設計変数 $\boldsymbol{x}$ とその変動 $\boldsymbol{y}$ をそれぞれ ϕ と φ におきかえる．

(2) 式 (3.7.9) を式 (7.6.22) におきかえる．

(3) 式 (3.7.11) を式 (7.6.12) におきかえる．

(4) 式 (3.7.12) を式 (7.6.13) におきかえる．

このように，制約つき問題に対する勾配法とこの Newton 法の違いは，抽象的勾配法の $a_X(\,\cdot\,,\,\cdot\,)$ が $h_i(\phi_k)[\,\cdot\,,\,\cdot\,] + a_X(\,\cdot\,,\,\cdot\,)$ におきかえられているだけである．しかし，この方法では，評価関数の 2 階微分が使われていることから，注意 3.5.4 であげられた Newton 法の性質が成り立つことが期待される．しかし，注意 3.8.2 で説明されたように，制約条件は 1 階微分までで近似されていることから，制約関数の非線形性が強い場合には，ステップサイズに注意する必要がある．

さらに，ステップサイズを調整する機能をはじめ，強圧性を確保する方法などに関しては，3.8.2 項で説明されたことがここでも有効である．

このような Newton 法が利用できるかは $h_i(\phi_k)[\,\cdot\,,\,\cdot\,]$ の計算が可能であるかによる．第 8 章と第 9 章でこれらの具体的な計算方法をみていくことにしよう．

7.7　第 7 章のまとめ

第 7 章では，第 8 章と第 9 章で示される偏微分方程式の境界値問題が定義された領域の位相や形状が設計対象にされた最適設計問題に共通するような抽象的な問題を構成して，その解法についてみてきた．要点は以下のようである．

(1) 設計変数と状態変数の線形空間には実 Hilbert 空間が選ばれる (7.1 節)．

その理由は，抽象的勾配法は Hilbert 空間上で定義されるためである．

(2) 抽象的変分問題を状態決定問題にして（7.2 節），設計変数と状態変数（状態決定問題の解）の汎関数によって評価関数が定義された抽象的最適設計問題が定義される（7.3 節）．

(3) 抽象的最適設計問題に対して，評価関数の微分は，随伴変数法（7.4.1 項）あるいは Lagrange 乗数法（7.4.2 項）によって求められる．また，評価関数の 2 階微分は，Lagrange 関数の 2 階微分に，状態決定問題の等式制約が満たされたもとでの状態決定問題の解の微分を代入することによって求められる（7.4.3 項）．

(4) 抽象的勾配法は実 Hilbert 空間上で定義される（7.5.1 項）．抽象的勾配法による解の一意存在は Lax–Milgram の定理によって示される．また，その解は評価関数の降下方向を向いている（定理 7.5.2）．さらに，抽象的 Newton 法は，抽象的勾配法の双 1 次形式が評価関数の 2 階微分とその強圧性と有界性を補う双 1 次形式の和におきかえられた方法として定義される（7.5.2 項）．

(5) 抽象的最適設計問題の解法は，第 3 章で示された制約つき問題に対する勾配法と制約つき問題に対する Newton 法と同じ枠組みで構成される（7.6.1 項と 7.6.2 項）．

この章の最後に，参考になった文献をいくつかをあげておこう．関数空間上の Lagrange 乗数法に関しては文献 [76] の第 5 章が参考になった．関数空間上の勾配法に関しては文献 [33] と文献 [127] の 4.4 節が参考になった．

7.8 第 7 章の演習問題

7.1 第 2 章では，有限次元ベクトル空間 $X = \mathbb{R}^d$ 上の最適化問題（問題 2.1.3）に対する解の存在は Weierstrass の定理（定理 2.3.2）によって示された．この定理を関数空間 X 上の最適化問題（問題 7.3.1）に対して適用しようとしたとき，X と評価関数 $f_0, f_1, \ldots, f_m$ にどのような条件を課せば，最小点の存在がいえるかについて考察せよ．

第8章 密度変動型の位相最適化問題

本章からはいよいよ連続体の形状最適化問題について考えていきたい．まずは，偏微分方程式の境界値問題が定義された領域の最適な穴配置を求める問題を考えてみよう．その問題は，位相最適化問題とよばれてきた．ここで，位相とは，位相幾何学において使われる用語で，ある領域から連続写像によって得られるすべての領域は同じ要素（同相）であるとみなす規準をいう．したがって，n を自然数として，それぞれの n に対する n 連結領域が区別する要素になる．位相最適化問題では，穴の数が変化するという意味で位相最適化という用語が使われてきた．しかし，のちに詳しく説明されるように，実際には穴の形状も求める対象となる．そこで，この章で扱われる問題も，広い意味においては形状最適化問題に含まれることになる．本書では，位相も設計対象にするという意味において位相最適化問題とよぶことにする．

位相最適化問題に対して，これまでさまざまな問題の構成法と数値解法が提案されてきた．設計対象とする固定領域を設けて，その上で定義された領域の**特性関数**（穴の領域で 0 をとり，穴ではない領域で 1 をとる L^∞ 級の関数）を設計変数に選ぶ方法が検討された．その問題では，偏微分方程式の係数にその特性関数を乗じた境界値問題で状態決定問題が定義され，評価関数は特性関数と境界値問題の解で構成された．しかし，その問題はいつも解があるとは限らないことが示された[116]．その根本的な原因は，L^∞ 級の関数は，領域のほとんど至るところで値をとることはできるが，境界のトレースがとれないことにあると考えられる．その後，ミクロな構造をもつ連続体の問題を記述する方法（均質化法）を形状最適化問題に応用するアイディアが示された[6, 97–100, 105, 106]．特に，$d \in \{2,3\}$ 次元線形弾性体に対して，図 8.0.1 のような互いに直交する d 種類のミクロな層で構成された材料は，**ランク d 材料**とよばれ，均質化された

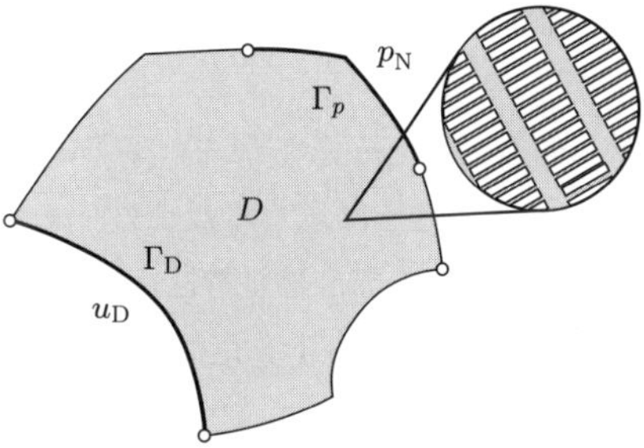

図 8.0.1 ランク 2 材料

材料定数が解析的に得られることから，さかんに調べられた[23, 25, 96, 120]．その結果，均一な応力場であれば，主応力の方向にそれらの大きさに比例するように層の密度が配分されたときに，体積が制限されたもとで平均コンプライアンスが最小となることが示された[96]．しかし，マクロな穴が認識されるような結果は得られなかった．また，ランク d 材料はせん断変形に対する剛性がないことから力学構造としては実用的ではないことも問題とされた．

穴が創生されることが確認されたのは，図 8.0.2 のようなミクロなセル Y の中に長方形の穴をもつ連続体が仮定されたときであった[24, 44, 107, 147]．その問題は，図 8.0.2 の $(a_1, a_2, \theta)^{\mathrm{T}}: D \to \mathbb{R}^3$ を設計変数においた関数最適化問題として構成された．この問題の数値解は，最適性の規準が満たされるような反復法によって得られることが示された[147]．その数値解が得られたならば，ミクロセルに対する穴の割合を密度と定義して，適当な閾値による密度の等値面により具体的な穴形状が決定されることになる．

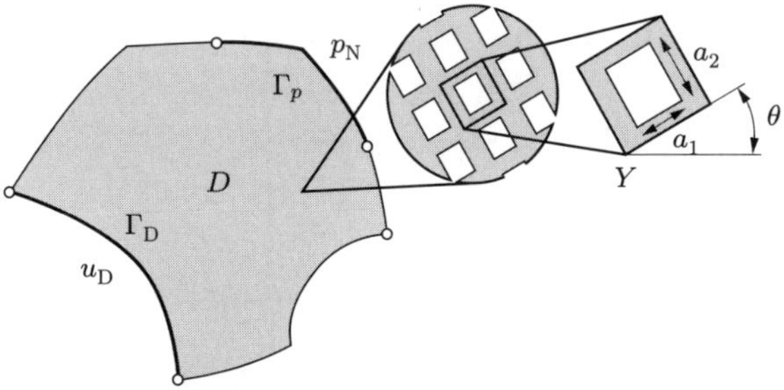

図 8.0.2 ミクロな長方形の穴をもつ 2 次元連続体

その後，ミクロ構造を仮定しなくても，固定された有界領域 D 上で定義された密度を表す関数 $\phi\colon D \to [0,1]$ を設計変数においても，ミクロな長方形穴の場合と同様の位相が得られることが示された（実際には，$\phi \to 0$ のときに起こる状態決定問題の解の不連続性を回避するために，ある小定数 c を決めて，$\phi\colon D \to [c,1]$ と仮定された）．その際，材料特性（偏微分方程式の係数）k は，本来の材料定数を k_0 としたとき，$\alpha > 1$ を定数として，

$$k(\phi) = k_0 \phi^{\alpha}$$

によって与えられると仮定された．図 8.0.3 はそのときの位相最適化問題のイメージを示す．図 8.0.3 (a) は，状態決定問題（境界値問題）の例を示している．図 8.0.3 (b) は，密度 ϕ と材料特性 k の関係を示している．設計変数である密度 ϕ（D 上で定義された関数）が変動すれば，材料特性 $k(\phi)$（D 上で定義された関数）は，図 8.0.3 (b) の関数を介して変動し，それにより図 8.0.3 (a) の境界値問題の解が変動することになる．このように定義された位相最適化問題は**密度型位相最適化問題**とよばれた．また，この問題は，**SIMP** (solid isotropic material with penalization) モデルともよばれた[131]．その理由は，中間の密度 ($\phi = 0.5$) に対して，図 8.0.4 (a) のような均質な材料を仮定すれば，材料特性 k は 0.5^{α} となるが，図 8.0.4 (b) のように，$\phi = 0$ と $\phi = 1$ に分離すれば，k は 0.5 となり，$0.5^{\alpha} < 0.5$ より，均質な材料よりも $\phi = 0$ と $\phi = 1$ に分離された材料のほうが大きな材料特性値をもつようなペナルティが与えられたモデルになっているためである．

このような密度型位相最適化問題に対して，評価関数の Fréchet 微分は，あ

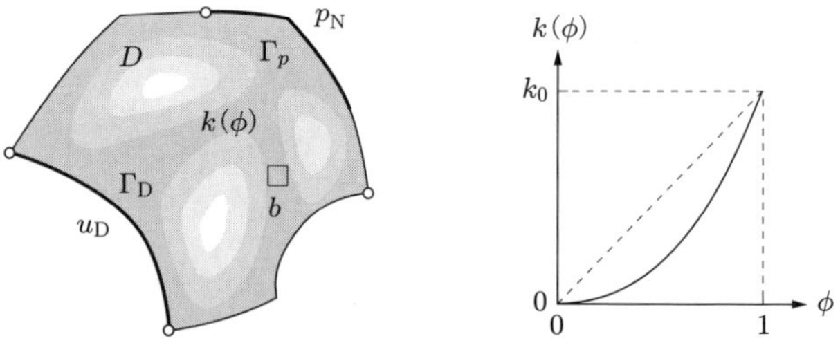

（a）境界値問題　（b）密度 ϕ と材料特性 $k(\phi)$

図 8.0.3 SIMP モデル

$\phi = 0.5$

（a）均質な材料

$\phi = 0$　$\phi = 1$

（b）0 と 1 に分離された材料

図 8.0.4　密度が 0.5 のときのマクロな材料特性値

とで示されるような評価式を用いて有限要素法によって計算される．しかしながら，有限要素ごとに一定の密度を仮定して，Fréchet 微分の負の方向に変化させていくと，密度がチェッカーボード状に振動するパターンが現れることが指摘されてきた[45]．図 8.0.5 (a) は 2 次元線形弾性体の平均コンプライアンス最小化問題（問題 8.8.3）に対する数値解析の結果を示す．状態決定問題では，左端が固定されたもとで，右端中央に下向きの外力が作用している．黒色と白色の要素はそれぞれ ϕ が 1 と 0 に近いことを示している．これまで，このような現象が現れたときには，フィルタリングなどの後処理を施すことで回避できるとされてきた[143]．また，ミクロ構造パラメータの分布を連続な基底関数で近似する方法も示されている[108]．しかし，アイランド現象などとよばれる別の問題が発生することが指摘されている[130]．

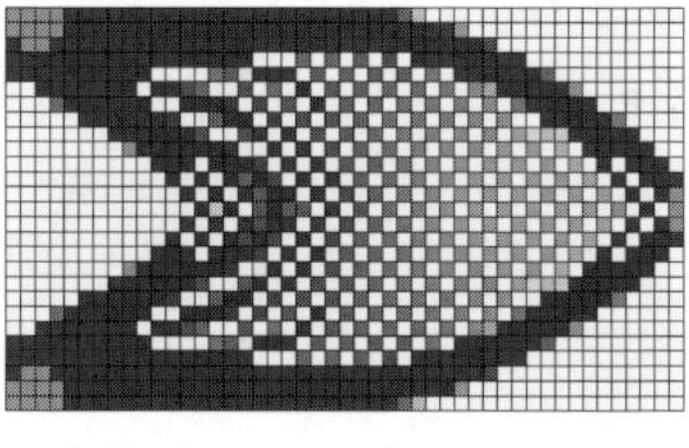

（a）チェッカーボードパターン

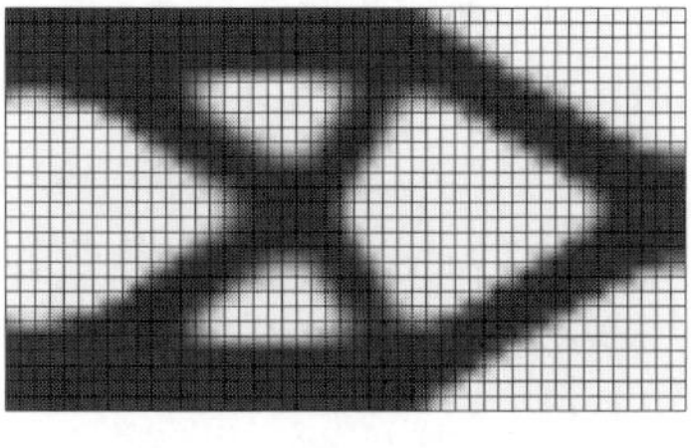

（b）H^1 勾配法による最適密度

図 8.0.5　線形弾性体の密度型位相最適化問題に対する数値解析例（株式会社くいんと 提供）

それに対して，本章では，第 7 章に示された抽象的最適設計問題の枠組みに沿って密度型位相最適化問題の数値解法を考えていくことにする．ただし，本章では，のちに示される理由により，密度を，直接，設計変数に選ぶのではなく，新たに D 上で定義された関数 θ を設計変数に選ぶことにする．そこで，そのときの密度型位相最適化問題を θ **型位相最適化問題**とよぶことにする．本章で示される理論の枠組みは文献 [10] の中で簡潔に示されている．図 8.0.5 (b) は，8.6 節で示されるアルゴリズムによって得られた結果である．チェッカーボードのような数値不安定現象が発生していないようすがみてとれる．

本章の構成は次のようになっている．8.1 節では，連続体の位相最適化問題を構成するために設計変数 θ の許容集合を定義する．8.2 節では，設計変数が与えられたと仮定して，状態決定問題として θ 型 Poisson 問題を定義する．設計変数と状態決定問題の解（状態変数）を用いて，θ 型位相最適化問題を 8.3 節で定義する．ここでは，一般的な評価関数を用いることにする．8.4 節では，設計変数 θ の変動に対する評価関数の Fréchet 微分を θ 微分とよぶことにして，7.4 節で示された評価関数の Fréchet 微分の求め方に沿って，評価関数の θ 微分と 2 階 θ 微分を求める過程を示す．その結果，状態決定問題の設定によっては，評価関数の θ 微分は設計変数の許容集合に入るような正則性がないことが明らかとなる．8.5 節では，抽象的勾配法と抽象的 Newton 法を θ 型位相最適化問題に対して具体化する．それらの方法で求められる θ の変動は，設計変数の許容集合に入るような正則性をもつことが明らかになる．8.6 節では，θ 型位相最適化問題を解くためのアルゴリズムについて考える．しかし，基本的な構造は，3.7 節で示されたアルゴリズムと同じになる．このアルゴリズムにより数値解析をおこなったときの誤差評価について 8.7 節で考える．そこでは，6.6 節で示された数値解析における誤差評価の結果が使われることになる．Poisson 問題に対する θ 型位相最適化問題の解法までを確認したあとで，8.8 節と 8.9 節で，それぞれ，線形弾性体の平均コンプライアンス最小化問題と Stokes 流れ場の損失エネルギー最小化問題を θ 型位相最適化問題として定義し，それらの評価関数の θ 微分を求める過程をみてみることにする．また，簡単な問題に対する数値例も示す．

8.1 設計変数の集合

まず，連続体の位相最適化問題を構成するために設計変数の集合を定義しよう．本章では，図 8.0.3 (a) のように，D を $d \in \{2,3\}$ 次元の Lipschitz 領域とする．$\Gamma_{\mathrm{D}} \subset \partial D$ を Dirichlet 境界として $|\Gamma_{\mathrm{D}}| \neq 0$ とする．$\Gamma_{\mathrm{N}} \subset \partial D \setminus \partial\bar{\Gamma}_{\mathrm{D}}$ を Neumann 境界とする．

これまでの研究では，密度 ϕ の値域は $[0,1]$ に制限されていた．このような値域が制限された関数の集合は線形空間にはなれない．そこで，本書では，$\theta\colon D \to \mathbb{R}$ を新たに設計変数とおき，密度は θ に対するシグモイド関数 $\phi \in C^{\infty}(\mathbb{R};\mathbb{R})$ によって与えられると仮定する．**シグモイド関数**にはいくつかの関数が知られている．ここでは，

$$\phi(\theta) = \frac{1}{\pi}\tan^{-1}\theta + \frac{1}{2} \tag{8.1.1}$$

あるいは

$$\phi(\theta) = \frac{1}{2}\tanh\theta + \frac{1}{2} \tag{8.1.2}$$

を用いることにする．図 8.1.1 にこれらのグラフを示す．ここで，$\phi\colon \mathbb{R} \to \mathbb{R}$ は θ の値が与えられたときに $(0,1)$ を返す関数であって，D を定義域とする関数ではないことに注意する必要がある．しかし，θ が D を定義域とする関数であるために，$\phi(\theta)$ は D を定義域とする関数になる．

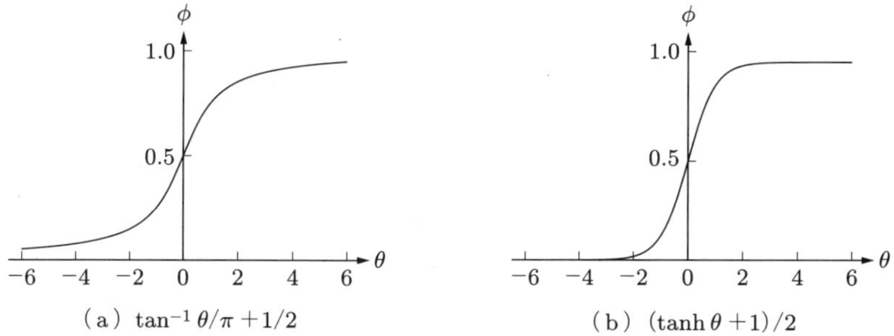

図 8.1.1 設計変数 θ を密度 $\phi(\theta)$ に変換するシグモイド関数

このような設計変数 θ に対して，抽象的最適設計問題（問題 7.3.1）の枠組みに沿って，**設計変数の線形空間**を定義しよう．7.1 節でみてきたように，勾配法を用いることを考えると，設計変数の線形空間は実 Hilbert 空間である必要がある．そこで，θ のための設計変数の線形空間を

$$X = \{\theta \in H^1(D;\mathbb{R}) \mid \theta = 0 \text{ in } \bar{\Omega}_{\mathrm{C}}\} \tag{8.1.3}$$

とおく．ただし，$\bar{\Omega}_{\mathrm{C}} \subset \bar{D}$ を設計上の制約で θ の変動を拘束する境界あるいは

領域とする．$\theta_{\mathrm{C}}\colon D \to \mathbb{R}$ を指定された関数として，$\bar{\Omega}_{\mathrm{C}}$ 上で $\theta = \theta_{\mathrm{C}}$ が成り立つことを仮定するときには，$\tilde{\theta} = \theta - \theta_{\mathrm{C}}$ が X の要素であると仮定する．特に $\bar{\Omega}_{\mathrm{C}}$ を必要としない場合には，$\theta \in X = H^1(D;\mathbb{R})$ を仮定する．

さらに，θ の等値面から Lipschitz 連続な境界が判定できるようにするためには，**設計変数の許容集合**を

$$\mathcal{D} = X \cap W^{1,\infty}(D;\mathbb{R}) \tag{8.1.4}$$

とおく必要がある．

8.2 状態決定問題

設計変数の線形空間 X と設計変数の許容集合 $\mathcal{D}$ が定義されたので，次に状態決定問題となる偏微分方程式の境界値問題を定義しよう．ここでは，簡単のために，Poisson 問題を考えることにする．

第 5 章で Poisson 問題（問題 5.1.1）が定義された．ここでは，θ を設計変数においたときの Poisson 問題を θ 型 Poisson 問題とよんで，抽象的最適設計問題（問題 7.3.1）の枠組みに沿ってその定義を示すことにする．

θ 型 Poisson 問題に対する同次形の解（Dirichlet 条件を与える既知関数 u_{D} に対して，$\tilde{u} = u - u_{\mathrm{D}}$ で与えられる）が入る**状態変数の線形空間**（実 Hilbert 空間）を

$$U = \{u \in H^1(D;\mathbb{R}) \mid u = 0 \text{ on } \Gamma_{\mathrm{D}}\} \tag{8.2.1}$$

とおく．さらに，のちに示される勾配法によって得られる θ の変動が式 (8.1.4) の $\mathcal{D}$ に入るようにするために，状態決定問題に対する同次形の解 $\tilde{u}$ が入る**状態変数の許容集合**を

$$\mathcal{S} = U \cap W^{1,2q_{\mathrm{R}}}(D;\mathbb{R}) \tag{8.2.2}$$

とおく．ただし，q_{R} を $q_{\mathrm{R}} > d$ を満たす整数とする．

状態決定問題に対する同次形の解 $\tilde{u}$ が $\mathcal{S}$ に入るためには，5.3 節でみてきた結果より，既知関数の正則性について次の仮定をおく．

■仮定 8.2.1（既知関数の正則性） $q_{\mathrm{R}} > d$ に対して

$$b \in C^1(\mathcal{D}; L^{2q_{\mathrm{R}}}(D;\mathbb{R})), \quad p_{\mathrm{N}} \in W^{1,2q_{\mathrm{R}}}(D;\mathbb{R}), \quad u_{\mathrm{D}} \in W^{1,2q_{\mathrm{R}}}(D;\mathbb{R})$$

であると仮定する．

また，境界の正則性について次の仮定を設ける．

■仮定 8.2.2（角点の開き角） D が 2 次元領域の場合には境界上の角点に関して，開き角 β が，Dirichlet 境界と Neumann 境界の

(1) 同一種境界上にあるとき，$\beta < 2\pi$,

(2) 混合境界上にあるとき，$\beta < \pi$

が満たされると仮定する．また，D が 3 次元領域の場合には，境界上の角線は滑らかで，それに垂直な面における境界上の角点で上記の関係が成り立つと仮定する．なお，角線の交点や錐面の頂点などは，本書の枠を超えることから，そのような特異点はないと仮定する．

仮定 8.2.1 と仮定 8.2.2 が成り立てば u が $W^{1,2q_{\mathrm{R}}}(D;\mathbb{R})$ に入ることは，次のようにして確かめられる．既知関数に対して仮定 8.2.1 が成り立てば，5.3.1 項でみたように角点近傍を除いて $W^{1,2q_{\mathrm{R}}}(D;\mathbb{R})$ に入る．さらに，命題 5.3.1 より，

$$\omega > 1 - \frac{2}{2q_{\mathrm{R}}} \tag{8.2.3}$$

が成り立てば，u は $W^{1,2q_{\mathrm{R}}}$ 級に入ることになる．ここで，Dirichlet 境界と Neumann 境界の同一種境界上にある角点近傍では，$\omega = \pi/\beta$ となることから，仮定 8.2.2 の (1) の条件が得られることになる．また，混合境界上の角点では，$\omega = \pi/(2\beta)$ となることから，仮定 8.2.2 の (2) の条件が得られることになる．

以上の仮定を用いて，**状態決定問題**を定義しよう．簡単のために，図 8.2.1 のような Poisson 問題を考えることにする．ここでも，$\boldsymbol{\nu}\cdot\boldsymbol{\nabla}$ を ∂_ν とかくことにする．

問題 8.2.3（θ 型 Poisson 問題）

$\theta \in \mathcal{D}$ に対して，仮定 8.2.1 と仮定 8.2.2 が満たされているとする．$\alpha > 1$ を定数，$\phi(\theta)$ を式 (8.1.1) あるいは式 (8.1.2) で与えられた関数とする．このとき，

$$-\boldsymbol{\nabla}\cdot(\phi^{\alpha}(\theta)\boldsymbol{\nabla}u)=b(\theta)\quad\text{in } D$$

$$\phi^{\alpha}(\theta)\partial_{\nu}u=p_{\mathrm{N}}\quad\text{on } \Gamma_{\mathrm{N}}$$

$$u=u_{\mathrm{D}}\quad\text{on } \Gamma_{\mathrm{D}}$$

を満たす $u\colon D\to\mathbb{R}$ を求めよ．

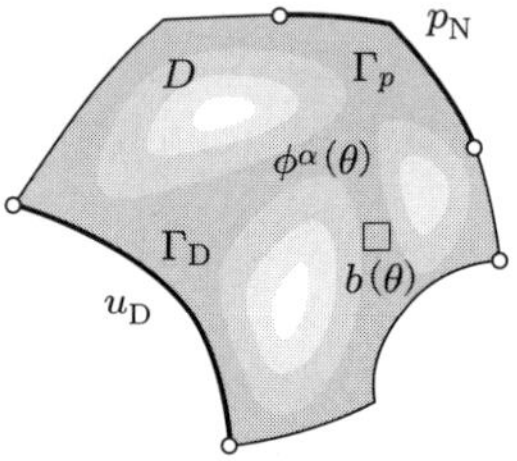

図 8.2.1　θ 型 Poisson 問題

問題 8.2.3 の弱解の一意存在は Lax–Milgram の定理（定理 5.2.4）によって $\tilde{u}=u-u_{\mathrm{D}}\in U$ に対して保証される．これ以降，$\tilde{u}$ を $u-u_{\mathrm{D}}$ の意味で用いることにする．また，仮定 8.2.1 と仮定 8.2.2 が満たされていれば，$u-u_{\mathrm{D}}\in\mathcal{S}$ が保証される．

のちのために，問題 8.2.3 に対する Lagrange 関数を

$$\begin{aligned}\mathscr{L}_{\mathrm{S}}(\theta,u,v)&\\&=\int_{D}(-\phi^{\alpha}(\theta)\boldsymbol{\nabla}u\cdot\boldsymbol{\nabla}v+b(\theta)v)\,\mathrm{d}x\\&\quad+\int_{\Gamma_{\mathrm{N}}}p_{\mathrm{N}}v\,\mathrm{d}\gamma+\int_{\Gamma_{\mathrm{D}}}\{(u-u_{\mathrm{D}})\phi^{\alpha}(\theta)\partial_{\nu}v+v\phi^{\alpha}(\theta)\partial_{\nu}u\}\,\mathrm{d}\gamma\end{aligned}\tag{8.2.4}$$

と定義しておく．ただし，$v\in U$ は Lagrange 乗数として導入された．式 (8.2.4) において，右辺第 3 項は，第 5 章において Poisson 問題の弱形式を求める際に，$u-u_{\mathrm{D}}$，$v\in U$ によって，消去された項である．実際，この項がなくなったことにより，u と v が H^1 級の関数とみなることができた（Γ_{D} 上で $\partial_{\nu}v$ が意味をもつためには v は H^2 級の関数である必要がある）．しかし，ここでは，その項を残しておくことにする．その理由は，のちに評価関数 f_i に対する Lagrange 関数を定義する際に，f_i に Γ_{D} 上の境界積分が含まれるときに，この項がある

ことによって，随伴変換の境界条件がみえてくるためである．u が問題 8.2.3 の解のとき，任意の $v \in U$ に対して，

$$\mathscr{L}_{\mathrm{S}}(\theta, u, v) = 0$$

が成り立つ．この式は問題 8.2.3 の弱形式と同値である．

8.3 θ 型位相最適化問題

設計変数 θ と状態決定問題の解（状態変数）u が定義されたので，それらを用いて θ 型位相最適化問題を定義しよう．ここでは一般的な評価関数を考えることにする．u を $\theta \in \mathcal{D}$ に対する状態決定問題（問題 8.2.3）の解として，$i \in \{0, 1, \ldots, m\}$ に対して，評価関数を

$$f_i(\theta, u) = \int_D \zeta_i(\theta, u, \boldsymbol{\nabla} u)\,\mathrm{d}x + \int_{\Gamma_{\mathrm{N}}} \eta_{\mathrm{N}i}(u)\,\mathrm{d}\gamma - \int_{\Gamma_{\mathrm{D}}} v_{\mathrm{D}i} \partial_\nu u\,\mathrm{d}\gamma - c_i \tag{8.3.1}$$

とおく．ただし，c_i は定数で，すべての $i \in \{1, \ldots, m\}$ に対して $f_i \le 0$ を満たすある $(\theta, \tilde{u}) \in \mathcal{D} \times \mathcal{S}$ が存在する（Slater 制約想定が満たされる）ように定められているとする．また，ζ_i，$\eta_{\mathrm{N}i}$ および $v_{\mathrm{D}i}$ は次のように与えられていると仮定する．

■仮定 8.3.1（評価関数の正則性） $i \in \{0, 1, \ldots, m\}$ に対して，式 (8.3.1) の評価関数 f_i では，

$$\zeta_i \in C^1(\mathcal{D} \times \mathcal{S} \times \mathcal{G}; L^1(D; \mathbb{R})), \quad \zeta_{i\theta} \in C^0(\mathcal{D} \times \mathcal{S} \times \mathcal{G}; L^{q_{\mathrm{R}}}(D; \mathbb{R}))$$
$$\zeta_{iu} \in C^0(\mathcal{D} \times \mathcal{S} \times \mathcal{G}; L^{2q_{\mathrm{R}}}(D; \mathbb{R}))$$
$$\zeta_{i\boldsymbol{\nabla} u} \in C^0(\mathcal{D} \times \mathcal{S} \times \mathcal{G}; W^{1,2q_{\mathrm{R}}}(D; \mathbb{R}))$$
$$\eta_{\mathrm{N}i} \in C^1(\mathcal{S}; W^{1,2q_{\mathrm{R}}}(\Gamma_{\mathrm{N}}; \mathbb{R})), \quad \eta'_{\mathrm{N}i} \in C^0(\mathcal{S}; W^{1,2q_{\mathrm{R}}}(\Gamma_{\mathrm{N}}; \mathbb{R}))$$
$$v_{\mathrm{D}i} \in W^{1,2q_{\mathrm{R}}}(D; \mathbb{R})$$

であると仮定する．ただし，

$$\mathcal{G} = \{\boldsymbol{\nabla} u \in L^{2q_{\mathrm{R}}}(D; \mathbb{R}) \mid u - u_{\mathrm{D}} \in \mathcal{S}\}$$

とする．

なお，$u - u_{\mathrm{D}} \in \mathcal{S}$ のとき，式 (8.3.1) 右辺第 3 項の $\partial_\nu u$ は定義されない．しかし，この項は，あとで示される f_i に対する随伴問題（問題 8.4.1）の Dirichlet 条件によって消去されることを予告しておく．

式 (8.3.1) の評価関数 $f_0, f_1, \ldots, f_m$ を用いて，抽象的最適設計問題（問題 7.3.1）の枠組みに沿って，**θ 型位相最適化問題**を次のように定義する．

問題 8.3.2（θ 型位相最適化問題）

$\mathcal{D}$ と $\mathcal{S}$ をそれぞれ式 (8.1.4) と式 (8.2.2) とおく．$f_0, \ldots, f_m \colon \mathcal{D} \times \mathcal{S} \to \mathbb{R}$ は式 (8.3.1) で与えられているとする．このとき，

$$\min_{\theta \in \mathcal{D}} \{ f_0(\theta, u) \mid f_1(\theta, u) \le 0, \ldots, f_m(\theta, u) \le 0,\ u - u_{\mathrm{D}} \in \mathcal{S},\ \text{問題 8.2.3} \}$$

を満たす θ を求めよ．

第 7 章の抽象的最適設計問題に対する Lagrange 関数の定義（式 (7.3.2)）にならって，問題 8.3.2 に対する Lagrange 関数を

$$\begin{aligned} &\mathscr{L}(\theta, u, v_0, v_1, \ldots, v_m, \lambda_1, \ldots, \lambda_m) \\ &\quad = \mathscr{L}_0(\theta, u, v_0) + \sum_{i \in \{1, \ldots, m\}} \lambda_i \mathscr{L}_i(\theta, u, v_i) \end{aligned} \tag{8.3.2}$$

とおく．ただし，$\boldsymbol{\lambda} = \{\lambda_1, \ldots, \lambda_m\}^{\mathrm{T}} \in \mathbb{R}^m$ は $f_1 \le 0, \ldots, f_m \le 0$ に対する Lagrange 乗数である．また，

$$\begin{aligned} \mathscr{L}_i(\theta, u, v_i) &= f_i(\theta, u) + \mathscr{L}_{\mathrm{S}}(\theta, u, v_i) \\ &= \int_D (\zeta_i(\theta, u, \boldsymbol{\nabla} u) - \phi^\alpha(\theta) \boldsymbol{\nabla} u \cdot \boldsymbol{\nabla} v_i + b(\theta) v_i) \,\mathrm{d}x \\ &\quad + \int_{\Gamma_{\mathrm{N}}} (\eta_{\mathrm{N}i}(u) + p_{\mathrm{N}} v_i) \,\mathrm{d}\gamma \\ &\quad + \int_{\Gamma_{\mathrm{D}}} \phi^\alpha(\theta) \{(u - u_{\mathrm{D}}) \partial_\nu v_i + (v_i - v_{\mathrm{D}i}) \partial_\nu u\} \,\mathrm{d}\gamma - c_i \end{aligned} \tag{8.3.3}$$

は f_i に対する Lagrange 関数である．ここで，$\mathscr{L}_{\mathrm{S}}$ は式 (8.2.4) で定義された問題 8.2.3 に対する Lagrange 関数である．また，v_i は f_i のために用意された

状態決定問題に対する Lagrange 乗数で，$v_i - v_{\mathrm{D}i} \in U$ を仮定する．さらに，θ 型位相最適化問題に対する解法までを考えたときに，$\tilde{v}_i = v_i - v_{\mathrm{D}_i}$ の許容集合（**随伴変数の許容集合**）は $\mathcal{S}$ の要素であることが必要となる．

8.4 評価関数の微分

設計変数 θ の変動に対する評価関数 f_i の Fréchet 微分を θ **微分**とよぶことにする．f_i の θ 微分を，7.4.2 項でみてきたような Lagrange 乗数法で求めてみよう．さらに，7.4.3 節でみてきたような方法で f_i の 2 階 θ 微分を求めてみよう．

8.4.1 評価関数の θ 微分

式 (8.3.3) で定義された f_i の Lagrange 関数 $\mathscr{L}_i$ に注目する．(θ, u, v_i) の任意変動 $(\vartheta, u', v_i') \in X \times U \times U$ に対する $\mathscr{L}_i$ の Fréchet 微分は

$$\begin{aligned}\mathscr{L}_i'(\theta, u, v_i)[\vartheta, u', v_i'] &= \mathscr{L}_{i\theta}(\theta, u, v_i)[\vartheta] + \mathscr{L}_{iu}(\theta, u, v_i)[u'] \\ &\quad + \mathscr{L}_{iv_i}(\theta, u, v_i)[v_i'] \end{aligned} \tag{8.4.1}$$

となる．式 (8.4.1) の右辺第 3 項は，

$$\mathscr{L}_{iv_i}(\theta, u, v_i)[v_i'] = \mathscr{L}_{\mathrm{S}v_i}(\theta, u, v_i)[v_i'] = \mathscr{L}_{\mathrm{S}}(\theta, u, v_i') \tag{8.4.2}$$

となる．式 (8.4.2) は状態決定問題（問題 8.2.3）の Lagrange 関数になっている．そこで，u が状態決定問題の弱解ならば，式 (8.4.1) の右辺第 3 項は 0 となる．

また，式 (8.4.1) の右辺第 2 項は，

$$\begin{aligned}\mathscr{L}_{iu}(\theta, u, v_i)[u'] &= \int_D (-\phi^\alpha(\theta)\boldsymbol{\nabla} v_i \cdot \boldsymbol{\nabla} u' + \zeta_{iu} u' + \zeta_{i\boldsymbol{\nabla} u} \cdot \boldsymbol{\nabla} u')\,\mathrm{d}x \\ &\quad + \int_{\Gamma_\mathrm{N}} \eta_{\mathrm{N}i}' u'\,\mathrm{d}\gamma \\ &\quad + \int_{\Gamma_\mathrm{D}} \{u'\phi^\alpha(\theta)\partial_\nu v + (v_i - v_{\mathrm{D}i})\phi^\alpha(\theta)\partial_\nu u'\}\,\mathrm{d}\gamma \end{aligned} \tag{8.4.3}$$

となる．ただし，$\zeta_{iu}(\theta, u, \boldsymbol{\nabla} u)[u']$，$\zeta_{i\boldsymbol{\nabla} u}(\theta, u, \boldsymbol{\nabla} u)[\boldsymbol{\nabla} u']$ および $\eta'_{\mathrm{N}i}(u)[u']$ をそれぞれ $\zeta_{iu} u'$，$\zeta_{i\boldsymbol{\nabla} u} \cdot \boldsymbol{\nabla} u'$ および $\eta'_{\mathrm{N}i} u'$ とかいた．ここで，式 (8.4.3) が 0 となるように v_i が決定されれば，式 (8.4.1) の右辺第 2 項は 0 となる．この関係は，次の f_i に対する随伴問題の弱形式になっている．そこで，v_i が問題 8.4.1 の弱解のときに式 (8.4.1) の右辺第 2 項は 0 となる．問題 8.4.1 の境界条件は図 8.4.1 のようになる．

問題 8.4.1（f_i に対する随伴問題）

$\theta \in \mathcal{D}$ に対して問題 8.2.3 の解 u が与えられたとき，

$$
\begin{aligned}
&-\boldsymbol{\nabla} \cdot (\phi^{\alpha}(\theta) \boldsymbol{\nabla} v_i) = \zeta_{iu}(\theta, u, \boldsymbol{\nabla} u) - \boldsymbol{\nabla} \cdot (\zeta_{i\boldsymbol{\nabla} u}(\theta, u, \boldsymbol{\nabla} u)) \quad \text{in } D \\
&\phi^{\alpha}(\theta) \partial_{\nu} v_i = \eta'_{\mathrm{N}i}(u) \quad \text{on } \Gamma_{\mathrm{N}} \\
&v_i = v_{\mathrm{D}i} \quad \text{on } \Gamma_{\mathrm{D}}
\end{aligned}
$$

を満たす $v_i \colon D \to \mathbb{R}$ を求めよ．

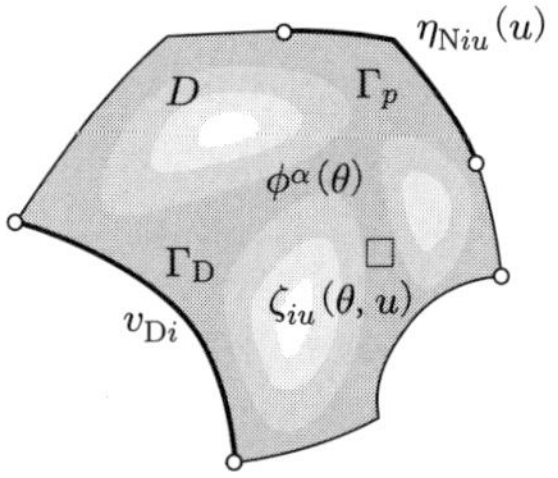

図 8.4.1　f_i に対する随伴問題

状態決定問題の解 u と同様に，仮定 8.3.1 と仮定 8.2.2 が満たされているとき，問題 8.4.1 の解 $\tilde{v}_i = v_i - v_{\mathrm{D}i}$ は $\mathcal{S}$ に入ることが保証される．

さらに，式 (8.4.1) の右辺第 1 項は，

$$
\mathscr{L}_{i\theta}(\theta, u, v_i)[\vartheta] = \int_D (\zeta_{i\theta} + b' v_i - \alpha \phi^{\alpha-1} \phi' \boldsymbol{\nabla} u \cdot \boldsymbol{\nabla} v_i) \vartheta \, \mathrm{d}x \quad (8.4.4)
$$

となる．

そこで，u と v_i はそれぞれ問題 8.2.3 と問題 8.4.1 の弱解であるとする．このときの $f_i(\theta, u)$ を $\tilde{f}_i(\theta)$ とかくことにすれば，

$$\tilde{f}_i'(\theta)[\vartheta] = \mathscr{L}_{i\theta}(\theta, u, v_i)[\vartheta] = \langle g_i, \vartheta \rangle \tag{8.4.5}$$

のようにかかれる．ここで，

$$g_i = \zeta_{i\theta} + b' v_i - \alpha\phi^{\alpha-1}\phi' \boldsymbol{\nabla} u \cdot \boldsymbol{\nabla} v_i \tag{8.4.6}$$

となる．$\phi(\theta)$ に式 (8.1.1) を用いたときには，

$$\phi'(\theta) = \frac{1}{\pi}\frac{1}{1+\theta^2} \tag{8.4.7}$$

となる．また，式 (8.1.2) を用いたときには，

$$\phi'(\theta) = \frac{1}{2}\operatorname{sech}^2\theta \tag{8.4.8}$$

となる．

以上のことから，f_i の θ 微分 g_i について次のような結果が得られる．

■定理 8.4.2（f_i の θ 微分） $\theta \in \mathcal{D}$ に対して，u と v_i を問題 8.2.3 と問題 8.4.1 の弱解とし，それらは式 (8.2.2) の $\mathcal{S}$ に入る（仮定 8.2.1, 8.2.2 および 8.3.1 が満たされる）とする．このとき，f_i の θ 微分は式 (8.4.5) となり，式 (8.4.6) の g_i は X' に入る．さらに，$g_i \in L^{q_\mathrm{R}}(D;\mathbb{R})$ となる．

▶証明 f_i の θ 微分が式 (8.4.5) の g_i となることは上でみてきたとおりである．g_i の正則性に関しては次のような結果が得られる．式 (8.4.5) に Hölder の不等式（定理 A.9.1）と Poincaré の不等式の系（系 A.9.4）を適用すれば，

$$\begin{aligned}
&|\langle g_i, \vartheta\rangle|_{L^1(D;\mathbb{R})} \\
&\quad \le \bigl(\|\zeta_{i\theta}\|_{L^{q_\mathrm{R}}(D;\mathbb{R})} + \|b'\|_{L^{2q_\mathrm{R}}(D;\mathbb{R})}\|v_i\|_{L^{2q_\mathrm{R}}(D;\mathbb{R})} \\
&\qquad + \|\alpha\phi^{\alpha-1}\phi'\|_{C^\infty(\mathbb{R};\mathbb{R})}\|\boldsymbol{\nabla} u\|_{L^{2q_\mathrm{R}}(D;\mathbb{R}^d)}\|\boldsymbol{\nabla} v_i\|_{L^{2q_\mathrm{R}}(D;\mathbb{R}^d)}\bigr)\|\vartheta\|_{L^2(D;\mathbb{R})} \\
&\quad \le \bigl(\|\zeta_{i\theta}\|_{L^{q_\mathrm{R}}(D;\mathbb{R})} + \|b'\|_{L^{2q_\mathrm{R}}(D;\mathbb{R})}\|v_i\|_{L^{2q_\mathrm{R}}(D;\mathbb{R})} \\
&\qquad + \|\alpha\phi^{\alpha-1}\phi'\|_{C^\infty(\mathbb{R};\mathbb{R})}\|u\|_{W^{1,2q_\mathrm{R}}(D;\mathbb{R})}\|v_i\|_{W^{1,2q_\mathrm{R}}(D;\mathbb{R})}\bigr)\|\vartheta\|_X
\end{aligned}$$

が得られる．上式右辺の ( ) は仮定によりすべて有界である．よって，g_i は X' に入る．また，( ) 内の各項はすべて $L^{q_\mathrm{R}}(D;\mathbb{R})$ に入ることから，$g_i \in L^{q_\mathrm{R}}(D;\mathbb{R})$ が得られる． □

定理 8.4.2 より，θ 型位相最適化問題の正則性について次のことがいえる．

♦**注意 8.4.3 (θ 型位相最適化問題の不正則性)**　定理 8.4.2 において，仮定 8.2.1，8.2.2 および 8.3.1 をより厳しくして，u と v_i が $W^{2,\infty}(D;\mathbb{R})$ に入るような問題を構成すれば，g_i は $W^{1,\infty}(D;\mathbb{R})$ に入るようになる．このときには，$-g_i$ を ϑ におきかえるような勾配法で更新された設計変数 $\theta+\vartheta$ は設計変数の許容集合 $\mathcal{D}$ に入ることになる．しかし，そのような場合には，仮定 8.2.2 で許容された角点や Dirichlet 境界と Neumann 境界の境界がない Robin 問題を考えるか，あるいはそのような点の近傍を $\bar{\Omega}_{\mathrm{C}}$ に含めて，θ を固定するなどの工夫が必要となる．

それらの工夫をしない場合には，g_i は $W^{1,\infty}(D;\mathbb{R})$ には入らないことになる．そこで，$-g_i$ を ϑ におきかえるような勾配法では，$\theta+\vartheta$ は設計変数の許容集合 $\mathcal{D}$ には入らないことになる．この結果は，図 8.0.5 のようなチェッカーボードパターンが現れる数値不安定現象の一因になると考えられる．

8.4.2　評価関数の 2 階 θ 微分

さらに，設計変数の変動に対する評価関数の 2 階微分（Hesse 形式）を求めてみよう．すでに，7.4.3 項において，抽象的最適設計問題に対する評価関数の 2 階 Fréchet 微分の求め方について示されている．ここでは，その求め方に従って，式 (8.3.1) で与えられた f_i に対して，$\tilde{f}_i$ の 2 階 θ 微分を求めてみよう．

$\tilde{f}_i$ の 2 階 θ 微分を得るために，次の仮定を設ける．

■**仮定 8.4.4 ($\tilde{f}_i$ の 2 階 θ 微分)**　状態決定問題（問題 8.2.3）と式 (8.3.1) で定義された評価関数 f_i に対して，それぞれ

(1) b は θ の関数ではない

(2) ζ_i は u の関数ではない（θ と $\boldsymbol{\nabla} u$ の関数ではある）

と仮定する．

f_i の Lagrange 関数 $\mathscr{L}_i$ は式 (8.3.3) によって定義されている．(θ,u) を設計変数とみなし，(θ,u) の任意変動 $(\vartheta,u_1')\in X\times U$ と $(\vartheta_2,u_2')\in X\times U$ に対する $\mathscr{L}_i$ の 2 階 θ 微分は，式 (7.4.17) と同様，

$$
\begin{aligned}
&\mathscr{L}_i''(\theta,u,v_i)[(\vartheta_1,u_1'),(\vartheta_2,u_2')]\\
&\quad=\mathscr{L}_{i\theta\theta}(\theta,u,v_i)[\vartheta_1,\vartheta_2]+\mathscr{L}_{i\theta u}(\theta,u,v_i)[\vartheta_1,u_2']\\
&\qquad+\mathscr{L}_{i\theta u}(\theta,u,v_i)[\vartheta_2,u_1']+\mathscr{L}_{iuu}(\theta,u,v_i)[u_1',u_2'] \qquad (8.4.9)
\end{aligned}
$$

となる．式 (8.4.9) 右辺の各項は，

$$\mathscr{L}_{i\theta\theta}(\theta, u, v_i)[\vartheta_1, \vartheta_2] = \int_D \{\zeta_{i\theta\theta} - (\phi^\alpha(\theta))'' \boldsymbol{\nabla} u \cdot \boldsymbol{\nabla} v_i\} \vartheta_1 \vartheta_2 \, \mathrm{d}x \tag{8.4.10}$$

$$\mathscr{L}_{i\theta u}(\theta, u, v_i)[\vartheta_1, u_2'] = \int_D \{\zeta_{i\theta \boldsymbol{\nabla} u} \cdot \boldsymbol{\nabla}(u_2') - (\phi^\alpha(\theta))' \boldsymbol{\nabla}(u_2') \cdot \boldsymbol{\nabla} v_i\} \vartheta_1 \, \mathrm{d}x \tag{8.4.11}$$

$$\mathscr{L}_{iu\theta}(\theta, u, v_i)[\vartheta_2, u_1'] = \int_D \{\zeta_{i\theta \boldsymbol{\nabla} u} \cdot \boldsymbol{\nabla}(u_1') - (\phi^\alpha(\theta))' \boldsymbol{\nabla}(u_1') \cdot \boldsymbol{\nabla} v_i\} \vartheta_2 \, \mathrm{d}x \tag{8.4.12}$$

$$\mathscr{L}_{iuu}(\theta, u, v_i)[u_1', u_2'] = 0 \tag{8.4.13}$$

となる．ただし，$u - u_{\mathrm{D}}$，$v_i - v_{\mathrm{D}i}$，u_1' および u_2' は Γ_{D} 上で 0 となることを用いた．また，

$$(\phi^\alpha(\theta))' = \alpha \phi^{\alpha-1}(\theta) \phi'(\theta) \tag{8.4.14}$$

$$(\phi^\alpha(\theta))'' = \alpha(\alpha - 1)\phi^{\alpha-2}(\theta)\phi'^2(\theta) + \alpha\phi^{\alpha-1}(\theta)\phi''(\theta) \tag{8.4.15}$$

である．

一方，θ の任意変動 $\vartheta \in X$ に対して，状態決定問題（問題 8.2.3）の等式制約が満たされたもとでの u の変動を $u'(\theta)[\vartheta]$ とかくことにする．このとき，状態決定問題の Lagrange 関数 $\mathscr{L}_{\mathrm{S}}$ の θ 微分は，任意の $v \in U$ に対して

$$\begin{aligned} &\mathscr{L}_{\mathrm{S}}'(\theta, u, v)[\vartheta, u'(\theta)[\vartheta]] \\ &\quad = \int_D \{-(\phi^\alpha(\theta))' \vartheta \boldsymbol{\nabla} u - \phi^\alpha(\theta) \boldsymbol{\nabla}(u'(\theta)[\vartheta])\} \cdot \boldsymbol{\nabla} v_i \, \mathrm{d}x \\ &\quad = 0 \end{aligned} \tag{8.4.16}$$

となる．ただし，v と $u'(\theta)[\vartheta]$ は Γ_{D} 上で 0 となることを使った．式 (8.4.16) より，

$$\boldsymbol{\nabla}(u'(\theta)[\vartheta]) = -\frac{(\phi^\alpha(\theta))'}{\phi^\alpha(\theta)} \vartheta \boldsymbol{\nabla} u \quad \text{in } D \tag{8.4.17}$$

が得られる．

そこで，式 (8.4.17) を満たす $u'(\theta)[\vartheta_1]$ と $u'(\theta)[\vartheta_2]$ を式 (8.4.9) の u_1' と u_2'

に代入し，状態決定問題と f_i に対する随伴問題の Dirichlet 境界条件と Γ_{D} 上で $u'(\theta)[\vartheta]=0$ を考慮すれば，

$$\mathscr{L}_{i\theta u}(\theta,u,v_i)[\vartheta_1,u'[\vartheta_2]]=\mathscr{L}_{iu\theta}(\theta,u,v_i)[u'[\vartheta_1],\vartheta_2]$$
$$=\int_D \frac{(\phi^\alpha(\theta))'}{\phi^\alpha(\theta)}\{(\phi^\alpha(\theta))'\boldsymbol{\nabla} v_i-\zeta_{i\theta\boldsymbol{\nabla} u}\}\cdot\boldsymbol{\nabla} u\,\vartheta_1\vartheta_2\,\mathrm{d}x \qquad (8.4.18)$$

が得られる．

以上の結果をまとめれば，$\tilde{f}_i$ の 2 階 θ 微分は，式 (8.4.10)，(8.4.13) および (8.4.18) より，

$$h_i(\theta,u,v_i)[\vartheta_1,\vartheta_2]$$
$$=\int_D \left[\left\{2\frac{(\phi^\alpha(\theta))'^2}{\phi^\alpha(\theta)}-(\phi^\alpha(\theta))''\right\}\boldsymbol{\nabla} u\cdot\boldsymbol{\nabla} v_i\right.$$
$$\left.+\zeta_{i\theta\theta}-2\frac{(\phi^\alpha(\theta))'}{\phi^\alpha(\theta)}\zeta_{i\theta\boldsymbol{\nabla} u}\cdot\boldsymbol{\nabla} u\right]\vartheta_1\vartheta_2\,\mathrm{d}x$$
$$=\int_D\left(\beta(\alpha,\theta)\boldsymbol{\nabla} u\cdot\boldsymbol{\nabla} v_i+\zeta_{i\theta\theta}-2\alpha\frac{\phi'(\theta)}{\phi(\theta)}\zeta_{i\theta\boldsymbol{\nabla} u}\cdot\boldsymbol{\nabla} u\right)\vartheta_1\vartheta_2\,\mathrm{d}x$$
$$(8.4.19)$$

となる．ただし，

$$\beta(\alpha,\theta)=\alpha(\alpha+1)\phi^{\alpha-2}(\theta)\phi'^2(\theta)-\alpha\phi^{\alpha-1}(\theta)\phi''(\theta) \qquad (8.4.20)$$

とおいた．$\phi(\theta)$ が式 (8.1.1) あるいは式 (8.1.2) で与えられたときには，それぞれ

$$\beta(\alpha,\theta)=\alpha(\alpha+1)\left(\frac{1}{\pi}\tan^{-1}\theta+\frac{1}{2}\right)^{\alpha-2}\left\{\frac{1}{\pi(1+\theta^2)}\right\}^2$$
$$-\alpha\left(\frac{1}{\pi}\tan^{-1}\theta+\frac{1}{2}\right)^{\alpha-1}\left\{-\frac{2\theta}{\pi(1+\theta^2)^2}\right\} \qquad (8.4.21)$$

あるいは

$$\beta(\alpha,\theta)=\alpha(\alpha+1)\left(\frac{1}{2}\tanh\theta+\frac{1}{2}\right)^{\alpha-2}\left(\frac{\operatorname{sech}^2\theta}{2}\right)^2$$
$$-\alpha\left(\frac{1}{2}\tanh\theta+\frac{1}{2}\right)^{\alpha-1}(-\operatorname{sech}^2\theta\tanh\theta) \qquad (8.4.22)$$

となる．図 8.4.2 は，$\beta(\alpha,\theta)$ のグラフを示す．それらのグラフより，$\beta(\alpha,\theta)>0$ が成り立つことが確認される．さらに，式 (8.4.19) 右辺の (　) 内の残りの項が正で有界となれば，$h_i(\theta,u,v_i)[\cdot,\cdot]$ は X 上の強圧的かつ有界な双 1 次形式となる．

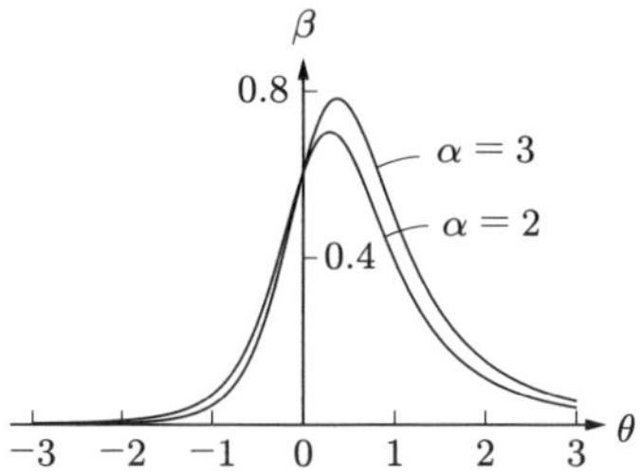

（a）$\phi(\theta)=\tan^{-1}\theta/\pi+1/2$

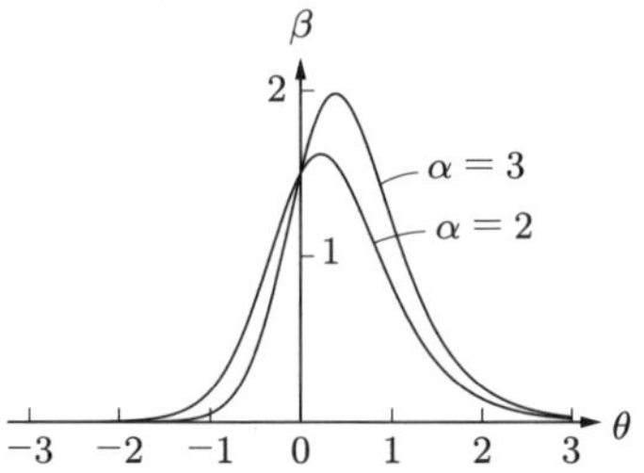

（b）$\phi(\theta)=(\tanh\theta+1)/2$

図 8.4.2　評価関数の 2 階 θ 微分における係数関数 $\beta(\alpha,\theta)$

8.5 評価関数の降下方向

注意 8.4.3 において，θ 型位相最適化問題は，特別な正則性の仮定を設けなければ，不正則になることが示された．そこで，評価関数の θ 微分を正則化する機能をもつ設計変数の線形空間 X 上の勾配法と Newton 法について考えよう．ここでは，$i\in\{0,\dots,m\}$ 番目の評価関数 f_i に対して，式 (8.4.6) の勾配 $g_i\in X'$ と Hesse 形式 $h_i\in\mathcal{L}^2(X\times X;\mathbb{R})$ が与えられたと仮定して，f_i の降下方向を設計変数の線形空間 X 上の勾配法と Newton 法によって求める方法を考えよう．

8.5.1 H^1 勾配法

上記の降下ベクトルを次の問題の解 $\vartheta_{gi}\in X$ によって求める方法を，**θ 型 H^1 勾配法**とよぶことにする．

問題 8.5.1（θ 型 H^1 勾配法）

X と $\mathcal{D}$ をそれぞれ式 (8.1.3) と式 (8.1.4) とする．$a_X\colon X\times X\to\mathbb{R}$ を X 上の強圧的かつ有界な双 1 次形式とする．すなわち，任意の $\vartheta\in X$ と $\psi\in X$ に対して，ある正定数 α_X と β_X が存在して，

$$a_X(\vartheta,\vartheta) \geq \alpha_X \|\vartheta\|_X^2, \quad |a_X(\vartheta,\psi)| \leq \beta_X \|\vartheta\|_X \|\psi\|_X \tag{8.5.1}$$

が成り立つとする．$f_i \in C^1(\mathcal{D};\mathbb{R})$ に対して，極小点ではない $\theta_k \in \mathcal{D}$ における f_i の θ 微分を $g_i(\theta_k) \in X'$ とする．このとき，任意の $\psi \in X$ に対して

$$a_X(\vartheta_{gi},\psi) = -\langle g_i(\theta_k),\psi\rangle \tag{8.5.2}$$

を満たす $\vartheta_{gi} \in X$ を求めよ．

問題 8.5.1 で仮定された $a_X\colon X \times X \to \mathbb{R}$ の選び方には任意性がある．以下の項では，いくつかの具体例を示すことにする．

H^1 空間の内積を用いた方法

実 Hilbert 空間 X 上の内積は強圧性をもつ．そこで，内積を応用して，

$$a_X(\vartheta,\psi) = \int_D (\boldsymbol{\nabla}\vartheta \cdot \boldsymbol{\nabla}\psi + c_D\vartheta\psi)\,\mathrm{d}x \tag{8.5.3}$$

とおいてみよう．ただし，c_D はほとんど至るところで正となる $L^\infty(\mathbb{R}^d;\mathbb{R})$ の要素であると仮定する．このとき，a_X は X 上の強圧的双 1 次形式となる（例題 5.2.7 (1) の解答を参照）．また，c_D の選び方に関して次のことがいえる．c_D が大きな値をとれば，式 (8.5.3) 右辺の積分において，第 1 項に比べて第 2 項が優位となり，平滑化の機能が抑えられて，$-g_i$ を直接探索ベクトルに選んだときの結果に近づくことになる．なお，探索ベクトルの大きさ（ステップサイズ）は，7.6.1 項（3.7 節と同様）のアルゴリズムの中で使われた正の定数 c_a の大きさで調整されるものとする．

式 (8.5.3) を用いたときの H^1 勾配法の強形式は次のようになる．

問題 8.5.2（H^1 内積を用いた H^1 勾配法）

$\theta \in \mathcal{D}$ において式 (8.4.6) の $g_i \in X'$ が与えられたとき，

$$-\Delta\vartheta_{gi} + c_D\vartheta_{gi} = -g_i \quad \text{in } D$$
$$\partial_\nu\vartheta_{gi} = 0 \quad \text{on } \partial D$$

を満たす $\vartheta_{gi}\colon D \to \mathbb{R}$ を求めよ．

図 8.5.1 は，問題 8.5.2 のイメージを示す．この問題は，問題 5.1.3 の拡張 Poisson 問題において，Ω を D に変更し，$c_{\partial D}=0$ とおいたときの楕円型偏微分方程式の境界値問題になっている．そこで，有限要素法などの数値解析法によって数値解が求められる．

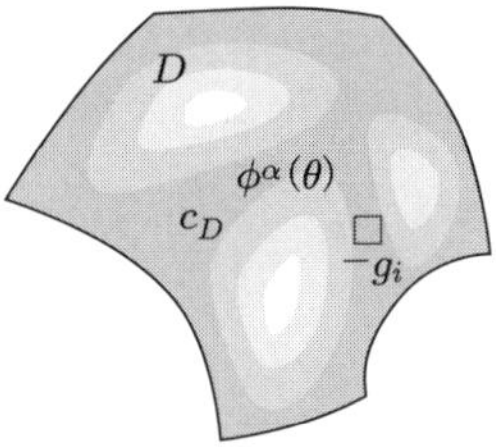

図 8.5.1 H^1 空間の内積を用いた H^1 勾配法

境界条件を用いた方法

また，θ に対する Dirichlet 条件や Robin 条件を用いても，双 1 次形式 $a_X: X\times X\to\mathbb{R}$ に強圧性をもたせることができる．

最初に，Dirichlet 境界条件を用いることを考えよう．設計変数の線形空間 X が定義された式 (8.1.3) において，設計上の制約で θ を固定する領域あるいは境界として，$\bar{\Omega}_{\mathrm{C}}\subset\bar{D}$ が定義された．ここでは，$\bar{\Omega}_{\mathrm{C}}$ は領域あるいは境界の測度が正値をもつと仮定する．このとき，

$$a_X(\vartheta,\psi)=\int_{D\setminus\bar{\Omega}_{\mathrm{C}}}\boldsymbol{\nabla}\vartheta\cdot\boldsymbol{\nabla}\psi\,\mathrm{d}x \tag{8.5.4}$$

は，例題 5.2.5 の解答でみたように，X 上の強圧的かつ有界な双 1 次形式となる．このときの H^1 勾配法の強形式は次のようになる．

問題 8.5.3（Dirichlet 条件を用いた H^1 勾配法）

$\theta\in\mathcal{D}$ において式 (8.4.6) の $g_i\in X'$ が与えられたとき，

$$-\Delta\vartheta_{gi}=-g_i\quad\text{in } D\setminus\bar{\Omega}_{\mathrm{C}}$$
$$\partial_\nu\vartheta_{gi}=0\quad\text{on }\partial D\setminus\bar{\Omega}_{\mathrm{C}}$$
$$\vartheta_{gi}=0\quad\text{in }\bar{\Omega}_{\mathrm{C}}$$

を満たす $\vartheta_{gi}\colon D \setminus \bar{\Omega}_{\mathrm{C}} \to \mathbb{R}$ を求めよ．

問題 8.5.3 は問題 5.1.1 の Poisson 問題において，Ω と Γ_{D} をそれぞれ $D\setminus\bar{\Omega}_{\mathrm{C}}$ と $\partial\Omega_{\mathrm{C}}$ におきかえた問題である．図 8.5.2 (a) は，そのイメージを示す．この問題の数値解も有限要素法などの数値解析法によって求められる．

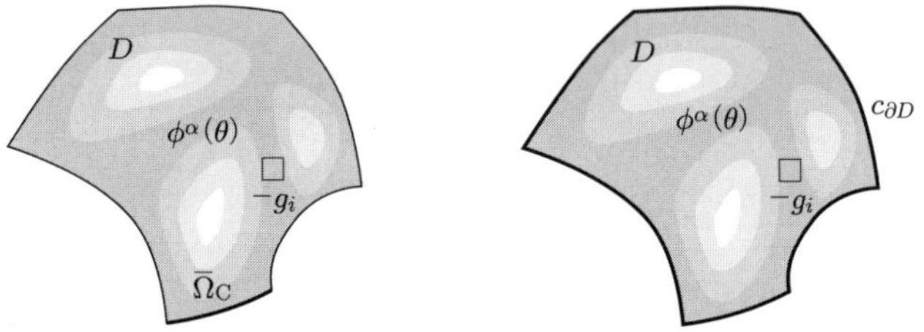

（a）Dirichlet 条件　（b）Robin 条件

図 8.5.2　境界条件を用いた H^1 勾配法

さらに，Robin 条件を用いれば，式 (8.1.3) において $\bar{\Omega}_{\mathrm{C}} = \emptyset$ を仮定しても $a_X(\vartheta, \psi)$ の強圧性が得られる．ある正値関数 $c_{\partial D} \in L^{\infty}(\partial D; \mathbb{R})$ を選び，

$$a_X(\vartheta, \psi) = \int_D \boldsymbol{\nabla}\vartheta \cdot \boldsymbol{\nabla}\psi \,\mathrm{d}x + \int_{\partial D} c_{\partial D}\vartheta\psi \,\mathrm{d}\gamma \tag{8.5.5}$$

とおく．この a_X が X 上の強圧的双 1 次形式となることは例題 5.2.7 (2) に対する解答の中に示されている．このときの強形式は次のようになる．

問題 8.5.4（Robin 条件を用いた H^1 勾配法）

$\theta \in \mathcal{D}$ において式 (8.4.6) の $g_i \in X'$ が与えられたとき，

$$-\Delta\vartheta_{gi} = -g_i \quad \text{in } D$$
$$\partial_\nu\vartheta_{gi} + c_{\partial D}\vartheta_{gi} = 0 \quad \text{on } \partial D$$

を満たす $\vartheta_{gi}\colon D \to \mathbb{R}$ を求めよ．

図 8.5.2 (b) は，問題 8.5.4 のイメージを示す．この問題における Robin 条件は，Poisson 問題を定常熱伝導問題とみなしたとき，境界の外側の温度を 0 とおき，$c_{\partial D}$ を熱伝達率とおいたときの熱伝達境界で使われる条件となってい

る．そこで，この問題の数値解も有限要素法などの数値解析法によって求められる．

H^1 勾配法の正則性

θ 型位相最適化問題に対する H^1 勾配法（問題 8.5.2〜8.5.4）の弱解に対して，次の結果が得られる．なお，本項では，D が 2 次元領域のときには，∂D 上の凹角の角点，混合境界条件の境界 $\partial\Gamma_{\mathrm{D}}$ の開き角は $\pi/2$ 以上の角点，D が 3 次元領域のときには，∂D 上の凹角の辺，混合境界条件の境界 $\partial\Gamma_{\mathrm{D}}$ の開き角が $\pi/2$ 以上の辺の近傍を特異点近傍とよび，B とかくことにする．また，u が問題 8.2.3 の解であるときの $f_i(\theta, u)$ を $\tilde{f}_i(\theta)$ とかくことにする．

■定理 8.5.5 (θ 型 H^1 勾配法)　定理 8.4.2 の $g_i \in L^{q_{\mathrm{R}}}(D;\mathbb{R})$ に対して，問題 8.5.2〜8.5.4 の弱解 ϑ_{gi} は一意に存在する．ϑ_{gi} は $D \setminus \bar{B}$ 上で，$W^{1,\infty}$ 級となる．また，ϑ_{gi} は $\tilde{f}_i(\theta)$ の降下方向を向いている．

▶証明　g_i は $L^{q_{\mathrm{R}}}(D;\mathbb{R}) \subset X'$ に入ることから，Lax–Milgram の定理により，問題 8.5.2〜8.5.4 の弱解 ϑ_{gi} は一意に存在する．また，解 ϑ_{gi} の正則性について，次の結果が得られる．ϑ_{gi} は楕円型偏微分方程式を満たすことから，g_i よりも微分可能性が 2 階分増加し，$D \setminus \bar{B}$ 上で $W^{2,q_{\mathrm{R}}}$ 級となる．これに Sobolev の埋蔵定理（定理 4.3.14）を適用すれば，$q_{\mathrm{R}} > d$ のとき，

$$2 - \frac{d}{q_{\mathrm{R}}} = 1 + \sigma > 1$$

となる．ただし，$\sigma \in (0,1)$ である．よって，定理 4.3.14 の (3) において $p = q_{\mathrm{R}}$，$q = \infty$，$k = 1$ および $j = 1$ とおいたとき，$D \setminus \bar{B}$ 上で

$$W^{2,q_{\mathrm{R}}}(D \setminus \bar{B}, \mathbb{R}) \subset W^{1,\infty}(D \setminus \bar{B}, \mathbb{R})$$

が成り立つ．そこで，ϑ_{gi} は $D \setminus \bar{B}$ 上で $W^{1,\infty}$ 級となる．さらに，問題 8.5.2〜8.5.4 の弱解 ϑ_{gi} に対して，正の定数 $\bar{\epsilon}$ に対して，

$$\begin{aligned}\tilde{f}_i(\theta + \bar{\epsilon}\vartheta_{gi}) - \tilde{f}_i(\theta) &= \bar{\epsilon}\langle \boldsymbol{g}_i, \vartheta_{gi}\rangle + o(|\bar{\epsilon}|) \\ &= -\bar{\epsilon} a_X(\vartheta_{gi}, \vartheta_{gi}) + o(|\bar{\epsilon}|) \le -\bar{\epsilon}\alpha_X \|\vartheta_{gi}\|_X^2 + o(|\bar{\epsilon}|)\end{aligned}$$

が成り立つ．そこで，$\bar{\epsilon}$ を十分小さくとれば，$\tilde{f}_i(\theta)$ は減少することになる．□

定理 8.5.5 より，H^1 勾配法を用いて設計変数の変動方向を決定すれば，設計変数の許容集合 $\mathcal{D}$ の中で解を探索することになる．そのことから，H^1 勾配法

は正則な勾配法になっていると考えられる．

8.5.2　H^1 Newton 法

さらに，評価関数 f_i の 2 階微分（Hesse 形式）$h_i \in \mathcal{L}^2(X \times X; \mathbb{R})$ が計算可能であれば，$X = H^1(D; \mathbb{R})$ 上の Newton 法が考えられる．その方法を，θ 型 H^1 Newton 法とよぶことにする．

問題 8.5.6（θ 型 H^1 Newton 法）

X と $\mathcal{D}$ をそれぞれ式 (8.1.3) と式 (8.1.4) とする．$f_i \in C^2(\mathcal{D}; \mathbb{R})$ に対して，極小点ではない $\theta_k \in \mathcal{D}$ における f_i の θ 微分と 2 階 θ 微分をそれぞれ $g_i(\theta_k) \in X'$ および $h_i(\theta_k) \in \mathcal{L}^2(X \times X; \mathbb{R})$ とする．また，$a_X \colon X \times X \to \mathbb{R}$ を $h_i(\theta_k)$ の X 上における強圧性と有界性を補うための双 1 次形式とする．このとき，任意の $\psi \in X$ に対して

$$h_i(\theta_k)[\vartheta_{gi}, \psi] + a_X(\vartheta_{gi}, \psi) = -\langle g_i(\theta_k), \psi \rangle \tag{8.5.6}$$

を満たす $\vartheta_{gi} \in X$ を求めよ．

問題 8.5.6 において，式 (8.5.6) の左辺を h_i のみにおいた場合，注意 8.4.3 で指摘された $g_i(\theta_k)$ の不正則性を補正する作用が期待されない．実際，式 (8.4.19) で計算された h_i では，$\boldsymbol{\nabla}\vartheta_1 \cdot \boldsymbol{\nabla}\vartheta_2$ の項が含まれていないからである．そこで，問題 8.5.6 では，X 上の強圧的かつ有界な双 1 次形式 a_X を式 (8.5.6) の左辺に追加することで，それを補うことにした．たとえば，X 上の内積を用いた式 (8.5.3) をもとにする場合には，

$$a_X(\vartheta, \psi) = \int_D (c_{D1} \boldsymbol{\nabla}\vartheta \cdot \boldsymbol{\nabla}\psi + c_{D0}\vartheta\psi) \, \mathrm{d}x \tag{8.5.7}$$

のようにおく．ここで，c_{D0} と c_{D1} はそれぞれ強圧性と正則性を確保するための正の定数である．

8.6　θ 型位相最適化問題の解法

抽象的最適設計問題（問題 7.3.1）と θ 型位相最適化問題（問題 8.3.2）の対応は表 8.6.1 のようになる．したがって，適切なおきかえにより，7.6.1 項（3.7 節）

表 8.6.1 抽象的最適設計問題（問題 7.3.1）と θ 型位相最適化問題（問題 8.3.2）の対応

	抽象的最適設計問題	θ 型位相最適化問題
設計変数	$\phi \in X$	$\theta \in X = H^1(D;\mathbb{R})$
状態変数	$u \in U$	$u \in U = H^1(D;\mathbb{R})$
f_i の Fréchet 微分	$g_i \in X'$	$g_i \in X' = H^{1\prime}(D;\mathbb{R})$
勾配法の解	$\varphi_{gi} \in X$	$\vartheta_{gi} \in X = H^1(D;\mathbb{R})$

と 7.6.2 項（3.8 節）で示された制約つき問題に対する勾配法と Newton 法を適用することができる．

8.6.1 制約つき問題に対する勾配法

制約つき問題に対する勾配法は，次のような変更により，3.7.1 項で示された簡単なアルゴリズム 3.7.2 が利用可能となる．

(1) 設計変数 $\boldsymbol{x}$ とその変動 $\boldsymbol{y}$ をそれぞれ θ と ϑ におきかえる．

(2) 勾配法を与える式 (3.7.10) を，任意の $\psi \in X$ に対して

$$c_a a_X(\vartheta_{gi}, \psi) = -\langle g_i, \psi \rangle \tag{8.6.1}$$

が成り立つ条件におきかえる．ただし，$a_X(\vartheta_{gi}, \psi)$ は，問題 8.5.2～8.5.4 の弱形式で使われた X 上の双 1 次形式とする．

(3) 探索ベクトルを求める式 (3.7.11) を

$$\vartheta_g = \vartheta_{g0} + \sum_{i \in I_{\mathrm{A}}} \lambda_i \vartheta_{gi} \tag{8.6.2}$$

におきかえる．

(4) Lagrange 乗数を求める式 (3.7.12) を

$$(\langle g_i, \vartheta_{gj} \rangle)_{(i,j) \in I_{\mathrm{A}}^2} (\lambda_j)_{j \in I_{\mathrm{A}}} = -(f_i + \langle g_i, \vartheta_{g0} \rangle)_{i \in I_{\mathrm{A}}} \tag{8.6.3}$$

におきかえる．

さらに，複雑なアルゴリズム 3.7.6 を使う場合には，上記 (1) から (4) に加えて，次の変更も追加する．

(5) Armijo の規準式 (3.7.26) を，$\xi \in (0,1)$ に対して

$$\mathscr{L}(\theta+\vartheta_g, \boldsymbol{\lambda}_{k+1}) - \mathscr{L}(\theta, \boldsymbol{\lambda}) \le \xi \left\langle g_0 + \sum_{i\in I_{\mathrm{A}}} \lambda_i g_i, \vartheta_g \right\rangle \quad (8.6.4)$$

におきかえる．

(6) Wolfe の規準式 (3.7.27) を，μ $(0<\xi<\mu<1)$ に対して

$$\begin{aligned}\mu &\left\langle g_0 + \sum_{i\in I_{\mathrm{A}}} \lambda_i g_i, \vartheta_g \right\rangle \\ &\le \left\langle g_0(\theta+\vartheta_g) + \sum_{i\in I_{\mathrm{A}}} \lambda_{i\,k+1} g_i(\theta+\vartheta_g), \vartheta_g \right\rangle \end{aligned} \quad (8.6.5)$$

におきかえる．

(7) Newton–Raphson 法による $\boldsymbol{\lambda}_{k+1}$ の更新式（式 (3.7.21)）を

$$\begin{aligned}\delta\boldsymbol{\lambda} &= (\delta\lambda_j)_{j\in I_{\mathrm{A}}} \\ &= -(\langle g_i(\boldsymbol{\lambda}_{k+1\,l}), \vartheta_{gj}(\boldsymbol{\lambda}_{k+1\,l})\rangle)^{-1}_{(i,j)\in I_{\mathrm{A}}^2} (f_i(\boldsymbol{\lambda}_{k+1\,l}))_{i\in I_{\mathrm{A}}} \end{aligned} \quad (8.6.6)$$

におきかえる．

上記のような θ 型位相最適化問題に対する解法を用いる場合の注意点についてみておこう．

θ 型位相最適化問題（問題 8.3.2）では，設計変数 $\theta \in X$ に対して状態決定問題の解や評価関数は非凸の非線形写像となる．なぜならば，SIMP モデルで使われる偏微分方程式の係数 $\phi^{\alpha}(\theta)$ はシグモイド関数とべき関数の合成関数であるからである．そこで，評価関数や境界条件の与え方によっては，極小点が複数存在するような場合も起こりうる．そのような場合には，θ の初期分布の与え方を変えて，収束結果を比較することが必要になる．

また，θ の初期分布は式 (8.1.4) で定義された設計変数の許容集合 $\mathcal{D}$ に入っていなければならない．すなわち，連続関数でなければならない．もしも，θ の初期分布を，ある穴の配置に対応した特性関数（L^{∞} 級の関数）で与えた場合には，その穴の境界における θ の不連続性は上記の解法を用いても取り除かれないことに注意する必要がある．

さらに，本章で示された θ 型位相最適化問題では，シグモイド関数を用いて θ を ϕ に変換している．そのために，ϕ が 0 と 1 に近づく際に，θ に対する ϕ

の勾配が小さくなり，収束が遅くなるという欠点がある．その欠点は，次節で示される Newton 法によって改善されることが期待される．

8.6.2 制約つき問題に対する Newton 法

評価関数の θ 微分に加えて，評価関数の 2 階 θ 微分が計算可能ならば，制約つき問題に対する勾配法を制約つき問題に対する Newton 法に変更することができる．ただし，式 (8.5.6) の $h_i(\theta_k)[\vartheta_{gi},\psi]$ を

$$h_{\mathscr{L}}(\theta_k)[\vartheta_{gi},\psi] = h_0(\theta_k)[\vartheta_{gi},\psi] + \sum_{i\in I_{\mathrm{A}}(\theta_k)} \lambda_{ik} h_i(\theta_k)[\vartheta_{gi},\psi] \tag{8.6.7}$$

におきかえる．すなわち，式 (8.5.6) を

$$h_{\mathscr{L}}(\theta_k)[\vartheta_{gi},\psi] + a_X(\vartheta_{gi},\psi) = -\langle g_i(\theta_k),\psi\rangle \tag{8.6.8}$$

とする．このとき，3.8.1 項で示された簡単なアルゴリズム 3.8.3 が次のおきかえによって利用可能となる．

(1) 設計変数 $\boldsymbol{x}$ とその変動 $\boldsymbol{y}$ をそれぞれ θ と ϑ におきかえる．

(2) 式 (3.7.10) を式 (8.6.8) の解におきかえる．

(3) 式 (3.7.11) を式 (8.6.2) におきかえる．

(4) 式 (3.7.12) を式 (8.6.3) におきかえる．

さらに，3.8.2 項に示された複雑なアルゴリズムを考える場合には，問題の性質や追加される機能に応じたさまざまな工夫が必要となる．

8.7 誤差評価

8.6 節で示されたようなアルゴリズムで θ 型位相最適化問題（問題 8.3.2）を解く場合，探索ベクトル ϑ_g は式 (8.6.2) で求められる．そのためには，三つの楕円型偏微分方程式の境界値問題の解，すなわち状態決定問題（問題 8.2.3）の解 u，$f_0, f_{i_1}, \ldots, f_{i_{|I_{\mathrm{A}}|}}$ に対する随伴問題（問題 8.4.1）の解 $v_0, v_{i_1}, \ldots, v_{i_{|I_{\mathrm{A}}|}}$ および θ 型 H^1 勾配法（問題 8.5.1）の解 $\vartheta_0, \vartheta_{i_1}, \ldots, \vartheta_{i_{|I_{\mathrm{A}}|}}$ に対する数値解を求める必要がある．さらに，式 (8.6.3) によって Lagrange 乗数 $\lambda_{i_1}, \ldots, \lambda_{i_{|I_{\mathrm{A}}|}}$ を求める必要がある．ここでは，三つの境界値問題に対する数値解を有限要素法で求めることを仮定して，6.6 節でみてきた有限要素法の数値解に対する誤差評

価の結果を使って，探索ベクトル ϑ_g の誤差評価をおこなってみよう[113,115]．

なお，H^1 勾配法のかわりに H^1 Newton 法を用いる場合は，目的関数の 2 階微分に対する評価が必要となる．しかしながら，目的関数の 2 階微分が H^1 勾配法の双 1 次形式と同等の性質を備えていれば，同様の結果となる．そこで，ここでは省略することにする．

本節では，D を 2 次元のときは多角形，3 次元のときは多面体と仮定して，D に対する**正則な有限要素分割** $\mathcal{T} = \{D_i\}_{i\in\mathcal{E}}$ を考える．また，有限要素の最大直径 h を式 (6.6.2) の $h(\mathcal{T})$ で定義して，有限要素分割列 $\{\mathcal{T}_h\}_{h\to 0}$ を考える．以下では，次のような記号法を用いることにする．

(1) 状態決定問題（問題 8.2.3）と $f_0, f_{i_1}, \ldots, f_{i_{|I_A|}}$ に対する随伴問題（問題 8.4.1）の厳密解を u と $v_0, v_{i_1}, \ldots, v_{i_{|I_A|}}$ とかく．また，有限要素法によるそれらの数値解を，$i \in I_\mathrm{A} \cup \{0\}$ に対して

$$u_h = u + \delta u_h \tag{8.7.1}$$

$$v_{ih} = v_i + \delta v_{ih} \tag{8.7.2}$$

とかく．

(2) 評価関数 $f_0, f_{i_1}, \ldots, f_{i_{|I_\mathrm{A}|}}$ の θ 微分の数値解を，$i \in I_\mathrm{A} \cup \{0\}$ に対して

$$g_{ih} = g_i + \delta g_{ih} \tag{8.7.3}$$

とかく．ここで，g_i は $u, v_0, v_{i_1}, \ldots, v_{i_{|I_\mathrm{A}|}}$ の関数であり，g_{ih} は u_h, v_{0h}, $v_{i_1 h}, \ldots, v_{i_{|I_\mathrm{A}|}h}$ の関数である．

(3) θ 微分の厳密解 $g_0, g_{i_1}, \ldots, g_{i_{|I_\mathrm{A}|}}$ を用いて計算された H^1 勾配法（たとえば，問題 8.5.2）の厳密解を $\vartheta_{g0}, \vartheta_{gi_1}, \ldots, \vartheta_{gi_{|I_\mathrm{A}|}}$ とかく．また，数値解 $g_{0h}, g_{i_1 h}, \ldots, g_{i_{|I_\mathrm{A}|}h}$ を用いて計算された H^1 勾配法の厳密解を，$i \in I_\mathrm{A} \cup \{0\}$ に対して

$$\hat{\vartheta}_{gi} = \vartheta_{gi} + \delta\hat{\vartheta}_{gi} \tag{8.7.4}$$

とかく．

(4) 数値解 $g_{0h}, g_{i_1 h}, \ldots, g_{i_{|I_\mathrm{A}|}h}$ を用いて計算された H^1 勾配法の数値解を，$i \in I_\mathrm{A} \cup \{0\}$ に対して

$$\vartheta_{gih} = \hat{\vartheta}_{gi} + \delta\hat{\vartheta}_{gih} = \vartheta_{gi} + \delta\vartheta_{gih} \tag{8.7.5}$$

とかく．

(5) $g_0, g_{i_1}, \ldots, g_{i_{|I_A|}}$ と $\vartheta_{g0}, \vartheta_{gi_1}, \ldots, \vartheta_{gi_{|I_A|}}$ を用いて構成された式 (8.6.3) の係数行列 $(\langle g_i, \vartheta_{gj} \rangle)_{(i,j)\in I_A^2}$ を $\boldsymbol{A}$ とかく．また，$g_{0h}, g_{i_1 h}, \ldots, g_{i_{|I_A|}h}$ と $\vartheta_{g0h}, \vartheta_{gi_1 h}, \ldots, \vartheta_{gi_{|I_A|}h}$ を用いて構成された式 (8.6.3) の係数行列 $(\langle g_{ih}, \vartheta_{gjh} \rangle)_{(i,j)\in I_A^2}$ を $\boldsymbol{A}_h = \boldsymbol{A} + \delta\boldsymbol{A}_h$ とかく．ここでは $f_i = 0$ を仮定し，$-(\langle g_i, \vartheta_{g0} \rangle)_{i\in I_A}$ を $\boldsymbol{b}$ とかく．また，$-(\langle g_{ih}, \vartheta_{g0h} \rangle)_{i\in I_A}$ を $\boldsymbol{b}_h = \boldsymbol{b} + \delta\boldsymbol{b}_h$ とかく．さらに，Lagrange 乗数の厳密解を $\boldsymbol{\lambda} = \boldsymbol{A}^{-1}\boldsymbol{b}$ とかく．また，その数値解を

$$\boldsymbol{\lambda}_h = (\lambda_{ih})_{i\in I_A} = \boldsymbol{A}_h^{-1}\boldsymbol{b}_h = \boldsymbol{\lambda} + \delta\boldsymbol{\lambda}_h \tag{8.7.6}$$

とかく．

(6) 数値解 $\vartheta_{g0h}, \vartheta_{gi_1 h}, \ldots, \vartheta_{gi_{|I_A|}h}$ と $\lambda_{i_1 h}, \ldots, \lambda_{i_{|I_A|}h}$ で構成された式 (8.6.2) を

$$\vartheta_{gh} = \vartheta_{g0h} + \sum_{i\in I_A} \lambda_{ih}\vartheta_{gih} = \vartheta_g + \delta\vartheta_{gh} \tag{8.7.7}$$

とかく．

上記の定義において，式 (8.7.7) で定義された $\delta\vartheta_{gh}$ が探索ベクトルの誤差を表す．本節では，$\delta\vartheta_{gh}$ のノルム $\|\delta\vartheta_{gh}\|_X$ の h に対するオーダーを評価することが目標である．ここで，次の仮定を設ける．

■仮定 8.7.1 (ϑ_g の誤差評価) 状態決定問題と随伴問題において $\alpha > 1$ とする．また，$q_R > d$ および $k, j \in \{1, 2, \ldots\}$ に対して次のことを仮定する．

(1) 状態決定問題と $f_0, f_{i_1}, \ldots, f_{i_{|I_A|}}$ に対する随伴問題の厳密解 u と v_0, $v_{i_1}, \ldots, v_{i_{|I_A|}}$ の同次形は

$$\mathcal{S}_k = U \cap W^{k+1, 2q_R}(D; \mathbb{R}) \tag{8.7.8}$$

の要素とする．この条件が成り立つように，仮定 8.2.1, 8.2.2 および 8.3.1 を修正する．

(2) 評価関数 f_i の被積分関数は，$i \in I_A \cup \{0\}$ に対して

$$\zeta_{i\theta u} \in C^0(\mathcal{D} \times \mathcal{S}; L^{2q_{\mathrm{R}}}(D;\mathbb{R}))$$

とする．

(3) h に依存しない正の定数 c_1, c_2, c_3 が存在して，$i \in I_{\mathrm{A}} \cup \{0\}$ に対して

$$\|\delta u_h\|_{W^{j,2q_{\mathrm{R}}}(D;\mathbb{R})} \leq c_1 h^{k+1-j} |u|_{W^{k+1,2q_{\mathrm{R}}}(D;\mathbb{R})} \tag{8.7.9}$$

$$\|\delta v_{ih}\|_{W^{j,2q_{\mathrm{R}}}(D;\mathbb{R})} \leq c_2 h^{k+1-j} |v_i|_{W^{k+1,2q_{\mathrm{R}}}(D;\mathbb{R})} \tag{8.7.10}$$

$$\|\delta \hat{\vartheta}_{gih}\|_{W^{j,2q_{\mathrm{R}}}(D;\mathbb{R})} \leq c_3 h^{k+1-j} |\hat{\vartheta}_{gi}|_{W^{k+1,2q_{\mathrm{R}}}(D;\mathbb{R})} \tag{8.7.11}$$

が満たされる．ただし，$|\cdot|$ はセミノルム（式 (4.3.12) 参照）を表す．

(4) 式 (8.7.6) の係数行列 $\boldsymbol{A}_h$ に対して，正の定数 c_4 が存在して，

$$\|\boldsymbol{A}_h^{-1}\|_{\mathbb{R}^{|I_{\mathrm{A}}| \times |I_{\mathrm{A}}|}} \leq c_4$$

が満たされる．ただし，$\|\cdot\|_{\mathbb{R}^{|I_{\mathrm{A}}| \times |I_{\mathrm{A}}|}}$ は行列のノルム（式 (4.4.3) 参照）を表す．

仮定 8.7.1 の (1) は，$k \in \{1, 2, \ldots\}$ なので，式 (8.2.2) で定義された $\mathcal{S}$ よりも強い条件になっている．その理由は，仮定 8.7.1 の (3) において，式 (8.7.9) と式 (8.7.10) の右辺で u と $v_0, v_{i_1}, \ldots, v_{i_{|I_{\mathrm{A}}|}}$ が $W^{k+1,2q_{\mathrm{R}}}$ 級に入ることを必要とするためである．仮定 8.7.1 の (3) は系 6.6.4 に基づいている．仮定 8.7.1 の (4) は $g_{i_1}, \ldots, g_{i_{|I_{\mathrm{A}}|}}$ が 1 次独立であれば成り立つ条件になっている．

このとき，のちに示される定理 8.7.5 が得られる．この結果を示すために，次の四つの補題が使われる．

■補題 8.7.2（g_i の誤差評価）　仮定 8.7.1 の (1) と (2) および式 (8.7.9) と式 (8.7.10) が満たされているとき，式 (8.7.3) の δg_{ih} に対して h に依存しない正の定数 c_5 が存在して，任意の $\vartheta \in X$ に対して，

$$\langle \delta g_{ih}, \vartheta \rangle \leq c_5 h^k \|\vartheta\|_X$$

が成り立つ．

▶証明　δg_{ih} は δu_h と δv_{ih} による数値誤差である．そこで，式 (8.4.5) より，

$$|\langle \delta g_i, \vartheta \rangle| \leq |\mathscr{L}_{i\theta u}(\theta, u, v_i)[\vartheta, \delta u_h] + \mathscr{L}_{i\theta v_i}(\theta, u, v_i)[\vartheta, \delta v_{ih}]| \tag{8.7.12}$$

が成り立つ．式 (8.7.12) の右辺に対して Hölder の不等式（定理 A.9.1）と Poincaré の不等式の系（系 A.9.4）を用いれば，

$$\begin{aligned}
&|\mathscr{L}_{i\theta u}(\theta,u,v_i)[\vartheta,\delta u_h]+\mathscr{L}_{i\theta v_i}(\theta,u,v_i)[\vartheta,\delta v_{ih}]| \\
&\quad\le \{\|\zeta_{i\theta u}\|_{L^{2q_{\mathrm{R}}}(D;\mathbb{R})}\|\delta u_h\|_{L^{2q_{\mathrm{R}}}(D;\mathbb{R})}+\|b'\|_{L^{2q_{\mathrm{R}}}(D;\mathbb{R})}\|\delta v_{ih}\|_{L^{2q_{\mathrm{R}}}(D;\mathbb{R})} \\
&\qquad +\|\alpha\phi^{\alpha-1}\phi_\theta\|_{L^\infty(D;\mathbb{R})}\|\boldsymbol{\nabla}\delta u_h\|_{L^{2q_{\mathrm{R}}}(D;\mathbb{R}^d)}\|\boldsymbol{\nabla} v_i\|_{L^{2q_{\mathrm{R}}}(D;\mathbb{R}^d)} \\
&\qquad +\|\alpha\phi^{\alpha-1}\phi_\theta\|_{L^\infty(D;\mathbb{R})}\|\boldsymbol{\nabla} u_h\|_{L^{2q_{\mathrm{R}}}(D;\mathbb{R}^d)}\|\boldsymbol{\nabla}\delta v_{ih}\|_{L^{2q_{\mathrm{R}}}(D;\mathbb{R}^d)}\}\|\vartheta\|_X \\
&\quad\le \{\|\zeta_{i\theta u}\|_{L^{2q_{\mathrm{R}}}(D;\mathbb{R})}\|\delta u_h\|_{W^{1,2q_{\mathrm{R}}}(D;\mathbb{R})}+\|b'\|_{L^{2q_{\mathrm{R}}}(D;\mathbb{R})}\|\delta v_{ih}\|_{W^{1,2q_{\mathrm{R}}}(D;\mathbb{R})} \\
&\qquad +\|\alpha\phi^{\alpha-1}\phi_\theta\|_{L^\infty(D;\mathbb{R})}\|\delta u_h\|_{W^{1,2q_{\mathrm{R}}}(D;\mathbb{R})}\|v_i\|_{W^{1,2q_{\mathrm{R}}}(D;\mathbb{R})} \\
&\qquad +\|\alpha\phi^{\alpha-1}\phi_\theta\|_{L^\infty(D;\mathbb{R})}\|u_h\|_{W^{1,2q_{\mathrm{R}}}(D;\mathbb{R})}\|\delta v_{ih}\|_{W^{1,2q_{\mathrm{R}}}(D;\mathbb{R})}\}\|\vartheta\|_X
\end{aligned}$$

が成り立つ．ここで，$j=1$ とおいた式 (8.7.9) と式 (8.7.10) および仮定 8.7.1 の (1) より，補題の結果が得られる． □

■補題 8.7.3 (ϑ_{gi} の誤差評価) 仮定 8.7.1 の (1)，(2) および (3) が満たされているとき，式 (8.7.5) の $\delta\vartheta_{gi}$ に対して h に依存しない正の定数 c_6 が存在して，

$$\|\delta\vartheta_{gi}\|_X\le c_6h^k$$

が成り立つ．

▶証明 式 (8.7.4) と式 (8.7.5) より，

$$\|\delta\vartheta_{gi}\|_X\le\|\delta\hat{\vartheta}_{gi}\|_X+\|\delta\hat{\vartheta}_{gih}\|_X \tag{8.7.13}$$

が成り立つ．ただし，$\|\delta\hat{\vartheta}_{gi}\|_X$ は補題 8.7.2 の δg_{ih} が H^1 勾配法（たとえば，問題 8.5.2）の厳密解におよぼす誤差を表し，$\|\delta\hat{\vartheta}_{gih}\|_X$ は H^1 勾配法の数値解に対する誤差を表す．式 (8.7.13) の $\|\delta\hat{\vartheta}_{gi}\|_X$ は，任意の $\vartheta\in X$ に対して，

$$a_X(\delta\hat{\vartheta}_{gi},\vartheta)=-\langle\delta g_{ih},\vartheta\rangle$$

が満たされる．そこで，$\vartheta=\delta\hat{\vartheta}_{gi}$ とおけば，

$$\alpha_X\|\delta\hat{\vartheta}_{gi}\|_X^2\le|\langle\delta g_{ih},\delta\hat{\vartheta}_{gi}\rangle| \tag{8.7.14}$$

が成り立つ．ただし，α_X は式 (8.5.1) で使われた正の定数である．式 (8.7.14) の δg_{ih} に対して，補題 8.7.2 を用いれば，

$$\|\delta\hat{\vartheta}_{gi}\|_X\le\frac{c_5}{\alpha_X}h^k \tag{8.7.15}$$

が得られる．一方，$\|\delta\hat{\vartheta}_{gih}\|_X$ は，$j=1$ とおいた式 (8.7.11) より，

$$\|\delta\hat{\vartheta}_{gih}\|_X \le \|\delta\hat{\vartheta}_{gih}\|_{W^{1,2q_{\mathrm{R}}}(D;\mathbb{R})} \le c_3 h^k \|\hat{\vartheta}_{gi}\|_{W^{k+1,2q_{\mathrm{R}}}(D;\mathbb{R})} \tag{8.7.16}$$

が満たされる．式 (8.7.16) において，$\|\hat{\vartheta}_{gi}\|_{W^{k+1,2q_{\mathrm{R}}}(D;\mathbb{R})}$ は有界である．なぜならば，定理 8.5.5 の証明において，仮定 8.7.1 の (1) を用いれば，$\hat{\vartheta}_{gi} \in W^{k+1,\infty}(D;\mathbb{R})$ が得られるからである．そこで，式 (8.7.15) と式 (8.7.16) を式 (8.7.13) に代入すれば補題の結果が得られる．□

■補題 8.7.4 ($\boldsymbol{\lambda}_h$ の誤差評価)　仮定 8.7.1 が満たされているとき，式 (8.7.6) の $\boldsymbol{\lambda}_h$ に対して h に依存しない正の定数 c_7 が存在して，

$$\|\delta\boldsymbol{\lambda}_h\|_{\mathbb{R}^{|I_{\mathrm{A}}|}} \le c_7 h^k$$

が成り立つ．

▶証明　式 (8.7.6) の $\boldsymbol{\lambda}_h$ に対して，

$$\begin{aligned}\delta\boldsymbol{\lambda}_h &= \boldsymbol{A}_h^{-1}(-\delta\boldsymbol{A}_h\boldsymbol{\lambda} + \delta\boldsymbol{b}_h)\\ &= \boldsymbol{A}_h^{-1}\{-(((\langle\delta g_{ih}, \vartheta_{gj}\rangle)_{(i,j)\in I_{\mathrm{A}}^2} + (\langle g_i, \delta\vartheta_{gj}\rangle)_{(i,j)\in I_{\mathrm{A}}^2})\boldsymbol{\lambda}\\ &\qquad + (\langle\delta g_{ih}, \vartheta_{g0}\rangle)_{i\in I_{\mathrm{A}}} + (\langle g_i, \delta\vartheta_{g0}\rangle)_{i\in I_{\mathrm{A}}}\}\end{aligned} \tag{8.7.17}$$

が成り立つ．式 (8.7.17) に仮定 8.7.1 の (4) を用いれば，

$$\begin{aligned}&\|\delta\boldsymbol{\lambda}_h\|_{\mathbb{R}^{|I_{\mathrm{A}}|}}\\ &\quad\le c_4(1+|I_{\mathrm{A}}|\max_{i\in I_{\mathrm{A}}}|\lambda_i|)\max_{(i,j)\in I_{\mathrm{A}}\times(I_{\mathrm{A}}\cup\{0\})}(|\langle\delta g_{ih}, \vartheta_{gj}\rangle| + |\langle g_i, \delta\vartheta_{gj}|)\end{aligned} \tag{8.7.18}$$

が成り立つ．$|I_{\mathrm{A}}|$ は有界なので，式 (8.7.18) の $|\langle\delta g_{ih}, \vartheta_{gjh}\rangle|$ について，補題 8.7.2 より

$$|\langle\delta g_{ih}, \vartheta_{gj}\rangle| \le c_5 h^k \|\vartheta_{gj}\|_X \tag{8.7.19}$$

が得られる．また，$|\langle g_i, \delta\vartheta_{gj}\rangle|$ について，補題 8.7.3 より

$$|\langle g_i, \delta\vartheta_{gj}\rangle| \le c_6 h^k \|g_i\|_X \tag{8.7.20}$$

が得られる．式 (8.7.20) において，$\|g_i\|_X$ は有界である．なぜならば，定理 8.4.2 の証明において，仮定 8.7.1 の (1) を用いれば，$g_i \in W^{k,q_{\mathrm{R}}}(D;\mathbb{R})$ が得られるからである．そこで，式 (8.7.18) と式 (8.7.19) を式 (8.7.17) に代入すれば補題の結果が得ら

れる. □

これらの補題に基づいて，次のような結果が得られる.

■定理 8.7.5 (ϑ_g の誤差評価) 仮定 8.7.1 が満たされているとき，h に依存しない正の定数 c が存在して，式 (8.7.7) の $\delta\vartheta_{gh}$ に対して，

$$\|\delta\vartheta_{gh}\|_X \le ch^k$$

が満たされる.

▶証明 式 (8.7.7) より

$$\delta\vartheta_{gh} = \delta\vartheta_{g0h} + \sum_{i\in I_{\mathrm{A}}}(\delta\lambda_{ih}\vartheta_{gi} + \lambda_i\delta\vartheta_{gih}) \tag{8.7.21}$$

が成り立つ. 式 (8.7.21) より

$$\begin{aligned}\|\delta\vartheta_{gh}\|_X \le{}& (1 + |I_{\mathrm{A}}|\max_{i\in I_{\mathrm{A}}}|\lambda_i|)\max_{i\in I_{\mathrm{A}}\cup\{0\}}\|\delta\vartheta_{gih}\|_X \\ &+ \|\delta\boldsymbol{\lambda}_h\|_{\mathbb{R}^{|I_{\mathrm{A}}|}}|I_{\mathrm{A}}|\max_{i\in I_{\mathrm{A}}}\|\vartheta_{gi}\|_X \end{aligned} \tag{8.7.22}$$

が得られる. 式 (8.7.22) に補題 8.7.3 と補題 8.7.4 の結果を代入すれば，定理の結果が得られる. □

定理 8.7.5 より，θ 型位相最適化問題に対する有限要素解の誤差評価について次のことがいえる.

♦注意 8.7.6 (θ型位相最適化問題に対する有限要素解の誤差評価) 定理 8.7.5 より，三つの境界値問題（状態決定問題，随伴問題および H^1 勾配法）の数値解を $k = 1$ 次の基底関数を用いた有限要素法によって求めたとき，有限要素分割列 $\{\mathcal{T}_h\}_{h\to 0}$ に対して探索ベクトル ϑ_{gh} の誤差 $\|\delta\vartheta_{gh}\|_X$ は 1 次のオーダーで減少する.

8.8 線形弾性体の位相最適化問題

θ 型位相最適化問題の状態決定問題を線形弾性問題に変更してみよう. ここでは，線形弾性体の平均コンプライアンス最小化問題を定義して，θ 微分と 2 階 θ 微分を求めるまでをみてみることにする. 評価関数の θ 微分と 2 階 θ 微分

が求められれば，その問題は Poisson 問題の場合と同様の方法で解くことが可能となる．

D, Γ_{D} および Γ_{N} を θ 型 Poisson 問題（問題 8.2.3）のときと同様に，線形弾性問題の定義域，Dirichlet 境界および Neumann 境界であるとする．X と $\mathcal{D}$ に関してはそれぞれ式 (8.1.3) と式 (8.1.4) を用いることにする．

8.8.1　状態決定問題

状態決定問題として線形弾性問題を定義しよう．状態変数の線形空間 U と許容集合 $\mathcal{S}$ を

$$U = \{\boldsymbol{u} \in H^1(D;\mathbb{R}^d) \mid \boldsymbol{u} = \boldsymbol{0}_{\mathbb{R}^d} \text{ on } \Gamma_{\mathrm{D}}\} \tag{8.8.1}$$

$$\mathcal{S} = U \cap W^{1,2q_{\mathrm{R}}}(D;\mathbb{R}^d) \tag{8.8.2}$$

とおく．また，仮定 8.2.1 を次のように変更する．

■仮定 8.8.1（既知関数の正則性）　$q_{\mathrm{R}} > d$ に対して

$$\boldsymbol{b} \in C^1(\mathcal{D}; L^{2q_{\mathrm{R}}}(D;\mathbb{R}^d)),\ \ \boldsymbol{p}_{\mathrm{N}} \in L^{2q_{\mathrm{R}}}(\Gamma_{\mathrm{N}};\mathbb{R}^d),\ \ \boldsymbol{u}_{\mathrm{D}} \in W^{1,2q_{\mathrm{R}}}(D;\mathbb{R}^d),$$
$$\boldsymbol{C} \in L^{\infty}(D;\mathbb{R}^{d\times d\times d\times d})$$

であると仮定する．

そのうえで，図 8.8.1 のような θ 型線形弾性体に対して，次のような問題を定義する．

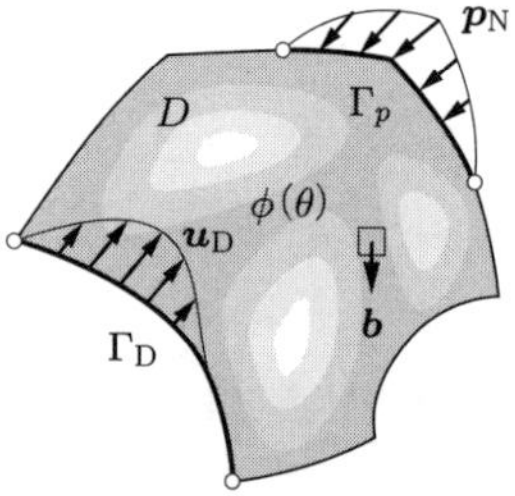

図 8.8.1　θ 型線形弾性体

問題 8.8.2（θ 型線形弾性問題）

仮定 8.8.1 と仮定 8.2.2 が成り立つとする．また，$\alpha > 1$ は定数，$\phi(\theta)$ は $\theta \in \mathcal{D}$ に対して式 (8.1.1) あるいは式 (8.1.2) で与えられるとする．このとき，

$$-\boldsymbol{\nabla}^{\mathrm{T}}(\phi^{\alpha}(\theta)\boldsymbol{S}(\boldsymbol{u})) = \boldsymbol{b}^{\mathrm{T}}(\theta) \quad \text{in } D \tag{8.8.3}$$

$$\phi^{\alpha}(\theta)\boldsymbol{S}(\boldsymbol{u})\boldsymbol{\nu} = \boldsymbol{p}_{\mathrm{N}} \quad \text{on } \Gamma_{\mathrm{N}} \tag{8.8.4}$$

$$\boldsymbol{u} = \boldsymbol{u}_{\mathrm{D}} \quad \text{on } \Gamma_{\mathrm{D}} \tag{8.8.5}$$

を満たす $\boldsymbol{u}\colon D \to \mathbb{R}^d$ を求めよ．

あとのために，問題 8.8.2 に対する Lagrange 関数を

$$\begin{aligned}
&\mathscr{L}_{\mathrm{S}}(\theta, \boldsymbol{u}, \boldsymbol{v}) \\
&\quad = \int_D (-\phi^{\alpha}(\theta)\boldsymbol{S}(\boldsymbol{u}) \cdot \boldsymbol{E}(\boldsymbol{v}) + \boldsymbol{b}(\theta) \cdot \boldsymbol{v})\,\mathrm{d}x + \int_{\Gamma_{\mathrm{N}}} \boldsymbol{p}_{\mathrm{N}} \cdot \boldsymbol{v}\,\mathrm{d}\gamma \\
&\qquad + \int_{\Gamma_{\mathrm{D}}} \{(\boldsymbol{u} - \boldsymbol{u}_{\mathrm{D}}) \cdot (\phi^{\alpha}(\theta)\boldsymbol{S}(\boldsymbol{v})\boldsymbol{\nu}) + \boldsymbol{v} \cdot (\phi^{\alpha}(\theta)\boldsymbol{S}(\boldsymbol{u})\boldsymbol{\nu})\}\,\mathrm{d}\gamma
\end{aligned}$$

と定義しておく．ただし，$\boldsymbol{v} \in U$ は Lagrange 乗数である．$\boldsymbol{u}$ が問題 8.8.2 の解ならば，任意の $\boldsymbol{v} \in U$ に対して，

$$\mathscr{L}_{\mathrm{S}}(\theta, \boldsymbol{u}, \boldsymbol{v}) = 0$$

が成り立つ．

8.8.2 平均コンプライアンス最小化問題

線形弾性問題に対する θ 型位相最適化問題を定義しよう．評価関数を次のように定義する．問題 8.8.2 の解 $\boldsymbol{u}$ に対して，

$$f_0(\boldsymbol{u}) = \int_D \boldsymbol{b}(\theta) \cdot \boldsymbol{u}\,\mathrm{d}x + \int_{\Gamma_{\mathrm{N}}} \boldsymbol{p}_{\mathrm{N}} \cdot \boldsymbol{u}\,\mathrm{d}\gamma - \int_{\Gamma_{\mathrm{D}}} \boldsymbol{u}_{\mathrm{D}} \cdot \boldsymbol{S}(\boldsymbol{u})\boldsymbol{\nu}\,\mathrm{d}\gamma \tag{8.8.6}$$

を**平均コンプライアンス**とよぶ．また，

$$f_1(\theta) = \int_D \phi(\theta)\;\mathrm{d}x - c_1 \tag{8.8.7}$$

を線形弾性体の大きさに対する制約関数とよぶ．ただし，c_1 は，ある $\theta \in \mathcal{D}$ に対して $f_1(\theta) \leq 0$ が成り立つような正の定数とする．

式 (8.8.6) の f_0 が平均コンプライアンスとよばれる理由は次のようである．式 (8.8.6) の右辺第 1 項と第 2 項はそれぞれ体積力 $\boldsymbol{b}$ と境界力 $\boldsymbol{p}_{\mathrm{N}}$ がおこなった仕事である．$\boldsymbol{b}$ と $\boldsymbol{p}_{\mathrm{N}}$ は固定されているので，これらの仕事が小さいことは $\boldsymbol{u}$ が小さいということになる．これら二つの項だけであれば，外力仕事とよべる．しかし，式 (8.8.6) の右辺第 3 項は，$\boldsymbol{u}_{\mathrm{D}}$ がおこなった仕事の負値になっている．$\boldsymbol{u}_{\mathrm{D}}$ がおこなった仕事は大きいほうが変形に対する抵抗する力が強くなることから，負号がつけられている．このような事情により，f_0 は，平均的な変形のしやすさ（コンプライアンス）という意味で，平均コンプライアンスとよばれることになった．

これらの定義を用いて，平均コンプライアンス最小化問題を次のように定義する．

問題 8.8.3（平均コンプライアンス最小化問題）

$\mathcal{D}$ と $\mathcal{S}$ をそれぞれ式 (8.1.4) と式 (8.8.2) とおく．f_0 と f_1 をそれぞれ式 (8.8.6) と式 (8.8.7) とする．このとき，

$$\min_{\theta \in \mathcal{D}} \{ f_0(\theta, \boldsymbol{u}) \mid f_1(\theta) \leq 0,\ \boldsymbol{u} - \boldsymbol{u}_{\mathrm{D}} \in \mathcal{S},\ \text{問題 8.8.2} \}$$

を満たす θ を求めよ．

8.8.3　評価関数の θ 微分

$f_0(\theta, \boldsymbol{u})$ の θ 微分を随伴変数法で求めよう．f_0 の Lagrange 関数を

$$\begin{aligned}
\mathscr{L}_0(\theta, \boldsymbol{u}, \boldsymbol{v}_0) &= f_0(\theta, \boldsymbol{u}) + \mathscr{L}_{\mathrm{S}}(\theta, \boldsymbol{u}, \boldsymbol{v}_0) \\
&= \int_D \{ -\phi^\alpha(\theta) \boldsymbol{S}(\boldsymbol{u}) \cdot \boldsymbol{E}(\boldsymbol{v}_0) + \boldsymbol{b}(\theta) \cdot (\boldsymbol{u} + \boldsymbol{v}_0) \} \, \mathrm{d}x \\
&\quad + \int_{\Gamma_{\mathrm{N}}} \boldsymbol{p}_{\mathrm{N}} \cdot (\boldsymbol{u} + \boldsymbol{v}_0) \, \mathrm{d}\gamma \\
&\quad + \int_{\Gamma_{\mathrm{D}}} \{ (\boldsymbol{u} - \boldsymbol{u}_{\mathrm{D}}) \cdot (\phi^\alpha(\theta) \boldsymbol{S}(\boldsymbol{v}_0) \boldsymbol{\nu}) \\
&\qquad + (\boldsymbol{v}_0 - \boldsymbol{u}_{\mathrm{D}}) \cdot (\phi^\alpha(\theta) \boldsymbol{S}(\boldsymbol{u}) \boldsymbol{\nu}) \} \, \mathrm{d}\gamma
\end{aligned} \tag{8.8.8}$$

とおく．$(\theta, \boldsymbol{u}, \boldsymbol{v}_0)$ の任意変動 $(\vartheta, \boldsymbol{u}', \boldsymbol{v}_0') \in X \times U \times U$ に対する $\mathscr{L}_0$ の θ 微分は

$$\mathscr{L}_0'(\theta, \boldsymbol{u}, \boldsymbol{v}_0)[\vartheta, \boldsymbol{u}', \boldsymbol{v}_0'] = \mathscr{L}_{0\theta}(\theta, \boldsymbol{u}, \boldsymbol{v}_0)[\vartheta] + \mathscr{L}_{0\boldsymbol{u}}(\theta, \boldsymbol{u}, \boldsymbol{v}_0)[\boldsymbol{u}'] + \mathscr{L}_{0\boldsymbol{v}_0}(\theta, \boldsymbol{u}, \boldsymbol{v}_0)[\boldsymbol{v}_0'] \tag{8.8.9}$$

とかける．以下で各項について考察する．

式 (8.8.9) の右辺第 3 項は，

$$\mathscr{L}_{0\boldsymbol{v}_0}(\theta, \boldsymbol{u}, \boldsymbol{v}_0)[\boldsymbol{v}_0'] = \mathscr{L}_{\mathrm{S}\boldsymbol{v}_0}(\theta, \boldsymbol{u}, \boldsymbol{v}_0)[\boldsymbol{v}_0'] = \mathscr{L}_{\mathrm{S}}(\theta, \boldsymbol{u}, \boldsymbol{v}_0') \tag{8.8.10}$$

となる．式 (8.8.10) は状態決定問題（問題 8.8.2）の Lagrange 関数になっている．そこで，$\boldsymbol{u}$ が状態決定問題の弱解ならば，式 (8.8.9) の右辺第 3 項は 0 となる．

また，式 (8.8.9) の右辺第 2 項は，

$$\begin{aligned}
&\mathscr{L}_{0\boldsymbol{u}}(\theta, \boldsymbol{u}, \boldsymbol{v}_0)[\boldsymbol{u}'] \\
&= \int_D (-\phi^\alpha(\theta)\boldsymbol{S}(\boldsymbol{u}') \cdot \boldsymbol{E}(\boldsymbol{v}_0) + \boldsymbol{b}(\theta) \cdot \boldsymbol{u}')\,\mathrm{d}x + \int_{\Gamma_{\mathrm{N}}} \boldsymbol{p}_{\mathrm{N}} \cdot \boldsymbol{u}'\,\mathrm{d}\gamma \\
&\quad + \int_{\Gamma_{\mathrm{D}}} \{\boldsymbol{u}' \cdot (\phi^\alpha(\theta)\boldsymbol{S}(\boldsymbol{v}_0)\boldsymbol{\nu}) + (\boldsymbol{v}_0 - \boldsymbol{u}_{\mathrm{D}}) \cdot (\phi^\alpha(\theta)\boldsymbol{S}(\boldsymbol{u}')\boldsymbol{\nu})\}\,\mathrm{d}\gamma \\
&= \mathscr{L}_{\mathrm{S}}(\theta, \boldsymbol{v}_0, \boldsymbol{u}')
\end{aligned} \tag{8.8.11}$$

となる．ここで，式 (8.8.11) が 0 となるように $\boldsymbol{v}_0$ を決定できれば，式 (8.8.9) の右辺第 2 項は 0 となる．この関係は，**自己随伴関係**

$$\boldsymbol{u} = \boldsymbol{v}_0 \tag{8.8.12}$$

が成り立つことを意味している．

さらに，式 (8.8.9) の右辺第 1 項は，

$$\mathscr{L}_{0\theta}(\theta, \boldsymbol{u}, \boldsymbol{v}_0)[\vartheta] = \int_D \{\boldsymbol{b}_\theta \cdot (\boldsymbol{u} + \boldsymbol{v}_0) - \alpha\phi^{\alpha-1}\phi'\boldsymbol{S}(\boldsymbol{u}) \cdot \boldsymbol{E}(\boldsymbol{v}_0)\}\vartheta\,\mathrm{d}x \tag{8.8.13}$$

となる．

そこで，$\boldsymbol{u}$ が問題 8.8.2 の弱解で，自己随伴関係（式 (8.8.12)）が成り立つと

する．このときの $f_0(\theta, \boldsymbol{u})$ を $\tilde{f}_0(\theta)$ とかくことにすれば，

$$\tilde{f}_0'(\theta)[\vartheta] = \mathscr{L}_{0\theta}(\theta, \boldsymbol{u}, \boldsymbol{v}_0)[\vartheta] = \langle g_0, \vartheta \rangle \tag{8.8.14}$$

のようにかかれる．ここで，

$$g_0 = 2\boldsymbol{b}_\theta \cdot \boldsymbol{u} - \alpha\phi^{\alpha-1}\phi' \boldsymbol{S}(\boldsymbol{u}) \cdot \boldsymbol{E}(\boldsymbol{u}) \tag{8.8.15}$$

となる．

一方，$f_1(\theta)$ に関しては，任意の $\vartheta \in X$ に対して

$$f_1'(\theta)[\vartheta] = \int_D \phi' \vartheta \, \mathrm{d}x \tag{8.8.16}$$

が成り立つ．

以上の結果に基づけば，式 (8.8.15) の g_0 が入る関数空間は，定理 8.4.2 と同様の結果となる．そこで，H^1 勾配法を適用することで，探索ベクトル ϑ_g が $W^{1,\infty}$ 級となることが保証される．

8.8.4　評価関数の 2 階 θ 微分

さらに，平均コンプライアンス f_0 と線形弾性体の大きさ制約に対する評価関数 f_1 の 2 階 θ 微分を求めることもできる．ここでは，8.4.2 項で示された手続きに沿ってみていくことにする．

まず，f_0 の 2 階 θ 微分について考えよう．仮定 8.4.4 の (1) に対応して，ここでは，$\boldsymbol{b}$ は θ の関数ではないと仮定する．仮定 8.4.4 の (2) に対応する関係はここでは満たされている．また，仮定 8.4.4 の (3) を仮定する．

式 (8.8.8) で定義された $\mathscr{L}_0$ に対して，設計変数 $(\theta, \boldsymbol{u})$ の任意変動 $(\vartheta_1, \boldsymbol{u}_1') \in X \times U$ と $(\vartheta_2, \boldsymbol{u}_2') \in X \times U$ に対する $\mathscr{L}_0$ の 2 階 θ 微分は

$$\begin{aligned}
&\mathscr{L}_0''(\theta, \boldsymbol{u}, \boldsymbol{v}_0)[(\vartheta_1, \boldsymbol{u}_1'), (\vartheta_2, \boldsymbol{u}_2')] \\
&\quad = \mathscr{L}_{0\theta\theta}(\theta, \boldsymbol{u}, \boldsymbol{v}_0)[\vartheta_1, \vartheta_2] + \mathscr{L}_{0\theta\boldsymbol{u}}(\theta, \boldsymbol{u}, \boldsymbol{v}_0)[\vartheta_1, \boldsymbol{u}_2'] \\
&\qquad + \mathscr{L}_{0\theta\boldsymbol{u}}(\theta, \boldsymbol{u}, \boldsymbol{v}_0)[\vartheta_2, \boldsymbol{u}_1'] + \mathscr{L}_{0\boldsymbol{u}\boldsymbol{u}}(\theta, \boldsymbol{u}, \boldsymbol{v}_0)[\boldsymbol{u}_1', \boldsymbol{u}_2']
\end{aligned} \tag{8.8.17}$$

となる．式 (8.8.17) 右辺の各項は，

$$\mathscr{L}_{0\theta\theta}(\theta, \boldsymbol{u}, \boldsymbol{v}_0)[\vartheta_1, \vartheta_2] = \int_D -(\phi^\alpha(\theta))'' \boldsymbol{S}(\boldsymbol{u}) \cdot \boldsymbol{E}(\boldsymbol{v}_0) \vartheta_1 \vartheta_2 \, \mathrm{d}x \tag{8.8.18}$$

$$\mathscr{L}_{0\theta\boldsymbol{u}}(\theta,\boldsymbol{u},\boldsymbol{v}_0)[\vartheta_1,\boldsymbol{u}_2'] = \int_D -(\phi^\alpha(\theta))'\boldsymbol{S}(\boldsymbol{u}_2')\cdot\boldsymbol{E}(\boldsymbol{v}_0)\vartheta_1\,\mathrm{d}x \tag{8.8.19}$$

$$\mathscr{L}_{0\theta\boldsymbol{u}}(\theta,\boldsymbol{u},\boldsymbol{v}_0)[\vartheta_2,\boldsymbol{u}_1'] = \int_D -(\phi^\alpha(\theta))'\boldsymbol{S}(\boldsymbol{u}_1')\cdot\boldsymbol{E}(\boldsymbol{v}_0)\vartheta_2\,\mathrm{d}x \tag{8.8.20}$$

$$\mathscr{L}_{0\boldsymbol{u}\boldsymbol{u}}(\theta,\boldsymbol{u},\boldsymbol{v}_0)[\boldsymbol{u}_1',\boldsymbol{u}_2'] = 0 \tag{8.8.21}$$

となる．ただし，$\boldsymbol{u}-\boldsymbol{u}_{\mathrm{D}}, \boldsymbol{v}_0-\boldsymbol{u}_{\mathrm{D}}, \boldsymbol{u}_1'$ および $\boldsymbol{u}_2'$ は Γ_{D} 上で $\boldsymbol{0}_{\mathbb{R}^d}$ となることを用いた．また，$(\phi^\alpha(\theta))'$ と $(\phi^\alpha(\theta))''$ はそれぞれ式 (8.4.14) と式 (8.4.15) である．ここで，設計変数の任意変動 $\vartheta\in X$ に対して，状態決定問題（問題 8.8.2）の等式制約が満たされたもとでの $\boldsymbol{u}$ の変動を $\boldsymbol{u}'(\theta)[\vartheta]$ とかく．このとき，状態決定問題の Lagrange 関数 $\mathscr{L}_{\mathrm{S}}$ の θ 微分は，任意の $\boldsymbol{v}\in U$ に対して

$$\begin{aligned}
&\mathscr{L}_{\mathrm{S}}'(\theta,\boldsymbol{u},\boldsymbol{v})[\vartheta,\boldsymbol{u}'(\theta)[\vartheta]]\\
&\quad=\int_D\{-(\phi^\alpha(\theta))'\vartheta\boldsymbol{S}(\boldsymbol{u})-\phi^\alpha(\theta)\boldsymbol{S}(\boldsymbol{u}'(\theta)[\vartheta])\}\cdot\boldsymbol{E}(\boldsymbol{v})\,\mathrm{d}x\\
&\quad=0
\end{aligned} \tag{8.8.22}$$

となる．ただし，$\boldsymbol{v}$ と $\boldsymbol{u}'(\theta)[\vartheta]$ は Γ_{D} 上で $\boldsymbol{0}_{\mathbb{R}^d}$ となることが使われた．式 (8.8.22) より，

$$\boldsymbol{S}(\boldsymbol{u}'(\theta)[\vartheta]) = -\frac{(\phi^\alpha(\theta))'}{\phi^\alpha(\theta)}\vartheta\boldsymbol{S}(\boldsymbol{u}) \quad \text{in } D \tag{8.8.23}$$

が得られる．そこで，式 (8.8.23) を満たす $\boldsymbol{u}'(\theta)[\vartheta_1]$ と $\boldsymbol{u}'(\theta)[\vartheta_2]$ を式 (8.8.20) の $\boldsymbol{u}_1'$ と式 (8.8.19) の $\boldsymbol{u}_2'$ に代入し，状態決定問題と f_0 に対する随伴問題の Dirichlet 境界条件と Γ_{D} 上で $\boldsymbol{u}'(\theta)[\vartheta]=0$ を考慮すれば，

$$\begin{aligned}
\mathscr{L}_{0\theta\boldsymbol{u}}(\theta,\boldsymbol{u},\boldsymbol{v}_0)[\vartheta_1,\boldsymbol{u}'[\vartheta_2]] &= \mathscr{L}_{0\theta\boldsymbol{u}}(\theta,\boldsymbol{u},\boldsymbol{v}_0)[\vartheta_2,\boldsymbol{u}'[\vartheta_1]]\\
&=\int_D\frac{(\phi^\alpha(\theta))'^2}{\phi^\alpha(\theta)}\boldsymbol{S}(\boldsymbol{u})\cdot\boldsymbol{E}(\boldsymbol{v}_0)\vartheta_1\vartheta_2\,\mathrm{d}x
\end{aligned} \tag{8.8.24}$$

が得られる．

以上の結果をまとめれば，平均コンプライアンス f_0 の 2 階 θ 微分は，式 (8.8.24) と式 (8.8.18) を式 (8.8.17) に代入することにより，

$$h_0(\theta, \boldsymbol{u}, \boldsymbol{v}_0)[\vartheta_1, \vartheta_2]$$
$$= \int_D \left\{ 2\frac{(\phi^\alpha(\theta))'^2}{\phi^\alpha(\theta)} - (\phi^\alpha(\theta))'' \right\} \boldsymbol{S}(\boldsymbol{u}) \cdot \boldsymbol{E}(\boldsymbol{v}_0)\vartheta_1\vartheta_2 \, \mathrm{d}x$$
$$= \int_D \beta(\alpha, \theta)\boldsymbol{S}(\boldsymbol{u}) \cdot \boldsymbol{E}(\boldsymbol{v}_0)\vartheta_1\vartheta_2 \, \mathrm{d}x \tag{8.8.25}$$

となる．ただし，$\beta(\alpha, \theta)$ は式 (8.4.20) とする．さらに，自己随伴関係を用いれば，$\boldsymbol{S}(\boldsymbol{u}) \cdot \boldsymbol{E}(\boldsymbol{v}_0) > 0$ となり，$h_0(\theta, \boldsymbol{u}, \boldsymbol{v}_0)[\,\cdot\,,\,\cdot\,]$ は X 上の強圧的かつ有界なある双 1 次形式となる．

一方，$f_1(\theta)$ の 2 階 θ 微分は，任意の $\vartheta_1, \vartheta_2 \in X$ に対して

$$h_1(\theta)[\vartheta_1, \vartheta_2] = f_1''(\theta)[\vartheta_1, \vartheta_2] = \int_D \phi''(\theta)\vartheta_1\vartheta_2 \, \mathrm{d}x \tag{8.8.26}$$

となる．ここで，$\phi(\theta)$ に式 (8.1.1) を用いたときには，

$$\phi''(\theta) = -\frac{1}{\pi}\frac{2\theta}{(1+\theta^2)^2} \tag{8.8.27}$$

となる．また，$\phi(\theta)$ が式 (8.1.2) で与えられたときには，式 (8.4.8) および

$$\phi''(\theta) = -\operatorname{sech}^2\theta \tanh\theta \tag{8.8.28}$$

となる．図 8.8.2 は $\phi''(\theta)$ のグラフを示す．

このように，平均コンプライアンス最小化問題では，目的関数 f_0 の 2 階 θ 微分は強圧的になるが，制約関数 f_1 の 2 階 θ 微分は強圧的にはならないことになる．そこで，Newton 法（問題 8.5.6）を使う場合には，強圧性を確保するた

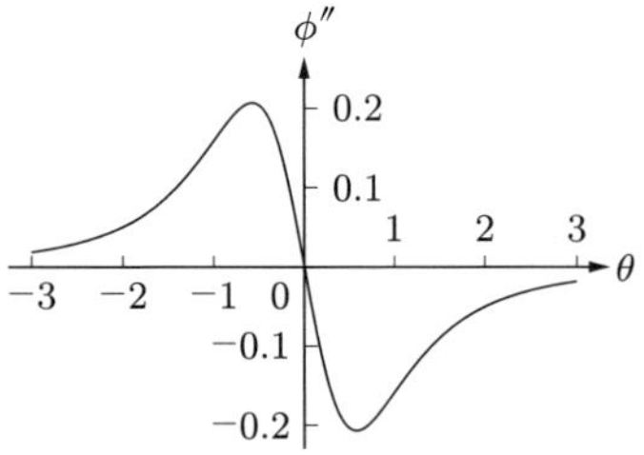

（a）$\phi(\theta) = \tan^{-1}\theta/\pi + 1/2$

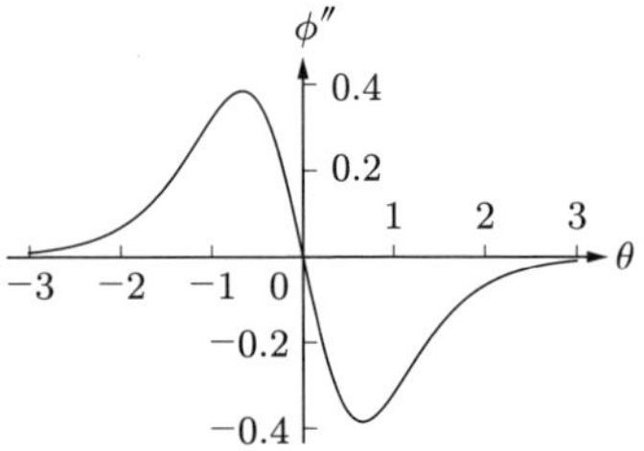

（b）$\phi(\theta) = (\tanh\theta + 1)/2$

図 8.8.2 h_1 における係数関数 $\phi''(\theta)$

めの工夫が必要となる．

8.8.5 数値例

2 次元線形弾性体のコートがけ問題とよばれる境界条件に対する平均コンプライアンス最小化の結果が図 8.8.3 に示されている．プログラムは，有限要素法プログラミング言語 FreeFem++ (http://www.freefem.org/ff++/)[65] でかかれている．詳細は，プログラムをみていただきたい†．

図 8.8.3 (b) より，H^1 勾配法よりも H^1 Newton 法を使うことによって，評価関数の収束が早まることが観察される．

（a）初期密度と境界条件

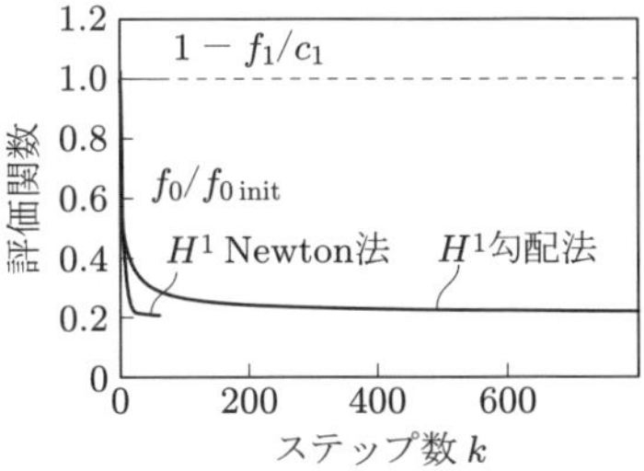

（b）評価関数の履歴

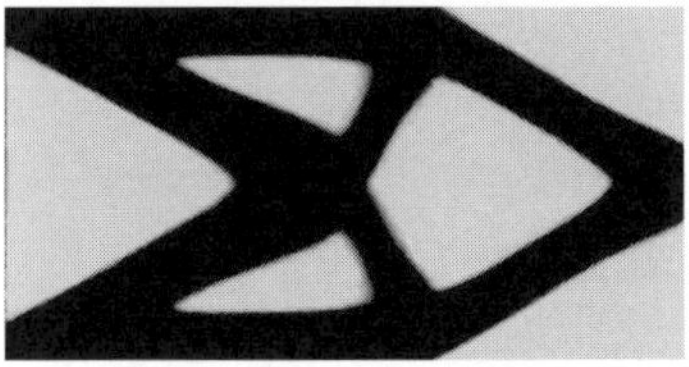

（c）H^1 勾配法による最適密度

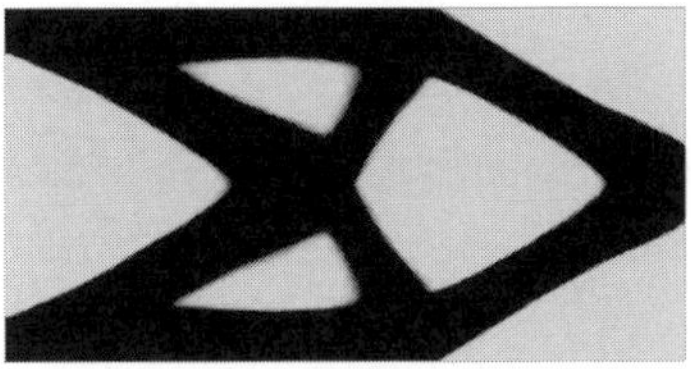

（d）H^1 Newton 法による最適密度

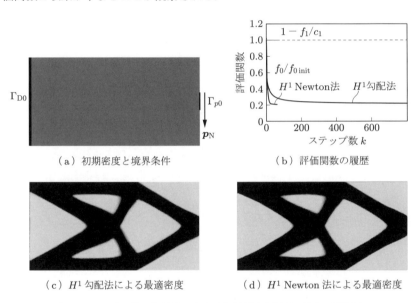

図 8.8.3 2 次元線形弾性体の密度型位相最適化問題に対する数値例

8.9 Stokes 流れ場の位相最適化問題

流れ場に対しても位相最適化問題が構成できることが文献 [1, 27, 48, 52, 56, 57, 124] に示されている．ここでは，1.3 節でとりあげられた 1 次元分岐 Stokes

---

†URL: http://www.morikita.co.jp/books/mid/061461（森北出版 Web サイト）

流れ場の平均流れ抵抗最小化問題を $d \in \{2,3\}$ 次元の θ 型位相最適化問題に拡張する．ここでも，評価関数の θ 微分と 2 階 θ 微分が求められるところまでを示すことにする．本節では，D を Stokes 流れ場と仮定し，X と $\mathcal{D}$ はそれぞれ式 (8.1.3) と式 (8.1.4) で定義されているものとする．

8.9.1 状態決定問題

状態決定問題として Stokes 問題を定義しよう．5.5 節で Stokes 問題（問題 5.5.1）が定義されたが，ここでは，図 8.9.1 のような θ 型 Stokes 流れ場を考える．そのために，一部の定義を追加する．U および $\mathcal{S}$ に関しては，それぞれ式 (8.8.1) および式 (8.8.2) を用いることにする．ただし，$\Gamma_{\mathrm{D}} = \partial D$ とする．さらに，$q_{\mathrm{R}} > d$ に対して，

$$Q = \left\{ q \in L^2(D;\mathbb{R}) \;\middle|\; \int_D q \,\mathrm{d}x = 0 \right\} \tag{8.9.1}$$

$$\mathcal{P} = Q \cap L^{2q_{\mathrm{R}}}(D;\mathbb{R}) \tag{8.9.2}$$

とおく．

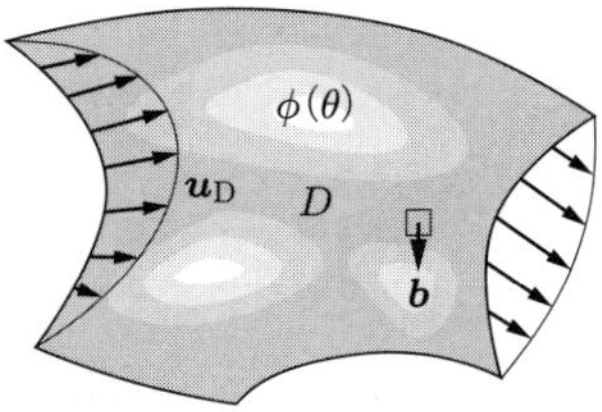

図 8.9.1　θ 型 Stokes 流れ場

流れ場の位相最適化問題では，多孔質媒体を通過する流体の流れ（浸透流）を利用する．浸透流では，流速 $\boldsymbol{u}$ と圧力 p に対して Darcy 則

$$\boldsymbol{u} = -\frac{k}{\mu}\boldsymbol{\nabla} p$$

が成り立つと仮定される．ここで，k および μ は透過係数および粘性係数とよばれる正定数である．流れ場の位相最適化問題では，浸透流の流れにくさを表す定数 μ/k を

$$\psi(\phi) = \psi_1\left\{1 - \frac{\phi(1+\alpha)}{\phi+\alpha}\right\} = \psi_1\frac{\alpha(1-\phi)}{\alpha+\phi} \tag{8.9.3}$$

におきかえて，Stokes 方程式の $\boldsymbol{\nabla} p$ を $\psi(\phi(\theta))\boldsymbol{u} + \boldsymbol{\nabla} p$ におきかえる．ここで，ϕ は流体の密度に相当する含水率を表し，その値域は $[0,1]$ に制限されていると仮定する．そこで，密度と同様に，ϕ は設計変数 $\theta \in X$ に対するシグモイド関数で与えられると仮定する．また，ψ_1 は流れにくさの最大値を与える正定数，α は非線形性を制御するための定数で $(0,1]$ から選ぶことにする．文献 [1] では計算の進行にあわせて 0.01 から 1 へと変化させている．図 8.9.2 は，関数 $\psi(\phi)$ を示す．

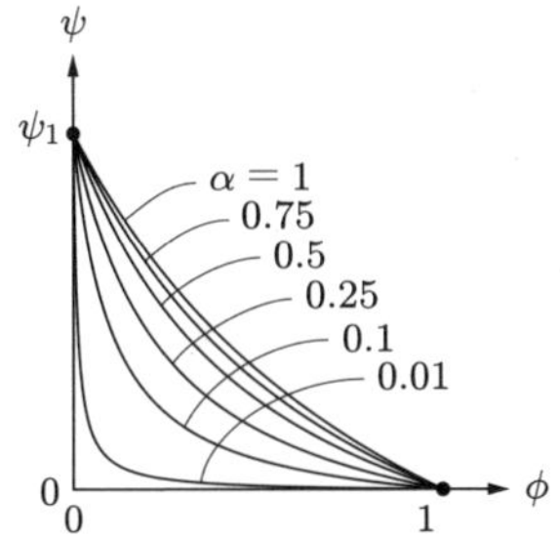

図 8.9.2 含水率 ϕ に対する流れにくさを表す係数 ψ

ここでは，次の仮定をおく．

■仮定 8.9.1（既知関数の正則性） $q_{\mathrm{R}} > d$ に対して

$$\boldsymbol{b} \in L^{2q_{\mathrm{R}}}(D;\mathbb{R}^d), \quad \boldsymbol{u}_{\mathrm{D}} \in \{\boldsymbol{u} \in W^{1,2q_{\mathrm{R}}}(D;\mathbb{R}^d) \mid \boldsymbol{\nabla}\cdot\boldsymbol{u} = 0 \text{ in } D\}$$

であると仮定する．

これらの仮定を用いて，θ 型 Stokes 問題を次のように定義する．

問題 8.9.2（θ 型 Stokes 問題）

$\boldsymbol{b}$ および $\boldsymbol{u}_{\mathrm{D}}$ は仮定 8.9.1 を満たし，境界上角点の開き角に対して仮定 8.2.2 が成り立つと仮定する．また，$\psi(\phi)$ を式 (8.9.3) とする．さらに，$\phi(\theta)$ は式 (8.1.1) あるいは式 (8.1.2) で与えられるとする．このとき，

$$-\boldsymbol{\nabla}^{\mathrm{T}}(\mu\boldsymbol{\nabla}\boldsymbol{u}^{\mathrm{T}}) + \psi(\phi(\theta))\boldsymbol{u}^{\mathrm{T}} + \boldsymbol{\nabla}^{\mathrm{T}} p = \boldsymbol{b}^{\mathrm{T}} \quad \text{in } D \tag{8.9.4}$$

$$\boldsymbol{\nabla}\cdot\boldsymbol{u} = 0 \quad \text{in } D \tag{8.9.5}$$

$$\boldsymbol{u} = \boldsymbol{u}_{\mathrm{D}} \quad \text{on } \partial D \tag{8.9.6}$$

$$\int_D p\,\mathrm{d}x = 0 \tag{8.9.7}$$

を満たす $(\boldsymbol{u}, p)\colon D \to \mathbb{R}^{d+1}$ を求めよ.

あとのために, 問題 8.9.2 に対する Lagrange 関数を

$$\begin{aligned}
&\mathscr{L}_{\mathrm{S}}(\theta, \boldsymbol{u}, p, \boldsymbol{v}, q)\\
&\quad = \int_D \{-\mu(\boldsymbol{\nabla}\boldsymbol{u}^{\mathrm{T}})\cdot(\boldsymbol{\nabla}\boldsymbol{v}^{\mathrm{T}}) - \psi(\phi(\theta))\boldsymbol{u}\cdot\boldsymbol{v}\\
&\qquad\qquad + p\boldsymbol{\nabla}\cdot\boldsymbol{v} + \boldsymbol{b}\cdot\boldsymbol{v} + q\boldsymbol{\nabla}\cdot\boldsymbol{u}\}\,\mathrm{d}x\\
&\qquad + \int_{\partial D}\{(\boldsymbol{u}-\boldsymbol{u}_{\mathrm{D}})\cdot(\mu\partial_\nu\boldsymbol{v} - q\boldsymbol{\nu}) + \boldsymbol{v}\cdot(\mu\partial_\nu\boldsymbol{u} - p\boldsymbol{\nu})\}\,\mathrm{d}\gamma
\end{aligned} \tag{8.9.8}$$

と定義しておく. ただし, $(\boldsymbol{v}, q) \in U \times Q$ は Lagrange 乗数である.

$(\boldsymbol{u}, p)$ が問題 8.9.2 の解のとき, 任意の $(\boldsymbol{v}, q) \in U \times Q$ に対して,

$$\mathscr{L}_{\mathrm{S}}(\theta, \boldsymbol{u}, p, \boldsymbol{v}, q) = 0$$

が成り立つ.

8.9.2 平均流れ抵抗最小化問題

Stokes 流れ場に対して θ 型位相最適化問題を定義しよう. 評価関数を次のように定義する. まず, 流れにくさを表す評価関数として

$$f_0(\theta, \boldsymbol{u}, p) = -\int_D \boldsymbol{b}\cdot\boldsymbol{u}\,\mathrm{d}x + \int_{\partial D} \boldsymbol{u}_{\mathrm{D}}\cdot(\mu\partial_\nu\boldsymbol{u} - p\boldsymbol{\nu})\,\mathrm{d}\gamma \tag{8.9.9}$$

を定義する. 式 (8.9.9) の右辺第 1 項は体積力による仕事率の負値を表す. この値は大きいほうが流速が大きくなることから, 負号がつけられた. 一方, 式 (8.9.9) の右辺第 2 項は, Stokes 流れ場の内部で粘性によって失われた単位時間あたりのエネルギーを境界積分で表したものに相当する. これらは, いずれも平均的流れにくさを表すことから, f_0 を**平均流れ抵抗**とよぶことにする. それに対

して，

$$f_1(\theta) = \int_D \phi(\theta)\,\mathrm{d}x - c_1 \tag{8.9.10}$$

を流れ場の大きさ制約に対する評価関数とする．ただし，c_1 は，ある $\theta \in \mathcal{D}$ に対して $f_1(\theta) \leq 0$ が成り立つような正の定数とする．これらを用いて，平均流れ抵抗最小化問題を次のように定義する．

問題 8.9.3（平均流れ抵抗最小化問題）

$\mathcal{D}$, $\mathcal{S}$ および $\mathcal{P}$ をそれぞれ式 (8.1.4), (8.8.2) および (8.9.2) とおく．$(\boldsymbol{u}, p)$ を $\theta \in \mathcal{D}$ に対する問題 8.9.2 の解として，f_0 と f_1 を式 (8.9.9) と式 (8.9.10) で与えられるとする．このとき，

$$\min_{\theta\in\mathcal{D}}\{f_0(\theta,\boldsymbol{u},p) \mid f_1(\theta) \leq 0, (\boldsymbol{u}-\boldsymbol{u}_{\mathrm{D}},p) \in \mathcal{S}\times\mathcal{P},\ \text{問題 8.9.2}\}$$

を満たす θ を求めよ．

8.9.3 評価関数の θ 微分

$f_0(\theta, \boldsymbol{u}, p)$ の θ 微分を随伴変数法で求めよう．f_0 の Lagrange 関数を

$$\begin{aligned}
\mathscr{L}_0(\theta,\boldsymbol{u},p,\boldsymbol{v}_0,q_0) &= f_0(\theta,\boldsymbol{u},p) - \mathscr{L}_{\mathrm{S}}(\theta,\boldsymbol{u},p,\boldsymbol{v}_0,q_0)\\
&= \int_D \{\mu(\boldsymbol{\nabla}\boldsymbol{u}^{\mathrm{T}})\cdot(\boldsymbol{\nabla}\boldsymbol{v}_0^{\mathrm{T}}) + \psi(\phi(\theta))\boldsymbol{u}\cdot\boldsymbol{v}_0 - p\boldsymbol{\nabla}\cdot\boldsymbol{v}_0\\
&\qquad - \boldsymbol{b}\cdot(\boldsymbol{v}_0+\boldsymbol{u}) - q_0\boldsymbol{\nabla}\cdot\boldsymbol{u}\}\,\mathrm{d}x\\
&\quad - \int_{\partial D}\{(\boldsymbol{u}-\boldsymbol{u}_{\mathrm{D}})\cdot(\mu\partial_\nu\boldsymbol{v}_0 - q_0\boldsymbol{\nu}) + (\boldsymbol{v}_0-\boldsymbol{u}_{\mathrm{D}})\cdot(\mu\partial_\nu\boldsymbol{u} - p\boldsymbol{\nu})\}\,\mathrm{d}\gamma
\end{aligned} \tag{8.9.11}$$

とおく．線形弾性体の平均コンプライアンスに対する Lagrange 関数が定義された式 (8.8.8) と比較して，ここでは $\mathscr{L}_{\mathrm{S}}$ に負号がつけられた．この変更は，のちに自己随伴関係を得るためのものである．線形弾性体の平均コンプライアンス最小化問題では変位の最小化を目指していたが，Stokes 流れ場の平均流れ抵抗最小化問題では流速の最大化を目指しているために，このような違いが生じた．$(\theta, \boldsymbol{u}, p, \boldsymbol{v}_0, q_0)$ の任意変動 $(\vartheta, \boldsymbol{u}', p', \boldsymbol{v}_0', q_0') \in X \times (U \times Q)^2$ に対する $\mathscr{L}_0$ の θ 微分は

$$
\begin{aligned}
&\mathscr{L}_0'(\theta, \boldsymbol{u}, p, \boldsymbol{v}_0, q_0)[\vartheta, \boldsymbol{u}', p', \boldsymbol{v}_0', q_0'] \\
&\quad = \mathscr{L}_{0\theta}(\theta, \boldsymbol{u}, p, \boldsymbol{v}_0, q_0)[\vartheta] \\
&\qquad + \mathscr{L}_{0\boldsymbol{u}p}(\theta, \boldsymbol{u}, p, \boldsymbol{v}_0, q_0)[\boldsymbol{u}', p'] + \mathscr{L}_{0\boldsymbol{v}_0 q_0}(\theta, \boldsymbol{u}, p, \boldsymbol{v}_0, q_0)[\boldsymbol{v}_0', q_0']
\end{aligned}
\tag{8.9.12}
$$

とかける．以下で各項について考察する．

式 (8.9.12) の右辺第 3 項は，

$$
\begin{aligned}
\mathscr{L}_{0\boldsymbol{v}_0 q_0}(\theta, \boldsymbol{u}, p, \boldsymbol{v}_0, q_0)[\boldsymbol{v}_0', q_0'] &= \mathscr{L}_{\mathrm{S}\boldsymbol{v}_0 q_0}(\theta, \boldsymbol{u}, p, \boldsymbol{v}_0, q_0)[\boldsymbol{v}_0', q_0'] \\
&= -\mathscr{L}_{\mathrm{S}}(\theta, \boldsymbol{u}, p, \boldsymbol{v}_0', q_0')
\end{aligned}
\tag{8.9.13}
$$

となる．式 (8.9.13) は状態決定問題（問題 8.9.2）の Lagrange 関数になっている．そこで，$(\boldsymbol{u}, p)$ が状態決定問題の弱解ならば，式 (8.9.12) の右辺第 3 項は 0 となる．

また，式 (8.9.12) の右辺第 2 項は，$(\boldsymbol{u}, p)$ の任意の変動 $(\boldsymbol{u}', p') \in U \times Q$ に対して，

$$
\begin{aligned}
&\mathscr{L}_{0\boldsymbol{u}p}(\theta, \boldsymbol{u}, p, \boldsymbol{v}_0, q_0)[\boldsymbol{u}', p'] \\
&\quad = \int_D \{\mu(\boldsymbol{\nabla}\boldsymbol{u}'^{\mathrm{T}}) \cdot (\boldsymbol{\nabla}\boldsymbol{v}_0^{\mathrm{T}}) + \psi(\phi(\theta))\boldsymbol{u}' \cdot \boldsymbol{v}_0 - p'\boldsymbol{\nabla} \cdot \boldsymbol{v}_0 \\
&\qquad\qquad - \boldsymbol{b} \cdot \boldsymbol{u}' - q_0 \boldsymbol{\nabla} \cdot \boldsymbol{u}'\} \,\mathrm{d}x \\
&\qquad - \int_{\partial D} \{\boldsymbol{u}' \cdot (\mu \partial_\nu \boldsymbol{v}_0 - q_0 \boldsymbol{\nu}) + (\boldsymbol{v}_0 - \boldsymbol{u}_{\mathrm{D}}) \cdot (\mu \partial_\nu \boldsymbol{u}' - p'\boldsymbol{\nu})\} \,\mathrm{d}\gamma \\
&\quad = -\mathscr{L}_{\mathrm{S}}(\theta, \boldsymbol{v}_0, q_0, \boldsymbol{u}', p')
\end{aligned}
\tag{8.9.14}
$$

となる．そこで，**自己随伴関係**

$$
(\boldsymbol{u}, p) = (\boldsymbol{v}_0, q_0) \tag{8.9.15}
$$

が成り立つとき，式 (8.9.12) の右辺第 2 項は 0 となる．

さらに，式 (8.9.12) の右辺第 1 項は，

$$
\mathscr{L}_{0\theta}(\theta, \boldsymbol{u}, p, \boldsymbol{v}_0, q_0)[\vartheta] = \int_D \psi'(\phi(\theta))\phi'(\theta)\boldsymbol{u} \cdot \boldsymbol{v}_0 \vartheta \,\mathrm{d}x \tag{8.9.16}
$$

となる．

そこで，$(\boldsymbol{u}, p)$ が問題 8.9.2 の弱解で，自己随伴関係（式 (8.9.15)）が成り立つとする．このときの $f_0(\theta, \boldsymbol{u}, p)$ を $\tilde{f}_0(\theta)$ とかくことにすれば，

$$\tilde{f}_0'(\theta)[\vartheta] = \mathscr{L}_{0\theta}(\theta, \boldsymbol{u}, p, \boldsymbol{v}_0, q_0)[\vartheta] = \langle g_0, \vartheta \rangle \tag{8.9.17}$$

のようにかかれる．ここで，

$$g_0 = \psi' \phi' \boldsymbol{u} \cdot \boldsymbol{u} \tag{8.9.18}$$

となる．$\psi(\phi)$ に式 (8.9.3) を用いたときには，

$$\psi'(\phi) = -\psi_1 \frac{\alpha(1+\alpha)}{(\phi+\alpha)^2} \tag{8.9.19}$$

となる．

一方，$f_1(\theta)$ に関しては，任意の $\vartheta \in X$ に対して

$$f_1'(\theta)[\vartheta] = \int_D \phi' \vartheta \, \mathrm{d}x \tag{8.9.20}$$

が成り立つ．

以上の結果に基づけば，式 (8.9.18) の g_0 が入る関数空間について定理 8.4.2 の結果よりも滑らかな $W^{1,q_\mathrm{R}}(D;\mathbb{R}) \subset X'$ に入る．$W^{1,q_\mathrm{R}}(D;\mathbb{R}) \subset C^0(D;\mathbb{R})$ であることから，H^1 勾配法を適用しなくても数値不安定現象が発生しないことが考えられる．しかし，探索ベクトル ϑ_g が $W^{1,\infty}$ 級を保証するためには H^1 勾配法が必要である．

8.9.4 評価関数の 2 階 θ 微分

さらに，平均流れ抵抗 f_0 と流れ場の大きさ制約に対する評価関数 f_1 の 2 階 θ 微分を求めることもできる．ここでも，8.4.2 項でみてきた手続きに沿って，f_0 と f_1 の 2 階 θ 微分を求めてみよう．

まず，f_0 の 2 階 θ 微分について考えよう．仮定 8.4.4 の (1) に対応して，ここでは，$\boldsymbol{b}$ は θ の関数ではないと仮定する．仮定 8.4.4 の (2) に対応する関係はここでは満たされている．式 (8.9.11) で定義された $\mathscr{L}_0$ に対して，設計変数 $(\theta, \boldsymbol{u}, p)$ の任意変動 $(\vartheta_1, \boldsymbol{u}_1', p_1') \in X \times U \times Q$ と $(\vartheta_2, \boldsymbol{u}_2', p_2') \in X \times U \times Q$ に対する $\mathscr{L}_0$ の 2 階 θ 微分は

$$\begin{aligned}&\mathscr{L}_0''(\theta,\boldsymbol{u},p,\boldsymbol{v}_0,q_0)[(\vartheta_1,\boldsymbol{u}_1',p_1'),(\vartheta_2,\boldsymbol{u}_2',p_2')]\\&\quad=\mathscr{L}_{0\theta\theta}(\theta,\boldsymbol{u},p,\boldsymbol{v}_0,q_0)[\vartheta_1,\vartheta_2]+\mathscr{L}_{0\theta\boldsymbol{u}p}(\theta,\boldsymbol{u},p,\boldsymbol{v}_0,q_0)[\vartheta_1,\boldsymbol{u}_2',p_2']\\&\qquad+\mathscr{L}_{0\theta\boldsymbol{u}p}(\theta,\boldsymbol{u},\boldsymbol{v}_0)[\vartheta_2,\boldsymbol{u}_1',p_1']+\mathscr{L}_{0\boldsymbol{u}p\boldsymbol{u}p}(\theta,\boldsymbol{u},\boldsymbol{v}_0)[\boldsymbol{u}_1',p_1',\boldsymbol{u}_2',p_2']\end{aligned}\tag{8.9.21}$$

となる．式 (8.9.21) 右辺の各項は，

$$\begin{aligned}&\mathscr{L}_{0\theta\theta}(\theta,\boldsymbol{u},p,\boldsymbol{v}_0,q_0)[\vartheta_1,\vartheta_2]\\&\quad=\int_D\{\psi''(\phi(\theta))(\phi'(\theta))^2+\psi'(\phi(\theta))\phi''(\theta)\}\boldsymbol{u}\cdot\boldsymbol{v}_0\vartheta_1\vartheta_2\,\mathrm{d}x\end{aligned}\tag{8.9.22}$$

$$\mathscr{L}_{0\theta\boldsymbol{u}p}(\theta,\boldsymbol{u},\boldsymbol{v}_0)[\vartheta_1,\boldsymbol{u}_2',p_2']=\int_D\psi'(\phi(\theta))\phi'(\theta)\boldsymbol{u}_2'\cdot\boldsymbol{v}_0\,\vartheta_1\,\mathrm{d}x\tag{8.9.23}$$

$$\begin{aligned}&\mathscr{L}_{0\theta\boldsymbol{u}p}(\theta,\boldsymbol{u},p,\boldsymbol{v}_0,q_0)[\vartheta_2,\boldsymbol{u}_1',p_1']\\&\quad=\int_D\psi'(\phi(\theta))\phi'(\theta)\boldsymbol{u}_1'\cdot\boldsymbol{v}_0\,\vartheta_2\,\mathrm{d}x\end{aligned}\tag{8.9.24}$$

$$\mathscr{L}_{0\boldsymbol{u}p\boldsymbol{u}p}(\theta,\boldsymbol{u},\boldsymbol{v}_0)[\boldsymbol{u}_1',p_1',\boldsymbol{u}_2',p_2']=0\tag{8.9.25}$$

となる．ただし，$\boldsymbol{u}-\boldsymbol{u}_{\mathrm{D}},\boldsymbol{v}_0-\boldsymbol{u}_{\mathrm{D}},\boldsymbol{u}_1'$ および $\boldsymbol{u}_2'$ は ∂D 上で $\boldsymbol{0}_{\mathbb{R}^d}$ となることを用いた．ここで，式 (8.9.24) と式 (8.9.23) の $\boldsymbol{u}_1'$ と $\boldsymbol{u}_1'$ 設計変数の任意変動 $\vartheta\in X$ に対して，状態決定問題（問題 8.9.2）の等式制約が満たされたもとでの $(\boldsymbol{u},p)$ の変動を $(\boldsymbol{u}'(\theta)[\vartheta],p'(\theta)[\vartheta])$ とかく．このとき，状態決定問題の Lagrange 関数 $\mathscr{L}_{\mathrm{S}}$ の θ 微分は，任意の $(\boldsymbol{v},q)\in U\times Q$ に対して

$$\begin{aligned}&\mathscr{L}_{\mathrm{S}}'(\theta,\boldsymbol{u},p,\boldsymbol{v},q)[\vartheta,\boldsymbol{u}'(\theta)[\vartheta],p'(\theta)[\vartheta]]\\&\quad=\int_D\{-\mu(\boldsymbol{\nabla}(\boldsymbol{u}'(\theta)[\vartheta])^{\mathrm{T}})\cdot(\boldsymbol{\nabla}\boldsymbol{v}^{\mathrm{T}})-\psi'(\phi(\theta))\phi'(\theta)\boldsymbol{u}\cdot\boldsymbol{v}\,\vartheta\\&\qquad\qquad-\psi(\phi(\theta))\boldsymbol{u}'(\theta)[\vartheta]\cdot\boldsymbol{v}+p'(\theta)[\vartheta]\boldsymbol{\nabla}\cdot\boldsymbol{v}+q\boldsymbol{\nabla}\cdot\boldsymbol{u}'(\theta)[\vartheta]\}\,\mathrm{d}x\\&\quad=0\end{aligned}\tag{8.9.26}$$

が成り立つ．ただし，$\boldsymbol{v}$ と $\boldsymbol{u}'(\theta)[\vartheta]$ は Γ_{D} 上で $\boldsymbol{0}_{\mathbb{R}^d}$ となること，および式 (8.9.5) が使われた．

ここで，次の仮定を設ける．平均流れ抵抗最小化問題（問題 8.9.3）の極小点

では流れ場の位相が収束し，流れにくさを与えるために導入された項の θ 微分は十分小さくなると考えられる．そこで，式 (8.9.26) において，

$$\int_D \{-\mu(\boldsymbol{\nabla}(\boldsymbol{u}'(\theta)[\vartheta])^{\mathrm{T}}) \cdot (\boldsymbol{\nabla}\boldsymbol{v}^{\mathrm{T}}) \\ + p'(\theta)[\vartheta]\boldsymbol{\nabla}\cdot\boldsymbol{v} + q\boldsymbol{\nabla}\cdot\boldsymbol{u}'(\theta)[\vartheta]\}\,\mathrm{d}x = 0 \tag{8.9.27}$$

が成り立つと仮定する．このとき，

$$\boldsymbol{u}'(\theta)[\vartheta] = -\frac{\psi'(\phi(\theta))\phi'(\theta)}{\psi(\phi(\theta))}\vartheta\boldsymbol{u} \quad \text{in } D \tag{8.9.28}$$

が得られる．そこで，式 (8.9.28) の $\boldsymbol{u}'[\vartheta_1]$ と $\boldsymbol{u}'[\vartheta_2]$ を式 (8.9.24) の $\boldsymbol{u}'_1$ と式 (8.9.23) の $\boldsymbol{u}'_2$ に代入すれば，

$$\begin{aligned}\mathscr{L}_{0\theta\boldsymbol{up}}(\theta,\boldsymbol{u},\boldsymbol{v}_0)[\vartheta_1,\boldsymbol{u}'_2,p'_2] &= \mathscr{L}_{0\theta\boldsymbol{up}}(\theta,\boldsymbol{u},p,\boldsymbol{v}_0,q_0)[\vartheta_2,\boldsymbol{u}'_1,p'_1] \\ &= \int_D -\frac{(\psi'(\phi(\theta))\phi'(\theta))^2}{\psi(\phi(\theta))}\boldsymbol{u}\cdot\boldsymbol{v}_0\vartheta_1\vartheta_2\,\mathrm{d}x\end{aligned} \tag{8.9.29}$$

が得られる．

以上の結果をまとめれば，平均流れ抵抗 f_0 の 2 階微分は，式 (8.9.29) と式 (8.9.22) を式 (8.9.21) に代入することにより，

$$\begin{aligned}h_0(\vartheta_1,\vartheta_2) &= \int_D \left\{\psi''(\phi')^2 + \psi'\phi'' - 2\frac{(\psi'\phi')^2}{\psi}\right\}\boldsymbol{u}\cdot\boldsymbol{v}_0\,\vartheta_1\vartheta_2\,\mathrm{d}x \\ &= \int_D \psi_1\beta(\alpha,\theta)\boldsymbol{u}\cdot\boldsymbol{v}_0\,\vartheta_1\vartheta_2\,\mathrm{d}x\end{aligned} \tag{8.9.30}$$

となる．ただし，$\psi'(\phi)$ は式 (8.9.19) となり，

$$\psi''(\phi) = \frac{2\alpha(1+\alpha)}{(\phi+\alpha)^3} \tag{8.9.31}$$

となる．$\phi(\theta)$ に式 (8.1.1) を用いたときには，式 (8.4.7) および式 (8.8.27) となる．また，$\phi(\theta)$ が式 (8.1.2) で与えられたときには，式 (8.4.8) および式 (8.8.28) となる．図 8.9.3 は，$\beta(\alpha,\theta)$ のグラフを示す．それらのグラフから確認される $\beta(\alpha,\theta) < 0$ と自己随伴関係 $\boldsymbol{u}\cdot\boldsymbol{v}_0 = \boldsymbol{u}\cdot\boldsymbol{u} > 0$ より，$h_0(\,\cdot\,,\,\cdot\,)$ は強圧的ではないことになる．

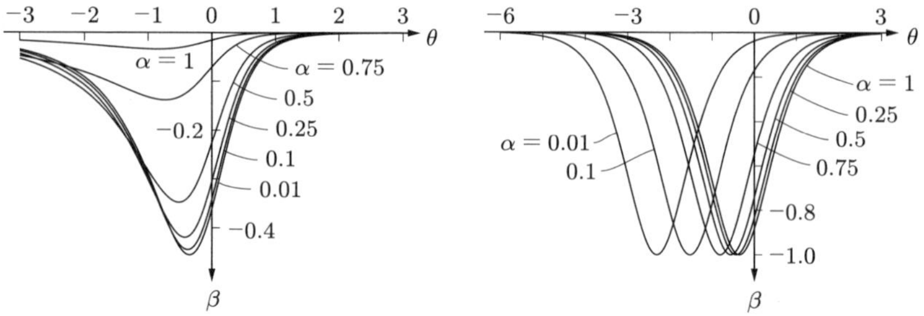

（a） $\phi(\theta) = \tan^{-1}\theta/\pi + 1/2$　　（b） $\phi(\theta) = (\tanh\theta + 1)/2$

図 8.9.3　評価関数の 2 階 θ 微分における係数関数 $\beta(\alpha, \theta)$

一方，$f_1(\theta)$ の 2 階 θ 微分は，式 (8.8.26) となる．$\phi''(\theta)$ のグラフは図 8.8.2 に示されていた．

このように，平均流れ抵抗最小化問題では，目的関数 f_0 の 2 階 θ 微分は強圧的にはならず，制約関数 f_1 の 2 階 θ 微分も強圧的にはならないことになる．そこで，平均流れ抵抗最小化問題に対して Newton 法（問題 8.5.6）を適用する場合には，適切な双 1 次形式 $a_X(\vartheta_{gi}, \psi)$ を用いて，強圧性を補う必要がある．

8.9.5　数値例

孤立物体まわりの Stokes 流れ場に対する平均流れ抵抗最小化の結果が図 8.9.4 に示されている．状態決定問題の境界条件は図 8.9.4 (a) のように x_1 方向の一様な流れ場が仮定された．図 8.9.4 (e) と (f) には，それぞれ初期密度と最適密度のときの流線がえがかれている．流線は，流速 $\boldsymbol{u}$ が $(\partial\psi/\partial x_2, -\partial\psi/\partial x_1)^{\mathrm{T}}$ で与えられるような流れ関数 $\psi\colon \Omega(\boldsymbol{\phi}) \to \mathbb{R}$ の等高線で定義される．領域変動に対しては，外側境界が固定された（式 (8.1.3) の $\bar{\Omega}_{\mathrm{C0}}$ に外側境界が仮定された）．プログラムは，有限要素法プログラミング言語 FreeFem++ (http://www.freefem.org/ff++/)[65] でかかれている．ここでも詳細は，プログラムをみていただきたい†．

図 8.9.4 (b) より，評価関数の収束は，H^1 Newton 法を用いても H^1 勾配法を用いたときよりも早まらないことが観察される．この結果は，f_0 の 2 階 θ 微分が強圧的ではないことが主な原因ではないかと考えられる．一方，図 8.9.4 の (c) と (d) を比較すれば，H^1 勾配法よりも H^1 Newton 法を使うことによっ

†URL: http://www.morikita.co.jp/books/mid/061461

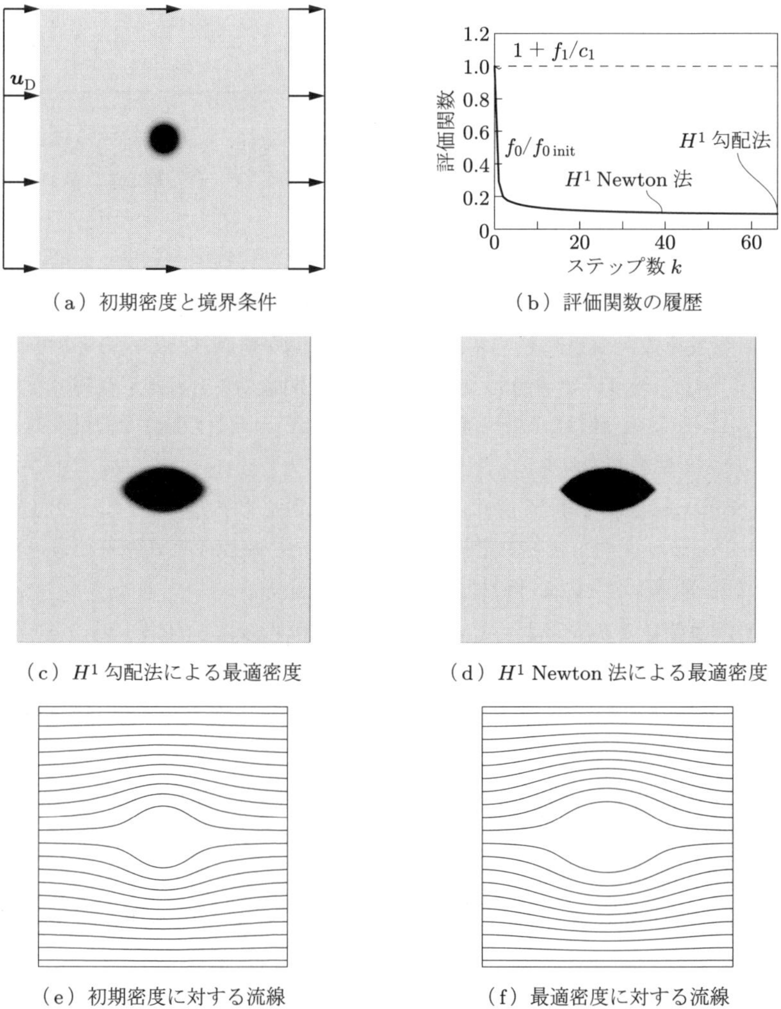

（a）初期密度と境界条件

（b）評価関数の履歴

（c）H^1 勾配法による最適密度

（d）H^1 Newton 法による最適密度

（e）初期密度に対する流線

（f）最適密度に対する流線

図 8.9.4 2 次元 Stokes 流れ場の密度型位相最適化問題に対する数値例

て，孤立物体境界付近の密度の違いが明確になっていることが観察される．この違いは，Newton 法は収束点近傍で収束が早まるという特徴（定理 3.5.2）によるものではないかと考えられる．

8.10　第 8 章のまとめ

第 8 章では，偏微分方程式の境界値問題が定義された領域に対する最適な穴配置を求める問題を θ 型位相最適化問題として構成し，その解法について詳しくみてきた．要点は以下のようである．

(1) 領域の特性関数を設計変数に選んだ場合には正則性が不足し，最適化問題を構成できないことが知られている（第 8 章冒頭）．

(2) 密度を設計変数に選べば，位相最適化問題が構成される（第 8 章冒頭）．しかし，密度の値域が $[0,1]$ に制限された関数の集合は線形空間にならない．そこで，値域が制限されない関数 $\theta \in X = H^1(D;\mathbb{R})$ を設計変数に選び，密度を θ のシグモイド関数で与えることによって，第 7 章で示された抽象的最適設計問題の枠組みで θ 型位相最適化問題が構成される（8.1 節）．

(3) Poisson 問題を状態決定問題に選んだとき（8.2 節），θ 型位相最適化問題は問題 8.3.2 のように構成される（8.3 節）．

(4) 評価関数の θ 微分は Lagrange 乗数法で求められる（8.4.1 項）．しかし，その θ 微分は X に入るとは限らない（注意 8.4.3）．また，評価関数の 2 階 θ 微分は，Lagrange 関数の 2 階 θ 微分に，状態決定問題の解の θ 微分を代入することによって求められる（8.4.2 項）．

(5) 評価関数の θ 微分を用いた $X = H^1(D;\mathbb{R})$ 上の勾配法（H^1 勾配法）により，評価関数の降下方向が求められる（8.5.1 節）．H^1 勾配法の解は，特異点を除いて許容集合に入る（定理 8.5.5）．さらに，評価関数の 2 階 θ 微分が計算可能であれば，H^1 Newton 法により，評価関数の降下方向が求められる（8.5.2 項）．

(6) θ 型位相最適化問題の解法は，第 3 章で示された制約つき問題に対する勾配法と制約つき問題に対する Newton 法と同じ枠組みで構成される（8.6.1 項と 8.6.2 項）．

(7) 状態決定問題，随伴問題および H^1 勾配法の数値解を有限要素法で求めるとき，1 次の有限要素を用いて探索ベクトル ϑ_g を求めたとき，有限要素解の誤差は有限要素の最大直径に対して 1 次のオーダーで減少する（定理 8.7.5）.

(8) 線形弾性問題を状態決定問題とした領域の大きさ制約つき平均コンプライアンス最小化問題に対して，評価関数の θ 微分と 2 階 θ 微分が得られる（8.8.3 項）.

(9) Stokes 問題を状態決定問題とする領域の大きさ制約つき平均流れ抵抗最小化問題に対して，評価関数の θ 微分と 2 階 θ 微分が得られる（8.9.3 項）.

8.11 第 8 章の演習問題

8.1 θ 型 Poisson 問題（問題 8.2.3）を状態決定問題にしたとき，自己随伴関係が成り立つような評価関数は何かを答えよ．また，その形状微分を示せ．

8.2 第 5 章で定義された拡張 Poisson 問題（問題 5.1.3）が θ 型に変更されたときの状態決定問題をかき，自己随伴関係が成り立つような評価関数を目的関数にして，領域の大きさに対する関数を制約関数に用いたときの θ 型位相最適化問題を示せ．また，その問題に対する KKT 条件を示せ．

8.3 評価関数がたくさん定義されていて，その中の最大値を最小化したい場合には，β **法**とよばれる最適設計問題の構成法が使われる[153]．θ 型位相最適化問題を β 法でかきかえれば，次のようになる．

問題 8.11.1（β 法による θ 型位相最適化問題）

$\mathcal{D}$ と $\mathcal{S}$ をそれぞれ式 (8.1.4) と式 (8.2.2) とおく．$f_1, \ldots, f_m \colon \mathcal{D} \times \mathcal{S} \to \mathbb{R}$ は式 (8.3.1) で与えられているとする．また，$\beta \in \mathbb{R}$ とする．このとき，

$$\min_{\theta \in \mathcal{D}} \{\beta \mid f_1(\theta, u) \leq \beta, \ldots, f_m(\theta, u) \leq \beta,\ u - u_{\mathrm{D}} \in \mathcal{S},\ \text{問題 8.2.3}\}$$

を満たす θ を求めよ．

この問題に対する KKT 条件を示せ．また，この問題を制約つき問題に対する勾配法（3.7 節）で解く場合の Lagrange 乗数の決定法を示せ．

（補足）β 法が好んで使われる理由は次のような点にある．評価関数がたくさんあっても，不等式制約が有効ではない評価関数に対する Lagrange 乗数は 0 となる．そこで，それらの評価関数の制約はないとみなされ，それらの θ 微分を求める必要がなくなることになる．

8.4 演習問題 **1.2** では，平均コンプライアンス f_0 の断面積勾配 $\boldsymbol{g}_0$ を，ポテンシャル

エネルギーの $\boldsymbol{u}$ に対する最小条件と $\boldsymbol{a}$ に対する最大化問題の勾配を用いて求めた．$d \in \{2,3\}$ 次元線形弾性体の平均コンプライアンス最小化問題（問題 8.8.3）に対しては，

$$\pi(\theta, \boldsymbol{u}) = \int_D \left(\frac{1}{2} \phi^{\alpha}(\theta) \boldsymbol{S}(\boldsymbol{u}) \cdot \boldsymbol{E}(\boldsymbol{u}) - \boldsymbol{b}(\theta) \cdot \boldsymbol{u} \right) \mathrm{d}x \\ - \int_{\Gamma_{\mathrm{N}}} \boldsymbol{p}_{\mathrm{N}} \cdot \boldsymbol{u} \, \mathrm{d}\gamma - \int_{\Gamma_{\mathrm{D}}} (\boldsymbol{u} - \boldsymbol{u}_{\mathrm{D}}) \cdot (\phi^{\alpha}(\theta) \boldsymbol{S}(\boldsymbol{v}_0) \boldsymbol{\nu}) \, \mathrm{d}\gamma$$

を用いて，

$$\max_{\theta \in \mathcal{D}} \min_{\boldsymbol{u} \in U} \pi(\theta, \boldsymbol{u})$$

を満たす $(\theta, \boldsymbol{u})$ を求める問題を考える．このとき，$\min_{\boldsymbol{u} \in U} \pi$ を満たす $\boldsymbol{u}$ を用いたときの $-\pi$ の θ 勾配が式 (8.8.14) の 1/2 と一致することを示せ．

8.5 演習問題 **1.8** では，平均流れ抵抗 f_0 の断面積勾配 $\boldsymbol{g}_0$ を，形式的な散逸系のポテンシャルエネルギーの $\boldsymbol{p}$ に対する最大条件と $\boldsymbol{a}$ に対する最小化問題の勾配を用いて求めた．$d \in \{2,3\}$ 次元 Stokes 流れ場の平均流れ抵抗最小化問題（問題 8.9.3）に対しては，

$$\pi(\theta, \boldsymbol{u}, p) = \int_D \left\{ \frac{1}{2} \mu (\boldsymbol{\nabla} \boldsymbol{u}^{\mathrm{T}}) \cdot (\boldsymbol{\nabla} \boldsymbol{u}^{\mathrm{T}}) + \frac{1}{2} \psi(\phi(\theta)) \boldsymbol{u} \cdot \boldsymbol{u} - p \boldsymbol{\nabla} \cdot \boldsymbol{u} \\ - \boldsymbol{b} \cdot \boldsymbol{u} \right\} \mathrm{d}x - \int_{\partial D} (\boldsymbol{u} - \boldsymbol{u}_{\mathrm{D}}) \cdot (\mu \partial_{\nu} \boldsymbol{u} - p \boldsymbol{\nu}) \, \mathrm{d}\gamma$$

を用いて，

$$\min_{\theta \in \mathcal{D}} \min_{\boldsymbol{u} \in U} \max_{p \in P} \pi(\theta, \boldsymbol{u}, p)$$

を満たす $(\theta, \boldsymbol{u}, p)$ を求める問題を考える．このとき，$\min_{\boldsymbol{u} \in U} \max_{p \in P} \pi$ を満たす $(\boldsymbol{u}, p)$ を用いたときの π の θ 勾配が式 (8.9.17) の 1/2 と一致することを示せ．

第9章 領域変動型の形状最適化問題

第8章では，連続体の密度を設計変数において連続体の最適な位相を求める問題についてみてきた．本章では，連続体の境界が移動するタイプの形状最適化問題についてみていくことにしよう．本章で示される理論の主要な部分は文献 [8] として公表された内容となっている．本書では，そこで使われた理論を第1章から第7章までの内容に照らし合わせながら，みていくことにする．

まず，領域変動型の形状最適化問題に関する研究の歴史について，著者の知る限りにおいて説明しておこう．領域変動型の形状最適化問題は領域最適化問題ともよばれ，20世紀初めから研究されてきた．たとえば，Hadamard の莫大な業績の中に薄膜の基本振動数が最大になるような境界形状を求める問題に関する記述がある．そこには，境界を外向き法線の方向に移動したときの基本振動数の Fréchet 微分に相当する考え方が示されている[59, 145]．その後も領域変動型の形状変動に対する Fréchet 微分を形状微分とよんで，それに関する研究成果をたくさんの研究者が発表してきた†．これらの研究の背景には，Lions[104] を中心とした数学者らによる関数を制御変数にした最適制御理論の研究があったといわれている．

このように形状微分の計算方法に関する理論は着実に発展してきたが，形状微分を用いた形状の動かし方に関する研究については，必ずしも良好な成果が得られてきたとはいえなかった．実際，有限要素モデルの境界上の節点座標を設計変数に選んで，設計変数の変動に対する Fréchet 微分を評価して，その値を用いて節点を移動していくと，図 9.0.1 (a) のような境界形状が波打つ数値不安定現象が現れることが知られていた[71]．図 9.0.1 (a) は3次元線形弾性体の平均コンプライアンス最小化問題（問題 9.11.2）に対する数値解析の結果を

†たとえば，文献 [17–19, 33–38, 42, 43, 61–64, 66, 112, 117, 125–128, 144, 145, 171, 172].

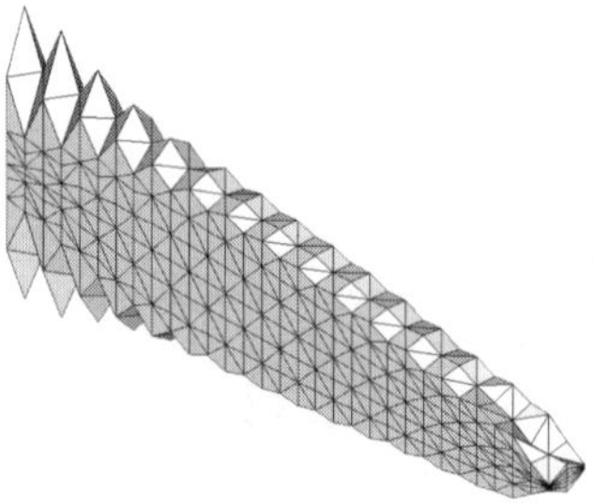

（a）波打ち形状

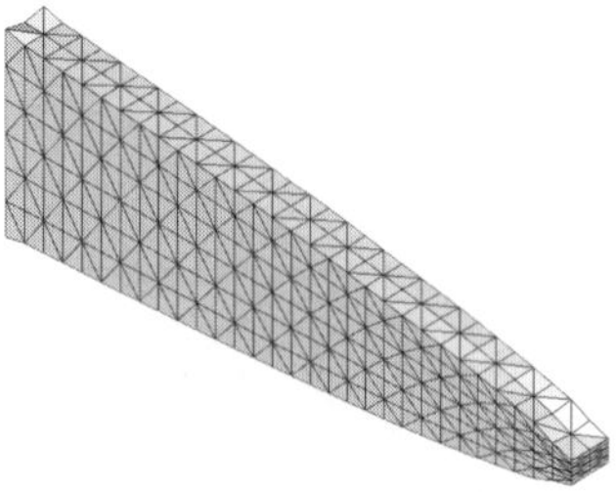

（b）H^1 勾配法による最適形状

図 9.0.1　線形弾性体の形状最適化問題に対する数値解析例（株式会社くいんと 提供）

示す．状態決定問題の境界条件は，後端において変位が拘束され，前端中心線上に下向きの一様な節点力（外力）が仮定された．形状変動の境界条件は，前後左右端において法線方向の変動が拘束され，前後端の水平な中心線の変動が拘束された．状態決定問題の数値解析では，1 次の 4 面体有限要素が使われた．形状微分の計算方法には，あとで示される境界積分型の公式が使われた．

このような境界形状が波打つ現象を避けるために，境界形状を B-スプライン曲線や Bezier 曲線などで定義して，その制御変数を設計変数に選ぶ方法[28, 29]や，形状変動を基本変形モードの線形和で与えて，そのときの未定乗数を設計変数に選ぶ方法（**ベーシスベクトル法**）[22, 64, 129, 155, 156] などが注目され，実際の最適設計にも使われてきた．しかしながら，そこで使われてきた方法では，いずれも，「まえがき」で説明されたようなパラメトリックな設計変数に対する微分が使われており，本来の形状微分とは異なるものであった．

それに対して，本章では，第 7 章で示された抽象的最適設計問題の枠組みに沿って，適切な関数空間の上で定義された領域変動を表す写像を設計変数にした領域変動型の形状最適化問題を構成し，そのうえで評価関数の形状微分を評価する方法についてみていくことにする．その結果明らかになることは，形状勾配が次の領域をつくるのに必要な正則性を備えていないことである．そのことが，数値不安定現象を生む要因の一つになっていたと考えられる．そのうえで，そのような形状微分を使ったとしても，適切な勾配法を用いれば数値不安定現象に遭わずに形状最適化問題を解くことができる可能性がある．本章ではその方法について考えることにしよう．

図 9.0.1 (b) は 9.9 節で示されるアルゴリズムによって得られた結果を示し

ている．境界条件や形状微分の計算方法は，図 9.0.1 (a) のときと同一である．状態決定問題の数値解析では 2 次の 4 面体有限要素が使われた．また，あとで示される Robin 条件を用いた H^1 勾配法の数値解析では，1 次の 4 面体有限要素が使われた．なお，このような有限要素の選択に関する妥当性は 9.10 節で示される．

このような関数空間上の勾配法に関する基本的な考え方は，20 年ほど前の拙著 [7] の中で**力法**とよんで提案されたものである．その後，力法の一般化も試みられている[13]．なお，それらの方法はさまざまな工学的な問題に適用されてきた†．また，力法の数学的解釈に関しては既報 [78] でも試みられた．そこでは，領域写像をあるクラスの連続関数全体の集合の要素であると仮定して，領域写像の変動に対する評価関数の Gâteaux 微分を用いて力法の正当性について議論された．本章では，領域写像の変動を適切な Hilbert 空間で定義して，評価関数の Fréchet 微分を用いた勾配法を考える．その勾配法に基づけば，力法はその一例になっていたことが明らかになる．

なお，領域変動型の形状最適化問題を構成する方法として，本章でとりあげられる方法とは別の方法も提案されている．その一つは，Hadamard が考えたように，境界を法線方向に移動することで次の境界形状が確定することに着目し，境界上で定義された法線方向への移動量を表す関数を設計変数に選ぶ方法である[111]．この方法でも，本章で示されるような勾配法に相当する正則化機能を備えた勾配法が使われる．しかし，状態決定問題の数値解析に有限要素法を用いる場合には，この方法で境界の移動を済ませたあと，領域内部のメッシュをそれにあわせて移動する方法を考えなければならない．また，もう一つの方法として，設計変数にレベルセット関数を用いる方法についても研究されている[3, 157, 168]．与えられた固定領域上で定義された連続なスカラー値関数をレベルセット関数とよび，その関数の 0 等値面によって境界を定義する方法である．この方法によれば，穴が連結して領域の位相を変化させることが容易におこなわれる．しかし，レベルセット関数を Euler 表示（定義 9.1.2 のあとを参照）を用いて定義しているため，実際の領域よりも広い領域で数値解析をおこなわなければならず，また連続体が存在する領域上だけで定義された数値モデルを取り出すためには多少の手続きが必要となる．さらに，上記二つの方法で

---

†たとえば，文献 [9, 12, 14–16, 67–70, 72–75, 79–91, 134–142, 161–166]．

は，状態決定問題の解関数の正則性に関して，本章で示される方法よりも強い条件が必要となる．その理由は，評価関数の Fréchet 微分を計算する際，境界積分型の公式しか使えないためである．

本章の構成は次のようになっている．9.1 節から 9.4 節までは変動する領域上で定義された関数と汎関数に関する定義と公式をまとめている．9.1 節では，設計変数（領域写像）の許容集合および関数と汎関数に対する形状微分の定義を示す．その際，変動する領域上で定義された関数の領域変動に対する微分に関して，二つの定義方法があることに注目する．本書では，それらを「関数の形状微分」と「関数の形状偏微分」とよぶことにする．それらの定義を用いて，領域写像の Jacobi 行列に関する形状微分の公式を 9.2 節で求めることにする．9.3 節では，その公式を使って関数や汎関数の形状微分に関する命題を示す．ここでも，関数の形状微分を用いた公式と関数の形状偏微分を用いた公式が得られることに注目する．9.4 節では，関数の形状微分と形状偏微分などを使ってさまざまな関数の変動則を定義する．

9.5 節から 9.7 節までは Poisson 問題を状態決定問題に選んだ場合の形状最適化問題を構成し，評価関数の形状微分を求めるまでをみていくことにする．9.5 節では，9.4 節で示された関数の変動則を使って，Poisson 問題を用いて状態決定問題を定義する．その問題の解を用いて，9.6 節において，一般的な評価関数を定義して，それらを用いて形状最適化問題を定義する．9.8 節では，7.4 節で示された評価関数の Fréchet 微分の求め方に沿って，領域写像の変動に対する評価関数の形状微分と 2 階形状微分を求める方法について考える．その際，関数の形状微分公式を用いた方法と関数の形状偏微分公式を用いた二つの方法が考えられることに注目する．その結果，いずれの方法を用いても，評価関数の形状勾配は次の領域が定義できるだけの正則性がないことが明らかとなる．

形状勾配の正則性が不足していても，7.5 節で示された抽象的勾配法や抽象的 Newton 法を適用することで，評価関数の形状微分を正則化する機能をもつ勾配法や Newton 法が定義される．9.8 節では，抽象的な方法とそれらを具体化するいくつかの方法を紹介する．9.9 節ではアルゴリズムについて考える．しかし，基本的な構造は 3.7 節で示されたアルゴリズムと同じになる．このアルゴリズムによって得られた数値解の誤差評価は 9.10 節で示される．そこでは，6.6 節で示された数値解析における誤差評価の結果が使われることになる．

Poisson 問題に対する形状最適化問題に対して解法までをひととおりみたあ

とは，9.11 節において線形弾性体の平均コンプライアンス最小化問題に対する評価関数の形状微分を求めてみる．さらに，9.12 節では，Stokes 流れ場の損失エネルギー最小化問題を例にあげて評価関数の形状微分を求めてみる．これらの形状微分を用いた最適性の条件は，1.1 節で示された 1 次元線形弾性体の平均コンプライアンス最小化問題と，1.3 節で示された 1 次元分岐 Stokes 流れ場の損失エネルギー最小化問題に対する最適性の条件と一致することが確かめられる．また，9.11.5 項と 9.12.5 項では，それぞれの簡単な問題に対する数値例を示す．

9.1 領域写像の集合と形状微分の定義

領域変動型の形状最適化問題を構成するために，設計変数の許容集合を定義しよう．また，変動する領域の上で定義された関数や汎関数の領域変動に対する Fréchet 微分を形状微分とよぶことにして，それらの定義を示しておくことにする．

9.1.1 初期領域

図 9.1.1 のように，$\Omega_0 \subset \mathbb{R}^d$ を初期領域を表す $d \in \{2,3\}$ 次元の Lipschitz 領域（A.5 節）とする．Ω_0 は与えられていると仮定する．初期領域の境界 $\partial\Omega_0$ に対して，$\Gamma_{\mathrm{D}0} \subset \partial\Omega_0$ を Dirichlet 境界，$\Gamma_{\mathrm{N}0} = \partial\Omega_0 \setminus \bar{\Gamma}_{\mathrm{D}0}$ を Neumann 境界とする．なお，集合につけられた記号 $(\bar{\cdot})$ は閉包を表すことにする．また，本章では，同次 Neumann 境界と非同次 Neumann 境界を区別することにして，初期

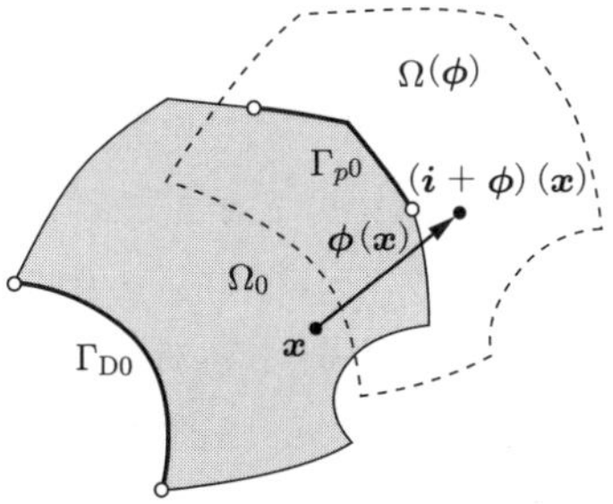

図 9.1.1 領域変動（変位）$\boldsymbol{\phi}\colon \mathbb{R}^d \to \mathbb{R}^d$

領域の非同次 Neumann 境界を $\Gamma_{p0} \subset \Gamma_{\mathrm{N}0}$ とかく．さらに，のちに式 (9.6.1) で定義される $m+1$ 個の評価関数 f_0（目的関数）および $f_1, \ldots, f_m$（制約関数）の中の境界積分で使われる被積分関数を $i \in \{0, 1, \ldots, m\}$ に対して $\eta_{\mathrm{N}i}$ とかくことにして，$\Gamma_{\eta i0} \subset \Gamma_{\mathrm{N}0}$ 上で非零とする．Γ_{p0} あるいは $\Gamma_{\eta i0}$ が変動すると仮定する場合には，これらの境界は区分的に C^2 級で，$d=3$ のときそれらの境界 $\partial\Gamma_{p0}$ あるいは $\partial\Gamma_{\eta i0}$ は Lipschitz 級であると仮定する．また，それらの境界を Γ_0 とかくとき，図 9.1.2 のように，Γ_0（Γ_0 は開集合で $\partial\Gamma_0$ を除く）上の角点（$d=2$ のとき）あるいは辺（$d=3$ のとき）の集合を Θ_0 とかき，Θ_0 に含まれる辺（$d=3$ のとき）は Lipschitz 級であると仮定する．$\Gamma_{(\cdot)}$ のときには $\Theta_{(\cdot)}$ とかくことにする．

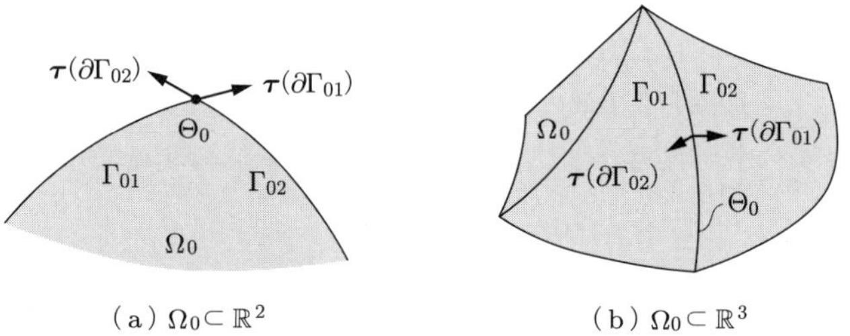

図 9.1.2　境界 $\Gamma_0 = \Gamma_{01} \cup \Gamma_{02} \cup (\partial\Gamma_{01} \cap \partial\Gamma_{02}) \subset \partial\Omega_0$ 上の角点の集合 $\Theta_0 = \partial\Gamma_{01} \cap \partial\Gamma_{02}$ および $\partial\Gamma_{01}$ と $\partial\Gamma_{02}$ の外向き接線 $\boldsymbol{\tau}(\partial\Gamma_{01})$ と $\boldsymbol{\tau}(\partial\Gamma_{02})$

9.1.2　領域写像の集合

Ω_0 が変動したあとの領域を定義しよう．$\boldsymbol{i}$ は恒等写像を表すことにする．このとき，Ω_0 が変動したあとの領域は，連続な 1 対 1 写像 $\boldsymbol{i}+\boldsymbol{\phi}\colon \Omega_0 \to \mathbb{R}^d$ によって，$(\boldsymbol{i}+\boldsymbol{\phi})(\Omega_0) = \{(\boldsymbol{i}+\boldsymbol{\phi})(\boldsymbol{x}) \mid \boldsymbol{x} \in \Omega_0\}$ のようにつくられると仮定する．すなわち，$\boldsymbol{\phi}$ は領域写像の変位を表すものとする．$(\boldsymbol{i}+\boldsymbol{\phi})(\Omega_0)$ は $\boldsymbol{\phi}$ によってつくられた領域であることから，$\Omega(\boldsymbol{\phi})$ とかくことにする．同様に，領域や境界に対して $(\,\cdot\,)(\boldsymbol{\phi})$ は $\{(\boldsymbol{i}+\boldsymbol{\phi})(\boldsymbol{x}) \mid \boldsymbol{x} \in (\,\cdot\,)_0\}$ を意味するものとする．

設計変数にこのような $\boldsymbol{\phi}$ を選んだ場合，$\boldsymbol{\phi}$ の定義域は Ω_0 で固定されていたとしても，領域が変動するために，状態決定問題の解の定義域が動いてしまうことになる．一般的な関数最適化問題では，このような事態は想定されていない．しかし，**Calderón の拡張定理**（定理 4.4.4）により，$\boldsymbol{\phi}$ の定義域を $\mathbb{R}^d$ に拡張すれば，通常の関数最適化問題の条件は満たされることになる．

そこで，定理 4.4.4 の仮定（$p > 1$ に対して $\boldsymbol{\phi} \in W^{1,p}(\Omega_0; \mathbb{R}^d)$）が満たされたもとで，$\boldsymbol{\phi}$ の定義域を Ω_0 から $\mathbb{R}^d$ に拡張することにする．さらに，のちに関数空間上の勾配法を考えることから，設計変数 $\boldsymbol{\phi}$ が入る関数空間は Hilbert 空間であることが必要となる．そこで，本章では，**設計変数の線形空間**を

$$X = \{\boldsymbol{\phi} \in H^1(\mathbb{R}^d; \mathbb{R}^d) \mid \boldsymbol{\phi} = \mathbf{0}_{\mathbb{R}^d} \text{ on } \bar{\Omega}_{\mathrm{C0}}\} \tag{9.1.1}$$

と定義する．ただし，$\bar{\Omega}_{\mathrm{C0}} \subset \bar{\Omega}_0$ は設計上の制約で領域変動を拘束する領域あるいは境界を表すものとする．本章では，$\bar{\Omega}_{\mathrm{C0}} = \emptyset$（すなわち，$X = H^1(\mathbb{R}^d; \mathbb{R}^d)$）とみなして議論を進めることにして，$\bar{\Omega}_{\mathrm{C0}}$ の測度がある正値をもつことを仮定するときにはその条件を明示することにする．

しかし，$\boldsymbol{\phi}$ を X の要素とした場合，$\Omega(\boldsymbol{\phi})$ が Lipschitz 領域となる保証はない．Lipschitz 領域となるためには，$\boldsymbol{\phi}$ は $W^{1,\infty}(\mathbb{R}^d; \mathbb{R}^d)$ の要素でなければならない．さらに，$\partial\Omega_0$ に対する条件（$\Gamma_{p0} \cup \Gamma_{\eta 00} \cup \Gamma_{\eta 10} \cup \cdots \cup \Gamma_{\eta m0} \setminus \bar{\Omega}_{\mathrm{C0}}$ は区分的に C^2 級）が変動後の $\partial\Omega(\boldsymbol{\phi})$ でも満たされているためには，**設計変数の許容集合**を

$$\begin{aligned}\mathcal{D} = \{&\boldsymbol{\phi} \in X \cap W^{1,\infty}(\mathbb{R}^d; \mathbb{R}^d) \mid \\ &\|\boldsymbol{\phi}\|_{W^{1,\infty}(\mathbb{R}^d;\mathbb{R}^d)} \le \sigma, \\ &(\Gamma_p(\boldsymbol{\phi}) \cup \Gamma_{\eta 0}(\boldsymbol{\phi}) \cup \Gamma_{\eta 1}(\boldsymbol{\phi}) \cup \cdots \cup \Gamma_{\eta m}(\boldsymbol{\phi})) \setminus \bar{\Omega}_{\mathrm{C0}} \\ &\text{は区分的に } C^2 \text{ 級}\}\end{aligned} \tag{9.1.2}$$

とおく必要がある．ただし，σ は $\boldsymbol{i} + \boldsymbol{\phi}$ の逆写像が全単射（1 対 1 写像）になるように選んだ正定数とする ([94] Proposition 1.41 p.23).

今後の議論では，$\boldsymbol{\phi} \in \mathcal{D}$ により $\Omega(\boldsymbol{\phi})$ が与えられたとき，そこからの任意の領域変動は図 9.1.3 のような $\boldsymbol{\varphi} \in \mathcal{D}$ で与えられると仮定し，変動後の領域を $\Omega(\boldsymbol{\phi} + \boldsymbol{\varphi})$ とかくことにする．

9.1.3 形状微分の定義

領域が動く問題では，その上で定義された関数や積分もそれに伴って変動する．ここでは，それらに対する**形状微分**の定義を示しておこう．

$\boldsymbol{\phi} \in \mathcal{D}$ を固定して，$\Omega(\boldsymbol{\phi})$ からの任意の領域変動 $\boldsymbol{\varphi} \in \mathcal{D}$ を考える．領域が $\Omega(\boldsymbol{\phi})$ から $\Omega(\boldsymbol{\phi} + \boldsymbol{\varphi})$ に変動したとき，その上で定義されていた関数も動くと

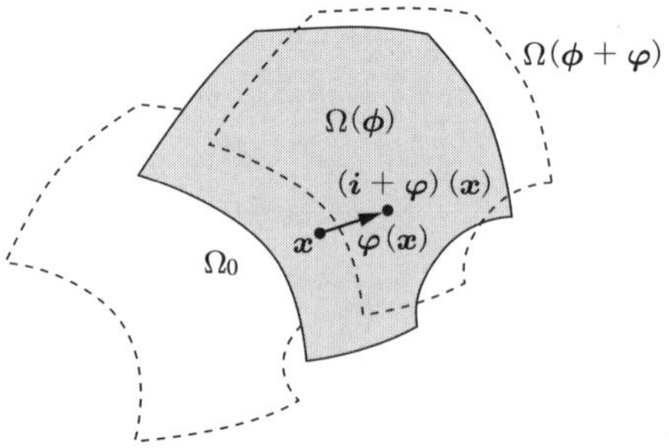

図 9.1.3 $\Omega(\boldsymbol{\phi})$ からの領域変動 $\boldsymbol{\varphi} \in \mathcal{D}$

仮定する．このとき，$\boldsymbol{\phi}$ のときの関数を $u(\boldsymbol{\phi})$ とかき，$\Omega(\boldsymbol{\phi})$ の拡張領域 $\mathbb{R}^d$ 上の点 $\boldsymbol{x}$ で定義された関数を $u(\boldsymbol{\phi})(\boldsymbol{x})$ とかくことにする．この表記法を用いて，**関数の形状微分**を次のように定義する．

定義 9.1.1（関数の形状微分） $\boldsymbol{\phi} \in \mathcal{D}$ に対して関数 $u\colon \mathcal{D} \to L^2(\mathbb{R}^d;\mathbb{R})$ が与えられているとする．任意の $\boldsymbol{\varphi} \in \mathcal{D}$ に対して，ほとんどすべての $\boldsymbol{x} \in \mathbb{R}^d$ において

$$u(\boldsymbol{\phi}+\boldsymbol{\varphi})(\boldsymbol{x}+\boldsymbol{\varphi}(\boldsymbol{x})) = u(\boldsymbol{\phi})(\boldsymbol{x}) + u'(\boldsymbol{\phi})[\boldsymbol{\varphi}](\boldsymbol{x}) + o(\|\boldsymbol{\varphi}(\boldsymbol{x})\|_X)$$

を満たす有界線形作用素 $u'(\boldsymbol{\phi})[\cdot]\colon \mathcal{D} \to L^2(\mathbb{R}^d;\mathbb{R})$ が存在し，かつ $u'(\boldsymbol{\phi})[\cdot]\colon X \to L^2(\mathbb{R}^d;\mathbb{R})$ も有界線形作用素となるとき，$u'(\boldsymbol{\phi})[\boldsymbol{\varphi}]$ を $\boldsymbol{\phi} \in \mathcal{D}$ における u の形状微分とよび，$u \in C^1(\mathcal{D};L^2(\mathbb{R}^d;\mathbb{R}))$ とかく．

連続体力学では，定義 9.1.1 の $u(\boldsymbol{\phi}+\boldsymbol{\varphi})(\boldsymbol{x}+\boldsymbol{\varphi}(\boldsymbol{x}))$ は $u(\boldsymbol{\phi})(\boldsymbol{x})$ の **Lagrange 表示**とよばれ，$u'(\boldsymbol{\phi})[\boldsymbol{\varphi}]$ は**物質微分**とよばれる．

図 9.1.4 (a) に $u'(\boldsymbol{\phi})[\boldsymbol{\varphi}]$ を示す．ここで，$u \in L^2(\mathbb{R}^d;\mathbb{R})$ が不連続関数であっても $\boldsymbol{\varphi}$ が連続関数であれば $u'(\boldsymbol{\phi})[\boldsymbol{\varphi}]$ を定義できることがわかる．

次に，領域が変動しても $\Omega(\boldsymbol{\phi})$ の拡張領域 $\mathbb{R}^d$ 上の点 $\boldsymbol{x}$ を固定して $u(\boldsymbol{\phi}+\boldsymbol{\varphi})(\boldsymbol{x})$ の変化を追ったときの微分を考える．このときの u の $\boldsymbol{\varphi}$ に対する Fréchet 微分を**関数の形状偏微分**とよぶことにして，次のように定義する．

定義 9.1.2（関数の形状偏微分） $\boldsymbol{\phi} \in \mathcal{D}$ に対して $u\colon \mathcal{D} \to H^1(\mathbb{R}^d;\mathbb{R})$ が与えられているとする．任意の $\boldsymbol{\varphi} \in \mathcal{D}$ に対して，ほとんどすべての $\boldsymbol{x} \in \mathbb{R}^d$ において

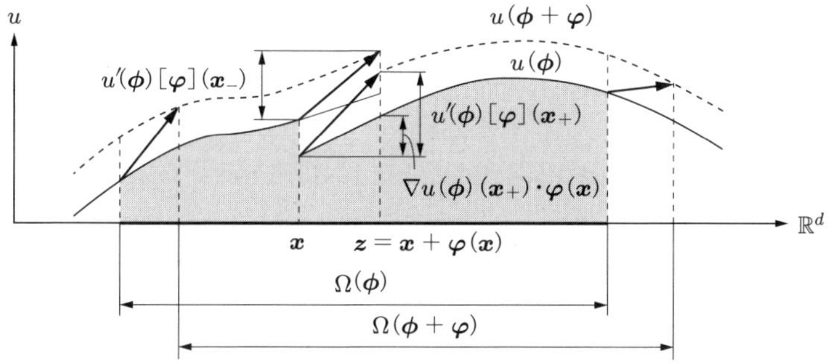

（a） $u(\boldsymbol{\phi})$ が不連続関数の場合

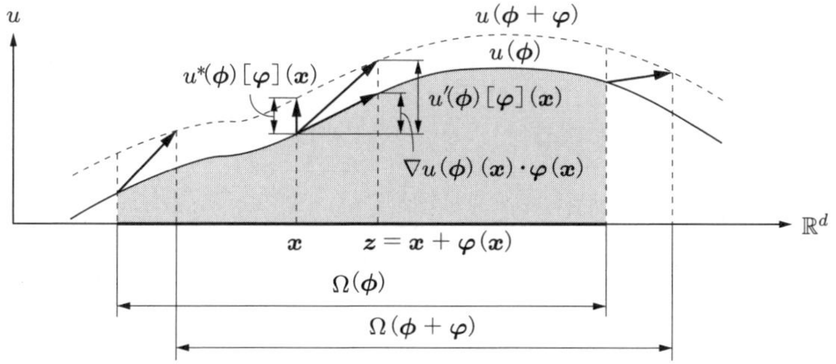

（b） $u(\boldsymbol{\phi})$ が連続関数の場合

図 9.1.4 領域変動とともに変動する関数 $u(\boldsymbol{\phi})$

$$u(\boldsymbol{\phi}+\boldsymbol{\varphi})(\boldsymbol{x}) = u(\boldsymbol{\phi})(\boldsymbol{x}) + u^*(\boldsymbol{\phi})[\boldsymbol{\varphi}](\boldsymbol{x}) + o(\|\boldsymbol{\varphi}(\boldsymbol{x})\|_X)$$

を満たす有界線形作用素 $u^*(\boldsymbol{\phi})[\,\cdot\,]\colon X \to H^1(\mathbb{R}^d;\mathbb{R})$ が存在し，かつ $u^*(\boldsymbol{\phi})[\,\cdot\,]\colon X \to H^1(\mathbb{R}^d;\mathbb{R})$ も有限線形作用素となるとき，$u^*(\boldsymbol{\phi})[\boldsymbol{\varphi}]$ を $\boldsymbol{\phi}\in\mathcal{D}$ における u の**形状偏微分**とよび，$u \in C^1(\mathcal{D};H^1(\mathbb{R}^d;\mathbb{R}))$ とかく．

定義 9.1.2 の $u(\boldsymbol{\phi}+\boldsymbol{\varphi})(\boldsymbol{x})$ は，連続体力学では $u(\boldsymbol{\phi})(\boldsymbol{x})$ の **Euler 表示**とよばれ，$u^*(\boldsymbol{\phi})[\boldsymbol{\varphi}]$ は**空間微分**とよばれる．

図 9.1.4 (b) に $u^*(\boldsymbol{\phi})[\boldsymbol{\varphi}]$ を示す．ここで，$u\in H^1(\mathbb{R}^d;\mathbb{R})$ が連続関数であるために $u^*(\boldsymbol{\phi})[\boldsymbol{\varphi}]$ の定義が有効になっていることに注意されたい．実際，図 9.1.4 (a) のように，u が不連続関数の場合には，$\boldsymbol{\varphi}$ による領域変動の間に，u の不連続点が横切るような $\boldsymbol{x}$ では，$u^*(\boldsymbol{\phi})[\boldsymbol{\varphi}]$ が定義されない．

また，定義 9.1.2 の仮定が成り立つとき，すなわち $u\in C^1(\mathcal{D};H^1(\mathbb{R}^d;\mathbb{R}))$ の

ときには，

$$u'(\boldsymbol{\phi})[\boldsymbol{\varphi}] = u^*(\boldsymbol{\phi})[\boldsymbol{\varphi}] + \boldsymbol{\nabla} u(\boldsymbol{\phi}) \cdot \boldsymbol{\varphi} \tag{9.1.3}$$

が成り立つ．なお，$\boldsymbol{x} = (x_i)_{i\in\{1,\dots,d\}} \in \mathbb{R}^d$ に対して $(\partial(\cdot)/x_1, \dots, \partial(\cdot)/x_d)^{\mathrm{T}}$ を $\boldsymbol{\nabla}(\,\cdot\,)$ とかくことにする．

さらに，変動する領域の上で定義された**汎関数の形状微分**を次のように定義する．本章では，$\boldsymbol{z} \in \Omega(\boldsymbol{\phi}+\boldsymbol{\varphi})$ に対して，$\boldsymbol{\nabla}_z = (\partial(\,\cdot\,)/z_1, \dots, \partial(\,\cdot\,)/z_d)^{\mathrm{T}}$ とかくことにする．また，$\boldsymbol{\nu}(\boldsymbol{\phi})$ は $\partial\Omega(\boldsymbol{\phi})$ 境界で定義された外向き単位法線（定義 A.5.4）を表し，$\partial_\nu(\,\cdot\,) = \boldsymbol{\nu}(\boldsymbol{\phi}) \cdot \boldsymbol{\nabla}(\,\cdot\,)$ とかくのに対して，$\boldsymbol{\mu} = \boldsymbol{\nu}(\boldsymbol{\phi}+\boldsymbol{\varphi})$ は $\partial\Omega(\boldsymbol{\phi}+\boldsymbol{\varphi})$ 上の外向き単位法線を表し，$\partial_\mu(\,\cdot\,) = \boldsymbol{\mu}\cdot\boldsymbol{\nabla}_z$ とかくことにする．さらに，X の双対空間を X' とかく．

定義 9.1.3（汎関数の形状微分） $\boldsymbol{\phi} \in \mathcal{D}$ に対して，

$$h_0 \in C^1(C^1(\mathcal{D}; H^1(\mathbb{R}^d;\mathbb{R})) \times C^1(\mathcal{D}; L^2(\mathbb{R}^d;\mathbb{R}^d)); L^2(\mathbb{R}^d;\mathbb{R}))$$
$$h_1 \in C^1(C^1(\mathcal{D}; H^2(\mathbb{R}^d;\mathbb{R})) \times C^1(\mathcal{D}; H^1(\mathbb{R}^d;\mathbb{R})); H^1(\mathbb{R}^d;\mathbb{R}))$$

が与えられているとする．任意の $\boldsymbol{\varphi} \in \mathcal{D}$ に対して，

$$\begin{aligned} &f(\boldsymbol{\phi}+\boldsymbol{\varphi}, u(\boldsymbol{\phi}+\boldsymbol{\varphi}), \boldsymbol{\nabla}_z u(\boldsymbol{\phi}+\boldsymbol{\varphi}), \partial_\mu u(\boldsymbol{\phi}+\boldsymbol{\varphi})) \\ &\quad = \int_{\Omega(\boldsymbol{\phi}+\boldsymbol{\varphi})} h_0(u(\boldsymbol{\phi}+\boldsymbol{\varphi})(\boldsymbol{z}), \boldsymbol{\nabla}_z u(\boldsymbol{\phi}+\boldsymbol{\varphi})(\boldsymbol{z}))\,\mathrm{d}z \\ &\qquad + \int_{\Gamma(\boldsymbol{\phi}+\boldsymbol{\varphi})} h_1(u(\boldsymbol{\phi}+\boldsymbol{\varphi})(\boldsymbol{z}), \partial_\mu u(\boldsymbol{\phi}+\boldsymbol{\varphi})(\boldsymbol{z}))\,\mathrm{d}\zeta \end{aligned} \tag{9.1.4}$$

とおく．ここで，$\Gamma(\boldsymbol{\phi})$ を $\partial\Omega(\boldsymbol{\phi})$ の部分集合（$\Gamma(\boldsymbol{\phi}) = \partial\Omega(\boldsymbol{\phi})$ でもよい）とする．このとき，

$$\begin{aligned} &f(\boldsymbol{\phi}+\boldsymbol{\varphi}, u(\boldsymbol{\phi}+\boldsymbol{\varphi}), \boldsymbol{\nabla}_z u(\boldsymbol{\phi}+\boldsymbol{\varphi}), \partial_\mu u(\boldsymbol{\phi}+\boldsymbol{\varphi})) \\ &\quad = f(\boldsymbol{\phi}, u(\boldsymbol{\phi}), \boldsymbol{\nabla} u(\boldsymbol{\phi}), \partial_\nu(\boldsymbol{\phi})) \\ &\qquad + f'(\boldsymbol{\phi}, u(\boldsymbol{\phi}), \boldsymbol{\nabla} u(\boldsymbol{\phi}), \partial_\nu(\boldsymbol{\phi}))[\boldsymbol{\varphi}] + o(\|\boldsymbol{\varphi}\|_X) \end{aligned}$$

を満たす有界線形汎関数 $f'(\boldsymbol{\phi}, u(\boldsymbol{\phi}), \boldsymbol{\nabla} u(\boldsymbol{\phi}), \partial_\nu u(\boldsymbol{\phi}))[\,\cdot\,] \colon \mathcal{D} \to \mathbb{R}$ が存在し，かつ $f'(\boldsymbol{\phi}, u(\boldsymbol{\phi}), \boldsymbol{\nabla} u(\boldsymbol{\phi}), \partial_\nu u(\boldsymbol{\phi}))[\,\cdot\,] \colon X \to \mathbb{R}$ も有界線形汎関数ならば，すなわち，$f'(\boldsymbol{\phi}, u(\boldsymbol{\phi}), \boldsymbol{\nabla} u(\boldsymbol{\phi}), \partial_\nu u(\boldsymbol{\phi}))[\boldsymbol{\varphi}] = \langle \boldsymbol{g}, \boldsymbol{\varphi} \rangle$ とかける $\boldsymbol{g} \in X'$ が存在すれば，

f は形状微分可能といい，$\boldsymbol{g}$ を f の**形状勾配**という．このとき，$f \in C^1(\mathcal{D};\mathbb{R})$ とかく．

9.2 Jacobi 行列式の形状微分

領域変動および関数と汎関数の形状微分の定義が示されたので，それに基づいて，領域変動 $\boldsymbol{\varphi} \in \mathcal{D}$ に伴う Jacobi 行列式と Jacobi 逆行列の形状微分を求めておこう．これらは関数と汎関数の形状微分の公式を求めるときに使われる．

$\boldsymbol{\phi} \in \mathcal{D}$ を固定して，$\Omega(\boldsymbol{\phi})$ からの任意の領域変動 $\boldsymbol{\varphi} \in \mathcal{D}$ を考える．このとき，写像 $\boldsymbol{i} + \boldsymbol{\varphi}$ に対する Jacobi 行列と Jacobi 行列式を

$$\boldsymbol{F}(\boldsymbol{\varphi}) = \boldsymbol{I} + (\boldsymbol{\nabla}\boldsymbol{\varphi}^{\mathrm{T}})^{\mathrm{T}} \in L^2(\mathbb{R}^d;\mathbb{R}^{d\times d}) \tag{9.2.1}$$

$$\omega(\boldsymbol{\varphi}) = \det \boldsymbol{F}(\boldsymbol{\varphi}) \in L^2(\mathbb{R}^d;\mathbb{R}) \tag{9.2.2}$$

とかくことにする[†]．ここで，$\boldsymbol{I}$ は単位行列を表す．また，今後，$\boldsymbol{\varphi} \in X$ が仮定されることから，$\boldsymbol{F}(\boldsymbol{\varphi})$ と $\omega(\boldsymbol{\varphi})$ は L^2 級であると仮定された．このとき，$\omega(\boldsymbol{\varphi})$ は，$\Omega(\boldsymbol{\phi})$ の測度 $\mathrm{d}x$ と $\Omega(\boldsymbol{\phi}+\boldsymbol{\varphi})$ 上の $\mathrm{d}x$ に対応する測度 $\mathrm{d}z$ に対して，$\mathrm{d}z = \omega(\boldsymbol{\varphi})\,\mathrm{d}x$ を与える関数となる．ここでは，領域上と境界上で定義された Jacobi 行列式に分けて，それらの形状微分についてみていくことにしよう．

9.2.1 領域 Jacobi 行列式と領域 Jacobi 逆行列の形状微分

まず，式 (9.2.2) で定義された $\omega(\boldsymbol{\varphi})$ の $\boldsymbol{\varphi}_0 = \boldsymbol{0}_{\mathbb{R}^d}$ における形状微分は次のように得られる．

■命題 9.2.1（領域 Jacobi 行列式の形状微分） $\boldsymbol{\phi} \in \mathcal{D}$ が与えられているとする．任意の $\boldsymbol{\varphi} \in X$ に対して，

$$\omega'(\boldsymbol{\varphi}_0)[\boldsymbol{\varphi}] = \boldsymbol{\nabla}\cdot\boldsymbol{\varphi} \in L^2(\mathbb{R}^d;\mathbb{R})$$

が成り立つ．

▶証明 $\boldsymbol{x} \in \mathbb{R}^d$ に対して，次が成り立つ．

[†] 通常は $\boldsymbol{F}(\boldsymbol{i}+\boldsymbol{\varphi})$ とかくが，ここでは，弾性論の変形勾配テンソルの表記法を用いることにする．

$$\omega(\boldsymbol{\varphi}) = \det(\boldsymbol{I} + (\boldsymbol{\nabla}\boldsymbol{\varphi}^{\mathrm{T}})^{\mathrm{T}}) = \det \begin{pmatrix} 1+\varphi_{1,1} & \cdots & \varphi_{1,d} \\ \vdots & \ddots & \vdots \\ \varphi_{d,1} & \cdots & 1+\varphi_{d,d} \end{pmatrix}$$
$$= 1 + \boldsymbol{\nabla}\cdot\boldsymbol{\varphi} + \sum_{(i,j)\in\{1,\ldots,d\}^2} o(\|\varphi_{i,j}\|_{L^2(\mathbb{R}^d;\mathbb{R})}) \qquad \square$$

また，Jacobi 逆行列 $\boldsymbol{F}^{-\mathrm{T}}(\boldsymbol{\varphi})$ の $\boldsymbol{\varphi}_0 = \mathbf{0}_{\mathbb{R}^d}$ における形状微分は次のようになる．

命題 9.2.2（領域 Jacobi 逆行列の形状微分）　$\boldsymbol{\phi} \in \mathcal{D}$ が与えられているとする．任意の $\boldsymbol{\varphi} \in X$ に対して，

$$\boldsymbol{F}^{-\mathrm{T}\prime}(\boldsymbol{\varphi}_0)[\boldsymbol{\varphi}] = -\boldsymbol{\nabla}\boldsymbol{\varphi}^{\mathrm{T}} \in L^2(\mathbb{R}^d;\mathbb{R}^{d\times d})$$

が成り立つ．

▶証明　$\boldsymbol{x} \in \mathbb{R}^d$ に対して

$$\boldsymbol{F}^{-\mathrm{T}}(\boldsymbol{\varphi})(\boldsymbol{I} + \boldsymbol{\nabla}\boldsymbol{\varphi}^{\mathrm{T}}) = \boldsymbol{I}$$

が成り立つ．$\boldsymbol{\phi}$ で $\boldsymbol{\varphi}$ に対する形状微分をとれば，

$$\boldsymbol{F}^{-\mathrm{T}\prime}(\boldsymbol{\varphi}_0)[\boldsymbol{\varphi}] + \boldsymbol{F}^{-\mathrm{T}}(\boldsymbol{\varphi}_0)(\boldsymbol{\nabla}\boldsymbol{\varphi}^{\mathrm{T}}) = \mathbf{0}_{\mathbb{R}^{d\times d}}$$

となる．$\boldsymbol{F}^{-\mathrm{T}}(\boldsymbol{\varphi}_0) = \boldsymbol{I}$ より，本命題の結果が得られる．　□

9.2.2　境界 Jacobi 行列式と法線の形状微分

次に，境界の Jacobi 行列式に関する形状微分の公式を求めておく．領域変動型の形状最適化問題では，評価関数や状態決定問題の Lagrange 関数に境界積分が現れる．そのような境界積分の形状微分を求める際に，境界 Jacobi 行列式と法線の形状微分が必要となるためである．

$\partial\Omega(\boldsymbol{\phi})$ の微小測度と外向き単位法線を $\mathrm{d}\gamma(\boldsymbol{\phi})$ と $\boldsymbol{\nu}(\boldsymbol{\phi})$ のように表す．なお，Lipschitz 境界上の法線は，境界近傍の座標系で境界をグラフとして定義したときのグラフに対する法線で定義され，$L^\infty(\partial\Omega(\boldsymbol{\phi});\mathbb{R}^d)$ に入ると仮定する[46, 109]．

このとき，

$$\varpi(\boldsymbol{\varphi}) = \frac{\mathrm{d}\gamma(\boldsymbol{\phi}+\boldsymbol{\varphi})}{\mathrm{d}\gamma(\boldsymbol{\phi})} = \omega(\boldsymbol{\varphi})\boldsymbol{\nu}(\boldsymbol{\phi}+\boldsymbol{\varphi})\cdot(\boldsymbol{F}^{-\mathrm{T}}(\boldsymbol{\varphi})\boldsymbol{\nu}(\boldsymbol{\phi})) \qquad (9.2.3)$$

が成り立つ．この関係は，次の命題から得られる．

命題 9.2.3 (Nanson の公式) $\phi \in \mathcal{D}$ が与えられているとする．$\partial\Omega(\phi)$ 上のほとんど至るところで，任意の $\boldsymbol{\varphi} \in X$ に対して，

$$\boldsymbol{\nu}(\boldsymbol{\phi}+\boldsymbol{\varphi})\mathrm{d}\gamma(\boldsymbol{\phi}+\boldsymbol{\varphi}) = \omega(\boldsymbol{\varphi})\boldsymbol{F}^{-\mathrm{T}}(\boldsymbol{\varphi})\boldsymbol{\nu}(\boldsymbol{\phi})\,\mathrm{d}\gamma(\boldsymbol{\phi}) \tag{9.2.4}$$

が成り立つ．

▶**証明** $\mathrm{d}\boldsymbol{l}(\boldsymbol{\phi}) \in \mathbb{R}^d$ を $\mathrm{d}\gamma(\boldsymbol{\phi})$ 上の $\boldsymbol{\nu}(\boldsymbol{\phi}) \cdot \mathrm{d}\boldsymbol{l}(\boldsymbol{\phi}) > 0$ を満たす任意ベクトルとして，$\mathrm{d}\boldsymbol{l}(\boldsymbol{\phi}+\boldsymbol{\varphi})$ を写像 $\boldsymbol{i}+\boldsymbol{\varphi}$ により変換されたベクトルとする．このとき，図 9.2.1 に示される平行 6 面体の体積について

$$\mathrm{d}\boldsymbol{l}(\boldsymbol{\phi}+\boldsymbol{\varphi}) \cdot \boldsymbol{\nu}(\boldsymbol{\phi}+\boldsymbol{\varphi})\,\mathrm{d}\gamma(\boldsymbol{\phi}+\boldsymbol{\varphi}) = \omega(\boldsymbol{\varphi})\,\mathrm{d}\boldsymbol{l}(\boldsymbol{\phi}) \cdot \boldsymbol{\nu}(\boldsymbol{\phi})\,\mathrm{d}\gamma(\boldsymbol{\phi})$$

が成り立つ．ここで，$\mathrm{d}\boldsymbol{l}(\boldsymbol{\phi}+\boldsymbol{\varphi}) = \boldsymbol{F}(\boldsymbol{\varphi})\mathrm{d}\boldsymbol{l}(\boldsymbol{\phi})$ を上式に代入すれば，

$$\mathrm{d}\boldsymbol{l}(\boldsymbol{\phi}) \cdot (\boldsymbol{F}^{\mathrm{T}}(\boldsymbol{\varphi})\boldsymbol{\nu}(\boldsymbol{\phi}+\boldsymbol{\varphi}))\,\mathrm{d}\gamma(\boldsymbol{\phi}+\boldsymbol{\varphi}) = \mathrm{d}\boldsymbol{l}(\boldsymbol{\phi}) \cdot (\omega(\boldsymbol{\varphi})\boldsymbol{\nu}(\boldsymbol{\phi}))\,\mathrm{d}\gamma(\boldsymbol{\phi})$$

が得られる．$\mathrm{d}\boldsymbol{l}(\boldsymbol{\phi})$ は任意なので，式 (9.2.4) が得られる． □

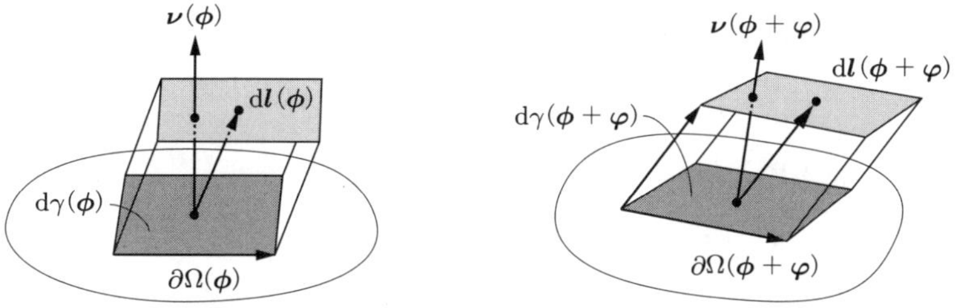

（a）変動前　（b）変動後

図 9.2.1 微小測度 $\mathrm{d}\gamma(\boldsymbol{\phi})$ と $\mathrm{d}\gamma(\boldsymbol{\phi}+\boldsymbol{\varphi})$

式 (9.2.4) の両辺と $\boldsymbol{\nu}(\boldsymbol{\phi}+\boldsymbol{\varphi})$ の内積をとれば，式 (9.2.3) が得られる．また，式 (9.2.4) より，$\boldsymbol{\nu}(\boldsymbol{\phi}+\boldsymbol{\varphi})$ は $\boldsymbol{F}^{-\mathrm{T}}(\boldsymbol{\varphi})\boldsymbol{\nu}(\boldsymbol{\phi})$ の方向をもった単位ベクトルであることから

$$\boldsymbol{\nu}(\boldsymbol{\phi}+\boldsymbol{\varphi}) = \frac{\boldsymbol{F}^{-\mathrm{T}}(\boldsymbol{\varphi})\boldsymbol{\nu}(\boldsymbol{\phi})}{\|\boldsymbol{F}^{-\mathrm{T}}(\boldsymbol{\varphi})\boldsymbol{\nu}(\boldsymbol{\phi})\|_{\mathbb{R}^d}} \tag{9.2.5}$$

が成り立つ．

これらの関係に基づけば，式 (9.2.3) の $\varpi(\boldsymbol{\varphi})$ の形状微分は次のように得ら

れる．以下では，$\partial\Omega(\phi)$ 上の接線（定義 A.5.3）を $\boldsymbol{\tau}_1(\phi),\ldots,\boldsymbol{\tau}_{d-1}(\phi)$ のようにかくことにする．また，平均曲率（定義 A.5.5）の $d-1$ 倍（主曲率の和）を $\kappa(\phi)=\boldsymbol{\nabla}\cdot\boldsymbol{\nu}(\phi)$ のようにかくことにする．なお，Lipschitz 境界上の接線は，法線と同様に，境界近傍の座標系で境界をグラフとして定義したときのグラフの接線として定義され，$L^\infty(\partial\Omega(\phi);\mathbb{R}^d)$ に入ると仮定する．平均曲率も法線の導関数に対して同様に定義され，区分的に C^2 級の境界に対して，$L^\infty(\partial\Omega(\phi);\mathbb{R})$ に入ると仮定する．また，$\boldsymbol{\nabla}_\tau(\,\cdot\,)=(\boldsymbol{\tau}_j(\phi)\cdot\boldsymbol{\nabla})_{j\in\{1,\ldots,d-1\}}(\,\cdot\,)\in\mathbb{R}^{d-1}$ および $\boldsymbol{\varphi}_\tau=(\boldsymbol{\tau}_j(\phi)\cdot\boldsymbol{\varphi})_{j\in\{1,\ldots,d-1\}}\in\mathbb{R}^{d-1}$ とかくことにする．これ以降，$\boldsymbol{\nu}(\phi),\boldsymbol{\tau}_1(\phi),\ldots,\boldsymbol{\tau}_{d-1}(\phi)$ および $\kappa(\phi)$ は単に $\boldsymbol{\nu},\boldsymbol{\tau}_1,\ldots,\boldsymbol{\tau}_{d-1}$ および κ とかくことにする．

命題 9.2.4（境界 Jacobi 行列式の形状微分）　$\phi\in\mathcal{D}$ が与えられているとする．$\partial\Omega(\phi)$ 上のほとんど至るところで，任意の $\boldsymbol{\varphi}\in H^2(\mathbb{R}^d;\mathbb{R}^d)$ に対して，

$$\varpi'(\boldsymbol{\varphi}_0)[\boldsymbol{\varphi}]=(\boldsymbol{\nabla}\cdot\boldsymbol{\varphi})_\tau=\boldsymbol{\nabla}\cdot\boldsymbol{\varphi}-\boldsymbol{\nu}\cdot(\boldsymbol{\nabla}\boldsymbol{\varphi}^{\mathrm{T}}\boldsymbol{\nu})\in L^2(\partial\Omega(\phi);\mathbb{R}) \tag{9.2.6}$$

が成り立つ．さらに，$\partial\Omega(\phi)$ が区分的に C^2 級ならば，

$$\varpi'(\boldsymbol{\varphi}_0)[\boldsymbol{\varphi}]=\kappa\boldsymbol{\nu}\cdot\boldsymbol{\varphi}+\boldsymbol{\nabla}_\tau\cdot\boldsymbol{\varphi}_\tau\in L^2(\partial\Omega(\phi);\mathbb{R}) \tag{9.2.7}$$

が成り立つ．

▶**証明**　式 (9.2.3) と式 (9.2.5) より，

$$\varpi(\boldsymbol{\varphi})=\omega(\boldsymbol{\varphi})\|\boldsymbol{F}^{-\mathrm{T}}(\boldsymbol{\varphi})\boldsymbol{\nu}\|_{\mathbb{R}^d}$$

が得られる．式 (9.2.6) は，命題 9.2.1 と命題 9.2.2 より

$$\begin{aligned}\varpi'(\boldsymbol{\varphi}_0)[\boldsymbol{\varphi}]&=\omega'(\boldsymbol{\varphi}_0)[\boldsymbol{\varphi}]\|\boldsymbol{F}^{-\mathrm{T}}(\boldsymbol{\varphi}_0)\boldsymbol{\nu}\|_{\mathbb{R}^d}\\&\quad+\omega(\boldsymbol{\varphi}_0)(\boldsymbol{F}^{-\mathrm{T}}(\boldsymbol{\varphi}_0)\boldsymbol{\nu})\cdot(\boldsymbol{F}^{-\mathrm{T}\prime}(\boldsymbol{\varphi}_0)[\boldsymbol{\varphi}]\boldsymbol{\nu})/\|\boldsymbol{F}^{-\mathrm{T}}(\boldsymbol{\varphi}_0)\boldsymbol{\nu}\|_{\mathbb{R}^d}\\&=\boldsymbol{\nabla}\cdot\boldsymbol{\varphi}-\boldsymbol{\nu}\cdot(\boldsymbol{\nabla}\boldsymbol{\varphi}^{\mathrm{T}}\boldsymbol{\nu})\end{aligned}$$

によって得られる．

さらに，その境界が区分的に C^2 級ならば，ほとんど至るところ $\kappa=\boldsymbol{\nabla}\cdot\boldsymbol{\nu}$ が定義できて，

$$\begin{aligned}\nabla\cdot\boldsymbol{\varphi}&=\nabla\cdot\left\{(\boldsymbol{\nu}\cdot\boldsymbol{\varphi})\boldsymbol{\nu}+\sum_{j\in\{1,\ldots,d-1\}}(\boldsymbol{\tau}_j\cdot\boldsymbol{\varphi})\boldsymbol{\tau}_j\right\}\\&=\partial_\nu(\boldsymbol{\nu}\cdot\boldsymbol{\varphi})+\kappa(\boldsymbol{\nu}\cdot\boldsymbol{\varphi})+\nabla_\tau\cdot\boldsymbol{\varphi}_\tau\end{aligned}\tag{9.2.8}$$

とかける．ただし，$\nabla\cdot\boldsymbol{\tau}_1=0,\ldots,\nabla\cdot\boldsymbol{\tau}_{d-1}=0$ を用いた．なぜならば，$\Omega(\boldsymbol{\phi})$ が図 9.2.2 のような半径 r の円（2 次元領域）のとき，$\boldsymbol{x}=(0,r)^{\mathrm{T}}$ では，

$$\nabla\cdot\boldsymbol{\tau}_1=\nabla\cdot\boldsymbol{\tau}=\frac{\partial\tau_1}{\partial x_1}+\frac{\partial\tau_2}{\partial x_2}=\lim_{\theta\to0}\frac{\cos\theta-1}{r\tan\theta}=0$$

が成り立つためである．$\Omega(\boldsymbol{\phi})$ が 3 次元領域の場合も同様の関係が成り立つ．

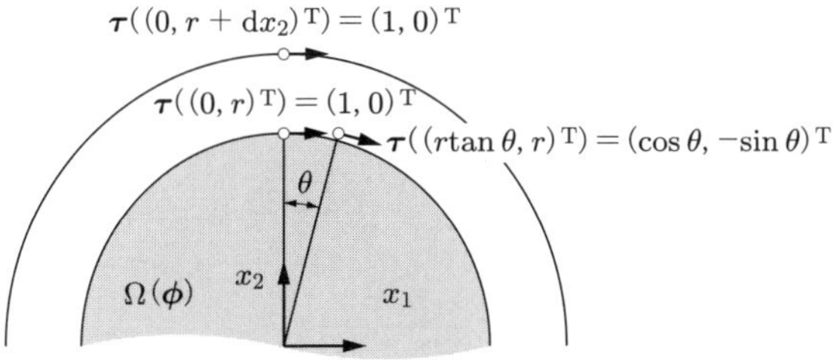

図 9.2.2 円近傍における接線の分布

また，

$$\begin{aligned}\boldsymbol{\nu}\cdot(\nabla\boldsymbol{\varphi}^{\mathrm{T}}\boldsymbol{\nu})&=\boldsymbol{\nu}\cdot\left[\nabla\left\{(\boldsymbol{\nu}\cdot\boldsymbol{\varphi})\boldsymbol{\nu}+\sum_{j\in\{1,\ldots,d-1\}}(\boldsymbol{\tau}_j\cdot\boldsymbol{\varphi})\boldsymbol{\tau}_j\right\}^{\mathrm{T}}\boldsymbol{\nu}\right]\\&=\partial_\nu(\boldsymbol{\nu}\cdot\boldsymbol{\varphi})\end{aligned}\tag{9.2.9}$$

が成り立つ．ここでは，

$$\begin{aligned}&\nabla(\boldsymbol{\nu}\cdot\boldsymbol{\varphi})\boldsymbol{\nu}^{\mathrm{T}}\boldsymbol{\nu}=\nabla(\boldsymbol{\nu}\cdot\boldsymbol{\varphi}),\quad\nabla\boldsymbol{\nu}^{\mathrm{T}}\boldsymbol{\nu}=\mathbf{0}_{\mathbb{R}^d},\\&\nabla(\boldsymbol{\tau}_j\cdot\boldsymbol{\varphi})\boldsymbol{\tau}_j^{\mathrm{T}}\boldsymbol{\nu}=\mathbf{0}_{\mathbb{R}^d},\quad\boldsymbol{\nu}\cdot(\nabla\boldsymbol{\tau}_j^{\mathrm{T}}\boldsymbol{\nu})=0\end{aligned}$$

を用いた．$\boldsymbol{\nu}\cdot(\nabla\boldsymbol{\tau}_1^{\mathrm{T}}\boldsymbol{\nu})=0,\ldots,\boldsymbol{\nu}\cdot(\nabla\boldsymbol{\tau}_{d-1}^{\mathrm{T}}\boldsymbol{\nu})=0$ が成り立つことは，$\Omega(\boldsymbol{\phi})$ が図 9.2.2 のような半径 r の円のとき，$\boldsymbol{x}=(0,r)^{\mathrm{T}}$ では，

$$\boldsymbol{\nu}\cdot(\nabla\boldsymbol{\tau}_j^{\mathrm{T}}\boldsymbol{\nu})=(\nu_1\quad\nu_2)\begin{pmatrix}\partial\tau_1/\partial x_1&\partial\tau_2/\partial x_1\\\partial\tau_1/\partial x_2&\partial\tau_2/\partial x_2\end{pmatrix}\begin{pmatrix}\nu_1\\\nu_2\end{pmatrix}$$

$$= (0 \quad 1)\begin{pmatrix} 0 & -1/r \\ 0 & 0 \end{pmatrix}\begin{pmatrix} 0 \\ 1 \end{pmatrix} = 0$$

が成り立つことで確かめられる．$\Omega(\phi)$ が 3 次元領域の場合も同様の関係が成り立つ．

そこで，式 (9.2.8) と式 (9.2.9) を式 (9.2.6) に代入すれば，式 (9.2.7) が得られる．

□

また，法線の形状微分について，次の公式が得られる．

命題 9.2.5（法線の形状微分） $\phi \in \mathcal{D}$ が与えられているとする．$\partial\Omega(\phi)$ 上のほとんど至るところで，任意の $\boldsymbol{\varphi} \in H^2(\mathbb{R}^d;\mathbb{R}^d)$ に対して，

$$\boldsymbol{\nu}'(\phi)[\boldsymbol{\varphi}] = -(\boldsymbol{\nabla}\boldsymbol{\varphi}^{\mathrm{T}})\boldsymbol{\nu} + \{\boldsymbol{\nu} \cdot (\boldsymbol{\nabla}\boldsymbol{\varphi}^{\mathrm{T}}\boldsymbol{\nu})\}\boldsymbol{\nu}$$

が成り立つ．

▶**証明**　$\Omega(\phi + \boldsymbol{\varphi})$ 上の外向き単位法線は式 (9.2.5) で与えられる．これを

$$\boldsymbol{\nu}(\phi + \boldsymbol{\varphi}) = \frac{\boldsymbol{F}^{-\mathrm{T}}(\boldsymbol{\varphi})\boldsymbol{\nu}}{\|\boldsymbol{F}^{-\mathrm{T}}(\boldsymbol{\varphi})\boldsymbol{\nu}\|_{\mathbb{R}^d}} = \frac{\boldsymbol{h}(\boldsymbol{\varphi})}{\|\boldsymbol{h}(\boldsymbol{\varphi})\|_{\mathbb{R}^d}}$$

とかく．このとき，次が成り立つ．

$$\begin{aligned} &\boldsymbol{\nu}'(\boldsymbol{\varphi}_0)[\boldsymbol{\varphi}] \\ &\quad = \frac{1}{\|\boldsymbol{h}(\boldsymbol{\varphi}_0)\|_{\mathbb{R}^d}^2}\left\{\boldsymbol{h}'(\boldsymbol{\varphi}_0)[\boldsymbol{\varphi}]\|\boldsymbol{h}(\boldsymbol{\varphi}_0)\|_{\mathbb{R}^d} - \frac{\boldsymbol{h}(\boldsymbol{\varphi}_0)^{\mathrm{T}}(\boldsymbol{h}'(\boldsymbol{\varphi}_0)[\boldsymbol{\varphi}])\boldsymbol{h}(\boldsymbol{\varphi}_0)}{\|\boldsymbol{h}(\boldsymbol{\varphi}_0)\|_{\mathbb{R}^d}}\right\} \\ &\quad = -(\boldsymbol{\nabla}\boldsymbol{\varphi}^{\mathrm{T}})\boldsymbol{\nu} + [\boldsymbol{\nu} \cdot \{(\boldsymbol{\nabla}\boldsymbol{\varphi}^{\mathrm{T}})\boldsymbol{\nu}\}]\boldsymbol{\nu} \end{aligned}$$

□

9.3　汎関数の形状微分

9.2 節の結果を用いて，変動する領域の上で定義された領域積分と境界積分の形状微分を求める公式をまとめておこう．その際，被積分関数の形状微分を用いる公式と形状偏微分を用いる公式が得られることに注意する．

9.3.1　関数の形状微分を用いた公式

まず，関数の形状微分 u' を使った公式を求めよう．定義 9.1.1 より，次の命題が成り立つ．ここでは，$\phi + \boldsymbol{\varphi}$ のときに関数や汎関数は $u(\phi + \boldsymbol{\varphi})$ や $f(\phi + \boldsymbol{\varphi}, u(\phi + \boldsymbol{\varphi}))$ のように表して，ϕ のときに関数や汎関数は u や $f(\phi, u)$ のよ

うにかくことにする．さらに，定義 9.1.1 に従う $u'(\boldsymbol{\phi})[\boldsymbol{\varphi}]$ を u' とかくことにする．

命題 9.3.1（導関数なし領域積分の形状微分：関数の形状微分） $\boldsymbol{\phi}$ と u はそれぞれ $\mathcal{D}$ と $C^1(\mathcal{D}; L^2(\mathbb{R}^d;\mathbb{R}))$ の要素とする．任意の $\boldsymbol{\varphi} \in \mathcal{D}$ に対して，

$$f(\boldsymbol{\phi}+\boldsymbol{\varphi}, u(\boldsymbol{\phi}+\boldsymbol{\varphi})) = \int_{\Omega(\boldsymbol{\phi}+\boldsymbol{\varphi})} u(\boldsymbol{\phi}+\boldsymbol{\varphi})\,\mathrm{d}z$$

とおく．このとき，f の形状微分（定義 9.1.3）は，任意の $\boldsymbol{\varphi} \in X$ に対して，

$$f'(\boldsymbol{\phi}, u)[\boldsymbol{\varphi}] = \int_{\Omega(\boldsymbol{\phi})} (u' + u\boldsymbol{\nabla}\cdot\boldsymbol{\varphi})\,\mathrm{d}x \tag{9.3.1}$$

となる．

▶**証明** f の積分領域 $\Omega(\boldsymbol{\phi}+\boldsymbol{\varphi})$ を $\Omega(\boldsymbol{\phi})$ に変換すれば，

$$f(\boldsymbol{\phi}+\boldsymbol{\varphi}, u(\boldsymbol{\phi}+\boldsymbol{\varphi})) = \int_{\Omega(\boldsymbol{\phi})} u(\boldsymbol{\phi}+\boldsymbol{\varphi})(\boldsymbol{x}+\boldsymbol{\varphi}(\boldsymbol{x}))\omega(\boldsymbol{\varphi})(\boldsymbol{x})\,\mathrm{d}x$$

となる．定義 9.1.1 を用いれば，

$$f'(\boldsymbol{\phi}, u(\boldsymbol{\phi}))[\boldsymbol{\varphi}] = \int_{\Omega(\boldsymbol{\phi})} (u'(\boldsymbol{\phi})[\boldsymbol{\varphi}]\omega(\boldsymbol{\varphi}_0) + u(\boldsymbol{\phi})\omega'(\boldsymbol{\varphi}_0)[\boldsymbol{\varphi}])\,\mathrm{d}x$$

が得られる．これに命題 9.2.1 を用いれば，本命題の結果が得られる． □

次に，関数の導関数を被積分関数にもつ領域積分について考える．まず，次の結果に注目する．以下では，任意の $\boldsymbol{\varphi} \in \mathcal{D}$ に対して，$\Omega(\boldsymbol{\phi})$ の拡張領域 $\mathbb{R}^d$ 上の点 $\boldsymbol{x}$ の移動先を $\boldsymbol{z} = \boldsymbol{x} + \boldsymbol{\varphi}(\boldsymbol{x}) = (\boldsymbol{i}+\boldsymbol{\varphi})(\boldsymbol{x})$ とかく．また，$\boldsymbol{\nabla}_z$ は $\partial(\cdot)/\partial\boldsymbol{z}$ を表す．

命題 9.3.2（微分の引き戻し） $\boldsymbol{\phi}$ と u はそれぞれ $\mathcal{D}$ と $C^0(\mathcal{D}; H^1(\mathbb{R}^d;\mathbb{R}))$ の要素とする．任意の $\boldsymbol{\varphi} \in \mathcal{D}$ に対して，

$$u(\boldsymbol{\phi}+\boldsymbol{\varphi})(\boldsymbol{z}) = u(\boldsymbol{\phi})((\boldsymbol{i}+\boldsymbol{\varphi})^{-1}(\boldsymbol{z})) = u(\boldsymbol{\phi})(\boldsymbol{x}) \tag{9.3.2}$$

が成り立つとする．このとき，任意の $\boldsymbol{\varphi} \in X$ に対して，

$$\boldsymbol{\nabla}_z u(\boldsymbol{\phi}+\boldsymbol{\varphi})(\boldsymbol{z}) = \boldsymbol{F}^{-\mathrm{T}}(\boldsymbol{\varphi})\boldsymbol{\nabla} u(\boldsymbol{\phi})(\boldsymbol{x}) \in L^1(\mathbb{R}^d;\mathbb{R}^d)$$

が成り立つ.

▶**証明** 微分の連鎖則より,

$$\frac{\partial u(\boldsymbol{\phi}+\boldsymbol{\varphi})}{\partial \boldsymbol{z}}(\boldsymbol{z}) = \frac{\partial \boldsymbol{x}^{\mathrm{T}}}{\partial \boldsymbol{z}}\frac{\partial u(\boldsymbol{\phi})}{\partial \boldsymbol{x}}(\boldsymbol{x}) = \left(\frac{\partial \boldsymbol{z}}{\partial \boldsymbol{x}^{\mathrm{T}}}\right)^{-\mathrm{T}}\frac{\partial u(\boldsymbol{\phi})}{\partial \boldsymbol{x}}(\boldsymbol{x})$$

が成り立つ. □

そこで, 領域積分の被積分関数に導関数が含まれる場合には, 次の公式を得る[94, 95, 122].

命題 9.3.3 (導関数あり領域積分の形状微分：関数の形状微分) $\boldsymbol{\phi}$ と u はそれぞれ $\mathcal{D}$ と $C^1(\mathcal{D}; H^1(\mathbb{R}^d; \mathbb{R}))$ の要素とする. 任意の $\boldsymbol{\varphi} \in \mathcal{D}$ に対して,

$$f(\boldsymbol{\phi}+\boldsymbol{\varphi}, \boldsymbol{\nabla}_z u(\boldsymbol{\phi}+\boldsymbol{\varphi})) = \int_{\Omega(\boldsymbol{\phi}+\boldsymbol{\varphi})} \boldsymbol{\nabla}_z u(\boldsymbol{\phi}+\boldsymbol{\varphi}) \,\mathrm{d}z$$

とおく. このとき, f の形状微分は, 任意の $\boldsymbol{\varphi} \in X$ に対して,

$$f'(\boldsymbol{\phi}, \boldsymbol{\nabla} u)[\boldsymbol{\varphi}] = \int_{\Omega(\boldsymbol{\phi})} \{\boldsymbol{\nabla} u' - (\boldsymbol{\nabla}\boldsymbol{\varphi}^{\mathrm{T}})\boldsymbol{\nabla} u + (\boldsymbol{\nabla}\cdot\boldsymbol{\varphi})\boldsymbol{\nabla} u\} \,\mathrm{d}x \quad (9.3.3)$$

となる.

▶**証明** 命題 9.3.2 において式 (9.3.2) が仮定されていたことに注意すれば,

$$\begin{aligned}
&f(\boldsymbol{\phi}+\boldsymbol{\varphi}, \boldsymbol{\nabla}_z u(\boldsymbol{\phi}+\boldsymbol{\varphi})) \\
&\quad = \int_{\Omega(\boldsymbol{\phi}+\boldsymbol{\varphi})} [\boldsymbol{\nabla}_z u(\boldsymbol{\phi}+\boldsymbol{\varphi})(\boldsymbol{z})|_* \\
&\qquad\qquad + \boldsymbol{\nabla}_z\{u(\boldsymbol{\phi}+\boldsymbol{\varphi})(\boldsymbol{z}) - u(\boldsymbol{\phi})((\boldsymbol{i}+\boldsymbol{\varphi})^{-1}(\boldsymbol{z}))\}] \,\mathrm{d}z \\
&\quad = \int_{\Omega(\boldsymbol{\phi})} \{\boldsymbol{F}^{-\mathrm{T}}(\boldsymbol{\varphi})\boldsymbol{\nabla} u(\boldsymbol{\phi})(\boldsymbol{x}) \\
&\qquad\qquad + u_{\boldsymbol{x}+\boldsymbol{\varphi}(\boldsymbol{x})}(\boldsymbol{\phi}+\boldsymbol{\varphi})(\boldsymbol{x}+\boldsymbol{\varphi}(\boldsymbol{x})) - u_{\boldsymbol{x}+\boldsymbol{\varphi}(\boldsymbol{x})}(\boldsymbol{\phi})(\boldsymbol{x})\}\omega(\boldsymbol{\varphi}) \,\mathrm{d}x
\end{aligned}$$

が成り立つ. ただし, $\boldsymbol{\nabla}_z u(\boldsymbol{\phi}+\boldsymbol{\varphi})(\boldsymbol{z})|_*$ は式 (9.3.2) が仮定されたもとでの $\boldsymbol{\nabla}_z u(\boldsymbol{\phi}+\boldsymbol{\varphi})(\boldsymbol{z})$ とする. f の形状微分の定義 (定義 9.1.3) と $u'(\boldsymbol{\phi})[\boldsymbol{\varphi}]$ の定義 (定義 9.1.1) より,

$$\begin{aligned}
f'(\boldsymbol{\phi}, \boldsymbol{\nabla} u(\boldsymbol{\phi}))[\boldsymbol{\varphi}] = \int_{\Omega(\boldsymbol{\phi})} &\{(\boldsymbol{F}^{-\mathrm{T}\prime}(\boldsymbol{\varphi}_0)[\boldsymbol{\varphi}]\boldsymbol{\nabla} u(\boldsymbol{\phi}) + \boldsymbol{\nabla} u'(\boldsymbol{\phi})[\boldsymbol{\varphi}])\omega(\boldsymbol{\varphi}_0) \\
&+ \boldsymbol{F}^{-\mathrm{T}}(\boldsymbol{\varphi}_0)\boldsymbol{\nabla} u(\boldsymbol{\phi})\omega'(\boldsymbol{\varphi}_0)[\boldsymbol{\varphi}]\} \,\mathrm{d}x
\end{aligned}$$

が得られる．この結果に命題 9.2.1 と命題 9.2.2 を用いれば，本命題の結果が得られる．

□

命題 9.3.1 と命題 9.3.3 の比較から次のことが読みとれる．領域測度の形状微分に関する項（$\boldsymbol{\nabla}\cdot\boldsymbol{\varphi}$ が含まれる項）に関しては，被積分関数に $\boldsymbol{\nabla}\cdot\boldsymbol{\varphi}$ が乗じられただけで，両者で同じ扱いがなされている．一方，関数の形状微分に関する項に関しては，両者で扱いが異なっている．導関数なしの場合には，u が u' に変化しただけなのに対して，導関数ありの場合には，$\boldsymbol{\nabla}u$ が $\boldsymbol{\nabla}u' - (\boldsymbol{\nabla}\boldsymbol{\varphi}^{\mathrm{T}})\boldsymbol{\nabla}u$ に変化している．その点に注意すれば，被積分関数が u と $\boldsymbol{\nabla}u$ の関数で与えられた場合には，次の結果が得られる．

■命題 9.3.4（領域積分の形状微分：関数の形状微分） $\boldsymbol{\phi}$，u および $\boldsymbol{\nabla}u$ はそれぞれ $\mathcal{D}$，$\mathcal{U} = C^1(\mathcal{D}; H^1(\mathbb{R}^d;\mathbb{R}))$ および $\mathcal{V} = C^1(\mathcal{D}; L^2(\mathbb{R}^d;\mathbb{R}^d))$ の要素とする．$h(u,\boldsymbol{\nabla}u)$ は $C^1(\mathcal{U}\times\mathcal{V}; L^2(\mathbb{R}^d;\mathbb{R}))$ の要素とする．任意の $\boldsymbol{\varphi}\in\mathcal{D}$ に対して，

$$
\begin{aligned}
&f(\boldsymbol{\phi}+\boldsymbol{\varphi}, u(\boldsymbol{\phi}+\boldsymbol{\varphi}), \boldsymbol{\nabla}_z u(\boldsymbol{\phi}+\boldsymbol{\varphi}))\\
&\quad = \int_{\Omega(\boldsymbol{\phi}+\boldsymbol{\varphi})} h(u(\boldsymbol{\phi}+\boldsymbol{\varphi}), \boldsymbol{\nabla}_z u(\boldsymbol{\phi}+\boldsymbol{\varphi}))\,\mathrm{d}z
\end{aligned}
$$

とおく．このとき，f の形状微分は，任意の $\boldsymbol{\varphi}\in X$ に対して，

$$
\begin{aligned}
&f'(\boldsymbol{\phi}, u, \boldsymbol{\nabla}u)[\boldsymbol{\varphi}]\\
&\quad = \int_{\Omega(\boldsymbol{\phi})} \{h_u(u,\boldsymbol{\nabla}u)[u'] + h_{\boldsymbol{\nabla}u}(u,\boldsymbol{\nabla}u)[\boldsymbol{\nabla}u' - (\boldsymbol{\nabla}\boldsymbol{\varphi}^{\mathrm{T}})\boldsymbol{\nabla}u]\\
&\qquad\quad + h(u,\boldsymbol{\nabla}u)\boldsymbol{\nabla}\cdot\boldsymbol{\varphi}\}\,\mathrm{d}x \qquad (9.3.4)
\end{aligned}
$$

となる．

命題 9.3.4 で得られた公式は，9.7.1 項において評価関数の形状微分を求める際に使われる重要な公式となる．次節以降では，$f(\boldsymbol{\phi}, u, \boldsymbol{\nabla}u)$ を $f(\boldsymbol{\phi}, u)$ とかくことにして，式 (9.3.4) を

$$
f'(\boldsymbol{\phi}, u, \boldsymbol{\nabla}u)[\boldsymbol{\varphi}] = f'(\boldsymbol{\phi}, u)[\boldsymbol{\varphi}, u'] = f_{\boldsymbol{\phi}'}(\boldsymbol{\phi}, u)[\boldsymbol{\varphi}] + f_u(\boldsymbol{\phi}, u)[u'] \qquad (9.3.5)
$$

のようにかくことにする．ここで，

$$f_{\boldsymbol{\phi}'}(\boldsymbol{\phi},u)[\boldsymbol{\varphi}]=\int_{\Omega(\boldsymbol{\phi})}\{h_{\boldsymbol{\nabla}u}(u,\boldsymbol{\nabla}u)[-(\boldsymbol{\nabla}\boldsymbol{\varphi}^{\mathrm{T}})\boldsymbol{\nabla}u]+h(u,\boldsymbol{\nabla}u)\boldsymbol{\nabla}\cdot\boldsymbol{\varphi}\}\,\mathrm{d}x$$

$$f_u(\boldsymbol{\phi},u)[u']=\int_{\Omega(\boldsymbol{\phi})}\{h_u(u,\boldsymbol{\nabla}u)[u']+h_{\boldsymbol{\nabla}u}(u,\boldsymbol{\nabla}u)[\boldsymbol{\nabla}u']\}\,\mathrm{d}x$$

である．

次に，汎関数が境界積分で与えられた場合を考えよう．$\Gamma(\boldsymbol{\phi})$ は $\partial\Omega(\boldsymbol{\phi})$ の部分集合（$\Gamma(\boldsymbol{\phi})=\partial\Omega(\boldsymbol{\phi})$ でもよい）とする．また，$\Theta(\boldsymbol{\phi})$ を $\partial\Omega(\boldsymbol{\phi})$ 上の角点（$d=2$ のとき）あるいは辺（$d=3$ のとき）の集合とする（図 9.1.2）．$\boldsymbol{\tau}$ は $\Gamma(\boldsymbol{\phi})$ の外向き接線（$d=2$）あるいは $\Gamma(\boldsymbol{\phi})$ の外向き接線かつ $\partial\Gamma(\boldsymbol{\phi})$ の外向き法線（$d=3$ のとき）とする．$\Theta(\boldsymbol{\phi})$ に対する $\boldsymbol{\tau}$ は，図 9.1.2 のように，$\Theta(\boldsymbol{\phi})$ の両端に存在するものとする．$\mathrm{d}\varsigma$ は $\partial\Gamma(\boldsymbol{\phi})\cup\Theta(\boldsymbol{\phi})$ の測度を表すことにする．

■命題 9.3.5（導関数なし境界積分の形状微分：関数の形状微分） $\boldsymbol{\phi}$ と u はそれぞれ $\mathcal{D}$ と $C^1(\mathcal{D};H^1(\mathbb{R}^d;\mathbb{R}))$ の要素とする．任意の $\boldsymbol{\varphi}\in\mathcal{D}$ に対して，

$$f(\boldsymbol{\phi}+\boldsymbol{\varphi},u(\boldsymbol{\phi}+\boldsymbol{\varphi}))=\int_{\Gamma(\boldsymbol{\phi}+\boldsymbol{\varphi})}u(\boldsymbol{\phi}+\boldsymbol{\varphi})\,\mathrm{d}\zeta$$

とおく．このとき，f の形状微分は，任意の $\boldsymbol{\varphi}\in H^2(\mathbb{R}^d;\mathbb{R}^d)$ に対して，

$$f'(\boldsymbol{\phi},u)[\boldsymbol{\varphi}]=\int_{\Gamma(\boldsymbol{\phi})}\{u'+u(\boldsymbol{\nabla}\cdot\boldsymbol{\varphi})_\tau\}\,\mathrm{d}\gamma$$

となる．ただし，$(\boldsymbol{\nabla}\cdot\boldsymbol{\varphi})_\tau$ は式 (9.2.6) に従う．さらに，$\Gamma(\boldsymbol{\phi})$ が区分的に C^2 級ならば，任意の $\boldsymbol{\varphi}\in X$ に対して，

$$f'(\boldsymbol{\phi},u)[\boldsymbol{\varphi}]=\int_{\Gamma(\boldsymbol{\phi})}(u'+\kappa u\boldsymbol{\nu}\cdot\boldsymbol{\varphi}-\boldsymbol{\nabla}_\tau u\cdot\boldsymbol{\varphi}_\tau)\,\mathrm{d}\gamma+\int_{\partial\Gamma(\boldsymbol{\phi})\cup\Theta(\boldsymbol{\phi})}u\boldsymbol{\tau}\cdot\boldsymbol{\varphi}\,\mathrm{d}\varsigma$$

となる．ただし，$\boldsymbol{\nabla}_\tau(\,\cdot\,)=(\boldsymbol{\tau}_j(\boldsymbol{\phi})\cdot\boldsymbol{\nabla})_{j\in\{1,\ldots,d-1\}}(\,\cdot\,)\in\mathbb{R}^{d-1}$ および $\boldsymbol{\varphi}_\tau=(\boldsymbol{\tau}_j(\boldsymbol{\phi})\cdot\boldsymbol{\varphi})_{j\in\{1,\ldots,d-1\}}\in\mathbb{R}^{d-1}$ とする．

▶**証明**　f の積分領域 $\Gamma(\boldsymbol{\phi}+\boldsymbol{\varphi})$ を $\Gamma(\boldsymbol{\phi})$ に変換すれば，

$$f(\boldsymbol{\phi}+\boldsymbol{\varphi}, u(\boldsymbol{\phi}+\boldsymbol{\varphi})) = \int_{\Gamma(\boldsymbol{\phi})} u(\boldsymbol{\phi}+\boldsymbol{\varphi})(\boldsymbol{x}+\boldsymbol{\varphi}(\boldsymbol{x}))\varpi(\boldsymbol{\varphi})\,\mathrm{d}\gamma$$

となる．f の形状微分の定義（定義 9.1.3）と $u'(\boldsymbol{\phi})[\boldsymbol{\varphi}]$ の定義（定義 9.1.1）より，

$$f'(\boldsymbol{\phi}, u(\boldsymbol{\phi}))[\boldsymbol{\varphi}] = \int_{\Gamma(\boldsymbol{\phi})} \{u'(\boldsymbol{\phi})[\boldsymbol{\varphi}]\varpi(\boldsymbol{\varphi}_0) + u(\boldsymbol{\phi})\varpi'(\boldsymbol{\varphi}_0)[\boldsymbol{\varphi}]\}\,\mathrm{d}\gamma$$

が得られる．これに命題 9.2.4 を用いれば，前半の結果が得られる．さらに，$\Gamma(\boldsymbol{\phi})$ が区分的に C^2 級ならば，$\int_{\Gamma(\boldsymbol{\phi})} u(\boldsymbol{\phi})\boldsymbol{\nabla}_\tau\cdot\boldsymbol{\varphi}_\tau\,\mathrm{d}\gamma$ に対して Gauss–Green の定理（定理 A.8.2）を用いれば，後半の結果が得られる． □

さらに，境界積分の被積分関数が法線方向の導関数の場合には，次のようになる．

■命題 9.3.6（導関数あり境界積分の形状微分：関数の形状微分） $\boldsymbol{\phi}$ と u はそれぞれ $\mathcal{D}$ と $C^1(\mathcal{D}; H^2(\mathbb{R}^d;\mathbb{R}))$ の要素とする．任意の $\boldsymbol{\varphi}\in\mathcal{D}$ に対して，

$$f(\boldsymbol{\phi}+\boldsymbol{\varphi}, \partial_\mu u(\boldsymbol{\phi}+\boldsymbol{\varphi})) = \int_{\Gamma(\boldsymbol{\phi}+\boldsymbol{\varphi})} \partial_\mu u(\boldsymbol{\phi}+\boldsymbol{\varphi})\,\mathrm{d}\zeta$$

とおく．このとき，f の形状微分は，任意の $\boldsymbol{\varphi}\in H^2(\mathbb{R}^d;\mathbb{R}^d)$ に対して，

$$f'(\boldsymbol{\phi}, \partial_\nu u)[\boldsymbol{\varphi}] = \int_{\Gamma(\boldsymbol{\phi})} \{\partial_\nu u' + w(\boldsymbol{\varphi}, u) + \partial_\nu u(\boldsymbol{\nabla}\cdot\boldsymbol{\varphi})_\tau\}\,\mathrm{d}\gamma$$

となる．ただし，

$$w(\boldsymbol{\varphi}, u) = [\{\boldsymbol{\nu}\cdot(\boldsymbol{\nabla}\boldsymbol{\varphi}^{\mathrm{T}}\boldsymbol{\nu})\}\boldsymbol{\nu} - \{(\boldsymbol{\nabla}\boldsymbol{\varphi}^{\mathrm{T}} + (\boldsymbol{\nabla}\boldsymbol{\varphi}^{\mathrm{T}})^{\mathrm{T}}\}\boldsymbol{\nu}]\cdot\boldsymbol{\nabla} u \qquad (9.3.6)$$

とおいた．また，$(\boldsymbol{\nabla}\cdot\boldsymbol{\varphi})_\tau$ は式 (9.2.6) に従う．さらに，$\Gamma(\boldsymbol{\phi})$ が区分的に C^2 級ならば，任意の $\boldsymbol{\varphi}\in H^2(\mathbb{R}^d;\mathbb{R}^d)$ に対して，

$$f'(\boldsymbol{\phi}, \partial_\nu u)[\boldsymbol{\varphi}] = \int_{\Gamma(\boldsymbol{\phi})} \{\partial_\nu u' + w(\boldsymbol{\varphi}, u) + \kappa\partial_\nu u\boldsymbol{\nu}\cdot\boldsymbol{\varphi} - \boldsymbol{\nabla}_\tau(\partial_\nu u)\cdot\boldsymbol{\varphi}_\tau\}\mathrm{d}\gamma + \int_{\partial\Gamma(\boldsymbol{\phi})\cup\Theta(\boldsymbol{\phi})} \partial_\nu u\boldsymbol{\tau}\cdot\boldsymbol{\varphi}\,\mathrm{d}\varsigma$$

となる．

▶証明 命題 9.3.2 において式 (9.3.2) が仮定されていたことに注意すれば，

$$
\begin{aligned}
&f(\boldsymbol{\phi}+\boldsymbol{\varphi}, \partial_\mu u(\boldsymbol{\phi}+\boldsymbol{\varphi}))\\
&\quad = \int_{\Gamma(\boldsymbol{\phi}+\boldsymbol{\varphi})} [\boldsymbol{\nabla}_z u(\boldsymbol{\phi}+\boldsymbol{\varphi})(\boldsymbol{z})|_*\\
&\qquad\qquad + \boldsymbol{\nabla}_z\{u(\boldsymbol{\phi}+\boldsymbol{\varphi})(\boldsymbol{z}) - u(\boldsymbol{\phi})((\boldsymbol{i}+\boldsymbol{\varphi})^{-1}(\boldsymbol{z}))\}]\cdot\boldsymbol{\nu}(\boldsymbol{\phi}+\boldsymbol{\varphi})(\boldsymbol{z})\,\mathrm{d}\zeta\\
&\quad = \int_{\Gamma(\boldsymbol{\phi})} \{(\boldsymbol{F}^{-\mathrm{T}}(\boldsymbol{\varphi})\boldsymbol{\nabla} u(\boldsymbol{\phi}))\cdot(\boldsymbol{\nu}+\boldsymbol{\nu}'(\boldsymbol{\phi})[\boldsymbol{\varphi}]+o(\|\boldsymbol{\varphi}\|_X))\\
&\qquad\qquad + \partial_\mu u(\boldsymbol{\phi}+\boldsymbol{\varphi})(\boldsymbol{x}+\boldsymbol{\varphi}(\boldsymbol{x})) - \partial_\mu u(\boldsymbol{x})\}\varpi(\boldsymbol{\varphi})\,\mathrm{d}\gamma
\end{aligned}
$$

が得られる．ただし，$\boldsymbol{\nabla}_z u(\boldsymbol{\phi}+\boldsymbol{\varphi})(\boldsymbol{z})|_*$ は式 (9.3.2) が仮定されたもとでの $\boldsymbol{\nabla}_z u(\boldsymbol{\phi}+\boldsymbol{\varphi})(\boldsymbol{z})$ とする．f の形状微分の定義（定義 9.1.3）と $u'(\boldsymbol{\phi})[\boldsymbol{\varphi}]$ の定義（定義 9.1.1）より，

$$
\begin{aligned}
f'(\boldsymbol{\phi}, \partial_\nu u(\boldsymbol{\phi}))[\boldsymbol{\varphi}] = \int_{\Gamma(\boldsymbol{\phi})} &[\{(\boldsymbol{F}^{-\mathrm{T}\prime}(\boldsymbol{\varphi}_0)[\boldsymbol{\varphi}]\boldsymbol{\nabla} u)\cdot\boldsymbol{\nu} + \partial_\nu u'(\boldsymbol{\phi})[\boldsymbol{\varphi}]\\
&+ (\boldsymbol{F}^{-\mathrm{T}}(\boldsymbol{\varphi}_0)\boldsymbol{\nabla} u(\boldsymbol{\phi}))\cdot\boldsymbol{\nu}'(\boldsymbol{\phi})[\boldsymbol{\varphi}]\}\varpi(\boldsymbol{\varphi}_0)\\
&+ \boldsymbol{F}^{-\mathrm{T}}(\boldsymbol{\varphi}_0)\partial_\nu u(\boldsymbol{\phi})\varpi'(\boldsymbol{\varphi}_0)[\boldsymbol{\varphi}]]\,\mathrm{d}\gamma
\end{aligned}
$$

が得られる．これに命題 9.2.2，9.2.4 および 9.2.5 を用いれば，

$$
\begin{aligned}
f'(\boldsymbol{\phi}, \partial_\nu u(\boldsymbol{\phi}))[\boldsymbol{\varphi}] = \int_{\Gamma(\boldsymbol{\phi})} &[-\{(\boldsymbol{\nabla}\boldsymbol{\varphi}^{\mathrm{T}})\boldsymbol{\nabla} u(\boldsymbol{\phi})\}\cdot\boldsymbol{\nu} + \partial_\nu u'(\boldsymbol{\phi})[\boldsymbol{\varphi}]\\
&+ [-(\boldsymbol{\nabla}\boldsymbol{\varphi}^{\mathrm{T}})\boldsymbol{\nu} + \{\boldsymbol{\nu}\cdot(\boldsymbol{\nabla}\boldsymbol{\varphi}^{\mathrm{T}})\boldsymbol{\nu}\}\boldsymbol{\nu}]\cdot\boldsymbol{\nabla} u(\boldsymbol{\phi})\\
&+ \partial_\nu u(\boldsymbol{\phi})\{\boldsymbol{\nabla}\cdot\boldsymbol{\varphi} - \boldsymbol{\nu}\cdot((\boldsymbol{\nabla}\boldsymbol{\varphi}^{\mathrm{T}})\boldsymbol{\nu})\}]\,\mathrm{d}\gamma
\end{aligned}
$$

が得られる．これより，本命題の前半の結果が得られる．後半の結果は命題 9.3.5 の証明と同様にして得られる． □

境界積分の被積分関数が u と $\partial_\nu u$ の関数で与えられる場合には，命題 9.3.5 と命題 9.3.6 の証明に微分の連鎖律を用いれば，次の結果が得られる．

■命題 9.3.7（境界積分の形状微分：関数の形状微分） $\boldsymbol{\phi}$，u および $\partial_\nu u$ はそれぞれ $\mathcal{D}$，$\mathcal{U} = C^1(\mathcal{D}; H^2(\mathbb{R}^d; \mathbb{R}))$ および $\mathcal{V} = C^1(\mathcal{D}; H^1(\mathbb{R}^d; \mathbb{R}))$ の要素とする．$h(u, \partial_\nu u)$ は $C^1(\mathcal{U}\times\mathcal{V}; H^1(\mathbb{R}; \mathbb{R}))$ の要素とする．任意の $\boldsymbol{\varphi}\in\mathcal{D}$ に対して，

$$
\begin{aligned}
&f(\boldsymbol{\phi}+\boldsymbol{\varphi}, u(\boldsymbol{\phi}+\boldsymbol{\varphi}), \partial_\mu u(\boldsymbol{\phi}+\boldsymbol{\varphi}))\\
&\quad = \int_{\Gamma(\boldsymbol{\phi}+\boldsymbol{\varphi})} h(u(\boldsymbol{\phi}+\boldsymbol{\varphi}), \partial_\mu u(\boldsymbol{\phi}+\boldsymbol{\varphi}))\,\mathrm{d}\zeta
\end{aligned}
$$

とおく．このとき，f の形状微分は，任意の $\boldsymbol{\varphi} \in H^2(\mathbb{R}^d;\mathbb{R}^d)$ に対して，

$$
\begin{aligned}
&f'(\boldsymbol{\phi}, u, \partial_\nu u)[\boldsymbol{\varphi}] \\
&\quad = \int_{\Gamma(\boldsymbol{\phi})} \{h_u(u, \partial_\nu u)[u'] + h_{\partial_\nu u}(u, \partial_\nu u)[\partial_\nu u' + w(\boldsymbol{\varphi}, u)] \\
&\qquad\qquad + h(u, \partial_\nu u)(\boldsymbol{\nabla} \cdot \boldsymbol{\varphi})_\tau\} \, \mathrm{d}\gamma
\end{aligned}
$$

となる．ここで，$w(\boldsymbol{\varphi}, u)$ と $(\boldsymbol{\nabla} \cdot \boldsymbol{\varphi})_\tau$ はそれぞれ式 (9.3.6) と式 (9.2.6) に従う．さらに，$\Gamma(\boldsymbol{\phi})$ が区分的に C^2 級ならば，

$$
\begin{aligned}
&f'(\boldsymbol{\phi}, u, \partial_\nu u)[\boldsymbol{\varphi}] \\
&\quad = \int_{\Gamma(\boldsymbol{\phi})} \{h_u(u, \partial_\nu u)[u'] + h_{\partial_\nu u}(u, \partial_\nu u)[\partial_\nu u' + w(\boldsymbol{\varphi}, u)] \\
&\qquad\qquad + \kappa h(u, \partial_\nu u)\boldsymbol{\nu} \cdot \boldsymbol{\varphi} - \boldsymbol{\nabla}_\tau h(u, \partial_\nu u) \cdot \boldsymbol{\varphi}_\tau\} \, \mathrm{d}\gamma \\
&\qquad + \int_{\partial\Gamma(\boldsymbol{\phi}) \cup \Theta(\boldsymbol{\phi})} h(u, \partial_\nu u)\boldsymbol{\tau} \cdot \boldsymbol{\varphi} \, \mathrm{d}\varsigma
\end{aligned}
\tag{9.3.7}
$$

となる．

なお，命題 9.3.6 と命題 9.3.7 では，境界積分の形状微分に $(\boldsymbol{\nabla} \cdot \boldsymbol{\varphi})_\tau$ あるいは式 (9.3.6) の $w(\boldsymbol{\varphi}, u)$ が含まれているために，$\boldsymbol{\varphi}$ が $H^2(\mathbb{R}^d;\mathbb{R}^d)$ の要素であることが仮定された．本章では，任意の $\boldsymbol{\varphi} \in X$ に対する Fréchet 微分を考えようとしている．そこで，今後，評価関数を定義する際に，評価関数の形状微分に $w(\boldsymbol{\varphi}, u)$ が残らないように構成することが必要となる．実際，評価関数を式 (9.6.1) のように定義すれば，望みの結果が得られることになる．

命題 9.3.7 で得られた公式も，9.7.1 項において評価関数の形状微分を求める際に使われる重要な公式となる．次節以降では，$f(\boldsymbol{\phi}, u, \partial_\nu u)$ を $f(\boldsymbol{\phi}, u)$ とかくことにして，式 (9.3.7) を

$$
f'(\boldsymbol{\phi}, u, \partial_\nu u)[\boldsymbol{\varphi}] = f'(\boldsymbol{\phi}, u)[\boldsymbol{\varphi}, u'] = f_{\boldsymbol{\phi}'}(\boldsymbol{\phi}, u)[\boldsymbol{\varphi}] + f_u(\boldsymbol{\phi}, u)[u']
\tag{9.3.8}
$$

のようにかくことにする．ここで，

$$
f_{\boldsymbol{\phi}'}(\boldsymbol{\phi}, u)[\boldsymbol{\varphi}] = \int_{\Gamma(\boldsymbol{\phi})} \{h_{\partial_\nu u}(u, \partial_\nu u)[w(\boldsymbol{\varphi}, u)] + h(u, \partial_\nu u)(\boldsymbol{\nabla} \cdot \boldsymbol{\varphi})_\tau\} \, \mathrm{d}\gamma
$$

$$f_u(\phi, u)[u'] = \int_{\Gamma(\phi)} (h_u(u, \partial_\nu u)[u'] + h_{\partial_\nu u}(u, \partial_\nu u)[\partial_\nu u'])\,\mathrm{d}\gamma$$

である．さらに，$\Gamma(\phi)$ が区分的に C^2 級ならば，

$$\begin{aligned} f_{\phi'}(\phi, u)[\boldsymbol{\varphi}] = \int_{\Gamma(\phi)} &(h_{\partial_\nu u}(u, \partial_\nu u)[w(\boldsymbol{\varphi}, u)] \\ &+ \kappa h(u, \partial_\nu u)\boldsymbol{\nu} \cdot \boldsymbol{\varphi} - \boldsymbol{\nabla}_\tau h(u, \partial_\nu u) \cdot \boldsymbol{\varphi}_\tau)\,\mathrm{d}\gamma \\ &+ \int_{\partial\Gamma(\phi)\cup\Theta(\phi)} h(u, \partial_\nu u)\boldsymbol{\tau} \cdot \boldsymbol{\varphi}\,\mathrm{d}\varsigma \end{aligned}$$

である．

9.3.2 関数の形状偏微分を用いた公式

次に，関数の形状偏微分 u^*（定義 9.1.2）を用いて領域積分と境界積分の形状微分を求める公式を求めてみよう．ここでも，$\phi + \boldsymbol{\varphi}$ のときに関数や汎関数は $u(\phi + \boldsymbol{\varphi})$ や $f(\phi + \boldsymbol{\varphi}, u(\phi + \boldsymbol{\varphi}))$ のように表して，ϕ のときに関数や汎関数は u や $f(\phi, u)$ のようにかくことにする．さらに，定義 9.1.2 に従う $u^*(\phi)[\boldsymbol{\varphi}]$ を u^* とかくことにする．

まず，命題 9.3.1 に対応して，次の命題が成り立つ．

■命題 9.3.8（導関数なし領域積分の形状微分：関数の形状偏微分） ϕ と u はそれぞれ $\mathcal{D}$ と $C^1(\mathcal{D}; H^1(\mathbb{R}^d; \mathbb{R}))$ の要素とする．任意の $\boldsymbol{\varphi} \in \mathcal{D}$ に対して，

$$f(\phi + \boldsymbol{\varphi}, u(\phi + \boldsymbol{\varphi})) = \int_{\Omega(\phi+\boldsymbol{\varphi})} u(\phi + \boldsymbol{\varphi})\,\mathrm{d}z$$

とおく．このとき，f の形状微分は，任意の $\boldsymbol{\varphi} \in X$ に対して，

$$f'(\phi, u)[\boldsymbol{\varphi}] = \int_{\Omega(\phi)} u^*\,\mathrm{d}x + \int_{\partial\Omega(\phi)} u\boldsymbol{\nu} \cdot \boldsymbol{\varphi}\,\mathrm{d}\gamma \tag{9.3.9}$$

となる．

▶証明 命題 9.3.1 の証明において，$u'(\phi)[\boldsymbol{\varphi}]$ に式 (9.1.3) を代入し，Gauss–Green の定理（定理 A.8.2）を用いれば，本命題の結果が得られる． □

図 9.3.1 に，式 (9.3.9) 右辺の各積分に対応する面積を示している．右辺第 1 項は $\Omega(\phi) \cap \Omega(\phi + \boldsymbol{\varphi})$ 上の塗りつぶされた領域に対応し，第 2 項は左右の塗

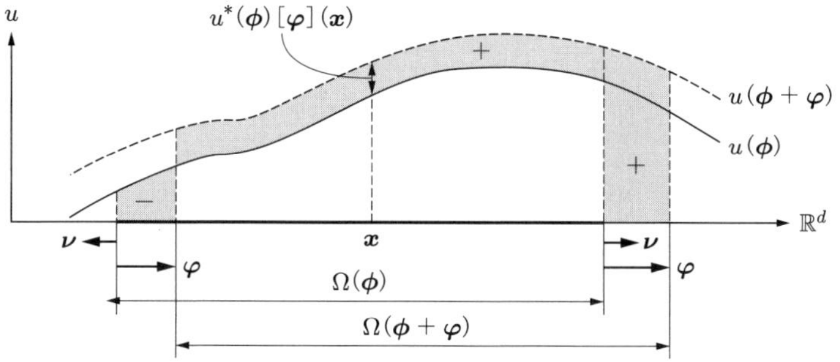

図 9.3.1 関数の形状偏微分 u^* を用いたときの領域積分の形状微分

りつぶされた領域の面積に対応する．ただし，右側の領域は外向き単位法線 $\boldsymbol{\nu}$ が右を向いているので $\boldsymbol{\nu}\cdot\boldsymbol{\varphi}>0$ となるのに対して，左側の領域は $\boldsymbol{\nu}$ が左を向いているので $\boldsymbol{\nu}\cdot\boldsymbol{\varphi}<0$ となることに注意されたい．

また，命題 9.3.3 に対応する導関数を被積分関数にした領域積分に対する関数の形状偏微分を用いた公式は，$\boldsymbol{\nabla}u \in C^1(\mathcal{D}; H^1(\mathbb{R}^d;\mathbb{R}^d))$ を命題 9.3.8 の u とみなすことで得られる．このとき，定義 9.1.2 より $(\boldsymbol{\nabla}u)^*(\phi)[\boldsymbol{\varphi}] = \boldsymbol{\nabla}u^*(\phi)[\boldsymbol{\varphi}]$ が成り立つことを考慮して，$\boldsymbol{\nabla}u^*(\phi)[\boldsymbol{\varphi}]$ を $\boldsymbol{\nabla}u^*$ とかくことにすれば，

$$f'(\phi,\boldsymbol{\nabla}u)[\boldsymbol{\varphi}] = \int_{\Omega(\phi)} \boldsymbol{\nabla}u^* \,\mathrm{d}x + \int_{\partial\Omega(\phi)} (\boldsymbol{\nu}\cdot\boldsymbol{\varphi})\boldsymbol{\nabla}u \,\mathrm{d}\gamma \tag{9.3.10}$$

が得られる．式 (9.3.10) は，Gauss–Green の定理より，

$$\begin{aligned} f'(\phi,\boldsymbol{\nabla}u)[\boldsymbol{\varphi}] &= \int_{\Omega(\phi)} [\boldsymbol{\nabla}u^* + \{\boldsymbol{\nabla}^{\mathrm{T}}(\boldsymbol{\nabla}u\boldsymbol{\varphi}^{\mathrm{T}})^{\mathrm{T}}\}^{\mathrm{T}}]\,\mathrm{d}x \\ &= \int_{\Omega(\phi)} (\boldsymbol{\nabla}u^* + \boldsymbol{\nabla}\cdot\boldsymbol{\varphi}\boldsymbol{\nabla}u + \Delta u\boldsymbol{\varphi})\,\mathrm{d}x \end{aligned} \tag{9.3.11}$$

とかける．そこで，命題 9.3.3 の結果と比較すれば，

$$\boldsymbol{\nabla}u'(\phi)[\boldsymbol{\varphi}] = \boldsymbol{\nabla}u^*(\phi)[\boldsymbol{\varphi}] + (\boldsymbol{\nabla}\boldsymbol{\varphi}^{\mathrm{T}})\boldsymbol{\nabla}u(\phi) + \Delta u(\phi)\boldsymbol{\varphi} \tag{9.3.12}$$

が成り立つことになる．

被積分関数が u と $\boldsymbol{\nabla}u$ の関数で与えられる場合には，命題 9.3.8 に微分の連鎖律を用いることによって，次の結果が得られる．

命題 9.3.9 (領域積分の形状微分：関数の形状偏微分)　ϕ, u および ∇u はそれぞれ $\mathcal{D}$, $\mathcal{U} = C^1(\mathcal{D}; H^2(\mathbb{R}^d; \mathbb{R}))$ および $\mathcal{V} = C^1(\mathcal{D}; H^1(\mathbb{R}^d; \mathbb{R}^d))$ の要素とする．$h(u, \nabla u)$ は $C^1(\mathcal{U} \times \mathcal{V}; H^1(\mathbb{R}^d; \mathbb{R}))$ の要素とする．任意の $\varphi \in \mathcal{D}$ に対して，

$$
\begin{aligned}
&f(\phi + \varphi, u(\phi + \varphi), \nabla_z u(\phi + \varphi)) \\
&\quad = \int_{\Omega(\phi+\varphi)} h(u(\phi + \varphi), \nabla_z u(\phi + \varphi))\,\mathrm{d}z
\end{aligned}
$$

とおく．このとき，f の形状微分は，任意の $\varphi \in X$ に対して，

$$
\begin{aligned}
f'(\phi, u, \nabla u)[\varphi] &= \int_{\Omega(\phi)} \{h_u(u, \nabla u)[u^*] + h_{\nabla u}(u, \nabla u)[\nabla u^*]\}\,\mathrm{d}x \\
&\quad + \int_{\partial\Omega(\phi)} h(u, \nabla u)\boldsymbol{\nu} \cdot \varphi\,\mathrm{d}\gamma \qquad (9.3.13)
\end{aligned}
$$

となる．

命題 9.3.9 で得られた公式は，9.7.3 項において評価関数の形状微分を求める際に使われる重要な公式となる．これ以降では，$f(\phi, u, \nabla u)$ を $f(\phi, u)$ とかくことにして，式 (9.3.13) を

$$
f'(\phi, u, \nabla u)[\varphi] = f'(\phi, u)[\varphi, u^*] = f_{\phi^*}(\phi, u)[\varphi] + f_u(\phi, u)[u^*] \qquad (9.3.14)
$$

のようにかくことにする．ここで，

$$
\begin{aligned}
f_{\phi^*}(\phi, u)[\varphi] &= \int_{\partial\Omega(\phi)} h(u, \nabla u)\boldsymbol{\nu} \cdot \varphi\,\mathrm{d}\gamma \\
f_u(\phi, u)[u^*] &= \int_{\Omega(\phi)} \{h_u(u, \nabla u)[u^*] + h_{\nabla u}(u, \nabla u)[\nabla u^*]\}\,\mathrm{d}x
\end{aligned}
$$

である．

汎関数が境界積分で与えられた場合は，命題 9.3.5 に式 (9.1.3) を代入することによって，次の公式が得られる．

命題 9.3.10 (導関数なし境界積分の形状微分：関数の形状偏微分)　ϕ と u はそれぞれ $\mathcal{D}$ と $C^1(\mathcal{D}; H^2(\mathbb{R}^d; \mathbb{R}))$ の要素とする．任意の $\varphi \in \mathcal{D}$ に対して，

$$f(\boldsymbol{\phi}+\boldsymbol{\varphi}, u(\boldsymbol{\phi}+\boldsymbol{\varphi})) = \int_{\Gamma(\boldsymbol{\phi}+\boldsymbol{\varphi})} u(\boldsymbol{\phi}+\boldsymbol{\varphi})\,\mathrm{d}\zeta$$

とおく．このとき，f の形状微分は，任意の $\boldsymbol{\phi} \in H^2(\mathbb{R}^d; \mathbb{R}^d)$ に対して，

$$f'(\boldsymbol{\phi}, u)[\boldsymbol{\varphi}] = \int_{\Gamma(\boldsymbol{\phi})} (u^* + \boldsymbol{\nabla} u \cdot \boldsymbol{\varphi} + u(\boldsymbol{\nabla} \cdot \boldsymbol{\varphi})_\tau)\,\mathrm{d}\gamma \tag{9.3.15}$$

となる．ここで，$(\boldsymbol{\nabla} \cdot \boldsymbol{\varphi})_\tau$ は式 (9.2.6) に従う．さらに，$\Gamma(\boldsymbol{\phi})$ が区分的に C^2 級ならば，任意の $\boldsymbol{\varphi} \in X$ に対して，

$$f'(\boldsymbol{\phi}, u)[\boldsymbol{\varphi}] = \int_{\Gamma(\boldsymbol{\phi})} \{u^* + (\partial_\nu + \kappa) u \boldsymbol{\nu} \cdot \boldsymbol{\varphi}\}\,\mathrm{d}\gamma + \int_{\partial\Gamma(\boldsymbol{\phi}) \cup \Theta(\boldsymbol{\phi})} u \boldsymbol{\tau} \cdot \boldsymbol{\varphi}\,\mathrm{d}\varsigma \tag{9.3.16}$$

となる．

また，境界積分の被積分関数が $\partial_\nu u$ の場合には，次の結果が得られる．

■命題 9.3.11（導関数あり境界積分の形状微分：関数の形状偏微分） $\boldsymbol{\phi}$ と u はそれぞれ $\mathcal{D}$ と $C^1(\mathcal{D}; H^3(\mathbb{R}^d; \mathbb{R}))$ の要素とする．任意の $\boldsymbol{\varphi} \in \mathcal{D}$ に対して，

$$f(\boldsymbol{\phi}+\boldsymbol{\varphi}, \partial_\mu u(\boldsymbol{\phi}+\boldsymbol{\varphi})) = \int_{\Gamma(\boldsymbol{\phi}+\boldsymbol{\varphi})} \partial_\mu u(\boldsymbol{\phi}+\boldsymbol{\varphi})\,\mathrm{d}\zeta$$

とおく．このとき，f の形状微分は，任意の $\boldsymbol{\varphi} \in H^2(\mathbb{R}^d; \mathbb{R}^d)$ に対して，

$$f'(\boldsymbol{\phi}, \partial_\nu u)[\boldsymbol{\varphi}] = \int_{\Gamma(\boldsymbol{\phi})} (\partial_\nu u^* + \bar{w}(\boldsymbol{\varphi}, u) + \partial_\nu u(\boldsymbol{\nabla} \cdot \boldsymbol{\varphi})_\tau)\,\mathrm{d}\gamma$$

となる．ただし，

$$\bar{w}(\boldsymbol{\varphi}, u) = -\left[\sum_{i \in \{1,\ldots,d-1\}} \{\boldsymbol{\tau}_i \cdot (\boldsymbol{\nabla}\boldsymbol{\varphi}^{\mathrm{T}} \boldsymbol{\nu})\}\boldsymbol{\tau}_i\right] \cdot \boldsymbol{\nabla} u + (\boldsymbol{\nu} \cdot \boldsymbol{\varphi})\Delta u \tag{9.3.17}$$

とおいた．また，$(\boldsymbol{\nabla} \cdot \boldsymbol{\varphi})_\tau$ は式 (9.2.6) に従う．さらに，$\Gamma(\boldsymbol{\phi})$ が区分的に C^2 級ならば，

$$f'(\boldsymbol{\phi}, \partial_\nu u)[\boldsymbol{\varphi}] = \int_{\Gamma(\boldsymbol{\phi})} \{\partial_\nu u^* + \bar{w}(\boldsymbol{\varphi}, u) + \kappa \partial_\nu u \boldsymbol{\nu} \cdot \boldsymbol{\varphi}$$

$$- \boldsymbol{\nabla}_\tau(\partial_\nu u)\cdot\boldsymbol{\varphi}_\tau\}\,\mathrm{d}\gamma + \int_{\partial\Gamma(\boldsymbol{\phi})\cup\Theta(\boldsymbol{\phi})} \partial_\nu u \boldsymbol{\tau}\cdot\boldsymbol{\varphi}\,\mathrm{d}\varsigma$$

となる．

▶**証明**　式 (9.3.12) から

$$\partial_\nu u'(\boldsymbol{\phi})[\boldsymbol{\varphi}] = \partial_\nu u^*(\boldsymbol{\phi})[\boldsymbol{\varphi}] + \{(\boldsymbol{\nabla}\boldsymbol{\varphi}^{\mathrm{T}})^{\mathrm{T}}\boldsymbol{\nu}\}\cdot\boldsymbol{\nabla}u(\boldsymbol{\phi}) + \Delta u(\boldsymbol{\phi})\boldsymbol{\nu}\cdot\boldsymbol{\varphi} \tag{9.3.18}$$

が得られる．この関係を命題 9.3.6 の結果に代入すれば，本命題の結果が得られる．□

そこで，境界積分の被積分関数が u と $\partial_\nu u$ の関数で与えられる場合には，命題 9.3.10 と命題 9.3.11 に微分の連鎖律を用いることによって，次の結果が得られる．

■命題 9.3.12（境界積分の形状微分：関数の形状偏微分）　$\boldsymbol{\phi}$，u および $\partial_\nu u$ はそれぞれ $\mathcal{D}$，$\mathcal{U} = C^1(\mathcal{D}; H^3(\mathbb{R}^d;\mathbb{R}))$ および $\mathcal{V} = C^1(\mathcal{D}; H^2(\mathbb{R}^d;\mathbb{R}))$ の要素とする．$h(u, \partial_\nu u)$ は $C^1(\mathcal{U}\times\mathcal{V}; H^2(\mathbb{R};\mathbb{R}))$ の要素とする．任意の $\boldsymbol{\varphi}\in\mathcal{D}$ に対して，

$$\begin{aligned}
&f(\boldsymbol{\phi}+\boldsymbol{\varphi}, u(\boldsymbol{\phi}+\boldsymbol{\varphi}), \partial_\mu u(\boldsymbol{\phi}+\boldsymbol{\varphi}))\\
&\quad = \int_{\Gamma(\boldsymbol{\phi}+\boldsymbol{\varphi})} h(u(\boldsymbol{\phi}+\boldsymbol{\varphi}), \partial_\mu u(\boldsymbol{\phi}+\boldsymbol{\varphi}))\,\mathrm{d}\zeta
\end{aligned}$$

とおく．このとき，f の形状微分は，任意の $\boldsymbol{\varphi}\in H^2(\mathbb{R}^d;\mathbb{R}^d)$ に対して，

$$\begin{aligned}
&f'(\boldsymbol{\phi}, u, \partial_\nu u)[\boldsymbol{\varphi}]\\
&\quad = \int_{\Gamma(\boldsymbol{\phi})} \{h_u(u,\partial_\nu u)[u^* + \boldsymbol{\nabla}u\cdot\boldsymbol{\varphi}]\\
&\qquad\qquad + h_{\partial_\nu u}(u,\partial_\nu u)[\partial_\nu u^* + \bar{w}(\boldsymbol{\varphi},u)] + h(u,\partial_\nu u)(\boldsymbol{\nabla}\cdot\boldsymbol{\varphi})_\tau\}\,\mathrm{d}\gamma
\end{aligned}$$

となる．ここで，$\bar{w}(\boldsymbol{\varphi},u)$ と $(\boldsymbol{\nabla}\cdot\boldsymbol{\varphi})_\tau$ はそれぞれ式 (9.3.17) と式 (9.2.6) に従う．さらに，$\Gamma(\boldsymbol{\phi})$ が区分的に C^2 級ならば，

$$\begin{aligned}
&f'(\boldsymbol{\phi}, u, \partial_\nu u)[\boldsymbol{\varphi}]\\
&\quad = \int_{\Gamma(\boldsymbol{\phi})} \{h_u(u,\partial_\nu u)[u^*] + h_{\partial_\nu u}(u,\partial_\nu u)[\partial_\nu u^* + \bar{w}(\boldsymbol{\varphi},u)]
\end{aligned}$$

$$
\qquad + (\partial_\nu + \kappa) h(u, \partial_\nu u) \boldsymbol{\nu} \cdot \boldsymbol{\varphi} \} \, \mathrm{d}\gamma
$$

$$
+ \int_{\partial\Gamma(\boldsymbol{\phi}) \cup \Theta(\boldsymbol{\phi})} h(u, \partial_\nu u) \boldsymbol{\tau} \cdot \boldsymbol{\varphi} \, \mathrm{d}\varsigma \tag{9.3.19}
$$

となる.

命題 9.3.12 で得られた公式も，9.7.3 項において評価関数の形状微分を求める際に使われる重要な公式となる．次節以降では，$f(\boldsymbol{\phi}, u, \partial_\nu u)$ を $f(\boldsymbol{\phi}, u)$ とかくことにして，式 (9.3.19) を

$$
f'(\boldsymbol{\phi}, u, \partial_\nu u)[\boldsymbol{\varphi}] = f'(\boldsymbol{\phi}, u)[\boldsymbol{\varphi}, u^*] = f_{\boldsymbol{\phi}^*}(\boldsymbol{\phi}, u)[\boldsymbol{\varphi}] + f_u(\boldsymbol{\phi}, u)[u^*] \tag{9.3.20}
$$

のようにかくことにする．ここで,

$$
f_{\boldsymbol{\phi}^*}(\boldsymbol{\phi}, u)[\boldsymbol{\varphi}] = \int_{\Gamma(\boldsymbol{\phi})} \{ h_u(u, \partial_\nu u)[\boldsymbol{\nabla} u(\boldsymbol{\phi}) \cdot \boldsymbol{\varphi}] + h_{\partial_\nu u}(u, \partial_\nu u)[\bar{w}(\boldsymbol{\varphi}, u)]
+ h(u(\boldsymbol{\phi}), \partial_\nu u(\boldsymbol{\phi}))(\boldsymbol{\nabla} \cdot \boldsymbol{\varphi})_\tau \} \, \mathrm{d}\gamma
$$

$$
f_u(\boldsymbol{\phi}, u)[u^*] = \int_{\Gamma(\boldsymbol{\phi})} (h_u(u, \partial_\nu u)[u^*] + h_{\partial_\nu u}(u, \partial_\nu u)[\partial_\nu u^*]) \, \mathrm{d}\gamma
$$

である．さらに，$\Gamma(\boldsymbol{\phi})$ が区分的に C^2 級ならば,

$$
f_{\boldsymbol{\phi}^*}(\boldsymbol{\phi}, u)[\boldsymbol{\varphi}] = \int_{\Gamma(\boldsymbol{\phi})} \{ h_{\partial_\nu u}(u, \partial_\nu u)[\bar{w}(\boldsymbol{\varphi}, u)]
+ (\partial_\nu + \kappa) h(u(\boldsymbol{\phi}), \partial_\nu u(\boldsymbol{\phi})) \boldsymbol{\nu} \cdot \boldsymbol{\varphi} \} \, \mathrm{d}\gamma
+ \int_{\partial\Gamma(\boldsymbol{\phi}) \cup \Theta(\boldsymbol{\phi})} h(u(\boldsymbol{\phi}), \partial_\nu u(\boldsymbol{\phi})) \boldsymbol{\tau} \cdot \boldsymbol{\varphi} \, \mathrm{d}\varsigma
$$

である.

9.4 関数の変動則

9.5 節において状態決定問題（偏微分方程式の境界値問題）を定義する．その際，変動する領域に対して，既知関数がどのように振る舞うのかを決めておく必要がある．ここでは，9.3 節までの結果を用いて，典型的な変動則を定義しておこう．この節でも，$\boldsymbol{\phi} \in \mathcal{D}$ を固定して，任意の領域変動 $\boldsymbol{\varphi} \in \mathcal{D}$ を考えるこ

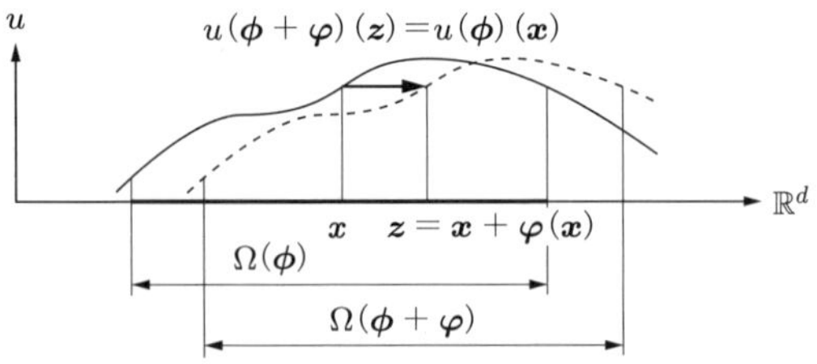

図 9.4.1　物質固定の関数 $u\colon \mathbb{R}^d \to \mathbb{R}$

とにする．

まず，図 9.4.1 のように，関数値が領域上の点の移動とともに移動する場合を考える．そのときの関数の変動則を次のように定義する．

■定義 9.4.1（物質固定）　$\boldsymbol{\phi} \in \mathcal{D}$ と $u \in C^1(\mathcal{D}; L^2(\mathbb{R}^d; \mathbb{R}))$ が与えられたとき，任意の $\boldsymbol{\varphi} \in \mathcal{D}$ に対して，

$$u'(\boldsymbol{\phi})[\boldsymbol{\varphi}] = 0$$

が満たされるとき，u は**物質固定**とよぶ．

また，図 9.4.2 のように，関数が領域変動に依存しないときの関数の変動則を次のように定義する．

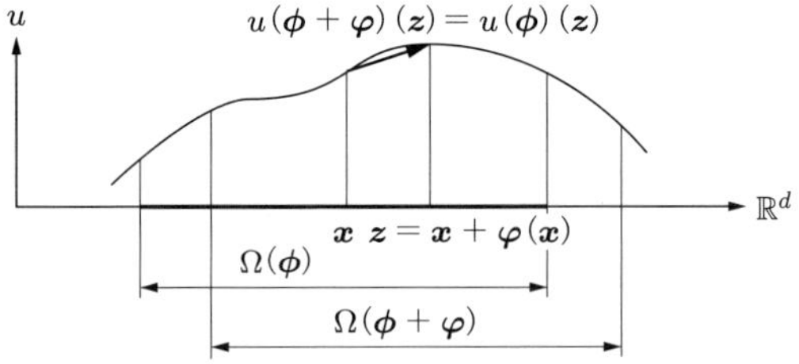

図 9.4.2　空間固定の関数 $u\colon \mathbb{R}^d \to \mathbb{R}$

■定義 9.4.2（空間固定）　$\boldsymbol{\phi} \in \mathcal{D}$ と $u \in C^1(\mathcal{D}; H^1(\mathbb{R}^d; \mathbb{R}))$ が与えられたとき，任意の $\boldsymbol{\varphi} \in \mathcal{D}$ に対して，

$$u'(\boldsymbol{\phi})[\boldsymbol{\varphi}] - \boldsymbol{\nabla} u(\boldsymbol{\phi}) \cdot \boldsymbol{\varphi} = u^*(\boldsymbol{\phi})[\boldsymbol{\varphi}] = 0$$

が満たされるとき，u は**空間固定**とよぶ．

さらに，領域上の点の移動とともにその点の関数値が領域の Jacobi 行列式 $\omega(\boldsymbol{\varphi})$ に反比例して変化する場合を考える．このとき，ほとんど至るところ任意の $\boldsymbol{x} \in \mathbb{R}^d$ において

$$
\begin{aligned}
u(\boldsymbol{\phi}+\boldsymbol{\varphi})(\boldsymbol{x}+\boldsymbol{\varphi}(\boldsymbol{x})) &= \frac{u(\boldsymbol{\phi})(\boldsymbol{x})}{\omega(\boldsymbol{\varphi})(\boldsymbol{x}+\boldsymbol{\varphi}(\boldsymbol{x}))} \\
&= u(\boldsymbol{\phi})(\boldsymbol{x})(1-\omega'(\boldsymbol{\varphi}_0)[\boldsymbol{\varphi}](\boldsymbol{x})+o(\|\boldsymbol{\varphi}(\boldsymbol{x})\|_{\mathbb{R}^d}))
\end{aligned}
\tag{9.4.1}
$$

が成り立つ．図 9.4.3 はそのようすを示す．そこで，命題 9.2.1 を用いて，このときの変動則を次のように定義する．

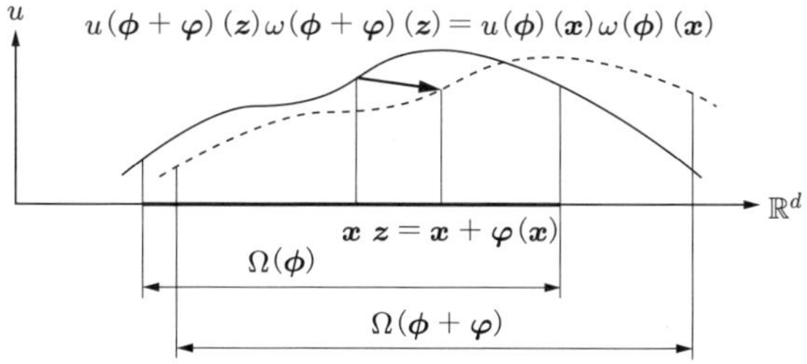

図 9.4.3　領域測度共変の関数 $u\colon \mathbb{R}^d \to \mathbb{R}$

■**定義 9.4.3（領域測度共変）**　$\boldsymbol{\phi} \in \mathcal{D}$ と $u \in C^1(\mathcal{D}; L^2(\mathbb{R}^d;\mathbb{R}))$ が与えられたとき，任意の $\boldsymbol{\varphi} \in \mathcal{D}$ に対して，

$$
u'(\boldsymbol{\phi})[\boldsymbol{\varphi}] + u(\boldsymbol{\phi})\boldsymbol{\nabla}\cdot\boldsymbol{\varphi} = 0 \tag{9.4.2}
$$

が満たされるとき，u を**領域測度共変**とよぶ．

命題 9.3.1 に式 (9.4.2) を代入すれば $f'(\boldsymbol{\phi}, u(\boldsymbol{\phi}))[\boldsymbol{\varphi}] = 0$ が得られる．すなわち，領域測度共変の関数とは，その関数の領域積分は領域が変動しても一定になることを意味している．

また，境界上の点の移動とともにその点の関数値が境界の Jacobi 行列式 $\varpi(\boldsymbol{\varphi})$ に反比例した値をとる場合には，

$$u(\boldsymbol{\phi}+\boldsymbol{\varphi})(\boldsymbol{x}+\boldsymbol{\varphi}(\boldsymbol{x})) = \frac{u(\boldsymbol{\phi})(\boldsymbol{x})}{\varpi(\boldsymbol{\varphi})(\boldsymbol{x}+\boldsymbol{\varphi}(\boldsymbol{x}))}$$
$$= u(\boldsymbol{\phi})(\boldsymbol{x})(1-\varpi'(\boldsymbol{\varphi}_0)[\boldsymbol{\varphi}](\boldsymbol{x}) + o(\|\boldsymbol{\varphi}(\boldsymbol{x})\|_{\mathbb{R}^d})) \tag{9.4.3}$$

が成り立つ．そこで，命題 9.2.4 を用いて，このときの変動則を次のように定義する．

定義 9.4.4（境界測度共変）　$\boldsymbol{\phi} \in \mathcal{D}$ と $u \in C^1(\mathcal{D}; H^1(\mathbb{R}^d; \mathbb{R}))$ が与えられたとき，任意の $\boldsymbol{\varphi} \in \mathcal{D}$ に対して，ほとんど至るところ任意の $\boldsymbol{x} \in \partial\Omega(\boldsymbol{\phi})$ において

$$u'(\boldsymbol{\phi})[\boldsymbol{\varphi}] + u(\boldsymbol{\phi})(\boldsymbol{\nabla}\cdot\boldsymbol{\varphi})_\tau = 0 \tag{9.4.4}$$

が満たされるとき，u を**境界測度共変**とよぶ．ただし，$\boldsymbol{\nabla}_\tau \cdot \boldsymbol{\varphi}$ は式 (9.2.6) に従う．

命題 9.3.5 に式 (9.4.4) を代入すれば $f'(\boldsymbol{\phi}, u(\boldsymbol{\phi}))[\boldsymbol{\varphi}] = 0$ が得られる．この場合は，u の境界積分が変化しないことを意味する．

以上の定義を使って，具体的な問題を考えてみよう．図 9.4.4 に，線形弾性問題の境界力 $\boldsymbol{p}_0$ が境界の変動に伴って $\boldsymbol{p}$ に変化する際の代表的な変動パターンを示している．図 (c) は，静水圧が作用する境界が変動したときの境界力の変化を表している．本書では，静水圧の仮定を直接使うことはないが，将来，必要となったときのために，静水圧の境界積分に対する形状微分について求めておこう．

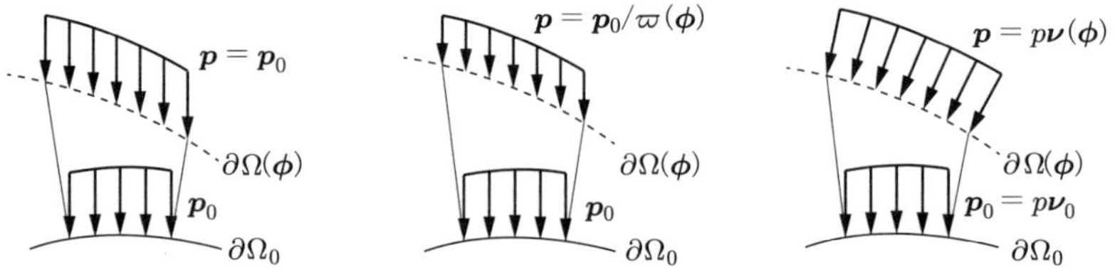

（a）$\boldsymbol{p}_0$ が定ベクトルのときの空間固定および物質固定　（b）$\boldsymbol{p}_0$ が定ベクトルのときの境界測度共変　（c）p は空間固定で法線は物質固定（静水圧）

図 9.4.4　線形弾性問題の境界力 $\boldsymbol{p}$ に対する代表的な変動パターン

命題 9.4.5 (静水圧境界積分の形状微分) $p \in H^2(\mathbb{R}^d;\mathbb{R})$ を空間固定のある関数とする．$\boldsymbol{\phi} \in \mathcal{D}$ が与えられたとき，任意の $\boldsymbol{\varphi} \in \mathcal{D}$ に対して，

$$f(\boldsymbol{\phi}+\boldsymbol{\varphi},p) = \int_{\Gamma(\boldsymbol{\phi}+\boldsymbol{\varphi})} p\boldsymbol{\nu}(\boldsymbol{\phi}+\boldsymbol{\varphi})\,\mathrm{d}\zeta$$

とおく．このとき，f の形状微分は，任意の $\boldsymbol{\varphi} \in H^2(\mathbb{R}^d;\mathbb{R}^d)$ に対して，

$$f'(\boldsymbol{\phi},p)[\boldsymbol{\varphi}] = \int_{\Gamma(\boldsymbol{\phi})} \{(\boldsymbol{\nabla}p\cdot\boldsymbol{\varphi})\boldsymbol{\nu} - p(\boldsymbol{\nabla}\boldsymbol{\varphi}^{\mathrm{T}})\boldsymbol{\nu} + p(\boldsymbol{\nabla}\cdot\boldsymbol{\varphi})\boldsymbol{\nu}\}\,\mathrm{d}\gamma$$

となる．

▶**証明** f の積分領域 $\Gamma(\boldsymbol{\phi}+\boldsymbol{\varphi})$ を $\Gamma(\boldsymbol{\phi})$ に変換すれば，

$$f(\boldsymbol{\phi}+\boldsymbol{\varphi},p) = \int_{\Gamma(\boldsymbol{\phi})} p(\boldsymbol{x}+\boldsymbol{\varphi}(\boldsymbol{x}))\boldsymbol{\nu}(\boldsymbol{\phi}+\boldsymbol{\varphi})(\boldsymbol{x}+\boldsymbol{\varphi}(\boldsymbol{x}))\varpi(\boldsymbol{\varphi})(\boldsymbol{x})\,\mathrm{d}\gamma$$

が成り立つ．f の形状微分の定義より，

$$f'(\boldsymbol{\phi},p)[\boldsymbol{\varphi}] = \int_{\Gamma(\boldsymbol{\phi})} \{(p'(\boldsymbol{\phi})[\boldsymbol{\varphi}]\boldsymbol{\nu} + p\boldsymbol{\nu}'(\boldsymbol{\phi})[\boldsymbol{\varphi}])\varpi(\boldsymbol{\varphi}_0) + p\boldsymbol{\nu}\varpi'(\boldsymbol{\varphi}_0)[\boldsymbol{\varphi}]\}\,\mathrm{d}\gamma$$

が得られる．ここで，p は空間固定（定義 9.4.2）を仮定していることから，$p'(\boldsymbol{\phi})[\boldsymbol{\varphi}] = \boldsymbol{\nabla}p\cdot\boldsymbol{\varphi}$ が成り立ち，命題 9.2.4 と命題 9.2.5 を用いれば，本命題の結果が得られる．□

命題 9.4.5 より，静水圧を含む境界積分を考える場合には，$\boldsymbol{\varphi}$ は $H^2(\mathbb{R}^d;\mathbb{R}^d)$ の要素であることを仮定しなければならない点に注意する必要がある．

9.5 状態決定問題

関数や汎関数に対する形状微分の定義と公式が得られたので，それらを使って状態決定問題となる偏微分方程式の境界値問題を定義しよう．本章では，簡単のために，最初に Poisson 問題を考えることにする．

領域変動型の形状最適化問題では，既知関数や解関数の定義域が動くことになる．そこで，既知関数に関しては，初期領域 Ω_0 のときに $b_0\colon \mathbb{R}^d \to \mathbb{R}$，$p_{\mathrm{N}0}\colon \mathbb{R}^d \to \mathbb{R}$，$u_{\mathrm{D}0}\colon \mathbb{R}^d \to \mathbb{R}$ のように定義されていて，状態決定問題の定義域が $\Omega(\boldsymbol{\phi})$ に動いたあとは，ある指定された変動則により $b(\boldsymbol{\phi})\colon \mathbb{R}^d \to \mathbb{R}$，$p_{\mathrm{N}}(\boldsymbol{\phi})\colon \mathbb{R}^d \to \mathbb{R}$，$u_{\mathrm{D}}(\boldsymbol{\phi})\colon \mathbb{R}^d \to \mathbb{R}$ のように与えられると仮定する．その変動則

については，のちに評価関数の形状微分を求める際に指定することにする．解関数に関しては，H^1 級の関数となることから，Calderón の拡張定理（定理 4.4.4）により，$\mathbb{R}^d$ 上で定義された関数とみなすことができる．そこで，$\boldsymbol{\phi} \in \mathcal{D}$ に対して，状態決定問題に対する同次形の解（Dirichlet 条件を与える既知関数 u_{D} に対して，$\tilde{u} = u - u_{\mathrm{D}}$ で与えられる）が入る実 Hilbert 空間（最適設計問題における**状態変数の線形空間**）を

$$U(\boldsymbol{\phi}) = \{u \in H^1(\mathbb{R}^d; \mathbb{R}) \mid u = 0 \text{ on } \Gamma_{\mathrm{D}}(\boldsymbol{\phi})\} \tag{9.5.1}$$

とおく．さらに，のちに示される勾配法によって得られる領域変動が式 (9.1.2) の $\mathcal{D}$ に入るようにするために，状態決定問題に対する同次形の解 $\tilde{u}$ が入る**状態変数の許容集合**を，

$$\mathcal{S}(\boldsymbol{\phi}) = U(\boldsymbol{\phi}) \cap W^{1,\infty}(\mathbb{R}^d; \mathbb{R}) \tag{9.5.2}$$

とおく．$\mathcal{S}(\boldsymbol{\phi})$ の条件に加えてさらに必要となる正則性については，必要となったときに示すことにする．

既知関数の正則性について次の 2 組の仮定をおく．あとで関数の形状微分公式を用いて形状微分を求める際に，次の仮定を用いる．

■仮定 9.5.1（既知関数の正則性（関数の形状微分）） 既知関数は

$$b \in C^1(\mathcal{D}; L^\infty(\mathbb{R}^d; \mathbb{R})), \quad p_{\mathrm{N}} \in C^1(\mathcal{D}; W^{1,\infty}(\mathbb{R}^d; \mathbb{R})),$$
$$u_{\mathrm{D}} \in C^1(\mathcal{D}; W^{1,\infty}(\mathbb{R}^d; \mathbb{R}))$$

で，かつ物質固定であると仮定する．

また，あとで関数の形状偏微分公式を用いて形状微分を求める際に，次の仮定を用いる．

■仮定 9.5.2（既知関数の正則性 (関数の形状偏微分)） 既知関数は

$$b \in W^{1,2q_{\mathrm{R}}}(\mathbb{R}^d; \mathbb{R}), \quad p_{\mathrm{N}} \in W^{2,2q_{\mathrm{R}}}(\mathbb{R}^d; \mathbb{R}), \quad u_{\mathrm{D}} \in W^{2,2q_{\mathrm{R}}}(\mathbb{R}^d; \mathbb{R})$$

で，かつ空間固定であると仮定する．ただし，$q_{\mathrm{R}} > d$ とする．

また，境界の正則性については次の仮定を設ける．

■仮定 9.5.3（角点の開き角） $\Omega(\phi)$ が 2 次元領域の場合には境界上の角点，$\Omega(\phi)$ が 3 次元領域の場合には境界上の角線に垂直な面を考え，その面における境界上の角点に関して，開き角 β が，Dirichlet 境界と Neumann 境界の

(1) 同一種境界上にあるとき $\beta < 2\pi$,

(2) 混合境界上にあるとき $\beta < \pi$

が満たされると仮定する．

仮定 9.5.1 と仮定 9.5.3 が成り立てば u が $\mathcal{S}$ に入ることは，第 8 章の仮定 8.2.2 のあとに示されたとおりである．

さらに，のちに示される定理 9.7.2 において，状態変数や既知関数の正則性について制約が少ない結果を得るために，次の仮定を設けることにする．

■仮定 9.5.4（非同次 Neumann 境界の変動制約） 領域変動の許容集合 X が定義された式 (9.1.1) の領域変動制約 ($\boldsymbol{\phi} = \mathbf{0}_{\mathbb{R}^d}$ on $\bar{\Omega}_{\mathrm{C0}}$) に，$\Gamma_p(\boldsymbol{\phi}) \cup \Gamma_{\eta_0}(\phi) \cup \Gamma_{\eta_1}(\phi) \cup \cdots \cup \Gamma_{\eta_m}(\phi)$ 上で $\boldsymbol{\varphi}_\tau = (\boldsymbol{\tau}_i(\boldsymbol{\phi}) \cdot \boldsymbol{\varphi})_{i \in \{1,\ldots,d-1\}} = \mathbf{0}_{\mathbb{R}^{d-1}}$（接線方向には変動しない）が追加されているものとする．

以上の仮定を用いて，領域変動型 Poisson 問題を次のように定義する．ここでも，$\partial_\nu = \boldsymbol{\nu} \cdot \boldsymbol{\nabla}$ とかくことにする．

問題 9.5.5（領域変動型 Poisson 問題）

$\boldsymbol{\phi} \in \mathcal{D}$ に対して $b(\boldsymbol{\phi})$，$p_{\mathrm{N}}(\boldsymbol{\phi})$，$u_{\mathrm{D}}(\boldsymbol{\phi})$ が与えられたとき，

$$-\Delta u = b(\boldsymbol{\phi}) \quad \text{in } \Omega(\boldsymbol{\phi})$$
$$\partial_\nu u = p_{\mathrm{N}}(\boldsymbol{\phi}) \quad \text{on } \Gamma_p(\boldsymbol{\phi})$$
$$\partial_\nu u = 0 \quad \text{on } \Gamma_{\mathrm{N}}(\boldsymbol{\phi}) \setminus \bar{\Gamma}_p(\boldsymbol{\phi})$$
$$u = u_{\mathrm{D}}(\boldsymbol{\phi}) \quad \text{on } \Gamma_{\mathrm{D}}(\boldsymbol{\phi})$$

を満たす $u\colon \Omega(\boldsymbol{\phi}) \to \mathbb{R}$ を求めよ．

これ以降，$b(\boldsymbol{\phi})$ や $u_{\mathrm{D}}(\boldsymbol{\phi})$ および $U(\boldsymbol{\phi})$ や $\mathcal{S}(\boldsymbol{\phi})$ などを b や u_{D} および U や $\mathcal{S}$ などのようにかくことにする．

問題 9.5.5 は，のちに示される領域変動型の形状最適化問題（問題 9.6.3）において等式制約として扱われる．のちの議論では，等式制約は Lagrange 関数

の停留条件におきかえられる．ここではそのための準備として，問題 9.5.5 の Lagrange 関数を

$$\mathscr{L}_{\mathrm{S}}(\boldsymbol{\phi}, u, v) = \int_{\Omega(\boldsymbol{\phi})} (-\boldsymbol{\nabla} u \cdot \boldsymbol{\nabla} v + bv)\,\mathrm{d}x + \int_{\Gamma_p(\boldsymbol{\phi})} p_{\mathrm{N}} v\,\mathrm{d}\gamma + \int_{\Gamma_{\mathrm{D}}(\boldsymbol{\phi})} \{(u - u_{\mathrm{D}})\partial_\nu v + v\partial_\nu u\}\,\mathrm{d}\gamma \tag{9.5.3}$$

と定義しておく．ここで，v は Lagrange 乗数として導入された U の要素とする．式 (9.5.3) において，右辺第 3 項は，第 8 章において θ 型 Poisson 問題に対する Lagrange 関数を定義した式 (8.2.4) の場合と同様，のちの議論をわかりやすくするために追加された．u が問題 9.5.5 の解のとき，任意の $v \in U$ に対して，

$$\mathscr{L}_{\mathrm{S}}(\boldsymbol{\phi}, u, v) = 0$$

が成り立つ．この式は問題 9.5.5 の弱形式と同値である．

なお，9.3 節の表記法に従えば，$\mathscr{L}_{\mathrm{S}}(\boldsymbol{\phi}, u, v)$ は $\mathscr{L}_{\mathrm{S}}(\boldsymbol{\phi}, u, \boldsymbol{\nabla} u, \partial_\nu u, v, \boldsymbol{\nabla} v, \partial_\nu v)$ とかくべきである．しかし，これ以降は $\mathscr{L}_{\mathrm{S}}(\boldsymbol{\phi}, u, v)$ のようにかくことにする．

9.6 領域変動型形状最適化問題

9.5 節において，設計変数 $\boldsymbol{\phi} \in \mathcal{D}$ が与えられたときに状態変数 $\tilde{u} = u - u_{\mathrm{D}} \in \mathcal{S}$ が状態決定問題の解として決定されることをみてきた．それらの変数を用いて形状最適化問題を定義する．

ここでは，評価関数を $i \in \{0, 1, \ldots, m\}$ に対して

$$f_i(\boldsymbol{\phi}, u) = \int_{\Omega(\boldsymbol{\phi})} \zeta_i(\boldsymbol{\phi}, u, \boldsymbol{\nabla} u)\,\mathrm{d}x + \int_{\Gamma_{\eta i}(\boldsymbol{\phi})} \eta_{\mathrm{N}i}(\boldsymbol{\phi}, u)\,\mathrm{d}\gamma - \int_{\Gamma_{\mathrm{D}}(\boldsymbol{\phi})} v_{\mathrm{D}i}(\boldsymbol{\phi})\partial_\nu u\,\mathrm{d}\gamma - c_i \tag{9.6.1}$$

とおく．ただし，$c_1, \ldots, c_m$ は定数で，すべての $i \in \{1, \ldots, m\}$ に対して $f_i \leq 0$ を満たすある $(\boldsymbol{\phi}, \tilde{u}) \in \mathcal{D} \times \mathcal{S}$ が存在する（Slater 制約想定が満たされる）ように定められているとする．また，ζ_i，$\eta_{\mathrm{N}i}$ および $v_{\mathrm{D}i}$ は次のように与えられてい

ると仮定する．ここでも，2 組の仮定を設けることにする．その表記において，

$$\mathcal{G} = \{\boldsymbol{\nabla} u \in L^{\infty}(\mathbb{R}^d; \mathbb{R}) \mid u - u_{\mathrm{D}} \in \mathcal{S}\}$$

とおく．

まず，関数の形状微分公式を用いるときに，次の仮定を用いることにする．

■仮定 9.6.1（評価関数の正則性（関数の形状微分）） $i \in \{0, 1, \ldots, m\}$ に対して，式 (9.6.1) の評価関数 f_i では，

$$\zeta_i \in C^1(\mathcal{D} \times \mathcal{S} \times \mathcal{G}; L^{\infty}(\mathbb{R}^d; \mathbb{R})), \quad \zeta_{iu} \in C^0(\mathcal{D} \times \mathcal{S} \times \mathcal{G}; L^{\infty}(\mathbb{R}^d; \mathbb{R})),$$
$$\zeta_{i\boldsymbol{\nabla} u} \in C^0(\mathcal{D} \times \mathcal{S} \times \mathcal{G}; W^{1,\infty}(\mathbb{R}^d; \mathbb{R}^d)),$$
$$\eta_{\mathrm{N}i} \in C^1(\mathcal{D} \times \mathcal{S}; W^{1,\infty}(\mathbb{R}^d; \mathbb{R})), \quad v_{\mathrm{D}i} \in C^0(\mathcal{D}; W^{1,\infty}(\mathbb{R}^d; \mathbb{R}))$$

で，かつ物質固定であると仮定する．

また，関数の形状偏微分公式を用いるときには，次の仮定を用いることにする．

■仮定 9.6.2（評価関数の正則性（関数の形状偏微分）） $i \in \{0, 1, \ldots, m\}$ に対して，式 (9.6.1) の評価関数 f_i では，

$$\zeta_i \in W^{1,q_{\mathrm{R}}}(\mathbb{R}^d; \mathbb{R}),$$
$$\zeta_{iu} \in W^{1,2q_{\mathrm{R}}}(\mathbb{R}^d; \mathbb{R}),$$
$$\zeta_{i\boldsymbol{\nabla} u} \in W^{2,2q_{\mathrm{R}}}(\mathbb{R}^d; \mathbb{R}^d),$$
$$\eta_{\mathrm{N}i} \in W^{2,2q_{\mathrm{R}}}(\mathbb{R}^d; \mathbb{R}), \quad v_{\mathrm{D}i} \in W^{2,2q_{\mathrm{R}}}(\mathbb{R}^d; \mathbb{R})$$

で，かつ空間固定であると仮定する．ただし，$q_{\mathrm{R}} > d$ とする．

これらの評価関数を用いて，領域変動型の形状最適化問題を次のように定義する．

問題 9.6.3（領域変動型の形状最適化問題）

$\mathcal{D}$ と $\mathcal{S}$ をそれぞれ式 (9.1.2) と式 (9.5.2) のように定義する．$f_0, \ldots, f_m$ を式 (9.6.1) で定義する．このとき，

$$\min_{\phi \in \mathcal{D}} \{f_0(\phi, u) \mid$$

$$f_1(\boldsymbol{\phi}, u) \le 0, \ldots, f_m(\boldsymbol{\phi}, u) \le 0,\ u - u_{\mathrm{D}} \in \mathcal{S},\ \text{問題 9.5.5}\}$$

を満たす $\Omega(\boldsymbol{\phi})$ を求めよ．

今後，領域変動型の形状最適化問題（問題 9.6.3）に対して評価関数の Fréchet 微分や KKT 条件についてみていくことにする．その際，いくつかの定義に基づく Lagrange 関数が使われる．ここでは，混乱をきたさないように，それらの関係をまとめておく．領域変動型の形状最適化問題（問題 9.6.3）に対する Lagrange 関数を

$$\begin{aligned}
&\mathscr{L}(\boldsymbol{\phi}, u, v_0, v_1, \ldots, v_m, \lambda_1, \ldots, \lambda_m) \\
&\quad = \mathscr{L}_0(\boldsymbol{\phi}, u, v_0) + \sum_{i \in \{1,\ldots,m\}} \lambda_i \mathscr{L}_i(\boldsymbol{\phi}, u, v_i)
\end{aligned} \tag{9.6.2}$$

とかく．ただし，$\boldsymbol{\lambda} = \{\lambda_1, \ldots, \lambda_m\}^{\mathrm{T}} \in \mathbb{R}^m$ は $f_1(\boldsymbol{\phi}, u) \le 0, \ldots, f_m(\boldsymbol{\phi}, u) \le 0$ に対する Lagrange 乗数である．さらに，ある $i \in \{0, 1, \ldots, m\}$ の評価関数 f_i が u の汎関数である場合には，状態決定問題（問題 9.5.5）が等式制約になることから，

$$\begin{aligned}
&\mathscr{L}_i(\boldsymbol{\phi}, u, v_i) \\
&\quad = f_i(\boldsymbol{\phi}, u) + \mathscr{L}_{\mathrm{S}}(\boldsymbol{\phi}, u, v_i) \\
&\quad = \int_{\Omega(\boldsymbol{\phi})} (\zeta_i(\boldsymbol{\phi}, u, \boldsymbol{\nabla} u) - \boldsymbol{\nabla} u \cdot \boldsymbol{\nabla} v_i + b v_i)\,\mathrm{d}x + \int_{\Gamma_{\eta i}(\boldsymbol{\phi})} \eta_{\mathrm{N}i}(\boldsymbol{\phi}, u)\,\mathrm{d}\gamma \\
&\qquad + \int_{\Gamma_p(\boldsymbol{\phi})} p_{\mathrm{N}} v_i\,\mathrm{d}\gamma + \int_{\Gamma_{\mathrm{D}}(\boldsymbol{\phi})} \{(u - u_{\mathrm{D}})\partial_\nu v_i + (v_i - v_{\mathrm{D}i})\partial_\nu u\}\,\mathrm{d}\gamma - c_i
\end{aligned} \tag{9.6.3}$$

を $f_i(\boldsymbol{\phi}, u)$ の Lagrange 関数という．ここで，$\mathscr{L}_{\mathrm{S}}$ は式 (9.5.3) で定義された状態決定問題の Lagrange 関数である．また，v_i は f_i のために用意された状態決定問題に対する Lagrange 乗数で，$\tilde{v}_i = v_i - v_{\mathrm{D}i}$ が U の要素であると仮定する．さらに，のちに示される領域変動型の形状最適化問題に対する解法までを考えたときに，$\tilde{v}_i$ の許容集合（随伴変数の許容集合）は $\mathcal{S}$ の要素であることが必要となる．u と同様，$\tilde{v}_i$ の変動 v'_i を考えるときには $v'_i \in U$ を仮定する．

9.7 評価関数の微分

本章では，領域変動型の形状最適化問題（問題 9.6.3）を勾配法あるいは Newton 法で解くことを考える．勾配法を使うためには，評価関数の形状微分が必要となる．また，Newton 法を使うためには，評価関数の 2 階形状微分（Hesse 形式）が必要となる．ここでは，評価関数 f_i の形状微分と 2 階形状微分を，それぞれ 7.4.2 項で示された Lagrange 乗数法と 7.4.3 項で示された方法で求めてみよう．その際，9.3 節で示された関数の形状微分公式を用いた方法と関数の形状偏微分公式を用いた方法に分けてみていくことにする．ただし，2 階形状微分に関しては，関数の形状微分公式を用いた方法による結果のみを示すことにする．

9.7.1 関数の形状微分公式による f_i の形状微分

最初に，関数の形状微分公式（9.3.1 項）を使って $\mathscr{L}_i$ の形状微分を求め，その停留条件を使って f_i の形状微分を求めてみよう．

ここでは，$b, p_{\mathrm{N}}, u_{\mathrm{D}}, \zeta_i$ および $\eta_{\mathrm{N}i}$ は，仮定 9.5.1 と 9.6.1 のように，物質固定であると仮定する．関数の形状微分公式を用いる場合には，この仮定が重要となる．

$\mathscr{L}_i(\boldsymbol{\phi}, u, v_i)$ の形状微分は，任意の $(\boldsymbol{\varphi}, u', v_i') \in X \times U \times U$ に対して，

$$\begin{aligned}&\mathscr{L}_i'(\boldsymbol{\phi}, u, v_i)[\boldsymbol{\varphi}, u', v_i'] \\ &\quad = \mathscr{L}_{i\boldsymbol{\phi}'}(\boldsymbol{\phi}, u, v_i)[\boldsymbol{\varphi}] + \mathscr{L}_{iu}(\boldsymbol{\phi}, u, v_i)[u'] + \mathscr{L}_{iv_i}(\boldsymbol{\phi}, u, v_i)[v_i']\end{aligned} \tag{9.7.1}$$

のようにかかれる．ただし，式 (9.3.5) と式 (9.3.8) の表記法に従うものとする．以下で各項について詳細にみていこう．

式 (9.7.1) の右辺第 3 項は，

$$\mathscr{L}_{iv_i}(\boldsymbol{\phi}, u, v_i)[v_i'] = \mathscr{L}_{\mathrm{S}v_i}(\boldsymbol{\phi}, u, v_i)[v_i'] = \mathscr{L}_{\mathrm{S}}(\boldsymbol{\phi}, u, v_i') \tag{9.7.2}$$

となる．式 (9.7.2) は状態決定問題（問題 9.5.5）の Lagrage 関数になっている．そこで，u が状態決定問題の弱解ならば，その項は 0 となる．

また，式 (9.7.1) の右辺第 2 項は，

$$
\begin{aligned}
&\mathscr{L}_{iu}(\boldsymbol{\phi}, u, v_i)[u'] \\
&\quad = \int_{\Omega(\boldsymbol{\phi})} (-\boldsymbol{\nabla} u' \cdot \boldsymbol{\nabla} v_i + \zeta_{iu}(\boldsymbol{\phi}, u, \boldsymbol{\nabla} u)[u'] \\
&\qquad\qquad + \zeta_{i\boldsymbol{\nabla} u}(\boldsymbol{\phi}, u, \boldsymbol{\nabla} u)[\boldsymbol{\nabla} u'])\mathrm{d}x + \int_{\Gamma_{\eta i}(\boldsymbol{\phi})} \eta_{\mathrm{N}iu}(\boldsymbol{\phi}, u)[u']\,\mathrm{d}\gamma \\
&\qquad + \int_{\Gamma_{\mathrm{D}}(\boldsymbol{\phi})} \{u' \partial_\nu v_i + (v_i - v_{\mathrm{D}i}) \partial_\nu u'\}\,\mathrm{d}\gamma
\end{aligned} \tag{9.7.3}
$$

となる．ここで，v_i が，任意の $u' \in U$ に対して，式 (9.7.3) が 0 となるように決定できれば，式 (9.7.1) の右辺第 2 項も 0 となる．この問題は f_i に対する随伴問題となる．その強形式は，$v_i \in H^2(\Omega(\boldsymbol{\phi}); \mathbb{R})$ を仮定すれば，

$$
\begin{aligned}
&\int_{\Omega(\boldsymbol{\phi})} (\zeta_{i\boldsymbol{\nabla} u}(u, \boldsymbol{\nabla} u)[\boldsymbol{\nabla} u'] - \boldsymbol{\nabla} u' \cdot \boldsymbol{\nabla} v_i)\,\mathrm{d}x \\
&\quad = \int_{\partial\Omega(\boldsymbol{\phi})} u' (\zeta_{i\boldsymbol{\nabla} u} - \boldsymbol{\nabla} v_i) \cdot \boldsymbol{\nu}\,\mathrm{d}\gamma - \int_{\Omega(\boldsymbol{\phi})} u' \boldsymbol{\nabla} \cdot (\zeta_{i\boldsymbol{\nabla} u} - \boldsymbol{\nabla} v_i)\,\mathrm{d}x
\end{aligned}
$$

とかけることから，次のようになる．

問題 9.7.1（f_i に対する随伴問題）

$\boldsymbol{\phi} \in \mathcal{D}$ に対して問題 9.5.5 の解 u が与えられたとき，

$$
\begin{aligned}
-\Delta v_i &= \zeta_{iu}(\boldsymbol{\phi}, u, \boldsymbol{\nabla} u) - \boldsymbol{\nabla} \cdot \zeta_{i\boldsymbol{\nabla} u}(\boldsymbol{\phi}, u, \boldsymbol{\nabla} u) \quad \text{in } \Omega(\boldsymbol{\phi}) \\
\partial_\nu v_i &= \eta_{\mathrm{N}iu}(\boldsymbol{\phi}, u) + \zeta_{i\boldsymbol{\nabla} u}(\boldsymbol{\phi}, u, \boldsymbol{\nabla} u) \cdot \boldsymbol{\nu} \quad \text{on } \Gamma_{\eta i}(\boldsymbol{\phi}) \\
\partial_\nu v_i &= \zeta_{i\boldsymbol{\nabla} u}(\boldsymbol{\phi}, u, \boldsymbol{\nabla} u) \cdot \boldsymbol{\nu} \quad \text{on } \Gamma_{\mathrm{N}}(\boldsymbol{\phi}) \setminus \bar{\Gamma}_{\eta i}(\boldsymbol{\phi}) \\
v_i &= v_{\mathrm{D}i}(\boldsymbol{\phi}) \quad \text{on } \Gamma_{\mathrm{D}}(\boldsymbol{\phi})
\end{aligned}
$$

を満たす $v_i \colon \Omega(\boldsymbol{\phi}) \to \mathbb{R}$ を求めよ．

なお，のちに示される領域変動型の形状最適化問題に対する解法までを考えたときに，v_i に対して要求される条件を満たす v_i の許容集合（**随伴変数の許容集合**）を $\mathcal{S}(\boldsymbol{\phi})$ とおくことにする．この条件は，定理 9.7.2 で使われる．

さらに，式 (9.7.1) の右辺第 1 項は，命題 9.3.4 の結果を表した式 (9.3.5) と，命題 9.3.7 の結果を表した式 (9.3.8) の公式より，

$$
\begin{aligned}
&\mathscr{L}_{i\boldsymbol{\phi}'}(\boldsymbol{\phi}, u, v_i)[\boldsymbol{\varphi}] \\
&= \int_{\Omega(\boldsymbol{\phi})} [\boldsymbol{\nabla} u \cdot \{(\boldsymbol{\nabla}\boldsymbol{\varphi}^{\mathrm{T}})\boldsymbol{\nabla} v_i\} + \boldsymbol{\nabla} v_i \cdot \{(\boldsymbol{\nabla}\boldsymbol{\varphi}^{\mathrm{T}})\boldsymbol{\nabla} u\} \\
&\qquad - \zeta_{i\boldsymbol{\nabla} u} \cdot \{(\boldsymbol{\nabla}\boldsymbol{\varphi}^{\mathrm{T}})\boldsymbol{\nabla} u\} + (\zeta_i - \boldsymbol{\nabla} u \cdot \boldsymbol{\nabla} v_i + b v_i)\boldsymbol{\nabla} \cdot \boldsymbol{\varphi}]\, \mathrm{d}x \\
&\quad + \int_{\Gamma_{\eta i}(\boldsymbol{\phi})} (\kappa \eta_{\mathrm{N}i} \boldsymbol{\nu} \cdot \boldsymbol{\varphi} - \boldsymbol{\nabla}_\tau \eta_{\mathrm{N}i} \cdot \boldsymbol{\varphi}_\tau)\, \mathrm{d}\gamma \\
&\quad + \int_{\partial\Gamma_{\eta i}(\boldsymbol{\phi}) \cup \Theta_{\eta i}(\boldsymbol{\phi})} \eta_{\mathrm{N}i} \boldsymbol{\tau} \cdot \boldsymbol{\varphi}\, \mathrm{d}\varsigma \\
&\quad + \int_{\Gamma_p(\boldsymbol{\phi})} \{\kappa p_{\mathrm{N}} v_i \boldsymbol{\nu} \cdot \boldsymbol{\varphi} - \boldsymbol{\nabla}_\tau (p_{\mathrm{N}} v_i) \cdot \boldsymbol{\varphi}_\tau\}\, \mathrm{d}\gamma \\
&\quad + \int_{\partial\Gamma_p(\boldsymbol{\phi}) \cup \Theta_p(\boldsymbol{\phi})} p_{\mathrm{N}} v_i \boldsymbol{\tau} \cdot \boldsymbol{\varphi}\, \mathrm{d}\varsigma \\
&\quad + \int_{\Gamma_{\mathrm{D}}(\boldsymbol{\phi})} [\{(u - u_{\mathrm{D}}) w(\boldsymbol{\varphi}, v_i) + (v_i - v_{\mathrm{D}i}) w(\boldsymbol{\varphi}, u)\} \\
&\qquad + \{(u - u_{\mathrm{D}})\partial_\nu v_i + (v_i - v_{\mathrm{D}i})\partial_\nu u\}(\boldsymbol{\nabla} \cdot \boldsymbol{\varphi})_\tau]\, \mathrm{d}\gamma
\end{aligned}
\tag{9.7.4}
$$

となる．ここで，$w(\boldsymbol{\varphi}, u)$ と $(\boldsymbol{\nabla} \cdot \boldsymbol{\varphi})_\tau$ はそれぞれ式 (9.3.6) と式 (9.2.6) に従う．また，$\Gamma_p(\boldsymbol{\phi})$ と $\Gamma_{\eta i}(\boldsymbol{\phi})$ が区分的に C^2 級であること（$\mathcal{D}$ の定義において仮定された）を用いて，$\Gamma_p(\boldsymbol{\phi})$ と $\Gamma_{\eta i}(\boldsymbol{\phi})$ 上の積分が得られた．

以上の結果をふまえて，u と v_i がそれぞれ問題 9.5.5 と問題 9.7.1 の弱解であるとき，それらの Dirichlet 条件が成り立つことから，式 (9.7.4) における $\Gamma_{\mathrm{D}}(\boldsymbol{\phi})$ 上の積分は 0 となる．そこで，式 (7.4.11) の表記を用いて

$$
\begin{aligned}
\tilde{f}_i'(\boldsymbol{\phi})[\boldsymbol{\varphi}] &= \mathscr{L}_{i\boldsymbol{\phi}'}(\boldsymbol{\phi}, u, v_i)[\boldsymbol{\varphi}] = \langle \boldsymbol{g}_i, \boldsymbol{\varphi} \rangle \\
&= \int_{\Omega(\boldsymbol{\phi})} \{\boldsymbol{G}_{\Omega i} \cdot (\boldsymbol{\nabla}\boldsymbol{\varphi}^{\mathrm{T}}) + g_{\Omega i} \boldsymbol{\nabla} \cdot \boldsymbol{\varphi}\}\, \mathrm{d}x + \int_{\Gamma_p(\boldsymbol{\phi})} \boldsymbol{g}_{pi} \cdot \boldsymbol{\varphi}\, \mathrm{d}\gamma \\
&\quad + \int_{\partial\Gamma_p(\boldsymbol{\phi}) \cup \Theta_p(\boldsymbol{\phi})} \boldsymbol{g}_{\partial pi} \cdot \boldsymbol{\varphi}\, \mathrm{d}\varsigma + \int_{\Gamma_{\eta i}(\boldsymbol{\phi})} \boldsymbol{g}_{\eta i} \cdot \boldsymbol{\varphi}\, \mathrm{d}\gamma \\
&\quad + \int_{\partial\Gamma_{\eta i}(\boldsymbol{\phi}) \cup \Theta_{\eta i}(\boldsymbol{\phi})} \boldsymbol{g}_{\partial \eta i} \cdot \boldsymbol{\varphi}\, \mathrm{d}\varsigma
\end{aligned}
\tag{9.7.5}
$$

のようにかかれる．ここで，

$$
\boldsymbol{G}_{\Omega i} = \boldsymbol{\nabla} u (\boldsymbol{\nabla} v_i)^{\mathrm{T}} + \boldsymbol{\nabla} v_i (\boldsymbol{\nabla} u)^{\mathrm{T}} - \zeta_{i\boldsymbol{\nabla} u} (\boldsymbol{\nabla} u)^{\mathrm{T}} \tag{9.7.6}
$$

$$g_{\Omega i} = \zeta_i - \nabla u \cdot \nabla v_i + b v_i \tag{9.7.7}$$

$$\boldsymbol{g}_{pi} = \kappa p_{\mathrm{N}} v_i \boldsymbol{\nu} - \sum_{j \in \{1,\dots,d-1\}} \{\boldsymbol{\tau}_j \cdot \nabla (p_{\mathrm{N}} v_i)\} \boldsymbol{\tau}_j \tag{9.7.8}$$

$$\boldsymbol{g}_{\partial p i} = p_{\mathrm{N}} v_i \boldsymbol{\tau} \tag{9.7.9}$$

$$\boldsymbol{g}_{\eta i} = \kappa \eta_{\mathrm{N}i} \boldsymbol{\nu} - \sum_{j \in \{1,\dots,d-1\}} (\boldsymbol{\tau}_j \cdot \nabla \eta_{\mathrm{N}i}) \boldsymbol{\tau}_j \tag{9.7.10}$$

$$\boldsymbol{g}_{\partial \eta i} = \eta_{\mathrm{N}i} \boldsymbol{\tau} \tag{9.7.11}$$

となる．なお，本書では $\boldsymbol{A} = (a_{ij}) \in \mathbb{R}^{d \times d}$ と $\boldsymbol{B} = (b_{ij}) \in \mathbb{R}^{d \times d}$ のスカラー積 $\sum_{(i,j) \in \{1,\dots,d\}^2} a_{ij} b_{ij}$ を $\boldsymbol{A} \cdot \boldsymbol{B}$ とかくことにする．また，式 (9.7.5) を導く際に，$\boldsymbol{a} \in \mathbb{R}^d$，$\boldsymbol{B} \in \mathbb{R}^{d \times d}$ および $\boldsymbol{c} \in \mathbb{R}^d$ に対する恒等式

$$\boldsymbol{a} \cdot (\boldsymbol{B} \boldsymbol{c}) = (\boldsymbol{B}^{\mathrm{T}} \boldsymbol{a}) \cdot \boldsymbol{c} = (\boldsymbol{a} \boldsymbol{c}^{\mathrm{T}}) \cdot \boldsymbol{B} \tag{9.7.12}$$

が使われた．今後，これらの関係は断らずに使うことにする．

以上の結果に基づいて，式 (9.7.5) の $\boldsymbol{g}_i$ について，次の結果が得られる．

■定理 9.7.2（f_i の形状微分 $\boldsymbol{g}_i$）　$\boldsymbol{\phi} \in \mathcal{D}$ に対して，$b, p_{\mathrm{N}}, u_{\mathrm{D}}, \zeta_i, \eta_{\mathrm{N}i}$ および $v_{\mathrm{D}i}$ は物質固定の関数として与えられているとする．また，u と v_i はそれぞれ状態決定問題（問題 9.5.5）と f_i に対する随伴問題（問題 9.7.1）の弱解で，式 (9.5.2) の $\mathcal{S}$ に入る（仮定 9.5.1, 9.5.3 および 9.6.1 が満たされる）とする．さらに，次のどちらかの条件が満たされるとする．

(1) 仮定 9.5.4 が満たされる．

(2) 仮定 9.5.4 が満たされないとき，$\Gamma_p(\boldsymbol{\phi}) \cup \Gamma_{\eta i}(\boldsymbol{\phi})$ の近傍 B で，p_{N}, v_i および $\eta_{\mathrm{N}i}$ は $W^{2,2q_{\mathrm{R}}}(B;\mathbb{R})$ に入る．ただし，$q_{\mathrm{R}} > d$ とする．

このとき，f_i の形状微分は式 (9.7.5) となり，$\boldsymbol{g}_i$ は X' に入る．さらに，$\boldsymbol{G}_{\Omega i} \in L^\infty(\Omega(\boldsymbol{\phi});\mathbb{R}^{d \times d})$，$g_{\Omega i} \in L^\infty(\Omega(\boldsymbol{\phi});\mathbb{R})$，$\boldsymbol{g}_{pi} \in L^\infty(\Gamma_p(\boldsymbol{\phi});\mathbb{R}^d)$，$\boldsymbol{g}_{\partial p i} \in L^\infty(\partial\Gamma_p(\boldsymbol{\phi}) \cup \Theta_p(\boldsymbol{\phi});\mathbb{R}^d)$，$\boldsymbol{g}_{\eta i} \in L^\infty(\Gamma_{\eta i}(\boldsymbol{\phi});\mathbb{R}^d)$ および $\boldsymbol{g}_{\partial \eta i} \in L^\infty(\partial\Gamma_{\eta i}(\boldsymbol{\phi}) \cup \Theta_{\eta i}(\boldsymbol{\phi});\mathbb{R}^d)$ となる．ただし，条件 (1) が満たされるときは，式 (9.7.8) と式 (9.7.10) の右辺第 2 項は 0 とおく．

▶証明　f_i の形状微分が式 (9.7.5) の $\boldsymbol{g}_i$ となることは上でみてきたとおりである．$\boldsymbol{g}_i$ の正則性に関しては次のことが成り立つ．$\boldsymbol{G}_{\Omega i}$ の第 1 項に対して，Hölder の不等式（定理 A.9.1）と Poincaré の不等式の系（系 A.9.4）より，

$$
\begin{aligned}
&\|\{\nabla u(\nabla v_i)^{\mathrm{T}}\}\cdot(\nabla\boldsymbol{\varphi}^{\mathrm{T}})\|_{L^1(\Omega(\boldsymbol{\phi});\mathbb{R})}\\
&\quad\le\|\nabla u(\nabla v_i)^{\mathrm{T}}\|_{L^2(\Omega(\boldsymbol{\phi});\mathbb{R}^{d\times d})}\|\nabla\boldsymbol{\varphi}^{\mathrm{T}}\|_{L^2(\Omega(\boldsymbol{\phi});\mathbb{R}^{d\times d})}\\
&\quad\le\|\nabla u\|_{L^4(\Omega(\boldsymbol{\phi});\mathbb{R}^d)}\|\nabla v_i\|_{L^4(\Omega(\boldsymbol{\phi});\mathbb{R}^d)}\|\nabla\boldsymbol{\varphi}^{\mathrm{T}}\|_{L^2(\Omega(\boldsymbol{\phi});\mathbb{R}^{d\times d})}\\
&\quad\le\|u\|_{W^{1,4}(\mathbb{R}^d;\mathbb{R})}\|v_i\|_{W^{1,4}(\mathbb{R}^d;\mathbb{R})}\|\boldsymbol{\varphi}\|_X\le\|u\|_{W^{1,\infty}(\mathbb{R}^d;\mathbb{R})}\|v_i\|_{W^{1,\infty}(\mathbb{R}^d;\mathbb{R})}\|\boldsymbol{\varphi}\|_X
\end{aligned}
$$

が成り立つ．仮定より，$\|u\|_{W^{1,\infty}(\mathbb{R}^d;\mathbb{R})}$ と $\|v_i\|_{W^{1,\infty}(\mathbb{R}^d;\mathbb{R})}$ は有界である．そこで，$\nabla u(\nabla v_i)^{\mathrm{T}}$ は X' に入る．また，上式の関係から $L^\infty(\Omega(\boldsymbol{\phi});\mathbb{R}^{d\times d})$ にも入る．$\boldsymbol{G}_{\Omega i}$ のほかの項についても同様の結果が得られる．$g_{\Omega i}$ についても同様の結果が得られる．

また，$\boldsymbol{g}_{pi}$ の正則性は v_i と p_{N} の正則性に加えて，$\boldsymbol{\nu}$ と κ の正則性にも依存する．式 (9.7.8) の右辺第 1 項に対して，Hölder の不等式（定理 A.9.1）とトレース定理（定理 4.4.2）より，

$$
\begin{aligned}
&\|\kappa p_{\mathrm{N}}v_i\boldsymbol{\nu}\cdot\boldsymbol{\varphi}\|_{L^1(\Gamma_p(\boldsymbol{\phi});\mathbb{R})}\le\|\kappa p_{\mathrm{N}}v_i\boldsymbol{\nu}\|_{L^2(\Gamma_p(\boldsymbol{\phi});\mathbb{R}^d)}\|\boldsymbol{\varphi}\|_{L^2(\Gamma_p(\boldsymbol{\phi});\mathbb{R}^d)}\\
&\quad\le\|\kappa\|_{L^\infty(\Gamma_p(\boldsymbol{\phi});\mathbb{R})}\|p_{\mathrm{N}}\|_{L^4(\Gamma_p(\boldsymbol{\phi});\mathbb{R})}\|v_i\|_{L^4(\Gamma_p(\boldsymbol{\phi});\mathbb{R})}\\
&\qquad\times\|\boldsymbol{\nu}\|_{L^\infty(\Gamma_p(\boldsymbol{\phi});\mathbb{R}^d)}\|\boldsymbol{\varphi}\|_{L^2(\Gamma_p(\boldsymbol{\phi});\mathbb{R}^d)}\\
&\quad\le\|\gamma_{\partial\Omega}\|^3\|p_{\mathrm{N}}\|_{W^{1,4}(\Omega(\boldsymbol{\phi});\mathbb{R})}\|v_i\|_{W^{1,4}(\Omega(\boldsymbol{\phi});\mathbb{R})}\\
&\qquad\times\|\kappa\|_{L^\infty(\Gamma_p(\boldsymbol{\phi});\mathbb{R})}\|\boldsymbol{\nu}\|_{L^\infty(\Gamma_p(\boldsymbol{\phi});\mathbb{R}^d)}\|\boldsymbol{\varphi}\|_X\\
&\quad\le\|\gamma_{\partial\Omega}\|^3\|p_{\mathrm{N}}\|_{W^{1,\infty}(\Omega(\boldsymbol{\phi});\mathbb{R})}\|v_i\|_{W^{1,\infty}(\Omega(\boldsymbol{\phi});\mathbb{R})}\\
&\qquad\times\|\kappa\|_{L^\infty(\Gamma_p(\boldsymbol{\phi});\mathbb{R})}\|\boldsymbol{\nu}\|_{L^\infty(\Gamma_p(\boldsymbol{\phi});\mathbb{R}^d)}\|\boldsymbol{\varphi}\|_X
\end{aligned}
$$

が成り立つ．ここで，

$$
\gamma_{\partial\Omega}\colon W^{1,4}(\Omega;\mathbb{R}^d)\to W^{1-1/4,4}(\partial\Omega;\mathbb{R}^d)
$$

はトレース作用素であり，$\partial\Omega$ は Lipschitz 境界を仮定していることから，作用素ノルム $\|\gamma_{\partial\Omega}\|$ は有界である．また，$\Gamma_p(\boldsymbol{\phi})$ は，式 (9.1.2) の $\mathcal{D}$ で区分的に C^2 級と定義された．そこで，$\boldsymbol{\nu}$ は $L^\infty(\Gamma_p(\boldsymbol{\phi});\mathbb{R}^d)$ に入り，κ は $L^\infty(\Gamma_p(\boldsymbol{\phi});\mathbb{R})$ に入る．よって，$\kappa p_{\mathrm{N}}v_i\boldsymbol{\nu}$ は X' の要素で $L^\infty(\Gamma_p(\boldsymbol{\phi});\mathbb{R}^d)$ に入る．式 (9.7.8) の右辺第 2 項は，条件 (1) が成り立つとき，式 (9.7.5) において $\Gamma_p(\boldsymbol{\phi})$ 上で $(\boldsymbol{\tau}_i(\boldsymbol{\phi})\cdot\boldsymbol{\varphi})_{i\in\{1,\dots,d-1\}}=\boldsymbol{0}_{\mathbb{R}^{d-1}}$ により，0 となる．また，条件 (2) が成り立つとき，$\boldsymbol{\tau}_1(\boldsymbol{\phi}),\dots,\boldsymbol{\tau}_{d-1}(\boldsymbol{\phi})$ は $L^\infty(\Gamma_p(\boldsymbol{\phi});\mathbb{R}^d)$ に入り，p_{N} と v_i は $W^{2,2q_{\mathrm{R}}}(\mathbb{R}^d;\mathbb{R})$ に入ること（演習問題 **9.1**）より，定理の結果が得られる．

さらに，$\boldsymbol{g}_{\partial pi}$ の正則性に対する結果は，トレース作用素

$$
\gamma_{\partial\Gamma}\colon W^{1-1/(2q_{\mathrm{R}}),2q_{\mathrm{R}}}(\partial\Omega;\mathbb{R}^d)\to W^{1-2/(2q_{\mathrm{R}}),2q_{\mathrm{R}}}(\partial\Gamma_p(\boldsymbol{\phi})\cup\Theta_p(\boldsymbol{\phi});\mathbb{R}^d)
$$

のノルムが有界となる．なぜならば，初期領域の定義（9.1.1 項）において，変動する

$\partial\Gamma_{p0} \cup \Theta_{p0}$ は Lipschitz 境界を仮定し，領域変動 $\boldsymbol{\phi}$ も Lipschitz 関数を仮定していたことから，$\partial\Gamma_p(\boldsymbol{\phi}) \cup \Theta_p(\boldsymbol{\phi})$ は Lipschitz 境界となり，トレース定理が適用できるためである．さらに，$\boldsymbol{\tau}$ は $L^\infty(\partial\Gamma_p(\boldsymbol{\phi}) \cup \Theta_p(\boldsymbol{\phi}); \mathbb{R}^d)$ に入る．そこで，$\boldsymbol{g}_{\partial pi}$ は X' の要素で $L^\infty(\partial\Gamma_p(\boldsymbol{\phi}) \cup \Theta_p(\boldsymbol{\phi}); \mathbb{R}^d)$ に入ることになる．

$\boldsymbol{g}_{\eta i}$ と $\boldsymbol{g}_{\partial\eta i}$ の正則性についても，$\boldsymbol{g}_{pi}$ と $\boldsymbol{g}_{\partial pi}$ と同じ理由により，定理の結果が得られることになる． □

9.7.2 関数の形状微分公式による f_i の 2 階形状微分

さらに，7.4.3 項で示された方法に従って，評価関数の 2 階形状微分を求めてみよう．ここでは，関数の形状微分公式を用いることにする．

$\tilde{f}_i$ の 2 階形状微分を得るために，次の仮定を設ける．

■仮定 9.7.3（$\tilde{f}_i$ の 2 階形状微分） 状態決定問題（問題 9.5.5）と式 (9.6.1) で定義された評価関数 f_i に対して，それぞれ

(1) $b = 0$

(2) ζ_i は $\boldsymbol{\phi}$ と u の関数ではない（$\boldsymbol{\nabla} u$ の関数ではある）

(3) 仮定 9.5.4 が満たされる

と仮定する．

f_i の Lagrange 関数 $\mathscr{L}_i$ は式 (9.6.3) によって定義されている．$(\boldsymbol{\phi}, u)$ を設計変数とみなし，任意変動 $(\boldsymbol{\varphi}_1, u_1') \in X \times U$ と $(\boldsymbol{\varphi}_2, u_2') \in X \times U$ に対する Lagrange 関数の 2 階微分は

$$
\begin{aligned}
&\mathscr{L}_i''(\boldsymbol{\phi}, u, v_i)[(\boldsymbol{\varphi}_1, u_1'), (\boldsymbol{\varphi}_2, u_2')] \\
&\quad = (\mathscr{L}_{i\boldsymbol{\phi}'}(\boldsymbol{\phi}, u, v_i)[\boldsymbol{\varphi}_1] + \mathscr{L}_{iu}(\boldsymbol{\phi}, u, v_i)[u_1'])_{\boldsymbol{\phi}}[\boldsymbol{\varphi}_2] \\
&\qquad + (\mathscr{L}_{i\boldsymbol{\phi}'}(\boldsymbol{\phi}, u, v_i)[\boldsymbol{\varphi}_1] + \mathscr{L}_{iu}(\boldsymbol{\phi}, u, v_i)[u_1'])_u[u_2'] \\
&\quad = \mathscr{L}_{i\boldsymbol{\phi}'\boldsymbol{\phi}'}(\boldsymbol{\phi}, u, v_i)[\boldsymbol{\varphi}_1, \boldsymbol{\varphi}_2] + \mathscr{L}_{i\boldsymbol{\phi}'u}(\boldsymbol{\phi}, u, v_i)[\boldsymbol{\varphi}_1, u_2'] \\
&\qquad + \mathscr{L}_{i\boldsymbol{\phi}'u}(\boldsymbol{\phi}, u, v_i)[\boldsymbol{\varphi}_2, u_1'] + \mathscr{L}_{iuu}(\boldsymbol{\phi}, u, v_i)[u_1', u_2'] \qquad (9.7.13)
\end{aligned}
$$

となる．

式 (9.7.13) の右辺第 1 項は，式 (9.7.4) の右辺第 1 項を用いて，

$$
\begin{aligned}
&\mathscr{L}_{i\boldsymbol{\phi}'\boldsymbol{\phi}'}(\boldsymbol{\phi}, u, v_i)[\boldsymbol{\varphi}_1, \boldsymbol{\varphi}_2] \\
&\quad = \int_{\Omega(\boldsymbol{\phi})} [\{\boldsymbol{\nabla} u \cdot (\boldsymbol{\nabla}\boldsymbol{\varphi}_1^{\mathrm{T}} \boldsymbol{\nabla} v_i)\}_{\boldsymbol{\phi}}[\boldsymbol{\varphi}_2] \\
&\qquad\qquad + \{\boldsymbol{\nabla} v_i \cdot (\boldsymbol{\nabla}\boldsymbol{\varphi}_1^{\mathrm{T}} \boldsymbol{\nabla} u)\}_{\boldsymbol{\phi}}[\boldsymbol{\varphi}_2] - \{\zeta_{i\boldsymbol{\nabla} u} \cdot (\boldsymbol{\nabla}\boldsymbol{\varphi}_1^{\mathrm{T}} \boldsymbol{\nabla} u)\}_{\boldsymbol{\phi}}[\boldsymbol{\varphi}_2] \\
&\qquad\qquad + \{(\zeta_i - \boldsymbol{\nabla} u \cdot \boldsymbol{\nabla} v_i) \boldsymbol{\nabla} \cdot \boldsymbol{\varphi}_1\}_{\boldsymbol{\phi}}[\boldsymbol{\varphi}_2]]\, \mathrm{d}x \qquad (9.7.14)
\end{aligned}
$$

となる．式 (9.7.14) 右辺被積分関数の第 1 項は，

$$
\begin{aligned}
&\{\boldsymbol{\nabla} u \cdot (\boldsymbol{\nabla}\boldsymbol{\varphi}_1^{\mathrm{T}} \boldsymbol{\nabla} v_i)\}_{\boldsymbol{\phi}}[\boldsymbol{\varphi}_2] \\
&\quad = -\{\boldsymbol{\nabla} u \cdot (\boldsymbol{\nabla}\boldsymbol{\varphi}_1^{\mathrm{T}} \boldsymbol{\nabla} v_i)\}_{\boldsymbol{\nabla} u} \cdot (\boldsymbol{\nabla}\boldsymbol{\varphi}_2^{\mathrm{T}} \boldsymbol{\nabla} u) \\
&\qquad - \{\boldsymbol{\nabla} u \cdot (\boldsymbol{\nabla}\boldsymbol{\varphi}_1^{\mathrm{T}} \boldsymbol{\nabla} v_i)\}_{\boldsymbol{\nabla}\boldsymbol{\varphi}_1^{\mathrm{T}}} \cdot (\boldsymbol{\nabla}\boldsymbol{\varphi}_2^{\mathrm{T}} \boldsymbol{\nabla}\boldsymbol{\varphi}_1^{\mathrm{T}}) \\
&\qquad - \{\boldsymbol{\nabla} u \cdot (\boldsymbol{\nabla}\boldsymbol{\varphi}_1^{\mathrm{T}} \boldsymbol{\nabla} v_i)\}_{\boldsymbol{\nabla} v_i} \cdot (\boldsymbol{\nabla}\boldsymbol{\varphi}_2^{\mathrm{T}} \boldsymbol{\nabla} v_i) \\
&\qquad + \{\boldsymbol{\nabla} u \cdot (\boldsymbol{\nabla}\boldsymbol{\varphi}_1^{\mathrm{T}} \boldsymbol{\nabla} v_i)\}(\boldsymbol{\nabla} \cdot \boldsymbol{\varphi}_2) \\
&\quad = -(\boldsymbol{\nabla}\boldsymbol{\varphi}_2^{\mathrm{T}} \boldsymbol{\nabla} u) \cdot (\boldsymbol{\nabla}\boldsymbol{\varphi}_1^{\mathrm{T}} \boldsymbol{\nabla} v_i) - \boldsymbol{\nabla} u \cdot (\boldsymbol{\nabla}\boldsymbol{\varphi}_2^{\mathrm{T}} \boldsymbol{\nabla}\boldsymbol{\varphi}_1^{\mathrm{T}} \boldsymbol{\nabla} v_i) \\
&\qquad - \boldsymbol{\nabla} u \cdot (\boldsymbol{\nabla}\boldsymbol{\varphi}_1^{\mathrm{T}} \boldsymbol{\nabla}\boldsymbol{\varphi}_2^{\mathrm{T}} \boldsymbol{\nabla} v_i) + \{\boldsymbol{\nabla} u \cdot (\boldsymbol{\nabla}\boldsymbol{\varphi}_1^{\mathrm{T}} \boldsymbol{\nabla} v_i)\} \boldsymbol{\nabla} \cdot \boldsymbol{\varphi}_2 \quad (9.7.15)
\end{aligned}
$$

となる．同様に，式 (9.7.14) 右辺被積分関数の第 2 項は，式 (9.7.15) において u と v_i をいれかえたものとなる．また，式 (9.7.14) 右辺被積分関数の第 3 項は，

$$
\begin{aligned}
&-\{\zeta_{i\boldsymbol{\nabla} u} \cdot (\boldsymbol{\nabla}\boldsymbol{\varphi}_1^{\mathrm{T}} \boldsymbol{\nabla} u)\}_{\boldsymbol{\phi}}[\boldsymbol{\varphi}_2] \\
&\quad = -\{\zeta_{i\boldsymbol{\nabla} u} \cdot (\boldsymbol{\nabla}\boldsymbol{\varphi}_1^{\mathrm{T}} \boldsymbol{\nabla} u)\}_{\zeta_{i\boldsymbol{\nabla} u}} \cdot (\zeta_{i\boldsymbol{\nabla} u(\boldsymbol{\nabla} u)^{\mathrm{T}}} \boldsymbol{\nabla}\boldsymbol{\varphi}_2^{\mathrm{T}} \boldsymbol{\nabla} u) \\
&\quad = -(\zeta_{i\boldsymbol{\nabla} u(\boldsymbol{\nabla} u)^{\mathrm{T}}} \boldsymbol{\nabla}\boldsymbol{\varphi}_2^{\mathrm{T}} \boldsymbol{\nabla} u) \cdot (\boldsymbol{\nabla}\boldsymbol{\varphi}_1^{\mathrm{T}} \boldsymbol{\nabla} u)
\end{aligned}
$$

となる．さらに，式 (9.7.14) 右辺被積分関数の第 4 項は，

$$
\begin{aligned}
&\{(\zeta_i - \boldsymbol{\nabla} u \cdot \boldsymbol{\nabla} v_i) \boldsymbol{\nabla} \cdot \boldsymbol{\varphi}_1\}_{\boldsymbol{\phi}}[\boldsymbol{\varphi}_2] \\
&\quad = -\{(\zeta_i - \boldsymbol{\nabla} u \cdot \boldsymbol{\nabla} v_i)_{\boldsymbol{\nabla} u} \cdot (\boldsymbol{\nabla}\boldsymbol{\varphi}_2^{\mathrm{T}} \boldsymbol{\nabla} u)\} \boldsymbol{\nabla} \cdot \boldsymbol{\varphi}_1 \\
&\qquad - \{(\zeta_i - \boldsymbol{\nabla} u \cdot \boldsymbol{\nabla} v_i)_{\boldsymbol{\nabla} v_i} \cdot (\boldsymbol{\nabla}\boldsymbol{\varphi}_2^{\mathrm{T}} \boldsymbol{\nabla} v_i)\} \boldsymbol{\nabla} \cdot \boldsymbol{\varphi}_1 \\
&\qquad + (\zeta_i - \boldsymbol{\nabla} u \cdot \boldsymbol{\nabla} v_i)\{-(\boldsymbol{\nabla}\boldsymbol{\varphi}_2^{\mathrm{T}})^{\mathrm{T}} \cdot \boldsymbol{\nabla}\boldsymbol{\varphi}_1^{\mathrm{T}} + (\boldsymbol{\nabla} \cdot \boldsymbol{\varphi}_2)(\boldsymbol{\nabla} \cdot \boldsymbol{\varphi}_1)\} \\
&\quad = -\{(\zeta_{i\boldsymbol{\nabla} u} - \boldsymbol{\nabla} v_i) \cdot (\boldsymbol{\nabla}\boldsymbol{\varphi}_2^{\mathrm{T}} \boldsymbol{\nabla} u)\} \boldsymbol{\nabla} \cdot \boldsymbol{\varphi}_1
\end{aligned}
$$

$$+\{\nabla u\cdot(\nabla\boldsymbol{\varphi}_2^{\mathrm{T}}\nabla v_i)\}\nabla\cdot\boldsymbol{\varphi}_1$$
$$+(\zeta_i-\nabla u\cdot\nabla v_i)\{-(\nabla\boldsymbol{\varphi}_2^{\mathrm{T}})^{\mathrm{T}}\cdot\nabla\boldsymbol{\varphi}_1^{\mathrm{T}}+(\nabla\cdot\boldsymbol{\varphi}_2)(\nabla\cdot\boldsymbol{\varphi}_1)\}$$

となる．そこで，式 (9.7.14) は，

$$\begin{aligned}
&\mathscr{L}_{i\boldsymbol{\phi}'\boldsymbol{\phi}'}(\boldsymbol{\phi},u,v_i)[\boldsymbol{\varphi}_1,\boldsymbol{\varphi}_2]\\
&=\int_{\Omega(\boldsymbol{\phi})}[-(\nabla\boldsymbol{\varphi}_2^{\mathrm{T}}\nabla u)\cdot(\nabla\boldsymbol{\varphi}_1^{\mathrm{T}}\nabla v_i)-\nabla u\cdot(\nabla\boldsymbol{\varphi}_2^{\mathrm{T}}\nabla\boldsymbol{\varphi}_1^{\mathrm{T}}\nabla v_i)\\
&\qquad-\nabla u\cdot(\nabla\boldsymbol{\varphi}_1^{\mathrm{T}}\nabla\boldsymbol{\varphi}_2^{\mathrm{T}}\nabla v_i)+\{\nabla u\cdot(\nabla\boldsymbol{\varphi}_1^{\mathrm{T}}\nabla v_i)\}\nabla\cdot\boldsymbol{\varphi}_2\\
&\qquad-(\nabla\boldsymbol{\varphi}_2^{\mathrm{T}}\nabla v_i)\cdot(\nabla\boldsymbol{\varphi}_1^{\mathrm{T}}\nabla u)-\nabla v_i\cdot(\nabla\boldsymbol{\varphi}_2^{\mathrm{T}}\nabla\boldsymbol{\varphi}_1^{\mathrm{T}}\nabla u)\\
&\qquad-\nabla v_i\cdot(\nabla\boldsymbol{\varphi}_1^{\mathrm{T}}\nabla\boldsymbol{\varphi}_2^{\mathrm{T}}\nabla u)+\{\nabla v_i\cdot(\nabla\boldsymbol{\varphi}_1^{\mathrm{T}}\nabla u)\}\nabla\cdot\boldsymbol{\varphi}_2\\
&\qquad-(\zeta_{i\nabla u(\nabla u)^{\mathrm{T}}}\nabla\boldsymbol{\varphi}_2^{\mathrm{T}}\nabla u)\cdot(\nabla\boldsymbol{\varphi}_1^{\mathrm{T}}\nabla u)\\
&\qquad-\{(\zeta_{i\nabla u}-\nabla v_i)\cdot(\nabla\boldsymbol{\varphi}_2^{\mathrm{T}}\nabla u)\}\nabla\cdot\boldsymbol{\varphi}_1\\
&\qquad+\{\nabla u\cdot(\nabla\boldsymbol{\varphi}_2^{\mathrm{T}}\nabla v_i)\}\nabla\cdot\boldsymbol{\varphi}_1\\
&\qquad+(\zeta_i-\nabla u\cdot\nabla v_i)\{-(\nabla\boldsymbol{\varphi}_2^{\mathrm{T}})^{\mathrm{T}}\cdot\nabla\boldsymbol{\varphi}_1^{\mathrm{T}}+(\nabla\cdot\boldsymbol{\varphi}_2)(\nabla\cdot\boldsymbol{\varphi}_1)\}]\,\mathrm{d}x
\end{aligned}\tag{9.7.16}$$

となる．

次に，式 (9.7.13) の右辺第 2 項を考える．式 (9.7.4) の右辺第 1 項を用いれば，

$$\begin{aligned}
&\mathscr{L}_{i\boldsymbol{\phi}'u}(\boldsymbol{\phi},u,v_i)[\boldsymbol{\varphi}_1,u_2']\\
&=\int_{\Omega(\boldsymbol{\phi})}\{\nabla u_2'\cdot(\nabla\boldsymbol{\varphi}_1^{\mathrm{T}}\nabla v_i)+(\nabla v_i-\zeta_{i\nabla u})\cdot(\nabla\boldsymbol{\varphi}_1^{\mathrm{T}}\nabla u_2')\\
&\qquad-(\nabla u_2'\cdot\nabla v_i)\nabla\cdot\boldsymbol{\varphi}_1\}\,\mathrm{d}x
\end{aligned}\tag{9.7.17}$$

となる．

一方，任意の領域変動 $\boldsymbol{\varphi}\in X$ に対する状態決定問題を満たす u の変動を $u'(\boldsymbol{\phi})[\boldsymbol{\varphi}]\in U$ とかくことにする．式 (9.5.3) で定義された状態決定問題の Lagrange 関数 $\mathscr{L}_{\mathrm{S}}$ の形状微分をとれば，任意の $\boldsymbol{v}\in U$ に対して，

$$\begin{aligned}
&\mathscr{L}_{\mathrm{S}}'(\boldsymbol{\phi},u,\boldsymbol{v})[\boldsymbol{\varphi},u'(\boldsymbol{\phi})[\boldsymbol{\varphi}]]\\
&=\int_{\Omega(\boldsymbol{\phi})}\{\nabla u\cdot(\nabla\boldsymbol{\varphi}^{\mathrm{T}}\nabla v)+\nabla v\cdot(\nabla\boldsymbol{\varphi}^{\mathrm{T}}\nabla u)
\end{aligned}$$

$$
\begin{aligned}
&\quad -(\nabla u\cdot\nabla v)\nabla\cdot\boldsymbol{\varphi}-\nabla u'(\boldsymbol{\phi})[\boldsymbol{\varphi}]\cdot\nabla v\}\,\mathrm{d}x\\
&=\int_{\Omega(\boldsymbol{\phi})}[\{((\nabla\boldsymbol{\varphi}^{\mathrm{T}})^{\mathrm{T}}+\nabla\boldsymbol{\varphi}^{\mathrm{T}}-\nabla\cdot\boldsymbol{\varphi})\nabla u-\nabla u'(\boldsymbol{\phi})[\boldsymbol{\varphi}]\}\cdot\nabla v]\,\mathrm{d}x\\
&=0
\end{aligned}
\tag{9.7.18}
$$

となる．式 (9.7.18) より，

$$
\nabla u'(\boldsymbol{\phi})[\boldsymbol{\varphi}]=\{(\nabla\boldsymbol{\varphi}^{\mathrm{T}})^{\mathrm{T}}+\nabla\boldsymbol{\varphi}^{\mathrm{T}}-\nabla\cdot\boldsymbol{\varphi}\}\nabla u \tag{9.7.19}
$$

が成り立つ．そこで，式 (9.7.17) の $\nabla u_2'$ に，$\boldsymbol{\varphi}$ を $\boldsymbol{\varphi}_2$ とおいた式 (9.7.19) を代入すれば，式 (9.7.13) の右辺第 2 項は，

$$
\begin{aligned}
&\mathscr{L}_{i\boldsymbol{\phi}'u}(\boldsymbol{\phi},u,v_i)[\boldsymbol{\varphi}_1,\nabla u'(\boldsymbol{\phi})[\boldsymbol{\varphi}_2]]\\
&\quad=\int_{\Omega(\boldsymbol{\phi})}[\{((\nabla\boldsymbol{\varphi}_2^{\mathrm{T}})^{\mathrm{T}}+\nabla\boldsymbol{\varphi}_2^{\mathrm{T}}-\nabla\cdot\boldsymbol{\varphi}_2)\nabla u(\nabla v_i)^{\mathrm{T}}\\
&\qquad+(\nabla v_i-\zeta_{i\nabla u})(\nabla u)^{\mathrm{T}}((\nabla\boldsymbol{\varphi}_2^{\mathrm{T}})^{\mathrm{T}}+\nabla\boldsymbol{\varphi}_2^{\mathrm{T}}-\nabla\cdot\boldsymbol{\varphi}_2)\}\cdot\nabla\boldsymbol{\varphi}_1^{\mathrm{T}}\\
&\qquad-\{(((\nabla\boldsymbol{\varphi}_2^{\mathrm{T}})^{\mathrm{T}}+\nabla\boldsymbol{\varphi}_2^{\mathrm{T}}-\nabla\cdot\boldsymbol{\varphi}_2)\nabla u)\cdot\nabla v_i\}\nabla\cdot\boldsymbol{\varphi}_1]\,\mathrm{d}x
\end{aligned}
\tag{9.7.20}
$$

となる．同様に，式 (9.7.13) の右辺第 3 項は，$\mathscr{L}_{iu\boldsymbol{\phi}'}(\boldsymbol{\phi},u,v_i)[\boldsymbol{\varphi}_2,\nabla u'(\boldsymbol{\phi})[\boldsymbol{\varphi}_1]]$ となり，式 (9.7.20) において $\boldsymbol{\varphi}_1$ と $\boldsymbol{\varphi}_2$ をいれかえたものとなる．式 (9.7.13) の右辺第 4 項は 0 となる．

以上の結果をまとめれば，$\tilde{f}_i$ の 2 階形状微分は，

$$
\begin{aligned}
&h_i(\boldsymbol{\phi},u,v_i)[\boldsymbol{\varphi}_1,\boldsymbol{\varphi}_2]\\
&\quad=\int_{\Omega(\boldsymbol{\phi})}[\underline{-(\nabla\boldsymbol{\varphi}_2^{\mathrm{T}}\nabla u)\cdot(\nabla\boldsymbol{\varphi}_1^{\mathrm{T}}\nabla v_i)}_{(1)}\underline{-\nabla u\cdot(\nabla\boldsymbol{\varphi}_2^{\mathrm{T}}\nabla\boldsymbol{\varphi}_1^{\mathrm{T}}\nabla v_i)}_{(2)}\\
&\qquad\underline{-\nabla u\cdot(\nabla\boldsymbol{\varphi}_1^{\mathrm{T}}\nabla\boldsymbol{\varphi}_2^{\mathrm{T}}\nabla v_i)}_{(3)}+\underline{\{\nabla u\cdot(\nabla\boldsymbol{\varphi}_1^{\mathrm{T}}\nabla v_i)\}\nabla\cdot\boldsymbol{\varphi}_2}_{(4)}\\
&\qquad\underline{-(\nabla\boldsymbol{\varphi}_2^{\mathrm{T}}\nabla v_i)\cdot(\nabla\boldsymbol{\varphi}_1^{\mathrm{T}}\nabla u)}_{(5)}\underline{-\nabla v_i\cdot(\nabla\boldsymbol{\varphi}_2^{\mathrm{T}}\nabla\boldsymbol{\varphi}_1^{\mathrm{T}}\nabla u)}_{(6)}\\
&\qquad\underline{-\nabla v_i\cdot(\nabla\boldsymbol{\varphi}_1^{\mathrm{T}}\nabla\boldsymbol{\varphi}_2^{\mathrm{T}}\nabla u)}_{(7)}+\underline{\{\nabla v_i\cdot(\nabla\boldsymbol{\varphi}_1^{\mathrm{T}}\nabla u)\}\nabla\cdot\boldsymbol{\varphi}_2}_{(8)}\\
&\qquad-(\zeta_{i\nabla u(\nabla u)^{\mathrm{T}}}\nabla\boldsymbol{\varphi}_2^{\mathrm{T}}\nabla u)\cdot(\nabla\boldsymbol{\varphi}_1^{\mathrm{T}}\nabla u)\\
&\qquad-\{(\underline{\zeta_{i\nabla u}}_{(9)}\underline{-\nabla v_i}_{(10)})\cdot(\nabla\boldsymbol{\varphi}_2^{\mathrm{T}}\nabla u)\}\nabla\cdot\boldsymbol{\varphi}_1\\
&\qquad+\underline{\{\nabla u\cdot(\nabla\boldsymbol{\varphi}_2^{\mathrm{T}}\nabla v_i)\}\nabla\cdot\boldsymbol{\varphi}_1}_{(11)}
\end{aligned}
$$

$$
\begin{aligned}
&+\zeta_i\{-(\boldsymbol{\nabla}\boldsymbol{\varphi}_2^{\mathrm{T}})^{\mathrm{T}}\cdot\boldsymbol{\nabla}\boldsymbol{\varphi}_1^{\mathrm{T}}+(\boldsymbol{\nabla}\cdot\boldsymbol{\varphi}_2)(\boldsymbol{\nabla}\cdot\boldsymbol{\varphi}_1)\}\\
&-(\boldsymbol{\nabla}u\cdot\boldsymbol{\nabla}v_i)\{-(\boldsymbol{\nabla}\boldsymbol{\varphi}_2^{\mathrm{T}})^{\mathrm{T}}\cdot\boldsymbol{\nabla}\boldsymbol{\varphi}_1^{\mathrm{T}}+(\boldsymbol{\nabla}\cdot\boldsymbol{\varphi}_2)(\boldsymbol{\nabla}\cdot\boldsymbol{\varphi}_1)\}\\
&+\{(\underline{(\boldsymbol{\nabla}\boldsymbol{\varphi}_2^{\mathrm{T}})^{\mathrm{T}}}_{(2)'}+\underline{\boldsymbol{\nabla}\boldsymbol{\varphi}_2^{\mathrm{T}}}_{(1)'}\underline{-\boldsymbol{\nabla}\cdot\boldsymbol{\varphi}_2}_{(4)'})\boldsymbol{\nabla}u(\boldsymbol{\nabla}v_i)^{\mathrm{T}}\\
&\quad+\boldsymbol{\nabla}v_i(\boldsymbol{\nabla}u)^{\mathrm{T}}(\underline{(\boldsymbol{\nabla}\boldsymbol{\varphi}_2^{\mathrm{T}})^{\mathrm{T}}}_{(7)'}+\boldsymbol{\nabla}\boldsymbol{\varphi}_2^{\mathrm{T}}\underline{-\boldsymbol{\nabla}\cdot\boldsymbol{\varphi}_2}_{(8)'})\\
&\quad-\zeta_{i\boldsymbol{\nabla}u}(\boldsymbol{\nabla}u)^{\mathrm{T}}((\boldsymbol{\nabla}\boldsymbol{\varphi}_2^{\mathrm{T}})^{\mathrm{T}}+\boldsymbol{\nabla}\boldsymbol{\varphi}_2^{\mathrm{T}}-\boldsymbol{\nabla}\cdot\boldsymbol{\varphi}_2)\}\cdot\boldsymbol{\nabla}\boldsymbol{\varphi}_1^{\mathrm{T}}\\
&-\{(((\boldsymbol{\nabla}\boldsymbol{\varphi}_2^{\mathrm{T}})^{\mathrm{T}}+\underline{\boldsymbol{\nabla}\boldsymbol{\varphi}_2^{\mathrm{T}}}_{(10)'}-\boldsymbol{\nabla}\cdot\boldsymbol{\varphi}_2)\boldsymbol{\nabla}u)\cdot\boldsymbol{\nabla}v_i\}\boldsymbol{\nabla}\cdot\boldsymbol{\varphi}_1\\
&+\{(\underline{(\boldsymbol{\nabla}\boldsymbol{\varphi}_1^{\mathrm{T}})^{\mathrm{T}}}_{(3)'}+\underline{\boldsymbol{\nabla}\boldsymbol{\varphi}_1^{\mathrm{T}}}_{(5)'}-\boldsymbol{\nabla}\cdot\boldsymbol{\varphi}_1)\boldsymbol{\nabla}u(\boldsymbol{\nabla}v_i)^{\mathrm{T}}\\
&\quad+\boldsymbol{\nabla}v_i(\boldsymbol{\nabla}u)^{\mathrm{T}}(\underline{(\boldsymbol{\nabla}\boldsymbol{\varphi}_1^{\mathrm{T}})^{\mathrm{T}}}_{(6)'}+\boldsymbol{\nabla}\boldsymbol{\varphi}_1^{\mathrm{T}}-\boldsymbol{\nabla}\cdot\boldsymbol{\varphi}_1)\\
&\quad-\zeta_{i\boldsymbol{\nabla}u}(\boldsymbol{\nabla}u)^{\mathrm{T}}((\boldsymbol{\nabla}\boldsymbol{\varphi}_1^{\mathrm{T}})^{\mathrm{T}}+\boldsymbol{\nabla}\boldsymbol{\varphi}_1^{\mathrm{T}}\underline{-\boldsymbol{\nabla}\cdot\boldsymbol{\varphi}_1}_{(9)'})\}\cdot\boldsymbol{\nabla}\boldsymbol{\varphi}_2^{\mathrm{T}}\\
&-\{((\underline{(\boldsymbol{\nabla}\boldsymbol{\varphi}_1^{\mathrm{T}})^{\mathrm{T}}}_{(11)'}+\boldsymbol{\nabla}\boldsymbol{\varphi}_1^{\mathrm{T}}-\boldsymbol{\nabla}\cdot\boldsymbol{\varphi}_1)\boldsymbol{\nabla}u)\cdot\boldsymbol{\nabla}v_i\}\boldsymbol{\nabla}\cdot\boldsymbol{\varphi}_2]\,\mathrm{d}x
\end{aligned}
\tag{9.7.21}
$$

となる．ここで，$h_i(\boldsymbol{\phi},u,v_i)[\boldsymbol{\varphi}_1,\boldsymbol{\varphi}_2]=h_i(\boldsymbol{\phi},u,v_i)[\boldsymbol{\varphi}_2,\boldsymbol{\varphi}_1]$ が成り立つことを用いれば，$i\in\{1,\dots,11\}$ に対して，下線 (i) と $(i)'$ の和は 0 となる．そこで，

$$
\begin{aligned}
&h_i(\boldsymbol{\phi},u,v_i)[\boldsymbol{\varphi}_1,\boldsymbol{\varphi}_2]\\
&\quad=\int_{\Omega(\boldsymbol{\phi})}[(\boldsymbol{\nabla}u\cdot\boldsymbol{\nabla}v_i)\{(\boldsymbol{\nabla}\boldsymbol{\varphi}_2^{\mathrm{T}})^{\mathrm{T}}\cdot\boldsymbol{\nabla}\boldsymbol{\varphi}_1^{\mathrm{T}}+(\boldsymbol{\nabla}\cdot\boldsymbol{\varphi}_2)(\boldsymbol{\nabla}\cdot\boldsymbol{\varphi}_1)\}\\
&\qquad+\zeta_i\{-(\boldsymbol{\nabla}\boldsymbol{\varphi}_2^{\mathrm{T}})^{\mathrm{T}}\cdot\boldsymbol{\nabla}\boldsymbol{\varphi}_1^{\mathrm{T}}+(\boldsymbol{\nabla}\cdot\boldsymbol{\varphi}_2)(\boldsymbol{\nabla}\cdot\boldsymbol{\varphi}_1)\}\\
&\qquad-\{\zeta_{i\boldsymbol{\nabla}u}(\boldsymbol{\nabla}u)^{\mathrm{T}}\}\cdot(\boldsymbol{\nabla}\boldsymbol{\varphi}_1^{\mathrm{T}}\boldsymbol{\nabla}\boldsymbol{\varphi}_2^{\mathrm{T}}+\boldsymbol{\nabla}\boldsymbol{\varphi}_2^{\mathrm{T}}\boldsymbol{\nabla}\boldsymbol{\varphi}_1^{\mathrm{T}})\\
&\qquad-\{(\zeta_{i\boldsymbol{\nabla}u}-\boldsymbol{\nabla}v_i)(\boldsymbol{\nabla}u)^{\mathrm{T}}\}\cdot\{\boldsymbol{\nabla}\boldsymbol{\varphi}_1^{\mathrm{T}}(\boldsymbol{\nabla}\boldsymbol{\varphi}_2^{\mathrm{T}})^{\mathrm{T}}+\boldsymbol{\nabla}\boldsymbol{\varphi}_2^{\mathrm{T}}(\boldsymbol{\nabla}\boldsymbol{\varphi}_1^{\mathrm{T}})^{\mathrm{T}}\}\\
&\qquad+\{(\zeta_{i\boldsymbol{\nabla}u}-\boldsymbol{\nabla}v_i)\cdot(\boldsymbol{\nabla}\boldsymbol{\varphi}_1^{\mathrm{T}}\boldsymbol{\nabla}u)\}\boldsymbol{\nabla}\cdot\boldsymbol{\varphi}_2\\
&\qquad-\{\boldsymbol{\nabla}u\cdot(\boldsymbol{\nabla}\boldsymbol{\varphi}_2^{\mathrm{T}}\boldsymbol{\nabla}v_i)\}\boldsymbol{\nabla}\cdot\boldsymbol{\varphi}_1\\
&\qquad-\{(\boldsymbol{\nabla}u(\boldsymbol{\nabla}v_i)^{\mathrm{T}}+\boldsymbol{\nabla}v_i(\boldsymbol{\nabla}u)^{\mathrm{T}})\cdot\boldsymbol{\nabla}\boldsymbol{\varphi}_2^{\mathrm{T}}\}\boldsymbol{\nabla}\cdot\boldsymbol{\varphi}_1\\
&\qquad-(\zeta_{i\boldsymbol{\nabla}u(\boldsymbol{\nabla}u)^{\mathrm{T}}}\boldsymbol{\nabla}\boldsymbol{\varphi}_2^{\mathrm{T}}\boldsymbol{\nabla}u)\cdot(\boldsymbol{\nabla}\boldsymbol{\varphi}_1^{\mathrm{T}}\boldsymbol{\nabla}u)]\,\mathrm{d}x
\end{aligned}
\tag{9.7.22}
$$

となる．ただし，式 (9.7.12) および $\boldsymbol{A}\in\mathbb{R}^{d\times d}$，$\boldsymbol{B}\in\mathbb{R}^{d\times d}$ および $\boldsymbol{C}\in\mathbb{R}^{d\times d}$ に対する恒等式

$$\boldsymbol{A}\cdot(\boldsymbol{B}\boldsymbol{C}) = (\boldsymbol{B}^{\mathrm{T}}\boldsymbol{A})\cdot\boldsymbol{C} = (\boldsymbol{A}\boldsymbol{C}^{\mathrm{T}})\cdot\boldsymbol{B},$$
$$(\boldsymbol{A}\boldsymbol{B})\cdot\boldsymbol{C} = \boldsymbol{B}\cdot(\boldsymbol{A}^{\mathrm{T}}\boldsymbol{C}) = \boldsymbol{A}\cdot(\boldsymbol{C}\boldsymbol{B}^{\mathrm{T}}) \tag{9.7.23}$$

を使った.

9.7.3 関数の形状偏微分公式を用いた f_i の形状微分

次に, 9.3.2 項で示された関数の形状偏微分公式を用いて $\mathscr{L}_i$ の形状微分を求め, その結果を使って f_i の形状微分を求めてみよう.

ここでは, $b, p_{\mathrm{N}}, u_{\mathrm{D}}, \zeta_i$ および $\eta_{\mathrm{N}i}$ および $v_{\mathrm{D}i}$ は仮定 9.5.2 と 9.6.2 のように, 空間固定であると仮定する. 関数の形状偏微分公式を用いる場合には, この仮定が重要となる.

また, u と v_i は $q_{\mathrm{R}} > d$ に対して $W^{2,2q_{\mathrm{R}}}(\mathbb{R}^d;\mathbb{R})$ に入るような条件が満たされていると仮定する.

これらの仮定のもとで, $\mathscr{L}_i(\boldsymbol{\phi}, u, v_i)$ の形状微分は, 任意の $(\boldsymbol{\varphi}, u^*, v_i^*) \in X \times U \times U$ に対して,

$$\mathscr{L}_i'(\boldsymbol{\phi}, u, v_i)[\boldsymbol{\varphi}, u^*, v_i^*] = \mathscr{L}_{i\boldsymbol{\phi}^*}(\boldsymbol{\phi}, u, v_i)[\boldsymbol{\varphi}] + \mathscr{L}_{iu}(\boldsymbol{\phi}, u, v_i)[u^*] + \mathscr{L}_{iv_i}(\boldsymbol{\phi}, u, v_i)[v_i^*] \tag{9.7.24}$$

とかくことができる. ただし, 式 (9.3.14) と式 (9.3.20) の表記法に従うものとする. 以下で各項について詳細にみていこう.

式 (9.7.24) の右辺第 3 項は,

$$\mathscr{L}_{iv_i}(\boldsymbol{\phi}, u, v_i)[v_i^*] = \mathscr{L}_{\mathrm{S}v_i}(\boldsymbol{\phi}, u, v_i)[v_i^*] = \mathscr{L}_{\mathrm{S}}(\boldsymbol{\phi}, u, v_i^*) \tag{9.7.25}$$

となる. 式 (9.7.25) は状態決定問題（問題 9.5.5）の Lagrage 関数になっている. そこで, u が状態決定問題の弱解ならば, その項は 0 となる.

また, 式 (9.7.24) の右辺第 2 項は, 式 (9.7.3) において u' を u^* におきかえた式となる. そこで, v_i が, 任意の $u^* \in U$ に対して, 式 (9.7.3) が 0 となるように決定されれば, 式 (9.7.24) の右辺第 2 項も 0 となる. この関係は, v_i が f_i に対する随伴問題（問題 9.7.1）の弱解のときに成り立つ.

さらに, 式 (9.7.24) の右辺第 1 項は, 命題 9.3.9 の結果を表した式 (9.3.14)

と，命題 9.3.12 の結果を表した式 (9.3.20) の公式より，

$$
\begin{aligned}
&\mathscr{L}_{i\boldsymbol{\phi}^*}(\boldsymbol{\phi}, u, v_i)[\boldsymbol{\varphi}] \\
&= \int_{\partial\Omega(\boldsymbol{\phi})} (\zeta_i(u, \boldsymbol{\nabla} u) - \boldsymbol{\nabla} u \cdot \boldsymbol{\nabla} v_i + b v_i) \boldsymbol{\nu} \cdot \boldsymbol{\varphi} \, \mathrm{d}\gamma \\
&\quad + \int_{\Gamma_{\eta i}(\boldsymbol{\phi})} (\partial_\nu + \kappa) \eta_{\mathrm{N}i}(u) \boldsymbol{\nu} \cdot \boldsymbol{\varphi} \, \mathrm{d}\gamma + \int_{\partial\Gamma_{\eta i}(\boldsymbol{\phi}) \cup \Theta_{\eta i}(\boldsymbol{\phi})} \eta_{\mathrm{N}i}(u) \boldsymbol{\tau} \cdot \boldsymbol{\varphi} \, \mathrm{d}\varsigma \\
&\quad + \int_{\Gamma_p(\boldsymbol{\phi})} (\partial_\nu + \kappa)(p_{\mathrm{N}} v_i) \boldsymbol{\nu} \cdot \boldsymbol{\varphi} \, \mathrm{d}\gamma + \int_{\partial\Gamma_p(\boldsymbol{\phi}) \cup \Theta_p(\boldsymbol{\phi})} p_{\mathrm{N}} v_i \boldsymbol{\tau} \cdot \boldsymbol{\varphi} \, \mathrm{d}\varsigma \\
&\quad + \int_{\Gamma_{\mathrm{D}}(\boldsymbol{\phi})} [\{(u - u_{\mathrm{D}}) \bar{w}(\boldsymbol{\varphi}, v_i) + (v_i - v_{\mathrm{D}i}) \bar{w}(\boldsymbol{\varphi}, u)\} \\
&\qquad\qquad + \{(u - u_{\mathrm{D}}) \partial_\nu v_i + (v_i - v_{\mathrm{D}i}) \partial_\nu u\} (\boldsymbol{\nabla} \cdot \boldsymbol{\varphi})_\tau \\
&\qquad\qquad + (\partial_\nu + \kappa) \{(u - u_{\mathrm{D}}) \partial_\nu v_i + (v_i - v_{\mathrm{D}i}) \partial_\nu u\} \boldsymbol{\nu} \cdot \boldsymbol{\varphi}] \, \mathrm{d}\gamma \\
&\quad + \int_{\partial\Gamma_{\mathrm{D}}(\boldsymbol{\phi}) \cup \Theta_{\mathrm{D}}(\boldsymbol{\phi})} \{(u - u_{\mathrm{D}}) \partial_\nu v_i + (v_i - v_{\mathrm{D}i}) \partial_\nu u\} \boldsymbol{\nu} \cdot \boldsymbol{\varphi} \, \mathrm{d}\varsigma
\end{aligned}
\tag{9.7.26}
$$

となる．ここで，$\bar{w}(\boldsymbol{\varphi}, u)$ と $(\boldsymbol{\nabla} \cdot \boldsymbol{\varphi})_\tau$ はそれぞれ式 (9.3.17) と式 (9.2.6) に従う．

以上の結果をふまえて，u と v_i はそれぞれ問題 9.5.5 と問題 9.7.1 の弱解であるとき，式 (9.7.26) における $\Gamma_{\mathrm{D}}(\boldsymbol{\phi})$ と $\partial\Gamma_{\mathrm{D}}(\boldsymbol{\phi}) \cup \Theta_{\mathrm{D}}(\boldsymbol{\phi})$ 上の積分は 0 となる．そこで，式 (7.4.11) の表記を用いて

$$
\begin{aligned}
\tilde{f}_i'(\boldsymbol{\phi})[\boldsymbol{\varphi}] &= \mathscr{L}_{i\boldsymbol{\phi}^*}(\boldsymbol{\phi}, u, v_i)[\boldsymbol{\varphi}] = \langle \bar{\boldsymbol{g}}_i, \boldsymbol{\varphi} \rangle \\
&= \int_{\partial\Omega(\boldsymbol{\phi})} \bar{\boldsymbol{g}}_{\partial\Omega i} \cdot \boldsymbol{\varphi} \, \mathrm{d}\gamma + \int_{\Gamma_p(\boldsymbol{\phi})} \bar{\boldsymbol{g}}_{pi} \cdot \boldsymbol{\varphi} \, \mathrm{d}\gamma \\
&\quad + \int_{\partial\Gamma_p(\boldsymbol{\phi}) \cup \Theta_p(\boldsymbol{\phi})} \bar{\boldsymbol{g}}_{\partial pi} \cdot \boldsymbol{\varphi} \, \mathrm{d}\varsigma + \int_{\Gamma_{\eta i}(\boldsymbol{\phi})} \bar{\boldsymbol{g}}_{\eta i} \cdot \boldsymbol{\varphi} \, \mathrm{d}\gamma \\
&\quad + \int_{\partial\Gamma_{\eta i}(\boldsymbol{\phi}) \cup \Theta_{\eta i}(\boldsymbol{\phi})} \bar{\boldsymbol{g}}_{\partial\eta i} \cdot \boldsymbol{\varphi} \, \mathrm{d}\varsigma + \int_{\Gamma_{\mathrm{D}}(\boldsymbol{\phi})} \bar{\boldsymbol{g}}_{\mathrm{D}i} \cdot \boldsymbol{\varphi} \, \mathrm{d}\gamma
\end{aligned}
\tag{9.7.27}
$$

とかくことができる．ここで，

$$
\bar{\boldsymbol{g}}_{\partial\Omega i} = (\zeta_i - \boldsymbol{\nabla} u \cdot \boldsymbol{\nabla} v_i + b v_i) \boldsymbol{\nu} \tag{9.7.28}
$$

$$\bar{\boldsymbol{g}}_{pi} = \{\partial_\nu (p_{\mathrm{N}} v_i) + \kappa p_{\mathrm{N}} v_i\} \boldsymbol{\nu} \tag{9.7.29}$$

$$\bar{\boldsymbol{g}}_{\partial pi} = p_{\mathrm{N}} v_i \boldsymbol{\tau} \tag{9.7.30}$$

$$\bar{\boldsymbol{g}}_{\eta i} = (\partial_\nu \eta_{\mathrm{N}i} + \kappa \eta_{\mathrm{N}i}) \boldsymbol{\nu} \tag{9.7.31}$$

$$\bar{\boldsymbol{g}}_{\partial \eta i} = \eta_{\mathrm{N}i} \boldsymbol{\tau} \tag{9.7.32}$$

$$\bar{\boldsymbol{g}}_{\mathrm{D}i} = \{\partial_\nu (u - u_{\mathrm{D}}) \partial_\nu v_i + \partial_\nu (v_i - v_{\mathrm{D}i}) \partial_\nu u\} \boldsymbol{\nu} \tag{9.7.33}$$

となる．

式 (9.7.5) の $\boldsymbol{g}_i$ と式 (9.7.27) の $\bar{\boldsymbol{g}}_i$ を比較すれば，$\bar{\boldsymbol{g}}_i$ には $\Gamma_{\mathrm{D}}(\boldsymbol{\phi})$ 上に式 (9.7.33) のような $\bar{\boldsymbol{g}}_{\mathrm{D}}$ が現れるが，$\boldsymbol{g}_i$ にはそのような成分が現れない．この結果は，$\Gamma_{\mathrm{D}}(\boldsymbol{\phi})$ が変動すると仮定された場合には，$\boldsymbol{g}_i$ を使ったほうが評価が簡便になることを意味する．

以上の結果に基づけば，式 (9.7.27) の $\bar{\boldsymbol{g}}_i$ が入る関数空間について，次の結果が得られる．

■定理 9.7.4（f_i の形状微分 $\bar{\boldsymbol{g}}_i$） $\boldsymbol{\phi} \in \mathcal{D}$ に対して，$b, p_{\mathrm{N}}, u_{\mathrm{D}}, \zeta_i$ および $\eta_{\mathrm{N}i}$ および $v_{\mathrm{D}i}$ は空間固定の関数として与えられているとする．また，u と v_i はそれぞれ状態決定問題（問題 9.5.5）と f_i に対する随伴問題（問題 9.7.1）の弱解で，$q_{\mathrm{R}} > d$ に対して $U(\boldsymbol{\phi}) \cap W^{2,2q_{\mathrm{R}}}(\mathbb{R}^d; \mathbb{R})$ に入る（仮定 9.5.2 および仮定 9.6.2 を満たし，$\partial\Omega(\boldsymbol{\phi})$ は $C^{1,1}$ 級）とする．このとき，f_i の形状微分は式 (9.7.27) となり，$\bar{\boldsymbol{g}}_i$ は X' に入る．さらに，$\bar{\boldsymbol{g}}_{\partial\Omega i} \in L^\infty(\partial\Omega(\boldsymbol{\phi}); \mathbb{R}^d)$，$\bar{\boldsymbol{g}}_{pi} \in L^\infty(\Gamma_p(\boldsymbol{\phi}); \mathbb{R}^d)$，$\bar{\boldsymbol{g}}_{\partial pi} \in L^\infty(\partial\Gamma_p(\boldsymbol{\phi}) \cup \Theta_p(\boldsymbol{\phi}); \mathbb{R}^d)$，$\bar{\boldsymbol{g}}_{\eta i} \in L^\infty(\Gamma_{\eta i}(\boldsymbol{\phi}); \mathbb{R}^d)$，$\bar{\boldsymbol{g}}_{\partial\eta i} \in L^\infty(\partial\Gamma_{\eta i}(\boldsymbol{\phi}) \cup \Theta_{\eta i}(\boldsymbol{\phi}); \mathbb{R}^d)$，$\bar{\boldsymbol{g}}_{\mathrm{D}} \in L^\infty(\Gamma_{\mathrm{D}}(\boldsymbol{\phi}); \mathbb{R}^d)$ となる．

▶証明 f_i の形状微分が式 (9.7.27) の $\bar{\boldsymbol{g}}_i$ となることは上でみてきたとおりである．$\bar{\boldsymbol{g}}_i$ の正則性に関しては，u と v_i が $W^{2,2q_{\mathrm{R}}}(\mathbb{R}^d; \mathbb{R})$ に入ることを用いて，定理 9.7.2 の証明と同様の関係を用いることによって示される． □

定理 9.7.2 と定理 9.7.4 の結果から，形状最適化問題の正則性について次のことがいえる．

♦注意 9.7.5（形状最適化問題の不正則性） 定理 9.7.2 と定理 9.7.4 より，式 (9.1.1) で定義された X に対して，$\boldsymbol{g}_i$ と $\bar{\boldsymbol{g}}_i$ はともに X' に入ることが確認された．すなわち，評価関数の領域変動に対する Fréchet 微分を定義することはできたことになる．しかし，$\boldsymbol{g}_i$ と $\bar{\boldsymbol{g}}_i$ は，ともに設計変数の許容集合が入

る線形空間 $W^{1,\infty}(\mathbb{R}^d;\mathbb{R}^d)$ に入るとは限らない．この結果は，$-\boldsymbol{g}_i$ を $\boldsymbol{\varphi}$ に代入する勾配法で得られる $\boldsymbol{\phi}+\boldsymbol{\varphi}$ は $W^{1,\infty}(\mathbb{R}^d;\mathbb{R}^d)$ の元となることが保証されないことを意味する．このことは，本章の冒頭で説明された波打ち現象などの数値不安定現象が発生する一因になっていると考えられる．

9.8 評価関数の降下方向

注意 9.7.5 で領域変動型形状最適化問題の不正則性が指摘された．そこで，評価関数の形状微分を正則化する機能をもつ設計変数の線形空間 X 上の勾配法と Newton 法について，抽象的勾配法と抽象的 Newton 法の枠組みに沿って考えてみよう．ここでは，$i \in \{0,\ldots,m\}$ 番目の評価関数 f_i に対して，式 (9.7.5) の勾配 $\boldsymbol{g}_i \in X'$ あるいは式 (9.7.27) の勾配 $\bar{\boldsymbol{g}}_i \in X'$ と式 (9.7.22) の Hesse 形式 $h_i \in \mathcal{L}^2(X \times X;\mathbb{R})$ が与えられたと仮定して，f_i の降下方向を設計変数の線形空間 X 上の勾配法と Newton 法によって求める方法について考えよう．

9.8.1 H^1 勾配法

評価関数 $f_i(\boldsymbol{\phi},u)$ $(i \in \{0,\ldots,m\})$ を選び，$\boldsymbol{\phi} \in \mathcal{D}$ における形状微分 $\boldsymbol{g}_i \in X'$ あるいは $\bar{\boldsymbol{g}}_i \in X'$ が与えられたと仮定する．これ以降は，$\tilde{f}_i(\boldsymbol{\phi}) = f_i(\boldsymbol{\phi},u(\boldsymbol{\phi}))$ を $f_i(\boldsymbol{\phi})$ とかくことにする．f_i が減少する方向ベクトル（領域変動）を次の問題の解 $\boldsymbol{\varphi}_{gi} \in X$ によって求める方法を，**領域変動型 H^1 勾配法**とよぶことにする．

問題 9.8.1（領域変動型 H^1 勾配法）

X を式 (9.1.1) で定義する．X 上の有界かつ強圧的な双 1 次形式 $a_X\colon X \times X \to \mathbb{R}$ を選ぶ．すなわち，任意の $\boldsymbol{\varphi} \in X$ と $\boldsymbol{\psi} \in X$ に対して，

$$a_X(\boldsymbol{\varphi},\boldsymbol{\varphi}) \geq \alpha_X \|\boldsymbol{\varphi}\|_X^2, \quad |a_X(\boldsymbol{\varphi},\boldsymbol{\psi})| \leq \beta_X \|\boldsymbol{\varphi}\|_X \|\boldsymbol{\psi}\|_X \tag{9.8.1}$$

が成り立つようなある正定数 α_X と β_X が存在するとする．また，$\boldsymbol{\phi} \in \mathcal{D}$ において $\boldsymbol{g}_i \in X'$ が与えられているとする．このとき，任意の $\boldsymbol{\psi} \in X$ に対して

$$a_X(\boldsymbol{\varphi}_{gi},\boldsymbol{\psi}) = -\langle \boldsymbol{g}_i,\boldsymbol{\psi} \rangle \tag{9.8.2}$$

を満たす $\boldsymbol{\varphi}_{gi} \in X$ を求めよ．

問題 9.8.1 で仮定された $a_X\colon X \times X \to \mathbb{R}$ の選び方には任意性がある．以下の項では，いくつかの具体例を示すことにする．

H^1 空間の内積を用いた方法

密度変動型 H^1 勾配法のときと同様に，実 Hilbert 空間 X 上の内積を用いた方法を考える．ここでは，式 (9.1.1) において $\bar{\Omega}_{\mathrm{C0}} = \emptyset$ を仮定してもよいことにする．

$X = H^1(\mathbb{R}^d; \mathbb{R}^d)$ 上の内積は，$\boldsymbol{\varphi}, \boldsymbol{\psi} \in X$ に対して

$$(\boldsymbol{\varphi}, \boldsymbol{\psi})_X = \int_{\Omega(\phi)} \{(\boldsymbol{\nabla}\boldsymbol{\varphi}^{\mathrm{T}}) \cdot (\boldsymbol{\nabla}\boldsymbol{\psi}^{\mathrm{T}}) + \boldsymbol{\varphi} \cdot \boldsymbol{\psi}\}\,\mathrm{d}x$$

で定義される．そこで，c_Ω を $L^\infty(\mathbb{R}^d; \mathbb{R})$ に入るある正値関数として，

$$a_X(\boldsymbol{\varphi}, \boldsymbol{\psi}) = \int_{\Omega(\phi)} \{(\boldsymbol{\nabla}\boldsymbol{\varphi}^{\mathrm{T}}) \cdot (\boldsymbol{\nabla}\boldsymbol{\psi}^{\mathrm{T}}) + c_\Omega \boldsymbol{\varphi} \cdot \boldsymbol{\psi}\}\,\mathrm{d}x \tag{9.8.3}$$

は X 上の有界かつ強圧的な双 1 次形式となる．ここで，c_Ω は被積分関数の第 1 項と第 2 項の重みを調整する働きをする．c_Ω を小さくとり，第 1 項を支配的にすれば平滑化の機能が優先される．ただし，$c_\Omega = 0$ とすることは，強圧性を失うことになり，H^1 勾配法で要求される条件を満たさないことになる．また，$\boldsymbol{\nabla}\boldsymbol{\varphi}^{\mathrm{T}}$ の対称成分を

$$\boldsymbol{E}(\boldsymbol{\varphi}) = (e_{ij}(\boldsymbol{\varphi}))_{ij} = \frac{1}{2}\{\boldsymbol{\nabla}\boldsymbol{\varphi}^{\mathrm{T}} + (\boldsymbol{\nabla}\boldsymbol{\varphi}^{\mathrm{T}})^{\mathrm{T}}\}$$

とかくことにすれば，

$$a_X(\boldsymbol{\varphi}, \boldsymbol{\psi}) = \int_{\Omega(\phi)} (\boldsymbol{E}(\boldsymbol{\varphi}) \cdot \boldsymbol{E}(\boldsymbol{\psi}) + c_\Omega \boldsymbol{\varphi} \cdot \boldsymbol{\psi})\,\mathrm{d}x \tag{9.8.4}$$

も X 上の有界かつ強圧的な双 1 次形式となる．$\boldsymbol{\nabla}\boldsymbol{\varphi}^{\mathrm{T}}$ の反対称成分を除外することは変形を生じない回転運動を除外することを意味する．

さらに，$\boldsymbol{C} = (c_{ijkl})_{ijkl} \in W^{1,\infty}(\mathbb{R}^d; \mathbb{R}^{d\times d\times d\times d})$ を線形弾性問題で使われる剛性テンソルとする．すなわち，任意の対称テンソル $\boldsymbol{A} \in \mathbb{R}^{d\times d}$ と $\boldsymbol{B} \in \mathbb{R}^{d\times d}$ に対して

$$\boldsymbol{A} \cdot (\boldsymbol{C}\boldsymbol{A}) \geq \alpha_X \|\boldsymbol{A}\|^2, \quad |\boldsymbol{A} \cdot (\boldsymbol{C}\boldsymbol{B})| \leq \beta_X \|\boldsymbol{A}\| \|\boldsymbol{B}\| \tag{9.8.5}$$

が成り立つような正定数 α_X と β_X が存在し，かつ対称性 $c_{ijkl} = c_{klij}$ をもつと仮定する．これを用いて，応力テンソルを

$$\boldsymbol{S}(\boldsymbol{\varphi}) = \boldsymbol{C}\boldsymbol{E}(\boldsymbol{\varphi}) = \left(\sum_{(k,l)\in\{1,\ldots,d\}^2} c_{ijkl} e_{kl}(\boldsymbol{\varphi}) \right)_{ij} \tag{9.8.6}$$

とおく．このとき，

$$a_X(\boldsymbol{\varphi}, \boldsymbol{\psi}) = \int_{\Omega(\boldsymbol{\phi})} (\boldsymbol{S}(\boldsymbol{\varphi}) \cdot \boldsymbol{E}(\boldsymbol{\psi}) + c_\Omega \boldsymbol{\varphi} \cdot \boldsymbol{\psi}) \, \mathrm{d}x \tag{9.8.7}$$

は X 上の有界かつ強圧的な双 1 次形式となる．式 (9.8.7) の $a_X(\boldsymbol{\varphi}, \boldsymbol{\psi})$ は，$\boldsymbol{\varphi}$ と $\boldsymbol{\psi}$ を変位とその変分とみなしたときの，線形弾性問題におけるひずみエネルギーの変分を与える双 1 次形式となる．このとき，c_Ω は $\mathbb{R}^d$ 上に配置された分布ばねのばね定数の意味をもつ．図 9.8.1 はこのときの問題 9.8.1 のイメージを示す．

図 9.8.1 (a) は，f_i の形状勾配として式 (9.7.5) の $\boldsymbol{g}_i$ を用いた場合を表している．このときの問題 9.8.1 は弱形式で与えられている．あえてこの問題を強形式で表そうとするならば，次のようになる．u と v_i は $W^{2,2q_{\mathrm{R}}}$ 級であると仮定して，式 (9.7.5) の右辺第 1 項を

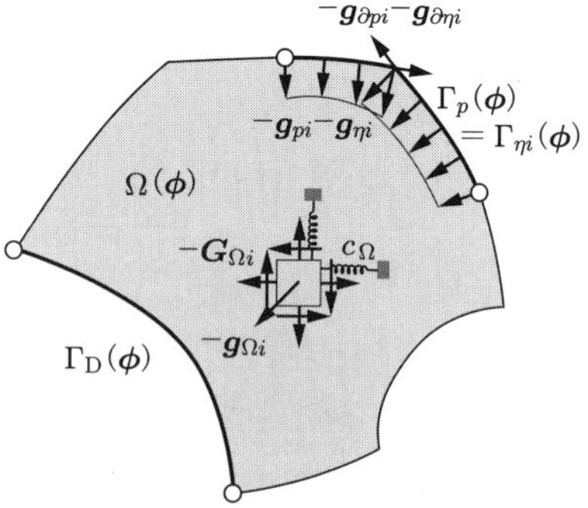

（a）$\boldsymbol{g}_i$ を用いた場合

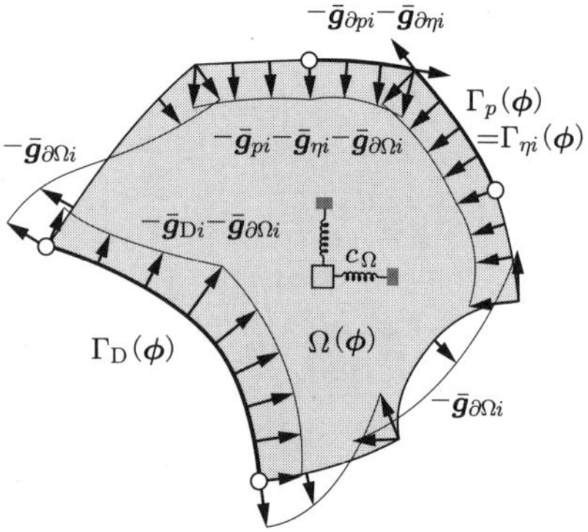

（b）$\bar{\boldsymbol{g}}_i$ を用いた場合

図 9.8.1　$H^1(\mathbb{R}^d; \mathbb{R}^d)$ の内積を用いた H^1 勾配法

$$
\begin{aligned}
&\int_{\Omega(\phi)} \{\boldsymbol{G}_{\Omega i}\cdot(\boldsymbol{\nabla}\boldsymbol{\varphi}^{\mathrm{T}}) + g_{\Omega i}\boldsymbol{\nabla}\cdot\boldsymbol{\varphi}\}\,\mathrm{d}x \\
&\quad = \int_{\Omega(\phi)} \{\boldsymbol{\nabla}\cdot(\boldsymbol{G}_{\Omega i}\boldsymbol{\varphi}) - (\boldsymbol{\nabla}^{\mathrm{T}}\boldsymbol{G}_{\Omega i})^{\mathrm{T}}\cdot\boldsymbol{\varphi} \\
&\qquad\qquad + \boldsymbol{\nabla}\cdot(g_{\Omega i}\boldsymbol{\varphi}) - (\boldsymbol{\nabla}g_{\Omega i})\cdot\boldsymbol{\varphi}\}\,\mathrm{d}x \\
&\quad = \int_{\partial\Omega(\phi)} (\boldsymbol{G}_{\Omega i} + g_{\Omega i})\boldsymbol{\nu}\cdot\boldsymbol{\varphi}\,\mathrm{d}\gamma - \int_{\Omega(\phi)} \{(\boldsymbol{\nabla}^{\mathrm{T}}\boldsymbol{G}_{\Omega i})^{\mathrm{T}} + \boldsymbol{\nabla}g_{\Omega i}\}\cdot\boldsymbol{\varphi}\,\mathrm{d}x \\
&\quad = \int_{\Omega(\phi)} \tilde{\boldsymbol{g}}_{\Omega i}\cdot\boldsymbol{\varphi}\,\mathrm{d}x + \int_{\partial\Omega(\phi)} \tilde{\boldsymbol{g}}_{\partial\Omega i}\cdot\boldsymbol{\varphi}\,\mathrm{d}\gamma \qquad (9.8.8)
\end{aligned}
$$

とかく．ただし，

$$
\tilde{\boldsymbol{g}}_{\Omega i} = -(\boldsymbol{\nabla}^{\mathrm{T}}\boldsymbol{G}_{\Omega i})^{\mathrm{T}} - \boldsymbol{\nabla}g_{\Omega i} \qquad (9.8.9)
$$

$$
\tilde{\boldsymbol{g}}_{\partial\Omega i} = (\boldsymbol{G}_{\Omega i} + g_{\Omega i})\boldsymbol{\nu} \qquad (9.8.10)
$$

とおく．また，$\chi_{\Gamma_p(\phi)} : \partial\Omega(\phi) \to \mathbb{R}$ は $\Gamma_p(\phi) \subset \partial\Omega(\phi)$ 上で 1 をとり，$\partial\Omega(\phi)\setminus\bar{\Gamma}(\phi)$ 上で 0 をとる特性関数を表すことにする．このとき，$a_X(\boldsymbol{\varphi},\boldsymbol{\psi})$ に式 (9.8.7) を用いたときの問題 9.8.1 の強形式は次のようになる．

問題 9.8.2（H^1 内積を用いた H^1 勾配法（$\boldsymbol{g}_i$ の場合））

$\phi \in \mathcal{D}$ において，式 (9.7.5) の $\boldsymbol{g}_{pi}$，$\boldsymbol{g}_{\partial pi}$，$\boldsymbol{g}_{\eta i}$，$\boldsymbol{g}_{\partial\eta i}$ および式 (9.8.9) と式 (9.8.10) のそれぞれ $\tilde{\boldsymbol{g}}_{\Omega i}$ と $\tilde{\boldsymbol{g}}_{\partial\Omega i}$ が与えられたとき，

$$
-\boldsymbol{\nabla}^{\mathrm{T}}\boldsymbol{S}(\boldsymbol{\varphi}_{gi}) + c_\Omega\boldsymbol{\varphi}_{gi}^{\mathrm{T}} = -\tilde{\boldsymbol{g}}_{\Omega i}^{\mathrm{T}} \quad \text{in } \Omega(\phi) \qquad (9.8.11)
$$

$$
\boldsymbol{S}(\boldsymbol{\varphi}_{gi})\boldsymbol{\nu} = -\chi_{\Gamma_p(\phi)}\boldsymbol{g}_{pi} - \chi_{\Gamma_{\eta i}(\phi)}\boldsymbol{g}_{\eta i} - \tilde{\boldsymbol{g}}_{\partial\Omega i} \quad \text{on } \partial\Omega(\phi) \qquad (9.8.12)
$$

$$
\boldsymbol{S}(\boldsymbol{\varphi}_{gi})\boldsymbol{\tau} = -\chi_{\partial\Gamma_p(\phi)\cup\Theta_p(\phi)}\boldsymbol{g}_{\partial pi} - \chi_{\partial\Gamma_{\eta i}(\phi)\cup\Theta_{\eta i}(\phi)}\boldsymbol{g}_{\partial\eta i} \quad \text{on } \partial\Omega(\phi) \qquad (9.8.13)
$$

を満たす $\boldsymbol{\varphi}_{gi} : \Omega(\phi) \to \mathbb{R}$ を求めよ．

また，図 9.8.1 (b) は，f_i の形状勾配が式 (9.7.27) の $\bar{\boldsymbol{g}}_i$ で与えられた場合を示している．このときの強形式は次のようになる．

問題 9.8.3（H^1 内積を用いた H^1 勾配法（$\bar{\boldsymbol{g}}_i$ の場合））

$\phi \in \mathcal{D}$ において，式 (9.7.27) の $\bar{\boldsymbol{g}}_{\partial\Omega i}$，$\bar{\boldsymbol{g}}_{pi}$，$\bar{\boldsymbol{g}}_{\partial pi}$，$\bar{\boldsymbol{g}}_{\eta i}$，$\bar{\boldsymbol{g}}_{\partial\eta i}$ および $\bar{\boldsymbol{g}}_{\mathrm{D}i}$

が与えられたとき，

$$-\boldsymbol{\nabla}^{\mathrm{T}}\boldsymbol{S}(\boldsymbol{\varphi}_{gi})+c_{\Omega}\boldsymbol{\varphi}_{gi}^{\mathrm{T}}=\boldsymbol{0}_{\mathbb{R}^d}^{\mathrm{T}} \quad \text{in } \Omega(\boldsymbol{\phi})$$

$$\boldsymbol{S}(\boldsymbol{\varphi}_{gi})\boldsymbol{\nu}=-\chi_{\Gamma_p(\boldsymbol{\phi})}\bar{\boldsymbol{g}}_{pi}-\chi_{\Gamma_{\eta i}(\boldsymbol{\phi})}\bar{\boldsymbol{g}}_{\eta i} -\chi_{\Gamma_{\mathrm{D}}(\boldsymbol{\phi})}\bar{\boldsymbol{g}}_{\mathrm{D}i}-\bar{\boldsymbol{g}}_{\partial\Omega i} \quad \text{on } \partial\Omega(\boldsymbol{\phi})$$

$$\boldsymbol{S}(\boldsymbol{\varphi}_{gi})\boldsymbol{\tau}=-\chi_{\partial\Gamma_p(\boldsymbol{\phi})\cup\Theta_p(\boldsymbol{\phi})}\bar{\boldsymbol{g}}_{\partial pi}-\chi_{\partial\Gamma_{\eta i}(\boldsymbol{\phi})\cup\Theta_{\eta i}(\boldsymbol{\phi})}\bar{\boldsymbol{g}}_{\partial\eta i} \quad \text{on } \partial\Omega(\boldsymbol{\phi})$$

を満たす $\boldsymbol{\varphi}_{gi}$ を求めよ．

境界条件を用いた方法

また，密度変動型 H^1 勾配法のときと同様に，境界条件を追加することで双 1 次形式 $a_X\colon X\times X\to\mathbb{R}$ に強圧性をもたせることができる．

最初に，Dirichlet 境界条件を用いることを考える．式 (9.1.1) において，設計上の制約で領域変動を固定する領域あるいは境界として $\bar{\Omega}_{\mathrm{C}0}\subset\bar{\Omega}_0$ が定義された．ここでは，$|\bar{\Omega}_{\mathrm{C}0}|>0$ と仮定する．このとき，

$$a_X(\boldsymbol{\varphi},\boldsymbol{\psi})=\int_{\Omega(\boldsymbol{\phi})\setminus\bar{\Omega}_{\mathrm{C}0}}\boldsymbol{S}(\boldsymbol{\varphi})\cdot\boldsymbol{E}(\boldsymbol{\psi})\,\mathrm{d}x \tag{9.8.14}$$

は X 上の有界かつ強圧的な双 1 次形式となる．なぜならば，$\bar{\Omega}_{\mathrm{C}0}$ の測度が正で，$\bar{\Omega}_{\mathrm{C}0}$ 上で $\boldsymbol{\varphi}=\boldsymbol{0}_{\mathbb{R}^d}$ のとき，Korn の不等式の系より，$\Omega(\boldsymbol{\phi})\setminus\bar{\Omega}_{\mathrm{C}0}$ だけに依存する正定数 c が存在して，

$$a_X(\boldsymbol{\varphi},\boldsymbol{\varphi})\geq\alpha_X\|\boldsymbol{E}(\boldsymbol{\varphi})\|^2_{L^2(\Omega(\boldsymbol{\phi})\setminus\bar{\Omega}_{\mathrm{C}0};\mathbb{R}^{d\times d})}\geq c\|\boldsymbol{\varphi}\|^2_{H^1(\Omega(\boldsymbol{\phi})\setminus\bar{\Omega}_{\mathrm{C}0};\mathbb{R}^d)}$$

が成り立つためである．ただし，α_X は式 (9.8.5) を満たす正定数である．このときの強形式は次のようになる．ここでは，f_i の形状勾配が式 (9.7.27) の $\bar{\boldsymbol{g}}_i$ で与えられた場合だけを示す．

問題 9.8.4（Dirichlet 条件を用いた H^1 勾配法（$\bar{\boldsymbol{g}}_i$ の場合））

$\boldsymbol{\phi}\in\mathcal{D}$ において，式 (9.7.27) の $\bar{\boldsymbol{g}}_{\partial\Omega i}$，$\bar{\boldsymbol{g}}_{pi}$，$\bar{\boldsymbol{g}}_{\partial pi}$，$\bar{\boldsymbol{g}}_{\eta i}$，$\bar{\boldsymbol{g}}_{\partial\eta i}$ および $\bar{\boldsymbol{g}}_{\mathrm{D}i}$ が与えられたとき，

$$-\boldsymbol{\nabla}^{\mathrm{T}}\boldsymbol{S}(\boldsymbol{\varphi}_{gi})+c_{\Omega}\boldsymbol{\varphi}_{gi}^{\mathrm{T}}=\boldsymbol{0}_{\mathbb{R}^d}^{\mathrm{T}} \quad \text{in } \Omega(\boldsymbol{\phi})\setminus\bar{\Omega}_{\mathrm{C}0}$$

$$
\begin{aligned}
&\boldsymbol{S}(\boldsymbol{\varphi}_{gi})\boldsymbol{\nu} = -\chi_{\Gamma_p(\boldsymbol{\phi})}\bar{\boldsymbol{g}}_{pi} - \chi_{\Gamma_{\eta i}(\boldsymbol{\phi})}\bar{\boldsymbol{g}}_{\eta i} - \chi_{\Gamma_{\mathrm{D}}(\boldsymbol{\phi})}\bar{\boldsymbol{g}}_{\mathrm{D}i} - \bar{\boldsymbol{g}}_{\partial\Omega i}\\
&\quad \text{on } \partial\Omega(\boldsymbol{\phi}) \setminus \bar{\Omega}_{\mathrm{C0}}\\
&\boldsymbol{S}(\boldsymbol{\varphi}_{gi})\boldsymbol{\tau} = -\chi_{\partial\Gamma_p(\boldsymbol{\phi})\cup\Theta_p(\boldsymbol{\phi})}\bar{\boldsymbol{g}}_{\partial pi} - \chi_{\partial\Gamma_{\eta i}(\boldsymbol{\phi})\cup\Theta_{\eta i}(\boldsymbol{\phi})}\bar{\boldsymbol{g}}_{\partial\eta i}\\
&\quad \text{on } \partial\Omega(\boldsymbol{\phi}) \setminus \bar{\Omega}_{\mathrm{C0}}\\
&\boldsymbol{\varphi}_{gi} = \boldsymbol{0}_{\mathbb{R}^d} \quad \text{on } \bar{\Omega}_{\mathrm{C0}}
\end{aligned}
$$

を満たす $\boldsymbol{\varphi}_{gi}\colon \Omega(\boldsymbol{\phi}) \setminus \bar{\Omega}_{\mathrm{C0}} \to \mathbb{R}^d$ を求めよ.

図 9.8.2 (a) は問題 9.8.4 のイメージを示す. この問題は, $\Omega(\boldsymbol{\phi})$ を線形弾性体と仮定して, $\bar{\Omega}_{\mathrm{C0}}$ を固定して残りの境界に境界力 $\bar{\boldsymbol{g}}_{\partial\Omega i}$, $\bar{\boldsymbol{g}}_{pi}$, $\bar{\boldsymbol{g}}_{\partial pi}$, $\bar{\boldsymbol{g}}_{\eta i}$, $\bar{\boldsymbol{g}}_{\partial\eta i}$ および $\bar{\boldsymbol{g}}_{\mathrm{D}i}$ を作用させたときの変位 $\boldsymbol{\varphi}_{gi}$ を求める問題になっている. このような解釈から, 問題 9.8.4 は**力法**とよばれてきた[7].

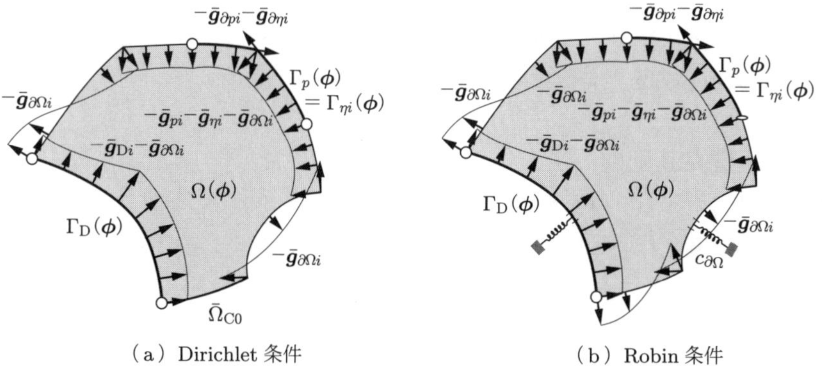

図 9.8.2 境界条件を用いた H^1 勾配法 ($\Gamma_p(\boldsymbol{\phi}) = \Gamma_{\eta i}(\boldsymbol{\phi})$ のとき)

さらに, Robin 条件を用いれば, 式 (9.1.1) において $\bar{\Omega}_{\mathrm{C0}} = \emptyset$ を仮定しても $a_X(\boldsymbol{\varphi}, \boldsymbol{\psi})$ の強圧性が得られる. ある正値関数 $c_{\partial\Omega} \in L^\infty(\partial\Omega(\boldsymbol{\phi}); \mathbb{R})$ を選び,

$$
a_X(\boldsymbol{\varphi}, \boldsymbol{\psi}) = \int_{\Omega(\boldsymbol{\phi})} \boldsymbol{S}(\boldsymbol{\varphi}) \cdot \boldsymbol{E}(\boldsymbol{\psi})\, \mathrm{d}x + \int_{\partial\Omega(\boldsymbol{\phi})} c_{\partial\Omega}(\boldsymbol{\varphi}\cdot\boldsymbol{\nu})(\boldsymbol{\psi}\cdot\boldsymbol{\nu})\, \mathrm{d}\gamma \tag{9.8.15}
$$

とおく. このときの強形式は次のようになる. ここでも, f_i の形状勾配が式 (9.7.27) の $\bar{\boldsymbol{g}}_i$ で与えられた場合だけを示すことにしよう.

問題 9.8.5（Robin 条件を用いた H^1 勾配法（$\bar{\boldsymbol{g}}_i$ の場合））

$\boldsymbol{\phi} \in \mathcal{D}$ において，式 (9.7.27) の $\bar{\boldsymbol{g}}_{\partial\Omega i}$，$\bar{\boldsymbol{g}}_{pi}$，$\bar{\boldsymbol{g}}_{\partial pi}$，$\bar{\boldsymbol{g}}_{\eta i}$，$\bar{\boldsymbol{g}}_{\partial\eta i}$ および $\bar{\boldsymbol{g}}_{\mathrm{D}i}$ が与えられたとき，

$$
\begin{aligned}
-\boldsymbol{\nabla}^{\mathrm{T}}\boldsymbol{S}(\boldsymbol{\varphi}_{gi}) &= \boldsymbol{0}_{\mathbb{R}^d}^{\mathrm{T}} \quad \text{in } \Omega(\boldsymbol{\phi}) \\
\boldsymbol{S}(\boldsymbol{\varphi}_{gi})\boldsymbol{\nu} + c_{\partial\Omega}(\boldsymbol{\varphi}\cdot\boldsymbol{\nu})\boldsymbol{\nu} &= -\chi_{\Gamma_p(\boldsymbol{\phi})}\bar{\boldsymbol{g}}_{pi} - \chi_{\Gamma_{\eta i}(\boldsymbol{\phi})}\bar{\boldsymbol{g}}_{\eta i} \\
&\quad -\chi_{\Gamma_{\mathrm{D}}(\boldsymbol{\phi})}\bar{\boldsymbol{g}}_{\mathrm{D}i} - \bar{\boldsymbol{g}}_{\partial\Omega i} \quad \text{on } \partial\Omega(\boldsymbol{\phi}) \\
\boldsymbol{S}(\boldsymbol{\varphi}_{gi})\boldsymbol{\tau} &= -\chi_{\partial\Gamma_p(\boldsymbol{\phi})\cup\Theta_p(\boldsymbol{\phi})}\bar{\boldsymbol{g}}_{\partial pi} - \chi_{\partial\Gamma_{\eta i}(\boldsymbol{\phi})\cup\Theta_{\eta i}(\boldsymbol{\phi})}\bar{\boldsymbol{g}}_{\partial\eta i} \quad \text{on } \partial\Omega(\boldsymbol{\phi})
\end{aligned}
$$

を満たす $\boldsymbol{\varphi}_{gi}$ を求めよ．

図 9.8.2 (b) は問題 9.8.5 のイメージを示す．この問題は，$\Omega(\boldsymbol{\phi})$ を線形弾性体と仮定して，$\partial\Omega(\boldsymbol{\phi})$ にばね定数 $c_{\partial\Omega}$ の分布ばねが配置されたもとで，境界に $\bar{\boldsymbol{g}}_{\partial\Omega i}$，$\bar{\boldsymbol{g}}_{pi}$，$\bar{\boldsymbol{g}}_{\partial pi}$，$\bar{\boldsymbol{g}}_{\eta i}$，$\bar{\boldsymbol{g}}_{\partial\eta i}$ および $\bar{\boldsymbol{g}}_{\partial\mathrm{D}i}$ を作用させたときの変位 $\boldsymbol{\varphi}_{gi}$ を求める問題になっている．このような解釈から，問題 9.8.5 は**ばねつき力法**，あるいは Robin **型力法**とよばれてきた[13]．

H^1 勾配法の正則性

問題 9.8.1 とその具体例としてあげた問題 9.8.3〜9.8.5 の弱解に対して，次の結果が得られる．ただし，$\Omega(\boldsymbol{\phi})$ が 2 次元領域のときには，$\partial\Omega(\boldsymbol{\phi})$ 上の凹角の角点，混合境界条件の境界 $\partial\Gamma_{\mathrm{D}}(\boldsymbol{\phi})$ の開き角が $\pi/2$ 以上の角点の近傍を，$\Omega(\boldsymbol{\phi})$ が 3 次元領域のときには，$\partial\Omega(\boldsymbol{\phi})$ 上の凹角の辺，混合境界条件の境界 $\partial\Gamma_{\mathrm{D}}(\boldsymbol{\phi})$ の開き角が $\pi/2$ 以上の辺の近傍を特異点近傍とよび，$B(\boldsymbol{\phi})$ とかくことにする．また，u が問題 9.5.5 の解であるときの $f_i(\boldsymbol{\phi}, u)$ を $\tilde{f}_i(\boldsymbol{\phi})$ とかくことにする．

■**定理 9.8.6（H^1 勾配法の正則性）**　定理 9.7.2 の $\boldsymbol{g}_i$ あるいは定理 9.7.4 の $\bar{\boldsymbol{g}}_i$ を用いたときの問題 9.8.2〜9.8.5 の弱解 $\boldsymbol{\varphi}_{gi} \in X$ は一意に存在する．$\boldsymbol{\varphi}_{gi}$ は $\Omega(\boldsymbol{\phi}) \setminus \bar{B}(\boldsymbol{\phi})$ 上で $W^{1,\infty}$ 級となる．また，$\boldsymbol{\varphi}_{gi}$ は $\tilde{f}_i(\boldsymbol{\phi})$ を減少させる領域の変動方向を向いている．

▶**証明**　問題 9.8.2 の弱解 $\boldsymbol{\varphi}_{gi}$ について考えよう．定理 9.7.2 より，領域においては $\boldsymbol{G}_{\Omega i} \in L^\infty(\Omega(\boldsymbol{\phi}); \mathbb{R}^{d\times d})$ と $g_{\Omega i} \in L^\infty(\Omega(\boldsymbol{\phi}); \mathbb{R})$ が与えられ，境界においては $\boldsymbol{g}_{pi} \in L^\infty(\Gamma_p(\boldsymbol{\phi}); \mathbb{R}^d)$，$\boldsymbol{g}_{\partial pi} \in L^\infty(\partial\Gamma_p(\boldsymbol{\phi}) \cup \Theta_p(\boldsymbol{\phi}); \mathbb{R}^d)$，$\boldsymbol{g}_{\eta i} \in L^\infty(\Gamma_{\eta i}(\boldsymbol{\phi}); \mathbb{R}^d)$ および $\boldsymbol{g}_{\partial\eta i} \in L^\infty(\partial\Gamma_\eta(\boldsymbol{\phi}) \cup \Theta_\eta(\boldsymbol{\phi}); \mathbb{R}^d)$ が Neumann 境界条件として与えられたとき

の楕円型偏微分方程式になっている．そこで，Lax–Milgram の定理より $\boldsymbol{\varphi}_{gi} \in X$ は一意に存在する．また，$\boldsymbol{\varphi}_{gi}$ の正則性に関して，$\Omega(\boldsymbol{\phi}) \setminus \bar{B}(\boldsymbol{\phi})$ 上では，$\boldsymbol{\varphi}_{gi}$ は $W^{1,\infty}$ 級となる．なぜならば，式 (9.8.11) において，$\boldsymbol{G}_{\Omega i}$ と $\boldsymbol{S}(\boldsymbol{\varphi}_{gi})$ は同じ正則性をもつ．そこで，$\boldsymbol{G}_{\Omega i} \in L^{\infty}(\Omega(\boldsymbol{\phi}); \mathbb{R}^{d \times d})$ ならば，$\boldsymbol{\varphi}_{gi} \in W^{1,\infty}(\Omega(\boldsymbol{\phi}); \mathbb{R}^d)$ となる．式 (9.8.12), (9.8.13) においても $\boldsymbol{\varphi}_{gi} \in W^{1,\infty}(\Omega(\boldsymbol{\phi}); \mathbb{R}^d)$ が得られる．

同様に，問題 9.8.3 の弱解 $\boldsymbol{\varphi}_{gi}$ は，定理 9.7.4 より，$\bar{\boldsymbol{g}}_{\partial\Omega i} \in L^{\infty}(\partial\Omega(\boldsymbol{\phi}); \mathbb{R}^d)$, $\bar{\boldsymbol{g}}_{pi} \in L^{\infty}(\Gamma_p(\boldsymbol{\phi}); \mathbb{R}^d)$，$\bar{\boldsymbol{g}}_{\partial pi} \in L^{\infty}(\partial\Gamma_p(\boldsymbol{\phi}) \cup \Theta_p(\boldsymbol{\phi}); \mathbb{R}^d)$，$\bar{\boldsymbol{g}}_{\eta i} \in L^{\infty}(\Gamma_{\eta i}(\boldsymbol{\phi}); \mathbb{R}^d)$, $\bar{\boldsymbol{g}}_{\partial\eta i} \in L^{\infty}(\partial\Gamma_{\eta}(\boldsymbol{\phi}) \cup \Theta_{\eta}(\boldsymbol{\phi}); \mathbb{R}^d)$ および $\bar{\boldsymbol{g}}_{\mathrm{D}i} \in L^{\infty}(\Gamma_{\mathrm{D}}(\boldsymbol{\phi}); \mathbb{R}^d)$ を Neumann 境界条件とする楕円型偏微分方程式を満たす．そこで，Lax–Milgram の定理より，弱解 $\boldsymbol{\varphi}_{gi} \in X$ は一意に存在し，$\Omega(\boldsymbol{\phi}) \setminus \bar{B}(\boldsymbol{\phi})$ 上で $W^{1,\infty}$ 級となる．問題 9.8.4 と問題 9.8.5 の弱解 $\boldsymbol{\varphi}_{gi}$ についても同様の結果が得られる．さらに，問題 9.8.3〜9.8.5 の弱解 $\boldsymbol{\varphi}_{gi}$ に対して，正の定数 $\bar{\epsilon}$ に対して，

$$
\begin{aligned}
\tilde{f}_i(\boldsymbol{\phi} + \bar{\epsilon}\boldsymbol{\varphi}_{gi}) - \tilde{f}_i(\boldsymbol{\phi}) &= \bar{\epsilon}\langle \boldsymbol{g}_i, \boldsymbol{\varphi}_{gi} \rangle + o(|\bar{\epsilon}|) \\
&= -\bar{\epsilon} a_X(\boldsymbol{\varphi}_{gi}, \boldsymbol{\varphi}_{gi}) + o(|\bar{\epsilon}|) \leq -\bar{\epsilon}\alpha_X \|\boldsymbol{\varphi}_{gi}\|_X^2 + o(|\bar{\epsilon}|)
\end{aligned}
$$

が成り立つ．そこで，$\|\boldsymbol{\varphi}_{gi}\|_X$ を十分小さくとれば，$\tilde{f}_i(\boldsymbol{\phi})$ は減少する． □

定理 9.8.6 の結果と式 (9.1.2) で定義された領域写像の許容集合 $\mathcal{D}$ との関係について，次のことがいえる．

♦注意 9.8.7 (形状最適化問題に対する H^1 勾配法) 定理 9.8.6 より，形状最適化問題に対する H^1 勾配法によって得られる領域変動 $\boldsymbol{\varphi}_{gi}$ は，設計変数の許容集合 $\mathcal{D}$ を含む線形空間 $W^{1,\infty}(\mathbb{R}^d; \mathbb{R}^d)$ に特異点近傍を除いて入ることが確かめられた．これにより，特異点近傍を除いて，連続写像により領域が動かせることになる．しかしながら，$\boldsymbol{\phi} + \boldsymbol{\varphi}_{gi}$ の逆写像が全単射（1 対 1 写像）になるための十分条件 $\|\boldsymbol{\phi} + \boldsymbol{\varphi}_{gi}\|_{W^{1,\infty}(\mathbb{R}^d;\mathbb{R}^d)} \leq \sigma$ を満たすことや $(\Gamma_p(\boldsymbol{\phi} + \boldsymbol{\varphi}_{gi}) \cup \Gamma_{\eta 0}(\boldsymbol{\phi} + \boldsymbol{\varphi}_{gi}) \cup \Gamma_{\eta 1}(\boldsymbol{\phi} + \boldsymbol{\varphi}_{gi}) \cup \cdots \cup \Gamma_{\eta m}(\boldsymbol{\phi} + \boldsymbol{\varphi}_{gi})) \setminus \bar{\Omega}_{\mathrm{C}0}$ が C^2 級になることは保証されない．これらの条件を満たさないことに起因する数値不安定現象などが発生した場合には，これらの条件が満たされるようにする追加の処置を考える必要がある．

9.8.2 H^1 Newton 法

さらに，評価関数 f_i の 2 階微分（Hesse 形式）$h_i \in \mathcal{L}^2(X \times X; \mathbb{R}^d)$ が計算可能であれば，$X = H^1(\mathbb{R}^d; \mathbb{R}^d)$ 上の Newton 法が考えられる．その方法を領

域変動型 H^1 **Newton 法**とよぶことにする．

問題 9.8.8（領域変動型 H^1 **Newton 法）**

X と $\mathcal{D}$ をそれぞれ式 (9.1.1) と式 (9.1.2) とする．$f_i \in C^2(\mathcal{D};\mathbb{R})$ に対して，極小点ではない $\boldsymbol{\phi}_k \in \mathcal{D}$ における f_i の形状微分と 2 階形状微分をそれぞれ $g_i(\boldsymbol{\phi}_k) \in X'$ および $h_i(\boldsymbol{\phi}_k) \in \mathcal{L}^2(X \times X;\mathbb{R}^d)$ とする．また，$a_X : X \times X \to \mathbb{R}$ を $h_i(\boldsymbol{\phi}_k)$ の X 上における強圧性と有界性を補うための双 1 次形式とする．このとき，任意の $\boldsymbol{\psi} \in X$ に対して

$$h_i(\boldsymbol{\phi}_k)[\boldsymbol{\varphi}_{gi}, \boldsymbol{\psi}] + a_X(\boldsymbol{\varphi}_{gi}, \boldsymbol{\psi}) = -\langle g_i(\boldsymbol{\phi}_k), \boldsymbol{\psi} \rangle \tag{9.8.16}$$

を満たす $\boldsymbol{\varphi}_{gi} \in X$ を求めよ．

問題 9.8.8 において，式 (9.8.16) の左辺を h_i のみにおいた Newton 法を考えた場合，h_i の X 上の強圧性が得られない場合がある．実際，式 (9.7.22) で計算された h_i では，負の項が含まれている．そこで，問題 9.8.8 では，X 上の強圧的かつ有界な双 1 次形式 a_X を式 (9.8.16) の左辺に追加することで，それを補うことにした．

9.9　領域変動型形状最適化問題の解法

領域変動型形状最適化問題（問題 9.6.3）は，抽象的最適設計問題と表 9.9.1 のような対応になる．したがって，第 8 章で示された内容と同様に，7.6.1 項 (3.7 節）と 7.6.2 項 (3.8 節）で示された制約つき問題に対する勾配法と制約つき問題に対する Newton 法を適用することができる．

表 9.9.1　抽象的最適設計問題と領域変動型形状最適化問題の対応

	抽象的最適設計問題	領域変動型形状最適化問題
設計変数	$\phi \in X$	$\boldsymbol{\phi} \in X = H^1(\mathbb{R}^d;\mathbb{R}^d)$
状態変数	$u \in U$	$u \in U = H^1(\mathbb{R}^d;\mathbb{R})$
f_i の Fréchet 微分	$g_i \in X'$	$\boldsymbol{g}_i \in X' = H^{1\prime}(\mathbb{R}^d;\mathbb{R}^d)$
勾配法の解	$\varphi_{gi} \in X$	$\boldsymbol{\varphi}_{gi} \in X = H^1(\mathbb{R}^d;\mathbb{R}^d)$

9.9.1 制約つき問題に対する勾配法

制約つき問題に対する勾配法は，次のような変更により，3.7.1 項で示された簡単なアルゴリズム 3.7.2 が利用可能となる．

(1) 設計変数 $\boldsymbol{x}$ とその変動 $\boldsymbol{y}$ をそれぞれ $\boldsymbol{\phi}$ と $\boldsymbol{\varphi}$ におきかえる．

(2) 勾配法を与える式 (3.7.10) を，任意の $\boldsymbol{\psi} \in X$ に対して

$$c_a a_X(\boldsymbol{\varphi}_{gi}, \boldsymbol{\psi}) = -\langle \boldsymbol{g}_i, \boldsymbol{\psi} \rangle \tag{9.9.1}$$

が成り立つ条件におきかえる．ただし，$a_X(\boldsymbol{\varphi}_{gi}, \boldsymbol{\psi})$ は，問題 9.8.2〜9.8.5 の弱形式で使われた X 上の双 1 次形式とする．

(3) 探索ベクトルを求める式 (3.7.11) を

$$\boldsymbol{\varphi}_g = \boldsymbol{\varphi}_{g0} + \sum_{i \in I_{\mathrm{A}}} \lambda_i \boldsymbol{\varphi}_{gi} \tag{9.9.2}$$

におきかえる．

(4) Lagrange 乗数を求める式 (3.7.12) を

$$(\langle \boldsymbol{g}_i, \boldsymbol{\varphi}_{gj} \rangle)_{(i,j) \in I_{\mathrm{A}}^2} (\lambda_j)_{j \in I_{\mathrm{A}}} = -(f_i + \langle \boldsymbol{g}_i, \boldsymbol{\varphi}_{g0} \rangle)_{i \in I_{\mathrm{A}}} \tag{9.9.3}$$

におきかえる．

さらに，複雑なアルゴリズム 3.7.6 を使う場合には，上記 (1) から (4) に加えて，次の変更も追加する．

(5) Armijo の規準式 (3.7.26) を，$\xi \in (0,1)$ に対して

$$\mathscr{L}(\boldsymbol{\phi} + \boldsymbol{\varphi}_g, \boldsymbol{\lambda}_{k+1}) - \mathscr{L}(\boldsymbol{\phi}, \boldsymbol{\lambda}) \leq \xi \left\langle \boldsymbol{g}_0 + \sum_{i \in I_{\mathrm{A}}} \lambda_i \boldsymbol{g}_i, \boldsymbol{\varphi}_g \right\rangle \tag{9.9.4}$$

におきかえる．

(6) Wolfe の規準式 (3.7.27) を，μ $(0 < \xi < \mu < 1)$ に対して

$$\begin{aligned} &\mu \left\langle \boldsymbol{g}_0 + \sum_{i \in I_{\mathrm{A}}} \lambda_i \boldsymbol{g}_i, \boldsymbol{\varphi}_g \right\rangle \\ &\quad \leq \left\langle \boldsymbol{g}_0(\boldsymbol{\phi} + \boldsymbol{\varphi}_g) + \sum_{i \in I_{\mathrm{A}}} \lambda_{i\,k+1} \boldsymbol{g}_i(\boldsymbol{\phi} + \boldsymbol{\varphi}_g), \boldsymbol{\varphi}_g \right\rangle \end{aligned} \tag{9.9.5}$$

におきかえる．

(7) 式 (3.7.21) で与えられた Newton–Raphson 法による $\boldsymbol{\lambda}$ の更新式を

$$(\delta\lambda_j)_{j\in I_{\mathrm{A}}} = -(\langle \boldsymbol{g}_i(\boldsymbol{\lambda}), \boldsymbol{\varphi}_{gj}\rangle)^{-1}_{(i,j)\in I_{\mathrm{A}}^2}(f_i(\boldsymbol{\lambda}))_{i\in I_{\mathrm{A}}} \tag{9.9.6}$$

におきかえる．

9.9.2 制約つき問題に対する Newton 法

評価関数の形状微分に加えて，評価関数の 2 階形状微分が計算可能ならば，制約つき問題に対する勾配法を制約つき問題に対する Newton 法に変更することができる．ただし，式 (9.8.16) の $h_i(\boldsymbol{\phi}_k)[\boldsymbol{\varphi}_{gi}, \boldsymbol{\psi}]$ を形状最適化問題（問題 9.6.3）に対する Lagrange 関数 $\mathcal{L}$ の Hesse 形式

$$h_{\mathscr{L}}(\boldsymbol{\phi}_k)[\boldsymbol{\varphi}_{gi}, \boldsymbol{\psi}] = h_0(\boldsymbol{\phi}_k)[\boldsymbol{\varphi}_{gi}, \boldsymbol{\psi}] + \sum_{i\in I_{\mathrm{A}}(\boldsymbol{\phi}_k)} \lambda_{ik} h_i(\boldsymbol{\phi}_k)[\boldsymbol{\varphi}_{gi}, \boldsymbol{\psi}] \tag{9.9.7}$$

におきかえる．すなわち，式 (9.8.16) を

$$h_{\mathscr{L}}(\boldsymbol{\phi}_k)[\boldsymbol{\varphi}_{gi}, \boldsymbol{\psi}] + a_X(\boldsymbol{\varphi}_{gi}, \boldsymbol{\psi}) = -\langle g_i(\boldsymbol{\phi}_k), \boldsymbol{\psi}\rangle \tag{9.9.8}$$

とする．このとき，3.8.1 項で示された簡単なアルゴリズム 3.8.3 が次のおきかえによって利用可能となる．

(1) 設計変数 $\boldsymbol{x}$ とその変動 $\boldsymbol{y}$ をそれぞれ $\boldsymbol{\phi}$ と $\boldsymbol{\varphi}$ におきかえる．

(2) 式 (3.7.10) を式 (9.8.16) の解におきかえる．

(3) 式 (3.7.11) を式 (9.9.2) におきかえる．

(4) 式 (3.7.12) を式 (9.9.3) におきかえる．

さらに，3.8.2 項に示された複雑なアルゴリズムを考える場合には，第 8 章のときと同様に，問題の性質や追加される機能に応じたさまざまな工夫が必要となる．

9.10 誤差評価

9.9 節で示されたようなアルゴリズムで領域変動型形状最適化問題（問題 9.6.3）を解く場合，探索ベクトル $\boldsymbol{\varphi}_g$ は式 (9.9.2) で求められることになる．そのため

には，状態決定問題（問題 9.5.5）の解 u，f_i に対する随伴問題（問題 9.7.1）の解 $v_0, v_{i_1}, \ldots, v_{i_{|I_A|}}$ および H^1 勾配法（問題 9.8.1）の解 $\boldsymbol{\varphi}_0, \boldsymbol{\varphi}_{i_1}, \ldots, \boldsymbol{\varphi}_{i_{|I_A|}}$ に対する数値解を求める必要がある．Lagrange 乗数 $\lambda_{i_1}, \ldots, \lambda_{i_{|I_A|}}$ は，それらの数値解を使って計算される．第 8 章と同様に，ここでも三つの境界値問題に対する数値解を有限要素法で求めることを仮定して，6.6 節でみてきた有限要素法の数値解に対する誤差評価の結果を用いて探索ベクトル $\boldsymbol{\varphi}_g$ の誤差評価をおこなってみよう[114, 115]

領域変動型形状最適化問題の場合，境界値問題の定義域が動くことになる．ここでは，$\Omega(\boldsymbol{\phi})$ が与えられていると仮定して，$\Omega(\boldsymbol{\phi}+\boldsymbol{\varphi})$ を求める場面を考えることにする．表記を簡単にするために，本節では，$\Omega(\boldsymbol{\phi})$ を Ω とかくことにする．同様に，$(\cdot)(\boldsymbol{\phi})$ を $(\cdot)$ とかくことにする．このとき，Ω は多面体（6.6.1 項）と仮定して，Ω に対する**正則な有限要素分割** $\mathcal{T} = \{\Omega_i\}_{i\in\mathcal{E}}$ を考える．また，有限要素の直径 h を式 (6.6.2) の $h(\mathcal{T})$ で定義して，有限要素分割列 $\{\mathcal{T}_h\}_{h\to 0}$ を考える．以下では，次のような記号法を用いることにする．

(1) 状態決定問題（問題 9.5.5）と随伴問題（問題 9.7.1）の厳密解を u と $v_0, v_{i_1}, \ldots, v_{i_{|I_A|}}$ とかき，有限要素法によるそれらの数値解を，$i \in I_A \cup \{0\}$ に対して

$$u_h = u + \delta u_h \tag{9.10.1}$$

$$v_{ih} = v_i + \delta v_{ih} \tag{9.10.2}$$

とかく．

(2) $f_0, f_{i_1}, \ldots, f_{i_{|I_A|}}$ の形状微分について，関数の形状微分公式を用いた式 (9.7.5) の $\boldsymbol{g}_i$ の数値解を，$i \in I_A \cup \{0\}$ に対して

$$\boldsymbol{g}_{ih} = \boldsymbol{g}_i + \delta\boldsymbol{g}_{ih} \tag{9.10.3}$$

とかく．また，関数の形状偏微分公式を用いた式 (9.7.27) の $\bar{\boldsymbol{g}}_i$ の数値解を，$i \in I_A \cup \{0\}$ に対して

$$\bar{\boldsymbol{g}}_{ih} = \bar{\boldsymbol{g}}_i + \delta\bar{\boldsymbol{g}}_{ih} \tag{9.10.4}$$

とかく．ここで，$\boldsymbol{g}_i$ と $\bar{\boldsymbol{g}}_i$ は $u, v_0, v_{i_1}, \ldots, v_{i_{|I_A|}}$ の関数であり，$\boldsymbol{g}_{ih}$ と $\bar{\boldsymbol{g}}_{ih}$ は $u_h, v_{0h}, v_{i_1h}, \ldots, v_{i_{|I_A|}h}$ の関数である．

(3) $\boldsymbol{g}_0, \boldsymbol{g}_{i_1}, \ldots, \boldsymbol{g}_{i_{|I_{\mathrm{A}}|}}$ を用いて計算された H^1 勾配法（たとえば，問題 9.8.3）の厳密解を $\boldsymbol{\varphi}_{g0}, \boldsymbol{\varphi}_{gi_1}, \ldots, \boldsymbol{\varphi}_{gi_{|I_{\mathrm{A}}|}}$ とかく．また，$\boldsymbol{g}_{0h}, \boldsymbol{g}_{i_1 h}, \ldots, \boldsymbol{g}_{i_{|I_{\mathrm{A}}|}h}$ を用いて計算された H^1 勾配法の厳密解を，$i \in I_{\mathrm{A}} \cup \{0\}$ に対して

$$\hat{\boldsymbol{\varphi}}_{gi} = \boldsymbol{\varphi}_{gi} + \delta\hat{\boldsymbol{\varphi}}_{gi} \tag{9.10.5}$$

とかく．(2) と同様に，関数の形状偏微分公式を用いて得られる厳密解と数値解には $(\bar{\cdot})$ をつけることにして，このときの H^1 勾配法の厳密解を

$$\hat{\bar{\boldsymbol{\varphi}}}_{gi} = \bar{\boldsymbol{\varphi}}_{gi} + \delta\hat{\bar{\boldsymbol{\varphi}}}_{gi} \tag{9.10.6}$$

とかく．

(4) $\boldsymbol{g}_{0h}, \boldsymbol{g}_{i_1 h}, \ldots, \boldsymbol{g}_{i_{|I_{\mathrm{A}}|}h}$ を用いて計算された H^1 勾配法の数値解を，$i \in I_{\mathrm{A}} \cup \{0\}$ に対して

$$\boldsymbol{\varphi}_{gih} = \hat{\boldsymbol{\varphi}}_{gi} + \delta\hat{\boldsymbol{\varphi}}_{gih} = \boldsymbol{\varphi}_{gi} + \delta\boldsymbol{\varphi}_{gih} \tag{9.10.7}$$

とかく．また，関数の形状偏微分公式を用いて得られる H^1 勾配法の数値解を

$$\bar{\boldsymbol{\varphi}}_{gih} = \hat{\bar{\boldsymbol{\varphi}}}_{gi} + \delta\hat{\bar{\boldsymbol{\varphi}}}_{gih} = \bar{\boldsymbol{\varphi}}_{gi} + \delta\bar{\boldsymbol{\varphi}}_{gih} \tag{9.10.8}$$

とかく．

(5) $\boldsymbol{g}_0, \boldsymbol{g}_{i_1}, \ldots, \boldsymbol{g}_{i_{|I_{\mathrm{A}}|}}$ と $\boldsymbol{\varphi}_{g0}, \boldsymbol{\varphi}_{gi_1}, \ldots, \boldsymbol{\varphi}_{gi_{|I_{\mathrm{A}}|}}$ を用いて構成された式 (9.9.3) の係数行列 $(\langle \boldsymbol{g}_i, \boldsymbol{\varphi}_{gj} \rangle)_{(i,j)\in I_{\mathrm{A}}^2}$ を $\boldsymbol{A}$ とかく．また，$\boldsymbol{g}_{0h}, \boldsymbol{g}_{i_1 h}, \ldots, \boldsymbol{g}_{i_{|I_{\mathrm{A}}|}h}$ と $\boldsymbol{\varphi}_{g0h}, \boldsymbol{\varphi}_{gi_1 h}, \ldots, \boldsymbol{\varphi}_{gi_{|I_{\mathrm{A}}|}h}$ を用いて構成された式 (9.9.3) の係数行列 $(\langle \boldsymbol{g}_{ih}, \boldsymbol{\varphi}_{gjh} \rangle)_{(i,j)\in I_{\mathrm{A}}^2}$ を $\boldsymbol{A}_h = \boldsymbol{A} + \delta\boldsymbol{A}_h$ とかく．さらに，$i \in I_{\mathrm{A}}$ に対して $f_i = 0$ を仮定し，$-(\langle \boldsymbol{g}_i, \boldsymbol{\varphi}_{g0} \rangle)_{i\in I_{\mathrm{A}}}$ を $\boldsymbol{b}$ とかく．また，$-(\langle \boldsymbol{g}_{ih}, \boldsymbol{\varphi}_{g0h} \rangle)_{i\in I_{\mathrm{A}}}$ を $\boldsymbol{b}_h = \boldsymbol{b} + \delta\boldsymbol{b}_h$ とかく．さらに，Lagrange 乗数の厳密解を $\boldsymbol{\lambda} = \boldsymbol{A}^{-1}\boldsymbol{b}$ とかく．また，その数値解を

$$\boldsymbol{\lambda}_h = (\lambda_{ih})_{i\in I_{\mathrm{A}}} = \boldsymbol{A}_h^{-1}\boldsymbol{b}_h = \boldsymbol{\lambda} + \delta\boldsymbol{\lambda}_h \tag{9.10.9}$$

とかく．また，関数の形状偏微分公式を用いて得られる厳密解と数値解には $(\bar{\cdot})$ をつけることにして，このときの Lagrange 乗数の数値解を

$$\bar{\boldsymbol{\lambda}}_h = (\bar{\lambda}_{ih})_{i \in I_{\mathrm{A}}} = \bar{\boldsymbol{A}}_h^{-1} \bar{\boldsymbol{b}}_h = \bar{\boldsymbol{\lambda}} + \delta \bar{\boldsymbol{\lambda}}_h \tag{9.10.10}$$

とかく．

(6) $\boldsymbol{\varphi}_{g0h}, \boldsymbol{\varphi}_{gi_1 h}, \ldots, \boldsymbol{\varphi}_{gi_{|I_{\mathrm{A}}|} h}$ と $\lambda_{i_1 h}, \ldots, \lambda_{i_{|I_{\mathrm{A}}|} h}$ で構成された式 (9.9.2) を

$$\boldsymbol{\varphi}_{gh} = \boldsymbol{\varphi}_{g0h} + \sum_{i \in I_{\mathrm{A}}} \lambda_{ih} \boldsymbol{\varphi}_{gih} = \boldsymbol{\varphi}_g + \delta \boldsymbol{\varphi}_{gh} \tag{9.10.11}$$

とかく．また，関数の形状偏微分公式を用いて得られる式 (9.9.2) を

$$\bar{\boldsymbol{\varphi}}_{gh} = \bar{\boldsymbol{\varphi}}_{g0h} + \sum_{i \in I_{\mathrm{A}}} \bar{\lambda}_{ih} \bar{\boldsymbol{\varphi}}_{gih} = \bar{\boldsymbol{\varphi}}_g + \delta \bar{\boldsymbol{\varphi}}_{gh} \tag{9.10.12}$$

とかく．

上記の定義において，探索ベクトルの誤差は式 (9.10.11) と式 (9.10.12) のそれぞれ $\delta \boldsymbol{\varphi}_{gh}$ と $\delta \bar{\boldsymbol{\varphi}}_{gh}$ によって与えられる．そこで，本節の目標は，それらのノルム $\|\delta \boldsymbol{\varphi}_{gh}\|_X$ と $\|\delta \bar{\boldsymbol{\varphi}}_{gh}\|_X$ に対する h のオーダー評価をおこなうことである．その結果が得られれば，厳密解への収束が保証されるような基底関数の次数の選び方が明らかになる．ここでは，次の仮定を設けることにする．

■仮定 9.10.1（$\boldsymbol{\varphi}_g$ と $\bar{\boldsymbol{\varphi}}_g$ の誤差評価） $q_{\mathrm{R}} > d$ および $k_1, k_2, j \in \{1, 2, \ldots\}$ に対して次のことを仮定する．

(1) 状態決定問題と $f_0, f_{i_1}, \ldots, f_{i_{|I_{\mathrm{A}}|}}$ に対する随伴問題の厳密解 u と $v_0, v_{i_1}, \ldots, v_{i_{|I_{\mathrm{A}}|}}$ の同次形は，

$$\mathcal{S}_{k_1} = U \cap W^{k_1+1, 2q_{\mathrm{R}}}(\mathbb{R}^d; \mathbb{R}) \tag{9.10.13}$$

の要素とする．この仮定が成り立つように，仮定 9.5.1，9.6.1，9.5.2，9.6.2 および 9.5.3 を修正する．

(2) 関数の形状微分公式を用いたとき，評価関数 f_i の被積分関数は，$i \in I_{\mathrm{A}} \cup \{0\}$ に対して

$$\zeta_{iu\boldsymbol{\nabla} u} \in C^0(\mathcal{D} \times \mathcal{S} \times \mathcal{G}; L^\infty(\mathbb{R}^d; \mathbb{R}^d)) \tag{9.10.14}$$

$$\zeta_{i\boldsymbol{\nabla} u(\boldsymbol{\nabla} u)^{\mathrm{T}}} \in C^0(\mathcal{D} \times \mathcal{S} \times \mathcal{G}; L^\infty(\mathbb{R}^d; \mathbb{R}^{d \times d})) \tag{9.10.15}$$

とする．

(3) h に依存しないある定数 c_1，c_2，c_3，$\bar{c}_3$ が存在して，$i \in I_{\mathrm{A}} \cup \{0\}$ に対

して

$$\|\delta u_h\|_{W^{j,2q_{\mathrm{R}}}(\Omega;\mathbb{R})} \le c_1 h^{k_1+1-j} |u|_{W^{k_1+1,2q_{\mathrm{R}}}(\Omega;\mathbb{R})} \tag{9.10.16}$$

$$\|\delta v_{ih}\|_{W^{j,2q_{\mathrm{R}}}(\Omega;\mathbb{R})} \le c_2 h^{k_1+1-j} |v_i|_{W^{k_1+1,2q_{\mathrm{R}}}(\Omega;\mathbb{R})} \tag{9.10.17}$$

$$\|\delta \hat{\boldsymbol{\varphi}}_{gih}\|_{W^{j,2q_{\mathrm{R}}}(\Omega;\mathbb{R}^d)} \le c_3 h^{k_2+1-j} |\hat{\boldsymbol{\varphi}}_{gi}|_{W^{k_2+1,2q_{\mathrm{R}}}(\Omega;\mathbb{R}^d)} \tag{9.10.18}$$

$$\|\delta \hat{\hat{\boldsymbol{\varphi}}}_{gih}\|_{W^{j,2q_{\mathrm{R}}}(\Omega;\mathbb{R}^d)} \le \bar{c}_3 h^{k_2+1-j} |\hat{\hat{\boldsymbol{\varphi}}}_{gi}|_{W^{k_2+1,2q_{\mathrm{R}}}(\Omega;\mathbb{R}^d)} \tag{9.10.19}$$

を満たす．

(4) 式 (9.10.9) と式 (9.10.10) の係数行列 $\boldsymbol{A}_h$ と $\bar{\boldsymbol{A}}_h$ に対して，それぞれある定数 c_4 と $\bar{c}_4$ が存在して，

$$\|\boldsymbol{A}_h^{-1}\|_{\mathbb{R}^{|I_{\mathrm{A}}|\times|I_{\mathrm{A}}|}} \le c_4 \tag{9.10.20}$$

$$\|\bar{\boldsymbol{A}}_h^{-1}\|_{\mathbb{R}^{|I_{\mathrm{A}}|\times|I_{\mathrm{A}}|}} \le \bar{c}_4 \tag{9.10.21}$$

を満たす．ただし，$\|\cdot\|_{\mathbb{R}^{|I_{\mathrm{A}}|\times|I_{\mathrm{A}}|}}$ は行列のノルム（式 (4.4.3) 参照）を表す．

仮定 9.10.1 の (1) は，$k_1 \in \{1, 2, \ldots\}$ なので，式 (9.5.2) で定義された $\mathcal{S}$ よりも強い条件になっている．その理由は，仮定 9.10.1 の (3) において，式 (9.10.16) と式 (9.10.17) の右辺で u と $v_0, v_{i_1}, \ldots, v_{i_{|I_{\mathrm{A}}|}}$ が $W^{k_1+1,2q_{\mathrm{R}}}$ 級に入ることを必要とするためである．仮定 9.10.1 の (3) は系 6.6.4 に基づいている．仮定 9.10.1 の (4) は $\boldsymbol{g}_{i_1}, \ldots, \boldsymbol{g}_{i_{|I_{\mathrm{A}}|}}$ が 1 次独立のときに成り立つ条件になっている．

このとき，のちに示される定理 9.10.5 の結果が得られる．この結果を示すために，次の四つの補題が使われる．

■補題 9.10.2（$\boldsymbol{g}_i$ と $\bar{\boldsymbol{g}}_i$ の誤差評価） 仮定 9.10.1 の (1)，(2) および式 (9.10.16) と式 (9.10.17) が満たされているとき，式 (9.10.3) と式 (9.10.4) のそれぞれ $\delta\boldsymbol{g}_{ih}$ と $\delta\bar{\boldsymbol{g}}_{ih}$ に対してそれぞれ h に依存しないある定数 c_5 と $\bar{c}_5$ が存在して，任意の $\boldsymbol{\varphi} \in X$ に対して，

$$\langle \delta\boldsymbol{g}_{ih}, \boldsymbol{\varphi} \rangle \le c_5 h^{k_1-1} \|\boldsymbol{\varphi}\|_X \tag{9.10.22}$$

$$\langle \delta\bar{\boldsymbol{g}}_{ih}, \boldsymbol{\varphi} \rangle \le \bar{c}_5 h^{k_1-1} \|\boldsymbol{\varphi}\|_X \tag{9.10.23}$$

が成り立つ．さらに，仮定 9.5.4 が満たされているとき，

$$\langle \delta \boldsymbol{g}_{ih}, \boldsymbol{\varphi} \rangle \leq c_5 h^{k_1} \|\boldsymbol{\varphi}\|_X \tag{9.10.24}$$

が成り立つ．

▶**証明** 関数の形状微分公式を用いた $\boldsymbol{g}_i$ の数値誤差 $\delta \boldsymbol{g}_{ih}$ は，δu_h と δv_{ih} による数値誤差である．そこで，式 (9.7.5) より，

$$|\langle \delta \boldsymbol{g}_{ih}, \boldsymbol{\varphi} \rangle| \leq |\mathscr{L}_{i\boldsymbol{\phi}' u v_i}(\boldsymbol{\phi}, u, v_i)[\boldsymbol{\varphi}, \delta u_h, \delta v_{ih}]| \tag{9.10.25}$$

が成り立つ．式 (9.10.25) の右辺に対して Hölder の不等式（定理 A.9.1），Poincaré の不等式の系（系 A.9.4）およびトレース定理（定理 4.4.2）を用いれば，

$$\begin{aligned}
&|\mathscr{L}_{i\boldsymbol{\phi}' u v_i}(\boldsymbol{\phi}, u, v_i)[\boldsymbol{\varphi}, \delta u_h, \delta v_{ih}]| \\
&\quad \leq \|\delta \boldsymbol{G}_{\Omega ih}\|_{L^{q_{\mathrm{R}}}(\Omega;\mathbb{R}^{d\times d})} \|\boldsymbol{\nabla} \boldsymbol{\varphi}^{\mathrm{T}}\|_{L^2(\Omega;\mathbb{R}^{d\times d})} \\
&\qquad + \|\delta g_{\Omega ih}\|_{L^{q_{\mathrm{R}}}(\Omega;\mathbb{R})} \|\boldsymbol{\nabla} \cdot \boldsymbol{\varphi}\|_{L^2(\Omega;\mathbb{R})} \\
&\qquad + \|\delta \boldsymbol{g}_{pih}\|_{L^\infty(\Gamma_p;\mathbb{R}^d)} \|\boldsymbol{\varphi}\|_{L^2(\Gamma_p;\mathbb{R}^d)} \\
&\qquad + \|\delta \boldsymbol{g}_{\partial pih}\|_{L^\infty(\partial\Gamma_p \cup \Theta_p;\mathbb{R}^d)} \|\boldsymbol{\varphi}\|_{L^2(\partial\Gamma_p \cup \Theta_p;\mathbb{R}^d)} \\
&\qquad + \|\delta \boldsymbol{g}_{\eta ih}\|_{L^\infty(\Gamma_{\eta i};\mathbb{R}^d)} \|\boldsymbol{\varphi}\|_{L^2(\Gamma_{\eta i};\mathbb{R}^d)} \\
&\qquad + \|\delta \boldsymbol{g}_{\partial\eta ih}\|_{L^\infty(\partial\Gamma_{\eta i} \cup \Theta_{\eta i};\mathbb{R}^d)} \|\boldsymbol{\varphi}\|_{L^2(\partial\Gamma_{\eta i} \cup \Theta_{\eta i};\mathbb{R}^d)} \\
&\quad \leq \left(\|\delta \boldsymbol{G}_{\Omega ih}\|_{L^{q_{\mathrm{R}}}(\Omega;\mathbb{R}^{d\times d})} + \|\delta g_{\Omega ih}\|_{L^{q_{\mathrm{R}}}(\Omega;\mathbb{R})} \right. \\
&\qquad + \|\gamma_{\partial\Omega}\| \, \|\delta \boldsymbol{g}_{pih}\|_{L^\infty(\Gamma_p;\mathbb{R}^d)} \\
&\qquad + \|\gamma_{\partial\Omega}\| \, \|\gamma_{\partial\Gamma_p}\| \, \|\delta \boldsymbol{g}_{\partial pih}\|_{L^\infty(\partial\Gamma_p \cup \Theta_p;\mathbb{R}^d)} \\
&\qquad + \|\gamma_{\partial\Omega}\| \, \|\delta \boldsymbol{g}_{\eta ih}\|_{L^\infty(\Gamma_{\eta i};\mathbb{R}^d)} \\
&\qquad \left. + \|\gamma_{\partial\Omega}\| \, \|\gamma_{\partial\Gamma_{\eta i}}\| \, \|\delta \boldsymbol{g}_{\partial\eta ih}\|_{L^\infty(\partial\Gamma_{\eta i} \cup \Theta_{\eta i};\mathbb{R}^d)} \right) \|\boldsymbol{\varphi}\|_X
\end{aligned} \tag{9.10.26}$$

が成り立つ．ただし，$\|\gamma_{\partial\Omega}\|$，$\|\gamma_{\partial\Gamma_p}\|$ および $\|\gamma_{\partial\Gamma_{\eta i}}\|$ はそれぞれ**トレース作用素**

$$\begin{aligned}
&\gamma_{\partial\Omega} \colon W^{k_1+1, 2q_{\mathrm{R}}}(\Omega;\mathbb{R}^d) \to W^{k_1+1-1/(2q_{\mathrm{R}}), 2q_{\mathrm{R}}}(\partial\Omega;\mathbb{R}^d) \\
&\gamma_{\partial\Gamma_p} \colon W^{k_1+1-1/(2q_{\mathrm{R}}), 2q_{\mathrm{R}}}(\partial\Omega;\mathbb{R}^d) \to W^{k_1+1-2/(2q_{\mathrm{R}}), 2q_{\mathrm{R}}}(\partial\Gamma_p \cup \Theta_p;\mathbb{R}^d) \\
&\gamma_{\partial\Gamma_{\eta i}} \colon W^{k_1+1-1/(2q_{\mathrm{R}}), 2q_{\mathrm{R}}}(\partial\Omega;\mathbb{R}^d) \to W^{k_1+1-2/(2q_{\mathrm{R}}), 2q_{\mathrm{R}}}(\partial\Gamma_{\eta i} \cup \Theta_{\eta i};\mathbb{R}^d)
\end{aligned}$$

のノルムを表し，仮定 9.10.1 の (1) において $\partial\Omega$ は $W^{k_1+1,\infty}$ 級が仮定されたので，トレース定理によりこれらは有界となる．また，

$$
\begin{aligned}
&\|\delta \boldsymbol{G}_{\Omega ih}\|_{L^{q_{\mathrm{R}}}(\Omega;\mathbb{R}^{d\times d})} \\
&\quad \le 2\big(\|\boldsymbol{\nabla}\delta u_h\|_{L^{2q_{\mathrm{R}}}(\Omega;\mathbb{R}^d)}\|\boldsymbol{\nabla} v_i\|_{L^{2q_{\mathrm{R}}}(\Omega;\mathbb{R}^d)} \\
&\qquad\quad + \|\boldsymbol{\nabla} u\|_{L^{2q_{\mathrm{R}}}(\Omega;\mathbb{R}^d)}\|\boldsymbol{\nabla}\delta v_{ih}\|_{L^{2q_{\mathrm{R}}}(\Omega;\mathbb{R}^d)}\big) \\
&\qquad + \|\zeta_{iu\boldsymbol{\nabla} u}\|_{L^\infty(\Omega;\mathbb{R}^d)}\|\delta u_h\|_{L^{2q_{\mathrm{R}}}(\Omega;\mathbb{R})}\|\boldsymbol{\nabla} u\|_{L^{2q_{\mathrm{R}}}(\Omega;\mathbb{R}^d)} \\
&\qquad + \|\zeta_{i\boldsymbol{\nabla} u(\boldsymbol{\nabla} u)^{\mathrm{T}}}\|_{L^\infty(\Omega;\mathbb{R}^{d\times d})}\|\boldsymbol{\nabla}\delta u_h\|_{L^{2q_{\mathrm{R}}}(\Omega;\mathbb{R}^d)}\|\boldsymbol{\nabla} u\|_{L^{2q_{\mathrm{R}}}(\Omega;\mathbb{R}^d)} \\
&\qquad + \|\zeta_{i\boldsymbol{\nabla} u}\|_{W^{1,2q_{\mathrm{R}}}(\Omega;\mathbb{R}^d)}\|\boldsymbol{\nabla}\delta u_h\|_{L^{2q_{\mathrm{R}}}(\Omega;\mathbb{R}^d)} \\
&\quad \le 2\big(\|\delta u_h\|_{W^{1,2q_{\mathrm{R}}}(\Omega;\mathbb{R})}\|v_i\|_{W^{1,2q_{\mathrm{R}}}(\Omega;\mathbb{R})} \\
&\qquad\quad + \|u\|_{W^{1,2q_{\mathrm{R}}}(\Omega;\mathbb{R})}\|\delta v_{ih}\|_{W^{1,2q_{\mathrm{R}}}(\Omega;\mathbb{R})}\big) \\
&\qquad + \|\zeta_{iu\boldsymbol{\nabla} u}\|_{L^\infty(\Omega;\mathbb{R}^d)}\|\delta u_h\|_{W^{1,2q_{\mathrm{R}}}(\Omega;\mathbb{R})}\|u\|_{W^{1,2q_{\mathrm{R}}}(\Omega;\mathbb{R})} \\
&\qquad + \|\zeta_{i\boldsymbol{\nabla} u(\boldsymbol{\nabla} u)^{\mathrm{T}}}\|_{L^\infty(\Omega;\mathbb{R}^{d\times d})}\|\delta u_h\|_{W^{1,2q_{\mathrm{R}}}(\Omega;\mathbb{R})}\|u\|_{W^{1,2q_{\mathrm{R}}}(\Omega;\mathbb{R})} \\
&\qquad + \|\zeta_{i\boldsymbol{\nabla} u}\|_{W^{1,2q_{\mathrm{R}}}(\Omega;\mathbb{R}^d)}\|\delta u_h\|_{W^{1,2q_{\mathrm{R}}}(\Omega;\mathbb{R})}
\end{aligned} \tag{9.10.27}
$$

$$
\begin{aligned}
&\|\delta g_{\Omega ih}\|_{L^{q_{\mathrm{R}}}(\Omega;\mathbb{R})} \\
&\quad \le \|\zeta_{iu}\|_{L^{2q_{\mathrm{R}}}(\Omega;\mathbb{R})}\|\delta u_h\|_{L^{2q_{\mathrm{R}}}(\Omega;\mathbb{R})} \\
&\qquad + \|\zeta_{i\boldsymbol{\nabla} u}\|_{L^{2q_{\mathrm{R}}}(\Omega;\mathbb{R}^d)}\|\boldsymbol{\nabla}\delta u_h\|_{L^{2q_{\mathrm{R}}}(\Omega;\mathbb{R}^d)} \\
&\qquad + \|\boldsymbol{\nabla}\delta u_h\|_{L^{2q_{\mathrm{R}}}(\Omega;\mathbb{R}^d)}\|\boldsymbol{\nabla} v_i\|_{L^{2q_{\mathrm{R}}}(\Omega;\mathbb{R}^d)} \\
&\qquad + \|\boldsymbol{\nabla} u\|_{L^{2q_{\mathrm{R}}}(\Omega;\mathbb{R}^d)}\|\boldsymbol{\nabla}\delta v_{ih}\|_{L^{2q_{\mathrm{R}}}(\Omega;\mathbb{R}^d)} \\
&\qquad + \|b\|_{L^{2q_{\mathrm{R}}}(\Omega;\mathbb{R})}\|\delta v_{ih}\|_{L^{2q_{\mathrm{R}}}(\Omega;\mathbb{R})} \\
&\quad \le \|\zeta_{iu}\|_{L^{2q_{\mathrm{R}}}(\Omega;\mathbb{R})}\|\delta u_h\|_{W^{1,2q_{\mathrm{R}}}(\Omega;\mathbb{R})} \\
&\qquad + \|\zeta_{i\boldsymbol{\nabla} u}\|_{L^{2q_{\mathrm{R}}}(\Omega;\mathbb{R}^d)}\|\delta u_h\|_{W^{1,2q_{\mathrm{R}}}(\Omega;\mathbb{R})} \\
&\qquad + \|\delta u_h\|_{W^{1,2q_{\mathrm{R}}}(\Omega;\mathbb{R})}\|v_i\|_{W^{1,2q_{\mathrm{R}}}(\Omega;\mathbb{R})} \\
&\qquad + \|u\|_{W^{1,2q_{\mathrm{R}}}(\Omega;\mathbb{R})}\|\delta v_{ih}\|_{W^{1,2q_{\mathrm{R}}}(\Omega;\mathbb{R})} \\
&\qquad + \|b\|_{L^{2q_{\mathrm{R}}}(\Omega;\mathbb{R})}\|\delta v_{ih}\|_{W^{1,2q_{\mathrm{R}}}(\Omega;\mathbb{R})}
\end{aligned} \tag{9.10.28}
$$

$$
\begin{aligned}
&\|\delta \boldsymbol{g}_{pih}\|_{L^\infty(\Gamma_p;\mathbb{R}^d)} \\
&\quad \le \|\kappa\|_{C^0(\Gamma_p;\mathbb{R})}\|\boldsymbol{\nu}\|_{L^\infty(\Gamma_p;\mathbb{R}^d)}\|p_{\mathrm{N}}\|_{L^{2q_{\mathrm{R}}}(\Gamma_p;\mathbb{R})}\|\delta v_{ih}\|_{L^{2q_{\mathrm{R}}}(\Gamma_p;\mathbb{R})} \\
&\qquad + (d-1)\max_{i\in\{1,\dots,d-1\}}\|\boldsymbol{\tau}_i\|_{L^\infty(\Gamma_p\cup\Gamma_{\eta i};\mathbb{R}^d)} \\
&\qquad \times \big(\|\boldsymbol{\nabla} p_{\mathrm{N}}\|_{L^{2q_{\mathrm{R}}}(\Gamma_p;\mathbb{R}^d)}\|\delta v_{ih}\|_{L^{2q_{\mathrm{R}}}(\Gamma_p;\mathbb{R})} \\
&\qquad\qquad + \|p_{\mathrm{N}}\|_{L^{2q_{\mathrm{R}}}(\Gamma_p;\mathbb{R})}\|\boldsymbol{\nabla}\delta v_{ih}\|_{L^{2q_{\mathrm{R}}}(\Gamma_p;\mathbb{R}^d)}\big) \\
&\quad \le \|\kappa\|_{C^0(\Gamma_p;\mathbb{R})}\|\boldsymbol{\nu}\|_{L^\infty(\Gamma_p;\mathbb{R}^d)}\|\gamma_{\partial\Omega}\|^2\|p_{\mathrm{N}}\|_{W^{1,2q_{\mathrm{R}}}(\Omega;\mathbb{R})}\|\delta v_{ih}\|_{W^{1,2q_{\mathrm{R}}}(\Omega;\mathbb{R})} \\
&\qquad + (d-1)\max_{i\in\{1,\dots,d-1\}}\|\boldsymbol{\tau}_i\|_{L^\infty(\Gamma_p\cup\Gamma_{\eta i};\mathbb{R}^d)}\|\gamma_{\partial\Omega}\|^2 \\
&\qquad \times \big(\|p_{\mathrm{N}}\|_{W^{2,2q_{\mathrm{R}}}(\Omega;\mathbb{R})}\|\delta v_{ih}\|_{W^{1,2q_{\mathrm{R}}}(\Omega;\mathbb{R})} \\
&\qquad\qquad + \|p_{\mathrm{N}}\|_{W^{1,2q_{\mathrm{R}}}(\Omega;\mathbb{R})}\|\delta v_{ih}\|_{W^{2,2q_{\mathrm{R}}}(\Omega;\mathbb{R})}\big)
\end{aligned} \tag{9.10.29}
$$

$$
\begin{aligned}
&\|\delta \boldsymbol{g}_{\partial p i h}\|_{L^\infty(\partial\Gamma_p\cup\Theta_p;\mathbb{R}^d)}\\
&\quad \le \|\boldsymbol{\tau}\|_{L^\infty(\partial\Gamma_p\cup\Theta_p;\mathbb{R}^d)}\|p_{\mathrm{N}}\|_{L^{2q_{\mathrm{R}}}(\partial\Gamma_p\cup\Theta;\mathbb{R})}\|\delta v_{ih}\|_{L^{2q_{\mathrm{R}}}(\partial\Gamma_p\cup\Theta;\mathbb{R})}\\
&\quad \le \|\boldsymbol{\tau}\|_{L^\infty(\partial\Gamma_p\cup\Theta_p;\mathbb{R}^d)}\|\gamma_{\partial\Omega}\|^2\|\gamma_{\partial\Gamma}\|^2\|p_{\mathrm{N}}\|_{W^{1,2q_{\mathrm{R}}}(\Omega;\mathbb{R})}\|\gamma v_{ih}\|_{W^{1,2q_{\mathrm{R}}}(\Omega;\mathbb{R})}
\end{aligned}
\tag{9.10.30}
$$

となる．$\|\delta \boldsymbol{g}_{\eta i h}\|_{L^\infty(\Gamma_{\eta i};\mathbb{R}^d)}$ と $\|\delta \boldsymbol{g}_{\eta i h}\|_{L^\infty(\partial\Gamma_{\eta i}\cup\Theta_{\eta i};\mathbb{R}^d)}$ についても同様の結果を得る．ここで，仮定 9.10.1 の (1) と (2) が満たされていれば，δ がつかない項はすべて有界となる．また，δ のついた項に注目すれば，式 (9.10.29) に $\|\delta u_h\|_{W^{2,2q_{\mathrm{R}}}(\Omega;\mathbb{R})}$ と $\|\delta v_{ih}\|_{W^{2,2q_{\mathrm{R}}}(\Omega;\mathbb{R}^d)}$ を含む項が存在する．そこで，$j=2$ とおいた式 (9.10.16) と式 (9.10.17) を δ のついた項に代入すれば，これらの項は有界となる．そこで，式 (9.10.22) が得られる．

さらに，仮定 9.5.4 が満たされていれば，$\boldsymbol{\tau}$ のノルムがついた項はなくなる．そこで，$\|\delta u_h\|_{W^{2,2q_{\mathrm{R}}}(\Omega;\mathbb{R})}$ と $\|\delta v_{ih}\|_{W^{2,2q_{\mathrm{R}}}(\Omega;\mathbb{R}^d)}$ を含む項がなくなり，$j=1$ とおいた式 (9.10.16) と式 (9.10.17) を δ のついたすべての項に代入することができて，式 (9.10.24) が得られる．

一方，関数の形状偏微分公式を用いた $\bar{\boldsymbol{g}}_i$ の数値誤差 $\delta\bar{\boldsymbol{g}}_{ih}$ は，式 (9.7.27) より，

$$
|\langle \delta\bar{\boldsymbol{g}}_{ih}, \boldsymbol{\varphi}\rangle| \le |\mathscr{L}_{i\boldsymbol{\phi}^* u v_i}(\boldsymbol{\phi}, u, v_i)[\boldsymbol{\varphi}, \delta u_h, \delta v_{ih}]| \tag{9.10.31}
$$

を満たす．式 (9.10.31) の右辺に対して Hölder の不等式（定理 A.9.1），Poincaré の不等式の系（系 A.9.4）およびトレース定理（定理 4.4.2）を用いれば，

$$
\begin{aligned}
&|\mathscr{L}_{i\boldsymbol{\phi}^* u v_i}(\boldsymbol{\phi}, u, v_i)[\boldsymbol{\varphi}, \delta u_h, \delta v_{ih}]|\\
&\quad \le \|\delta\bar{\boldsymbol{g}}_{\partial\Omega i h}\|_{L^\infty(\partial\Omega;\mathbb{R}^d)}\|\boldsymbol{\varphi}\|_{L^2(\partial\Omega;\mathbb{R}^d)}\\
&\qquad + \|\delta\bar{\boldsymbol{g}}_{p i h}\|_{L^\infty(\Gamma_p;\mathbb{R}^d)}\|\boldsymbol{\varphi}\|_{L^2(\Gamma_p;\mathbb{R}^d)}\\
&\qquad + \|\delta\bar{\boldsymbol{g}}_{\partial p i h}\|_{L^\infty(\partial\Gamma_p\cup\Theta_p;\mathbb{R}^d)}\|\boldsymbol{\varphi}\|_{L^2(\partial\Gamma_p\cup\Theta_p;\mathbb{R}^d)}\\
&\qquad + \|\delta\bar{\boldsymbol{g}}_{\eta i h}\|_{L^\infty(\Gamma_{\eta i};\mathbb{R}^d)}\|\boldsymbol{\varphi}\|_{L^2(\Gamma_{\eta i};\mathbb{R}^d)}\\
&\qquad + \|\delta\bar{\boldsymbol{g}}_{\partial\eta i h}\|_{L^\infty(\partial\Gamma_{\eta i}\cup\Theta_{\eta i};\mathbb{R}^d)}\|\boldsymbol{\varphi}\|_{L^2(\partial\Gamma_{\eta i}\cup\Theta_{\eta i};\mathbb{R}^d)}\\
&\qquad + \|\delta\bar{\boldsymbol{g}}_{\mathrm{D} h}\|_{L^\infty(\Gamma_{\mathrm{D}};\mathbb{R}^d)}\|\boldsymbol{\varphi}\|_{L^2(\Gamma_{\mathrm{D}};\mathbb{R}^d)}\\
&\quad \le \|\gamma_{\partial\Omega}\|^2\bigl(\|\delta\bar{\boldsymbol{g}}_{\partial\Omega i h}\|_{L^\infty(\partial\Omega;\mathbb{R}^d)} + \|\delta \boldsymbol{g}_{p i h}\|_{L^\infty(\Gamma_p;\mathbb{R}^d)}\\
&\qquad\qquad + \|\gamma_{\partial\Gamma}\|\,\|\delta\bar{\boldsymbol{g}}_{\partial p i h}\|_{L^\infty(\partial\Gamma_p\cup\Theta_p;\mathbb{R}^d)} + \|\delta \boldsymbol{g}_{\eta i h}\|_{L^\infty(\Gamma_{\eta i};\mathbb{R}^d)}\\
&\qquad\qquad + \|\gamma_{\partial\Gamma}\|\,\|\delta\bar{\boldsymbol{g}}_{\partial\eta i h}\|_{L^\infty(\partial\Gamma_{\eta i}\cup\Theta_{\eta i};\mathbb{R}^d)} + \|\delta \boldsymbol{g}_{\mathrm{D} h}\|_{L^\infty(\Gamma_{\mathrm{D}};\mathbb{R}^d)}\bigr)\|\boldsymbol{\varphi}\|_X
\end{aligned}
$$

が成り立つ．ただし，

$$
\begin{aligned}
&\|\delta\bar{\boldsymbol{g}}_{\partial\Omega i h}\|_{L^\infty(\partial\Omega;\mathbb{R}^d)}\\
&\quad \le \bigl(\|\zeta_{iu}\|_{L^{2q_{\mathrm{R}}}(\partial\Omega;\mathbb{R})}\|\delta u_h\|_{L^{2q_{\mathrm{R}}}(\partial\Omega;\mathbb{R})}
\end{aligned}
$$

$$
\begin{aligned}
&\quad + \|\nabla \delta u_h\|_{L^{2q_\mathrm{R}}(\partial\Omega;\mathbb{R}^d)} \|\nabla v_i\|_{L^{2q_\mathrm{R}}(\partial\Omega;\mathbb{R}^d)} \\
&\quad + \|\nabla u\|_{L^{2q_\mathrm{R}}(\partial\Omega;\mathbb{R}^d)} \|\nabla \delta v_{ih}\|_{L^{2q_\mathrm{R}}(\partial\Omega;\mathbb{R}^d)} \\
&\quad + \|b\|_{L^{2q_\mathrm{R}}(\partial\Omega;\mathbb{R})} \|\delta u_h\|_{L^{2q_\mathrm{R}}(\partial\Omega;\mathbb{R})} \bigr) \|\boldsymbol{\nu}\|_{L^\infty(\partial\Omega;\mathbb{R}^d)} \\
&\le \bigl(\|\zeta_{iu}\|_{W^{1,2q_\mathrm{R}}(\Omega;\mathbb{R})} \|\delta u_h\|_{W^{1,2q_\mathrm{R}}(\Omega;\mathbb{R})} \\
&\quad + \|\delta u_h\|_{W^{2,2q_\mathrm{R}}(\Omega;\mathbb{R})} \|v_i\|_{W^{2,2q_\mathrm{R}}(\Omega;\mathbb{R})} \\
&\quad + \|u\|_{W^{2,2q_\mathrm{R}}(\Omega;\mathbb{R})} \|\delta v_{ih}\|_{W^{2,2q_\mathrm{R}}(\Omega;\mathbb{R})} \\
&\quad + \|b\|_{W^{1,2q_\mathrm{R}}(\Omega;\mathbb{R})} \|\delta u_h\|_{W^{1,2q_\mathrm{R}}(\Omega;\mathbb{R})} \bigr) \|\boldsymbol{\nu}\|_{L^\infty(\partial\Omega;\mathbb{R}^d)}
\end{aligned}
$$

$$
\begin{aligned}
&\|\delta \bar{\boldsymbol{g}}_{pih}\|_{L^\infty(\Gamma_p;\mathbb{R}^d)} \\
&\quad \le \|\kappa\|_{C^0(\Gamma_p;\mathbb{R})} \|\boldsymbol{\nu}\|_{L^\infty(\Gamma_p;\mathbb{R}^d)} \|p_\mathrm{N}\|_{L^{2q_\mathrm{R}}(\Gamma_p;\mathbb{R})} \|\delta v_{ih}\|_{L^{2q_\mathrm{R}}(\Gamma_p;\mathbb{R})} \\
&\qquad + \|\boldsymbol{\nu}\|^2_{L^\infty(\Gamma_p;\mathbb{R}^d)} \bigl(\|\nabla p_\mathrm{N}\|_{L^{2q_\mathrm{R}}(\Gamma_p;\mathbb{R}^d)} \|\delta v_{ih}\|_{L^{2q_\mathrm{R}}(\Gamma_p;\mathbb{R})} \\
&\qquad\qquad + \|p_\mathrm{N}\|_{L^{2q_\mathrm{R}}(\Gamma_p;\mathbb{R})} \|\nabla \delta v_{ih}\|_{L^{2q_\mathrm{R}}(\Gamma_p;\mathbb{R}^d)} \bigr) \\
&\quad \le \|\kappa\|_{C^0(\Gamma_p;\mathbb{R})} \|\boldsymbol{\nu}\|_{L^\infty(\Gamma_p;\mathbb{R}^d)} \|\gamma_{\partial\Omega}\|^2 \|p_\mathrm{N}\|_{W^{1,2q_\mathrm{R}}(\Omega;\mathbb{R})} \|\delta v_{ih}\|_{W^{1,2q_\mathrm{R}}(\Omega;\mathbb{R})} \\
&\qquad + \|\boldsymbol{\nu}\|^2_{L^\infty(\Gamma_p;\mathbb{R}^d)} \|\gamma_{\partial\Omega}\|^2 \bigl(\|p_\mathrm{N}\|_{W^{2,2q_\mathrm{R}}(\Omega;\mathbb{R})} \|\delta v_{ih}\|_{W^{1,2q_\mathrm{R}}(\Omega;\mathbb{R})} \\
&\qquad\qquad + \|p_\mathrm{N}\|_{W^{1,2q_\mathrm{R}}(\Omega;\mathbb{R})} \|\delta v_{ih}\|_{W^{2,2q_\mathrm{R}}(\Omega;\mathbb{R})} \bigr)
\end{aligned}
$$

$$
\|\delta \bar{\boldsymbol{g}}_{\partial pih}\|_{L^\infty(\partial\Gamma_p \cup \Theta_p;\mathbb{R}^d)} = \|\delta \boldsymbol{g}_{\partial pih}\|_{L^\infty(\partial\Gamma_p \cup \Theta_p;\mathbb{R}^d)}
$$

$$
\begin{aligned}
&\|\delta \bar{\boldsymbol{g}}_{\mathrm{D}h}\|_{L^\infty(\Gamma_\mathrm{D};\mathbb{R}^d)} \\
&\quad \le \|\boldsymbol{\nu}\|^2_{L^\infty(\Gamma_\mathrm{D};\mathbb{R}^d)} \bigl(\|\nabla \delta u_h\|_{L^{2q_\mathrm{R}}(\Gamma_\mathrm{D};\mathbb{R}^d)} \|\nabla v_i\|_{L^{2q_\mathrm{R}}(\Gamma_\mathrm{D};\mathbb{R}^d)} \\
&\qquad + \|\nabla (u - u_\mathrm{D})\|_{L^{2q_\mathrm{R}}(\Gamma_\mathrm{D};\mathbb{R}^d)} \|\nabla \delta v_{ih}\|_{L^{2q_\mathrm{R}}(\Gamma_\mathrm{D};\mathbb{R}^d)} \\
&\qquad + \|\nabla \delta v_{ih}\|_{L^{2q_\mathrm{R}}(\Gamma_\mathrm{D};\mathbb{R}^d)} \|\nabla u\|_{L^{2q_\mathrm{R}}(\Gamma_\mathrm{D};\mathbb{R}^d)} \\
&\qquad + \|\nabla (v_i - v_{\mathrm{D}i})\|_{L^{2q_\mathrm{R}}(\Gamma_\mathrm{D};\mathbb{R}^d)} \|\nabla \delta u_h\|_{L^{2q_\mathrm{R}}(\Gamma_\mathrm{D};\mathbb{R}^d)} \bigr) \\
&\quad \le \|\gamma_{\partial\Omega}\|^2 \|\boldsymbol{\nu}\|^2_{L^\infty(\Gamma_\mathrm{D};\mathbb{R}^d)} \bigl(\|\delta u_h\|_{W^{2,2q_\mathrm{R}}(\Omega;\mathbb{R})} \|v_i\|_{W^{2,2q_\mathrm{R}}(\Omega;\mathbb{R})} \\
&\qquad + \|(u - u_\mathrm{D})\|_{W^{2,2q_\mathrm{R}}(\Omega;\mathbb{R})} \|\delta v_{ih}\|_{W^{2,2q_\mathrm{R}}(\Omega;\mathbb{R})} \\
&\qquad + \|\delta v_{ih}\|_{W^{2,2q_\mathrm{R}}(\Omega;\mathbb{R})} \|u\|_{W^{2,2q_\mathrm{R}}(\Omega;\mathbb{R})} \\
&\qquad + \|(v_i - v_{\mathrm{D}i})\|_{W^{2,2q_\mathrm{R}}(\Omega;\mathbb{R})} \|\delta u_h\|_{W^{2,2q_\mathrm{R}}(\Omega;\mathbb{R})} \bigr)
\end{aligned}
$$

となる．$\|\delta \bar{\boldsymbol{g}}_{\eta ih}\|_{L^\infty(\Gamma_{\eta i};\mathbb{R}^d)}$ と $\|\delta \bar{\boldsymbol{g}}_{\partial\eta ih}\|_{L^\infty(\partial\Gamma_{\eta i} \cup \Theta_{\eta i};\mathbb{R}^d)}$ についても同様の結果を得る．ここで，$k_1 = 2$ とおいた仮定 9.10.1 の (1) が満たされていれば，δ がつかない項はすべて有界となる．また，δ のついた項に，$j = 2$ とおいた式 (9.10.16) と式 (9.10.17) を代入すれば，式 (9.10.23) が得られる． □

■補題 9.10.3 (φ_{gi} と $\bar{\varphi}_{gi}$ の誤差評価)　仮定 9.10.1 の (1)，(2) および式 (9.10.16) と式 (9.10.17) が満たされているとき，式 (9.10.7) の $\delta\boldsymbol{\varphi}_{gi}$ と式 (9.10.8) の $\delta\bar{\boldsymbol{\varphi}}_{gi}$ に対してそれぞれ h に依存しないある定数 c_6 と $\bar{c}_6$ が存在

して，

$$\|\delta \boldsymbol{\varphi}_{gi}\|_X \le c_6 h^{\min\{k_1-1,k_2\}} \tag{9.10.32}$$

$$\|\delta \bar{\boldsymbol{\varphi}}_{gi}\|_X \le \bar{c}_6 h^{\min\{k_1-1,k_2\}} \tag{9.10.33}$$

が成り立つ．さらに，仮定 9.5.4 が満たされているとき，

$$\|\delta \boldsymbol{\varphi}_{gi}\|_X \le c_6 h^{\min\{k_1,k_2\}} \tag{9.10.34}$$

が成り立つ．

▶**証明**　関数の形状微分公式を用いた場合には，式 (9.10.5) と式 (9.10.7) より，

$$\|\delta \boldsymbol{\varphi}_{gi}\|_{H^1(\Omega;\mathbb{R}^d)} \le \|\delta \hat{\boldsymbol{\varphi}}_{gi}\|_{H^1(\Omega;\mathbb{R}^d)} + \|\delta \hat{\boldsymbol{\varphi}}_{gih}\|_{H^1(\Omega;\mathbb{R}^d)} \tag{9.10.35}$$

が成り立つ．ただし，$\|\delta \hat{\boldsymbol{\varphi}}_{gi}\|_{H^1(\Omega;\mathbb{R}^d)}$ は補題 9.10.2 の $\delta \boldsymbol{g}_{ih}$ が H^1 勾配法（たとえば，問題 9.8.3）の厳密解に及ぼす誤差を表し，$\|\delta \hat{\boldsymbol{\varphi}}_{gih}\|_{H^1(\Omega;\mathbb{R}^d)}$ は H^1 勾配法の数値解に対する誤差を表す．式 (9.10.35) の $\|\delta \hat{\boldsymbol{\varphi}}_{gi}\|_{H^1(\Omega;\mathbb{R}^d)}$ は，任意の $\boldsymbol{\varphi} \in X$ に対して，

$$a_X(\delta \hat{\boldsymbol{\varphi}}_{gi}, \boldsymbol{\varphi}) = -\langle \delta \boldsymbol{g}_{ih}, \boldsymbol{\varphi} \rangle$$

を満たす．そこで，$\boldsymbol{\varphi} = \delta \hat{\boldsymbol{\varphi}}_{gi}$ とおけば，

$$\alpha_X \|\delta \hat{\boldsymbol{\varphi}}_{gi}\|^2_{H^1(\Omega;\mathbb{R}^d)} \le |\langle \delta \boldsymbol{g}_{ih}, \delta \hat{\boldsymbol{\varphi}}_{gi} \rangle| \tag{9.10.36}$$

が成り立つ．ただし，α_X は式 (9.8.1) で使われた正定数である．式 (9.10.36) の $\delta \boldsymbol{g}_{ih}$ に対して，補題 9.10.2 の式 (9.10.22) を用いれば，

$$\|\delta \hat{\boldsymbol{\varphi}}_{gi}\|_{H^1(\Omega;\mathbb{R}^d)} \le \frac{c_5}{\alpha_X} h^{k_1-1} \tag{9.10.37}$$

が得られる．一方，$\|\delta \hat{\boldsymbol{\varphi}}_{gih}\|_{H^1(\Omega;\mathbb{R}^d)}$ は，$j=1$ とおいた式 (9.10.18) より，

$$\|\delta \hat{\boldsymbol{\varphi}}_{gih}\|_{H^1(\Omega;\mathbb{R}^d)} \le \|\delta \hat{\boldsymbol{\varphi}}_{gih}\|_{W^{1,2q_{\mathrm{R}}}(\Omega;\mathbb{R}^d)} \le c_3 h^{k_2} \|\hat{\boldsymbol{\varphi}}_{gi}\|_{W^{k_2+1,2q_{\mathrm{R}}}(\Omega;\mathbb{R}^d)} \tag{9.10.38}$$

を満たす．式 (9.10.38) において，$\|\hat{\boldsymbol{\varphi}}_{gi}\|_{W^{k_2+1,2q_{\mathrm{R}}}(\Omega;\mathbb{R}^d)}$ は有界である．なぜならば，定理 9.8.6 の証明において，仮定 9.10.1 の (1) を用いれば，$\hat{\boldsymbol{\varphi}}_{gi} \in W^{k_2+1,\infty}(\Omega;\mathbb{R}^d)$ が得られる．そこで，式 (9.10.37) と式 (9.10.38) を式 (9.10.35) に代入すれば，補題の式 (9.10.32) が得られる．

さらに，仮定 9.5.4 が満たされていれば，式 (9.10.36) の $\delta \boldsymbol{g}_{ih}$ に対して，補題 9.10.2 の式 (9.10.24) を適用できて，

$$\|\delta\hat{\boldsymbol{\varphi}}_{gi}\|_{H^1(\Omega;\mathbb{R}^d)} \le \frac{c_5}{\alpha_X} h^{k_1} \tag{9.10.39}$$

が得られる．そこで，式 (9.10.39) と式 (9.10.38) を式 (9.10.35) に代入すれば，補題の式 (9.10.34) が得られる．

式 (9.10.36) の $\delta \boldsymbol{g}_{ih}$ を $\delta \bar{\boldsymbol{g}}_{ih}$ に変更して，$\delta \bar{\boldsymbol{g}}_{ih}$ に対して補題 9.10.2 の式 (9.10.23) を用いれば，補題の式 (9.10.33) が得られる．□

■補題 9.10.4 ($\boldsymbol{\lambda}_h$ と $\bar{\boldsymbol{\lambda}}_h$ の誤差評価)　仮定 9.10.1 が満たされているとき，式 (9.10.9) の λ_{ih} と式 (9.10.10) の $\bar{\lambda}_{ih}$ に対してそれぞれ h に依存しないある定数 c_7 と $\bar{c}_7$ が存在して，

$$\|\delta\boldsymbol{\lambda}_h\|_{\mathbb{R}^{|I_\mathrm{A}|}} \le c_7 h^{\min\{k_1-1,k_2\}} \tag{9.10.40}$$

$$\|\delta\bar{\boldsymbol{\lambda}}_h\|_{\mathbb{R}^{|I_\mathrm{A}|}} \le \bar{c}_7 h^{\min\{k_1-1,k_2\}} \tag{9.10.41}$$

が成り立つ．さらに，仮定 9.5.4 が満たされているとき，

$$\|\delta\boldsymbol{\lambda}_h\|_{\mathbb{R}^{|I_\mathrm{A}|}} \le c_7 h^{\min\{k_1,k_2\}} \tag{9.10.42}$$

が成り立つ．

▶証明　関数の形状微分公式を用いた場合には，式 (9.10.9) の $\boldsymbol{\lambda}_h$ に対して，

$$\begin{aligned}\delta\boldsymbol{\lambda}_h &= \boldsymbol{A}_h^{-1}(-\delta\boldsymbol{A}_h\boldsymbol{\lambda} + \delta\boldsymbol{b}_h)\\ &= \boldsymbol{A}_h^{-1}\{-((\langle\delta\boldsymbol{g}_{ih},\boldsymbol{\varphi}_{gj}\rangle)_{(i,j)\in I_\mathrm{A}^2} - (\langle\boldsymbol{g}_i,\delta\boldsymbol{\varphi}_{gj}\rangle)_{(i,j)\in I_\mathrm{A}^2})\boldsymbol{\lambda}\\ &\qquad + (\langle\delta\boldsymbol{g}_{ih},\boldsymbol{\varphi}_{g0}\rangle)_{i\in I_\mathrm{A}} + (\langle\boldsymbol{g}_i,\delta\boldsymbol{\varphi}_{g0}\rangle)_{i\in I_\mathrm{A}}\}\end{aligned}$$

が成り立つ．そこで，式 (9.10.20) を用いれば，

$$\begin{aligned}\|\delta\boldsymbol{\lambda}_h\|_{\mathbb{R}^{|I_\mathrm{A}|}} &\le c_4(1+|I_\mathrm{A}|\max_{i\in I_\mathrm{A}}|\lambda_i|)\\ &\qquad\times\max_{(i,j)\in I_\mathrm{A}\times(I_\mathrm{A}\cup\{0\})}(|\langle\delta\boldsymbol{g}_{ih},\boldsymbol{\varphi}_{gj}\rangle| + |\langle\boldsymbol{g}_i,\delta\boldsymbol{\varphi}_{gj}\rangle|)\end{aligned} \tag{9.10.43}$$

が成り立つ．式 (9.10.43) の $|\langle\delta\boldsymbol{g}_{ih},\boldsymbol{\varphi}_{gj}\rangle|$ について，補題 9.10.2 の式 (9.10.22) を用いれば，

$$|\langle\delta\boldsymbol{g}_{ih},\boldsymbol{\varphi}_{gj}\rangle| \le c_5 h^{k_1-1}\|\boldsymbol{\varphi}_{gj}\|_X \tag{9.10.44}$$

が成り立つ．また，$|\langle\boldsymbol{g}_{ih},\delta\boldsymbol{\varphi}_{gjh}\rangle|$ について，補題 9.10.3 の式 (9.10.32) より

$$|\langle\boldsymbol{g}_i,\delta\boldsymbol{\varphi}_{gj}\rangle| \le c_6 h^{k_1-1}\|\boldsymbol{g}_i\|_X \tag{9.10.45}$$

が成り立つ．式 (9.10.45) において，$\|\boldsymbol{g}_i\|_X$ は有界である．なぜならば，定理 9.7.2 の証明において，仮定 9.10.1 の (1) を用いれば，$\boldsymbol{g}_i \in W^{k_1,q_{\mathrm{R}}}(\Omega;\mathbb{R}^d)$ が得られるからである．そこで，式 (9.10.44) と式 (9.10.45) を式 (9.10.43) に代入すれば，補題の式 (9.10.40) が得られる．

さらに，仮定 9.5.4 が満たされているときは，式 (9.10.44) の $\delta\boldsymbol{g}_{ih}$ に対して補題 9.10.3 の式 (9.10.34) を用いることで，補題の式 (9.10.42) が得られる．

式 (9.10.44) の $\delta\boldsymbol{g}_{ih}$ と $\boldsymbol{\varphi}_{gjh}$ をそれぞれ $\delta\bar{\boldsymbol{g}}_{ih}$ と $\bar{\boldsymbol{\varphi}}_{gjh}$ に変更して，さらに，定理 9.7.2 を定理 9.7.4 に変更して，補題 9.10.3 の式 (9.10.32) を式 (9.10.33) に変更すれば，補題の式 (9.10.41) が得られる． □

これらの補題に基づいて，次の結果が得られる．

■定理 9.10.5（φ_g と $\bar{\varphi}_g$ の誤差評価） 仮定 9.10.1 が満たされているとき，式 (9.10.11) の $\delta\boldsymbol{\varphi}_{gh}$ と式 (9.10.12) の $\delta\bar{\boldsymbol{\varphi}}_{gh}$ に対してそれぞれ h に依存しないある定数 c と $\bar{c}$ が存在して，

$$\|\delta\boldsymbol{\varphi}_{gh}\|_X \le c h^{\min\{k_1-1,k_2\}} \tag{9.10.46}$$

$$\|\delta\bar{\boldsymbol{\varphi}}_{gh}\|_X \le \bar{c} h^{\min\{k_1-1,k_2\}} \tag{9.10.47}$$

を満たす．さらに，仮定 9.5.4 が満たされているとき，

$$\|\delta\boldsymbol{\varphi}_{gh}\|_X \le c h^{\min\{k_1,k_2\}} \tag{9.10.48}$$

が成り立つ．

▶証明 式 (9.10.11) より

$$\delta\boldsymbol{\varphi}_{gh} = \delta\boldsymbol{\varphi}_{g0h} + \sum_{i\in I_{\mathrm{A}}}(\delta\lambda_{ih}\boldsymbol{\varphi}_{gi} + \lambda_i\delta\boldsymbol{\varphi}_{gih}) \tag{9.10.49}$$

が成り立つ．式 (9.10.49) より

$$\begin{aligned}\|\delta\boldsymbol{\varphi}_{gh}\|_X \le{}& \left(1 + |I_{\mathrm{A}}|\max_{i\in I_{\mathrm{A}}}|\lambda_i|\right)\max_{i\in I_{\mathrm{A}}\cup\{0\}}\|\delta\boldsymbol{\varphi}_{gih}\|_X \\ &+ \|\delta\boldsymbol{\lambda}_h\|_{\mathbb{R}^{|I_{\mathrm{A}}|}}\max_{i\in I_{\mathrm{A}}}\|\boldsymbol{\varphi}_{gi}\|_X\end{aligned} \tag{9.10.50}$$

が得られる．式 (9.10.50) に補題 9.10.3 の式 (9.10.32) と補題 9.10.4 の式 (9.10.40) を代入すれば，定理の式 (9.10.46) が得られる．

さらに，仮定 9.5.4 が満たされているときは，式 (9.10.50) に補題 9.10.3 の式 (9.10.34) と補題 9.10.4 の式 (9.10.42) を代入することで定理の式 (9.10.48) が得られる．

式 (9.10.50) の $\delta\boldsymbol{\varphi}_{ghi}$ と $\delta\boldsymbol{\lambda}_h$ をそれぞれ $\delta\bar{\boldsymbol{\varphi}}_{ghi}$ と $\delta\bar{\boldsymbol{\lambda}}_h$ に変更して，補題 9.10.3 の式 (9.10.33) と補題 9.10.4 の式 (9.10.41) を式 (9.10.50) に代入すれば，定理の式 (9.10.47) が得られる． □

定理 9.10.5 より，領域変動型形状最適化問題に対する有限要素解の誤差評価について次のことがいえる．

♦注意 9.10.6（形状最適化問題に対する有限要素解の誤差評価） 定理 9.10.5 より，探索ベクトル $\boldsymbol{\varphi}_{gh}$ の誤差 $\|\delta\boldsymbol{\varphi}_{gh}\|_X$ が有限要素分割列 $\{\mathcal{T}_h\}_{h\to 0}$ に対して 1 次のオーダーで減少するためには，次の条件が満たされる必要がある．

仮定 9.10.1 が満たされているとき，

(1) 状態決定問題と f_i に対する随伴問題に対して，$k_1 = 2$ 次の基底関数による有限要素解を用いる．

(2) 式 (9.7.5) の $\boldsymbol{g}_i$（関数の形状微分公式）あるいは式 (9.7.27) の $\bar{\boldsymbol{g}}_i$（関数の形状偏微分公式）を用いた H^1 勾配法に対して，$k_2 = 1$ 次の基底関数による有限要素解を用いる．

さらに，仮定 9.5.4 が満たされているならば，

(1) 状態決定問題と f_i に対する随伴問題に対して，$k_1 = 1$ 次の基底関数による有限要素解を用いる．

(2) 式 (9.7.5) の $\boldsymbol{g}_i$（関数の形状微分公式）を用いた H^1 勾配法に対して，$k_2 = 1$ 次の基底関数による有限要素解を用いる．

9.11 線形弾性体の形状最適化問題

形状最適化問題の応用例として，線形弾性体の平均コンプライアンス最小化問題をとりあげて，形状微分が得られるまでをみてみよう．ここでも，初期領域 Ω_0 に対する条件や $\Gamma_{\mathrm{D}0}, \Gamma_{\mathrm{N}0}$ および Γ_{p0} の定義，さらに，X および $\mathcal{D}$ の定義は 9.1 節と同様であるとする（図 9.11.1）．ただし，$\mathcal{D}$ については，より具体的に

$$\mathcal{D} = \{\boldsymbol{\phi} \in X \cap W^{1,\infty}(\mathbb{R}^d;\mathbb{R}^d) \mid \|\boldsymbol{\phi}\|_{W^{1,\infty}(\mathbb{R}^d;\mathbb{R}^d)} \leq \sigma,\ \Gamma_p(\boldsymbol{\phi}) \setminus \bar{\Omega}_{\mathrm{C}0} \text{ は区分的に } C^2 \text{ 級}\} \tag{9.11.1}$$

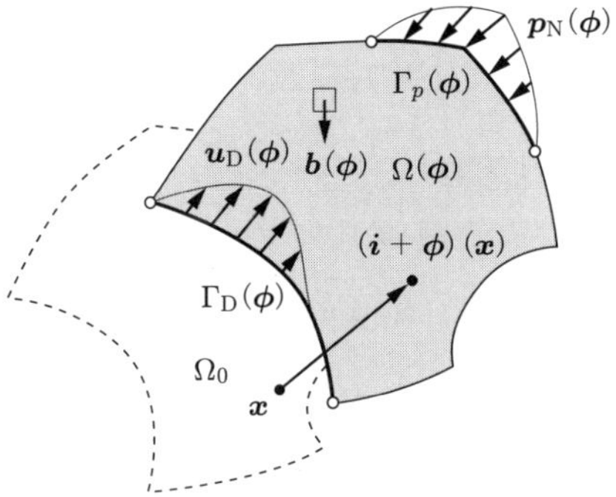

図 9.11.1　線形弾性体の初期領域 Ω_0 と領域変動（変位）$\boldsymbol{\phi}$

とおく．

9.11.1　状態決定問題

状態決定問題として線形弾性問題を定義する．ここでは，問題 5.4.2 で用いた記号を用いることにする．それに加えて，形状最適化問題のために定義を追加する．$\boldsymbol{\phi} \in \mathcal{D}$ に対して，状態変数（状態決定問題の解）$\boldsymbol{u}$ の線形空間 U を

$$U = \{\boldsymbol{u} \in H^1(\mathbb{R}^d;\mathbb{R}^d) \mid \boldsymbol{u} = \boldsymbol{0}_{\mathbb{R}^d} \text{ on } \Gamma_{\mathrm{D}}(\boldsymbol{\phi})\} \tag{9.11.2}$$

とおく．式 (9.5.1) の U では値域が $\mathbb{R}$ であったが，式 (9.11.2) では $\mathbb{R}^d$ となっている点が異なっている．また，$\boldsymbol{u}$ が入る許容集合を

$$\mathcal{S} = U \cap W^{1,\infty}(\mathbb{R}^d;\mathbb{R}^d) \tag{9.11.3}$$

とおく．本節でも，さらに必要となる正則性については，必要となったときに示すことにする．この正則性が満たされるようにするために，既知関数の正則性について，仮定 9.5.1 と仮定 9.5.2 において，関数が太文字に変更され，関数の値域が $\mathbb{R}^d$ に変更されたときの同様の仮定を設けることにする．ただし，線形弾性問題においては，$\boldsymbol{E}(\boldsymbol{u})$ と $\boldsymbol{S}(\boldsymbol{\phi},\boldsymbol{u}) = \boldsymbol{C}(\boldsymbol{\phi})\boldsymbol{E}(\boldsymbol{u})$ をそれぞれ式 (5.4.2) と式 (5.4.6) で定義された線形ひずみと応力として，$\boldsymbol{C}$ は楕円的であるとする．仮定 9.5.1 と仮定 9.5.2 において

$$\boldsymbol{C} \in C^1(\mathcal{D};W^{1,\infty}(\mathbb{R}^d;\mathbb{R}^{d\times d\times d\times d})) \tag{9.11.4}$$

が追加されるものとする．境界の正則性については，仮定 9.5.3 が用いられる．

以上の仮定を用いて，領域変動型線形弾性問題を次のように定義する．

問題 9.11.1（線形弾性問題）

$\boldsymbol{\phi} \in \mathcal{D}$ に対して $\boldsymbol{b}(\boldsymbol{\phi}), \boldsymbol{p}_{\mathrm{N}}(\boldsymbol{\phi}), \boldsymbol{u}_{\mathrm{D}}(\boldsymbol{\phi})$ および $\boldsymbol{C}(\boldsymbol{\phi})$ が与えられたとき，

$$-\boldsymbol{\nabla}^{\mathrm{T}} \boldsymbol{S}(\boldsymbol{\phi}, \boldsymbol{u}) = \boldsymbol{b}^{\mathrm{T}}(\boldsymbol{\phi}) \quad \text{in } \Omega(\boldsymbol{\phi}) \tag{9.11.5}$$

$$\boldsymbol{S}(\boldsymbol{\phi}, \boldsymbol{u})\boldsymbol{\nu} = \boldsymbol{p}_{\mathrm{N}}(\boldsymbol{\phi}) \quad \text{on } \Gamma_p(\boldsymbol{\phi}) \tag{9.11.6}$$

$$\boldsymbol{S}(\boldsymbol{\phi}, \boldsymbol{u})\boldsymbol{\nu} = \boldsymbol{0}_{\mathbb{R}^d} \quad \text{on } \Gamma_{\mathrm{N}}(\boldsymbol{\phi}) \setminus \bar{\Gamma}_p(\boldsymbol{\phi}) \tag{9.11.7}$$

$$\boldsymbol{u} = \boldsymbol{u}_{\mathrm{D}}(\boldsymbol{\phi}) \quad \text{on } \Gamma_{\mathrm{D}}(\boldsymbol{\phi}) \tag{9.11.8}$$

を満たす $\boldsymbol{u} \colon \Omega(\boldsymbol{\phi}) \to \mathbb{R}^d$ を求めよ．

あとのために，線形弾性問題の弱形式（問題 5.4.3）と Dirichlet 境界条件を参照して，問題 9.11.1 に対する Lagrange 関数を

$$\begin{aligned}\mathscr{L}_{\mathrm{S}}(\boldsymbol{\phi}, \boldsymbol{u}, \boldsymbol{v}) &= \int_{\Omega(\boldsymbol{\phi})} (-\boldsymbol{S}(\boldsymbol{u}) \cdot \boldsymbol{E}(\boldsymbol{v}) + \boldsymbol{b} \cdot \boldsymbol{v}) \, \mathrm{d}x + \int_{\Gamma_p(\boldsymbol{\phi})} \boldsymbol{p}_{\mathrm{N}} \cdot \boldsymbol{v} \, \mathrm{d}\gamma \\ &\quad + \int_{\Gamma_{\mathrm{D}}(\boldsymbol{\phi})} \{(\boldsymbol{u} - \boldsymbol{u}_{\mathrm{D}}) \cdot (\boldsymbol{S}(\boldsymbol{v})\boldsymbol{\nu}) + \boldsymbol{v} \cdot (\boldsymbol{S}(\boldsymbol{u})\boldsymbol{\nu})\} \, \mathrm{d}\gamma\end{aligned} \tag{9.11.9}$$

と定義しておく．ただし，$\boldsymbol{v}$ は Lagrange 乗数として導入された U の要素とする．このとき，$\boldsymbol{u}$ が問題 9.11.1 の解ならば，任意の $\boldsymbol{v} \in U$ に対して，

$$\mathscr{L}_{\mathrm{S}}(\boldsymbol{\phi}, \boldsymbol{u}, \boldsymbol{v}) = 0$$

が成り立つ．この式は問題 9.11.1 の弱形式と同値である．

9.11.2　形状最適化問題

形状最適化問題を定義しよう．評価関数を次のように定義する．問題 9.11.1 の解 $\boldsymbol{u}$ に対して，

$$f_0(\boldsymbol{\phi}, \boldsymbol{u}) = \hat{l}(\boldsymbol{\phi})(\boldsymbol{u}) = \int_{\Omega(\boldsymbol{\phi})} \boldsymbol{b} \cdot \boldsymbol{u} \, \mathrm{d}x + \int_{\Gamma_p(\boldsymbol{\phi})} \boldsymbol{p}_{\mathrm{N}} \cdot \boldsymbol{u} \, \mathrm{d}\gamma$$

$$-\int_{\Gamma_{\mathrm{D}}(\boldsymbol{\phi})} \boldsymbol{u}_{\mathrm{D}} \cdot (\boldsymbol{S}(\boldsymbol{u})\boldsymbol{\nu})\,\mathrm{d}\gamma \tag{9.11.10}$$

を**平均コンプライアンス**とよぶ．その意味は 8.8.2 項で説明されたとおりである．ここで，$\hat{l}(\boldsymbol{\phi})(\boldsymbol{u})$ は式 (5.2.3) で定義された $\hat{l}(\boldsymbol{u})$ が $\boldsymbol{\phi}$ にも依存することを示している．また，

$$f_1(\boldsymbol{\phi}) = \int_{\Omega(\boldsymbol{\phi})} \mathrm{d}x - c_1 \tag{9.11.11}$$

を領域の大きさに対する制約関数とよぶ．ただし，c_1 は，ある $\boldsymbol{\phi} \in \mathcal{D}$ に対して $f_1(\boldsymbol{\phi}) \leq 0$ が成り立つような正定数とする．

このとき，平均コンプライアンス最小化問題は次のように定義される．

問題 9.11.2（平均コンプライアンス最小化問題）

$\mathcal{D}$ と $\mathcal{S}$ をそれぞれ式 (9.11.1) と式 (9.11.3) で定められるものとする．f_0 と f_1 を式 (9.11.10) と式 (9.11.11) とする．このとき，

$$\min_{\boldsymbol{\phi}\in\mathcal{D}}\{f_0(\boldsymbol{\phi},\boldsymbol{u}) \mid f_1(\boldsymbol{\phi}) \leq 0,\ \boldsymbol{u} - \boldsymbol{u}_{\mathrm{D}} \in \mathcal{S},\ \text{問題 9.11.1}\}$$

を満たす $\Omega(\boldsymbol{\phi})$ を求めよ．

9.11.3 評価関数の形状微分

$f_0(\boldsymbol{\phi},\boldsymbol{u})$ と $f_1(\boldsymbol{\phi})$ の形状微分を求めよう．ここでは，関数の形状微分公式を用いる場合と関数の形状偏微分公式を用いる場合に分けてみていくことにする．関数の形状微分公式を用いる場合には，2 階形状微分までを求めてみる．そのための準備として，$f_0(\boldsymbol{\phi},\boldsymbol{u})$ の Lagrange 関数を

$$\begin{aligned}
&\mathscr{L}_0(\boldsymbol{\phi},\boldsymbol{u},\boldsymbol{v}_0)\\
&\quad= f_0(\boldsymbol{\phi},\boldsymbol{u}) + \mathscr{L}_{\mathrm{S}}(\boldsymbol{\phi},\boldsymbol{u},\boldsymbol{v}_0)\\
&\quad= \int_{\Omega(\boldsymbol{\phi})} (-\boldsymbol{S}(\boldsymbol{u})\cdot\boldsymbol{E}(\boldsymbol{v}_0) + \boldsymbol{b}\cdot(\boldsymbol{u}+\boldsymbol{v}_0))\,\mathrm{d}x + \int_{\Gamma_p(\boldsymbol{\phi})} \boldsymbol{p}_{\mathrm{N}}\cdot(\boldsymbol{u}+\boldsymbol{v}_0)\,\mathrm{d}\gamma\\
&\qquad+ \int_{\Gamma_{\mathrm{D}}(\boldsymbol{\phi})} \{(\boldsymbol{u}-\boldsymbol{u}_{\mathrm{D}})\cdot(\boldsymbol{S}(\boldsymbol{v}_0)\boldsymbol{\nu}) + (\boldsymbol{v}_0-\boldsymbol{u}_{\mathrm{D}})\cdot(\boldsymbol{S}(\boldsymbol{u})\boldsymbol{\nu})\}\,\mathrm{d}\gamma
\end{aligned} \tag{9.11.12}$$

とおくことにする．ここで，$\mathscr{L}_{\mathrm{S}}$ は式 (9.11.9) で定義された状態決定問題の Lagrange 関数である．また，$\boldsymbol{v}_0$ は f_0 のために用意された状態決定問題に対する Lagrange 乗数で，$\tilde{\boldsymbol{v}}_0 = \boldsymbol{v}_0 - \boldsymbol{u}_{\mathrm{D}}$ が U の要素であると仮定する．

関数の形状微分公式を用いた形状微分

関数の形状微分公式を用いて，f_0 の形状微分を求めよう．ここでは，$\boldsymbol{b}(\boldsymbol{\phi})$，$\boldsymbol{p}_{\mathrm{N}}(\boldsymbol{\phi})$，$\boldsymbol{u}_{\mathrm{D}}(\boldsymbol{\phi})$ および $\boldsymbol{C}(\boldsymbol{\phi})$ は物質固定であると仮定する．ここでも，$\boldsymbol{b}(\boldsymbol{\phi})$ を $\boldsymbol{b}$ とかくときには，ほかの関数でも $\boldsymbol{\phi}$ を省略することにする．

このとき，$\mathscr{L}_0$ の形状微分は，任意の $(\boldsymbol{\varphi}, \boldsymbol{u}', \boldsymbol{v}_0') \in X \times U \times U$ に対して，

$$
\begin{aligned}
&\mathscr{L}_0'(\boldsymbol{\phi}, \boldsymbol{u}, \boldsymbol{v}_0)[\boldsymbol{\varphi}, \boldsymbol{u}', \boldsymbol{v}_0'] \\
&\quad = \mathscr{L}_{0\boldsymbol{\phi}'}(\boldsymbol{\phi}, \boldsymbol{u}, \boldsymbol{v}_0)[\boldsymbol{\varphi}] + \mathscr{L}_{0\boldsymbol{u}}(\boldsymbol{\phi}, \boldsymbol{u}, \boldsymbol{v}_0)[\boldsymbol{u}'] + \mathscr{L}_{0\boldsymbol{v}_0}(\boldsymbol{\phi}, \boldsymbol{u}, \boldsymbol{v}_0)[\boldsymbol{v}_0']
\end{aligned}
\tag{9.11.13}
$$

とかける．ただし，式 (9.3.5) と式 (9.3.8) の表記法に従うものとする．以下で各項について考察する．

式 (9.11.13) の右辺第 3 項は，

$$
\mathscr{L}_{0\boldsymbol{v}_0}(\boldsymbol{\phi}, \boldsymbol{u}, \boldsymbol{v}_0)[\boldsymbol{v}_0'] = \mathscr{L}_{\mathrm{S}\boldsymbol{v}_0}(\boldsymbol{\phi}, \boldsymbol{u}, \boldsymbol{v}_0)[\boldsymbol{v}_0'] = \mathscr{L}_{\mathrm{S}}(\boldsymbol{\phi}, \boldsymbol{u}, \boldsymbol{v}_0') \tag{9.11.14}
$$

とかきかえることができる．式 (9.11.14) は状態決定問題（問題 9.11.1）の Lagrange 関数になっている．そこで，$\boldsymbol{u}$ が状態決定問題の弱解ならば，式 (9.11.13) の右辺第 3 項は 0 となる．

また，式 (9.11.13) の右辺第 2 項は，

$$
\begin{aligned}
\mathscr{L}_{0\boldsymbol{u}}(\boldsymbol{\phi}, \boldsymbol{u}, \boldsymbol{v}_0)[\boldsymbol{u}'] &= \int_{\Omega(\boldsymbol{\phi})} (-\boldsymbol{S}(\boldsymbol{u}') \cdot \boldsymbol{E}(\boldsymbol{v}_0) + \boldsymbol{b} \cdot \boldsymbol{u}')\,\mathrm{d}x \\
&\quad + \int_{\Gamma_p(\boldsymbol{\phi})} \boldsymbol{p}_{\mathrm{N}} \cdot \boldsymbol{u}'\,\mathrm{d}\gamma \\
&\quad + \int_{\Gamma_{\mathrm{D}}(\boldsymbol{\phi})} \{\boldsymbol{u}' \cdot (\boldsymbol{S}(\boldsymbol{v}_0)\boldsymbol{\nu}) + \boldsymbol{v}_0 \cdot (\boldsymbol{S}(\boldsymbol{u}')\boldsymbol{\nu})\}\,\mathrm{d}\gamma \\
&= \mathscr{L}_{\mathrm{S}}(\boldsymbol{\phi}, \boldsymbol{v}_0, \boldsymbol{u}')
\end{aligned}
\tag{9.11.15}
$$

となる．式 (9.11.15) と式 (9.11.14) を比較すれば，$\boldsymbol{v}_0$ と $\boldsymbol{u}$ をいれかえた関係になっていることがわかる．そこで，**自己随伴関係**

$$\boldsymbol{v}_0 = \boldsymbol{u} \tag{9.11.16}$$

が成り立つならば，式 (9.11.13) の右辺第 2 項は 0 になる．

さらに，式 (9.11.13) の右辺第 1 項は，命題 9.3.4 の結果を表した式 (9.3.5) と，命題 9.3.7 の結果を表した式 (9.3.8) の公式より，

$$\begin{aligned}
&\mathscr{L}_{0\boldsymbol{\phi}'}(\boldsymbol{\phi}, \boldsymbol{u}, \boldsymbol{v}_0)[\boldsymbol{\varphi}] \\
&\quad = \int_{\Omega(\boldsymbol{\phi})} [(\boldsymbol{S}(\boldsymbol{u})(\boldsymbol{\nabla}\boldsymbol{v}_0^{\mathrm{T}})^{\mathrm{T}} + \boldsymbol{S}(\boldsymbol{v}_0)(\boldsymbol{\nabla}\boldsymbol{u}^{\mathrm{T}})^{\mathrm{T}}) \cdot \boldsymbol{\nabla}\boldsymbol{\varphi}^{\mathrm{T}} \\
&\qquad\qquad + \{-\boldsymbol{S}(\boldsymbol{u}) \cdot \boldsymbol{E}(\boldsymbol{v}_0) + \boldsymbol{b} \cdot (\boldsymbol{u} + \boldsymbol{v}_0)\} \boldsymbol{\nabla} \cdot \boldsymbol{\varphi}] \, \mathrm{d}x \\
&\qquad + \int_{\Gamma_p(\boldsymbol{\phi})} \kappa \{\boldsymbol{p}_{\mathrm{N}} \cdot (\boldsymbol{u} + \boldsymbol{v}_0)\} \boldsymbol{\nu} \cdot \boldsymbol{\varphi} \, \mathrm{d}\gamma \\
&\qquad + \int_{\partial\Gamma_p(\boldsymbol{\phi}) \cup \Theta(\boldsymbol{\phi})} \{\boldsymbol{p}_{\mathrm{N}} \cdot (\boldsymbol{u} + \boldsymbol{v}_0)\} \boldsymbol{\tau} \cdot \boldsymbol{\varphi} \, \mathrm{d}\varsigma \\
&\qquad + \int_{\Gamma_{\mathrm{D}}(\boldsymbol{\phi})} [\{(\boldsymbol{u} - \boldsymbol{u}_{\mathrm{D}}) \cdot \boldsymbol{w}(\boldsymbol{\varphi}, \boldsymbol{v}_0) + (\boldsymbol{v}_0 - \boldsymbol{u}_{\mathrm{D}}) \cdot \boldsymbol{w}(\boldsymbol{\varphi}, \boldsymbol{u})\} \\
&\qquad\qquad + \{(\boldsymbol{u} - \boldsymbol{u}_{\mathrm{D}}) \cdot (\boldsymbol{S}(\boldsymbol{v}_0)\boldsymbol{\nu}) \\
&\qquad\qquad + (\boldsymbol{v}_0 - \boldsymbol{u}_{\mathrm{D}}) \cdot (\boldsymbol{S}(\boldsymbol{u})\boldsymbol{\nu})\} (\boldsymbol{\nabla} \cdot \boldsymbol{\varphi})_\tau] \, \mathrm{d}\gamma
\end{aligned} \tag{9.11.17}$$

となる．ただし，

$$\boldsymbol{w}(\boldsymbol{\varphi}, \boldsymbol{u}) = \boldsymbol{S}(\boldsymbol{u})[\{\boldsymbol{\nu} \cdot (\boldsymbol{\nabla}\boldsymbol{\varphi}^{\mathrm{T}}\boldsymbol{\nu})\}\boldsymbol{\nu} - \{(\boldsymbol{\nabla}\boldsymbol{\varphi}^{\mathrm{T}} + (\boldsymbol{\nabla}\boldsymbol{\varphi}^{\mathrm{T}})^{\mathrm{T}}\}\boldsymbol{\nu}] \tag{9.11.18}$$

とおいた．$(\boldsymbol{\nabla} \cdot \boldsymbol{\varphi})_\tau$ は式 (9.2.6) に従う．式 (9.11.17) を得るために，

$$\begin{aligned}
&-(\boldsymbol{S}(\boldsymbol{u}) \cdot \boldsymbol{E}(\boldsymbol{v}_0))_{\boldsymbol{\phi}}[\boldsymbol{\varphi}] \\
&\quad = -(\boldsymbol{E}(\boldsymbol{u}) \cdot \boldsymbol{S}(\boldsymbol{v}_0))_{\boldsymbol{\phi}}[\boldsymbol{\varphi}] \\
&\quad = (\boldsymbol{E}(\boldsymbol{u}) \cdot \boldsymbol{S}(\boldsymbol{v}_0))_{\boldsymbol{\nabla}\boldsymbol{u}^{\mathrm{T}}} \cdot (\boldsymbol{\nabla}\boldsymbol{\varphi}^{\mathrm{T}}\boldsymbol{\nabla}\boldsymbol{u}^{\mathrm{T}}) \\
&\qquad + (\boldsymbol{S}(\boldsymbol{u}) \cdot \boldsymbol{E}(\boldsymbol{v}_0))_{\boldsymbol{\nabla}\boldsymbol{v}_0^{\mathrm{T}}} \cdot (\boldsymbol{\nabla}\boldsymbol{\varphi}^{\mathrm{T}}\boldsymbol{\nabla}\boldsymbol{v}_0^{\mathrm{T}}) - \boldsymbol{S}(\boldsymbol{u}) \cdot \boldsymbol{E}(\boldsymbol{v}_0)(\boldsymbol{\nabla} \cdot \boldsymbol{\phi}) \\
&\quad = (\boldsymbol{\nabla}\boldsymbol{\varphi}^{\mathrm{T}}\boldsymbol{\nabla}\boldsymbol{u}^{\mathrm{T}})^{\mathrm{s}} \cdot \boldsymbol{S}(\boldsymbol{v}_0) + \boldsymbol{S}(\boldsymbol{u}) \cdot (\boldsymbol{\nabla}\boldsymbol{\varphi}^{\mathrm{T}}\boldsymbol{\nabla}\boldsymbol{v}_0^{\mathrm{T}})^{\mathrm{s}} \\
&\qquad - \boldsymbol{S}(\boldsymbol{u}) \cdot \boldsymbol{E}(\boldsymbol{v}_0)(\boldsymbol{\nabla} \cdot \boldsymbol{\phi}) \\
&\quad = (\boldsymbol{\nabla}\boldsymbol{\varphi}^{\mathrm{T}}\boldsymbol{\nabla}\boldsymbol{u}^{\mathrm{T}}) \cdot \boldsymbol{S}(\boldsymbol{v}_0) + \boldsymbol{S}(\boldsymbol{u}) \cdot (\boldsymbol{\nabla}\boldsymbol{\varphi}^{\mathrm{T}}\boldsymbol{\nabla}\boldsymbol{v}_0^{\mathrm{T}}) \\
&\qquad - \boldsymbol{S}(\boldsymbol{u}) \cdot \boldsymbol{E}(\boldsymbol{v}_0)(\boldsymbol{\nabla} \cdot \boldsymbol{\phi})
\end{aligned}$$

$$
\begin{aligned}
&= (\boldsymbol{S}(\boldsymbol{u})(\boldsymbol{\nabla}\boldsymbol{v}_0^{\mathrm{T}})^{\mathrm{T}}) \cdot \boldsymbol{\nabla}\boldsymbol{\varphi}^{\mathrm{T}} + (\boldsymbol{S}(\boldsymbol{v}_0)(\boldsymbol{\nabla}\boldsymbol{u}^{\mathrm{T}})^{\mathrm{T}}) \cdot \boldsymbol{\nabla}\boldsymbol{\varphi}^{\mathrm{T}} \\
&\quad - \boldsymbol{S}(\boldsymbol{u}) \cdot \boldsymbol{E}(\boldsymbol{v}_0)(\boldsymbol{\nabla} \cdot \boldsymbol{\phi})
\end{aligned}
$$

が使われた．これらの式の変換には，式 (9.7.23) が使われた．

以上の結果をふまえて，$\boldsymbol{u}$ が問題 9.11.1 の弱解で，自己随伴関係（式 (9.11.16)）が成り立つと仮定する．このとき，問題 9.11.1 の Dirichlet 条件が成り立つことから，式 (9.11.17) は，式 (7.4.11) の表記を用いて

$$
\begin{aligned}
\tilde{f}_0'(\boldsymbol{\phi})[\boldsymbol{\varphi}] &= \mathscr{L}_{0\boldsymbol{\phi}'}(\boldsymbol{\phi}, \boldsymbol{u}, \boldsymbol{v}_0)[\boldsymbol{\varphi}] = \langle \boldsymbol{g}_0, \boldsymbol{\varphi} \rangle \\
&= \int_{\Omega(\boldsymbol{\phi})} (\boldsymbol{G}_{\Omega 0} \cdot \boldsymbol{\nabla}\boldsymbol{\varphi}^{\mathrm{T}} + g_{\Omega 0} \boldsymbol{\nabla} \cdot \boldsymbol{\varphi}) \, \mathrm{d}x \\
&\quad + \int_{\Gamma_p(\boldsymbol{\phi})} \boldsymbol{g}_{p0} \cdot \boldsymbol{\varphi} \, \mathrm{d}\gamma + \int_{\partial\Gamma_p(\boldsymbol{\phi}) \cup \Theta(\boldsymbol{\phi})} \boldsymbol{g}_{\partial p0} \cdot \boldsymbol{\varphi} \, \mathrm{d}\varsigma
\end{aligned}
\tag{9.11.19}
$$

のようにかかれる．ここで，

$$
\boldsymbol{G}_{\Omega 0} = 2\boldsymbol{S}(\boldsymbol{u})(\boldsymbol{\nabla}\boldsymbol{u}^{\mathrm{T}})^{\mathrm{T}} \tag{9.11.20}
$$

$$
g_{\Omega 0} = -\boldsymbol{S}(\boldsymbol{u}) \cdot \boldsymbol{E}(\boldsymbol{u}) + 2\boldsymbol{b} \cdot \boldsymbol{u} \tag{9.11.21}
$$

$$
\boldsymbol{g}_{p0} = 2\kappa(\boldsymbol{p}_{\mathrm{N}} \cdot \boldsymbol{u})\boldsymbol{\nu} \tag{9.11.22}
$$

$$
\boldsymbol{g}_{\partial p0} = 2(\boldsymbol{p}_{\mathrm{N}} \cdot \boldsymbol{u})\boldsymbol{\tau} \tag{9.11.23}
$$

となる．

以上の結果から，式 (9.11.19) の $\boldsymbol{g}_0$ について定理 9.7.2 と同様の結果が得られることになる．

一方，$f_1(\boldsymbol{\phi})$ の形状微分は，状態決定問題の解が使われていないことから，命題 9.3.1 において，$u = 1$ とおくことによって，

$$
f_1'(\boldsymbol{\phi})[\boldsymbol{\varphi}] = \langle \boldsymbol{g}_1, \boldsymbol{\varphi} \rangle = \int_{\Omega(\boldsymbol{\phi})} g_{\Omega 1} \boldsymbol{\nabla} \cdot \boldsymbol{\varphi} \, \mathrm{d}x \tag{9.11.24}
$$

となる．ここで，

$$
g_{\Omega 1} = 1 \tag{9.11.25}
$$

である．

関数の形状微分公式を用いた 2 階形状微分

さらに，平均コンプライアンス f_0 と線形弾性体の大きさ制約に対する評価関数 f_1 の 2 階形状微分を求めてみよう．ここでは，関数の形状微分公式を用いて，9.7.2 項で示された手続きに沿ってみていくことにする．

まず，f_0 の 2 階形状微分について考えよう．仮定 9.7.3 の (1) に対応して，ここでは，$\boldsymbol{b} = \boldsymbol{0}_{\mathbb{R}^d}$ を仮定する．仮定 9.7.3 の (2) に対応する関係はここでは満たされている．また，仮定 9.7.3 の (3) を仮定する．

式 (9.11.12) で定義された $\mathscr{L}_0$ に対して，設計変数 $(\boldsymbol{\phi}, \boldsymbol{u})$ の任意変動 $(\boldsymbol{\varphi}_1, \boldsymbol{u}'_1) \in X \times U$ と $(\boldsymbol{\varphi}_2, \boldsymbol{u}'_2) \in X \times U$ に対する $\mathscr{L}_0$ の 2 階形状微分は

$$
\begin{aligned}
&\mathscr{L}_0''(\boldsymbol{\phi}, \boldsymbol{u}, \boldsymbol{v}_0)[(\boldsymbol{\varphi}_1, \boldsymbol{u}'_1), (\boldsymbol{\varphi}_2, \boldsymbol{u}'_2)] \\
&\quad = (\mathscr{L}_{0\boldsymbol{\phi}'}(\boldsymbol{\phi}, \boldsymbol{u}, \boldsymbol{v}_0)[\boldsymbol{\varphi}_1] + \mathscr{L}_{0\boldsymbol{u}}(\boldsymbol{\phi}, \boldsymbol{u}, \boldsymbol{v}_0)[\boldsymbol{u}'_1])_{\boldsymbol{\phi}}[\boldsymbol{\varphi}_2] \\
&\qquad + (\mathscr{L}_{0\boldsymbol{\phi}'}(\boldsymbol{\phi}, \boldsymbol{u}, \boldsymbol{v}_0)[\boldsymbol{\varphi}_1] + \mathscr{L}_{0\boldsymbol{u}}(\boldsymbol{\phi}, \boldsymbol{u}, \boldsymbol{v}_0)[\boldsymbol{u}'_1])_{\boldsymbol{u}}[\boldsymbol{u}'_2] \\
&\quad = \mathscr{L}_{0\boldsymbol{\phi}'\boldsymbol{\phi}'}(\boldsymbol{\phi}, \boldsymbol{u}, \boldsymbol{v}_0)[\boldsymbol{\varphi}_1, \boldsymbol{\varphi}_2] + \mathscr{L}_{0\boldsymbol{\phi}'\boldsymbol{u}}(\boldsymbol{\phi}, \boldsymbol{u}, \boldsymbol{v}_0)[\boldsymbol{\varphi}_1, \boldsymbol{u}'_2] \\
&\qquad + \mathscr{L}_{0\boldsymbol{\phi}'\boldsymbol{u}}(\boldsymbol{\phi}, \boldsymbol{u}, \boldsymbol{v}_0)[\boldsymbol{\varphi}_2, \boldsymbol{u}'_1] + \mathscr{L}_{0\boldsymbol{u}\boldsymbol{u}}(\boldsymbol{\phi}, \boldsymbol{u}, \boldsymbol{v}_0)[\boldsymbol{u}'_1, \boldsymbol{u}'_2]
\end{aligned}
\tag{9.11.26}
$$

となる．

ここで，式 (9.11.26) の第 1 項は，

$$
\begin{aligned}
&\mathscr{L}_{0\boldsymbol{\phi}'\boldsymbol{\phi}'}(\boldsymbol{\phi}, \boldsymbol{u}, \boldsymbol{v}_0)[\boldsymbol{\varphi}_1, \boldsymbol{\varphi}_2] \\
&\quad = \int_{\Omega(\boldsymbol{\phi})} [\{(\boldsymbol{S}(\boldsymbol{u})(\boldsymbol{\nabla}\boldsymbol{v}_0^{\mathrm{T}})^{\mathrm{T}}) \cdot \boldsymbol{\nabla}\boldsymbol{\varphi}_1^{\mathrm{T}}\}_{\boldsymbol{\phi}}[\boldsymbol{\varphi}_2] \\
&\qquad\qquad + \{(\boldsymbol{S}(\boldsymbol{v}_0)(\boldsymbol{\nabla}\boldsymbol{u}^{\mathrm{T}})^{\mathrm{T}}) \cdot \boldsymbol{\nabla}\boldsymbol{\varphi}_1^{\mathrm{T}}\}_{\boldsymbol{\phi}}[\boldsymbol{\varphi}_2] \\
&\qquad\qquad - \{(\boldsymbol{S}(\boldsymbol{u}) \cdot \boldsymbol{E}(\boldsymbol{v}_0))\boldsymbol{\nabla} \cdot \boldsymbol{\varphi}_1\}_{\boldsymbol{\phi}}[\boldsymbol{\varphi}_2]] \, \mathrm{d}x
\end{aligned}
\tag{9.11.27}
$$

となる．式 (9.11.27) 右辺の被積分関数第 1 項は，

$$
\begin{aligned}
&[\{\boldsymbol{S}(\boldsymbol{u})(\boldsymbol{\nabla}\boldsymbol{v}_0^{\mathrm{T}})^{\mathrm{T}}\} \cdot \boldsymbol{\nabla}\boldsymbol{\varphi}_1^{\mathrm{T}}]_{\boldsymbol{\phi}}[\boldsymbol{\varphi}_2] \\
&\quad = \{\boldsymbol{S}(\boldsymbol{u}) \cdot (\boldsymbol{\nabla}\boldsymbol{\varphi}_1^{\mathrm{T}}\boldsymbol{\nabla}\boldsymbol{v}_0^{\mathrm{T}})\}_{\boldsymbol{\phi}}[\boldsymbol{\varphi}_2] \\
&\quad = \{\boldsymbol{E}(\boldsymbol{u}) \cdot (\boldsymbol{C}\boldsymbol{\nabla}\boldsymbol{\varphi}_1^{\mathrm{T}}\boldsymbol{\nabla}\boldsymbol{v}_0^{\mathrm{T}})\}_{\boldsymbol{\phi}}[\boldsymbol{\varphi}_2] = [\boldsymbol{\nabla}\boldsymbol{v}_0^{\mathrm{T}} \cdot \{(\boldsymbol{\nabla}\boldsymbol{\varphi}_1^{\mathrm{T}})^{\mathrm{T}}\boldsymbol{S}(\boldsymbol{u})\}]_{\boldsymbol{\phi}}[\boldsymbol{\varphi}_2] \\
&\quad = -\{\boldsymbol{E}(\boldsymbol{u}) \cdot (\boldsymbol{C}\boldsymbol{\nabla}\boldsymbol{\varphi}_1^{\mathrm{T}}\boldsymbol{\nabla}\boldsymbol{v}_0^{\mathrm{T}})\}_{\boldsymbol{\nabla}\boldsymbol{u}^{\mathrm{T}}} \cdot (\boldsymbol{\nabla}\boldsymbol{\varphi}_2^{\mathrm{T}}\boldsymbol{\nabla}\boldsymbol{u}^{\mathrm{T}}) \\
&\qquad - [\{\boldsymbol{S}(\boldsymbol{u})(\boldsymbol{\nabla}\boldsymbol{v}_0^{\mathrm{T}})^{\mathrm{T}}\} \cdot \boldsymbol{\nabla}\boldsymbol{\varphi}_1^{\mathrm{T}}]_{\boldsymbol{\nabla}\boldsymbol{\varphi}_1^{\mathrm{T}}} \cdot (\boldsymbol{\nabla}\boldsymbol{\varphi}_2^{\mathrm{T}}\boldsymbol{\nabla}\boldsymbol{\varphi}_1^{\mathrm{T}}) \\
&\qquad - [\boldsymbol{\nabla}\boldsymbol{v}_0^{\mathrm{T}} \cdot \{(\boldsymbol{\nabla}\boldsymbol{\varphi}_1^{\mathrm{T}})^{\mathrm{T}}\boldsymbol{S}(\boldsymbol{u})\}]_{\boldsymbol{\nabla}\boldsymbol{v}_0^{\mathrm{T}}} \cdot (\boldsymbol{\nabla}\boldsymbol{\varphi}_2^{\mathrm{T}}\boldsymbol{\nabla}\boldsymbol{v}_0^{\mathrm{T}})
\end{aligned}
$$

$$
\begin{aligned}
&+[\{\boldsymbol{S}(\boldsymbol{u})(\boldsymbol{\nabla}\boldsymbol{v}_0^{\mathrm{T}})^{\mathrm{T}}\}\cdot\boldsymbol{\nabla}\boldsymbol{\varphi}_1^{\mathrm{T}}]\boldsymbol{\nabla}\cdot\boldsymbol{\varphi}_2\\
&=-(\boldsymbol{\nabla}\boldsymbol{\varphi}_2^{\mathrm{T}}\boldsymbol{\nabla}\boldsymbol{u}^{\mathrm{T}})^{\mathrm{s}}\cdot(\boldsymbol{C}\boldsymbol{\nabla}\boldsymbol{\varphi}_1^{\mathrm{T}}\boldsymbol{\nabla}\boldsymbol{v}_0^{\mathrm{T}})-\{\boldsymbol{S}(\boldsymbol{u})(\boldsymbol{\nabla}\boldsymbol{v}_0^{\mathrm{T}})^{\mathrm{T}}\}\cdot(\boldsymbol{\nabla}\boldsymbol{\varphi}_2^{\mathrm{T}}\boldsymbol{\nabla}\boldsymbol{\varphi}_1^{\mathrm{T}})\\
&\quad-(\boldsymbol{\nabla}\boldsymbol{\varphi}_2^{\mathrm{T}}\boldsymbol{\nabla}\boldsymbol{v}_0^{\mathrm{T}})\cdot\{(\boldsymbol{\nabla}\boldsymbol{\varphi}_1^{\mathrm{T}})^{\mathrm{T}}\boldsymbol{S}(\boldsymbol{u})\}\\
&\quad+[\{\boldsymbol{S}(\boldsymbol{u})(\boldsymbol{\nabla}\boldsymbol{v}_0^{\mathrm{T}})^{\mathrm{T}}\}\cdot\boldsymbol{\nabla}\boldsymbol{\varphi}_1^{\mathrm{T}}]\boldsymbol{\nabla}\cdot\boldsymbol{\varphi}_2
\end{aligned}
\tag{9.11.28}
$$

となる．同様に，式 (9.11.27) 右辺の被積分関数第 2 項は，式 (9.11.28) において $\boldsymbol{u}$ と $\boldsymbol{v}_0$ をいれかえたものとなる．式 (9.11.27) 右辺被積分関数の第 3 項は，

$$
\begin{aligned}
&-\{(\boldsymbol{S}(\boldsymbol{u})\cdot\boldsymbol{E}(\boldsymbol{v}_0))\boldsymbol{\nabla}\cdot\boldsymbol{\varphi}_1\}_{\boldsymbol{\phi}}[\boldsymbol{\varphi}_2]\\
&\quad=-\{(\boldsymbol{E}(\boldsymbol{u})\cdot\boldsymbol{S}(\boldsymbol{v}_0))\boldsymbol{\nabla}\cdot\boldsymbol{\varphi}_1\}_{\boldsymbol{\phi}}[\boldsymbol{\varphi}_2]\\
&\quad=\{(\boldsymbol{E}(\boldsymbol{u})\cdot\boldsymbol{S}(\boldsymbol{v}_0))\boldsymbol{\nabla}\cdot\boldsymbol{\varphi}_1\}_{\boldsymbol{\nabla}\boldsymbol{u}^{\mathrm{T}}}\cdot(\boldsymbol{\nabla}\boldsymbol{\varphi}_2^{\mathrm{T}}\boldsymbol{\nabla}\boldsymbol{u}^{\mathrm{T}})\\
&\qquad+\{\boldsymbol{S}(\boldsymbol{u})\cdot\boldsymbol{E}(\boldsymbol{v}_0)(\boldsymbol{\nabla}\cdot\boldsymbol{\varphi}_1)\}_{\boldsymbol{\nabla}\boldsymbol{v}_0^{\mathrm{T}}}\cdot(\boldsymbol{\nabla}\boldsymbol{\varphi}_2^{\mathrm{T}}\boldsymbol{\nabla}\boldsymbol{v}_0^{\mathrm{T}})\\
&\qquad-\boldsymbol{S}(\boldsymbol{u})\cdot\boldsymbol{E}(\boldsymbol{v}_0)\{-(\boldsymbol{\nabla}\boldsymbol{\varphi}_2^{\mathrm{T}})^{\mathrm{T}}\cdot\boldsymbol{\nabla}\boldsymbol{\varphi}_1^{\mathrm{T}}+(\boldsymbol{\nabla}\cdot\boldsymbol{\varphi}_2)(\boldsymbol{\nabla}\cdot\boldsymbol{\varphi}_1)\}\\
&\quad=\{(\boldsymbol{\nabla}\boldsymbol{\varphi}_2^{\mathrm{T}}\boldsymbol{\nabla}\boldsymbol{u}^{\mathrm{T}})^{\mathrm{s}}\cdot\boldsymbol{S}(\boldsymbol{v}_0)\}\boldsymbol{\nabla}\cdot\boldsymbol{\varphi}_1+\{\boldsymbol{S}(\boldsymbol{u})\cdot(\boldsymbol{\nabla}\boldsymbol{\varphi}_2^{\mathrm{T}}\boldsymbol{\nabla}\boldsymbol{v}_0^{\mathrm{T}})^{\mathrm{s}}\}\boldsymbol{\nabla}\cdot\boldsymbol{\varphi}_1\\
&\qquad-\boldsymbol{S}(\boldsymbol{u})\cdot\boldsymbol{E}(\boldsymbol{v}_0)\{-(\boldsymbol{\nabla}\boldsymbol{\varphi}_2^{\mathrm{T}})^{\mathrm{T}}\cdot\boldsymbol{\nabla}\boldsymbol{\varphi}_1^{\mathrm{T}}+(\boldsymbol{\nabla}\cdot\boldsymbol{\varphi}_2)(\boldsymbol{\nabla}\cdot\boldsymbol{\varphi}_1)\}
\end{aligned}
\tag{9.11.29}
$$

となる．そこで，式 (9.11.27) は，

$$
\begin{aligned}
&\mathscr{L}_{0\boldsymbol{\phi}'\boldsymbol{\phi}'}(\boldsymbol{\phi},\boldsymbol{u},\boldsymbol{v}_0)[\boldsymbol{\varphi}_1,\boldsymbol{\varphi}_2]\\
&\quad=\int_{\Omega(\boldsymbol{\phi})}[-(\boldsymbol{\nabla}\boldsymbol{\varphi}_2^{\mathrm{T}}\boldsymbol{\nabla}\boldsymbol{u}^{\mathrm{T}})^{\mathrm{s}}\cdot(\boldsymbol{C}\boldsymbol{\nabla}\boldsymbol{\varphi}_1^{\mathrm{T}}\boldsymbol{\nabla}\boldsymbol{v}_0^{\mathrm{T}})\\
&\qquad-\{\boldsymbol{S}(\boldsymbol{u})(\boldsymbol{\nabla}\boldsymbol{v}_0^{\mathrm{T}})^{\mathrm{T}}\}\cdot(\boldsymbol{\nabla}\boldsymbol{\varphi}_2^{\mathrm{T}}\boldsymbol{\nabla}\boldsymbol{\varphi}_1^{\mathrm{T}})\\
&\qquad-(\boldsymbol{\nabla}\boldsymbol{\varphi}_2^{\mathrm{T}}\boldsymbol{\nabla}\boldsymbol{v}_0^{\mathrm{T}})\cdot\{(\boldsymbol{\nabla}\boldsymbol{\varphi}_1^{\mathrm{T}})^{\mathrm{T}}\boldsymbol{S}(\boldsymbol{u})\}\\
&\qquad+[\{\boldsymbol{S}(\boldsymbol{u})(\boldsymbol{\nabla}\boldsymbol{v}_0^{\mathrm{T}})^{\mathrm{T}}\}\cdot\boldsymbol{\nabla}\boldsymbol{\varphi}_1^{\mathrm{T}}]\boldsymbol{\nabla}\cdot\boldsymbol{\varphi}_2\\
&\qquad-(\boldsymbol{\nabla}\boldsymbol{\varphi}_2^{\mathrm{T}}\boldsymbol{\nabla}\boldsymbol{v}_0^{\mathrm{T}})^{\mathrm{s}}\cdot(\boldsymbol{C}\boldsymbol{\nabla}\boldsymbol{\varphi}_1^{\mathrm{T}}\boldsymbol{\nabla}\boldsymbol{u}^{\mathrm{T}})\\
&\qquad-\{\boldsymbol{S}(\boldsymbol{v}_0)(\boldsymbol{\nabla}\boldsymbol{u}^{\mathrm{T}})^{\mathrm{T}}\}\cdot(\boldsymbol{\nabla}\boldsymbol{\varphi}_2^{\mathrm{T}}\boldsymbol{\nabla}\boldsymbol{\varphi}_1^{\mathrm{T}})\\
&\qquad-(\boldsymbol{\nabla}\boldsymbol{\varphi}_2^{\mathrm{T}}\boldsymbol{\nabla}\boldsymbol{u}^{\mathrm{T}})\cdot\{(\boldsymbol{\nabla}\boldsymbol{\varphi}_1^{\mathrm{T}})^{\mathrm{T}}\boldsymbol{S}(\boldsymbol{v}_0)\}\\
&\qquad+[\{\boldsymbol{S}(\boldsymbol{v}_0)(\boldsymbol{\nabla}\boldsymbol{u}^{\mathrm{T}})^{\mathrm{T}}\}\cdot\boldsymbol{\nabla}\boldsymbol{\varphi}_1^{\mathrm{T}}]\boldsymbol{\nabla}\cdot\boldsymbol{\varphi}_2\\
&\qquad+\{(\boldsymbol{\nabla}\boldsymbol{\varphi}_2^{\mathrm{T}}\boldsymbol{\nabla}\boldsymbol{u}^{\mathrm{T}})^{\mathrm{s}}\cdot\boldsymbol{S}(\boldsymbol{v}_0)\}\boldsymbol{\nabla}\cdot\boldsymbol{\varphi}_1
\end{aligned}
$$

$$
\begin{aligned}
&+\{\boldsymbol{S}(\boldsymbol{u})\cdot(\boldsymbol{\nabla}\boldsymbol{\varphi}_2^{\mathrm{T}}\boldsymbol{\nabla}\boldsymbol{v}_0^{\mathrm{T}})^{\mathrm{s}}\}\boldsymbol{\nabla}\cdot\boldsymbol{\varphi}_1\\
&-\boldsymbol{S}(\boldsymbol{u})\cdot\boldsymbol{E}(\boldsymbol{v}_0)\{-(\boldsymbol{\nabla}\boldsymbol{\varphi}_2^{\mathrm{T}})^{\mathrm{T}}\cdot\boldsymbol{\nabla}\boldsymbol{\varphi}_1^{\mathrm{T}}+(\boldsymbol{\nabla}\cdot\boldsymbol{\varphi}_2)(\boldsymbol{\nabla}\cdot\boldsymbol{\varphi}_1)\}]\,\mathrm{d}x
\end{aligned}
\tag{9.11.30}
$$

となる.

次に，式 (9.11.26) の右辺第 2 項を考える．状態決定問題の Dirichlet 条件が代入された式 (9.11.17) を用いれば,

$$
\begin{aligned}
&\mathscr{L}_{0\boldsymbol{\phi}'\boldsymbol{u}}(\boldsymbol{\phi},\boldsymbol{u},\boldsymbol{v}_0)[\boldsymbol{\varphi}_1,\boldsymbol{u}_2']\\
&\quad=\int_{\Omega(\boldsymbol{\phi})}[\{\boldsymbol{S}(\boldsymbol{u}_2')(\boldsymbol{\nabla}\boldsymbol{v}_0^{\mathrm{T}})^{\mathrm{T}}+\boldsymbol{S}(\boldsymbol{v}_0)(\boldsymbol{\nabla}\boldsymbol{u}_2'^{\mathrm{T}})^{\mathrm{T}}\}\cdot\boldsymbol{\nabla}\boldsymbol{\varphi}_1^{\mathrm{T}}\\
&\qquad-(\boldsymbol{S}(\boldsymbol{u}_2')\cdot\boldsymbol{E}(\boldsymbol{v}_0))\boldsymbol{\nabla}\cdot\boldsymbol{\varphi}_1]\,\mathrm{d}x
\end{aligned}
\tag{9.11.31}
$$

となる.

一方，任意の領域変動 $\boldsymbol{\varphi}\in X$ に対する状態決定問題を満たす $\boldsymbol{u}$ の変動を $\boldsymbol{u}'(\boldsymbol{\phi})[\boldsymbol{\varphi}]\in U$ とかくことにする．状態決定問題の Lagrange 関数 $\mathscr{L}_{\mathrm{S}}$ の形状微分をとれば，任意の $\boldsymbol{v}\in U$ に対して,

$$
\begin{aligned}
&\mathscr{L}_{\mathrm{S}}'(\boldsymbol{\phi},\boldsymbol{u},\boldsymbol{v})[\boldsymbol{\varphi},\boldsymbol{u}'(\boldsymbol{\phi})[\boldsymbol{\varphi}]]\\
&\quad=\int_{\Omega(\boldsymbol{\phi})}\{\boldsymbol{S}(\boldsymbol{u})\cdot(\boldsymbol{\nabla}\boldsymbol{\varphi}^{\mathrm{T}}\boldsymbol{\nabla}\boldsymbol{v}^{\mathrm{T}})^{\mathrm{s}}+\boldsymbol{S}(\boldsymbol{v})\cdot(\boldsymbol{\nabla}\boldsymbol{\varphi}^{\mathrm{T}}\boldsymbol{\nabla}\boldsymbol{u}^{\mathrm{T}})^{\mathrm{s}}\\
&\qquad-(\boldsymbol{S}(\boldsymbol{u})\cdot\boldsymbol{E}(\boldsymbol{v}))\boldsymbol{\nabla}\cdot\boldsymbol{\varphi}-\boldsymbol{S}(\boldsymbol{u}'(\boldsymbol{\phi})[\boldsymbol{\varphi}])\cdot\boldsymbol{E}(\boldsymbol{v})\}\,\mathrm{d}x\\
&\quad=\int_{\Omega(\boldsymbol{\phi})}[\{(\boldsymbol{\nabla}\boldsymbol{\varphi}^{\mathrm{T}})^{\mathrm{T}}\boldsymbol{S}(\boldsymbol{u})+\boldsymbol{C}(\boldsymbol{\nabla}\boldsymbol{\varphi}^{\mathrm{T}}\boldsymbol{\nabla}\boldsymbol{u}^{\mathrm{T}})^{\mathrm{s}}-\boldsymbol{S}(\boldsymbol{u})\boldsymbol{\nabla}\cdot\boldsymbol{\varphi}\\
&\qquad-\boldsymbol{S}(\boldsymbol{u}'(\boldsymbol{\phi})[\boldsymbol{\varphi}])\}(\boldsymbol{\nabla}\boldsymbol{v}^{\mathrm{T}})^{\mathrm{T}}]\cdot\boldsymbol{I}\,\mathrm{d}x\\
&\quad=0
\end{aligned}
\tag{9.11.32}
$$

となる．ただし, $\boldsymbol{v}$ と $\boldsymbol{u}'(\boldsymbol{\phi})[\boldsymbol{\varphi}]$ の Dirichlet 境界条件が使われた．任意の $\boldsymbol{v}\in U$ に対して式 (9.11.32) が成り立つことから,

$$
\begin{aligned}
&\boldsymbol{S}(\boldsymbol{u}'(\boldsymbol{\phi})[\boldsymbol{\varphi}])(\boldsymbol{\nabla}\boldsymbol{v}^{\mathrm{T}})^{\mathrm{T}}\\
&\quad=\{(\boldsymbol{\nabla}\boldsymbol{\varphi}^{\mathrm{T}})^{\mathrm{T}}\boldsymbol{S}(\boldsymbol{u})+\boldsymbol{C}(\boldsymbol{\nabla}\boldsymbol{\varphi}^{\mathrm{T}}\boldsymbol{\nabla}\boldsymbol{u}^{\mathrm{T}})^{\mathrm{s}}-\boldsymbol{\nabla}\cdot\boldsymbol{\varphi}\boldsymbol{S}(\boldsymbol{u})\}(\boldsymbol{\nabla}\boldsymbol{v}^{\mathrm{T}})^{\mathrm{T}}
\end{aligned}
\tag{9.11.33}
$$

が得られる．また，式 (9.11.32) は

$$
\begin{aligned}
&\mathscr{L}'_{\mathrm{S}}(\boldsymbol{\phi},\boldsymbol{u},\boldsymbol{v})[\boldsymbol{\varphi},\boldsymbol{u}'(\boldsymbol{\phi})[\boldsymbol{\varphi}]]\\
&\quad=\int_{\Omega(\boldsymbol{\phi})}[\boldsymbol{\nabla}\boldsymbol{v}^{\mathrm{T}}\boldsymbol{S}(\boldsymbol{u})\boldsymbol{\nabla}\boldsymbol{\varphi}^{\mathrm{T}}\\
&\qquad\quad+\boldsymbol{S}(\boldsymbol{v})\{(\boldsymbol{\nabla}\boldsymbol{u}^{\mathrm{T}})^{\mathrm{T}}(\boldsymbol{\nabla}\boldsymbol{\varphi}^{\mathrm{T}})^{\mathrm{T}}-\boldsymbol{\nabla}\cdot\boldsymbol{\varphi}-\boldsymbol{\nabla}\boldsymbol{u}'^{\mathrm{T}}(\boldsymbol{\phi})[\boldsymbol{\varphi}]\}]\cdot\boldsymbol{I}\,\mathrm{d}x\\
&\quad=0 \qquad (9.11.34)
\end{aligned}
$$

ともかける．そこで，

$$
\begin{aligned}
&\boldsymbol{S}(\boldsymbol{v})\boldsymbol{\nabla}\boldsymbol{u}'^{\mathrm{T}}(\boldsymbol{\phi})[\boldsymbol{\varphi}]\\
&\quad=\boldsymbol{\nabla}\boldsymbol{v}^{\mathrm{T}}\boldsymbol{S}(\boldsymbol{u})\boldsymbol{\nabla}\boldsymbol{\varphi}^{\mathrm{T}}+\boldsymbol{S}(\boldsymbol{v})(\boldsymbol{\nabla}\boldsymbol{u}^{\mathrm{T}})^{\mathrm{T}}\{(\boldsymbol{\nabla}\boldsymbol{\varphi}^{\mathrm{T}})^{\mathrm{T}}-\boldsymbol{\nabla}\cdot\boldsymbol{\varphi}\} \qquad (9.11.35)
\end{aligned}
$$

が得られる．式 (9.11.31) に式 (9.11.33) と式 (9.11.35) を代入する．ただし，$\boldsymbol{\varphi}$ を $\boldsymbol{\varphi}_2$ とおいて，$\boldsymbol{u}'_2$ を $\boldsymbol{u}'^{\mathrm{T}}(\boldsymbol{\phi})[\boldsymbol{\varphi}_2]$ にかきかえ，$\boldsymbol{v}$ を $\boldsymbol{v}_0$ にかきかえる．このとき，

$$
\begin{aligned}
&\mathscr{L}_{0\boldsymbol{\phi}'\boldsymbol{u}}(\boldsymbol{\phi},\boldsymbol{u},\boldsymbol{v}_0)[\boldsymbol{\varphi}_1,\boldsymbol{u}'(\boldsymbol{\phi})[\boldsymbol{\varphi}_2]]\\
&\quad=\int_{\Omega(\boldsymbol{\phi})}[\{((\boldsymbol{\nabla}\boldsymbol{\varphi}_2^{\mathrm{T}})^{\mathrm{T}}\boldsymbol{S}(\boldsymbol{u})+\boldsymbol{C}(\boldsymbol{\nabla}\boldsymbol{\varphi}_2^{\mathrm{T}}\boldsymbol{\nabla}\boldsymbol{u}^{\mathrm{T}})^{\mathrm{s}}\\
&\qquad\quad-\boldsymbol{\nabla}\cdot\boldsymbol{\varphi}_2\boldsymbol{S}(\boldsymbol{u}))(\boldsymbol{\nabla}\boldsymbol{v}_0^{\mathrm{T}})^{\mathrm{T}}+\boldsymbol{\nabla}\boldsymbol{v}_0^{\mathrm{T}}\boldsymbol{S}(\boldsymbol{u})\boldsymbol{\nabla}\boldsymbol{\varphi}_2^{\mathrm{T}}\\
&\qquad\quad+\boldsymbol{S}(\boldsymbol{v}_0)\{(\boldsymbol{\nabla}\boldsymbol{u}^{\mathrm{T}})^{\mathrm{T}}((\boldsymbol{\nabla}\boldsymbol{\varphi}_2^{\mathrm{T}})^{\mathrm{T}}-\boldsymbol{\nabla}\cdot\boldsymbol{\varphi}_2)\}\cdot\boldsymbol{\nabla}\boldsymbol{\varphi}_1^{\mathrm{T}}\\
&\qquad\quad-\{((\boldsymbol{\nabla}\boldsymbol{\varphi}_2^{\mathrm{T}})^{\mathrm{T}}\boldsymbol{S}(\boldsymbol{u})+\boldsymbol{C}(\boldsymbol{\nabla}\boldsymbol{\varphi}_2^{\mathrm{T}}\boldsymbol{\nabla}\boldsymbol{u}^{\mathrm{T}})^{\mathrm{s}}\\
&\qquad\qquad-\boldsymbol{\nabla}\cdot\boldsymbol{\varphi}_2\boldsymbol{S}(\boldsymbol{u}))\cdot\boldsymbol{E}(\boldsymbol{v}_0)\}\boldsymbol{\nabla}\cdot\boldsymbol{\varphi}_1]\,\mathrm{d}x \qquad (9.11.36)
\end{aligned}
$$

となる．同様に，式 (9.11.26) の右辺第 3 項は，式 (9.11.36) において $\boldsymbol{\varphi}_1$ と $\boldsymbol{\varphi}_2$ をいれかえたものとなる．式 (9.11.26) の右辺第 4 項は 0 となる．

以上の結果をまとめれば，$\tilde{f}_0$ の 2 階形状微分は，

$$
\begin{aligned}
&h_0(\boldsymbol{\phi},\boldsymbol{u},\boldsymbol{v}_0)[\boldsymbol{\varphi}_1,\boldsymbol{\varphi}_2]\\
&\quad=\mathscr{L}_{0\boldsymbol{\phi}'\boldsymbol{\phi}'}(\boldsymbol{\phi},\boldsymbol{u},\boldsymbol{v}_0)[\boldsymbol{\varphi}_1,\boldsymbol{\varphi}_2]+\mathscr{L}_{0\boldsymbol{\phi}'\boldsymbol{u}}(\boldsymbol{\phi},\boldsymbol{u},\boldsymbol{v}_0)[\boldsymbol{\varphi}_1,\boldsymbol{u}'(\boldsymbol{\phi})[\boldsymbol{\varphi}_2]]\\
&\qquad+\mathscr{L}_{0\boldsymbol{\phi}'\boldsymbol{u}}(\boldsymbol{\phi},\boldsymbol{u},\boldsymbol{v}_0)(\boldsymbol{\phi},\boldsymbol{u},\boldsymbol{v}_0)[\boldsymbol{\varphi}_2,\boldsymbol{u}'(\boldsymbol{\phi})[\boldsymbol{\varphi}_1]]\\
&\quad=\int_{\Omega(\boldsymbol{\phi})}[\underline{-(\boldsymbol{\nabla}\boldsymbol{\varphi}_2^{\mathrm{T}}\boldsymbol{\nabla}\boldsymbol{u}^{\mathrm{T}})^{\mathrm{s}}\cdot(\boldsymbol{C}\boldsymbol{\nabla}\boldsymbol{\varphi}_1^{\mathrm{T}}\boldsymbol{\nabla}\boldsymbol{v}_0^{\mathrm{T}})}_{(1)}\\
&\qquad\quad\underline{-\{\boldsymbol{S}(\boldsymbol{u})(\boldsymbol{\nabla}\boldsymbol{v}_0^{\mathrm{T}})^{\mathrm{T}}\}\cdot(\boldsymbol{\nabla}\boldsymbol{\varphi}_2^{\mathrm{T}}\boldsymbol{\nabla}\boldsymbol{\varphi}_1^{\mathrm{T}})}_{(2)}
\end{aligned}
$$

$$
\begin{aligned}
&\underline{-(\nabla\boldsymbol{\varphi}_2^{\mathrm{T}}\nabla\boldsymbol{v}_0^{\mathrm{T}})\cdot\{(\nabla\boldsymbol{\varphi}_1^{\mathrm{T}})^{\mathrm{T}}\boldsymbol{S}(\boldsymbol{u})\}}_{(3)}\\
&+\underline{[\{\boldsymbol{S}(\boldsymbol{u})(\nabla\boldsymbol{v}_0^{\mathrm{T}})^{\mathrm{T}}\}\cdot\nabla\boldsymbol{\varphi}_1^{\mathrm{T}}]\nabla\cdot\boldsymbol{\varphi}_2}_{(4)}\\
&\underline{-(\nabla\boldsymbol{\varphi}_2^{\mathrm{T}}\nabla\boldsymbol{v}_0^{\mathrm{T}})^{\mathrm{s}}\cdot(\boldsymbol{C}\nabla\boldsymbol{\varphi}_1^{\mathrm{T}}\nabla\boldsymbol{u}^{\mathrm{T}})}_{(5)}\\
&\underline{-\{\boldsymbol{S}(\boldsymbol{v}_0)(\nabla\boldsymbol{u}^{\mathrm{T}})^{\mathrm{T}}\}\cdot(\nabla\boldsymbol{\varphi}_2^{\mathrm{T}}\nabla\boldsymbol{\varphi}_1^{\mathrm{T}})}_{(6)}\\
&\underline{-(\nabla\boldsymbol{\varphi}_2^{\mathrm{T}}\nabla\boldsymbol{u}^{\mathrm{T}})\cdot\{(\nabla\boldsymbol{\varphi}_1^{\mathrm{T}})^{\mathrm{T}}\boldsymbol{S}(\boldsymbol{v}_0)\}}_{(7)}\\
&+\underline{[\{\boldsymbol{S}(\boldsymbol{v}_0)(\nabla\boldsymbol{u}^{\mathrm{T}})^{\mathrm{T}}\}\cdot\nabla\boldsymbol{\varphi}_1^{\mathrm{T}}]\nabla\cdot\boldsymbol{\varphi}_2}_{(8)}\\
&+\underline{\{(\nabla\boldsymbol{\varphi}_2^{\mathrm{T}}\nabla\boldsymbol{u}^{\mathrm{T}})^{\mathrm{s}}\cdot\boldsymbol{S}(\boldsymbol{v}_0)\}\nabla\cdot\boldsymbol{\varphi}_1}_{(9)}\\
&+\underline{\{\boldsymbol{S}(\boldsymbol{u})\cdot(\nabla\boldsymbol{\varphi}_2^{\mathrm{T}}\nabla\boldsymbol{v}_0^{\mathrm{T}})^{\mathrm{s}}\}\nabla\cdot\boldsymbol{\varphi}_1}_{(10)}\\
&-\boldsymbol{S}(\boldsymbol{u})\cdot\boldsymbol{E}(\boldsymbol{v}_0)\{-(\nabla\boldsymbol{\varphi}_2^{\mathrm{T}})^{\mathrm{T}}\cdot\nabla\boldsymbol{\varphi}_1^{\mathrm{T}}+(\nabla\cdot\boldsymbol{\varphi}_2)(\nabla\cdot\boldsymbol{\varphi}_1)\}\\
&+\{(\underline{(\nabla\boldsymbol{\varphi}_2^{\mathrm{T}})^{\mathrm{T}}\boldsymbol{S}(\boldsymbol{u})}_{(2)'}+\underline{\boldsymbol{C}(\nabla\boldsymbol{\varphi}_2^{\mathrm{T}}\nabla\boldsymbol{u}^{\mathrm{T}})^{\mathrm{s}}}_{(1)'}\\
&\qquad\underline{-\nabla\cdot\boldsymbol{\varphi}_2\boldsymbol{S}(\boldsymbol{u})}_{(4)'})(\nabla\boldsymbol{v}_0^{\mathrm{T}})^{\mathrm{T}}+\nabla\boldsymbol{v}_0^{\mathrm{T}}\boldsymbol{S}(\boldsymbol{u})\nabla\boldsymbol{\varphi}_2^{\mathrm{T}}\\
&\qquad+\boldsymbol{S}(\boldsymbol{v}_0)\{(\nabla\boldsymbol{u}^{\mathrm{T}})^{\mathrm{T}}(\underline{(\nabla\boldsymbol{\varphi}_2^{\mathrm{T}})^{\mathrm{T}}}_{(3)'}\underline{-\nabla\cdot\boldsymbol{\varphi}_2}_{(8)'})\}\cdot\nabla\boldsymbol{\varphi}_1^{\mathrm{T}}\\
&-\{((\nabla\boldsymbol{\varphi}_2^{\mathrm{T}})^{\mathrm{T}}\boldsymbol{S}(\boldsymbol{u})+\underline{\boldsymbol{C}(\nabla\boldsymbol{\varphi}_2^{\mathrm{T}}\nabla\boldsymbol{u}^{\mathrm{T}})^{\mathrm{s}}}_{(9)'}\\
&\qquad-\nabla\cdot\boldsymbol{\varphi}_2\boldsymbol{S}(\boldsymbol{u}))\cdot\boldsymbol{E}(\boldsymbol{v}_0)\}\nabla\cdot\boldsymbol{\varphi}_1\\
&+\{(\underline{(\nabla\boldsymbol{\varphi}_1^{\mathrm{T}})^{\mathrm{T}}\boldsymbol{S}(\boldsymbol{u})}_{(6)'}+\underline{\boldsymbol{C}(\nabla\boldsymbol{\varphi}_1^{\mathrm{T}}\nabla\boldsymbol{u}^{\mathrm{T}})^{\mathrm{s}}}_{(5)'}\\
&\qquad-\nabla\cdot\boldsymbol{\varphi}_1\boldsymbol{S}(\boldsymbol{u}))(\nabla\boldsymbol{v}_0^{\mathrm{T}})^{\mathrm{T}}+\nabla\boldsymbol{v}_0^{\mathrm{T}}\boldsymbol{S}(\boldsymbol{u})\nabla\boldsymbol{\varphi}_1^{\mathrm{T}}\\
&\qquad+\boldsymbol{S}(\boldsymbol{v}_0)\{(\nabla\boldsymbol{u}^{\mathrm{T}})^{\mathrm{T}}(\underline{(\nabla\boldsymbol{\varphi}_1^{\mathrm{T}})^{\mathrm{T}}}_{(7)'}\underline{-\nabla\cdot\boldsymbol{\varphi}_1}_{(10)'})\}\cdot\nabla\boldsymbol{\varphi}_2^{\mathrm{T}}\\
&-\{((\nabla\boldsymbol{\varphi}_1^{\mathrm{T}})^{\mathrm{T}}\boldsymbol{S}(\boldsymbol{u})+\boldsymbol{C}(\nabla\boldsymbol{\varphi}_1^{\mathrm{T}}\nabla\boldsymbol{u}^{\mathrm{T}})^{\mathrm{s}}\\
&\qquad-\nabla\cdot\boldsymbol{\varphi}_1\boldsymbol{S}(\boldsymbol{u}))\cdot\boldsymbol{E}(\boldsymbol{v}_0)\}\nabla\cdot\boldsymbol{\varphi}_2]\,\mathrm{d}x \qquad (9.11.37)
\end{aligned}
$$

となる．ここで，自己随伴関係と $h_0(\boldsymbol{\phi},\boldsymbol{u},\boldsymbol{v}_0)[\boldsymbol{\varphi}_1,\boldsymbol{\varphi}_2]=h_0(\boldsymbol{\phi},\boldsymbol{u},\boldsymbol{v}_0)[\boldsymbol{\varphi}_2,\boldsymbol{\varphi}_1]$ が成り立つことを用いれば，$i\in\{1,\ldots,10\}$ に対して，下線 (i) と $(i)'$ の和は 0 となる．そこで，

$$
\begin{aligned}
&h_0(\boldsymbol{\phi},\boldsymbol{u},\boldsymbol{u})[\boldsymbol{\varphi}_1,\boldsymbol{\varphi}_2]\\
&\quad=\int_{\Omega(\boldsymbol{\phi})}[\boldsymbol{S}(\boldsymbol{u})\cdot\boldsymbol{E}(\boldsymbol{u})\{(\nabla\boldsymbol{\varphi}_2^{\mathrm{T}})^{\mathrm{T}}\cdot\nabla\boldsymbol{\varphi}_1^{\mathrm{T}}+(\nabla\cdot\boldsymbol{\varphi}_2)(\nabla\cdot\boldsymbol{\varphi}_1)\}\\
&\qquad+(\nabla\boldsymbol{u}^{\mathrm{T}}\boldsymbol{S}(\boldsymbol{u}))\cdot\{\nabla\boldsymbol{\varphi}_1^{\mathrm{T}}(\nabla\boldsymbol{\varphi}_2^{\mathrm{T}})^{\mathrm{T}}+\nabla\boldsymbol{\varphi}_2^{\mathrm{T}}(\nabla\boldsymbol{\varphi}_1^{\mathrm{T}})^{\mathrm{T}}\}
\end{aligned}
$$

$$- 2(\boldsymbol{S}(\boldsymbol{u})\boldsymbol{E}(\boldsymbol{u})) \cdot \{\boldsymbol{\nabla}\boldsymbol{\varphi}_2^{\mathrm{T}}(\boldsymbol{\nabla} \cdot \boldsymbol{\varphi}_1) + \boldsymbol{\nabla}\boldsymbol{\varphi}_1^{\mathrm{T}}(\boldsymbol{\nabla} \cdot \boldsymbol{\varphi}_2)\}]\,\mathrm{d}x \tag{9.11.38}$$

となる．

一方，$f_1(\boldsymbol{\phi})$ の 2 階形状微分は，任意の $\boldsymbol{\varphi}_1 \in X$ と $\boldsymbol{\varphi}_2 \in X$ に対して，

$$h_1(\boldsymbol{\phi})[\boldsymbol{\varphi}_1, \boldsymbol{\varphi}_2] = \int_{\Omega(\boldsymbol{\phi})} \{-(\boldsymbol{\nabla}\boldsymbol{\varphi}_2^{\mathrm{T}})^{\mathrm{T}} \cdot \boldsymbol{\nabla}\boldsymbol{\varphi}_1^{\mathrm{T}} + (\boldsymbol{\nabla} \cdot \boldsymbol{\varphi}_2)(\boldsymbol{\nabla} \cdot \boldsymbol{\varphi}_1)\}\,\mathrm{d}x \tag{9.11.39}$$

となる．

関数の形状偏微分公式を用いた形状微分

今度は，関数の形状偏微分公式を用いて，f_0 の形状微分を求めてみよう．ここでは，$\boldsymbol{b}$，$\boldsymbol{p}_{\mathrm{N}}$，$\boldsymbol{u}_{\mathrm{D}}$ および $\boldsymbol{C}$ は空間固定の関数であると仮定する．また，$\boldsymbol{u}$ と $\boldsymbol{v}_0$ は $q_{\mathrm{R}} > d$ に対して $W^{2,2q_{\mathrm{R}}}(\mathbb{R}^d;\mathbb{R}^d)$ に入るような条件が満たされていると仮定する．

これらの仮定のもとで，$\mathscr{L}_0(\boldsymbol{\phi}, \boldsymbol{u}, \boldsymbol{v}_0)$ の形状微分は，任意の $(\boldsymbol{\varphi}, \boldsymbol{u}^*, \boldsymbol{v}_0^*) \in X \times U \times U$ に対して，

$$\begin{aligned}&\mathscr{L}_0'(\boldsymbol{\phi}, \boldsymbol{u}, \boldsymbol{v}_0)[\boldsymbol{\varphi}, \boldsymbol{u}^*, \boldsymbol{v}_0^*]\\&\quad = \mathscr{L}_{0\boldsymbol{\phi}^*}(\boldsymbol{\phi}, \boldsymbol{u}, \boldsymbol{v}_0)[\boldsymbol{\varphi}] + \mathscr{L}_{0\boldsymbol{u}}(\boldsymbol{\phi}, \boldsymbol{u}, \boldsymbol{v}_0)[\boldsymbol{u}^*] + \mathscr{L}_{0\boldsymbol{v}_0}(\boldsymbol{\phi}, \boldsymbol{u}, \boldsymbol{v}_0)[\boldsymbol{v}_0^*]\end{aligned} \tag{9.11.40}$$

のようにかかれる．ただし，式 (9.3.14) と式 (9.3.20) の表記法に従うものとする．以下で各項について考察する．

式 (9.11.40) の右辺第 3 項は，式 (9.11.14) において，$\boldsymbol{v}_0'$ を $\boldsymbol{v}_0^*$ におきかえた式となる．そこで，$\boldsymbol{u}$ が状態決定問題の弱解ならば，その項は 0 となる．

また，式 (9.11.40) の右辺第 2 項は，式 (9.11.15) において $\boldsymbol{u}'$ を $\boldsymbol{u}^*$ におきかえた式となる．そこで，自己随伴関係（式 (9.11.16)）が成り立つとき，その項は 0 となる．

さらに，式 (9.11.40) の右辺第 1 項は，命題 9.3.9 の結果を表した式 (9.3.14) と，命題 9.3.12 の結果を表した式 (9.3.20) の公式より，

$$
\begin{aligned}
&\mathscr{L}_{0\phi^*}(\boldsymbol{\phi},\boldsymbol{u},\boldsymbol{v}_0)[\boldsymbol{\varphi}]\\
&\quad=\int_{\partial\Omega(\phi)}\{-\boldsymbol{S}(\boldsymbol{u})\cdot\boldsymbol{E}(\boldsymbol{v}_0)+\boldsymbol{b}\cdot(\boldsymbol{u}+\boldsymbol{v}_0)\}\boldsymbol{\nu}\cdot\boldsymbol{\varphi}\,\mathrm{d}\gamma\\
&\qquad+\int_{\Gamma_p(\phi)}(\partial_\nu+\kappa)\{\boldsymbol{p}_{\mathrm{N}}\cdot(\boldsymbol{u}+\boldsymbol{v}_0)\}\boldsymbol{\nu}\cdot\boldsymbol{\varphi}\,\mathrm{d}\gamma\\
&\qquad+\int_{\partial\Gamma_p(\phi)\cup\Theta(\phi)}\{\boldsymbol{p}_{\mathrm{N}}\cdot(\boldsymbol{u}+\boldsymbol{v}_0)\}\boldsymbol{\tau}\cdot\boldsymbol{\varphi}\,\mathrm{d}\varsigma\\
&\qquad+\int_{\Gamma_{\mathrm{D}}(\phi)}[\{(\boldsymbol{u}-\boldsymbol{u}_{\mathrm{D}})\cdot\bar{\boldsymbol{w}}(\boldsymbol{\varphi},\boldsymbol{v}_0)+(\boldsymbol{v}_0-\boldsymbol{u}_{\mathrm{D}})\cdot\bar{\boldsymbol{w}}(\boldsymbol{\varphi},\boldsymbol{u})\}\\
&\qquad\qquad+\{(\boldsymbol{u}-\boldsymbol{u}_{\mathrm{D}})\cdot(\boldsymbol{S}(\boldsymbol{v}_0)\boldsymbol{\nu})\\
&\qquad\qquad+(\boldsymbol{v}_0-\boldsymbol{u}_{\mathrm{D}})\cdot(\boldsymbol{S}(\boldsymbol{u})\boldsymbol{\nu})\}(\boldsymbol{\nabla}\cdot\boldsymbol{\varphi})_\tau\\
&\qquad\qquad+(\partial_\nu+\kappa)\{(\boldsymbol{u}-\boldsymbol{u}_{\mathrm{D}})\cdot(\boldsymbol{S}(\boldsymbol{v}_0)\boldsymbol{\nu})\\
&\qquad\qquad\qquad+(\boldsymbol{v}_0-\boldsymbol{u}_{\mathrm{D}})\cdot(\boldsymbol{S}(\boldsymbol{u})\boldsymbol{\nu})\}\boldsymbol{\nu}\cdot\boldsymbol{\varphi}]\,\mathrm{d}\gamma\\
&\qquad+\int_{\partial\Gamma_{\mathrm{D}}(\phi)\cup\Theta(\phi)}\{(\boldsymbol{u}-\boldsymbol{u}_{\mathrm{D}})\cdot(\boldsymbol{S}(\boldsymbol{v}_0)\boldsymbol{\nu})\\
&\qquad\qquad+(\boldsymbol{v}_0-\boldsymbol{u}_{\mathrm{D}})\cdot(\boldsymbol{S}(\boldsymbol{u})\boldsymbol{\nu})\}\boldsymbol{\tau}\cdot\boldsymbol{\varphi}\,\mathrm{d}\varsigma
\end{aligned}
$$

となる．ただし，$(\boldsymbol{\nu}\cdot\boldsymbol{\nabla})\boldsymbol{u}=(\boldsymbol{\nabla}\boldsymbol{u}^{\mathrm{T}})^{\mathrm{T}}\boldsymbol{\nu}$ を $\partial_\nu\boldsymbol{u}$ とかくことにする．また，

$$
\begin{aligned}
\bar{\boldsymbol{w}}(\boldsymbol{\varphi},\boldsymbol{u})=&-\boldsymbol{S}(\boldsymbol{u})\left[\sum_{i\in\{1,\ldots,d-1\}}\{\boldsymbol{\tau}_i\cdot(\boldsymbol{\nabla}\boldsymbol{\varphi}^{\mathrm{T}}\boldsymbol{\nu})\}\boldsymbol{\tau}_i\right]\\
&+(\boldsymbol{\nu}\cdot\boldsymbol{\varphi})(\boldsymbol{\nabla}^{\mathrm{T}}\boldsymbol{S}(\boldsymbol{u}))^{\mathrm{T}}
\end{aligned}
\tag{9.11.41}
$$

とおいた．$(\boldsymbol{\nabla}\cdot\boldsymbol{\varphi})_\tau$ は式 (9.2.6) に従う．

以上の結果をふまえて，$\boldsymbol{u}$ は問題 9.11.1 の弱解で，自己随伴関係（式 (9.11.16)）が成り立つことを仮定する．このとき，問題 9.11.1 の Dirichlet 条件が成り立つことを考慮して，式 (9.11.41) は，式 (7.4.11) の表記を用いて

$$
\begin{aligned}
\tilde{f}_0'(\boldsymbol{\phi})[\boldsymbol{\varphi}]&=\mathscr{L}_{0\phi^*}(\boldsymbol{\phi},\boldsymbol{u},\boldsymbol{v}_0)[\boldsymbol{\varphi}]=\langle\bar{\boldsymbol{g}}_0,\boldsymbol{\varphi}\rangle\\
&=\int_{\partial\Omega(\phi)}\bar{\boldsymbol{g}}_{\partial\Omega 0}\cdot\boldsymbol{\varphi}\,\mathrm{d}\gamma+\int_{\Gamma_p(\phi)}\bar{\boldsymbol{g}}_{p0}\cdot\boldsymbol{\varphi}\,\mathrm{d}\gamma\\
&\quad+\int_{\partial\Gamma_p(\phi)\cup\Theta(\phi)}\bar{\boldsymbol{g}}_{\partial p0}\cdot\boldsymbol{\varphi}\,\mathrm{d}\varsigma+\int_{\Gamma_{\mathrm{D}}(\phi)}\bar{\boldsymbol{g}}_{\mathrm{D}0}\cdot\boldsymbol{\varphi}\,\mathrm{d}\gamma
\end{aligned}
\tag{9.11.42}
$$

のようにかかれる．ここで，

$$\bar{\boldsymbol{g}}_{\partial\Omega 0} = (-\boldsymbol{S}(\boldsymbol{u}) \cdot \boldsymbol{E}(\boldsymbol{u}) + 2\boldsymbol{b} \cdot \boldsymbol{u})\boldsymbol{\nu} \tag{9.11.43}$$

$$\bar{\boldsymbol{g}}_{p0} = 2(\partial_\nu + \kappa)(\boldsymbol{p}_{\mathrm{N}} \cdot \boldsymbol{u})\boldsymbol{\nu} \tag{9.11.44}$$

$$\bar{\boldsymbol{g}}_{\partial p0} = 2(\boldsymbol{p}_{\mathrm{N}} \cdot \boldsymbol{u})\boldsymbol{\tau} \tag{9.11.45}$$

$$\bar{\boldsymbol{g}}_{\mathrm{D}0} = 2\{\partial_\nu(\boldsymbol{u} - \boldsymbol{u}_{\mathrm{D}}) \cdot (\boldsymbol{S}(\boldsymbol{u})\boldsymbol{\nu})\}\boldsymbol{\nu} \tag{9.11.46}$$

となる．さらに，同次 Dirichlet 境界上では，法線方向のみにひずみ成分があり，

$$\partial_\nu \boldsymbol{u} = \boldsymbol{E}(\boldsymbol{u})\boldsymbol{\nu} \tag{9.11.47}$$

となる．そこで，式 (9.11.46) は

$$\bar{\boldsymbol{g}}_{\mathrm{D}0} = 2\{(\boldsymbol{E}(\boldsymbol{u})\boldsymbol{\nu}) \cdot (\boldsymbol{S}(\boldsymbol{u})\boldsymbol{\nu})\}\boldsymbol{\nu} = 2(\boldsymbol{E}(\boldsymbol{u}) \cdot \boldsymbol{S}(\boldsymbol{u}))\boldsymbol{\nu} \tag{9.11.48}$$

とかける．このとき，同次 Dirichlet 境界と同次 Neumann 境界において $\bar{\boldsymbol{g}}_0$ を並べれば

$$\bar{\boldsymbol{g}}_0 = (-\boldsymbol{S}(\boldsymbol{u}) \cdot \boldsymbol{E}(\boldsymbol{u}) + 2\boldsymbol{b} \cdot \boldsymbol{u})\boldsymbol{\nu} \quad \text{on } \Gamma_{\mathrm{N}}(\boldsymbol{\phi}) \setminus \bar{\Gamma}_p(\boldsymbol{\phi}) \tag{9.11.49}$$

$$\bar{\boldsymbol{g}}_0 = (\boldsymbol{S}(\boldsymbol{u}) \cdot \boldsymbol{E}(\boldsymbol{u}) + 2\boldsymbol{b} \cdot \boldsymbol{u})\boldsymbol{\nu} \quad \text{on } \Gamma_{\mathrm{D}}(\boldsymbol{\phi}) \tag{9.11.50}$$

となる．この結果より，**ひずみエネルギー密度** $\boldsymbol{S}(\boldsymbol{u})\cdot\boldsymbol{E}(\boldsymbol{u})$ の符号が同次 Dirichlet 境界と同次 Neumann 境界ではいれかわることがわかる．

以上の結果から，式 (9.11.42) の $\bar{\boldsymbol{g}}_0$ が入る関数空間について，定理 9.7.4 と同様の結果が得られる．

一方，$f_1(\boldsymbol{\phi})$ の形状微分は，状態決定問題の解が使われていないことから，命題 9.3.8 において，$u = 1$ とおくことによって，

$$f_1'(\boldsymbol{\phi})[\boldsymbol{\varphi}] = \langle \bar{\boldsymbol{g}}_1, \boldsymbol{\varphi} \rangle = \int_{\partial\Omega(\boldsymbol{\phi})} \bar{\boldsymbol{g}}_{\partial\Omega 1} \cdot \boldsymbol{\varphi} \,\mathrm{d}\gamma \tag{9.11.51}$$

となる．ここで，

$$\bar{\boldsymbol{g}}_{\partial\Omega 1} = \boldsymbol{\nu} \tag{9.11.52}$$

となる．

9.11.4 段つき1次元線形弾性体の最適設計問題との関係

$d \in \{2,3\}$ 次元線形弾性体の平均コンプライアンス最小化問題（問題 9.11.2）に対して得られた評価関数の形状微分と，第1章でみてきた段つき1次元線形弾性体の平均コンプライアンス最小化問題（問題 1.1.4）に対して得られた評価関数の断面積微分との関係について考えてみよう．表 9.11.1 には，線形空間などの対応が示されている．

表 9.11.1 断面積最適化問題と形状最適化問題の対応

比較項目	断面積最適化問題	形状最適化問題
設計変数 $\in$ 線形空間 X	$\boldsymbol{a} \in \mathbb{R}^2$	$\boldsymbol{\phi} \in H^1(\mathbb{R}^d;\mathbb{R}^d)$
状態変数 $\in$ 線形空間 U	$\boldsymbol{u} \in \mathbb{R}^2$	$\boldsymbol{u} \in H^1(\mathbb{R}^d;\mathbb{R}^d)$
状態決定問題 $\forall \boldsymbol{v} \in U$	$\mathscr{L}_{\mathrm{S}}(\boldsymbol{a},\boldsymbol{u},\boldsymbol{v}) = 0$	$\mathscr{L}_{\mathrm{S}}(\boldsymbol{\phi},\boldsymbol{u},\boldsymbol{v}) = 0$
目的関数 f_0	$\boldsymbol{p} \cdot \boldsymbol{u}$	$\hat{l}(\boldsymbol{\phi})(\boldsymbol{u})$
制約関数 f_1	体積制約式	領域の大きさ制約式
評価関数の勾配 $\in X'$	$\boldsymbol{g}_i \in \mathbb{R}^2$	$\boldsymbol{g}_i, \bar{\boldsymbol{g}}_i \in H^{1\prime}(\mathbb{R}^d;\mathbb{R}^d)$
勾配法 $\forall \boldsymbol{z} \in X$	$\boldsymbol{y}_{gi} \cdot \boldsymbol{A}\boldsymbol{z} = -\boldsymbol{g} \cdot \boldsymbol{z}$	$a(\boldsymbol{\varphi}_{gi}, \boldsymbol{z}) = -\langle \boldsymbol{g}_i, \boldsymbol{z} \rangle$

問題 1.1.4 では体積力と既知変位は使われていなかった．その仮定を問題 9.11.2 に適用すれば，目的関数を

$$f_0(\boldsymbol{\phi},\boldsymbol{u}) = \hat{l}(\boldsymbol{\phi})(\boldsymbol{u}) = \int_{\Gamma_p(\boldsymbol{\phi})} \boldsymbol{p}_{\mathrm{N}} \cdot \boldsymbol{u} \,\mathrm{d}\gamma = \sum_{i\in\{1,2\}} \int_{\Gamma_i} \frac{p_i}{a_i} u_i \,\mathrm{d}\gamma \tag{9.11.53}$$

とおいたことに対応する．ただし，$i \in \{1,2\}$ に対して p_i，u_i，a_i はそれぞれ問題 1.1.4 の定義に従う．また，問題 1.1.4 では，断面積の変動に対して，外力 p_1 と p_2 は固定されていた．すなわち，p_1 と p_2 は境界測度共変（定義 9.4.4）であった．一方，f_0 の形状微分を与える式 (9.11.19) では，$\boldsymbol{p}_{\mathrm{N}}$ は物質固定（定義 9.4.1）と仮定されていた．その違いを考慮すれば，式 (9.11.53) で定義された f_0 の形状微分は

$$\tilde{f}_0'(\boldsymbol{\phi})[\boldsymbol{\varphi}] = \langle \boldsymbol{g}_0, \boldsymbol{\varphi} \rangle = \sum_{i\in\{1,2\}} \int_0^l \{\boldsymbol{G}_{\Omega 0i} \cdot (\boldsymbol{\nabla}\boldsymbol{\varphi}_i^{\mathrm{T}}) + g_{\Omega 0i} \boldsymbol{\nabla} \cdot \boldsymbol{\varphi}_i\} a_i \,\mathrm{d}x$$

$$- 2 \sum_{i \in \{1,2\}} \int_{\Gamma_i} \boldsymbol{p}_{\mathrm{N}i} \cdot \boldsymbol{u}_i (\boldsymbol{\nabla} \cdot \boldsymbol{\varphi}_i)_\tau \, \mathrm{d}\gamma \tag{9.11.54}$$

となる．ただし，Γ_1 と Γ_2 は平面で，法線方向には変動しないこと，および $\boldsymbol{p}_{\mathrm{N}}$ が物質固定であるときに成り立つ関係

$$\boldsymbol{p}'_{\mathrm{N}}(\boldsymbol{\phi})[\boldsymbol{\varphi}] = -\boldsymbol{p}_{\mathrm{N}}(\boldsymbol{\phi})(\boldsymbol{\nabla} \cdot \boldsymbol{\varphi})_\tau \tag{9.11.55}$$

が使われた．また，式 (9.11.54) の右辺第 2 項につけられた係数 2 は，目的関数 f_0 につけられた補正項と Lagrange 関数 $\mathscr{L}_{\mathrm{S}}$ につけられた補正項の和によるものである．Lagrange 関数にも補正項が必要であった理由は，自己随伴関係を保つためである．ここで，段つき 1 次元線形弾性体の断面は奥行が単位長さの長方形と仮定して，x 座標を x_1 座標ともみなして，高さ方向を x_2 座標にとった 2 次元線形弾性体とみなす．$i \in \{1, 2\}$ に対して，a_i は断面を表し，b_i はその変動を表すことにする．また，σ_1，ε_1，σ_2，ε_2 はそれぞれ $\sigma(u_1)$，$\varepsilon(u_1)$，$\sigma(u_2 - u_1)$，$\varepsilon(u_2 - u_1)$ を表すものとする．このとき，

$$\begin{aligned}
\boldsymbol{G}_{\Omega 0 i} &= 2\boldsymbol{S}(\boldsymbol{u})(\boldsymbol{\nabla}\boldsymbol{u}^{\mathrm{T}})^{\mathrm{T}} = 2\begin{pmatrix} \sigma_i & 0 \\ 0 & 0 \end{pmatrix}\begin{pmatrix} \varepsilon_i & 0 \\ 0 & 0 \end{pmatrix} = 2\begin{pmatrix} \sigma_i\varepsilon_i & 0 \\ 0 & 0 \end{pmatrix} \\
g_{\Omega 0 i} &= -\boldsymbol{S}(\boldsymbol{u}) \cdot \boldsymbol{E}(\boldsymbol{u}) = -\begin{pmatrix} \sigma_i & 0 \\ 0 & 0 \end{pmatrix} \cdot \begin{pmatrix} \varepsilon_i & 0 \\ 0 & 0 \end{pmatrix} = -\sigma_i\varepsilon_i \\
\boldsymbol{\nabla}\boldsymbol{\varphi}_i^{\mathrm{T}} &= \begin{pmatrix} 0 & 0 \\ 0 & b_i/a_i \end{pmatrix}, \quad \boldsymbol{\nabla} \cdot \boldsymbol{\varphi}_i = (\boldsymbol{\nabla} \cdot \boldsymbol{\varphi}_i)_\tau = \frac{b_i}{a_i} \\
\boldsymbol{p}_{\mathrm{N}i} \cdot \boldsymbol{u}_i &= l\sigma_i\varepsilon_i
\end{aligned}$$

となる．これらの関係を用いれば，

$$\tilde{f}'_0(\boldsymbol{\phi})[\boldsymbol{\varphi}] = \langle \boldsymbol{g}_0, \boldsymbol{\varphi} \rangle = l\begin{pmatrix} -\sigma_1\varepsilon_1 \\ -\sigma_2\varepsilon_2 \end{pmatrix} \cdot \begin{pmatrix} b_1 \\ b_2 \end{pmatrix} = \boldsymbol{g}_0 \cdot \boldsymbol{b} \tag{9.11.56}$$

となる．式 (9.11.56) の右辺の $\boldsymbol{g}_0$ は，式 (1.1.28) の断面積勾配と一致する．

また，$f_1(\boldsymbol{\phi})$ の形状微分は，

$$f_1'(\boldsymbol{\phi})[\boldsymbol{\varphi}]=\sum_{i\in\{1,2\}}\langle \boldsymbol{g}_1,\boldsymbol{\varphi}\rangle=\int_0^l(\boldsymbol{\nabla}\cdot\boldsymbol{\varphi}_i)a_i\,\mathrm{d}x=l\begin{pmatrix}1\\1\end{pmatrix}\cdot\begin{pmatrix}b_1\\b_2\end{pmatrix}=\boldsymbol{g}_1\cdot\boldsymbol{b} \tag{9.11.57}$$

となる．式 (9.11.57) 右辺の $\boldsymbol{g}_1$ は，式 (1.1.17) の断面積勾配と一致する．

さらに，式 (9.11.53) で定義された f_0 の Hesse 形式は次のようにして得られる．$j\in\{1,2\}$ に対して，

$$\begin{aligned}
\boldsymbol{\nabla}\boldsymbol{\varphi}_{ji}^{\mathrm{T}}&=\begin{pmatrix}0&0\\0&b_{ji}/a_i\end{pmatrix},\quad \boldsymbol{\nabla}\cdot\boldsymbol{\varphi}_{ji}=\frac{b_{ji}}{a_i},\\
\boldsymbol{E}(\boldsymbol{u})&=\begin{pmatrix}\varepsilon_i&0\\0&0\end{pmatrix},\quad \boldsymbol{S}(\boldsymbol{u})=\begin{pmatrix}\sigma_i&0\\0&0\end{pmatrix}
\end{aligned}$$

となる．式 (9.11.54) 右辺第 1 項の形状微分は式 (9.11.38) によって計算される．そこで，

$$\begin{aligned}
&h_0(\boldsymbol{\phi},\boldsymbol{u},\boldsymbol{v}_0)[\boldsymbol{\varphi}_1,\boldsymbol{\varphi}_2]\\
&\quad=\sum_{i\in\{1,2\}}\int_0^l[\boldsymbol{S}(\boldsymbol{u})\cdot\boldsymbol{E}(\boldsymbol{u})\{(\boldsymbol{\nabla}\boldsymbol{\varphi}_{2i}^{\mathrm{T}})^{\mathrm{T}}\cdot\boldsymbol{\nabla}\boldsymbol{\varphi}_{1i}^{\mathrm{T}}+(\boldsymbol{\nabla}\cdot\boldsymbol{\varphi}_{2i})(\boldsymbol{\nabla}\cdot\boldsymbol{\varphi}_{1i})\}\\
&\qquad\qquad+(\boldsymbol{S}(\boldsymbol{u})\boldsymbol{E}(\boldsymbol{u}))\cdot\{\boldsymbol{\nabla}\boldsymbol{\varphi}_{1i}^{\mathrm{T}}(\boldsymbol{\nabla}\boldsymbol{\varphi}_{2i}^{\mathrm{T}})^{\mathrm{T}}+\boldsymbol{\nabla}\boldsymbol{\varphi}_{2i}^{\mathrm{T}}(\boldsymbol{\nabla}\boldsymbol{\varphi}_{1i}^{\mathrm{T}})^{\mathrm{T}}\}\\
&\qquad\qquad-2(\boldsymbol{S}(\boldsymbol{u})\boldsymbol{E}(\boldsymbol{u}))\cdot\{\boldsymbol{\nabla}\boldsymbol{\varphi}_{2i}^{\mathrm{T}}(\boldsymbol{\nabla}\cdot\boldsymbol{\varphi}_{1i})\\
&\qquad\qquad\qquad+\boldsymbol{\nabla}\boldsymbol{\varphi}_{1i}^{\mathrm{T}}(\boldsymbol{\nabla}\cdot\boldsymbol{\varphi}_{2i})\}]a_i\,\mathrm{d}x\\
&\qquad-\sum_{i\in\{1,2\}}\frac{\partial}{\partial a_i}\left\{\int_{\Gamma_i}2\boldsymbol{p}_{\mathrm{N}i}\cdot\boldsymbol{u}_i(\boldsymbol{\nabla}\cdot\boldsymbol{\varphi}_{1i})_\tau\,\mathrm{d}\gamma\right\}b_{2i}\\
&\quad=\begin{pmatrix}b_{11}\\b_{12}\end{pmatrix}\cdot\left(2l\begin{pmatrix}\sigma_1\varepsilon_1/a_1&0\\0&\sigma_2\varepsilon_2/a_2\end{pmatrix}\begin{pmatrix}b_{21}\\b_{22}\end{pmatrix}\right)=\boldsymbol{b}_1\cdot(\boldsymbol{H}_0\boldsymbol{b}_2)
\end{aligned} \tag{9.11.58}$$

となる．式 (9.11.38) によって計算された項は 0 となった．式 (9.11.58) 右辺の $\boldsymbol{H}_0$ は，式 (1.1.29) の Hesse 行列と一致する．

また，f_1 の Hesse 形式は，式 (9.11.39) を用いて，

$$
\begin{aligned}
&h_1(\boldsymbol{\phi})[\boldsymbol{\varphi}_1, \boldsymbol{\varphi}_2] \\
&\quad = \sum_{i\in\{1,2\}} \int_0^l \{-(\boldsymbol{\nabla}\boldsymbol{\varphi}_{2i}^{\mathrm{T}})^{\mathrm{T}} \cdot \boldsymbol{\nabla}\boldsymbol{\varphi}_{1i}^{\mathrm{T}} + (\boldsymbol{\nabla}\cdot\boldsymbol{\varphi}_{2i})(\boldsymbol{\nabla}\cdot\boldsymbol{\varphi}_{1i})\}\,\mathrm{d}x \\
&\quad = 0
\end{aligned}
\tag{9.11.59}
$$

となる．この結果も，第 1 章の結果と一致する．

これらの比較に基づけば，問題 9.11.2 の最小点に対するイメージは，例題 1.1.6 の図 1.1.4 を参考にして，図 9.11.2 のようになっていると考えられる．

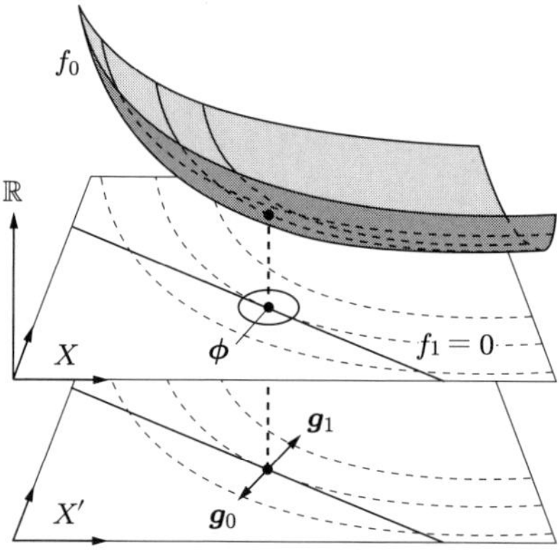

図 9.11.2 平均コンプライアンス最小化問題 (問題 9.11.2) に対する最小点 $\boldsymbol{\phi}$ のイメージ

図 9.11.3 と図 9.11.4 は，それぞれ $\tilde{f}_0$ と f_1 が減少するような領域変動 $\boldsymbol{\varphi}_{g0}$ と $\boldsymbol{\varphi}_{g1}$ を求める H^1 勾配法のイメージを示す．図 9.11.5 は，領域の大きさ制約を満たすような Lagrange 乗数 λ_1 のイメージを示す．これらの図において，$\Omega(\boldsymbol{\phi})$ では領域の大きさ制約は満たされているが最小点ではないと仮定されている．図 9.11.5 の探索方向 $\boldsymbol{\varphi}_g = \boldsymbol{\varphi}_{g0} + \lambda_1 \boldsymbol{\varphi}_{g1}$ は図 9.11.4 の $\boldsymbol{g}_1$ と直交している．すなわち，探索方向は制約を満たす方向を向いている．実際，制約つき問題に対する勾配法において Lagrange 乗数を決定する式 (9.9.3) は，問題 9.11.2 のとき

$$
\lambda_1 = -\frac{\langle \boldsymbol{g}_1, \boldsymbol{\varphi}_{g0} \rangle}{\langle \boldsymbol{g}_1, \boldsymbol{\varphi}_{g1} \rangle}
\tag{9.11.60}
$$

となり，

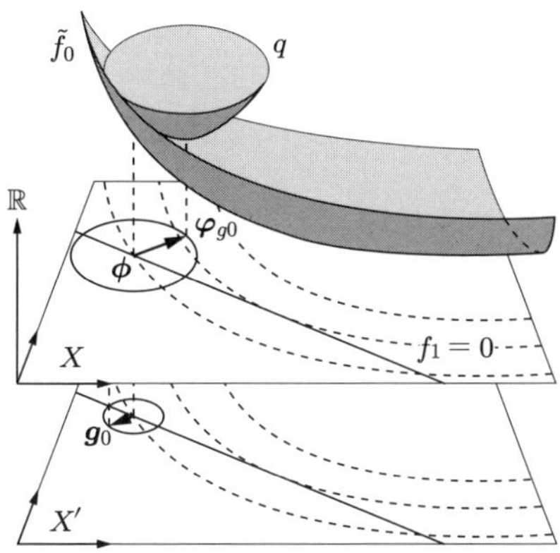

図 9.11.3 $\tilde{f}_0$ に対する H^1 勾配法のイメージ

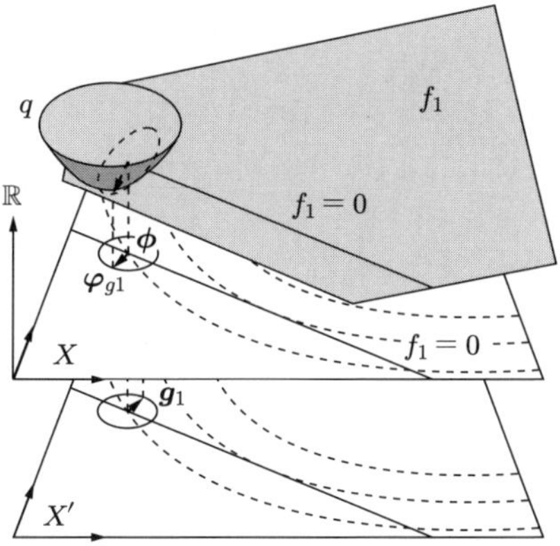

図 9.11.4 f_1 に対する H^1 勾配法のイメージ

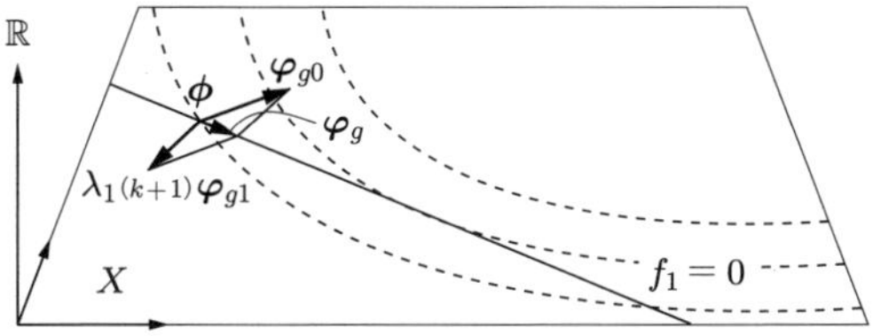

図 9.11.5 Lagrange 乗数 λ_1 のイメージ

$$\langle \boldsymbol{g}_1, \boldsymbol{\varphi}_{g0} + \lambda_{1(k+1)} \boldsymbol{\varphi}_{g1} \rangle = 0 \tag{9.11.61}$$

とかけるからである．

9.11.5　数値例

数値例を示そう．図 9.11.6 には，六つの穴をもつ 2 次元線形弾性体に対する平均コンプライアンス最小化の結果が示されている．図 9.11.6 (a) には初期形状と状態決定問題の境界条件が示されている．領域変動に対する境界条件は，式 (9.1.1) において $\bar{\Omega}_{\mathrm{C}0} = \Gamma_{\mathrm{D}0} \cup \Gamma_{p0}$ のように仮定された．ただし，$\Gamma_{\mathrm{D}0}$ 上の接線方向には動けるものと仮定された．プログラムは，文献 [123] の例 37 を参考に

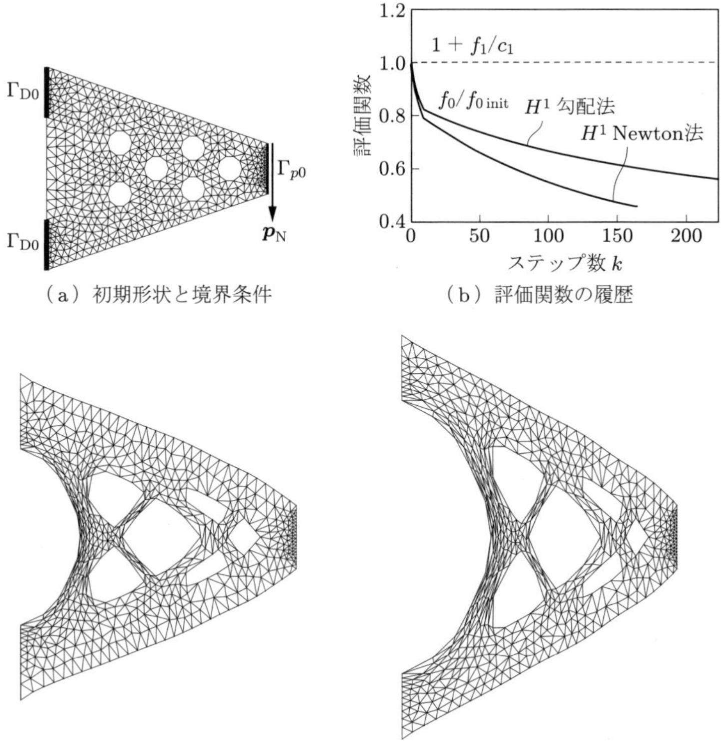

（a）初期形状と境界条件　（b）評価関数の履歴

（c）H^1 勾配法による最適形状　（d）H^1 Newton 法による最適形状

図 9.11.6　2 次元線形弾性体の形状最適化問題に対する数値例

して，有限要素法プログラミング言語 FreeFem++ (http://www.freefem.org/ff++/) でかかれている．詳細はプログラムにゆずる[†]．

9.12 Stokes 流れ場の形状最適化問題

流れ場への応用例として，Stokes 流れ場の平均流れ抵抗最小化問題をとりあげて，評価関数の形状微分を求める過程をみてみよう．初期領域 Ω_0 のイメージを図 9.12.1 に示す．領域変動に対する線形空間 X とその許容集合 $\mathcal{D}$ は 9.1 節のように定義されているものとする．

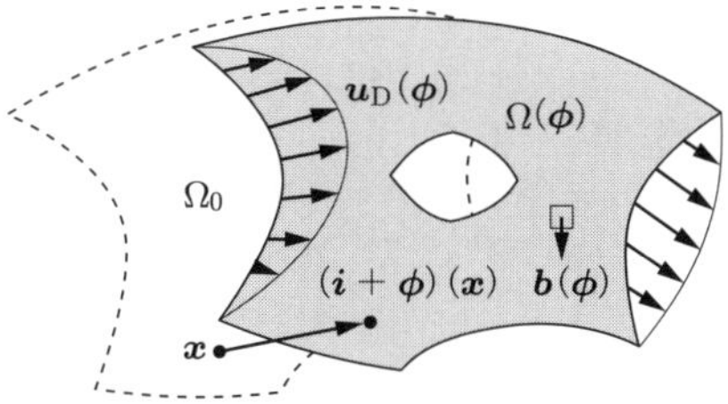

図 9.12.1 Stokes 流れ場に対する初期領域 $\Omega_0 \subset \mathbb{R}^d$ と領域変動（変位）$\boldsymbol{\phi}$

9.12.1 状態決定問題

状態決定問題として Stokes 問題を考えよう．ここでは，問題 5.5.1 で使われた記号に加えて，形状最適化問題のために Stokes 問題を次のようにかきなおす．ここでも，解の一意存在が保証されるように，$\boldsymbol{\phi} \in \mathcal{D}$ に対して，$\partial\Omega(\boldsymbol{\phi})$ を Dirichlet 境界として，$\boldsymbol{u}_{\mathrm{D}} \colon \partial\Omega(\boldsymbol{\phi}) \to \mathbb{R}^d$ を既知の流速とする．詳しい条件については，あとの式 (9.12.5) と式 (9.12.6) で示される．μ を**粘性係数**を表す正定数とする．のちに示される状態決定問題の解である流速 $\boldsymbol{u}$ に対して，$\boldsymbol{u} - \boldsymbol{u}_{\mathrm{D}}$ を $\tilde{\boldsymbol{u}}$ とかく．このとき，$\tilde{\boldsymbol{u}}$ が入る Hilbert 空間と許容集合をそれぞれ

$$U = \{\boldsymbol{u} \in H^1(\mathbb{R}^d;\mathbb{R}^d) \mid \boldsymbol{u} = \boldsymbol{0}_{\mathbb{R}^d} \text{ on } \partial\Omega(\boldsymbol{\phi})\} \tag{9.12.1}$$

$$\mathcal{S} = U \cap W^{1,\infty}(\mathbb{R}^d;\mathbb{R}^d) \tag{9.12.2}$$

とおく．また，圧力 p が入る実 Hilbert 空間と許容集合をそれぞれ

[†]URL: http://www.morikita.co.jp/books/mid/061461

$$P = \left\{ q \in L^2(\mathbb{R}^d;\mathbb{R}) \,\middle|\, \int_{\Omega(\boldsymbol{\phi})} q \,\mathrm{d}x = 0 \right\} \tag{9.12.3}$$

$$\mathcal{Q} = P \cap L^\infty(\mathbb{R}^d;\mathbb{R}) \tag{9.12.4}$$

とおく．既知関数に関しては，仮定 9.5.1 に対応して，

$$\boldsymbol{b} \in C^1(\mathcal{D}; L^\infty(\mathbb{R}^d;\mathbb{R}^d)), \quad \boldsymbol{u}_{\mathrm{D}} \in C^1(\mathcal{D}; U_{\mathrm{div}} \cap W^{1,\infty}(\mathbb{R}^d;\mathbb{R}^d)) \tag{9.12.5}$$

で，かつ物質固定を仮定する．また，仮定 9.5.2 に対応して，

$$\boldsymbol{b} \in W^{1,2q_{\mathrm{R}}}(\mathbb{R}^d;\mathbb{R}^d), \quad \boldsymbol{u}_{\mathrm{D}} \in U_{\mathrm{div}} \cap W^{1,2q_{\mathrm{R}}}(\mathbb{R}^d;\mathbb{R}^d) \tag{9.12.6}$$

で，かつ空間固定を仮定する．ただし，

$$U_{\mathrm{div}} = \{ \boldsymbol{u} \in W^{1,\infty}(\mathbb{R}^d;\mathbb{R}^d) \mid \boldsymbol{\nabla} \cdot \boldsymbol{u} = 0 \text{ in } \mathbb{R}^d \}$$

とする．また，$q_{\mathrm{R}} > d$ とする．

ここでも，$(\boldsymbol{\nu} \cdot \boldsymbol{\nabla})\boldsymbol{u} = (\boldsymbol{\nabla}\boldsymbol{u}^{\mathrm{T}})^{\mathrm{T}}\boldsymbol{\nu}$ を $\partial_\nu \boldsymbol{u}$ とかくことにする．このとき，状態決定問題を次のように定義する．

問題 9.12.1（Stokes 問題）

$\boldsymbol{\phi} \in \mathcal{D}$ に対して $\boldsymbol{b}, \boldsymbol{u}_{\mathrm{D}}$ および μ が与えられたとき，

$$-\boldsymbol{\nabla}^{\mathrm{T}}(\mu \boldsymbol{\nabla}\boldsymbol{u}^{\mathrm{T}}) + \boldsymbol{\nabla}^{\mathrm{T}} p = \boldsymbol{b}^{\mathrm{T}}(\boldsymbol{\phi}) \quad \text{in } \Omega(\boldsymbol{\phi})$$

$$\boldsymbol{\nabla} \cdot \boldsymbol{u} = 0 \quad \text{in } \Omega(\boldsymbol{\phi})$$

$$\boldsymbol{u} = \boldsymbol{u}_{\mathrm{D}}(\boldsymbol{\phi}) \quad \text{on } \partial\Omega(\boldsymbol{\phi})$$

$$\int_{\Omega(\boldsymbol{\phi})} p \,\mathrm{d}x = 0$$

を満たす $(\boldsymbol{u}, p)\colon \Omega(\boldsymbol{\phi}) \to \mathbb{R}^{d+1}$ を求めよ．

あとのために，Stokes 問題の弱形式（問題 5.5.2）と Dirichlet 境界条件を参照して，問題 9.12.1 に対する Lagrange 関数を

$$
\begin{aligned}
&\mathscr{L}_{\mathrm{S}}(\boldsymbol{\phi}, \boldsymbol{u}, p, \boldsymbol{v}, q) \\
&\quad = \int_{\Omega(\boldsymbol{\phi})} \{-\mu \boldsymbol{\nabla} \boldsymbol{u}^{\mathrm{T}} \cdot (\boldsymbol{\nabla} \boldsymbol{v}^{\mathrm{T}}) + p \boldsymbol{\nabla} \cdot \boldsymbol{v} + q \boldsymbol{\nabla} \cdot \boldsymbol{u} + \boldsymbol{b} \cdot \boldsymbol{v}\} \, \mathrm{d}x \\
&\qquad + \int_{\partial\Omega(\boldsymbol{\phi})} \{(\boldsymbol{u} - \boldsymbol{u}_{\mathrm{D}}) \cdot (\mu \partial_\nu \boldsymbol{v} - q \boldsymbol{\nu}) + \boldsymbol{v} \cdot (\mu \partial_\nu \boldsymbol{u} - p \boldsymbol{\nu})\} \, \mathrm{d}\gamma
\end{aligned}
\tag{9.12.7}
$$

とおく．ただし，$(\boldsymbol{v}, q)$ は Lagrange 乗数として導入された $U \times P$ の要素とする．$(\boldsymbol{u}, p)$ が問題 9.12.1 の解のとき，任意の $(\boldsymbol{v}, q) \in U \times P$ に対して，

$$
\mathscr{L}_{\mathrm{S}}(\boldsymbol{\phi}, \boldsymbol{u}, p, \boldsymbol{v}, q) = 0
$$

が成り立つ．この式は，問題 9.12.1 の弱形式と同値である．

9.12.2 平均流れ抵抗最小化問題

形状最適化問題を定義しよう．評価関数を次のように定義する．問題 9.12.1 の解 $(\boldsymbol{u}, p)$ に対して，

$$
f_0(\boldsymbol{\phi}, \boldsymbol{u}, p) = -\int_{\Omega(\boldsymbol{\phi})} \boldsymbol{b} \cdot \boldsymbol{u} \, \mathrm{d}x + \int_{\partial\Omega(\boldsymbol{\phi})} \boldsymbol{u}_{\mathrm{D}} \cdot (\mu \partial_\nu \boldsymbol{u} - p \boldsymbol{\nu}) \, \mathrm{d}\gamma
\tag{9.12.8}
$$

を**平均流れ抵抗**とよぶ．その理由は 8.9.2 項で説明されたとおりである．また，

$$
f_1(\boldsymbol{\phi}) = \int_{\Omega(\boldsymbol{\phi})} \mathrm{d}x - c_1
\tag{9.12.9}
$$

を領域の大きさ制約に対する評価関数とよぶ．ただし，c_1 は，ある $\boldsymbol{\phi} \in \mathcal{D}$ に対して $f_1(\boldsymbol{\phi}) \le 0$ が成り立つような正定数とする．

平均流れ抵抗最小化問題を次のように定義する．

問題 9.12.2（平均流れ抵抗最小化問題）

$\mathcal{D}$，$\mathcal{S}$ および $\mathcal{Q}$ をそれぞれ式 (9.1.2)，(9.12.2) および (9.12.4) とする．f_0 と f_1 をそれぞれ式 (9.12.8) と式 (9.12.9) とする．このとき，

$$
\min_{\boldsymbol{\phi} \in \mathcal{D}} \{ f_0(\boldsymbol{\phi}, \boldsymbol{u}, p) \mid f_1(\boldsymbol{\phi}) \le 0,\ (\tilde{\boldsymbol{u}}, p) \in \mathcal{S} \times \mathcal{Q},\ \text{問題 9.12.1} \}
$$

を満たす $\Omega(\boldsymbol{\phi})$ を求めよ．

9.12.3 評価関数の形状微分

$f_1(\boldsymbol{\phi})$ の形状微分はすでに式 (9.11.24) あるいは式 (9.11.51) で得られている．そこで，$f_0(\boldsymbol{\phi},\boldsymbol{u},p)$ の形状微分のみを求めることにする．ここでも，関数の形状微分公式を用いる場合と関数の形状偏微分公式を用いる場合に分けてみていくことにしよう．関数の形状微分公式を用いる場合には，2 階形状微分までを求めてみる．それらのための準備として，$f_0(\boldsymbol{\phi},\boldsymbol{u})$ の Lagrange 関数を

$$
\begin{aligned}
&\mathscr{L}_0(\boldsymbol{\phi},\boldsymbol{u},p,\boldsymbol{v}_0,q_0)\\
&\quad= f_0(\boldsymbol{\phi},\boldsymbol{u},p)-\mathscr{L}_{\mathrm{S}}(\boldsymbol{\phi},\boldsymbol{u},p,\boldsymbol{v},q)\\
&\quad= \int_{\Omega(\boldsymbol{\phi})}\{\mu\boldsymbol{\nabla}\boldsymbol{u}^{\mathrm{T}}\cdot\boldsymbol{\nabla}\boldsymbol{v}_0^{\mathrm{T}}-p\boldsymbol{\nabla}\cdot\boldsymbol{v}_0-\boldsymbol{b}\cdot(\boldsymbol{v}_0+\boldsymbol{u})-q_0\boldsymbol{\nabla}\cdot\boldsymbol{u}\}\,\mathrm{d}x\\
&\qquad-\int_{\partial\Omega(\boldsymbol{\phi})}\{(\boldsymbol{u}-\boldsymbol{u}_{\mathrm{D}})\cdot(\mu\partial_\nu\boldsymbol{v}_0-q_0\boldsymbol{\nu})\\
&\qquad\qquad+(\boldsymbol{v}_0-\boldsymbol{u}_{\mathrm{D}})\cdot(\mu\partial_\nu\boldsymbol{u}-p\boldsymbol{\nu})\}\,\mathrm{d}\gamma
\end{aligned}
\tag{9.12.10}
$$

とおく．ここで，$\mathscr{L}_{\mathrm{S}}$ は式 (9.12.7) で定義された状態決定問題の Lagrange 関数である．また，$(\boldsymbol{v}_0,q_0)$ は f_0 のために用意された状態決定問題に対する Lagrange 乗数で，$(\boldsymbol{v}_0-\boldsymbol{u}_{\mathrm{D}},q_0)$ が $U\times P$ の要素であると仮定する．

関数の形状微分公式を用いた形状微分

関数の形状微分公式を用いる場合には，次のようになる．ここでは，$\boldsymbol{b}$ と $\boldsymbol{u}_{\mathrm{D}}$ は物質固定であると仮定する．

このとき，$\mathscr{L}_0$ の形状微分は，任意の $(\boldsymbol{\varphi},\boldsymbol{u}',p',\boldsymbol{v}_0',q_0')\in X\times(U\times P)^2$ に対して，

$$
\begin{aligned}
&\mathscr{L}_0'(\boldsymbol{\phi},\boldsymbol{u},p,\boldsymbol{v}_0,q_0)[\boldsymbol{\varphi},\boldsymbol{u}',p',\boldsymbol{v}_0',q_0']\\
&\quad=\mathscr{L}_{0\boldsymbol{\phi}}(\boldsymbol{\phi},\boldsymbol{u},p,\boldsymbol{v}_0,q_0)[\boldsymbol{\varphi}]\\
&\qquad+\mathscr{L}_{0\boldsymbol{u},p}(\boldsymbol{\phi},\boldsymbol{u},p,\boldsymbol{v}_0,q_0)[\boldsymbol{u}',p']+\mathscr{L}_{0\boldsymbol{v}_0,q_0}(\boldsymbol{\phi},\boldsymbol{u},p,\boldsymbol{v}_0,q_0)[\boldsymbol{v}_0',q_0']
\end{aligned}
\tag{9.12.11}
$$

とかける．ただし，式 (9.3.5) と式 (9.3.8) の表記法に従うものとする．以下で

各項について考察する．

式 (9.12.11) の右辺第 3 項は，

$$\mathscr{L}_{0\boldsymbol{v}_0,q_0}(\boldsymbol{\phi},\boldsymbol{u},p,\boldsymbol{v}_0,q_0)[\boldsymbol{v}_0',q_0'] = -\mathscr{L}_{\mathrm{S}\boldsymbol{v}_0,q_0}(\boldsymbol{\phi},\boldsymbol{u},p,\boldsymbol{v}_0,q_0)[\boldsymbol{v}_0',q_0'] \\ = -\mathscr{L}_{\mathrm{S}}(\boldsymbol{\phi},\boldsymbol{u},p,\boldsymbol{v}_0',q_0') \qquad (9.12.12)$$

となる．式 (9.12.12) は状態決定問題（問題 9.12.1）の Lagrange 関数になっている．そこで，$(\boldsymbol{u},p)$ が状態決定問題の弱解ならば，式 (9.12.11) の右辺第 3 項は 0 となる．

また，式 (9.12.11) の右辺第 2 項は，$(\boldsymbol{u},p)$ の任意の変動 $(\boldsymbol{u}',p') \in U \times P$ に対して，

$$\begin{aligned}&\mathscr{L}_{0\boldsymbol{u},p}(\boldsymbol{\phi},\boldsymbol{u},p,\boldsymbol{v}_0,q_0)[\boldsymbol{u}',p'] \\ &= \int_{\Omega(\boldsymbol{\phi})} \{\mu(\boldsymbol{\nabla}\boldsymbol{u}'^{\mathrm{T}})\cdot\boldsymbol{\nabla}\boldsymbol{v}_0^{\mathrm{T}} - p'\boldsymbol{\nabla}\cdot\boldsymbol{v}_0 - \boldsymbol{b}\cdot\boldsymbol{u}' - q_0\boldsymbol{\nabla}\cdot\boldsymbol{u}'\}\,\mathrm{d}x \\ &\quad - \int_{\partial\Omega(\boldsymbol{\phi})} \{\boldsymbol{u}'\cdot(\mu\partial_\nu\boldsymbol{v}_0 - q_0\boldsymbol{\nu}) + (\boldsymbol{v}_0 - \boldsymbol{u}_{\mathrm{D}})\cdot(\mu\partial_\nu\boldsymbol{u}' - p'\boldsymbol{\nu})\}\,\mathrm{d}\gamma \\ &= -\mathscr{L}_{\mathrm{S}}(\boldsymbol{\phi},\boldsymbol{v}_0,q_0,\boldsymbol{u}',p') \qquad (9.12.13)\end{aligned}$$

となる．そこで，**自己随伴関係**

$$(\boldsymbol{u},p) = (\boldsymbol{v}_0,q_0) \qquad (9.12.14)$$

が成り立つとき，式 (9.12.11) の右辺第 2 項は 0 となる．

さらに，式 (9.12.11) の右辺第 1 項は，命題 9.3.4 の結果を表した式 (9.3.5) と，命題 9.3.7 の結果を表した式 (9.3.8) の公式より，

$$\begin{aligned}&\mathscr{L}_{0\boldsymbol{\phi}'}(\boldsymbol{\phi},\boldsymbol{u},p,\boldsymbol{v}_0,q_0)[\boldsymbol{\varphi}] \\ &= \int_{\Omega(\boldsymbol{\phi})} [-\mu\boldsymbol{\nabla}\boldsymbol{u}^{\mathrm{T}}\cdot(\boldsymbol{\nabla}\boldsymbol{\varphi}^{\mathrm{T}}\boldsymbol{\nabla}\boldsymbol{v}_0^{\mathrm{T}}) \\ &\qquad - \mu\boldsymbol{\nabla}\boldsymbol{v}_0^{\mathrm{T}}\cdot(\boldsymbol{\nabla}\boldsymbol{\varphi}^{\mathrm{T}}\boldsymbol{\nabla}\boldsymbol{u}^{\mathrm{T}}) \\ &\qquad + p(\boldsymbol{\nabla}\boldsymbol{\varphi}^{\mathrm{T}}\boldsymbol{\nabla})\cdot\boldsymbol{v}_0 + q_0(\boldsymbol{\nabla}\boldsymbol{\varphi}^{\mathrm{T}}\boldsymbol{\nabla})\cdot\boldsymbol{u} \\ &\qquad + \{\mu\boldsymbol{\nabla}\boldsymbol{u}^{\mathrm{T}}\cdot\boldsymbol{\nabla}\boldsymbol{v}_0^{\mathrm{T}} - p\boldsymbol{\nabla}\cdot\boldsymbol{v}_0 \\ &\qquad\quad - q_0\boldsymbol{\nabla}\cdot\boldsymbol{u} - \boldsymbol{b}\cdot(\boldsymbol{u}+\boldsymbol{v}_0)\}\boldsymbol{\nabla}\cdot\boldsymbol{\varphi}]\,\mathrm{d}x\end{aligned}$$

$$
\begin{aligned}
&- \int_{\partial\Omega(\phi)} [\{(\boldsymbol{u} - \boldsymbol{u}_{\mathrm{D}}) \cdot \boldsymbol{w}(\boldsymbol{\varphi}, \boldsymbol{v}_0, q_0) + (\boldsymbol{v}_0 - \boldsymbol{u}_{\mathrm{D}}) \cdot \boldsymbol{w}(\boldsymbol{\varphi}, \boldsymbol{u}, p)\} \\
&\qquad + \{(\boldsymbol{u} - \boldsymbol{u}_{\mathrm{D}}) \cdot (\mu \partial_\nu \boldsymbol{v}_0 - q_0 \boldsymbol{\nu}) \\
&\qquad + (\boldsymbol{v}_0 - \boldsymbol{u}_{\mathrm{D}}) \cdot (\mu \partial_\nu \boldsymbol{u} - p \boldsymbol{\nu})\} (\boldsymbol{\nabla} \cdot \boldsymbol{\varphi})_\tau] \, \mathrm{d}\gamma
\end{aligned}
$$

となる．ただし，

$$
\begin{aligned}
&\boldsymbol{w}(\boldsymbol{\varphi}, \boldsymbol{u}, p) \\
&\quad = \{(\mu \boldsymbol{\nabla} \boldsymbol{u}^{\mathrm{T}})^{\mathrm{T}} - p \boldsymbol{I}\} [\{\boldsymbol{\nu} \cdot (\boldsymbol{\nabla} \boldsymbol{\varphi}^{\mathrm{T}} \boldsymbol{\nu})\} \boldsymbol{\nu} - \{\boldsymbol{\nabla} \boldsymbol{\varphi}^{\mathrm{T}} + (\boldsymbol{\nabla} \boldsymbol{\varphi}^{\mathrm{T}})^{\mathrm{T}}\} \boldsymbol{\nu}]
\end{aligned} \tag{9.12.15}
$$

とおいた．$(\boldsymbol{\nabla} \cdot \boldsymbol{\varphi})_\tau$ は式 (9.2.6) に従う．$\boldsymbol{I}$ は d 次の単位行列を表す．さらに，

$$
(\boldsymbol{\nabla} \boldsymbol{\varphi}^{\mathrm{T}} \boldsymbol{\nabla}) \cdot \boldsymbol{v}_0 = (\boldsymbol{\nabla} \boldsymbol{v}_0^{\mathrm{T}})^{\mathrm{T}} \cdot \boldsymbol{\nabla} \boldsymbol{\varphi}^{\mathrm{T}} = \boldsymbol{I} \cdot (\boldsymbol{\nabla} \boldsymbol{\varphi}^{\mathrm{T}} \boldsymbol{\nabla} \boldsymbol{v}_0^{\mathrm{T}}) \tag{9.12.16}
$$

が成り立つことを使えば，

$$
\begin{aligned}
&\mathscr{L}_{0\boldsymbol{\phi}'}(\boldsymbol{\phi}, \boldsymbol{u}, \boldsymbol{v}_0)[\boldsymbol{\varphi}] \\
&\quad = \int_{\Omega(\phi)} [-(\mu \boldsymbol{\nabla} \boldsymbol{u}^{\mathrm{T}} - p \boldsymbol{I}) \cdot (\boldsymbol{\nabla} \boldsymbol{\varphi}^{\mathrm{T}} \boldsymbol{\nabla} \boldsymbol{v}_0^{\mathrm{T}}) \\
&\qquad\qquad - (\mu \boldsymbol{\nabla} \boldsymbol{v}_0^{\mathrm{T}} - q_0 \boldsymbol{I}) \cdot (\boldsymbol{\nabla} \boldsymbol{\varphi}^{\mathrm{T}} \boldsymbol{\nabla} \boldsymbol{u}^{\mathrm{T}}) \\
&\qquad\qquad + \{(\mu \boldsymbol{\nabla} \boldsymbol{u}^{\mathrm{T}} - p \boldsymbol{I}) \cdot \boldsymbol{\nabla} \boldsymbol{v}_0^{\mathrm{T}} - q_0 \boldsymbol{\nabla} \cdot \boldsymbol{u} - \boldsymbol{b} \cdot (\boldsymbol{u} + \boldsymbol{v}_0)\} \boldsymbol{\nabla} \cdot \boldsymbol{\varphi}] \, \mathrm{d}x \\
&\qquad - \int_{\partial\Omega(\phi)} [\{(\boldsymbol{u} - \boldsymbol{u}_{\mathrm{D}}) \cdot \boldsymbol{w}(\boldsymbol{\varphi}, \boldsymbol{v}_0, q_0) + (\boldsymbol{v}_0 - \boldsymbol{u}_{\mathrm{D}}) \cdot \boldsymbol{w}(\boldsymbol{\varphi}, \boldsymbol{u}, p)\} \\
&\qquad\qquad + \big\{(\boldsymbol{u} - \boldsymbol{u}_{\mathrm{D}}) \cdot (\mu \partial_\nu \boldsymbol{v}_0 - q_0 \boldsymbol{\nu}) \\
&\qquad\qquad + (\boldsymbol{v}_0 - \boldsymbol{u}_{\mathrm{D}}) \cdot (\mu \partial_\nu \boldsymbol{u} - p \boldsymbol{\nu})\} (\boldsymbol{\nabla} \cdot \boldsymbol{\varphi})_\tau] \, \mathrm{d}\gamma
\end{aligned} \tag{9.12.17}
$$

となる．

以上の結果をふまえて，$(\boldsymbol{u}, p)$ が問題 9.12.1 の弱解で自己随伴関係（式 (9.12.14)）が成り立つと仮定する．このとき，問題 9.12.1 の Dirichlet 条件と連続の式が成り立つことから，式 (7.4.11) の表記を用いて，

$$
\begin{aligned}
\tilde{f}_0'(\boldsymbol{\phi})[\boldsymbol{\varphi}] &= \mathscr{L}_{0\boldsymbol{\phi}'}(\boldsymbol{\phi}, \boldsymbol{u}, p, \boldsymbol{v}_0, q_0)[\boldsymbol{\varphi}] = \langle \boldsymbol{g}_0, \boldsymbol{\varphi} \rangle \\
&= \int_{\Omega(\phi)} (\boldsymbol{G}_{\Omega 0} \cdot \boldsymbol{\nabla} \boldsymbol{\varphi}^{\mathrm{T}} + g_{\Omega 0} \boldsymbol{\nabla} \cdot \boldsymbol{\varphi}) \, \mathrm{d}x
\end{aligned} \tag{9.12.18}
$$

のようにかかれる．ここで，

$$\boldsymbol{G}_{\Omega 0} = -2\mu \boldsymbol{\nabla} \boldsymbol{u}^{\mathrm{T}} (\boldsymbol{\nabla} \boldsymbol{u}^{\mathrm{T}})^{\mathrm{T}} \tag{9.12.19}$$

$$g_{\Omega 0} = \mu \boldsymbol{\nabla} \boldsymbol{u}^{\mathrm{T}} \cdot \boldsymbol{\nabla} \boldsymbol{u}^{\mathrm{T}} - 2\boldsymbol{b} \cdot \boldsymbol{u} \tag{9.12.20}$$

となる．

以上の結果から，式 (9.12.18) の $\boldsymbol{g}_0$ について定理 9.7.2 と同様の結果が得られる．

関数の形状微分公式を用いた 2 階形状微分

さらに，平均流れ抵抗 f_0 の 2 階形状微分を求めてみよう．ここでは，関数の形状微分公式を用いて，9.7.2 項で示された手続きに沿ってみていくことにする．

仮定 9.7.3 の (1) に対応して，ここでは，$\boldsymbol{b} = \boldsymbol{0}_{\mathbb{R}^d}$ を仮定する．仮定 9.7.3 の (2) に対応する関係はここでは満たされている．また，仮定 9.7.3 の (3) は不要である．

式 (9.12.10) で定義された $\mathscr{L}_0$ に対して，設計変数 $(\boldsymbol{\phi}, \boldsymbol{u}, p)$ の任意変動 $(\boldsymbol{\varphi}_1, \boldsymbol{u}'_1, p'_1) \in X \times U \times P$ と $(\boldsymbol{\varphi}_2, \boldsymbol{u}'_2, p'_2) \in X \times U \times P$ に対する $\mathscr{L}_0$ の 2 階形状微分は

$$\begin{aligned}
&\mathscr{L}''_0(\boldsymbol{\phi}, \boldsymbol{u}, p, \boldsymbol{v}_0, q_0)[(\boldsymbol{\varphi}_1, \boldsymbol{u}'_1, p'_1), (\boldsymbol{\varphi}_2, \boldsymbol{u}'_2, p'_2)] \\
&\quad = (\mathscr{L}_{0\boldsymbol{\phi}'}(\boldsymbol{\phi}, \boldsymbol{u}, p, \boldsymbol{v}_0, q_0)[\boldsymbol{\varphi}_1] + \mathscr{L}_{0\boldsymbol{u}p}(\boldsymbol{\phi}, \boldsymbol{u}, p, \boldsymbol{v}_0, q_0)[\boldsymbol{u}'_1, p'_1])_{\boldsymbol{\phi}}[\boldsymbol{\varphi}_2] \\
&\qquad + (\mathscr{L}_{0\boldsymbol{\phi}'}(\boldsymbol{\phi}, \boldsymbol{u}, p, \boldsymbol{v}_0, q_0)[\boldsymbol{\varphi}_1] + \mathscr{L}_{0\boldsymbol{u},p}(\boldsymbol{\phi}, \boldsymbol{u}, \boldsymbol{v}_0)[\boldsymbol{u}'_1, p'_1])_{\boldsymbol{u}p}[\boldsymbol{u}'_2, p'_2] \\
&\quad = \mathscr{L}_{0\boldsymbol{\phi}'\boldsymbol{\phi}'}(\boldsymbol{\phi}, \boldsymbol{u}, p, \boldsymbol{v}_0, q_0)[\boldsymbol{\varphi}_1, \boldsymbol{\varphi}_2] + \mathscr{L}_{0\boldsymbol{\phi}'\boldsymbol{u}p}(\boldsymbol{\phi}, \boldsymbol{u}, p, \boldsymbol{v}_0, q_0)[\boldsymbol{\varphi}_1, \boldsymbol{u}'_2, p'_2] \\
&\qquad + \mathscr{L}_{0\boldsymbol{\phi}'\boldsymbol{u}p}(\boldsymbol{\phi}, \boldsymbol{u}, p, \boldsymbol{v}_0, q_0)[\boldsymbol{\varphi}_2, \boldsymbol{u}'_1, p'_1] \\
&\qquad + \mathscr{L}_{0\boldsymbol{u}p\boldsymbol{u}p}(\boldsymbol{\phi}, \boldsymbol{u}, p, \boldsymbol{v}_0, q_0)[\boldsymbol{u}'_1, p'_1, \boldsymbol{u}'_2, p'_2]
\end{aligned} \tag{9.12.21}$$

となる．

ここで，式 (9.12.21) の第 1 項は，式 (9.12.17) に問題 9.12.1 の Dirichlet 条件と連続の式および $\boldsymbol{b} = \boldsymbol{0}_{\mathbb{R}^d}$ を代入した式を用いて，

$$
\begin{aligned}
&\mathscr{L}_{0\phi'\phi'}(\boldsymbol{\phi},\boldsymbol{u},p,\boldsymbol{v}_0,q_0)[\boldsymbol{\varphi}_1,\boldsymbol{\varphi}_2]\\
&\quad=\int_{\Omega(\boldsymbol{\phi})}[\{-(\mu\boldsymbol{\nabla}\boldsymbol{u}^{\mathrm{T}}-p\boldsymbol{I})\cdot(\boldsymbol{\nabla}\boldsymbol{\varphi}_1^{\mathrm{T}}\boldsymbol{\nabla}\boldsymbol{v}_0^{\mathrm{T}})\}_{\boldsymbol{\phi}}[\boldsymbol{\varphi}_2]\\
&\qquad\qquad+\{-(\mu\boldsymbol{\nabla}\boldsymbol{v}_0^{\mathrm{T}}-q_0\boldsymbol{I})\cdot(\boldsymbol{\nabla}\boldsymbol{\varphi}_1^{\mathrm{T}}\boldsymbol{\nabla}\boldsymbol{u}^{\mathrm{T}})\}_{\boldsymbol{\phi}}[\boldsymbol{\varphi}_2]\\
&\qquad\qquad+\{(\mu\boldsymbol{\nabla}\boldsymbol{u}^{\mathrm{T}}-p\boldsymbol{I})\cdot\boldsymbol{\nabla}\boldsymbol{v}_0^{\mathrm{T}}\boldsymbol{\nabla}\cdot\boldsymbol{\varphi}_1\}_{\boldsymbol{\phi}}[\boldsymbol{\varphi}_2]]\,\mathrm{d}x
\end{aligned}
\tag{9.12.22}
$$

となる．式 (9.12.22) 右辺の被積分関数第 1 項は，

$$
\begin{aligned}
&\{-(\mu\boldsymbol{\nabla}\boldsymbol{u}^{\mathrm{T}}-p\boldsymbol{I})\cdot(\boldsymbol{\nabla}\boldsymbol{\varphi}_1^{\mathrm{T}}\boldsymbol{\nabla}\boldsymbol{v}_0^{\mathrm{T}})\}_{\boldsymbol{\phi}}[\boldsymbol{\varphi}_2]\\
&\quad=\{(\mu\boldsymbol{\nabla}\boldsymbol{u}^{\mathrm{T}}-p\boldsymbol{I})\cdot(\boldsymbol{\nabla}\boldsymbol{\varphi}_1^{\mathrm{T}}\boldsymbol{\nabla}\boldsymbol{v}_0^{\mathrm{T}})\}_{\boldsymbol{\nabla}\boldsymbol{u}^{\mathrm{T}}}\cdot(\boldsymbol{\nabla}\boldsymbol{\varphi}_2^{\mathrm{T}}\boldsymbol{\nabla}\boldsymbol{u}^{\mathrm{T}})\\
&\qquad+\{(\mu\boldsymbol{\nabla}\boldsymbol{u}^{\mathrm{T}}-p\boldsymbol{I})\cdot(\boldsymbol{\nabla}\boldsymbol{\varphi}_1^{\mathrm{T}}\boldsymbol{\nabla}\boldsymbol{v}_0^{\mathrm{T}})\}_{\boldsymbol{\nabla}\boldsymbol{\varphi}_1^{\mathrm{T}}}\cdot(\boldsymbol{\nabla}\boldsymbol{\varphi}_2^{\mathrm{T}}\boldsymbol{\nabla}\boldsymbol{\varphi}_1^{\mathrm{T}})\\
&\qquad+\{(\mu\boldsymbol{\nabla}\boldsymbol{u}^{\mathrm{T}}-p\boldsymbol{I})\cdot(\boldsymbol{\nabla}\boldsymbol{\varphi}_1^{\mathrm{T}}\boldsymbol{\nabla}\boldsymbol{v}_0^{\mathrm{T}})\}_{\boldsymbol{\nabla}\boldsymbol{v}_0^{\mathrm{T}}}\cdot(\boldsymbol{\nabla}\boldsymbol{\varphi}_2^{\mathrm{T}}\boldsymbol{\nabla}\boldsymbol{v}_0^{\mathrm{T}})\\
&\qquad-\{(\mu\boldsymbol{\nabla}\boldsymbol{u}^{\mathrm{T}}-p\boldsymbol{I})\cdot(\boldsymbol{\nabla}\boldsymbol{\varphi}_1^{\mathrm{T}}\boldsymbol{\nabla}\boldsymbol{v}_0^{\mathrm{T}})\}\boldsymbol{\nabla}\cdot\boldsymbol{\varphi}_2\\
&\quad=\mu(\boldsymbol{\nabla}\boldsymbol{\varphi}_2^{\mathrm{T}}\boldsymbol{\nabla}\boldsymbol{u}^{\mathrm{T}})\cdot(\boldsymbol{\nabla}\boldsymbol{\varphi}_1^{\mathrm{T}}\boldsymbol{\nabla}\boldsymbol{v}_0^{\mathrm{T}})\\
&\qquad+(\mu\boldsymbol{\nabla}\boldsymbol{u}^{\mathrm{T}}-p\boldsymbol{I})\cdot\{(\boldsymbol{\nabla}\boldsymbol{\varphi}_2^{\mathrm{T}}\boldsymbol{\nabla}\boldsymbol{\varphi}_1^{\mathrm{T}}\boldsymbol{\nabla}\boldsymbol{v}_0^{\mathrm{T}})+(\boldsymbol{\nabla}\boldsymbol{\varphi}_1^{\mathrm{T}}\boldsymbol{\nabla}\boldsymbol{\varphi}_2^{\mathrm{T}}\boldsymbol{\nabla}\boldsymbol{v}_0^{\mathrm{T}})\}\\
&\qquad-\{(\mu\boldsymbol{\nabla}\boldsymbol{u}^{\mathrm{T}}-p\boldsymbol{I})\cdot(\boldsymbol{\nabla}\boldsymbol{\varphi}_1^{\mathrm{T}}\boldsymbol{\nabla}\boldsymbol{v}_0^{\mathrm{T}})\}\boldsymbol{\nabla}\cdot\boldsymbol{\varphi}_2
\end{aligned}
\tag{9.12.23}
$$

となる．同様に，式 (9.12.22) 右辺の被積分関数第 2 項は，第 1 項において $(\boldsymbol{u},p)$ と $(\boldsymbol{v}_0,q_0)$ をいれかえたものとなる．式 (9.12.22) 右辺の被積分関数第 3 項は，

$$
\begin{aligned}
&\{(\mu\boldsymbol{\nabla}\boldsymbol{u}^{\mathrm{T}}-p\boldsymbol{I})\cdot\boldsymbol{\nabla}\boldsymbol{v}_0^{\mathrm{T}}\boldsymbol{\nabla}\cdot\boldsymbol{\varphi}_1\}_{\boldsymbol{\phi}}[\boldsymbol{\varphi}_2]\\
&\quad=-\{(\mu\boldsymbol{\nabla}\boldsymbol{u}^{\mathrm{T}}-p\boldsymbol{I})\cdot\boldsymbol{\nabla}\boldsymbol{v}_0^{\mathrm{T}}\boldsymbol{\nabla}\cdot\boldsymbol{\varphi}_1\}_{\boldsymbol{\nabla}\boldsymbol{u}^{\mathrm{T}}}\cdot(\boldsymbol{\nabla}\boldsymbol{\varphi}_2^{\mathrm{T}}\boldsymbol{\nabla}\boldsymbol{u}^{\mathrm{T}})\\
&\qquad-\{(\mu\boldsymbol{\nabla}\boldsymbol{u}^{\mathrm{T}}-p\boldsymbol{I})\cdot\boldsymbol{\nabla}\boldsymbol{v}_0^{\mathrm{T}}\boldsymbol{\nabla}\cdot\boldsymbol{\varphi}_1\}_{\boldsymbol{\nabla}\boldsymbol{v}_0^{\mathrm{T}}}\cdot(\boldsymbol{\nabla}\boldsymbol{\varphi}_2^{\mathrm{T}}\boldsymbol{\nabla}\boldsymbol{v}_0^{\mathrm{T}})\\
&\qquad+(\mu\boldsymbol{\nabla}\boldsymbol{u}^{\mathrm{T}}-p\boldsymbol{I})\cdot\boldsymbol{\nabla}\boldsymbol{v}_0^{\mathrm{T}}\{-(\boldsymbol{\nabla}\boldsymbol{\varphi}_2^{\mathrm{T}})^{\mathrm{T}}\cdot\boldsymbol{\nabla}\boldsymbol{\varphi}_1^{\mathrm{T}}+(\boldsymbol{\nabla}\cdot\boldsymbol{\varphi}_2)(\boldsymbol{\nabla}\cdot\boldsymbol{\varphi}_1)\}\\
&\quad=-\mu\{(\boldsymbol{\nabla}\boldsymbol{\varphi}_2^{\mathrm{T}}\boldsymbol{\nabla}\boldsymbol{u}^{\mathrm{T}})\cdot\boldsymbol{\nabla}\boldsymbol{v}_0^{\mathrm{T}}\}\boldsymbol{\nabla}\cdot\boldsymbol{\varphi}_1\\
&\qquad-\{(\mu\boldsymbol{\nabla}\boldsymbol{u}^{\mathrm{T}}-p\boldsymbol{I})\cdot(\boldsymbol{\nabla}\boldsymbol{\varphi}_2^{\mathrm{T}}\boldsymbol{\nabla}\boldsymbol{v}_0^{\mathrm{T}})\}\boldsymbol{\nabla}\cdot\boldsymbol{\varphi}_1\\
&\qquad+\{(\mu\boldsymbol{\nabla}\boldsymbol{u}^{\mathrm{T}}-p\boldsymbol{I})\cdot\boldsymbol{\nabla}\boldsymbol{v}_0^{\mathrm{T}}\}\{-(\boldsymbol{\nabla}\boldsymbol{\varphi}_2^{\mathrm{T}})^{\mathrm{T}}\cdot\boldsymbol{\nabla}\boldsymbol{\varphi}_1^{\mathrm{T}}+(\boldsymbol{\nabla}\cdot\boldsymbol{\varphi}_2)(\boldsymbol{\nabla}\cdot\boldsymbol{\varphi}_1)\}
\end{aligned}
\tag{9.12.24}
$$

となる．そこで，

$$
\begin{aligned}
&\mathscr{L}_{0\boldsymbol{\phi}'\boldsymbol{\phi}'}(\boldsymbol{\phi}, \boldsymbol{u}, p, \boldsymbol{v}_0, q_0)[\boldsymbol{\varphi}_1, \boldsymbol{\varphi}_2] \\
&\quad = \int_{\Omega(\boldsymbol{\phi})} [\mu(\boldsymbol{\nabla}\boldsymbol{\varphi}_2^{\mathrm{T}}\boldsymbol{\nabla}\boldsymbol{u}^{\mathrm{T}}) \cdot (\boldsymbol{\nabla}\boldsymbol{\varphi}_1^{\mathrm{T}}\boldsymbol{\nabla}\boldsymbol{v}_0^{\mathrm{T}}) \\
&\qquad\qquad + (\mu\boldsymbol{\nabla}\boldsymbol{u}^{\mathrm{T}} - p\boldsymbol{I}) \cdot (\boldsymbol{\nabla}\boldsymbol{\varphi}_2^{\mathrm{T}}\boldsymbol{\nabla}\boldsymbol{\varphi}_1^{\mathrm{T}}\boldsymbol{\nabla}\boldsymbol{v}_0^{\mathrm{T}} + \boldsymbol{\nabla}\boldsymbol{\varphi}_1^{\mathrm{T}}\boldsymbol{\nabla}\boldsymbol{\varphi}_2^{\mathrm{T}}\boldsymbol{\nabla}\boldsymbol{v}_0^{\mathrm{T}}) \\
&\qquad\qquad - \{(\mu\boldsymbol{\nabla}\boldsymbol{u}^{\mathrm{T}} - p\boldsymbol{I}) \cdot (\boldsymbol{\nabla}\boldsymbol{\varphi}_1^{\mathrm{T}}\boldsymbol{\nabla}\boldsymbol{v}_0^{\mathrm{T}})\}\boldsymbol{\nabla} \cdot \boldsymbol{\varphi}_2 \\
&\qquad\qquad + \mu(\boldsymbol{\nabla}\boldsymbol{\varphi}_2^{\mathrm{T}}\boldsymbol{\nabla}\boldsymbol{v}_0^{\mathrm{T}}) \cdot (\boldsymbol{\nabla}\boldsymbol{\varphi}_1^{\mathrm{T}}\boldsymbol{\nabla}\boldsymbol{u}^{\mathrm{T}}) \\
&\qquad\qquad + (\mu\boldsymbol{\nabla}\boldsymbol{v}_0^{\mathrm{T}} - q_0\boldsymbol{I}) \cdot (\boldsymbol{\nabla}\boldsymbol{\varphi}_2^{\mathrm{T}}\boldsymbol{\nabla}\boldsymbol{\varphi}_1^{\mathrm{T}}\boldsymbol{\nabla}\boldsymbol{u}^{\mathrm{T}} + \boldsymbol{\nabla}\boldsymbol{\varphi}_1^{\mathrm{T}}\boldsymbol{\nabla}\boldsymbol{\varphi}_2^{\mathrm{T}}\boldsymbol{\nabla}\boldsymbol{u}^{\mathrm{T}}) \\
&\qquad\qquad - \{(\mu\boldsymbol{\nabla}\boldsymbol{v}_0^{\mathrm{T}} - q_0\boldsymbol{I}) \cdot (\boldsymbol{\nabla}\boldsymbol{\varphi}_1^{\mathrm{T}}\boldsymbol{\nabla}\boldsymbol{u}^{\mathrm{T}})\}\boldsymbol{\nabla} \cdot \boldsymbol{\varphi}_2 \\
&\qquad\qquad - \mu\{(\boldsymbol{\nabla}\boldsymbol{\varphi}_2^{\mathrm{T}}\boldsymbol{\nabla}\boldsymbol{u}^{\mathrm{T}}) \cdot \boldsymbol{\nabla}\boldsymbol{v}_0^{\mathrm{T}}\}\boldsymbol{\nabla} \cdot \boldsymbol{\varphi}_1 \\
&\qquad\qquad - \{(\mu\boldsymbol{\nabla}\boldsymbol{u}^{\mathrm{T}} - p\boldsymbol{I}) \cdot (\boldsymbol{\nabla}\boldsymbol{\varphi}_2^{\mathrm{T}}\boldsymbol{\nabla}\boldsymbol{v}_0^{\mathrm{T}})\}\boldsymbol{\nabla} \cdot \boldsymbol{\varphi}_1 \\
&\qquad\qquad + \{(\mu\boldsymbol{\nabla}\boldsymbol{u}^{\mathrm{T}} - p\boldsymbol{I}) \cdot \boldsymbol{\nabla}\boldsymbol{v}_0^{\mathrm{T}}\} \\
&\qquad\qquad \times \{-(\boldsymbol{\nabla}\boldsymbol{\varphi}_2^{\mathrm{T}})^{\mathrm{T}} \cdot \boldsymbol{\nabla}\boldsymbol{\varphi}_1^{\mathrm{T}} + (\boldsymbol{\nabla} \cdot \boldsymbol{\varphi}_2)(\boldsymbol{\nabla} \cdot \boldsymbol{\varphi}_1)\}]\,\mathrm{d}x
\end{aligned}
\tag{9.12.25}
$$

となる.

次に，式 (9.12.21) の右辺第 2 項を考える．式 (9.12.17) に問題 9.12.1 の Dirichlet 条件と連続の式および $\boldsymbol{b} = \boldsymbol{0}_{\mathbb{R}^d}$ を代入した式を用いて，

$$
\begin{aligned}
&\mathscr{L}_{0\boldsymbol{\phi}'\boldsymbol{u}p}(\boldsymbol{\phi}, \boldsymbol{u}, p, \boldsymbol{v}_0, q_0)[\boldsymbol{\varphi}_1, \boldsymbol{u}_2', p_2'] \\
&\quad = \int_{\Omega(\boldsymbol{\phi})} [-(\mu\boldsymbol{\nabla}\boldsymbol{u}_2'^{\mathrm{T}} - p_2'\boldsymbol{I}) \cdot (\boldsymbol{\nabla}\boldsymbol{\varphi}_1^{\mathrm{T}}\boldsymbol{\nabla}\boldsymbol{v}_0^{\mathrm{T}}) \\
&\qquad\qquad - (\mu\boldsymbol{\nabla}\boldsymbol{v}_0^{\mathrm{T}} - q_0\boldsymbol{I}) \cdot (\boldsymbol{\nabla}\boldsymbol{\varphi}_1^{\mathrm{T}}\boldsymbol{\nabla}\boldsymbol{u}_2'^{\mathrm{T}}) \\
&\qquad\qquad + \{\mu(\boldsymbol{\nabla}\boldsymbol{u}_2'^{\mathrm{T}} - p_2'\boldsymbol{I}) \cdot \boldsymbol{\nabla}\boldsymbol{v}_0^{\mathrm{T}}\}\boldsymbol{\nabla} \cdot \boldsymbol{\varphi}_1]\,\mathrm{d}x
\end{aligned}
\tag{9.12.26}
$$

となる.

一方，任意の領域変動 $\boldsymbol{\varphi} \in X$ に対して，状態決定問題を満たす $(\boldsymbol{u}, p)$ の変動を $(\boldsymbol{u}'(\boldsymbol{\phi})[\boldsymbol{\varphi}], p'(\boldsymbol{\phi})[\boldsymbol{\varphi}]) \in U \times P$ とかくことにする．式 (9.12.7) で定義された状態決定問題の Lagrange 関数 $\mathscr{L}_{\mathrm{S}}$ の形状微分をとれば，

$$
\begin{aligned}
&\mathscr{L}_{\mathrm{S}}'(\boldsymbol{\phi}, \boldsymbol{u}, p, \boldsymbol{v}, q)[\boldsymbol{\varphi}, \boldsymbol{u}'(\boldsymbol{\phi})[\boldsymbol{\varphi}], p'(\boldsymbol{\phi})[\boldsymbol{\varphi}]] \\
&\quad = \int_{\Omega(\boldsymbol{\phi})} [\mu(\boldsymbol{\nabla}\boldsymbol{\varphi}^{\mathrm{T}}\boldsymbol{\nabla}\boldsymbol{u}^{\mathrm{T}}) \cdot (\boldsymbol{\nabla}\boldsymbol{v}^{\mathrm{T}}) + \mu\boldsymbol{\nabla}\boldsymbol{u}^{\mathrm{T}} \cdot (\boldsymbol{\nabla}\boldsymbol{\varphi}^{\mathrm{T}}\boldsymbol{\nabla}\boldsymbol{v}^{\mathrm{T}})
\end{aligned}
$$

$$
\begin{aligned}
&-p(\boldsymbol{\nabla}\boldsymbol{\varphi}^{\mathrm{T}}\boldsymbol{\nabla})\cdot\boldsymbol{v}-q(\boldsymbol{\nabla}\boldsymbol{\varphi}^{\mathrm{T}}\boldsymbol{\nabla})\cdot\boldsymbol{u}\\
&+\{-\boldsymbol{\nabla}\boldsymbol{u}^{\mathrm{T}}\cdot(\mu\boldsymbol{\nabla}\boldsymbol{v}^{\mathrm{T}}-q\boldsymbol{I})+p\boldsymbol{\nabla}\cdot\boldsymbol{v}\}\boldsymbol{\nabla}\cdot\boldsymbol{\varphi}\\
&-(\boldsymbol{\nabla}\boldsymbol{u}'^{\mathrm{T}}(\boldsymbol{\phi})[\boldsymbol{\varphi}])\cdot(\mu\boldsymbol{\nabla}\boldsymbol{v}^{\mathrm{T}}-q\boldsymbol{I})+p'(\boldsymbol{\phi})[\boldsymbol{\varphi}]\boldsymbol{\nabla}\cdot\boldsymbol{v}]\,\mathrm{d}x\\
=&\int_{\Omega(\boldsymbol{\phi})}[\{\mu(\boldsymbol{\nabla}\boldsymbol{\varphi}^{\mathrm{T}}+(\boldsymbol{\nabla}\boldsymbol{\varphi}^{\mathrm{T}})^{\mathrm{T}}-(\boldsymbol{\nabla}\cdot\boldsymbol{\varphi})\boldsymbol{I})\boldsymbol{\nabla}\boldsymbol{u}^{\mathrm{T}}-\mu\boldsymbol{\nabla}\boldsymbol{u}'^{\mathrm{T}}(\boldsymbol{\phi})[\boldsymbol{\varphi}]\\
&\quad+p'(\boldsymbol{\phi})[\boldsymbol{\varphi}]\boldsymbol{I}+p(\boldsymbol{\nabla}\cdot\boldsymbol{\varphi})\boldsymbol{I}-p(\boldsymbol{\nabla}\boldsymbol{\varphi}^{\mathrm{T}})^{\mathrm{T}}\}\cdot\boldsymbol{\nabla}\boldsymbol{v}^{\mathrm{T}}\\
&\quad+q\{-(\boldsymbol{\nabla}\boldsymbol{\varphi}^{\mathrm{T}}\boldsymbol{\nabla})\cdot\boldsymbol{u}+(\boldsymbol{\nabla}\cdot\boldsymbol{u}^{\mathrm{T}})(\boldsymbol{\nabla}\cdot\boldsymbol{\varphi})+\boldsymbol{\nabla}\cdot\boldsymbol{u}'^{\mathrm{T}}(\boldsymbol{\phi})[\boldsymbol{\varphi}]\}]\,\mathrm{d}x\\
=&\,0
\end{aligned}
\tag{9.12.27}
$$

となる．式 (9.12.27) より，任意の $(\boldsymbol{v},q)\in U\times P$ に対して，

$$\boldsymbol{\nabla}\boldsymbol{u}'^{\mathrm{T}}(\boldsymbol{\phi})[\boldsymbol{\varphi}]=\{\boldsymbol{\nabla}\boldsymbol{\varphi}^{\mathrm{T}}+(\boldsymbol{\nabla}\boldsymbol{\varphi}^{\mathrm{T}})^{\mathrm{T}}-\boldsymbol{\nabla}\cdot\boldsymbol{\varphi}\}\boldsymbol{\nabla}\boldsymbol{u}^{\mathrm{T}} \tag{9.12.28}$$

$$\boldsymbol{\nabla}\cdot\boldsymbol{u}'^{\mathrm{T}}(\boldsymbol{\phi})[\boldsymbol{\varphi}]=(\boldsymbol{\nabla}\boldsymbol{\varphi}^{\mathrm{T}}\boldsymbol{\nabla})\cdot\boldsymbol{u}-(\boldsymbol{\nabla}\cdot\boldsymbol{u}^{\mathrm{T}})(\boldsymbol{\nabla}\cdot\boldsymbol{\varphi}) \tag{9.12.29}$$

$$p'(\boldsymbol{\phi})[\boldsymbol{\varphi}]\boldsymbol{I}=-p(\boldsymbol{\nabla}\cdot\boldsymbol{\varphi})\boldsymbol{I}-p(\boldsymbol{\nabla}\boldsymbol{\varphi}^{\mathrm{T}})^{\mathrm{T}} \tag{9.12.30}$$

が成り立つ．そこで，式 (9.12.26) の $\boldsymbol{u}_2'$ と p_2' にそれぞれ式 (9.12.28) と式 (9.12.30) に対する $\boldsymbol{\nabla}\boldsymbol{u}'^{\mathrm{T}}(\boldsymbol{\phi})[\boldsymbol{\varphi}_2]$ と $p'(\boldsymbol{\phi})[\boldsymbol{\varphi}_2]$ を代入すれば，

$$
\begin{aligned}
&\mathscr{L}_{0\boldsymbol{\phi}'\boldsymbol{u}p}(\boldsymbol{\phi},\boldsymbol{u},p,\boldsymbol{v}_0,q_0)[\boldsymbol{\varphi}_1,\boldsymbol{u}'(\boldsymbol{\phi})[\boldsymbol{\varphi}_2],p'(\boldsymbol{\phi})[\boldsymbol{\varphi}_2]]\\
&=\int_{\Omega(\boldsymbol{\phi})}[-\{(\boldsymbol{\nabla}\boldsymbol{\varphi}_2^{\mathrm{T}}+(\boldsymbol{\nabla}\boldsymbol{\varphi}_2^{\mathrm{T}})^{\mathrm{T}}-\boldsymbol{\nabla}\cdot\boldsymbol{\varphi}_2)(\mu\boldsymbol{\nabla}\boldsymbol{u}^{\mathrm{T}})\\
&\qquad+p(\boldsymbol{\nabla}\cdot\boldsymbol{\varphi}_2)\boldsymbol{I}-p(\boldsymbol{\nabla}\boldsymbol{\varphi}_2^{\mathrm{T}})^{\mathrm{T}}\}\cdot(\boldsymbol{\nabla}\boldsymbol{\varphi}_1^{\mathrm{T}}\boldsymbol{\nabla}\boldsymbol{v}_0^{\mathrm{T}})\\
&\quad-(\mu\boldsymbol{\nabla}\boldsymbol{v}_0^{\mathrm{T}}-q_0\boldsymbol{I})\cdot\{\boldsymbol{\nabla}\boldsymbol{\varphi}_1^{\mathrm{T}}(\boldsymbol{\nabla}\boldsymbol{\varphi}_2^{\mathrm{T}}+(\boldsymbol{\nabla}\boldsymbol{\varphi}_2^{\mathrm{T}})^{\mathrm{T}}-\boldsymbol{\nabla}\cdot\boldsymbol{\varphi}_2)\boldsymbol{\nabla}\boldsymbol{u}^{\mathrm{T}}\}\\
&\quad+\{((\boldsymbol{\nabla}\boldsymbol{\varphi}_2^{\mathrm{T}}+(\boldsymbol{\nabla}\boldsymbol{\varphi}_2^{\mathrm{T}})^{\mathrm{T}}-\boldsymbol{\nabla}\cdot\boldsymbol{\varphi}_2)(\mu\boldsymbol{\nabla}\boldsymbol{u}^{\mathrm{T}})\\
&\qquad+p(\boldsymbol{\nabla}\cdot\boldsymbol{\varphi}_2)\boldsymbol{I}-p(\boldsymbol{\nabla}\boldsymbol{\varphi}_2^{\mathrm{T}})^{\mathrm{T}})\cdot\boldsymbol{\nabla}\boldsymbol{v}_0^{\mathrm{T}}\}\boldsymbol{\nabla}\cdot\boldsymbol{\varphi}_1]\,\mathrm{d}x
\end{aligned}
\tag{9.12.31}
$$

となる．同様に，式 (9.12.21) の右辺第 3 項は，式 (9.12.31) において $\boldsymbol{\varphi}_1$ と $\boldsymbol{\varphi}_2$ をいれかえたものとなる．式 (9.12.21) の右辺第 4 項は 0 となる．

以上の結果をまとめれば，$\tilde{f}_0$ の 2 階形状微分は，

$$
\begin{aligned}
&h_0(\boldsymbol{\phi},\boldsymbol{u},p,\boldsymbol{v}_0,q_0)[\boldsymbol{\varphi}_1,\boldsymbol{\varphi}_2]\\
&=\int_{\Omega(\boldsymbol{\phi})}[\underline{\mu(\boldsymbol{\nabla}\boldsymbol{\varphi}_2^{\mathrm{T}}\boldsymbol{\nabla}\boldsymbol{u}^{\mathrm{T}})\cdot(\boldsymbol{\nabla}\boldsymbol{\varphi}_1^{\mathrm{T}}\boldsymbol{\nabla}\boldsymbol{v}_0^{\mathrm{T}})}_{(1)}\\
&\qquad+(\mu\boldsymbol{\nabla}\boldsymbol{u}^{\mathrm{T}}-p\boldsymbol{I})\cdot(\underline{\boldsymbol{\nabla}\boldsymbol{\varphi}_2^{\mathrm{T}}\boldsymbol{\nabla}\boldsymbol{\varphi}_1^{\mathrm{T}}\boldsymbol{\nabla}\boldsymbol{v}_0^{\mathrm{T}}}_{(2)}+\underline{\boldsymbol{\nabla}\boldsymbol{\varphi}_1^{\mathrm{T}}\boldsymbol{\nabla}\boldsymbol{\varphi}_2^{\mathrm{T}}\boldsymbol{\nabla}\boldsymbol{v}_0^{\mathrm{T}}}_{(3)})\\
&\qquad\underline{-\{(\mu\boldsymbol{\nabla}\boldsymbol{u}^{\mathrm{T}}-p\boldsymbol{I})\cdot(\boldsymbol{\nabla}\boldsymbol{\varphi}_1^{\mathrm{T}}\boldsymbol{\nabla}\boldsymbol{v}_0^{\mathrm{T}})\}\boldsymbol{\nabla}\cdot\boldsymbol{\varphi}_2}_{(4)}\\
&\qquad+\underline{\mu(\boldsymbol{\nabla}\boldsymbol{\varphi}_2^{\mathrm{T}}\boldsymbol{\nabla}\boldsymbol{v}_0^{\mathrm{T}})\cdot(\boldsymbol{\nabla}\boldsymbol{\varphi}_1^{\mathrm{T}}\boldsymbol{\nabla}\boldsymbol{u}^{\mathrm{T}})}_{(5)}\\
&\qquad+(\mu\boldsymbol{\nabla}\boldsymbol{v}_0^{\mathrm{T}}-q_0\boldsymbol{I})\cdot(\underline{\boldsymbol{\nabla}\boldsymbol{\varphi}_2^{\mathrm{T}}\boldsymbol{\nabla}\boldsymbol{\varphi}_1^{\mathrm{T}}\boldsymbol{\nabla}\boldsymbol{u}^{\mathrm{T}}}_{(6)}+\underline{\boldsymbol{\nabla}\boldsymbol{\varphi}_1^{\mathrm{T}}\boldsymbol{\nabla}\boldsymbol{\varphi}_2^{\mathrm{T}}\boldsymbol{\nabla}\boldsymbol{u}^{\mathrm{T}}}_{(7)})\\
&\qquad\underline{-\{(\mu\boldsymbol{\nabla}\boldsymbol{v}_0^{\mathrm{T}}-q_0\boldsymbol{I})\cdot(\boldsymbol{\nabla}\boldsymbol{\varphi}_1^{\mathrm{T}}\boldsymbol{\nabla}\boldsymbol{u}^{\mathrm{T}})\}\boldsymbol{\nabla}\cdot\boldsymbol{\varphi}_2}_{(8)}\\
&\qquad\underline{-\mu\{(\boldsymbol{\nabla}\boldsymbol{\varphi}_2^{\mathrm{T}}\boldsymbol{\nabla}\boldsymbol{u}^{\mathrm{T}})\cdot\boldsymbol{\nabla}\boldsymbol{v}_0^{\mathrm{T}}\}\boldsymbol{\nabla}\cdot\boldsymbol{\varphi}_1}_{(9)}\\
&\qquad\underline{-[(\mu\boldsymbol{\nabla}\boldsymbol{u}^{\mathrm{T}}-p\boldsymbol{I})\cdot\{\boldsymbol{\nabla}\boldsymbol{\varphi}_2^{\mathrm{T}}\boldsymbol{\nabla}\boldsymbol{v}_0^{\mathrm{T}}\}]\boldsymbol{\nabla}\cdot\boldsymbol{\varphi}_1}_{(10)}\\
&\qquad+\{(\mu\boldsymbol{\nabla}\boldsymbol{u}^{\mathrm{T}}-p\boldsymbol{I})\cdot\boldsymbol{\nabla}\boldsymbol{v}_0^{\mathrm{T}}\}\\
&\qquad\times\{-(\boldsymbol{\nabla}\boldsymbol{\varphi}_2^{\mathrm{T}})^{\mathrm{T}}\cdot\boldsymbol{\nabla}\boldsymbol{\varphi}_1^{\mathrm{T}}+(\boldsymbol{\nabla}\cdot\boldsymbol{\varphi}_2)(\boldsymbol{\nabla}\cdot\boldsymbol{\varphi}_1)\}\\
&\qquad-\{(\underline{\boldsymbol{\nabla}\boldsymbol{\varphi}_2^{\mathrm{T}}}_{(1)'}+\underline{(\boldsymbol{\nabla}\boldsymbol{\varphi}_2^{\mathrm{T}})^{\mathrm{T}}}_{(2)'}\underline{-\boldsymbol{\nabla}\cdot\boldsymbol{\varphi}_2}_{(4)'})(\mu\boldsymbol{\nabla}\boldsymbol{u}^{\mathrm{T}})\\
&\qquad+\underline{p(\boldsymbol{\nabla}\cdot\boldsymbol{\varphi}_2)\boldsymbol{I}}_{(4)'}\underline{-p(\boldsymbol{\nabla}\boldsymbol{\varphi}_2^{\mathrm{T}})^{\mathrm{T}}}_{(2)'}\}\cdot(\boldsymbol{\nabla}\boldsymbol{\varphi}_1^{\mathrm{T}}\boldsymbol{\nabla}\boldsymbol{v}_0^{\mathrm{T}})\\
&\qquad-(\mu\boldsymbol{\nabla}\boldsymbol{v}_0^{\mathrm{T}}-q_0\boldsymbol{I})\cdot\{\boldsymbol{\nabla}\boldsymbol{\varphi}_1^{\mathrm{T}}(\underline{\boldsymbol{\nabla}\boldsymbol{\varphi}_2^{\mathrm{T}}}_{(3)'}+(\boldsymbol{\nabla}\boldsymbol{\varphi}_2^{\mathrm{T}})^{\mathrm{T}}-\boldsymbol{\nabla}\cdot\boldsymbol{\varphi}_2)\boldsymbol{\nabla}\boldsymbol{u}^{\mathrm{T}}\}\\
&\qquad+\{((\underline{\boldsymbol{\nabla}\boldsymbol{\varphi}_2^{\mathrm{T}}}_{(9)'}+(\boldsymbol{\nabla}\boldsymbol{\varphi}_2^{\mathrm{T}})^{\mathrm{T}}-\boldsymbol{\nabla}\cdot\boldsymbol{\varphi}_2)(\mu\boldsymbol{\nabla}\boldsymbol{u}^{\mathrm{T}})\\
&\qquad\qquad+p(\boldsymbol{\nabla}\cdot\boldsymbol{\varphi}_2)\boldsymbol{I}-p(\boldsymbol{\nabla}\boldsymbol{\varphi}_2^{\mathrm{T}})^{\mathrm{T}})\cdot\boldsymbol{\nabla}\boldsymbol{v}_0^{\mathrm{T}}\}\boldsymbol{\nabla}\cdot\boldsymbol{\varphi}_1\\
&\qquad-\{(\underline{\boldsymbol{\nabla}\boldsymbol{\varphi}_1^{\mathrm{T}}}_{(5)'}+\underline{(\boldsymbol{\nabla}\boldsymbol{\varphi}_1^{\mathrm{T}})^{\mathrm{T}}}_{(7)'}\underline{-\boldsymbol{\nabla}\cdot\boldsymbol{\varphi}_1}_{(8)'})(\mu\boldsymbol{\nabla}\boldsymbol{u}^{\mathrm{T}})\\
&\qquad\quad+\underline{p(\boldsymbol{\nabla}\cdot\boldsymbol{\varphi}_1)\boldsymbol{I}}_{(8)'}\underline{-p(\boldsymbol{\nabla}\boldsymbol{\varphi}_1^{\mathrm{T}})^{\mathrm{T}}}_{(7)'}\}\cdot(\boldsymbol{\nabla}\boldsymbol{\varphi}_2^{\mathrm{T}}\boldsymbol{\nabla}\boldsymbol{v}_0^{\mathrm{T}})\\
&\qquad-(\mu\boldsymbol{\nabla}\boldsymbol{v}_0^{\mathrm{T}}-q_0\boldsymbol{I})\cdot\{\boldsymbol{\nabla}\boldsymbol{\varphi}_2^{\mathrm{T}}(\underline{\boldsymbol{\nabla}\boldsymbol{\varphi}_1^{\mathrm{T}}}_{(6)'}+(\boldsymbol{\nabla}\boldsymbol{\varphi}_1^{\mathrm{T}})^{\mathrm{T}}-\boldsymbol{\nabla}\cdot\boldsymbol{\varphi}_1)\boldsymbol{\nabla}\boldsymbol{u}^{\mathrm{T}}\}\\
&\qquad+\{((\boldsymbol{\nabla}\boldsymbol{\varphi}_1^{\mathrm{T}}+\underline{(\boldsymbol{\nabla}\boldsymbol{\varphi}_1^{\mathrm{T}})^{\mathrm{T}}}_{(10)'}-\boldsymbol{\nabla}\cdot\boldsymbol{\varphi}_1)(\mu\boldsymbol{\nabla}\boldsymbol{u}^{\mathrm{T}})\\
&\qquad\qquad+p(\boldsymbol{\nabla}\cdot\boldsymbol{\varphi}_1)\boldsymbol{I}\underline{-p(\boldsymbol{\nabla}\boldsymbol{\varphi}_1^{\mathrm{T}})^{\mathrm{T}}}_{(10)'})\cdot\boldsymbol{\nabla}\boldsymbol{v}_0^{\mathrm{T}}\}\boldsymbol{\nabla}\cdot\boldsymbol{\varphi}_2]\,\mathrm{d}x
\end{aligned}
\tag{9.12.32}
$$

となる．そこで，自己随伴関係，連続の式 $\boldsymbol{\nabla}\cdot\boldsymbol{u}^{\mathrm{T}}=\boldsymbol{\nabla}\cdot\boldsymbol{u}'^{\mathrm{T}}(\boldsymbol{\phi})[\boldsymbol{\varphi}_1]=\boldsymbol{\nabla}\cdot\boldsymbol{u}'^{\mathrm{T}}(\boldsymbol{\phi})[\boldsymbol{\varphi}_2]=0$ および $h_0(\boldsymbol{\phi},\boldsymbol{u},p,\boldsymbol{v}_0,q_0)[\boldsymbol{\varphi}_1,\boldsymbol{\varphi}_2]=h_0(\boldsymbol{\phi},\boldsymbol{u},p,\boldsymbol{v}_0,q_0)[\boldsymbol{\varphi}_2,\boldsymbol{\varphi}_2]$ が成り立つことを用いれば，$i\in\{1,\ldots,10\}$ に対して，下線 (i)

と $(i)'$ の和は 0 となる．そこで，

$$
\begin{aligned}
&h_0(\boldsymbol{\phi}, \boldsymbol{u}, p, \boldsymbol{u}, q_0)[\boldsymbol{\varphi}_1, \boldsymbol{\varphi}_2] \\
&\quad = \int_{\Omega(\boldsymbol{\phi})} [-(\mu \boldsymbol{\nabla} \boldsymbol{u}^{\mathrm{T}} \cdot \boldsymbol{\nabla} \boldsymbol{u}^{\mathrm{T}})\{(\boldsymbol{\nabla} \boldsymbol{\varphi}_2^{\mathrm{T}})^{\mathrm{T}} \cdot \boldsymbol{\nabla} \boldsymbol{\varphi}_1^{\mathrm{T}} + (\boldsymbol{\nabla} \cdot \boldsymbol{\varphi}_2)(\boldsymbol{\nabla} \cdot \boldsymbol{\varphi}_1)\} \\
&\qquad\qquad - \mu \boldsymbol{\nabla} \boldsymbol{u}^{\mathrm{T}} (\boldsymbol{\nabla} \boldsymbol{u}^{\mathrm{T}})^{\mathrm{T}} \cdot \{(\boldsymbol{\nabla} \boldsymbol{\varphi}_1^{\mathrm{T}} (\boldsymbol{\nabla} \boldsymbol{\varphi}_2^{\mathrm{T}})^{\mathrm{T}} + \boldsymbol{\nabla} \boldsymbol{\varphi}_2^{\mathrm{T}} (\boldsymbol{\nabla} \boldsymbol{\varphi}_1^{\mathrm{T}})^{\mathrm{T}})\} \\
&\qquad\qquad + 2\mu \boldsymbol{\nabla} \boldsymbol{u}^{\mathrm{T}} (\boldsymbol{\nabla} \boldsymbol{u}^{\mathrm{T}})^{\mathrm{T}} \cdot \{\boldsymbol{\nabla} \boldsymbol{\varphi}_2^{\mathrm{T}} (\boldsymbol{\nabla} \cdot \boldsymbol{\varphi}_1) + \boldsymbol{\nabla} \boldsymbol{\varphi}_1^{\mathrm{T}} (\boldsymbol{\nabla} \cdot \boldsymbol{\varphi}_2)\}] \, \mathrm{d}x
\end{aligned}
\tag{9.12.33}
$$

となる．

関数の形状偏微分公式を用いた形状微分

関数の形状偏微分公式を用いる場合には，次のようになる．ここでは，$\boldsymbol{b}$ と $\boldsymbol{u}_{\mathrm{D}}$ は空間固定の関数であると仮定する．また，$\boldsymbol{u}$ と $\boldsymbol{v}_0$ は $q_{\mathrm{R}} > d$ に対して $W^{2,2q_{\mathrm{R}}}(\mathbb{R}^d; \mathbb{R}^d)$，$p$ と q_0 に対して $W^{1,2q_{\mathrm{R}}}(\mathbb{R}^d; \mathbb{R})$ に入るような条件が満たされていると仮定する．

これらの仮定のもとで，$\mathscr{L}_0$ の形状微分は，任意の $(\boldsymbol{\varphi}, \boldsymbol{u}^*, p^*, \boldsymbol{v}_0^*, q_0^*) \in X \times (U \times P)^2$ に対して，

$$
\begin{aligned}
&\mathscr{L}_0'(\boldsymbol{\phi}, \boldsymbol{u}, p, \boldsymbol{v}_0, q_0)[\boldsymbol{\varphi}, \boldsymbol{u}^*, p^*, \boldsymbol{v}_0^*, q_0^*] \\
&\quad = \mathscr{L}_{0\boldsymbol{\phi}}(\boldsymbol{\phi}, \boldsymbol{u}, p, \boldsymbol{v}_0, q_0)[\boldsymbol{\varphi}] \\
&\qquad + \mathscr{L}_{0\boldsymbol{u},p}(\boldsymbol{\phi}, \boldsymbol{u}, p, \boldsymbol{v}_0, q_0)[\boldsymbol{u}^*, p^*] + \mathscr{L}_{0\boldsymbol{v}_0,q_0}(\boldsymbol{\phi}, \boldsymbol{u}, p, \boldsymbol{v}_0, q_0)[\boldsymbol{v}_0^*, q_0^*]
\end{aligned}
\tag{9.12.34}
$$

のようにかくことができる．ただし，式 (9.3.14) と式 (9.3.20) の表記法に従うものとする．以下で各項について考察する．

式 (9.12.34) の右辺第 3 項は，式 (9.12.12) において，$(\boldsymbol{v}_0', q_0')$ を $(\boldsymbol{v}_0^*, q_0^*)$ におきかえた式となる．そこで，$(\boldsymbol{u}, p)$ が状態決定問題（問題 9.12.1）の弱解ならば，その項は 0 となる．

また，式 (9.12.34) の右辺第 2 項は，式 (9.12.13) において $(\boldsymbol{u}', p')$ を $(\boldsymbol{u}^*, p^*)$ におきかえた式となる．そこで，自己随伴関係が成り立つとき，その項は 0 となる．

さらに，式 (9.12.34) の右辺第 1 項は，命題 9.3.9 の結果を表した式 (9.3.14)

と，命題 9.3.12 の結果を表した式 (9.3.20) の公式より，

$$
\begin{aligned}
&\mathscr{L}_{0\boldsymbol{\phi}^*}(\boldsymbol{\phi}, \boldsymbol{u}, \boldsymbol{v}_0)[\boldsymbol{\varphi}] \\
&\quad = \int_{\partial\Omega(\boldsymbol{\phi})} \{\mu \boldsymbol{\nabla} \boldsymbol{u}^{\mathrm{T}} \cdot \boldsymbol{\nabla} \boldsymbol{v}_0^{\mathrm{T}} - p \boldsymbol{\nabla} \cdot \boldsymbol{v}_0 - \boldsymbol{b} \cdot (\boldsymbol{u} + \boldsymbol{v}_0)\} \boldsymbol{\nu} \cdot \boldsymbol{\varphi} \, \mathrm{d}\gamma \\
&\qquad + \int_{\partial\Omega(\boldsymbol{\phi})} [\{(\boldsymbol{u} - \boldsymbol{u}_{\mathrm{D}}) \cdot \bar{\boldsymbol{w}}(\boldsymbol{\varphi}, \boldsymbol{v}_0, q_0) + (\boldsymbol{v}_0 - \boldsymbol{u}_{\mathrm{D}}) \cdot \bar{\boldsymbol{w}}(\boldsymbol{\varphi}, \boldsymbol{u}, p)\} \\
&\qquad\qquad + \{(\boldsymbol{u} - \boldsymbol{u}_{\mathrm{D}}) \cdot (\mu \partial_\nu \boldsymbol{v}_0 - q_0 \boldsymbol{\nu}) \\
&\qquad\qquad + (\boldsymbol{v}_0 - \boldsymbol{u}_{\mathrm{D}}) \cdot (\mu \partial_\nu \boldsymbol{u} - p \boldsymbol{\nu})\} (\boldsymbol{\nabla} \cdot \boldsymbol{\varphi})_\tau \\
&\qquad\qquad + (\partial_\nu + \kappa) \{(\boldsymbol{u} - \boldsymbol{u}_{\mathrm{D}}) \cdot (\mu \partial_\nu \boldsymbol{v}_0 - q_0 \boldsymbol{\nu}) \\
&\qquad\qquad\qquad + (\boldsymbol{v}_0 - \boldsymbol{u}_{\mathrm{D}}) \cdot (\mu \partial_\nu \boldsymbol{u} - p \boldsymbol{\nu})\} \boldsymbol{\nu} \cdot \boldsymbol{\varphi}] \, \mathrm{d}\gamma \\
&\qquad - \int_{\partial\Omega(\boldsymbol{\phi}) \cup \Theta(\boldsymbol{\phi})} \{(\boldsymbol{u} - \boldsymbol{u}_{\mathrm{D}}) \cdot (\mu \partial_\nu \boldsymbol{v}_0 - q_0 \boldsymbol{\nu}) \\
&\qquad\qquad + (\boldsymbol{v}_0 - \boldsymbol{u}_{\mathrm{D}}) \cdot (\mu \partial_\nu \boldsymbol{u} - p \boldsymbol{\nu})\} \boldsymbol{\tau} \cdot \boldsymbol{\varphi} \, \mathrm{d}\varsigma
\end{aligned}
$$

となる．ただし，

$$
\begin{aligned}
\bar{\boldsymbol{w}}(\boldsymbol{\varphi}, \boldsymbol{u}, p) &= -\{(\mu \boldsymbol{\nabla} \boldsymbol{u}^{\mathrm{T}})^{\mathrm{T}} - p \boldsymbol{I}\} \left[\sum_{i \in \{1, \ldots, d-1\}} \{\boldsymbol{\tau}_i \cdot (\boldsymbol{\nabla} \boldsymbol{\varphi}^{\mathrm{T}} \boldsymbol{\nu})\} \boldsymbol{\tau}_i \right] \\
&\quad + (\boldsymbol{\nu} \cdot \boldsymbol{\varphi}) [\boldsymbol{\nabla}^{\mathrm{T}} \{(\mu \boldsymbol{\nabla} \boldsymbol{u}^{\mathrm{T}})^{\mathrm{T}} - p \boldsymbol{I}\}]^{\mathrm{T}}
\end{aligned}
\tag{9.12.35}
$$

とおいた．$(\boldsymbol{\nabla} \cdot \boldsymbol{\varphi})_\tau$ は式 (9.2.6) に従う．ここで，問題 9.12.1 の Dirichlet 条件が成り立つことを考慮すれば，$\mathscr{L}_{0\boldsymbol{\phi}^*}$ における $\partial\Omega(\boldsymbol{\phi})$ 上の積分は 0 となる．

以上の結果をふまえて，$\boldsymbol{u}$ と $\boldsymbol{v}_0$ は問題 9.12.1 の弱解で自己随伴関係が成り立つとき，式 (7.4.11) の表記を用いて

$$
\tilde{f}_0'(\boldsymbol{\phi})[\boldsymbol{\varphi}] = \mathscr{L}_{0\boldsymbol{\phi}^*}(\boldsymbol{\phi}, u, v_0)[\boldsymbol{\varphi}] = \langle \bar{\boldsymbol{g}}_0, \boldsymbol{\varphi} \rangle = \int_{\partial\Omega(\boldsymbol{\phi})} \bar{\boldsymbol{g}}_{\partial\Omega 0} \cdot \boldsymbol{\varphi} \, \mathrm{d}\gamma
\tag{9.12.36}
$$

とかくことができる．ここで，

$$
\bar{\boldsymbol{g}}_{\partial\Omega 0} = \{\mu \boldsymbol{\nabla} \boldsymbol{u}^{\mathrm{T}} \cdot \boldsymbol{\nabla} \boldsymbol{u}^{\mathrm{T}} - 2 \boldsymbol{b} \cdot \boldsymbol{u} - 2 \partial_\nu (\boldsymbol{u} - \boldsymbol{u}_{\mathrm{D}}) \cdot (\mu \partial_\nu \boldsymbol{u} - p \boldsymbol{\nu})\} \boldsymbol{\nu}
\tag{9.12.37}
$$

となる．さらに，同次 Dirichlet 境界上では，

$$\boldsymbol{\nabla}\boldsymbol{u}^{\mathrm{T}} \cdot \boldsymbol{\nabla}\boldsymbol{u}^{\mathrm{T}} = \{\boldsymbol{\nu}(\partial_\nu \boldsymbol{u})^{\mathrm{T}}\} \cdot \{\boldsymbol{\nu}(\partial_\nu \boldsymbol{u})^{\mathrm{T}}\} = \partial_\nu \boldsymbol{u} \cdot \partial_\nu \boldsymbol{u} \tag{9.12.38}$$

および

$$\boldsymbol{\nabla} \cdot \boldsymbol{u} = (\partial_\nu \boldsymbol{u}) \cdot \boldsymbol{\nu} = 0 \tag{9.12.39}$$

が成り立つことから，

$$\bar{\boldsymbol{g}}_{\partial\Omega 0} = -\mu(\partial_\nu \boldsymbol{u} \cdot \partial_\nu \boldsymbol{u})\boldsymbol{\nu} \tag{9.12.40}$$

となる．

以上の結果から，式 (9.12.37) の $\bar{\boldsymbol{g}}_{\partial\Omega 0}$ が入る関数空間について，定理 9.7.4 と同様の結果が得られる．

9.12.4　1 次元分岐 Stokes 流れ場の最適設計問題との関係

$d \in \{2,3\}$ 次元 Stokes 流れ場の平均流れ抵抗最小化問題（問題 1.3.2）に対して得られた評価関数の形状微分と，第 1 章でみてきた 1 次元分岐 Stokes 流れ場に対して得られた評価関数の断面積微分との関係について考えてみよう．変数や線形空間などの対応は，状態変数に圧力が追加されるなどの修正は必要となるが，線形弾性問題に対して示された表 9.11.1 と同様の関係が成り立つ．

問題 1.3.2 では，体積力は仮定されていなかった．その仮定を問題 9.12.2 に適用すれば，目的関数を

$$f_0(\boldsymbol{\phi}, \boldsymbol{u}, p) = \int_{\partial\Omega(\boldsymbol{\phi})} \boldsymbol{u}_{\mathrm{D}} \cdot (\mu\partial_\nu \boldsymbol{u} - p\boldsymbol{\nu})\,\mathrm{d}\gamma = -\sum_{i\in\{1,2\}} \int_{\Gamma_i} p_i \frac{u_i}{a_i}\,\mathrm{d}\gamma \tag{9.12.41}$$

とおいたことに対応する．ただし，$i \in \{0,1,2\}$ に対して p_i, u_i, a_i はそれぞれ問題 1.3.2 の定義に従う．また，$\partial_\nu \boldsymbol{u} = 0$ と $p_0 = 0$ が使われた．問題 1.3.2 では，断面積の変動に対して，単位時間あたりの流量 u_1 と u_2 は固定されていた．すなわち，u_1 と u_2 は境界測度共変であった．一方，f_0 の形状微分を与える式 (9.12.18) では，$\boldsymbol{u}_{\mathrm{D}}$ は物質固定とされていた．その違いを考慮すれば，式 (9.11.53) で定義された f_0 の形状微分は

$$\begin{aligned}\tilde{f}_0'(\boldsymbol{\phi})[\boldsymbol{\varphi}] &= \langle \boldsymbol{g}_0, \boldsymbol{\varphi} \rangle \\ &= \sum_{i\in\{0,1,2\}} l \int_{\Gamma_i} (\boldsymbol{G}_{\Omega 0i} \cdot \boldsymbol{\nabla}\boldsymbol{\varphi}_i^{\mathrm{T}} + g_{\Omega 0i} \boldsymbol{\nabla} \cdot \boldsymbol{\varphi}_i) \,\mathrm{d}\gamma \\ &\quad + 2 \sum_{i\in\{1,2\}} \int_{\Gamma_i} p_i \frac{u_i}{a_i} (\boldsymbol{\nabla} \cdot \boldsymbol{\varphi}_i)_\tau \,\mathrm{d}\gamma \end{aligned} \tag{9.12.42}$$

となる．ただし，

$$u_i'(\boldsymbol{\phi})[\boldsymbol{\varphi}] = -u_i(\boldsymbol{\phi})(\boldsymbol{\nabla} \cdot \boldsymbol{\varphi}_i)_\tau \tag{9.12.43}$$

が使われた．また，式 (9.12.42) の右辺第 2 項につけられた係数 2 は，目的関数 f_0 につけられた補正項と Lagrange 関数 $\mathscr{L}_{\mathrm{S}}$ につけられた補正項の和によるものである．ここで，1 次元 Stokes 流れ場における円筒領域上の点を $(x, r, \theta) \in (0, l) \times \Gamma_i$ と表すことにする．このとき，

$$\int_{\Gamma_i} (\boldsymbol{\nabla} \cdot \boldsymbol{\varphi}_i)_\tau \,\mathrm{d}\gamma = (\boldsymbol{\nabla} \cdot \boldsymbol{\varphi}_i)_\tau a_i = b_i$$

より，

$$\boldsymbol{\nabla} \cdot \boldsymbol{\varphi}_i = (\boldsymbol{\nabla} \cdot \boldsymbol{\varphi}_i)_\tau = \frac{b_i}{a_i}, \quad \boldsymbol{\nabla}\boldsymbol{\varphi}_i^{\mathrm{T}} = \begin{pmatrix} 0 & 0 & 0 \\ 0 & b_i/a_i & 0 \\ 0 & 0 & 0 \end{pmatrix} \tag{9.12.44}$$

となる．流速に関しては，円管内では一様な流速が仮定されていたと考えられる．実際，問題 1.3.2 では，Γ_0 と Γ_1 および Γ_2 の圧力差によってエネルギー損失が表されていたためである．そこで，

$$\boldsymbol{\nabla}\boldsymbol{u}^{\mathrm{T}} = \boldsymbol{0}_{\mathbb{R}^3} \tag{9.12.45}$$

より，

$$\boldsymbol{G}_{\Omega 0i} \cdot \boldsymbol{\nabla}\boldsymbol{\varphi}_i^{\mathrm{T}} = -2\mu\{\boldsymbol{\nabla}\boldsymbol{u}^{\mathrm{T}}(\boldsymbol{\nabla}\boldsymbol{u}^{\mathrm{T}})^{\mathrm{T}}\} \cdot (\boldsymbol{\nabla}\boldsymbol{\varphi}_i^{\mathrm{T}}) = 0 \tag{9.12.46}$$

$$g_{\Omega 0i} \boldsymbol{\nabla} \cdot \boldsymbol{\varphi}_i = \mu \boldsymbol{\nabla}\boldsymbol{u}^{\mathrm{T}} \cdot \boldsymbol{\nabla}\boldsymbol{u}^{\mathrm{T}} (\boldsymbol{\nabla} \cdot \boldsymbol{\varphi}_i) = 0 \tag{9.12.47}$$

となる．これらの結果から，

$$\begin{aligned}\tilde{f}_0'(\boldsymbol{\phi})[\boldsymbol{\varphi}] &= 2\sum_{i\in\{1,2\}}\int_{\Gamma_i} p_i\frac{u_i}{a_i}(\boldsymbol{\nabla}\cdot\boldsymbol{\varphi}_i)_\tau\,\mathrm{d}\gamma \\ &= \sum_{i\in\{0,1,2\}} 2\frac{u_i^2 b_i}{a_i^3} = \boldsymbol{g}_0\cdot\boldsymbol{b}\end{aligned} \tag{9.12.48}$$

が得られる．ただし，領域変動に対する連続の式

$$\sum_{i\in\{0,1,2\}}\int_{\Gamma_i} u_i(\boldsymbol{\nabla}\cdot\boldsymbol{\varphi}_i)_\tau\,\mathrm{d}\gamma = \frac{u_0 b_0}{a_0}+\frac{u_1 b_1}{a_1}+\frac{u_2 b_2}{a_2} = 0 \tag{9.12.49}$$

が使われた．ここで，$\boldsymbol{g}_0$ は式 (1.3.19) で得られた 1 次元分岐 Stokes 流れ場に対する平均流れ抵抗 f_0 の断面積勾配と一致する．

さらに，f_0 の Hesse 形式は，式 (9.12.33) を用いて，

$$\begin{aligned}&h_0(\boldsymbol{\phi},\boldsymbol{u},p,\boldsymbol{v}_0,q_0)[\boldsymbol{\varphi}_1,\boldsymbol{\varphi}_2] \\ &= \sum_{i\in\{1,2\}} l\int_{\Gamma_i}\bigl[-(\mu\boldsymbol{\nabla}\boldsymbol{u}^{\mathrm{T}}\cdot\boldsymbol{\nabla}\boldsymbol{u}^{\mathrm{T}}) \\ &\qquad\times\{(\boldsymbol{\nabla}\boldsymbol{\varphi}_{2i}^{\mathrm{T}})^{\mathrm{T}}\cdot\boldsymbol{\nabla}\boldsymbol{\varphi}_{1i}^{\mathrm{T}}+(\boldsymbol{\nabla}\cdot\boldsymbol{\varphi}_{2i})(\boldsymbol{\nabla}\cdot\boldsymbol{\varphi}_{1i})\} \\ &\qquad-\mu\boldsymbol{\nabla}\boldsymbol{u}^{\mathrm{T}}(\boldsymbol{\nabla}\boldsymbol{u}^{\mathrm{T}})^{\mathrm{T}} \\ &\qquad\cdot\{(\boldsymbol{\nabla}\boldsymbol{\varphi}_{1i}^{\mathrm{T}}(\boldsymbol{\nabla}\boldsymbol{\varphi}_{2i}^{\mathrm{T}})^{\mathrm{T}}+\boldsymbol{\nabla}\boldsymbol{\varphi}_{2i}^{\mathrm{T}}(\boldsymbol{\nabla}\boldsymbol{\varphi}_{1i}^{\mathrm{T}})^{\mathrm{T}})\} \\ &\qquad+2\mu\boldsymbol{\nabla}\boldsymbol{u}^{\mathrm{T}}(\boldsymbol{\nabla}\boldsymbol{u}^{\mathrm{T}})^{\mathrm{T}} \\ &\qquad\cdot\{\boldsymbol{\nabla}\boldsymbol{\varphi}_{2i}^{\mathrm{T}}(\boldsymbol{\nabla}\cdot\boldsymbol{\varphi}_{1i})+\boldsymbol{\nabla}\boldsymbol{\varphi}_{1i}^{\mathrm{T}}(\boldsymbol{\nabla}\cdot\boldsymbol{\varphi}_{2i})\}\bigr]\,\mathrm{d}\gamma \\ &\quad+2\sum_{i\in\{0,1,2\}}\frac{\mathrm{d}}{\mathrm{d}a_i}\frac{u_i^2 b_{1i}}{a_i^3}b_{2i} \\ &= -\sum_{i\in\{0,1,2\}} 6\frac{u_i^2}{a_i^4}b_{1i}b_{2i} = -\boldsymbol{b}_1\cdot(\boldsymbol{H}_0\boldsymbol{b}_2)\end{aligned} \tag{9.12.50}$$

となる．ここで，$\boldsymbol{H}_0$ は，式 (1.1.29) で得られた 1 次元分岐 Stokes 流れ場に対する平均流れ抵抗 f_0 の断面積に対する Hesse 行列と一致する．

9.12.5　数値例

孤立物体まわりの Stokes 流れ場に対する平均流れ抵抗最小化の結果を図 9.12.2 に示す．状態決定問題の境界条件は図 9.12.2 (a) のように x_1 方向の一様な流れ場が仮定された．図 9.12.2 (c) と (d) にはそれぞれ初期形状と最適形状のときの流

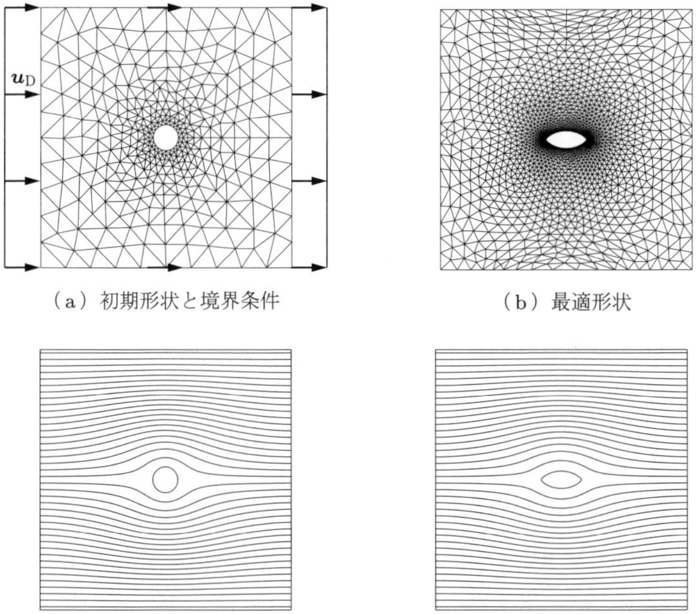

（a）初期形状と境界条件　（b）最適形状

（c）初期形状に対する流線　（d）最適形状に対する流線

図 9.12.2　2 次元 Stokes 流れ場の形状最適化問題に対する数値例

線がえがかれている．流線は，流速 $\boldsymbol{u}$ が $(\partial\psi/\partial x_2, -\partial\psi/\partial x_1)^{\mathrm{T}}$ で与えられるような流れ関数 $\psi\colon \Omega(\boldsymbol{\phi}) \to \mathbb{R}$ の等高線で定義される．領域変動に対しては，外側境界が固定された（式 (9.1.1) の $\bar{\Omega}_{\mathrm{C0}}$ に外側境界が仮定された）．プログラムは，有限要素法プログラミング言語 FreeFem++ (http://www.freefem.org/ff++/) でかかれている†．

9.13　第 9 章のまとめ

第 9 章では，偏微分方程式の境界値問題が定義された領域に対する領域変動型の形状最適化問題を構成し，その解法について詳しくみてきた．要点は以下のようである．

(1) 領域変動型の形状最適化問題では，初期領域を定義域として，変動後の

†URL: http://www.morikita.co.jp/books/mid/061461

領域までの変位を値域とする関数が設計変数に選ばれる（9.1節）．設計変数の線形空間 X と許容集合 $\mathcal{D}$ は，それぞれ式 (9.1.1) と式 (9.1.2) で定義される．さらに，変動する領域上で定義された関数と汎関数に対して，形状微分と形状偏微分とよぶ二つの微分が定義される（9.1.3項）．

(2) 領域写像の Jacobi 行列に関する形状微分の公式が得られる（9.2節）．それらの公式を使って，関数や汎関数の形状微分を求めるための公式が求められる（9.3節）．その際，関数の形状微分を用いた公式と関数の形状偏微分を用いた公式が得られる．また，それらの公式を用いてさまざまな関数の変動則が定義される（9.4節）．

(3) Poisson 問題を状態決定問題に選んだとき（9.5節），領域変動型形状最適化問題は X 上で構成される（9.6節）．

(4) 評価関数の形状微分は Lagrange 乗数法で求められる．その際，関数の形状微分公式による評価式（定理 9.7.2）と関数の形状偏微分公式による評価式（定理 9.7.4）が得られる．これらの形状微分は設計変数の許容集合が入る線形空間に入るとは限らない（注意 9.7.5）．

(5) 評価関数の形状微分を用いた H^1 勾配法は X 上で定義される（9.8節）．H^1 勾配法の解は，特異点を除いて許容集合に入る（定理 9.8.6）．さらに，評価関数の2階形状微分が計算可能であれば，H^1 Newton 法により，評価関数の降下方向が求められる（9.8.2項）．

(6) 領域変動型形状最適化問題は，第3章で示された制約つき問題に対する勾配法および制約つき問題に対する Newton 法と同じ枠組みで構成される（9.9節）．

(7) 状態決定問題，随伴問題および H^1 勾配法の数値解を有限要素法で求めるとき，探索ベクトル $\boldsymbol{\varphi}_g$ に対する有限要素解のオーダー評価が得られる（定理 9.10.5）．

(8) 線形弾性問題を状態決定問題とする領域の大きさ制約つき平均コンプライアンス最小化問題に対して，評価関数の形状微分と2階形状微分が得られる（9.11節）．

(9) Stokes 問題を状態決定問題とする領域の大きさ制約つき平均流れ抵抗最小化問題に対して，評価関数の形状微分と2階形状微分が得られる（9.12節）．

9.14 第 9 章の演習問題

9.1 定理 9.7.2 において，条件 (2) が成り立つとき，$\boldsymbol{g}_{pi}$ を与える式 (9.7.8) の右辺第 2 項が $L^\infty(\Gamma_p(\boldsymbol{\phi});\mathbb{R}^d)$ に入ることを示せ．

9.2 本章でとりあげた状態決定問題のうち，Poisson 問題（問題 9.5.5）と線形弾性問題（問題 9.11.1）では Dirichlet 境界と Neumann 境界の混合境界条件が仮定された．しかし，定理 9.7.2 の結果を得るためには，開き角 β に対して，仮定 9.5.3 の (2)（混合境界上にあるとき $\beta < \pi$）が満たされていなければならない．混合境界条件を Robin 条件におきかえたならば，仮定 9.5.3 の (1)（同一種境界上にあるとき $\beta < 2\pi$）が適用できることになる．そこで，第 5 章でとりあげた拡張 Poisson 問題（問題 5.1.3）において境界条件に関連しない項を省略して，領域変動型に変更すれば，次のようになる．

> **問題 9.14.1（Robin 型 Poisson 問題）**
>
> $\boldsymbol{\phi} \in \mathcal{D}$ に対して $c_{\partial\Omega}(\boldsymbol{\phi})\colon \mathbb{R}^d \to \mathbb{R}$ と $p_{\mathrm{R}}(\boldsymbol{\phi})\colon \mathbb{R}^d \to \mathbb{R}$ は物質固定の関数として与えられたとき，
>
> $$-\Delta u = 0 \quad \text{in } \Omega(\boldsymbol{\phi})$$
> $$\partial_\nu u + c_{\partial\Omega}(\boldsymbol{\phi}) u = p_{\mathrm{R}}(\boldsymbol{\phi}) \quad \text{on } \partial\Omega(\boldsymbol{\phi})$$
>
> を満たす $u\colon \Omega(\boldsymbol{\phi}) \to \mathbb{R}$ を求めよ．

ここで，問題 9.14.1 を状態決定問題に選び，評価関数を $i \in \{0, 1, \ldots, m\}$ に対して，

$$f_i(\boldsymbol{\phi}, u) = \int_{\partial\Omega(\boldsymbol{\phi})} \eta_{\mathrm{R}i}(\boldsymbol{\phi}, u) \, \mathrm{d}\gamma \tag{9.14.1}$$

とおく．ただし，$\eta_{\mathrm{R}i}(\boldsymbol{\phi}, u)$ は物質固定の関数とする．このとき，関数の形状微分公式を用いた形状微分 $\boldsymbol{g}_i$ を求めよ．また，定理 9.7.2 の $\boldsymbol{g}_i$ と同程度の正則性をもつために必要となるような，$c_{\partial\Omega}$，p_{R}，$\eta_{\mathrm{R}i}$ および $\eta_{\mathrm{R}iu}$ の正則性と角点の開き角の条件を示せ．

9.3 本章でとりあげた領域変動型の形状最適化問題では，$\partial\Omega(\boldsymbol{\phi})$ 上にき裂（開き角 $\beta = 2\pi$）がある場合や Dirichlet 境界と Neumann 境界の境界が滑らかな境界上（開き角 $\beta = \pi$）にある場合，仮定 9.5.3 が満たされないことから，定理 9.7.2 の仮定（$u \in \mathcal{S}$）は満たされず，形状微分を X' の要素として求めることはできなかった．しかし，設計変数（領域変動）の線形空間を

$$X = \{\boldsymbol{\phi} \in W^{1,\infty}(\mathbb{R}^d; \mathbb{R}^d) \mid \boldsymbol{\phi} = \mathbf{0}_{\mathbb{R}^d} \text{ on } \bar{\Omega}_{\mathrm{C0}}\}$$

におきかえれば，この X に対する有界線形汎関数として形状微分を求めることが可能となる．この形状微分は，**一般化 J 積分**を利用して得られている[11]．

ここでは，途中の結果から形状微分を求めるまでの演算をおこなってみよう．$\Omega(\boldsymbol{\phi})$ は 2 次元領域として，その境界上の点 $\boldsymbol{x}_{\mathrm{C}}$ は同次 Neumann 境界あるいは同次 Dirichlet 境界の内点で，かつき裂の先端（開き角 $\beta_{\mathrm{C}} = \pi$）であるとする．また，$\boldsymbol{x}_{\mathrm{M}}$ は，図 9.14.1 のように，Dirichlet 境界と Neumann 境界の境界で，かつ滑らかな境界上（開き角 $\beta_{\mathrm{M}} = \pi$）にあるとする．このとき，$\boldsymbol{x}_{\mathrm{C}}$ と $\boldsymbol{x}_{\mathrm{M}}$ における形状微分を求めることを考える．状態決定問題を次のように定義する．

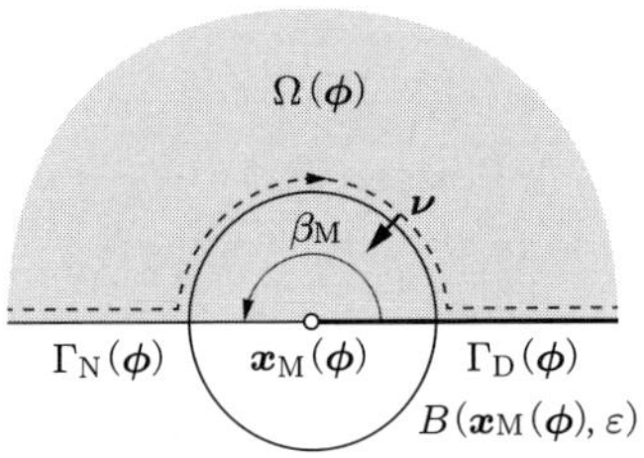

図 9.14.1　境界積分 $\mathscr{P}_u$ の経路

問題 9.14.2（領域変動型 Poisson 問題）

$\boldsymbol{\phi} \in \mathcal{D}$ に対して $b(\boldsymbol{\phi})$ は物質固定の関数として与えられたとき，

$$-\Delta u = b(\boldsymbol{\phi}) \quad \text{in } \Omega(\boldsymbol{\phi})$$
$$\partial_\nu u = 0 \quad \text{on } \Gamma_{\mathrm{N}}(\boldsymbol{\phi})$$
$$u = 0 \quad \text{on } \Gamma_{\mathrm{D}}(\boldsymbol{\phi})$$

を満たす $u \colon \Omega(\boldsymbol{\phi}) \to \mathbb{R}$ を求めよ．

また，式 (9.6.1) の評価関数を

$$f_i(\boldsymbol{\phi}, u) = \int_{\Omega(\boldsymbol{\phi})} \zeta_i(\boldsymbol{\phi}, u)\, \mathrm{d}x - c_i$$

とおく．ここでは，簡単のために ζ_i は $\boldsymbol{\nabla} u$ の関数ではないと仮定する．このとき，f_i の形状微分は，一般化 J 積分の中で定義された $\mathscr{P}$ 積分を用いて，

$$\langle \boldsymbol{g}_i, \boldsymbol{\varphi} \rangle = -\mathscr{P}_u(\partial\Omega(\boldsymbol{\phi}), \boldsymbol{\varphi}, u)[v_i] + \langle \hat{\boldsymbol{g}}_{i\mathrm{C}}, \boldsymbol{\varphi} \rangle + \langle \hat{\boldsymbol{g}}_{i\mathrm{M}}, \boldsymbol{\varphi} \rangle + \langle \boldsymbol{g}_{i\mathrm{R}}, \boldsymbol{\varphi} \rangle$$

によって与えられる[11]．ただし，$j \in \{\mathrm{C}, \mathrm{M}\}$ に対して，$\beta_{\mathrm{C}} = 2\pi$ および $\beta_{\mathrm{M}} = \pi$ として，

$$-\mathscr{P}_u(\partial\Omega(\boldsymbol{\phi}), \boldsymbol{\varphi}, u)[v_i] = \int_{\partial\Omega(\boldsymbol{\phi})} \{(\boldsymbol{\nabla} u \cdot \boldsymbol{\nabla} v_i)\boldsymbol{\nu} \cdot \boldsymbol{\varphi} \\ - \partial_\nu u \boldsymbol{\nabla} v_i \cdot \boldsymbol{\varphi} - \partial_\nu v_i \boldsymbol{\nabla} u \cdot \boldsymbol{\varphi}\} \,\mathrm{d}\gamma \tag{9.14.2}$$

$$\langle \hat{\boldsymbol{g}}_{ij}, \boldsymbol{\varphi} \rangle = \lim_{\epsilon \to 0} - \int_0^{\beta_j} \{(\boldsymbol{\nabla} u \cdot \boldsymbol{\nabla} v_i)\boldsymbol{\nu} \cdot \boldsymbol{\varphi} - \partial_\nu u \boldsymbol{\nabla} v_i \cdot \boldsymbol{\varphi} \\ - \partial_\nu v_i \boldsymbol{\nabla} u \cdot \boldsymbol{\varphi}\}\epsilon \,\mathrm{d}\theta \tag{9.14.3}$$

$$\langle \boldsymbol{g}_{i\mathrm{R}}, \boldsymbol{\varphi} \rangle = \int_{\partial\Omega(\boldsymbol{\phi})} b v_i \boldsymbol{\nu} \cdot \boldsymbol{\varphi} \,\mathrm{d}\gamma + \int_{\Omega(\boldsymbol{\phi})} (\zeta_{i\boldsymbol{\phi}} \cdot \boldsymbol{\varphi} + \zeta_i \boldsymbol{\nabla} \cdot \boldsymbol{\varphi}) \mathrm{d}x \tag{9.14.4}$$

である．ここで，式 (9.14.3) は特異点の変動に対する f_i の形状微分を与えている．u と v_i は，5.3 節でみたように，$j \in \{\mathrm{C}, \mathrm{M}\}$ に対して $\boldsymbol{x}_j$ を原点とする (r, θ) 座標を用いて

$$u(r, \theta) = k_j r^{\pi/\beta_j} \cos \frac{\pi}{\beta_j}\theta + u_{\mathrm{R}} \tag{9.14.5}$$

$$v_i(r, \theta) = l_{ij} r^{\pi/\beta_j} \cos \frac{\pi}{\beta_j}\theta + v_{i\mathrm{R}} \tag{9.14.6}$$

で与えられる．ただし，k_j と l_{ij} は定数，u_{R} と $v_{i\mathrm{R}}$ は $H^2(\mathbb{R}^d; \mathbb{R})$ の要素とする．このとき，式 (9.14.5) と式 (9.14.6) を式 (9.14.3) に代入して，$\hat{\boldsymbol{g}}_{i\mathrm{C}}$ と $\hat{\boldsymbol{g}}_{i\mathrm{M}}$ を求めよ．

付　録

A.1 基本用語

最初に，数学で使われる基本用語の定義を示しておこう．

A.1.1 開集合，閉集合，有界集合

X（たとえば $\mathbb{R}^2$）を $d\colon X \times X \to \mathbb{R}$ を距離とする**距離空間**（定義 4.11），S をその部分集合とする．ある $\boldsymbol{x} \in X$ に対して，半径 $\delta > 0$ の開球 $B(\boldsymbol{x}, \delta) = \{\boldsymbol{y} \in X \mid d(\boldsymbol{x}, \boldsymbol{y}) < \delta\}$ を δ **近傍**という．任意の $\boldsymbol{x} \in X$ に対して，$\delta > 0$ を十分小さくとれば $B(\boldsymbol{x}, \delta) \subset S$ が成り立つとき，S は**開集合**であるという（図 A.1.1）．$X \setminus S$ が開集合のとき，S は**閉集合**であるという．S を含む最小の閉集合を**閉包**といい，$\bar{S}$ とかく．開集合 S に対して，$\bar{S} \setminus S$ を S の**境界**といい，∂S とかく．$\boldsymbol{x} \in S$ を**内点**，$\boldsymbol{x} \in \partial S$ を**端点**という．

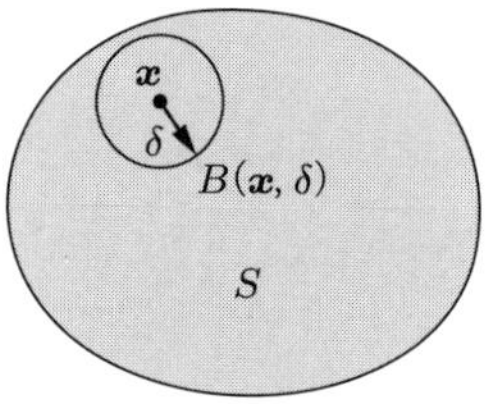

図 A.1.1　開集合 S

また，X の任意の点 $\boldsymbol{x}$ とある $\beta > 0$ が存在して，すべての $\boldsymbol{y} \in S$ に対して $d(\boldsymbol{x}, \boldsymbol{y}) \le \beta$ が成り立つとき，S を**有界集合**という．

A.1.2 関数の連続性

距離空間上で定義された関数の連続性は次のように定義される．X と Y をそれぞれ $d_X\colon X \times X \to \mathbb{R}$，$d_Y\colon Y \times Y \to \mathbb{R}$ を距離とする**距離空間**として，関数 $f\colon X \to Y$ が $\boldsymbol{x} \in X$ で**連続**であるとは，任意の $\epsilon > 0$ に対して，ある $\delta > 0$

が存在して，$d_X(\boldsymbol{x}, \boldsymbol{y}) < \delta$ を満たすすべての $\boldsymbol{y} \in X$ に対して

$$d_Y(f(\boldsymbol{y}), f(\boldsymbol{x})) < \epsilon$$

が成り立つことである（図 A.1.2）．また，すべての $\boldsymbol{x} \in X$ において連続のとき，**一様連続**という．

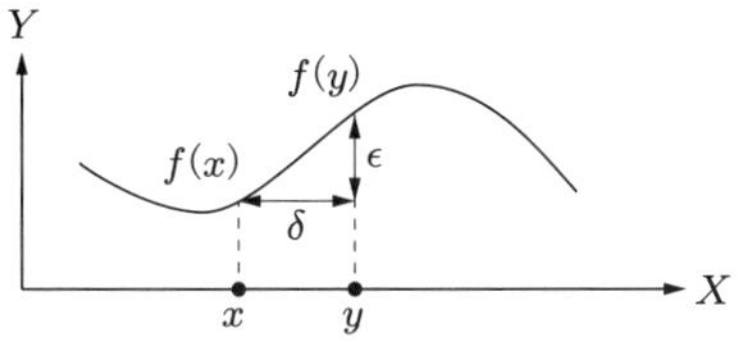

図 A.1.2 関数の連続性

この定義より一様連続な関数は連続であるが，その逆は一般には成り立たない．実際，$x \in \mathbb{R}$ に対して $f(x) = x^2$ は，$x \in \mathbb{R}$ において連続である．しかし，$|x| \to \infty$ のとき，勾配が急激に大きくなり，任意の $\epsilon > 0$ に対して $\delta \to 0$ となり，ある $\delta > 0$ が存在しないことになる．しかし，定義域がコンパクト集合（有界閉集合）のときには，連続な関数は一様連続かつ有界であることが知られている．

A.2 実対称行列の正定値判定

第 2 章と第 3 章では，**正定値実対称行列**が重要な役割を演じている．ここでは，正定値の判定に使われる代表的な定理を示しておこう．固有値を用いた次の定理は正定値の判定の基礎となる．

■定理 A.2.1（固有値による実対称行列の正定値判定） $\boldsymbol{A} \in \mathbb{R}^{d \times d}$ を実対称行列とする．$\boldsymbol{A}$ が正定値であるための必要十分条件は，すべての固有値 $\lambda_1, \ldots, \lambda_d \in \mathbb{R}$ が正であることである．

▶証明 必要性を示そう．$i \in \{1, \ldots, d\}$ に対して，$\boldsymbol{x}_i \in \mathbb{R}^d$ を λ_i に対する固有ベクトルとする．$\boldsymbol{A}$ が正定値ならば，任意の $i \in \{1, \ldots, d\}$ に対して

$$\boldsymbol{x}_i \cdot A\boldsymbol{x}_i = \boldsymbol{x}_i \cdot (\lambda_i \boldsymbol{x}_i) = \lambda_i \|\boldsymbol{x}_i\|^2 > 0$$

が成り立つ．これより，すべての $i \in \{1, \ldots, d\}$ に対して $\lambda_i > 0$ を得る．

十分性を示そう．$\boldsymbol{x}_i$，$i \in \{1, \ldots, d\}$，は互いに直交している（証明省略）．任意のベクトル $\boldsymbol{x} \in \mathbb{R}^d$ は独立な d 個のベクトルの線形結合で与えられる．したがって，

$$\boldsymbol{x} = \sum_{i \in \{1, \ldots, d\}} \boldsymbol{x}_i \xi_i$$

が成り立つ．これより，次を得る．

$$\boldsymbol{x} \cdot \boldsymbol{A}\boldsymbol{x} = \sum_{i \in \{1, \ldots, d\}} \lambda_i \|\boldsymbol{x}_i\|^2 \xi_i^2 > 0$$ □

小行列式を用いた正定値判定として，**Sylvester の判定法**が知られている（たとえば，[53]）．

■定理 A.2.2（Sylvester の判定法） $\boldsymbol{A} = (A_{ij})_{ij} \in \mathbb{R}^{d \times d}$ を実対称行列とする．$\boldsymbol{A}$ が正定値であるための必要十分条件は，すべての $i \in \{1, \ldots, d\}$ に対する小行列式が

$$|\boldsymbol{A}_i| = \begin{vmatrix} A_{11} & \cdots & A_{1i} \\ \vdots & \ddots & \vdots \\ A_{i1} & \cdots & A_{ii} \end{vmatrix} > 0$$

となることである．

A.3 零空間と像空間，Farkas の補題

第 2 章では，重要な定理の証明において，零空間と像空間の関係や Farkas の補題が使われている．ここでは，それらについてまとめておこう．

m と n を自然数として，$\boldsymbol{A} = (\boldsymbol{a}_1 \quad \boldsymbol{a}_2 \quad \cdots \quad \boldsymbol{a}_m) \in \mathbb{R}^{n \times m}$ とする．このとき，

$$\operatorname{Ker} \boldsymbol{A} = \{\boldsymbol{y} \in \mathbb{R}^m \mid \boldsymbol{A}\boldsymbol{y} = \boldsymbol{0}_{\mathbb{R}^n}\} \tag{A.3.1}$$

を**零空間**あるいは**核空間**という．また，

$$\operatorname{Im} \boldsymbol{A} = \{\boldsymbol{A}\boldsymbol{z} \in \mathbb{R}^n \mid \boldsymbol{z} \in \mathbb{R}^m\} \tag{A.3.2}$$

を**像空間**あるいは**値空間**という．一方，$\mathbb{R}^n$ の部分線形空間 V が与えられたとき，V に直交するすべてのベクトルからなる線形空間を V の**直交補空間**とよび，$V^\perp$ とかく．このとき，次の結果を得る．

■補題 A.3.1（零空間と像空間の直交補空間）　$\boldsymbol{A} \in \mathbb{R}^{n \times m}$ に対して，

$$\mathrm{Im}\,\boldsymbol{A} = (\mathrm{Ker}\,\boldsymbol{A}^{\mathrm{T}})^\perp, \quad (\mathrm{Im}\,\boldsymbol{A}^{\mathrm{T}})^\perp = \mathrm{Ker}\,\boldsymbol{A}$$

が成り立つ．

▶証明　定義より，

$$\mathrm{Ker}\,\boldsymbol{A}^{\mathrm{T}} = \{\boldsymbol{y} \in \mathbb{R}^n \mid \boldsymbol{A}^{\mathrm{T}}\boldsymbol{y} = \boldsymbol{0}_{\mathbb{R}^m}\}$$
$$(\mathrm{Ker}\,\boldsymbol{A}^{\mathrm{T}})^\perp = \{\boldsymbol{w} \in \mathbb{R}^n \mid \boldsymbol{w} \cdot \boldsymbol{y} = 0,\ \boldsymbol{y} \in \mathbb{R}^n,\ \boldsymbol{A}^{\mathrm{T}}\boldsymbol{y} = \boldsymbol{0}_{\mathbb{R}^m}\}$$

とかける．ここで，$\boldsymbol{z} \in \mathbb{R}^m$ を $\boldsymbol{w} \in (\mathrm{Ker}\,\boldsymbol{A}^{\mathrm{T}})^\perp$ に対して，$\boldsymbol{w} = \boldsymbol{A}\boldsymbol{z}$ が成り立つように選ぶとする．このとき，任意の $\boldsymbol{y} \in \mathrm{Ker}\,\boldsymbol{A}^{\mathrm{T}}$ に対して，

$$\boldsymbol{w} \cdot \boldsymbol{y} = (\boldsymbol{A}\boldsymbol{z}) \cdot \boldsymbol{y} = \boldsymbol{z} \cdot (\boldsymbol{A}^{\mathrm{T}}\boldsymbol{y}) = 0$$

が成り立つような $\boldsymbol{z}$ は任意にとれる．そこで，式 (A.3.2) の定義により，$\mathrm{Im}\,\boldsymbol{A} = (\mathrm{Ker}\,\boldsymbol{A}^{\mathrm{T}})^\perp$ が成り立つ．$(\mathrm{Im}\,\boldsymbol{A}^{\mathrm{T}})^\perp = \mathrm{Ker}\,\boldsymbol{A}$ についても同様に示せる．　□

$n = 3$ および $m = 2$ のとき，零空間と像空間は図 A.3.1 のような関係になる．

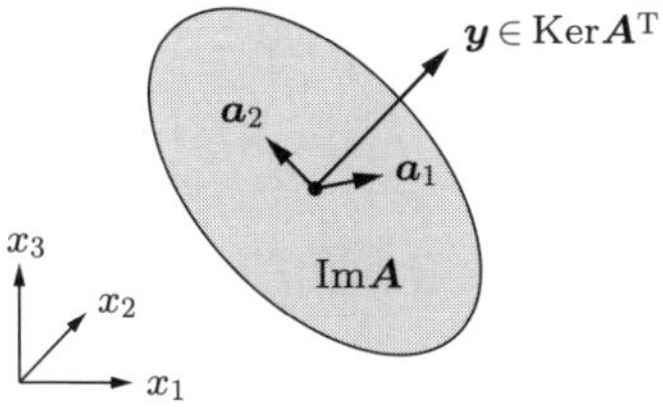

図 A.3.1　零空間と像空間

次に，等式制約を不等式制約におきかえたときの集合を考えよう．零空間に対して

$$\mathrm{Kco}\,\boldsymbol{A} = \{\boldsymbol{y} \in \mathbb{R}^m \mid \boldsymbol{A}\boldsymbol{y} \leq \boldsymbol{0}_{\mathbb{R}^n}\}$$

を**非正錐**とよぶ．また，像空間に対して

$$\mathrm{Ico}\,\boldsymbol{A} = \{\boldsymbol{A}\boldsymbol{z} \in \mathbb{R}^n \mid \boldsymbol{z} \geq \boldsymbol{0}_{\mathbb{R}^m}\}$$

を**像錐**とよぶ．さらに，$C \subset \mathbb{R}^n$ を錐とするとき，すべての $\boldsymbol{y} \in C$ に対して

$$C' = \{\boldsymbol{z} \in \mathbb{R}^n \mid \boldsymbol{y} \cdot \boldsymbol{z} \leq 0\}$$

を C の**双対錐**という．次の補題は **Farkas の補題**をかきかえたものである（たとえば，[152] p.27 補題 2.1）．

■補題 A.3.2（Farkas） $\boldsymbol{A} \in \mathbb{R}^{n \times m}$ に対して，

$$\mathrm{Ico}\,\boldsymbol{A} = (\mathrm{Kco}\,\boldsymbol{A}^{\mathrm{T}})', \quad (\mathrm{Ico}\,\boldsymbol{A})' = \mathrm{Kco}\,\boldsymbol{A}^{\mathrm{T}}$$

が成り立つ．

$n = 2$ および $m = 3$ のとき，Farkas の補題が与える関係を図 A.3.2 に示す．この図において，

$$\mathrm{Ico}\,\boldsymbol{A} = \{(\boldsymbol{a}_1 \quad \boldsymbol{a}_2 \quad \boldsymbol{a}_3)\boldsymbol{z} \in \mathbb{R}^2 \mid \boldsymbol{z} \geq \boldsymbol{0}_{\mathbb{R}^3}\}$$

は，$\boldsymbol{a}_1$，$\boldsymbol{a}_2$，$\boldsymbol{a}_3$ のすべてが正の向きとなるベクトルの領域（錐）を示している．一方，

$$\mathrm{Kco}\,\boldsymbol{A}^{\mathrm{T}} = \left\{ \boldsymbol{y} \in \mathbb{R}^2 \;\middle|\; \begin{pmatrix} \boldsymbol{a}_1^{\mathrm{T}} \\ \boldsymbol{a}_2^{\mathrm{T}} \\ \boldsymbol{a}_3^{\mathrm{T}} \end{pmatrix} \boldsymbol{y} \leq \boldsymbol{0}_{\mathbb{R}^3} \right\}$$

は，$\boldsymbol{a}_1$，$\boldsymbol{a}_2$，$\boldsymbol{a}_3$ のすべてとの内積が非正となるベクトルの領域（錐）を示し

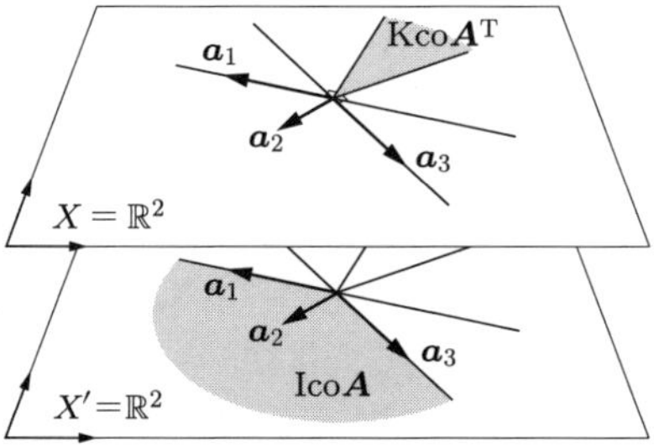

図 A.3.2 Farkas の補題（$\boldsymbol{A} = (\boldsymbol{a}_1 \quad \boldsymbol{a}_2 \quad \boldsymbol{a}_3)$ のとき）

ている．これらは，互いに錐と双対錐の関係になっていることがわかる．

A.4 陰関数定理

第2章と第7章で示される Lagrange 乗数法（随伴変数法）の証明では，**陰関数定理**が重要な役割を演じている．ここでは，それらの定理についてまとめておこう．有限次元ベクトル空間上の陰関数に対して次の結果が知られている（たとえば，[158] p.30 1.37）．

■定理 A.4.1（有限次元ベクトル空間の陰関数定理） 自然数 m，n，k に対して，$\boldsymbol{h}\colon \mathbb{R}^m \times \mathbb{R}^n \to \mathbb{R}^n$ は，ある $(\boldsymbol{x}_0, \boldsymbol{y}_0) \in \mathbb{R}^m \times \mathbb{R}^n$ の近傍 $B_{\mathbb{R}^m} \times B_{\mathbb{R}^n}$ において

(1) $\boldsymbol{h}(\boldsymbol{x}_0, \boldsymbol{y}_0) = \boldsymbol{0}_{\mathbb{R}^n}$

(2) $\boldsymbol{h} \in C^k(B_{\mathbb{R}^m} \times B_{\mathbb{R}^n}; \mathbb{R}^n)$

(3) 任意の $\boldsymbol{x} \in B_{\mathbb{R}^m}$ に対して $\boldsymbol{h}(\boldsymbol{x}, \cdot) \in C^1(B_{\mathbb{R}^n}; \mathbb{R}^n)$ で，$\boldsymbol{h}_{\boldsymbol{y}^{\mathrm{T}}}(\boldsymbol{x}_0, \boldsymbol{y}_0) = (\partial h_i / \partial y_j(\boldsymbol{x}_0, \boldsymbol{y}_0))_{ij} \in \mathbb{R}^{n \times n}$ は正則

を満たすとする．このとき，$(\boldsymbol{x}_0, \boldsymbol{y}_0)$ のある近傍 $U_{\mathbb{R}^m} \times U_{\mathbb{R}^n} \subset B_{\mathbb{R}^m} \times B_{\mathbb{R}^n}$ とある関数 $\boldsymbol{v} \in C^k(U_{\mathbb{R}^m}; U_{\mathbb{R}^n})$ が存在して，任意の $(\boldsymbol{x}, \boldsymbol{y}) \in U_{\mathbb{R}^m} \times U_{\mathbb{R}^n}$ に対して，$\boldsymbol{h}(\boldsymbol{x}, \boldsymbol{y}) = 0$ であることと

$$\boldsymbol{y} = \boldsymbol{v}(\boldsymbol{x})$$

が同値となる．

さらに，Banach 空間上の陰関数に対して次の結果が知られている（たとえば，[26] p.115 (3.1.10)）．

■定理 A.4.2（Banach 空間の陰関数定理） X，Y，Z を実 Banach 空間とする．$h\colon X \times Y \to Z$ は，ある $(\boldsymbol{x}_0, \boldsymbol{y}_0) \in X \times Y$ の近傍 $B_X \times B_Y$ において

(1) $h(\boldsymbol{x}_0, \boldsymbol{y}_0) = \boldsymbol{0}_Z$

(2) $h \in C^k(B_X \times B_Y; Z)$

(3) 任意の $\boldsymbol{x} \in B_X$ に対して $h(\boldsymbol{x}, \cdot) \in C^1(B_Y; Z)$ で，$(h_{\boldsymbol{y}}(\boldsymbol{x}, \boldsymbol{y}))^{-1}\colon Z \to Y$ は有界線形

を満たすとする．このとき，$(\boldsymbol{x}_0, \boldsymbol{y}_0)$ のある近傍 $U_X \times U_Y \subset B_X \times B_Y$ と $\boldsymbol{v} \in C^k(U_X; U_Y)$ が存在して，任意の $(\boldsymbol{x}, \boldsymbol{y}) \in U_X \times U_Y$ に対して，$h(\boldsymbol{x}, \boldsymbol{y}) = 0$

であることと

$$\boldsymbol{y} = \boldsymbol{v}(\boldsymbol{x})$$

が同値となる．

A.5 Lipschitz 領域

第 5 章以降では，偏微分方程式の境界値問題が扱われている．それらの問題を定義する際に，領域と境界の滑らかさに関する定義が使われている．ここでは，それらをまとめて示しておこう（たとえば，[55] p.5 Definition 1.2.1.1, [110] p.146 定義 6.28）．

ある開集合が二つの開集合に分けることができない（一つにつながっている）性質を**連結**とよぶ．d を自然数として，$\mathbb{R}^d$ の連結な開部分集合 Ω を**領域**とよぶことにする．特に，図 A.5.1 (a) のように，領域内に任意に選んだ閉曲線が，領域の中の点に連続的に収縮できるとき，その領域を**単連結**であるという．そうでないとき，**多連結**という．図 A.5.1 (b) は 2 連結の場合を示す．

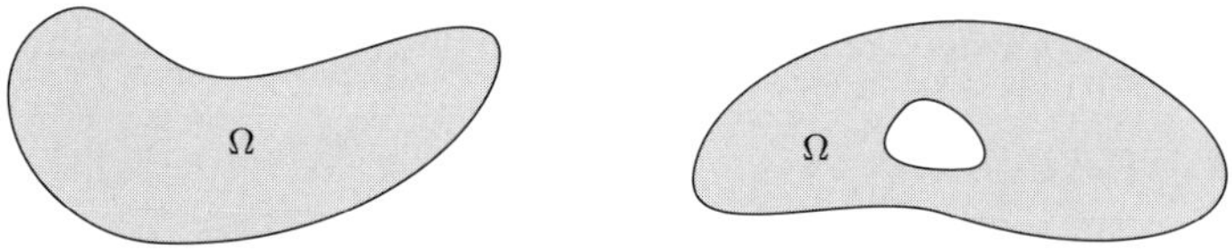

（a）単連結領域　（b）2 連結領域

図 A.5.1　領域

領域の中でも，その上で境界値問題が定義されるためには，境界は連続であるだけでは十分ではなく，次の性質が必要となる．

定義 A.5.1 (Lipschitz 領域)　Ω を $d \in \{2, 3, \ldots\}$ 次元の有界領域，$\partial\Omega$ をその境界とする．ある $\boldsymbol{\alpha} = (\alpha_i)_i \in \mathbb{R}$ ($\boldsymbol{\alpha} > \boldsymbol{0}_{\mathbb{R}^d}$) が存在して，すべての $\boldsymbol{x} \in \partial\Omega$ に対して，新しい座標系 $\boldsymbol{y} = (y_1, \ldots, y_d)^{\mathrm{T}} = (\boldsymbol{y}'^{\mathrm{T}}, y_d)^{\mathrm{T}} \in \mathbb{R}^d$ を用いて定義された $\boldsymbol{x}$ の $\boldsymbol{\alpha}$ 近傍

$$B(\boldsymbol{x}, \boldsymbol{\alpha}) = \{\boldsymbol{x} + (y_1, \ldots, y_d)^{\mathrm{T}} \mid -\alpha_i < y_i < \alpha_i,\ i \in \{1, \ldots, d\}\}$$

において,

$$\Omega \cap B(\boldsymbol{x}, \boldsymbol{\alpha}) = \{\boldsymbol{x} + \boldsymbol{y} = \boldsymbol{x} + (\boldsymbol{y}'^{T}, y_d)^{\mathrm{T}} \in B(\boldsymbol{x}, \boldsymbol{\alpha}) \mid y_d < \varphi(\boldsymbol{y}')\}$$

となるような $C^{0,1}(\mathbb{R}^{d-1}; \mathbb{R})$（定義 4.3.1）に属する関数（グラフ）$\varphi$ が存在するとき，$\partial\Omega$ を **Lipschitz 境界**という．また，Ω を **Lipschitz 領域**という．

Lipschitz 領域の極端な場合を図 A.5.2 に示す．この図の点 $\boldsymbol{x}$ のように，境界が振動していても，グラフ φ の傾きがある値以下に制限されていて，かつ振幅が $\boldsymbol{x}$ に近づいたときに 0 に収束するようであれば，Lipschitz 境界に入ることになる．グラフの導関数が不連続な点においては，あとで示されるような法線を定義することはできないが，このような点を除いたほとんど至るところでは法線は定義されることに注意してほしい．しかし，曲率が定義されるためには，より滑らかな境界が必要となる．図 A.5.3 における点 $\boldsymbol{x}$ の近傍 $B(\boldsymbol{x}, \boldsymbol{\alpha})$ から規準領域 Q への写像を使って，次のような境界を定義する．

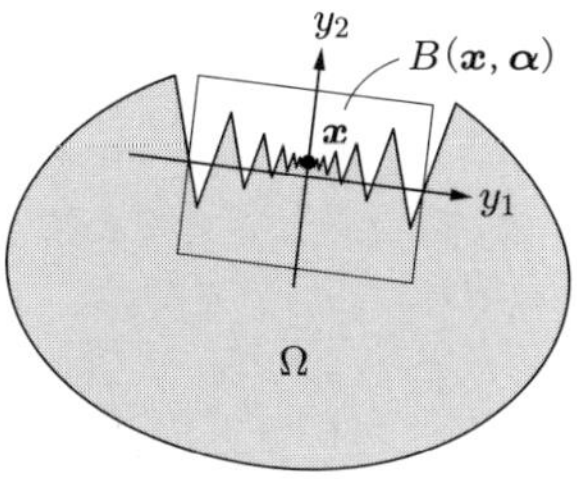

図 A.5.2 Lipschitz 領域

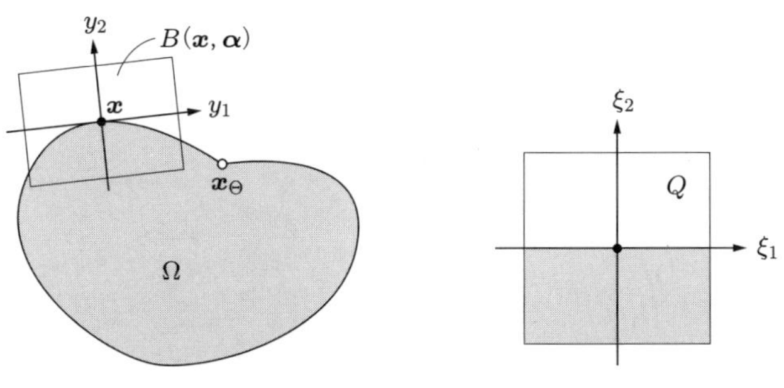

（a）$\boldsymbol{x} \in \partial\Omega$ の近傍 $B(\boldsymbol{x}, \boldsymbol{\alpha})$　　（b）規準領域 Q

図 A.5.3 区分的 C^1 級境界

定義 A.5.2（C^s 級領域） Ω を $d \in \{2,3,\dots\}$ 次元の有界領域，$\partial\Omega$ をその境界とする．すべての $\boldsymbol{x} \in \partial\Omega$ に対して，近傍 $B(\boldsymbol{x},\boldsymbol{\alpha})$ が定義 A.5.1 のように定義され，

$$\Omega \cap B(\boldsymbol{x},\boldsymbol{\alpha}) = \{\boldsymbol{x}+\boldsymbol{y} \in B(\boldsymbol{x},\boldsymbol{\alpha}) \mid \phi_d(\boldsymbol{y}) < 0\}$$

となるような関数 $\boldsymbol{\phi} = (\phi_1,\dots,\phi_d)^{\mathrm{T}} : B(\boldsymbol{x},\boldsymbol{\alpha}) \to Q = (0,1)^d$ が存在して，$\boldsymbol{\phi}$ と逆写像 $\boldsymbol{\phi}^{-1}$ が一様に**全単射**（1 対 1 写像）で，かつ $s \in \{1,2,\dots\}$ に対して $C^s(B(\boldsymbol{x},\boldsymbol{\alpha});Q)$ に属するとき，$\partial\Omega$ を C^s 級境界という．また，Ω を C^s 級領域という．

ここで，定義 A.5.2 の $\boldsymbol{\phi}$ に Lipschitz 連続な関数を選んだ場合には，図 A.5.4 のような領域も許容されてしまう（[55] p.4 1.2）．そこで，このような領域が含まれないようにするために，定義 A.5.1 では，Lipschitz 連続なグラフ φ の存在が仮定されたのである．また，簡単な形状ではあるが，図 A.5.5 の点 $\boldsymbol{x}$，$\boldsymbol{y}$ および $\boldsymbol{z}$ の近傍は，Lipschitz 境界の定義を満たさない（たとえば，[109] p.91 Figure 2）．

また，境界の開部分集合 $\Gamma \subset \partial\Omega$ 上のすべての $\boldsymbol{x} \in \Gamma$ に対して定義 A.5.2 の条件が成り立つとき，Γ を C^s 級境界ということにする．また，図 A.5.3 にお

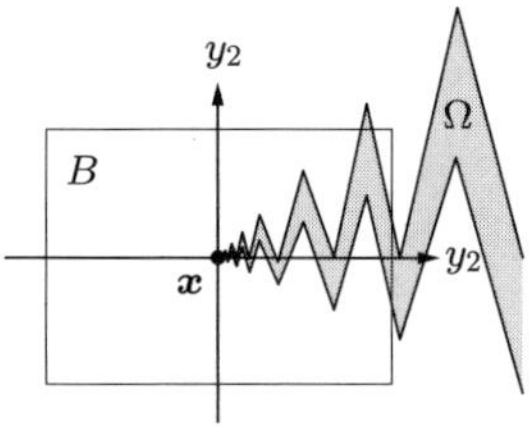

図 A.5.4 連続な境界が定義できない場合

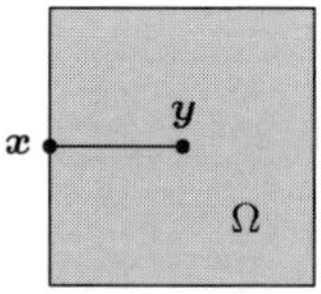

（a）き裂をもつ 2 次元領域

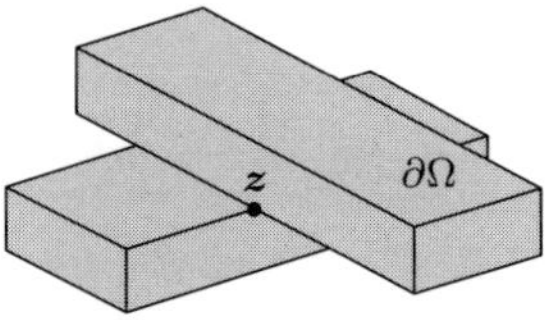

（b）6 面体が結合された 3 次元領域

図 A.5.5 Lipschitz 境界でない場合

ける $\boldsymbol{x}_\Theta$ のように，滑らかさが切り替わる境界上の測度 0 の集合を Θ とかくことにする．このとき，すべての $\boldsymbol{x} \in \partial\Omega \setminus \Theta$（$\Theta$ を除く $\partial\Omega$ 上の点）に対して定義 A.5.1 の条件が成り立つとき，$\partial\Omega$ を**区分的 C^s 級境界**という．

これらの定義と表記法を用いて，$\partial\Omega$ 上の点 $\boldsymbol{x}$ において接線，法線，曲率を次のように定義する．

定義 A.5.3 (接線) $\partial\Omega$ を Lipschitz 境界とする．$\boldsymbol{x} \in \partial\Omega \setminus \Theta$ に対して，近傍 $B(\boldsymbol{x}, \boldsymbol{\alpha})$ と関数 $\varphi \in C^{0,1}(\partial\Omega \cap B(\boldsymbol{x}, \boldsymbol{\alpha}); \mathbb{R})$ を定義 A.5.1 で定義されたものとする．このとき，$\boldsymbol{x} \in \partial\Omega \setminus \Theta$ に対して，

$$\begin{aligned}(\boldsymbol{\tau}_1 \quad \cdots \quad \boldsymbol{\tau}_{d-1})^{\mathrm{T}} &= \begin{pmatrix} \dfrac{\partial \varphi}{\partial y_1}(\boldsymbol{x})\boldsymbol{e}_1 & \cdots & \dfrac{\partial \varphi}{\partial y_{d-1}}(\boldsymbol{x})\boldsymbol{e}_{d-1} \end{pmatrix}^{\mathrm{T}} \\ &\in (L^\infty(\partial\Omega \cap B(\boldsymbol{x}, \boldsymbol{\alpha}); \mathbb{R}^d))^{d-1}\end{aligned}$$

を**接線**という．ただし，$\boldsymbol{e}_1, \ldots, \boldsymbol{e}_{d-1}$ は座標系 $(y_1, \ldots, y_{d-1})$ の単位ベクトルを表すものとする．

定義 A.5.4 (法線) $\partial\Omega$ を Lipschitz 境界とする．$\boldsymbol{\tau}_1, \ldots, \boldsymbol{\tau}_{d-1}$ を $\boldsymbol{x} \in \partial\Omega \setminus \Theta$ における接線とする（定義 A.5.3）．$\boldsymbol{x} \in \partial\Omega \setminus \Theta$ において $\boldsymbol{\tau}_1, \ldots, \boldsymbol{\tau}_{d-1}$ と直交し，Ω の内点から境界に向かう方向をもつ単位ベクトル $\boldsymbol{\nu}$ を $\boldsymbol{x}$ における**外向き単位法線**あるいは**法線**という．

定義 A.5.5 (平均曲率) $\partial\Omega$ を区分的 C^2 級（$\partial\Omega \setminus \Theta$ において C^2 級）境界とする．$\boldsymbol{x} \in \partial\Omega \setminus \Theta$ に対して，定義 A.5.2 で定義された近傍 $B(\boldsymbol{x}, \boldsymbol{\alpha})$ と関数 $\boldsymbol{\phi} \in C^2(B(\boldsymbol{x}, \boldsymbol{\alpha}); Q)$ を用いて，$\boldsymbol{\nu} = \boldsymbol{\nabla}\phi_d(\boldsymbol{x}) / \|\boldsymbol{\nabla}\phi_d(\boldsymbol{x})\|_{\mathbb{R}^d}$ および $\kappa = \boldsymbol{\nabla} \cdot \boldsymbol{\nu}$ とおく．このとき，$\kappa/(d-1)$ を**平均曲率**という．

κ の定義を円と球に適用して，曲率半径との関係についてみておこう．図 A.5.6 (a) のような原点を中心とする半径 r の円領域を考えよう．境界上の点 $\boldsymbol{x} = (0, r)^{\mathrm{T}}$ における κ を計算してみよう．図 A.5.6 (a) より，$\boldsymbol{x}$ から x_1 方向に $\mathrm{d}x_1 = r \tan\theta$ だけ移動した点における法線は $(\sin\theta, \cos\theta)^{\mathrm{T}}$ となり，$\boldsymbol{x}$ から x_2 方向に $\mathrm{d}x_2 = y_2$ だけ移動した点における法線は $(0, 1)^{\mathrm{T}}$ となる．そこで，

$$\kappa(\boldsymbol{x}) = \boldsymbol{\nabla} \cdot \boldsymbol{\nu} = \frac{\partial \nu_1}{\partial x_1} + \frac{\partial \nu_2}{\partial x_2} = \lim_{\theta \to 0} \frac{\sin\theta}{r \tan\theta} = \frac{1}{r}$$

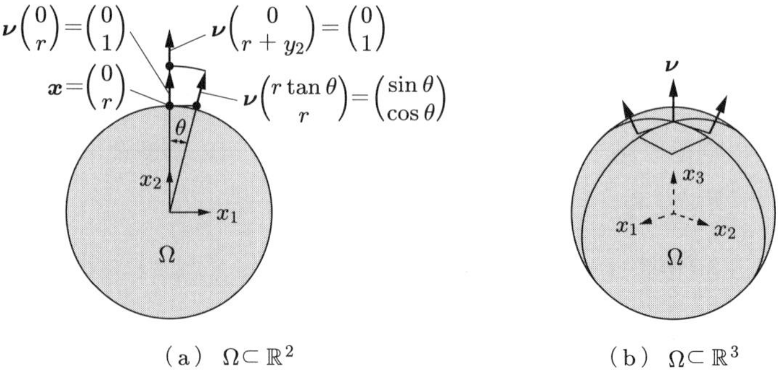

図 A.5.6 円と球の平均曲率

を得る．r を曲率半径という．また，図 A.5.6 (b) のような原点を中心とする半径 r の球上の $\boldsymbol{x}=(0,0,r)^{\mathrm{T}}$ では

$$\kappa(\boldsymbol{x})=\boldsymbol{\nabla}\cdot\boldsymbol{\nu}=\frac{\partial\nu_1}{\partial x_1}+\frac{\partial\nu_2}{\partial x_2}+\frac{\partial\nu_3}{\partial x_3}=\frac{2}{r}$$

のように，κ は曲率半径の逆数の $d-1=2$ 倍となる．

なお，曲率の定義には，平均曲率のほかに全曲率あるいは Gauss 曲率とよばれる定義がある．混乱を避けるために，平均曲率と全曲率の違いをみておくことにしよう．$d=3$ 次元空間上の滑らかな曲面は，一般に，図 A.5.6 (b) の球面を楕円面におきかえたような曲面となる．その楕円面上の点 $\boldsymbol{x}$ に対して，法線を含むすべての平面と楕円面が交わってできる曲線の $\boldsymbol{x}$ における曲率（凹凸により正負の符号をつける）を法曲率とよぶ．法曲率の最大値 κ_1 と最小値 κ_2 の組を**主曲率**という．このとき，平均曲率は $(\kappa_1+\kappa_2)/2$ で定義されるのに対して，全曲率は $\kappa_1\kappa_2$ で定義される．

A.6 熱伝導問題

第 5 章以降では，偏微分方程式の境界値問題の基本問題として Poisson 問題が使われる．Poisson 問題は静的なつり合い状態にあるさまざまな場の現象を表す数理モデルとして用いられる．ここでは，熱伝導現象を例にあげて，Poisson 問題がその定常的な熱のつり合い状態を表していることをみてみよう．最初に，1 次元連続体の時間発展型熱伝導問題について考えてから，$d\in\{2,3\}$ 次元連続体の時間発展型熱伝導問題に拡張していくことにする.

A.6.1 1次元問題

図 A.6.1 のような 1 次元連続体を考えよう. $(0, t_{\mathrm{T}})$ を時間の領域, $(0, l)$ を 1 次元連続体の領域とする. a を断面積を表す正の実定数とする. $b\colon (0, t_{\mathrm{T}}) \times (0, l) \to \mathbb{R}$ を単位時間, 単位体積あたりに内部で発熱する熱量, $u\colon (0, t_{\mathrm{T}}) \times (0, l) \to \mathbb{R}$ を温度とする. このとき, b に対して, u を求めるための**熱伝導方程式**が得られるまでをみてみよう.

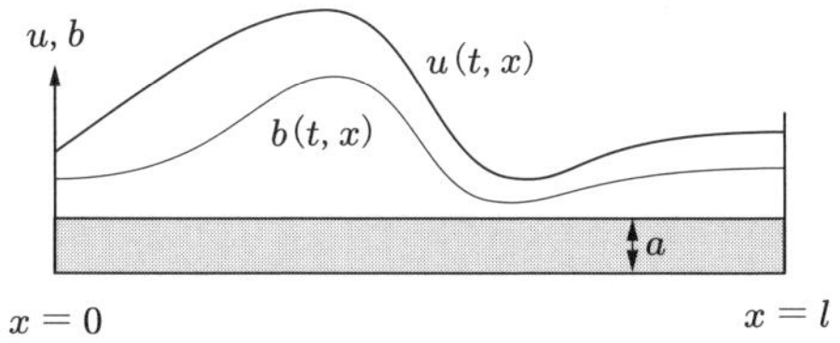

図 A.6.1 1 次元熱伝導問題

まず, 熱と温度は次のように関連づけられると仮定する.

■定義 A.6.1 (熱と温度の構成方程式) $u(t, x)$ を $(t, x) \in (0, t_{\mathrm{T}}) \times (0, l)$ における温度とする. 熱が伝わる物体の単位体積あたりの熱量は

$$w(t, x) = c_{\mathrm{V}}(x) u(t, x) \tag{A.6.1}$$

で与えられる. ここで, $c_{\mathrm{V}}\colon (0, l) \to \mathbb{R}$ は体積熱容量を表す正値をとる関数である.

次に, 熱の移動は, 次のような **Fourier の熱伝導法則**に従うと仮定する (図 A.6.2).

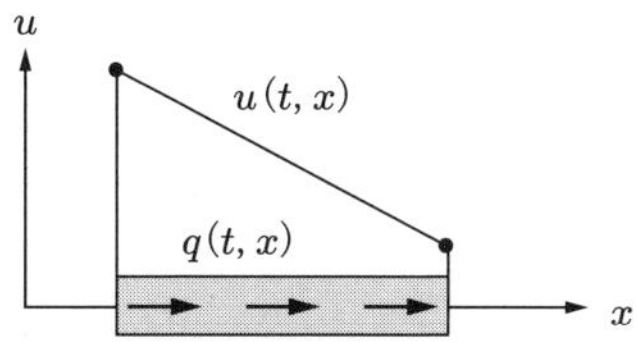

図 A.6.2 Fourier の熱伝導法則

定義 A.6.2 (Fourier の熱伝導法則 (1 次元領域)) u を温度とする．熱が伝わる物体のある面に対して，単位時間，単位面積あたりに通過する熱量（熱流束）は

$$q(t,x) = -\lambda(x)\frac{\partial u}{\partial x}(t,x) \tag{A.6.2}$$

で与えられる．ここで，$\lambda\colon (0,l) \to \mathbb{R}$ は熱伝導率を表す正値をとる関数である．

このとき，任意の $(t,x) \in (0,t_{\mathrm{T}}) \times (0,l)$ に対して，微小な $a\,\mathrm{d}x\,\mathrm{d}t$ における熱量の変化は，

$$(w(t+\mathrm{d}t,x) - w(t,x))a\,\mathrm{d}x = (b(t,x)\,\mathrm{d}x - q(t,x+\mathrm{d}x) + q(t,x))a\,\mathrm{d}t$$

となる（図 A.6.3）．ここで，$\mathrm{d}x \to 0$，$\mathrm{d}t \to 0$ の極限をとれば，

$$\frac{\partial w}{\partial t}(t,x) = b(t,x) - \frac{\partial q}{\partial x}(t,x)$$

が成り立つ．さらに，式 (A.6.1) と式 (A.6.2) を用いれば，

$$c_{\mathrm{V}}\frac{\partial u}{\partial t} - \frac{\partial}{\partial x}\left(\lambda\frac{\partial u}{\partial x}\right) = b$$

を得る．この方程式は**熱伝導方程式**とよばれる．

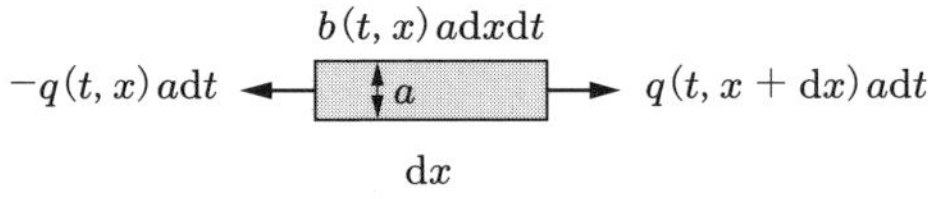

図 A.6.3 熱量のつり合い

熱伝導方程式は空間に関して 2 階，時間に関して 1 階の微分方程式である．u を一意に決定するためには，二つの**境界条件**と一つの**初期条件**が必要となる．たとえば，次のような条件が考えられる．

(1) $u_{\mathrm{D}}\colon (0,t_{\mathrm{T}}) \to \mathbb{R}$ を既知の温度として，$x=0$ において

$$u(t,0) = u_{\mathrm{D}}(t)$$

が満たされているとする．このような u を指定する条件は**基本境界条件**あるいは**第 1 種境界条件**，**Dirichlet 条件**とよばれる．

(2) $p_{\mathrm{N}}\colon (0,t_{\mathrm{T}}) \to \mathbb{R}$ を既知の熱流束（定義 A.6.2）として，$x=l$ において

$$\lambda \frac{\partial u}{\partial x}(t,l) = p_{\mathrm{N}}(t)$$

が満たされているとする．このような u の導関数を指定する条件は**自然境界条件**あるいは**第 2 種境界条件**，**Neumann 条件**とよばれる．

(3) $u_0\colon (0,l) \to \mathbb{R}$ を既知の温度として，$t=0$ において

$$u(0,x) = u_0(x)$$

が満たされているとする．このようなある時刻における u を指定する条件は**初期条件**とよばれる．

初期条件は時間領域の境界条件とみなすことができる．そこで，初期条件も含めた境界条件と偏微分方程式が満たされるような u を求める問題は，偏微分方程式の境界値問題とよばれる．熱伝導方程式は線形 2 階偏微分方程式に分類される．その中でも，熱伝導方程式は**放物型偏微分方程式**に分類される（A.7 節）．定常状態のときは，$b(t,x)=b(x)$ および $u(t,x)=u(x)$ となり，

$$-\frac{\mathrm{d}}{\mathrm{d}x}\left(\lambda \frac{\mathrm{d}u}{\mathrm{d}x}\right) = b \tag{A.6.3}$$

となる．式 (A.6.3) は定常熱伝導方程式とよばれる．この定常熱伝導方程式を d 次元領域に拡張したときは，あとで示される式 (A.6.5) のような偏微分方程式となる．これは**楕円型偏微分方程式**に分類されることになる（A.7 節）．

A.6.2 d 次元問題

次に，$d \in \{2,3\}$ 次元物体における熱伝導現象を考えよう．図 A.6.4 に 2 次

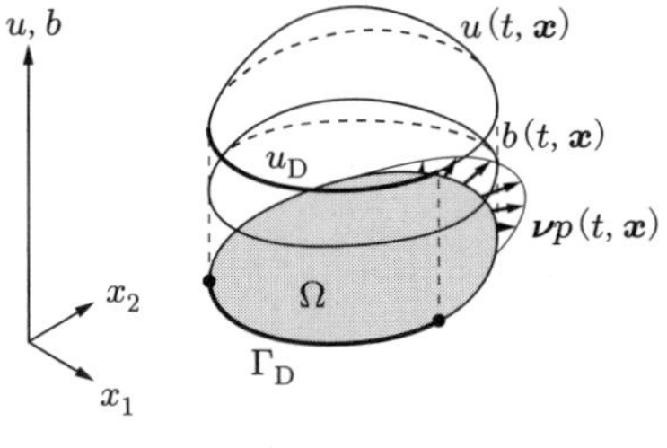

図 A.6.4 2 次元熱伝導問題

元の場合を示す．Ω を $\mathbb{R}^d$ 上の Lipschitz 領域として，Γ_{D} を Ω の境界 $\partial\Omega$ の部分集合とする．$\Gamma_{\mathrm{N}} = \partial\Omega \setminus \bar{\Gamma}_{\mathrm{D}}$ とおく．$b\colon (0, t_{\mathrm{T}}) \times \Omega \to \mathbb{R}$ を単位時間，単位体積あたりに内部で発熱する熱量，$u\colon (0, t_{\mathrm{T}}) \times \Omega \to \mathbb{R}$ を温度とする．このとき，Fourier の熱伝導法則は次のようになる．

定義 A.6.3（Fourier の熱伝導法則（d 次元領域）） $u\colon (0, t_{\mathrm{T}}) \times \Omega \to \mathbb{R}$ を温度とする．熱が伝わる物体のある面に対して，単位時間，単位面積あたりに通過する熱量（熱流束）$\boldsymbol{q}\colon (0, t_{\mathrm{T}}) \times \Omega \to \mathbb{R}^d$ は

$$\boldsymbol{q} = \begin{pmatrix} q_1 \\ \vdots \\ q_d \end{pmatrix} = -\begin{pmatrix} \lambda_{11} & \cdots & \lambda_{1d} \\ \vdots & \ddots & \vdots \\ \lambda_{d1} & \cdots & \lambda_{dd} \end{pmatrix} \begin{pmatrix} \partial/\partial x_1 \\ \vdots \\ \partial/\partial x_d \end{pmatrix} u = -\boldsymbol{\Lambda}\boldsymbol{\nabla} u$$

を満たす．ここで，$\boldsymbol{\Lambda} = (\lambda_{ij})_{ij}\colon \Omega \to \mathbb{R}^{d\times d}$ は熱伝導率を表す正定値実対称行列（定義 2.4.5）値をとる関数である．熱伝導率が等方的であれば，正の実数値をとる関数 $\lambda\colon \Omega \to \mathbb{R}$ を用いて，$\boldsymbol{\Lambda} = \lambda \boldsymbol{I}$（$\boldsymbol{I}$ は単位行列）とかくことができる．このとき，

$$\boldsymbol{q} = -\lambda \boldsymbol{\nabla} u \tag{A.6.4}$$

となる．

任意の $(t, \boldsymbol{x}) \in (0, t_{\mathrm{T}}) \times \Omega$ に対して，微小な $\mathrm{d}x_1 \cdots \mathrm{d}x_d \mathrm{d}t$ における熱量の変化を考えれば，$\boldsymbol{e}_i$ を x_i 軸方向の単位ベクトルとして，

$$\begin{aligned} &(w(t + \mathrm{d}t, \boldsymbol{x}) - w(t, \boldsymbol{x}))\, \mathrm{d}x_1\, \mathrm{d}x_2 \cdots \mathrm{d}x_d \\ &\quad = \left\{ b(t, \boldsymbol{x}) - \sum_{i \in \{1, \ldots, d\}} (q_i(t, \boldsymbol{x} + \boldsymbol{e}_i \mathrm{d}x_i) - q_i(t, \boldsymbol{x})) \right\} \mathrm{d}t \end{aligned}$$

となる（図 A.6.5）．ここで，$\mathrm{d}x_1, \ldots, \mathrm{d}x_d \to 0$，$\mathrm{d}t \to 0$ の極限をとれば，

$$\frac{\partial w}{\partial t} = b - \sum_{i \in \{1, \ldots, d\}} \frac{\partial q_i}{\partial x_i}$$

が成り立つ．

さらに，式 (A.6.1)，(A.6.4) を用いれば，

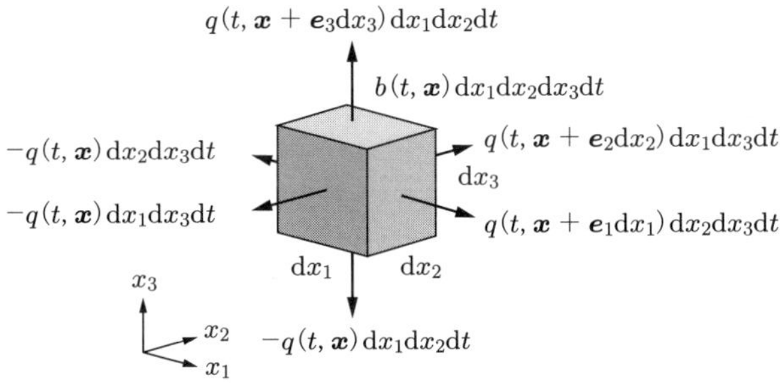

図 A.6.5　3 次元の熱量のつり合い

$$
\begin{aligned}
&c_{\mathrm{V}} \frac{\partial u}{\partial t} - \begin{pmatrix} \dfrac{\partial}{\partial x_1} & \cdots & \dfrac{\partial}{\partial x_d} \end{pmatrix} \left(\begin{pmatrix} \lambda_{11} & \cdots & \lambda_{1d} \\ \vdots & \ddots & \vdots \\ \lambda_{d1} & \cdots & \lambda_{dd} \end{pmatrix} \begin{pmatrix} \partial/\partial x_1 \\ \vdots \\ \partial/\partial x_3 \end{pmatrix} \right) u \\
&\quad = c_{\mathrm{V}} \frac{\partial u}{\partial t} - \boldsymbol{\nabla} \cdot (\boldsymbol{\Lambda} \boldsymbol{\nabla} u) = b
\end{aligned}
$$

を得る．この方程式は d 次元の熱伝導方程式とよばれる．熱伝導率が等方的であれば，

$$
c_{\mathrm{V}} \frac{\partial u}{\partial t} - \boldsymbol{\nabla} \cdot (\lambda \boldsymbol{\nabla} u) = b
$$

となる．さらに，λ が実定数であれば，

$$
c_{\mathrm{V}} \frac{\partial u}{\partial t} - \lambda \Delta u = b
$$

となる．ただし，$\Delta = \boldsymbol{\nabla} \cdot \boldsymbol{\nabla}$ は **Laplace 作用素**，**調和作用素**あるいは**発散作用素**とよばれる．Δ は ∇^2 とかかれることもあるが，本書では Δ を用いることにする．

d 次元の熱伝導方程式を満たす u を一意に決定するためには，次のような境界条件が必要となる．

(1) $u_{\mathrm{D}} \colon (0, t_{\mathrm{T}}) \times \Gamma_{\mathrm{D}} \to \mathbb{R}$ を既知の温度として，

$$
u = u_{\mathrm{D}} \quad \text{on } (0, t_{\mathrm{T}}) \times \Gamma_{\mathrm{D}}
$$

が満たされているとする（**基本境界条件**）．

(2) $p_{\mathrm{N}}\colon (0,t_{\mathrm{T}})\times\Gamma_{\mathrm{N}}\to\mathbb{R}$ を既知の熱流束として，

$$\boldsymbol{\nu}\cdot(\boldsymbol{\Lambda}\boldsymbol{\nabla}u)=p_{\mathrm{N}}\quad\text{on }(0,t_{\mathrm{T}})\times\Gamma_{\mathrm{N}}$$

が満たされているとする（**自然境界条件**）．熱伝導率が等方的であれば，

$$\lambda\partial_{\nu}u=p_{\mathrm{N}}\quad\text{on }(0,t_{\mathrm{T}})\times\Gamma_{\mathrm{N}}$$

となる．ただし，$\partial_{\nu}(\,\cdot\,)$ は $(\partial(\,\cdot\,)/\partial\boldsymbol{x})\cdot\boldsymbol{\nu}$ を表すものとする．

(3) $u_0\colon\Omega\to\mathbb{R}$ を既知の温度として，ある $t_0\in(0,t_{\mathrm{T}})$ に対して

$$u(t_0,\boldsymbol{x})=u_0(\boldsymbol{x})\quad\text{in }\boldsymbol{x}\in\Omega$$

が満たされているとする（**初期条件**）．

定常状態のときは，$b(t,\boldsymbol{x})=b(\boldsymbol{x})$ および $u(t,\boldsymbol{x})=u(\boldsymbol{x})$ となり，熱伝導方程式は

$$-\boldsymbol{\nabla}\cdot(\boldsymbol{\Lambda}\boldsymbol{\nabla}u)=b \tag{A.6.5}$$

となる．また，$\partial\Omega$ 全体で自然境界条件の場合は，定数分の不定性が残る．u を一意に決定するためには，$|\Gamma_{\mathrm{D}}|>0$ が必要である（例題 5.2.6）．

以上をまとめると，熱伝導問題は次のように定義される．Ω を $d\in\{2,3\}$ 次元 Lipschitz 領域とする．また，$\Gamma_{\mathrm{D}}\subset\partial\Omega$ および $\Gamma_{\mathrm{N}}=\partial\Omega\setminus\bar{\Gamma}_{\mathrm{D}}$ とする．$c_{\mathrm{V}}\colon\Omega\to\mathbb{R}$ は正値をとる関数とする．$\boldsymbol{\Lambda}\colon\Omega\to\mathbb{R}^{d\times d}$ は正定値実対称行列値をとる関数とする．

問題 A.6.4（熱伝導問題）

$b\colon(0,t_{\mathrm{T}})\times\Omega\to\mathbb{R}$，$p_{\mathrm{N}}\colon(0,t_{\mathrm{T}})\times\Gamma_{\mathrm{N}}\to\mathbb{R}$，$u_{\mathrm{D}}\colon(0,t_{\mathrm{T}})\times\Gamma_{\mathrm{D}}\to\mathbb{R}$，$u_0\colon\Omega\to\mathbb{R}$ が与えられたとき，

$$c_{\mathrm{V}}\frac{\partial u}{\partial t}-\boldsymbol{\nabla}\cdot(\boldsymbol{\Lambda}\boldsymbol{\nabla}u)=b\quad\text{in }(0,t_{\mathrm{T}})\times\Omega$$

$$\boldsymbol{\nu}\cdot(\boldsymbol{\Lambda}\boldsymbol{\nabla}u)=p_{\mathrm{N}}\quad\text{on }(0,t_{\mathrm{T}})\times\Gamma_{\mathrm{N}}$$

$$u=u_{\mathrm{D}}\quad\text{on }(0,t_{\mathrm{T}})\times\Gamma_{\mathrm{D}}$$

$$u=u_0\quad\text{in }\Omega\text{ at }t=0$$

を満たす $u\colon(0,t_{\mathrm{T}})\times\Omega\to\mathbb{R}$ を求めよ．

定常状態のとき，熱伝導問題は次のようになる．

問題 A.6.5（定常熱伝導問題）

$b\colon \Omega \to \mathbb{R}$，$p_{\mathrm{N}}\colon \Gamma_{\mathrm{N}} \to \mathbb{R}$，$u_{\mathrm{D}}\colon \Gamma_{\mathrm{D}} \to \mathbb{R}$ が与えられたとき，

$$-\boldsymbol{\nabla} \cdot (\boldsymbol{\Lambda}\boldsymbol{\nabla} u) = b \quad \text{in } \Omega$$

$$\boldsymbol{\nu} \cdot (\boldsymbol{\Lambda}\boldsymbol{\nabla} u) = p_{\mathrm{N}} \quad \text{on } \Gamma_{\mathrm{N}}$$

$$u = u_{\mathrm{D}} \quad \text{on } \Gamma_{\mathrm{D}}$$

を満たす $u\colon \Omega \to \mathbb{R}$ を求めよ．

問題 A.6.5 において，$\boldsymbol{\Lambda} = \boldsymbol{I}$ とおけば，Poisson 問題となる．

A.7　線形 2 階偏微分方程式の分類

A.6 節でみたように，熱伝導問題は時間発展問題としてみたときに放物型に分類され，定常問題としてみたときに楕円型に分類された．ここでは，定数係数の 2 階偏微分方程式（線形 2 階偏微分方程式）の標準形に基づく分類法についてまとめておこう．

定義 A.7.1（線形 2 階偏微分方程式の分類）　偏微分作用素 $\partial/\partial x_i$ $(i \in \{1, \ldots, d\})$ を ξ_i と表して，階数の和が最大の項（主要項）の特性方程式が $f(\xi_1, \xi_2, \ldots, \xi_d) = 0$ であるとする．このとき，次のようにいう．

(1) 特性方程式が $(\xi_1, \ldots, \xi_d) = (0, \ldots, 0)$ 以外の実数解をもたないとき，**楕円型偏微分方程式**という．

(2) 特性方程式が $(\xi_1, \ldots, \xi_d) \neq (0, \ldots, 0)$ に対して，常に二つの異なる実数解をもつとき，**双曲型偏微分方程式**という．

(3) 特性方程式 $f(\xi_1, \xi_2, \ldots, \xi_d) = 0$ が $\xi_1 - f_1(\xi_2, \ldots, \xi_d) = 0$ とかくことができて，$f_1(\xi_2, \ldots, \xi_d) = 0$ が $(\xi_2, \ldots, \xi_d) = (0, \ldots, 0)$ 以外の実数解をもたないとき，**放物型偏微分方程式**という．

楕円型偏微分方程式の典型は Laplace 方程式

$$\Delta u = \left(\frac{\partial^2}{\partial x_1^2} + \cdots + \frac{\partial^2}{\partial x_d^2} \right) u = 0$$

である．実際，

$$f(\xi_1,\ldots,\xi_d)=\xi_1^2+\cdots+\xi_d^2=0$$

となり，$(x_1,\ldots,x_d)=(0,\ldots,0)$ 以外の実数解をもたない．Laplace 方程式のほかに Poisson 方程式 $\Delta u=b$ や Helmholz 方程式 $\Delta u+\omega^2 u=0$ なども楕円型に分類される．ただし，b と ω は実数とする．これらの特徴は

- つり合い型であること
- 閉じた境界条件が必要であること

である．ただし，閉じた境界条件とは，偏微分方程式が定義された領域の境界上のすべての点において第 1 種境界条件（Dirichlet 条件），第 2 種境界条件（Neumann 条件）あるいは第 3 種境界条件（Robin 条件）が与えられていることを示す．例として，定常熱伝導（温度），静電場（電位），静的線形弾性問題（変位），理想流体の流れ場（ポテンシャル），Stokes 流れ場（流速と圧力）などがあげられる．

一方，双曲型偏微分方程式の典型は波動方程式

$$\ddot{u}-c^2\Delta u=\frac{\partial^2 u}{\partial t^2}-c^2\left(\frac{\partial^2}{\partial x_1^2}+\frac{\partial^2}{\partial x_2^2}+\frac{\partial^2}{\partial x_3^2}\right)u=0$$

である．ただし，c は正の実数で波の速度とよばれる．実際，

$$f(\xi_1,\ldots,\xi_d)=\xi_1^2-c^2(\xi_2^2+\cdots+\xi_d^2)=0$$

となり，$(x_1,\ldots,x_d)\neq(0,\ldots,0)$ に対して，常に二つの異なる実数解をもつ．双曲型偏微分方程式の特徴は

- 時間発展型であること
- 閉じた境界条件と二つの初期条件が必要であること

である．

さらに，放物型偏微分方程式の典型は拡散方程式

$$\dot{u}-a\Delta u=\frac{\partial u}{\partial t}-a\left(\frac{\partial^2}{\partial x_1^2}+\frac{\partial^2}{\partial x_2^2}+\frac{\partial^2}{\partial x_3^2}\right)u=0$$

である．ただし，a は正の実数で拡散係数とよばれる．実際，

$$f(\xi_1,\ldots,\xi_d)=\xi_1-a(\xi_2^2+\cdots+\xi_d^2)=0$$

となる．放物型偏微分方程式の特徴は

- 時間発展型であること
- 閉じた境界条件と一つの初期条件が必要であること

である．

A.8 発散定理

第 5 章以降においては，**発散定理**に基づく積分公式が頻繁に使われる．ここでは，**Gauss の発散定理**と **Gauss–Green の定理**についてまとめておくことにしよう．

■定理 A.8.1 (Gauss の発散定理)　Ω を $d \in \{2, 3, \ldots\}$ 次元 Lipschitz 領域とする．$\boldsymbol{\nu}$ を境界 $\partial\Omega$ 上の外向き単位法線（定義 A.5.4）とする．このとき，$f \in C^1(\Omega; \mathbb{R})$ に対して

$$\int_\Omega \boldsymbol{\nabla} f \, \mathrm{d}x = \int_{\partial\Omega} f \boldsymbol{\nu} \, \mathrm{d}\gamma$$

が成り立つ．

▶証明　詳細については，たとえば [109] p.97 Theorem 3.34 を参照されたい．概要は以下のようである．$\Omega \subset \mathbb{R}^2$ は凸であるとする．$\partial f / \partial x_1$ の Ω 上の積分は，図 A.8.1 のような高さ $\mathrm{d}x_2$ の帯状の微小領域で積分した結果を x_2 区間で積分したものに変換することができる．このとき，

$$\int_\Omega \frac{\partial f}{\partial x_1} \, \mathrm{d}x = \int_{x_{\mathrm{B}2}}^{x_{\mathrm{T}2}} (f_{\mathrm{R}} - f_{\mathrm{L}}) \, \mathrm{d}x_2 = \int_{\partial\Omega} f \nu_1 \, \mathrm{d}\gamma$$

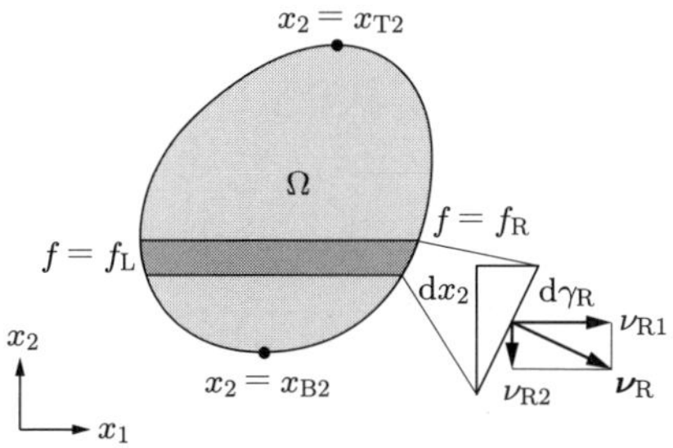

図 A.8.1　Gauss の発散定理

が成り立つ．$\partial f/\partial x_2$ についても同様の結果を得る．また，$\Omega \subset \mathbb{R}^2$ が凸でないとき，凸な部分領域に分割して，分割されたそれぞれの領域で同様の結果を得る．Ω を $d \in \{3, 4, \ldots\}$ 次元に拡張しても同様の結果が得られる． □

定理 A.8.2 (Gauss–Green の定理) Ω を $d \in \{2, 3, \ldots\}$ 次元 Lipschitz 領域とする．$\boldsymbol{\nu}$ を境界 $\partial\Omega$ 上の外向き単位法線とする．$1/p + 1/q = 1$ を満たす $p, q \in (1, \infty)$ に対して $f \in W^{1,p}(\Omega; \mathbb{R})$ および $g \in W^{1,q}(\Omega; \mathbb{R})$ とする．このとき，

$$\int_\Omega \boldsymbol{\nabla} f g \, \mathrm{d}x = \int_{\partial\Omega} f g \boldsymbol{\nu} \, \mathrm{d}\gamma - \int_\Omega f \boldsymbol{\nabla} g \, \mathrm{d}x$$

が成り立つ．

▶**証明** 詳細については，たとえば [55] p.52 Theorem 1.5.3.1 を参照されたい．概要は以下のようである．Leibnitz 則と Gauss の発散定理より

$$\int_\Omega \boldsymbol{\nabla} f g \, \mathrm{d}x = \int_\Omega \boldsymbol{\nabla}(fg) \, \mathrm{d}x - \int_\Omega f \boldsymbol{\nabla} g \, \mathrm{d}x = \int_{\partial\Omega} f g \boldsymbol{\nu} \, \mathrm{d}\gamma - \int_\Omega f \boldsymbol{\nabla} g \, \mathrm{d}x$$

が成り立つ． □

A.9 不等式

第 4 章以降の定理や命題の証明において，いくつかの不等式に対する定理が使われる．ここでは，それらをまとめておきたい．

第 4 章の Lebesgue 空間 $L^p(\Omega; \mathbb{R})$（定義 4.3.3）が Banach 空間であることの証明や，第 8 章と第 9 章において主問題の解の正則性を調べる際に，次に示す **Hölder の不等式**が使われる（たとえば，[101] p.40 定理 2.8）．

定理 A.9.1 (Hölder の不等式) $d \in \mathbb{N}$ に対して，Ω を $\mathbb{R}^d$ 上の可測集合とし，$p, q \in (1, \infty)$ は

$$\frac{1}{p} + \frac{1}{q} = 1$$

を満たすとする．このとき，$f \in L^p(\Omega; \mathbb{R})$ と $g \in L^q(\Omega; \mathbb{R})$ に対して

$$\|fg\|_{L^1(\Omega;\mathbb{R})} \leq \|f\|_{L^p(\Omega;\mathbb{R})} \|g\|_{L^q(\Omega;\mathbb{R})}$$

が成り立つ．

定理 A.9.1 において，$p = q = 2$ のとき，**Schwarz の不等式**とよばれる．

さらに，第 4 章の Lebesgue 空間 $L^p(\Omega; \mathbb{R})$ が線形空間であることを示す際に，次に示す **Minkowski の不等式**も使われる（たとえば，[101] p.41 定理 2.9）．

定理 A.9.2（Minkowski の不等式） $d \in \mathbb{N}$ に対して，Ω を $\mathbb{R}^d$ 上の可測集合とする．$p \in [1, \infty)$ とする．このとき，$f, g \in L^p(\Omega; \mathbb{R})$ に対して

$$\|f + g\|_{L^p(\Omega;\mathbb{R})} \leq \|f\|_{L^p(\Omega;\mathbb{R})} + \|g\|_{L^p(\Omega;\mathbb{R})}$$

が成り立つ．

定理 A.9.2 は，$L^p(\Omega; \mathbb{R})$ における**三角不等式**に相当する．

次に示す **Poincaré の不等式**（たとえば，[55] p.26 Theorem 1.4.3.4）は第 5 章において Poisson 問題の解の一意存在を示す際に使われる（例題 5.2.5）．さらに，第 8 章と第 9 章の誤差解析においても使われる．

定理 A.9.3（Poincaré の不等式） $d \in \mathbb{N}$ に対して，Ω を $\mathbb{R}^d$ 上の可測集合とする．$p \in [1, \infty)$ とする．このとき，$f \in W^{1,p}(\Omega; \mathbb{R})$ に対して，Ω と p だけに依存する正定数 c が存在して，

$$\|f - f_0\|_{L^p(\Omega;\mathbb{R})} \leq c\|\boldsymbol{\nabla} f\|_{L^p(\Omega;\mathbb{R}^d)}, \quad f_0 = \frac{1}{|\Omega|}\int_\Omega f \, \mathrm{d}x$$

が成り立つ．ただし，$|\Omega| = \displaystyle\int_\Omega \mathrm{d}x$ とする．また，$|\Gamma_{\mathrm{D}}| > 0$ なる $\Gamma_{\mathrm{D}} \subset \partial\Omega$ において $f = 0$ のとき，

$$\|f\|_{L^p(\Omega;\mathbb{R})} \leq c\|\boldsymbol{\nabla} f\|_{L^p(\Omega;\mathbb{R}^d)}$$

が成り立つ．

定理 A.9.3 では f の平均値 f_0 が使われた．境界の部分集合で 0 となるならば，f_0 を使わない次の結果を使うことができる（たとえば，[40] p.276 Theorem 6.1–2 (b)）．

系 A.9.4（Poincaré の不等式） $d \in \mathbb{N}$ に対して，Ω を $\mathbb{R}^d$ 上の可測集合とす

る．$k \in \mathbb{N}$ および $p \in [1, \infty)$ とする．$|\Gamma_{\mathrm{D}}| > 0$ なる $\Gamma_{\mathrm{D}} \subset \partial\Omega$ において $f = 0$ のとき，Ω と p だけに依存する正定数 c が存在して，

$$|f|_{W^{k,p}(\Omega;\mathbb{R})} \leq \|f\|_{W^{k,p}(\Omega;\mathbb{R})} \leq c|f|_{W^{k,p}(\Omega;\mathbb{R})}$$

が成り立つ．ただし，$|\cdot|_{W^{k,p}(\Omega;\mathbb{R}^d)}$ は

$$|f|_{W^{k,p}(\Omega;\mathbb{R})} = \begin{cases} \left(\displaystyle\sum_{|\boldsymbol{\beta}|=k} \|\nabla^{\boldsymbol{\beta}} f\|^p_{L^p(\Omega;\mathbb{R})} \right)^{1/p} & \text{for } p \in [0, \infty) \\ \displaystyle\max_{|\boldsymbol{\beta}|=k} \|\nabla^{\boldsymbol{\beta}} f\|_{L^\infty(\Omega;\mathbb{R})} & \text{for } p = \infty \end{cases}$$

を表す．

さらに，線形弾性問題のような $\Omega \to \mathbb{R}^d$ 型の関数に対しては，次に示す **Korn の不等式**（たとえば，[154] p.312 Lemma 5.4.21）と **Korn の第 2 不等式**が使われる（たとえば，[154] p.312 Lemma 5.4.18．ただし，$\Gamma_{\mathrm{D}} = \partial\Omega$ が仮定され，$c = 2$ が得られている）．

■定理 A.9.5 (Korn の不等式)　$\Omega \subset \mathbb{R}^d$ を Lipschitz 領域とする．このとき，$\boldsymbol{f} = (f_i)_i \in H^1(\Omega;\mathbb{R}^d)$ に対して

$$\boldsymbol{E}(\boldsymbol{f}) = (e_{ij}(\boldsymbol{f}))_{ij} = \frac{1}{2}\left(\frac{\partial f_i}{\partial x_j} + \frac{\partial f_j}{\partial x_i} \right)_{ij},$$

$$\|\boldsymbol{E}(\boldsymbol{f})\|^2_{L^2(\Omega;\mathbb{R}^{d\times d})} = \int_\Omega \sum_{(i,j)\in\{1,\dots,d\}^2} e_{ij}(\boldsymbol{f}) e_{ij}(\boldsymbol{f}) \, \mathrm{d}x$$

とする．このとき，Ω だけに依存する正定数 c_1 と c_2 が存在して，

$$\|\boldsymbol{E}(\boldsymbol{f})\|^2_{L^2(\Omega;\mathbb{R}^{d\times d})} \geq c_1 \|\boldsymbol{f}\|^2_{H^1(\Omega;\mathbb{R}^d)} - c_2 \|\boldsymbol{f}\|^2_{L^2(\Omega;\mathbb{R}^d)}$$

が成り立つ．

■定理 A.9.6 (Korn の第 2 不等式)　定理 A.9.5 において，$|\Gamma_{\mathrm{D}}| > 0$ なる $\Gamma_{\mathrm{D}} \subset \partial\Omega$ において $\boldsymbol{f} = \boldsymbol{0}_{\mathbb{R}^d}$ のとき，Ω だけに依存する正定数 c が存在して，

$$\|\boldsymbol{f}\|^2_{H^1(\Omega;\mathbb{R}^d)} \leq c \|\boldsymbol{E}(\boldsymbol{f})\|^2_{L^2(\Omega;\mathbb{R}^{d\times d})}$$

が成り立つ．

演習問題の解答例

[第 1 章]

1.1 f_0 の Lagrange 関数を

$$\begin{aligned}\mathscr{L}_0(\boldsymbol{a},\boldsymbol{u},\boldsymbol{v}_0) &= f_0(\boldsymbol{u}) + \mathscr{L}_{\mathrm{S}}(\boldsymbol{a},\boldsymbol{u},\boldsymbol{v}_0) = f_0(\boldsymbol{u}) - \boldsymbol{v}_0 \cdot (\boldsymbol{K}(\boldsymbol{a})\boldsymbol{u} - \boldsymbol{p}) \\ &= (0 \quad u_2)\begin{pmatrix} 0 \\ u_2 \end{pmatrix} \\ &\quad - (v_{01} \quad v_{02})\left(\frac{e_{\mathrm{Y}}}{l}\begin{pmatrix} a_1 + a_2 & -a_2 \\ -a_2 & a_2 \end{pmatrix}\begin{pmatrix} u_1 \\ u_2 \end{pmatrix} - \begin{pmatrix} p_1 \\ p_2 \end{pmatrix}\right)\end{aligned}$$

とおく．ただし，$\boldsymbol{v}_0 \in \mathbb{R}^2$ は随伴変数（Lagrange 乗数）である．$\boldsymbol{v}_0$ の任意変動 $\boldsymbol{v}_0' \in U$ に対する $\mathscr{L}_0$ の停留条件

$$\mathscr{L}_{0\boldsymbol{v}_0}(\boldsymbol{a},\boldsymbol{u},\boldsymbol{v}_0)[\boldsymbol{v}_0'] = \mathscr{L}_{\mathrm{S}}(\boldsymbol{a},\boldsymbol{u},\boldsymbol{v}_0') = 0$$

は，$\boldsymbol{u}$ が状態方程式を満たすときに成り立つ．$\boldsymbol{u}$ の任意変動 $\boldsymbol{u}' \in U$ に対する $\mathscr{L}_0$ の停留条件

$$\begin{aligned}\mathscr{L}_{0\boldsymbol{u}}(\boldsymbol{a},\boldsymbol{u},\boldsymbol{v}_0)[\boldsymbol{u}'] &= f_{0\boldsymbol{u}}(\boldsymbol{u})[\boldsymbol{u}'] - \mathscr{L}_{\mathrm{S}\boldsymbol{u}}(\boldsymbol{a},\boldsymbol{u},\boldsymbol{v}_0)[\boldsymbol{u}'] \\ &= 2(0 \quad u_2)\begin{pmatrix} u_1' \\ u_2' \end{pmatrix} - \boldsymbol{v}_0 \cdot (\boldsymbol{K}(\boldsymbol{a})\boldsymbol{u}') \\ &= -\boldsymbol{u}' \cdot \left(\boldsymbol{K}^{\mathrm{T}}(\boldsymbol{a})\boldsymbol{v}_0 - \begin{pmatrix} 0 \\ 2u_2 \end{pmatrix}\right) = 0\end{aligned}$$

は，$\boldsymbol{v}_0$ が

$$\frac{e_{\mathrm{Y}}}{l}\begin{pmatrix} a_1 + a_2 & -a_2 \\ -a_2 & a_2 \end{pmatrix}\begin{pmatrix} v_{01} \\ v_{02} \end{pmatrix} = \begin{pmatrix} 0 \\ 2u_2 \end{pmatrix} \tag{P.1.1}$$

を満たすときに成り立つ．式 (P.1.1) が f_0 に対する随伴方程式である．また，$\boldsymbol{u}$ が状態方程式を満たし，$\boldsymbol{v}_0$ が式 (P.1.1) の解のとき，式 (1.1.36) と同一の

$$
\begin{aligned}
\mathscr{L}_{0\boldsymbol{a}}(\boldsymbol{a},\boldsymbol{u},\boldsymbol{v}_0)[\boldsymbol{b}] &= f_0'(\boldsymbol{u}(\boldsymbol{a}))[\boldsymbol{b}] = -\left\{\boldsymbol{v}_0\cdot\begin{pmatrix}\dfrac{\partial \boldsymbol{K}(\boldsymbol{a})}{\partial a_1}\boldsymbol{u} & \dfrac{\partial \boldsymbol{K}(\boldsymbol{a})}{\partial a_2}\boldsymbol{u}\end{pmatrix}\right\}\boldsymbol{b} \\
&= l(-\sigma(u_1)\varepsilon(v_{01}) \quad -\sigma(u_2-u_1)\varepsilon(v_{02}-v_{01}))\begin{pmatrix} b_1 \\ b_2\end{pmatrix} \\
&= \boldsymbol{g}_0\cdot\boldsymbol{b}
\end{aligned}
$$

が得られる．

1.2 $\min_{\boldsymbol{u}\in\mathbb{R}^2}\pi(\boldsymbol{a},\boldsymbol{u})$ を満たす $\boldsymbol{u}$ は，任意の $\boldsymbol{u}'\in\mathbb{R}^2$ に対して

$$
\pi_{\boldsymbol{u}}(\boldsymbol{a},\boldsymbol{u})[\boldsymbol{u}'] = \boldsymbol{u}'\cdot(\boldsymbol{K}(\boldsymbol{a})\boldsymbol{u}-\boldsymbol{p}) = 0
$$

を満たす．すなわち，$\boldsymbol{u}$ が状態決定問題 1.1.3 の解ならば満たされる．また，

$$
\pi_{\boldsymbol{u}\boldsymbol{u}}(\boldsymbol{a},\boldsymbol{u})[\boldsymbol{u}',\boldsymbol{u}'] = \boldsymbol{u}'\cdot(\boldsymbol{K}(\boldsymbol{a})\boldsymbol{u}') > \alpha\|\boldsymbol{u}'\|_{\mathbb{R}^2}^2
$$

を満たす $\alpha>0$ が存在するので，状態決定問題（問題 1.1.3）の解 $\boldsymbol{u}$ は $\pi(\boldsymbol{a},\boldsymbol{u})$ の最小点であることが確かめられる．一方，$\boldsymbol{a}$ に対する $\pi(\boldsymbol{a},\boldsymbol{u})$ の最大点は，$-\pi(\boldsymbol{a},\boldsymbol{u})$ の最小点となる．$\boldsymbol{u}$ が状態決定問題の解のとき，任意の $\boldsymbol{b}\in\mathbb{R}^2$ に対して

$$
\begin{aligned}
-\pi_{\boldsymbol{a}}(\boldsymbol{a},\boldsymbol{u})[\boldsymbol{b}] &= -\frac{1}{2}\left\{\boldsymbol{u}\cdot\begin{pmatrix}\dfrac{\partial \boldsymbol{K}(\boldsymbol{a})}{\partial a_1}\boldsymbol{u} & \dfrac{\partial \boldsymbol{K}(\boldsymbol{a})}{\partial a_2}\boldsymbol{u}\end{pmatrix}\right\}\boldsymbol{b} \\
&= -\frac{1}{2}\frac{e_{\mathrm{Y}}}{l}(u_1u_1 \quad (u_2-u_1)(u_2-u_1))\begin{pmatrix} b_1 \\ b_2\end{pmatrix} = \frac{1}{2}\boldsymbol{g}_0\cdot\boldsymbol{b}
\end{aligned}
$$

が成り立つ．ただし，$\boldsymbol{g}_0$ は式 (1.1.36) のベクトルを表す．

1.3 $\boldsymbol{u}$ は式 (1.1.20) より

$$
f_0(\boldsymbol{u}(\boldsymbol{a})) = \left(\frac{2}{a_1}+\frac{1}{a_2}\right)^2
$$

となる．例題 1.1.6 のように

$$
\tilde{f}_0(a_1) = f_0(\boldsymbol{u}(a_1, 1-a_1)) = \left(\frac{2}{a_1}+\frac{1}{1-a_1}\right)^2
$$

とおく．このとき，

$$
\frac{\mathrm{d}\tilde{f}_0}{\mathrm{d}a_1} = 2\left(\frac{2}{a_1}+\frac{1}{1-a_1}\right)\left\{-\frac{2}{a_1^2}+\frac{1}{(1-a_1)^2}\right\} = 0
$$

を満たす a_1 は 2，$2-\sqrt{2}$ と $2+\sqrt{2}$ である．これらに対する a_2 はそれぞれ -1，$\sqrt{2}-1$ と $-\sqrt{2}-1$ である．これらのうち $\boldsymbol{a} \geq \mathbf{0}_{\mathbb{R}^2}$ を満たすのは $\boldsymbol{a} = (2-\sqrt{2}, \sqrt{2}-1)^{\mathrm{T}}$ のときである．また，$\tilde{f}_0$ と f_1 の凸性により，KKT 条件を満たすこの $\boldsymbol{a}$ は演習問題 **1.1** の最小点である．

1.4 設計変数 $\boldsymbol{a}$ の許容集合 $\mathcal{D}$ の定義式 (1.1.16) の中の断面積 a_1 に対する側面制約が有効となる．そこで，$f_1(\boldsymbol{a}) \leq 0$ に加えて，2 番目の不等式制約を

$$f_2(\boldsymbol{a}) = a_{01} - a_1 \leq 0$$

とおく．このとき，f_2 の断面積微分は

$$f_{2\boldsymbol{a}} = \begin{pmatrix} -1 \\ 0 \end{pmatrix} = \boldsymbol{g}_2 \tag{P.1.2}$$

となる．$f_2 \leq 0$ に対する Lagrange 乗数を λ_2 とおけば，KKT 条件は

$$\mathscr{L}_{\boldsymbol{a}}(\boldsymbol{a}, \lambda_1, \lambda_2) = \boldsymbol{g}_0 + \lambda_1 \boldsymbol{g}_1 + \lambda_2 \boldsymbol{g}_2 = \mathbf{0}_{\mathbb{R}^2} \tag{P.1.3}$$

$$\mathscr{L}_{\lambda_1}(\boldsymbol{a}, \lambda_1, \lambda_2) = f_1(\boldsymbol{a}) = l(a_1 + a_2) - c_1 \leq 0$$

$$\mathscr{L}_{\lambda_2}(\boldsymbol{a}, \lambda_1, \lambda_2) = f_2(\boldsymbol{a}) = a_{01} - a_1 \leq 0$$

$$\lambda_1 f_1(\boldsymbol{a}) = 0$$

$$\lambda_2 f_2(\boldsymbol{a}) = 0$$

$$\lambda_1 \geq 0$$

$$\lambda_2 \geq 0$$

で与えられる．最適解では $f_1 = 0$，$f_2 = 0$，$\lambda_1 > 0$ および $\lambda_2 > 0$ となる．そこで，式 (P.1.3) に式 (1.1.28)，(1.1.17) および式 (P.1.2) の $\boldsymbol{g}_0$，$\boldsymbol{g}_1$ および $\boldsymbol{g}_2$ を代入すれば，

$$l\begin{pmatrix} -\sigma(u_1)\varepsilon(u_1) \\ -\sigma(u_2 - u_1)\varepsilon(u_2 - u_1) \end{pmatrix} + \lambda_1 \begin{pmatrix} l \\ l \end{pmatrix} + \lambda_2 \begin{pmatrix} -1 \\ 0 \end{pmatrix} = \begin{pmatrix} 0 \\ 0 \end{pmatrix}$$

となる．この λ_1 と λ_2 に対する連立 1 次方程式を解けば，

$$\begin{pmatrix} \lambda_1 \\ \lambda_2 \end{pmatrix} = \begin{pmatrix} \sigma(u_2 - u_1)\varepsilon(u_2 - u_1) \\ -l\sigma(u_1)\varepsilon(u_1) + l\sigma(u_2 - u_1)\varepsilon(u_2 - u_1) \end{pmatrix}$$

$$= \sigma(u_2 - u_1)\varepsilon(u_2 - u_1) \begin{pmatrix} 1 \\ l \end{pmatrix}$$

となる．

1.5 随伴変数法を用いることにする．式 (1.1.36) は

$$\mathscr{L}_{0\boldsymbol{a}}(\boldsymbol{a},\boldsymbol{u},\boldsymbol{v}_0)[\boldsymbol{b}] = -\left\{\boldsymbol{v}_0\cdot\left(\frac{\partial \boldsymbol{K}(\boldsymbol{a})}{\partial a_1}\boldsymbol{u} \quad \frac{\partial \boldsymbol{K}(\boldsymbol{a})}{\partial a_2}\boldsymbol{u}\right)\right\}\boldsymbol{b}$$
$$= -\frac{e_{\mathrm{Y}}}{l}(v_{01} \quad v_{02})\left(\begin{pmatrix}2a_1 & 0\\ 0 & 0\end{pmatrix}\begin{pmatrix}u_1\\ u_2\end{pmatrix} \quad \begin{pmatrix}2a_2 & -2a_2\\ -2a_2 & 2a_2\end{pmatrix}\begin{pmatrix}u_1\\ u_2\end{pmatrix}\right)\boldsymbol{b}$$
$$= -\frac{e_{\mathrm{Y}}}{l}(2a_1u_1v_{01} \quad 2a_2(u_2-u_1)(v_{02}-v_{01}))\boldsymbol{b} = \boldsymbol{g}_0\cdot\boldsymbol{b}$$

となる．そこで，自己随伴関係（式 (1.1.35)）を用いれば，

$$\boldsymbol{g}_0 = -\frac{e_{\mathrm{Y}}}{l}\begin{pmatrix}2a_1u_1^2\\ 2a_2(u_2-u_1)^2\end{pmatrix}$$

となる．

Hesse 行列は次のように計算される．設計変数 $(\boldsymbol{a},\boldsymbol{u})$ の任意変動 $(\boldsymbol{b}_1,\boldsymbol{u}_1')$ と $(\boldsymbol{b}_2,\boldsymbol{u}_2')$ に対する Lagrange 関数 $\mathscr{L}_0$ の 2 階微分は式 (1.1.38) となる．ここで，$\boldsymbol{u}$ と $\boldsymbol{v}_0$ を独立な設計変数 $\boldsymbol{a}$ のときの状態決定問題（問題 1.1.3）と随伴問題（問題 1.1.5）の解とする．さらに，$\boldsymbol{u}_1'$ と $\boldsymbol{u}_2'$ をそれぞれ $\boldsymbol{a}$ の任意変動 $\boldsymbol{b}_1$ と $\boldsymbol{b}_2$ に対して状態決定問題の解が満たされたもとでの $\boldsymbol{u}$ の変動とする．すなわち，$i\in\{1,2\}$ に対して

$$\boldsymbol{u}'(\boldsymbol{a})[\boldsymbol{b}_i] = \frac{\partial \boldsymbol{u}}{\partial \boldsymbol{a}^{\mathrm{T}}}\boldsymbol{b}_i = \begin{pmatrix}\dfrac{\partial u_1}{\partial a_1} & \dfrac{\partial u_1}{\partial a_2}\\ \dfrac{\partial u_2}{\partial a_1} & \dfrac{\partial u_2}{\partial a_2}\end{pmatrix}\begin{pmatrix}b_{i1}\\ b_{i2}\end{pmatrix}$$
$$= \begin{pmatrix}-2u_1/a_1 & 0\\ -2u_1/a_1 & -2(u_2-u_1)/a_2\end{pmatrix}\begin{pmatrix}b_{i1}\\ b_{i2}\end{pmatrix}$$

とおく．このとき，Lagrange 関数 $\mathscr{L}_0$ の 2 階微分は

$$(\mathscr{L}_{0\boldsymbol{a}}(\boldsymbol{a},\boldsymbol{u},\boldsymbol{v}_0)[\boldsymbol{b}_1] + \mathscr{L}_{0\boldsymbol{u}}(\boldsymbol{a},\boldsymbol{u},\boldsymbol{v}_0)[\boldsymbol{u}'(\boldsymbol{a})[\boldsymbol{b}_1]])_{\boldsymbol{a}}[\boldsymbol{b}_2]$$
$$+ (\mathscr{L}_{0\boldsymbol{a}}(\boldsymbol{a},\boldsymbol{u},\boldsymbol{v}_0)[\boldsymbol{b}_1] + \mathscr{L}_{0\boldsymbol{u}}(\boldsymbol{a},\boldsymbol{u},\boldsymbol{v}_0)[\boldsymbol{u}'(\boldsymbol{a})[\boldsymbol{b}_1]])_{\boldsymbol{u}}[\boldsymbol{u}'(\boldsymbol{a})[\boldsymbol{b}_2]]$$
$$= \mathscr{L}_{\mathrm{S}\boldsymbol{a}\boldsymbol{a}}(\boldsymbol{a},\boldsymbol{u},\boldsymbol{v}_0)[\boldsymbol{u}_1,\boldsymbol{u}_2] + 2\mathscr{L}_{\mathrm{S}\boldsymbol{a}\boldsymbol{u}}(\boldsymbol{a},\boldsymbol{u},\boldsymbol{v}_0)[\boldsymbol{b}_1,\boldsymbol{u}'(\boldsymbol{a})[\boldsymbol{b}_2]]$$
$$= \boldsymbol{b}_1\cdot\left(\left(\frac{\partial \boldsymbol{g}_0}{\partial a_1} \quad \frac{\partial \boldsymbol{g}_0}{\partial a_2}\right)\boldsymbol{b}_2\right)$$

$$
\begin{aligned}
&- 2\boldsymbol{b}_1 \cdot \left(\begin{pmatrix} \boldsymbol{v}_0^{\mathrm{T}} \boldsymbol{K}_{a_1} \\ \boldsymbol{v}_0^{\mathrm{T}} \boldsymbol{K}_{a_2} \end{pmatrix} \begin{pmatrix} -2u_1/a_1 & 0 \\ -2u_1/a_1 & -2(u_2 - u_1)/a_2 \end{pmatrix} \boldsymbol{b}_2 \right) \\
&= -\frac{e_{\mathrm{Y}}}{l} \boldsymbol{b}_1 \cdot \left(\begin{pmatrix} 2u_1 v_{01} & 0 \\ 0 & 2(u_2 - u_1)(v_{02} - v_{01}) \end{pmatrix} \boldsymbol{b}_2 \right) \\
&\quad - 2\boldsymbol{b}_1 \cdot \left(\frac{e_{\mathrm{Y}}}{l} \begin{pmatrix} 2a_1 v_{01} & 0 \\ -2a_2(v_{02} - v_{01}) & 2a_2(v_{02} - v_{01}) \end{pmatrix} \right. \\
&\qquad \left. \times \begin{pmatrix} -2u_1/a_1 & 0 \\ -2u_1/a_1 & -2(u_2 - u_1)/a_2 \end{pmatrix} \boldsymbol{b}_2 \right) \\
&= -\frac{e_{\mathrm{Y}}}{l} \boldsymbol{b}_1 \cdot \left(\begin{pmatrix} 2u_1 v_{01} & 0 \\ 0 & 2(u_2 - u_1)(v_{02} - v_{01}) \end{pmatrix} \boldsymbol{b}_2 \right) \\
&\quad - \frac{2e_{\mathrm{Y}}}{l} \boldsymbol{b}_1 \cdot \left(\begin{pmatrix} -4u_1 v_{01} & 0 \\ 0 & -4(u_2 - u_1)(v_{02} - v_{01}) \end{pmatrix} \boldsymbol{b}_2 \right) \\
&= \frac{6e_{\mathrm{Y}}}{l} \boldsymbol{b}_1 \cdot \left(\begin{pmatrix} u_1 v_{01} & 0 \\ 0 & (u_2 - u_1)(v_{02} - v_{01}) \end{pmatrix} \boldsymbol{b}_2 \right)
\end{aligned}
$$

となる．そこで，自己随伴関係（式 (1.1.35)）を用いれば，

$$
\boldsymbol{H}_0 = \frac{6e_{\mathrm{Y}}}{l} \begin{pmatrix} u_1^2 & 0 \\ 0 & (u_2 - u_1)^2 \end{pmatrix}
$$

となる．

1.6 評価関数は

$$
f(\boldsymbol{a}) = \frac{1}{6} a_1 a_2
$$

となる．そこで，

$$
\boldsymbol{g}(\boldsymbol{a}) = \frac{1}{6} \begin{pmatrix} a_2 \\ a_1 \end{pmatrix}, \quad \boldsymbol{H} = \frac{1}{6} \begin{pmatrix} 0 & 1 \\ 1 & 0 \end{pmatrix}
$$

となる．Hesse 行列 $\boldsymbol{H}$ は正定値行列ではないことに注意されたい．

1.7 問題 1.2.1 のポテンシャルエネルギーは，式 (1.1.9) が拡張された

$$
\pi(\boldsymbol{u}) = \int_0^l \frac{1}{2} \sigma(u) \varepsilon(u) a_1 \, \mathrm{d}x + \cdots + \int_{(n-1)l}^{nl} \frac{1}{2} \sigma(u) \varepsilon(u) a_n \, \mathrm{d}x
$$

$$
\begin{aligned}
&-\boldsymbol{p}\cdot\boldsymbol{u}\\
&=\frac{1}{2}\frac{e_{\mathrm{Y}}}{l}a_1u_1^2+\cdots+\frac{1}{2}\frac{e_{\mathrm{Y}}}{l}a_n(u_n-u_{n-1})^2-p_1u_1-\cdots-p_nu_n
\end{aligned}
$$

によって与えられる．π の停留条件は式 (1.2.1) に相当し，

$$
\begin{aligned}
&\frac{e_{\mathrm{Y}}}{l}\begin{pmatrix} a_1+a_2 & -a_2 & \cdots & 0 & 0\\ -a_2 & a_2+a_3 & \cdots & 0 & 0\\ \vdots & \vdots & \ddots & \vdots & \vdots\\ 0 & 0 & \cdots & a_{n-1}+a_n & -a_{n-1}\\ 0 & 0 & \cdots & -a_{n-1} & a_n \end{pmatrix}\begin{pmatrix} u_1\\ u_2\\ \vdots\\ u_{n-1}\\ u_n\end{pmatrix}\\
&=\begin{pmatrix} p_1\\ p_2\\ \vdots\\ p_{n-1}\\ p_n\end{pmatrix}
\end{aligned}
$$

とかかれる．$\boldsymbol{K}(\boldsymbol{a})$ はこの式における左辺の係数行列である．

1.8 $\max_{\boldsymbol{p}\in\mathbb{R}^2}\pi(\boldsymbol{a},\boldsymbol{p})$ を満たす $\boldsymbol{p}$ は，任意の $\boldsymbol{p}'\in\mathbb{R}^2$ に対して

$$
-\pi_{\boldsymbol{p}}(\boldsymbol{a},\boldsymbol{p})[\boldsymbol{p}']=\boldsymbol{p}'\cdot(\boldsymbol{A}(\boldsymbol{a})\boldsymbol{p}+\boldsymbol{u})=0
$$

を満たす．そこで，$\boldsymbol{p}$ が状態決定問題（問題 1.3.1）の解ならば満たされる．また，

$$
-\pi_{\boldsymbol{p}\boldsymbol{p}}(\boldsymbol{a},\boldsymbol{p})[\boldsymbol{p}',\boldsymbol{p}']=\boldsymbol{p}'\cdot(\boldsymbol{A}(\boldsymbol{a})\boldsymbol{p}')>\alpha\|\boldsymbol{p}'\|_{\mathbb{R}^2}^2
$$

を満たす $\alpha>0$ が存在するので，状態決定問題を満たす $\boldsymbol{p}$ は $\pi(\boldsymbol{a},\boldsymbol{p})$ の最大点であることが確かめられる．一方，$\boldsymbol{p}$ が状態決定問題の解のとき，任意の $\boldsymbol{b}\in\mathbb{R}^2$ に対して

$$
\begin{aligned}
\pi_{\boldsymbol{a}}(\boldsymbol{a},\boldsymbol{p})[\boldsymbol{b}]&=-\frac{1}{2}\left\{\boldsymbol{p}\cdot\begin{pmatrix}\dfrac{\partial\boldsymbol{A}(\boldsymbol{a})}{\partial a_1}\boldsymbol{p} & \dfrac{\partial\boldsymbol{A}(\boldsymbol{a})}{\partial a_2}\boldsymbol{p}\end{pmatrix}\right\}\boldsymbol{b}\\
&=-\frac{1}{(a_0^2+a_1^2+a_2^2)^2}\begin{pmatrix} a_1\{a_0^2p_1+a_2^2(p_1-p_2)\}^2\\ a_2\{a_0^2p_2+a_1^2(p_2-p_1)\}^2\end{pmatrix}\cdot\begin{pmatrix} b_1\\ b_2\end{pmatrix}\\
&=-\begin{pmatrix} u_1^2/a_1\\ u_2^2/a_2\end{pmatrix}\cdot\begin{pmatrix} b_1\\ b_2\end{pmatrix}=\frac{1}{2}\boldsymbol{g}_0\cdot\boldsymbol{b}
\end{aligned}
$$

が成り立つ．ただし，$\boldsymbol{g}_0$ は式 (1.3.19) のベクトルを表す．

1.9 図 1.5.2 のように，$\boldsymbol{l} = (l_0, l_1, l_2)^{\mathrm{T}} \in \mathbb{R}^3$ を三つの円管の長さとする．このとき，三つの円管の体積の和を円周率で割った値は

$$f(l_0, l_1, l_2) = r_0^2 l_0 + r_1^2 l_1 + r_2^2 l_2$$

で与えられる．一方，幾何学的関係から

$$h_1 = l_1 \sin\theta_1 - \alpha_2 = 0, \quad h_2 = l_0 - \alpha_1 + l_1 \cos\theta_1 = 0$$
$$h_3 = l_2 \sin\theta_2 - \beta_2 = 0, \quad h_4 = l_0 - \beta_1 + l_2 \cos\theta_2 = 0$$

が成り立つ．これらの関係を用いれば，

$$f(l_0) = r_0^2 l_0 + r_1^2 \sqrt{\alpha_2^2 + (\alpha_1 - l_0)^2} + r_2^2 \sqrt{\beta_2^2 + (\beta_1 - l_0)^2}$$

とかける．ここで，次が得られる．

$$\begin{aligned}\frac{\mathrm{d}f}{\mathrm{d}l_0} &= r_0^2 - \frac{r_1^2(\alpha_1 - l_0)}{\sqrt{\alpha_2^2 + (\alpha_1 - l_0)^2}} - \frac{r_2^2(\alpha_2 - l_0)}{\sqrt{\beta_2^2 + (\beta_1 - l_0)^2}} \\ &= r_0^2 - \frac{r_1^2(\alpha_1 - l_0)}{l_1} - \frac{r_2^2(\alpha_2 - l_0)}{l_2} \\ &= r_0^2 - r_1^2 \cos\theta_1 - r_2^2 \cos\theta_2 = 0\end{aligned}$$

[第 2 章]

2.1 $\boldsymbol{A}$ の固有値と固有ベクトルをそれぞれ $\lambda_1 \leq \cdots \leq \lambda_d \in \mathbb{R}$ と $\boldsymbol{x}_1, \ldots, \boldsymbol{x}_d \in \mathbb{R}^d$ とかく．ここで，固有ベクトルは互いに直交しているので，任意のベクトル $\boldsymbol{x} \in \mathbb{R}^d$ は，任意の $\boldsymbol{\xi} = (\xi_1, \ldots, \xi_d)^{\mathrm{T}} \in \mathbb{R}^d$ を用いて

$$\boldsymbol{x} = \sum_{i \in \{1,\ldots,d\}} \boldsymbol{x}_i \xi_i$$

とかくことができる．ただし，$\|\boldsymbol{x}_1\|_{\mathbb{R}^d} = \cdots = \|\boldsymbol{x}_d\|_{\mathbb{R}^d} = 1$ とおく．このようにおいても，任意の $\boldsymbol{\xi} \in \mathbb{R}^d$ に対して任意の $\boldsymbol{x} \in \mathbb{R}^d$ が得られる．ここで，$\boldsymbol{A}$ が正定値ならば，定理 A.2.1 より，$\lambda_d \geq, \ldots, \geq \lambda_1 > 0$ である．そこで，

$$\boldsymbol{x} \cdot A\boldsymbol{x} = \sum_{i \in \{1,\ldots,d\}} \lambda_i \xi_i^2 \geq \lambda_1 \|\boldsymbol{\xi}\|_{\mathbb{R}^d}^2 = \lambda_1 \|\boldsymbol{x}\|_{\mathbb{R}^d}^2 > 0$$

を得る．また，$\boldsymbol{A}$ が負定値ならば，$\lambda_d \leq, \ldots, \leq \lambda_1 < 0$ である．そこで，

$$\boldsymbol{x} \cdot A\boldsymbol{x} = \sum_{i \in \{1,\ldots,d\}} \lambda_i \xi_i^2 \geq \lambda_1 \|\boldsymbol{\xi}\|_{\mathbb{R}^d}^2 = \lambda_1 \|\boldsymbol{x}\|_{\mathbb{R}^d}^2 < 0$$

を得る．

2.2 f が最小値をとるための必要条件は，定理 2.5.2 より，

$$\frac{\partial f}{\partial x_1} = ax_1 + bx_2 + d = 0$$
$$\frac{\partial f}{\partial x_2} = bx_1 + cx_2 + e = 0$$

となる．これらの式は

$$\boldsymbol{g} = \begin{pmatrix} \partial f/\partial x_1 \\ \partial f/\partial x_2 \end{pmatrix} = \begin{pmatrix} a & b \\ b & c \end{pmatrix}\begin{pmatrix} x_1 \\ x_2 \end{pmatrix} + \begin{pmatrix} d \\ e \end{pmatrix} = \begin{pmatrix} 0 \\ 0 \end{pmatrix}$$

とかける．十分条件は，定理 2.5.6 より f が凸関数であることを示せばよい．そのためには，定理 2.5.6 より Hesse 行列が半正定値であることを示せばよい．Hesse 行列は

$$\frac{\partial^2 f}{\partial x_1 \partial x_1} = a, \quad \frac{\partial^2 f}{\partial x_1 \partial x_2} = b, \quad \frac{\partial f}{\partial x_2 \partial x_2} = c$$

となるので，

$$\boldsymbol{H} = \begin{pmatrix} a & b \\ b & c \end{pmatrix}$$

となる．この行列の正定値性を Sylvester の判定法で与えれば，

$$a > 0, \quad \begin{vmatrix} a & b \\ b & c \end{vmatrix} = ac - b^2 > 0$$

となる．この関係は $\boldsymbol{x} \in \mathbb{R}^2$ によらずに成り立つ．なお，この問題の $f(x_1, x_2)$ は，$\boldsymbol{b} = (d, c)^{\mathrm{T}}$ とかけば，

$$\begin{aligned} f(x_1, x_2) &= \frac{1}{2}(x_1 \quad x_2)\begin{pmatrix} a & b \\ b & c \end{pmatrix}\begin{pmatrix} x_1 \\ x_2 \end{pmatrix} + (d \quad c)\begin{pmatrix} x_1 \\ x_2 \end{pmatrix} \\ &= \frac{1}{2}\boldsymbol{x} \cdot \boldsymbol{H}\boldsymbol{x} + \boldsymbol{b} \cdot \boldsymbol{x} \end{aligned}$$

とかける関数であったことがわかる．

2.3 問題を

$$\min_{\boldsymbol{x} \in \mathbb{R}^2} \{ f_0(\boldsymbol{x}) = -x_1 x_2 \mid f_1(\boldsymbol{x}) = 2(x_1 + x_2) - c_1 \leq 0 \}$$

とかくことができる．$\lambda_1 \in \mathbb{R}$ を周の長さ制限に対する Lagrange 乗数とおいて，この問題の Lagrange 関数を

$$\mathscr{L}(x_1, x_2, \lambda_1) = f_0(\boldsymbol{x}) + \lambda_1 f_1(\boldsymbol{x}) = -x_1 x_2 + \lambda_1\{2(x_1 + x_2) - c_1\}$$

とおく．KKT 条件は

$$\begin{aligned}
&\mathscr{L}_{x_1} = -x_2 + 2\lambda_1 = 0, \quad \mathscr{L}_{x_2} = -x_1 + 2\lambda_1 = 0, \\
&\mathscr{L}_{\lambda} = f_1(\boldsymbol{x}) = 2(x_1 + x_2) - c_1 \leq 0, \\
&\lambda_1 f_1(\boldsymbol{x}) = \lambda_1\{2(x_1 + x_2) - c_1\} = 0, \quad \lambda_1 \geq 0
\end{aligned}$$

となる．これより，

$$\lambda_1 = \frac{x_1}{2} = \frac{x_2}{2} = \frac{c_1}{8}$$

のとき KKT 条件は満たされる．この結果は正方形を意味する．KKT 条件を満たす解が最小点であることは次のようにして示される．f_0 は凸関数ではない（例題 2.4.9）．しかし，$\tilde{f}_0(x_1) = f_0(x_1, -x_1 + c_1/2)$ は凸関数となる．そこで，制約なしの $\tilde{f}_0(x_1)$ の最小化問題とみなせば，KKT 条件を満たす (x_1, x_2) が最小点となることが示される．図 P.2.1 に $c_1 = 2$ のときのようすを示す．

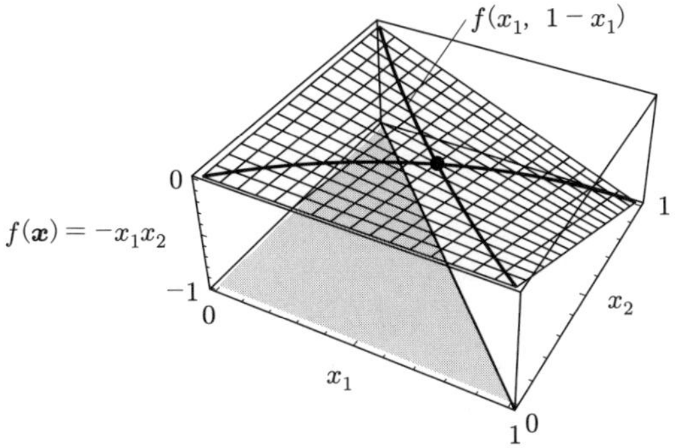

図 P.2.1　関数 $f_0(\boldsymbol{x}) = -x_1 x_2$

[第 3 章]

3.1　Newton–Raphson 法を示す式 (3.5.7) を f のためにかきかえれば，

$$x_{k+1} = x_k - \frac{f(x_k)}{g(x_k)}$$

となる．また，$g(x_k)$ を差分におきかえれば，

$$x_{k+1} = x_k - \frac{x_k - x_{k-1}}{f(x_k) - f(x_{k-1})} f(x_k)$$

が得られる．

3.2 $f(\boldsymbol{x}_k + \bar{\epsilon}_g \bar{\boldsymbol{y}}_g)$ を $\bar{f}(\bar{\epsilon}_g)$ とかき，さらに，

$$\frac{\mathrm{d}\bar{f}}{\mathrm{d}\bar{\epsilon}_g}(\bar{\epsilon}_g) = \bar{g}(\bar{\epsilon}_g) = \boldsymbol{g}(\boldsymbol{x}_k + \bar{\epsilon}_g \bar{\boldsymbol{y}}_g) \cdot \bar{\boldsymbol{y}}_g$$

とかくことにする．厳密直線探索法（問題 3.4.1）では

$$\bar{g}(\bar{\epsilon}_g) = 0$$

を満たすように $\bar{\epsilon}_g$ を決定する．この非線形方程式を Newton–Raphson 法で求める場合には，

$$\bar{g}(\bar{\epsilon}_{g\,l+1}) = \bar{g}(\bar{\epsilon}_{gl}) + h(\bar{\epsilon}_{gl})(\bar{\epsilon}_{g\,l+1} - \bar{\epsilon}_{gl}) = 0$$

を満たすように $\bar{\epsilon}_{g\,l+1} = \bar{\epsilon}_{gl} - \bar{g}(\bar{\epsilon}_{gl})/h(\bar{\epsilon}_{gl})$ を求めることになる．ただし，$h(\bar{\epsilon}_{gl})$ は $\bar{f}$ の 2 階導関数である．セカント法を用いる場合には，

$$h(\bar{\epsilon}_{gl}) = \frac{\bar{g}(\bar{\epsilon}_{gl}) - \bar{g}(\bar{\epsilon}_{g\,l-1})}{\bar{\epsilon}_{gl} - \bar{\epsilon}_{g\,l-1}}$$

とおいて，

$$\bar{\epsilon}_{g\,l+1} = \bar{\epsilon}_{gl} - \frac{\bar{\epsilon}_{gl} - \bar{\epsilon}_{g\,l-1}}{\bar{g}(\bar{\epsilon}_{gl}) - \bar{g}(\bar{\epsilon}_{g\,l-1})} \bar{g}(\bar{\epsilon}_{gl})$$

によって $\bar{\epsilon}_{g\,l+1}$ を求めることになる．

3.3 共役勾配法では，$\boldsymbol{x}_0 = \boldsymbol{0}_X$ および $\bar{\boldsymbol{y}}_{g0} = -\boldsymbol{g}_0 = -\boldsymbol{g}(\boldsymbol{x}_0) = -\boldsymbol{b}$ とおき，$k \in \{0, 1, 2, \ldots\}$ に対して，式 (3.4.8) により $\bar{\epsilon}_{gk}$ が計算され，$k \in \mathbb{N}$ に対して，式 (3.4.9)～(3.4.12) より $\boldsymbol{x}_k$，$\boldsymbol{g}_k$，β_k および $\bar{\boldsymbol{y}}_{gk}$ が計算される．したがって，

$$\begin{aligned}
&\bar{\boldsymbol{y}}_{k+1} \cdot (\boldsymbol{B}\bar{\boldsymbol{y}}_{gk}) \\
&\quad = (-\boldsymbol{g}_{k+1} + \beta_{k+1}\bar{\boldsymbol{y}}_{gk}) \cdot (\boldsymbol{B}\bar{\boldsymbol{y}}_{gk}) \\
&\quad = \left(-\boldsymbol{g}_{k+1} + \frac{\boldsymbol{g}_{k+1} \cdot \boldsymbol{g}_{k+1}}{\boldsymbol{g}_k \cdot \boldsymbol{g}_k} \bar{\boldsymbol{y}}_{gk}\right) \cdot (\boldsymbol{B}\bar{\boldsymbol{y}}_{gk}) \\
&\quad = \left\{-\boldsymbol{g}_k - \bar{\epsilon}_{gk}\boldsymbol{B}\bar{\boldsymbol{y}}_{gk} + \frac{(\boldsymbol{g}_k + \bar{\epsilon}_{gk}\boldsymbol{B}\bar{\boldsymbol{y}}_{gk}) \cdot (\boldsymbol{g}_k + \bar{\epsilon}_{gk}\boldsymbol{B}\bar{\boldsymbol{y}}_{gk})}{\boldsymbol{g}_k \cdot \boldsymbol{g}_k} \bar{\boldsymbol{y}}_{gk}\right\} \\
&\qquad \cdot (\boldsymbol{B}\bar{\boldsymbol{y}}_{gk})
\end{aligned}$$

$$
\begin{aligned}
&= \Bigl\{-\boldsymbol{g}_k - \bar{\epsilon}_{gk}\boldsymbol{B}\bar{\boldsymbol{y}}_{gk} \\
&\quad + \frac{\boldsymbol{g}_k\cdot\boldsymbol{g}_k + 2\bar{\epsilon}_{gk}\boldsymbol{g}_k\cdot(\boldsymbol{B}\bar{\boldsymbol{y}}_{gk}) + \bar{\epsilon}_{gk}^2(\boldsymbol{B}\bar{\boldsymbol{y}}_{gk})\cdot(\boldsymbol{B}\bar{\boldsymbol{y}}_{gk})}{\boldsymbol{g}_k\cdot\boldsymbol{g}_k}\bar{\boldsymbol{y}}_{gk}\Bigr\} \\
&\quad \cdot(\boldsymbol{B}\bar{\boldsymbol{y}}_{gk}) \\
&= \left\{-\boldsymbol{g}_k - \frac{\boldsymbol{g}_k\cdot\boldsymbol{g}_k}{\bar{\boldsymbol{y}}_{gk}\cdot(\boldsymbol{B}\bar{\boldsymbol{y}}_{gk})}(\boldsymbol{B}\bar{\boldsymbol{y}}_{gk})\right\}\cdot(\boldsymbol{B}\bar{\boldsymbol{y}}_{gk}) + \bar{\boldsymbol{y}}_{gk}\cdot(\boldsymbol{B}\bar{\boldsymbol{y}}_{gk}) \\
&\quad + 2\boldsymbol{g}_k\cdot(\boldsymbol{B}\bar{\boldsymbol{y}}_{gk}) + \frac{(\boldsymbol{B}\bar{\boldsymbol{y}}_{gk})\cdot(\boldsymbol{B}\bar{\boldsymbol{y}}_{gk})}{\bar{\boldsymbol{y}}_{gk}\cdot(\boldsymbol{B}\bar{\boldsymbol{y}}_{gk})}\boldsymbol{g}_k\cdot\boldsymbol{g}_k \\
&= (\boldsymbol{g}_k + \bar{\boldsymbol{y}}_{gk})\cdot(\boldsymbol{B}\bar{\boldsymbol{y}}_{gk}) = \beta_k\bar{\boldsymbol{y}}_{k-1}\cdot(\boldsymbol{B}\bar{\boldsymbol{y}}_{gk})
\end{aligned}
$$

が成り立つ．$k=0$ のとき，$\bar{\boldsymbol{y}}_{g0} = -\boldsymbol{g}_0$ より $(\boldsymbol{g}_0 + \bar{\boldsymbol{y}}_{g0})\cdot(\boldsymbol{B}\bar{\boldsymbol{y}}_{g0}) = 0$ が成り立つ．したがって，$k \in \mathbb{N}$ に対して $\bar{\boldsymbol{y}}_{g\,k+1}\cdot(\boldsymbol{B}\bar{\boldsymbol{y}}_{gk}) = 0$ となる．

3.4 演習問題 **1.6** で得られた $\boldsymbol{a}$ の変動に対する $f(\boldsymbol{a})$ の勾配 $\boldsymbol{g}(\boldsymbol{a})$ と Hesse 行列 $\boldsymbol{H}$ を用いる．Newton 法では，$\boldsymbol{H}\boldsymbol{b} = -\boldsymbol{g}(\boldsymbol{a}_0)$ より，

$$
\frac{1}{6}\begin{pmatrix} 0 & 1 \\ 1 & 0 \end{pmatrix}\begin{pmatrix} b_1 \\ b_2 \end{pmatrix} = -\frac{1}{6}\begin{pmatrix} a_{02} \\ a_{01} \end{pmatrix}
$$

によって探索ベクトル $\boldsymbol{b}$ が求められる．この方程式を解けば，

$$
\begin{pmatrix} b_1 \\ b_2 \end{pmatrix} = -\begin{pmatrix} a_{01} \\ a_{02} \end{pmatrix}
$$

となる．そこで，1 回目の Newton 法によって更新された点

$$
\begin{pmatrix} a_{11} \\ a_{12} \end{pmatrix} = \begin{pmatrix} a_{01} \\ a_{02} \end{pmatrix} + \begin{pmatrix} b_1 \\ b_2 \end{pmatrix} = \begin{pmatrix} a_{01} - a_{01} \\ a_{02} - a_{02} \end{pmatrix} = \begin{pmatrix} 0 \\ 0 \end{pmatrix}
$$

は f の最小点となる．Newton 法を 1 回用いただけで最小点が得られた理由は，f の Taylor 展開が勾配と Hesse 行列で完全に記述されていたためである．その際，Hesse 行列の正定値性は必要ないことが確かめられた．

[第 4 章]

4.1 U と V を

$$
\begin{aligned}
U = \{&u \in H^1((0,l)\times(0,t_{\mathrm{T}});\mathbb{R}) \mid \\
&u(0,t) = 0 \text{ for } t \in (0,t_{\mathrm{T}}),\ u(x,0) = \alpha(x) \text{ for } x \in (0,l)\}
\end{aligned}
$$

$$V = \{v \in H^1((0,l) \times (0,t_{\mathrm{T}});\mathbb{R}) \mid$$
$$v(0,t) = 0 \text{ for } t \in (0,t_{\mathrm{T}}),\ v(x,0) = 0 \text{ for } x \in (0,l)\}$$

とおく．$u_0(x,0) = \alpha(x)$ を満たす $H^1((0,l) \times (0,t_{\mathrm{T}});\mathbb{R})$ の要素 u_0 を選んで固定する．任意の $v \in V$ に対する $f(u)$ の第 1 変分は

$$\begin{aligned}
&f'(u)[v] \\
&= \int_0^{t_{\mathrm{T}}} \left\{ \int_0^l (\rho\dot{u}\dot{v} - e\nabla u \nabla v + bv) a_{\mathrm{S}} \,\mathrm{d}x + p_{\mathrm{N}} v(l,t) a_{\mathrm{S}}(l,t) \right\} \mathrm{d}t \\
&\quad - \int_0^l \rho\beta v(x,t_{\mathrm{T}}) a_{\mathrm{S}} \,\mathrm{d}x \\
&= \int_0^{t_{\mathrm{T}}} \left\{ \int_0^l (-\rho\ddot{u} + \nabla(e\nabla u) + b) v a_{\mathrm{S}} \,\mathrm{d}x \right. \\
&\qquad\qquad \left. - (e\nabla u(l,t) - p_{\mathrm{N}}) v(l,t) a_{\mathrm{S}}(l) \right\} \mathrm{d}t \\
&\quad + \int_0^l \rho(\dot{u}(x,t_{\mathrm{T}}) - \beta) v(x,t_{\mathrm{T}}) a_{\mathrm{S}} \,\mathrm{d}x
\end{aligned}$$

となる．そこで，任意の $v \in V$ に対して $f(u)$ が停留する条件は，$u - u_0 \in V$ に対して $f'(u)[v] = 0$ となる条件によって与えられる．すなわち，

$$\begin{aligned}
&\rho\ddot{u} - \nabla(e\nabla u) = \rho\ddot{u} - \nabla\sigma(u) = b \quad \text{for } (x,t) \in (0,l) \times (0,t_{\mathrm{T}}) \\
&e\nabla u(l,t) = \sigma(u(l,t)) = p_{\mathrm{N}} \quad \text{for } t \in (0,t_{\mathrm{T}}) \\
&\dot{u}(x,t_{\mathrm{T}}) = \beta \quad \text{for } x \in (0,l)
\end{aligned}$$

を得る．その際，$f(u)$ と $f'(u)[v]$ が意味をもつためには，

$$\begin{aligned}
&\rho \in L^\infty((0,l);\mathbb{R}), \quad \alpha \in H^1((0,l);\mathbb{R}), \quad \beta \in L^2((0,l);\mathbb{R}), \\
&b \in L^2((0,l) \times (0,t_{\mathrm{T}});\mathbb{R}), \quad p_{\mathrm{N}} \in L^2((0,t_{\mathrm{T}});\mathbb{R})
\end{aligned}$$

であればよい．

4.2 $\boldsymbol{u} \in U$ の任意変動 $\boldsymbol{v} \in V$ に対する作用積分 $f(\boldsymbol{u})$ の第 1 変分は

$$\begin{aligned}
f'(\boldsymbol{u},\dot{\boldsymbol{u}})[\boldsymbol{v},\dot{\boldsymbol{v}}] &= \int_0^{t_{\mathrm{T}}} \left(\frac{\partial l}{\partial \boldsymbol{u}} \cdot \boldsymbol{v} + \frac{\partial l}{\partial \dot{\boldsymbol{u}}} \cdot \dot{\boldsymbol{v}} \right) \mathrm{d}t \\
&= \int_0^{t_{\mathrm{T}}} \left(\frac{\partial l}{\partial \boldsymbol{u}} - \frac{\mathrm{d}}{\mathrm{d}t} \frac{\partial l}{\partial \dot{\boldsymbol{u}}} \right) \cdot \boldsymbol{v} \,\mathrm{d}t + \frac{\partial l}{\partial \dot{\boldsymbol{u}}}(t_{\mathrm{T}}) \cdot \boldsymbol{v}(t_{\mathrm{T}}) - \frac{\partial l}{\partial \dot{\boldsymbol{u}}}(0) \cdot \boldsymbol{v}(0)
\end{aligned}$$

$$= \int_0^{t_{\mathrm{T}}} \left(\frac{\partial l}{\partial \boldsymbol{u}} - \frac{\mathrm{d}}{\mathrm{d}t} \frac{\partial l}{\partial \dot{\boldsymbol{u}}} \right) \cdot \boldsymbol{v} \, \mathrm{d}t$$

となる．任意の $\boldsymbol{v} \in V$ に対して $f'(\boldsymbol{u}, \dot{\boldsymbol{u}})[\boldsymbol{v}, \dot{\boldsymbol{v}}] = 0$ が成り立つためには，Lagrange の運動方程式が成り立たなければならない．

4.3 $\boldsymbol{u} \in U$ の任意変動 $\boldsymbol{v} \in V$ と $\boldsymbol{q} \in Q$ の任意変動 $\boldsymbol{r} \in R = L^2((0, t_{\mathrm{T}}); \mathbb{R}^n)$ に対する作用積分 $f(\boldsymbol{u}, \boldsymbol{q})$ の第 1 変分は，

$$\begin{aligned} f'(\boldsymbol{u}, \boldsymbol{q})[\boldsymbol{v}, \boldsymbol{r}] &= \int_0^{t_{\mathrm{T}}} \left(-\dot{\boldsymbol{q}} \cdot \boldsymbol{v} - \frac{\partial \mathscr{H}}{\partial \boldsymbol{u}} \cdot \boldsymbol{v} - \dot{\boldsymbol{r}} \cdot \boldsymbol{u} - \frac{\partial \mathscr{H}}{\partial \boldsymbol{q} \cdot \boldsymbol{r}} \right) \mathrm{d}t \\ &= \int_0^{t_{\mathrm{T}}} \left\{ -\left(\dot{\boldsymbol{q}} + \frac{\partial \mathscr{H}}{\partial \boldsymbol{u}} \right) \cdot \boldsymbol{v} + \left(\dot{\boldsymbol{u}} - \frac{\partial \mathscr{H}}{\partial \boldsymbol{q}} \right) \cdot \boldsymbol{r} \right\} \mathrm{d}t \end{aligned}$$

となる．任意の $\boldsymbol{v} \in V$ と任意の $\boldsymbol{r} \in R$ に対して $f'(\boldsymbol{u}, \boldsymbol{q})[\boldsymbol{v}, \boldsymbol{r}] = 0$ となるためには，Hamilton の運動方程式が成り立たなければならない．また，Hamilton の運動方程式が成り立つとき，

$$\dot{\mathscr{H}}(\boldsymbol{u}, \boldsymbol{q}) = \frac{\partial \mathscr{H}}{\partial \boldsymbol{u}} \cdot \dot{\boldsymbol{u}} + \frac{\partial \mathscr{H}}{\partial \boldsymbol{q}} \cdot \dot{\boldsymbol{q}} = \frac{\partial \mathscr{H}}{\partial \boldsymbol{u}} \cdot \frac{\partial \mathscr{H}}{\partial \boldsymbol{q}} - \frac{\partial \mathscr{H}}{\partial \boldsymbol{q}} \cdot \frac{\partial \mathscr{H}}{\partial \boldsymbol{u}} = 0$$

が成り立つ．さらに，図 4.1.1 のばね質点系に対して，外力 $p = 0$ のとき，運動量は $q = m\dot{u}$ によって与えられるので，

$$\mathscr{H}(u, q) = -l(u, q) + q\dot{u} = -\frac{1}{2} m\dot{u}^2 + \frac{1}{2} ku^2 + q\dot{u} = \frac{1}{2} m\dot{u}^2 + \frac{1}{2} ku^2$$

となる．すなわち，外力が作用しないとき，運動エネルギーとポテンシャルエネルギーの和が Hamilton 関数となり，それが保存されることを示している．

4.4 $Y \Subset Z$ ならば，ある正定数 c が存在して，任意の $\boldsymbol{x} \in Y$ に対して

$$\|\boldsymbol{x}\|_Z \leq c \|\boldsymbol{x}\|_Y$$

が成り立つ．このとき，Y' と Z' のノルムの定義（定義 4.4.5）を用いれば，任意の $\boldsymbol{\phi} \in Z'$ に対して

$$\frac{1}{c} \|\boldsymbol{\phi}\|_{Y'} = \sup_{\boldsymbol{x} \in Y \setminus \{\boldsymbol{0}_Y\}} \frac{|\langle \boldsymbol{\phi}, \boldsymbol{x} \rangle|}{c \|\boldsymbol{x}\|_Y} \leq \sup_{\boldsymbol{x} \in Z \setminus \{\boldsymbol{0}_Z\}} \frac{|\langle \boldsymbol{\phi}, \boldsymbol{x} \rangle|}{\|\boldsymbol{x}\|_Z} = \|\boldsymbol{\phi}\|_{Z'}$$

が成り立つ．したがって，$\|\boldsymbol{\phi}\|_{Y'} \leq c \|\boldsymbol{\phi}\|_{Z'}$ より，$Z' \Subset Y'$ を得る．

[第 5 章]

5.1 Dirichlet 条件が境界全体で与えられていることから，$U = H_0^1(\Omega;\mathbb{R})$ とおく．このとき，任意の $v \in U$ に対して，

$$
\begin{aligned}
\int_\Omega (-\Delta u + u) v \,\mathrm{d}x &= \int_\Omega (-\boldsymbol{\nabla}\cdot\boldsymbol{\nabla} u + u) v \,\mathrm{d}x \\
&= -\int_{\partial\Omega} v \boldsymbol{\nabla} u \cdot \boldsymbol{\nu} \,\mathrm{d}\gamma + \int_\Omega (\boldsymbol{\nabla} u \cdot \boldsymbol{\nabla} v + uv) \,\mathrm{d}x \\
&= \int_\Omega (\boldsymbol{\nabla} u \cdot \boldsymbol{\nabla} v + uv) \,\mathrm{d}x = \int_\Omega bv \,\mathrm{d}x
\end{aligned}
$$

が成り立つ．そこで，この問題の弱形式は，任意の $v \in U$ に対して

$$
a(u, v) = l(v)
$$

を満たす $\tilde{u} = u - u_\mathrm{D} \in U$ を求める問題となる．ただし，

$$
a(u, v) = \int_\Omega (\boldsymbol{\nabla} u \cdot \boldsymbol{\nabla} v + uv) \,\mathrm{d}x, \quad l(v) = \int_\Omega bv \,\mathrm{d}x
$$

である．

この弱形式の解が一意に存在するためには，Lax–Milgram の定理の仮定が成り立てばよい．$U = H_0^1(\Omega;\mathbb{R})$ は Hilbert 空間である．また，任意の $v \in H_0^1(\Omega;\mathbb{R})$ に対して

$$
a(v, v) = \|v\|_{H^1(\Omega;\mathbb{R})}^2
$$

が成り立つことから，a は強圧的かつ有界である．そこで，$\hat{l} \in U'$ が成り立てばよい．$\hat{l}$ に対して，

$$
\begin{aligned}
|\hat{l}(v)| &\le \int_\Omega |bv| \,\mathrm{d}x + \int_\Omega (|\boldsymbol{\nabla} u_\mathrm{D} \cdot \boldsymbol{\nabla} v| + |u_\mathrm{D} v|) \,\mathrm{d}x \\
&\le \|b\|_{L^2(\Omega;\mathbb{R})} \|v\|_{L^2(\Omega;\mathbb{R})} + \|\boldsymbol{\nabla} u_\mathrm{D}\|_{L^2(\Omega;\mathbb{R}^d)} \|\boldsymbol{\nabla} v\|_{L^2(\Omega;\mathbb{R}^d)} \\
&\quad + \|u_\mathrm{D}\|_{L^2(\Omega;\mathbb{R})} \|v\|_{L^2(\Omega;\mathbb{R})} \\
&\le (\|b\|_{L^2(\Omega;\mathbb{R})} + \|u_\mathrm{D}\|_{H^1(\Omega;\mathbb{R})}) \|v\|_{H^1(\Omega;\mathbb{R})}
\end{aligned}
$$

が成り立つ．したがって，$b \in L^2(\Omega;\mathbb{R})$ および $u_\mathrm{D} \in H^1(\Omega;\mathbb{R})$ であればよい．

5.2 点 $\boldsymbol{x}_\mathrm{A}$ は同次 Dirichlet 境界と同次 Neumann 境界の境界で，開き角 $\alpha = \pi/2$ である．そこで，定理 5.3.2 の (2) より，点 $\boldsymbol{x}_\mathrm{A}$ の近傍 B_A では $\boldsymbol{u} \in H^2(B_\mathrm{A};\mathbb{R}^2)$ となり，特異点とはならない．一方，点 $\boldsymbol{x}_\mathrm{B}$ は Neumann 境界と非同次 Neumann

境界の境界で，開き角 α は $\pi/2$ である．定理 5.3.2 の (1) より，この開き角では解の特異性は生じない．しかし，$\boldsymbol{p}_{\mathrm{N}}$ は $\boldsymbol{x}_{\mathrm{B}}$ の近傍 B_{B} では $(0,0)^{\mathrm{T}}$ と $(0,-1)^{\mathrm{T}}$ が Γ_p を境界にして階段関数状に変化している．これより，$\boldsymbol{p}_{\mathrm{N}} \in L^{\infty}(B_{\mathrm{B}};\mathbb{R}^2)$ とみなせば，$\boldsymbol{u} \in W^{1,\infty}(B_{\mathrm{B}};\mathbb{R}^2)$ となり，$H^2(B_{\mathrm{B}};\mathbb{R}^2)$ には入らない．

5.3 この問題に対する関数空間を

$$U = \{\boldsymbol{u} \in H^1((0,t_{\mathrm{T}});H^1(\Omega;\mathbb{R}^d)) \mid \\ \boldsymbol{u} = \boldsymbol{0}_{\mathbb{R}^d} \text{ on } \Gamma_{\mathrm{D}} \times (0,t_{\mathrm{T}}),\ \boldsymbol{u} = \boldsymbol{0}_{\mathbb{R}^d} \text{ on } \Omega \times (0,t_{\mathrm{T}})\}$$

とおく．$\boldsymbol{u}_{\mathrm{D}0}, \boldsymbol{u}_{\mathrm{DT}} \in H^1(\Omega;\mathbb{R}^d)$ および $\boldsymbol{u}_{\mathrm{D}} \in H^1((0,t_{\mathrm{T}});H^1(\Omega;\mathbb{R}^d))$ と仮定する．さらに，$\boldsymbol{b} \in L^2((0,t_{\mathrm{T}});L^2(\Omega;\mathbb{R}^d))$，$\boldsymbol{p}_{\mathrm{N}} \in L^2((0,t_{\mathrm{T}});L^2(\Gamma_{\mathrm{N}};\mathbb{R}^d))$ と仮定する．このとき，この問題の弱形式は第 1 式に任意の $\boldsymbol{v} \in U$ をかけて $\Omega \times (0,t_{\mathrm{T}})$ で積分し，基本境界条件を用いることで次のように得られる．「任意の $\boldsymbol{v} \in U$ に対して

$$\int_0^{t_{\mathrm{T}}} (b(\dot{\boldsymbol{u}},\dot{\boldsymbol{v}}) - a(\boldsymbol{u},\boldsymbol{v}) + l(\boldsymbol{v}))\,\mathrm{d}t = 0$$

を満たす $\tilde{\boldsymbol{u}} = \boldsymbol{u} - \boldsymbol{u}_{\mathrm{D}} \in U$ を求めよ．ただし，

$$b(\boldsymbol{u},\boldsymbol{v}) = \int_{\Omega} \rho \boldsymbol{u} \cdot \boldsymbol{v}\,\mathrm{d}x, \quad a(\boldsymbol{u},\boldsymbol{v}) = \int_{\Omega} \boldsymbol{S}(\boldsymbol{u}) \cdot \boldsymbol{E}(\boldsymbol{v})\,\mathrm{d}x, \\ l(\boldsymbol{v}) = \int_{\Omega} \boldsymbol{b} \cdot \boldsymbol{v}\,\mathrm{d}x + \int_{\Gamma_{\mathrm{N}}} \boldsymbol{p}_{\mathrm{N}} \cdot \boldsymbol{v}\,\mathrm{d}\gamma$$

とおく．」

5.4 $\boldsymbol{\phi}$ に対する関数空間を

$$U = \{\boldsymbol{\phi} \in H^1(\Omega;\mathbb{R}^d) \mid \boldsymbol{\phi} = \boldsymbol{0}_{\mathbb{R}^d} \text{ on } \Gamma_{\mathrm{D}}\}$$

とおく．このとき，$\boldsymbol{\phi} \in U$ に対する $\boldsymbol{u}(\boldsymbol{x},t) = \boldsymbol{\phi}(\boldsymbol{x})\mathrm{e}^{\lambda t}$ を $\rho\ddot{\boldsymbol{u}}^{\mathrm{T}} - \boldsymbol{\nabla}^{\mathrm{T}}\boldsymbol{S}(\boldsymbol{u}) = \boldsymbol{0}_{\mathbb{R}^d}^{\mathrm{T}}$ に代入し，さらに，任意の $\boldsymbol{v} \in U$ をかけて Ω 上で積分し，基本境界条件 $\boldsymbol{u} = \boldsymbol{u}_{\mathrm{D}}$ on $\Gamma_{\mathrm{D}} \times (0,t_{\mathrm{T}})$ を考慮すれば，固有振動問題の弱形式が得られる．その弱形式は次のようにかける．「任意の $\boldsymbol{v} \in U$ に対して

$$\lambda^2 b(\boldsymbol{\phi},\boldsymbol{v}) + a(\boldsymbol{\phi},\boldsymbol{v}) = 0$$

を満たす $(\boldsymbol{\phi},\lambda) \in U \times \mathbb{R}$ を求めよ．」

解説　この問題は関数空間 U 上の**固有値問題**（方程式は**固有方程式**）になっている．この問題において $a(\cdot,\cdot)$ の非不定値性（0 を含む強圧性）と $b(\cdot,\cdot)$ の正定

値性（強圧性）を考慮すれば，U の次元数と同じ可算無限個の**固有対** $(\boldsymbol{\phi}_i, \lambda_i)_{i\in\mathbb{N}}$ の存在がいえる．このとき，$\lambda_i^2 \leq 0$，すなわち $\lambda_i = \pm \mathrm{j}\omega_i$（j は虚数単位）が導かれる．この結果から，$\boldsymbol{\phi}_i(\boldsymbol{x})(\mathrm{e}^{\mathrm{j}\omega_i t} + \mathrm{e}^{-\mathrm{j}\omega_i t}) = \boldsymbol{\phi}_i \cos\omega_i t$ は固有値問題の解となり，ω_i と $\boldsymbol{\phi}_i$ を**固有振動数**と**固有モード**という．

5.5 $\boldsymbol{u}$ と p に対する関数空間をそれぞれ

$$U = \{\boldsymbol{u} \in H^1((0,t_{\mathrm{T}}); H^1(\Omega;\mathbb{R}^d)) \mid \boldsymbol{u} = \boldsymbol{0}_{\mathbb{R}^d} \text{ on } \partial\Omega \times (0,t_{\mathrm{T}}) \cup \Omega \times \{0\}\}$$

$$V = \{\boldsymbol{u} \in H^1((0,t_{\mathrm{T}}); H^1(\Omega;\mathbb{R}^d)) \mid \boldsymbol{u} = \boldsymbol{0}_{\mathbb{R}^d} \text{ on } \partial\Omega \times (0,t_{\mathrm{T}}) \cup \Omega \times \{t_{\mathrm{T}}\}\}$$

$$P = \left\{ p \in L^2((0,t_{\mathrm{T}}); L^2(\Omega;\mathbb{R})) \;\middle|\; \int_\Omega p \,\mathrm{d}x = 0 \right\}$$

とおく．このとき，任意の $\boldsymbol{v} \in V$ を Navier–Stokes 方程式にかけて $(0,t_{\mathrm{T}}) \times \Omega$ 上で積分し，基本境界条件 $\boldsymbol{u} = \boldsymbol{u}_{\mathrm{D}}$ on $\partial\Omega \times (0,t_{\mathrm{T}}) \cup \Omega \times \{0\}$ を考慮すれば，Navier–Stokes 方程式に対する弱形式が得られる．一方，任意の $q \in P$ を連続の式にかけて $(0,t_{\mathrm{T}}) \times \Omega$ 上で積分すれば，連続の式に対する弱形式が得られる．これらは次のようにかける．「任意の $(\boldsymbol{v}, q) \in U \times Q$ に対して

$$\int_0^{t_{\mathrm{T}}} (b(\dot{\boldsymbol{u}}, \boldsymbol{v}) + c(\boldsymbol{u})(\boldsymbol{u}, \boldsymbol{v}) + a(\boldsymbol{u}, \boldsymbol{v}) + d(\boldsymbol{v}, p)) \,\mathrm{d}t = \int_0^{t_{\mathrm{T}}} l(\boldsymbol{v}) \,\mathrm{d}t$$

$$\int_0^{t_{\mathrm{T}}} d(\boldsymbol{u}, q) \,\mathrm{d}t = 0$$

を満たす $(\boldsymbol{u} - \boldsymbol{u}_{\mathrm{D}}, p) \in U \times Q$ を求めよ．ただし，

$$a(\boldsymbol{u}, \boldsymbol{v}) = \int_\Omega \mu(\boldsymbol{\nabla}\boldsymbol{u}^{\mathrm{T}}) \cdot (\boldsymbol{\nabla}\boldsymbol{v}^{\mathrm{T}}) \,\mathrm{d}x, \quad b(\boldsymbol{u}, \boldsymbol{v}) = \int_\Omega \rho \boldsymbol{u} \cdot \boldsymbol{v} \,\mathrm{d}x,$$

$$c(\boldsymbol{u})(\boldsymbol{w}, \boldsymbol{v}) = \int_\Omega \rho((\boldsymbol{u} \cdot \boldsymbol{\nabla})\boldsymbol{w}) \cdot \boldsymbol{v} \,\mathrm{d}x, \quad d(\boldsymbol{v}, q) = -\int_\Omega q \boldsymbol{\nabla} \cdot \boldsymbol{v} \,\mathrm{d}x,$$

$$l(\boldsymbol{v}) = \int_\Omega \boldsymbol{b} \cdot \boldsymbol{v} \,\mathrm{d}x + \int_{\Gamma_{\mathrm{N}}} \boldsymbol{p}_{\mathrm{N}} \cdot \boldsymbol{v} \,\mathrm{d}\gamma$$

とおく．」

5.6 図 P.5.1 (a) のような応力が発生したときに，線形ひずみは

$$\varepsilon_{11} = -\varepsilon_{22} = \frac{1 + \nu_{\mathrm{P}}}{e_{\mathrm{Y}}} \sigma_0 \tag{P.5.1}$$

となる．一方，図 P.5.1 (b) のような反時計回りに $\pi/4$ だけ回転した座標系では

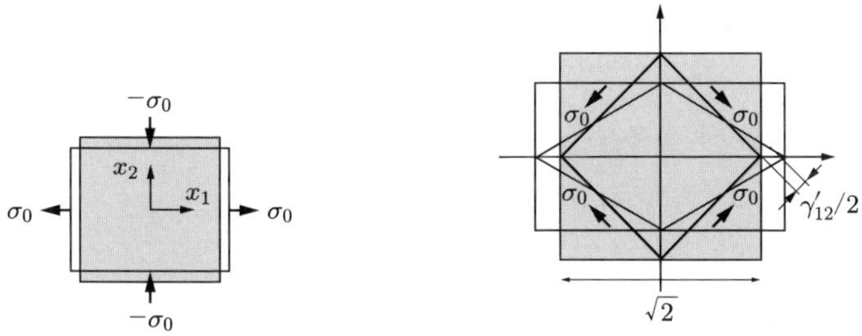

（a）圧縮と引張　　（b）反時計回りに $\pi/4$ だけ回転した座標系

図 P.5.1　せん断応力の変形

$$\varepsilon_{11} = \frac{\gamma'_{12}/\sqrt{2}}{\sqrt{2}} = \frac{\gamma'_{12}}{2} = \varepsilon'_{12} = \frac{\sigma_0}{2\mu_{\mathrm{L}}} \tag{P.5.2}$$

が成り立つ．式 (P.5.1) と (P.5.2) より $e_{\mathrm{Y}} = 2\mu_{\mathrm{L}}(1+\nu_{\mathrm{P}})$ が成り立つことになる．

[第 6 章]

6.1　この問題の弱形式は，$v(0) = v(1) = 0$ を満たす任意の $v\colon (0,1) \to \mathbb{R}$ に対して

$$a(u,v) + c(u,v) = l_1(v) \tag{P.6.1}$$

とかける．ただし，$a(\cdot\,,\cdot)$ と $l_1(\cdot)$ は例題 6.1.5 の定義を用いる．また，

$$c(u,v) = \int_0^1 uv \,\mathrm{d}x$$

とする．$a(u,v)$ と $l_1(v)$ に近似関数 u_h と v_h が代入された結果は例題 6.1.5 のとおりである．そこで，$c(u,v)$ に u_h と v_h を代入すれば，

$$\begin{aligned} &c(u_h, v_h) \\ &\quad = \int_0^1 \left\{ \sum_{i\in\{1,\ldots,m\}} \alpha_i \sin(i\pi x) \right\} \left\{ \sum_{j\in\{1,\ldots,m\}} \beta_j \sin(j\pi x) \right\} \mathrm{d}x \\ &\quad = \boldsymbol{\beta}^{\mathrm{T}} \boldsymbol{C} \boldsymbol{\alpha} \end{aligned}$$

となる．ここで，$\boldsymbol{C} = (c(\sin(i\pi x), \sin(j\pi x)))_{ij}$ で，

$$c(\sin(i\pi x), \sin(j\pi x)) = \int_0^1 \sin(i\pi x)\sin(j\pi x)\,\mathrm{d}x$$

$$= -\frac{1}{2}\int_0^1 [\cos\{(i+j)\pi x\} - \cos\{(i-j)\pi x\}]\,\mathrm{d}x = \frac{1}{2}\delta_{ij}$$

となる．例題 6.1.5 の解答と上の結果から，式 (P.6.1) は

$$(\boldsymbol{A} + \boldsymbol{C})\boldsymbol{\alpha} = \boldsymbol{f}$$

となる．すなわち，

$$\left(\frac{\pi^2}{2}\begin{pmatrix} 1 & 0 & 0 & \cdots & 0 \\ 0 & 4 & 0 & \cdots & 0 \\ 0 & 0 & 9 & \cdots & 0 \\ \vdots & \vdots & \vdots & \ddots & \vdots \\ 0 & 0 & 0 & \cdots & m^2 \end{pmatrix} + \frac{1}{2}\begin{pmatrix} 1 & 0 & 0 & \cdots & 0 \\ 0 & 1 & 0 & \cdots & 0 \\ 0 & 0 & 1 & \cdots & 0 \\ \vdots & \vdots & \vdots & \ddots & \vdots \\ 0 & 0 & 0 & \cdots & 1 \end{pmatrix}\right)\begin{pmatrix} \alpha_1 \\ \alpha_2 \\ \alpha_3 \\ \vdots \\ \alpha_m \end{pmatrix}$$

$$= \frac{1}{\pi}\begin{pmatrix} 2 \\ 0 \\ 2/3 \\ \vdots \\ \{(-1)^{m+1} + 1\}/m \end{pmatrix}$$

あるいは

$$\frac{i^2\pi^2 + 1}{2}\alpha_i = \frac{(-1)^{i+1} + 1}{i\pi}$$

となる．この連立 1 次方程式を解けば，

$$\alpha_i = \frac{2\{(-1)^{i+1} + 1\}}{i\pi(i^2\pi^2 + 1)}$$

が得られる．したがって，近似関数は

$$u_h = \sum_{i \in \{1,\ldots,m\}} \frac{2\{(-1)^{i+1} + 1\}}{i\pi(i^2\pi^2 + 1)} \sin(i\pi x)$$

となる．

6.2 この問題の弱形式は，式 (P.6.1) で与えられた．$a(u,v)$ と $l_1(v)$ に近似関数 u_h と v_h が代入された結果は例題 6.2.1 のとおりである．そこで，$c(u,v)$ に u_h と v_h を代入すれば，

$$c(u_h, v_h) = \sum_{i \in \{1,\ldots,m\}} \int_{x_{i-1}}^{x_i} u_h v_h \, \mathrm{d}x = \sum_{i \in \{1,\ldots,m\}} c_i(u_h, v_h)$$

$$\begin{aligned}
&c_i(u_h, v_h) \\
&= \begin{pmatrix} v_{i(1)} & v_{i(2)} \end{pmatrix} \begin{pmatrix} \int_{x_{i-1}}^{x_i} \varphi_{i(1)}\varphi_{i(1)} \, \mathrm{d}x & \int_{x_{i-1}}^{x_i} \varphi_{i(1)}\varphi_{i(2)} \, \mathrm{d}x \\ \int_{x_{i-1}}^{x_i} \varphi_{i(2)}\varphi_{i(1)} \, \mathrm{d}x & \int_{x_{i-1}}^{x_i} \varphi_{i(2)}\varphi_{i(2)} \, \mathrm{d}x \end{pmatrix} \begin{pmatrix} u_{i(1)} \\ u_{i(2)} \end{pmatrix} \\
&= \bar{\boldsymbol{v}}_i \cdot \bar{\boldsymbol{C}}_i \bar{\boldsymbol{u}}_i = \bar{\boldsymbol{v}} \cdot \boldsymbol{Z}_i^{\mathrm{T}} \bar{\boldsymbol{C}}_i \boldsymbol{Z}_i \bar{\boldsymbol{u}} = \bar{\boldsymbol{v}} \cdot \tilde{\boldsymbol{C}}_i \bar{\boldsymbol{u}}
\end{aligned}$$

となる．ここで，$\bar{\boldsymbol{C}}_i = (\bar{c}_{i\alpha\beta})_{\alpha,\beta} \in \mathbb{R}^2$ は

$$\begin{aligned}
\bar{c}_{i11} &= \int_{x_{i-1}}^{x_i} \varphi_{i(1)}\varphi_{i(1)} \, \mathrm{d}x = \frac{1}{(x_i - x_{i-1})^2} \int_{x_{i-1}}^{x_i} (x_i - x)^2 \, \mathrm{d}x \\
&= \frac{x_i - x_{i-1}}{3} \\
\bar{c}_{i12} &= \bar{c}_{i21} = \int_{x_{i-1}}^{x_i} \varphi_{i(1)}\varphi_{i(2)} \, \mathrm{d}x \\
&= \frac{1}{(x_i - x_{i-1})^2} \int_{x_{i-1}}^{x_i} (x_i - x)(x - x_{i-1}) \, \mathrm{d}x = \frac{x_i - x_{i-1}}{6} \\
\bar{c}_{i22} &= \int_{x_{i-1}}^{x_i} \varphi_{i(2)}\varphi_{i(2)} \, \mathrm{d}x = \frac{1}{(x_i - x_{i-1})^2} \int_{x_{i-1}}^{x_i} (x - x_{i-1})^2 \, \mathrm{d}x \\
&= \frac{x_i - x_{i-1}}{3}
\end{aligned}$$

となる．すなわち

$$\bar{\boldsymbol{C}}_i = \frac{x_i - x_{i-1}}{6} \begin{pmatrix} 2 & 1 \\ 1 & 2 \end{pmatrix}$$

となる．全要素の和をとった行列 $\bar{\boldsymbol{C}}$ は

$$\bar{\boldsymbol{C}} = \frac{h}{6} \begin{pmatrix} 2 & 1 & 0 & 0 & 0 \\ 1 & 4 & 1 & 0 & 0 \\ 0 & 1 & 4 & 1 & 0 \\ 0 & 0 & 1 & 4 & 1 \\ 0 & 0 & 0 & 1 & 2 \end{pmatrix}$$

となる．したがって，近似方程式は次のようになる．

$$\left(\frac{1}{h}\begin{pmatrix} 2 & -1 & 0 \\ -1 & 2 & -1 \\ 0 & -1 & 2 \end{pmatrix} + \frac{h}{6}\begin{pmatrix} 4 & 1 & 0 \\ 1 & 4 & 1 \\ 0 & 1 & 4 \end{pmatrix}\right)\begin{pmatrix} u_1 \\ u_2 \\ u_3 \end{pmatrix} = h\begin{pmatrix} 1 \\ 1 \\ 1 \end{pmatrix}$$

補足　有限要素上の積分を規準領域上の積分に変換すれば，より簡単になる．写像 $\xi\colon (x_{i-1}, x_i) \to (0,1)$ を

$$\xi = \frac{x - x_{i-1}}{h}$$

とおく．ただし，$h = x_i - x_{i-1}$ とする．このとき，Jacobi 行列式は

$$\frac{\mathrm{d}\xi}{\mathrm{d}x} = h$$

となる．基底関数は

$$\varphi_{i(1)}(x) = \frac{x_i - x}{h} = 1 - \xi = \hat{\varphi}_{i(1)}(\xi)$$
$$\varphi_{i(2)}(x) = \frac{x - x_{i-1}}{h} = \xi = \hat{\varphi}_{i(2)}(\xi)$$

となる．このとき，$\bar{\boldsymbol{C}}_i$ は次のように計算される．

$$\bar{c}_{i11} = \int_0^1 \hat{\varphi}_{i(1)}\hat{\varphi}_{i(1)} h\,\mathrm{d}\xi = h\int_0^1 (1-\xi)^2\,\mathrm{d}\xi = h\int_0^1 \eta^2\,\mathrm{d}\eta = \frac{h}{3}$$
$$\bar{c}_{i12} = \bar{c}_{i21} = \int_0^1 \hat{\varphi}_{i(1)}\hat{\varphi}_{i(2)} h\,\mathrm{d}\xi = h\int_0^1 (1-\xi)\xi\,\mathrm{d}\xi = \frac{h}{6}$$
$$\bar{c}_{i22} = \int_0^1 \hat{\varphi}_{i(2)}\hat{\varphi}_{i(2)} h\,\mathrm{d}\xi = h\int_0^1 \xi^2\,\mathrm{d}\xi = \frac{h}{3}$$

6.3　図 P.6.1 のような 3 角形有限要素の領域 Ω_i を考える．このとき，二つのベクトル $\boldsymbol{x}_{i(2)} - \boldsymbol{x}_{i(1)}$ と $\boldsymbol{x}_{i(3)} - \boldsymbol{x}_{i(1)}$ の外積に対して

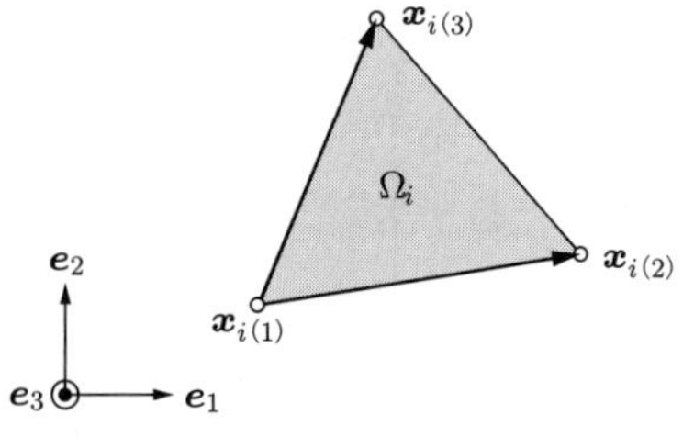

図 P.6.1　3 角形 Ω_i の面積 $|\Omega_i|$ と $\boldsymbol{x}_{i(1)}$，$\boldsymbol{x}_{i(2)}$，$\boldsymbol{x}_{i(3)}$

$$
\begin{aligned}
2|\Omega_i|\boldsymbol{e}_3 &= \begin{pmatrix} x_{i(2)1} - x_{i(1)1} \\ x_{i(2)2} - x_{i(1)2} \\ 0 \end{pmatrix} \times \begin{pmatrix} x_{i(3)1} - x_{i(1)1} \\ x_{i(3)2} - x_{i(1)2} \\ 0 \end{pmatrix} \\
&= \begin{vmatrix} \boldsymbol{e}_1 & \boldsymbol{e}_2 & \boldsymbol{e}_3 \\ x_{i(2)1} - x_{i(1)1} & x_{i(2)2} - x_{i(1)2} & 0 \\ x_{i(3)1} - x_{i(1)1} & x_{i(3)2} - x_{i(1)2} & 0 \end{vmatrix} \\
&= \begin{vmatrix} 0 & 0 & 1 \\ x_{i(2)1} - x_{i(1)1} & x_{i(2)2} - x_{i(1)2} & 0 \\ x_{i(3)1} - x_{i(1)1} & x_{i(3)2} - x_{i(1)2} & 0 \end{vmatrix} \boldsymbol{e}_3 \\
&= \left(\begin{vmatrix} 0 & 0 & 1 \\ x_{i(2)1} - x_{i(1)1} & x_{i(2)2} - x_{i(1)2} & 0 \\ x_{i(3)1} - x_{i(1)1} & x_{i(3)2} - x_{i(1)2} & 0 \end{vmatrix} + \begin{vmatrix} x_{i(1)1} & x_{i(1)2} & 0 \\ x_{i(1)1} & x_{i(1)2} & 1 \\ x_{i(1)1} & x_{i(1)2} & 1 \end{vmatrix} \right) \boldsymbol{e}_3 \\
&= \begin{vmatrix} x_{i(1)1} & x_{i(1)2} & 1 \\ x_{i(2)1} & x_{i(2)2} & 1 \\ x_{i(3)1} & x_{i(3)2} & 1 \end{vmatrix} \boldsymbol{e}_3 = \gamma \boldsymbol{e}_3
\end{aligned}
$$

が成り立つ．ただし，$\boldsymbol{e}_1$，$\boldsymbol{e}_2$ および $\boldsymbol{e}_3$ は x_1，x_2 および x_3 座標系の単位直交ベクトルである．そこで，$\gamma = 2|\Omega_i|$ が得られる．

6.4 有限要素番号が $\{3,5\}$, $\{4,6\}$, $\{1,7\}$ および $\{2,8\}$ の有限要素をそれぞれ Type 1, Type 2, Type 3 および Type 4 とよぶ．Type 1 と Type 2 に対して例題 6.3.2 の結果を用いる．Type 3 に対して，$\gamma = h^2$，$|\Omega_i| = h^2/2$ および

$$
\begin{pmatrix} \eta_1 \\ \eta_2 \\ \eta_3 \end{pmatrix} = \frac{1}{\gamma} \begin{pmatrix} x_{i(2)2} - x_{i(3)2} \\ x_{i(3)2} - x_{i(1)2} \\ x_{i(1)2} - x_{i(2)2} \end{pmatrix} = \frac{1}{h^2} \begin{pmatrix} -h \\ h \\ 0 \end{pmatrix}
$$

$$
\begin{pmatrix} \theta_1 \\ \theta_2 \\ \theta_3 \end{pmatrix} = \frac{1}{\gamma} \begin{pmatrix} x_{i(3)1} - x_{i(2)1} \\ x_{i(1)1} - x_{i(3)1} \\ x_{i(2)1} - x_{i(1)1} \end{pmatrix} = \frac{1}{h^2} \begin{pmatrix} -h \\ 0 \\ h \end{pmatrix}
$$

となる．したがって，

$$
\bar{\boldsymbol{A}}_1 = \frac{1}{2} \begin{pmatrix} 2 & -1 & -1 \\ -1 & 1 & 0 \\ -1 & 0 & 1 \end{pmatrix}, \quad \bar{\boldsymbol{b}}_1 = \frac{h^2}{6} \begin{pmatrix} 1 \\ 1 \\ 1 \end{pmatrix}
$$

が得られる．Type 4 に対しても同様に，$\gamma = h^2$，$|\Omega_i| = h^2/2$ および

$$\begin{pmatrix} \eta_1 \\ \eta_2 \\ \eta_3 \end{pmatrix} = \frac{1}{h^2} \begin{pmatrix} 0 \\ h \\ -h \end{pmatrix},$$

$$\begin{pmatrix} \theta_1 \\ \theta_2 \\ \theta_3 \end{pmatrix} = \frac{1}{h^2} \begin{pmatrix} -h \\ h \\ 0 \end{pmatrix},$$

$$\bar{\boldsymbol{A}}_2 = \frac{1}{2} \begin{pmatrix} 1 & -1 & 0 \\ -1 & 2 & -1 \\ 0 & -1 & 1 \end{pmatrix}, \quad \bar{\boldsymbol{b}}_2 = \frac{h^2}{6} \begin{pmatrix} 1 \\ 1 \\ 1 \end{pmatrix}$$

が得られる．一方，局所節点番号と全体節点番号は表 P.6.1 のように対応づけられる．

表 P.6.1 局所節点 $\boldsymbol{x}_{i(1)}$，$\boldsymbol{x}_{i(2)}$，$\boldsymbol{x}_{i(3)}$ と全体節点 $\boldsymbol{x}_j$ の関係

$i \in \mathcal{E}$	1	2	3	4	5	6	7	8
$\boldsymbol{x}_{i(1)}$	$\boldsymbol{x}_1$	$\boldsymbol{x}_4$	$\boldsymbol{x}_2$	$\boldsymbol{x}_2$	$\boldsymbol{x}_4$	$\boldsymbol{x}_4$	$\boldsymbol{x}_5$	$\boldsymbol{x}_8$
$\boldsymbol{x}_{i(2)}$	$\boldsymbol{x}_4$	$\boldsymbol{x}_5$	$\boldsymbol{x}_5$	$\boldsymbol{x}_6$	$\boldsymbol{x}_7$	$\boldsymbol{x}_8$	$\boldsymbol{x}_8$	$\boldsymbol{x}_9$
$\boldsymbol{x}_{i(3)}$	$\boldsymbol{x}_2$	$\boldsymbol{x}_2$	$\boldsymbol{x}_6$	$\boldsymbol{x}_3$	$\boldsymbol{x}_8$	$\boldsymbol{x}_5$	$\boldsymbol{x}_6$	$\boldsymbol{x}_6$
Type	3	4	1	2	1	2	3	4

すべての要素について和をとれば，$\bar{\boldsymbol{A}}$ と $\bar{\boldsymbol{l}}$ は

$$\bar{\boldsymbol{A}} = \frac{1}{2} \begin{pmatrix} 2 & -1 & 0 & -1 & 0 & 0 & 0 & 0 & 0 \\ -1 & 4 & -1 & 0 & -2 & 0 & 0 & 0 & 0 \\ 0 & -1 & 2 & 0 & 0 & -1 & 0 & 0 & 0 \\ -1 & 0 & 0 & 4 & -2 & 0 & -1 & 0 & 0 \\ 0 & -2 & 0 & -2 & 8 & -2 & 0 & -2 & 0 \\ 0 & 0 & -1 & 0 & -2 & 4 & 0 & 0 & -1 \\ 0 & 0 & 0 & -1 & 0 & 0 & 2 & -1 & 0 \\ 0 & 0 & 0 & 0 & -2 & 0 & -1 & 4 & -1 \\ 0 & 0 & 0 & 0 & 0 & -1 & 0 & -1 & 2 \end{pmatrix}$$

$$\bar{\boldsymbol{l}} = \frac{h^2}{6}\begin{pmatrix} 1 \\ 4 \\ 1 \\ 4 \\ 4 \\ 4 \\ 1 \\ 4 \\ 1 \end{pmatrix}$$

となる．ここで，基本境界条件 $u_1 = u_2 = u_3 = u_4 = u_7 = 0$，$v_1 = v_2 = v_3 = v_4 = v_7 = 0$ を代入すれば，$h = 1/2$ を用いて，

$$\begin{pmatrix} 8 & -2 & -2 & 0 \\ -2 & 4 & 0 & -1 \\ -2 & 0 & 4 & -1 \\ 0 & -1 & -1 & 2 \end{pmatrix}\begin{pmatrix} u_5 \\ u_6 \\ u_8 \\ u_9 \end{pmatrix} = \frac{1}{12}\begin{pmatrix} 4 \\ 4 \\ 4 \\ 1 \end{pmatrix}$$

が得られる．これを解くと，次のようになる．

$$\begin{pmatrix} u_5 \\ u_6 \\ u_8 \\ u_9 \end{pmatrix} = \frac{1}{16 \times 12}\begin{pmatrix} 3 & 2 & 2 & 2 \\ 2 & 6 & 2 & 4 \\ 2 & 2 & 6 & 4 \\ 2 & 4 & 4 & 12 \end{pmatrix}\begin{pmatrix} 4 \\ 4 \\ 4 \\ 1 \end{pmatrix} = \frac{1}{96}\begin{pmatrix} 15 \\ 22 \\ 22 \\ 26 \end{pmatrix}$$

6.5 図 6.4.7 の有限要素 $i \in \mathcal{E}$ に対して，規準領域 $\Xi_i = (0,1)^2$ とおく．近似関数と座標のアイソパラメトリック表示は

$$\hat{u}_h(\boldsymbol{\xi}) = \sum_{\alpha \in \{1,\ldots,4\}} \hat{\varphi}_\alpha(\boldsymbol{\xi}) u_{i\alpha} = \hat{\boldsymbol{\varphi}}(\boldsymbol{\xi}) \cdot \bar{\boldsymbol{u}}_i$$

$$\hat{v}_h(\boldsymbol{\xi}) = \sum_{\alpha \in \{1,\ldots,4\}} \hat{\varphi}_\alpha(\boldsymbol{\xi}) v_{i\alpha} = \hat{\boldsymbol{\varphi}}(\boldsymbol{\xi}) \cdot \bar{\boldsymbol{v}}_i$$

$$\hat{x}_{h1}(\boldsymbol{\xi}) = \sum_{\alpha \in \{1,\ldots,4\}} \hat{\varphi}_\alpha(\boldsymbol{\xi}) x_{i1\alpha} = \hat{\boldsymbol{\varphi}}(\boldsymbol{\xi}) \cdot \bar{\boldsymbol{x}}_{i1}$$

$$\hat{x}_{h2}(\boldsymbol{\xi}) = \sum_{\alpha \in \{1,\ldots,4\}} \hat{\varphi}_\alpha(\boldsymbol{\xi}) x_{i2\alpha} = \hat{\boldsymbol{\varphi}}(\boldsymbol{\xi}) \cdot \bar{\boldsymbol{x}}_{i2}$$

となる．ここで，$x_{i1(2)} - x_{i1(1)} = h_1$ および $x_{i2(2)} - x_{i2(1)} = h_2$ とおき，

$$\begin{pmatrix}\lambda_{11}\\ \lambda_{12}\\ \lambda_{21}\\ \lambda_{22}\end{pmatrix}=\begin{pmatrix}(x_{i1(2)}-x_1)/h_1\\ (x_1-x_{i1(1)})/h_2\\ (x_{i2(2)}-x_2)/h_1\\ (x_2-x_{i2(1)})/h_2\end{pmatrix}=\begin{pmatrix}(1-\xi_1)\\ \xi_1\\ (1-\xi_2)\\ \xi_2\end{pmatrix}$$

$$\hat{\boldsymbol{\varphi}}=\begin{pmatrix}\hat{\varphi}_1(\boldsymbol{\xi})\\ \hat{\varphi}_2(\boldsymbol{\xi})\\ \hat{\varphi}_3(\boldsymbol{\xi})\\ \hat{\varphi}_4(\boldsymbol{\xi})\end{pmatrix}=\begin{pmatrix}(1-\xi_1)(1-\xi_2)\\ \xi_1(1-\xi_2)\\ \xi_1\xi_2\\ (1-\xi_1)\xi_2\end{pmatrix}$$

とおく．このとき，

$$\begin{aligned}\partial_{\boldsymbol{\xi}}\hat{\varphi}_\alpha(\boldsymbol{\xi})&=\begin{pmatrix}\partial\hat{\varphi}_\alpha/\partial\xi_1\\ \partial\hat{\varphi}_\alpha/\partial\xi_2\end{pmatrix}=\begin{pmatrix}\partial\hat{x}_1/\partial\xi_1 & \partial\hat{x}_2/\partial\xi_1\\ \partial\hat{x}_1/\partial\xi_2 & \partial\hat{x}_2/\partial\xi_2\end{pmatrix}\begin{pmatrix}\partial\hat{\varphi}_\alpha/\partial x_1\\ \partial\hat{\varphi}_\alpha/\partial x_2\end{pmatrix}\\ &=\begin{pmatrix}h_1 & 0\\ 0 & h_2\end{pmatrix}\begin{pmatrix}\partial\hat{\varphi}_\alpha/\partial x_1\\ \partial\hat{\varphi}_\alpha/\partial x_2\end{pmatrix}\end{aligned}$$

が成り立つ．そこで，

$$\begin{aligned}\begin{pmatrix}\partial\hat{\varphi}_\alpha/\partial x_1\\ \partial\hat{\varphi}_\alpha/\partial x_2\end{pmatrix}&=\frac{1}{\omega(\boldsymbol{\xi})}\begin{pmatrix}\partial\hat{x}_2/\partial\xi_2 & -\partial\hat{x}_2/\partial\xi_1\\ -\partial\hat{x}_1/\partial\xi_2 & \partial\hat{x}_1/\partial\xi_1\end{pmatrix}\begin{pmatrix}\partial\hat{\varphi}_\alpha/\partial\xi_1\\ \partial\hat{\varphi}_\alpha/\partial\xi_2\end{pmatrix}\\ &=\frac{1}{h_1h_2}\begin{pmatrix}h_2 & 0\\ 0 & h_1\end{pmatrix}\begin{pmatrix}\partial\hat{\varphi}_\alpha/\partial\xi_1\\ \partial\hat{\varphi}_\alpha/\partial\xi_2\end{pmatrix}\end{aligned}$$

が得られる．ただし，

$$\begin{aligned}&\begin{pmatrix}\partial\hat{\varphi}_1/\partial\xi_1 & \partial\hat{\varphi}_2/\partial\xi_1 & \partial\hat{\varphi}_3/\partial\xi_1 & \partial\hat{\varphi}_4/\partial\xi_1\\ \partial\hat{\varphi}_1/\partial\xi_2 & \partial\hat{\varphi}_2/\partial\xi_2 & \partial\hat{\varphi}_3/\partial\xi_2 & \partial\hat{\varphi}_4/\partial\xi_2\end{pmatrix}\\ &\quad=\begin{pmatrix}-(1-\xi_2) & (1-\xi_2) & \xi_2 & -\xi_2\\ -(1-\xi_1) & -\xi_1 & \xi_1 & (1-\xi_1)\end{pmatrix}\end{aligned}$$

である．この結果を用いれば，要素係数行列 $\bar{\boldsymbol{A}}_i=(\bar{a}_{i\alpha\beta})_{\alpha\beta}\in\mathbb{R}^{4\times4}$ は

$$\begin{aligned}\bar{a}_{i\alpha\beta}&=\int_{\Omega_i}\begin{pmatrix}\partial\varphi_\alpha/\partial x_1\\ \partial\varphi_\alpha/\partial x_2\end{pmatrix}\cdot\begin{pmatrix}\partial\varphi_\beta/\partial x_1\\ \partial\varphi_\beta/\partial x_2\end{pmatrix}\mathrm{d}x\\ &=\int_{\Xi_i}\begin{pmatrix}\partial\hat{\varphi}_\alpha/\partial x_1\\ \partial\hat{\varphi}_\alpha/\partial x_2\end{pmatrix}\cdot\begin{pmatrix}\partial\hat{\varphi}_\beta/\partial x_1\\ \partial\hat{\varphi}_\beta/\partial x_2\end{pmatrix}\omega(\boldsymbol{\xi})\,\mathrm{d}\xi\end{aligned}$$

$$
\begin{aligned}
&= \frac{1}{h_1 h_2} \int_{\Xi_i} \begin{pmatrix} \dfrac{\partial \hat{\varphi}_\alpha}{\partial \xi_1} & \dfrac{\partial \hat{\varphi}_\alpha}{\partial \xi_2} \end{pmatrix} \begin{pmatrix} h_2 & 0 \\ 0 & h_1 \end{pmatrix} \begin{pmatrix} h_2 & 0 \\ 0 & h_1 \end{pmatrix} \begin{pmatrix} \partial \hat{\varphi}_\beta / \partial \xi_1 \\ \partial \hat{\varphi}_\beta / \partial \xi_2 \end{pmatrix} \mathrm{d}\xi \\
&= \int_{\Xi_i} \left(\frac{h_2}{h_1} \frac{\partial \hat{\varphi}_\alpha}{\partial \xi_1} \frac{\partial \hat{\varphi}_\beta}{\partial \xi_1} + \frac{h_1}{h_2} \frac{\partial \hat{\varphi}_\alpha}{\partial \xi_2} \frac{\partial \hat{\varphi}_\beta}{\partial \xi_2} \right) \mathrm{d}\xi
\end{aligned}
$$

となる．$\sigma = h_2/h_1$ とかけば，

$$
\bar{a}_{i11} = \int_{\Xi_i} [\sigma\{-(1-\xi_2)\}^2 + \sigma^{-1}\{-(1-\xi_1)\}^2] \, \mathrm{d}\xi = \frac{1}{3}(\sigma + \sigma^{-1})
$$

となる．これらの計算により，

$$
\bar{\boldsymbol{A}}_i = \frac{1}{6} \begin{pmatrix} 2\sigma + 2\sigma^{-1} & -2\sigma + \sigma^{-1} & -\sigma - \sigma^{-1} & \sigma - 2\sigma^{-1} \\ -2\sigma + \sigma^{-1} & 2\sigma + 2\sigma^{-1} & \sigma - 2\sigma^{-1} & -\sigma - \sigma^{-1} \\ -\sigma - \sigma^{-1} & \sigma - 2\sigma^{-1} & 2\sigma + 2\sigma^{-1} & -2\sigma + \sigma^{-1} \\ \sigma - 2\sigma^{-1} & -\sigma - \sigma^{-1} & -2\sigma + \sigma^{-1} & 2\sigma + 2\sigma^{-1} \end{pmatrix}
$$

が得られる．既知項ベクトル $\bar{\boldsymbol{l}}_i = (\bar{l}_{i\alpha})_\alpha \in \mathbb{R}^4$ は

$$
\bar{l}_{i\alpha} = \int_{\Omega_i} b \hat{\varphi}_\alpha \, \mathrm{d}x = b_0 \int_{\Xi_i} \hat{\varphi}_\alpha(\boldsymbol{\xi}) \omega(\boldsymbol{\xi}) \, \mathrm{d}\xi
$$

となる．したがって，次のようになる．

$$
\bar{\boldsymbol{l}}_i = b_0 h_1 h_2 \begin{pmatrix} \displaystyle\int_{\Xi_i} (1-\xi_1)(1-\xi_2) \, \mathrm{d}\xi \\ \displaystyle\int_{\Xi_i} \xi_1 (1-\xi_2) \, \mathrm{d}\xi \\ \displaystyle\int_{\Xi_i} \xi_1 \xi_2 \, \mathrm{d}\xi \\ \displaystyle\int_{\Xi_i} (1-\xi_1)\xi_2 \, \mathrm{d}\xi \end{pmatrix} = \frac{b_0 h_1 h_2}{4} \begin{pmatrix} 1 \\ 1 \\ 1 \\ 1 \end{pmatrix}
$$

6.6 $\Xi = (0,1)^2$ を規準領域とする．$\alpha \in \{1, \ldots, 4\}$ に対して $\hat{\varphi}_{(\alpha)}(\boldsymbol{\xi})$ を Ξ 上の基底関数とする．このとき，

$$
\boldsymbol{\varepsilon}(\boldsymbol{\xi}) = \begin{pmatrix} \varepsilon_{11} \\ \varepsilon_{22} \\ 2\varepsilon_{12} \end{pmatrix} = \begin{pmatrix} \dfrac{\partial u_{h1}}{\partial x_1} \\ \dfrac{\partial u_{h2}}{\partial x_2} \\ \dfrac{\partial u_{h2}}{\partial x_1} + \dfrac{\partial u_{h1}}{\partial x_2} \end{pmatrix}
$$

$$
\begin{aligned}
&= \begin{pmatrix}
\frac{\partial \hat{\varphi}_1}{\partial x_1} & \frac{\partial \hat{\varphi}_2}{\partial x_1} & \frac{\partial \hat{\varphi}_3}{\partial x_1} & \frac{\partial \hat{\varphi}_4}{\partial x_1} & 0 & 0 & 0 & 0 \\
0 & 0 & 0 & 0 & \frac{\partial \hat{\varphi}_1}{\partial x_2} & \frac{\partial \hat{\varphi}_2}{\partial x_2} & \frac{\partial \hat{\varphi}_3}{\partial x_2} & \frac{\partial \hat{\varphi}_4}{\partial x_2} \\
\frac{\partial \hat{\varphi}_1}{\partial x_2} & \frac{\partial \hat{\varphi}_2}{\partial x_2} & \frac{\partial \hat{\varphi}_3}{\partial x_2} & \frac{\partial \hat{\varphi}_4}{\partial x_2} & \frac{\partial \hat{\varphi}_1}{\partial x_1} & \frac{\partial \hat{\varphi}_2}{\partial x_1} & \frac{\partial \hat{\varphi}_3}{\partial x_1} & \frac{\partial \hat{\varphi}_4}{\partial x_1}
\end{pmatrix}
\begin{pmatrix} u_{11} \\ u_{12} \\ u_{13} \\ u_{14} \\ u_{21} \\ u_{22} \\ u_{23} \\ u_{24} \end{pmatrix} \\
&= \frac{1}{\omega(\boldsymbol{\xi})}
\left(\begin{matrix}
\frac{\partial \hat{x}_2}{\partial \xi_2}\frac{\partial \hat{\varphi}_1}{\partial \xi_1} - \frac{\partial \hat{x}_2}{\partial \xi_1}\frac{\partial \hat{\varphi}_1}{\partial \xi_2} & \frac{\partial \hat{x}_2}{\partial \xi_2}\frac{\partial \hat{\varphi}_2}{\partial \xi_1} - \frac{\partial \hat{x}_2}{\partial \xi_1}\frac{\partial \hat{\varphi}_2}{\partial \xi_2} \\
0 & 0 \\
-\frac{\partial \hat{x}_1}{\partial \xi_2}\frac{\partial \hat{\varphi}_1}{\partial \xi_1} + \frac{\partial \hat{x}_1}{\partial \xi_1}\frac{\partial \hat{\varphi}_1}{\partial \xi_2} & -\frac{\partial \hat{x}_1}{\partial \xi_2}\frac{\partial \hat{\varphi}_2}{\partial \xi_1} + \frac{\partial \hat{x}_1}{\partial \xi_1}\frac{\partial \hat{\varphi}_2}{\partial \xi_2}
\end{matrix}\right. \\
&\qquad\qquad \begin{matrix}
\frac{\partial \hat{x}_2}{\partial \xi_2}\frac{\partial \hat{\varphi}_3}{\partial \xi_1} - \frac{\partial \hat{x}_2}{\partial \xi_1}\frac{\partial \hat{\varphi}_3}{\partial \xi_2} & \frac{\partial \hat{x}_2}{\partial \xi_2}\frac{\partial \hat{\varphi}_4}{\partial \xi_1} - \frac{\partial \hat{x}_2}{\partial \xi_1}\frac{\partial \hat{\varphi}_4}{\partial \xi_2} \\
0 & 0 \\
-\frac{\partial \hat{x}_1}{\partial \xi_2}\frac{\partial \hat{\varphi}_3}{\partial \xi_1} + \frac{\partial \hat{x}_1}{\partial \xi_1}\frac{\partial \hat{\varphi}_3}{\partial \xi_2} & -\frac{\partial \hat{x}_1}{\partial \xi_2}\frac{\partial \hat{\varphi}_4}{\partial \xi_1} + \frac{\partial \hat{x}_1}{\partial \xi_1}\frac{\partial \hat{\varphi}_4}{\partial \xi_2}
\end{matrix} \\
&\qquad\qquad \begin{matrix}
0 & 0 \\
-\frac{\partial \hat{x}_1}{\partial \xi_2}\frac{\partial \hat{\varphi}_1}{\partial \xi_1} + \frac{\partial \hat{x}_1}{\partial \xi_1}\frac{\partial \hat{\varphi}_1}{\partial \xi_2} & -\frac{\partial \hat{x}_1}{\partial \xi_2}\frac{\partial \hat{\varphi}_2}{\partial \xi_1} + \frac{\partial \hat{x}_1}{\partial \xi_1}\frac{\partial \hat{\varphi}_2}{\partial \xi_2} \\
\frac{\partial \hat{x}_2}{\partial \xi_2}\frac{\partial \hat{\varphi}_1}{\partial \xi_1} - \frac{\partial \hat{x}_2}{\partial \xi_1}\frac{\partial \hat{\varphi}_1}{\partial \xi_2} & \frac{\partial \hat{x}_2}{\partial \xi_2}\frac{\partial \hat{\varphi}_2}{\partial \xi_1} - \frac{\partial \hat{x}_2}{\partial \xi_1}\frac{\partial \hat{\varphi}_2}{\partial \xi_2}
\end{matrix} \\
&\qquad\qquad \left.\begin{matrix}
0 & 0 \\
-\frac{\partial \hat{x}_1}{\partial \xi_2}\frac{\partial \hat{\varphi}_3}{\partial \xi_1} + \frac{\partial \hat{x}_1}{\partial \xi_1}\frac{\partial \hat{\varphi}_3}{\partial \xi_2} & -\frac{\partial \hat{x}_1}{\partial \xi_2}\frac{\partial \hat{\varphi}_4}{\partial \xi_1} + \frac{\partial \hat{x}_1}{\partial \xi_1}\frac{\partial \hat{\varphi}_4}{\partial \xi_2} \\
\frac{\partial \hat{x}_2}{\partial \xi_2}\frac{\partial \hat{\varphi}_3}{\partial \xi_1} - \frac{\partial \hat{x}_2}{\partial \xi_1}\frac{\partial \hat{\varphi}_3}{\partial \xi_2} & \frac{\partial \hat{x}_2}{\partial \xi_2}\frac{\partial \hat{\varphi}_4}{\partial \xi_1} - \frac{\partial \hat{x}_2}{\partial \xi_1}\frac{\partial \hat{\varphi}_4}{\partial \xi_2}
\end{matrix}\right)
\begin{pmatrix} u_{11} \\ u_{12} \\ u_{13} \\ u_{14} \\ u_{21} \\ u_{22} \\ u_{23} \\ u_{24} \end{pmatrix} \\
&= \boldsymbol{B}(\boldsymbol{\xi})\bar{\boldsymbol{u}}_i
\end{aligned}
$$

となる．ただし，$\omega(\boldsymbol{\xi}) = \det(\partial_{\boldsymbol{\xi}} \boldsymbol{x}^{\mathrm{T}})$ である．要素係数行列は

$$\boldsymbol{K}_i = \int_{\Omega_i} \boldsymbol{B}^{\mathrm{T}}(\boldsymbol{x})\boldsymbol{D}\boldsymbol{B}(\boldsymbol{x})\,\mathrm{d}x = \int_{\Xi} \boldsymbol{B}^{\mathrm{T}}(\boldsymbol{\xi})\boldsymbol{D}\boldsymbol{B}(\boldsymbol{\xi})\omega(\boldsymbol{\xi})\,\mathrm{d}\xi$$

となる．ここで，右辺の積分は Gauss 求積により求められる．

[第 7 章]

7.1 問題 7.3.1 では勾配法を用いるということを前提としたために，7.1 節で説明されたように，設計変数の線形空間 X は実 Hilbert 空間と仮定し，さらに Lipschitz 連続などの付帯条件を満たす設計変数の許容集合として $\mathcal{D}$ が定義された．しかし，関数空間上で定義された最適化問題を，最小点の存在だけは保証されたような問題に一般化するのであれば，Weierstrass の定理に倣って，問題 7.3.1 の条件を次のように緩めることができる（[76] p. 8 Theorem 2.3)．

まず，設計変数の線形空間 X は，その上で汎関数を定義することができて，X 上の任意の無限点列が弱収束（定義 4.4.6）すればよい（X が弱完備)．X が反射的 Banach 空間であればその性質を得る（命題 4.4.9)．

Weierstrass の定理における評価関数 f_0 の連続性は弱下半連続性に拡張される．すなわち，任意の $\phi \in X$ に対して，すべての無限点列 $\{\phi_n\}_{n\in\mathbb{N}} \in X$ が

$$\liminf_{n\to\infty} f_0(\phi_n, u(\phi_n)) \geq f(\phi, u(\phi))$$

を満たせばよい．

さらに，Weierstrass の定理における設計変数の許容集合 S は

$$S = \{\phi \in \mathcal{D} \subset X \mid f_1(\phi, u(\phi)) \leq 0, \ldots, f_m(\phi, u(\phi)) \leq 0\}$$

のように変更され，S は弱コンパクト（定義 4.4.6）に拡張される．

[第 8 章]

8.1 θ 型線形弾性問題（問題 8.8.2）を状態決定問題にしたとき，式 (8.8.6) で定義された平均コンプライアンス f_0 に対して自己随伴関係が得られた．それと同様に，θ 型 Poisson 問題（問題 8.2.3）を状態決定問題にしたときには，

$$f_0(u) = \int_D b(\theta)u\,\mathrm{d}x + \int_{\Gamma_{\mathrm{N}}} p_{\mathrm{N}} u\,\mathrm{d}\gamma - \int_{\Gamma_{\mathrm{D}}} u_{\mathrm{D}} \partial_\nu u\,\mathrm{d}\gamma$$

を目的関数とすれば，自己随伴関係が得られる．また，f_0 の θ 微分は

$$\tilde{f}_0'(\theta)[\vartheta] = \langle g_0, \vartheta \rangle = \int_D (2b_\theta u - \alpha\phi^{\alpha-1}\phi_\theta \boldsymbol{\nabla} u \cdot \boldsymbol{\nabla} u)\vartheta \,\mathrm{d}x$$

となる．

8.2 θ 型拡張 Poisson 問題は次のようになる．

問題 P.8.1（θ 型拡張 Poisson 問題）

D を $d \in \{2,3\}$ 次元の Lipschitz 領域とする．$\theta \in \mathcal{D}$ に対して，$b \in C^1(\mathcal{D}; L^{2q_\mathrm{R}}(D;\mathbb{R}))$, $c_\Omega \in L^\infty(D;\mathbb{R})$, $p_\mathrm{B} \in L^{2q_\mathrm{R}}(\partial D;\mathbb{R})$, $c_{\partial\Omega} \in L^\infty(\partial D;\mathbb{R})$ が与えられたとする．ただし，$q_\mathrm{R} > d$ とする．このとき，

$$-\boldsymbol{\nabla} \cdot (\phi^\alpha(\theta)\boldsymbol{\nabla} u) + c_\Omega u = b(\theta) \quad \text{in } D$$

$$\phi^\alpha(\theta)\partial_\nu u + c_{\partial\Omega} u = p_\mathrm{B} \quad \text{on } \partial D$$

を満たす $u\colon D \to \mathbb{R}$ を求めよ．

問題 P.8.1 に対する Lagrange 関数を，問題 5.1.4 を応用して，

$$\mathscr{L}_\mathrm{S}(\theta, u, v) = \int_D (-\phi^\alpha(\theta)\boldsymbol{\nabla} u \cdot \boldsymbol{\nabla} v - c_\Omega uv + b(\theta)v)\,\mathrm{d}x + \int_{\partial\Omega} (-c_{\partial\Omega} uv + p_\mathrm{B} v)\,\mathrm{d}\gamma$$

とおく．θ 型線形弾性問題に対する平均コンプライアンスからの類推で，目的関数を

$$f_0(u) = \int_D b(\theta) u \,\mathrm{d}x + \int_{\partial D} p_\mathrm{B} u \,\mathrm{d}\gamma \tag{P.8.1}$$

とおいてみる．体積に対する制約関数を式 (8.8.7) とおく．このときの θ 型位相最適化問題は次のようになる．

問題 P.8.2（θ 型位相最適化問題）

$\mathcal{D}$ を式 (8.1.4) とおく．$\mathcal{S} = W^{1,2q_\mathrm{R}}(D;\mathbb{R})$ とおく．f_0 と f_1 をそれぞれ式 (P.8.1) と式 (8.8.7) とする．このとき，

$$\min_{\theta \in \mathcal{D}} \{ f_0(\theta, u) \mid f_1(\theta) \le 0,\ u \in \mathcal{S},\ \text{問題 P.8.1} \}$$

を満たす θ を求めよ．

f_0 の θ 微分を求めるために，f_0 の Lagrange 関数を

$$\begin{aligned}\mathscr{L}_0(\theta, u, v_0) &= f_0(\theta, u) + \mathscr{L}_{\mathrm{S}}(\theta, u, v_0)\\ &= \int_D \{-\phi^{\alpha}(\theta)\boldsymbol{\nabla} u \cdot \boldsymbol{\nabla} v_0 + b(\theta)(u + v_0)\}\,\mathrm{d}x\\ &\quad + \int_{\partial\Omega} p_{\mathrm{B}}(u + v_0)\,\mathrm{d}\gamma\end{aligned}$$

とおく．(θ, u, v_0) の任意変動 $(\vartheta, u', v_0') \in X \times U \times U$（ただし，$U = H^1(D;\mathbb{R})$）に対する $\mathscr{L}_0$ の Fréchet 微分を

$$\begin{aligned}\mathscr{L}_0'(\theta, u, v_0)[\vartheta, u', v_0'] &= \mathscr{L}_{0\theta}(\theta, u, v_0)[\vartheta] + \mathscr{L}_{0u}(\theta, u, v_0)[u']\\ &\quad + \mathscr{L}_{0v_0}(\theta, u, v_0)[v_0']\end{aligned} \tag{P.8.2}$$

とかく．式 (P.8.2) の右辺第 3 項は，

$$\mathscr{L}_{0v_0}(\theta, u, v_0)[v_0'] = \mathscr{L}_{\mathrm{S}v_0}(\theta, u, v_0)[v_0'] = \mathscr{L}_{\mathrm{S}}(\theta, u, v_0')$$

となる．また，式 (P.8.2) の右辺第 2 項は，

$$\mathscr{L}_{0u}(\theta, u, v_0)[u'] = \mathscr{L}_{\mathrm{S}}(\theta, u', v_0)$$

となる．そこで，自己随伴関係

$$u = v_0$$

が成り立つ．さらに，式 (P.8.2) の右辺第 1 項は，

$$\mathscr{L}_{0\theta}(\theta, u, v_0)[\vartheta] = \int_D \{b_\theta \cdot (u + v_0) - \alpha\phi^{\alpha-1}\phi_\theta \boldsymbol{\nabla} u \cdot \boldsymbol{\nabla} v_0\}\vartheta\,\mathrm{d}x$$

となる．そこで，

$$\begin{aligned}\tilde{f}_0'(\theta)[\vartheta] &= \mathscr{L}_{0\theta}(\theta, u, v_0)[\vartheta] = \langle g_0, \vartheta\rangle\\ &= \int_D (2b_\theta \cdot u - \alpha\phi^{\alpha-1}\phi_\theta \boldsymbol{\nabla} u \cdot \boldsymbol{\nabla} u)\vartheta\,\mathrm{d}x\end{aligned}$$

となる．一方，$f_1(\theta)$ の θ 微分は

$$f_1'(\theta)[\vartheta] = \langle g_1, \vartheta\rangle = \int_D \phi_\theta \vartheta\,\mathrm{d}x$$

となる．そこで，問題 P.8.2 に対する KKT 条件は，任意の $\vartheta \in X$ に対して，

$$\langle g_0+\lambda_1 g_1,\vartheta\rangle=\langle 2b_\theta\cdot u+(-\alpha\phi^{\alpha-1}\nabla u\cdot\nabla u+\lambda_1)\phi_\theta,\vartheta\rangle=0,$$
$$f_1(\theta)\le 0,\quad \lambda_1 f_1(\theta)=0,\quad \lambda_1\ge 0$$

が成り立つ条件として与えられる．ここで，λ_1 は体積制約に対する Lagrange 乗数である．

8.3 問題 8.11.1 に対する Lagrange 関数を

$$\mathscr{L}(\theta,\beta,u,v_1,\dots,v_m,\lambda_1,\dots,\lambda_m)=\beta+\sum_{i\in\{1,\dots,m\}}\lambda_i\mathscr{L}_i(\theta,\beta,u,v_i)$$

とおく．ただし，$\boldsymbol{\lambda}=\{\lambda_1,\dots,\lambda_m\}^{\mathrm{T}}$ は $f_1-\beta\le 0,\dots,f_m-\beta\le 0$ に対する Lagrange 乗数とする．また，

$$\mathscr{L}_i(\theta,\beta,u,v_i)=f_i(\theta,u)-\beta+\mathscr{L}_{\mathrm{S}}(\theta,u,v_i)$$

とする．ここで，$\mathscr{L}_{\mathrm{S}}$ は式 (8.2.4) とする．$(\theta,\beta,u,v_1,\dots,v_m)$ の任意変動 $(\vartheta,\beta',u',v_1',\dots,v_m')\in X\times\mathbb{R}\times U^{m+1}$ に対する $\mathscr{L}$ の Fréchet 微分を

$$\begin{aligned}
&\mathscr{L}'(\theta,\beta,u,v_1,\dots,v_m,\lambda_1,\dots,\lambda_m)[\vartheta,\beta',u',v_1',\dots,v_m']\\
&\quad=\mathscr{L}_\theta(\theta,\beta,u,v_1,\dots,v_m,\lambda_1,\dots,\lambda_m)[\vartheta]\\
&\qquad+\mathscr{L}_\beta(\theta,\beta,u,v_1,\dots,v_m,\lambda_1,\dots,\lambda_m)[\beta']\\
&\qquad+\sum_{i\in\{1,\dots,m\}}\lambda_i\mathscr{L}_{iu}(\theta,\beta,u,v_i)[u']\\
&\qquad+\sum_{i\in\{1,\dots,m\}}\lambda_i\mathscr{L}_{iv_i}(\theta,\beta,u,v_i)[v_i']
\end{aligned}\tag{P.8.3}$$

とかく．式 (P.8.3) の右辺第 4 項は，u が状態決定問題の弱解のときに 0 となる．式 (P.8.3) の右辺第 3 項は，

$$\begin{aligned}
&\sum_{i\in\{1,\dots,m\}}\lambda_i\mathscr{L}_{iu}(\theta,\beta,u,v_i)[u']\\
&\quad=\sum_{i\in\{1,\dots,m\}}\lambda_i(f_{iu}(\theta,u)[u']+\mathscr{L}_{\mathrm{S}u}(\theta,u,v_i)[u'])
\end{aligned}$$

となり，$v_1,\dots,v_m$ がそれぞれ $f_1,\dots,f_m$ に対する随伴問題（問題 8.4.1）の弱解のときに 0 となる．式 (P.8.3) の右辺第 2 項は，

$$\mathscr{L}_\beta(\theta,\beta,u,v_1,\dots,v_m,\lambda_1,\dots,\lambda_m)[\beta']=(1-\lambda_1-\cdots-\lambda_m)\beta'$$

となる．さらに，式 (P.8.3) の右辺第 1 項は，

$$\mathscr{L}_\theta(\theta,\beta,u,v_1,\ldots,v_m,\lambda_1,\ldots,\lambda_m)[\vartheta] = \sum_{i\in\{1,\ldots,m\}} \lambda_i \mathscr{L}_{i\theta}(\theta,\beta,u,v_i)[\vartheta] = \sum_{i\in\{1,\ldots,m\}} \lambda_i \langle g_i,\vartheta\rangle$$

とかくことができる．ここで，g_i は式 (8.4.6) で与えられる．

そこで，問題 8.11.1 に対する KKT 条件は，任意の $\vartheta\in X$ に対して，

$$\lambda_1+\cdots+\lambda_m=1 \tag{P.8.4}$$

$$\left\langle \sum_{i\in\{1,\ldots,m\}} \lambda_i g_i,\vartheta \right\rangle = 0$$

$$f_i(\theta)\le 0 \quad \text{for } i\in\{1,\ldots,m\}$$

$$\lambda_i f_i(\theta)=0 \quad \text{for } i\in\{1,\ldots,m\}$$

$$\lambda_i\ge 0 \quad \text{for } i\in\{1,\ldots,m\}$$

が成り立つ条件として与えられる．

また，この問題に対して制約つき問題に対する勾配法を用いた解法は次のようになる．3.7.1 項に示された簡単なアルゴリズム 3.7.2 を使う場合を想定し，8.6 節で示したような変換をおこなうこととする．この問題では g_0（問題 3.7.1 では $\boldsymbol{g}_0$）は 0 となる．したがって，$\vartheta_{g0}=0$ とおく．また，ϵ を正定数として，$\beta=\max_{i\in\{1,\ldots,m\}} f_i-\epsilon$ とおく．このとき，Lagrange 乗数を求める式 (8.6.3) は

$$(\langle g_i,\vartheta_{gj}\rangle)_{(i,j)\in I_{\mathrm{A}}^2}(\lambda_j)_{j\in I_{\mathrm{A}}} = -(f_i)_{i\in I_A} \tag{P.8.5}$$

となる．$(g_i)_{i\in I_{\mathrm{A}}}$ が 1 次独立ならば，式 (P.8.5) を満たす $(\lambda_j)_{j\in I_{\mathrm{A}}}$ は一意に決定される．ここで，$c=\sum_{j\in I_{\mathrm{A}}}\lambda_j$ を用いて，$(\lambda_j/c)_{j\in I_{\mathrm{A}}}$ を $(\lambda_j)_{j\in I_{\mathrm{A}}}$ におきかえ，$(c\vartheta_{gj})_{j\in I_{\mathrm{A}}}$ を $(\vartheta_{gj})_{j\in I_{\mathrm{A}}}$ におきかえれば，式 (P.8.4) と式 (P.8.5) は同時に満たされることになる．しかし，式 (8.6.2) で ϑ_g を求めるときには，このおきかえは不要となる．

8.4 $\boldsymbol{u}$ が状態決定問題（問題 8.8.2）の解ならば，$\min_{\boldsymbol{u}\in U}\pi$ を満たす（定理 5.2.9）．一方，θ に対する $\pi(\theta,\boldsymbol{u})$ の最大点は，$-\pi(\theta,\boldsymbol{u})$ の最小点となる．$\boldsymbol{u}$ が状態決定問題の解のとき，任意の $\vartheta\in X$ に対して，

$$-\pi_\theta(\theta,\boldsymbol{u})[\vartheta]=\frac{1}{2}\boldsymbol{g}_0\cdot\boldsymbol{b}$$

が成り立つ．ただし，$\boldsymbol{g}_0$ は式 (8.9.17) のベクトルを表す．

8.5 $(\boldsymbol{u}, p)$ が状態決定問題（問題 8.9.2）の解ならば，$\min_{\boldsymbol{u}\in U} \max_{p\in P} \pi$ を満たす（定理 5.6.6）．一方，$(\boldsymbol{u}, p)$ が状態決定問題の解のとき，任意の $\vartheta \in X$ に対して，

$$\pi_\theta(\theta, \boldsymbol{u}, p)[\vartheta] = \frac{1}{2}\boldsymbol{g}_0 \cdot \boldsymbol{b}$$

が成り立つ．ただし，$\boldsymbol{g}_0$ は式 (8.9.17) のベクトルを表す．

[第 9 章]

9.1 式 (9.7.8) の右辺第 2 項に対して

$$\begin{aligned}
&\left\| \left(\sum_{j\in\{1,\ldots,d-1\}} \{\boldsymbol{\tau}_j \cdot \boldsymbol{\nabla}(p_{\mathrm{N}} v_i)\} \boldsymbol{\tau}_j \right) \cdot \boldsymbol{\varphi} \right\|_{L^1(\Gamma_p(\boldsymbol{\phi});\mathbb{R})} \\
&\quad \le (d-1) \max_{j\in\{1,\ldots,d-1\}} (\|\boldsymbol{\tau}_j\|^2_{L^\infty(\Gamma_p(\boldsymbol{\phi});\mathbb{R})} \\
&\qquad \times \|\boldsymbol{\nabla}(p_{\mathrm{N}} v_i)\|_{L^2(\Gamma_p(\boldsymbol{\phi});\mathbb{R})}) \|\boldsymbol{\varphi}\|_{L^2(\Gamma_p(\boldsymbol{\phi});\mathbb{R}^d)}
\end{aligned} \tag{P.9.1}$$

が成り立つ．ここで，

$$\begin{aligned}
\|\boldsymbol{\nabla}(p_{\mathrm{N}} v_i)\|_{L^2(\Gamma_p(\boldsymbol{\phi});\mathbb{R})} &\le \|p_{\mathrm{N}} v_i\|_{H^1(\Gamma_p(\boldsymbol{\phi});\mathbb{R})} \\
&\le \|p_{\mathrm{N}}\|_{W^{1,4}(\Gamma_p(\boldsymbol{\phi});\mathbb{R})} \|v_i\|_{W^{1,4}(\Gamma_p(\boldsymbol{\phi});\mathbb{R})} \\
&\le \|\gamma_{\partial\Omega}\|^2 \|p_{\mathrm{N}}\|_{W^{2,4}(\mathbb{R}^d;\mathbb{R})} \|v_i\|_{W^{2,4}(\mathbb{R}^d;\mathbb{R})} \\
&\le \|\gamma_{\partial\Omega}\|^2 \|p_{\mathrm{N}}\|_{W^{2,2q_{\mathrm{R}}}(\mathbb{R}^d;\mathbb{R})} \|v_i\|_{W^{2,2q_{\mathrm{R}}}(\mathbb{R}^d;\mathbb{R})}
\end{aligned}$$

が成り立つ．ただし，$q_{\mathrm{R}} > d$ である．そこで，

$$\begin{aligned}
&(\text{式 (P.9.1) の右辺}) \\
&\quad \le \|\gamma_{\partial\Omega}\|^3 (d-1) \max_{j\in\{1,\ldots,d-1\}} (\|\boldsymbol{\tau}_j\|^2_{L^\infty(\Gamma_p(\boldsymbol{\phi});\mathbb{R})} \\
&\qquad \times \|p_{\mathrm{N}}\|_{W^{2,2q_{\mathrm{R}}}(\mathbb{R}^d;\mathbb{R})} \|v_i\|_{W^{2,2q_{\mathrm{R}}}(\mathbb{R}^d;\mathbb{R})}) \|\boldsymbol{\varphi}\|_X
\end{aligned}$$

が成り立つ．仮定 9.5.1 と定理 9.7.2 の条件 (2) が満たされていれば，上式の右辺は有界となり，式 (9.7.8) の右辺第 2 項は X' の要素となる．さらに，

$$\begin{aligned}
\|p_{\mathrm{N}}\|_{L^\infty(\Gamma_p(\boldsymbol{\phi});\mathbb{R})} &\le \|p_{\mathrm{N}}\|_{W^{1,\infty}(\Gamma_p(\boldsymbol{\phi});\mathbb{R})} \\
\|v_i\|_{L^\infty(\Gamma_p(\boldsymbol{\phi});\mathbb{R})} &\le \|v_i\|_{W^{1,\infty}(\Gamma_p(\boldsymbol{\phi});\mathbb{R})}
\end{aligned}$$

が成り立つことから，

$$\sum_{j\in\{1,\ldots,d-1\}} \|\boldsymbol{\tau}_j\|^2_{L^\infty(\Gamma_p(\boldsymbol{\phi});\mathbb{R})}\|p_{\mathrm{N}}\|_{L^\infty(\Gamma_p(\boldsymbol{\phi});\mathbb{R})}\|v_i\|_{L^\infty(\Gamma_p(\boldsymbol{\phi});\mathbb{R})}$$

は有界となり，式 (9.7.8) の右辺第 2 項は $L^\infty(\Gamma_p(\boldsymbol{\phi});\mathbb{R}^d)$ に入る．

9.2 問題 9.14.1 の Lagrange 関数を

$$\mathscr{L}_{\mathrm{S}}(\boldsymbol{\phi},u,v) = -\int_{\Omega(\boldsymbol{\phi})} \boldsymbol{\nabla}u\cdot\boldsymbol{\nabla}v\,\mathrm{d}x + \int_{\partial\Omega(\boldsymbol{\phi})} (p_{\mathrm{R}}v - c_{\partial\Omega}uv)\,\mathrm{d}\gamma$$

とおく．また，f_i に対する Lagrange 関数を

$$\begin{aligned}\mathscr{L}_i(\boldsymbol{\phi},u,v_i) &= f_i(\boldsymbol{\phi},u) + \mathscr{L}_{\mathrm{S}}(\boldsymbol{\phi},u,v_i)\\ &= -\int_{\Omega(\boldsymbol{\phi})} \boldsymbol{\nabla}u\cdot\boldsymbol{\nabla}v_i\,\mathrm{d}x\\ &\quad + \int_{\partial\Omega(\boldsymbol{\phi})} (\eta_{\mathrm{R}i}(\boldsymbol{\phi},u) + p_{\mathrm{R}}v_i - c_{\partial\Omega}uv_i)\,\mathrm{d}\gamma\end{aligned}$$

とおく．$\mathscr{L}_i$ の形状微分は，関数の形状微分公式を用いたとき，

$$\begin{aligned}\mathscr{L}_i'(\boldsymbol{\phi},u,v_i)[\boldsymbol{\varphi},u',v_i'] &= \mathscr{L}_{i\boldsymbol{\phi}'}(\boldsymbol{\phi},u,v_i)[\boldsymbol{\varphi}]\\ &\quad + \mathscr{L}_{iu}(\boldsymbol{\phi},u,v_i)[u'] + \mathscr{L}_{iv_i}(\boldsymbol{\phi},u,v_i)[v_i']\end{aligned} \tag{P.9.2}$$

とかくことができる．式 (P.9.2) の右辺第 3 項は，

$$\mathscr{L}_{iv_i}(\boldsymbol{\phi},u,v_i)[v_i'] = \mathscr{L}_{\mathrm{S}v_i}(\boldsymbol{\phi},u,v_i)[v_i'] = \mathscr{L}_{\mathrm{S}}(\boldsymbol{\phi},u,v_i') \tag{P.9.3}$$

となり，u が状態決定問題（問題 9.14.1）の弱解ならば 0 となる．また，式 (P.9.2) の右辺第 2 項は，

$$\begin{aligned}&\mathscr{L}_{iu}(\boldsymbol{\phi},u,v_i)[u']\\ &\quad = -\int_{\Omega(\boldsymbol{\phi})} \boldsymbol{\nabla}u'\cdot\boldsymbol{\nabla}v_i\,\mathrm{d}x\\ &\qquad + \int_{\partial\Omega(\boldsymbol{\phi})} (\eta_{\mathrm{R}iu}(\boldsymbol{\phi},u)[u'] - c_{\partial\Omega}v_iu')\,\mathrm{d}\gamma\end{aligned}$$

となり，v_i が次のような f_i に対する随伴問題の弱解であるときに式 (P.9.2) の右辺第 2 項も 0 になる．

問題 P.9.1（f_i に対する随伴問題）

$\boldsymbol{\phi} \in \mathcal{D}$ に対して問題 9.14.1 の解 u が与えられたとき，

$$-\Delta v_i = 0 \quad \text{in } \Omega(\boldsymbol{\phi})$$
$$\partial_\nu v_i + c_{\partial\Omega}(\boldsymbol{\phi}) v_i = \eta_{\mathrm{R}iu}(\boldsymbol{\phi}, u) \quad \text{on } \partial\Omega(\boldsymbol{\phi})$$

を満たす $v_i : \Omega(\boldsymbol{\phi}) \to \mathbb{R}$ を求めよ．

さらに，式 (P.9.2) の右辺第 1 項は，

$$\begin{aligned}
&\mathscr{L}_{i\boldsymbol{\phi}'}(\boldsymbol{\phi}, u, v_i)[\boldsymbol{\varphi}] \\
&\quad = \int_{\Omega(\boldsymbol{\phi})} \{\boldsymbol{\nabla} u \cdot (\boldsymbol{\nabla}\boldsymbol{\varphi}^{\mathrm{T}} \boldsymbol{\nabla} v_i) + \boldsymbol{\nabla} v_i \cdot (\boldsymbol{\nabla}\boldsymbol{\varphi}^{\mathrm{T}} \boldsymbol{\nabla} u) \\
&\qquad\qquad - (\boldsymbol{\nabla} u \cdot \boldsymbol{\nabla} v_i) \boldsymbol{\nabla} \cdot \boldsymbol{\varphi}\} \, \mathrm{d}x \\
&\qquad + \int_{\partial\Omega(\boldsymbol{\phi})} \{\kappa(\eta_{\mathrm{R}i}(\boldsymbol{\phi}, u) + p_{\mathrm{R}} v_i - c_{\partial\Omega} u v_i) \boldsymbol{\nu} \cdot \boldsymbol{\varphi} \\
&\qquad\qquad - \boldsymbol{\nabla}_\tau (\eta_{\mathrm{R}i}(\boldsymbol{\phi}, u) + p_{\mathrm{R}} v_i - c_{\partial\Omega} u v_i) \cdot \boldsymbol{\varphi}_\tau\} \, \mathrm{d}\gamma \\
&\qquad + \int_{\Theta(\boldsymbol{\phi})} (\eta_{\mathrm{R}i}(\boldsymbol{\phi}, u) + p_{\mathrm{R}} v_i - c_{\partial\Omega} u v_i) \boldsymbol{\tau} \cdot \boldsymbol{\varphi} \, \mathrm{d}\varsigma
\end{aligned}$$

となる．この積分を求めるために，$\partial\Omega(\boldsymbol{\phi})$ が区分的に C^2 級であることを用いた．また，既知関数は物質固定であると仮定された．

以上の結果をふまえて，u と v_i はそれぞれ問題 9.14.1 と問題 P.9.1 の弱解であると仮定すれば，

$$\begin{aligned}
\tilde{f}_i'(\boldsymbol{\phi})[\boldsymbol{\varphi}] &= \mathscr{L}_{i\boldsymbol{\phi}'}(\boldsymbol{\phi}, u, v_i)[\boldsymbol{\varphi}] = \langle \boldsymbol{g}_i, \boldsymbol{\varphi} \rangle \\
&= \int_{\Omega(\boldsymbol{\phi})} (\boldsymbol{G}_{\Omega i} \cdot \boldsymbol{\nabla}\boldsymbol{\varphi}^{\mathrm{T}} + g_{\Omega i} \boldsymbol{\nabla} \cdot \boldsymbol{\varphi}) \, \mathrm{d}x + \int_{\partial\Omega(\boldsymbol{\phi})} \boldsymbol{g}_{\partial\Omega i} \cdot \boldsymbol{\varphi} \, \mathrm{d}\gamma \\
&\quad + \int_{\Theta(\boldsymbol{\phi})} \boldsymbol{g}_{\Theta i} \cdot \boldsymbol{\varphi} \, \mathrm{d}\varsigma
\end{aligned}$$

とかくことができる．ここで，

$$\boldsymbol{G}_{\Omega i} = \boldsymbol{\nabla} u (\boldsymbol{\nabla} v_i)^{\mathrm{T}} + \boldsymbol{\nabla} v_i (\boldsymbol{\nabla} u)^{\mathrm{T}}$$
$$g_{\Omega i} = -\boldsymbol{\nabla} u \cdot \boldsymbol{\nabla} v_i$$

$$\begin{aligned}\boldsymbol{g}_{\partial\Omega i} &= \kappa(\eta_{\mathrm{R}i}(\boldsymbol{\phi}, u) + p_{\mathrm{R}} v_i - c_{\partial\Omega} u v_i)\boldsymbol{\nu} \\ &\quad - \sum_{j\in\{1,\ldots,d-1\}} \{\boldsymbol{\tau}_j \cdot \boldsymbol{\nabla}(\eta_{\mathrm{R}i}(\boldsymbol{\phi}, u) + p_{\mathrm{R}} v_i - c_{\partial\Omega} u v_i)\}\boldsymbol{\tau}_j \\ \boldsymbol{g}_{\Theta i} &= (\eta_{\mathrm{R}i}(\boldsymbol{\phi}, u) + p_{\mathrm{R}} v_i - c_{\partial\Omega} u v_i)\boldsymbol{\tau}\end{aligned}$$

となる.

定理 9.7.2 では, $\boldsymbol{G}_{\Omega i} \in L^{\infty}(\Omega(\boldsymbol{\phi}); \mathbb{R}^{d\times d})$ および $g_{\Omega i} \in L^{\infty}(\Omega(\boldsymbol{\phi}); \mathbb{R})$ の結果を得た. そのためには, 定理 9.7.2 の証明より, u と v_i は $W^{1,\infty}(\mathbb{R}^d; \mathbb{R})$ であればよい. このときに必要となる既知関数の正則性は,

$$\begin{aligned}& c_{\partial\Omega} \in C^1(\mathcal{D}; W^{1,\infty}(\mathbb{R}^d; \mathbb{R})), \quad p_{\mathrm{R}} \in C^1(\mathcal{D}; W^{1,\infty}(\mathbb{R}^d; \mathbb{R})), \\ & \eta_{\mathrm{R}iu} \in C^1(\mathcal{D}; W^{1,\infty}(\mathbb{R}^d; \mathbb{R}))\end{aligned}$$

である (トレースをとるために少なくとも 1 階微分は必要となる). さらに, $\boldsymbol{g}_{\partial\Omega i} \in L^{\infty}(\partial\Omega(\boldsymbol{\phi}); \mathbb{R}^d)$ の結果を得るためには,

$$\begin{aligned}& c_{\partial\Omega} \in C^1(\mathcal{D}; W^{2,\infty}(\mathbb{R}^d; \mathbb{R})), \quad p_{\mathrm{R}} \in C^1(\mathcal{D}; W^{2,2q_{\mathrm{R}}}(\mathbb{R}^d; \mathbb{R})), \\ & \eta_{\mathrm{R}i} \in C^1(\mathcal{D}; W^{2,2q_{\mathrm{R}}}(\mathbb{R}^d; \mathbb{R}))\end{aligned}$$

が必要となる. ただし, $q_{\mathrm{R}} > d$ である. その反面, 角点の開き角 β に対しては, 同一種境界上にあるときの条件 $\beta < 2\pi$ が適用されることになる.

9.3 式 (9.14.3) を用いて, $\hat{\boldsymbol{g}}_{i\mathrm{C}}$ を求めよう. 式 (9.14.3) 右辺被積分関数の第 1 項に対して,

$$\begin{aligned}\boldsymbol{\nabla} u &= \begin{pmatrix} \cos\theta \dfrac{\partial}{\partial r} - \dfrac{\sin\theta}{r} \dfrac{\partial}{\partial \theta} \\ \sin\theta \dfrac{\partial}{\partial r} + \dfrac{\cos\theta}{r} \dfrac{\partial}{\partial \theta} \end{pmatrix} u = \frac{k_j}{2\epsilon^{1/2}} \begin{pmatrix} \cos(\theta/2) \\ \sin(\theta/2) \end{pmatrix} \\ \boldsymbol{\nabla} v_i &= \frac{l_{ij}}{2\epsilon^{1/2}} \begin{pmatrix} \cos(\theta/2) \\ \sin(\theta/2) \end{pmatrix}\end{aligned}$$

が成り立つ. そこで,

$$\boldsymbol{\nabla} u \cdot \boldsymbol{\nabla} v_i = \frac{k_j l_{ij}}{4\epsilon}$$

が得られる. この結果を被積分関数の第 1 項に代入すれば, 任意の $\boldsymbol{\varphi} = (\varphi_1, \varphi_2)^{\mathrm{T}} \in \mathbb{R}^2$ に対して,

$$
\begin{aligned}
&-\int_0^{2\pi} (\boldsymbol{\nabla} u \cdot \boldsymbol{\nabla} v_i)\boldsymbol{\nu} \cdot \boldsymbol{\varphi}\, \epsilon \,\mathrm{d}\theta \\
&\quad = \int_0^{2\pi} \frac{k_j l_{ij}}{4} (\varphi_1 \cos\theta + \varphi_2 \sin\theta)\,\mathrm{d}\theta = 0 \qquad \text{(P.9.4)}
\end{aligned}
$$

となる．さらに，被積分関数の第 2 項に対して，

$$
\begin{aligned}
\partial_\nu u &= \boldsymbol{\nu} \cdot \boldsymbol{\nabla} u = \frac{k_j}{2\epsilon^{1/2}} \begin{pmatrix} -\cos\theta \\ -\sin\theta \end{pmatrix} \cdot \begin{pmatrix} \cos(\theta/2) \\ \sin(\theta/2) \end{pmatrix} = -\frac{k_j}{2\epsilon^{1/2}} \cos(\theta/2) \\
\partial_\nu u \boldsymbol{\nabla} v_i &= -\frac{k_j l_{ij}}{4\epsilon} \cos(\theta/2) \begin{pmatrix} \cos(\theta/2) \\ \sin(\theta/2) \end{pmatrix}
\end{aligned}
$$

が成り立つ．そこで，被積分関数の第 2 項は，任意の $\boldsymbol{\varphi} = (\varphi_1, \varphi_2)^{\mathrm{T}} \in \mathbb{R}^2$ に対して，

$$
\begin{aligned}
\int_0^{2\pi} \partial_\nu u \boldsymbol{\nabla} v_i \cdot \boldsymbol{\varphi} \epsilon \,\mathrm{d}\theta &= \int_0^{2\pi} \partial_\nu v_i \boldsymbol{\nabla} u \cdot \boldsymbol{\varphi} \epsilon \,\mathrm{d}\theta \\
&= -\frac{k_j l_{ij}}{4} \begin{pmatrix} \pi \\ 0 \end{pmatrix} \cdot \begin{pmatrix} \varphi_1 \\ \varphi_2 \end{pmatrix} \qquad \text{(P.9.5)}
\end{aligned}
$$

となる．被積分関数の第 3 項も同じ結果となる．そこで，式 (P.9.4) と (P.9.5) より，

$$
\langle \hat{\boldsymbol{g}}_{i\mathrm{C}}, \boldsymbol{\varphi} \rangle = -\frac{k_j l_{ij}}{2} \begin{pmatrix} \pi \\ 0 \end{pmatrix} \cdot \begin{pmatrix} \varphi_1 \\ \varphi_2 \end{pmatrix} \qquad \text{(P.9.6)}
$$

が得られる．式 (P.9.6) より，き裂の変動に対する形状微分 $\hat{\boldsymbol{g}}_{i\mathrm{C}}$ はき裂面の方向を向いている結果が得られたことになる．

$\hat{\boldsymbol{g}}_{i\mathrm{M}}$ は次のようになる．式 (P.9.4) 右辺被積分関数の第 1 項に対して，

$$
\begin{aligned}
\boldsymbol{\nabla} u &= \begin{pmatrix} \cos\theta \dfrac{\partial}{\partial r} - \dfrac{\sin\theta}{r} \dfrac{\partial}{\partial \theta} \\ \sin\theta \dfrac{\partial}{\partial r} + \dfrac{\cos\theta}{r} \dfrac{\partial}{\partial \theta} \end{pmatrix} u = \frac{k_j}{2\epsilon^{1/2}} \begin{pmatrix} -\sin(\theta/2) \\ \cos(\theta/2) \end{pmatrix} \\
\boldsymbol{\nabla} v_i &= \frac{l_{ij}}{2\epsilon^{1/2}} \begin{pmatrix} -\sin(\theta/2) \\ \cos(\theta/2) \end{pmatrix}
\end{aligned}
$$

が成り立つ．そこで，

$$\nabla u \cdot \nabla v_i = \frac{k_j l_{ij}}{4\epsilon}$$

が得られる．この結果を被積分関数の第 1 項に代入すれば，任意の $\boldsymbol{\varphi} = (\varphi_1, \varphi_2)^{\mathrm{T}} \in \mathbb{R}^2$ に対して，

$$\begin{aligned} -\int_0^{\pi} (\nabla u \cdot \nabla v_i)\boldsymbol{\nu} \cdot \boldsymbol{\varphi}\epsilon \, \mathrm{d}\theta \\ = \int_0^{\pi} \frac{k_j l_{ij}}{4} (\varphi_1 \cos\theta + \varphi_2 \sin\theta) \, \mathrm{d}\theta = \frac{k_j l_{ij}}{2} \varphi_2 \end{aligned} \tag{P.9.7}$$

となる．さらに，

$$\partial_\nu u = \boldsymbol{\nu} \cdot \nabla u = \frac{k_j}{2\epsilon^{1/2}} \begin{pmatrix} -\cos\theta \\ -\sin\theta \end{pmatrix} \cdot \begin{pmatrix} -\sin(\theta/2) \\ \cos(\theta/2) \end{pmatrix} = -\frac{k_j}{2\epsilon^{1/2}} \sin(\theta/2)$$

$$\partial_\nu u \nabla v_i = -\frac{k_j l_{ij}}{4\epsilon} \sin(\theta/2) \begin{pmatrix} -\sin(\theta/2) \\ \cos(\theta/2) \end{pmatrix}$$

が成り立つ．そこで，被積分関数の第 2 項は，任意の $\boldsymbol{\varphi} = (\varphi_1, \varphi_2)^{\mathrm{T}} \in \mathbb{R}^2$ に対して，

$$\begin{aligned} \int_0^{\pi} \partial_\nu u \nabla v_i \cdot \boldsymbol{\varphi}\epsilon \, \mathrm{d}\theta &= \int_0^{\pi} \partial_\nu v_i \nabla u \cdot \boldsymbol{\varphi}\epsilon \, \mathrm{d}\theta \\ &= \frac{k_j l_{ij}}{8} \begin{pmatrix} \pi \\ -2 \end{pmatrix} \cdot \begin{pmatrix} \varphi_1 \\ \varphi_2 \end{pmatrix} \end{aligned} \tag{P.9.8}$$

となる．被積分関数の第 3 項も同じ結果となる．そこで，式 (P.9.7) と (P.9.8) より，

$$\langle \hat{\boldsymbol{g}}_{i\mathrm{M}}, \boldsymbol{\varphi} \rangle = \frac{k_j l_{ij}}{4} \begin{pmatrix} \pi \\ 0 \end{pmatrix} \cdot \begin{pmatrix} \varphi_1 \\ \varphi_2 \end{pmatrix} \tag{P.9.9}$$

が得られる．式 (P.9.9) より，滑らかな境界上にある混合境界が変動するときの形状微分 $\hat{\boldsymbol{g}}_{i\mathrm{M}}$ は Neumann 境界の方向を向いているという結果が得られたことになる．

参考文献

[1] N. Aage, T.H. Poulsen, A. Gersborg-Hansen, and O. Sigmund. Topology optimization of large scale Stokes flow problems. *Struct. Multidisc. Optim.*, Vol. 35, pp. 175–180, 2008.

[2] R.A. Adams and J.J.F. Fournier. *Sobolev spaces, 2nd ed.* Academic Press, Amsterdam; Tokyo, 2003.

[3] G. Allaire, F. Jouve, and A.M. Toader. Structural optimization using sensitivity analysis and a level-set method. *J. Comput. Phys.*, Vol. 194, pp. 363–393, 2004.

[4] L. Armijo. Minimization of functions having Lipschitz-continuous first partial derivatives. *Pacific J. Math.*, Vol. 16, pp. 1–3, 1966.

[5] J.S. Arora. *Introduction to optimum design.* McGraw-Hill, New York; Tokyo, 1989.

[6] M. Avellaneda. Optimal bounds and microgeometries for elastic two-phase composites. *SIAM J. Appl. Math.*, Vol. 47, pp. 1216–1228, 1987.

[7] 畔上秀幸．領域最適化問題の一解法．日本機械学会論文集 A 編，Vol. 60，No. 574，pp. 1479–1486，6 1994.

[8] 畔上秀幸．形状最適化問題の正則化解法．日本応用数理学会論文誌，Vol. 23，No. 2，pp. 83–138，6 2014.

[9] H. Azegami, S. Fukumoto, and T. Aoyama. Shape optimization of continua using NURBS as basis functions. *Structural and Multidisciplinary Optimization*, Vol. 47, No. 2, pp. 247–258, 1 2013.

[10] H. Azegami, S. Kaizu, and K. Takeuchi. Regular solution to topology optimization problems of continua. *JSIAM Letters*, Vol. 3, pp. 1–4, 1 2011.

[11] H. Azegami, K. Ohtsuka, and M. Kimura. Shape derivative of cost function for singular point: Evaluation by the generalized J integral. *JSIAM Letters*, Vol. 6, pp. 29–32, 7 2014.

[12] 畔上秀幸．須貝康弘，下田昌利．座屈に対する形状最適化．日本機械学会論文集 A 編，Vol. 66，No. 647，pp. 1262–1267，7 2000.

[13] H. Azegami and K. Takeuchi. A smoothing method for shape optimization: Traction method using the Robin condition. *International Journal of Computational Methods*, Vol. 3, No. 1, pp. 21–33, 3 2006.

[14] 畔上秀幸，呉志強．線形弾性問題における領域最適化解析（力法によるアプローチ）．日本機械学会論文集 A 編，Vol. 60，No. 578，pp. 2312–2318，10 1994.

[15] H. Azegami, S. Yokoyama, and E. Katamine. Solution to shape optimization problems of continua on thermal elastic deformation. In M. Tanaka and G. S. Dulikravich, editors, *Inverse Problems in Engineering Mechanics III*, pp. 61–66. Elsevier, Tokyo, 1 2002.

[16] H. Azegami, L. Zhou, K. Umemura, and N. Kondo. Shape optimization for a link mechanism. *Structural and Multidisciplinary Optimization*, Vol. 48, No. 1, pp. 115–125, 2 2013.

[17] N.V. Banichuk. Optimality conditions and analytical methods of shape optimization. In E. J. Haug and J. Cea, editors, *Optimization of Distributed Parameter Structures*, Vol. 2, pp. 973–1004. Sijthoff & Noordhoff, Alphen aan den Rijn, 1981.

[18] N.V. Banichuk. *Problems and Methods of Optimal Structural Design.* Plenum Press, New York, 1983.

[19] N.V. Banichuk. *Introduction to Optimization of Structures.* Springer-Verlag, New York, 1990.

[20] R.G. Bartle. *The elements of real analysis, 2nd ed.* Wiley, New York, 1976.

[21] M.S. Bazaraa and C.M. Shetty. *Nonlinear programming: theory and algorithms.* Wiley, New York, 1979.

[22] A.D. Belegundu and S.D. Rajan. A shape optimization approach based on natural design variables and shape functions. *Comput. Methods Appl. Mech. Engrg.*, Vol. 66, pp. 87–106, 1988.

[23] M.P. Bendsøe. Optimal shape design as a material distribution problem. *Struct. Optim.*, Vol. 1, pp. 193–202, 1989.

[24] M.P. Bendsøe and N. Kikuchi. Generating optimal topologies in structural design using a homogenization method. *Comput. Methods Appl. Mech. Engrg.*, Vol. 71, pp. 197–224, 1988.

[25] M.P. Bendsøe and O. Sigmund. *Topology optimization: theory, methods and applications.* Springer, Berlin; Tokyo, 2003.

[26] M.S. Berger. *Nonlinearity and functional analysis: lectures on nonlinear*

problems in mathematical analysis. Academic Press, New York, 1977.

[27] T. Borrvall and J. Petersson. Topology optimization of fluids in Stokes flow. *Int. J. Numer. Meth. Fluids*, Vol. 41, pp. 77–107, 2003.

[28] V. Braibant and C. Fleury. Shape optimal design using B-splines. *Comput. Methods Appl. Mech. Engrg.*, Vol. 44, pp. 247–267, 1984.

[29] V. Braibant and C. Fleury. An approximation concepts approach to shape optimal design. *Comput. Methods Appl. Mech. Engrg.*, Vol. 53, pp. 119–148, 1985.

[30] ハイム・ブレジス，小西芳雄訳，藤田宏監訳．関数解析：その理論と応用に向けて．産業図書，東京，1988.

[31] H. Brezis. *Analyse fonctionnelle: théorie et applications.* Masson, Paris, 1983.

[32] F. Brezzi and M. Fortin. *Mixed and hybrid finite element methods.* Springer-Verlag, New York; Tokyo, 1991.

[33] J. Cea. Numerical methods of shape optimal design. In E. J. Haug and J. Cea, editors, *Optimization of Distributed Parameter Structures*, Vol. 2, pp. 1049–1088. Sijthoff & Noordhoff, Alphen aan den Rijn, 1981.

[34] J. Cea. Problems of shape optimization. In E. J. Haug and J. Cea, editors, *Optimization of Distributed Parameter Structures*, Vol. 2, pp. 1005–1048. Sijthoff & Noordhoff, Alphen aan den Rijn, 1981.

[35] D. Chenais. On the existence of a solution in a domain identification problem. *J. Math. Anal. Appl.*, Vol. 52, pp. 189–219, 1975.

[36] K.K. Choi. Shape design sensitivity analysis of displacement and stress constraints. *J. Struct. Mech.*, Vol. 13, pp. 27–41, 1985.

[37] K.K. Choi and Haug E.J. Shape design sensitivity analysis of elastic structures. *J. Struct. Mech.*, Vol. 11, pp. 231–269, 1983.

[38] K.K. Choi and N.H. Kim. *Structural sensitivity analysis and optimization, 1 & 2.* Springer, New York, 2005.

[39] E.K.P. Chong and S.H. Żak. *An introduction to optimization.* Wiley, New York, 2008.

[40] P.G. Ciarlet. *Three-dimensional elasticity.* North-Holland, Amsterdam; Tokyo, 1988.

[41] P.G. Ciarlet. *Finite element methods.* Handbook of numerical analysis, P.G. Ciarlet, J.L. Lions, general editors. Elsevier, Amsterdam; Tokyo: North-Holl, 1991.

[42] M.C. Delfour and J.P. Zolésio. Tangent culculus and shape derivatives. In J. Cagnol, M.P. Polis, and J.P. Zolésio, editors, *Shape optimization and optimal design: proceedings of the IFIP conference*, pp. 37–60. Marcel Dekker, New York; Basel, 2001.

[43] M.C. Delfour and J.P. Zolésio. *Shapes and geometries: metrics, analysis, differential calculus, and optimization, 2nd ed.* SIAM, Philadelphia, 2011.

[44] A.R. Diaz and N. Kikuchi. Solutions to shape and topology eigenvalue optimization problems using a homogenization method. *Int. J. Numer. Methods Engrg.*, Vol. 35, pp. 1487–1502, 1992.

[45] A.R. Diaz and O. Sigmund. Checkerboard patterns in layout optimization. *Struct. Optim.*, Vol. 10, pp. 40–45, 1995.

[46] L.C. Evans and R.F. Gariepy. *Measure theory and fine properties of functions.* CRC Press, Boca Raton, 1992.

[47] L.C. Evans. *Partial differential equations. 4th ed.* American Mathematical Societ, Providence, R.I., 2002.

[48] A. Evgrafov. Topology optimization of slightly compressible fluids. *ZAMM*, Vol. 86, pp. 46–62, 2006.

[49] 藤田宏，今野浩，田邉國士．最適化法．岩波書店，東京，1994.

[50] 福島雅夫．非線形最適化の基礎．朝倉書店，東京，2001.

[51] I.M. Gelfand, S.V. Fomin，関根智明訳．変分法．総合図書，東京，1970.

[52] A. Gersborg-Hansen, O. Sigmund, and R.B. Haber. Topology optimization of channel flow problems. *Struct. Multidisc. Optim.*, Vol. 3, pp. 181–192, 2005.

[53] G.T. Gilbert. Positive definite matrices and Sylvester's criterion. *The American Mathematical Monthly (Mathematical Association of America)*, Vol. 98, No. 1, pp. 44–46, 1991.

[54] V. Girault and P.A. Raviart. *Finite element methods for Navier-Stokes equations: theory and algorithms.* Springer-Verlag, Berlin; Tokyo, 1986.

[55] P. Grisvard. *Elliptic problems in nonsmooth domains.* Pitman Advanced Pub. Program, Boston, 1985.

[56] J.K. Guest and J.H. Prévost. Topology optimization of creeping fluid flows using a Darcy–Stokes finite element. *Int. J. Num. Meth. Engng.*, Vol. 66, pp. 461–484, 2006.

[57] J.K. Guest and J.H. Prévost. Design of maximum permeability material structures. *Comput. Methods Appl. Mech. Engrg.*, Vol. 196, pp. 1006–

1017, 2007.

[58] O. Güler. *Foundations of optimization.* Springer, New York, 2010.

[59] J. Hadamard. *Mémoire des savants etragers. Oeuvres de J. Hadamard,* chapter Mémoire sur le probléme d'analyse relatif á l'équilibre des plaques élastiques encastrées, Mémoire des savants etragers, Oeuvres de J. Hadamard, pp. 515–629. CNRS, Paris, 1968.

[60] R.T. Haftka and Z. Gurdal. *Elements of structural optimization. 3rd rev. and expanded ed.* Kluwer Academic Publishers, Dordrecht, 1992.

[61] J. Haslinger and R.A.E. Mäkinen. *Introduction to Shape Optimization: Theory, Approximation, and Computation.* SIAM, Philadelphia, 2003.

[62] J. Haslinger and P. Neittaanmäki. *Finite Element Approximation for Optimal Shape Design: Theory and Application.* John Wiley & Sons, Chichester, 1988.

[63] J. Haslinger and P. Neittaanmäki. *Finite element approximation for optimal shape, material and topology design, 2nd ed.* John Wiley & Sons, Chichester, 1996.

[64] E.J. Haug, K.K. Choi, and V. Komkov. *Design Sensitivity Analysis of Structural Systems.* Academic Press, Orland, 1986.

[65] F. Hecht. New development in freefem++. *J. Numer. Math.*, Vol. 20, No. 3–4, pp. 251–265, 2012.

[66] V. Horák. *Inverse Variational Principles of Continuum Mechanics.* Academia, nakladatelství Československé akademie véd, Praha, 1969.

[67] 井原久，畔上秀幸，下田昌利．幾何学的非線形性を考慮した変位経路制御問題に対する形状最適化．日本機械学会論文集 A 編，Vol. 67，No. 656， pp. 611–617，4 2001.

[68] 井原久，畔上秀幸，下田昌利，渡邊勝彦．材料非線形性を考慮した形状最適化問題の解法．日本機械学会論文集 A 編，Vol. 66，No. 646，pp. 1111–1118，6 2000.

[69] 井原久，下田昌利，畔上秀幸，桜井俊明．位相最適化と形状最適化の統合による多目的構造物の形状設計（均質化法と力法によるアプローチ）．日本機械学会論文集 A 編，Vol. 62，No. 596，pp. 1091–1097，4 1996.

[70] 井原久，下田昌利，畔上秀幸，桜井俊明．位相－形状最適化手法に基づく変位規定問題の数値解析法．自動車技術会論文集，Vol. 29， No. 1，pp. 117–122，1 1998.

[71] M.H. Imam. Three-dimensional shape optimization. *Int. J. Num. Meth.*

Engrg., Vol. 18, pp. 661–673, 1982.

[72] A.R. Inzarulfaisham and H. Azegami. Shape optimization of linear elastic continua for moving nodes of natural vibration modes to assigned positions and its application to chassis-like frame structures. *Transactions of JSCES (Japan Society for Computational Engineering and Science)*, Vol. 7, pp. 43–50, 6 2004.

[73] A.R. Inzarulfaisham and H. Azegami. Solution to boundary shape optimization problem of linear elastic continua with prescribed natural vibration mode shapes. *Structural and Multidisciplinary Optimization*, Vol. 27, No. 3, pp. 210–217, 5 2004.

[74] T. Iwai, A. Sugimoto, T. Aoyama, and H. Azegami. Shape optimization problem of elastic bodies for controlling contact pressure. *JSIAM Letters*, Vol. 2, pp. 1–4, 1 2010.

[75] Y. Iwata, H. Azegami, T. Aoyama, and E. Katamine. Numerical solution to shape optimization problems for non-stationary Navier–Stokes problems. *JSIAM Letters*, Vol. 2, pp. 37–40, 5 2010.

[76] J. Jahn. *Introduction to the theory of nonlinear optimization. 2nd rev. ed.* Springer-Verlag, Berlin; New York, 1996.

[77] M.W. Jeter. *Mathematical programming: an introduction to optimization.* M. Dekker, Inc., New York, 1986.

[78] 海津聰，畔上秀幸．最適形状問題と力法について．日本応用数理学会論文誌，Vol. 16，No. 3，pp. 277–290，9 2006.

[79] 片峯英次，畔上秀幸．粘性流れ場領域最適化問題の解法（力法によるアプローチ）．日本機械学会論文集 B 編，Vol. 60，No. 579，pp. 3859–3866，11 1994.

[80] 片峯英次，畔上秀幸．ポテンシャル流れ場の領域最適化解析．日本機械学会論文集 B 編，Vol. 61，No. 581，pp. 103–108，1 1995.

[81] 片峯英次，畔上秀幸．粘性流れ場の領域最適化解析（対流項を考慮した場合）．日本機械学会論文集 B 編，Vol. 61，No. 585，pp. 1646–1653，5 1995.

[82] E. Katamine, H. Azegami, and M. Hirai. Solution of shape identification problems on thermoelastic solids. *International Journal of Computational Methods*, Vol. 3, No. 3, pp. 279–293, 9 2006.

[83] 片峯英次，畔上秀幸，小嶋雅美．定常熱伝導場における境界形状決定．日本機械学会論文集 B 編，Vol. 65，No. 629，pp. 275–281，1 1999.

[84] 片峯英次，畔上秀幸，松浦易広．非定常熱伝導場における形状同定問題の解法．日本機械学会論文集 B 編，Vol. 66，No. 641，pp. 227–234，1 2000.

[85] E. Katamine, H. Azegami, T. Tsubata, and S. Itoh. Solution to shape optimization problems of viscous flow fields. *International Journal of Computational Fluid Dynamics*, Vol. 19, No. 1, pp. 45–51, 1 2005.

[86] 片峯英次，畔上秀幸，山口正太郎．ポテンシャル流れ場の形状同定解析（圧力分布規定問題と力法による解法）．日本機械学会論文集 B 編，Vol. 64，No. 620，pp. 1063–1070，4 1998.

[87] 片峯英次，岩田侑太朗，畔上秀幸．放熱量最大化を目的とした非定常熱伝導場の形状最適化．日本機械学会論文集 B 編，Vol. 74，No. 743，pp. 1609–1616，7 2008.

[88] 片峯英次，河瀬賀行，畔上秀幸．強制熱対流場の形状最適化．日本機械学会論文集 B 編，Vol. 73，No. 733，pp. 1884–1891，9 2007.

[89] 片峯英次，西橋直志，畔上秀幸．抗力最小化・揚力最大化を目的とした定常粘性流れ場の形状最適化．日本機械学会論文集 B 編，Vol. 74，No. 748，pp. 2426–2434，12 2008.

[90] E. Katamine, T. Tsubata, and H. Azegami. Solution to shape optimization problem of viscous flow fields considering convection term. In M. Tanaka, editor, *Inverse Problems in Engineering Mechanics IV*, pp. 401–408. Elsevier, Tokyo, 8 2003.

[91] 片峯英次，吉岡広起，松浦浩佑，畔上秀幸．平均コンプライアンス最小化を目的とした熱弾性場の形状最適化．日本機械学会論文集 B 編，Vol. 77，No. 783，pp. 4015–4023，11 2011.

[92] 菊地文雄．有限要素法の数理：数学的基礎と誤差解析．培風館，東京，1994.

[93] 菊地文雄．有限要素法概説，新訂版．サイエンス社，東京，1999.

[94] M. Kimura. Shape derivative of minimum potential energy: abstract theory and applications. *Jindřich Nečas Center for Mathematical Modeling Lecture notes Volume IV, Topics in Mathematical Modeling*, pp. 1–38, 2008.

[95] 木村正人，若野功．亀裂進展に伴うエネルギー解放率の数学解析に関する再考察．日本応用数理学会論文誌，Vol. 16，No. 3，pp. 345–358，9 2006.

[96] R.V. Kohn and R. Lipton. Optimal bounds for the effective energy of a mixture of isotropic, incompressible, elastic materials. *Archive for Rational Mechanics and Analysis*, Vol. 102, No. 4, pp. 331–350, 1988.

[97] R.V. Kohn and G. Strang. Optimal design and relaxation of variational problems, part 1. *Comm. Pure Appl. Math.*, Vol. 39, pp. 1–25, 1986.

[98] R.V. Kohn and G. Strang. Optimal design and relaxation of variational

problems, part 2. *Comm. Pure Appl. Math.*, Vol. 39, pp. 139–182, 1986.

[99] R.V. Kohn and G. Strang. Optimal design and relaxation of variational problems, part 3. *Comm. Pure Appl. Math.*, Vol. 39, pp. 353–377, 1986.

[100] R.V. Kohn and G. Strang. Optimal design in elasticity and plasticity. *Int. J. Num. Meth. Engng.*, Vol. 22, pp. 183–188, 1986.

[101] 黒田成俊．関数解析．共立出版，東京，1980.

[102] 久志本茂．最適化問題の基礎．森北出版，東京，1979.

[103] R.S. Lehman. Developments at an analytic corner of solutions of elliptic partial differential equations. *J. Math. Mech.*, Vol. 8, pp. 727–760, 1959

[104] J.L. Lions. S.K. Mitter, translator. *Optimal control of systems governed by partial differential equations.* Springer-Verlag, Berlin, 1971.

[105] K.A. Lurie, A.V. Cherkaev, and A.V. Fedorov. Regularization of optimal design problems for bars and plates, part 1. *J. Optim. Theory Appl.*, Vol. 37, pp. 499–522, 1982.

[106] K.A. Lurie, A.V. Cherkaev, and A.V. Fedorov. Regularization of optimal design problems for bars and plates, part 2. *J. Optim. Theory Appl.*, Vol. 37, pp. 523–543, 1982.

[107] Z.D. Ma, N. Kikuchi and I. Hagiwara. Structural topology and shape optimization for a frequency response problem. *Computational Mechanics*, Vol. 13, pp. 157–174, 1993.

[108] K. Matsui and K. Terada. Continuous approximation of material distribution for topology optimization. *Int. J. Numer. Meth. Engng.*, Vol. 59, pp. 1925–1944, 2004.

[109] W. McLean. *Strongly elliptic systems and boundary integral equations.* Cambridge University Press, Cambridge, 2000.

[110] 宮島静雄．ソボレフ空間の基礎と応用．共立出版，東京，2006.

[111] B. Mohammadi and O. Pironneau. *Applied shape optimization for fluids.* Oxford University Press, Oxford, New York, 2001.

[112] B. Mohammadi and O. Pironneau. *Applied shape optimization for fluids, 2nd edition.* Oxford University Press, Oxford, New York, 2010.

[113] D. Murai and H. Azegami. Error analysis of H1 gradient method for topology optimization problems of continua. *JSIAM Letters*, Vol. 3, pp. 73–76, 11 2011.

[114] D. Murai and H. Azegami. Error of H1 gradient method for shape-optimization problems of continua. *JSIAM Letters*, Vol. 5, pp.29–32, 3

2013.

[115] 村井大介．偏微分方程式の初期値境界値問題と形状最適化問題に対する数値解法の誤差解析．博士論文，名古屋大学，2012.

[116] F. Murat. Contre-exemples pour divers problémes ou le contrôle intervient dans les coefficients. *Ann. Mat. Pura ed Appl., Serie 4*, Vol. 112, pp. 49–68, 1977.

[117] F. Murat and S. Simon. Etudes de problémes d'optimal design. In *Lecture Notes in Computer Science 41*, pp. 54–62. Springer-Verlag, Berlin, 1976.

[118] C.D. Murray. The physiological principle of minimum work applied to the angle of branching of arteries. *The Journal of General Physiology*, Vol. 9, pp. 835–841, 1926.

[119] C.D. Murray. The physiological principle of minimum work. I. the vascular system and the cost of blood volume. *Proc. Nat. Acad. Sc.*, Vol. 12, pp. 207–214, 1926.

[120] 西脇眞二，泉井一浩，菊池昇．トポロジー最適化．丸善出版，東京，2013.

[121] 小川英光．工学系の関数解析．森北出版，東京，2010.

[122] K. Ohtsuka and A. Khludnev. Generalized J-integral method for sensitivity analysis of static shape design. *Control and Cybernetics*, Vol. 29, pp. 513–533, 2000.

[123] 大塚厚二，高石武史．有限要素法で学ぶ現象と数理：FreeFem++数理思考プログラミング．共立出版，東京，2014.

[124] L.H. Olesen, F. Okkels, and H. Bruus. A high-level programming-language implementation of topology optimization applied to steady-state Navier–Stokes flow. *Int. J. Numer. Meth. Engng.*, Vol. 65, pp. 975–1001, 2006.

[125] O. Pironneau. On optimum profiles in Stokes flow. *J. Fluid. Mech.*, Vol. 59, No. 1, pp. 117–128, 1973.

[126] O. Pironneau. On optimum design in fluid mechanics. *J. Fluid. Mech.*, Vol. 64, No. 1, pp. 97–110, 1974.

[127] O. Pironneau. *Optimal Shape Design for Elliptic Systems.* Springer-Verlag, New York, 1984.

[128] G. Polya. Torsion rigidity, principal frequency, electrostatic capacity and symmetrization. *Quarterly Appli. Math.*, Vol. 6, pp. 267–277, 1948.

[129] I. Raasch, M.S. Chargin, and R. Bruns. Optimierung von pkw-bauteilen in bezug auf form und dimensionierung. *VDI Berichte*, pp. 713–748, 1988.

[130] S.F. Rahmatalla and C.C. Swan. A Q4/Q4 continuum structural topology optimization implementation. *Struct. Multidisc. Optim.*, Vol. 27, pp. 130–135, 2004.

[131] G.I.N. Rozvany, M. Zhou, and T. Birker. Generalized shape optimization without homogenization. *Struct. Optim.*, Vol. 4, pp. 250–254, 1992.

[132] W. Rudin. *Principles of mathematical analysis*. McGraw-Hill, New York, 1976.

[133] 志賀浩二．無限への飛翔：集合論の誕生．紀伊國屋書店，東京，2008.

[134] 下田昌利，畔上秀幸，井原久，桜井俊明．複数荷重を考慮した線形弾性体の形状最適化（力法による体積最小設計）．日本機械学会論文集 A 編，Vol. 61，No. 587，pp. 1545–1552，7 1995.

[135] 下田昌利，畔上秀幸，桜井俊明．複数荷重を考慮した線形弾性体の多目的形状最適化（平均コンプライアンス最小化問題を例として）．日本機械学会論文集 A 編，Vol. 61，No. 582，pp. 359–366，2 1995.

[136] 下田昌利，畔上秀幸，桜井俊明．ホモロガス変形を目的とする連続体の形状決定．日本機械学会論文集 A 編，Vol. 62，No. 604，pp. 2831–2837，12 1996.

[137] 下田昌利，畔上秀幸，桜井俊明．応力分布を規定した連続体の境界形状決定．日本機械学会論文集 A 編，Vol. 62，No. 602，pp. 2393–2400，10 1996.

[138] 下田昌利，畔上秀幸，桜井俊明．形状最適化におけるミニマックス問題の数値解法（最大応力と最大変位の最小設計）．日本機械学会論文集 A 編，Vol. 63，No. 607，pp. 610–617，3 1997.

[139] M. Shimoda, J. Tsuji, and H. Azegami. Minimum weight shape design for the natural vibration problem of plate and shell structures. In S. Hernandez and C.A. Brebbia, editors, *Computer Aided Optimum Design in Engineering IX*, pp. 147–156. WIT Press, Southampton, UK, 5 2005.

[140] M. Shimoda, J. Tsuji, and H. Azegami. Non-parametric shape optimization method for thin-walled structures under strength criterion. In S. Hernandez and C.A. Brebbia, editors, *Computer Aided Optimum Design in Engineering X*, pp. 179–188. WIT Press, Southampton, UK, 5 2007.

[141] 下田昌利，呉志強，畔上秀幸，桜井俊明．汎用 FEM コードを利用した領域最適化問題の数値解析．日本機械学会論文集 A 編，Vol. 60，No. 578，pp. 2418–2425，10 1994.

[142] 新谷浩平，長谷高明，伊藤聡，畔上秀幸，サスペンション部品の非線形座屈現象に関する形状最適化の検討．日本機械学会論文集 A 編，Vol. 74，No. 748，pp. 1187–1198，8 2011.

[143] O. Sigmund and J. Petersson. Numerical instabilities in topology optimization: A survey on procedures dealing with checkerboards, mesh-dependencies and local minima. *Struct. Optim.*, Vol. 16, pp. 68–75, 1998.

[144] J. Simon. Differentiation with respect to the domain in boundary value problems. *Numerical functional analysis and optimization*, Vol. 2, No. 7-8, pp. 649–687, 1980.

[145] J. Sokolowski and J.P. Zolésio. *Introduction to Shape Optimization: Shape Sensitivity Analysis*. Springer-Verlag, New York, 1992.

[146] G. Strang，G.J. Fix，三好哲彦，藤井宏訳．有限要素法の理論．培風館，東京，1976.

[147] K. Suzuki and N. Kikuchi. A homogenization method for shape and topology optimization. *Comput. Methods Appl. Mech. Engrg.*, Vol. 93, pp. 291–318, 1991.

[148] 田端正久．微分方程式の数値解法 II, 岩波講座応用数学．岩波書店, 東京, 1994.

[149] 田端正久．偏微分方程式の数値解析．岩波書店，東京，2010.

[150] 田端正久，藤井宏，三好哲彦．特異関数を用いる有限要素法．*bit*, 共立出版，東京，Vol. 5, pp. 1035–1040, 1973.

[151] 高木貞治．解析概論，改訂第 3 版．岩波書店，東京，1961.

[152] 田村明久，村松正和．最適化法．共立出版，東京，2002.

[153] J.E. Taylor and M.P. Bendsøe. An interpretation for min-max structural design problems including a method for relaxing constraints. *Int. J. Solids Structures*, Vol. 20, pp. 301–314, 1984.

[154] J.A. Trangenstein. *Numerical solution of elliptic and parabolic partial differential equations*. Cambridge University Press, Cambridge, 2013.

[155] G.N. Vanderplaats. *Numerical Optimization Techniques for Engineering Design: With Applications*. McGraw-Hill, NewYork, 1984.

[156] G.N. Vanderplaats and H. Miura. GENESIS-structural synthesis software using advanced approximation techniques. *AIAA Report*, No. 92-4839-CP, pp. 180–190, 1992.

[157] M.Y. Wang, X. Wang, and D. Guo. A level set method for structural topology optimization. *Comput. Methods Appl. Mech. Engrg.*, Vol. 192, pp. 227–246, 2003.

[158] F. Warner. *Foundations of differentiable manifolds and Lie groups*. Springer-Verlag, New York, 1983.

[159] 鷲津久一郎．エネルギ原理入門．培風館，東京，1980.

[160] P. Wolfe. Convergence conditions for ascent methods. *SIAM Review*, Vol. 11, pp. 226–235, 1969.

[161] Z.Q. Wu, Y. Sogabe, and H. Azegami. Shape optimization analysis for frequency response problems of solids with proportional viscous damping. *Key Engineering Materials*, Vol. 145-149, pp. 227–232, 12 1997.

[162] 呉志強，畔上秀幸．固有振動問題における領域最適化解析（質量最小化問題）．日本機械学会論文集 C 編，Vol. 61，No. 587，pp. 2653–2696，7 1995.

[163] 呉志強，畔上秀幸．固有振動問題における領域最適化解析（力法によるアプローチ）．日本機械学会論文集 C 編，Vol. 61，No. 583，pp. 930–937，3 1995.

[164] 呉志強，畔上秀幸．周波数応答問題における領域最適化解析（力法によるアプローチ）．日本機械学会論文集 C 編，Vol. 61，No. 590，pp. 3968–3975，10 1995.

[165] Z.Q. Wu, Y. Sogabe, Y. Arimitsu, and H. Azegami. Shape optimization of transient response problems. In M. Tanaka and G.S. Dulikravich, editors, *Inverse Problems in Engineering Mechanics II*, chapter Chap. 5, Sec. 2, pp. 285–294. Elsevier, Tokyo, 12 2000.

[166] 呉志強，曽我部雄次，畔上秀幸．比例粘性減衰を考慮した周波数応答問題における領域最適化解析．日本機械学会論文集 C 編，Vol. 64，No. 623，pp. 2618–2624，7 1998.

[167] 矢部博．工学基礎：最適化とその応用．数理工学社，東京，2006.

[168] T. Yamada, K. Izui, S. Nishiwaki, and A. Takezawa. A topology optimization method based on the level set method incorporating a fictitious interface energy. *Comput. Methods Appl. Mech. Engrg.*, Vol. 199, pp. 2876–2891, 2010.

[169] 山川宏（編集委員長）．最適設計ハンドブック：基礎・戦略・応用．朝倉書店，東京，2003.

[170] 吉田善章．新版・応用のための関数解析－その考え方と技法．サイエンス社，東京，2006.

[171] J.P. Zolésio. Domain variational formulation for free boundary problems. In E.J. Haug and J. Cea, editors, *Optimization of Distributed Parameter Structures*, Vol. 2, pp. 1152–1194. Sijthoff & Noordhoff, Alphen aan den Rijn, 1981.

[172] J.P. Zolésio. The material derivative (or speed) method for shape optimization. In E.J. Haug and J. Cea, editors, *Optimization of Distributed Parameter Structures*, Vol. 2, pp. 1089–1151. Sijthoff & Noord-

hoff, Alphen aan den Rijn, 1981.

あとがき

本書では，弾性体や流れ場の形状最適化問題を関数最適化問題としてとらえて，その構成法から解法までを解説してきた．その目標に至るまでに，最適設計問題とはどのような構造をもつのか，最適化理論は何を保証してくれるのか，関数最適化問題が定義される関数空間がベクトル空間であるとはどういうことなのか，楕円型偏微分方程式の境界値問題はどのような構造をもっていて，その問題の数値解はどのようにして得られるのか，また，それらの正当性はどのような定理によって保証されているのかについて，著者の知見に基づいて説明してきた．

本書の成果を得るためには，多くの方々の支援をいただいた．H^1 勾配法のもとになった力法のアイディアは，1991 年 11 月から 10 か月間，文部科学省の在外研究でミシガン大学に滞在したときに思いついたものであった．この期間中，菊池昇先生に貴重な文献を紹介していただいたことと，(故) John E. Taylor 先生に講義「最適構造設計」への参加を認めていただいたことがその契機になった．在外研究の前に研究していた成長ひずみ法の欠陥に気づいて，それを補完した結果力法となったのであった．帰国後，そのアイディアを関数空間の勾配法として説明しようとして孤軍奮闘していたときに，菊地文雄先生と萩原一郎先生から海津聰先生を紹介していただいた．海津先生にはそれ以来この問題について関数解析の立場からさまざまなご指導をいただいた．菊地先生には有限要素法の数理を通して，関数解析の役割を実例をもって教えていただいた．田端正久先生には Fréchet 微分は双対空間の要素として定義することが肝要であることを機会あるごとにご指導いただいた．そのことが，本書の微分に関するとらえ方の骨格をなしている．さらに，大塚厚二先生と木村正人先生には，一般化 J 積分と形状微分との関連性を明らかにしていただき，そのお蔭で領域積分型の形状微分を求めることができた．田上大助先生には集中講義の機会を与えていただき，ほぼ本書の内容に沿った講義の中でさまざまな助言をいただいた．また，第 8 章と第 9 章の誤差評価は村井大介博士の構想がもとになっている．2 階微分の理論と数値検証については成富佑輔博士に協力していただいた．ここに謝意を表します．

さらに，実際のプログラム開発には竹内謙善博士の貢献が決定的なものとなっている．竹内博士は，現在，構造最適設計ソフトウェア OPTISHAPE TS（株式会社くいんと）の開発責任者としてプログラムを開発している．本書で示された理論と方法の検証もそのプログラムによっておこなわれた．「まえがき」の図 2 および数値不安定現象と H^1 勾配法による結果が示された図 8.0.5 と図 9.0.1 は竹内博士によって提供された．また，「まえがき」の図 1 は野々川舞様によって提供された．さらに，第 8 章と第 9 章の数値例で使われたプログラムは畔上研究室の学生諸君によって作成された．ここに謝意を表するしだいである．

本書では形状最適化問題の構造と解法を示すことに焦点があてられた．しかし，本書で解説した位相最適化問題や形状最適化問題はさまざまな工学の最適設計問題に応用されている．工学上のそれぞれの課題に対して適切な状態決定問題と評価関数を選んで，それぞれの評価関数に対する微分を計算する式を理論的に求めるためにはさまざまな工夫が必要となる．それらに関しては，別の機会にまとめてみたいと考えている．

2016 年 7 月

著　者

索引

[英数先頭]
1 次形式 (linear form) 194
1 次の制約想定 (first order constraint qualification) 85
2 次計画問題 (quadratic programming problem) 48
2 次最適化問題 (quadratic optimization problem) 48
Armijo の規準 (Armijo criterion) 114, 349
Banach 空間 (Banach space) 176
回帰的――(reflexive Banach space) 201
反射的――(reflexive Banach space) 201
Banach の摂動定理 (Banach's perturbation theory) 123
β 法 (β method) 405
Boole 行列 (Boolean matrix) 277, 291
Broyden–Fletcher–Goldfarb–Shanno 法 (Broyden–Fletcher–Goldfarb–Shanno method) 125
Broyden 法 (Broyden method) 125
Calderón の拡張定理 (Calderón's extension theorem) 197, 412
Cantor の対角線論法 (Cantor's diagonal argument) 174
Cauchy 列 (Cauchy sequence) 173
弱――(weak Cauchy sequence) 200
汎弱――(dual weak Cauchy sequence) 200
Cea の補題 (Cea's lemma) 271
Chebyshev ノルム (Chebyshev norm) 176
Cottle の制約想定 (Cottle's constraint qualification) 85
Darcy 則 (Darcy's law) 394
Davidon–Fletcher–Powell 法 (Davidon–Fletcher–Powell method) 125
Dirac の超関数 (Dirac's distribution) 186
Dirac のデルタ関数 (Dirac's delta function) 186
Dirichlet 境界 (Dirichlet boundary) 225
Dirichlet 条件 (Dirichlet condition) 225, 534
同次――(homogeneous Dirichlet condition) 172, 197
非同次――(inhomogeneous Dirichlet condition) 172
Dirichlet 問題 (Dirichlet problem) 225
Euclid 空間 (Euclidean space) 1
Euclid ノルム (Euclidean norm) 176
Euler 表示 (Euler description) 415
Farkas の補題 (Farkas's lemma) 526
Fletcher–Reeves 公式 (Fletcher–Reeves formula) 121
Fourier 級数 (Fourier series) 202
Fourier の熱伝導法則 (Fourier's law of heat conduction) 533
Fréchet 微分 (Fréchet derivative) 209
Friedrichs の軟化子 (Friedrichs mollifier) 184
Galerkin 法 (Galerkin method) 261
Gâteaux 微分 (Gâteaux derivative) 207
Gauss–Green の定理 (Gauss–Green theorem) 541
Gauss 求積 (Gaussian quadrature) 315, 317
Gauss 節点 (Gaussian node) 315
Gauss の発散定理 (Gauss's divergence theorem) 541
H^1 勾配法 (H^1 gradient method) 344
θ 型――(H^1 gradient method of θ type) 371

領域変動型——(H^1 gradient method of domain variation type) 458
H^1 Newton 法 (H^1 Newton method) 345
θ 型——(H^1 Newton method of θ type) 376
領域型——(H^1 Newton method of domain variation type) 465
Hamilton 関数 (Hamilton) 4, 164
Hamilton の原理 (Hamilton's principle) 155
Heaviside の階段関数 (Heaviside's step function) 186
Hesse 行列 (Hessian matrix) 12, 52
Hesse 形式 (Hessian form) 210, 342
Hilbert 空間 (Hilbert space) 179
Hölder 空間 (Hölder space) 180
Hölder 指数 (Hölder index) 180
Hölder の不等式 (Hölder's inequality) 182, 542
Hölder 連続 (Hölder continuous) 180
Hooke 則 (Hooke's law) 6
一般化——(generalized Hooke's law) 244
Jacobi 行列 (Jacobi matrix) 66, 307, 417
Jacobi 行列式 (Jacobian) 307, 417, 564
KKT 条件 (KKT conditions) 21, 36, 86
Korn の第 2 不等式 (Korn's second inequality) 247, 544
Korn の不等式 (Korn's inequality) 544
Lagrange 関数 (Lagrange function) 21, 70
状態決定問題に対する——(Lagrange function for state determination problem) 8, 334
評価関数に対する——(Lagrange function for cost function) 16
力学における——(Lagrange function in mechanics) 155
Lagrange 基底多項式 (Lagrange basis polynomials) 317
Lagrange 乗数 (Lagrange multiplier) 8, 16, 21, 33, 70
Lagrange 乗数法 (Lagrange multiplier method) 16, 340
等式制約つき最適化問題に対する——(Lagrange multiplier method for optimization problem with equality constraint) 70
不等式制約つき最適化問題に対する——(Lagrange multiplier method for optimization problem with inequality constraint) 87
Lagrange 表示 (Lagrangian description) 414
Lagrange 補間 (Lagrange interpolation) 317
Lamé の定数 (Lamé's parameter) 244
Laplace 作用素 (Laplace operator) 223, 537
Laplace 方程式 (Laplace equation) 223
Laplace 問題 (Laplace problem) 223
Lax–Milgram の定理 (Lax–Milgram's theorem) 229
Lebesgue 可積分 (Lebesgue integrable) 182
Lebesgue 空間 (Lebesgue space) 182
Lebesgue 積分 (Lebesgue integral) 182
Lebesgue 測度 (Lebesgue measure) 180
Lebesgue の収束定理 (Lebesgue's convergence theorem) 182
Legendre 多項式 (Legendre polynomials) 316
Lipschitz 境界 (Lipschitz boundary) 168, 529
Lipschitz 空間 (Lipschitz space) 180
Lipschitz 定数 (Lipschitz constant) 180
Lipschitz 領域 (Lipschitz domain) 168, 180, 222, 529
Lipschitz 連続 (Lipschitz continuous) 180
Minkowski の不等式 (Minkowski's inequality) 182, 543
Navier–Stokes 方程式 (Navier–Stokes equation) 257
Navier–Stokes 問題 (Navier–Stokes problem) 257
Neumann 境界 (Neumann boundary) 225
Neumann 条件 (Neumann condition) 225, 535

Neumann 問題 (Neumann problem) 225
Newton–Raphson 法 (Newton–Raphson method) 125
Newton 粘性 (Newton viscosity) 249
Newton 法 (Newton method) 122
準——(quasi-Newton method) 125
制約つき問題に対する——(Newton method for constrained problem) 144
抽象的——(abstract Newton method) 345
Pareto 解 (Pareto solution) 49
Poincaré の不等式 (Poincaré's inequality) 230, 543
Poisson 比 (Poisson's ratio) 245
Poisson 方程式 (Poisson equation) 223
同次——(homogeneous Poisson equation) 223
Poisson 問題 (Poisson problem) 223
Polak–Ribiere 公式 (Polak–Ribiere formula) 122
Pontryagin の局所最小条件 (Pontryagin's local minimum condition) 164
Pontryagin の最小原理 (Pontryagin's minimum principle) 164
p ノルム (p-norm) 176
Rellich–Kondrachov のコンパクト埋蔵定理 (Rellich–Kondrachov compact embedding theorem) 204
Riesz の表現定理 (Riesz's representation theorem) 206, 229
Ritz 法 (Ritz method) 270
Robin 条件 (Robin condition) 226
Robin 問題 (Robin problem) 226
Rolle の定理 (Rolle's theorem) 53
Schwartz 超関数の偏導関数 (partial derivative of Schwartz's distribution) 186
Schwartz の超関数 (Schwartz's distribution) 185
Schwarz の不等式 (Schwarz's inequality) 543
SIMP 356
Slater 制約想定 (Slater constraint qualification) 96
Sobolev 空間 (Sobolev space) 188
Sobolev の不等式 (Sobolev's inequality) 191
Sobolev の埋蔵定理 (Sobolev's embedding theorem) 190
Stokes 方程式 (Stokes equation) 249
Stokes 問題 (Stokes problem) 248
Sylvester の判定法 (Sylvester's criterion) 524
Taylor 展開 (Taylor expansion) 54
Taylor の定理 (Taylor's theorem) 53
θ 型位相最適化問題 (topology optimization problem of θ type) 358, 364
θ 微分 (θ derivative) 365
Weierstrass の近似定理 (Weierstrass's approximation theorem) 177
Weierstrass の定理 (Weierstrass's theorem) 50
Wolfe の規準 (Wolfe criterion) 116, 349
Young 率 (Young's modulus) 6, 158, 245
Zoutendijk 条件 (Zoutendijk condition) 120

[あ行]

値空間 (range space) 66, 338, 525
圧力 (pressure) 249
アフィン写像 (affine mapping) 307, 322
アフィン同等有限要素分割 (affine-equivalent finite element division) 322
アフィン部分空間 (affine subspace) 171
アワーグラスモード (hourglass mode) 320
鞍点定理 (saddle point theorem) 96
一様連続 (uniformly continuous) 523
一般化 J 積分 (generalized J integral) 520
陰関数定理 (implicit function theorem) 68, 337, 527
運動エネルギー (kinetic energy) 155
運動方程式 (motion equation) 155, 157
凹関数 (concave function) 55
応力 (stress) 6, 241, 242
Cauchy——(Cauchy stress) 242, 249
オペレーションズ・リサーチ (operations research) 102

[か行]

開集合 (open set) 522
回転テンソル (rotation tensor) 241
外点法 (outer point method) 127
外力仕事 (external work) 9
核空間 (kernel space) 66, 338, 524
拡大関数法 (augmented function method) 127
拡張作用素 (extension operator) 197
下限上限条件 (inf-sup condition) 253
仮想仕事の原理 (principle of virtual work) 8
可分 (separable) 173
関数空間 (function space) 179
完備 (complete) 174
完備化 (completion) 174, 184
規準要素 (normal element) 299
既知項ベクトル (known term vector) 263, 280, 292
　全体——(total known term vector) 281, 294
基底関数 (basis function) 260, 267
　1 次元有限要素法の——(basis function in one-dimensional finite-element method) 273
　2 次元有限要素法の——(basis function in two-dimensional finite-element method) 287
　有限要素上の——(basis function in finite-element) 276, 288
基本境界条件 (fundamental boundary condition) 225, 534, 537
強圧的 (coercive) 160, 228
境界 (boundary) 522
境界条件 (boundary condition) 534
境界測度共変 (varying with boundary measure) 438
境界力 (traction) 158, 240
強形式 (strong form) 225
強収束 (strong convergence) 200
共役 (conjugate) 120
共役空間 (adjoint space) 199
共役勾配法 (conjugate gradient method) 120
共役対称性 (Hermitian symmetry) 178
行列の階数 (rank) 66
極小値 (local minimum value) 50
極小点 (local minimum point) 50
局所節点番号 (local node numbers) 276, 288
許容集合 (admissible set) 65
　状態変数の——(admissible set of state variable) 334, 360, 440
　随伴変数の——(admissible set of adjoint variable) 365, 446
　設計変数の——(admissible set of design variable) 9, 44, 333, 360, 413
許容方向集合 (admissible direction set) 66, 80, 338
　線形化——(linearized admissible direction set) 84
距離 (metric) 172
距離空間 (metric space) 172, 522
近傍 (neighbourhood) 522
空間固定 (fixed with space) 436
空間微分 (spatial derivative) 415
区分的 C^s 級境界 (piecewise C^s class boundary) 531
形状関数 (shape function) 276
形状勾配 (shape gradient) 417
形状微分 (shape derivative) 413
　関数の——(shape derivative of function) 414
　汎関数の——(shape derivative of functional) 416
形状偏微分 (partial shape derivative) 415
　関数の——(partial shape derivative of function) 414
係数行列 (coefficient matrix) 263, 278, 291
　全体——(total coefficient matrix) 281, 294
厳密直線探索法 (strict line search method) 111
降下角 (descent angle) 107
降下方向 (descent direction) 104
構成則 (constitutive law) 6, 243
構成方程式 (constitutive equation) 6, 243
勾配 (gradient) 52, 210
勾配法 (gradient method) 106

制約つき問題に対する——(gradient method for constraint problem) 128
抽象的——(abstract gradient method) 343
誤差のオーダー評価 (order estimation of error) 326
固有振動数 (eigen frequency) 560
固有値問題 (eigen value problem) 559
固有対 (eigen pair) 560
固有方程式 (eigen equation) 559
固有モード (eigen mode) 560
混合境界値問題 (mixed boundary value problem) 225
コンパクト (compact) 175
コンパクトに埋蔵 (compactly embedding) 205

[さ行]

最急降下法 (maximum descent method) 108
最小値 (minimum value) 50
最小点 (minimum point) 50
最大値ノルム (maximum norm) 176
最適性の条件 (optimality condition) 2, 21
作用積分 (action integral) 156
作用素 (operator) 194
散逸エネルギー (dissipation energy) 32
散逸エネルギー密度 (dissipation energy density) 37
三角不等式 (triangle inequality) 543
シグモイド関数 (sigmoid function) 359
試験関数 (test function) 185
試行点 (trial point) 103
自己随伴関係 (self-adjoint relation) 17, 34, 389, 398, 484, 505
自然境界条件 (natural boundary condition) 225, 535, 538
実行可能集合 (feasible set) 44
実線形空間 (real linear space) 167
弱解 (weak solution) 225
弱完備 (weak complete) 200
弱形式 (weak form) 225
Stokes 問題の——(weak form of Stokes problem) 251
線形弾性問題の——(weak form of linear-elastic problem) 246
Poisson 問題の——(weak form of Poisson problem) 224
弱コンパクト (weak compact) 200
弱収束 (weak convergence) 200
収束次数 (convergence order) 104
主曲率 (principal curvature) 532
主双対内点法 (dual interior point method) 47
状態決定問題 (state determination problem) 2, 3, 361
状態変数 (state variable) 2, 9, 33
状態方程式 (state equation) 2
障壁法 (barrier method) 127
初期条件 (initial condition) 534, 535, 538
初期点 (initial point) 103
随伴空間 (adjoint space) 199
随伴変数 (adjoint variable) 8, 16, 33, 76, 94
随伴変数法 (adjoint variable method) 16, 27, 77
随伴問題 (adjoint problem) 17, 28, 76
数理計画法 (mathematical programming) 102
スカラー (scalar) 167
スカラー積 (scalar product) 167, 178
ステップサイズ (step size) 103, 111
スラック変数 (slack variable) 86
斉次 (homogeneous) 226
整数計画問題 (integer programming problem) 49, 55
整数最適化問題 (integer optimization problem) 49
正則性 (regularity) 234
正定値 (positive definite) 13, 57
正定値実対称行列 (positive definite real symmetric matrix) 57, 523
制約関数 (constraint function) 2, 9
等式——(equality constraint function) 45
不等式——(inequality constraint function) 45
セカント法 (secant method) 111, 153
設計変数 (design variable) 2, 9, 33
接錐 (tangential cone) 80

接線 (tangent) 531
節点 (node) 273, 286
節点値ベクトル (nodal value vector) 275, 287
全体——(total nodal value vector) 281, 294
Dirichlet 型——(Dirichlet-type nodal value vector) 275, 287
Neumann 型——(Neumann-type nodal value vector) 275, 288
要素——(element nodal value vector) 276, 288
接面 (tangential plane) 66, 338
セミノルム (semi-norm) 181, 189
零空間 (null space) 66, 338, 524
線形演算 (linear operation) 167
線形空間 (linear space) 167
状態変数の——(linear space of state variable) 9, 360, 440
設計変数の——(linear space of design variable) 9, 359, 413
線形計画問題 (linear programming problem) 47
線形形式 (linear form) 194
線形結合 (linear combination) 167
線形最適化問題 (linear optimization problem) 47
線形作用素 (linear operator) 194
線形写像 (linear mapping) 194
線形弾性問題 (linear elastic problem) 245
線形汎関数 (linear functional) 198
線形包 (linear span, linear hull) 171
選択的次数低減積分 (selected reduced integration) 320
全単射 (bijection) 530
せん断弾性係数 (shear modulus) 244
双 1 次形式 (bilinear form) 198
双曲型偏微分方程式 (hyperbolic partial differential equation) 539
像空間 (image space) 66, 338, 525
像錐 (image cone) 526
双線形作用素 (bilinear operator) 198
相対コンパクト (relative compact) 175
双対空間 (dual space) 199
第 2——(second dual space) 201
双対指数 (duality index) 202
双対集合 (dual set) 67, 338
双対錐 (dual cone) 80, 84, 526
双対積 (dual product) 199
双対定理 (duality theorem) 96
双対面 (dual plane) 67, 338
相補性条件 (complementarity condition) 22, 86
速度の終端条件 (terminal condition of velocity) 157
側面制約 (side constraint) 10
外向き単位法線 (outer unit normal) 531

[た行]

台 (support) 168
大域的収束性 (global convergence) 104, 119
第 1 変分 (first variation) 157
第 1 種境界条件 (first-type boundary condition) 225, 534
第 3 種境界条件 (third-type boundary condition) 226
体積座標 (volume coordinates) 310
体積弾性率 (bulk modulus) 245
体積力 (volume force) 158, 240, 248
第 2 種境界条件 (second-type boundary condition) 225, 535
第 2 変分 (second variation) 157
楕円型偏微分方程式 (elliptic partial differential equation) 245, 535, 539
楕円性 (ellipticity) 245
楕円的 (elliptic) 228, 244
多重指数 (multi-index) 168
縦弾性係数 (longitudinal elastic modulus) 6, 245
多目的最適化問題 (multi-objective optimization problem) 49
多連結 (multiply connected) 528
探索ベクトル (search vector) 103
探索方向 (search direction) 103
単体法 (simplex method) 47
端点 (boundary point) 522
断面積勾配 (cross sectional area gradient) 11, 33
断面積微分 (cross sectional area derivative) 10, 33
2 階——(second cross sectional area

derivative)　12
単連結 (simply connected)　528
力のつり合い方程式 (equilibrium equation of force)　158, 245
力法 (traction method)　409, 463
　ばねつき——(traction method with spring)　464
　Robin 型——(traction method of Robin type)　464
抽象空間 (abstract space)　166
抽象的鞍点型変分問題 (abstract saddle point variational problem)　251
抽象的鞍点問題 (abstract saddle point problem)　251, 254
抽象的最小化問題 (abstract minimization problem)　233
抽象的変分問題 (abstract variational problem)　227
稠密 (dense)　173
超 p 次収束 (super pth order convergence)　104
調和作用素 (harmonic operator)　537
直接微分法 (direct derivative method)　13, 25, 76
直接法 (direct method)　104
直径 (diameter)　321
直交補空間 (orthogonal complement space)　338, 525
定数分の不定性 (uncertainty by constant)　231
停留点 (stable point)　62
点 (point)　167
同型写像 (isomorphism)　194
同次形 (homogeneous type)　226
動力損失 (power loss)　32
特異性 (irregularity)　234
特性関数 (characteristic function)　354
凸関数 (convex function)　55
凸計画問題 (convex programming problem)　48
凸最適化問題 (convex optimization problem)　48, 54
トレース作用素 (trace operator)　196, 473

[な行]

内積 (inner product)　178
内積空間 (inner product space)　178
内挿関数 (interpolation function)　276
内点 (inner point)　522
内点法 (inner point method)　127
長さ座標 (length coordinates)　300
二分法 (bisection method)　111
熱伝導方程式 (equation of heat conduction)　533, 534
粘性係数 (coefficient of viscosity)　249, 501
濃度 (cardinality)　174
ノルム (norm)　175
ノルム空間 (normed space)　175

[は行]

罰金法 (penalty method)　127
発散作用素 (divergence operator)　537
発散定理 (divergence theorem)　541
発散なし Hilbert 空間 (divergence free Hilbert space)　252
汎関数 (functional)　198
汎弱完備 (dual weak complete)　200
汎コンパクト (dual weak compact)　200
汎弱収束 (dual weak convergence)　200
半正定値 (semi-positive definite)　57
半負定値 (semi-negative definite)　57
反復法 (iterative method)　103
非圧縮性 (incompressible)　249
ひずみ (strain)　6, 241
　線形——(linear strain)　241
ひずみエネルギー密度 (strain energy density)　7, 22, 244, 494
非正錐 (non-positive cone)　525
非線形計画問題 (non-linear programming problem)　48
非線形最適化問題 (non-linear optimization problem)　48
非同次形 (inhomogeneous type)　226
微分 (derivative)　52
　全——(total derivative)　52
　2 階——(second derivative)　52
微分の連鎖則 (chain rule of differentiation)　13
評価関数 (cost function)　2, 9, 32
ピラミッド関数 (pyramidal function)　287
物質固定 (fixed with material)　436

物質微分 (material derivative) 414
負定値 (negative definite) 57
平均曲率 (mean curvature) 531
平均コンプライアンス (mean compliance) 9, 387, 483
平均値の定理 (mean value theorem) 53
平均流れ抵抗 (mean flow resistance) 32, 396, 503
閉集合 (closed set) 522
閉包 (closure) 522
ベクトル (vector) 167
ベクトル空間 (vector space) 167
ベーシスベクトル法 (basis vector method) 408
変位 (displacement) 240
変分法 (calculus of variations) 157
法線 (normal) 531
放物型偏微分方程式 (parabolic partial differential equation) 535, 539
補間関数 (interpolation function) 324
補間誤差 (interpolation error) 324
補間作用素 (interpolation operator) 324
ポテンシャルエネルギー (potential energy) 3, 7, 155
　外部——(external potential energy) 4, 158
　外力——(potential energy of external force) 158
　弾性——(elastic potential energy) 4, 158
　内部——(internal potential energy) 4, 158
ポテンシャルエネルギー最小原理 (principle of minimum potential energy) 158
ほとんど至るところで (almost everywhere) 180
本質的上限 (essential supremum) 183
本質的有界 (essentially bounded) 182

[ま行]

右逆作用素 (right inverse operator) 196
密度型位相最適化問題 (topology optimization problem of density type) 356
無限点列 (infinite sequence of points) 173
無効 (inactive) 22
面積座標 (area coordinates) 304
目的関数 (object function) 2, 9, 45

[や行]

有界 (bounded) 228
有界集合 (bounded set) 522
有界線形作用素 (bounded linear operator) 195
有界線形汎関数 (bounded linear functional) 199
有界双線形作用素 (bounded bilinear operator) 198
有界双線形汎関数 (bounded bilinear functional) 198
有限要素 (finite element) 273
　アイソパラメトリック——(isoparametric finite element) 313
　1 次元——(one-dimensional finite element) 273
　1 次元 m 次——(one-dimensional m-th order finite element) 302
　1 次の長方形——(first order rectangular finite element) 308
　3 角形——(finite element, triangular) 286
　3 角形 m 次——(triangular m-th order finite element) 305
　4 面体——(tetrahedron finite element) 310
　セレンディピティ族長方形——(serendipity family of rectangular finite element) 310
　4 節点アイソパラメトリック——(4-node isoparametric finite element) 313
　Lagrange 族長方形——(Lagrange family of rectangular finite element) 309
　6 面体——(hexahedral finite element) 311
有限要素解 (finite element solution) 320
有限要素分割 (finite element division) 320
　正則な——(regular finite element division) 321, 380, 469
有効 (active) 22
有効制約法 (active set method) 130, 352

要素節点ベクトル (element node vector) 277, 288

[ら行]

ランク d 材料 (rank d material) 354
流速 (flow velocity) 249
領域 (domain) 528
領域測度共変 (varying with domain measure) 437
連結 (connected) 528
連続 (continuous) 522
連続線形作用素 (continuous linear operator) 195
連続の式 (continuity equation) 249, 257

[わ行]

和 (addition) 167

著 者 略 歴

畔上　秀幸（あぜがみ・ひでゆき）

1979 年　山梨大学工学部機械工学科卒業
1982 年　東京大学大学院工学系研究科修士課程（機械工学専攻）修了
1985 年　東京大学大学院工学系研究科博士課程（機械工学専攻）修了
1985 年　東京大学生産技術研究所助手
1986 年　豊橋技術科学大学工学部助手
1989 年　豊橋技術科学大学工学部講師
1991 年　豊橋技術科学大学工学部助教授
2003 年　名古屋大学情報科学研究科教授
　　　　現在に至る
　　　　工学博士

編集担当　上村紗帆（森北出版）
編集責任　富井　晃（森北出版）
組　　版　プレイン
印　　刷　エーヴィスシステムズ
製　　本　ブックアート

形状最適化問題

2016 年 10 月 28 日　第 1 版第 1 刷発行

著　　者　畔上秀幸
発 行 者　森北博巳
発 行 所　**森北出版株式会社**
東京都千代田区富士見 1-4-11（〒102-0071）
電話 03-3265-8341 ／ FAX 03-3264-8709
http://www.morikita.co.jp/
日本書籍出版協会・自然科学書協会　会員
JCOPY ＜(社)出版者著作権管理機構 委託出版物＞

落丁・乱丁本はお取替えいたします.

Printed in Japan／ISBN978-4-627-61461-1